土木工程科技创新与发展研究前沿丛书

塔楼建筑地震破坏机制及减隔震控制技术

吴巧云　国　巍　吴应雄　著

中国建筑工业出版社

图书在版编目（CIP）数据

塔楼建筑地震破坏机制及减隔震控制技术/吴巧云，国巍，吴应雄著．—北京：中国建筑工业出版社，2023.3

（土木工程科技创新与发展研究前沿丛书）

ISBN 978-7-112-28350-7

Ⅰ.①塔… Ⅱ.①吴… ②国… ③吴… Ⅲ.①建筑结构-防震设计-研究 Ⅳ.①TU352.104

中国国家版本馆 CIP 数据核字（2023）第 015857 号

大底盘单塔楼结构存在空间刚度突变，多塔楼结构塔间动力特性差异显著，导致强震下塔楼建筑层间位移超限严重、震致碰撞风险高。本书聚焦单塔楼结构“隔震层间限位难”和多塔楼结构“塔间变形协调难”的技术瓶颈，在多塔楼建筑损伤机理及减隔震方法与技术、单塔楼建筑碰撞损伤机理及减隔震方法与技术、塔楼建筑高性能减隔震装置研发、减隔震装置的损伤和失效评估等方面阐述了相关科研成果。

本书可供工程结构抗震和减隔震专业人员、土木工程技术人员、从事结构工程的研究人员及高等院校相关专业师生参考。

责任编辑：赵　莉　吉万旺
责任校对：姜小莲

土木工程科技创新与发展研究前沿丛书
塔楼建筑地震破坏机制及减隔震控制技术
吴巧云　国　巍　吴应雄　著

*

中国建筑工业出版社出版、发行（北京海淀三里河路 9 号）
各地新华书店、建筑书店经销
霸州市顺浩图文科技发展有限公司制版
北京市密东印刷有限公司印刷

*

开本：880 毫米×1230 毫米　1/16　印张：35　字数：1106 千字
2023 年 10 月第一版　　2023 年 10 月第一次印刷
定价：**128.00** 元
ISBN 978-7-112-28350-7
（40758）

前　　言

世界高层建筑与都市人居学会（CTBUH）发布的2020年度报告显示，21世纪以来，全球建设了大量的集商业、办公、住宅、公共设施等为一体的塔楼建筑，我国占据了53%，居世界第一。这类建筑体量巨大、功能庞杂、人口聚集，一旦遭遇地震破坏，带来的人员伤亡、经济损失、社会影响等不可估量。如“5·18”深圳赛格广场仅有感振动事件即导致1.5万人疏散，5500万元的净利亏损，且年毛利率和现金流量净额大幅下降。另外，各个核心网络平台关于赛格广场的负面信息达到20104条，部分国外媒体甚至“借题发挥”。因此，建立塔楼建筑科学的减隔震控制关键技术已成为国家重大需求。

然而，多塔楼建筑由于塔间动力特性存在差异导致地震作用下发生碰撞或产生损伤，传统高层建筑动力响应分析难以合理评定多塔楼建筑的动力性能，亟待揭示多塔楼碰撞损伤机理；现有多塔楼柔性连接减振技术无法有效满足塔楼间的位移协调与防护。单塔楼建筑由于自身空间刚度突变导致地震作用下底盘和塔楼连接处动力响应显著，层间隔震虽能有效解决单塔楼建筑刚度突变带来的扭转及扭转耦联，但不同频域地震动下隔震层位移超限是导致上部塔楼倾覆失稳的关键问题，保障单塔楼建筑的地震安全存在挑战。不同于传统减振装置，多塔楼建筑由于塔楼间的多目标协同耗能需求，对减振装置的协同耗能、多阶耗能等提出了更高要求；不同于传统隔震装置，单塔楼建筑由于空间刚度突变、塔楼偏置等对隔震装置的变形能力、单位承载能力等提出了更高要求。

本书通过物理模型试验、理论分析和数值模拟相结合的研究手段，以大量涌现的多塔楼建筑和单塔楼建筑为研究对象，研究了多塔楼建筑的碰撞反应机理，提出了基于碰撞目标概率的塔楼间距设计方法，分别进行了连廊连接和底盘连接的相邻塔楼间多目标协同的减振优化设计，提出了对不同频域地震动均具有较高控制鲁棒性的结合分段隔震与相邻塔楼连接耗能的混合被动控制体系，研究了长周期地震动、不同底盘刚度变化、不同塔楼缩进比例变化对塔楼隔震性能的影响，并提出了有效组合隔减振方法与技术，揭示了桩-土-层间隔震塔楼的隔震效应，建立了叠层橡胶支座的损伤识别方法并揭示了阻尼器失效对塔楼建筑抗震性能的影响，研发了适用于塔楼建筑的高性能隔减振装置。

作者吴巧云主要研究了多塔楼建筑的损伤机理和减隔震控制措施并研发了系列减隔震装置，提出了叠层橡胶支座的损伤识别方法；作者国巍主要研究了阻尼器失效对塔楼建筑抗震性能的影响并研发了系列减隔震装置；作者吴应雄主要研究了单塔楼建筑的损伤机理和减隔震控制措施。此外，作者课题组成员白希选、赵程、刘杰、许峙峰及研究生王涛、魏敏、葛振凌、肖诗烨、闫慧超、何宛澄、冯海等参与了本书的理论推导、数值模拟和模型试验等工作。

本书所涉及研究工作得到国家自然科学基金项目“基于地震碰撞易损性的相邻结构临界间距研究”（项目编号：51408443）、“远场长周期地震下土-桩-层间隔震结构体系的灾变机理与失效控制”（项目编号：51778149）、“交通综合枢纽结构多频段三维复合隔振/震系统的力学模型及减振效应研究”（项目编号：52078395）的资助。

限于作者水平，书中难免存在不足和疏漏之处，敬请读者批评指正。

吴巧云

2022年7月于武汉

目　录

相邻塔楼基于量纲分析的碰撞反应研究

1.1 引言

1.1.1 研究背景及意义

地震是现如今人类社会面临的最主要的自然灾害之一，且具有较强的突发性、毁灭性以及不可预测性。近年来，地震灾害不仅造成建筑结构严重的破坏甚至倒塌，还威胁到人民的生命并造成巨额的财产损失。地震灾害的调查结果表明：人员的伤亡以及财产的损失主要是由于地震灾害引发建筑结构出现破坏，而造成破坏现象的主要原因是由于地震过程中相邻建筑发生碰撞。例如1985年墨西哥发生的大地震中，调查的样本中有四成（132例）以上的建筑物损毁现象是由于发生碰撞造成，且碰撞作用直接造成的建筑物坍塌约占15%（50处）；2011年Christchurch地震的调查结果中，碰撞作用导致严重破坏的结构数量超过了6%。还有2008年的汶川地震，2000年的集集地震以及2017年的墨西哥和伊拉克地震中均发现很多由于相邻建筑间的碰撞而导致结构出现破坏的现象。

由于地震灾害引发的建筑结构间的碰撞危害严重，相邻建筑结构之间的碰撞反应问题在全世界范围内引发了学者们的广泛关注。因此，深入研究地震激励作用下相邻结构间的碰撞反应，从而找到有效的措施去防止或减弱相邻建筑的碰撞危害，减少结构间的倒塌破坏是极其必要的。但由于地震动的不可预测性和复杂性，当地震激励的相关参数不同，对于同样的碰撞结构体系产生的碰撞反应也可能会造成不同的结果，除此之外，建筑物自身的结构特性也会影响其在地震激励作用下的碰撞反应。因此，关于在地震激励作用下相邻建筑碰撞的研究中，过多的相关参数首先会加大研究的难度，其次影响参数太多会导致研究结果太过片面不具有普遍性。除此之外，由于常用的碰撞模型往往存在局限性，采用合适的碰撞模型模拟碰撞过程也对地震作用下相邻建筑间的碰撞研究极其重要。综上所述，如果想要深入研究地震作用下相邻建筑间的碰撞问题，最重要的就是要选择合适的碰撞模型并解决碰撞过程中影响参数的复杂性问题。

1.1.2 国内外研究现状

土木工程领域的碰撞问题首先由Ford于1926年提出，但直至1985年的墨西哥地震发生后，由于相邻建筑物发生碰撞导致大量建筑结构出现破坏甚至倒塌，地震激励下相邻结构的碰撞问题才引起学者们的重点关注。近年来，大量学者对相邻结构间的碰撞反应展开了相关的研究，下面将主要从三个方面介绍前人所做的相关研究。

1. 单自由度结构碰撞研究

许多学者都将相邻结构简化成两个单自由度结构，以此来研究结构间的碰撞问题。Wolf采用单自由度体系和刚性墙碰撞的模型，将其碰撞方式分为单边碰撞和双边碰撞，并改变输入的地震激励以及结构自身参数，对其展开了深入的研究。Wada 在研究存在质量差异的两个单自由度结构的碰撞反应时发现造成建筑结构破坏的主要原因是由于结构间的碰撞作用。Davis 采用了简谐波激励，在忽略碰撞接触变形的条件下，对弹性单自由度结构与刚体的碰撞反应进行分析，得到了弹性单自由度结构发生碰撞作用时的速度反应解析解。Leibovich 等将相邻建筑简化成两个单自由度结构，并将偏心和未偏心碰撞情况下结构的响应进行对比，发现相较于未偏心碰撞情况，偏心碰撞会放大结构的响应。1985 年 Athanassiadou 等首先提出采用接触单元法模拟结构的碰撞接触过程，并以此方法对弹性结构的碰撞反应进行分析研究。之后 Anagnostopoulos 将接触单元法中的 Kelvin 模型用于研究多个单自由度结构体系的碰撞问题，通过对比各个结构的位移响应，发现处于两端的结构的位移响应在发生碰撞后会被放大。Jankowski 研究了采用非线性黏弹性碰撞模型的单自由度结构体系的碰撞反应，分析了碰撞作用对结构响应的影响，通过与其余碰撞模型的对比提出了非线性黏弹性模型能够最精确地模拟碰撞过程。Sabegh 等考虑了近场地震和远场地震，分别分析了两种情况下两个线性单自由度结构的碰撞问题，选用 Kelvin 模型模拟碰撞接触过程，研究了间距对峰值碰撞力的影响。张瑞杰等将相邻建筑简化为多个弹塑性单自由度结构，采用精细积分的方法进行分析，并研究了接触单元参数对碰撞反应的影响。

2. 多自由度结构碰撞研究

对于多自由度结构体系的碰撞问题，多数学者一般采用集中质量模型，即假定建筑结构的质量集中于各楼层楼板，从而较精准地模拟多自由度体系的碰撞。Maison 和 Kasai 采用此种多自由度集中质量模型，并选用线弹性模型模拟碰撞接触过程，深入研究了地震激励下刚度较大的 15 层结构和刚度较小的 8 层结构之间的弹性碰撞问题，得到了发生碰撞时的运动方程，分析了结构质量比，接触单元参数对碰撞的影响，结果表明碰撞会放大楼层高、质量小的结构的响应，而会减弱楼层低、质量大的结构的响应。Anagnostopoulos 和 Spiliopoulos 同样选用质量集中的剪切型模型，结合逐步积分分析了相邻 10 层和 5 层结构的碰撞问题，对比了 5 条真实地震动下结构的弹性碰撞和非弹性碰撞响应，结果表明强震作用下，碰撞现象更容易出现在楼高、质量以及频率存在较大差异的相邻建筑之间。Mahmoud 等对两个弹性和两个非弹性多自由度结构在地震激励下的碰撞反应进行深入研究，并将两组结果对比发现，相邻建筑为非弹性结构得到的结果要比弹性结构的结果更为精准。Jankowshi 分析了相邻等高且均为理想弹塑性的刚性和柔性多自由度结构在地震激励下的碰撞问题，结果表明柔性结构的峰值位移受结构参数（楼层质量，结构的刚度和屈服强度以及结构间距）影响很明显，而刚性结构的峰值位移响应受结构参数的变化影响很小。随后，Jankowshi 基于有限元建模的方法，对 San Fernando 地震中 Olive View 医院主楼与侧边端部的楼梯建立了非线性模型（考虑到材料刚度的退化），并研究了地震激励下主结构和质量较小的楼梯的碰撞反应，发现质量较小的结构的响应在发生碰撞后会被放大，但是碰撞对较重的主楼的影响很小，因此要注意对较弱建筑结构的合理设计。翟长海等分析了相邻不等高的框架结构在地震激励下的碰撞响应，考虑了设置和未设防震缝情况下框架结构的层间剪力和层间位移角受碰撞作用的影响，结果表明对于较高的框架结构，其碰撞处和碰撞处之上的层间位移角和层间剪力在发生碰撞后会明显大于未碰撞情况，而碰撞作用总体上会抑制较低的结构的响应，但其顶层受碰撞作用会产生不利的影响。周奎等基于 OpenSees 软件，建立相邻不等高的 9 层框架结构和 3 层框架结构的模型，分析了在地震激励下该模型在不同质量比以及间隙比取值情况下结构的碰撞响应。冯晓九等设计了 4 组不同的模型布置方位，通过缩尺模型试验，研究地震作用下两相邻 9 层的建筑结构的碰撞响应，并采用 SAP2000 进行数值模拟验证其正确性。

3. 基于量纲分析的相邻建筑碰撞研究

相邻建筑在地震激励下的碰撞响应较为复杂，涉及诸多因素影响：碰撞单元模型的选择，结构的材料属性的差别，结构间动力性能的差异和地震激励的输入不同等，是一个高度非线性的问题，由于碰撞过程受到诸多参数的影响，很难清晰地反映出碰撞规律，且在过去的研究中，也存在矛盾的结论。但是

量纲分析方法将影响碰撞反应的有量纲参数化简为数量较少的无量纲参数，能够有效减少相关参数，较清晰地反映地震激励下相邻建筑碰撞的规律。

Makris 等结合量纲分析方法，将地震激励简化为脉冲激励，考虑了结构的非弹性，以无量纲参数来分析结构在地震作用下的响应，并提出了地震激励能量尺度的概念。随后，Makris 在此基础上，以同样的方法，将相邻建筑简化为单自由度结构，并考虑到结构的非线性，分析其在地震激励下的响应。Zhang 和 Tang 结合量纲分析方法并考虑结构基础与土体之间的相互作用，分析了弹性和非弹性结构在近场地震激励下的响应，采用无量纲 Π 参数来表示结构在地震激励下平动以及摇摆情况下的峰值楼层位移和峰值加速度反应，并与不考虑土与基础情况下结构的响应进行对比。2009 年，Dimitrakopoulos 等将相邻建筑简化为单自由度结构，并首次将量纲分析运用到研究相邻建筑在脉冲激励下的碰撞响应，结果发现采用此种方法能将影响碰撞反应的有量纲参数化简为数量较少的无量纲参数，有效减少相关参数，较清晰地反映相邻建筑碰撞的规律。2015 年，蒋姗将相邻建筑的碰撞模型分别简化为弹性单自由度、非弹性单自由度和非弹性多自由度结构，并选用 Kelvin 碰撞模型模拟接触碰撞过程中的力和能量耗散，结合量纲分析法，对 3 种模型下的结构碰撞响应进行分析，并将数值模拟的结果与实际相邻钢框架的振动台碰撞试验结果进行对比，证明了数值模拟的正确性。但是由于 Kelvin 模型存在着不符合物理事实的缺陷——碰撞的靠近阶段和回弹阶段出现均匀的能量损失，在刚刚接触碰撞的瞬间碰撞力不是从零逐步增大以及碰撞回弹时碰撞力为负值，这些缺陷都会对相关碰撞反应的研究产生一定的不利影响。

1.1.3　本章主要研究内容

通过前文对地震作用下相邻建筑的碰撞反应相关研究的介绍和总结，目前相邻建筑结构在地震激励下的碰撞反应是一个受到诸多参数影响的高度非线性的问题，往往很难清晰地反映出碰撞规律，量纲分析虽然能够减少相关影响参数的数量，但国内外将量纲分析方法用于研究地震作用下相邻建筑碰撞反应的研究还很少，且常规的接触单元法中的模型往往存在一定的缺陷，选择合适的碰撞模型模拟碰撞过程也是研究的一个难点。

因此本章基于量纲分析方法，选用改进的 Kelvin 模型模拟碰撞过程中的力、变形和能量损失，研究弹性单自由度结构与刚体，相邻两个非弹性单自由度结构以及相邻两个非弹性多自由度结构在简化地震激励作用下的碰撞反应，并将结构的响应和前人学者采用 Kelvin 模型得到的结果进行对比，证明方法的正确性以及改进 Kelvin 模型的优越性。具体各节的内容安排如下：

1.1　引言。介绍本课题的研究背景和意义；介绍了地震作用下相邻建筑的碰撞反应研究的国内外研究现状；给出了本章的研究目的和主要研究内容。

1.2　相邻塔楼碰撞反应基础理论及量纲分析方法。介绍了相邻塔楼碰撞产生的原因和类型；归纳总结了几种碰撞模型，分析了碰撞模型的缺点并介绍了改进的 Kelvin 碰撞模型；提出解决碰撞参数复杂性的方法——量纲分析方法。

1.3　基于量纲分析的弹性单自由度结构单边碰撞反应研究。本节采用量纲分析方法，研究了单自由度摆和刚体的碰撞反应，并采用改进的 Kelvin 碰撞模型模拟碰撞过程的力、变形以及能量耗散，得到了碰撞过程中无量纲运动方程。采用数值分析方法将改进 Kelvin 模型和 Kelvin 模型得到的碰撞反应进行比较，验证了数值方法的正确性以及改进 Kelvin 模型的优越性；采用谱的形式研究了采用改进 Kelvin 模型的碰撞反应，将碰撞对单自由度摆反应的影响进行了分区（放大区、抑制区以及无影响区），分析了接触单元参数变化对结构碰撞响应的影响。

1.4　基于量纲分析的相邻非弹性单自由度结构碰撞反应研究。本节基于量纲分析方法，将相邻塔楼简化为两个非弹性单自由度结构，分析其在简化地震激励下的碰撞响应，选用改进的 Kelvin 碰撞模型，并采用双线性楼层剪力-层间位移曲线模型模拟单自由度结构的非弹性特性，得到了碰撞过程中无量纲碰撞力表达式以及无量纲运动方程。采用数值分析方法将改进 Kelvin 模型和 Kelvin 模型得到的碰撞反应进行比较，验证了改进 Kelvin 模型的优越性；证明了两个非弹性单自由度结构碰撞反应也有自相似性；研究了结构参数的影响，这里研究的结构参数主要包括结构频率比、质量比和结构间距。

1.5 基于量纲分析的非弹性多自由度结构碰撞反应及试验研究。本节采用量纲分析方法，研究两个非弹性多自由度结构在简化地震作用下的碰撞反应，选用改进的 Kelvin 模型，并采用双线性楼层剪力-层间位移关系来模拟结构的非弹性特性；推导了碰撞过程中的无量纲碰撞力表达式和整个过程的无量纲运动方程；同时进行了相邻钢框架结构的振动台试验，并将所得到的试验结果和采用 MATLAB 编程得到的数值结果进行对比，证明了采用数值模拟方法和结果的合理性和有效性；研究了结构参数的影响，这里研究的参数主要有楼层质量比、屈服后刚度比、屈服位移以及初始间距。

1.6 本章总结。

1.2 相邻塔楼碰撞反应基础理论及量纲分析方法

在地震激励作用下，由于结构间的动力特性的不同，结构间的运动不同步而产生相对位移，当初始间距小于两结构的相对位移时，碰撞就发生了。而碰撞过程产生很大的加速度脉冲会导致结构的严重破坏。在建筑结构密集的城市中，结构布局的紧凑更容易造成碰撞的发生。

本节主要介绍相邻塔楼碰撞产生的原因和类型，对模拟碰撞过程的方法进行归纳总结，并介绍本章采用的碰撞模型以及解决碰撞参数复杂问题的方法——量纲分析方法。

1.2.1 相邻塔楼结构间发生碰撞的原因和类型

1. 相邻塔楼间产生碰撞的原因

导致相邻塔楼间产生碰撞的主要原因有以下几点：

（1）结构间距较小，防震缝的宽度不足

地震作用下，当相邻塔楼的相对位移超出其预留的防震缝宽度时，结构的碰撞就发生了。我国最新的《建筑抗震设计规范》GB 50011—2010（2016 年版）中已明确规定房屋结构的相邻间距。

（2）相邻塔楼结构间存在较大的动力特性差异

由于结构间动力特性的不同，地震激励下，相邻塔楼会产生侧向非同步振动，从而产生碰撞。影响碰撞的参数主要有：结构的质量比、自振周期比等。

（3）行波效应

当相邻塔楼的跨度较大时，行波效应（地震的非一致性）也同样会造成相邻塔楼的碰撞现象。已有研究结果表明当相邻塔楼的自振周期接近时，行波效应对较低建筑结构影响较小，而对较高结构影响较大。

2. 相邻塔楼碰撞的类型

根据大量震后调查结果，按照造成碰撞的主要原因的不同，将相邻塔楼碰撞的类型分为以下 5 类：

（1）偏心碰撞破坏。如图 1-1（a）所示，造成相邻塔楼偏心碰撞破坏的原因既有可能是由于结构本身的质心和刚心存在较大偏差，也有可能是地震作用下结构受碰撞作用而发生扭转运动。

（2）柱中碰撞破坏。如图 1-1（b）所示，由于相邻塔楼层高的标高不同，一侧结构的楼板可能与另一侧结构混凝土柱的中部发生碰撞，从而导致混凝土柱被碰撞破坏失效。

（3）不同楼层质量碰撞破坏。如图 1-1（c）所示，地震激励作用下，楼层质量较小的结构会产生较大的位移，从而与相邻塔楼发生碰撞而被破坏。

（4）最末端建筑碰撞破坏。如图 1-1（d）所示，当一排紧密的多栋结构遭受地震作用时，处于最末端位置的建筑结构由于“钟摆效应”的影响会产生较大的侧向位移而被破坏，这种破坏形式类似于（3）中不同楼层质量碰撞破坏。

（5）不同高度的建筑碰撞破坏。如图 1-1（e）所示，地震作用下，两个高度相差较大的结构若发生

碰撞作用，较高结构的运动由于受到较低结构的阻碍，碰撞层以上的楼层的剪力会明显变大，从而造成碰撞层以上楼层的破坏。

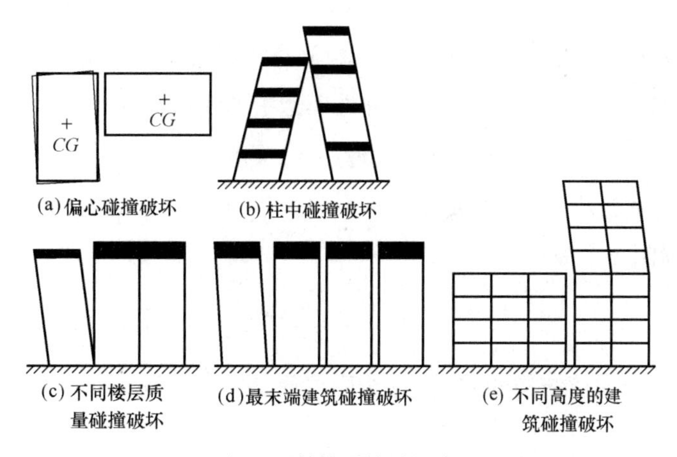

图 1-1　结构碰撞破坏类型

1.2.2　碰撞分析模型

目前，简化结构间碰撞过程的常用方法有如下两种：(1) 碰撞动力学方法；(2) 接触单元法。

1. 碰撞动力学方法

碰撞动力学方法的核心原理是动量定理和能量守恒定理，只考虑结构碰撞前和碰撞后两个阶段，采用恢复系数 e 来表征碰撞过程中的变形和能量耗散，恢复系数 e 的表达式如下：

$$e=\frac{v_2'-v_1'}{v_2-v_1} \tag{1-1}$$

式中，v_1，v_2 分别是质量为 m_1 和 m_2 碰撞前的速度；v_1'，v_2'分别是质量为 m_1 和 m_2 碰撞后的速度。

当 $e=0$ 时表示完全塑性碰撞，$e=1$ 时表示完全弹性碰撞。

由动量定理可知，两个发生碰撞的结构碰撞前和碰撞后速度满足以下条件：

$$m_1v_1+m_2v_2=m_1v_1'+m_2v_2' \tag{1-2}$$

由式 (1-1) 和式 (1-2) 可以得出两个结构碰撞后速度的表达式：

$$v_1'=v_1-(1+e)\frac{m_2(v_1-v_2)}{m_1+m_2} \tag{1-3}$$

$$v_2'=v_1+(1+e)\frac{m_1(v_1-v_2)}{m_1+m_2} \tag{1-4}$$

碰撞动力学方法由于忽略了碰撞过程，仅在研究结构为弹性或刚度较大的单自由度结构碰撞时才适用，存在较大的局限性，当结构为非弹性或多自由度时，该方法均不适用。

2. 接触单元法

接触单元法采用在相邻塔楼之间添加虚拟的碰撞单元，当相邻塔楼的相对位移超过初始间距的时候才发生碰撞，从而模拟结构的碰撞反应，而虚拟的碰撞单元一般由弹簧、阻尼等构成。由于该方法考虑到碰撞过程中力、变形和能量耗散，同时具有保证较短的碰撞时间等优点，该方法较为广泛地被用于结构碰撞领域中。

目前，常用的接触单元模型有如下四种：

(1) 线弹性模型

线弹性模型是一种最为简单的碰撞单元模型。该模型在两个结构的碰撞点之间采用线弹性弹簧模拟碰撞过程中的碰撞力，其碰撞力的表达式为：

$$F_c=k_l\delta(t) \tag{1-5}$$

式中，k_l 为弹簧的刚度系数；$\delta(t)$ 为两结构的相对侵彻位移。

从式（1-5）可以看出，相邻塔楼的碰撞力与结构的相对侵彻位移呈正比。

（2）线性黏弹性模型

线性黏弹性模型（又称 Kelvin 模型）是目前使用最为广泛的碰撞模型。该模型考虑到碰撞时的能量耗散，从而引进了一个黏滞阻尼，并将其与线弹性模型中的线性弹簧并联，其碰撞力表达式为：

$$F_c=k_k\cdot\delta(t)+c_k\cdot\dot{\delta}(t) \tag{1-6}$$

式中，k_k 表示弹簧的刚度系数；$\delta(t)$ 为两结构的相对侵彻位移；c_k 表示黏滞阻尼系数；$\dot{\delta}(t)$ 表示两结构的相对速度。黏滞阻尼系数的表达式为：

$$c_k=2\xi\sqrt{k_k\frac{m_1m_2}{m_1+m_2}} \tag{1-7}$$

式中，m_1 和 m_2 分别为两个碰撞结构的质量；ξ 为阻尼比，且与恢复系数 e 有关，其表达式为：

$$\xi=-\frac{\ln e}{\sqrt{\pi^2+(\ln e)^2}} \tag{1-8}$$

由式（1-6）～式（1-8）可以看出，黏滞阻尼系数 c_k 是一个定值，从而会造成在碰撞靠近以及回弹阶段的能量均匀损失，且从式（1-6）的碰撞表达式中可以看出，由于阻尼系数固定不变，碰撞力不是从零开始变化，并且在碰撞的回弹阶段，碰撞力会变成负值，这些都是不符合真实物理规律的。

（3）非线性弹性模型

非线性弹性模型（又称 Hertz 模型）类似于线弹性模型，该模型采用非线性弹簧来模拟碰撞接触过程中的变形，其表达式为：

$$F_c=k_h\delta(t)^n \tag{1-9}$$

式中，n 为 Hertz 系数，一般取值 3/2；k_h 为非弹性弹簧的刚度系数，其取值与相邻塔楼的几何属性和材料属性有关，假定两个碰撞结构分别为半径为 R_1 和 R_2 的各向同性球体，其刚度系数表达式为：

$$k_h=\frac{4}{3\pi(h_1+h_2)}\left[\frac{R_1R_2}{R_1+R_2}\right]^{\frac{1}{2}} \tag{1-10}$$

式中，h_1 和 h_2 为结构的材料属性，其表达式为：

$$h_i=\frac{1-\nu_i^2}{\pi E_i}\quad i=1,2 \tag{1-11}$$

式中，ν_i 为球体结构的泊松比；E_i 为结构的弹性模量。

若碰撞结构为非球体，其等效半径按下式计算：

$$R_i=\sqrt[3]{\frac{3m_i}{4\pi\rho}}\quad i=1,2 \tag{1-12}$$

式中，m_i 为碰撞结构的质量；ρ 为碰撞结构的材料密度。

由以上式子可以看出，相比于线弹性模型，Hertz 模型考虑到弹簧刚度的非弹性特性，但同样忽略了碰撞中的耗能。

（4）非线性黏弹性模型

该模型（又称 Hertz-damp 模型）同时考虑了碰撞接触过程中刚度的非线性和能量耗散，通过将非弹性弹簧与非线性阻尼并联，以此来模拟整个碰撞接触过程。其表达式为：

$$F_c=k_h\delta(t)^n+c_h\dot{\delta}(t) \tag{1-13}$$

式中，k_h 为非线性弹簧的刚度系数；c_h 为非线性阻尼系数，其表达式为：

$$c_h=\xi\delta(t)^n \tag{1-14}$$

式中，ξ 为阻尼常数，其表达式为：

$$\xi=\frac{3k_{\mathrm{h}}(1-e^{2})}{4(v_{1}-v_{2})} \tag{1-15}$$

式中，v_1-v_2 为发生碰撞时两结构的相对速度。

3. 改进的 Kelvin 模型

前文已经介绍了 4 种常用的碰撞模型，但 Kelvin 模型作为常用的模型之一仍存在许多缺陷和不足，因此，叶昆等在 Kelvin 模型的基础上进行改进，推导得到了改进的 Kelvin 模型，其数学模型如图 1-2 所示。碰撞力表达式为：

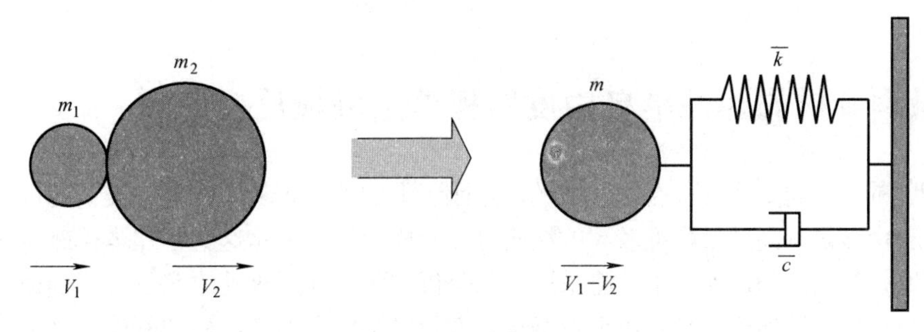

图 1-2　改进 Kelvin 碰撞分析模型

$$F=\bar{k}\delta(t)+\bar{c}\dot{\delta}(t) \tag{1-16}$$

式中，$\bar{k}$ 为接触单元刚度系数；$\delta(t)$ 为碰撞两物体相对侵彻位移；$\dot{\delta}(t)$ 为侵彻速度；$\bar{c}$ 为随时间变化的阻尼系数，其表达式为：

$$\bar{c}=\bar{\xi}\delta(t) \tag{1-17}$$

而阻尼常数 $\bar{\xi}$ 的数学表达式为：

$$\bar{\xi}=\frac{3\bar{k}(1-e)}{2e(V_{1}-V_{2})} \tag{1-18}$$

式中，e 为恢复系数（$e=1$ 表示无能量损失的弹性碰撞，$e=0$ 表示完全塑性碰撞）；V_1、V_2 表示两物体发生碰撞时的速度。

从式（1-16）～式（1-18）可以看出此时的阻尼系数 $\bar{c}$ 是随时间变化的，克服了前面所提到的 Kelvin 模型存在的理论上的缺陷，能够更加真实地展示物理规律。

因此，本章将选用接触单元法中改进的 Kelvin 模型，更加真实地模拟接触碰撞过程，进而深入研究弹性单自由度结构与刚体、两个非弹性单自由度结构以及两个非弹性多自由度结构在简化地震作用下的碰撞反应。

1.2.3　量纲分析方法

量纲分析方法是一种常用的数学分析方法。通过量纲分析，能够准确地表达各物理量之间的关系，简化物理和数学模型。量纲分析通过将独立量纲参数组合成数量较少的无量纲参数，从而将原来的有量纲函数关系转变为相应的无量纲函数关系，从而减少变量的数量，简化分析过程，将复杂问题变得简单明了。

由于地震激励作用下相邻塔楼碰撞的问题是一个高度非线性的问题，受到诸多的影响（如结构自身特性，结构布局以及地震动的输入等），在研究过程会涉及大量的影响参数，且地震作用下相邻塔楼的碰撞分析会涉及结构的振动方程和碰撞力的反应方程，较为复杂，而采用量纲分析法恰好能够解决上述问题。

1. 量纲

量纲（又称因次）是用来表示物理量的种类。例如长度、质量和时间等。而单位是用来衡量各种物理量数值的大小。对于量纲相同的物理量，其单位不一定相同。例如长度量纲的单位就有毫米（mm），厘米（cm）和米（m）等。由此可见，单位是人为设定去度量物理量的，而量纲是客观真实存在的。

2. Π 定理

量纲分析方法的核心理论是1914年Buckingham提出的Π定理，Π定理的内容可以描述为：若某一物理现象中有 n 个相关参数（x_1，x_2，x_3，…，x_n）和一个因变量 x，它们之间存在关系 $x=f(x_1, x_2, x_3, \cdots, x_n)$，若那个参数中有 k 个量 x_1，x_2，x_3，…，x_k 的量纲是独立的，即有 k 个基本量，剩余 $n-k$ 个量 x_{k+1}，x_{k+2}，x_{k+3}，…，x_n 为导出量，则通过无量纲变化，上述关系可以转化为无量纲方程：$\Pi=f(\Pi_1, \Pi_2, \Pi_3, \cdots, \Pi_{n-k})$，其中 Π_1，Π_2，Π_3，…，$\Pi_{n\text{-}k}$ 为无量纲导出量，Π为无量纲因变量。

1.3 基于量纲分析的弹性单自由度结构单边碰撞反应研究

现如今，相邻的城市建筑中往往存在较大的质量刚度上的差异，从而针对这类情况可以将质量刚度较小的结构看成单自由度摆，而质量刚度较大的结构可以看成刚体，因此这类相邻塔楼碰撞的问题可以简化成一个单自由度结构和刚体的碰撞。本节将采用量纲分析方法，选用改进的Kelvin碰撞模型模拟碰撞过程中力、变形和能量损失。推导碰撞过程中无量纲运动方程以及单自由度结构和刚体碰撞力的表达式，采用数值分析方法将改进Kelvin模型和Kelvin模型得到的碰撞反应进行比较，验证了数值分析方法的正确性以及改进Kelvin模型的优越性。同时还分析了接触单元参数对弹性单自由度结构反应的影响。

1.3.1 计算模型与无量纲运动方程

1. 单自由度结构与刚体碰撞模型

本节将相邻塔楼简化为一个弹性单自由度结构和一个刚体，其数学模型如图1-3所示。弹性单自由度结构的相关参数为：质量 m，刚度和阻尼分别为 k 和 c，且结构间的间距为 d。选用量纲分析方法研究地震激励下结构间碰撞作用时，只需考虑到地震激励的加速度峰值和角频率值，因此可以对地震激励进行简化，而目前常用的简化方法有如下两种：（1）谐波激励；（2）脉冲激励。本章假设地震动激励为正弦激励，其加速度幅值为 a_p，角频率值为 ω_p。

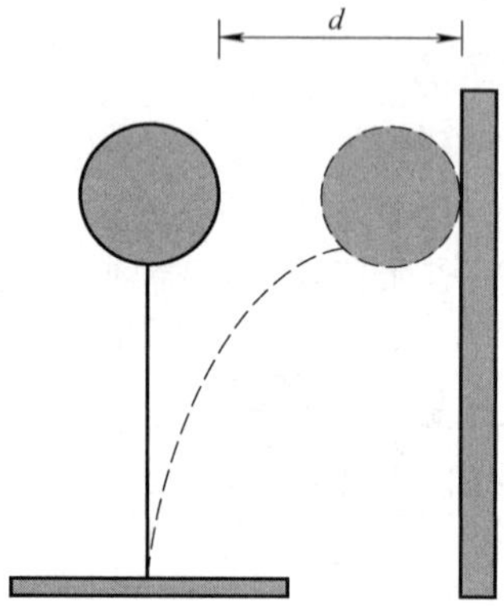

图1-3 单自由度结构与刚体的碰撞模型

2. 单自由度结构的运动方程

左侧的单自由度结构与右侧的刚体在简化的正弦激励作用下发生碰撞，其在未碰和碰撞过程中的运动方程为：

$$m\ddot{X}(t)+c\dot{X}(t)+kX(t)+F(t)=-m\ddot{u}_g(t) \tag{1-19}$$

式中，$\ddot{u}_g(t)$ 为激励加速度，$\ddot{u}_g(t)=a_\mathrm{p}\sin(\omega_\mathrm{p}t)$；$F(t)$ 表示单自由度摆与刚体之间的碰撞力。将 $c=2\xi m\omega$，$k=m\omega^2$ [ξ，ω 分别表示单自由度摆的阻尼比和角频率（s^{-1}）] 代入式（1-19），化简可得：

$$\ddot{X}(t)+2\xi\omega\dot{X}(t)+\omega^2X(t)+\frac{F(t)}{m}=-a_\mathrm{p}\sin(\omega_\mathrm{p}t) \tag{1-20}$$

为了将式（1-20）转换为无量纲运动方程，根据Makris提出的表征激励能量尺度的物理量 l_e（$l_\mathrm{e}=a_\mathrm{p}/\omega_\mathrm{p}^2$，量纲为[L]），本章选用正弦激励加速度幅值 a_p（$\mathrm{m/s^2}$）和角频率 ω_p（s^{-1}）作为基本量，并做以下变换：

$$t=\frac{\tau}{\omega_\mathrm{p}},\ X(t)=x(\tau)\cdot l_\mathrm{e}=\frac{x(\tau)\cdot a_\mathrm{p}}{\omega_\mathrm{p}^2},\ \dot{X}(t)=\frac{\dot{x}(\tau)\cdot a_\mathrm{p}}{\omega_\mathrm{p}},\ \ddot{X}(t)=\ddot{x}(\tau)\cdot a_\mathrm{p} \tag{1-21}$$

式（1-21）中，τ 表示无量纲时间；$x(\tau)$，$\dot{x}(\tau)$，$\ddot{x}(\tau)$ 分别表示左侧单自由度结构的无量纲相对位

移、相对速度和相对加速度。

将式（1-21）代入式（1-20），可以得到无量纲运动方程：

$$\ddot{x}(\tau)+2\xi\frac{\omega}{\omega_p}\dot{x}(\tau)+\frac{\omega^2}{\omega_p^2}x(\tau)+\frac{F(t)}{ma_p}=-\sin(\tau) \tag{1-22}$$

由前文碰撞模型可知，采用改进 Kelvin 模型，在激励作用下，当两者的相对位移 X 超过初始间距 d 时，两者将产生碰撞力：

$$F(t)=\begin{cases}\bar{k}\cdot\delta(t)+\bar{c}\cdot\dot{\delta}(t) & X>d\\ 0 & X\leqslant d\end{cases} \tag{1-23}$$

式（1-23）中，$\delta(t)=X(t)-d$，$\dot{\delta}(t)=\dot{X}(t)$。将 $\bar{k}=m\bar{\omega}^2$，$\bar{c}=3\bar{k}(1-e)\cdot\delta(t)/2e(V_1-V_2)$ 以及式（1-21）代入式（1-23），整理得：

$$F(t)=\begin{cases}ma_p\dfrac{\bar{\omega}^2}{\omega_p}\left(x-\dfrac{d}{l_e}\right)+\dfrac{3(1-e)}{2e}\cdot\dfrac{m\bar{\omega}^2a_p^2}{V_1\omega_p^3}\left(x-\dfrac{d}{l_e}\right)\cdot\dot{x} & x-\dfrac{d}{l_e}>0\\ 0 & x-\dfrac{d}{l_e}\leqslant 0\end{cases} \tag{1-24}$$

将式（1-24）无量纲化，可以得到无量纲化的碰撞力：

$$\frac{F(t)}{ma_p}=\begin{cases}\dfrac{\bar{\omega}^2}{\omega_p}\left(x-\dfrac{d}{l_e}\right)+\dfrac{3(1-e)}{2e}\cdot\dfrac{\bar{\omega}^2}{\omega_p^2}\dfrac{1}{v_1}\left(x-\dfrac{d}{l_e}\right)\cdot\dot{x} & x-\dfrac{d}{l_e}>0\\ 0 & x-\dfrac{d}{l_e}\leqslant 0\end{cases} \tag{1-25}$$

式（1-25）中，v_1 为单自由度摆与刚体碰撞时的无量纲速度（$v_1=V_1\cdot\omega_p/a_p$）。

综合式（1-22）和式（1-25）可以得到整个过程的无量纲运动方程：

当 $x-d/l_e\leqslant 0$ 时，单自由度结构与刚体的相对位移小于初始间距，说明结构间未发生碰撞，此时的无量纲运动方程可以表示为：

$$\ddot{x}+2\xi\frac{\omega}{\omega_p}\dot{x}+\frac{\omega^2}{\omega_p^2}x=-\sin(\tau) \tag{1-26}$$

当 $x-d/l_e>0$ 时，单自由度结构与刚体的相对位移大于初始间距，说明结构间发生碰撞，此时的无量纲运动方程为：

$$\ddot{x}+\left(2\xi\frac{\omega}{\omega_p}-\frac{3(1-e)}{2e}\cdot\frac{\bar{\omega}}{\omega_p}\cdot\frac{d}{l_e}\cdot\frac{1}{v_1}\right)\dot{x}+\left(\frac{\omega^2}{\omega_p^2}+\frac{\bar{\omega}^2}{\omega_p^2}\right)x+\frac{3(1-e)}{2e}\cdot\frac{\bar{\omega}^2}{\omega_p^2}\cdot\frac{1}{v_1}\cdot x\cdot\dot{x}=-\sin(\tau)+\frac{\bar{\omega}^2}{\omega_p^2}\cdot\frac{d}{l_e} \tag{1-27}$$

3. 基于 Π 定理的无量纲化运动方程

根据 Π 定理以及上文中所得到的单自由度摆碰撞的运动方程，在简化的正弦激励作用下，表征单自由度结构与刚体碰撞反应的物理量有：发生碰撞的单自由度结构的峰值位移 X_{max}、峰值速度 $\dot{X}_{max}$ 以及峰值侵彻位移 X_{con}。而影响的相关参数有：结构的角频率 ω，结构的阻尼比 ξ，采用改进 Kelvin 模型模拟的接触单元的恢复系数 e 和角频率 $\bar{\omega}$，弹性单自由度结构与刚体的间距 d 以及正弦激励作用的加速度幅值 a_p 和角频率 ω_p。

通过 Π 定理，单自由度摆的碰撞反应函数可以表示为：

$$\left.\begin{matrix}X_{max}\\ \dot{X}_{max}\\ X_{con}\end{matrix}\right\}=f(\omega,\xi,e,\bar{\omega},d,a_p,\omega_p) \tag{1-28}$$

由式（1-28）可知，该方程中的 7 个变量所涉及的基本量纲有 2 个：长度［L］和时间［T］，根据

Π 定理可以得到 7－2＝5 个独立的无量纲 Π 参数。上文选用了正弦激励加速度峰值 a_p 和角频率 ω_p 为基本变量将弹性单自由度结构与刚体的运动方程无量纲化，故将式（1-28）无量纲化可得到：

$$\left.\begin{array}{c}\dfrac{X_{max}\omega_p^2}{a_p}\\ \dfrac{\dot{X}_{max}\omega_p}{a_p}\\ \dfrac{X_{con}\omega_p^2}{a_p}\end{array}\right\}=f\left(\frac{\omega}{\omega_p},\xi,e,\frac{\overline{\omega}}{\omega_p},\frac{d\omega_p^2}{a_p}\right) \tag{1-29}$$

令 $\Pi_u=X_{max}\omega_p^2/a_p$，$\Pi_v=\dot{X}_{max}\omega_p/a_p$，$\Pi_{ucon}=X_{con}\omega_p^2/a_p$，$\Pi_\omega=\omega/\omega_p$，$\Pi_{\omega con}=\overline{\omega}/\omega_p$，$\Pi_d=d/l_e=d\omega_p^2/a_p$，$\Pi_e=e$，$\Pi_\xi=\xi$，式（1-29）可化为：

$$\left.\begin{array}{c}\Pi_u\\ \Pi_v\\ \Pi_{ucon}\end{array}\right\}=f(\Pi_\omega,\Pi_{\omega con},\Pi_e,\Pi_\xi,\Pi_d) \tag{1-30}$$

式（1-30）中，Π_u 是单自由度摆的最大位移与激励能量尺度 $l_e=a_p/\omega_p$ 的比值，即无量纲化的最大位移；Π_v 是单自由度摆的最大速度与激励能量尺度 $l_e=a_p/\omega_p$ 的比值，即无量纲化的最大速度；Π_{ucon} 是单自由度摆的最大侵彻位移与激励能量尺度 $l_e=a_p/\omega_p$ 的比值，即无量纲化的最大侵彻位移；Π_ω 是单自由度摆的角频率 ω 与激励角频率 ω_p 的比值，即结构无量纲化的角频率；$\Pi_{\omega con}$ 是接触单元角频率 $\overline{\omega}$ 与激励角频率 ω_p 的比值，即无量纲化的接触单元角频率；Π_d 是初始结构间距 d 与激励能量尺度 $l_e=a_p/\omega_p$ 的比值，即无量纲化的初始结构间距。

1.3.2 单自由度摆碰撞反应数值解求解

为研究单自由度摆和刚体的无量纲碰撞反应，本节采用四阶龙格库塔方法，运用 MATLAB 编程软件求解式（1-26）和式（1-27），其中无量纲时间步长 $\tau=0.001$。并选取如下参数：$\Pi_{\omega con}=100$，$\Pi_d=0.1$，$\Pi_e=0.4$，$\Pi_\xi=0.05$。

图 1-4 给出了当 $\Pi_\omega=0.5$ 时，采用 MATLAB 编程求解的改进 Kelvin 模型的位移反应时程，并将其与蒋姗得到的采用 Kelvin 模型得到的位移反应时程进行对比。从图 1-4 可以看出，当 $\Pi_\omega=0.5$ 时单自由度摆与刚体的碰撞采用改进 Kelvin 模型比 Kelvin 模型的最大位移稍小；图 1-5 给出了当 $\Pi_\omega=0.5$ 时，采用 MATLAB 编程求解得到的采用改进 Kelvin 模型和 Kelvin 模型的速度反应时程，从图 1-5 可以看出，两条速度时程曲线基本重合，但是在单自由度摆碰撞的回弹阶段发现两条曲线有明显的区别：采用 Kelvin 模型的曲线在单自由度摆回弹阶段，速度会有减小，这是因为当采用 Kelvin 模型模拟碰撞力时，单自由度摆在碰撞回弹阶段会出现拉力，这是与物理事实不符的，但是改进 Kelvin 模型却没有出现这一现象。

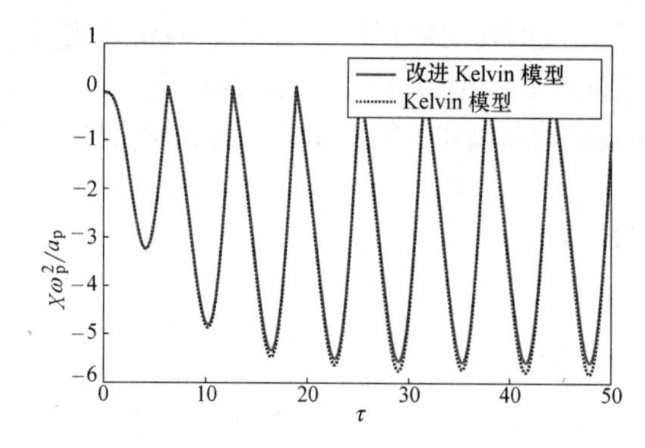

图 1-4 两种碰撞模型的位移反应时程曲线

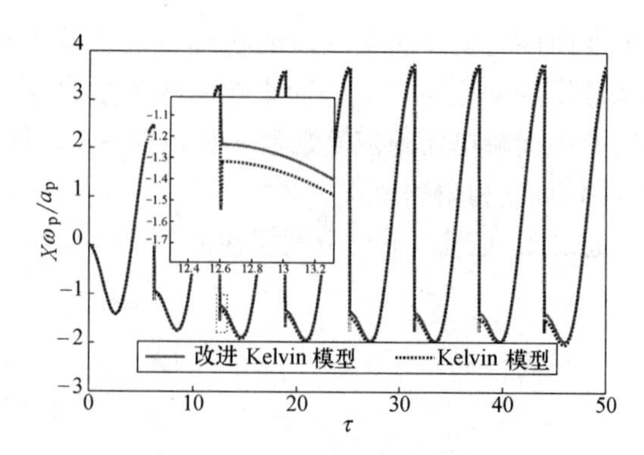

图 1-5 两种碰撞模型的速度反应时程曲线

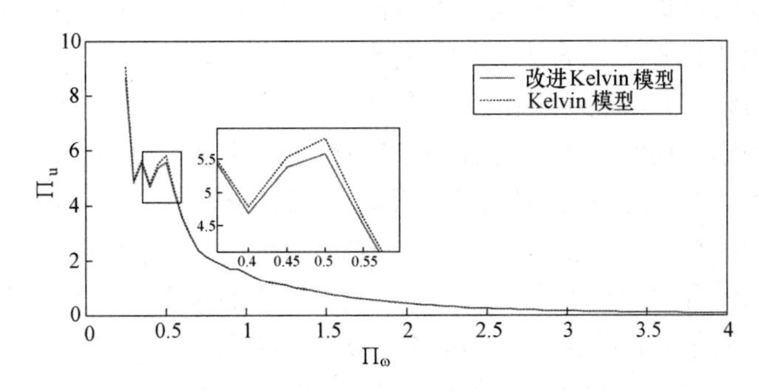

图 1-6　两种碰撞模型的峰值位移反应

而图 1-6 是采用两种碰撞模型的单自由度摆与刚体碰撞的峰值位移反应，从图 1-6 可以看出，当 Π_ω 较小时，采用 Kelvin 模型得到的峰值位移要比采用改进 Kelvin 模型的峰值位移稍大，但当 Π_ω 较大时，两者的峰值位移曲线基本重合。

图 1-4～图 1-6 一方面证明了本节采用 MATLAB 求解基于改进 Kelvin 碰撞模型单自由度摆与刚体碰撞的无量纲数值解的正确性，另一方面也证明了改进 Kelvin 碰撞模型相较于 Kelvin 模型的优越性。虽然两种模型得到的峰值位移反应差别不大，但从图 1-5 可以看出改进 Kelvin 模型克服了 Kelvin 模型在理论上的缺陷，能够更加合理地反映碰撞的物理本质，所以从理论合理性方面考虑，改进 Kelvin 模型更具有优势。故本节接下来将继续采用改进 Kelvin 碰撞模型进行分析。

图 1-7 和图 1-8 分别给出了采用改进 Kelvin 模型时，无量纲频率 Π_ω 与单自由度摆的无量纲峰值位移 Π_u 和速度 Π_v 发生碰撞以及未发生碰撞的关系曲线。

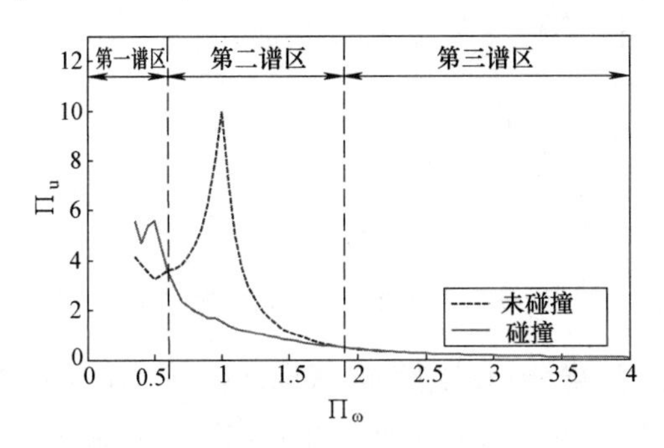

图 1-7　单自由度结构峰值位移反应

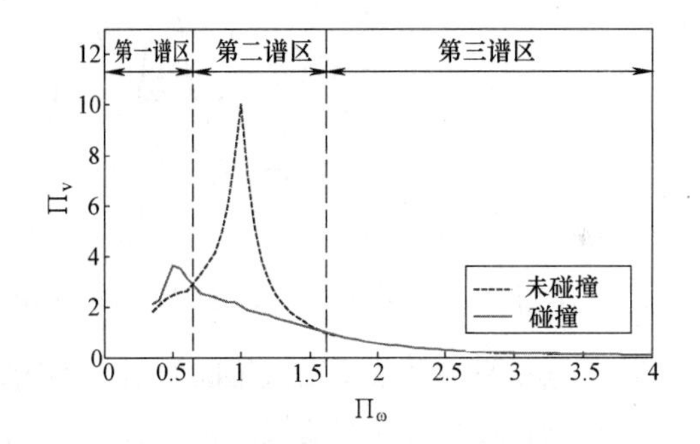

图 1-8　单自由度结构峰值速度反应

从图 1-7 以及图 1-8 中发生碰撞对应的曲线可以清晰地看出，单自由度摆的无量纲峰值位移和速度受无量纲频率 Π_ω 的影响较明显，当 Π_ω 较小时，此时单自由度摆碰撞反应的峰值位移和速度均较大，其中当 Π_ω 在 0.5 附近，两者达到峰值；随着 Π_ω 的增大，峰值位移和速度均减小；当 Π_ω 达到 4 时，两者的值均趋近于零。

从图 1-7 以及图 1-8 中未碰撞对应的曲线可以看出，单自由度摆未发生碰撞时，单自由度摆的无量纲峰值位移和速度受无量纲频率 Π_ω 的影响也较明显，呈先增大后减小最后趋于零的趋势，其中当 $\Pi_\omega=1$ 时，未发生碰撞时的单自由度摆的峰值位移和速度达到最大值，此时 $\Pi_\omega=1$ 表示单自由度摆的角频率与地震激励的角频率相同，所以由于共振作用，单自由度摆的峰值位移和速度达到最大值。

将图 1-7 中碰撞和未碰撞的曲线进行比较，可以将峰值位移反应划分为 3 个谱区：(1) 第一谱区：发生碰撞后单摆的位移反应增强区（$0<\Pi_\omega\leqslant 0.6$），此时的 Π_ω 值较小，表示单自由度摆的角频率相比于地震激励的频率较小，单自由度摆较柔，当其发生碰撞后，单自由度摆的位移反应变大；(2) 第二谱区：发生碰撞后单自由度结构的位移反应抑制区（$0.6<\Pi_\omega\leqslant 1.9$），此时由于单自由度结构的角频率与地震激励的频率接近，未碰撞时受到共振影响，位移反应增强，但当发生碰撞作用时，能量被大大吸

收，从而导致单自由度摆的位移反应受到大大的抑制，其中当 $\Pi_{\omega}=1$ 时，碰撞反应造成的抑制效果最明显；(3) 第三谱区：发生碰撞后单自由度摆的位移反应无明显变化区 ($\Pi_{\omega}>1.9$)，此时单自由度摆的角频率大于地震激励的频率，说明单自由度结构的刚度较大，碰撞对位移反应并无明显的影响，甚至当 Π_{ω} 较大时，单自由度摆的刚度也较大，此时单自由度摆并未发生碰撞反应。

同样，如图 1-8 所示，单自由度摆的峰值速度反应也可以划分为三个谱区：(1) 第一谱区：发生碰撞后单自由度摆的速度反应加强区 ($0<\Pi_{\omega}\leqslant0.65$)；(2) 第二谱区：发生碰撞后单自由度摆的速度反应被抑制区 ($0.6<\Pi_{\omega}\leqslant1.6$)；(3) 第三谱区：发生碰撞后单自由度摆的速度反应无明显变化区 ($\Pi_{\omega}>1.6$)。

为了证明这 3 个谱区划分的正确性，分别取 3 个谱区中不同的 Π_{ω}，求解得到单自由度摆碰撞与未碰撞的位移反应时程曲线。如图 1-9 所示，当 $\Pi_{\omega}=0.5$ (第一谱区) 时，单自由度摆的位移反应受碰撞明显增大；当 $\Pi_{\omega}=1$ (第二谱区) 时，单自由度摆的位移反应受碰撞明显抑制；当 $\Pi_{\omega}=3$ (第三谱区) 时，碰撞对单自由度摆的位移反应无明显影响。

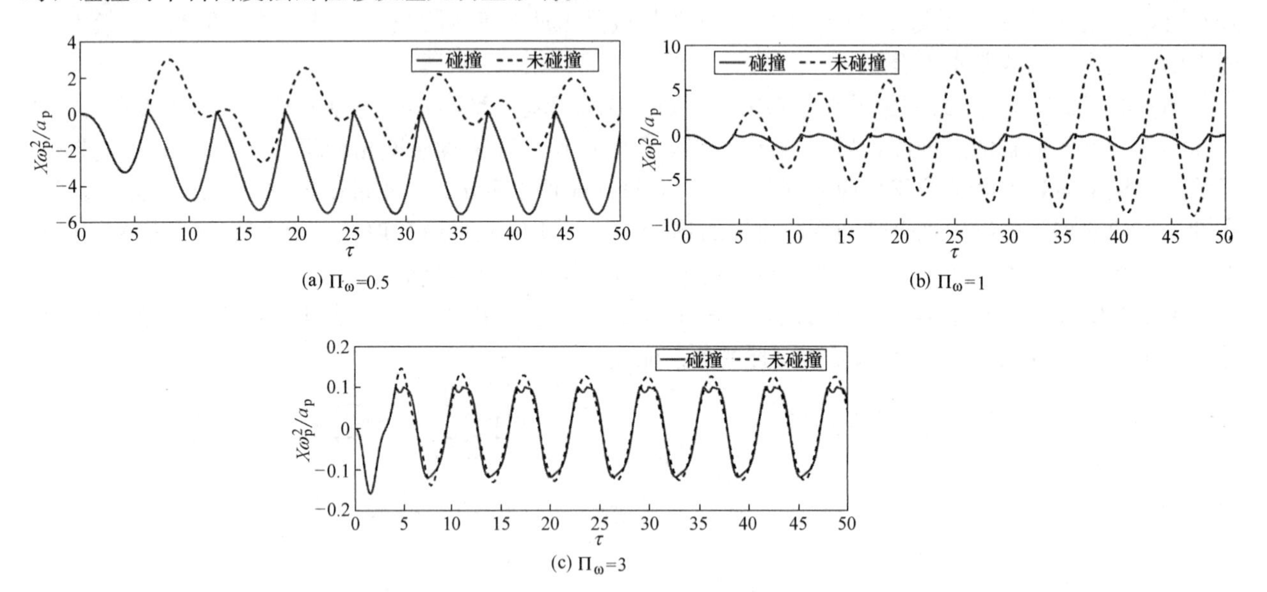

(a) $\Pi_{\omega}=0.5$　　(b) $\Pi_{\omega}=1$

(c) $\Pi_{\omega}=3$

图 1-9　3 种频率下单自由度摆分别采用改进 Kelvin 碰撞模型碰撞与未碰撞位移反应时程曲线

同时，还分别取了 3 个谱区不同的 Π_{ω}，求解得到单自由度摆分别采用改进 Kelvin 模型和 Kelvin 模型碰撞与未碰撞速度反应时程曲线。如图 1-10 所示，当 $\Pi_{\omega}=0.5$ (第一谱区) 时，单自由度摆的速度反应受碰撞明显增大；当 $\Pi_{\omega}=1$ (第二谱区) 时，单自由度摆的速度反应受碰撞明显减小；当 $\Pi_{\omega}=3$ (第三谱区) 时，碰撞对单自由度摆的速度反应无明显影响。由此看来，图 1-9 和图 1-10 不仅证明了 3 个谱区划分的正确性，图 1-10 还将采用改进 Kelvin 模型和 Kelvin 模型得到的 3 个谱区的速度反应时程进行了比较，在图中的放大部分可以看到，由于 Kelvin 碰撞模型在回弹阶段会出现负向拉力，采用 Kelvin 碰撞模型得到的速度反应时程曲线会在碰撞还未结束时就减小，而采用改进 Kelvin 碰撞模型得到的速度反应时程曲线却没有出现这种情况，弥补了这一缺点，从而进一步证明了改进 Kelvin 模型的优越性。

采用量纲方法分析单自由度的碰撞能够很好地诠释其结构的自相似性。图 1-11 为不同激励峰值加速度条件下，选用改进 Kelvin 模型模拟碰撞力，单自由度摆有量纲和无量纲的峰值速度反应。图 1-11 (a) 中，分别选取不同的激励峰值加速度 ($a_p=0.2g$，$0.5g$，$0.8g$)，得到了 3 条不同的有量纲碰撞峰值速度曲线和 3 条不同的有量纲无碰撞峰值速度曲线。而图 1-11 (b) 中对应不同的激励峰值加速度，所得到的无量纲碰撞和未碰撞峰值速度曲线均会重合为 1 条 (从式 1-26 和式 1-27 也可以推导出)，即采用量纲分析的单自由度摆的碰撞反应与地震激励峰值加速度无关。同理，单自由度摆的无量纲位移和无量纲碰撞力均与激励峰值加速度无关，表现出相同的自相似性。而通过弹性单自由度结构与刚体碰撞反应的自相似性可以看出：当采用量纲分析方法研究弹性单自由度结构与刚体的碰撞反应时，结构的响应与地震激励的加速度峰值无关，从而减少了影响参数，更加简洁清晰地反映碰撞规律。

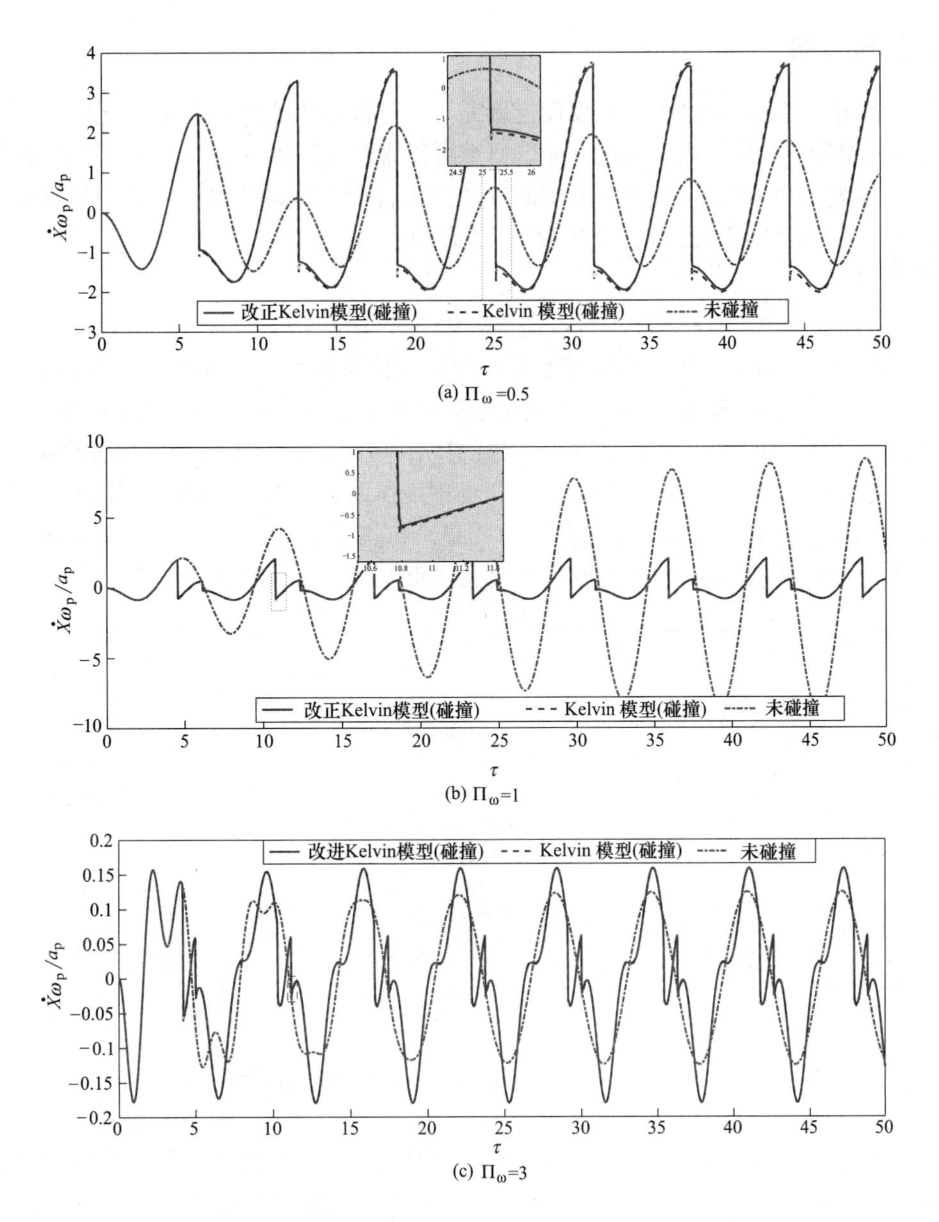

图 1-10　3 种频率下单自由度摆分别采用改进 Kelvin 模型和 Kelvin 模型碰撞与未碰撞速度反应时程曲线

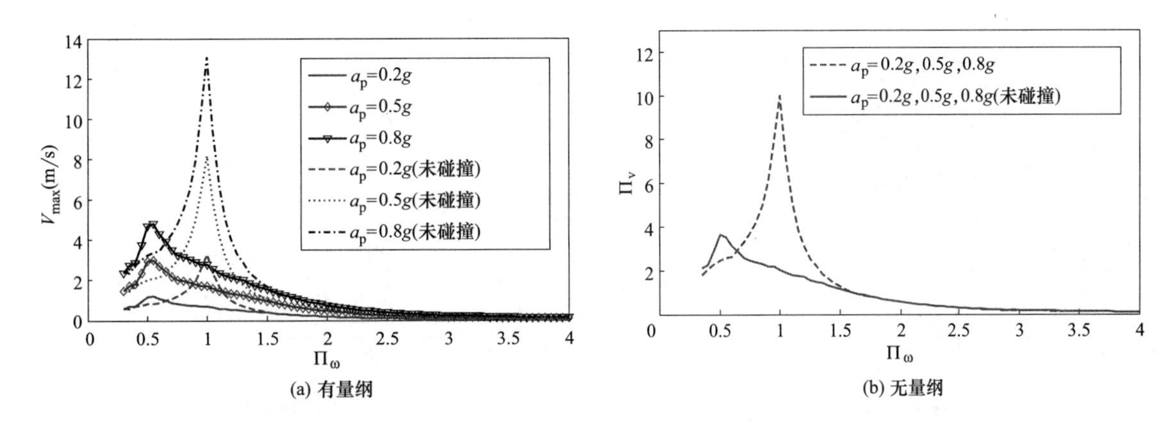

图 1-11　不同激励峰值加速度下单自由度结构有量纲和无量纲的峰值速度反应

1.3.3 参数影响分析

对于相邻塔楼在简化地震激励下的碰撞反应研究，本节将相邻塔楼简化为一个弹性单自由度摆和刚体，此时的碰撞模型较为简单，而且通过前面的研究可以看到，采用量纲分析时，结构的反应与激励加速度峰值无关，表现出自相似性。因此接下来的参数分析将研究接触刚度（此处用接触单元参数 $\Pi_{\omega con}$ 来表示接触刚度），初始间距 Π_d 以及恢复系数 Π_e 的影响。

1. 接触刚度 $\Pi_{\omega con}$

此处相关参数为：$\Pi_d=0.1$，$\Pi_e=0.4$，$\Pi_\xi=0.05$。本节用 $\Pi_{\omega con}=\overline{\omega}/\omega_p$ 来表示接触刚度的大小。图 1-12 给出了不同 $\Pi_{\omega con}$ 值下，单自由度摆发生峰值侵彻位移的大小。从图 1-12 可以清楚地看出，随着 $\Pi_{\omega con}$ 的增大，侵彻位移逐渐减小。结合上文所划分的 3 个谱区，可以看出在第一谱区以及部分第二谱区中，当 $\Pi_{\omega con}$ 的值较小时（比如 $\Pi_{\omega con}=10$ 以及 $\Pi_{\omega con}=25$），此时有较大的侵彻位移，有的地方侵彻位移甚至大于初始间距（$\Pi_d=0.1$），这是不符合物理规律的，所以在研究时，应避免 $\Pi_{\omega con}$ 的取值过小。在第三谱区中，此时的 Π_ω 较大，且侵彻位移均很小；随着 $\Pi_{\omega con}$ 的增大，侵彻位移基本接近于零。这说明此时的单自由度摆刚度很大，接触刚度也很大，所以此时基本没有变形发生。

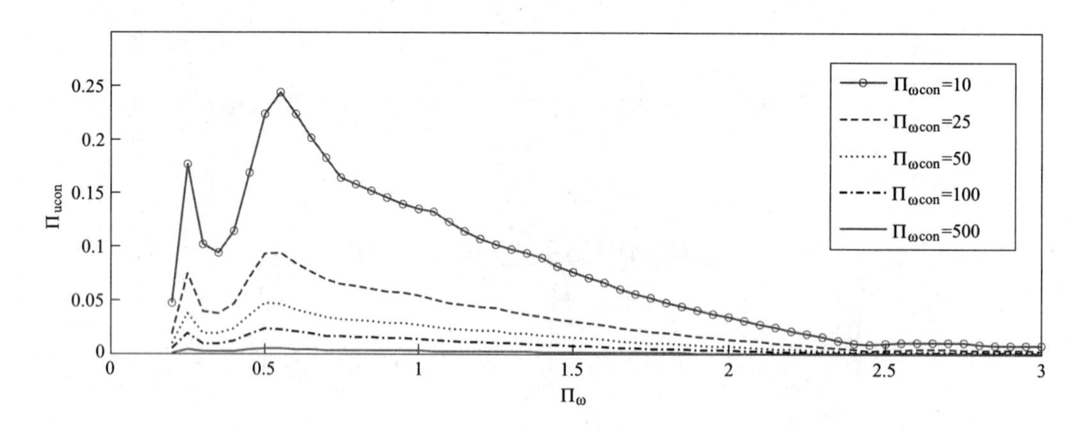

图 1-12 不同接触刚度条件下单自由度结构的峰值侵彻位移反应曲线

接下来研究不同接触刚度 $\Pi_{\omega con}$ 条件下单自由度摆的峰值位移和速度反应。如图 1-13 所示（此处参数条件为 $\Pi_d=0.1$，$\Pi_e=0.4$，$\Pi_\xi=0.05$），图 1-13（a）为不同接触刚度 $\Pi_{\omega con}$ 下单自由度结构的峰值位移关于无量纲频率 Π_ω 的关系曲线，图 1-13（b）为不同接触刚度 $\Pi_{\omega con}$ 下单自由度摆的峰值速度关于

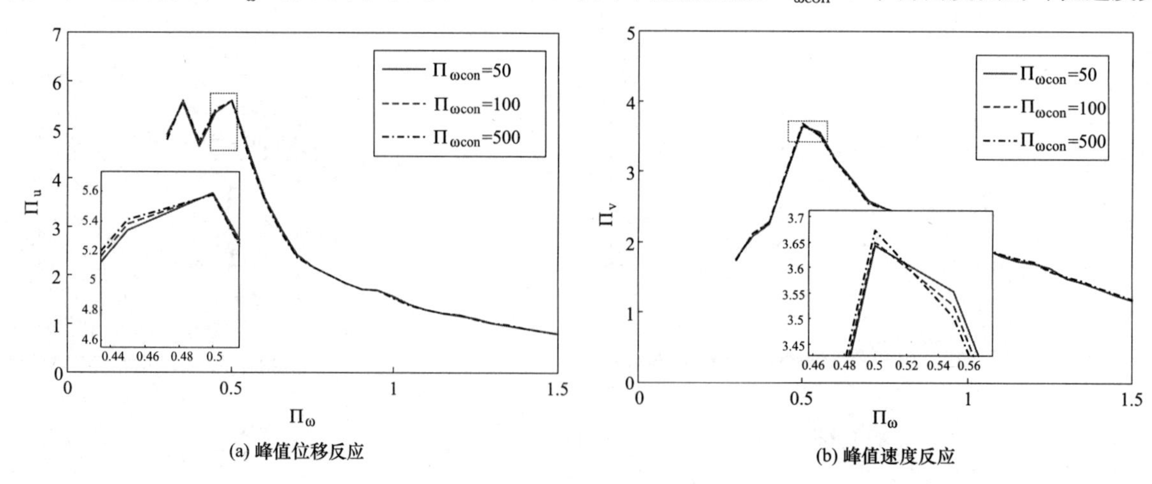

图 1-13 不同接触刚度 $\Pi_{\omega con}$ 下单自由度摆的峰值位移和速度反应

无量纲频率 Π_ω 的关系曲线。由图 1-13 可以看出，当接触刚度 $\Pi_{\omega con}$ 选取不同值时，单自由度摆的峰值位移、峰值速度的曲线基本重合，所以接触刚度 $\Pi_{\omega con}$ 对单自由度摆的碰撞反应基本没有影响，在相关碰撞反应的分析中可以忽略此参数的影响。

2. 初始间距 Π_d

此处相关参数为：$\Pi_e=0.4$，$\Pi_\xi=0.05$，$\Pi_{\omega con}=100$。图 1-14 给出了 3 种不同初始间距 Π_d 条件下，侵彻位移 Π_{ucon} 与无量纲频率 Π_ω 的关系曲线。结合上文划分的 3 个谱区，从图 1-14 中可以看出，在第一、二谱区，侵彻位移受初始间距 Π_d 的影响很小。但是在第三谱区中，对于 $\Pi_d=1$ 这条曲线，当 Π_ω 超过 1.5 时，没有发生碰撞。综上所述，采用改进 Kelvin 碰撞模型模拟接触碰撞过程时，单自由度结构的侵彻位移受初始间距的影响很小。

3. 恢复系数 Π_e

此处相关参数为：$\Pi_\xi=0.05$，$\Pi_{\omega con}=100$，$\Pi_d=0.1$。图 1-15 给出了当选取不同恢复系数 Π_e 时，无量纲侵彻位移 Π_{ucon} 关于无量纲频率 Π_ω 的关系曲线。从图 1-15 中可以看出，在第一谱区和第二谱区中无量纲侵彻位移 Π_{ucon} 受恢复系数 Π_e 的取值较明显，且当恢复系数 Π_e 越大，无量纲侵彻位移 Π_{ucon} 越大，当 $\Pi_\omega=0.5$ 时，无量纲侵彻位移达到最大值。其中，图 1-15 中 $\Pi_e=0.001$ 这条曲线在第一谱区和第二谱区的侵彻位移明显小于其余 3 条曲线，这是因为恢复系数 Π_e 的值越小，此时的碰撞越接近于完全塑性碰撞，单自由度摆与刚体刚一接触碰撞，能量便迅速耗散，故此时的侵彻位移明显小于其余情况下的侵彻位移；而当 $\Pi_e=1$ 时，侵彻位移最大，表明此时为完全弹性碰撞，无能量耗散。在第三谱区中，恢复系数对侵彻位移的影响较小，且随无量纲频率 Π_ω 的增大，恢复系数 Π_e 对无量纲侵彻位移 Π_{ucon} 的影响基本可以忽略。

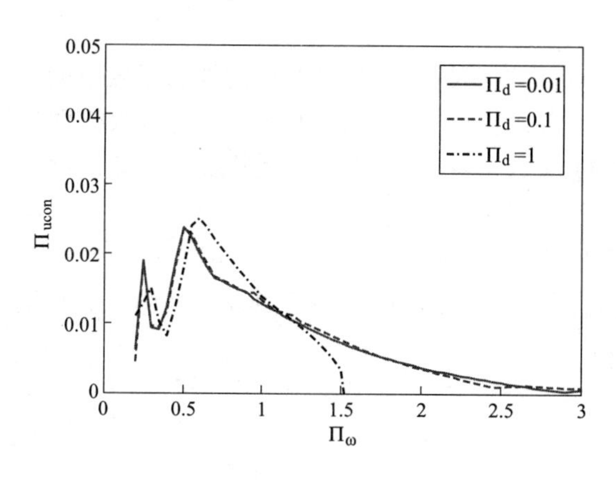

图 1-14　不同初始间距条件下单自由度摆的侵彻位移反应

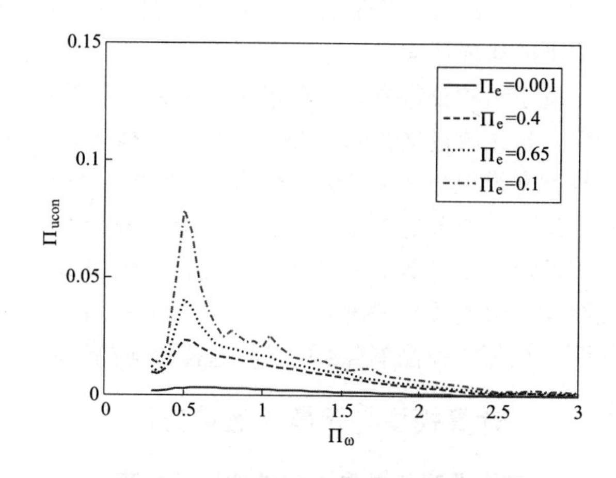

图 1-15　不同恢复系数条件下单自由度摆的侵彻位移反应

接下来研究恢复系数 Π_e 变化对单自由度结构的峰值位移和速度反应的影响。如图 1-16 所示（此处参数条件为 $\Pi_\xi=0.05$，$\Pi_{\omega con}=100$，$\Pi_d=0.1$），图 1-16（a）为不同恢复系数 Π_e 下单自由度摆的峰值位移关于无量纲频率 Π_ω 的关系曲线，图 1-16（b）为不同恢复系数 Π_e 下单自由度摆的峰值速度关于无量纲频率 Π_ω 的关系曲线。结合上文所划分的 3 个谱区，图 1-16 中，在第一谱区，单自由度结构与刚体发生碰撞所得到的峰值位移随着恢复系数 Π_e 的增大有很明显的增大，且当 $\Pi_\omega=0.5$ 时，单自由度摆的峰值位移达到最大；但是在第二谱区和第三谱区，单自由度摆的峰值位移受恢复系数的影响基本可以忽略。从图 1-16 中还可以发现，当 $\Pi_e=1$ 时，在第一谱区单自由度摆的峰值位移明显大于其他 3 条曲线，这是因为 $\Pi_e=1$ 时的碰撞忽略了能量的损耗，为弹性碰撞，忽略能量的损耗会夸大其碰撞反应，而实际工程中的弹性碰撞是不存在的。

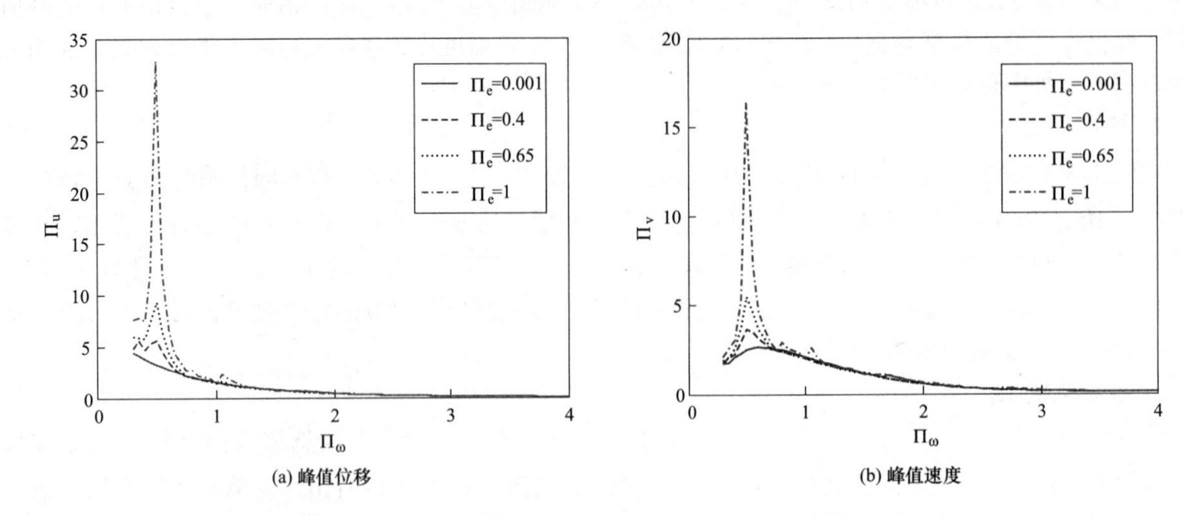

图 1-16　不同恢复系数下单自由度结构的峰值位移和速度反应

1.4　基于量纲分析的相邻非弹性单自由度结构碰撞反应研究

上一节将相邻塔楼简化为一个弹性单自由度结构和刚体，研究其在简化地震激励下的碰撞反应，并分析了接触单元参数对碰撞反应的影响。但是相邻塔楼的碰撞是非线性问题，采用非线性模型更具真实性，能更好地展示相邻塔楼之间的碰撞反应。因此本节将研究两个非弹性单自由度结构在简化地震激励作用下的碰撞反应。

基于量纲分析方法，将相邻塔楼简化为两个非弹性单自由度结构，分析其在简化地震激励下的碰撞响应，选用改进 Kelvin 碰撞模型模拟碰撞体在接触过程的力、变形和能量的耗散，并选用双线性恢复力模型来模拟相邻单自由度结构的非线性。推导了碰撞过程中无量纲碰撞力表达式以及无量纲运动方程。采用数值分析方法将改进 Kelvin 模型和 Kelvin 模型得到的碰撞反应进行比较，验证了数值方法的正确性以及改进 Kelvin 模型的优越性。采用谱的形式研究了采用改进 Kelvin 模型的两个非弹性单自由度结构的碰撞反应，揭示了两个非弹性单自由度结构碰撞反应的自相似性。最后研究了结构参数和结构间距对相邻非弹性单自由度结构碰撞反应的影响。

1.4.1　计算模型与无量纲运动方程

1. 两个非弹性单自由度结构运动方程

地震动作用下，两个相邻非弹性单自由度结构碰撞的计算模型如图 1-17 所示。单自由度摆的质量分别为 m_1 和 m_2，刚度为 k_1 和 k_2，阻尼参数为 c_1 和 c_2，初始间距为 d。考虑到结构的非线性特性，这里选用双线性恢复力模型来模拟结构的本构关系。

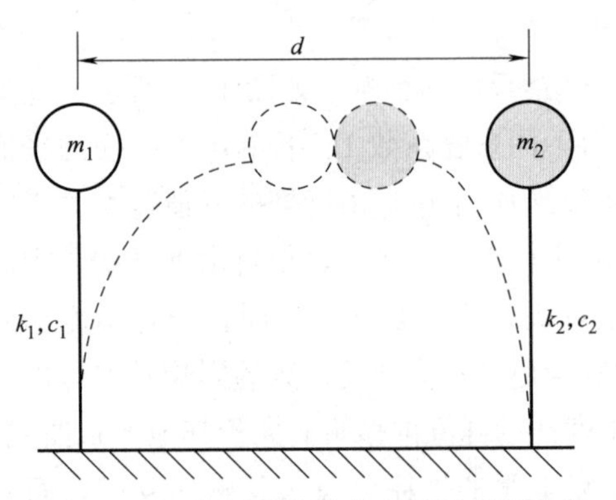

图 1-17　两个非弹性单自由度摆碰撞模型

本节同样采用正弦激励模拟地震动，其加速度幅值为 a_p，角频率值为 ω_p。在正弦激励的作用下，两个非弹性单自由度结构的运动方程为：

$$\begin{cases} m_1\ddot{X}_1(t)+c_1\dot{X}_1(t)+F_{s1}(t)+F_{p12}=-m_1\ddot{X}_g(t) \\ m_2\ddot{X}_2(t)+c_2\dot{X}_2(t)+F_{s2}(t)-F_{p12}=-m_2\ddot{X}_g(t) \end{cases} \tag{1-31}$$

式中，$\ddot{X}_g(t)$ 为激励加速度，$\ddot{X}_g(t)=a_p\sin(\omega_p t)$；$X_1(t)$，$X_2(t)$ 分别表示左侧结构 m_1 和右侧结构 m_2 在不同时刻 t 时的位移反应；$F_{s1}(t)$，$F_{s2}(t)$ 分别表示左侧结构和右侧结构在不同时刻的非弹性抗力，其增量形式为 $\Delta F_{si}(t)=K_i(t)\cdot\Delta X_i$ $(i=1, 2)$，式中 ΔX_i 为各单自由度结构的相对位移增量，K_i 为结构的刚度，与结构各自的屈服位移 u_{yi} 有关：当单自由度结构在运动过程中的位移小于其屈服位移 u_{yi} 时，结构处于弹性阶段，此时结构的刚度为 $K_i(t)=m_i\omega_i^2$；当结构在运动过程中的位移大于其屈服位移 u_{yi} 时，结构进入塑性阶段且刚度为$K_i(t)=\alpha m_i\omega_i^2$，式中 α 表示非弹性结构屈服后的刚度系数。

将式（1-31）等号两边同时除以 m_2，化简得：

$$\begin{cases}\dfrac{m_1}{m_2}\ddot{X}_1(t)+2\xi\dfrac{m_1}{m_2}\omega_1\dot{X}_1(t)+\dfrac{F_{s1}(t)}{m_2}+\dfrac{F_{p12}}{m_2}=-\dfrac{m_1}{m_2}\ddot{X}_g(t)\\ \ddot{X}_2(t)+2\xi\omega_2\dot{X}_2(t)+\dfrac{F_{s2}(t)}{m_2}-\dfrac{F_{p12}}{m_2}=-\ddot{X}_g(t)\end{cases} \tag{1-32}$$

为了将式（1-32）转换为无量纲运动方程，根据 Makris 提出的表征激励能量尺度的物理量 l_e（$l_e=a_p/\omega_p^2$，量纲为［L］），本节选用右侧质量较大的单自由度结构的质量 m_2，简化正弦激励的加速度峰值 $a_p(\mathrm{m/s^2})$ 和激励角频率 $\omega_p(\mathrm{s^{-1}})$ 作为基本量，并作以下变换：

$$t=\frac{\tau}{\omega_p},\ X_i(t)=x_i(\tau)\cdot l_e=\frac{x_i(\tau)\cdot a_p}{\omega_p^2},\ \dot{X}_i(t)=\frac{\dot{x}_i(\tau)\cdot a_p}{\omega_p},\ddot{X}_i(t)=\ddot{x}_i(\tau)\cdot a_p \tag{1-33}$$

式（1-33）中，τ 为无量纲运动时间；$x_i(\tau)$，$\dot{x}_i(\tau)$，$\ddot{x}_i(\tau)$ 分别为各无量纲非弹性单自由度结构的相对位移、相对速度和相对加速度。

将式（1-33）代入式（1-32），可以得到如下的无量纲运动方程：

$$\begin{cases}\dfrac{m_1}{m_2}\ddot{x}_1(\tau)+2\xi\dfrac{m_1}{m_2}\dfrac{\omega_1}{\omega_p}\dot{x}_1(\tau)+\dfrac{F_{s1}}{m_2a_p}+\dfrac{F_{p12}}{m_2a_p}=-\dfrac{m_1}{m_2}\sin(\tau)\\ \ddot{x}_2(\tau)+2\xi\dfrac{\omega_2}{\omega_p}\dot{X}_2(t)+\dfrac{F_{s2}}{m_2a_p}-\dfrac{F_{p12}}{m_2a_p}=-\sin(\tau)\end{cases} \tag{1-34}$$

式中，F_{si}/m_2a_p 表示无量纲化的非弹性抗力，由前文可知，与无量纲化的结构各刚度 $K_i/m_2\omega_p^2$、屈服后刚度系数 α 以及无量纲化的屈服位移 u_{yi}/l_e 有关。当结构处于弹性阶段时，无量纲化结构刚度为 $K_i/m_2\omega_p^2=(m_i/m_2)\cdot(\omega_i^2/\omega_p^2)$；当结构处于塑性阶段时，无量纲化结构刚度为 $K_i/m_2\omega_p^2=\alpha\cdot(m_i/m_2)\cdot(\omega_i^2/\omega_p^2)$。

由前文碰撞模型可知，采用改进的 Kelvin 模型，在激励作用下，当两者的相对位移 X 超过初始间距 d 时，两者将产生碰撞力：

$$F_{p12}=\begin{cases}\bar{k}\cdot\delta(t)+\bar{c}\cdot\dot{\delta}(t) & \delta(t)>d\\ 0 & \delta(t)\leqslant d\end{cases} \tag{1-35}$$

其中，$\delta(t)=X_1-X_2-d$；$\dot{\delta}(t)=\dot{X}_1-\dot{X}_2$。将 $\bar{k}=m_1m_2\bar{\omega}^2/(m_1+m_2)$，$\bar{c}=3\bar{k}(1-e)\delta(t)/[2e(V_1-V_2)]$ 以及式（1-33）带入式（1-35）中，整理得：

当 $x_1-x_2>d/l_e$ 时，两结构发生碰撞，此时碰撞力表达式为：

$$F_{p12}=\frac{m_1m_2}{m_1+m_2}\bar{\omega}^2\left(x_1-x_2-\frac{d}{l_e}\right)\cdot\frac{a_p}{\omega_p^2}+\frac{3(1-e)}{2e(V_1-V_2)}\cdot\frac{m_1m_2}{m_1+m_2}\bar{\omega}^2$$
$$(\dot{x}_1-\dot{x}_2)\cdot\frac{a_p}{\omega_p}\left(x_1-x_2-\frac{d}{l_e}\right)\cdot\frac{a_p}{\omega_p^2} \tag{1-36}$$

当 $x_1-x_2\leqslant d/l_e$ 时，两结构未发生碰撞，此时碰撞力表达式为：

$$F_{p12}=0 \tag{1-37}$$

将式（1-36）无量纲化，可以得到发生碰撞时无量纲化的碰撞力：

$$\frac{F_{\mathrm{p}12}}{m_2a_{\mathrm{p}}}=\frac{\frac{m_1}{m_2}}{\frac{m_1}{m_2}+1}\left[\left(\frac{\overline{\omega}}{\omega_{\mathrm{p}}}\right)^2\cdot\left(x_1-x_2-\frac{d}{l_{\mathrm{e}}}\right)+\frac{3(1-e)}{2e}\cdot\frac{1}{v_1-v_2}\cdot\left(\frac{\overline{\omega}}{\omega_{\mathrm{p}}}\right)^2\cdot(\dot{x}_1-\dot{x}_2)\cdot\left(x_1-x_2-\frac{d}{l_{\mathrm{e}}}\right)\right] \tag{1-38}$$

其中，v_1，v_2 分别为左侧结构和右侧结构发生碰撞时的无量纲速度［$v_i=V_i\cdot(\omega_{\mathrm{p}}/a_{\mathrm{p}})$］。

综合式（1-34）和式（1-38）便可得到两个非弹性单自由度结构整个过程的无量纲运动方程。

2. 基于 Π 定理的无量纲化运动方程

根据 Π 定理以及上文中所得到的两个非弹性单自由度结构碰撞的运动方程，在正弦激励作用下，表征两个非弹性自由度结构碰撞反应的有：发生碰撞的两个非弹性单自由度结构的峰值位移 $X_{\max}$ 和峰值速度 $\dot{X}_{\max}$。而相关影响参数有：简化正弦激励的加速度幅值 a_{p} 和角频率 ω_{p}，相邻两个非弹性结构的质量 m_1 和 m_2，相邻塔楼各自的角频率 ω_1 和 ω_2，相邻塔楼各自的屈服位移 u_{y1} 和 u_{y2}，结构的阻尼比 ξ，结构屈服后的刚度系数 α，采用改进 Kelvin 模型模拟的接触单元的角频率 $\overline{\omega}$ 和恢复系数 e，以及两个非弹性单自由度结构的相邻间距 d。

通过 Π 定理，两个非弹性单自由度结构的碰撞反应函数可以表示为：

$$\left.\begin{matrix}X_{\max}\\ \dot{X}_{\max}\end{matrix}\right\}=f(m_1,m_2,\omega_1,\omega_2,u_{\mathrm{y1}},u_{\mathrm{y2}},\xi,\alpha,\overline{\omega},e,d,a_{\mathrm{p}},\omega_{\mathrm{p}}) \tag{1-39}$$

由式（1-39）可知，该方程一共包含了 13 个变量，而这 13 个变量中涉及的基本量纲有 3 个：质量［M］、长度［L］和时间［T］。故根据 Π 定理可以得到 13－3＝10 个无量纲 Π 参数。上文以右侧质量较大的非弹性单自由度结构的质量 m_2，简化激励的加速度幅值 a_{p} 和角频率 ω_{p} 作为基本量，对相邻两个非弹性单自由度结构的运动方程无量纲化，式（1-39）可变为：

$$\left.\begin{matrix}\dfrac{X_{\max}\omega_{\mathrm{p}}^2}{a_{\mathrm{p}}}\\ \dfrac{\dot{X}_{\max}\omega_{\mathrm{p}}}{a_{\mathrm{p}}}\end{matrix}\right\}=\phi\left(\frac{m_1}{m_2},\frac{\omega_1}{\omega_{\mathrm{p}}},\frac{\omega_2}{\omega_{\mathrm{p}}},\frac{u_{\mathrm{y1}}\omega_{\mathrm{p}}^2}{a_{\mathrm{p}}},\frac{u_{\mathrm{y2}}\omega_{\mathrm{p}}^2}{a_{\mathrm{p}}},\xi,\alpha,\frac{\overline{\omega}}{\omega_{\mathrm{p}}},e,\frac{d\omega_{\mathrm{p}}^2}{a_{\mathrm{p}}}\right) \tag{1-40}$$

令 $\Pi_{\mathrm{u}}=X_{\max}\omega_{\mathrm{p}}^2/a_{\mathrm{p}}$，$\Pi_{\mathrm{v}}=\dot{X}_{\max}\omega_{\mathrm{p}}/a_{\mathrm{p}}$，$\Pi_{\mathrm{m}}=m_1/m_2$，$\Pi_{\omega1}=\omega_1/\omega_{\mathrm{p}}$，$\Pi_{\omega2}=\omega_2/\omega_{\mathrm{p}}$，$\Pi_{\mathrm{uy1}}=u_{\mathrm{y1}}\omega_{\mathrm{p}}^2/a_{\mathrm{p}}$，$\Pi_{\mathrm{uy2}}=u_{\mathrm{y2}}\omega_{\mathrm{p}}^2/a_{\mathrm{p}}$，$\Pi_{\xi}=\xi$，$\Pi_{\alpha}=\alpha$，$\Pi_{\omega\mathrm{con}}=\overline{\omega}/\omega_{\mathrm{p}}$，$\Pi_{\mathrm{e}}=e$，$\Pi_{\mathrm{d}}=d\omega_{\mathrm{p}}^2/a_{\mathrm{p}}$，式（1-40）可化为：

$$\left.\begin{matrix}\Pi_{\mathrm{u}}\\ \Pi_{\mathrm{v}}\end{matrix}\right\}=\phi(\Pi_{\mathrm{m}},\Pi_{\omega1},\Pi_{\omega2},\Pi_{\mathrm{uy1}},\Pi_{\mathrm{uy2}},\Pi_{\xi},\Pi_{\alpha},\Pi_{\omega\mathrm{con}},\Pi_{\mathrm{e}},\Pi_{\mathrm{d}}) \tag{1-41}$$

式（1-41）中，$\Pi_{\mathrm{m}}=m_1/m_2$ 是左侧单自由度结构与右侧单自由度结构的质量比；$\Pi_{\omega i}=\omega_i/\omega_{\mathrm{p}}$（$i=1$，2）是各非弹性单自由度结构的角频率与正弦激励角频率的比值，即各结构无量纲化的角频率；$\Pi_{\mathrm{uy}i}=u_{\mathrm{y}i}\omega_{\mathrm{p}}^2/a_{\mathrm{p}}$（$i=1$，2）是各结构的屈服位移 $u_{\mathrm{y}i}$ 与激励能量尺度 $l_{\mathrm{e}}=a_{\mathrm{p}}/\omega_{\mathrm{p}}^2$ 的比值，即无量纲化的屈服位移；$\Pi_{\mathrm{uy}i}$ 与 Π_{α} 均为表征结构非弹性的参数；而 $\Pi_{\omega\mathrm{con}}$，Π_{d} 和 Π_{e} 均为表征碰撞特性的参数。

1.4.2 两个非弹性单自由度结构碰撞反应数值解

针对前文推导得到的相邻两个非弹性单自由度结构在简化地震激励下的运动方程，本节采用 Newmark-β 法求解式（1-34），其中参数取值 $\gamma=1/2$，$\beta=1/4$，时间步长 $\Delta\tau=0.001$。在前一节中，对单自由度结构与刚体碰撞反应的研究，将碰撞反应划分为 3 个谱区（放大区，抑制区和无明显影响区），本节同样为了研究不同频率区域（第一谱区放大区和第二谱区抑制区）内两个非弹性单自由度结构各自的碰撞反应，考虑了以下两组不同的参数：

第一组：$\Pi_m=m_1/m_2=0.5$，$\Pi_{\omega1}=\omega_1/\omega_p=1.05$，$\Pi_{\omega2}=\omega_2/\omega_p=2.36$，$\Pi_{uy1}=0.9$，$\Pi_{uy2}=0.8$，$\Pi_\xi=0.05$，$\Pi_\alpha=0.1$，$\Pi_{\omega con}=50$，$\Pi_e=0.4$，$\Pi_d=0.2$；

第二组：$\Pi_m=m_1/m_2=0.5$，$\Pi_{\omega1}=\omega_1/\omega_p=1.5$，$\Pi_{\omega2}=\omega_2/\omega_p=3.375$，$\Pi_{uy1}=0.9$，$\Pi_{uy2}=0.8$，$\Pi_\xi=0.05$，$\Pi_\alpha=0.1$，$\Pi_{\omega con}=50$，$\Pi_e=0.4$，$\Pi_d=0.2$。

两组参数基本相同，区别仅在于两组单自由度结构的无量纲角频率 $\Pi_{\omega1}$ 和 $\Pi_{\omega2}$ 不同，但这两者的比值相等，即 $\Pi_{\omega2}/\Pi_{\omega1}=2.36/1.05=3.375/1.5=2.25$，且第一组参数中的无量纲角频率 $\Pi_{\omega1}$ 位于前一节所提出的第一谱区（放大区）中，第二组参数中的无量纲角频率 $\Pi_{\omega2}$ 位于前一节所提出的第二谱区（抑制区）。

运用 MATLAB 编程对式（1-34）给出的动力方程进行数值求解。图 1-18 给出了第一组参数条件下，两个相邻非弹性单自由度结构的无量纲位移反应时程、碰撞力反应时程以及各自的层间剪力-层间位移时程曲线。图 1-19 给出了第一组参数条件下左侧结构和右侧结构发生碰撞与未发生碰撞的无量纲位移和速度反应时程曲线，将两种情况下的位移和速度进行对比，研究碰撞对两个非弹性单自由度结构反应的影响。图 1-20 给出了第二组参数条件下，两个相邻非弹性单自由度结构发生碰撞与未发生碰撞的无量纲位移和速度反应时程曲线，与第一组参数条件下的反应形成对比，研究不同参数条件下，碰撞对结构反应的影响。

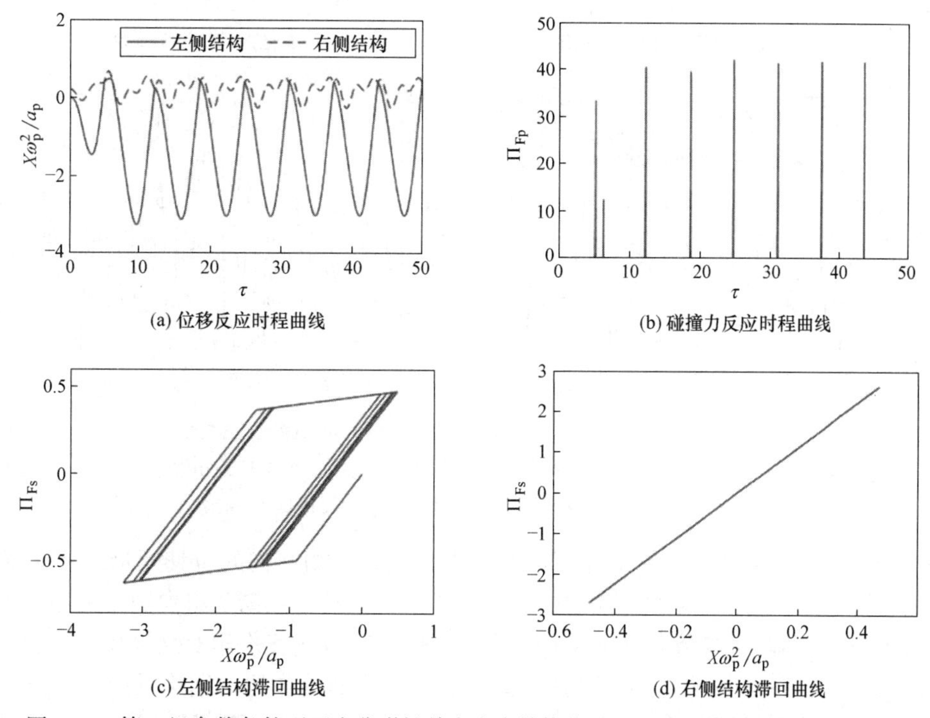

(a) 位移反应时程曲线

(b) 碰撞力反应时程曲线

(c) 左侧结构滞回曲线

(d) 右侧结构滞回曲线

图 1-18　第一组参数条件下两个非弹性单自由度结构位移、碰撞力时程曲线和滞回曲线

图 1-18（a）和（b）分别给出了两个非弹性单自由度结构在正弦激励作用下的位移时程曲线以及碰撞力时程曲线，图 1-18（a）中左侧与右侧结构的位移反应时程曲线发生重合的部分表示相邻两非弹性结构发生了碰撞，从图 1-18（a）可以看出，两结构一共发生了 9 次碰撞。图 1-18（b）所示的碰撞力也有 9 次突变，与图 1-18（a）所判断的碰撞次数吻合。此外，还可以看出对于左侧质量刚度较小的结构，相较于未碰撞情况，碰撞作用会减小其正向位移，而在负向产生较大的位移；而对于右侧质量刚度较大的结构，相较于未碰撞情况，碰撞作用会显著放大结构的正向和负向位移反应（如图 1-18a、图 1-19 所示）。

图 1-18（c）和（d）给出了第一组参数条件下左侧结构和右侧结构层间剪力-层间位移时程曲线，从图中可以看出，在整个过程中，左侧结构（质量和刚度均较小）明显进入塑性阶段，而右侧结构（质

量和刚度较大）的滞回曲线为一条直线，表明其一直处于弹性阶段而未进入塑性阶段。

图 1-19 和图 1-20 给出碰撞作用对两个非弹性单自由度结构的影响。如图 1-19（a）所示，当发生碰撞后，质量和刚度均较小的左侧结构的正向位移减小，负方向的位移变大；而质量和刚度均较大的右侧结构（图 1-19c），正向位移和负向位移均增大。除此之外，碰撞作用对两结构的速度反应也有明显的影响，从图 1-19（b）和（d）所示的速度时程曲线可以看出，碰撞发生后，两结构的速度均发生瞬时的急剧改变，左侧结构的速度反应减小，而右侧结构的速度反应增大，因此结构发生碰撞作用的基本特征之一是速度瞬时急剧的改变。

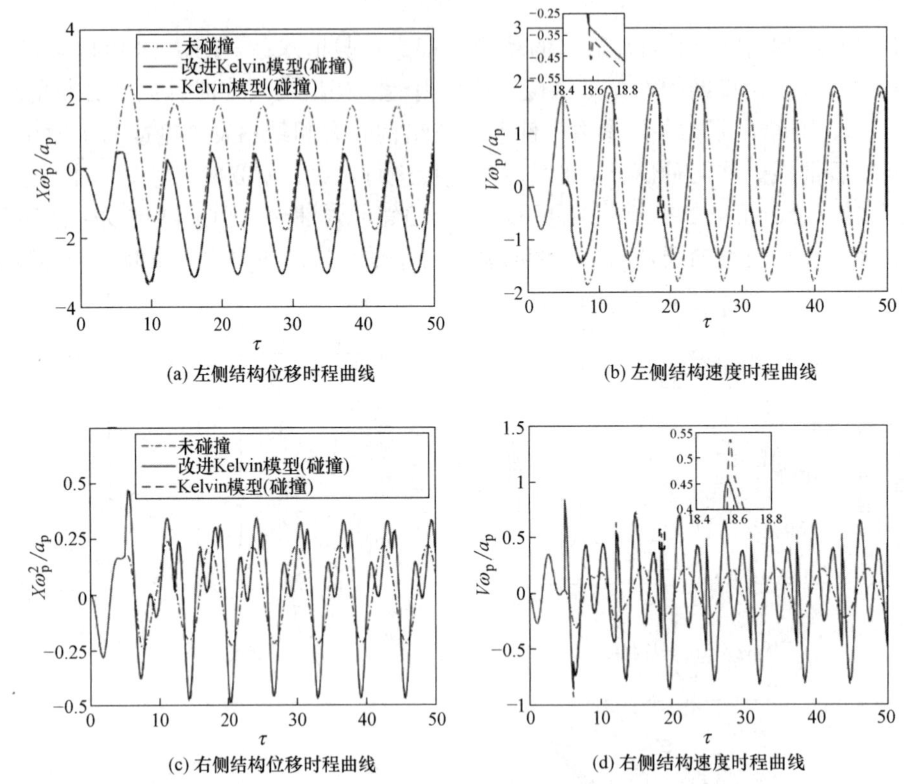

图 1-19　第一组参数条件下两个非弹性单自由度结构分别采用改进 Kelvin 模型和 Kelvin 模型发生碰撞与未碰撞位移反应时程和速度反应时程曲线

由图 1-20 可以看出，第二组参数条件下，发生碰撞后，左侧结构的位移反应减小，而右侧结构的位移和速度反应均增大。造成这两种不同情况的原因是第一组参数和第二组参数中两结构的无量纲角频率 $\Pi_{\omega1}$ 和 $\Pi_{\omega2}$ 均不同，即两种参数条件下结构的刚度不同，所以碰撞作用对结构反应的影响与结构自身的刚度密切相关，下文将针对不同的无量纲角频率 $\Pi_{\omega1}$，研究碰撞作用对结构反应的影响。

另外，图 1-19 和图 1-20 还对分别采用改进 Kelvin 模型和 Kelvin 模型得到的位移、速度时程曲线进行了对比，可以看到两条曲线基本吻合，证明了采用改进 Kelvin 模型得到的数值解的正确性，同时证明了采用改进 Kelvin 模型的优越性：从图 1-19 和图 1-20 的速度时程曲线的放大部分可以看出，采用 Kelvin 模型模拟碰撞过程，在回弹阶段会出现负向拉力，从而导致在回弹阶段速度时程曲线减小；而采用改进 Kelvin 模型所得到的速度时程曲线却没有出现这种情况，这一点在图 1-21 所示的第一组参数条件下两结构采用改进 Kelvin 模型和 Kelvin 模型得到的碰撞力时程曲线有很好的展示：当发生碰撞时，采用 Kelvin 模型模拟碰撞过程得到的曲线存在负值，而采用改进 Kelvin 模型模拟碰撞过程得到的曲线却不存在负向拉力。所以，采用改进 Kelvin 模型能够弥补 Kelvin 模型的缺点，更好地展现真实的物理现象，反映物理规律。

采用量纲方法研究两个非弹性单自由度结构同样能够很好地展示其结构的自相似性。图 1-22 给出了两个相邻非弹性单自由度结构在不同激励幅值条件下，采用改进 Kelvin 模型模拟碰撞力，有量纲和

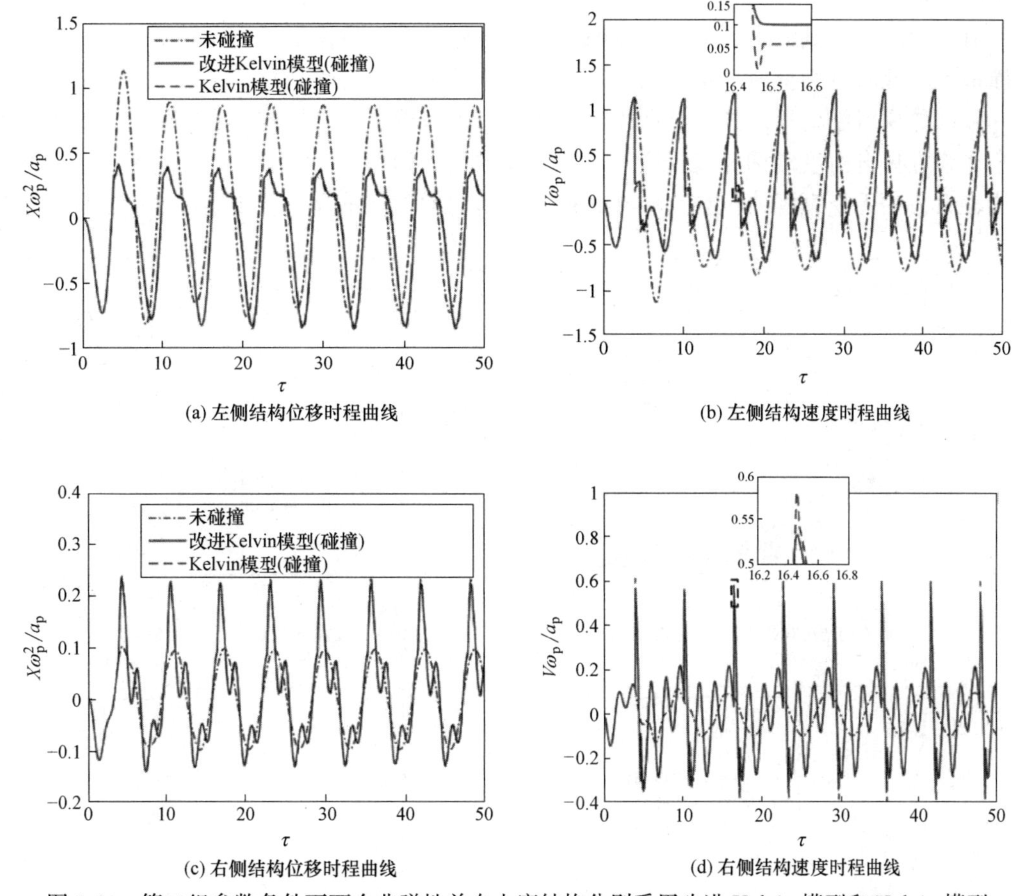

图 1-20　第二组参数条件下两个非弹性单自由度结构分别采用改进 Kelvin 模型和 Kelvin 模型发生碰撞与未碰撞位移反应时程和速度反应时程曲线

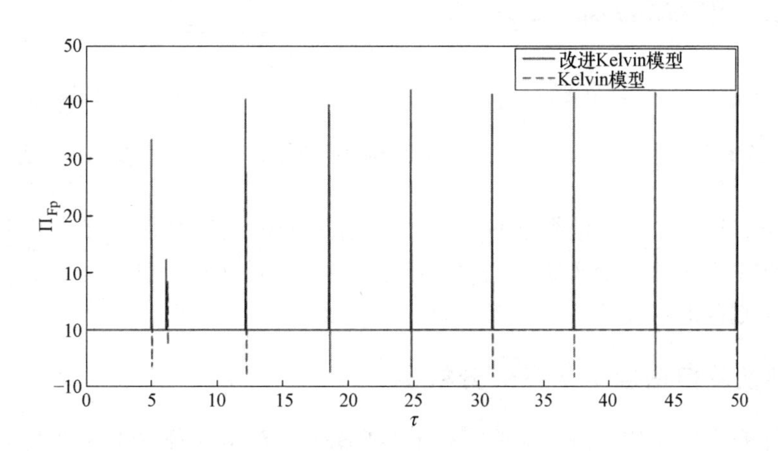

图 1-21　第一组参数条件下两结构采用改进 Kelvin 模型和 Kelvin 模型得到的碰撞力时程曲线

无量纲最大位移反应曲线，此时参数条件假定 $\Pi_{\omega2}=\mu\Pi_{\omega1}$，$\mu=2.25$，其余参数取值同第一组参数。

从图 1-22 中可以看到，当采用不同的激励峰值加速度（$a_p=0.2g$，$0.5g$，$0.8g$）时，左侧结构和右侧结构均得到了 3 条不同的有量纲碰撞峰值位移曲线和有量纲无碰撞峰值位移曲线；而当采用无量纲 Π 参数表示两结构碰撞与未碰撞的峰值位移反应时，对应不同激励加速度幅值的 3 条曲线合为 1 条，说明当采用无量纲 Π 参数表示时，两个非弹性单自由度结构的碰撞反应与地震激励峰值加速度无关，表现出自相似性。

除此之外，从图 1-22（b）中也可以看出，对于左侧结构（质量、刚度均较小），当无量纲频率 $\Pi_{\omega1}$

较小时，碰撞作用会使其位移反应增大；当无量纲频率 $\Pi_{\omega1}$ 较大时，碰撞作用会使其位移反应减小；当无量纲频率 $\Pi_{\omega1}$ 继续增大到一定程度后，左侧结构发生碰撞与未碰撞的峰值位移曲线基本重合，说明相较于未碰撞情况，此时碰撞反应对结构的位移反应影响很小可以忽略。这与前一节中研究弹性单自由度结构与刚体碰撞作用对结构反应的影响所得到的 3 个谱区（放大区，抑制区和无影响区）相对应，对于本节中两个非弹性单自由度结构碰撞反应的 3 个谱区的划分如图 1-22（b）所示；而对于右侧结构（质量、刚度均较大）的无量纲峰值位移反应在碰撞发生后均增大，不存在 3 个谱区。对于前面所选取的两

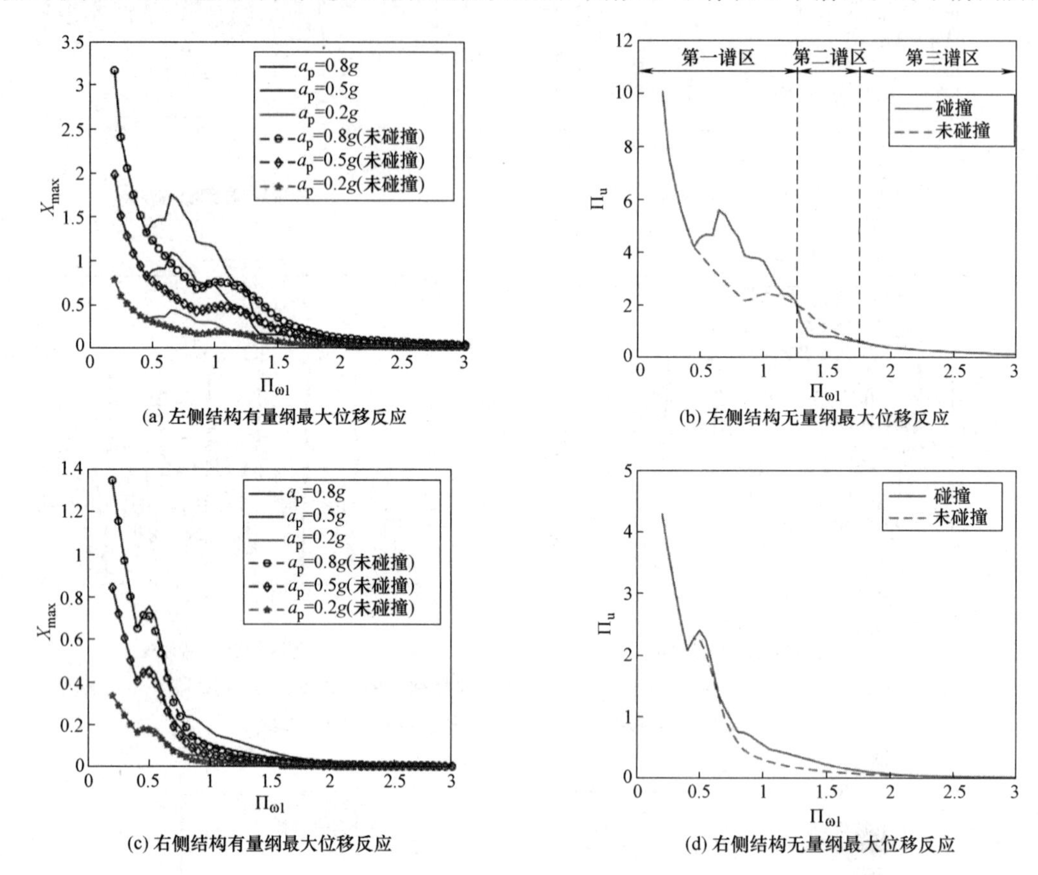

(a) 左侧结构有量纲最大位移反应
(b) 左侧结构无量纲最大位移反应
(c) 右侧结构有量纲最大位移反应
(d) 右侧结构无量纲最大位移反应

图 1-22　两个相邻非弹性单自由度结构在不同激励幅值条件下有量纲和无量纲最大位移反应曲线

组参数（第一组和第二组）中的无量纲频率 $\Pi_{\omega1}$，第一组参数的无量纲频率 $\Pi_{\omega1}$ 正好处于第一谱区，第二组参数的无量纲频率 $\Pi_{\omega1}$ 正好处于第二谱区，且前面所得到的碰撞反应的影响正好与谱区的划分相同，证明了 3 个谱区划分的正确性。

1.4.3　两个非弹性单自由度结构参数分析

上一节就弹性单自由度结构与刚体碰撞进行了参数分析，研究了碰撞单元参数对结构碰撞反应的影响，发现在整个碰撞过程中，单自由度摆的峰值位移和峰值速度基本不受接触刚度的影响。因此，在本节中，主要研究结构参数和结构初始间距 Π_d 对碰撞反应的影响，这里研究的结构参数主要包括相邻非弹性单自由度结构的质量比 Π_m 和结构的频率比 μ（$\mu=\Pi_{\omega2}/\Pi_{\omega1}$）。

1. 结构质量比 Π_m

图 1-23 给出了不同质量比 Π_m 条件下，相邻两个非弹性单自由度结构在整个运动过程中的无量纲峰值位移 Π_u 和无量纲峰值速度 Π_v 随无量纲结构角频率 $\Pi_{\omega1}$ 变化的曲线。此处选取了 3 个不同的质量比 Π_m（$\Pi_m=0.1$，$\Pi_m=0.5$ 以及 $\Pi_m=0.9$），质量比 Π_m 越大，表明左侧结构和右侧结构的质量差异越小。

如图 1-23（a）和（b）所示，当 $\Pi_{\omega1}<0.6$ 时，三条曲线重合，说明此时相邻单自由度结构间未发

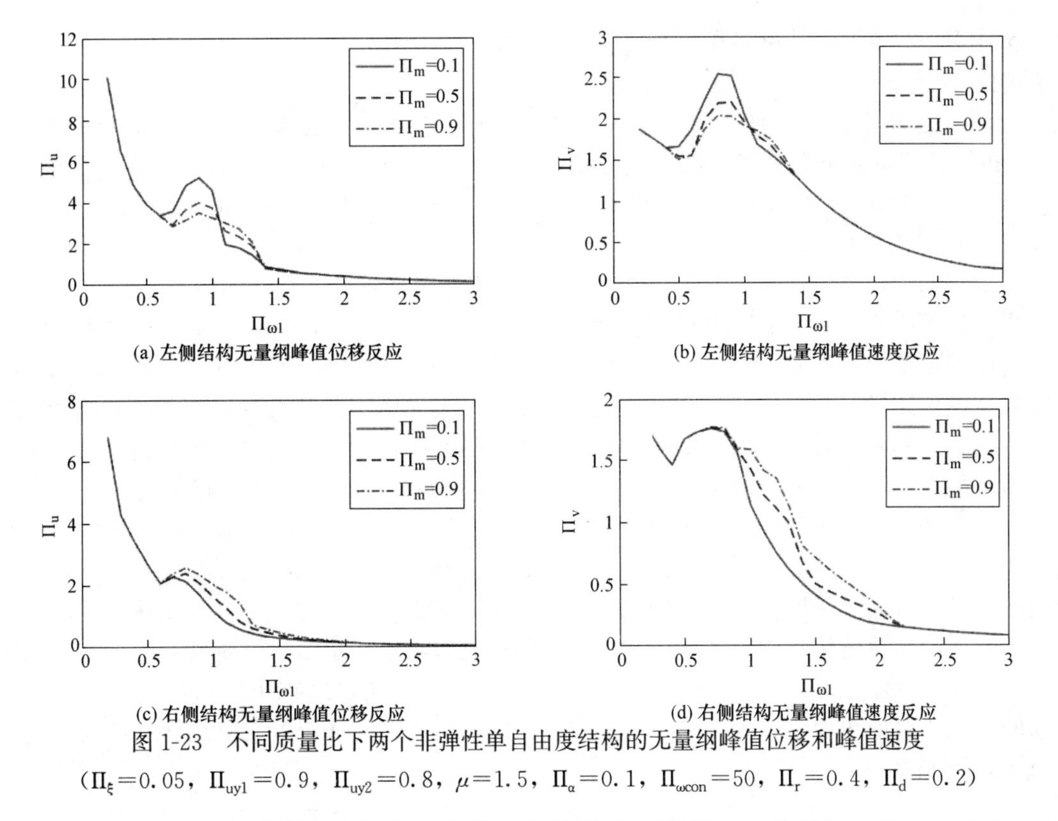

(a) 左侧结构无量纲峰值位移反应　(b) 左侧结构无量纲峰值速度反应

(c) 右侧结构无量纲峰值位移反应　(d) 右侧结构无量纲峰值速度反应

图 1-23　不同质量比下两个非弹性单自由度结构的无量纲峰值位移和峰值速度

（Π_ξ=0.05，Π_{uy1}=0.9，Π_{uy2}=0.8，μ=1.5，Π_α=0.1，$\Pi_{\omega con}$=50，Π_r=0.4，Π_d=0.2）

生碰撞，不同质量比的选取对结构的位移和速度反应无影响；随着 $\Pi_{\omega 1}$ 的增加，当 0.6≤$\Pi_{\omega 1}$<1.1 时，质量比 Π_m=0.1 和 Π_m=0.5 所对应的左侧结构的无量纲峰值位移和速度明显大于质量比 Π_m 为 0.9 所对应的曲线，这说明当相邻塔楼质量差异较小时，结构的碰撞响应也会减小，此时左侧质量刚度较小的结构的位移和速度反应随质量比的增大而减小；当 1.1≤$\Pi_{\omega 1}$<1.4，质量比 Π_m 为 0.9 时无量纲峰值位移和速度明显大于 Π_m=0.1 和 Π_m=0.5 所对应的曲线，说明此时随着质量比 Π_m 的增大，左侧结构的位移响应和速度响应也会随之增大；当 $\Pi_{\omega 1}$ 继续增大时，对于不同质量比 Π_m，左侧结构的位移和速度反应曲线基本重合，说明此时质量比的变化对结构碰撞反应的影响很小甚至可以忽略。结合前文划分的 3 个谱区，质量比对左侧结构（质量和刚度均较小）的位移和速度反应的影响可与 3 个谱区相对应：在第一谱区（放大区），碰撞作用会放大结构的位移和速度反应，而在这一谱区中，结构的位移和速度反应随着质量比的增大而明显减小，说明此时碰撞作用对结构反应的放大作用随着质量比的增大而降低；在第二谱区（抑制区），碰撞作用会减小结构的位移和速度反应，而在这一谱区中，结构的位移和速度反应随着质量比的增大而明显增大，说明此时碰撞作用对结构反应的抑制作用随着质量比的增大而降低；在第三谱区（无影响区），此时随质量比的增大，结构的位移和速度反应基本没有变化。综上所述，当质量比 Π_m 增大时，在第一谱区中，碰撞作用对质量和刚度均较小的左侧结构的位移和速度放大作用明显降低，在第二谱区中碰撞作用对其抑制作用也明显降低。而对于右侧质量和刚度均较大的结构，由图 1-23（c）和（d）可知，当 $\Pi_{\omega 1}$<0.6 时，3 条曲线重合，此时未发生碰撞，质量比 Π_m 的变化对结构的反应的影响可以忽略；当 0.6≤Π_ω<2.1 时，相邻塔楼间发生碰撞，且碰撞作用会放大右侧结构的响应，此时 Π_m=0.9 对应的曲线的值远大于 Π_m=0.1 和 Π_m=0.5 对应的曲线的值，说明随着质量比 Π_m 的增大，结构的位移和速度反应也跟着增大，碰撞作用对右侧结构反应的放大作用也增大；当 $\Pi_{\omega 1}$ 继续增大时，此时结构刚度较大，碰撞作用对结构的反应影响较小，甚至当 $\Pi_{\omega 1}$ 较大时，结构的位移较小，没有碰撞发生，而 3 条不同质量比 Π_m 对应的曲线重合，说明此时质量比 Π_m 的变化对右侧结构的位移和速度反应没有影响。

综上所述，当质量比 Π_m 增大时，在第一谱区中，碰撞作用对质量和刚度均较小的左侧结构的位移和速度放大作用明显降低，在第二谱区中碰撞作用对其抑制作用也明显降低，而质量刚度较大的右侧结

构随着质量比 Π_m 的增大，其位移和速度反应也跟着增大。

2. 结构频率比 μ

图 1-24 给出了不同结构频率比 μ 条件下，相邻非弹性单自由度结构在整个运动过程中的无量纲峰值位移 Π_u 和无量纲峰值速度 Π_v 随无量纲结构角频率 $\Pi_{\omega 1}$ 变化的曲线。此处选取了 3 个不同的频率比 μ（$\mu=1.5$，$\mu=4$ 以及 $\mu=10$），频率比 μ 越大，表明左侧结构和右侧结构的刚度差异越大，且右侧结构的刚度要大于左侧结构的刚度。

如图 1-24（a）和（b）所示，当 $\Pi_{\omega 1}<0.9$ 时，左侧结构（质量、刚度均较小）受频率比 μ 的变化影响较明显，且频率比 $\mu=4$ 对应的曲线的位移反应值要大于 $\mu=1.5$ 和 $\mu=10$ 对应的曲线的值。出现这种情况的原因可能是：当 $\Pi_{\omega 1}<0.9$ 时，由前文可知，此时的左侧结构处于第一谱区（放大区），当左侧结构受到碰撞作用时，其位移反应会增大；而当结构频率比由 1.5 增大到 4 时，相邻两结构的动力性能差异逐渐增大，两者的碰撞作用也增强，从而导致结构间的碰撞作用加强，碰撞的放大作用也逐渐加强；但随着频率比的继续增大，即增大到 10 时，相邻非弹性结构的动力差异越来越大，此时右侧结构的刚度远大于左侧结构以至于其在地震激励下的位移响应很小，因此相邻塔楼间的碰撞作用减弱，碰撞的放大作用也慢慢减弱，从而导致频率比 μ 增大的同时左侧结构的位移反应会减小。而在第二谱区中，左侧结构的位移反应受频率比 μ 的变化影响很小。对于右侧质量和刚度均较大的结构，图 1-24（c）和（d）给出了其无量纲峰值位移和速度反应曲线，由图可以看出，对于结构发生碰撞的区段，当频率比 μ 由 1.5 增大到 4，再增大到 10 时，结构的位移反应和速度反应会随之减小，结合前文可知，相较于未发生碰撞的情况，碰撞作用会放大右侧结构的位移反应，所以碰撞作用对右侧结构的放大作用随着频率比 μ 的增大而逐渐减小。

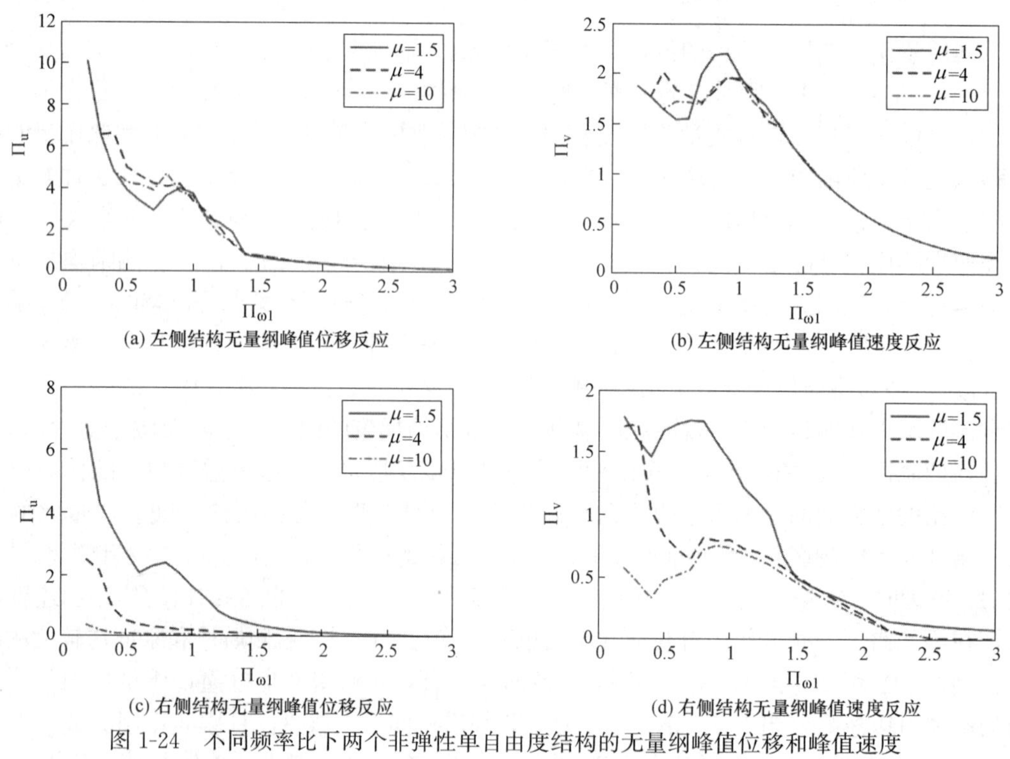

(a) 左侧结构无量纲峰值位移反应
(b) 左侧结构无量纲峰值速度反应
(c) 右侧结构无量纲峰值位移反应
(d) 右侧结构无量纲峰值速度反应

图 1-24 不同频率比下两个非弹性单自由度结构的无量纲峰值位移和峰值速度
（$\Pi_m=0.5$，$\Pi_\xi=0.05$，$\Pi_{uy1}=0.9$，$\Pi_{uy2}=0.8$，$\Pi_\alpha=0.1$，$\Pi_{\omega con}=50$，$\Pi_r=0.4$，$\Pi_d=0.2$）

综上所述，随着频率比 μ 的增大，在第一谱区中碰撞对左侧结构的位移反应的放大作用呈先增大后减小的趋势，而在第二和第三谱区中，碰撞作用对左侧结构位移和速度的影响受频率比 μ 的变化影响不大；而对于右侧结构，碰撞作用对其位移和速度反应的放大作用随频率比 μ 的增大而减小。

3. 结构间距 Π_d

图 1-25 给出了不同结构间距 Π_d 条件下，相邻非弹性单自由度结构在整个运动过程中的无量纲峰值

位移 Π_u 和无量纲峰值速度 Π_v 随无量纲结构角频率 $\Pi_{\omega1}$ 变化的曲线。此处选取了 2 个不同结构间距 Π_d（$\Pi_d=0.2$ 和 $\Pi_d=1.5$），以及初始间距很大时的情况，大到两者未发生碰撞。

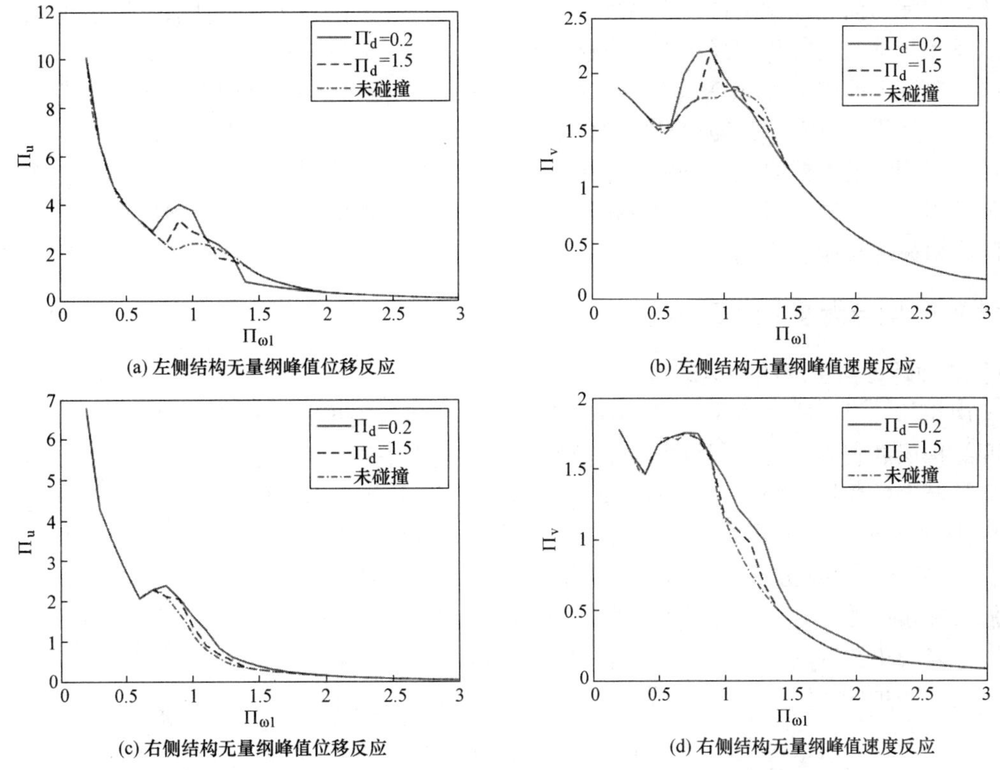

图 1-25　不同结构间距下两非弹性单自由度结构的无量纲峰值位移和峰值速度

（$\Pi_m=0.5$，$\Pi_\xi=0.05$，$\Pi_{uy1}=0.9$，$\Pi_{uy2}=0.8$，$\mu=1.5$，$\Pi_\alpha=0.1$，$\Pi_{\omega con}=50$，$\Pi_r=0.4$）

如图 1-25（a）和（b）所示，当 $0.7<\Pi_{\omega1}<1.3$ 时，$\Pi_d=0.2$ 对应的曲线的值大于 $\Pi_d=1.5$ 对应的曲线的值，而未发生碰撞所对应的曲线的值最小，说明随着结构间距的增加，碰撞作用对左侧结构（质量、刚度均较小）的放大作用降低；当 $1.3\leqslant\Pi_{\omega1}<1.9$，此时 $\Pi_d=1.5$ 和未碰撞情况对应的曲线重合，说明此时 $\Pi_d=1.5$ 的结构间距较大，相邻两结构未发生碰撞或碰撞作用的影响很小，而此区段内，碰撞作用会抑制结构的位移响应，且 $\Pi_d=1.5$ 对应的结构响应大于 $\Pi_d=0.2$ 对应的结构响应，所以随着结构间距 Π_d 的增加，左侧结构的反应会相应地增大；当 $\Pi_{\omega1}$ 继续增大时，碰撞作用对左侧结构基本无影响。综上所述，结构间距 Π_d 的变化对左侧结构的影响也与前面三个谱区的划分相对应。而对于右侧结构（质量、刚度均较大），如图 1-25（c）和（d）所示，随着结构间距的增大，其位移和速度反应均减小，其碰撞作用的放大效果也随之减小。

综上所述，结构间距 Π_d 对左侧结构碰撞反应的影响与 3 个谱区有关：随着结构间距 Π_d 增大，在第一谱区碰撞作用对左侧结构的放大作用逐渐降低，在第二谱区碰撞作用对左侧结构的抑制作用逐渐降低，在第三谱区碰撞作用受结构间距 Π_d 的变化影响不大；而碰撞作用对右侧结构的放大作用随结构间距 Π_d 的增大而减小。

1.5　基于量纲分析的非弹性多自由度结构碰撞反应及试验研究

前两节对简化地震作用下，弹性单自由度结构与刚体以及两个非弹性单自由度结构的碰撞反应进行了详细的分析，但是当地震激励较强而相邻塔楼的初始间距又较小时，往往不能将相邻塔楼简化成单自由度结构，因为各个楼层均有可能发生碰撞。因此，本节将研究地震作用下，两个相邻非弹性多自由度结构的碰撞反应，以便更真实地反映碰撞现象。

本节采用量纲分析方法，以相邻两个非弹性三自由度结构为例，研究两个非弹性多自由度结构在简化地震作用下的碰撞反应，选用改进 Kelvin 碰撞模型模拟碰撞体在接触过程的力、变形和能量的耗散，并采用双线性恢复力曲线模型模拟多自由度结构的非弹性特性。推导了各个楼层碰撞过程中无量纲碰撞力表达式以及无量纲运动方程，采用数值分析方法将改进 Kelvin 模型和 Kelvin 模型得到的碰撞反应进行比较，同样验证了改进 Kelvin 模型的优越性；同时进行了相邻钢框架结构的振动台试验，并将所得到的试验结果和采用 MATLAB 编程得到的数值结果进行对比，证明了采用数值模拟方法和结果的合理性和有效性。采用谱的形式研究了采用改进 Kelvin 模型的两个非弹性多自由度结构的碰撞反应，揭示了两个非弹性多自由度结构碰撞反应的自相似性。最后研究了楼层质量比、屈服后刚度系数、屈服位移以及结构间距对碰撞反应的影响。

1.5.1 计算模型与无量纲运动方程

1. 相邻非弹性多自由度结构运动方程

本节选用相邻三层结构来描述地震激励下相邻非弹性多自由度结构碰撞的计算模型。如图 1-26 所示，相邻两结构层高相等，且采用集中质量模型，即质量集中于各楼板。左侧结构从下至上的质量分别为 m_1、m_2 和 m_3，刚度分别为 K_1、K_2 和 K_3；右侧结构从下至上的质量分别为 m_4、m_5 和 m_6，刚度分别为 K_4、K_5 和 K_6。相邻两结构的初始间距为 d。为了研究结构的非线性特性，这里采用双线性楼层剪力-层间位移曲线模型来模拟结构的本构关系。

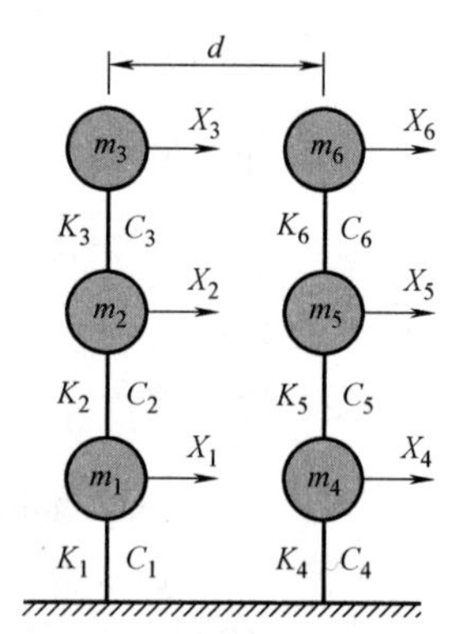

图 1-26 相邻多自由度结构碰撞计算模型

本节同样采用正弦激励模拟地震动，其加速度幅值为 a_p，角频率值为 ω_p。在正弦激励的作用下，两个非弹性单自由度结构的运动方程为：

$$\boldsymbol{M}\ddot{\boldsymbol{X}}(t)+\boldsymbol{C}\dot{\boldsymbol{X}}(t)+\boldsymbol{F}_s(t)+\boldsymbol{F}_p(t)=-\boldsymbol{M}\ddot{\boldsymbol{X}}_g(t) \tag{1-42a}$$

$$\dot{\boldsymbol{X}}(t)=\begin{bmatrix}\dot{X}_1(t)\\\dot{X}_2(t)\\\dot{X}_3(t)\\\dot{X}_4(t)\\\dot{X}_5(t)\\\dot{X}_6(t)\end{bmatrix},\ddot{\boldsymbol{X}}(t)=\begin{bmatrix}\ddot{X}_1(t)\\\ddot{X}_2(t)\\\ddot{X}_3(t)\\\ddot{X}_4(t)\\\ddot{X}_5(t)\\\ddot{X}_6(t)\end{bmatrix},\ddot{\boldsymbol{X}}_g(t)=\begin{bmatrix}\ddot{X}_g(t)\\\ddot{X}_g(t)\\\ddot{X}_g(t)\\\ddot{X}_g(t)\\\ddot{X}_g(t)\\\ddot{X}_g(t)\end{bmatrix} \tag{1-42b}$$

$$\boldsymbol{M}=\begin{bmatrix}m_1&&&&&\\&m_2&&&&\\&&m_3&&&\\&&&m_4&&\\&&&&m_5&\\&&&&&m_6\end{bmatrix} \tag{1-42c}$$

$$\boldsymbol{F}_s(t)=\begin{bmatrix}F_{s1}(t)-F_{s2}(t)\\F_{s2}(t)-F_{s3}(t)\\F_{s3}(t)\\F_{s4}(t)-F_{s5}(t)\\F_{s5}(t)-F_{s6}(t)\\F_{s6}(t)\end{bmatrix},\boldsymbol{F}_p(t)=\begin{bmatrix}F_{p14}(t)\\F_{p25}(t)\\F_{p36}(t)\\-F_{p14}(t)\\-F_{p25}(t)\\-F_{p36}(t)\end{bmatrix} \tag{1-42d}$$

式中，$\ddot{X}_g(t)$ 为激励加速度，$\ddot{X}_g(t)=a_p\sin(\omega_p t)$；$X_i(t)$，$\dot{X}_i(t)$ 和 $\ddot{X}_i(t)(i=1,\cdots,6)$ 分别

表示相邻两结构各楼层在不同时刻 t 时的位移、速度和加速度反应；$F_{si}(t)$ 表示结构各楼层在不同时刻 t 的非弹性剪力，其增量形式为 $\Delta F_{si}(t)=K_i(t)\cdot\Delta X_i(i=1,\cdots,6)$，式中 ΔX_i 为结构层间位移，K_i 为结构的刚度，与结构各自的屈服位移 u_{yi} 有关（本章假定左侧结构各楼层屈服位移为 u_{ya}，右侧结构各楼层屈服位移为 u_{yb}）。$\boldsymbol{M}$ 为结构质量矩阵，$\boldsymbol{F}_p(t)$ 为碰撞力矩阵。结构的阻尼矩阵 $\boldsymbol{C}$ 采用瑞利阻尼，其表达式如下：

$$\boldsymbol{C}=\begin{bmatrix}\mathrm{diag}[a_0]_{3\times3} & 0\\ 0 & \mathrm{diag}[a_{0r}]_{3\times3}\end{bmatrix}\boldsymbol{M}+\begin{bmatrix}\mathrm{diag}[a_1]_{3\times3} & 0\\ 0 & \mathrm{diag}[a_{1r}]_{3\times3}\end{bmatrix}\boldsymbol{K} \tag{1-43a}$$

$$\boldsymbol{K}=\begin{bmatrix}K_1(t)+K_2(t) & -K_2(t) & 0 & & & \\ -K_2(t) & K_2(t)+K_3(t) & -K_3(t) & & 0 & \\ 0 & -K_3(t) & K_3(t) & & & \\ & & & K_4(t)+K_5(t) & -K_5(t) & 0\\ & 0 & & -K_5(t) & K_5(t)+K_6(t) & -K_6(t)\\ & & & 0 & -K_6(t) & K_6(t)\end{bmatrix} \tag{1-43b}$$

其中：

$$a_0=\frac{2\xi\omega_{1a}\omega_{2a}}{\omega_{1a}+\omega_{2a}},a_{0r}=\frac{2\xi\omega_{1b}\omega_{2b}}{\omega_{1b}+\omega_{2b}},a_1=\frac{2\xi}{\omega_{1a}+\omega_{2a}},a_{1r}=\frac{2\xi}{\omega_{1b}+\omega_{2b}} \tag{1-43c}$$

假定左侧结构中各楼层的质量均相等，即 $m_i=m_a$（$i=1$，2，3），同理，右侧结构的各楼层质量也相等，即 $m_j=m_b$（$j=4$，5，6），且同时假定左侧结构各楼层刚度相等，即当处于弹性阶段时，左侧结构各楼层的刚度 $K_i(t)=K_a$（$i=1$，2，3）；同理右侧结构各楼层的刚度也相等，即当处于弹性阶段时，右侧结构各楼层的刚度 $K_j(t)=K_b=\mu K_a$（$j=4$，5，6）。当进入塑性阶段后，左侧结构各楼层的刚度 $K_i(t)=\alpha K_a$，右侧结构各楼层的刚度 $K_j(t)=\alpha K_b$，式中 α 为屈服后的刚度系数。式（1-43c）中 ω_{1a} 和 ω_{2a} 分别表示左侧结构的第一模态和第二模态角频率，ω_{1b} 和 ω_{2b} 分别表示右侧结构的第一模态和第二模态角频率，且角频率 ω 可以通过求解 $|\boldsymbol{K}-\boldsymbol{M}\omega^2|=0$ 得到。本节假定第一模态和第二模态的阻尼比均相等，即 $\xi_1=\xi_2=0.05$。

根据以上假定和 Makris 提出的表征激励能量尺度的物理量 l_e（$l_e=a_p/\omega_p^2$，量纲为［L］），以右侧多自由度结构各楼层质量 m_b，正弦激励加速度幅值 a_p（m/s^2）和角频率 ω_p（s^{-1}）作为基本量，并作以下变换：

$$t=\frac{\tau}{\omega_p},X(t)=x(\tau)\cdot l_e=\frac{x(\tau)\cdot a_p}{\omega_p^2},\dot{X}(t)=\frac{\dot{x}(\tau)\cdot a_p}{\omega_p},\ddot{X}(t)=\ddot{x}(\tau)\cdot a_p \tag{1-44}$$

式（1-44）中，τ 为无量纲运动时间；$x_i(\tau)$，$\dot{x}_i(\tau)$，$\ddot{x}_i(\tau)$ 分别为两结构各楼层的无量纲相对位移、相对速度和相对加速度。

将式（1-44）代入式（1-43a），可以得到相邻非弹性多自由度结构的无量纲运动方程为：

$$\boldsymbol{m}\ddot{\boldsymbol{x}}(\tau)+\frac{\boldsymbol{C}}{m_b\omega_p}\dot{\boldsymbol{x}}(\tau)+\frac{\boldsymbol{F}_s}{m_b\omega_p}+\frac{\boldsymbol{F}_p}{m_b\omega_p}=-\ddot{\boldsymbol{x}}_g(\tau) \tag{1-45a}$$

其中：

$$\boldsymbol{m}=\begin{bmatrix}\frac{m_a}{m_b} & & & & & \\ & \frac{m_a}{m_b} & & & & \\ & & \frac{m_a}{m_b} & & & \\ & & & 1 & & \\ & & & & 1 & \\ & & & & & 1\end{bmatrix} \tag{1-45b}$$

$$\dot{\boldsymbol{x}}(\tau)=\begin{bmatrix}\dot{x}_1(\tau)\\\dot{x}_2(\tau)\\\dot{x}_3(\tau)\\\dot{x}_4(\tau)\\\dot{x}_5(\tau)\\\dot{x}_6(\tau)\end{bmatrix},\ddot{\boldsymbol{x}}(\tau)=\begin{bmatrix}\ddot{x}_1(\tau)\\\ddot{x}_2(\tau)\\\ddot{x}_3(\tau)\\\ddot{x}_4(\tau)\\\ddot{x}_5(\tau)\\\ddot{x}_6(\tau)\end{bmatrix},\ddot{\boldsymbol{x}}_g(\tau)=\begin{bmatrix}\sin\tau\\\sin\tau\\\sin\tau\\\sin\tau\\\sin\tau\\\sin\tau\end{bmatrix} \tag{1-45c}$$

且根据式（1-16）中改进 Kelvin 模型中碰撞力的定义，可以得知：

$x_i-x_j>d/l_e$ 时，相邻两多自由度结构发生碰撞，此时碰撞力表达式为：

$$F_{pij}=\frac{m_a m_b}{m_a+m_b}\bar{\omega}^2\left(x_i-x_j-\frac{d}{l_e}\right)\cdot\frac{a_p}{\omega_p^2}+\frac{3(1-e)}{2e(V_i-V_j)}\cdot\frac{m_a m_b}{m_a+m_b}\bar{\omega}^2$$
$$(\dot{x}_i-\dot{x}_j)\cdot\frac{a_p}{\omega_p}\left(x_i-x_j-\frac{d}{l_e}\right)\cdot\frac{a_p}{\omega_p^2} \tag{1-46a}$$

当 $x_i-x_j\leqslant d/l_e$ 时，两结构未发生碰撞，此时碰撞力表达式如下：

$$F_{pij}=0 \tag{1-46b}$$

将式（1-44）代入式（1-46a）无量纲化，可以得到发生碰撞时无量纲化的碰撞力：

$$\frac{F_{pij}}{m_b a_p}=\frac{\frac{m_a}{m_b}}{\frac{m_a}{m_b}+1}\left[\left(\frac{\bar{\omega}}{\omega_p}\right)^2\cdot\left(x_i-x_j-\frac{d}{l_e}\right)+\frac{3(1-e)}{2e}\cdot\frac{1}{v_i-v_j}\cdot\left(\frac{\bar{\omega}}{\omega_p}\right)^2\cdot(\dot{x}_i-\dot{x}_j)\cdot\left(x_i-x_j-\frac{d}{l_e}\right)\right] \tag{1-46c}$$

其中，v_i，v_j 分别表示左侧结构楼层和右侧结构对应楼层发生碰撞时的无量纲速度 $[v=V\cdot(\omega_p/a_p)]$；$\bar{\omega}$ 为接触单元的角频率，且 $\bar{\omega}=\sqrt{\beta(m_a+m_b)/(m_a m_b)}$。

将式（1-44）代入式（1-43a）所示的阻尼矩阵以及式（1-43b）所示的刚度矩阵中，可以得到无量纲形式的阻尼矩阵和刚度矩阵：

$$\frac{\boldsymbol{C}}{m_b\omega_p}=\begin{bmatrix}\text{diag}\left[\frac{a_0}{\omega_p}\right]_{3\times3} & 0\\ 0 & \text{diag}\left[\frac{a_{0r}}{\omega_p}\right]_{3\times3}\end{bmatrix}\boldsymbol{m}+\begin{bmatrix}\text{diag}[a_1\omega_p]_{3\times3} & 0\\ 0 & \text{diag}[a_{1r}\omega_p]_{3\times3}\end{bmatrix}\frac{\boldsymbol{K}}{m_b\omega_p^2} \tag{1-47a}$$

$$\frac{\boldsymbol{K}}{m_b\omega_p^2}=\begin{bmatrix}\begin{matrix}\frac{2K_a(t)}{m_b\omega_p^2} & -\frac{K_a(t)}{m_b\omega_p^2} & 0\\ -\frac{K_a(t)}{m_b\omega_p^2} & \frac{2K_a(t)}{m_b\omega_p^2} & -\frac{K_a(t)}{m_b\omega_p^2}\\ 0 & -\frac{K_a(t)}{m_b\omega_p^2} & \frac{K_a(t)}{m_b\omega_p^2}\end{matrix} & 0\\ 0 & \begin{matrix}\frac{2\mu K_a(t)}{m_b\omega_p^2} & -\frac{\mu K_a(t)}{m_b\omega_p^2} & 0\\ -\frac{\mu K_a(t)}{m_b\omega_p^2} & \frac{2\mu K_a(t)}{m_b\omega_p^2} & -\frac{\mu K_a(t)}{m_b\omega_p^2}\\ 0 & -\frac{\mu K_a(t)}{m_b\omega_p^2} & \frac{\mu K_a(t)}{m_b\omega_p^2}\end{matrix}\end{bmatrix} \tag{1-47b}$$

其中：

$$\frac{a_0}{\omega_p}=\frac{2\xi\frac{\omega_{1a}}{\omega_p}\frac{\omega_{2a}}{\omega_p}}{\frac{\omega_{1a}}{\omega_p}+\frac{\omega_{2a}}{\omega_p}},\frac{a_{0r}}{\omega_p}=\frac{2\xi\frac{\omega_{1b}}{\omega_p}\frac{\omega_{2b}}{\omega_p}}{\frac{\omega_{1b}}{\omega_p}+\frac{\omega_{2b}}{\omega_p}},a_1\omega_p=\frac{2\xi}{\frac{\omega_{1a}}{\omega_p}+\frac{\omega_{2a}}{\omega_p}},a_{1r}\omega_p=\frac{2\xi}{\frac{\omega_{1b}}{\omega_p}+\frac{\omega_{2b}}{\omega_p}} \tag{1-47c}$$

而无量纲化的非弹性抗力矩阵 $\boldsymbol{F}_s/(m_b a_p)$ 与无量纲化的结构各楼层剪力 $F_{si}/(m_b a_p)$ 有关，由于两相邻塔楼均为非弹性结构，$\Delta F_{si}/(m_b a_p)=K_i(t)\Delta x_i/(m_b a_p)$，故无量纲化的非弹性抗力矩阵 $\boldsymbol{F}_s/(m_b a_p)$ 与无量纲化的结构各楼层刚度 $K_i(t)/(m_b a_p)$、无量纲化的屈服位移 u_y/l_e 以及屈服后刚度系数 α 有关。

综上所述，两个相邻非弹性多自由度结构的无量纲运动方程全部推导完成。

2. 基于Π定理的无量纲化运动方程

根据Π定理以及上一节所得到的两个非弹性多自由度结构碰撞的运动方程，在正弦激励作用下，表征两个非弹性多自由度结构碰撞反应的有：发生碰撞的两个非弹性多自由度结构各楼层的峰值位移 X_{max} 和峰值速度 $\dot{X}_{max}$。而控制反应的参数有：两个多自由度结构各楼层的质量 m_a 和 m_b，左侧结构各楼层的刚度 K_a，右侧结构楼层和左侧结构楼层的刚度比 μ（$\mu=K_a/K_b$），各自屈服位移 u_{ya} 和 u_{yb}，结构的阻尼比 ξ，结构屈服后的刚度系数 α，采用改进 Kelvin 模型模拟的接触单元的角频率 $\overline{\omega}$ 和恢复系数 e，两个非弹性多自由度结构的初始间距 d，以及正弦激励作用的加速度幅值 a_p 和角频率 ω_p。

通过Π定理，两个非弹性多自由度结构的碰撞反应函数可以表示为：

$$\left.\begin{matrix}X_{max}\\ \dot{X}_{max}\end{matrix}\right\}=f(m_a,m_b,K_a,\mu,u_{ya},u_{yb},\xi,\alpha,\overline{\omega},e,d,a_p,\omega_p) \tag{1-48}$$

由式（1-48）可知，该方程一共包含了 13 个变量，而这 13 个变量中涉及的基本量纲有 3 个：质量［M］、长度［L］和时间［T］。故根据Π定理可以得到 13－3＝10 个独立的无量纲Π参数。本章以右侧多自由度结构楼层的质量 m_b，正弦激励加速度幅值 a_p 和角频率 ω_p 作为基本变量，将两个非弹性单自由度结构的运动方程无量纲化，式（1-48）可变为：

$$\left.\begin{matrix}\dfrac{X_{max}\omega_p^2}{a_p}\\ \dfrac{\dot{X}_{max}\omega_p}{a_p}\end{matrix}\right\}=\phi\left(\frac{m_a}{m_b},\frac{K_a}{m_b\omega_p^2},\mu,\frac{u_{ya}\omega_p^2}{a_p},\frac{u_{yb}\omega_p^2}{a_p},\xi,\alpha,\frac{\overline{\omega}}{\omega_p},e,\frac{d\omega_p^2}{a_p}\right) \tag{1-49}$$

令 $\Pi_u=X_{max}\omega_p^2/a_p$，$\Pi_v=\dot{X}_{max}\omega_p/a_p$，$\Pi_m=m_a/m_b$，$\Pi_k=K_a/(m_b\omega_p^2)$，$\Pi_\mu=K_b/K_a=\mu$，$\Pi_{uya}=u_{ya}\omega_p^2/a_p$，$\Pi_{uyb}=u_{yb}\omega_p^2/a_p$，$\Pi_\xi=\xi$，$\Pi_\alpha=\alpha$，$\Pi_{\omega con}=\overline{\omega}/\omega_p$，$\Pi_e=e$，$\Pi_d=d\omega_p^2/a_p$，式（1-49）可化为：

$$\left.\begin{matrix}\Pi_u\\ \Pi_v\end{matrix}\right\}=\phi(\Pi_m,\Pi_k,\Pi_\mu,\Pi_{uya},\Pi_{uyb},\Pi_\xi,\Pi_\alpha,\Pi_{\omega con},\Pi_e,\Pi_d) \tag{1-50}$$

式（1-50）中，$\Pi_m=m_a/m_b$ 是左侧结构与右侧结构各楼层的质量比；$\Pi_k=K_a/m_b\omega_p^2$ 是左侧非弹性多自由度结构各楼层无量纲化的刚度；$\Pi_{uyi}=u_{yi}\omega_p^2/a_p$（$i=a$，$b$）是结构各楼层的屈服位移 u_{yi} 与激励能量尺度 $l_e=a_p/\omega_p^2$ 的比值，即无量纲化的屈服位移；Π_{uyi} 与 Π_α 均为表征结构非弹性的参数；而 $\Pi_{\omega con}$，Π_d 和 Π_e 均为表征碰撞特性的参数，其中 $\Pi_{\omega con}=\overline{\omega}/\omega_p$ 表示接触单元的角频率与正弦激励的角频率比值，即无量纲化的接触单元的角频率。

1.5.2　两个非弹性单自由度结构碰撞反应数值解

为了研究两个非弹性多自由度结构的无量纲碰撞反应，本节采用 Newmark-β 法求解式（1-45a），

其中参数取值 $\gamma=1/2$，$\beta=1/4$，时间步长 $\Delta\tau=0.001$。本节采用以下的无量纲 Π 参数：

$$\Pi_m=m_1/m_2=0.25, \Pi_k=5, \Pi_\mu=10, \Pi_{uya}=0.1, \Pi_{uyb}=0.06, \Pi_\xi=0.05,$$
$$\Pi_\alpha=0.1, \Pi_{\omega con}=65, \Pi_e=0.4, \Pi_d=0.5$$

运用 MATLAB 编程对式（1-45a）给出的动力方程进行数值求解。图 1-27～图 1-29 分别给出了上述参数条件下两个相邻非弹性多自由度结构每一楼层的位移反应时程曲线、碰撞力时程曲线、速度反应时程曲线以及层间剪力-层间位移曲线。图 1-30 给出了两相邻塔楼分别采用改进 Kelvin 模型和 Kelvin 模型考虑碰撞与未碰撞的第三层位移时程曲线、速度时程曲线以及采用两种模型得到的碰撞力对比曲线。

从图 1-27（a）、图 1-28（a）和图 1-29（a）中可以看到，3 个楼层左侧结构对应的曲线和右侧结构对应的曲线均有 8 处重合，说明在激励作用时间 $\tau=0\sim50$ 内，每一楼层均发生了 8 次碰撞。图 1-27（b）、图 1-28（b）和图 1-29（b）所示的碰撞力时程曲线中也有 8 次突变，与图 1-27（a）、图 1-28（a）和图 1-29（a）所判断的碰撞次数吻合。并且，每一楼层记录到的碰撞力的大小区别不大，因此，若将碰撞模型简化为忽略其余楼层的碰撞作用而只考虑最高楼层的碰撞作用是极其不合理的。除此之外，质量和刚度均较小的左侧结构，在发生碰撞后正方向位移明显被抑制，相较于右侧结构产生较大的负向位移，但相较于未碰撞情况，左侧结构的峰值位移反应明显减小（如图 1-27a，图 1-28a，图 1-29a 和

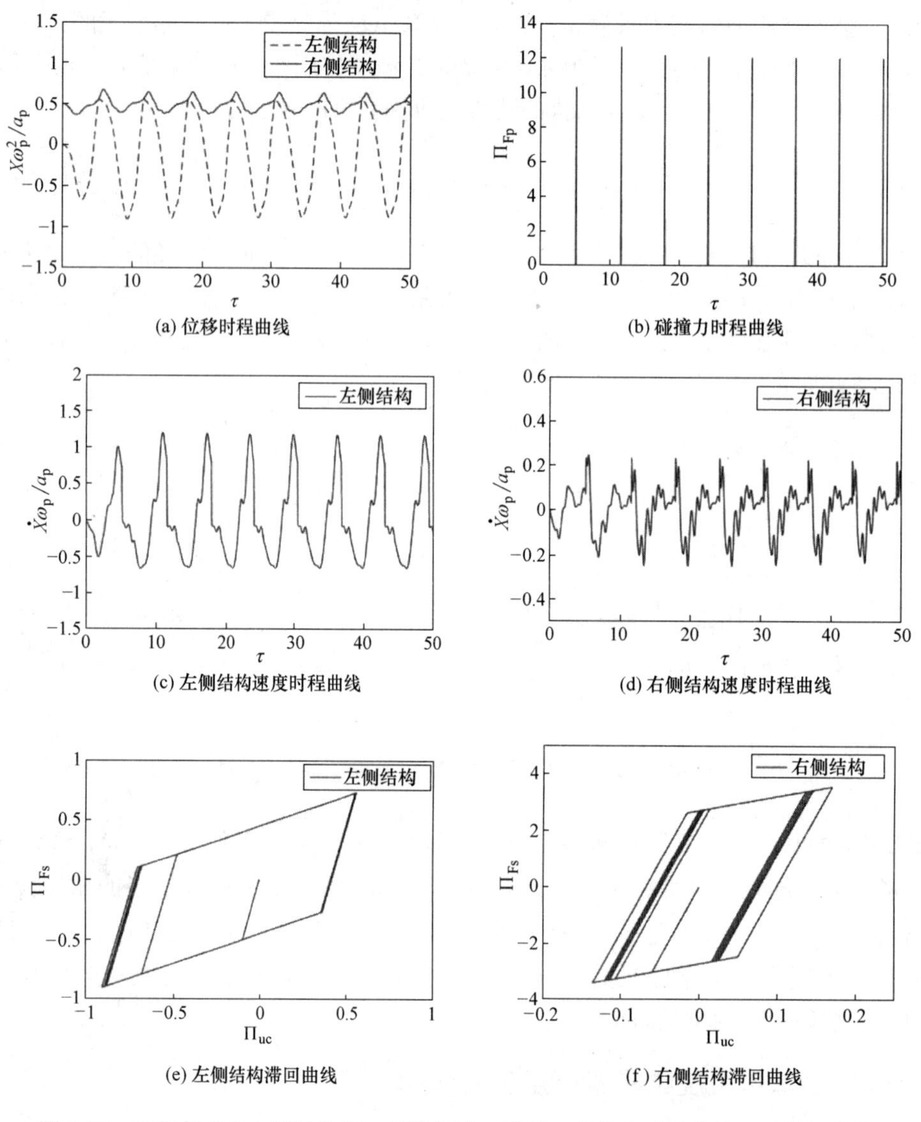

图 1-27　两相邻多自由度结构第一层的位移、速度、碰撞力时程曲线以及滞回曲线

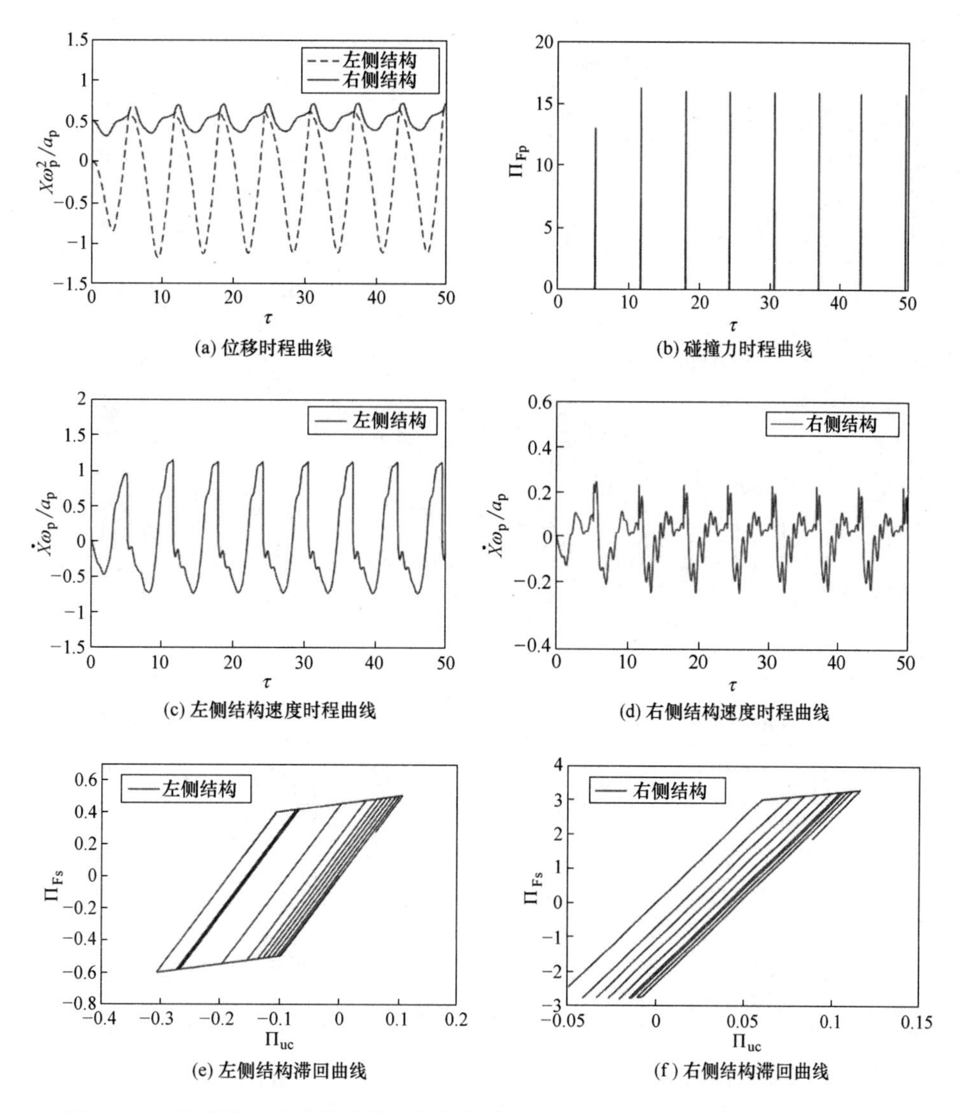

图 1-28　两相邻多自由度结构第二层的位移、速度、碰撞力时程曲线以及滞回曲线

图 1-30a 所示）；而质量和刚度较大的右侧结构，发生碰撞后其位移反应均明显增大。碰撞作用对相邻塔楼的速度反应也有明显影响，如图 1-27（c），图 1-28（c）和图 1-29（c）以及图 1-27（d），图 1-28（d）和图 1-29（d）所示，当碰撞发生后，两结构的速度均发生瞬时的急剧改变，且左侧结构的速度反应由正向变为负向，而右侧结构的速度反应增大（如图 1-30b 和图 1-30d 所示），因此结构发生碰撞作用的基本特征之一是速度瞬时急剧的改变。

图 1-27（e），图 1-28（e）和图 1-29（e）以及图 1-27（f），图 1-28（f）和图 1-29（f）还给出了同样参数条件下相邻两非弹性结构各楼层的滞回曲线，从图中可以看出，两结构的第一层和第二层均明显进入塑性阶段，而第三层结构的滞回曲线为一条直线，表明其一直处于弹性阶段而未进入塑性阶段。

另外，图 1-30 还将分别采用改进 Kelvin 模型和 Kelvin 模型得到的第三层的位移速度时程曲线进行了对比，可以看到两条曲线基本吻合，证明了采用改进 Kelvin 模型得到的数值解方法的正确性，同时证明了采用改进 Kelvin 模型的优越性：从图 1-30（e）所示的采用改进 Kelvin 模型和 Kelvin 模型得到的碰撞力时程曲线可以看出，采用 Kelvin 模型模拟碰撞过程，在回弹阶段会出现负向拉力，而采用改进 Kelvin 模型模拟碰撞过程得到的曲线却不存在负向拉力，这一点在图 1-30（b）和图 1-30（d）所示的速度时程曲线中也有很好的展示：在两图的放大部分，由于 Kelvin 模型在回弹阶段出现拉力，会导致速度时程曲线在碰撞回弹阶段减小；而采用改进 Kelvin 模型所得到的速度时程曲线却没有出现这种

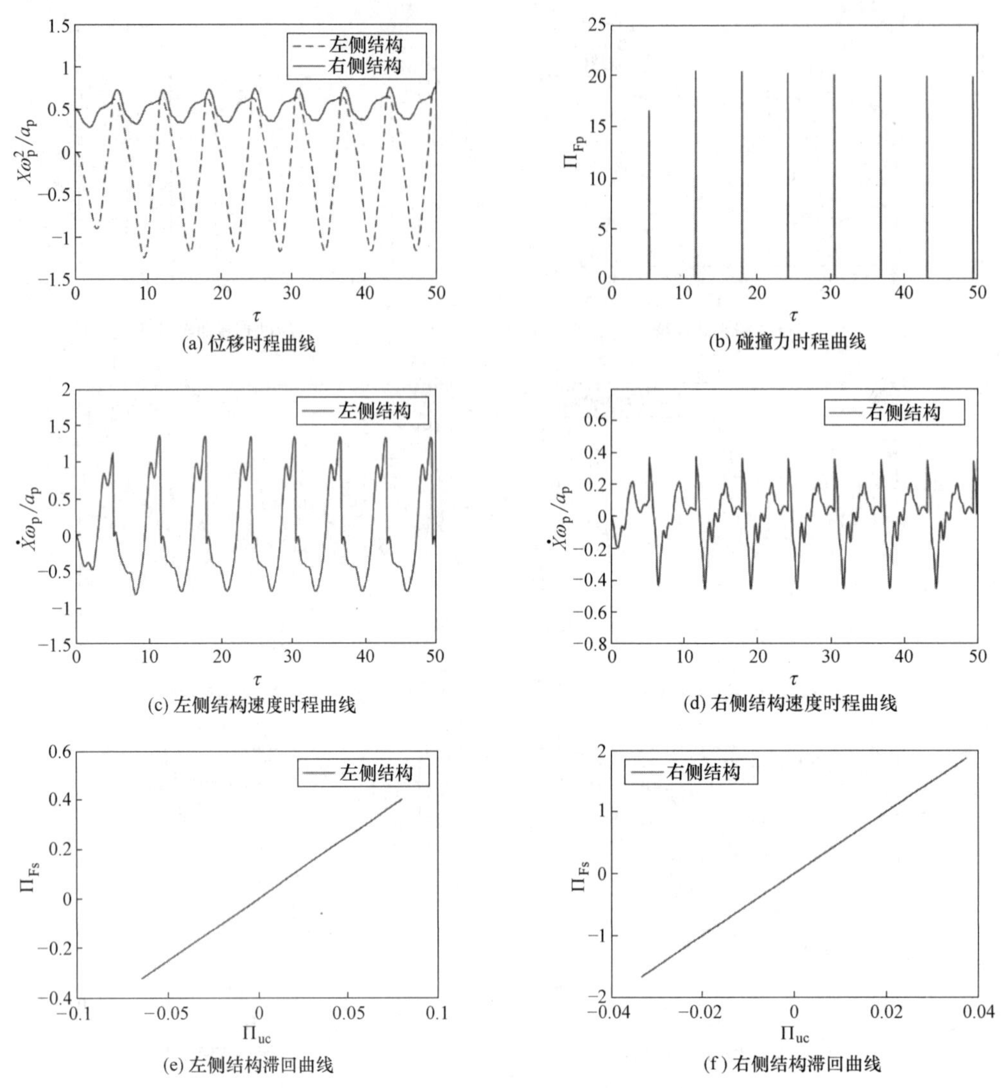

(a) 位移时程曲线　(b) 碰撞力时程曲线

(c) 左侧结构速度时程曲线　(d) 右侧结构速度时程曲线

(e) 左侧结构滞回曲线　(f) 右侧结构滞回曲线

图 1-29　两相邻多自由度结构第三层的位移、速度、碰撞力时程曲线以及滞回曲线

情况，所以，采用改进 Kelvin 模型能够弥补 Kelvin 模型存在的缺点，更好地展现真实的物理现象，反映物理规律。

采用量纲方法研究两个非弹性多自由度结构同样能够很好地展示其结构的自相似性。图 1-31 给出了左侧非弹性多自由度结构各个楼层在不同激励幅值条件下，采用改进 Kelvin 模型模拟碰撞力，有量纲和无量纲最大位移反应曲线以及未碰撞的有量纲和无量纲最大位移反应曲线。从图 1-31 中可以看出，当采用不同的激励峰值加速度（$a_p=0.2g$，$0.5g$，$0.8g$）时，左侧结构各个楼层均得到了 3 条不同的有量纲碰撞峰值位移曲线和有量纲无碰撞峰值位移曲线；而当采用无量纲 Π 参数表示其碰撞与未碰撞的峰值位移反应时，对应不同激励加速度幅值的三条曲线合为一条，说明当采用无量纲 Π 参数表示时，左侧结构的碰撞反应不受激励峰值加速度的影响，同理，对于右侧结构，其自相似性也同样适用，即两个非弹性多自由度结构的碰撞反应具有其自相似性。

图 1-31（b）、图 1-31（d）和图 1-31（f）展示了质量刚度均较小的左侧结构中每一楼层碰撞与未碰撞的峰值位移反应，通过将这两种情况的峰值位移反应进行对比，根据碰撞对左侧结构各楼层位移反应的影响，将其位移反应划分为 3 个谱区（第一谱区放大区，第二谱区抑制区和第三谱区无影响区）：（1）当 $0<\Pi_k\leqslant 3.4$ 时，为第一谱区，此时左侧结构各个楼层的刚度较小，发生碰撞后，其位移反应被放大；（2）当 $3.4<\Pi_k\leqslant 7.2$ 时，为第二谱区，相较于未碰撞情况，碰撞作用会使其楼层位移反应减

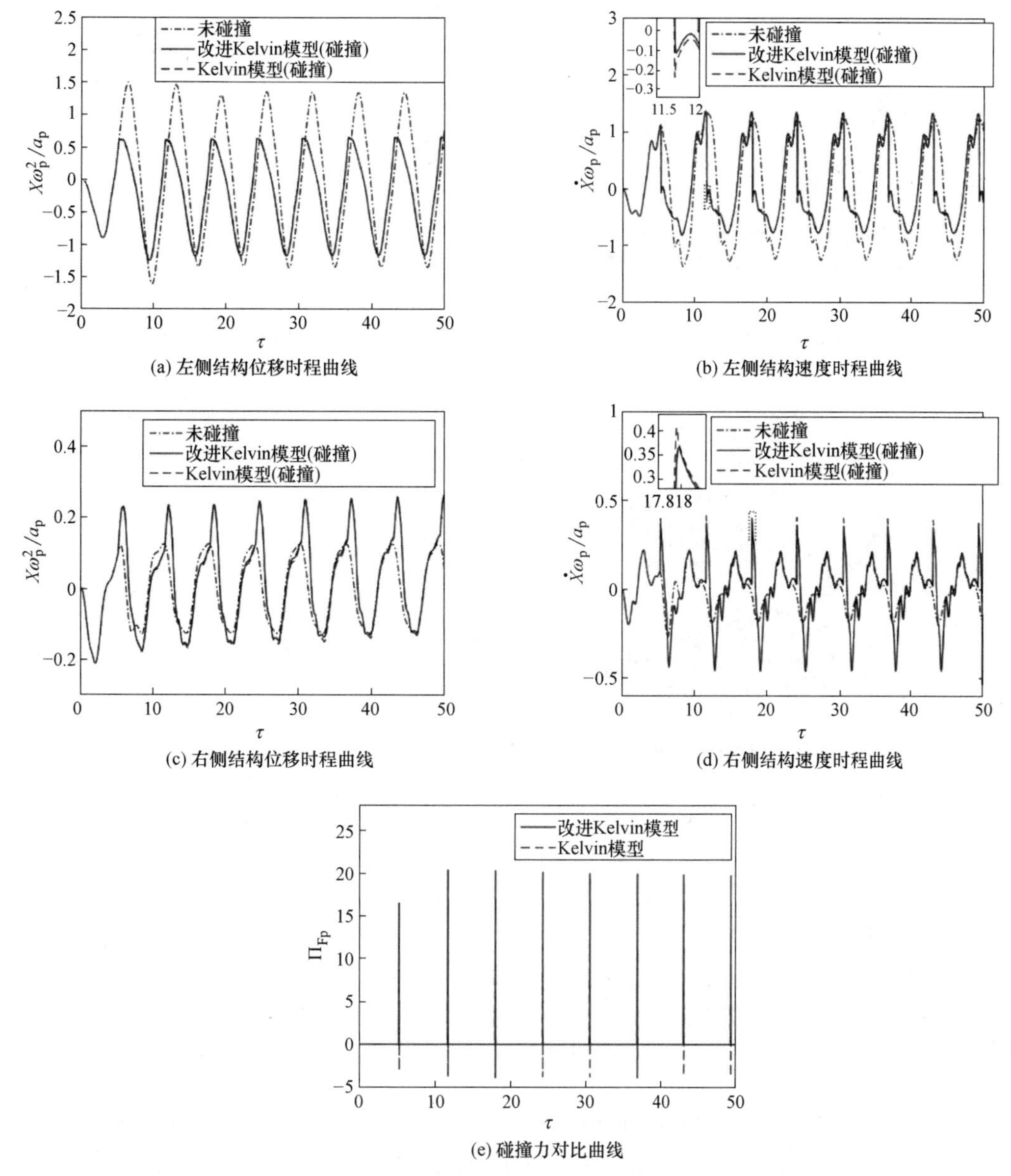

图 1-30　两相邻塔楼分别采用改进 Kelvin 模型和 Kelvin 模型考虑碰撞与未碰撞下第三层的反应

小；(3) 当 $\Pi_k > 7.2$ 时，为第三谱区，碰撞作用对楼层的位移反应基本无影响，且当结构的刚度足够大时，相邻两结构之间未发生碰撞。图 1-31 中 3 个谱区的划分说明当结构自身的刚度特性变化时，碰撞作用对其位移反应的影响也会随之变化。

图 1-32 给出了右侧结构各层发生碰撞与未碰撞情况下的无量纲峰值位移反应曲线。从图 1-32 中可以看出，右侧结构在发生碰撞后，各层的无量纲峰值位移均略微增大，不存在 3 个谱区，这是因为相较于左侧结构，右侧结构的质量和刚度均较大，当两结构发生碰撞后，碰撞作用对质量刚度较大的右侧结构影响较小。

1.5.3　相邻多层结构的振动台碰撞试验

为了验证数值模拟方法和结果的正确性和有效性，本节将进行相邻 4 层和 3 层钢框架结构模型的振动台碰撞试验，并对试验模型进行数值模拟，将试验结果无量纲化后与数值模型结果进行对比。

1. 缩尺结构模型设计

本试验依托华中科技大学现有的振动台进行，该振动台的平面尺寸为 4m×4m，最大负载为 1.5×

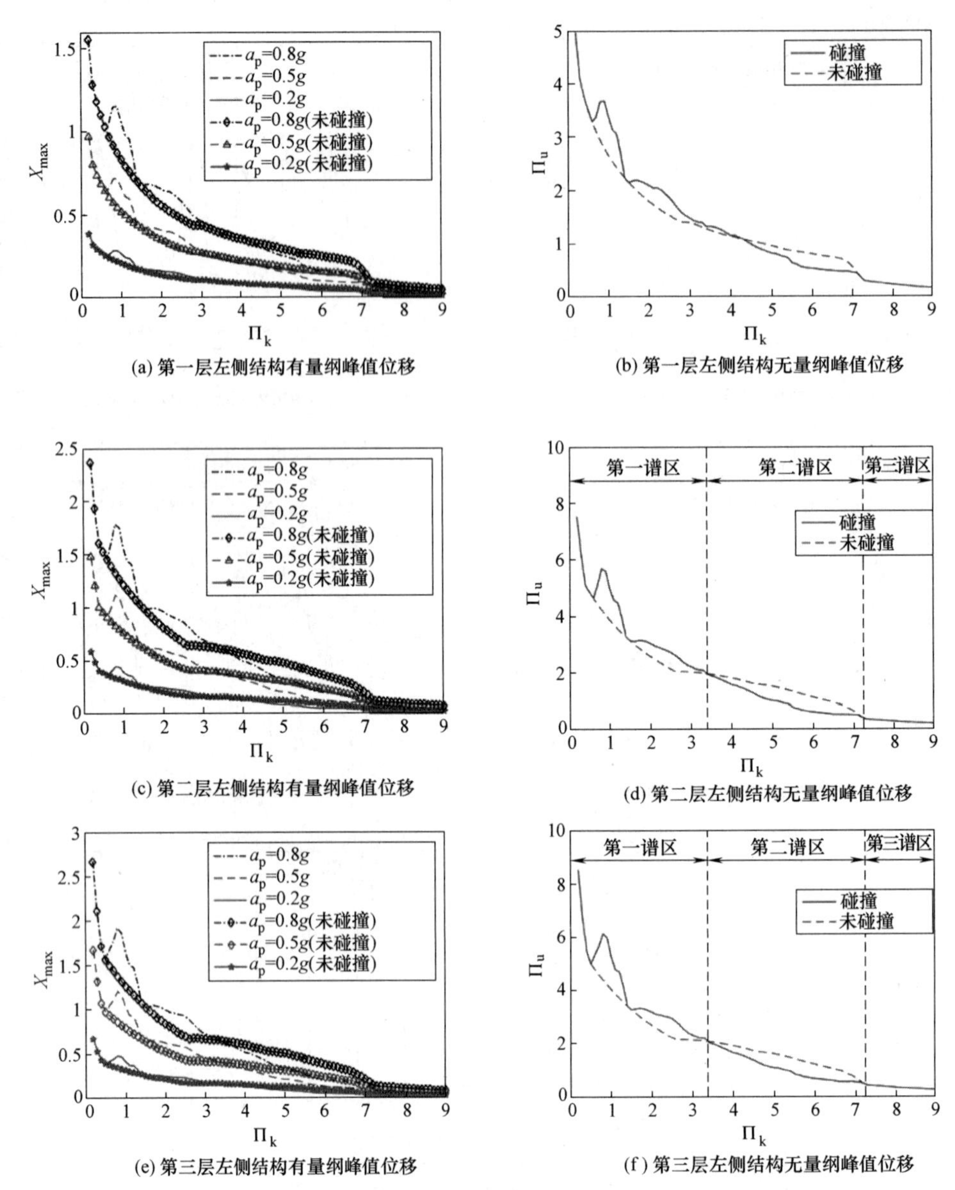

(a) 第一层左侧结构有量纲峰值位移

(b) 第一层左侧结构无量纲峰值位移

(c) 第二层左侧结构有量纲峰值位移

(d) 第二层左侧结构无量纲峰值位移

(e) 第三层左侧结构有量纲峰值位移

(f) 第三层左侧结构无量纲峰值位移

图 1-31　左侧结构在不同激励幅值条件下有量纲和无量纲峰值位移反应曲线

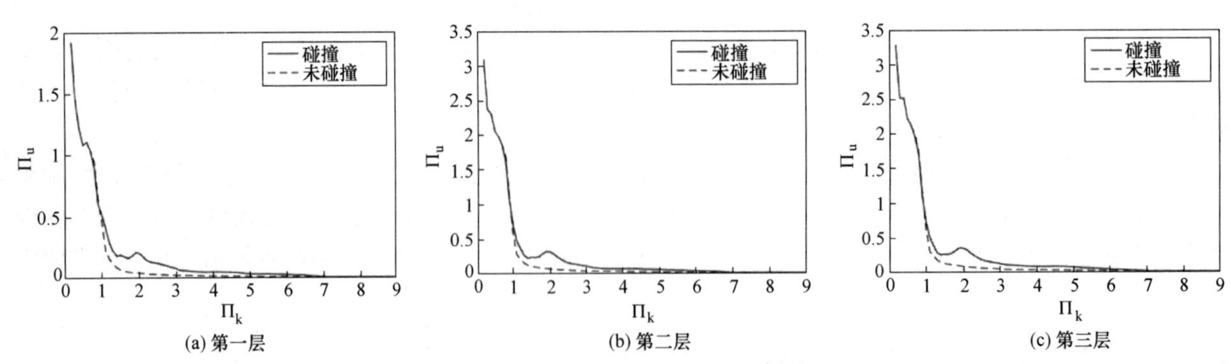

(a) 第一层

(b) 第二层

(c) 第三层

图 1-32　右侧结构无量纲峰值位移反应曲线

10^4 kg，综合考虑到振动台台面的大小以及相似定理，选取振动台试验的几何相似比 S_l 为 1∶16。考虑到选材的方便，本试验的缩尺模型结构将采用与原模型结构相同的结构材料（Q235 钢材）进行模型设计，故缩尺模型与原模型有相同的密度和弹性模量，即 $S_E=S_\rho=1$，根据相似准则可以确定出试验缩

尺模型的各个参数的相似关系，如表 1-1 所示。

试验模型相似比　　表 1-1

物理量	符号	量纲	相似系数
长度	S_l	L	1/16
弹性模量	S_E	$ML^{-1}T^{-2}$	1
刚度	S_k	MT^{-2}	1/16
加速度	S_a	L/T^2	1
时间	S_T	T	1/4
速度	S_v	L/T	1/4
位移	S_x	L	1/16
质量	S_m	M	1/256

根据表 1-1 所确定的几何相似比，拟定相邻两个多层钢框架缩尺模型的结构尺寸为：

结构 A：4 层结构，1.6m×0.8m，层高 0.8m；

结构 B：3 层结构，1.6m×0.8m，层高 0.8m。

为保证原模型结构设计符合实际，对原型结构楼面取恒荷载标准值（不计楼板自重）为 1.5kN/m²；依据《建筑结构荷载规范》GB 50009—2012，对原型结构取楼面活荷载标准值为 2.0kN/m²，考虑到试验缩尺模型 1 层模拟原结构 4 层，本试验模型缩尺结构取楼面恒荷载标准值为 6.0kN/m²，楼面活荷载标准值为 8.0kN/m²。综上计算可知：对于缩尺结构 A、B，顶层楼板的附加质量计算结果为 0.32t，其他楼板的附加质量计算结果为 1.3t，且楼板附加质量采用 C20 预制混凝土板。

根据相似理论计算，缩尺模型各类构件的详细信息如表 1-2 所示。

试验缩尺模型主要构件表　　表 1-2

构件种类	截面(mm)	长度(m)
柱 1	∟110×8	0.8
梁 1	∟110×12	1.38
梁 2	∟110×12	0.58

综上所述，缩尺模型详细的尺寸图如图 1-33 所示，试验模型如图 1-34 所示。

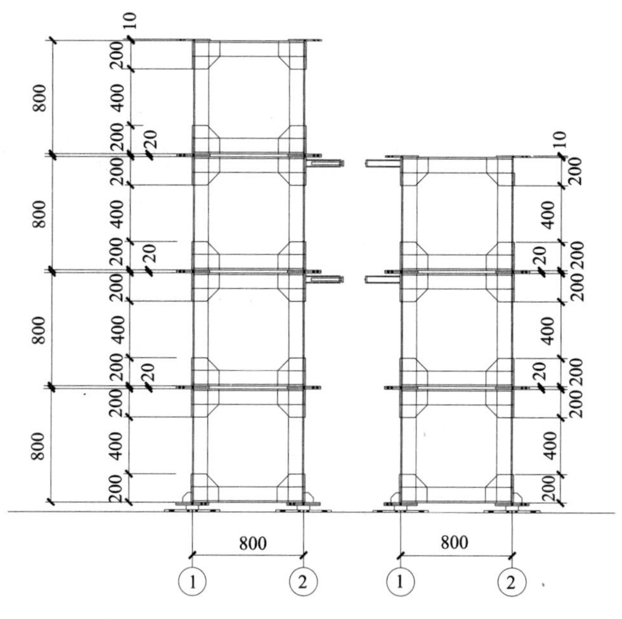

(a) 缩尺模型立面图(左侧为结构A，右侧为结构B)(单位：mm)

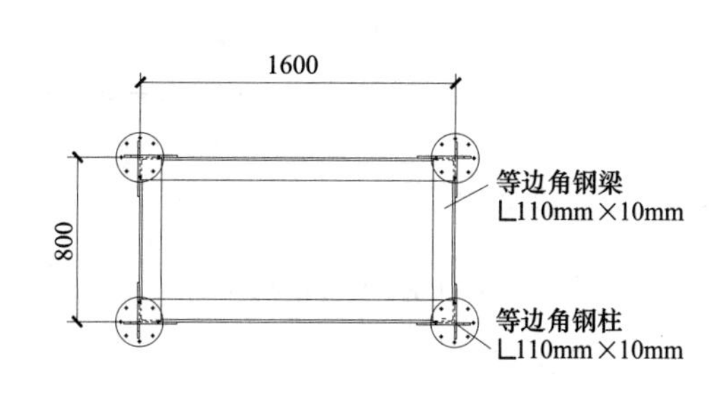

(b) 缩尺模型俯视图

图 1-33　缩尺模型详细尺寸图

图 1-34　试验模型图

考虑到梁柱节点在整个试验过程中应该处于弹性阶段而未进入塑性阶段，需要对其进行加厚处理，本试验采用在模型的梁柱节点的等边角钢柱的四周焊接一块厚度为 10mm 的钢板，具体如图 1-35 所示。

图 1-35　梁柱节点详图

为模拟结构与地面之间的刚性连接，需要将结构 A 和结构 B 的柱脚与 10mm 的底板焊接，同时在每个结构柱底的四周焊接一块加劲肋板以保证柱脚与底板之间稳定的连接，如图 1-36 所示。

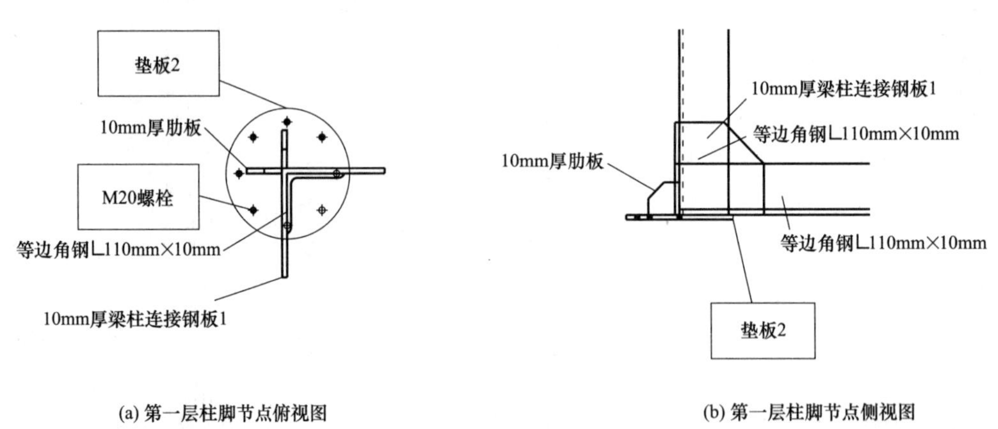

图 1-36　第一层柱脚节点图

由于本试验模型按照振动台上预留的固定孔洞进行螺栓连接，所以在试验过程中，相邻钢框架之间的距离是固定不变的，而两个预留孔洞之间的距离太大以至于在整个试验过程中，相邻塔楼无法发生碰撞，因此本试验设计了一个可伸缩的碰撞元件，该碰撞元件由一个冲击端和一个接收端组成，且分别位于相邻钢框架的第二层和第三层，如图1-37所示。为保证冲击端与接收端发生点面式的碰撞，在接收端前端的平面中心焊接了一段8mm粗的钢杆，碰撞端的设计详图和实际碰撞端模型图如图1-37和图1-38所示。

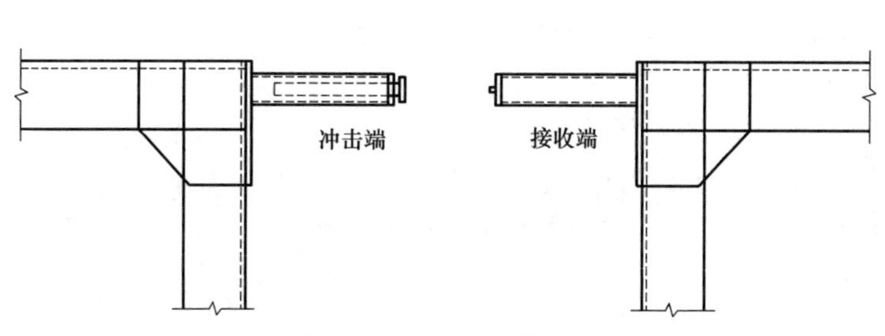

图1-37　碰撞元件构造图

图1-38　试验模型碰撞元件图

2. 试验方案设计

（1）量测方案

本节的振动台试验主要研究相邻钢框架之间的碰撞反应，主要记录的数据包括：结构各楼层以及振动台面的位移反应和加速度反应。因此本试验所选用的采集数据设备为IMC动态采集仪和DH5922动态采集仪，其中位移通过IMC动态采集仪采集，加速度通过DH5922动态采集仪采集。其中位移和加速度测点的布置如图1-39所示。

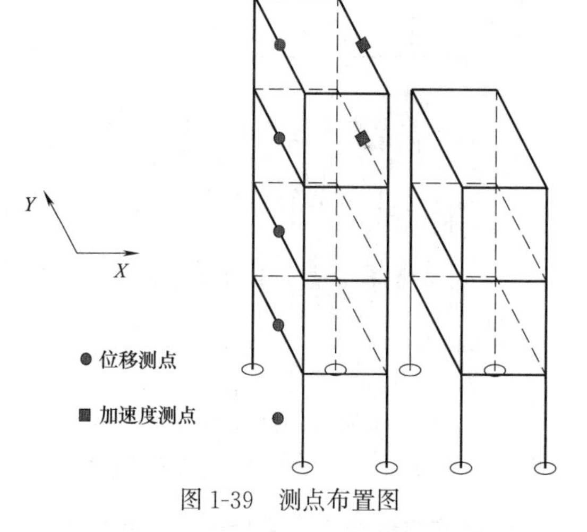

图1-39　测点布置图

（2）加载方案

本节数值模拟所采用的地震激励为正弦波激励，因此本试验选取了加速度峰值为0.2g正弦波（$\omega_{\mathrm{p}}=20\mathrm{rad/s}$）进行加载，正弦激励的时间间隔为0.01s。

所选取的试验工况有两种：未发生碰撞和相邻间距为2mm发生碰撞。以未发生碰撞工况为例，整个试验的加载过程如下：首先选用白噪声对两个钢框架进行扫频，检查结构的动力特性是否发生变化；然后选用峰值加速度为0.2g的正弦波进行加载，最后进行白噪声扫频，至此第一种工况加载完成。

3. 试验结果

图1-40给出了4层钢框架结构在未碰撞和发生碰撞（间距为2mm）情况下，顶层和第三层相对位移反应时程曲线（由楼层实测位移反应时程数据与对应的振动台面位移反应时程数据相减所得）。

由图1-40可以看出，在发生碰撞情况下，顶层和第三层的实际位移均大于未碰撞情况下对应的位移，说明此时碰撞作用会放大结构的位移响应。

图1-41给出了4层钢框架结构在未碰撞和发生碰撞（间距为2mm）情况下，顶层和第三层的加速度反应时程曲线，从图1-41可以看出，在发生碰撞的情况下，顶层和第三层的加速度反应有明显的脉冲，顶层和第三层的加速度远大于未碰撞情况下对应的加速度，说明此时碰撞作用也同样会放大结构的加速度响应。

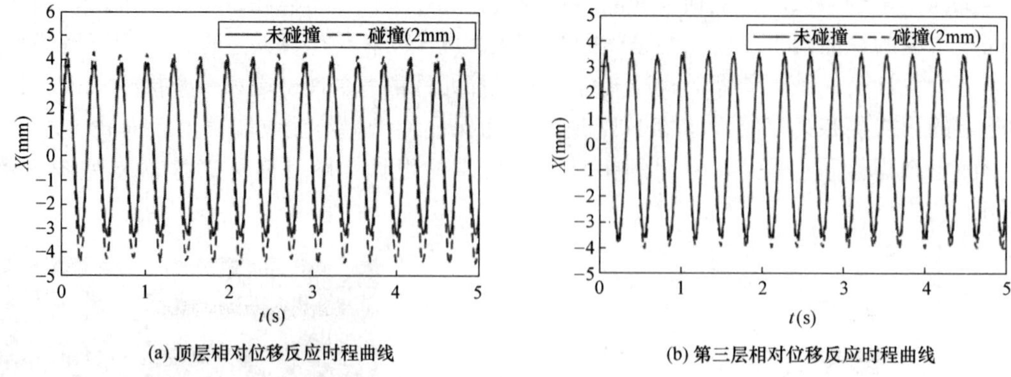

(a) 顶层相对位移反应时程曲线

(b) 第三层相对位移反应时程曲线

图 1-40　碰撞与未碰撞下 4 层结构的顶层和第三层相对位移反应时程曲线

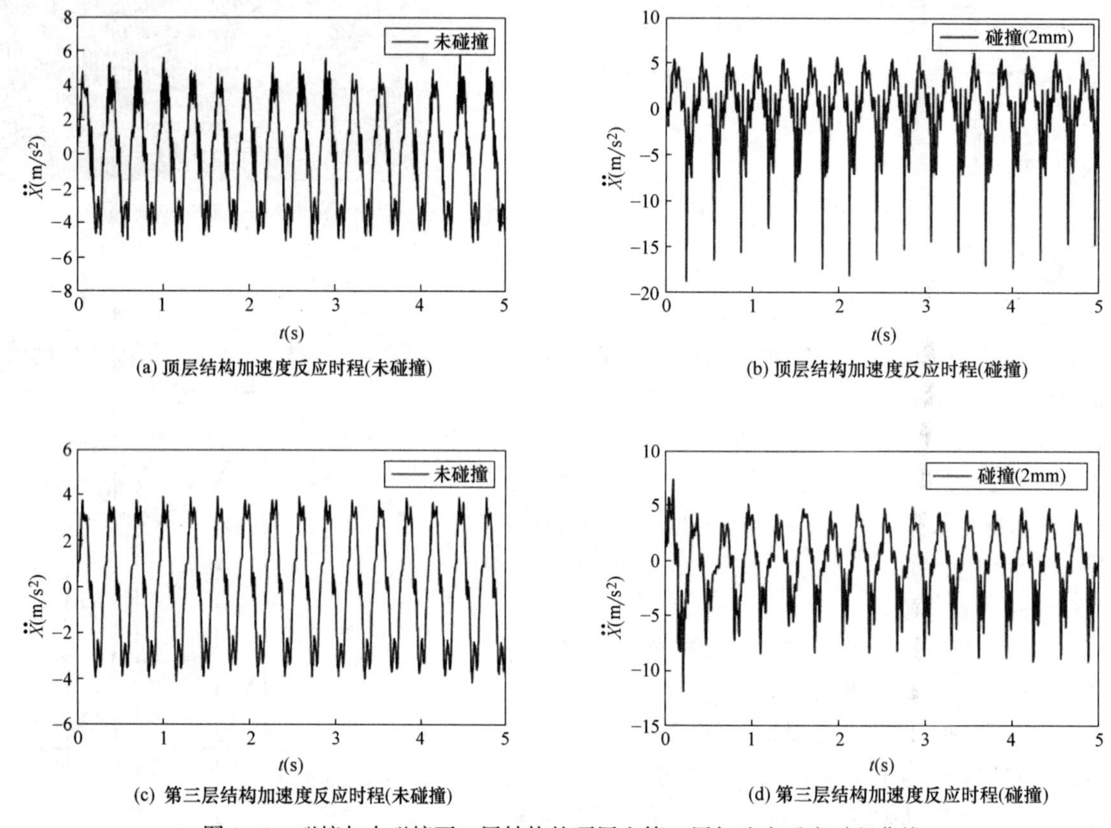

(a) 顶层结构加速度反应时程(未碰撞)

(b) 顶层结构加速度反应时程(碰撞)

(c) 第三层结构加速度反应时程(未碰撞)

(d) 第三层结构加速度反应时程(碰撞)

图 1-41　碰撞与未碰撞下 4 层结构的顶层和第三层加速度反应时程曲线

4. 数值模型结果与试验模型结果对比

将上述试验模型中的 4 层钢框架模型和 3 层钢框架模型均简化成集中质量模型，其中每层结构质量均为 1.7t，且假定各个楼层的抗侧刚度均相等，经过分析计算得到其楼层刚度为 1.19×10^{7}N/m，且整个试验过程结构均处于弹性状态。

将试验参数无量纲化，得到数值计算所需的无量纲参数：$\Pi_{m}=1$，$\Pi_{k}=17.5$，$\Pi_{\mu}=1$，$\Pi_{\xi}=0.05$，$\Pi_{\omega con}=65$，$\Pi_{e}=0.4$，$\Pi_{d}=0.41$。采用 MATLAB 进行编程求解，并将其与无量纲化后的实测结果进行对比分析，如图 1-42 和 1-43 所示。

图 1-42 给出了在峰值加速度为 $0.2g$ 正弦波作用下，在未发生碰撞情况下 4 层钢框架结构的顶层和第三层的位移以及加速度试验结果和数值结果对比曲线。从图中可以看出，顶层和第三层的位移反应的数值结果略大于试验结果，而加速度反应的数值结果略小于试验结果，且数值结果的频率和波形均与试验结果基本一致。

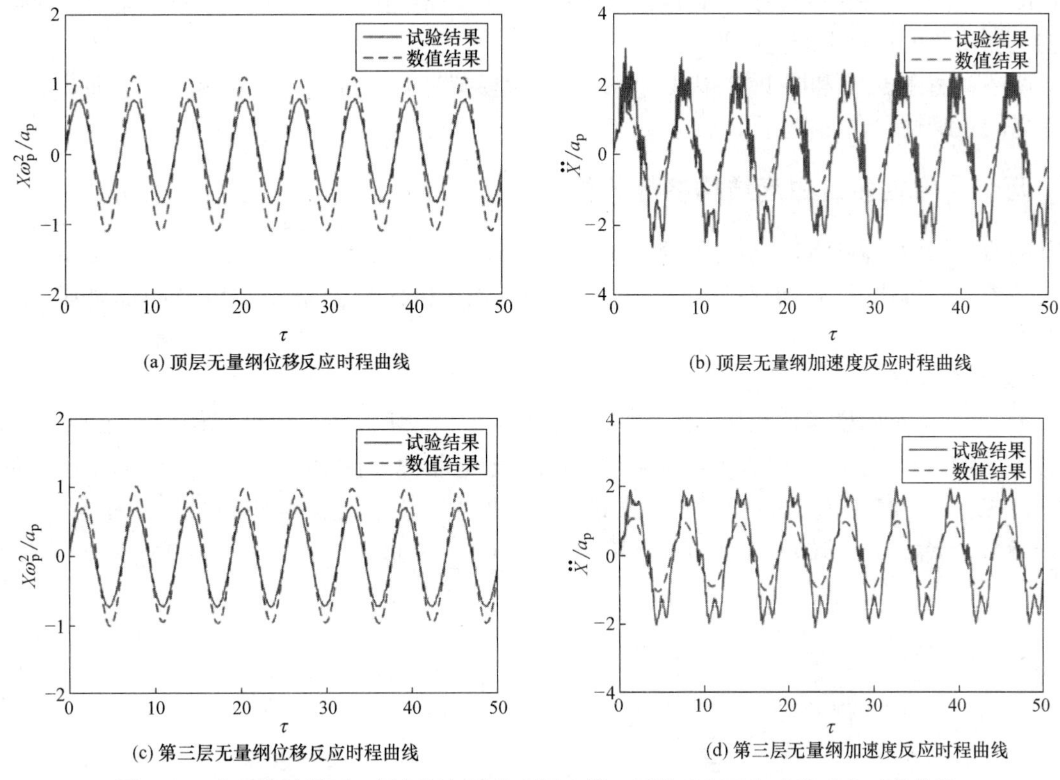

(a) 顶层无量纲位移反应时程曲线　(b) 顶层无量纲加速度反应时程曲线

(c) 第三层无量纲位移反应时程曲线　(d) 第三层无量纲加速度反应时程曲线

图 1-42　未碰撞情况下 4 层钢框架结构顶层和第三层位移以及加速度反应时程曲线

图 1-43 给出了峰值加速度为 0.2g 正弦波作用下，在间距为 2mm 发生碰撞情况下 4 层钢框架结构的顶层和第三层的位移以及加速度试验结果和采用 MATLAB 编程求得的数值结果对比曲线。从图 1-43 中可以看出，顶层和第三层的位移反应的数值结果略大于试验结果，两者的频率和波形基本一致，而两

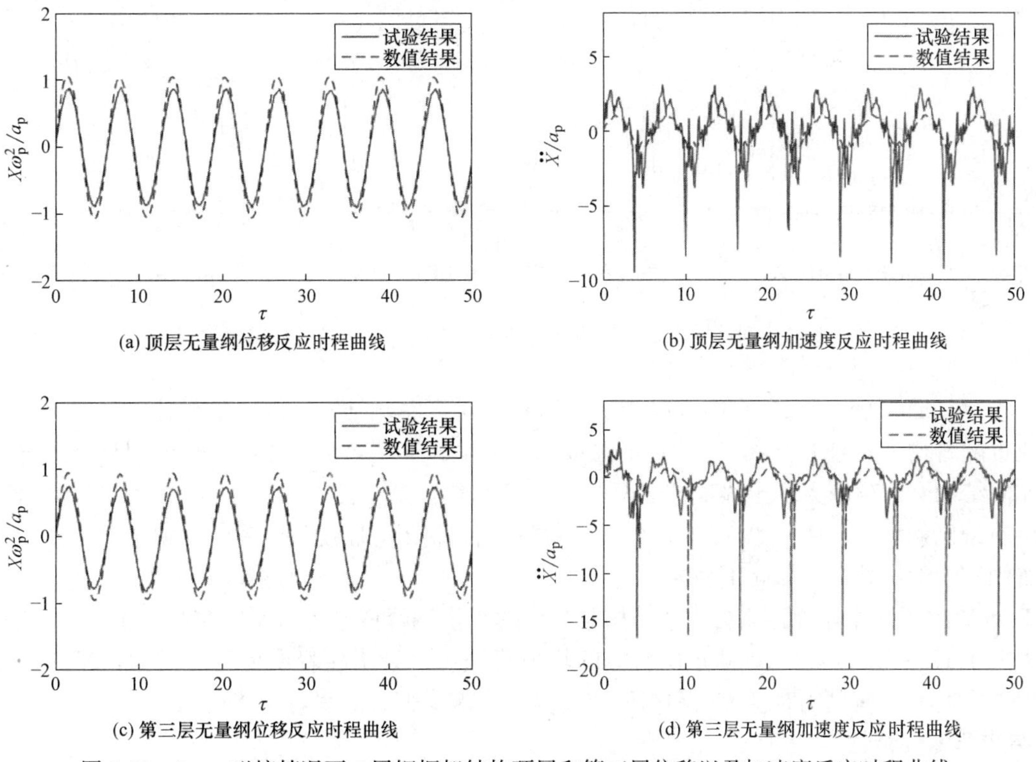

(a) 顶层无量纲位移反应时程曲线　(b) 顶层无量纲加速度反应时程曲线

(c) 第三层无量纲位移反应时程曲线　(d) 第三层无量纲加速度反应时程曲线

图 1-43　2mm 碰撞情况下 4 层钢框架结构顶层和第三层位移以及加速度反应时程曲线

者的加速度反应曲线存在一定差异，造成这种差别的原因可能是由于数值模型是将试验模型简化为集中质量模型，在简化的过程中产生误差。

综上所述，由图 1-42 和图 1-43 中试验结果和数值模拟结果的对比，可以验证本节所采用数值模拟方法和结果的正确性和合理性。

1.5.4 两个非弹性多自由度结构参数分析

由于碰撞作用对右侧质量、刚度均较大的结构的影响很小，所以本节主要研究两个相邻非弹性多自由度结构各楼层质量比 Π_m，结构屈服后刚度系数 Π_α、屈服位移 Π_{uya} 以及结构间距 Π_d 对其左侧结构碰撞反应的影响。

1. 楼层质量比 Π_m

图 1-44 给出了不同楼层质量比 Π_m 条件下，相邻两个非弹性多自由度结构碰撞过程中的无量纲峰值位移 Π_u 对应于不同的无量纲结构刚度 Π_k 的反应曲线。此处选取了 3 个不同的质量比 Π_m（$\Pi_m=0.1$，$\Pi_m=0.25$ 以及 $\Pi_m=0.75$），质量比 Π_m 越大，表明左侧结构和右侧结构的质量差异越小。其余参数选择：$\Pi_\mu=40$，$\Pi_{uya}=0.1$，$\Pi_{uyb}=0.06$，$\Pi_\xi=0.05$，$\Pi_\alpha=0.1$，$\Pi_{\omega con}=65$，$\Pi_e=0.4$，$\Pi_d=0.5$。

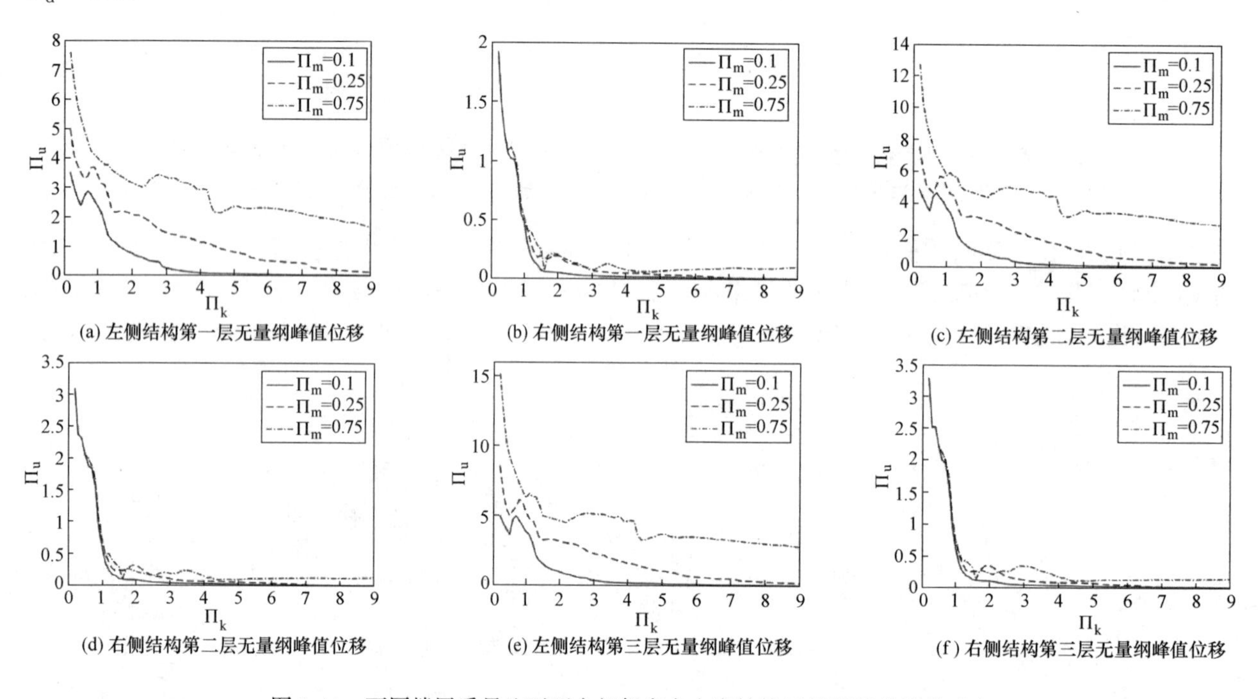

图 1-44 不同楼层质量比下两个相邻多自由度结构无量纲峰值位移反应

从图 1-44（a）、（c）和（e）中可以清楚地看到，对于左侧结构，随着质量比 Π_m 的增大，其峰值位移反应也随着增大，且 $\Pi_m=0.75$ 对应的曲线的值明显大于其余两条曲线，这说明质量差异较小的情况下，左侧结构会产生较大的位移反应。而对于右侧结构，从图 1-44（b）、（d）和（f）中可以看出，随着楼层质量比的增大，$\Pi_m=0.75$ 对应的无量纲峰值位移反应略微大于其余两种情况，楼层质量比的变化对右侧结构的位移反应影响不明显。

图 1-45 给出了两个非弹性多自由度结构第二层的无量纲峰值碰撞力反应曲线，$\Pi_m=0.75$ 对应的峰值碰撞力大于 $\Pi_m=0.25$ 和 $\Pi_m=0.1$ 所对应的峰值碰撞力，说明随着质量比的增大，相邻塔楼产生的碰撞力也随之增大。质量比对第一层和第三层碰撞力影响类似，这里就不予展示。

2. 结构非弹性特性

本章采用双线性楼层剪力-层间位移来模拟其结构的非弹性特性，因此本节主要研究屈服后刚度系

数 Π_α 和屈服位移 Π_{uya} 对两个相邻非弹性多自由度结构中质量刚度较小的左侧结构碰撞反应的影响。

图 1-46 给出了在不同屈服后刚度比 Π_α 条件下，左侧结构的无量纲峰值位移反应曲线，此处主要选取了 3 个不同的屈服后刚度比：$\Pi_\alpha=0.01$，$\Pi_\alpha=0.1$ 和 $\Pi_\alpha=1$。其中 $\Pi_\alpha=0.01$ 表示结构是非弹性钢结构，$\Pi_\alpha=0.1$ 表示结构是非弹性钢筋混凝土结构，而 $\Pi_\alpha=1$ 表示结构是弹性结构。其余参数选取：$\Pi_m=0.25$，$\Pi_\mu=40$，$\Pi_{uya}=0.1$，$\Pi_{uyb}=0.06$，$\Pi_\xi=0.05$，$\Pi_{\omega con}=65$，$\Pi_e=0.4$，$\Pi_d=0.5$。从图 1-46 中可以看出，当 $\Pi_k<8$ 时，左侧结构各个楼层的无量纲峰值位移反应随着屈服后刚度比 Π_α 的增大而减小，弹性结构 $\Pi_\alpha=1$ 所对应的无量纲峰值位移反应曲线要明显小于其余非弹性结构所对应的曲线；而当 $\Pi_k>8$ 时，3 条曲线基本重合，说明此时左侧结构的位移反应不受屈服后刚度比 Π_α 的影响，产生此现象的原因可以解释为：此时的结构一直处于弹性阶段而未进入塑性阶段。

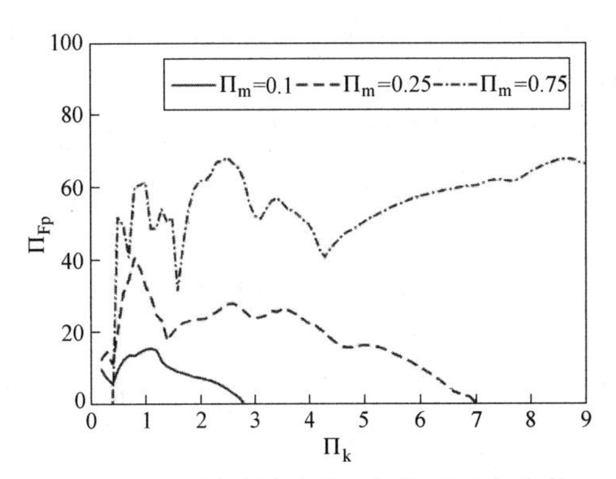

图 1-45　不同楼层质量比条件下两个非弹性多自由度结构第二层无量纲峰值碰撞力反应曲线

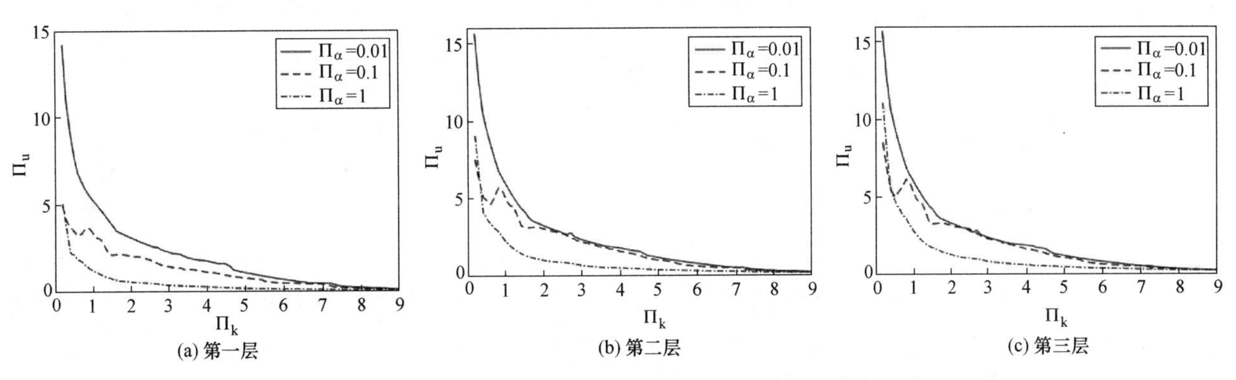

图 1-46　不同屈服后刚度比条件下左侧结构无量纲峰值位移反应

图 1-47 给出了在不同屈服位移 Π_{uya} 条件下，左侧结构的无量纲峰值位移反应曲线，此处主要选取了 3 个不同的屈服位移：$\Pi_{uya}=0.06$，$\Pi_{uya}=0.1$ 和 $\Pi_{uya}=0.2$。其余参数选取：$\Pi_m=0.25$，$\Pi_\mu=40$，$\Pi_\alpha=0.1$，$\Pi_{uyb}=0.06$，$\Pi_\xi=0.05$，$\Pi_{\omega con}=65$，$\Pi_e=0.4$，$\Pi_d=0.5$。从图中可以看出，当 $\Pi_k\leqslant1.5$ 时，屈服位移 Π_{uya} 的变化对左侧结构无量纲峰值位移的影响很小，而当 $\Pi_k>1.5$ 时，左侧结构的无量纲峰值位移反应随屈服位移 Π_{uya} 的增大而减小。

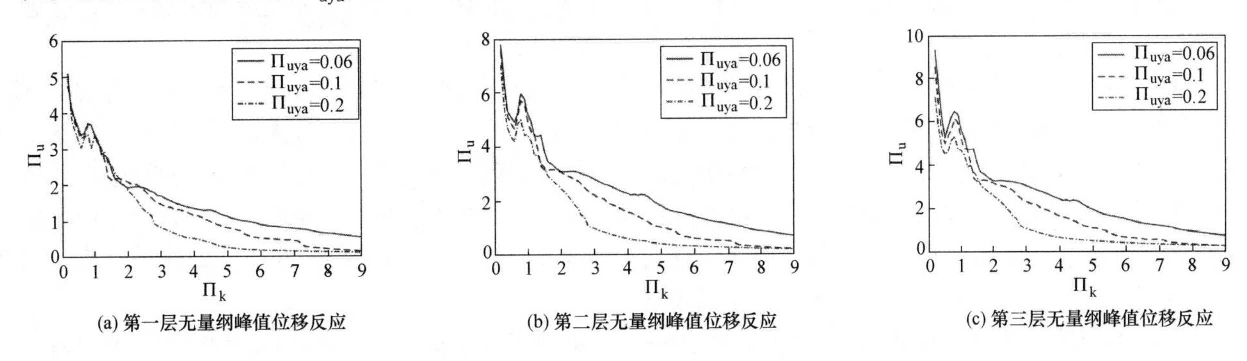

图 1-47　不同屈服位移条件下左侧结构无量纲峰值位移反应

3. 结构间距 Π_d

本节选取了 3 种不同的结构间距（$\Pi_d=0.1$，$\Pi_d=0.5$ 和 $\Pi_d=1.5$）来分析结构间距对相邻两个非弹性多自由度结构碰撞反应的影响。其余参数选取：$\Pi_m=0.25$，$\Pi_\mu=40$，$\Pi_{uya}=0.1$，$\Pi_{uyb}=0.06$，$\Pi_\xi=0.05$，$\Pi_\alpha=0.1$，$\Pi_{\omega con}=65$，$\Pi_e=0.4$。图 1-48 给出了不同结构间距 Π_d 条件下，两个多自由度结构中质量、刚度较小的左侧结构各个楼层的无量纲峰值位移反应曲线，从图中可以看出，当 $\Pi_k\leqslant 1.5$ 时，$\Pi_d=1.5$ 对应的结构的位移反应小于其余两种情况对应的位移反应，这是由于第一谱区中，左侧结构受碰撞作用，其位移反应会被放大，而随着结构间距的增大，碰撞作用的放大效果会降低，从而造成其位移反应会有减小的趋势；而当 $2.8<\Pi_k\leqslant 7.2$ 时，$\Pi_d=1.5$ 对应的结构的位移反应明显大于其余两种情况对应的位移反应，这是由于在第二谱区中，碰撞作用会抑制左侧结构的位移反应，但随着结构间距 Π_d 的增大，其抑制效果逐渐减弱，从而造成左侧结构的位移反应会有增大的趋势；当 $\Pi_k>7.2$ 时，3 条曲线重合，此时左侧结构的位移反应不受结构间距 Π_d 的影响。

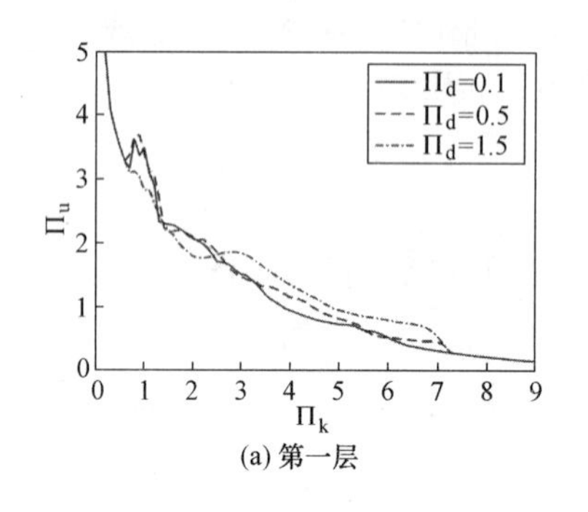

(a) 第一层

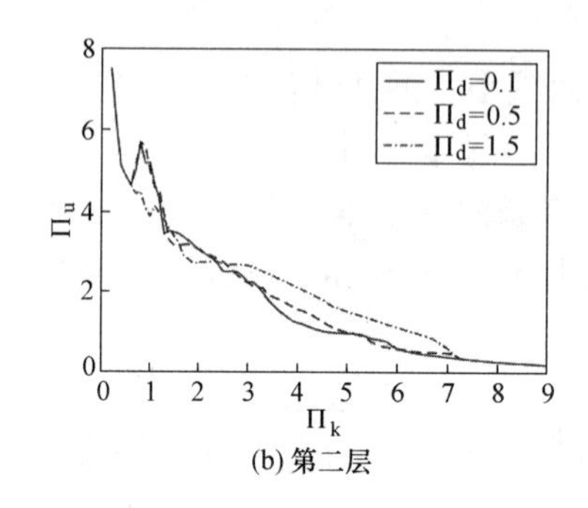

(b) 第二层

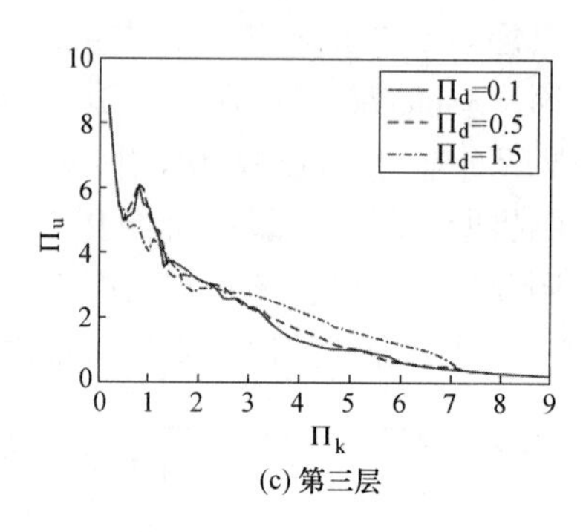

(c) 第三层

图 1-48　不同结构间距条件下左侧结构无量纲峰值位移反应

1.6　本章总结

近年来，地震作用下结构碰撞问题引起了学者的广泛关注，且已取得不少成果。本章在前人研究的基础上，采用量纲分析方法（有效地解决相邻塔楼碰撞反应中参数的复杂性，较清晰地反映规律），选用改进 Kelvin 碰撞模型（弥补 Kelvin 碰撞模型的不足，更加真实地反映物理事实）模拟碰撞接触过程，针对 3 种模型（弹性单自由度摆和刚体，两个非弹性单自由度结构以及两个非弹性多自由度结构），进行理论推导和数值分析，得到了以下结论：

（1）推导得到了弹性单自由度摆与刚体碰撞过程中无量纲运动方程和碰撞力表达式，并运用数值分析方法将改进 Kelvin 模型和 Kelvin 模型得到的碰撞反应进行比较，验证了改进 Kelvin 模型的优越性；采用谱的形式将碰撞对单自由度摆反应的影响进行了分区（放大区、抑制区以及无影响区）分析，揭示了无量纲化后单自由度摆碰撞反应的自相似性。最后研究了接触单元参数对碰撞反应的影响，发现接触刚度和初始间距对碰撞反应影响较小，而恢复系数对碰撞反应影响较大。

（2）推导得到了两个非弹性单自由度结构碰撞过程中无量纲碰撞力表达式以及无量纲运动方程。并采用谱的形式将碰撞对左侧结构（质量、刚度较小）反应的影响进行了分区（放大区、抑制区以及无影响区）分析，证明了两个非弹性单自由度结构碰撞反应同样表现出自相似性。最后研究了结构参数对碰撞反应的影响，发现结构的质量比、频率比以及初始间距对左侧结构（质量、刚度较小）碰撞反应的影响与 3 个谱区是紧密相关的；对右侧结构（质量、刚度较大），碰撞作用对结构反应放大作用随质量比的增大逐渐增大，随频率比和间距的增大逐渐减小。

（3）推导得到了两个非弹性多自由度结构碰撞的无量纲碰撞力表达式和无量纲运动方程，通过研究不同激励加速度幅值条件下，相邻两非弹性多自由度结构的有量纲和无量纲的碰撞反应，证明了两个非弹性多自由度结构碰撞的自相似性，并将碰撞作用对左侧结构（质量、刚度较小）的反应划分为 3 个谱区。同时进行了相邻钢框架结构的振动台试验，并将所得到的试验结果和采用 MATLAB 编程得到的数值结果进行对比，证明了采用数值模拟方法和结果的合理性和有效性。最后发现参数的变化对左侧结构

的影响较明显：其峰值位移反应随楼层质量比的增大而增大，随屈服位移的增大而减小；在第一、二谱区中，其峰值位移随屈服后刚度比的增大而减小；在第一谱区中其峰值位移随结构间距的增大而减小，在第二谱区中则随结构间距的增大而逐渐增大。

参考文献

[1] Zhu P, Abe M, Fujino Y. Evaluation of pounding countermeasures and serviceability of elevated bridges during seismic excitation using 3D modeling [J]. Earthquake Engineering and Structure Dynamic, 2010, 33 (5): 591-592.

[2] Wang C J, Shih M H. Performance study of a bridge involving sliding decks and pounded abutment during a violent earthquake [J]. Engineering Structures, 2007, 29 (5): 802-812.

[3] Wang C J. Failure study of a bridge subjected to pounding and sliding under severe ground motions [J]. International Journal of Impact Engineering, 2007, 34 (2): 216-217.

[4] Julian F D, Hayashikawa T, Obata T. Seismic performance of isolated curved viaducts equipped with deck unseating prevention cable restrainers [J]. Journal of Constructional Steel Research, 2007, 63 (2): 237-253.

[5] 吴应强. 地震作用下相邻钢筋混凝土框架结构碰撞分析 [D]. 哈尔滨：哈尔滨工业大学，2009.

[6] Rosenblueth E, Meli R. The 1985 earthquake: causes and effects in Mexico City [J]. Concrete Intnl, 1986, 8 (5): 23-34.

[7] Cole G L, Dhakal R P, Turner F M. Building pounding damage observed in the 2011 Christchurch Earthquake [J]. Earthquake Engineering and Structural Dynamics, 2012, 41 (5): 893-913.

[8] Ren Y F, Wen R Z, Yamanaka H, et al. Site effects by generalized inversion technique using strong motion recordings of the 2008 Wenchuan Earthquake [J]. Earthquake Engineering and Engineering Vibration, 2013, 12 (2): 165-184.

[9] Naeim F, Lew M, Huang S C, et al. The performance of tall buildings during the 21 September 1999 Chi-Chi earthquake, Taiwan [J]. The Structure Design of Tall Building, 2000, 9 (2): 137-160.

[10] 孙刚，李亦纲，杜晓霞，等. 2017年地震灾害及应急响应总览 [J]. 中国应急救援，2018，13 (1): 9-14.

[11] 邹宏德，蓝宗建. 相邻塔楼结构碰撞问题的探讨 [J]. 工业建筑，2002，32 (4): 49-52.

[12] 段文中. 地震作用下钢筋混凝土梁桥梁间碰撞响应分析及防止措施研究 [D]. 西安：西安理工大学，2007.

[13] Wolf J P, Skrikerud P E. Mutual pounding of adjacent structures during earthquakes [J]. Nuclear Engineering and Design, 1980, 57 (2): 253-275.

[14] Wada A, Shinozaki Y, Nakamura N. Collapse of building with expansion joints through collision caused by earthquake motion [C]. The 8th World Conference on Earthquake Engineering, San Francisco, 1984.

[15] Davis R O. Pounding of buildings modelled by an impact oscillator [J]. Earthquake Engineering & Structural Dynamics, 1992, 21 (3): 253-274.

[16] Leibovich E, Rutenberg A, Yankelevsky D Z. On eccentric seismic pounding of symmetric buildings [J]. Earthquake Engineering and Structural Dynamics, 1998, 25 (3): 219-233.

[17] Athanassiadou C J, Penelies G G. Elastic and inelastic system interaction under an earthquake motion [C]. Proceeding of the 7th Hellenic Conference on Concrete, Patras, 1985.

[18] Anagnostopoulos S A. Pounding of buildings in series during earthquakes [J]. Earthquake Engineering and Structural Dynamics, 1988, 16 (3): 443-456.

[19] Jankowsk R. Non-linear viscoelastic modelling of earthquake-induced structural pounding [J]. Earthquake Engineering and Structural Dynamics, 2005, 34: 595-611.

[20] Sabegh S Y, Milani N J. Pounding force response spectrum for near-field and far-field earthquakes [J]. Scientia Iranica A, 2012, 19 (5): 1236-1250.

[21] 张瑞杰，李青宁，尹俊红. 地震碰撞分析中接触单元模型的精细积分解法 [J]. 振动与冲击，2016，35 (3): 121-128.

[22] Maison B F, Kasai K. Analysis for type of structural pounding [J]. Journal of Structural Engineering, 1990, 116 (4): 957-977.

[23] Maison B F, Kasai K. Dynamics of pounding when two buildings collide [J]. Earthquake Engineering and Structural Dynamics, 1992, 21 (9): 771-786.

[24] Anagnostopoulos S A, Spiliopoulos K V. An investigation of earthquake induced pounding between adjacent building [J]. Earthquake Engineering and Structural Dynamics, 1992, 21 (4): 289-302.

[25] Mahmoud S, Jankowski R. Elastic and inelastic multi-storey buildings under earthquake excitation with the effect of pounding [J]. Journal of Applied Sciences, 2009, 9 (18): 3250-3262.

[26] Jankowski R. Earthquake-induced pounding between equal height buildings with substantially different dynamic properties [J]. Engineering Structures, 2008, 30 (10): 2818-2829.

[27] Jankowski R. Non-linear FEM analysis of earthquake-induced pounding between the main building and the stairway tower of the Olive View Hospital [J]. Engineering Structures, 2009, 31 (8): 1851-1864.

[28] 翟长海，蒋姗，李爽，等. 地震作用下相邻建筑结构碰撞反应分析 [J]. 土木工程学报，2012，45 (SupⅡ): 142-145.

[29] 周奎，陈妮娜，陈思宇. 基于 OpenSees 的主裙楼钢筋混凝土框架结构碰撞分析 [J]. 工程抗震与加固改造，2017，(01): 25-32.

[30] 冯晓九，丁琪，许桦楠，等. 地震激励下相邻塔楼结构碰撞动力响应分析 [J]. 常州大学学报：自然科学版，2018，30 (2): 77-86.

[31] Makris N, Black C J. Dimensional analysis of rigid-plastic and elastoplastic structures under pulse-type excitations [J]. Journal of Engineering Mechanics (ASCE), 2004, 130 (9): 1006-1018.

[32] Makris N, Black C J. Dimensional analysis of bilinear oscillators under pulse-type excitations [J]. Journal of Engineering Mechanics (ASCE), 2004, 130 (9): 1019-1031.

[33] Makris N, Psychogios C. Dimensional response analysis of yielding structures with first-mode dominated response [J]. Earthquake Engineering and Structural Dynamics, 2006, 35 (10): 1203-1224.

[34] Zhang J, Tang Y C. Dimensional analysis of structures with translating and rocking foundations under near-fault ground motions [J]. Soil Dynamics and Earthquake Engineering, 2009, 29 (10): 1330-1346.

[35] Dimitrakopoulos E, Makris N, Kappos A J. Dimensional analysis of the earthquake-induced pounding between adjacent structures [J]. Earthquake Engineering and Structural Dynamics, 2009, 38 (7): 867-886.

[36] Dimitrakopoulos E, Kappos A J, Makris N. Dimensional analysis of yielding and pounding structures for records without distinct pulses [J]. Soil Dynamics and Earthquake Engineering, 2009, 29 (7): 1170-1180.

[37] Dimitrakopoulos E, Makris N, Kappos A J. Dimensional analysis of the earthquake response of a pounding oscillator [J]. Journal of Engineering Mechanics, 2010, 136 (3): 299-310.

[38] 蒋姗. 基于量纲分析的地震作用下相邻塔楼结构碰撞反应研究 [D]. 哈尔滨：哈尔滨工业大学，2015.

[39] 叶昆，李黎. 改进的 kelvin 碰撞分析模型 [J]. 工程力学，2009，26: 245-248.

[40] Muthukumar S, DesRoches R. A Hertz contact model with non-linear damping for pounding simulation [J]. Earthquake Engineering and Structural Dynamics, 2006, 11 (7): 811-828.

[41] Hong H, Zhang S R. Spatial ground motion effects on relative displacement of adjacent building structures [J], Earthquake Engineering and Structural Dynamics, 1999, 28 (4): 333-349.

[42] Davis R O. Pounding of buildings modeled by an impact oscillator [J]. Earthquake Engineering and Structural Dynamics, 2010, 21 (3): 253-274.

[43] Anagnostopoulos S A. Equivalent viscous damping for modeling inelastic impacts in earthquake pounding problems [J]. Earthquake Engineering and Structural Dynamics, 2004, 33 (8): 897-902.

[44] Muthukmar S. A contact element approach with hysteresis damping for the analysis and design of pounding in bridges [D]. Atlanta: Georgia Institute of Technology, 2003.

[45] Lankarani H M, Nikravesh P E. Contact force model with hysteresis damping for impact analysis of multibody systems [J]. Journal of Mechanical Design, 1990, 112 (3): 369-376.

[46] 邵友元. 对量纲分析法与 π 定理的理解与应用 [J]. 东莞理工学院学报，2010，(3): 106-109.

[47] 刘向军. 工程流体力学 [M]. 北京：中国电力出版社，2013.

[48] Press W H, Flannery B P, Teukolsky S A, et al. Numerical Recipes: The Art of Scientific Computing [M]. New

York：Cambridge University Press，1992.

[49] Penizen J. Dynamic response of elasto-plastic frames [J]. Journal of Structural Division，ASCE，1962，88（ST7）：1322-1340.

[50] Newmark N. A method of computation for sructural dynamics [J]. Journal of Engineering Mechanics（ASCE），1959，85（3）：67-94.

基于地震碰撞易损性的相邻塔楼临界间距研究

2.1 引言

2.1.1 研究背景及意义

现代城市中，由于人口密集及土地资源有限等原因，相邻塔楼之间的间距过小；因建筑造型或结构使用功能的要求，许多高层建筑物往往设计成由多个子结构组成的主从结构；此外，按照结构构造上的要求，如设置防震缝等，也将建筑物分成相互关联的子结构。这些结构在强震发生时，往往因各自不同的振动频率而产生较大的响应差异，相邻塔楼间发生碰撞的可能性很大。如1985年墨西哥城市大地震，在被调查的330栋严重损伤或倒塌的建筑物中，超过40%发生了碰撞，总数的15%倒塌；1989年Lo-maprieta地震，在所调查的500栋建筑物中，有超过200处地方发生了碰撞。已有的世界主要城市地震灾害调查结果亦表明，结构碰撞会带来建筑物的严重破坏甚至倒塌：如1994年Northridge地震、1995年Kobe地震、1999年Turkey地震、2000年集集地震和2008年汶川地震等，均曾观测到因相邻塔楼之间的碰撞而带来的严重破坏现象。相邻塔楼碰撞不仅会造成惨重的人员伤亡，而且由碰撞所带来的经济损失可能会大大超过业主所能承受的限度。特别是对于一些重要的建筑物，因地震作用而发生相邻塔楼的碰撞，即便主体结构没有发生倒塌，但是由于其内部设施及附属物的损坏，使得这些重要建筑物丧失原有的使用功能，会带来较大的经济损失及不可估量的社会影响。这就使得业主对建筑物的抗震性能有多层次的要求：抗震设计不仅要能够保证人员安全，而且还要能够保证建筑物的使用功能在地震作用下不致丧失，即实现多级抗震设防目标。因此，引入基于性能的抗震设计理念对于防止或减轻相邻塔楼在不同强度、不同发生概率的地震作用下发生碰撞，以保证这类建筑物的抗震安全性具有重要的意义。

从防止或减轻相邻塔楼碰撞的措施来看，最直接有效的方法就是加大相邻塔楼间距。但是，要完全避免相邻塔楼发生碰撞，相邻塔楼间距可能会比较宽，这将有可能提高建筑用地面积，使得建筑成本上升，并给施工或规划等带来不便。因此，避免碰撞的间距是否是经济合理的，能否在保证结构规定的安全性水平下（例如50年内超越碰撞的概率为10%或2%等）适当降低相邻塔楼间距？或者说相邻塔楼间距与不同的安全性水平的关系如何？又或者在碰撞破坏和建筑成本上如何取舍？这都需要知道相邻塔楼间距与碰撞概率之间的关系。此外，国内外关于考虑碰撞的相邻塔楼抗震性能评估的研究很少，缺乏成熟的理论和系统研究，而抗震设计规范从最初的静力理论和反应谱理论到动力理论直至基于性能的设计理论的不断发展，需要新的、先进的、精确的和高效的基于可靠度的评估来减小地震碰撞风险。

在总结汶川地震等震害之后，我国颁布了新的《建筑抗震设计规范》GB 50011—2010（2016年版），其中6.1.4条规定“框架结构（包括设置少量抗震墙的框架结构）房屋的防震缝宽度，当高度不

超过 15m 时不应小于 100mm；高度超过 15m 时，6 度、7 度、8 度和 9 度分别每增加高度 5m、4m、3m 和 2m，宜加宽 20mm”。而在 2001 年版《建筑抗震设计规范》中，6.1.4 条规定为“框架结构房屋的防震缝宽度，当高度不超过 15m 时可采用 70mm；超过 15m 时，6 度、7 度、8 度和 9 度相应每增加高度 5m、4m、3m 和 2m，宜加宽 20mm”。新版抗震设计规范将防震缝最小宽度从 70mm 提高到 100mm，并将“可采用”修改为“不应小于”。由此可见，随着震害经验的积累和总结，规范对防震缝宽度的要求越来越高，同时也说明了，由于防震缝宽度的不合理引起的震害已经逐渐得到地震工作者的重视。但是，在新版规范中按照 6.1.4 条条文说明“震害表明，本条规定的防震缝宽度的最小值，在强烈地震下相邻塔楼仍可能局部碰撞而损坏”，即中国现行抗震设计规范中所规定的防震缝宽度取值的合理性仍有待进一步研究。

因此，我国作为地震多发国家之一，开展相邻塔楼临界间距的性能评估以减轻相邻塔楼的碰撞风险，具有重要的理论研究意义和工程应用价值。同时，对我国抗震规范的修订和完善具有一定的指导意义。

2.1.2 国内外研究现状

针对相邻建筑避免碰撞的最小间距研究，目前比较具有代表性的研究方法主要有响应组合法、解析法和数值模拟法。

1. 响应组合法

为避免或减轻相邻塔楼之间的碰撞，国内外一些重要抗震设计规范中对相邻塔楼规定了最小间距值，即临界间距（Critical Separation Distance，CSD）。例如，按照 1988 年《统一建筑规范》（Uniform Building Codes，UBC）规定相邻塔楼避免碰撞的最小间距为：

$$d = U_A + U_B \tag{2-1}$$

或

$$d = \sqrt{U_A^2 + U_B^2} \tag{2-2}$$

其中 d 为分隔间距，U_A、U_B 为相邻塔楼 A 和 B 在最有可能发生碰撞的位置处的位移响应（一般认为是较低建筑物的屋顶位置处，参考图 2-1）。式（2-1）和式（2-2）为表述临界间距的计算方法即绝对值求和法（ABS 法）和平方和开平方法（SRSS 法）。

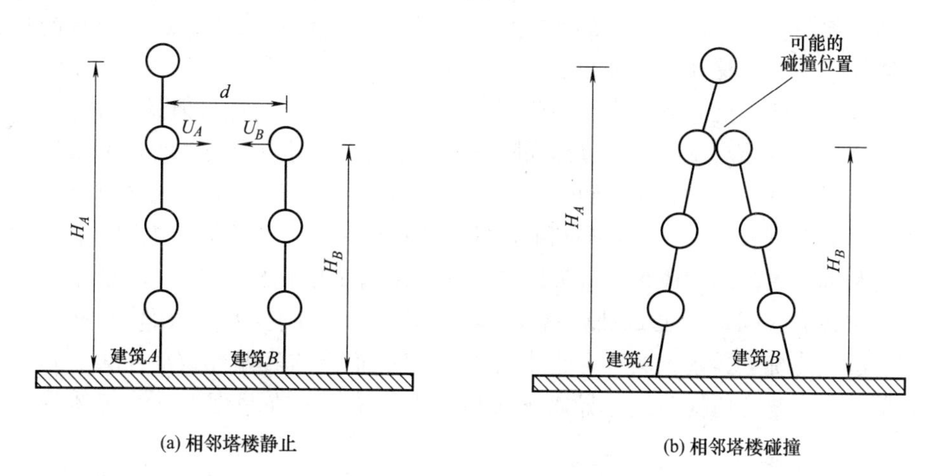

图 2-1 相邻塔楼碰撞示意图

Jeng 等通过 9 条人工地震波和 6 条实际地震波激励下相邻塔楼临界间距的计算，指出采用 ABS 法计算相邻塔楼的临界间距往往会得出保守的估计，并且其保守程度随着两相邻塔楼周期值的接近而增大。同时指出，随着相邻塔楼自振周期越来越接近，采用 SRSS 法计算的临界间距，从较为合理的精度

(并不是一直保守) 演变得亦非常保守。于是，Jeng 等基于反应谱理论，提出了一种差异谱方法，即二重差分法（DDC 法），用于求解相邻线性单自由度（SDOF）结构避免碰撞的最小间距。Lopez-Garcia 和 Soong 等检验了 DDC 法（亦简单地称为 CQC 法则）在预测相邻线性单自由度结构临界间距时的精度。基于 Monte-Carlo 法证实了 DDC 法的精度不仅依赖于相邻塔楼的自振周期比，而且依赖于结构自振周期和与所述激励的主频相关的周期值之间的关系。

Filiatrault 等、Kasai 等 、Penzien 将 DDC 法推广到求解相邻非线性单自由度结构避免碰撞时最小间距的计算。Lopez-Garcia 和 Soong 采用非平稳地震激励下的相邻非线性单自由度滞回结构模型，研究了 4 种计算相邻塔楼临界间距的方法的精度。这 4 种方法均以 DDC 法为基础，但相邻塔楼间位移相关系数不同。Monte-Carlo 法计算结果表明 4 种方法均不能给出满足所有计算情况的"精确结果"或"保守结果"。这些将 DDC 法应用于求解相邻非线性单自由度结构避免碰撞的临界间距时的精度相对于求解相邻线性单自由度结构避免碰撞的临界间距时的精度是很低的。而且以上采用 DDC 法计算相邻线性或非线性结构体系的临界间距的研究中，均未考虑结构参数随机性的影响。然而事实证明，结构参数随机性对相邻塔楼的临界间距具有重要的影响。

Hong 等基于可靠度和随机振动理论评估了考虑和不考虑结构参数的不确定性时相邻线性单自由度、多自由度结构的临界间距，指出由于相邻塔楼阻尼比和自振频率的接近，采用 CQC 法则计算临界间距会得出保守或非保守的计算结果。同时，该文指出若不考虑结构参数的随机性，计算出的临界间距值会偏小。在 Hong 等的论文中提到了"*It should be recognized that the evaluation of the critical separation distance is a one-sided barrier crossing problem while the problem of structural design under seismic excitations is a two-sided crossing problem*"(临界间距的评估是一个单势垒的交叉问题，而地震激励下结构的设计是一个双势垒交叉问题)，采用 CQC 法则计算相邻塔楼的临界间距得不到精确的结果，"*This is due to not only one-sided versus two-sided crossing problem but also the approximation in the CQC rule*"(这不仅仅是由于单势垒与双势垒问题的对立，同时也是因为 CQC 法则的近似化)。随后，Wang 和 Hong 考虑结构参数的不确定性，基于可靠度和随机振动理论评估了相邻线性单自由度、多自由度结构间避免碰撞的临界间距的分位数信息，并将所得计算结果与 CQC 法则进行了比较，同样指出按照相邻塔楼周期比和阻尼比的不同，采用 CQC 法则往往会很大程度上过多或过少估计临界间距值。

我国学者王统宁和于永波等以隔震连续梁桥梁端相对位移为研究对象，通过桥梁结构拆分，运用振型分解法推导梁体在地震作用下相对位移的最大值反应谱计算方法；采用等效双线性铅芯橡胶支座模型，通过迭代计算梁端相对位移并分析 SRSS 和 CQC 振型组合法的适用性；采用非线性时程分析法计算连续梁的相对位移，验证了反应谱方法预测梁端地震临界间隙的可行性，但是文中指出"单一一条地震波激励下梁体位移时程结果与反应谱计算结果相比有大有小"。国巍和余志武根据铁路客站建筑与桥梁结构的结构形式，考虑客站建筑的非比例阻尼特征，通过引入虚拟激励法，推导了用于铁路客站与相邻桥梁结构碰撞分析的随机表达式。在此基础上，进一步提出一种改进差异谱方法，通过将客站建筑分别简化为单自由度和多自由度结构体系（桥梁结构简化为单自由度结构体系），验证了该改进差异谱方法相对于传统差异谱方法（DDC 法）的计算精度。当将客站建筑简化为单自由度结构体系时，文中指出"改进差异谱方法与传统差异谱方法所得曲线完全重合"；而当将客站建筑简化为多自由度结构体系时，文中算例分析表明"本章所提改进差异谱方法相对于传统方法在精度上的优势体现得并不是很明显"。

以上基于响应组合法（ABS 法、SRSS 法、DDC 法或 CQC 法则等）计算相邻塔楼的临界间距的研究，对于单自由度结构体系比较合理，而对于多自由度结构体系往往不能得出较为精确的计算结果。

2. 解析法

一些学者基于随机振动和可靠度等理论对相邻塔楼临界间距的计算进行了研究。Lin 采用线弹性多自由度（MDOF）结构模型模拟相邻塔楼，基于随机振动理论，对相邻塔楼间的临界距离进行了理论

分析，并通过与数值模拟结果的对比，验证了该方法的精度。文中指出“*The presented solutions are applicable only if the system response can indeed approach statistical stationary*”（该方法仅适用于结构体系的响应接近统计平稳的线性结构体系）。Hao 和 Zhang 采用随机振动方法，分析了地震动空间变异性对相邻线弹性结构相对位移的影响。分析结果表明，地震动空间变异性对两相邻塔楼的相对位移有较大影响，特别是对相邻塔楼中高度较低的结构影响更大。但是文中指出空间差动效应仅对只有两列柱的剪切型建筑有较大影响，对于有两列以上柱的建筑，由于各列柱对行波效应的平均化而降低了行波效应对结构响应的影响。Bipin 解析地给出了相邻塔楼避免碰撞的临界间距，并将该方法计算出的相邻线性和非线性 SDOF 结构的临界间距与 SRSS 法和 DDC 法进行了对比；进一步提出了不同归一化临界间距对相邻线性和非线性 SDOF 结构碰撞响应的影响，指出 DDC 法计算相邻线性结构避免碰撞的临界间距是比较精确的，但是不能精确地计算相邻非线性结构体系的临界间距。

上述基于解析法计算相邻塔楼的临界间距的研究中，往往是在单一的地震动危险性水平下执行的（通过使用一致危险谱），忽略了建筑场地等其他的地震动危险性信息。

3. 数值模拟法

除以上两种方法外，还有一些学者采用数值模拟方法对相邻塔楼的临界间距进行了探讨。Hao 和 Liu 考虑了地震动空间变异性的影响，采用三线性刚度退化模型模拟相邻塔楼结构的滞回特性，计算出了相邻塔楼的临界间距，并将所得结果与抗震规范规定的相邻塔楼最小间距进行了比较。Jeng 和 Tzeng 通过框架结构的动态碰撞分析，对台北市建筑结构间最小间距提出了一些建议。Hao 和 Shen 对地震激励下非对称相邻塔楼结构避免碰撞的临界间距进行了探讨，考虑结构扭转耦合侧向响应，通过大量的参数化分析，研究了相邻非对称结构自振频率、扭转刚度与偏心对临界间距的影响。卢明奇和杨庆山对地震作用下相邻塔楼的最大相对位移进行了研究，定义了最大相对位移系数，并选取对应于硬土、中硬土、软土场地条件下的实际地震记录各 100 条，讨论了相邻塔楼周期比、高度比、位移延性系数比及场地条件对最大相对位移系数的影响。并在此基础上给出两单自由度体系最大相对位移的计算方法，进而确定相邻塔楼的防震缝宽度，拟合了相邻塔楼最大相对位移系数计算公式，为抗震设计中确定相邻塔楼的防震缝宽度提供了理论依据。

以上基于数值模拟方法计算相邻塔楼的临界间距的研究中多未考虑结构参数及地震动随机性的影响，即时程分析法采用的地震动强度一般为某一确定的强度水平，忽略了不同强度、不同发生概率的地震动作用下结构的安全性，且计算较为耗时。

总之，采用响应组合法、解析法和数值模拟方法计算相邻塔楼临界间距的研究中，均未从概率的角度评估相邻塔楼的碰撞风险，因此计算出的临界间距值在结构设计使用年限内发生碰撞的概率均未知（未知的安全水平）。Lin 等是最早从碰撞概率的角度评估相邻塔楼碰撞风险的学者，指出“*The need to investigate the level of seismic pounding risk of buildings is apparent in future building code calibrations*”（调查建筑物的地震碰撞风险水平的需要对于未来建筑规范的校准具有一定的必要性）。在 Lin 等的研究中，提出了一种数值模拟方法来计算按 UBC 97 规范确定临界间距的相邻塔楼在一定时期内的碰撞风险，指出周期比是影响相邻塔楼碰撞风险的重要参数，应当在规范中考虑其对碰撞风险的影响，并指出临界间距的概率分布类似于第一类极值分布。随后，Lin 等对我国台湾建筑结构规范和国外规范对相邻塔楼临界间距的规定进行了比较，分析得到了台北市区相邻塔楼按不同规范确定临界间距时相邻塔楼的碰撞概率。基于此，认为采用 1997 年的我国台湾抗震规范条例（TBC 97）规定的临界间距相比较 1994 年的统一建筑条例（UBC 94）会得出比较保守的临界间距值。但是，在 Lin 等的研究中，地震动仅考虑了一个确定的峰值加速度 PGA，并且通过分析发现按规范设置最小间距时，文中所有的算例并不能得出一致的碰撞风险。

综上所述，在相邻塔楼最小间距研究方面已取得了一些进展，但目前应用于确定临界间距的基于近似响应组合法的方法（如 ABS 法、SRSS 法、CQC 法则等）、基于随机振动的解析方法、基于数值模拟的计算方法等仍表现出许多局限性和不足之处。首先，除非是采用时程分析来计算相邻塔楼的峰值位移响应，响应组合法才可以采用对应于一个双势垒可靠性问题的峰值位移，然而相邻塔楼地震碰撞问题实际上是一个单势垒可靠性问题（也就是说仅当两相邻塔楼互相面对面振动而不是互相远离对方时才会发生地震碰撞）。另外，上述临界间距的计算是在单一的地震动危险性水平下执行的（如通过使用一致危险谱），忽略了建筑场地等其他的地震动危险性信息。此外，确定临界间距的响应组合法对多自由度结构是不精确的，因为多自由度结构的响应受多阶模态的影响非常大，并可能表现出明显的非线性变形。目前的设计方法还有一个非常严重的局限性是得到的临界间距具有未知的安全性水平（具有未知的碰撞概率）。因此，目前的临界间距确定方法不允许设计者直接量化和控制相邻塔楼的性能和可靠性。

4. 振动台试验

在对相邻塔楼的碰撞问题进行了大量的理论分析与数值模拟之后，可以通过试验来验证其准确性，目前，国内外已有的针对碰撞的试验研究还不是很多。Mouzakis 等制作了自振周期比等于 2 的两个 2 层的混凝土框架模型，由于两模型的层高相等，碰撞主要发生在楼层处，作者通过对比发生碰撞与不发生碰撞两种试验状况，分析了碰撞对结构动力响应的影响，试验所选择的激励为正弦激励，试验所得结果与数值模拟结果吻合良好。Filiatrault 等制作了 3 层与 8 层的单跨钢框架，其中 3 层结构的自振周期是 8 层结构的 1/2，通过控制地震动的峰值加速度和结构的相邻间距，观察了不同的结构地震动力响应，并通过改变 3 层结构的底部高度，使碰撞位置位于柱中。Jankowski 进行了两个相邻塔楼碰撞的振动台试验，该试验中结构的动力特性相差很大，通过地震动激励的三向输入，研究了结构的横向、纵向和竖向响应。蒋姗设计了 2 层和 3 层的单跨钢框架模型，模型的几何相似比等于 3，通过调整 2 层结构顶层的附加质量块，分别考虑了质量块对称布置与偏心布置时结构发生楼层碰撞和扭转碰撞两种情况，分析了不同大小的地震峰值加速度下结构的加速度、位移反应，以及碰撞力发生的频次和强度。

2.1.3 本章主要研究内容

本章将基于性能的抗震设计理论应用于相邻塔楼的抗震性能评估中，通过理论分析、数值模拟及振动台模型试验等研究方法提出一种基于碰撞易损性计算相邻塔楼临界间距的设计理念，该设计理念可以克服目前关于计算相邻塔楼相应目标碰撞概率值（例如 50 年内超越碰撞的概率为 10%或 2%等）的临界间距的上述局限性。首先，采用相邻塔楼最大相对位移 $U_{\mathrm{rel,max}}$ 作为工程需求参数 EDP，随机变量 D 描述相邻塔楼的临界间距，则碰撞事件对应于极限状态方程 $g=D-U_{\mathrm{rel,max}}\leqslant 0$ 的情况。按照基于性能的抗震设计理论，碰撞事件（即在地震动强度 $IM=im$ 下的条件失效概率 $P_{\mathrm{p}\mid IM}$）可以表示为求解单势垒首次超限可靠度问题 $P_{\mathrm{p}\mid IM}=P[U_{\mathrm{rel,max}}(t)\geqslant d\mid IM=im]$。其次，基于随机振动理论，并考虑地震动输入的变异性和用于描述结构特性的参数的随机性，采用状态空间模型化方法求解相邻塔楼的运动方程，得到相邻塔楼最大相对位移 $U_{\mathrm{rel,max}}(t)$ 的前三阶谱特征，进而求解 $P_{\mathrm{p}\mid IM}$。基于随机振动理论求解 $U_{\mathrm{rel,max}}(t)$ 的方法，既可以避免数值模拟方法中大量的时程分析的计算，又可以改变响应组合法求解多自由度结构及非线性结构时精度不高的弊端。然后，通过概率地震危险性分析，可以考虑建筑场地的不同地震动危险性信息，进而得到相邻塔楼在不同场地条件下的地震碰撞易损性。最后，基于相邻塔楼的地震碰撞易损性将相邻塔楼临界间距的计算表述为逆可靠性问题：已知目标碰撞概率 $\overline{P}_{\mathrm{p}}$，在设计使用年限 t_{L} 内，找到临界间距 d^{*} 使相邻塔楼的碰撞概率 $P_{\mathrm{p}}(d^{*},t_{\mathrm{L}})=\overline{P}_{\mathrm{P}}$，因此基于此设计的临界间距，对于不同的结构特性、不同的场地条件下的相邻塔楼，均具有一致的碰撞概率 $\overline{P}_{\mathrm{p}}$。最后进行相邻多层钢框架结构的振动台碰撞试验。本研究可以直接控制和减轻相邻塔楼由于碰撞带来的风险，可以帮助设计者按照目标可靠性实施明确的性能目标。同时，对规范的修订和完善具有重要的指导意义。本章内容安排如下：

2.1　引言。介绍了课题研究背景与意义、国内外研究现状以及现存的问题等。对相邻塔楼避免碰撞的最小间距研究方法进行了简要概述，给出了本章研究的主要内容。

2.2　基于随机振动和可靠度理论的相邻塔楼地震易损性研究。介绍了本章分析所用的基本理论，

分别推导了计算单个结构地震易损性所需的随机响应的谱特征、时变带宽参数和失效概率，然后延伸至相邻塔楼的地震碰撞易损性。本章的分析结果，为后续工作打下了基础。

2.3　基于地震碰撞易损性的相邻塔楼临界间距研究。本节基于2.2节的分析结果，将相邻塔楼临界间距的计算表述为逆可靠性问题，考虑一致的场地危险性模型，分别求出相邻塔楼在碰撞位置处的相对位移超越固定的临界间距值的年平均超越概率和50年超越概率，再通过误差控制迭代程序，求出某一具体的碰撞概率所对应的临界间距，为后续试验提供理论依据。

2.4　结构特性和场地危险性曲线对临界间距影响的参数化研究。基于提出的理论方法对相邻塔楼临界间距研究进行参数分析，包括（1）不同结构特性的影响；（2）不同场地危险性曲线的影响；（3）不同层数变化的影响。通过不同的参数变化来研究其对相邻塔楼的临界间距（*CSD*）和碰撞概率（P_{p}）的影响。

2.5　相邻多层钢框架结构振动台碰撞试验研究。进行两个多层钢框架结构模型碰撞的振动台试验，模型分别设计为3层和2层钢框架，缩尺比例为1∶3，质量块对称布置，得到结构在不同的地震峰值加速度和相邻间距下碰撞楼层的相对位移响应，以此进一步验证上述理论的正确性和有效性。

2.6　本章总结。对本节的主要研究结果进行总结，得出结论，并指出本章研究内容的不足之处和未来可行的研究计划。

2.2　基于随机振动和可靠度理论的相邻塔楼地震易损性研究

地震易损性（Seismic Fragility）是指一个确定区域内由于地震造成损失的程度，是评定震害的一个数值，是对地震预测区内未来地震造成建筑物破坏和损失的程度做出的预测。地震易损性分析可以预测结构在不同等级的地震作用下发生各级破坏的概率，因此对于结构的抗震设计、加固和维修决策具有重要的应用价值。本章基于随机振动和可靠度理论，采用解析和数值模拟的有效组合得出了非平稳随机地震动下相邻塔楼的地震碰撞易损性。文中假设地震动激励为静止初始状态的白噪声，通过广义的复值非平稳随机过程的谱特性，得出线性单自由度体系和多自由度经典阻尼体系响应过程时变带宽参数的闭合解，进而得出相应的风险函数，并基于对风险函数的时间积分，最终得到首次超限可靠性下相邻塔楼体系超越临界间距时的失效概率，即地震碰撞易损性。

2.2.1　单个结构地震易损性分析

1. 非平稳激励下线性体系随机响应的谱特征

（1）复模态分析

运动方程的状态空间模型化方法经常用于描述线性多自由度经典阻尼和非经典阻尼体系的响应过程。n个自由度的线性体系（二阶）运动方程如式（2-3）所示：

$$M\ddot{U}(t)+C\dot{U}(t)+KU(t)=PF(t) \tag{2-3}$$

其中M，C，K分别为$n\times n$阶的时变质量、阻尼和刚度矩阵；$U(t)$，$\dot{U}(t)$，$\ddot{U}(t)$分别为长度为n的节点位移、速度和加速度向量；P为长度为n的荷载分布向量；$F(t)$为描述外部荷载时程的标量函数，在随机激励的情况下，通常被视为一个随机过程。定义下列长度为$2n$的状态向量：

$$Z(t)=\begin{bmatrix}U(t)\\ \dot{U}(t)\end{bmatrix}_{(2n\times 1)} \tag{2-4}$$

运动方程（2-3）可变换为下列的一阶矩阵等式：

$$\dot{Z}(t)=GZ(t)+\widetilde{P}F(t) \tag{2-5}$$

其中：

$$G=\begin{bmatrix}0_{(n\times n)} & I_{(n\times n)}\\ (-M^{-1}K) & (-M^{-1}C)\end{bmatrix}_{(2n\times 2n)} \tag{2-6}$$

$$\widetilde{P}=\begin{bmatrix}0_{(n\times 1)}\\ M^{-1}P\end{bmatrix}_{(2n\times 1)} \tag{2-7}$$

式（2-4）～式（2-6）中的下标表明向量和矩阵的维度。通过矩阵 G 的复本征模，得到复模态矩阵 T，在这里将其视为一种合适的转换矩阵。将一阶矩阵方程（2-5）解耦，引入复模态坐标系下的转换状态向量 $V(t)$，并令：

$$Z(t)=TV(t) \tag{2-8}$$

将式（2-8）代入式（2-5），考虑到 $T^{-1}GT=D$，D 为矩阵 G 的 $2n$ 个复特征值 λ_1，λ_2，λ_3，...，λ_{2n} 构成的对角矩阵，且有 $T^{-1}P=[\Gamma_1,\ ...,\ \Gamma_{2n}]^{\mathrm{T}}$，其中 Γ_i 为第 i 个模态参与系数（复值），可以得到标准化复模态等式为：

$$S_i(t)=\lambda_i S_i(t)+F(t),\quad i=1,2,3,\ldots,2n \tag{2-9}$$

其中标准化复模态响应 $S_i(t)$（$i=1$，2，3，...，$2n$）定义为：

$$S_i(t)=\frac{1}{\Gamma_i}V_i(t),\quad i=1,2,3,\ldots,2n \tag{2-10}$$

i 阶模态脉冲响应函数 $h_i(t)$，当 $F(t)=\delta(t)$ 时，即为方程（2-9）的解，对于时间 $t=0^-$［即 $S_i(0^-)=0$］的静止初始状态，$h_i(t)=\mathrm{e}^{\lambda_i t}$ $(t>0)$。假设系统为初始静止状态，方程（2-9）的解可由 Duhamei 积分表示为：

$$S_i(t)=\int_0^t \mathrm{e}^{\lambda_i(t-\tau)}F(\tau)\mathrm{d}\tau,\quad i=1,2,3,\ldots,2n \tag{2-11}$$

在这里，标准化复模态响应 $S_i(t)$（其中 $i=1$，2，3，...，$2n$）为成对的复共轭，并按照 $S_i(t)=S^*_{n+i}(t)$ 的规律依次排序。在一个非平稳加载过程中，荷载函数 $F(t)$ 可以表示为如下的积分形式：

$$F(t)=\int_{-\infty}^{\infty}A_F(\omega,t)\mathrm{e}^{j\omega t}\mathrm{d}Z(\omega) \tag{2-12}$$

其中 $A_F(\omega,\ t)$ 为广义的复值时间-频率调制函数。

由此可见，标准化复模态响应可由下式给出：

$$S_i(t)=\int_{-\infty}^{\infty}A_{S_i}(\omega,t)\mathrm{e}^{j\omega t}\mathrm{d}Z(\omega),\quad i=1,2,3,\ldots,2n \tag{2-13}$$

其中：

$$A_{S_i}(\omega,t)=\int_0^t\{\mathrm{e}^{\lambda i(t-\tau)}A_F(\omega,\tau)\cdot \mathrm{e}^{j\omega(\tau-t)}\}\,\mathrm{d}\tau,\quad i=1,2,3,\ldots,2n \tag{2-14}$$

联立等式（2-8）和等式（2-10），可得：

$$Z(t)=TV(t)=T\Gamma S(t)=\widetilde{T}S(t) \tag{2-15}$$

其中 Γ 为包含 $2n$ 个模态参与系数 Γ_i 的对角矩阵，$\widetilde{T}=T\Gamma$ 为有效模态参与矩阵，$S=[S_1(t),\ S_2(t),\ldots,S_{2n}(t)]^{\mathrm{T}}$ 为标准化复模态响应向量。

（2）线弹性体系响应过程的非几何谱特征

对于任意一个复值非平稳随机过程 $X(t)$，可定义如下两类非几何谱特性：

$$\begin{cases}c_{ik,XX}(t)=\int_{-\infty}^{\infty}\Phi_{X^{(i)}X^{(k)}}(\omega,t)\mathrm{d}\omega=\sigma_{X^{(i)}X^{(k)}}(t)\\ c_{ik,XY}(t)=\int_{-\infty}^{\infty}\Phi_{X^{(i)}Y^{(k)}}(\omega,t)\mathrm{d}\omega=\sigma_{X^{(i)}Y^{(k)}}(t)\end{cases},\quad i,k=0,1,2,3,\ldots \tag{2-16}$$

其中 $\Phi_{X^{(i)}X^{(k)}}(\omega,\ t)$ 为过程 $X(t)$ 的第 i 阶和第 k 阶导数的演化互功率谱密度函数；$\sigma_{X^{(i)}X^{(k)}}(t)$ 为过程 $X^{(i)}(t)$ 和 $X^{(k)}(t)$ 的互协方差，$\sigma_{X^{(i)}Y^{(k)}}(t)$ 为过程 $X^{(i)}(t)$ 和 $Y^{(k)}(t)$ 的互协方差，且 $Y^{(k)}(t)=$

$\mathrm{d}^k Y(t)/\mathrm{d}t^k$。

对于线性多自由度经典阻尼和非经典阻尼体系响应过程的非几何谱特性，运用运动方程的状态空间模型化方法来计算是合理的。如果仅考虑高斯输入，那么只需要得到少数几个谱特征就可以将服从正态分布的响应过程充分描述。如果 $U_i(t)$ 表示承受高斯激励的线弹性多自由度体系的第 i 个位移响应，那么可靠性应用所需的谱特征为：

$$\begin{cases} c_{00,U_iU_i}(t)=\sigma^2_{U_i}(t), \\ c_{11,U_iU_i}(t)=\sigma^2_{\dot{U}_i}(t), \\ c_{01,U_iU_i}(t)=\sigma_{U_i\dot{U}_i}(t), \\ c_{01,U_i\dot{Y}_i}(t)=\sigma_{U_i\dot{Y}_i}(t), \end{cases} \quad i=1,2,3,\ldots,n \tag{2-17}$$

其中 $\dot{Y}_i(t)$ 为过程 $Y_i(t)$ 的一阶导数，$Y_i(t)$ 定义如下：

$$Y_i(t)=-j\int_{-\infty}^{\infty}\mathrm{sign}(\omega)A_{U_i}(\omega,t)\mathrm{e}^{j\omega t}\mathrm{d}Z(\omega),\quad i=1,2,3,\ldots,n \tag{2-18}$$

$A_{U_i}(\omega,\ t)$ 为过程 $U_i(t)$ 的时间-频率调制函数；过程 $Y_i(t)$ 为 $U_i(t)$ 内嵌平稳过程的 Hilbert 转换调制［与 $U_i(t)$ 具有相同的调制函数 $A_{U_i}(\omega,\ t)$］。

与响应过程类似，可定义如下的辅助状态向量：

$$\Xi(t)=\begin{bmatrix} Y(t) \\ \dot{Y}(t) \end{bmatrix}_{(2n\times 1)} \tag{2-19}$$

通过复模态分解，可以计算得到响应过程和辅助随机过程 $Y_i(t)$ 的互协方差矩阵，具体表达式如下：

$$\begin{aligned} E[Z(t)Z^{\mathrm{T}}(t)] &= E\begin{bmatrix} U(t)U^{\mathrm{T}}(t) & U(t)\dot{U}^{\mathrm{T}}(t) \\ \dot{U}(t)U^{\mathrm{T}}(t) & \dot{U}(t)\dot{U}^{\mathrm{T}}(t) \end{bmatrix} \\ &= \widetilde{T}^* E[S^*(t)S^{\mathrm{T}}(t)]\widetilde{T}^{\mathrm{T}} \end{aligned} \tag{2-20}$$

$$\begin{aligned} E[Z(t)\Xi^{\mathrm{T}}(t)] &= E\begin{bmatrix} U(t)Y^{\mathrm{T}}(t) & U(t)\dot{Y}^{\mathrm{T}}(t) \\ \dot{U}(t)Y^{\mathrm{T}}(t) & \dot{U}(t)\dot{Y}^{\mathrm{T}}(t) \end{bmatrix} \\ &= \widetilde{T}^* E[S^*(t)\Sigma^{\mathrm{T}}(t)]\widetilde{T}^{\mathrm{T}} \end{aligned} \tag{2-21}$$

其中向量 $\Sigma=[\Sigma_1(t),\Sigma_2(t),\Sigma_3(t),\ldots,\Sigma_{2n}(t)]^{\mathrm{T}}$ 的子项定义如下：

$$\Sigma_i(t)=-j\int_{-\infty}^{\infty}\mathrm{sign}(\omega)A_{S_i}(\omega,t)\mathrm{e}^{j\omega t}\mathrm{d}Z(\omega),\quad i=1,2,3,\ldots,2n \tag{2-22}$$

式（2-20）、式（2-21）表明式（2-17）中的所有量都可以用下列复值非平稳过程的谱特征计算求得：

$$\begin{cases} E[S_i^*(t)S_{\mathrm{m}}(t)]=\sigma_{S_iS_m}(t) \\ E[S_i^*(t)\Sigma_m(t)]=\sigma_{S_i\Sigma_m}(t) \end{cases},\quad i,m=1,2,3,\ldots,2n \tag{2-23}$$

（3）调制高斯白噪声激励下线性多自由度体系的响应特性

时间调制高斯白噪声激励属于非平稳动态荷载过程中重要的一类，上文所描述的广义非平稳加载过程的表达式（2-12）可简化为：

$$F(t)=A_F(t)\cdot W(t) \tag{2-24}$$

其中时调函数 $A_F(t)$ 与频率无关，白噪声过程 $W(t)$ 具有恒定的功率谱密度函数，且等于 S_0。

在下述推导过程中，假定调制函数为单位阶跃函数，即 $A_F(t)=H(t)$，则式（2-14）可变为：

$$A_{S_i}(\omega,t)=\mathrm{e}^{(\lambda_i-j\omega)t}\int_0^t\{H(\tau)\cdot\mathrm{e}^{-(\lambda_i-j\omega)\tau}\}\,\mathrm{d}\tau$$

$$=\frac{e^{(\lambda_i-j\omega)t}-1}{\lambda_i-j\omega},\quad i=1,2,3,\ldots,2n \tag{2-25}$$

式（2-23）第一式中的谱特征可通过柯西残数定理计算所得：

$$\sigma_{S_iS_m}(t)=\frac{2\pi S_0}{\lambda_i^*+\lambda_m}[e^{(\lambda_i^*+\lambda_m)t}-1],\quad i,m=1,2,3,\ldots,2n \tag{2-26}$$

国外学者 Krenk 和 Madsen 曾经对实值模态响应运用相同的方法（通过柯西残数定理进行积分），推导了经时调函数调制之后的白噪声激励下，线性多自由度经典阻尼体系响应过程的自相关和互相关函数的闭合解。经过大量的代数运算之后，式（2-23）第二式中的谱特征如下：

$$\begin{aligned}\sigma_{S_i\Sigma_m}(t)=&\frac{2S_0}{\lambda_i^*+\lambda_m}\times[E_1(-\lambda_i^*t)+\log(-\lambda_i^*)-E_1(-\lambda_mt)-\log(-\lambda_m)]\\&+\frac{2S_0}{\lambda_i^*+\lambda_m}e(\lambda_i^*+\lambda_m)t\\&\times[E_1(\lambda_i^*t)+\log(\lambda_i^*)-E_1(\lambda_mt)-\log(\lambda_m)],\quad i,m=1,2,3,\ldots,2n\end{aligned} \tag{2-27}$$

其中，$E_1(x)$ 表示积分指数函数，定义式为：

$$E_1(x)=\int_x^\infty\frac{e^{-u}}{u}du,\quad |\arg(x)|<\pi \tag{2-28}$$

其中 $\arg(\ldots)$ 为复变量函数。

2. 线弹性体系的时变带宽参数

通过式（2-17）求得的非几何谱特征，可用于定义复值非平稳随机过程的带宽参数 $q(t)$ 的闭合解，对于线弹性单自由度体系和线弹性多自由度经典阻尼体系而言，其位移响应过程属于复值非平稳随机过程，$q(t)$ 的解析表达式如下：

$$q(t)=\left(1-\frac{\sigma_{U\dot{Y}}^2(t)}{\sigma_U^2(t)\sigma_{\dot{U}}^2(t)}\right)^{\frac{1}{2}} \tag{2-29}$$

值得注意的是，由 2.2.1 节求得的谱特征均属于结构顶层质点层间相对位移响应的相关参数，对于多自由度结构而言，非顶层质点的谱特征需要考虑振型参与系数和各阶模态中该层的振型值，并按照一定的规则叠加得到，其带宽参数仍按式（2-29）求得。下面分述线弹性单自由度体系和线弹性多自由度体系带宽参数的求解。

（1）线弹性单自由度体系

某线弹性单自由度体系，假定周期 $T_0=0.5$s，对应于 3 个不同的阻尼比 $\xi_1=0.01$、$\xi_2=0.05$、$\xi_3=0.10$，地震动输入为高斯白噪声，通过单位阶跃函数进行调制，则复模态矩阵 T 为：

$$T=\begin{bmatrix}1&1\\\lambda_1&\lambda_2\end{bmatrix} \tag{2-30}$$

其中：

$$\lambda_{1,2}=-\xi\omega_0\pm j\omega_d \tag{2-31}$$

ξ 为阻尼比，ω_0 为自然圆频率，$\omega_d=\sqrt{1-\xi^2}$ 为阻尼圆频率。对于结构体系而言，一般均有 $0<\xi<1$。

由式（2-15），式（2-26）和式（2-29），可分别推导出体系位移响应和速度响应的方差闭合解，以及两者的协方差闭合解，结果如下：

$$\sigma_U^2(t)=\frac{\pi S_0}{2\omega_0^3\xi}\left\{1+\frac{e^{-2\xi\omega_0t}}{\omega_d^2}[-\omega_0^2+\xi^2\omega_0^2\cos2\omega_dt-\xi\omega_0\omega_d\sin2\omega_dt]\right\} \tag{2-32}$$

$$\sigma_{\dot{U}}^2(t)=\frac{\pi S_0}{2\omega_0\xi}\left\{1+\frac{e^{-2\xi\omega_0t}}{\omega_d^2}[-\omega_0^2+\xi^2\omega_0^2\cos2\omega_dt+\xi\omega_0\omega_d\sin2\omega_dt]\right\} \tag{2-33}$$

$$\sigma_{U\dot{U}}(t)=\frac{\pi S_0 e^{-2\xi\omega_0 t}}{2\omega_d^2}(1-\cos 2\omega_d t) \tag{2-34}$$

经过一系列的代数运算后，位移响应与其 Hilbert 转换的协方差也可得出：

$$\sigma_{U\dot{Y}}(t)=\frac{jS_0}{2\xi\omega_0\omega_d}\times\left[E_1(-\lambda_1 t)-E_1(-\lambda_2 t)-2j\cdot\arctan\left(\frac{\sqrt{1-\xi^2}}{\xi}\right)\right]$$

$$+\frac{jS_0}{2\xi\omega_0\omega_d}e^{-2\xi\omega_0 t}\times\left\{E_1(\lambda_1 t)-E_1(\lambda_2 t)+2j\left[\pi-\arctan\left(\frac{\sqrt{1-\xi^2}}{\xi}\right)\right]\right\} \tag{2-35}$$

由式（2-35）可知，当 $t\to\infty$ 时，可得到谱特征 $\sigma_{U\dot{Y}}(t)$ 的稳态值：

$$\sigma_{U\dot{Y},\infty}=\frac{S_0}{\xi\omega_0\omega_d}\arctan\left(\frac{\sqrt{1-\xi^2}}{\xi}\right) \tag{2-36}$$

图 2-2 为 3 种阻尼比 ξ 下，该线弹性单自由度体系（自振周期为 0.5s）位移响应的一阶非几何谱特性 $\sigma_{U\dot{Y}}$ 与响应周期相关的曲线，其中 $\sigma_{U\dot{Y}}$ 被其稳态值 $\sigma_{U\dot{Y},\infty}$ 归一化。图 2-2 表明 $\sigma_{U\dot{Y}}/\sigma_{U\dot{Y},\infty}$ 是阻尼比 ξ 和 t/T_0 的函数，当经历多个响应周期之后，$\sigma_{U\dot{Y}}/\sigma_{U\dot{Y},\infty}$ 的值会趋于稳定。

上述线弹性单自由度体系按照式（2-29）求得的位移响应带宽参数曲线如图 2-3 所示：

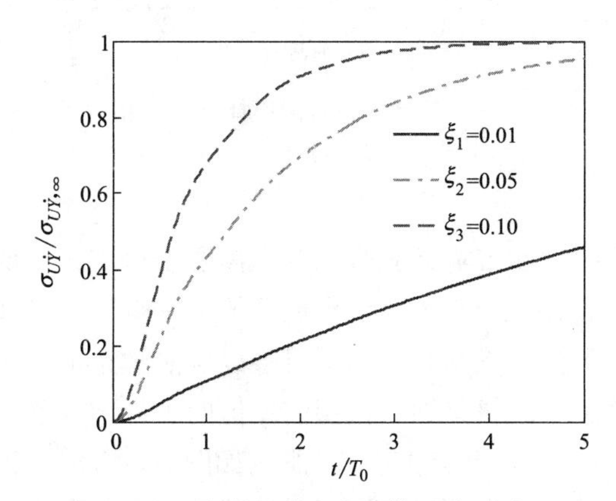

图 2-2　线弹性单自由度体系位移响应的一阶非几何谱特性

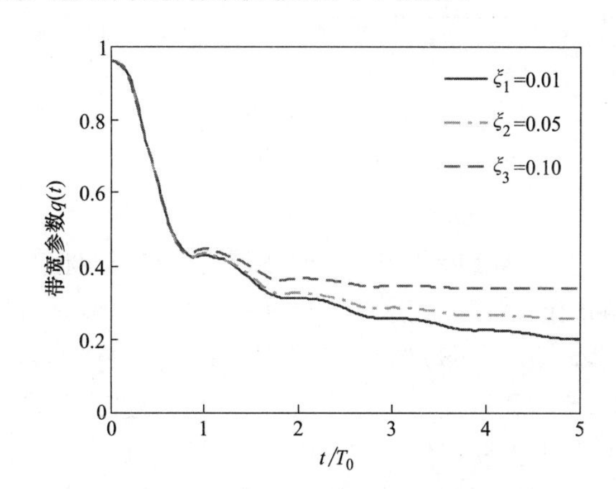

图 2-3　线弹性单自由度体系位移响应的时变带宽参数

由图 2-3 可得如下结论：

1）在 $t=0$ 时刻，带宽参数 $q(t)$ 的值大致均为 0.960，表明单自由度体系最初的响应为宽带过程。

2）带宽参数 $q(t)$ 的值先随时间递减，随之会达到一个较小的稳态值，表明单自由度体系的响应过程由最初的宽带瞬态逐渐转变为窄带稳态。

3）带宽参数 $q(t)$ 只受阻尼比 ξ 和 t/T_0（T_0 为体系的自然周期）影响。特别地，带宽参数的稳态值只与体系的阻尼比有关，其表达式如下：

$$q_\infty=\lim_{t\to\infty}q(t)=\left\{1-\frac{4[\arctan(\sqrt{1-\xi^2}/\xi)]^2}{\pi^2(1-\xi^2)}\right\}^{\frac{1}{2}} \tag{2-37}$$

由式（2-37）可知，当阻尼比趋近于 0 时，稳定状态的带宽参数极限也趋近于 0，这表明随着阻尼比的减小，响应过程会逐渐演变为简谐波（任意相位和振幅）的形式。

（2）线弹性多自由度体系

单个线弹性多自由度体系，假定各阶模态对应的周期分别为 T_1，T_2，...，T_n（n 为体系自由度的个数），阻尼比分别为 ξ_1，ξ_2，...，ξ_n，那么对于任意第 j（$1\leqslant j\leqslant n$）阶模态的周期 T_j 和阻尼比

ξ_j，都可将其等效为一个广义线弹性单自由度体系的结构参数，按照上述小节的推导过程，由式（2-29）求得该阶模态下的时变带宽参数。

假定某 3 层剪切型钢框架，各楼层质量为 28800kg，柱沿强轴的惯性矩为 27690cm^4，层高为 3.2m，钢材的弹性模量为 200GPa，计算所得体系 3 个模态各自的周期分别为 $T_1=0.38$s，$T_2=0.13$s，$T_3=0.09$s，阻尼比分别为 $\xi_1=\xi_3=0.02$，$\xi_2=0.017$，求得的带宽参数曲线如图 2-4 所示。

图 2-4 表明，由于一阶模态和三阶模态的阻尼比相等，且由式（2-37）可知位移响应的带宽参数稳态值只与阻尼比有关，故两者的带宽参数稳态值也相等，二阶模态由于阻尼比略小，因此带宽参数稳态值也略小。

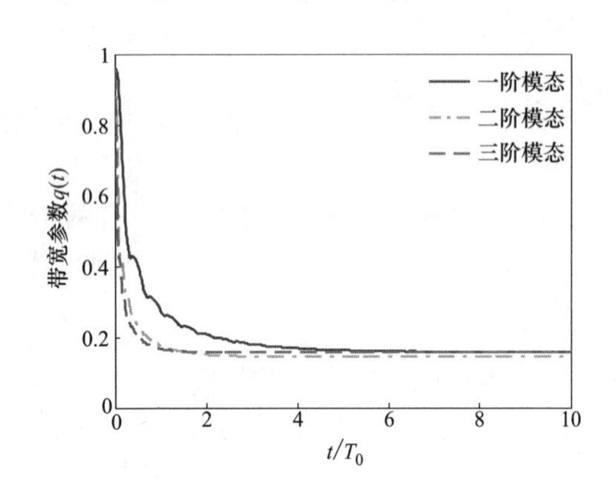

图 2-4　线弹性三自由度体系位移响应的时变带宽参数

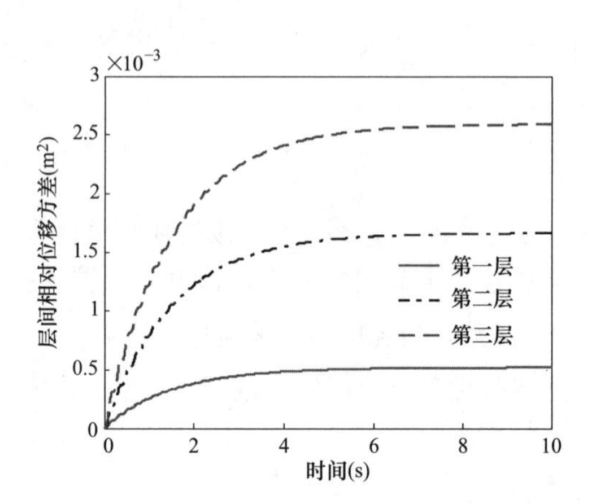

图 2-5　线弹性三自由度体系层间相对位移响应的时变方差

求解该 3 层剪切型框架非顶层质点层间相对位移响应的时变带宽参数时，首先需要求得该结构层位移响应的谱特征，这些谱特征的计算需要考虑振型参与系数和各阶模态中该层振型值的影响。在已知各阶模态顶层位移方差的基础上，结构总位移的方差等于各阶振型参与系数的平方乘以该阶模态下顶层位移方差的和；楼层（非顶层）总位移方差为各阶模态下该层振型值与顶层振型值比值的平方乘以该阶顶层位移的方差，然后求和得到。最终求得的各层层间相对位移响应的时变方差曲线如图 2-5 所示，该图表明首层的层间相对位移方差最小，且与其他楼层差距明显，分析可知楼层相对位移的带宽参数主要受一阶模态影响。

3. 首次超限可靠性下体系的失效概率

与位移或速度相关的某个量（如绝对位移、相对位移、弹性力等）超越一个给定的极限值（确定且随时间不变）的概率，即被定义为一个动力结构体系的时变失效概率。求解时变失效概率属于首次超限问题，包含单势垒（随机过程上穿或下穿某个特定极限值）和双势垒（随机过程的绝对值超越某个特定极限值）问题。当平均超越率已知时，可采用几种直接近似方法得到时变失效概率的解析上限，其中 Poisson 近似和 Vanmarcke 近似可得到良好的精度，计算量也较小。

通过使用 Rice 公式，可求得第 i 个自由度位移响应过程 $U_i(t)$ 相对于临界值 d_i 的平均超越率为：

$$\nu_{U_i}(d_i,t)=\frac{\sigma_{\dot{U}_i}\sqrt{1-\rho_{U_i\dot{U}_i}^2}}{2\pi\sigma_{U_i}}\cdot \mathrm{e}^{-\frac{r^2}{\rho_{U_i\dot{U}_i}^2}}\cdot\left[1+\sqrt{\pi}r\cdot e^{r^2}\cdot \mathrm{erfc}(-r)\right] \tag{2-38}$$

其中：

$$\rho_{U_i\dot{U}_i}=\frac{C_{U_i\dot{U}_i}(t)}{\sigma_{U_i}(t)\cdot\sigma_{\dot{U}_i}(t)} \tag{2-39}$$

$$r=\frac{\rho_{U_i\dot{U}_i}}{\sqrt{2\cdot(1-\rho_{U_i\dot{U}_i}^2)}}\cdot\left(\frac{d_i}{\sigma_{U_i}}\right) \tag{2-40}$$

$$d_i>0$$

erfc(...) 为误差函数。位移水准 $U_i=d_i$ 的平均超越率为 $\nu_{U_i}(d_i, t)$（单势垒问题），其计算式如下所示：

$$\nu_{|U_i|}(d_i,t)=\nu_{U_i}(d_i,t) \tag{2-41}$$

为了公式的简洁清晰，在下文中省去表示具体过程的下标。通过对主响应量 $U(t)$ 相对于水准 d 的平均超越率 $\nu(d, t)$ 进行时间积分，可以得到时间域 $[0, t]$ 内失效概率的上界 $P_{\mathrm{f}}(t)$，即：

$$P_{\mathrm{f}}(t)\leqslant E[N(t)]=\int_0^t\nu(d,\tau)\cdot\mathrm{d}\tau \tag{2-42}$$

其中 $E[N(t)]$ 为时间域 $[0, t]$ 内超越事件发生次数的期望值。失效概率 $P_{\mathrm{f}}(t)$ 另一种更为普遍的表示形式为：

$$P_{\mathrm{f}}(t)=1-P[U(t=0)<d]\cdot\mathrm{e}^{-\int_0^t h(d,\tau)\cdot\mathrm{d}\tau} \tag{2-43}$$

其中 $P[U(t=0)<d]$ 为时间 $t=0$ 时，响应量 $U(t)$ 小于失效界限 d 的概率，$h(d,t)$ 为风险函数，即在时间 t 之前未出现超越事件的条件平均超越率，由于本章假设为初始静止状态，故 $P[U(t=0)<d]=1$。

风险函数最简单的近似方法为泊松风险函数法（Poisson Hazard Function），该方法假设超越事件服从无记忆性泊松随机事件模型，即超越事件为统计独立。该简化假设下失效概率的计算公式为：

$$P_{\mathrm{f,P}}(t)=1-\mathrm{e}^{-\int_0^t\nu(d,\tau)\cdot\mathrm{d}\tau} \tag{2-44}$$

对于高临界值水准和宽带过程，泊松风险函数是渐进正确的，但是对于低临界值水准和窄带过程而言，泊松风险函数会给出一个非常保守的失效概率估计。

Vanmarcke 提出了两种改进的近似方法，这里分别称为经典 Vanmarcke 和修正 Vanmarcke 近似方法，两者都要求随机过程 $U(t)$ 的带宽参数和平均超越率，其公式分别为：

$$P_{\mathrm{f,VM}}(t)=1-\mathrm{e}^{-\int_0^t h_{\mathrm{VM}}(d,\tau)\cdot\mathrm{d}\tau} \tag{2-45}$$

$$P_{\mathrm{f,mVM}}(t)=1-\mathrm{e}^{-\int_0^t h_{\mathrm{mVM}}(d,\tau)\cdot\mathrm{d}\tau} \tag{2-46}$$

其中：

$$h_{\mathrm{VM}}(d,t)=\nu(d,t)\cdot\frac{1-\mathrm{e}^{-\sqrt{\frac{\pi}{2}}\cdot q(t)\cdot\frac{d}{\sigma_U(t)}}}{1-\mathrm{e}^{-0.5d^2/\sigma_U^2(t)}} \tag{2-47}$$

$$h_{\mathrm{mVM}}(d,t)=\nu(d,t)\cdot\frac{1-\mathrm{e}^{-\sqrt{\frac{\pi}{2}}\cdot[q(t)]^{1.2}\cdot\frac{d}{\sigma_U(t)}}}{1-\mathrm{e}^{-0.5d^2/\sigma_U^2(t)}} \tag{2-48}$$

对于泊松风险函数，满足下列关系式：

$$h_{\mathrm{P}}(d,t)=\nu_U(d,t) \tag{2-49}$$

对于双势垒问题，式（2-46）和式（2-47）中的 $\sqrt{\pi/2}$ 须替换为 $\sqrt{2\pi}$。

2.2.2　相邻塔楼地震碰撞易损性分析

上一节阐述了单个线弹性结构体系的位移响应超越某一个具体的临界值的失效概率，即地震易损性。对于两个不等高的线弹性相邻塔楼体系而言，在地震发生时常会因为两者间距不足而发生碰撞，所以相邻塔楼的地震碰撞易损性分析也显得尤为重要。

碰撞位置一般位于较矮建筑的顶层，假设此时碰撞位置处建筑物 A 的位移为 u_A，建筑物 B 的位移为 u_B，那么若相对位移 $u_{rel}=u_A-u_B>d$，其中 d 为给定的临界间距值，结构 A 和结构 B 即发生碰撞，碰撞事件为一个单势垒问题。

对于首次超限问题而言，在相邻塔楼碰撞之前，位移变量 u_A 和 u_B 互相独立，相对位移 $u_{rel}=u_A-u_B$ 的方差为：

$$D_{(u_{rel})}=D_{(u_A)}+D_{(u_B)} \tag{2-50}$$

同理，相对速度 $\nu_{rel}=\nu_A-\nu_B$ 的方差：

$$D_{(\nu_{rel})}=D_{(\nu_A)}+D_{(\nu_B)} \tag{2-51}$$

相邻塔楼体系的相对位移与其速度、Hilbert 转化过程 Y_{rel} 的协方差，经过数学推导之后也可得到，如下式所示：

$$\begin{aligned}\mathrm{cov}(u_{rel},\nu_{rel})&=\mathrm{cov}(u_A-u_B,\nu_A-\nu_B)=\mathrm{cov}(u_A,\nu_A)+\mathrm{cov}(u_A,-\nu_B)+\mathrm{cov}(-u_B,\nu_A)+\mathrm{cov}(-u_B,-\nu_B)\\&=\mathrm{cov}(u_A,\nu_A)+\mathrm{cov}(-u_B,-\nu_B)=\mathrm{cov}(u_A,\nu_A)+\mathrm{cov}(u_B,\nu_B)\end{aligned} \tag{2-52}$$

同理可得：

$$\mathrm{cov}(u_{rel},Y_{rel})=\mathrm{cov}(u_A,Y_A)+\mathrm{cov}(u_B,Y_B) \tag{2-53}$$

求得相对位移过程的谱特征之后，即可按照 2.2.2、2.2.3 节的相关理论，由式（2-29）、式（2-44）～式（2-46）求得相邻塔楼位移响应的带宽参数以及碰撞失效概率。在多自由度相邻塔楼体系中，由于楼层相对位移响应主要受一阶模态影响，所以本节相应的数值算例也主要采用结构的一阶自振周期和一阶模态的阻尼比进行计算。

2.2.3 数值算例

1. 单个线弹性体系地震易损性分析

假定某线弹性单自由度体系，周期 $T_0=0.5$s，阻尼比 $\xi=0.05$。将该体系参数代入 2.2.1 节所述理论，根据式（2-32）、式（2-33）和式（2-39）可分别计算得出二阶以内的时变谱特征，包括位移 $U(t)$（相对于基底）和它的一阶时间导数 $\dot{U}(t)$ 的方差，当 $t\to\infty$时，可得到位移标准差和速度标准差的稳态值，相关比值的曲线如图 2-6 所示。求得的谱特征可用来计算单势垒情况下时变平均超越率以及时变失效概率的近似解（Possion 和 Vanmarcke），如图 2-7 所示。其中，临界值水准采用关于响应过程标准差的稳态值标准化参数 $\zeta/\sigma_{U\infty}$，原因是结构只考虑线性状态，所以响应量与地震动激励的震级或强度呈正比，而地震动又以白噪声功率谱密度的平方根 $\sqrt{s_0}$ 来衡量。以下所述结果均针对于自振周期 $T_0=0.5$s、阻尼比 $\xi=0.05$ 的线弹性单自由度体系。

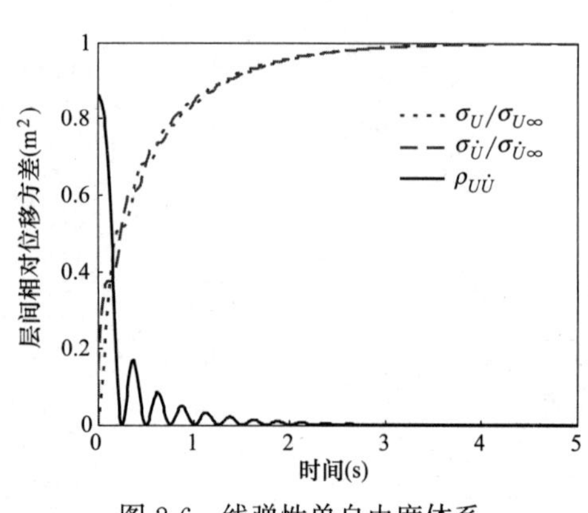

图 2-6　线弹性单自由度体系响应的随机二阶矩

对于临界值水准 $\zeta=2\sigma_{U\infty}$（U_∞为位移响应的稳态标准差）时的情况，由图 2-7 可知，由经典和修正 Vanmarcke 近似得到的风险函数值低于同时刻的平均超越率值（图 2-7a）；相对于两种 Vanmarcke 近似方法而言，泊松近似得到的结果显得更为保守（图 2-7b）。

图 2-8 给出了临界值水准 $\zeta=3\sigma_{U\infty}$时体系的响应。由图可知，当 $\zeta=3\sigma_{U\infty}$时，某一具体时刻下的平均超越率比 Vanmarcke 近似方法得到的风险函数值大，但差值相比于低临界值水准时更小（图 2-8a），同时也可以观察到，随着临界值水准的提高，平均超越率和风险函数达到稳态所需的时间也更长。对于同时刻下的失效概率而言，临界值水准越高，失效概率越小，且下降幅度比较明显。

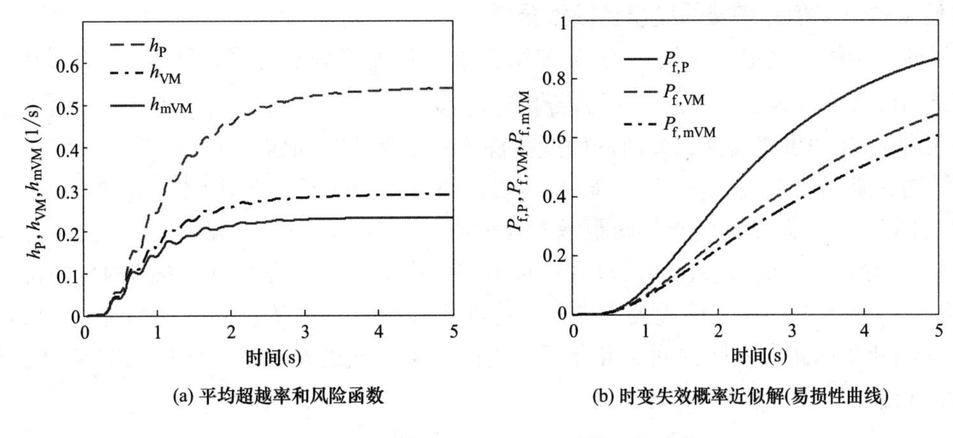

(a) 平均超越率和风险函数　　(b) 时变失效概率近似解(易损性曲线)

图 2-7　临界值水准 $\zeta=2\sigma_{U\infty}$ 时体系的响应

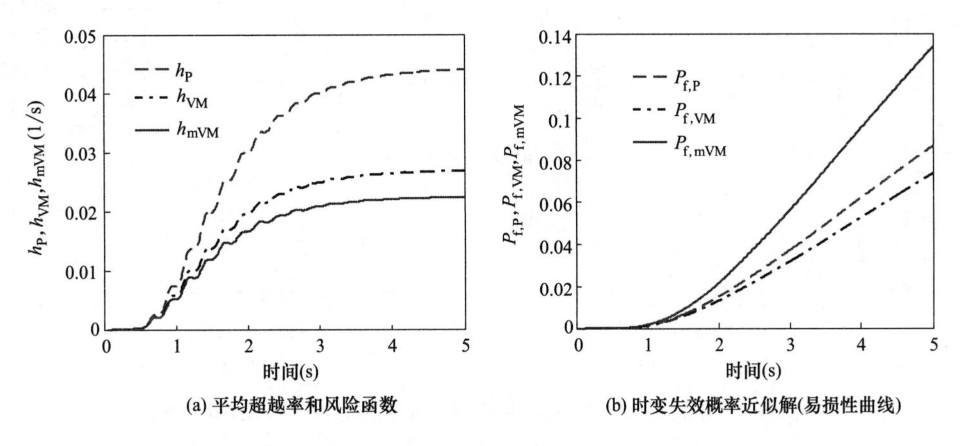

(a) 平均超越率和风险函数　　(b) 时变失效概率近似解(易损性曲线)

图 2-8　临界值水准 $\zeta=3\sigma_{U\infty}$ 时体系的响应

图 2-9 给出了临界值水准 $\zeta=4\sigma_{U\infty}$ 时体系的响应。由图可知，当临界值水准进一步提高时，同一时刻下，平均超越率和按照近似方法得到的风险函数值之间的差值越来越小，进入稳态的时间进一步后移，同时失效概率保持大幅度下降。

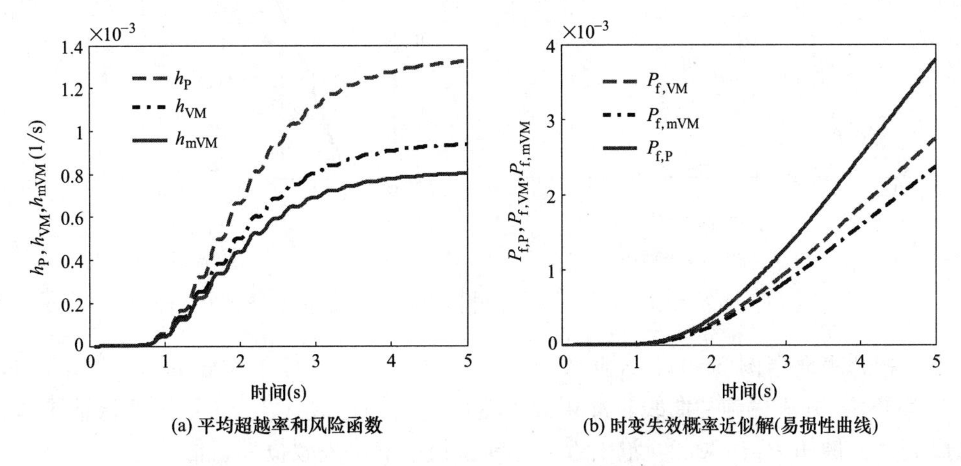

(a) 平均超越率和风险函数　　(b) 时变失效概率近似解(易损性曲线)

图 2-9　临界值水准 $\zeta=4\sigma_{U\infty}$ 时体系的响应

单个线弹性多自由度体系由于楼层相对位移受一阶模态的贡献较大，所以易损性分析时只考虑第一振型的自振周期和阻尼比，计算方法同单自由度体系，本节不再赘述。

2. 线弹性单自由度相邻塔楼的碰撞易损性分析

假定相邻的两个线弹性单自由度结构 A 和结构 B，其周期分别为 T_A 和 T_B，在较低建筑物的顶层，各自对应的位移分别为 u_A 和 u_B，那么若相对位移 $u_{\text{rel}}=u_A-u_B>d$，其中 d 为给定的临界间距值，结构 A 和结构 B 即发生碰撞，此时的碰撞事件为一个单势垒问题。

假定两结构的阻尼比 $\xi_A=\xi_B=5\%$，碰撞易损性通过近似解析风险函数 $h_{\text{VM}}(\xi, t)$，$h_{\text{mVM}}(\xi, t)$ 和 $h_{\text{P}}(\xi, t)$ 计算得到，两结构的相邻间距考虑两种情况，即 $d_1=\sigma_{U\infty}$，$d_2=2\cdot\sigma_{U\infty}$（$\sigma_{U\infty}$ 是相邻单自由度系统响应过程的平稳标准差）；假设存在两种不同的周期组合，第一种代表结构自振特性差异较大，取 $T_A=1.0\text{s}$，$T_B=0.5\text{s}$；第二种代表结构自振特性比较接近，取 $T_A=1.0\text{s}$，$T_B=0.9\text{s}$，图 2-10 和图 2-11 为不同的相邻间距和不同的周期组合下，碰撞概率曲线的对比图，图中同时给出了基于重要抽样法 ISEE 得到的碰撞易损性曲线以作对比。

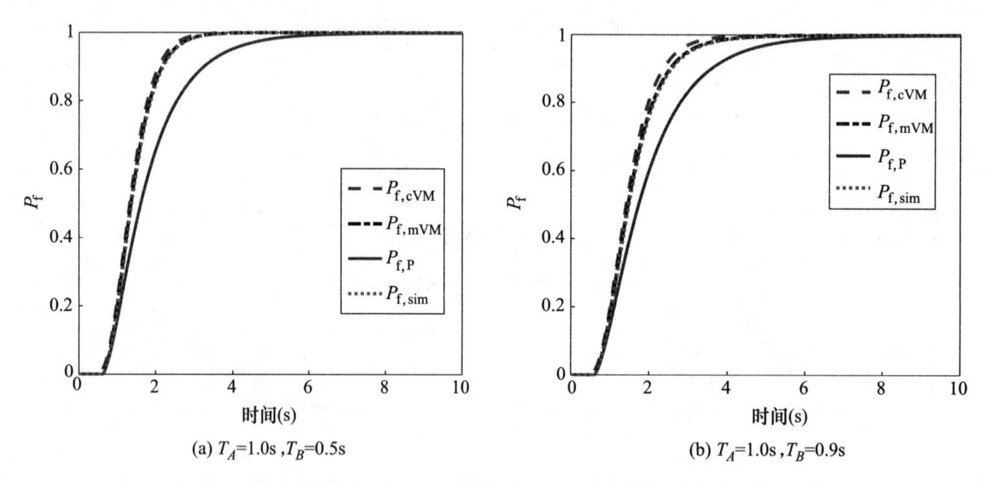

图 2-10 相邻间距为 $d=\sigma_{U\infty}$ 时相邻 SDOF 体系的碰撞易损性曲线

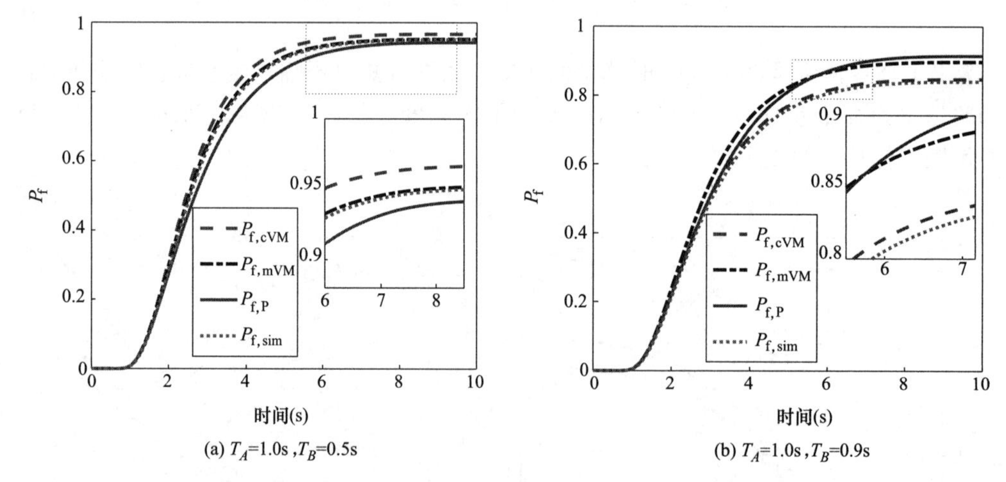

图 2-11 相邻间距为 $d=2\cdot\sigma_{U\infty}$ 时相邻 SDOF 体系的碰撞易损性曲线

对于较小的相邻距离（图 2-10），经典 Vanmarcke（cVM）和修正 Vanmarcke（mVM）近似估计的易损性曲线与 ISEE 方法得到的曲线非常相似。然而，泊松近似（P）总是显著低估了碰撞风险。只有对于小碰撞概率，例如 $P_{\text{f,P}}\leqslant 0.2$，泊松近似才能获得准确的失效概率评估。

由图 2-11 可知，临界间距由 $d=\sigma_{U\infty}$ 增加到 $d=2\cdot\sigma_{U\infty}$，当相邻塔楼自振特性差异较大时（图 2-11a），3 种近似方法得到的碰撞概率差别较小，3 个近似值几乎都收敛于精确碰撞概率值（通过 ISEE 方法，$P_{\text{f,sim}}$ 获得值认为是精确结果）。而对于自振特性差异不大的相邻塔楼（图 2-11b），P、cVM 和 mVM 近似计算方法得到的碰撞易损性曲线存在显著差异，只有 cVM 近似计算的结果与 ISEE

解吻合得良好。一种解释是相对位移过程 $U(t)$ 与两个单自由度系统的响应有关。对于自振特性差异大的相邻塔楼，$U(t)$ 主要受自振周期较长的结构控制。相比之下，对于自振周期较近的相邻塔楼，两结构振型都对 $U(t)$ 的贡献显著，这导致不同近似下的碰撞易损性评估存在较大差异。

3. 线弹性多自由度相邻塔楼的碰撞易损性分析

假定相邻的两个线弹性多自由度结构 A 和结构 B，均为剪切型抗弯钢框架，A 为一个 8 层建筑物，层间刚度 $K_A=628801\text{kN/m}$（每层均相同），楼层质量 $m_A=454.545\text{t}$（每层均相同），结构 A 高 25.6m；结构 B 为一个 4 层建筑物，层间刚度 $K_B=470840\text{kN/m}$（每层相同），楼层质量 $m_B=454.545\text{t}$（每层相同），结构 B 高 12.8m。假设两个结构的前两阶模态的阻尼比均为 0.02，计算得到两建筑物的基本自振周期分别为 $T_A=0.915\text{s}$，$T_B=0.562\text{s}$。

考虑两结构周期相近的情形，A 为一个 6 层建筑物，层间刚度 $K_A=548183\text{kN/m}$（每层均相同），楼层质量 $m_A=454.545\text{t}$（每层均相同），结构 A 高 19.2m。结构 B 参数同上。假设两个结构的前两阶模态的阻尼比均为 0.02，计算得到两建筑物的基本自振周期分别为 $T_A=0.751\text{s}$，$T_B=0.562\text{s}$。为了真实反映实际建筑结构的特性，在这里采用线性位移假设，即将多自由度体系在碰撞位置处的位移等效为对应的广义单自由度体系的位移。通过近似解析风险函数 $h_{\text{VM}}(\xi, t)$，$h_{\text{mVM}}(\xi, t)$ 和 $h_{\text{P}}(\xi, t)$ 计算得到不同相邻间距下相邻 MDOF 体系的碰撞易损性曲线如图 2-12、图 2-13 所示。两结构的相邻间距考虑两种情况，即 $d_1=\sigma_{U\infty}$，$d_2=3\cdot\sigma_{U\infty}$（$\sigma_{U\infty}$ 是相邻多自由度系统响应过程的平稳标准差），同时给出了基于重要抽样法 ISEE 所得相邻 MDOF 体系的碰撞易损性曲线。

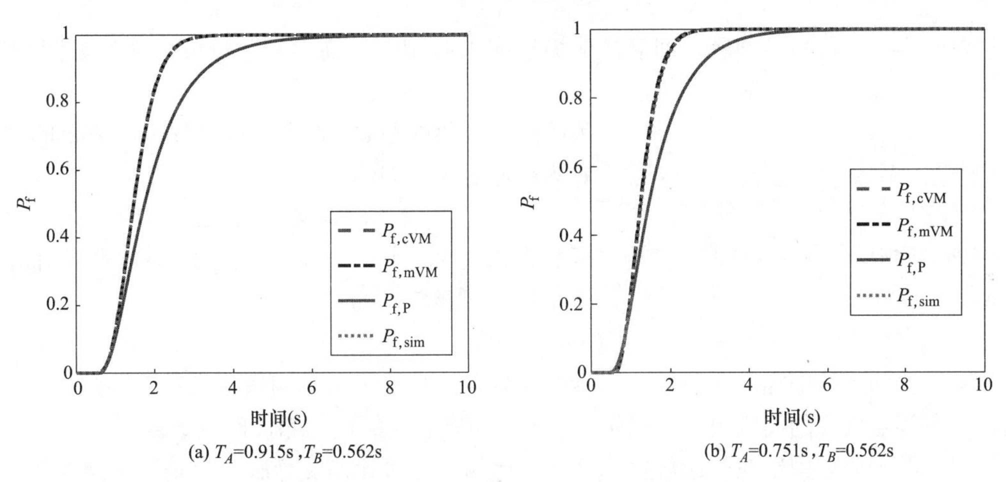

图 2-12 相邻间距为 $d=\sigma_{U\infty}$ 时相邻 MDOF 体系的碰撞易损性曲线

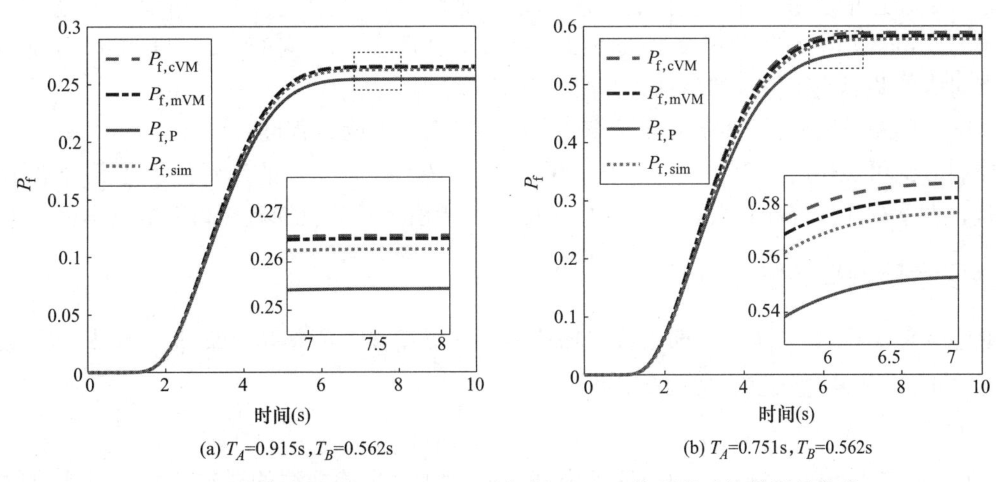

图 2-13 相邻间距为 $d=3\cdot\sigma_{U\infty}$ 时相邻 MDOF 体系的碰撞易损性曲线

由图 2-12 所示，在小相邻间距的情况下（$d=\sigma_{U\infty}$），无论是经典的 Vanmarcke 近似 $P_{f,cVM}$，还是修正的 Vanmarcke 近似 $P_{f,mVM}$，它们都获得了相对准确的结果，这与 ISEE 模拟非常一致。而泊松近似 $P_{f,P}$，通常低估了碰撞风险。随着间距的增大，相邻塔楼的碰撞概率减小。

如图 2-13 所示，对于较大的分离距离（$d=3\cdot\sigma_{U\infty}$），由于相邻塔楼的碰撞概率很小，泊松近似可以得到相对准确的解。观测结果与相邻的线弹性单自由度体系相似。此外，图 2-13（b）还表明，在自然周期接近的情况下，用不同近似估计的碰撞易损性曲线显示出一些差异。

2.3 基于地震碰撞易损性的相邻塔楼临界间距研究

在现有的设计方法中，如果临界间距的确定可以保证设计者直接量化和控制相邻塔楼的性能和可靠性，使建筑物在目标间距下具有已知的安全性水平（具有已知的碰撞概率），便可以直接控制和减轻相邻塔楼由于碰撞带来的风险，帮助设计者按照目标可靠性实施明确的性能目标。同时，对规范的修订和完善也具有重要的指导意义。本节基于 2.2 节求得的相邻塔楼地震碰撞易损性，将相邻塔楼临界间距的计算表述为逆可靠性问题（已知碰撞概率求相应的临界间距），考虑结构参数及地震动危险性概率模型的影响，通过迭代算法求出不同结构特性、同一场地特性下相邻塔楼的临界间距值，使其具有一致的目标碰撞概率。

2.3.1 逆可靠性问题介绍

确定临界间距的逆可靠性问题，即已知碰撞概率求解相应的临界间距，可以通过如图 2-14 所示的流程。

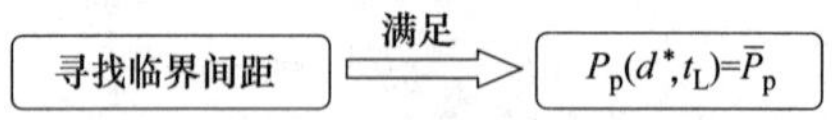

寻找临界间距 —满足→ $P_p(d^*,t_L)=\overline{P}_p$

图 2-14 逆可靠性问题原理简图

注：d^* 为对应于目标碰撞概率的临界间距。

为了求出临界间距 d^*，本章将流程图所表示的逆可靠性问题等效为找零问题，即：

$$d^*=\text{Zero}[f(d)] \tag{2-54}$$

其中函数表达式 Zero[...] 表示括号内函数零点对应的自变量值，而 $f(d)$ 则被定义为：

$$f(\xi)=P_p(d,t_L)-\overline{P}_p \tag{2-55}$$

由于碰撞概率随着间距的增加而逐渐减小，所以函数 $f(d)$ 是一个单调递减函数，因此，$f(d)$ 只有唯一的零点，而该零点对应的间距值，也就是式（2-55）所表述的逆可靠性问题的解。

求解找零问题可以运用经典的迭代优化算法，比如二分法和梯度算法，但是考虑到本节涉及的函数表达式异常复杂，且是通过解析和数值模拟并用的方式得到的碰撞概率，所以在这里采用一种误差控制方法，通过设置一个极小的误差容许值 δ，结合 50 年碰撞概率曲线，得出已知的目标碰撞概率对应的临界间距值，然后通过相邻塔楼振动台碰撞试验验证该临界间距下结构的 50 年碰撞概率和目标碰撞概率的吻合程度。

已知的碰撞概率 $\overline{P}_p$ —求解→ $|P_p(d^*,t_L)-\overline{P}_p|<\delta$

图 2-15 误差控制方法流程图

误差控制方法可表述为如图 2-15 所示的流程，当 $P_p(d,t_L)-\overline{P}_p$ 的绝对值小于某个极小的误差控制常数 δ 时，搜索程序便停止迭代，此时对应的临界间距值即具有已知碰撞概率的安全性水平。

2.3.2 地震危险性概率模型介绍

地震危险性概率模型 $\nu_{IM}(im)$ 即为特定场地某一地震动强度的年超越概率，本节中的场地危险性曲线采用 Cornell 的幂指数函数近似表达，即：

$$\nu_{IM}(im)=P[IM\geqslant im\mid 1\text{年}]=k_0\cdot im^{-k_1} \tag{2-56}$$

其中 k_0 为常数，取决于单一场地的地震活动强度，k_1 为地震危险曲线的对数斜率。当地震危险曲线以

对数形式表示时，其近似线性，此时通过直线拟合，可以得到 k_0 和 k_1 的值，确定方法如下所示：

$$\ln(k_0)=[\ln(S_{1(10/50)})\times\ln(H_{s1(2/50)})-\ln(S_{1(2/50)})\times\ln(H_{s1(10/50)})]/\ln\left(\frac{S_{1(10/50)}}{S_{1(2/50)}}\right) \tag{2-57}$$

$$k_1=\ln\left(\frac{H_{s1(10/50)}}{H_{s1(2/50)}}\right)\Big/\ln\left(\frac{S_{1(2/50)}}{S_{1(10/50)}}\right) \tag{2-58}$$

其中，$H_{s1(10/50)}$、$H_{s1(2/50)}$ 分别为 50 年超越概率为 10%、2%的地震动年平均超越概率；$S_{1(10/50)}$、$S_{1(2/50)}$ 分别为 50 年超越概率为 10%、2%的地震动强度。

在本节中，假设地震为近场地震，取参数 $k_0=0.00012$，$k_1=-2.2585$，地震强度指标 IM 采用场地的峰值加速度 PGA，地震危险性曲线如图 2-16 所示。

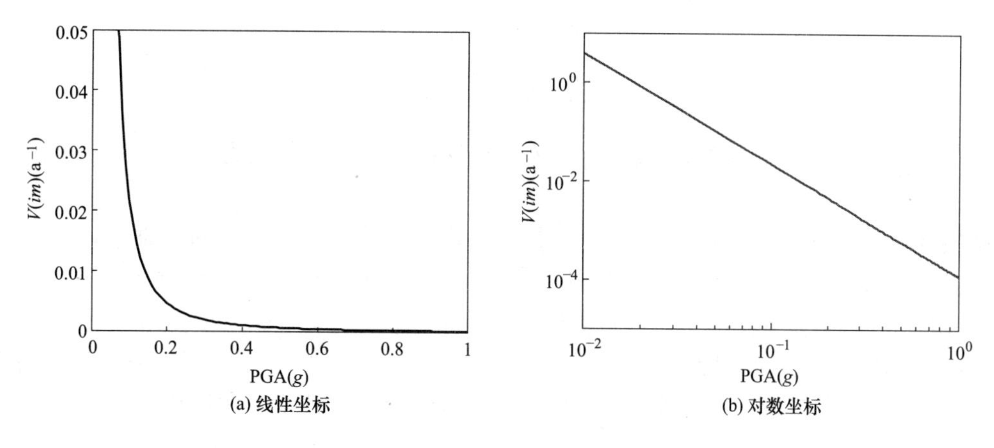

图 2-16　地震危险性曲线

图 2-16 分别给出了线性坐标形式和对数坐标形式的地震危险性曲线，当地震危险性曲线以对数形式表示时，曲线近似线性，结构的年超越概率随着地震动强度的增加而逐渐减小。由线性坐标图可知，当 PGA 超过 $0.5g$ 时，结构的年超越概率无限趋近于 0，该值可作为振动台试验模型一般所能承受的最大地震动加速度峰值的参考值。

2.3.3　临界间距的求解

为了求得已知安全性水平下的临界间距值，首先需要计算出结构的失效概率，包括年平均超越概率和 50 年碰撞概率，然后再通过误差迭代算法得到。计算流程如图 2-17 所示。

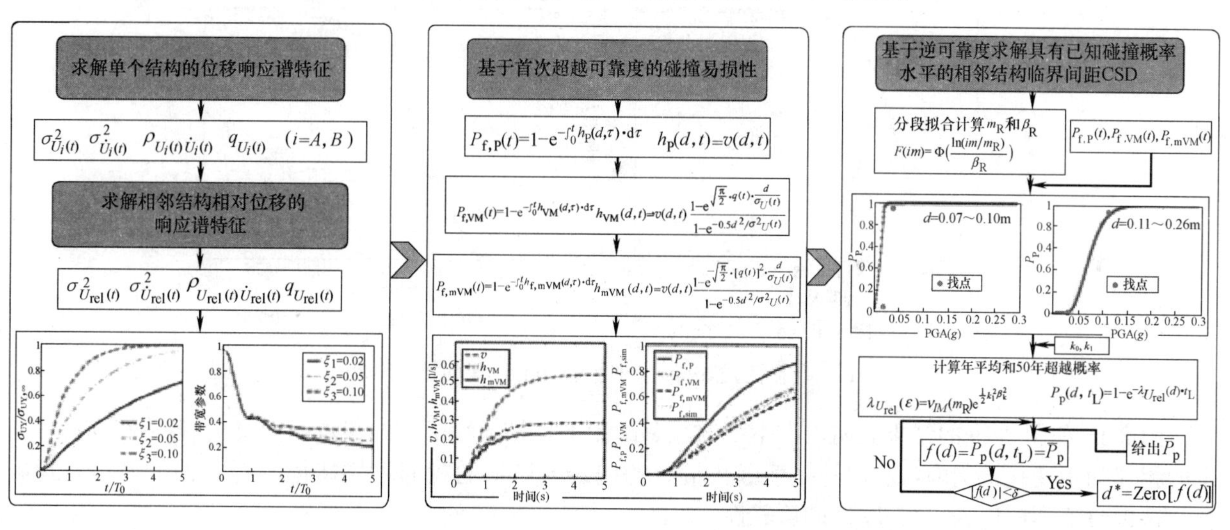

图 2-17　基于地震碰撞易损性的相邻塔楼临界间距计算流程图

1. 年平均超越概率的求解

由基于 IM 的概率地震需求分析理论，将给定 IM 水平下的地震易损性概率评估和基于 IM 的地震动危险性分析结合起来，可以得到超越最大相对位移的年平均超越概率为：

$$\lambda_{U_{\mathrm{rel}}}(d)=\int_{IM}G_{U_{\mathrm{rel}}\mid IM}(d\mid IM)\left|\frac{d\nu_{IM}(im)}{\dim}\right|\dim \tag{2-59}$$

其中，d 为既定的临界间距，$\lambda_{U_{\mathrm{rel}}}(d)$ 为最大相对位移超越 d 的年平均概率；$G_{U_{\mathrm{rel}}\mid IM}(d\mid IM)$ 为 $IM=im$ 时，$U_{\mathrm{rel}}>d$ 的概率，即地震易损性函数；$\nu_{IM}(im)$ 是 IM 关于 im 的年超越概率，由地震危险性概率分析得到。

地震易损性函数一般假设为对数正态分布函数 $F(x)$ 的形式，即：

分段拟合计算 m_{R} 和 β_{R}

$$F(im)=\Phi\left(\frac{\ln(im/m_{\mathrm{R}})}{\beta_{\mathrm{R}}}\right) \tag{2-60}$$

式中，$\Phi(\cdot)$ 为标准正态分布函数，m_{R} 和 β_{R} 为易损性函数参数，分别为中位值和对数标准差（又称为离差）。

关于易损性函数参数 m_{R} 和 β_{R}，本节在已知相邻塔楼碰撞易损性曲线的基础上，采用对结构的碰撞概率进行拟合的方法求解。结构体系仍然采用 2.2 节所述的线弹性相邻单自由度体系（SDOF）（$T_A=1.0$s，$T_B=0.5$s，$\xi=0.02$）和相邻多自由度体系（MDOF）（$T_A=0.915$s，$T_B=0.562$s，$\xi=0.02$），假设相邻间距的变化区间为 0～0.5m，地震动持续时间为 20s。两种结构体系在不同的相邻间距下的拟合结果如图 2-18 和图 2-19 所示，图中"+"号为拟合的结果，实线代表已知的相邻塔楼碰撞易损性曲线。

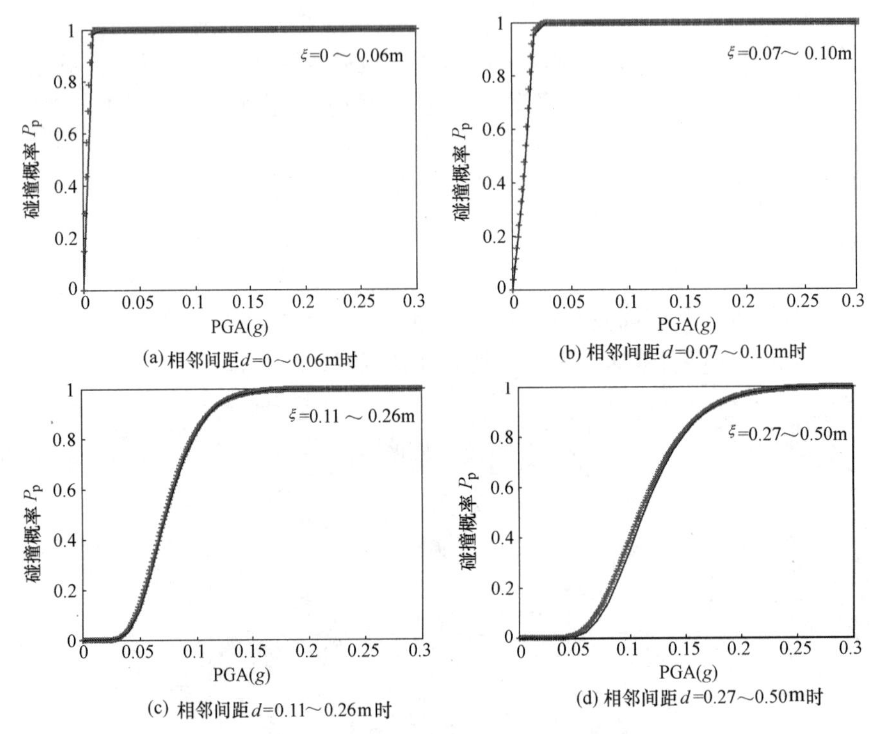

图 2-18　易损性公式与已知曲线的拟合结果对比（SDOF）

图 2-18 和图 2-19 的结果表明，在不同的相邻间距下，易损性函数的参数 m_{R} 与 β_{R} 各不相同，在特定的相邻间距变化范围内，利用易损性函数拟合的曲线与已知的相邻塔楼碰撞易损性曲线能很好地吻合，这也验证了所取 m_{R} 与 β_{R} 值的可靠性。

已知易损性函数的参数 m_{R} 和 β_{R} 值后，对式（2-59）进行分部积分，可得到年平均超越概率的解

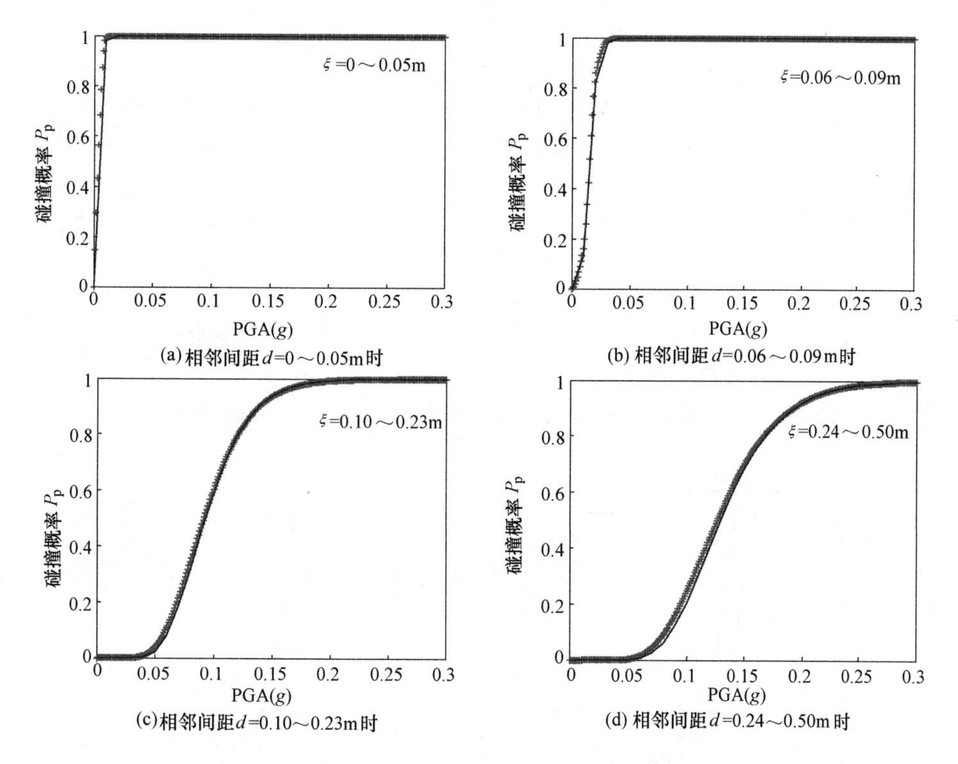

图 2-19 易损性公式与已知曲线的拟合结果对比（MDOF）

析表达式为：

$$\lambda_{U_{\mathrm{rel}}}(\xi)=\nu_{IM}(m_{\mathrm{R}})\mathrm{e}^{\frac{1}{2}k_1^2\beta_{\mathrm{R}}^2} \tag{2-61}$$

若考虑地震作用的本质不确定性和分析人员的知识不确定性，则还需要对式（2-61）进行修正。

2. 50 年碰撞概率的求解

50 年碰撞概率即为求解相邻塔楼的相对位移 U_{rel} 在结构设计年限 t_{L}（此处 $t_{\mathrm{L}}=50$）内，至少出现一次超越它们相邻间距的事件的概率，即 $P_{\mathrm{p}}(d^*,t_{\mathrm{L}})$。假设碰撞事件的发生可被描述成一个泊松过程，并且建筑物在碰撞发生之后迅速恢复到它们的初始状态，那么 $P_{\mathrm{p}}(d^*,t_{\mathrm{L}})$ 就可通过下式计算：

$$P_{\mathrm{p}}(d^*,t_{\mathrm{L}})=1-\mathrm{e}^{-\lambda_{U_{\mathrm{rel}}}(d)\cdot t_{\mathrm{L}}} \tag{2-62}$$

其中 $\lambda_{U_{\mathrm{rel}}}(d)$ 为碰撞的年平均概率，按式（2-56）计算。在本节中，地震强度指标 IM 采用场地的峰值加速度 PGA。

年平均超越概率可直接用于求解一个给定的建筑物在其设计年限（t_{L} 为设计年限，比如 50 年）之内碰撞发生的概率 $P_{\mathrm{p}}(t_{\mathrm{L}})$，假设碰撞事件的发生服从泊松分布，并且建筑物在碰撞之后迅速恢复到原始状态，此时 $P_{\mathrm{p}}(t_{\mathrm{L}})$ 可通过式（2-62）计算。

求解出 50 年碰撞概率曲线之后，便可通过误差控制迭代程序，得到某个确定的碰撞概率所对应的临界间距值。

2.3.4 数值算例分析

1. 相邻塔楼 50 年碰撞概率

同样以前述的相邻线弹性单自由度体系和多自由度体系为例，基于危险函数的解析近似（P，cVM 和 mVM），得到了碰撞风险与建筑物间距 d 的函数。图 2-20 表示两种周期组合下单自由度体系的 50 年碰撞概率，图 2-21 表示多自由度体系的 50 年碰撞概率。

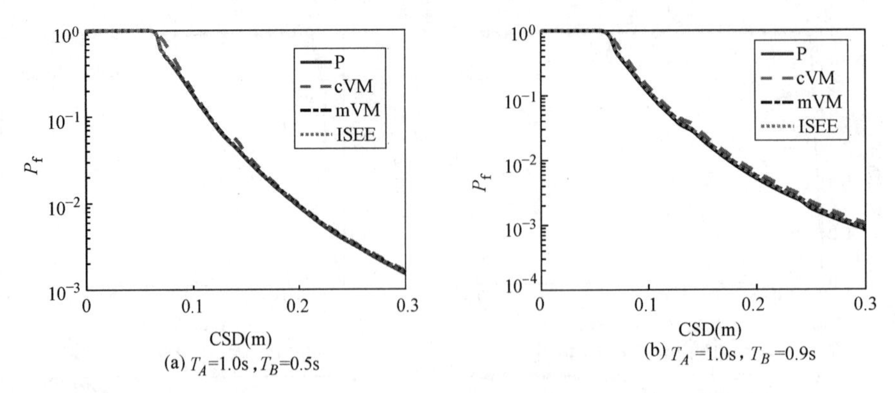

图 2-20 相邻单自由度体系在不同临界间距下的 50 年碰撞概率

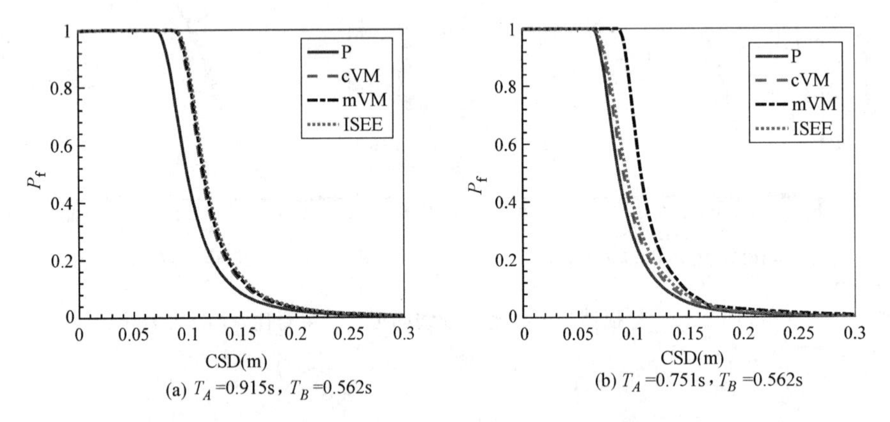

图 2-21 相邻多自由度体系在不同临界间距下的 50 年碰撞概率

由图 2-20 可以看出，分析近似值，特别是 cVM 和 mVM，与 ISEE 的 50 年碰撞风险结果非常相似。此外，泊松近似有时在自振特性差异大的相邻塔楼的较高风险水平和自振特性接近的相邻塔楼的所有风险水平下产生稍微保守的碰撞风险评估结果。图 2-20 还表明，随着间距 d 的增大，相邻单自由度结构体系的碰撞概率逐渐减小。当分离距离 d 很小时（小于 60 mm），相邻两个单自由度结构体系的碰撞概率接近于 1。如果相邻单自由度结构体系的碰撞概率小于 20%，则建议自振特性差异大的相邻塔楼（图 2-20a）的相邻距离 d 至少为 98mm，对于自振特性接近的相邻塔楼（图 2-20b）建议至少为 88mm。当相邻塔楼的间隔距离为 100mm 时，50 年碰撞风险为 11%，如图 2-20（b）所示。根据《建筑抗震设计规范》GB 50011—2010（2016 年版）关于防震缝的建议，即在 6.1.4 节规定的高度不超过 15m 时，框架结构的防震缝宽度不应小于 100mm，可以看出，即使是对于自振特性接近的相邻塔楼，规范中抗震缝的建议值仍有一定的风险水平，这也符合 6.1.4 条文说明的描述，即：震害分析表明，6.1.4 条建议的最小防震缝宽度，相邻塔楼在强震作用下仍可能受到局部碰撞破坏。

同时，图 2-20 还表明，按 2002 年颁布的《建筑抗震设计规范》的建议，将防震缝设为 70mm（即当 6.1.4 节规定的高度不超过 15m 时，框架结构的防震缝宽度应为 70mm），在自振特性接近的情况下，相邻单自由度体系的 50 年碰撞概率约为 48%（图 2-20b），这也反映了修订《建筑抗震设计规范》的意义和重要性。

图 2-21 分别给出了自振特性差异较大和自振特性比较接近的相邻多自由度系统在设计使用年限 50 年内不同相邻间距下的碰撞风险。对于不同的间距值，得到了 3 种不同的解析近似值（P、cVM 和 mVM 近似值）。图 2-21 还给出了由 ISEE 方法获得的 50 年碰撞概率，作为参考解。在相邻塔楼自振周期差异较大的情况下（图 2-21a），使用 cVM 和 mVM 近似计算的 50 年碰撞风险曲线与 ISEE 方法得到的曲线非常吻合。然而，如图 2-21（a）所示，泊松近似总是大大低估了碰撞风险。在自振特性比较接

近的情况下（图 2-21b），用不同近似值估计的 50 年碰撞风险曲线差异显著，只有 cVM 近似值得到的结果接近 ISEE 解。

图 2-21 还表明，随着间距 d 的增加，相邻多自由度结构体系的碰撞概率逐渐减小。当相邻距离 d 较小时（两种情况下均小于 100mm），相邻多自由度结构体系 50 年碰撞概率接近 1。如果相邻多自由度结构体系在其寿命期内的碰撞概率小于 20%，则建议自振特性差异大的相邻多自由度结构的相邻间距至少为 150mm，自振特性比较接近的相邻多自由度结构间隔距离至少为 120mm。当相邻多自由度结构的间隔距离为 150mm 时，50 年碰撞风险为 7%，如图 2-21（b）所示。从图 2-21 中也可以看出，对于相邻多自由度体系的两种情况，根据我国《建筑抗震设计规范》GB 50011—2010（2016 年版）第 6.1.4 条和第 8.1.4 条，建议的防震缝值的 CSD 仍存在一定的碰撞风险（相邻两种多自由度体系的间隔距离为 150mm），即：

6.1.4 条 1）框架结构（钢筋混凝土结构）在建筑高度不超过 15m 时，其防震缝宽度不应小于 100mm。6.1.4 条 3）防震缝宽度按较短建筑物确定（本例中 B 建筑高度为 12.8m，不大于 15m）。8.1.4 条钢结构建筑防震缝宽度不应小于相应钢筋混凝土建筑物的 1.5 倍。

同样，参照我国 2002 年版《建筑抗震设计规范》的规定，建议相邻多自由度体系的地震反应危险度为 70mm×1.5=105mm，相邻多自由度体系的 50 年碰撞概率分别为 79%和 32%。由此可见，规范的修订对减轻相邻塔楼的碰撞风险具有一定的意义。

2. 相邻塔楼临界间距

基于逆可靠性分析，采用上述提出的分段拟合迭代搜索算法，对相邻两个线弹性单自由度和多自由度系统之间具有设计安全水平的临界间距进行评估，50 年碰撞概率分别为 50%、10%和 2%时，评估结果见表 2-1 和表 2-2。条件碰撞概率分别使用泊松近似 $P_{\mathrm{f,P}}$，Vanmarcke 近似 $P_{\mathrm{f,cVM}}$ 和修正的 Vanmarcke 近似 $P_{\mathrm{f,mVM}}$ 进行计算。同时，还列出了用 ISEE 方法计算的结果供参考。当误差控制常数为 $|f(d)|=\delta\leqslant 10^{-4}$ 时，迭代算法终止。

比较表 2-1 所列的 3 种 CSDs 分析结果，cVM 近似得到的结果与相邻两种 SDOF 系统的 ISEE 模拟结果最为接近，且计算时间显著缩短，这突出了本节所提出方法的优越性。另外，mVM 算法得到的 CSD 估计值稍小，$P_{\mathrm{f,P}}$ 近似值有时会得到 CSD 的保守估计值。表 2-2 同样列出了用 cVM 近似估计的 CSD 与 ISEE 方法的结果最为一致。然而，ISEE 模拟的计算时间明显大于解析近似。$P_{\mathrm{f,P}}$ 近似总是低估了碰撞风险。

相邻 SDOF 体系临界间距 CSDs　　表 2-1

$T_A=1.0\mathrm{s}, T_B=0.5\mathrm{s}$				
方法	50 年碰撞概率下的 CSD 值(m)			计算用时
	50%	10%	2%	
P	0.0811	0.1169	0.1710	10s
cVM	0.0741	0.1161	0.1688	10s
mVM	0.0743	0.1150	0.1676	14s
ISEE	0.0746	0.1159	0.1689	1411s
$T_A=1.0\mathrm{s}, T_B=0.9\mathrm{s}$				
方法	50 年碰撞概率下的 CSD 值(m)			计算用时
	50%	10%	2%	
P	0.0746	0.1071	0.1569	8s
cVM	0.0693	0.1042	0.1522	11s
mVM	0.0691	0.1021	0.1497	11s
ISEE	0.0696	0.1035	0.1517	1402s

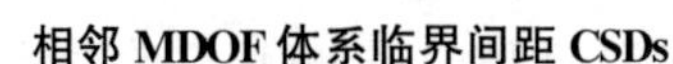

相邻 MDOF 体系临界间距 CSDs　　表 2-2

$T_A=0.915\text{s}, T_B=0.562\text{s}$				
方法	50 年碰撞概率下的 CSD 值(m)			计算用时
	50%	10%	2%	
P	0.0992	0.1447	0.2077	12s
cVM	0.1136	0.1564	0.2209	10s
mVM	0.1327	0.1644	0.2175	12s
ISEE	0.1151	0.1588	0.2248	3783s
$T_A=0.751\text{s}, T_B=0.562\text{s}$				
方法	50 年碰撞概率下的 CSD 值(m)			计算用时
	50%	10%	2%	
P	0.0869	0.1274	0.1828	10s
cVM	0.0916	0.1355	0.1888	7s
mVM	0.1073	0.1459	0.2244	10s
ISEE	0.0941	0.1398	0.1983	3657s

2.4　结构特性和场地危险性曲线对临界间距影响的参数化研究

基于上文提出的理论方法对相邻塔楼进行参数分析，包括（1）不同结构特性的影响；（2）不同场地危险性曲线的影响。通过不同的参数变化来研究其对相邻塔楼的临界间距（CSD）和碰撞概率（P_p）的影响。

2.4.1　不同结构特性的影响

1. 自振周期比的影响

自振周期是结构固有的一种动力特征，仅与结构自身刚度和质量有关。对单自由度而言就只有一个周期，而对于多自由度而言，取其各模态周期中最大的为基本周期。结构质量与刚度发生变化时，根据自振周期基本公式 $T=2\pi\sqrt{m/k}$，结构基本周期也将发生变化，因此在一定范围内变化的周期比可以体现出变化的结构特性。

本小节的结构体系将采用 2.3 节所述的线弹性单自由度相邻塔楼体系（阻尼比 $\xi=0.05$），但这里假设周期比 $T_B/T_A=0\sim1.0$，基本周期 T_A 为 1.0s、2.0s、3.0s 和 4.0s，T_B 的取值因周期比 T_B/T_A 的变化而变化。同样根据 2.3 节提出的理论方法进行相关计算，最后将迭代误差 δ 控制在 1/5000 以内（$\delta\leqslant2\cdot10^{-4}$），最终得到相应图形结果并总结规律。

（1）自振周期比对临界间距的影响

图 2-22 展示了相邻线弹性单自由度结构在给定的不同 50 年目标碰撞概率（$P_p=50\%$、10%或 2%）及变化的周期比（T_B/T_A）下根据理论方法计算出的临界间距值 CSD。

由图 2-22 显示的结果可以得到如下结论：

1）相同周期比与相同目标碰撞概率下，临界间距 CSD 会随着 T_A 的增大而增大。因为自振周期 T_A 越大，结构自身刚度越小，振幅也会升高，这与实际工程中结构过柔不利于地震的基本规律相符。

2）在同一周期比与同一结构 A 自振周期下，随着给定的目标碰撞概率 P_p 提高，CSD 的结果越

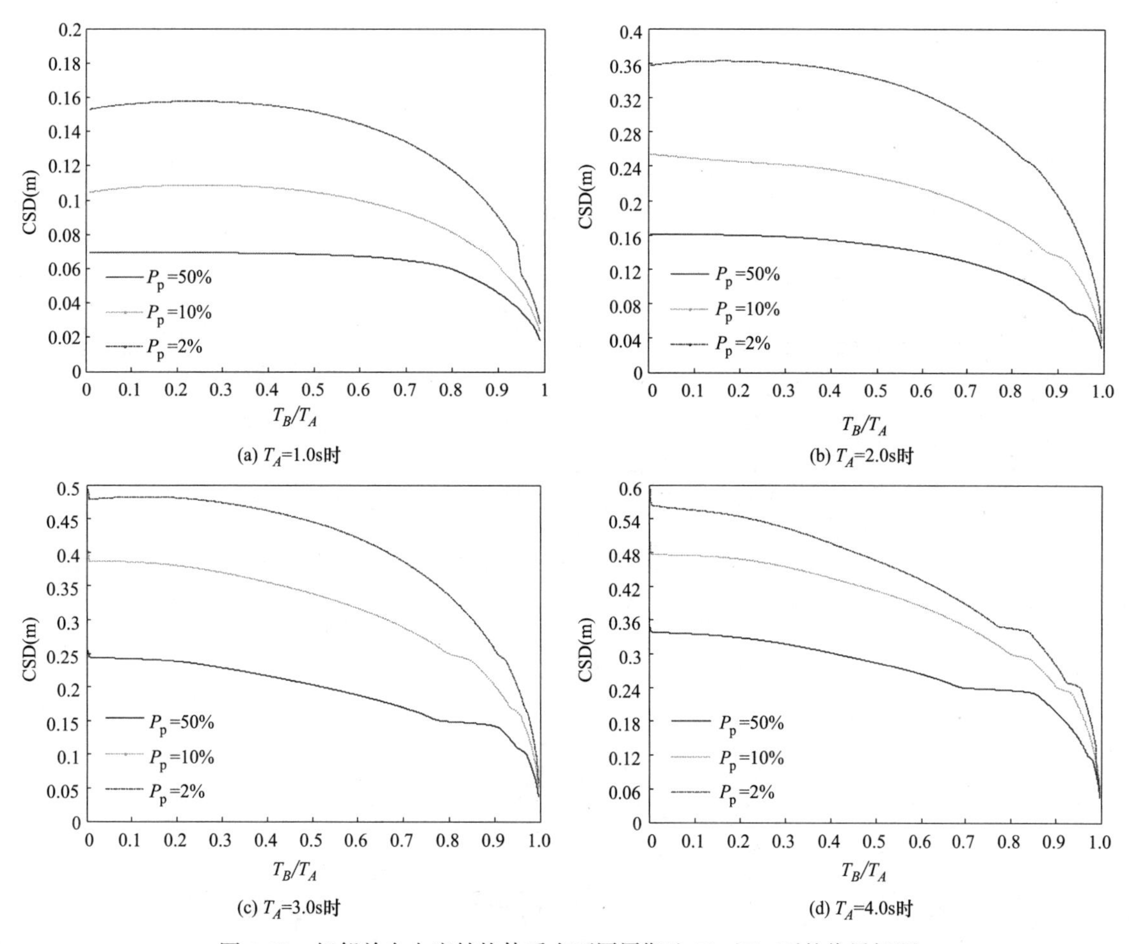

图 2-22　相邻单自由度结构体系在不同周期比 T_B/T_A 下的临界间距

小。例如图 2-22（a）中，相同 T_B/T_A 之下，一定有临界间距值 $\mathrm{CSD}_{P_p=50\%}<\mathrm{CSD}_{P_p=10\%}<\mathrm{CSD}_{P_p=2\%}$。这是因为当目标碰撞概率越小，结构安全水平越高，这时便需要更大的相邻间距来满足该安全水平。

3）对于一个给定的 T_A，当周期比 $T_B/T_A=0\sim0.8$ 时，CSD 基本保持不变或缓慢下降；当周期比 $T_B/T_A=0.8\sim1.0$ 时，CSD 急速下降，这是因为当 T_B/T_A 接近 1.0 时，两相邻塔楼体系将以一个相近的振动周期进行相位振动。并且，在 $T_B/T_A=1.0$ 的限制情况下，两结构将恰好在同一相位振动，所以理论上此时不需要设置相邻间距来避免发生碰撞，即 CSD 的取值将为零。

4）随着 T_A 的增大，图中各曲线下降趋势的幅度也越来越大，说明相邻塔楼的刚度越小，周期比对其临界间距的影响也越来越大。

（2）自振周期比对碰撞概率的影响

图 2-23 展示了根据理论方法计算得到的相邻间距对应的 50 年内碰撞概率，周期比 T_B/T_A 变化规律与图 2-22 相同，这里只取 $T_A=1.0\mathrm{s}$ 时的情况。

由图 2-23 可知，由理论方法计算得到临界间距 CSD 时，CSD 对应的碰撞概率 P_p 在任何周期比 T_B/T_A 下都能基本保持在一条直线上，即由理论方法计算出的相邻塔楼的临界间距值，在不同结构特性下仍能有效地保持一致的目标碰撞概率。

2. 层高比的影响

为了更加细化周期比对两相邻塔楼的影响，这里引入层高比的参数分析以便研究实际工程中因层高变化引起的相邻塔楼周期变化对 CSD 的影响，假设两个相邻塔楼 A 和 B，均为多层剪切型抗弯钢框架，每层层高均为 3m，前两阶模态的阻尼比均为 $\xi=0.02$；结构 A 的层数从 8 层不断递增到 20 层，层间刚

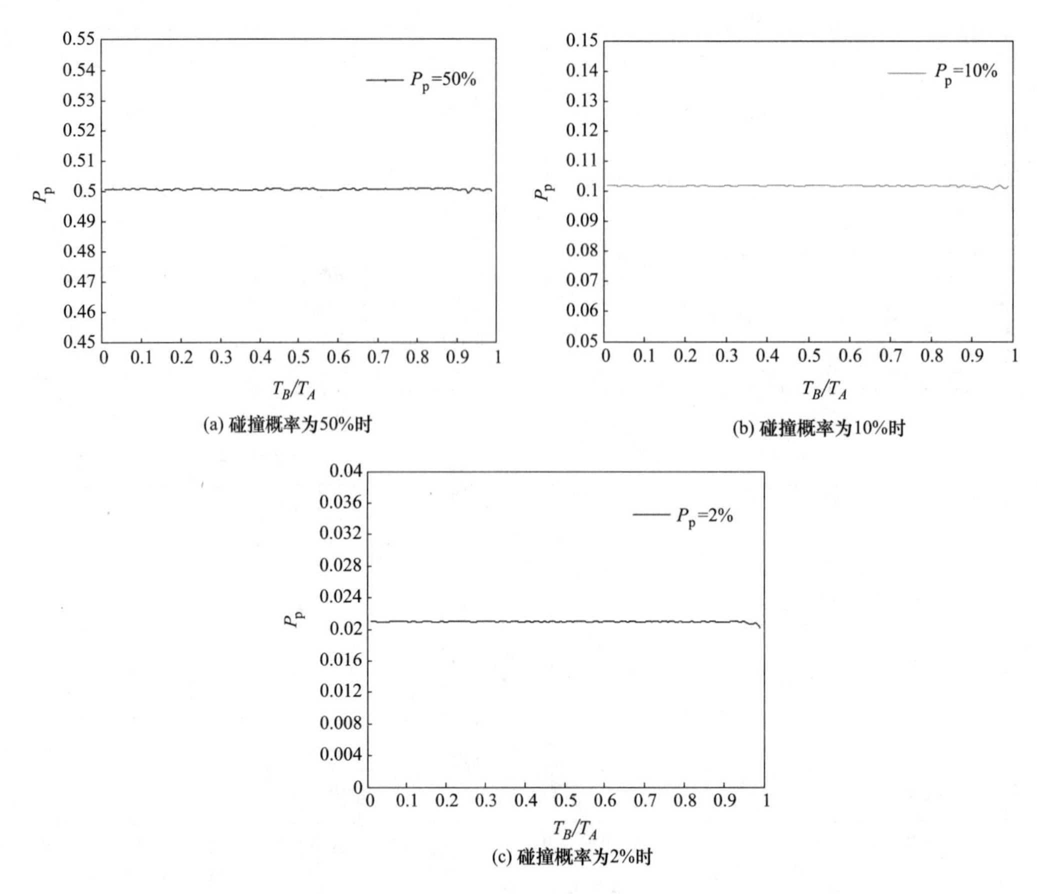

(a) 碰撞概率为50%时

(b) 碰撞概率为10%时

(c) 碰撞概率为2%时

图 2-23 相邻单自由度结构体系在不同周期比 T_B/T_A 下的碰撞概率

度 K_A=628801kN/m、楼层质量 m_A=454545kg；结构 B 的层数从 4 层不断递增到 16 层，层间刚度 K_B=470840kN/m、楼层质量 m_B=454545kg；假设两个结构同样从多层逐渐变为高层，那么相邻塔楼体系的层高比变化也是逐渐增加的。

这里假设相邻塔楼对应的 50 年内目标碰撞概率为 10%，基于前述理论方法进行相关计算，可以得到层高比逐渐变化的情况对临界间距和碰撞概率的影响，结果如图 2-24 所示。

图 2-24（a）表明，随着相邻塔楼层高比的增加，相应的 CSD 基本上保持逐渐增加的趋势，其曲线相当平滑。根据较短建筑物（结构 B）高度的变化，当建筑物高度从 12m 增加到 48m 时，相应的 CSD 从 0.1503m 增加到 0.4725m，50 年内撞击概率为 10%，即当建筑物高度增加 3m 时，CSD 值平均增加了 27mm，表明层高比的变化与相邻塔楼的 CSD 值呈线性关系。验证了《建筑抗震设计规范》GB 50011—2010（2016 年版）对不同设防烈度和设防高度的抗震缝宽的相关规定（当较矮建筑物的高度大于 15m 时，应随结构高度每增加 3m 而加宽防震缝宽度）。

图 2-24（b）描绘了根据所提出的算法对应于 CSD 的 50 年内的碰撞概率。可以观察到，与由图 2-24（a）中描述的算法获得的 CSD 相对应的碰撞概率非常接近于目标值 10%，验证了本节所提出的临界间距计算方法的正确性。

2.4.2 场地危险性曲线的影响

在抗震规范中关于临界间距的设计，通常只考虑了单一危险等级，却忽视了其他与建筑物场地危险性有关的信息。因此，抗震规范提供的 CSD 值独立于场地危险性曲线形状，即它们只取决于在结构设计使用年限内的目标超越概率对应的场地峰值加速度（PGA），而忽视了不同的地震危险性信息对 CSD 值的影响。

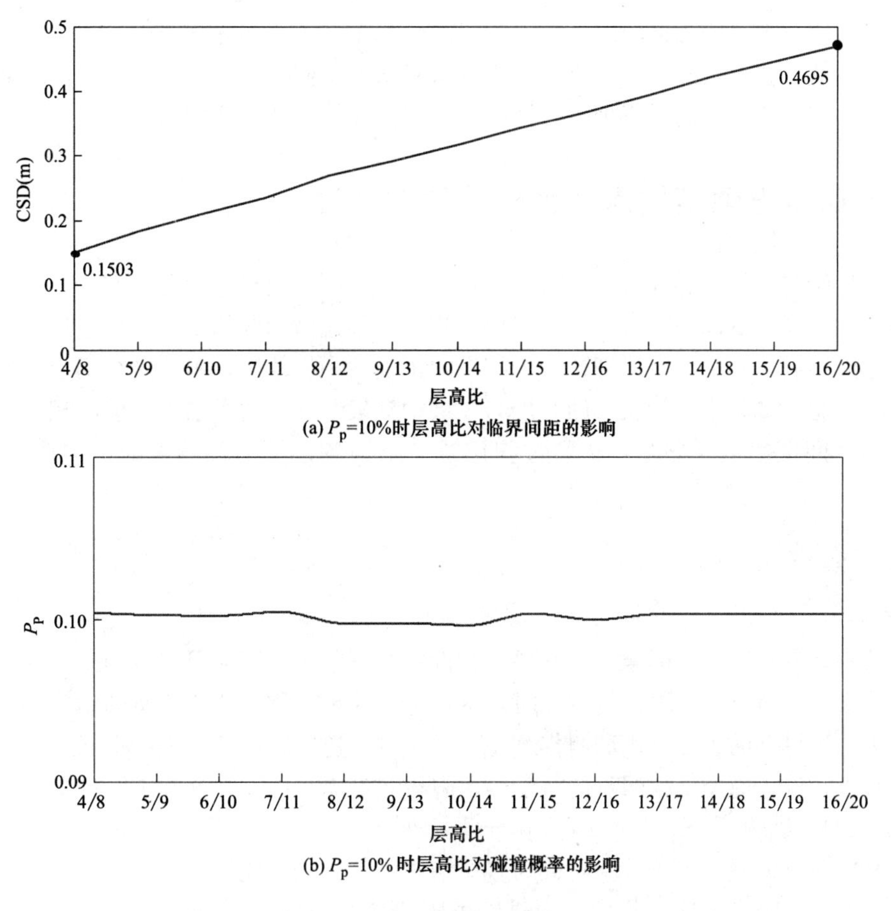

图 2-24　层高比的影响

已知形状参数 k_1 表示地震危险性特征，本节通过考虑式（2-56）中不同的形状参数 k_1 的值来引入不同的场地危险性的影响，假设有 3 个不同的 k_1 值，即 $k_1=3.3333$，$k_1=2.8573$ 和 $k_1=2.2585$；假设相邻的线弹性单自由度结构体系中，结构 A 的周期 $T_A=1.0$s，结构 B 的周期变化范围为 $T_B=0\sim1.0$s，那么此时周期比为 $T_B/T_A=0\sim1.0$；并考虑 50 年内有 10%超越概率的情况。

图 2-25 表示当场地危险性曲线相关参数分别为 $k_1=3.3333$，$k_1=2.8573$ 和 $k_1=2.2585$ 时，在不同周期比下相邻塔楼的临界间距 CSD 与碰撞概率。

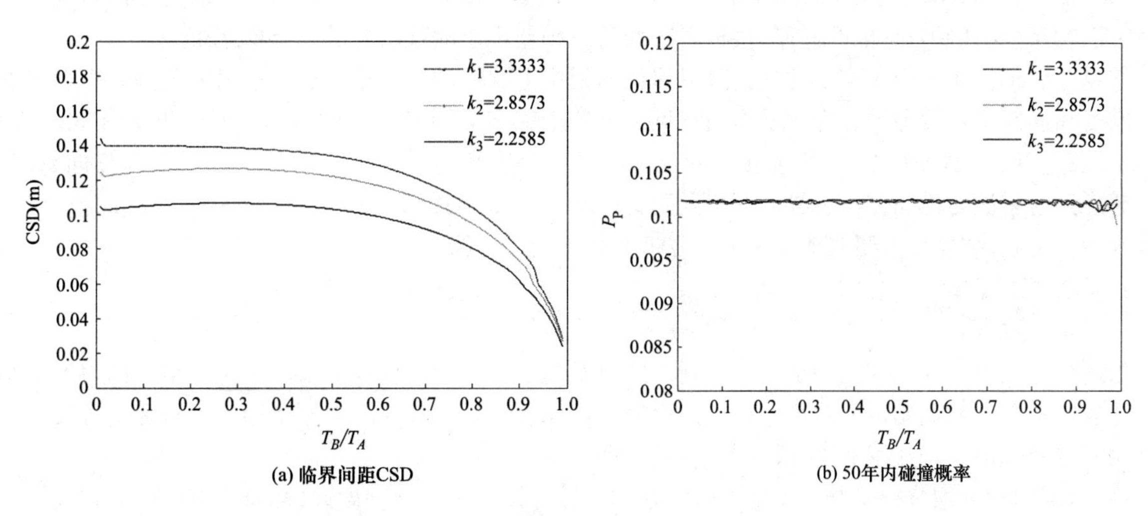

图 2-25　场地危险性曲线的影响（$T_A=1.0$s）

由图 2-25 可知，不同的形状参数 k_1 对相邻塔楼的 CSD 取值确实有影响，且 k_1 的取值越大，该方法计算的临界间距值也会越大。本章提供的理论方法对求解不同场地危险性曲线下的临界间距值具有一定的参考作用，且该方法在不同的场地危险性曲线下仍能保持一致的碰撞概率。

2.5 相邻多层钢框架结构振动台碰撞试验研究

振动台试验是研究结构抗震性能、分析结构在地震作用下反应机理的理想方法之一。由于其相对于理论研究成本投入较高，目前还没有广泛地应用于相邻塔楼碰撞问题的研究。为了进一步研究地震作用下相邻塔楼的碰撞反应，并验证上述理论分析结果的正确性和有效性，本节进行两个相邻的多层钢框架结构振动台碰撞试验，试验模型为相邻的 2 层与 3 层钢框架结构，两个结构的层高相等，以保证在激励作用下相邻塔楼之间发生楼层碰撞，试验过程记录了结构各楼层的位移响应、加速度响应以及应变响应。

2.5.1 试验模型设计

1. 原型结构

为了保证试验具有一定的实际意义，需要预先设计原型结构。因为研究目的是探究相邻塔楼碰撞对结构地震响应的影响，所以在选取结构体系时，尽量选取简单对称和便于分析的结构形式，本节选取单跨框架结构。考虑到模型的重复利用和制作难易程度，本节选取原型结构为钢框架。因为缩尺模型需考虑相似关系，所以在设计原型结构的双向跨度时，需将此考虑在内，综合确定原型结构的 X 向（横向）跨度为 3.6m，Y 向（纵向）跨度为 4.2m。由于本框架的跨度较小，因此只需要设计主梁而不考虑次梁，前期也不设置斜撑体系。鉴于试验对象为多层结构以及试验场地的限制，将原型结构分别设计为典型的 3 层和 2 层结构。为了保证试验过程中碰撞位置位于楼层处，将两个结构层高设置为相等，均等于 3m。

在设计原型结构的梁柱截面尺寸之前，需先考虑结构的荷载作用情况。根据《建筑标准设计图集 05J1 工程做法》，原型结构的楼面选择 05J1 楼 34，考虑永久荷载标准值（不包括楼板自重）为 1.5kN/m^2；屋面做法选择 05J1 屋 1，考虑保温层的影响，取其永久荷载标准值（不包括楼板自重）为 2.5kN/m^2。参照《建筑结构荷载规范》GB 50009—2012，楼面可变荷载标准值和屋面可变荷载标准值分别取为 2kN/m^2 和 0.5kN/m^2。墙体荷载按照标准图集的 05J1 内墙 1 做法计算，墙体材料采用陶粒空心砌块 390mm×290mm×190mm，墙体密度按照《建筑结构荷载规范》GB 50009—2012 的相关规定取 6kN/m^3，考虑到楼层层高为 3m 以及部分墙体存在开洞，将墙体的线荷载标准值取为 4kN/m。其中，面荷载以均布荷载的形式施加到各层楼板上，线荷载则作用于除顶层外的各层框架梁上。

假设 3 层结构的楼板为刚性铺板，可以保证框架梁上翼缘的侧向稳定性，故只需要验证框架梁的强度、刚度和局部稳定性即可。框架梁采用常见的窄翼缘工字形钢梁。X 向（横向）跨度为 3.6m，横向主梁按照跨高比 1/20～1/10 要求选用 H300×200×8×12，Y 向（纵向）跨度为 4.2m，比横向跨度大，但是考虑到地震波沿横向传播，纵向框架梁受力较小，所以仍选用 H300×200×8×12。混凝土楼板厚度选为 120mm。结构柱按照荷载要求采用方钢管，截面尺寸为□220mm×10mm。

2. 模型相似设计

（1）相似原理介绍

在进行试验时，考虑到试验条件的限制以及材料加工费用，模型一般采用缩尺模型，即将原型结构的尺寸按照一定的相似比进行缩小，该比例遵循相似原理。在该基础上，原型结构的实际地震反应便可由缩尺模型体现出来，数据的准确性可以得到保证。

“相似定理和量纲分析是结构模型试验的基础，首先需要确定模型设计中的相似准则”。在设计缩尺模型时，模型与原型框架的几何尺寸、时间、质量、边界条件、荷载以及初始条件等都应符合相似关

系。相似定理包含3种，本试验选取第二种相似理论为基础，该理论指出“对于某一现象中各物理量之间的关系方程式都可以表示为相似准数间的函数关系，写成相似准数方程式的形式”：

$$f(x_1, x_2, x_3, \cdots)=\varphi(\pi_1, \pi_2, \pi_3, \cdots)=0 \tag{2-63}$$

式（2-63）中的π称为相似准数，第二相似理论也称作π定理。该理论也就是说原型结构满足一定条件的几个参数，可按照相似准数求出对应的、针对缩尺模型的几个参数，这些参数也应满足同原型结构一样的条件。

（2）附加人工质量

在振动台试验中，为了使缩尺模型的地震响应与实际框架的地震响应大致相符，两者的竖向压应变应满足相似常数为1，即压应力和材料弹性模量的相似常数应该相等。所以在缩尺模型中需要布置一定的附加人工质量来满足这一条件。

附加人工质量由于是非结构性的，而且可以在试验过程中为模型提供惯性力，相当于间接地改变了材料的密度以满足试验要求的相似关系。通过该方法计算得到的缩尺模型与原型框架的质量相似比S_m为：

$$S_m=(m_m+m_a)/m_p=S_\rho S_l^3=S_E S_l^2 \tag{2-64}$$

其中，m_m，m_a，m_p分别代表缩尺模型的质量、附加人工质量以及原型框架的质量，S_ρ，S_E，S_l分别为质量密度、弹性模量和长度的相似比。因此，需要添加的附加人工质量为：

$$m_a=S_E S_l m_p-m_m \tag{2-65}$$

附加人工质量的计算需要考虑假设的原型结构质量和加载在各楼层上的恒荷载与活荷载，根据《建筑抗震设计规范》GB 50011—2010（2016年版），将结构全部的恒荷载加上一半的活荷载转换为原型的质量，再通过相似理论计算可以得到：对于缩尺结构A、B，顶层楼板的附加质量为778kg，其他楼板的附加质量为1240kg。

各层附加人工质量在每层楼板上的布置保持均匀对称。由于每层人工质量均较大，如果使用混凝土块进行配重，混凝土块在各层楼板上的高度将会过高，使得附加人工质量的重心距离楼层平面过远，这与初期设想的力学模型不匹配，所以这里将采用密度比混凝土更大的铁块进行配重。人工质量布置如图2-26所示。

图2-26　人工质量布置图

（3）缩尺模型设计与制作

试验依托于华中科技大学结构检测中心的振动台开展，台面尺寸为4m×4m，而本节设计的原型结构平面尺寸为4.2m×3.6m，由于试验要求将两个缩尺结构同时布置在振动台上，所以选取几何相似比为1∶3，根据相似理论及量纲分析，试验模型的其他参数的相似系数列于表2-3。

试验模型相似比　　　　表2-3

物理量	绝对系统量纲	相似关系	相似比
长度L	L	S_l	1/3
弹性模量E	FL^{-2}	S_E	1
密度ρ	FT^2L^{-4}	$S_\rho=S_\sigma/S_l$	1
竖向压应力σ	FL^{-2}	S_σ	1
时间t	T	$S_t=\left(\frac{S_\sigma S_l}{S_E}\right)^{\frac{1}{2}}$	$1/\sqrt{3}$
加速度$\ddot{x}_g$	LT^{-2}	$S_{\ddot{x}_g}$	1

续表

物理量	绝对系统量纲	相似关系	相似比
速度 $\dot{x}$	LT^{-1}	$S_{\dot{x}}=S_{\ddot{x}_g}\left(\frac{S_\sigma S_l}{S_E}\right)^{\frac{1}{2}}$	$1/\sqrt{3}$
地震作用力 P	F	$S_P=S_\sigma S_{\ddot{x}_g} S_l^2$	1/9
质量 m	$FL^{-1}T^{-2}$	$S_m=S_\sigma S_l^2$	1/9

根据已确定的几何相似比，拟定的两个多层钢框架缩尺模型结构尺寸将分别为：

缩尺模型 A：3 层结构，1.4m×1.2m，层高 1m；

缩尺模型 B：2 层结构，1.4m×1.2m，层高 1m。

同时根据相似理论将混凝土板缩尺为 40mm 厚的板件，但本试验因环境限制、制作困难等问题，通过计算其承载力，可以换成 14mm 的钢楼板。

根据相似理论计算并结合市面上能买到的钢材种类，可得缩尺模型的主要构件详细信息如表 2-4 所示。

试验缩尺模型主要构件表 **表 2-4**

构件种类	截面(mm)	长度(厚度)(m)	数量
模型 A 柱	方型钢 80×5	3	4
模型 B 柱	方型钢 80×5	2	4
横梁	10 号工字钢	1.33	10
纵梁	10 号工字钢	1.13	10
楼板	1400×1200	0.014	5

综上所述，缩尺模型如图 2-27 所示，试验模型如图 2-28 所示。

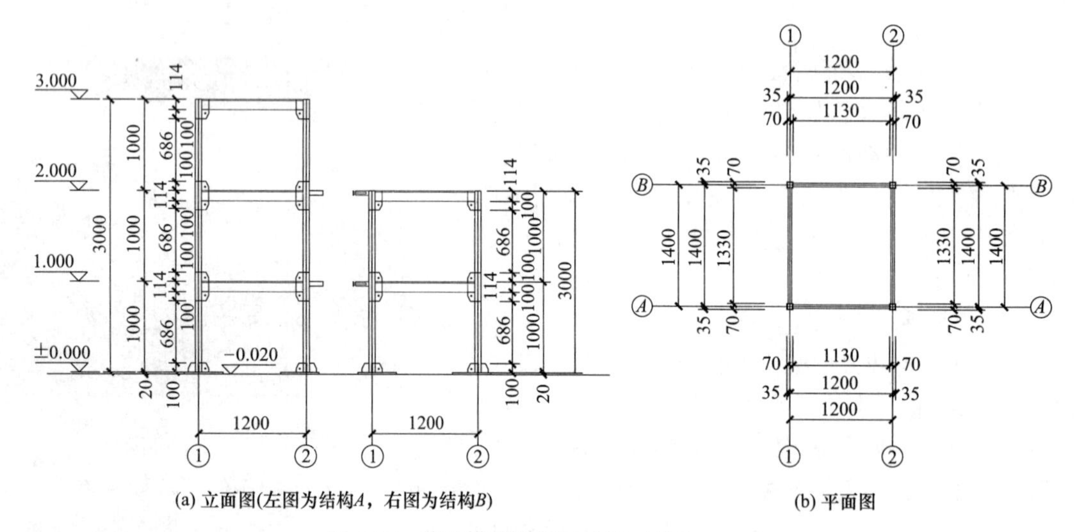

图 2-27 缩尺模型详细尺寸图（单位：mm）

图 2-28 试验模型图

（4）重要节点的设计

由上文可知缩尺模型结构的每层楼板均为 14mm 厚的钢板，且附加人工质量均加载在这些楼板上，荷载再由楼板传递给工字钢框架梁。考虑到研究范围只局限在结构的弹性阶段，需要确保梁柱节点在钢梁达到结构承载力时仍然保持弹性，因此需要对梁柱节点进行加强，即在梁柱交接处的方钢柱四周均焊接上 10mm 厚的钢板以加强此处的局部强度，如图 2-29 所示，实际模型如图 2-30 所示。

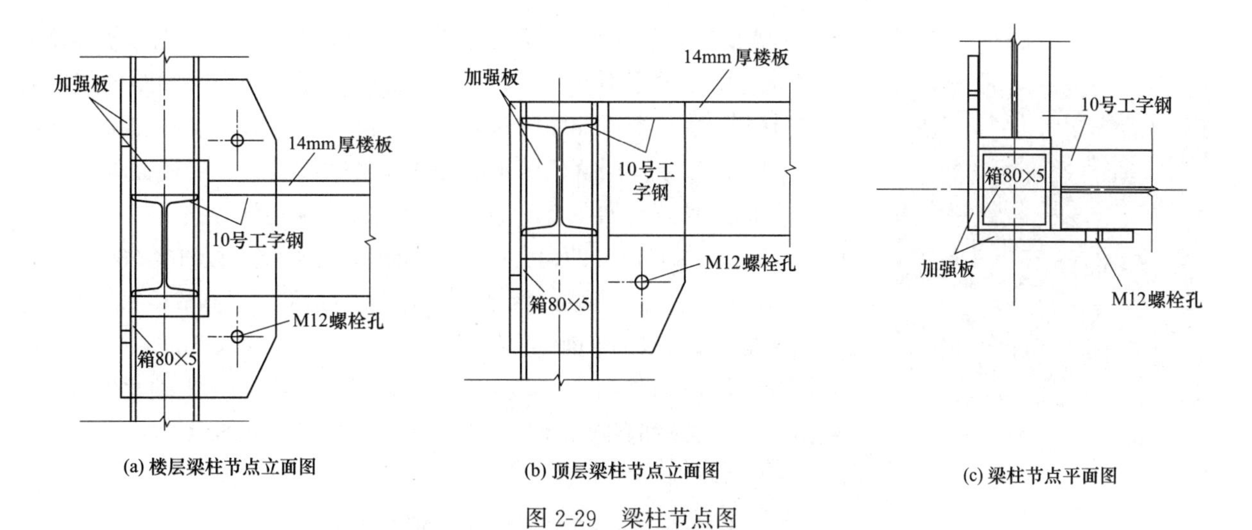

(a) 楼层梁柱节点立面图　(b) 顶层梁柱节点立面图　(c) 梁柱节点平面图

图 2-29　梁柱节点图

(a) 楼层梁柱节点图

(b) 顶层梁柱节点图

图 2-30　实际模型梁柱节点图

对于柱脚节点，为了让模型更好地连接在振动台上，每个柱脚将完全焊接上一块 20mm 厚的钢底板，每个钢底板再通过 4 个 10.9 级的高强度螺栓与振动台面上的预留孔连接。同时为了确保柱脚和底板能更好地连接，在柱脚与底板的连接处的 4 个面均加焊一块 8mm 厚的加劲肋板，如图 2-31 所示，实际模型如图 2-32 所示。

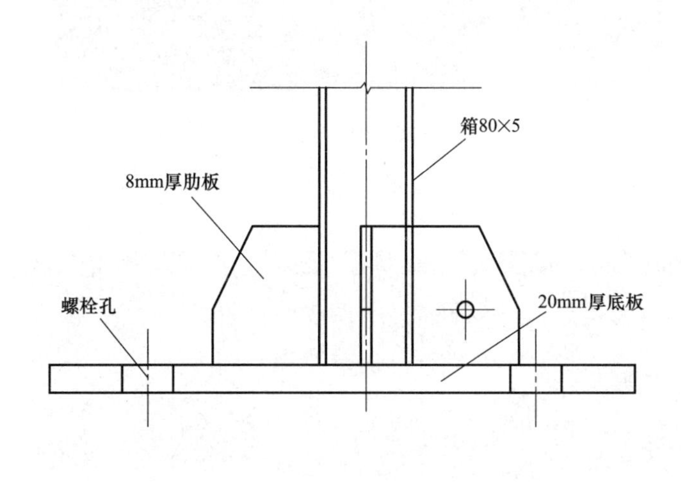

(a) 柱脚节点立面图

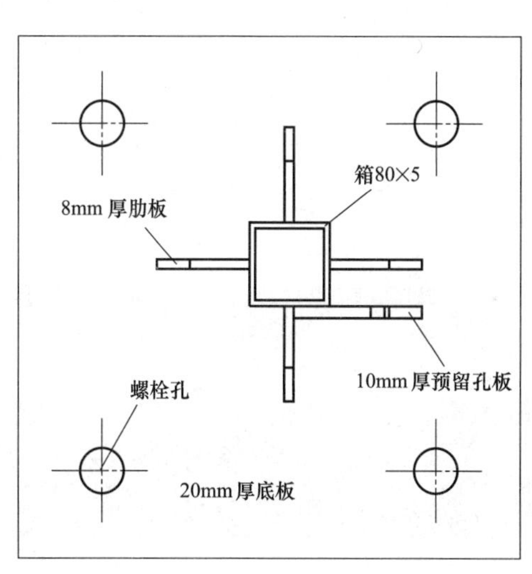

(b) 柱脚节点平面图

图 2-31　柱脚节点图

已知在本试验中，试验模型按照振动台上固定的预留孔洞进行螺栓连接，因此两相邻钢框架模型的间距在试验中是固定不变的。为了满足试验相邻塔楼不同间距的工况要求，本节设计了一个可伸缩的碰撞元件，碰撞元件由冲击端和接收端组成，它们分别位于2层框架的顶层处和3层框架的第2层楼面处的相向位置，并保持平齐，如图2-33所示。这里冲击端前端焊接了一块尺寸为50mm×50mm×10mm的钢块，钢块平面中心处焊接一段直径20mm的长螺杆。通过固定在2层顶端的螺母，螺杆可以自由伸缩以调整相邻间距、适应不同工况；接收端钢管前端焊接了一块大小为20mm×20mm×5mm的钢块，钢块平面中心焊接了一小段8mm粗的钢杆，用以与冲击端发生点面式的碰撞，构造详图和实际模型图分别如图2-33和图2-34所示。

图2-32 实际模型柱脚图

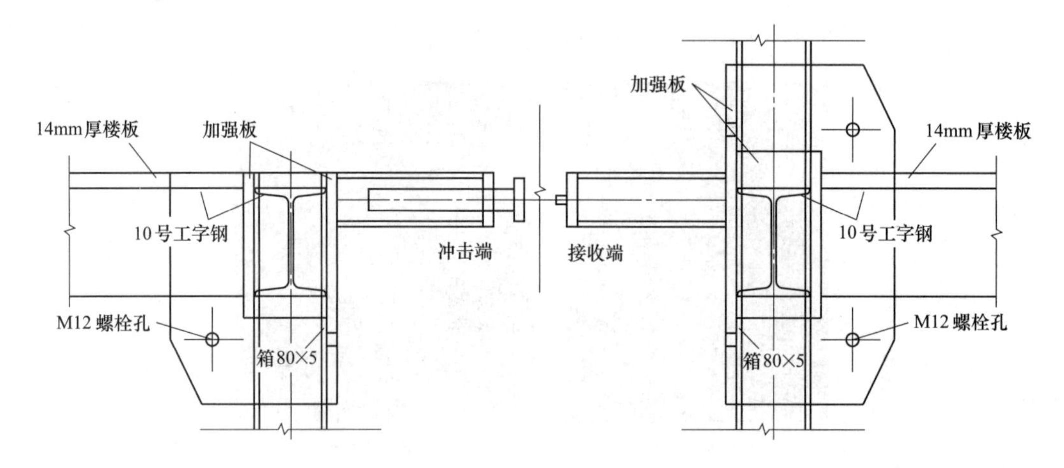

图2-33 碰撞元件构造图

2.5.2 试验方案设计

1. 试验测点布置

本试验采用的设备为一台4通道的动态采集仪（型号DH5956），与3台精度为10^{-5}mm的激光位移计配套使用；一台16通道的动态采集仪（型号DH5922），与所有应变片配套使用；一套无线加速度测量仪（型号STS-4），搭配6个加速度拾取器，如图2-35所示。

图2-34 实际模型碰撞元件图

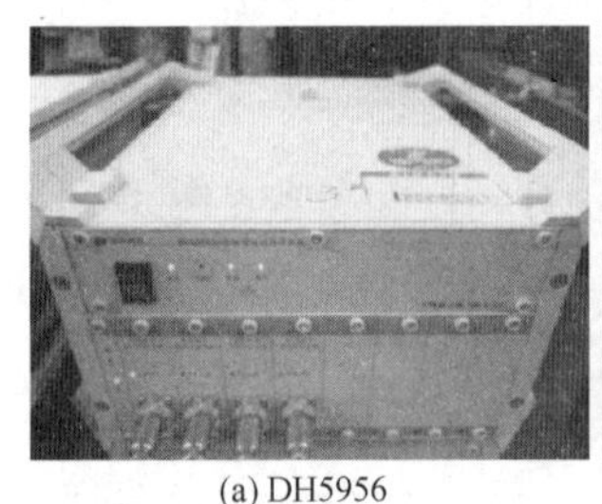

(a) DH5956

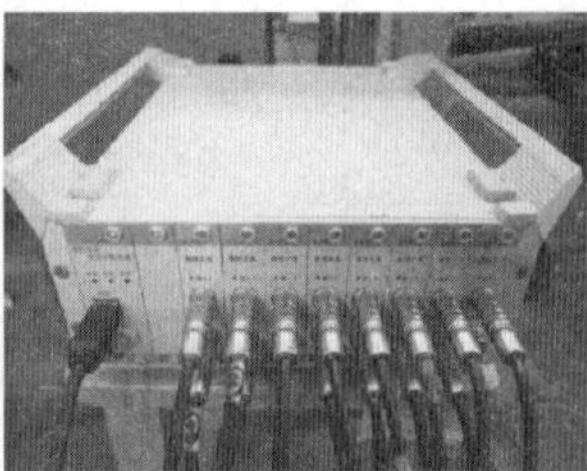

(b) DH5922

(c) STS-4

图2-35 各种采集仪实际图片

（1）位移测点布置

位移测点布置情况如图 2-36 所示，本试验中共设置了 3 个激光位移计配合一台动态采集仪，进行结构位移反应采集工作。其中 2 个激光位移计布置在 3 层框架的 2 层楼面处，另一个布置在 1 层楼面处，激光均水平垂直地放射在 2 层框架的对应位置上，且位移计的测量方向与振动台加载方向一致，这样布置不仅可以最高效地测出两结构模型的相对位移，还可以根据位移反应的实时数据比较出结构反应过程中有没有发生扭转。

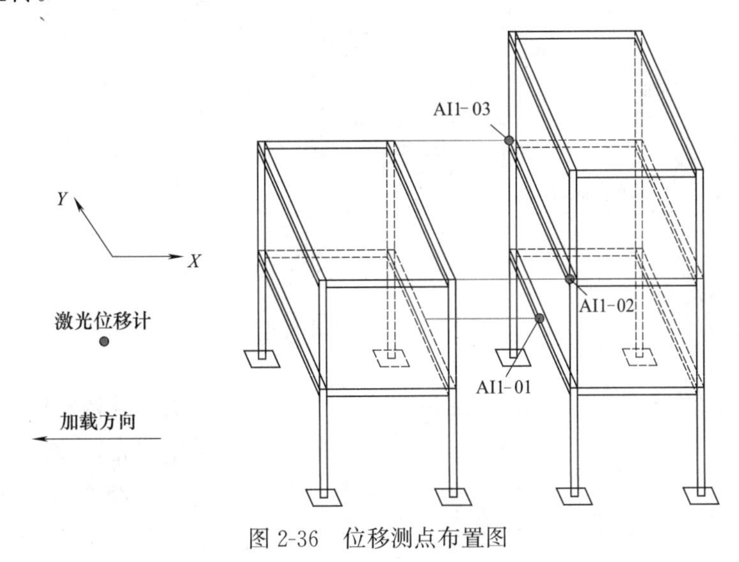

图 2-36　位移测点布置图

（2）加速度测点布置

加速度计沿两个模型的每个楼层高度布置，均位于钢梁中心处，并且在模型柱脚处也布置了一个，用以测量振动台台面的实时加速度，加速度测点的布置如图 2-37 所示。

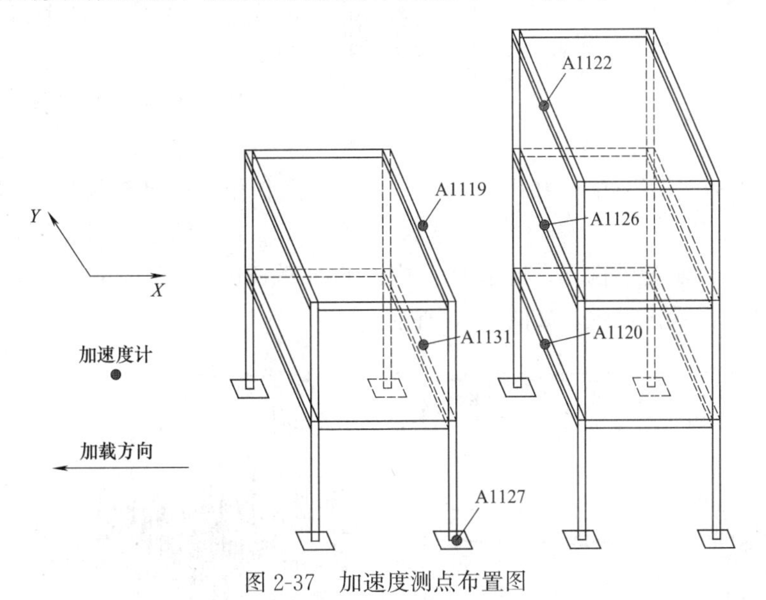

图 2-37　加速度测点布置图

（3）应变片布置

因动态采集仪的通道数限制，将应变片对称布置在两模型的毗邻一侧。已知本试验在水平地震作用下进行，故楼层越低所受到的地震作用就越大，所以应变片将主要布置在两钢框架模型的第一、二层。又考虑到应变片宜测量一些应力应变较大的部位，即危险截面处，故将应变片粘贴在一些重要节点处，如图 2-38 所示。

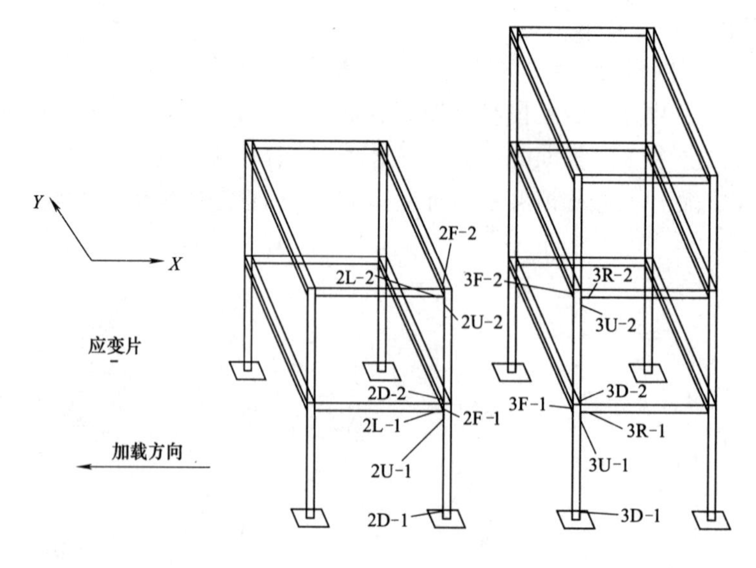

图 2-38 应变片布置图

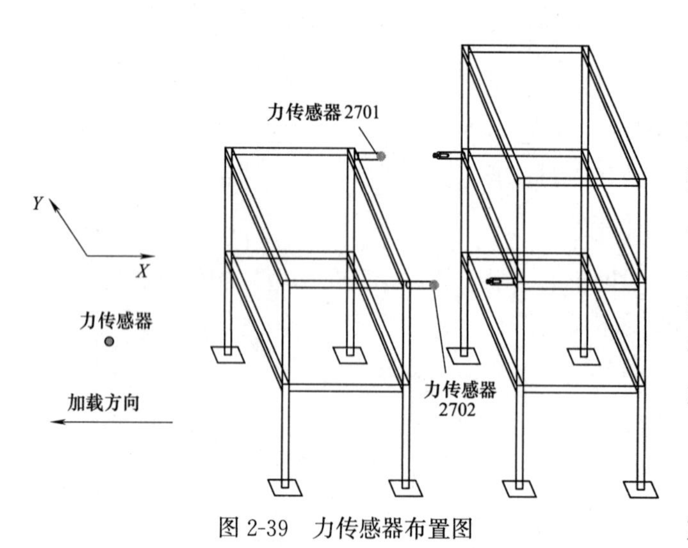

图 2-39 力传感器布置图

（4）力传感器布置

力传感器布置情况如图 2-39 所示，本试验中共设置了两个力传感器进行结构碰撞力数据采集工作。两个力传感器分别布置在二层框架的二层楼面处两端（即发生碰撞处），且力传感器的测量方向与振动台加载方向一致，这样布置是为了观察两个钢框架模型在试验过程中是否发生碰撞，以及碰撞强烈程度。

2. 振动台加载方案

为了更全面地模拟钢框架模型在不同地震作用下的结构反应，本试验选取了 Kobe、Imperial Valley、Parkfield 等 10 条地震动记录和一条白噪声波作为试验激励输入。这里展示了 Kobe、Parkfield、Coalinga、Northridge 4 条地震波记录的原始时程曲线和白噪声过程，如图 2-40 所示。

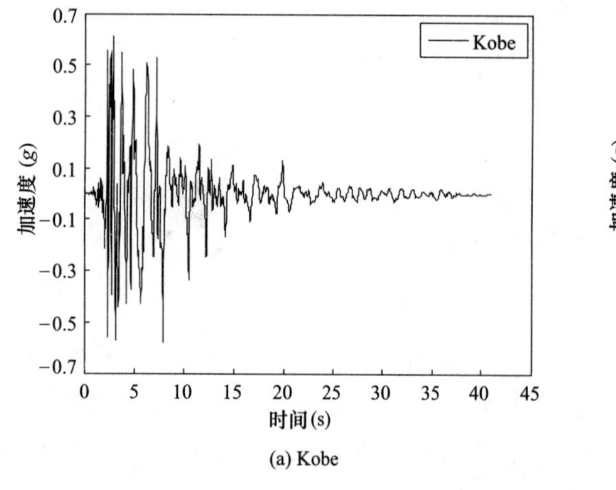

(a) Kobe

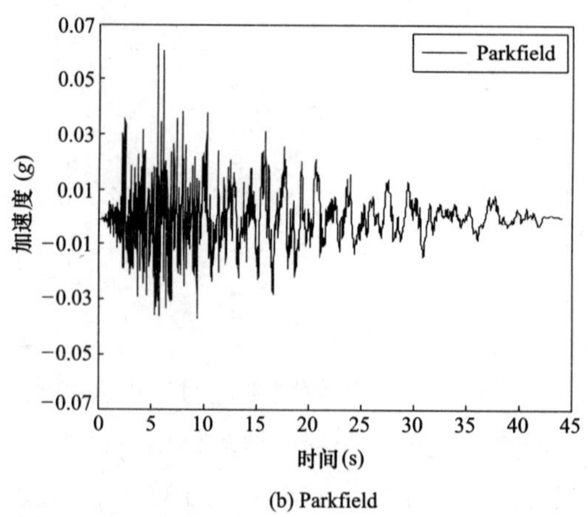

(b) Parkfield

图 2-40 地震动加速度时程曲线及白噪声过程（一）

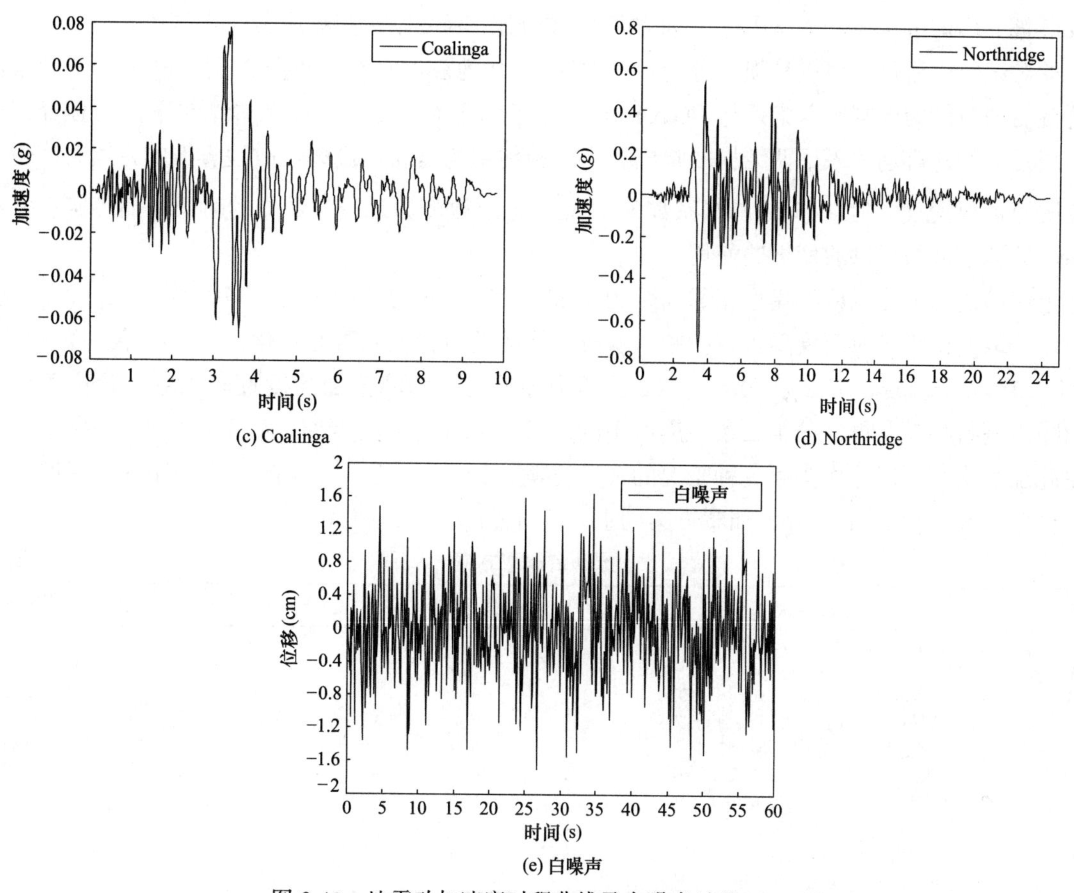

(c) Coalinga

(d) Northridge

(e) 白噪声

图 2-40　地震动加速度时程曲线及白噪声过程（二）

将 4 条原始地震波记录进行傅里叶转换，得到地震动加速度傅里叶谱如图 2-41 所示，观察可知，

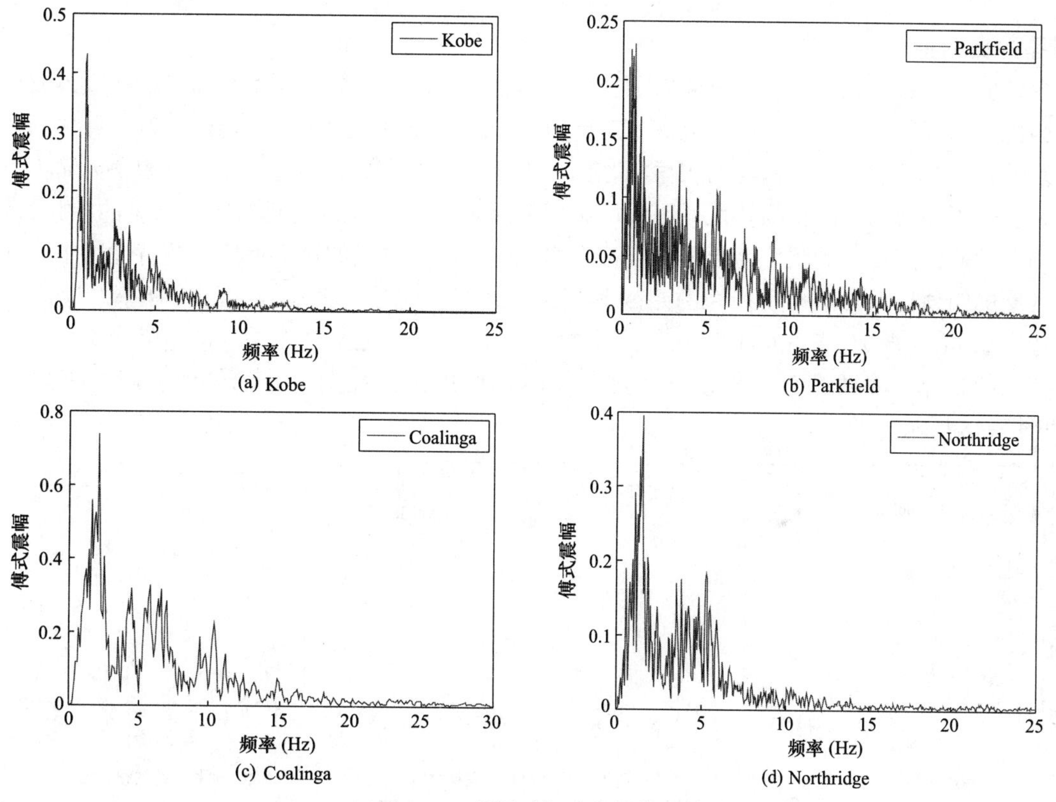

(a) Kobe

(b) Parkfield

(c) Coalinga

(d) Northridge

图 2-41　地震动加速度的傅里叶谱

Parkfield 波、Coalinga 波和 Northridge 波的高频成分比 Kobe 波的高频成分更丰富。

为了对试验模型进行地震易损性分析，需要对 10 条地震波进行峰值加速度（PGA）的调幅，考虑到振动台的加载能力限制等因素，将 PGA 由 0.10g 递增至 0.40g。不同调幅结果下的时程分析可以模拟出不同强度的地震动输入下两结构的响应。因试验使用的是缩尺模型，故地震波的持续时间也需要进行相应调幅，根据表 2-3，时间 t 调幅系数为 $1/\sqrt{3}$，通过改变原地震波数据的时间间隔可实现；最后得到调幅后的地震波数据供后期试验使用。

整个试验过程分为钢框架模型相邻间距为 10mm 和 7mm 的两种工况，以间距 10mm 的工况为例：首先使用选取的白噪声对两模型进行扫频，检查结构的动力特性是否有变化；然后将第一条地震波 Kobe 波以 0.10g、0.20g、0.30g、0.40g（g 为重力加速度）的峰值加速度逐渐加载；紧接着再次使用相同白噪声进行扫频，再加载第二条地震波 Imperial Valley；依次类推，直至选取的 10 条地震波全部重复完此加载次序，以此作为第一种工况的加载方案，如表 2-5 所示。同理间距 7mm 工况时，只需将两框架模型的间距控制为 7mm，加载方案同上。

振动台加载方案 **表 2-5**

序号	地震波次序	震级 M	原始 PGA(g)	采样间数(采样时间间隔)
No. 1	白噪声、Kobe(0.10g→0.40g)	6.9	0.62	4096(0.01s)
No. 2	白噪声、Imperial Valley(0.10g→0.40g)	6.5	0.31	7997(0.005s)
No. 3	白噪声、Parkfield(0.10g→0.40g)	6.1	0.06	4411(0.01s)
No. 4	白噪声、Northridge(0.10g→0.40g)	6.7	0.59	1222(0.02s)
No. 5	白噪声、Erzican(0.10g→0.40g)	6.9	0.52	4262(0.005s)
No. 6	白噪声、Whiter Narrowas(0.10g→0.40g)	6.0	0.21	1715(0.02s)
No. 7	白噪声、Coalinga(0.10g→0.40g)	6.4	0.08	1967(0.005s)
No. 8	白噪声、Northridge(0.10g→0.40g)	6.7	0.75	1220(0.02s)
No. 9	白噪声、Imperial Valley(0.10g→0.40g)	6.5	0.22	7564(0.005s)
No. 10	白噪声、Northridge(0.10g→0.40g)	6.7	0.84	2000(0.02s)

2.5.3 试验结果分析

1. 模型的自振特性

振动台试验中，通常利用白噪声试验来确定模型的自振特性。考虑到模型反馈可能使输入波信号发生畸变，因此，均以层测点的白噪声反应信号对台面白噪声信号做传递函数。传递函数又可称频率响应函数，是复数，其模等于输出振幅与输入振幅之比，表达了振动系统的幅频特性；其相角为输出与输入的相位差，表达了振动系统的相频特性。因此，利用传递函数即可得到模型加速度响应的幅频特性图。幅频特性图上的峰值点对应的频率为模型的自振频率；由模型各测点加速度反应幅频特性图中，同一自振频率处各层的幅值比，再由相频特性图判断其相位，经归一化后，就可以得到该频率对应的振型曲线。这里选取 7mm 工况前、7mm 和 10mm 工况之间、10mm 工况之后 3 个情况的白噪声响应作为研究模型自振特性的根据，将两个钢框架模型的加速度时程作幅频特性图，分别得到它们的幅频曲线如图 2-42 和图 2-43 所示。

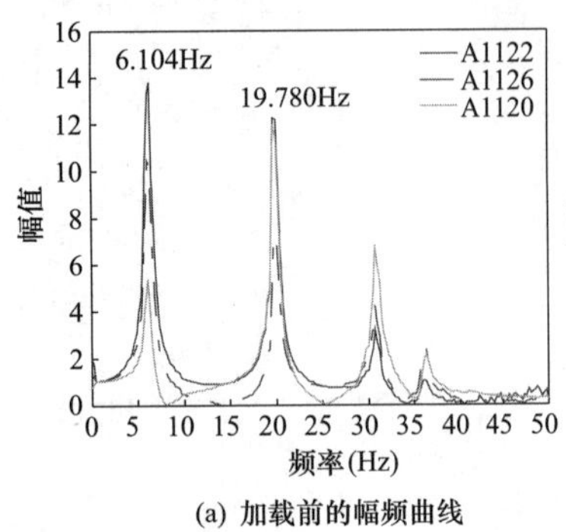

(a) 加载前的幅频曲线

(b) 两大工况之间时的幅频曲线

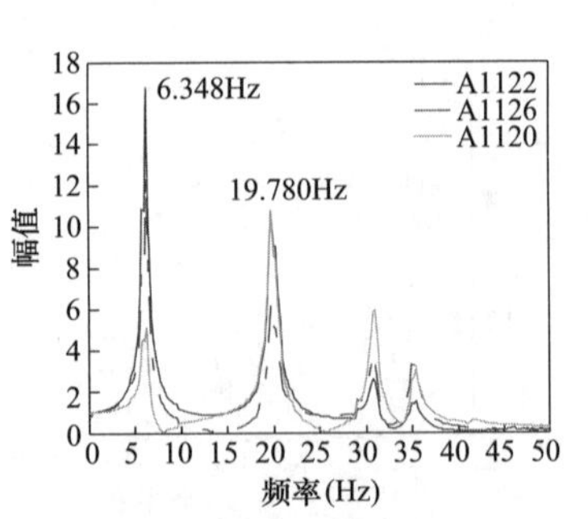

(c) 加载后的幅频曲线

图 2-42 3 层模型不同时刻的幅频特性图

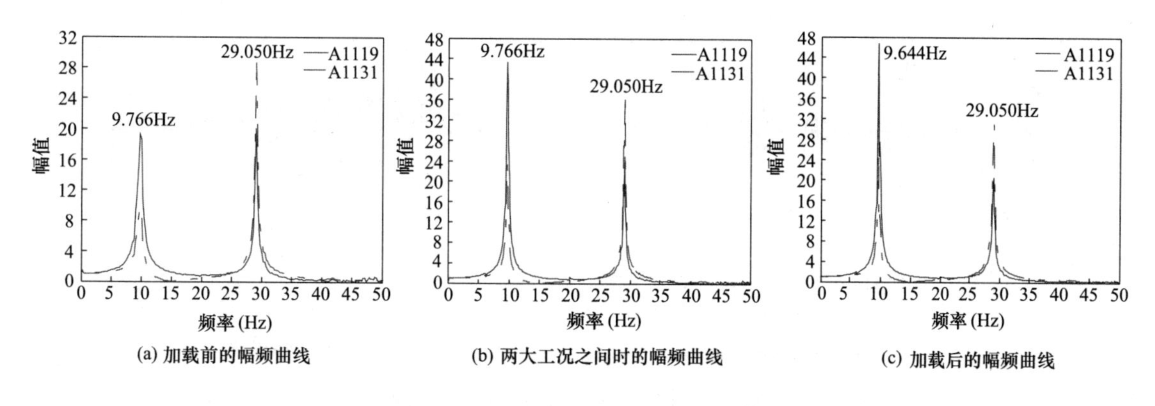

(a) 加载前的幅频曲线　(b) 两大工况之间时的幅频曲线　(c) 加载后的幅频曲线

图 2-43　二层模型不同时刻的幅频特性图

图 2-42 和图 2-43 中不同曲线对应其模型上的不同加速度测点，具体分布见图 2-37。经分析，两个钢框架模型中不同楼层的加速度测点对应得到的自振频率基本相同。将具体分析后的数据归一得到结构的自振频率变化表，如表 2-6 所示。

自振频率变化表　　**表 2-6**

模型	3 层钢框架模型		2 层钢框架模型	
自振频率	一阶	二阶	一阶	二阶
7mm 工况前	6.104	19.780	9.766	29.050
两大工况之间	6.348	20.020	9.766	29.050
10mm 工况后	6.348	19.780	9.644	29.050

由表 2-6 可知，两个钢框架的自振频率在整个试验过程中基本保持不变，说明模型在试验前后均无损伤情况，无明显塑性变形并一直处于弹性变形范围内。

2. 应变数据分析

在整个试验过程中，两框架模型在序号为 No. 1、No. 7 和 No. 8 的 3 条地震波加载时的反应最为明显，故将它们的应变数据作为分析对象。这里选取 3 层钢框架模型的底部应变片“3D-1”和 2 层模型的首层梁端应变片“2L-1”（详见图 2-38 应变片布置图）所测量出来的数据进行时程分析，如图 2-44～图 2-46 所示。

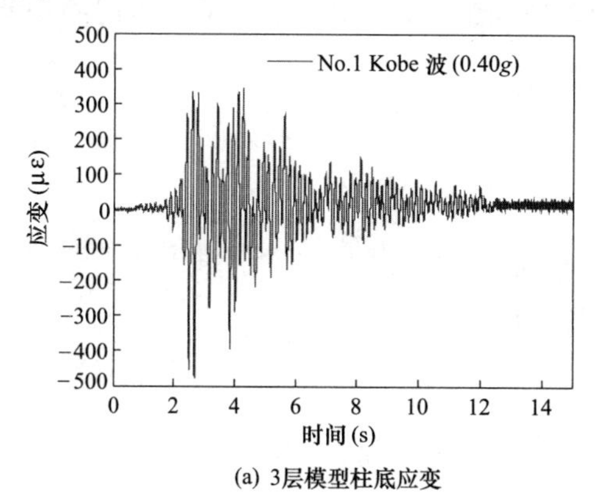

(a) 3层模型柱底应变

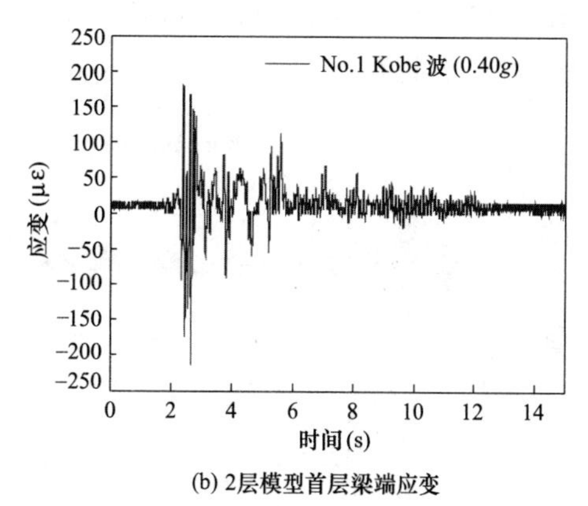

(b) 2层模型首层梁端应变

图 2-44　No. 1 Kobe（0. 40g）加载时的应变时程曲线

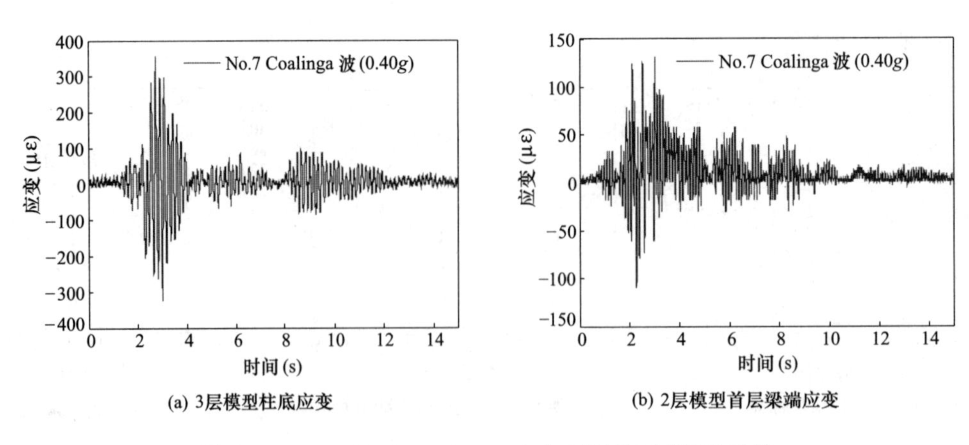

图 2-45　No. 7 Coalinga（0. 40g）加载时的应变时程曲线

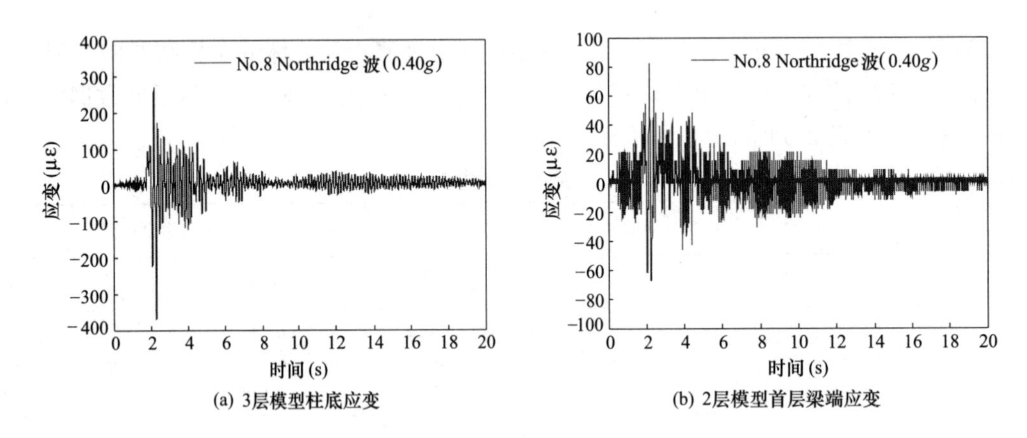

图 2-46　No. 8 Northridge（0. 40g）加载时的应变时程曲线

由图 2-44～图 2-46 可知，在整个激励加载过程中，结构局部应变达到的最大值为 Kobe 波（0. 40g）加载时的 3 层柱底应变值，达到了 479$\mu\varepsilon$。已知试验结构所用材料为 Q235 钢，其屈服应变约为 1175$\mu\varepsilon$。因 479$\mu\varepsilon$<1175$\mu\varepsilon$，故结构在试验过程中始终处于弹性状态，与上一节分析结果相符。

3. 加速度数据与碰撞力数据分析

由上文可知，结构在地震波加载试验中反应最明显的是序号为 No. 1、No. 7 和 No. 8 的 3 条地震波，因此选取 7mm 工况下的 Kobe 波、Coalinga 波和 10mm 工况下的 Kobe 波作为加速度数据分析的研究对象。图 2-47～图 2-49 展示了不同 PGA 时的地震波加载下，2 层钢框架模型顶层的加速度反应时程曲线和相应碰撞力数据。

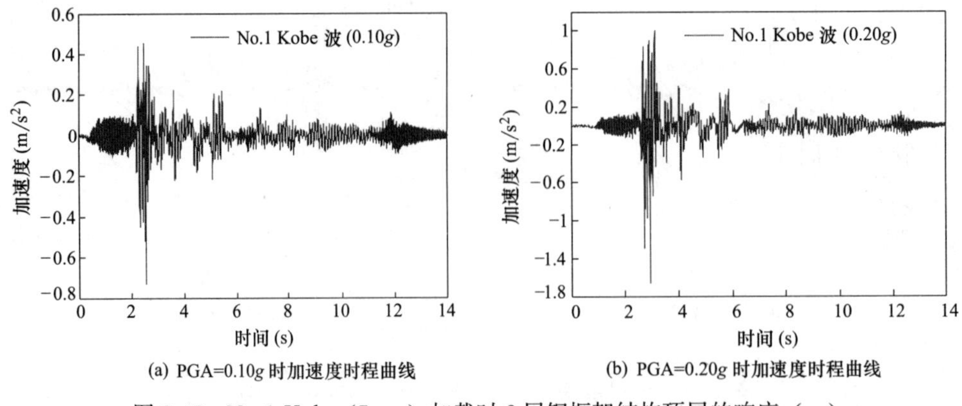

图 2-47　No. 1 Kobe（7mm）加载时 2 层钢框架结构顶层的响应（一）

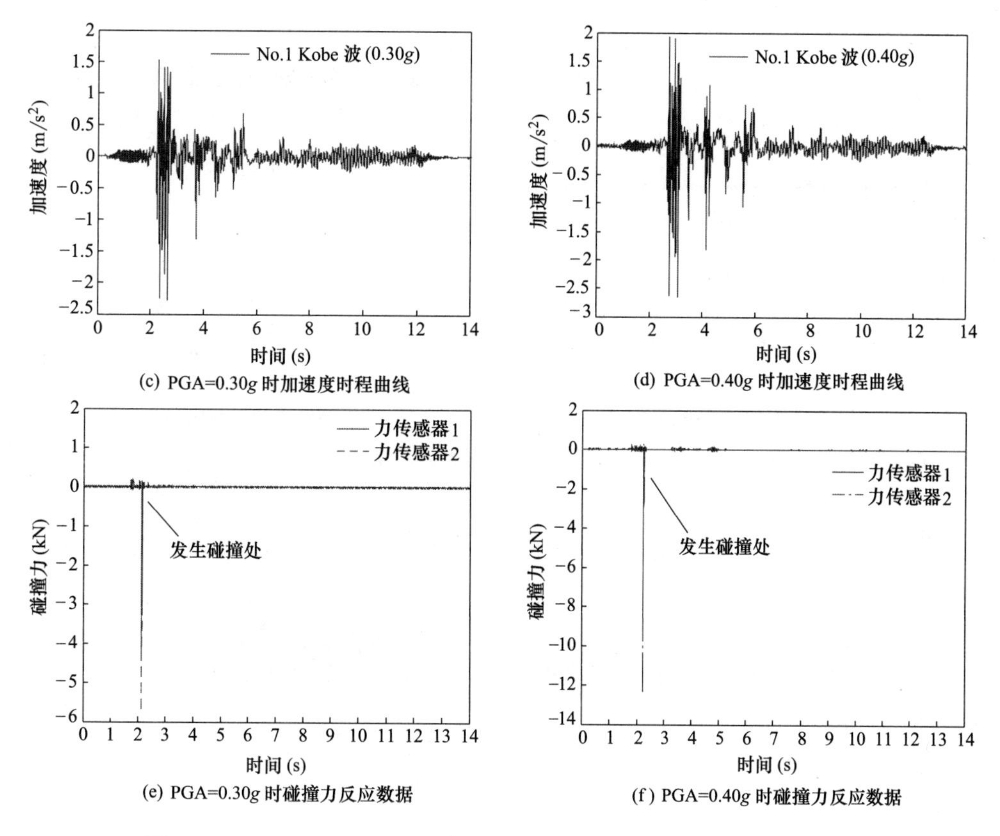

(c) PGA=0.30g 时加速度时程曲线
(d) PGA=0.40g 时加速度时程曲线
(e) PGA=0.30g 时碰撞力反应数据
(f) PGA=0.40g 时碰撞力反应数据

图 2-47　No. 1 Kobe（7mm）加载时 2 层钢框架结构顶层的响应（二）

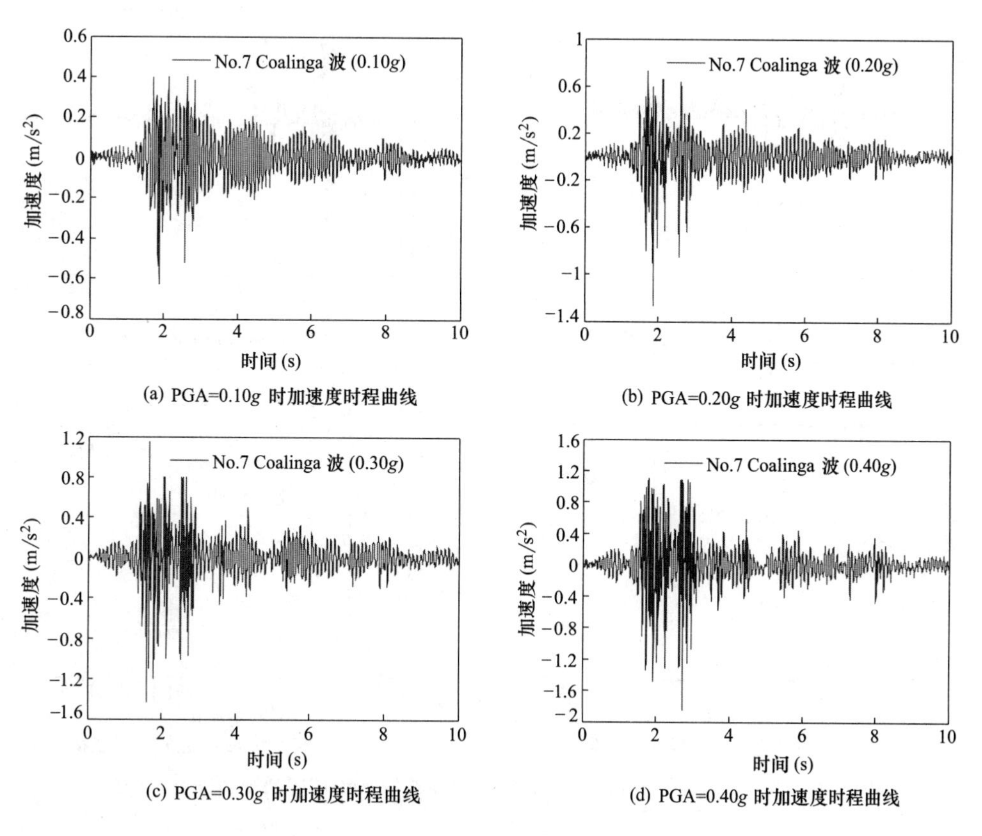

(a) PGA=0.10g 时加速度时程曲线
(b) PGA=0.20g 时加速度时程曲线
(c) PGA=0.30g 时加速度时程曲线
(d) PGA=0.40g 时加速度时程曲线

图 2-48　No. 7 Coalinga（7mm）加载时 2 层钢框架结构顶层的加速度时程曲线（一）

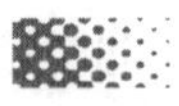

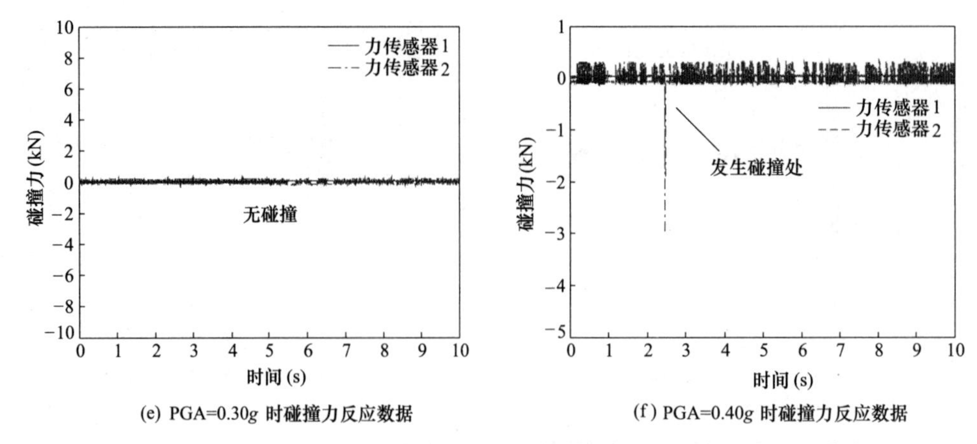

(e) PGA=0.30g 时碰撞力反应数据　　(f) PGA=0.40g 时碰撞力反应数据

图 2-48　No. 7 Coalinga（7mm）加载时 2 层钢框架结构顶层的加速度时程曲线（二）

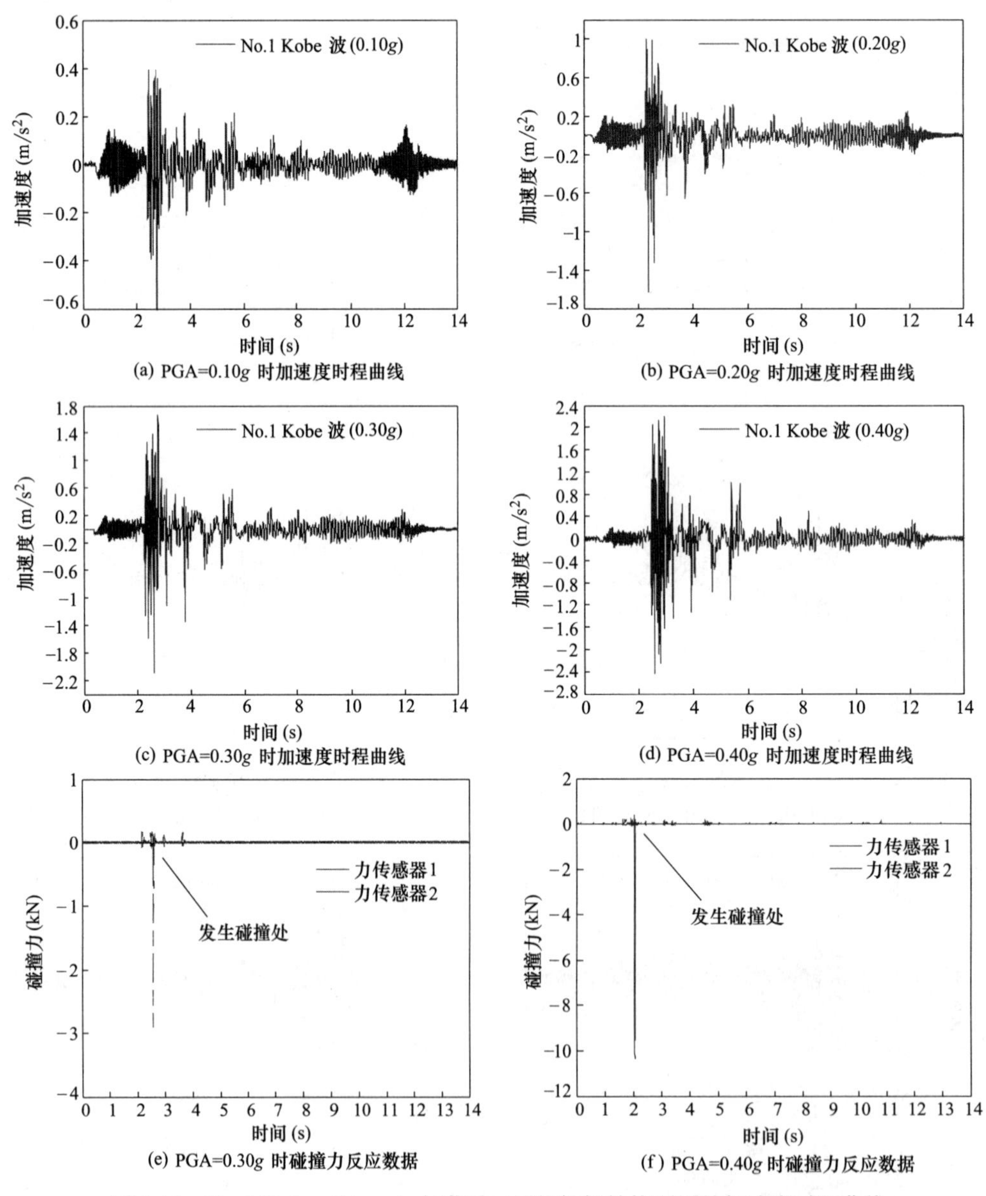

(a) PGA=0.10g 时加速度时程曲线　　(b) PGA=0.20g 时加速度时程曲线

(c) PGA=0.30g 时加速度时程曲线　　(d) PGA=0.40g 时加速度时程曲线

(e) PGA=0.30g 时碰撞力反应数据　　(f) PGA=0.40g 时碰撞力反应数据

图 2-49　No. 1 Kobe（10mm）加载时二层钢框架结构顶层的加速度时程曲线

由图 2-47～图 2-49 可知，当地震波的加速度峰值（PGA）是 0.10g 和 0.20g 时，不同间距下、不

同地震波下的模型结构均无碰撞发生，只是沿加载方向发生着小幅度振动；当 PGA 上升到 0.30g 时，Kobe 波加载时的模型开始发生明显碰撞，碰撞发生还会引起加速度时程曲线上的脉冲现象；当 PGA 为 0.40g 时，3 种工况下的模型均发生明显碰撞，同时碰撞作用也逐渐剧烈、次数增加，时程曲线上的加速度脉冲幅值也会增大。

这里对比 PGA＝0.30g 时，间距分别为 7mm 和 10mm 时 Kobe 波加载下的加速度时程曲线，发现间距 7mm 时加速度最大值出现在加速度脉冲处，其值为 2.287m/s^2，而间距 10mm 时加速度最大值为 2.09m/s^2。发现间距 7mm 工况下结构发生的碰撞作用一定比间距 10mm 时剧烈，据此得出结论：地震作用下，结构因碰撞产生的加速度脉冲可能对结构的最大加速度反应有一定的放大作用。

4. 相对位移数据分析

由上文可知，3 层钢框架模型的第二楼层的两端分别布置了一个激光位移计（AI1-02 和 AI1-03）。位移计在试验中除了可以测量两模型之间的相对位移，还可以通过比较两端的相对位移数据以监测两模型在地震作用下是否发生扭转。与上一小节相同，这里选取了结构反应最明显的几种地震波工况——7mm 工况下的 Kobe 波、Coalinga 波和 10mm 工况下的 Kobe 波作为相对位移数据分析的研究对象。图 2-50～图 2-52 展示了在几种不同 PGA 的地震波加载下，两个钢框架模型相对位移反应时程曲线（注：图表位移正值为相邻塔楼相向的位移值，位移负值为相邻塔楼相离的位移值）。

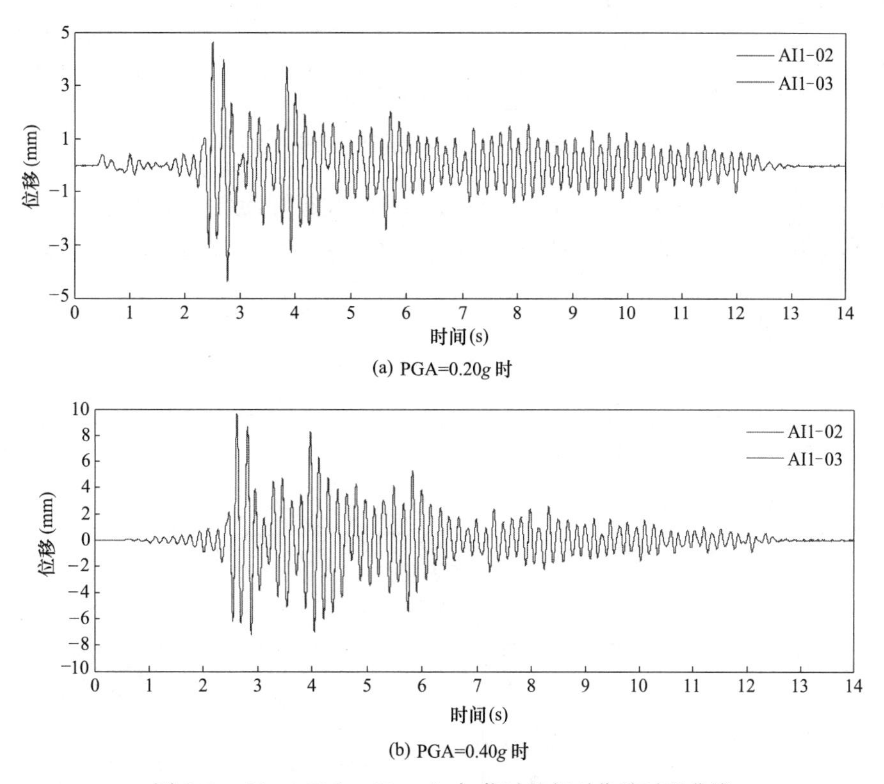

(a) PGA=0.20g 时

(b) PGA=0.40g 时

图 2-50　No.1 Kobe（7mm）加载时的相对位移时程曲线

由图 2-50 可知，两种工况下位移计 AI1-02 和 AI1-03 测得的相对位移时程曲线形状相同，说明两个钢框架在振动台试验中基本无扭转现象。其中 Kobe 波的 PGA＝0.20g 时，结构明显没有发生碰撞，且正向最大位移（取两位移计正向最大位移的平均值）为（4.6891＋4.6027)/2＝4.6459mm，负向最大位移（同样取两位移计负向最大位移的平均值）为（4.4691＋4.3661)/2＝4.4176mm；Kobe 波的 PGA＝0.40g 时，结构发生了数次碰撞，且正向最大位移为（9.8478＋9.6434)/2＝9.7456mm，负向最大位移为（7.2530＋7.2061)/2＝7.2296mm。

由图 2-51 可知，相对位移时程曲线形状相同，两框架模型基本无扭转。其中 Coalinga 波的 PGA＝0.30g 时，结构未发生碰撞，正向最大位移为（5.0088＋5.0928)/2＝5.0508mm，负向最大位移为

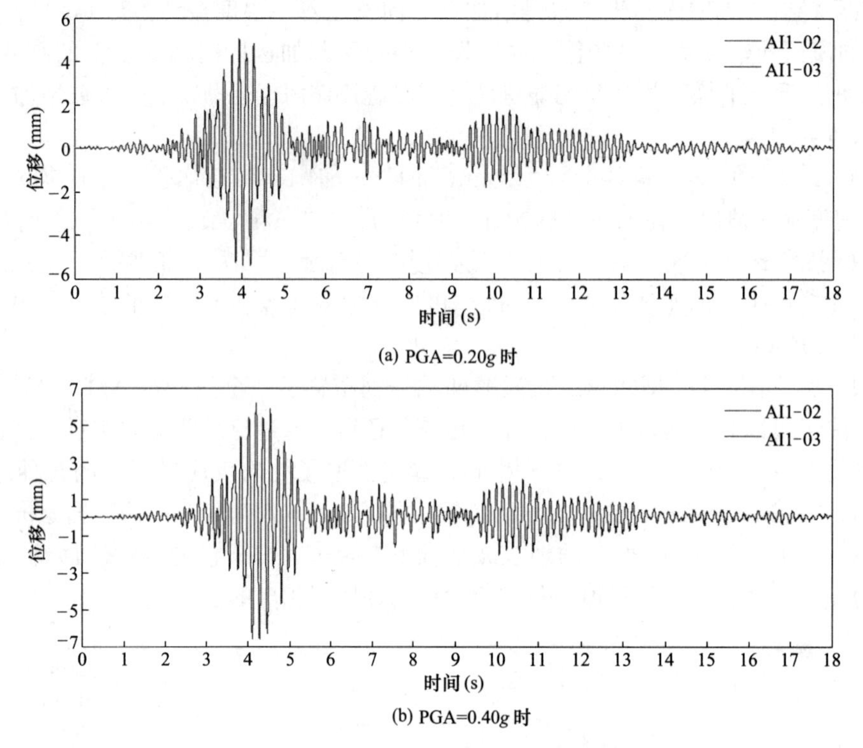

(a) PGA=0.20g 时

(b) PGA=0.40g 时

图 2-51　No. 7 Coalinga（7mm）加载时的相对位移时程曲线

(5.3901+5.3315)/2=5.3608mm；Coalinga 波的 PGA=0.40g 时，结构发生数次碰撞，且正向最大位移为（6.1456+6.1980)/2=6.1718mm，负向最大位移为（6.6287+6.5151)/2=6.5719mm。

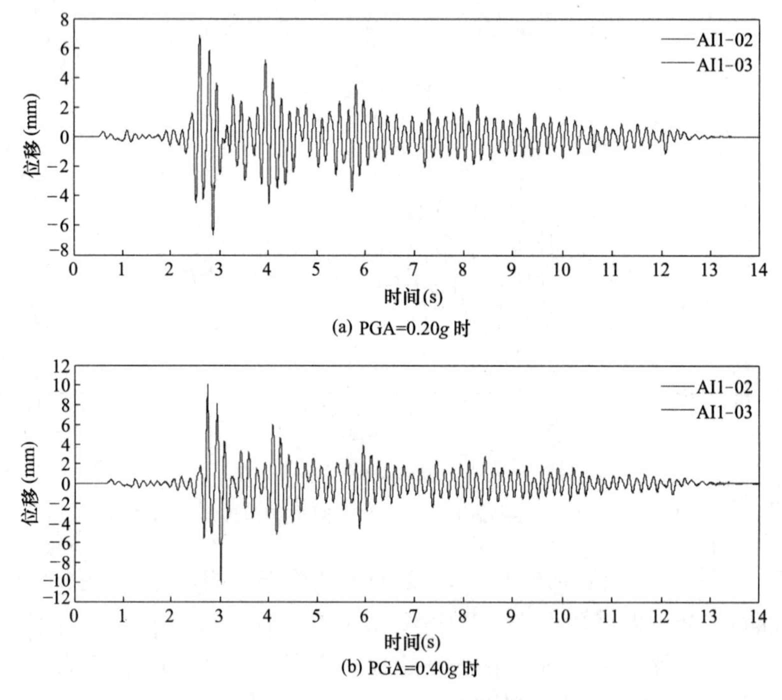

(a) PGA=0.20g 时

(b) PGA=0.40g 时

图 2-52　No. 1 Kobe（10mm）加载时的相对位移时程曲线

由图 2-52 可知，相对位移时程曲线形状相同，两框架模型基本无扭转。其中 Kobe 波的 PGA=0.30g 时，结构未发生碰撞，正向最大位移为（6.8688+6.9370)/2=6.9029mm，负向最大位移为（6.7103+6.6676)/2=6.6889mm；Kobe 波的 PGA=0.40g 时，结构发生数次碰撞，且正向最大位移

为（10.4059+10.1310）/2=10.2685mm，负向最大位移为（9.8842+9.9652）/2=9.9247mm。

由上述位移时程曲线图形可知，在同一条地震波加载下，相邻塔楼的相对位移会随着PGA的增大而增大，这是因为振动台输入的加速度激励加强必然会加剧振动台模型的位移响应，但是位移峰值与加速度峰值之间并无线性关系。对比间距7mm时Kobe波加载工况和间距10mm时Kobe波加载工况可知，相邻间距变小时，相对位移的峰值也会受到限制。

5. 试验模型碰撞概率分析

为了验证第2.3节和2.4节所阐述理论的正确性，本节依据试验所测得的碰撞楼层相对位移数据，利用MATLAB软件编制增量动力分析（Incremental Dynamic Analysis，IDA）程序，将两种方法所得到的结构50年碰撞概率进行对比。

基于性能的地震工程理论增量动力分析程序的主要步骤为：以地震动峰值加速度PGA作为强度指标*IM*（Intensity Measure），以试验测得的碰撞楼层最大正向相对位移作为损伤指标*DM*（Damage Measure）进行IDA分析，然后利用矩估计方法，对IDA数据进行编程处理，得到工程需求参数（Engineering Demand Parameter）的统计分布情况，最后通过概率地震危险性分析，得到场地*IM*超越*im*的年平均超越概率，将结构的超越概率分布近似为泊松分布，从而进一步可得到结构的50年超越概率。

在进行理论计算时，只考虑两模型的一阶自振频率，忽略高阶振型的影响，且因为试验前后结构无明显的残余变形和刚度衰减，故本节的结构一阶自振频率均取试验前白噪声频谱分析所得的结果，3层模型为6.296Hz，2层模型为9.914Hz。阻尼比取0.02，且根据试验中实际的地震波输入时间，将理论中的地震持续时间设为20s。

理论推导中，地震激励为高斯白噪声，其功率谱密度函数为常数S_0，为了将实际地震的峰值加速度PGA与S_0联系起来，本节令两者具有下列关系式：

$$S_0=\left(\frac{\mathrm{PGA}}{\mathrm{PGA}_{S_0=1}}\right)^2 \tag{2-66}$$

其中$\mathrm{PGA}_{S_0=1}$为白噪声功率谱密度等于1时所对应的地震动峰值加速度。该值可以在功率谱密度函数已知的基础上，通过谱表示法合成地震动，然后取统计平均的方法得到。

在前文的理论推导中，所选地震激励为时调高斯白噪声，与实际地震记录存在较大差别，因此在进行地震易损性分析时，要考虑地震作用与结构的本质不确定性和分析人员的知识不确定性。

考虑本质不确定性时，基于位移的地震易损性函数为：

$$F(x)=\Phi\left[\frac{\beta_0+\beta_1\ln x-\ln m_{\mathrm{C}}}{\sqrt{\beta_{D|\alpha_{IM}}^2+{\beta_{\mathrm{C}}}^2}}\right] \tag{2-67}$$

其中β_0，β_1为与概率地震需求模型相关的参数，m_{C}和β_{C}为结构极限状态抗震能力的中位值与对数标准差，$\beta_{D|\alpha_{IM}}$为地震动强度α_{IM}和地震需求D对应关系式的对数标准差。此时，年平均失效概率为：

$$\lambda_{U_{\mathrm{rel}}}(\xi)=\nu_{IM}\left[\left(\frac{m_{\mathrm{C}}}{\mathrm{e}^{\beta_0}}\right)^{1/\beta_1}\right]\cdot \mathrm{e}^{\frac{1}{2}k_1^2(\beta_{D|\alpha_{IM}}^2+\beta_{\mathrm{C}}^2)} \tag{2-68}$$

文献提出，对于深水隔震桥梁，考虑本质不确定性时取$\sqrt{\beta_{D|\alpha_{IM}}^2+\beta_{\mathrm{C}}^2}$等于0.5，值得注意的是，$\sqrt{\beta_{D|\alpha_{IM}}^2+\beta_{\mathrm{C}}^2}$对应于式（2-60）中的对数标准差$\beta_{\mathrm{R}}$。当不考虑不确定性时，由试验所测的相邻间距为8.5mm时碰撞楼层的正向最大相对位移，可以得出每个相邻间距值所对应的易损性曲线的对数标准差β_{R}，如表2-7所示，此时若令$\sqrt{\beta_{D|\alpha_{IM}}^2+{\beta_{\mathrm{C}}}^2}$等于0.5，由于本质不确定性所引起的对数标准差增大系数也随即可以求出（当间距值等于0.001时，由于易损性曲线近似呈阶跃状，矩阵为奇异工作精度，故表中间距自0.002开始）。

对于深水隔震桥梁，由表2-7可以得到考虑本质不确定性时对数标准差增大系数的均值为2.013；

对于钢筋混凝土结构，仅考虑本质不确定性时，文献［60］中算例得到，结构地震抗倒塌能力的对数标准差从0.41提高到0.70，增大系数为1.707。故在分析时，考虑到在知识水平不确定性和本质不确定性的双重影响下，易损性曲线的对数标准差会进一步提高，因此综合选取上述两种情况下的平均值1.86作为β_R的增大系数。

本质不确定性对于易损性函数对数标准差的影响 **表2-7**

相邻间距值	β_R(不考虑不确定性)	增大系数
0.002	0.2595	1.927
0.003	0.2322	2.153
0.004	0.2090	2.392
0.005	0.2320	2.155
0.006	0.2295	2.179
0.007	0.2443	2.047
0.008	0.2620	1.908
0.009	0.2813	1.777
0.010	0.2871	1.742

已知对数标准差放大系数，基于式（2-68），可以由试验数据（相邻间距为8.5mm时碰撞楼层的正向最大相对位移）推导得到中位数与对数标准差的关系式，进而求出中位值的影响系数，如表2-8所示（由于当相邻间距为0.008时，试验所测值已十分趋近于0，所以在表中未考虑）。

不确定性对于易损性函数中位值的影响 **表2-8**

相邻间距值	m_R(不考虑不确定性)	影响因子
0.002	0.0296	0.602
0.003	0.0663	0.427
0.004	0.1203	0.339
0.005	0.1906	0.317
0.006	0.2756	0.300
0.007	0.3775	0.305

综合上述所得，本节提出式（2-61）的简化修正形式为：

$$\lambda_{U_{rel}}(\xi)=\nu_{IM}(\eta_1\cdot m_R)e^{\frac{1}{2}k_1^2(\eta_2\cdot\beta_R)^2} \tag{2-69}$$

其中η_1，η_2为修正系数，η_1取0.3～0.6，η_2取1.86。

基于对式（2-61）的修正，图2-53显示了相邻试验模型在相邻间隔距离分别为7mm和10mm时，根据试验结果和理论推导得出的50年碰撞概率曲线。此外，不考虑不确定度的cVM近似（更精确的近似值）绘制在图2-53中以进行比较。图2-53表示，无不确定性的cVM近似计算的50年碰撞概率小于有不确定性的碰撞概率，说明如果不考虑地震和结构参数的不确定性，碰撞风险将被低估。

图2-53（a）给出了当试验模型的相邻间距为7mm时，通过试验和理论结果获得的50年碰撞概率曲线。可以看出，试验曲线与理论曲线的不确定度趋势基本一致。详细观察表明，试验结果略大于理论分析结果。当相邻塔楼碰撞概率小于10%且大于90%时，用考虑不确定性的cVM和mVM近似计算的结果与试验结果吻合较好。然而，当相邻塔楼的碰撞概率大于10%时，具有不确定性的P近似总是低估碰撞风险。图2-53（b）给出了相邻间距为10mm时试验模型的50年碰撞概率曲线和理论结果。结果表明，用两种Vanmarcke近似计算的理论结果，特别是用考虑不确定性的cVM近似计算的结果与试验结果有很好的一致性，验证了本节方法的正确性。当碰撞概率大于80%时，具有不确定性的P近似会略微低估碰撞风险。

从图2-53可以得出结论，随着相邻塔楼之间的间隔距离的增加，碰撞风险降低，理论方法的精度提高。当分离距离设置为7.2mm时，两个测试模型的碰撞概率接近于0。为了更准确地评估碰撞风险，本节提出了两种Vanmarcke近似，特别是考虑地震动和结构参数不确定性的cVM近似。P近似总是低

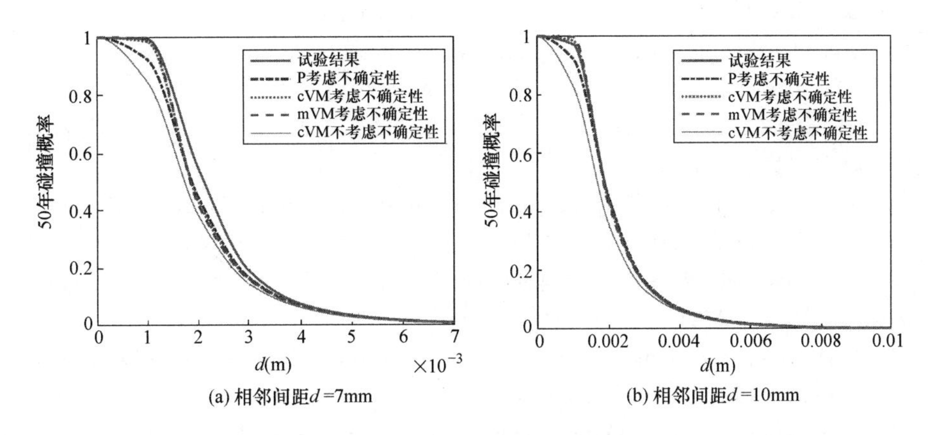

图 2-53 试验模型 50 年碰撞概率

估相邻塔楼的碰撞概率。

2.6 本章总结

本章开展一种基于已知结构安全水平的相邻塔楼碰撞易损性的临界间距研究，首先根据随机振动理论推导出相邻塔楼在地震作用下的碰撞易损性，然后基于地震碰撞易损性，将相邻塔楼临界间距的计算转换为找零问题，利用迭代计算求出具有已知结构安全水平的相邻塔楼临界间距值。最后，通过振动台模型试验验证上述理论计算结果。据此得到以下结论：

（1）在计算其首次超越概率的过程中，共考虑了 Poisson 近似法、经典 Vanmarcke 近似法和修正 Vanmarcke 近似法 3 种不同的分析法，并将 3 种方法得到的易损性曲线在给定的临界水准值下进行比较，对比发现修正 Vanmarcke 法分析得到的结果在不同自由度数的体系下均有较好的适应性。

（2）根据本章求得的相邻塔楼体系的 50 年碰撞概率可知，相邻塔楼的碰撞概率越大，对应的相邻间距就越小；当目标碰撞概率相等时，多自由度体系对应的临界间距值比单自由度体系大，说明周期组合相近时，单自由度结构体系更有利于抗震。

（3）本章所提基于已知结构安全水平的相邻塔楼的临界间距值对不同结构特性、不同场地条件下的相邻塔楼均能始终保持一致的碰撞安全水平（即一致的碰撞风险），该设计理念对研究者进行基于性能的相邻塔楼抗震设计具有重要意义，并对未来相关规范修订具有一定的指导意义。

（4）试验中相邻塔楼发生碰撞时会伴随产生脉冲作用，这对结构的最大加速度反应峰值具有一定的增强作用，尤其是对相离方向的加速度峰值影响更大；碰撞作用越剧烈，加速度时程曲线上的加速度脉冲幅值也越大，但两者之间并不存在线性关系。碰撞作用还会削弱相邻塔楼位移响应的峰值，且不同的间距工况产生的削弱作用也不同，间距越大，发生的碰撞的可能性越小，进而削弱作用也会越低。

（5）根据理论方法得到的 50 年碰撞概率曲线和试验相关数据经过增量动力分析得到的试验值曲线对比分析可以验证，本章所提理论方法对于计算相邻塔楼临界间距及其对应的碰撞概率具有较高的正确性和适用性。

参考文献

[1] Rosenblueth E，Meli R. The 1985 earthquake：causes and effects in Mexico City [J]. Concrete International，1986，8（2）：23-34.

[2] Kasai K，Maison B F. Building pounding damage during the 1989 Loma Prieta earthquake [J]. Engineering Structures，1997，19（3）：195-207.

[3] Sezen H, Whittaker A S, Elwood K J, et al. Performance of reinforced concrete buildings during the August 17, 1999 Kocaeli, Turkey Earthquake, and seismic design and construction practice in Turkey [J]. Engineering Structures, 2003, 25 (1): 103-114.

[4] Dogangün A. Performance of reinforced concrete buildings during the May 1, 2003 Bingöl earthquake in Turkey [J]. Engineering Structures, 2004, 26 (6): 841-856.

[5] Naeim F, Lew M, Huang S C, et al. The performance of tall buildings during the 21 September 1999 Chi-Chi earthquake, Taiwan [J]. The Structure Design of Tall Building, 2000, 9 (2): 137-160.

[6] Wang Z F. A preliminary report on the Great Wenchuan Earthquake [J]. Earthquake Engineering and Engineering Vibration, 2008, 7 (2): 225-234.

[7] Li X, Zhou Z, Yu H, et al. Strong motion observations and recordings from the Great Wenchuan Earthquake [J]. Earthquake Engineering and Engineering Vibration, 2008, 7 (3): 235-246.

[8] Zhao B, Taucer F, Rossetto T. Field investigation on the performance of building structures during the 12 May 2008 Wenchuan Earthquake in China [J]. Engineering Structures, 2009, 31 (8): 1707-1723.

[9] 中华人民共和国住房和城乡建设部. 建筑抗震设计规范：GB 50011—2010（2016年版）[S]. 北京：中国建筑工业出版社，2016.

[10] 中华人民共和国住房和城乡建设部. 建筑抗震设计规范：GB 50011—2001 [S]. 北京：中国建筑工业出版社，2001.

[11] International Conference of Building Officials (ICBO). Uniform Building Codes [S]. California: Whittier, 1988.

[12] Jeng V, Kasai K, Maison F. A spectral difference method to estimate building separations to avoid pounding [J]. Earthquake Spectra, 1992, 8 (2): 201-213.

[13] Lopez-Garcia D, Soong T T. Assessment of the separation necessary to prevent seismic pounding between linear structural systems [J]. Probabilistic Engineering Mechanics, 2009, 24 (2): 210-223.

[14] Filiatrault A, Cervantes M, Folz B, et al. Pounding of buildings during earthquakes: a Canadian perspective [J]. Canadian Journal of Civil Engineering, 1994, 21 (2): 251-265.

[15] Filiatrault A, Cervantes M. Separation between buildings to avoid pounding during earthquakes [J]. Canadian Journal of Civil Engineering, 1995, 22 (1): 164-179.

[16] Kasai K, Jagiasi A R, Jeng V. Inelastic vibration phase theory for seismic pounding mitigation [J]. ASCE Journal of Structural Engineering, 1996, 122 (10): 1136-1146.

[17] Penzien J. Evaluation of building separation distance required to prevent pounding during strong earthquakes [J]. Earthquake Engineering and Structural Dynamics, 1997, 26 (8): 849-858.

[18] Lopez-Garcia D, Soong T T. Evaluation of current criteria in predicting the separation necessary to prevent seismic pounding between nonlinear hysteretic structural systems [J]. Engineering Structures, 2009, 31 (5): 1217-1229.

[19] Hong H P, Wang S S, Hong P. Critical building separation distance in reducing pounding risk under earthquake excitation [J]. Structural Safety, 2003, 25 (3): 287-303.

[20] Wang S S, Hong H P. Quantiles of critical separation distance for nonstationary seismic excitations [J]. Engineering Structures, 2006, 28 (7): 985-991.

[21] 王统宁，于永波，马麟，等. 地震作用下LRB隔震桥梁碰撞临界间隙分析 [J]. 公路交通科技，2009，26 (11)：71-76.

[22] 国巍，余志武. 一种计算地震作用下相邻塔楼相对位移的改进差异谱方法 [J]. 土木工程学报，2012，45 (2)：68-76.

[23] Lin J H. Separation distance to avoid seismic pounding of adjacent buildings [J]. Earthquake Engineering and Structural Dynamics, 1997, 26 (8): 395-403.

[24] Hao H, Zhang S. Spatial ground motion effect on relative displacement of adjacent building structures [J]. Earthquake Engineering and Structural Dynamics, 1999, 28 (10): 333-349.

[25] Bipin S. Effects of separation distance and nonlinearity on pounding response of adjacent structures [J]. International Journal of Civil and Structural Engineering, 2013, 3 (3): 603-612.

[26] Hao H, Liu X Y. Estimation of required separations between adjacent structures under spatial ground motions [J].

Journal of Earthquake Engineering，1998，2 (2)：197-215.

[27] Jeng V，Tzeng W L. Assessment of seismic pounding hazard for Taipei City [J]. Engineering Structures，2000，22 (5)：459-471.

[28] Hao H，Shen J. Estimation of relative displacement of two adjacent asymmetric structures [J]. Earthquake Engineering and Structural Dynamics，2001，30 (1)：81-96.

[29] 卢明奇，杨庆山. 地震作用下相邻塔楼结构的最大相对位移 [J]. 土木工程学报，2012，45 (3)：74-78.

[30] 卢明奇，杨庆山. 地震作用下相邻塔楼结构的防震缝宽度确定方法 [J]. 中国石油大学学报（自然科学版），2012，36 (1)：145-149.

[31] Lin J H，Weng C C. Probability analysis of seismic pounding of adjacent buildings [J]. Earthquake Engineering and Structural Dynamics，2001，30 (10)：1539-1557.

[32] Lin J H，Weng C C. A study on seismic pounding probability of buildings in Taipei Metropolitan area [J]. Journal of the Chinese Institute of Engineers，2002，25 (2)：123-135.

[33] Lin J H. Evaluation of seismic pounding risk of buildings in Taiwan [J]. Journal of the Chinese Institute of Engineers，2005，28 (5)：867-872.

[34] Papadrakakis M，Mouzakis H P. Earthquake simulator testing of pounding between adjacent buildings [J]. Earthquake Engineering and Structural Dynamics，1995，24 (6)：811-834.

[35] Filiatrault A，Wagner P，Cherry S. Analytical prediction of experimental building pounding [J]. Earthquake Engineering and Structural Dynamics，1995，24 (8)：1131-1154.

[36] Jankowski R. Experimental study on earthquake—induced pounding between structural elements made of different building materials [J]. Earthquake Engineering and Structural Dynamics，2010，39 (39)：343-354.

[37] 蒋姗. 基于量纲分析的地震作用下相邻塔楼结构碰撞反应研究 [D]. 哈尔滨：哈尔滨工业大学，2015.

[38] 吴巧云. 基于性能的钢筋混凝土框架结构抗震性能评估 [D]. 武汉：华中科技大学，2011.

[39] Reid J G. Linear system fundamentals：continuous and discrete，classic and modern [M]. New York：McGraw-Hill，1983.

[40] Barbato M，Conte J P. Spectral characteristics of non-stationary random processes：theory and applications to linear structural models [J]. Probabilistic Engineering Mechanics，2008，23 (4)：416-426.

[41] Arens R. Complex processes for envelopes of normal noise [J]. IRE Trans. Information Theory，1957，3 (3)：204-207.

[42] Dugundji J. Envelopes and pre-envelopes of real waveforms [J]. IRE Trans. Information Theory，1958，4 (1)：53-57.

[43] Krenk S，Madsen P H. Stochastic response analysis [J]. Reliability Theory and Its Application in Structural and Soil Mechanics，Springer Netherlands，1983：103-172.

[44] Madsen P H，Krenk S. Stationary and transient response statistics [J]. Journal of the Engineering Mechanics Division，1982，108 (4)：622-635.

[45] Abramowitz M，Stegun I A. Exponential Integral and Related Functions [M]. //Handbook of Mathematical Functions with Formulas，Graphs，and Mathematical Tables. New York (NY)：Dover；1972：227-233.

[46] Lutes L D，Sarkani S. Random vibrations：analysis of structural and mechanical systems [J]. Eur J Cardiothorac Surg，2004.

[47] Penzien J. Evaluation of building separation distance required to prevent pounding during strong earthquakes [J]. Earthquake Engineering and Structural Dynamics，1997，26 (8)：849-858.

[48] Barbato M，Conte J P. Structural reliability applications of nonstationary spectral characteristics [J]. Journal of Engineering Mechanics，2011，137 (137)：371-382.

[49] Lin Y K M. Probabilistic Theory of Structural Dynamics [M]. New York：McGraw-Hill，1967.

[50] Crandall S H. First-crossing probabilities of the linear oscillator [J]. Journal of Sound & Vibration，1970，12 (3)：285-299.

[51] Wen Y K. Approximate methods for nonlinear time-variant reliability analysis [J]. Journal of Engineering Mechanics，1987，113 (12)：1826-1839.

[52] Corotis R B, Vanmarcke E H, Cornell C A. First passage of nonstationary random processes [J]. J. Eng. Mech. Div, ASCE, 1972, 98 (EM2): 401-414.

[53] Rice S O. Mathematical analysis of random noise [J]. Bell Labs Technical Journal, 1944, 23 (1): 46-156.

[54] Vanmarcke E H. On the distribution of the first-passage time for normal stationary random processes [J]. Journal of Applied Mechanics, 1975, 42 (1): 2130-2135.

[55] Barbato M. Use of time-variant spectral characteristics of nonstationary random processes in the first-passage problem for earthquake engineering applications [J]. Computational Methods in Stochastic Dynamics, Springer Netherlands, 2011, 22 (1): 67-88.

[56] Gill P E, Murray W, Wright M H. Practical Optimization [M]. London and New York: Academic Press, 1981.

[57] Cornell C A, Jalayer F, Hamburger R O, et al. Probabilistic basis for 2000 SAC federal emergency management agency steel moment frame guidelines [J]. Journal of Structural Engineering, 2002, 128 (4): 526-533.

[58] 吴巧云，朱宏平，樊剑，等. 某框架结构的抗震性能评估 [J]. 振动与冲击，2012，31 (15)：158-164.

[59] 于晓辉，吕大刚. 基于地震易损性解析函数的概率地震风险理论研究 [J]. 建筑结构学报，2013，34 (10)：41-48.

[60] 于晓辉，吕大刚. 考虑结构不确定性的地震倒塌易损性分析 [J]. 建筑结构学报，2012，33 (10)：8-14.

[61] Tubaldi E, Barbato M, Ghazizadeh S. A probabilistic performance-based risk assessment approach for seismic pounding with efficient application to linear systems [J]. Structural Safety, 2012, s36-37 (2): 14-22.

[62] Lin J H, Weng C C. Probability analysis of seismic pounding of adjacent buildings [J]. Earthquake Engineering and Structural Dynamics, 2001, 30 (10): 1539-1557.

[63] Shinozuka M, Deodatis G. Simulation of stochastic processes by spectral representation [J]. Applied Mechanics Reviews, 1991, 44 (4): 191-204.

[64] 于晓辉. 钢筋混凝土框架结构的概率地震易损性与风险分析 [D]. 哈尔滨：哈尔滨工业大学，2012.

[65] 冼巧玲，冯俊迎，崔杰. 基于 PSDM 和 IDA 法的深水隔震桥梁地震易损性分析比较 [J]. 广州大学学报（自然科学版），2016，15 (2)：1-6.

相邻塔楼间黏滞/黏弹性阻尼器的优化设计研究

3.1 引言

3.1.1 研究背景及意义

现代城市中，人口密集及土地资源有限等，导致相邻塔楼之间的间距过小；因建筑造型或结构使用功能的要求，许多高层建筑往往设计成由多个子结构组成的主从结构；此外，结构构造上的要求，如设置防震缝等，也将建筑分成相互关联的子结构。这些结构在强震或强风发生时，往往因各自不同的振动频率而产生较大的响应差异，相邻塔楼间发生碰撞的可能性很大。如在1985年墨西哥城市大地震中，在被调查的330栋严重损伤或倒塌的建筑中，超过40%发生了碰撞，总数的15%倒塌。已有的世界主要城市地震灾害调查结果亦表明，结构碰撞会带来建筑物的严重破坏甚至倒塌：如1989年Lomaprieta地震、1994年Northridge地震、1995年Kobe地震、1999年发生的Turkey地震、2000年集集地震和2008年汶川地震中，均曾观测到因相邻塔楼之间的碰撞而带来的严重破坏。因此，如何防止相邻塔楼在不同强度、不同发生概率的地震作用下发生碰撞，对于保证这些建筑物的抗震安全性具有重要意义。

我国地处世界两大地震带——欧亚地震带和环太平洋地震带包围之中，是地震多发国家，据不完全统计，从1949年至今，我国发生的7级以上的地震就有30多次，并且多次破坏性地震都集中在城市附近，地震作用不仅造成相邻塔楼的碰撞破坏而且带来了惨重的生命和财产损失。目前的结构抗震设计方法以避免强震造成结构倒塌而保证人员安全为主要目标，但是由地震所造成的经济损失和社会影响可能会大大超过社会和业主所能承受的限度。与此同时，对于一些重要的结构物，因地震作用而发生相邻塔楼的碰撞等，即便主体结构没有发生倒塌，但是其内部设施及附属物的损坏，使这些重要结构物丧失原有的使用功能，除带来的巨大经济损失外，其带来的社会影响也是不可估量的。这就使得社会和业主对建筑抗震性能有多层次的要求：设计的建筑结构在强震作用下不仅要能够抵御碰撞和倒塌，而且还要能够保证结构物的使用功能在地震作用下不致丧失，实现结构物多级抗震设防目标，即需要引进基于性能的多目标抗震设防的性能设计的概念。因此，作为地震多发国家，在我国开展基于性能的相邻塔楼的振动控制研究具有重要的理论研究意义和工程应用价值。

3.1.2 国内外研究现状

为了减轻结构的地震响应或避免相邻塔楼在地震作用下发生碰撞破坏，很多学者提出在结构中或相邻塔楼间引入控制机构，利用非承重的减振装置产生控制力，与结构共同抵御外部动荷载的作用，以减小结构的动力响应，这便是结构振动控制的概念。自从美国学者J. T. Yao于20世纪六七十年代提出结构控制概念以来，各国研究者对这一领域表现出极大的兴趣，并在过去的30多年里共同推动了这一领域的迅猛发展。结构振动控制中被动控制是一种不需要外部能量输入的控制方式，它将结构的某些部件设计成耗能单元或安装一些阻尼器来消耗结构的部分振动能量，从而减小结构的振动反应。因其构造简单，造价低廉，可靠性高，易于维护且无需外界能源支持等优点而引起了广泛的关注。试验和理论研究证实了进行优化设计后的被动减振装置当放置在结构内部或相邻塔楼之间时，可以控制并大大减轻结构体系由地震作用产生的大的运动幅值、层间位移角和绝对加速度等响应。因此，系统研究相邻塔楼的被动振动控制以保证这类建筑物的抗震安全性，是一个有价值的研究课题。

然而，一个值得深入探讨的问题是，结构安装减振装置后，能达到一个什么样的性能水平？或给定期望的性能水平下（如安装减振装置后，使结构始终处于立即使用性能极限状态），减振装置要进行怎样的优化设计（优化参数的取值、优化布置位置等），及照此设计的减振装置在结构设计使用年限内的可靠度（失效概率）能否保证（如50年内超越立即使用性能极限状态的概率小于等于10%，甚至小于等于2%）？另外，地震本身就是一种随机激励，结构的模型参数（包括减振装置的参数）因为材料、施工等的误差也具有不确定性，这些都需要我们从概率的、可靠度的角度进行减振装置的优化设计。此外，国内外关于受控相邻塔楼抗震性能评估的研究很少，缺乏成熟的理论和系统的研究，而抗震设计规范从最初的静力理论和反应谱理论到动力理论直至基于性能的设计理论的不断发展，需要先进的、精确的和高效的基于可靠度的评估进行减振装置的优化设计以减小地震对结构的破坏风险。

FEMA273研究报告中曾指出，可靠度理论是基于性能结构抗震设计理念的核心框架，因为基于性能的理论框架中需要概率描述地震危险性分析中的地震动参数并应考虑结构响应和损伤分析的不确定性影响。2002年，Bertero详细阐述了概率性抗震设计理论。此后，Mohele提出基于性能的抗震分析必须要建立在概率的基础上。因此，我国作为地震多发国家之一，开展概率（可靠度）的基于性能的相邻塔楼被动减振装置的优化设计研究，以减轻结构的地震响应或避免相邻塔楼发生碰撞破坏，具有重要的理论研究意义和工程应用价值。

1. 基于结构响应的阻尼器优化设计研究

众多研究者提出在结构中或相邻塔楼间安装被动减振装置的思想，以减轻结构在地震作用下的响应或避免相邻塔楼发生碰撞。这些研究主要集中在地震动输入下，被动减振装置的优化参数设计或优化布置研究。

Luco等采用两悬臂梁模拟相邻高层建筑结构，并采用阻尼单元连接。数值研究结果表明优化阻尼系数与两悬臂梁之间的相对刚度有关，这种控制体系可以有效减小地震作用下结构的动力响应。接下来，在水平简谐激励作用下，将耦联结构表示为两结构相对刚度、相对质量和结构高度的函数，以最小化该耦联结构的位移响应为目标，进行了黏弹性控制单元的阻尼系数和位置的优化设计。

Xu等推导了Kelvin型黏弹性阻尼器连接的两相邻高层建筑结构在平稳白噪声随机激励下的运动方程，基于大量的参数化分析，对两相邻塔楼不同刚度和不同高度时最优阻尼器参数进行了深入的探讨，通过数值分析总结出当相邻塔楼基频不同时，优化设计后的相邻塔楼振动控制体系可以大大减小相邻塔楼的位移、加速度和剪力响应。同时，该研究指出“*The fluid joint dampers were more effective for the lower adjacent buildings than the higher adjacent buildings and more beneficial for the adjacent buildings having the same height than those of different heights*”（所提减振装置的优化策略，当相邻塔楼高度相同时更有效；对于高度不同的相邻塔楼，则对较低建筑控制效果更好）。

Shukla等采用反应谱分析方法在频域内进行了多层框架结构窄带和宽带平稳随机地震动下的结构响应计算，基于均方根层间位移得到了黏弹性阻尼器在结构内部的优化布置位置。

Zhang等运用虚拟激励法和复模态叠加法确定了用Kelvin型黏弹性阻尼器连接的相邻塔楼的动力特性和平稳白噪声地震激励下的结构反应。通过大量参数化分析，以获得相邻塔楼最大模态阻尼比或最大响应折减为目标，得到了黏弹性阻尼器的优化参数。

朱宏平等提出了一种利用主从结构间的相互作用来减小结构地震响应的控制方法，基于统计能量原

理，推导了在平稳白噪声激励下被动耗能单元的优化刚度和优化阻尼的一般表达式，并分析了不同结构参数对控制效果的影响；随后，朱宏平等将相邻塔楼简化为两单自由度体系，用 Voigt 黏弹性阻尼模型表示被动连接单元，运用 Kuhn-Tucker 优化原理推导出了在平稳白噪声激励下被动连接单元的优化刚度和阻尼值的一般表达式；数值算例表明文中提出的控制策略能大大降低平行结构在原有自振频率区域的振动响应和平行结构在整个时间域和频率域的均方根值响应。

郭安薪等用随机等价线性化方法探讨了相邻塔楼之间用黏弹性阻尼器连接后的非线性随机地震反应，假设基岩加速度为白噪声过程，指出“在小震作用下，黏弹性阻尼器对相邻塔楼可以同时达到较好的控制效果，但是在强烈地震作用下，安装黏弹性阻尼器后有可能会在减少一个结构地震反应的同时，增大另外一个结构的地震反应”。

凌和海等同时考虑造价和结构反应两个方面，从性价比的角度提出优化目标函数，即：在满足指定结构的最小位移控制率和最小加速度控制率的前提下，使得布置在结构中的阻尼器参数尽量小，同时结构的减振控制率最高。以一单层框架为例，分别选用非线性规划中的复形法和通过调用 MATLAB 程序优化工具箱中 Fmincon 函数两种方法，编制了相应的优化分析程序，对黏弹性阻尼器在单层框架结构减振控制中的优化参数进行了分析。

Kim 等将地震动简化为简谐激励，探讨了相邻塔楼使用黏弹性阻尼器进行点连接或桥式连接的情况，通过参数化研究发现，当相邻塔楼自振频率差别较大时，黏弹性阻尼器存在一个最优参数可使结构动力响应（如顶层位移、滞回能量等）减到最小。“*However，the seismic base shear did not decrease significantly*”（但是结构的基底剪力并没有明显的降低）。

龚治国、吕西林等对上海世贸国际广场裙房由于刚度和质量分布之间的偏心导致扭转变形这一问题，通过对主从结构进行各级烈度地震作用下的非线性时程分析，从裙房层间位移角、顶点位移和层间剪力等指标加以对比，同时也比较了主楼层层间位移加阻尼器前后的变化，研究了主楼与裙房之间连接黏滞阻尼器的有效性和可行性。该研究仅选取了一条地震波（上海人工波 SHW1）进行黏滞阻尼器连接的主从结构的地震响应的计算，同时文中也指出“在大震作用下，阻尼器控制装置对主楼层间位移角有放大的情况”。

Bhaskararao 等将基底加速度模拟成简谐振动和平稳高斯白噪声随机激励，对连接黏滞阻尼器的两相邻线性单自由度体系的动力响应进行了研究。推导了结构的运动方程并求出了相邻塔楼的相对位移和绝对加速度响应。结果表明当黏滞阻尼器具有合适的阻尼时可以减小相邻塔楼间的动力响应。

Basili 等运用广义位移法将两多自由度体系组成的相邻塔楼简化为两单自由度体系，将地震作用简化为过滤白噪声，运用等效线性化方法和基于双体单自由度模型的减振器优化参数结果研究了相邻塔楼间设置减振器对两多自由度体系组成的相邻塔楼结构的控制效果。

阎东东等采用在双体单自由度结构间设立黏弹性阻尼器的最优参数表达式，并基于等效双体单自由度体系求得了相邻多层剪切型结构间控制器最优参数。利用列举法并基于二次型性能指标值（LQR）确定了控制器优化布置位置，讨论了布置控制器后对结构顶层位移和速度响应的影响以及对结构动力特性的影响。随后，阎东东等为了解决确定数目条件下被动控制装置在相邻塔楼间的优化布置问题，利用改进遗传算法和控制系统 H_2 性能指标对黏弹性阻尼器和黏滞流体阻尼器的位置进行了优化。随后，Zhu 和 Ge 等将相邻塔楼简化为多自由度剪切模型，推导了在过滤白噪声激励下，相邻塔楼间被动耗能单元的优化刚度和优化阻尼的一般表达式，通过参数化分析验证了优化参数表达式的正确性并通过数值算例证实了由解析表达式所得被动耗能单元的优化参数可以有效控制相邻塔楼的均方根位移和加速度响应。

易凌等采用黏滞阻尼器连接两相邻单自由度结构（隔震结构和非隔震结构），将外部激励简化为简谐振动，推导了隔震结构和非隔震结构的顶点位移反应，通过 3 条地震波作用下某 5 层新建隔震框架结构和 5 层原有非隔震框架结构的时程分析，研究了黏滞阻尼器的阻尼系数、布置位置及隔震结构隔震层刚度对结构顶点位移的影响。

黄潇等首先采用随机振动的虚拟激励法，研究了金井清过滤白噪声激励下相邻塔楼处于线弹性状态时阻尼器优化参数的取值，详细分析了结构模态阻尼比和场地条件的变化对阻尼器优化参数的影响，并与理论表达式算得的优化值进行了比较；其次采用 Bouc-Wen 模型模拟结构的滞回特性，分别采用时域和频域分析方法研究了强震作用下结构进入弹塑性状态时阻尼器优化参数的取值，与理论值进行了对比分析；最后对阻尼器的控制性能作了详细的评价。

Richardson 等基于最小化结构的最大绝对变位传递率，得到了黏弹性阻尼器连接的耦合相邻塔楼的封闭方程。结构的均方根值响应证实了该被动优化控制策略的有效性。

Tubaldi 等分析了两个不同高度相邻塔楼在较低建筑顶层耦合黏弹性或黏滞阻尼器时的动力行为特性，将相邻塔楼简化为耦合的悬臂均匀剪切梁模型，通过复模态分析求解特征值问题得到了耦合结构的解析解。

吴巧云等等对连接 Maxwell 模型的两相邻高层钢筋混凝土结构进行了大震作用下的非线性时程分析，研究了 Maxwell 阻尼器优化参数理论表达式在结构进入非线性阶段的适用性，指出“不同地震波作用下阻尼器的优化参数差别较大，且阻尼系数均大于由文献［36］按弹性理论推导的阻尼系数值”。随后，吴巧云等等将双塔楼带连廊结构、带底盘对称双塔楼结构分别简化为 3-SDOF 和 2-SDOF 模型，用 Maxwell 模型和 Kelvin 模型模拟连接相邻塔楼的阻尼器，以平稳白噪声为地震激励，分别以单体塔楼结构和双体塔楼结构的振动能量最小为控制目标，探讨了 Maxwell 阻尼器和 Kelvin 阻尼器的阻尼系数比与两塔楼结构质量比、连廊与塔楼质量比、两塔楼频率比、连廊两端阻尼器模型的阻尼系数比之间的关系，并讨论了各参数（比）对塔楼结构控制效果的影响。

2. 基于可靠度或基于性能的阻尼器优化设计研究

为了克服上述局限性，可以对被动控制建筑采用基于可靠度的设计。Guo 等是较早基于随机振动理论对被动控制减振结构进行抗震可靠度分析的学者，指出“*The reliability analysis of such* （*passive*） *controlled structures thus becomes an important issue to ensure the use of control devices does provide better performance than the structures uncontrolled and to promote the use of performance-based control codes for structural design*”（为了保证被动减振装置可以提供比未控结构更好的性能并促进结构设计中基于性能的控制规范的应用，对受控结构进行可靠度分析变成一个非常重要的课题）。然而，Guo 等的研究主要集中在考虑模型参数的不确定性对黏弹性阻尼器减振结构进行抗震可靠度分析，并未涉及阻尼器装置的优化设计。

Marano 等对一装有线性黏滞阻尼器的线性多层框架结构，提出了一种基于可靠度的设计方法。该方法以总的（阻尼器的）附加阻尼最小作为确定性的目标函数，采用随机约束来限制系统在给定地震动危险性水平下的失效概率。但是，Marano 等研究中没有考虑模型参数的不确定性对系统可靠度评估的影响，且在结构的各层均布置了阻尼器，进行了阻尼器的优化参数设计（考虑结构各层阻尼器参数相同和各层阻尼器参数不同两种工况），并未涉及阻尼器的位置优化。

Jensen 等考虑地震动输入和模型参数的不确定性，对装有被动耗能单元的结构提出了一种基于可靠度的设计方法。将阻尼器的设计表述为具有单目标函数和多重可靠性约束的优化问题。然而，Jensen 等的研究中，对于阻尼器的优化设计集中在结构各层耗能装置的数目的优化，未涉及阻尼器参数和布置位置的优化。另外，以上基于可靠度的优化设计中均未考虑多重极限状态的相关性在评估受控（相邻）结构可靠性时的影响。

吴巧云等曾尝试采用增量动力分析（蒙特卡洛数值模拟）对连接被动减振装置的相邻塔楼进行了地震易损性分析、基于性能的被动减振装置的优化参数分析和优化布置研究。但是，研究中均未考虑模型参数的不确定性，且基于增量动力分析，需要进行大量的非线性时程分析，计算效率较低，减振装置的优化设计均是针对特定算例进行的，旨在探索采用基于性能的抗震设计理论进行减振装置优化设计的意义。

3.1.3　本章主要研究内容

本章对相邻塔楼间黏滞和黏弹性阻尼器的优化参数和优化布置位置进行了相关研究，各节内容安排如下：

3.1　引言。介绍了本章的研究背景和意义；对相邻塔楼的振动控制研究进行了简要概述；回顾和总结了与本章研究目的相关的研究现状；给出了本章研究的主要内容。

3.2　基于性能的相邻塔楼间阻尼器的优化设计研究。对连接 Maxwell 型和 Kelvin 型阻尼器的两相邻钢筋混凝土框架结构建立二维模型，通过大量的增量动力分析（IDA），从性能评估的角度研究了 Maxwell、Kelvin 型阻尼器对相邻塔楼在不同地震波及不同地震动强度水平下的控制效果，通过大量的参数化分析，基于相邻塔楼地震易损性最小原则提出了合适的阻尼器参数值和阻尼器最佳布置位置。

3.3　带连廊双塔楼结构间黏滞和黏弹性阻尼器的优化设计研究。将双塔楼带连廊结构简化为 3-SDOF 模型，用 Kelvin 模型和 Maxwell 模型模拟连接双塔连体结构的流体阻尼器，以平稳白噪声为地震激励，推导了塔楼位移的频响函数，建立了双塔楼结构振动能量的表达式。以连廊两端连接的阻尼器的阻尼系数比为研究参数，分别以单体塔楼结构和双体塔楼结构的振动能量最小为控制目标，探讨了各阻尼器的阻尼系数比与两塔楼结构质量比、连廊与塔楼质量比、两塔楼频率比、连廊两端 Kelvin 模型和 Maxwell 模型的阻尼系数比之间的关系，并讨论了各参数（比）对塔楼结构控制效果的影响。最后，通过数值算例验证了本章所提出的控制策略的有效性。

3.4　带底盘对称双塔楼结构间阻尼器的优化设计研究。将带底盘对称双塔楼结构简化为单个 2-DOF 剪切型塔楼，并将底部结构看作主结构（底盘），顶部结构看作从结构（上部塔楼）。基于能量最小理论推导了 Kelvin 型阻尼器和 Maxwell 型阻尼器的优化参数表达式，通过参数化分析，探讨了优化的阻尼器系数与结构能量的关系。最后，通过数值算例验证了本章所提控制策略的有效性。

3.5　本章总结。对本章的主要研究结果进行了总结。

3.2　基于性能的相邻塔楼间阻尼器的优化设计研究

3.2.1　相邻塔楼间黏滞阻尼器优化参数研究

以 Maxwell 模型代表相邻塔楼间的黏滞阻尼器，对连接 Maxwell 模型的两相邻钢筋混凝土框架结构建立二维模型，考虑了梁柱单元及阻尼器单元在大震作用下的非线性行为，通过大量的增量动力分析（IDA），研究了 Maxwell 阻尼器优化参数理论表达式在结构经历初始弹性、屈服直至倒塌全过程的适用性，并基于 IDA 分析的结果，对结构未控和控制情况下的地震易损性曲线进行了比较分析，从性能评估的角度研究了 Maxwell 阻尼器对相邻塔楼在不同地震波及不同地震动强度水平下的控制效果。通过相邻塔楼在不同地震动强度水平下的顶层位移时程发现，Maxwell 阻尼器在小震作用下对两结构顶层位移控制效果均较好，但是在大震作用下，仅对结构 2 有明显的控制效果；由控制和未控时的相邻塔楼的地震易损性曲线亦可看出，Maxwell 阻尼器对结构 2 在各性能水平下的控制效果均优于结构 1。最后，通过大量的参数化分析，基于相邻塔楼地震易损性最小原则提出了合适的阻尼器参数值。

1. 阻尼器计算模型

（1）黏弹性阻尼器的计算模型

图 3-1 所示的黏弹性阻尼器，由两块 T 形钢板与一块中心板夹两层黏弹性物质组成，利用黏弹性物质的剪切变形耗散能量。描述黏弹性阻尼器性能的最常用计算模型是 Kelvin 模型。Kelvin 模型也称作等效刚度和等效阻尼模型，由 T. T. Song 提出适用黏弹性材料应变较小的情况。由于模型简单，因此在工程中得到了广泛的应用。

Kelvin 模型是由弹性元件和黏壶元件相互并联而成，如图 3-2 所示。其本构关系为：

$$\tau=q_0\gamma+q_1\dot{\gamma} \tag{3-1}$$

式中，q_0、q_1 为由黏弹性材料性能确定的系数。在简谐应变激励下，由本构关系式可得：

$$\left.\begin{aligned}G_1&=q_0\\G_2&=q_1\omega\\\eta&=q_1\omega/q_0\end{aligned}\right\} \tag{3-2}$$

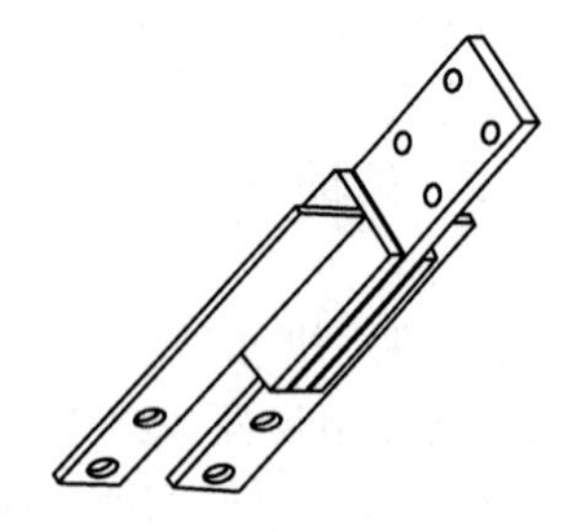

图 3-1 黏弹性阻尼器

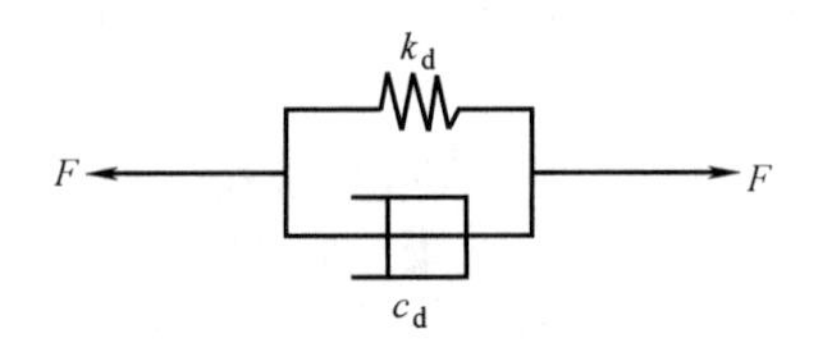

图 3-2 黏弹性阻尼器 Kelvin 计算模型

研究表明：Kelvin 模型能很好地反映黏弹性阻尼器的蠕变和松弛特性。美国制定的抗震加固指南 FEMA273（1996）中，采用了形式非常简单的线性化方法，也就是用 Kelvin 模型来简化黏弹性阻尼器所受外力与变形间的关系：

$$F=k_dx+c_d\dot{x} \tag{3-3}$$

式中，$c_d=\dfrac{AG_2}{\omega\delta}$；$k_d=\dfrac{AG_1}{\delta}x$；$c_d$ 和 k_d 分别为阻尼器的阻尼系数和有效刚度；x，$\dot{x}$ 分别为阻尼器两端的相对位移和相对速度；A 和 δ 分别为阻尼器中黏弹性材料的受剪面积和厚度；ω 为结构振动的频率，对于多自由度结构，ω 取结构弹性振动的基本固有频率。

（2）黏滞流体阻尼器计算模型

典型的筒式黏滞流体阻尼器如图 3-3 所示，黏滞流体阻尼器计算模型中，主要分为考虑了阻尼器刚度和未考虑阻尼器刚度的纯阻尼计算模型。考虑阻尼器刚度的计算模型又分为 Kelvin 模型和 Maxwell 模型。

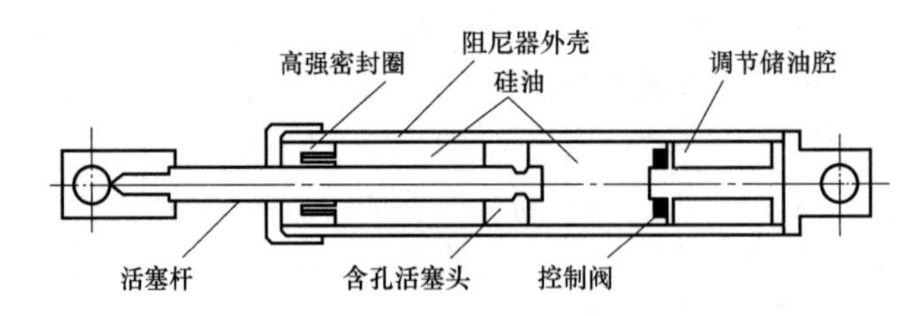

图 3-3 黏滞流体阻尼器

1）Kelvin 模型

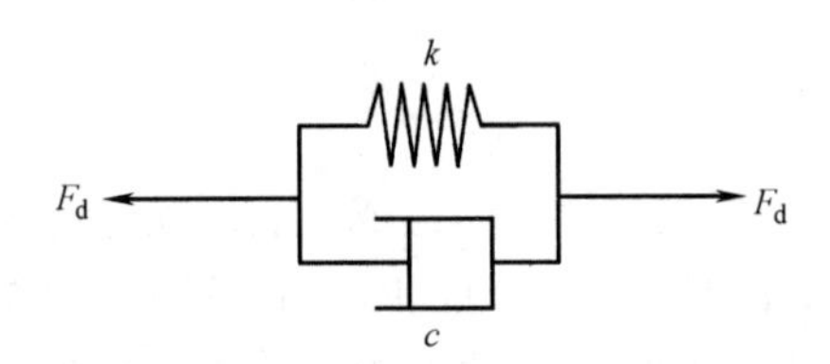

图 3-4 黏滞流体阻尼器 Kelvin 计算模型

Kelvin 模型是由弹性元件和黏壶元件相互并联而成，如果黏滞流体阻尼器表现出由刚度决定的性质，称该模型为 Kelvin 模型，如图 3-4 所示。同时假设该阻尼器也受到正弦激励时，即：

$$u(t)=u_0\sin(\omega t) \tag{3-4}$$

式中，u_0、ω 和 t 为波幅、频率和时间。则其阻尼装置抗力可表述为：

$$F_{d}(t)=ku(t)+c\dot{u}(t)=F_{0}\sin(\omega t+\varphi) \tag{3-5}$$

式中，k 和 c 分别为阻尼器的储能刚度和阻尼系数；F_0 和 φ 分别为阻尼力的幅值和该力与位移的相位差。

$$\left(\frac{F-ku}{c\omega u_{0}}\right)^{2}+\left(\frac{u}{u_{0}}\right)^{2}=1 \tag{3-6}$$

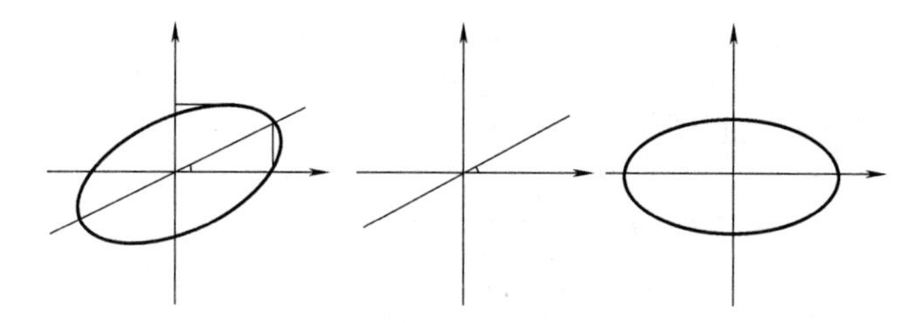

图 3-5　Kelvin 模型滞回曲线

则阻尼器的滞回曲线如图 3-5 所示。

由于 $W_d=\pi c u_0^2\omega$，则阻尼系数为：

$$c=\frac{W_{d}}{\pi u_{0}^{2}\omega} \tag{3-7}$$

储存刚度为：

$$k=\frac{F_{0}}{u_{0}}\left[1-\left(\frac{cu_{0}\omega}{F_{0}}\right)^{2}\right]^{1/2} \tag{3-8}$$

相位差为：

$$\varphi=\sin^{-1}\left(\frac{cu_{0}\omega}{F_{0}}\right) \tag{3-9}$$

由于大部分黏滞阻尼装置都具有频率依赖性，所以利用傅里叶变化和欧拉公式可以得到 Kelvin 模型的抗力表达式为：

$$\begin{aligned}F(\omega)&=k(\omega)u(\omega)+i\omega c(\omega)u(\omega)\\&=[k_{1}(\omega)+ik_{2}(\omega)]u(\omega)\\&=k^{*}(\omega)u(\omega)\end{aligned} \tag{3-10}$$

其中复合刚度 $k^*(\omega)$ 为储能刚度 $k_1(\omega)$ 和损耗刚度 $k_2(\omega)$ 之和，即：

$$k^{*}(\omega)=k_{1}(\omega)+ik_{2}(\omega) \tag{3-11}$$

$k_2(\omega)$ 可由下式计算：

$$k_{2}(\omega)=\omega c(\omega) \tag{3-12}$$

2）Maxwell 模型

当黏滞流体阻尼器表现出强烈的频率依赖性时，Constantinou 提出利用 Maxwell 模型可以得出更精确的结果。在该模型中，阻尼器与弹簧串联，如图 3-6 所示。

假设阻尼器与弹簧的位移分别为 $u_1(t)$ 和 $u_2(t)$，则有关系式：

$$u_{1}(t)+u_{2}(t)=u(t) \tag{3-13}$$

$$c_{0}\dot{u}_{1}(t)=ku_{2}(t)=F_{d}(t) \tag{3-14}$$

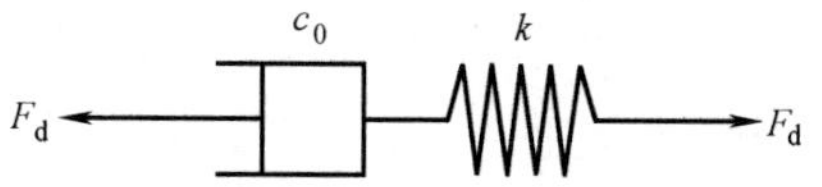

图 3-6　黏滞流体阻尼器 Maxwell 计算模型

联立式（3-13）和式（3-14）可得

$$F_{d}(t)+\lambda\dot{F}_{d}(t)=c_{0}\dot{u}(t) \tag{3-15}$$

式中，c_0 为零频率时的线性阻尼常数；k 为刚度系数；λ 为松弛时间系数，$\lambda=c_0/k$。

当激励频率在 4Hz 以下时，松弛时间对阻尼器输出力的影响可忽略，此时的 Maxwell 模型可采用纯阻尼的线性模型进行模拟。利用傅里叶变化和欧拉公式可得复 Maxwell 模型表达式：

$$u(\omega)=u_1(\omega)+u_2(\omega) \tag{3-16}$$

$$k^*(\omega)u(\omega)=ic_0\omega u_1(\omega)=ku_2(\omega) \tag{3-17}$$

联立上述两式解得：

$$k^*(\omega)=\frac{c_0\lambda\omega^2}{1+\lambda^2\omega^2}+i\frac{c_0\omega}{1+\lambda^2\omega^2} \tag{3-18}$$

将 $\lambda=c_0/k$ 代入上式，便可得储能刚度和损耗刚度：

$$k_1(\omega)=\frac{c_0\lambda\omega^2}{1+\lambda^2\omega^2}+i\frac{k\lambda^2\omega^2}{1+\lambda^2\omega^2} \tag{3-19}$$

$$k_2(\omega)=\frac{c_0\omega}{1+\lambda^2\omega^2} \tag{3-20}$$

阻尼系数为：

$$c(\omega)=\frac{k_2(\omega)}{\omega}=\frac{c_0}{1+\lambda^2\omega^2} \tag{3-21}$$

2. Maxwell 型阻尼器优化参数

Maxwell 型黏滞流体阻尼器连接的相邻单自由度模型如图 3-7 所示，c_0 与 k 分别为阻尼器零频率阻尼系数和刚度。地震激励下，相邻塔楼运动方程如下：

$$\left.\begin{aligned}m_1\ddot{x}_1(t)+c_1\dot{x}_1(t)+k_1x_1(t)+f_\Gamma(t)=-m_1\alpha_1\ddot{u}_g(t)\\ m_2\ddot{x}_2(t)+c_2\dot{x}_2(t)+k_2x_2(t)-f_\Gamma(t)=-m_2\alpha_2\ddot{u}_g(t)\\ f_\Gamma(t)+\lambda\dot{f}_\Gamma(t)=c_0(\dot{x}_1(t)-\dot{x}_2(t))\end{aligned}\right\} \tag{3-22}$$

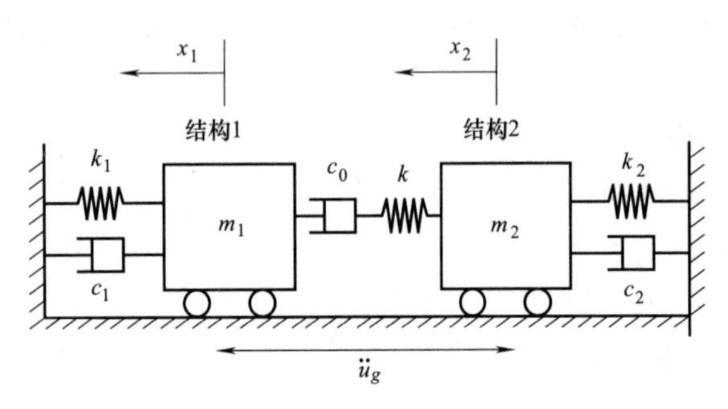

图 3-7 Maxwell 型阻尼器连接的双体单自由度结构模型

如前，共讨论了两种不同的控制目标：

（1）控制目标 1：使结构 1 的平均相对振动能量最小

控制目标 1 为使结构 1 的平均相对振动能量为最小，分为结构 1 自振频率大于结构 2 自振频率和结构 1 自振频率小于结构 2 自振频率两种情况，则 Maxwell 型黏滞流体阻尼器的优化参数 ξ_{opt} 与 χ_{opt} 表达式如下：

当 $\beta\leqslant1$ 时

$$\left.\begin{aligned}\xi_{opt}=\frac{(1-\beta^2)\sqrt{\mu}}{\sqrt{-\mu\beta^4+\mu(3+4\mu)+(4+6\mu)\beta^2}}\\ \chi_{opt}=\frac{(1+2\mu+\beta^2)\sqrt{\mu}}{\sqrt{-\mu\beta^4+\mu(3+4\mu)+(4+6\mu)\beta^2}}\end{aligned}\right\} \tag{3-23}$$

当 $\beta>1$ 时

$$\left.\begin{aligned}\xi_{opt}=\frac{(\beta^2-1)\sqrt{\mu}}{2(1+\mu)\sqrt{\mu+\beta^2}}\\ \chi_{opt}=0\end{aligned}\right\} \tag{3-24}$$

Maxwell 型黏滞流体阻尼器的零频率阻尼系数与松弛时间可表示为：

$$\left.\begin{aligned}c_0&=2\xi_{\mathrm{opt}}m_1\omega_1\\ \lambda&=\chi_{\mathrm{opt}}/\omega_1\end{aligned}\right\}\tag{3-25}$$

（2）控制目标2：使相邻塔楼总的平均相对振动能量最小

限制结构2与结构1的频率比$\beta\leqslant1$，对于$\beta>1$的情形只需将结构1与结构2角色互换即可。则Maxwell型黏滞流体阻尼器总的优化参数ξ_{opt}与χ_{opt}表达式为：

当$\mu\geqslant1$时

$$\left.\begin{aligned}\xi_{\mathrm{opt}}&=\frac{\sqrt{(1+\mu^2)(\mu^2+\beta^2)(1-\beta^2)^2}}{(1+\mu)\sqrt{\mu((8-\mu)\beta^4+\mu(8\mu-1)+18\mu\beta^2)}}\\ \chi_{\mathrm{opt}}&=\frac{((\mu-2)\beta^2+\mu(2\mu-1))\sqrt{(1+\mu^2)}}{\sqrt{\mu(\mu^2+\beta^2)((8-\mu)\beta^4+\mu(8\mu-1)+18\mu\beta^2)}}\end{aligned}\right\}\tag{3-26}$$

当$\mu<1$，$\beta^2<\mu(2\mu-1)/(2-\mu)$时

$$\left.\begin{aligned}\xi_{\mathrm{opt}}&=\frac{\sqrt{(1+\mu^2)(\mu^2+\beta^2)(1-\beta^2)^2}}{(1+\mu)\sqrt{\mu((8-\mu)\beta^4+\mu(8\mu-1)+18\mu\beta^2)}}\\ \chi_{\mathrm{opt}}&=\frac{((\mu-2)\beta^2+\mu(2\mu-1))\sqrt{1+\mu^2}}{\sqrt{\mu(\mu^2+\beta^2)((8-\mu)\beta^4+\mu(8\mu-1)+18\mu\beta^2)}}\end{aligned}\right\}\tag{3-27}$$

当$\mu<1$，$\beta^2\geqslant\mu(2\mu-1)/(2-\mu)$时

$$\left.\begin{aligned}\xi_{\mathrm{opt}}&=\frac{\sqrt{(1+\mu^2)(1-\beta^2)^2}}{2(1+\mu)\sqrt{(1+\mu)(\mu+\beta^2)}}\\ \chi_{\mathrm{opt}}&=0\end{aligned}\right\}\tag{3-28}$$

在阻尼器连接的相邻双体单自由度结构模型中，Kelvin型与Maxwell型阻尼器的优化参数可以由两相邻塔楼的第一阶自振圆频率和总质量表示。

3. 相邻塔楼计算模型及地震动输入的选取

（1）相邻塔楼计算模型

本节分析采取的模型为西安市某高校行政办公楼，为两相邻塔楼，结构1为10层钢筋混凝土框架，结构2为6层钢筋混凝土框架，结构平立面布置均匀，为简化计算，两结构各取其中一榀建立二维模型。两结构主要设计参数如下：建筑场地Ⅱ类，抗震设防烈度8度，设计基本地震加速度0.20g，设计地震分组第二组，框架抗震等级：结构1为一级，结构2为二级。基本风压0.35kN/m^2，基本雪压0.25kN/m^2。混凝土强度等级：柱、梁、楼板均为C35；梁、柱主筋HRB335级，箍筋HPB300级；结构层高均为3.6m。截面尺寸：结构1：梁300mm×800mm；柱750mm×750mm；结构2：梁300mm×800mm；柱800mm×800mm。各结构楼板厚100mm。梁柱结构平面布置如图3-8、图3-9所示。相邻塔楼计算模型如图3-10所示。

采用OpenSees程序对该结构建立二维模型并进行增量动力分析（Incremental Dynamic Analysis，IDA）。Maxwell型阻尼器材料选用uniaxial Material Maxwell模拟。梁、柱及Maxwell型阻尼器选用基于位移的非线性纤维梁柱单元模拟。采用OpenSees分析得到结构1的第一阶自振频率$\omega_1=8.418$rad/s，结构2第一阶自振频率$\omega_1=17.5254$rad/s。结构1总质量为303.0705t，结构2总质量为203.8021t。

采用Maxwell阻尼器，结构每层各布置一个阻尼器（共计6个），阻尼器参数：若使结构1和结构2的总振动能量最小，由式（3-26）～式（3-28）计算出的阻尼器阻尼系数和为$c_0=1.4478\times10^6$N·s/m，松弛系数为0.0408，刚度系数和为$k=3.5485\times10^6$N/m，则每个阻尼器阻尼系数、刚度系数分别为2.413×10^5N·s/m、5.914×10^6N/m。

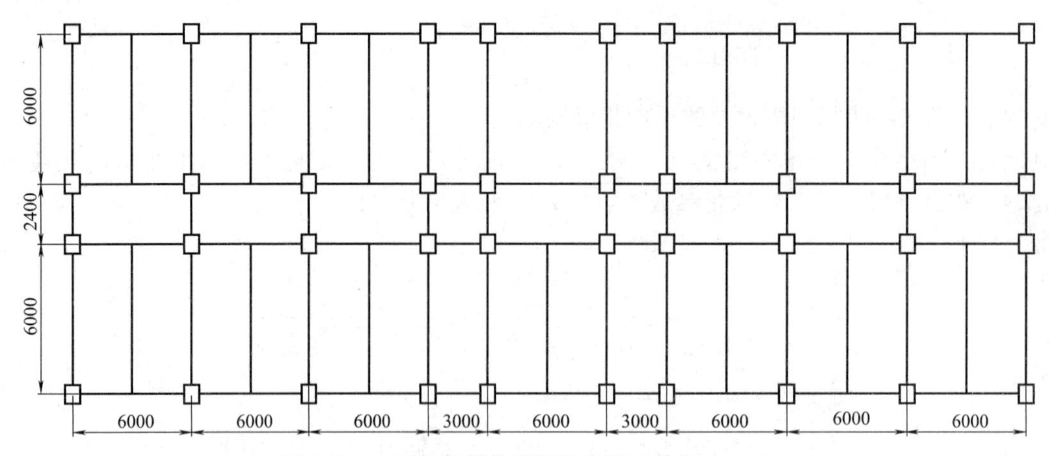

图 3-8 10 层框架结构平面示意图（单位：mm）

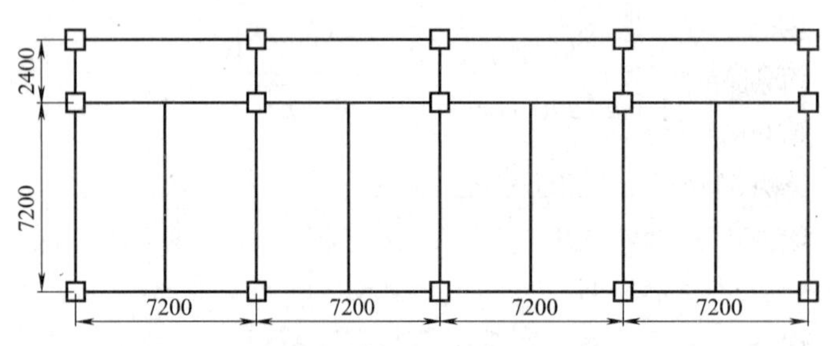

图 3-9 6 层框架结构平面示意图（单位：mm）

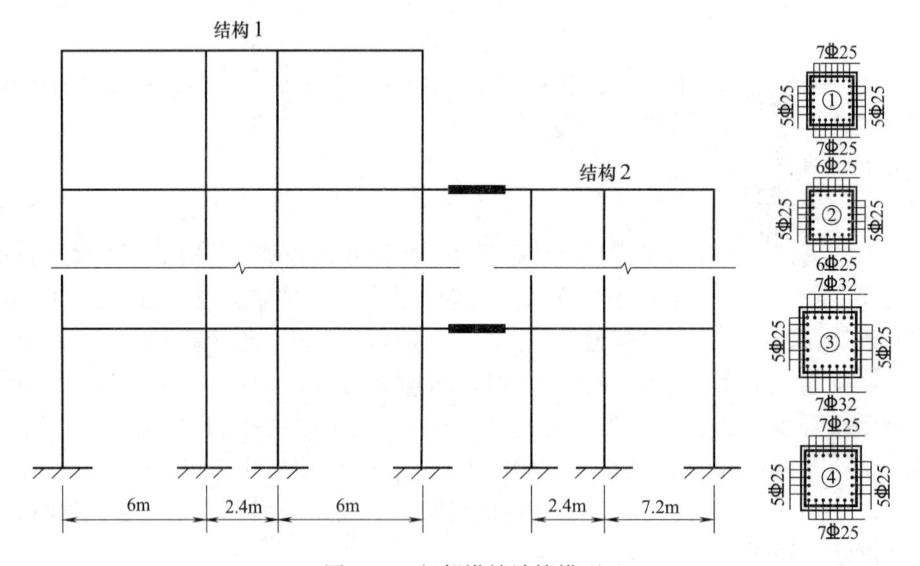

图 3-10 相邻塔楼计算模型

（2）地震动输入的选取

有关学者曾研究过，对于中等高度的建筑，选取 10～20 条地震记录进行增量动力分析可以得到较为精确的地震需求估计。一般地，地震动可以通过两种方式得到：①人工模拟地震动；②收集已有的地震动记录。无论采取何种方法生成人工地震动，都希望尽可能与规范的设计参数相符，因此人工地震动的目标反应谱通常都采用抗震规范给出的标准反应谱。然而，由于地震动的随机性，反应谱也是随机的。标准反应谱主要体现的是地震动反应谱的均值特性。采用拟合标准反应谱生成人工地震动的方法，忽略了反应谱的变异特性，生成的人工地震波可能不能充分体现地震动的随机性。而另一方面，由于地震台网的迅速发展以及地震观测仪的改进，20 世纪末全球范围内的几次大地震中获得了大量的地震动

记录，鉴于此，本节增量动力分析选用已有的地震记录作为地震动输入。本节算例所处的场地为《建筑抗震设计规范》GB 50011—2010（2016年版）中所规定的Ⅱ类场地，故通过美国太平洋地震工程研究中心（PEER）的数据库，选取相当于Ⅱ类场地的20条、震级在6.5～6.9的实际远场地震记录作为IDA地震输入，各地震波特性见表3-1；各地震波的加速度反应谱及其均值反应谱见图3-11。

输入的远场地震记录　　表3-1

序号	地震记录	震级	台站	断层距(km)	分量	PGA(g)
1	Loma Prieta, 1989	6.9	Agnews State Hospital	28.2	090	0.159
2	Imperial Valley, 1979	6.5	Compuertas	32.6	285	0.147
3	Imperial Valley, 1979	6.5	Plaster City	31.7	135	0.057
4	Loma Prieta, 1989	6.9	Hollister Diff. Array	25.8	255	0.279
5	Loma Prieta, 1989	6.9	Anderson Dam Downstrm	21.4	270	0.244
6	Loma Prieta, 1989	6.9	CoyoteLake Dam Downstrm	22.3	258	0.179
7	Imperial Valley, 1979	6.5	El Centro Array No. 12	18.2	140	0.143
8	Imperial Valley, 1979	6.5	Cucapah	23.6	085	0.309
9	Loma Prieta, 1989	6.9	Anderson Dam Downstrm	21.4	360	0.24
10	Imperial Valley, 1979	6.5	Chihuahua	28.7	012	0.27
11	Imperial Valley, 1979	6.5	El Centro Array No. 13	21.9	140	0.117
12	Imperial Valley, 1979	6.5	Westmoreland Fire Station	15.1	090	0.074
13	Loma Prieta, 1989	6.9	Hollister South & Pine	28.8	000	0.371
14	Imperial Valley, 1979	6.5	Chihuahua	28.7	282	0.254
15	Imperial Valley, 1979	6.5	El Centro Array No. 13	21.9	230	0.139
16	Imperial Valley, 1979	6.5	Westmoreland Fire Station	15.1	180	0.11
17	Loma Prieta, 1989	6.9	Halls Valley	31.6	090	0.103
18	Imperial Valley, 1979	6.5	Compuertas	32.6	015	0.186
19	Imperial Valley, 1979	6.5	Plaster City	31.7	045	0.042
20	Loma Prieta, 1989	6.9	Hollister Diff. Array	25.8	165	0.269

3.2.2　算例分析

1. 结构性能水平的确定

选取可以表征结构整体破坏指标的最大层间位移角作为工程需求参数（Damage Measure，DM），将结构的极限状态划分为立即使用（Immediately Occupation，IO）、轻微破坏（Slightly Damage，SD）、生命安全（Life Safety，LS）和防止倒塌（Collapse Prevention，CP）4个状态，各极限状态对应的性能目标见表3-2。

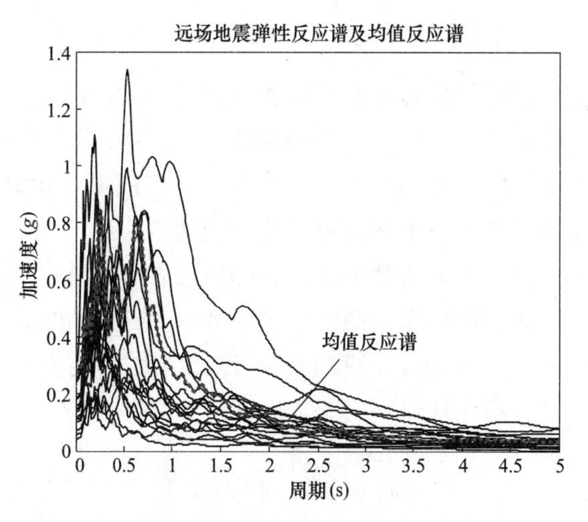

图3-11　各地震记录加速度反应谱及均值反应谱

2. 增量动力分析

选取峰值加速度为地震动强度指标（Intensity Measure，IM），选取最大层间位移角为工程需求参数指标（DM），对相邻塔楼进行前述20条地震动作用下的增量动力分析（IDA），每条地震动调幅25次，得到结构1、结构2未控和受控时的IDA曲线，如图3-12、图3-13所示。

各性能极限状态的性能目标　　表3-2

性能水平	IO	SD	LS	CP
最大层间位移角	0.005	0.01	0.02	0.04

由图3-12结构1未控和控制下的IDA曲线可以看出，相同的地震动水平下结构1在未控和控制下

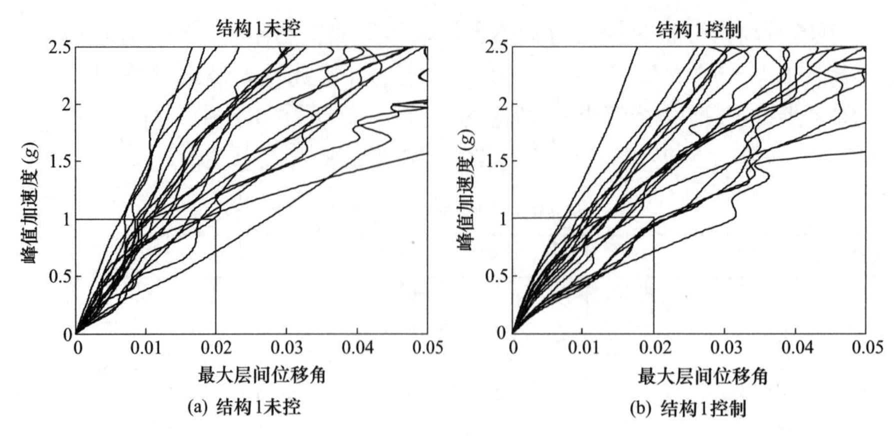

(a) 结构1未控　(b) 结构1控制

图 3-12　结构 1 IDA 曲线

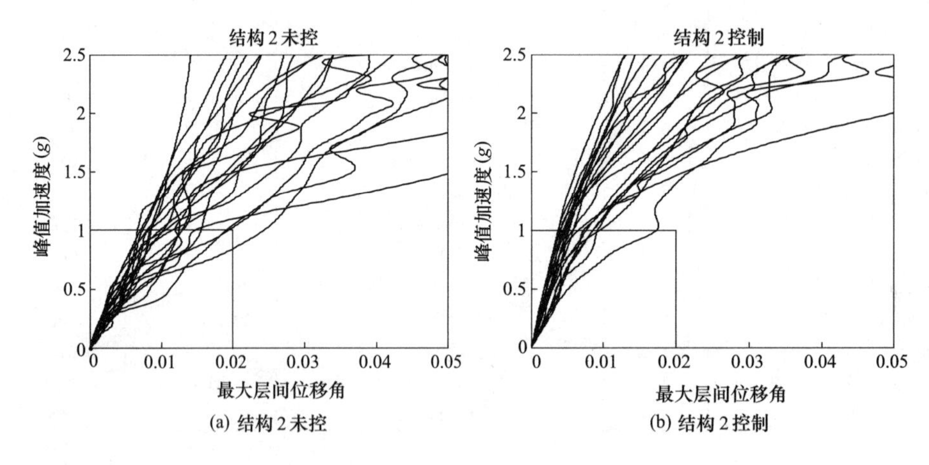

(a) 结构2未控　(b) 结构2控制

图 3-13　结构 2 IDA 曲线

的最大层间位移角的响应值差别并不大，即由 IDA 曲线并不能发现 Maxwell 型阻尼器对结构 1 有较好的控制效果；而由图 3-13 结构 2 的 IDA 曲线可以较为清楚地发现在各地震动水平下，受控情况下的最大层间位移角均小于未控情况下的响应值，由此可以看出 Maxwell 型阻尼器对结构 2 在各地震动及地震动强度水平下均有较好的控制效果。

为了更为清楚地比较相邻塔楼在 Maxwell 型阻尼器控制下、不同地震动强度水平下对结构 1 和结构 2 的控制效果，图 3-14、图 3-15 给出了相邻塔楼在 Imperial Valley（015 分量）地震波作用下，峰值加速度为 0.2g、0.9g 时各结构顶层位移时程响应情况。由于篇幅受限，其余 19 条地震波作用下的顶层时程响应从略。

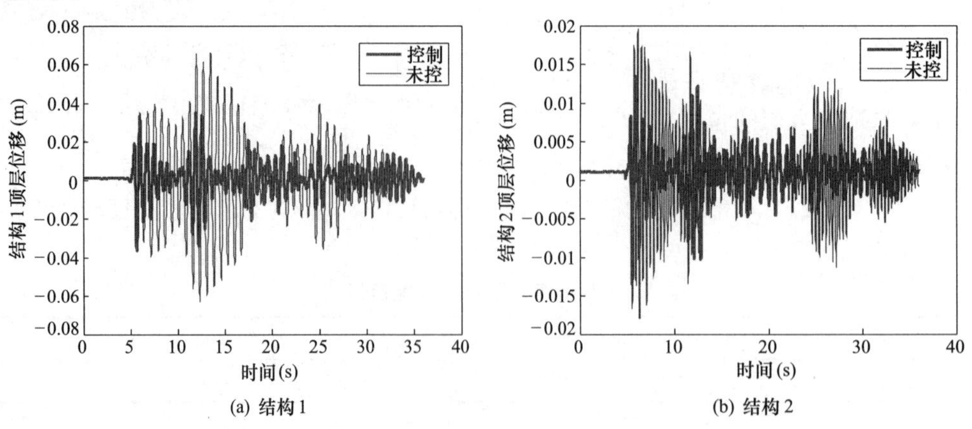

(a) 结构1　(b) 结构2

图 3-14　相邻塔楼顶层位移时程（PGA=0.2g）

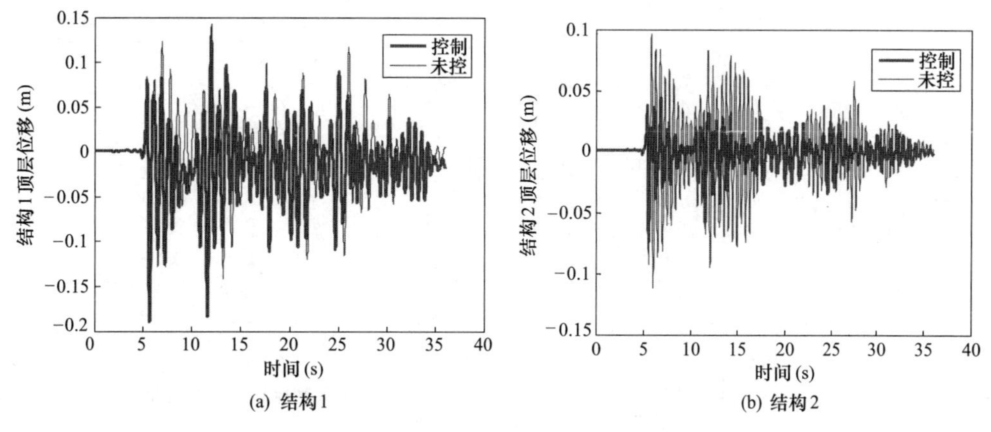

图 3-15　相邻塔楼顶层位移时程（PGA＝0.9g）

由图 3-14 可以看出，当地震动强度较小时，结构处于弹性阶段，按照弹性理论计算的连接相邻塔楼的 Maxwell 型阻尼器优化参数对两结构的控制效果均较好；但是，在大震作用下，两结构表现出较强的非线性行为，由图 3-15 可以看出，Maxwell 型阻尼器仅对结构 2 的控制效果较好，对结构 1 的控制效果不明显，甚至在某些时刻会略放大结构 1 的响应。因此按照文献设计的 Maxwell 型阻尼器，当结构遭遇大震时尚应重新考虑阻尼器的优化参数。

为了比较 Maxwell 型阻尼器在不同地震动强度下的耗能减振性能，图 3-16 给出了 Imperial Valley（015 分量）地震波作用下，峰值加速度为 0.2g、0.9g 时，布置在相邻塔楼顶层（结构 2 的顶层）的阻尼器滞回曲线。

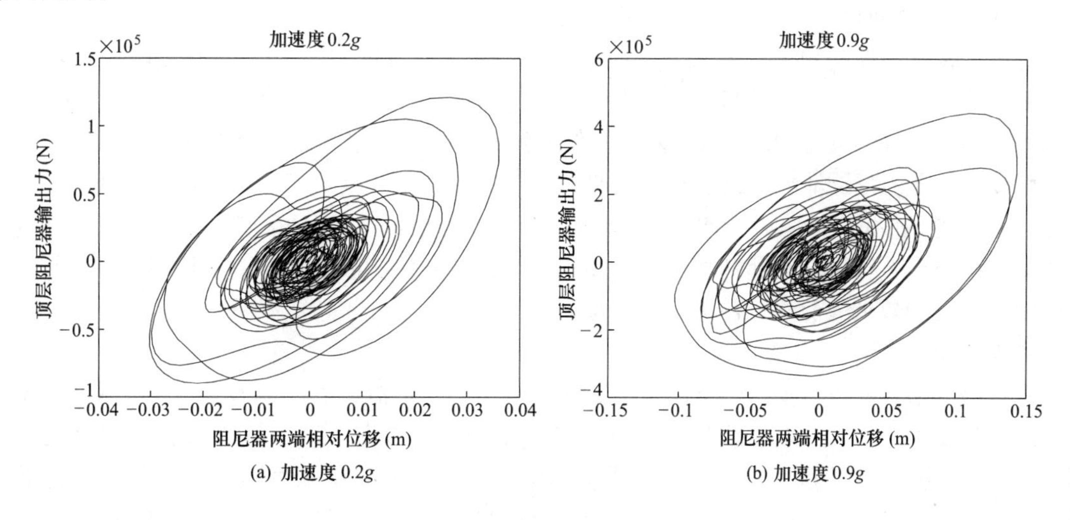

图 3-16　相邻塔楼顶层阻尼器滞回曲线

由图 3-16 可以看出，在 0.2g 峰值加速度作用下，阻尼器的最大输出力约为 121kN，阻尼器冲程约为±40mm；在 0.9g 峰值加速度作用下，阻尼器的最大输出力约为 441kN，阻尼器冲程约为±150mm。阻尼器最大输出力比 0.2g 加速度时的输出力增大了 2.6 倍，阻尼器冲程也相应增大了 2.75 倍，说明此时阻尼器的耗能减振作用仍十分明显。但是，此时的耗能减振效果应该主要集中在结构 2，由图 3-12、图 3-13 的 IDA 曲线及图 3-15 相邻塔楼在 0.9g 峰值加速度下的顶层位移时程，可以得出这一推测。

3. 地震易损性分析

为了进一步研究 Maxwell 型阻尼器优化参数控制理论对相邻塔楼在不同地震波作用及不同强度地震动水平下的控制效果，并能从性能评估的角度研究相邻塔楼在不同极限状态下的抗震性能，图 3-17 给出了相邻塔楼在立即使用（IO）、轻微破坏（SD）、生命安全（LS）和防止倒塌（CP）4 个极限状态

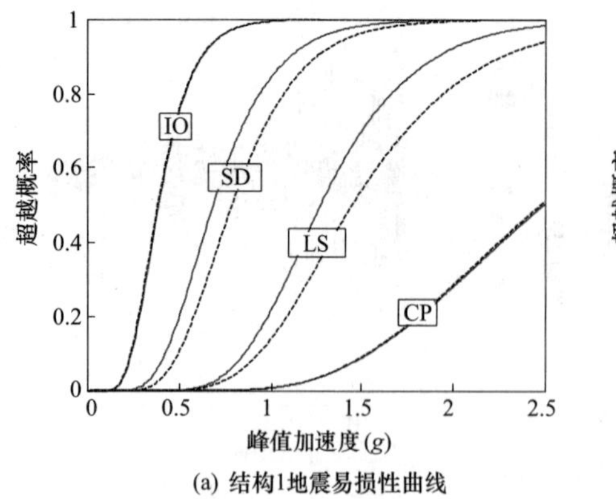

(a) 结构1地震易损性曲线

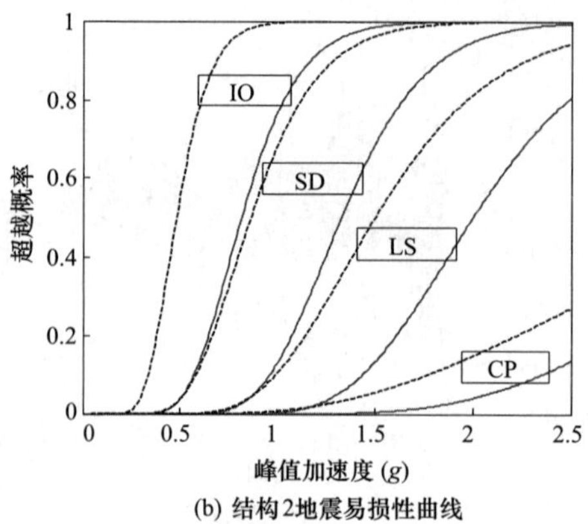

(b) 结构2地震易损性曲线

图 3-17 相邻塔楼的地震易损性曲线

下的地震易损性曲线（实线为控制下的地震易损性曲线，虚线为未控下的地震易损性曲线）。

从图 3-17 可以看出，随着结构从立即使用发展到防止倒塌状态，结构的易损性曲线逐渐变得扁平，尤其是结构 2，说明结构 2 的抗震安全性要优于结构 1。

通过对比结构 1 在控制和未控情况下的地震易损性曲线发现，受控后的易损性曲线在立即使用（IO）和防止倒塌（CP）性能水平下与未控情况非常接近，说明阻尼器在此性能水平下对结构 1 的控制效果不明显；而在轻微破坏（SD）和生命安全（LS）性能水平下的超越概率均大于未控的情况，即在此性能水平下阻尼器对结构 1 的动力响应反而起到了放大的作用。前述的 IDA 曲线和结构 1 在不同地震动强度下的顶层位移时程响应也可以得出相似的结论。

通过对比结构 2 在控制和未控情况下的地震易损性曲线，可以看出 Maxwell 型阻尼器对结构 2 在各个性能极限状态下的控制效果均较好，结构 2 在立即使用（IO）、轻微破坏（SD）、生命安全（LS）和防止倒塌（CP）性能极限状态下的超越概率均远小于未控时的超越概率。因此，可以看出，前述不同地震动强度下顶层阻尼器滞回曲线表现出的良好的耗能能力主要是对于结构 2 的控制效应。

因此，从性能评估的角度可以得出，由文献［63］计算出的 Maxwell 型阻尼器优化参数对结构 1 的控制效果并不显著，有时甚至起到相反的作用；对结构 2 各性能极限状态下的控制效果均较好，但是对相邻塔楼总的控制效果的衡量有待进一步论证。

4. 参数化分析

为了探寻相邻塔楼在各性能水平下均具有的较为合适的阻尼器参数，本节进行了大量的、不同阻尼器参数下的增量动力分析，并基于增量动力分析得出了相邻塔楼在不同阻尼器参数下的地震易损性曲线。因 Maxwell 型阻尼器刚度系数对控制效果的影响较小，本节仅研究不同阻尼参数下相邻塔楼的地震易损性曲线，并以地震易损性最小为原则选取了合适的阻尼参数。图 3-18、图 3-19 给出了相邻塔楼在不同阻尼参数下的地震易损性曲线。

由图 3-18 可以看出，对于结构 1 而言，当结构经历立即使用（IO）、轻微破坏（SD）和生命安全（LS）3 个阶段时，阻尼器阻尼参数设置为 1.0×10^4N·s/m 时，结构的超越概率为最小；而在经历防止倒塌（CP）阶段时，即便将阻尼加大到 1.0×10^6N·s/m，其超越概率与阻尼为 1.0×10^4N·s/m 和 1.0×10^5N·s/m 时的超越概率比较接近，并可以看出按照文献计算出的阻尼优化参数 2.4×10^5N·s/m 下的超越概率最大。

对于结构 2，由图 3-19 可以看出，当结构经历立即使用（IO）、轻微破坏（SD）和生命安全（LS）3 个阶段，阻尼器阻尼参数设置为 1.5×10^5N·s/m 时，结构的超越概率基本为最小；而在经历防止倒塌（CP）阶段时，若将阻尼参数设置为由文献计算出的优化参数 2.4×10^5N·s/m，结构 2 的超越概率最小，设置为 1.5×10^5N·s/m 时次之。

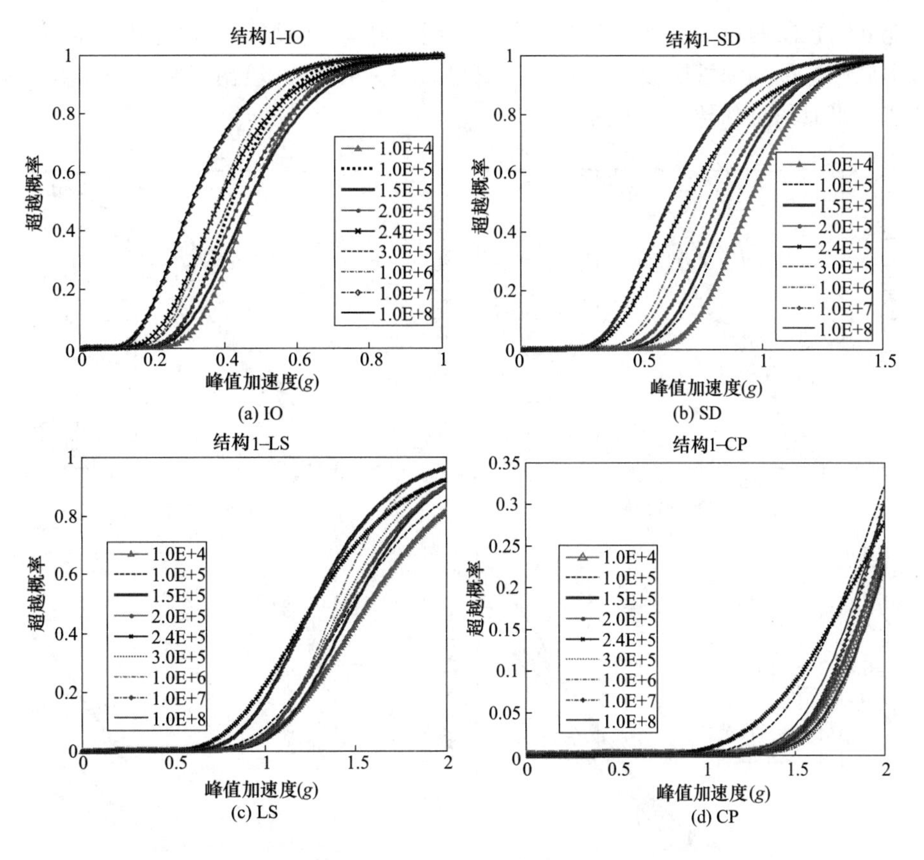

图 3-18　结构 1 在不同阻尼器参数下的易损性曲线

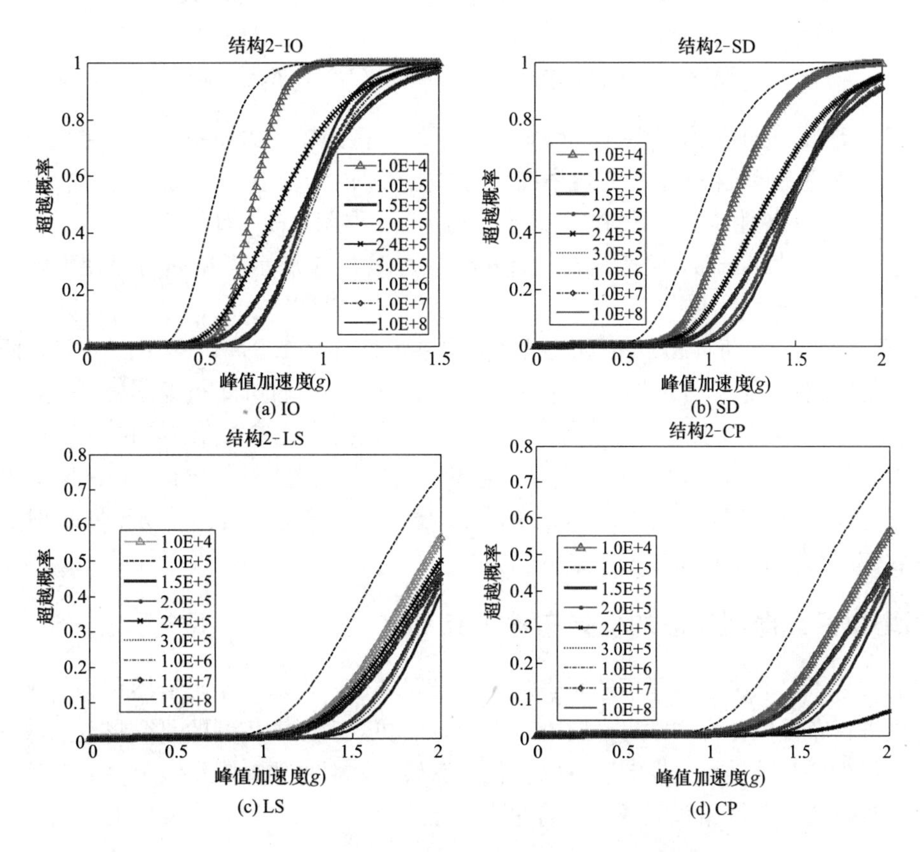

图 3-19　结构 2 在不同阻尼器参数下的易损性曲线

为了找到能同时控制两结构在不同性能水平下的超越概率的阻尼器优化参数，本节以两结构总超越概率最小为基本原则选取相邻塔楼较为合适的阻尼参数值。图 3-20 给出了相邻塔楼在不同阻尼器阻尼参数、不同性能水平时的总超越概率曲线。

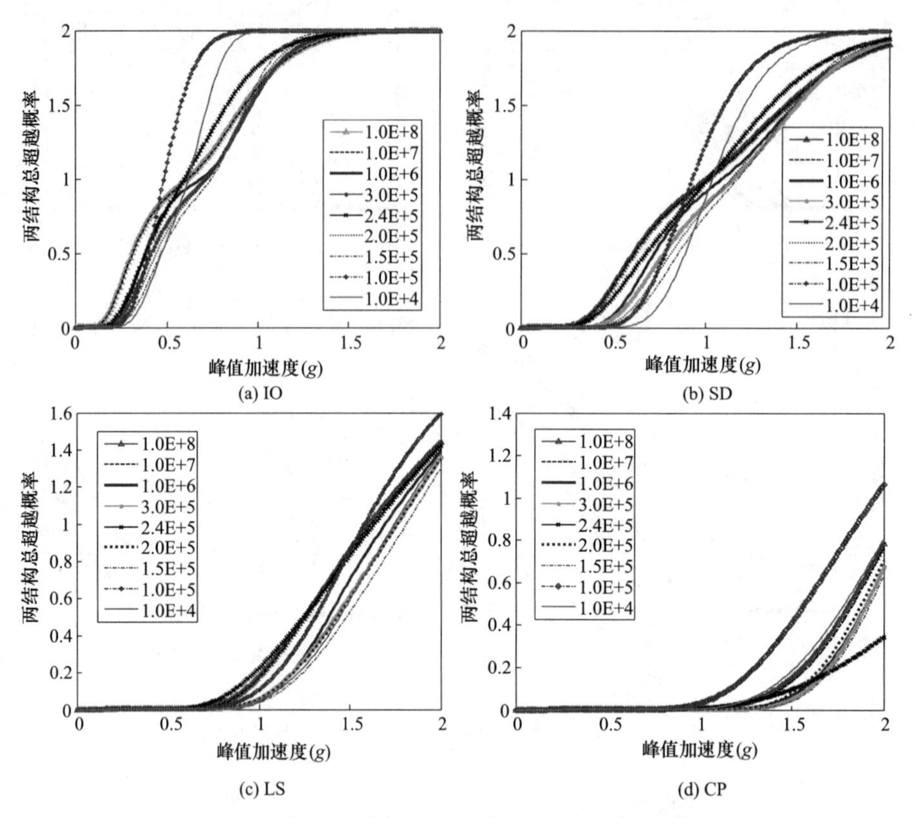

图 3-20　相邻塔楼在不同阻尼器参数下的总超越概率

由图 3-20 可以看出，若使两结构在不同性能水平下均能得到较好的控制效果，阻尼器阻尼值可设为 1.5×10^5 N · s/m，该值下两结构的总超越概率在不同性能水平时均较小。由图 3-18、图 3-19 亦可以看出，该值对结构 1 和结构 2 在各性能水平下的控制效果，均优于由文献［63］计算出的 2.4×10^5 N · s/m。

为了更加直观地得到 Maxwell 型阻尼器的优化参数，图 3-21 展示了相邻塔楼在不同性能目标下的平均超越概率。

由图 3-21 可以看出，当将 Maxwell 型阻尼器优化参数设计为 1.5×10^5 N · s/m 时，两相邻塔楼在 IO、SD 和 LS 性能水平下的平均超越概率最小。另外，在 CP 性能水平下阻尼器的优化设计参数为 2.413×10^5 N · s/m，与文献中计算结果一致。但是本节建议的优化参数 1.5×10^5 N · s/m 下的平均超越概率也比较小。从图 3-21 还可以看出，若将阻尼器优化参数设置为 1.0×10^5 N · s/m，对于所有的性能水平，阻尼器的控制效果都是最差的。从图 3-21 曲线变化趋势可以看出，Maxwell 型阻尼器总会存在最优设计参数使两结构的平均超越概率最低。

3.2.3　相邻塔楼间黏滞阻尼器的优化布置研究

振动控制的效果不仅取决于相邻塔楼间阻尼器的设置参数，也取决于阻尼器在相邻塔楼中的布置方式，对控制装置进行布置优化是非常有必要的。然而，以往众多振动控制的研究将重点放在控制装置的参数优化上，即便少数文献进行过控制装置的优化布置研究，但主要局限在线弹性分析状态，所提出的控制装置的优化布置能否使得相邻塔楼在不同性能目标的地震作用下均具有良好的控制效果，值得进一步深入研究。

本节对连接 Maxwell 型阻尼器的两相邻钢筋混凝土框架结构进行了基于性能的阻尼器优化布置研

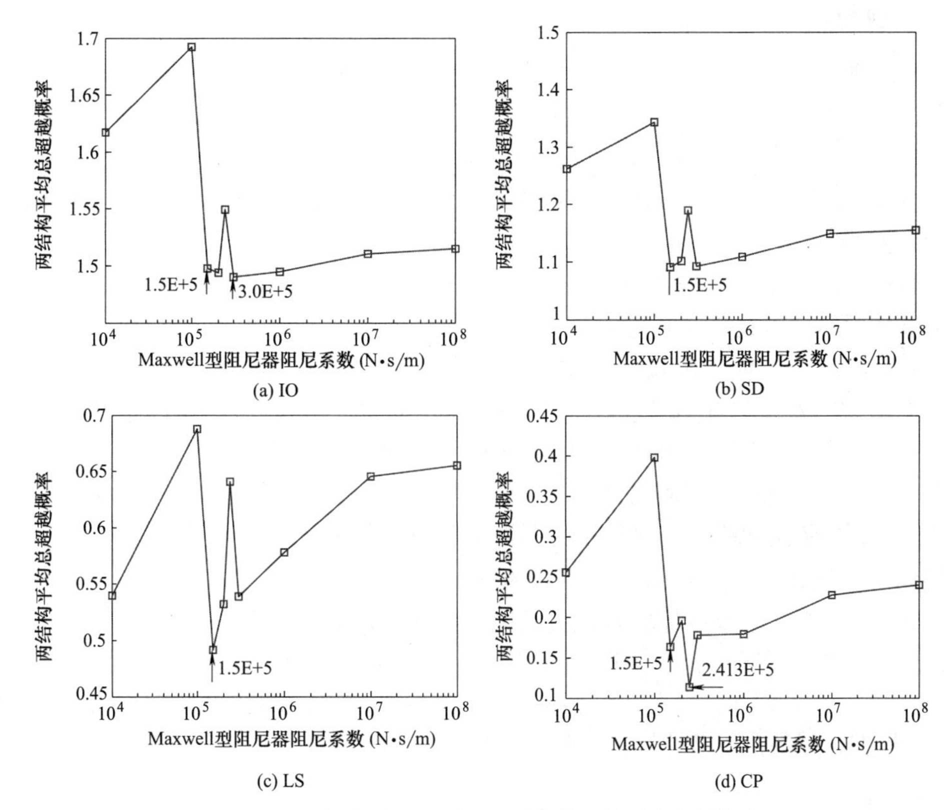

图 3-21　相邻塔楼在不同阻尼器参数下的平均超越概率

究。以使两相邻塔楼总超越概率最小为优化控制目标，首先提出了确定数目下阻尼器的优化布置位置；然后对连接不同数目、采用优化布置的阻尼器的相邻塔楼进行了地震易损性分析，得到了合理的阻尼器优化布置数目。通过本章研究，提出了相邻塔楼间连接 Maxwell 型阻尼器的优化布置的一般规律，为实际工程的应用做出了有益探讨。另外，本章所建议的 Maxwell 型阻尼器的优化布置能使得相邻塔楼在各性能目标的地震作用下均具有优良的控制效果，可以使相邻塔楼满足多目标抗震设防的需要，这是优于以往其他阻尼器优化布置研究的。

1. 相邻塔楼计算模型及地震动记录的选取

相邻塔楼计算模型及选取的地震动记录同 3.2.2 节。

2. 被动控制单元及优化问题的描述

(1) 被动控制单元

选择 Maxwell 型阻尼器作为被动控制单元。Maxwell 型阻尼器由阻尼元件与弹簧串联组成，当阻尼装置表现出具有依赖频率的性质时，选用 Maxwell 型模型可以得到较为精确的结果。

Maxwell 型模型具有非线性特性，可以模拟相邻塔楼在进入弹塑性变形阶段时控制装置的非线性行为，本节采用非线性纤维梁柱单元模拟 Maxwell 型阻尼器，阻尼器材料选用 Uniaxial Material Maxwell 模拟。

(2) 控制单元优化参数

上一节的研究中指出，若使相邻塔楼在不同性能目标的地震作用下均具有良好的控制效果，所连接的 Maxwell 型阻尼器优化参数的设置不宜采用文献中优化参数解析表达式计算出的控制装置参数值。本章参考第 3.2.2 节计算结果，选取 Maxwell 型阻尼器的阻尼优化参数值为 1.5×10^5N・s/m，进行基于性能的阻尼器的优化布置研究。

(3) 优化布置问题的描述

控制目标为尽可能地减小两结构总的地震响应，将目标函数取为两结构总的超越概率，并将该目标

函数以 P 表示，则 Maxwell 型阻尼器的优化布置问题表达如下：

$$\min P=\min[P_1(EDP_1>y|IM=im)+P_2(EDP_2>y|IM=im)] \tag{3-29}$$

$$P_i(EDP_i>y|IM=im)=\left(1-\Phi\left(\frac{\ln y-\hat{\mu}_{\ln EDP_i|IM=im}}{\hat{\beta}_{\ln EDP_i|IM=im}}\right)\right)\quad(i=1,2) \tag{3-30}$$

式中，$P_i(EDP_i>y|IM=im)(i=1,2)$ 为结构 i 在任意给定地震动强度 $IM=im$ 水平下，地震工程需求参数 EDP 超越性能目标 y 的概率。

分两步对 Maxwell 型阻尼器进行优化布置研究，第一步为 Maxwell 型阻尼器布置位置的优化，第二步为 Maxwell 型阻尼器布置数目的优化。

在第一步中，首先假设 Maxwell 型阻尼器的布置数目为一个确定的值，以 n 表示，n 将从 1 变换至 m，m 为两相邻塔楼中较低结构的楼层数。对于每一种情况，共有 C_m^n 种不同的布置位置组合方式。然后，计算出每一种布置方式对应的相邻塔楼的超越概率，经比较选出两结构总超越概率最小所对应的布置位置的组合，即为当 Maxwell 型阻尼器的布置数目为 n 时，阻尼器的最优布置位置。在第一步 Maxwell 型阻尼器的布置位置优化中，采用的是穷举法，所有阻尼器的布置位置组合均进行了考虑，这样就可以得到 Maxwell 型阻尼器的控制效果随布置位置变化的一般规律。

在第二步中，将连接不同数目且采用优化布置阻尼器的相邻塔楼在不同性能目标下的总超越概率进行比对，选取相邻塔楼总超越概率最小所对应的阻尼器数目，即为 Maxwell 型阻尼器的最优布置数目。通过这两步，对 Maxwell 型阻尼器在任何性能目标下的布置位置和数目均进行了优化，并且会得出 Maxwell 型阻尼器在相邻塔楼振动控制体系中优化布置的一般规律。

3.2.4 算例分析

1. 结构性能目标 y 的确定

仍选取可以表征结构整体破坏指标的最大层间位移角作为工程需求参数（Engineering Demand Measure，EDP），选取峰值加速度为地震动强度指标（Intensity Measure，IM），将结构的极限状态划分为立即使用（Immediately Occupation，IO）、轻微破坏（Slightly Damage，SD）、生命安全（Life Safety，LS）和防止倒塌（Collapse Prevention，CP）4 个状态，各极限状态对应的性能目标见表 3-3。

2. Maxwell 型阻尼器布置位置的优化

对连接 $\sum_{i=1}^{6}C_6^i=63$ 种布置组合情况下的阻尼器的相邻塔楼分别进行增量动力分析（IDA），得到各布置组合下的 IDA 曲线，利用 MATLAB 程序对各布置组合下的 IDA 曲线的数据进行后处理编程，得到每一 im 水平下两结构的 $\ln EDP_i$（$i=1$，2）的均值作为样本均值，记为 $\hat{\mu}_{\ln EDP_i|IM=im}$；其方差作为样本方差，记为 $\hat{\beta}_{\ln EDP_i|IM=im}$。利用式（3-29）和式（3-30）求出每一种布置组合下相邻塔楼的总超越概率。

（1）不同布置位置组合下相邻塔楼的超越概率

当两结构间仅布置 1 个 Maxwell 型阻尼器时，则共有 $C_6^1=6$ 种不同的布置位置。图 3-22～图 3-25 给出了相邻塔楼在不同布置位置、不同性能目标下（IO、SD、LS 和 CP）两结构的超越概率曲线。在图 3-22～图 3-25 中，“1”代表 Maxwell 型阻尼器布置在相邻塔楼的第 1 层，“2”代表 Maxwell 型阻尼器布置在相邻塔楼的第 2 层，其余依此类推。(图中亦给出了局部区域的放大图形，以便于对比不同阻尼器布置位置时超越概率的差异。)

由图 3-22～图 3-25 可以看出，当仅布置 1 个 Maxwell 型阻尼器时，阻尼器的优化布置位置主要取决于结构 2 的响应，不同的阻尼器布置位置对结构 1 的超越概率的影响差异较小；应尽量将阻尼器布置在相邻塔楼的顶层，这样可以使两结构在不同的性能目标下均具有较小的超越概率，并应避免将阻尼器布置在相邻塔楼的底层。

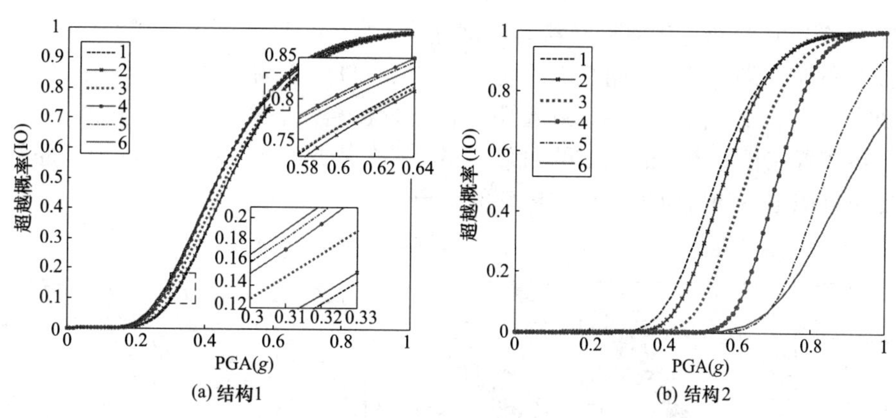

图 3-22 IO 性能目标下相邻塔楼的超越概率曲线（布置 1 个阻尼器）

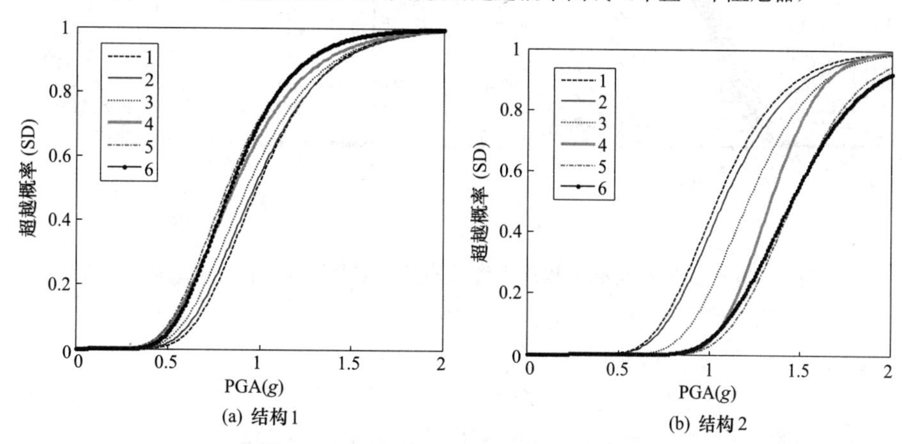

图 3-23 SD 性能目标下相邻塔楼的超越概率曲线（布置 1 个阻尼器）

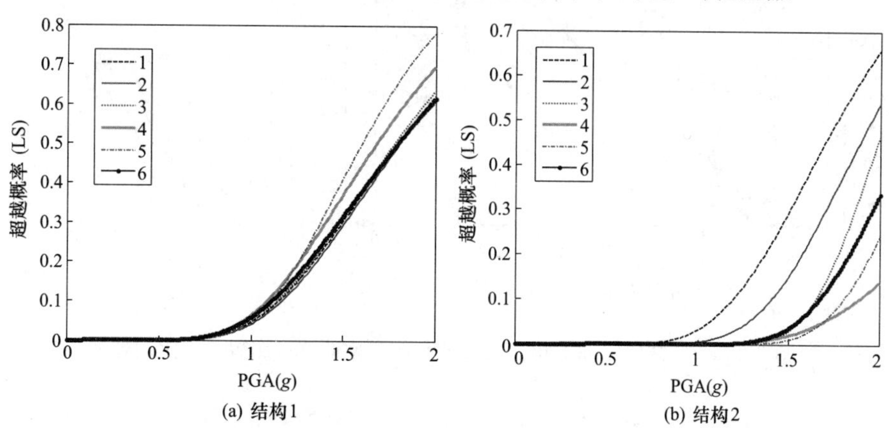

图 3-24 LS 性能目标下相邻塔楼的超越概率曲线（布置 1 个阻尼器）

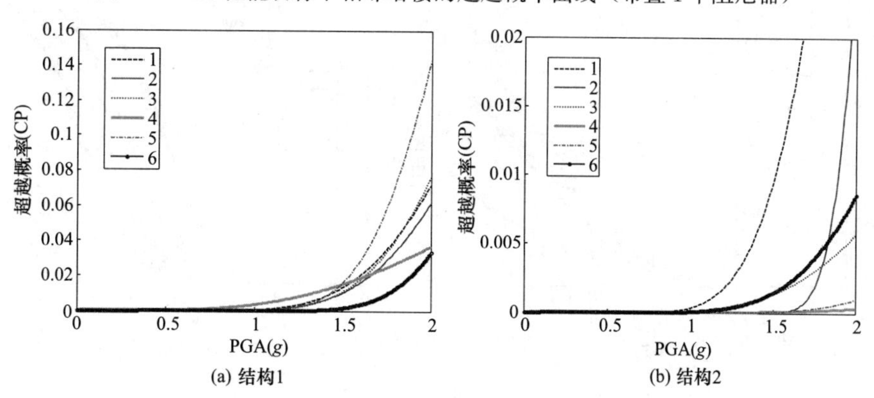

图 3-25 CP 性能目标下相邻塔楼的超越概率曲线（布置 1 个阻尼器）

当两结构间布置 2 个 Maxwell 型阻尼器时，则共有 $C_6^2=15$ 种不同的布置位置。图 3-26～图 3-29 给出了相邻塔楼在不同布置位置、不同性能目标下（IO、SD、LS 和 CP）两结构的超越概率曲线。在图 3-26～图 3-29 中，“1，2”代表 Maxwell 型阻尼器布置在相邻塔楼的第 1 层和第 2 层，“1，3”代表 Maxwell 型阻尼器布置在相邻塔楼的第 1 层和第 3 层，其余依此类推（图中亦给出了局部区域的放大图形，以便于对比不同阻尼器布置位置时超越概率的差异）。

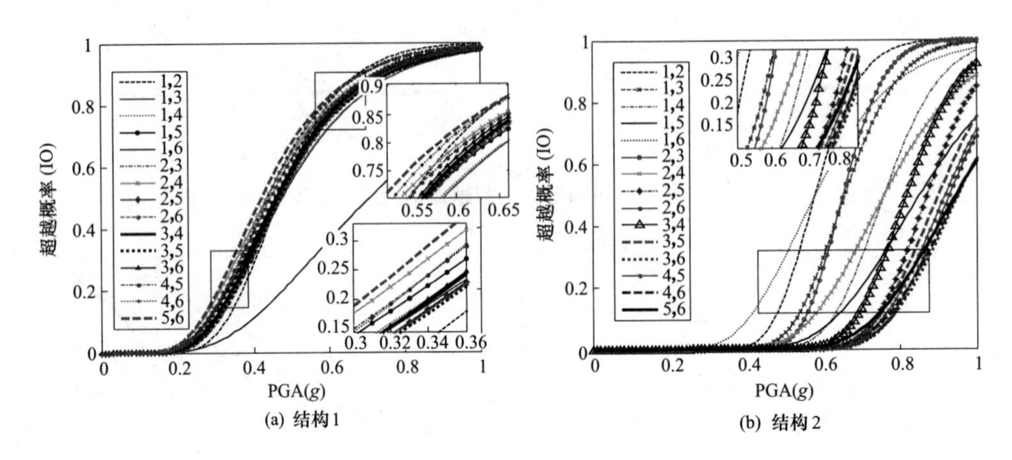

(a) 结构1　　(b) 结构2

图 3-26　IO 性能目标下相邻塔楼的超越概率曲线（布置 2 个阻尼器）

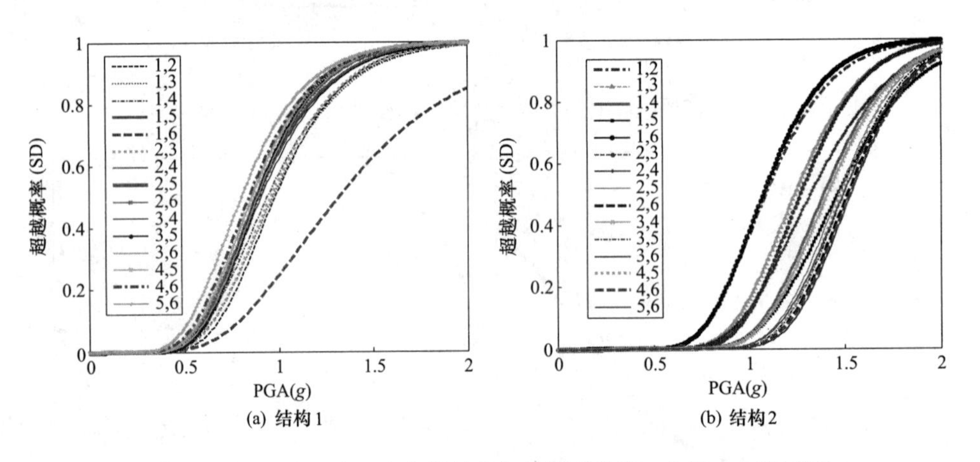

(a) 结构1　　(b) 结构2

图 3-27　SD 性能目标下相邻塔楼的超越概率曲线（布置 2 个阻尼器）

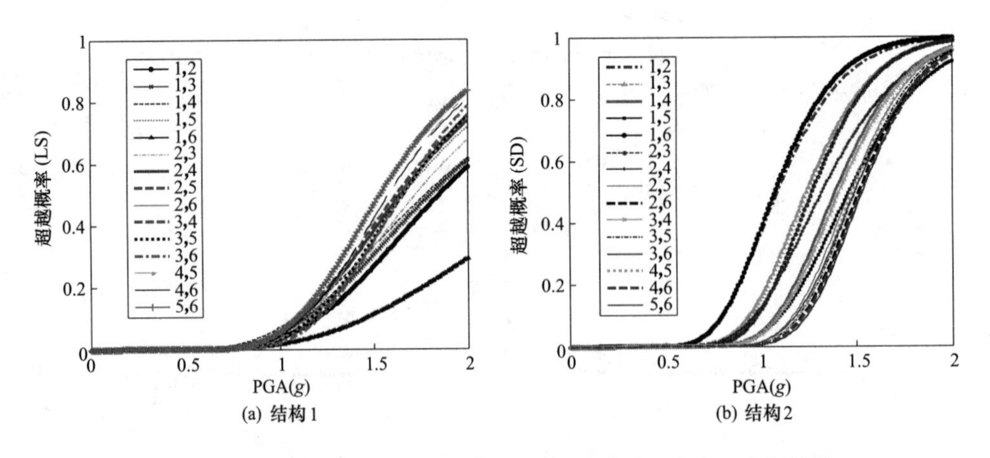

(a) 结构1　　(b) 结构2

图 3-28　LS 性能目标下相邻塔楼的超越概率曲线（布置 2 个阻尼器）

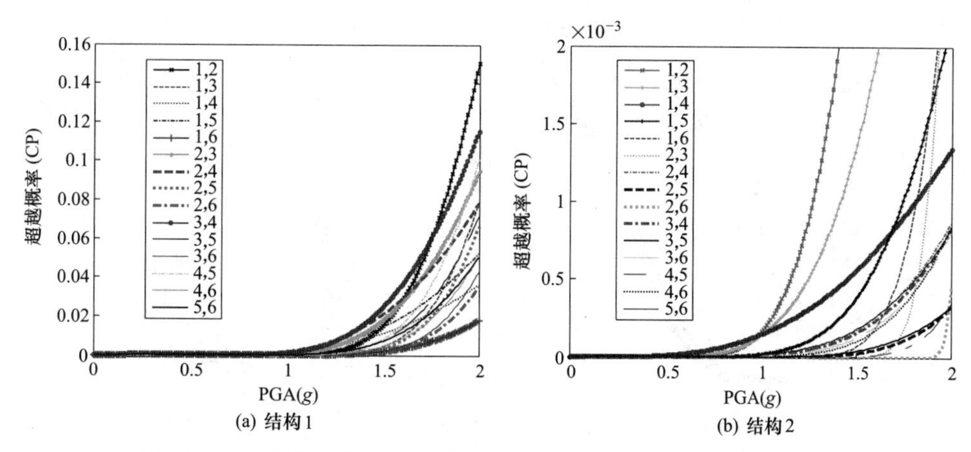

图 3-29　CP 性能目标下相邻塔楼的超越概率曲线（布置 2 个阻尼器）

当相邻塔楼仅布置 2 个 Maxwell 型阻尼器时，由图 3-26～图 3-29 可以看出，对于结构 1，在各性能目标下，有明显的优化布置组合方式即“1，6”组合，而其余布置组合下，结构 1 超越概率的差异较小，其中“5，6”和“1，2”为较差布置组合；对于结构 2，在各性能目标下，“2，6”“3，6”“4，6”均为较优布置组合，各组合下结构 2 的超越概率差异较小，而“1，2”和“1，6”为较差布置组合。由此可见，对于结构 1 是最优布置组合的情况，也许对结构 2 便是最差布置组合，若需找到适用于两相邻塔楼的最优布置组合，应以两结构总的超越概率为优化目标。

当相邻塔楼仅布置 3 个 Maxwell 型阻尼器时，有 $C_6^3=20$ 种不同的布置位置组合。图 3-30～图 3-33 给出了相邻塔楼在不同布置位置、不同性能目标下（IO、SD、LS 和 CP）两结构的超越概率曲线。在图 3-30～图 3-33 中，“1，2，3”代表 Maxwell 型阻尼器布置在相邻塔楼的第 1 层、第 2 层和第 3 层，“1，2，4”代表 Maxwell 型阻尼器布置在相邻塔楼的第 1 层、第 2 层和第 4 层，其余依此类推。由图 3-30～图 3-33 可以看出，对于结构 1，在各性能目标下，有明显的优化布置组合方式——“2，3，6”“2，4，5”“2，4，6”“2，5，6”，这几种阻尼器布置组合下，结构 1 超越概率较小，其余布置组合下，结构 1 的超越概率较大且不同布置组合间的差异较小，其中若集中将阻尼器布置在结构的底部、中部或顶部，结构 1 的超越概率较大；对于结构 2，在各性能目标下，将阻尼器布置在“1，4，6”“1，5，6”时，结构 2 有较小的超越概率，当集中布置在结构底部时，超越概率最大。由此可见，两结构的优化布置位置组合有较大差异，若要找到适合于两个结构的优化布置位置，同样需要以两结构总的超越概率为优化目标，进行进一步的优化计算。

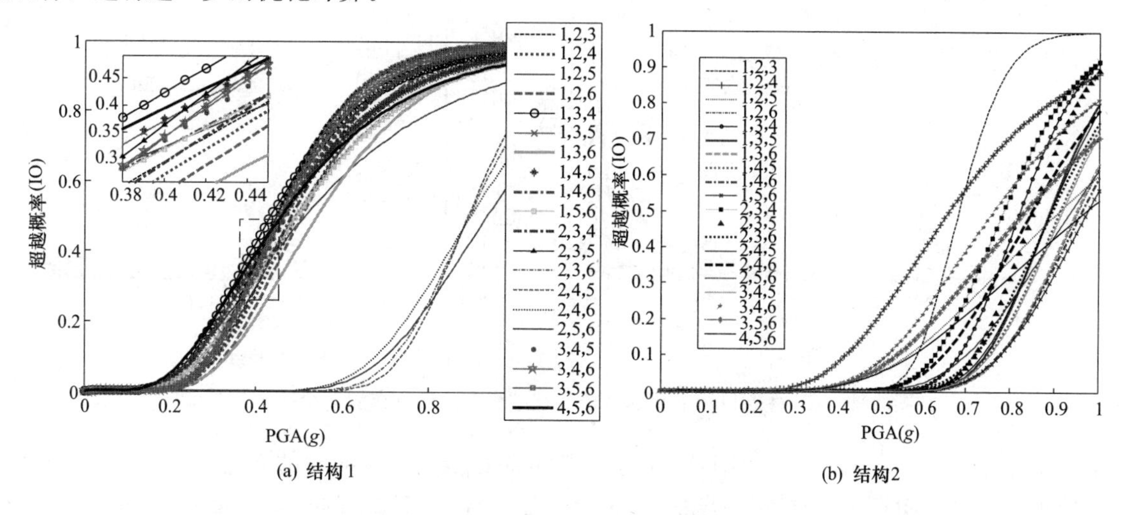

图 3-30　IO 性能目标下相邻塔楼的超越概率曲线（布置 3 个阻尼器）

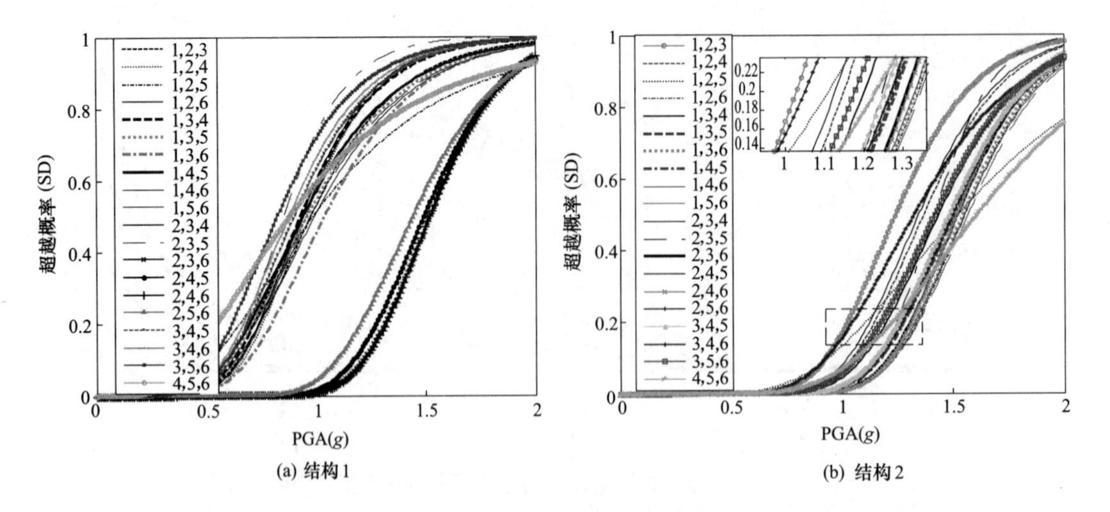

(a) 结构1 (b) 结构2

图 3-31 SD 性能目标下相邻塔楼的超越概率曲线（布置 3 个阻尼器）

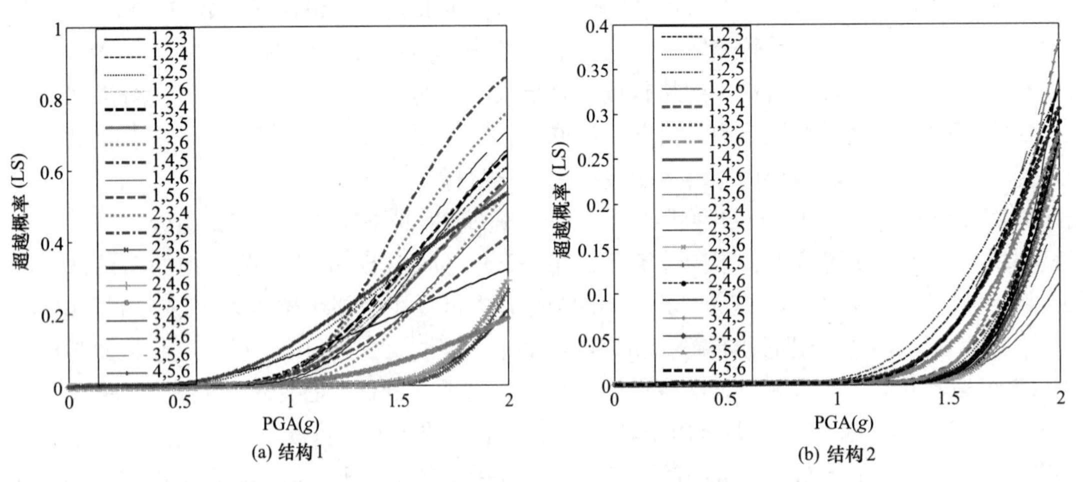

(a) 结构1 (b) 结构2

图 3-32 LS 性能目标下相邻塔楼的超越概率曲线（布置 3 个阻尼器）

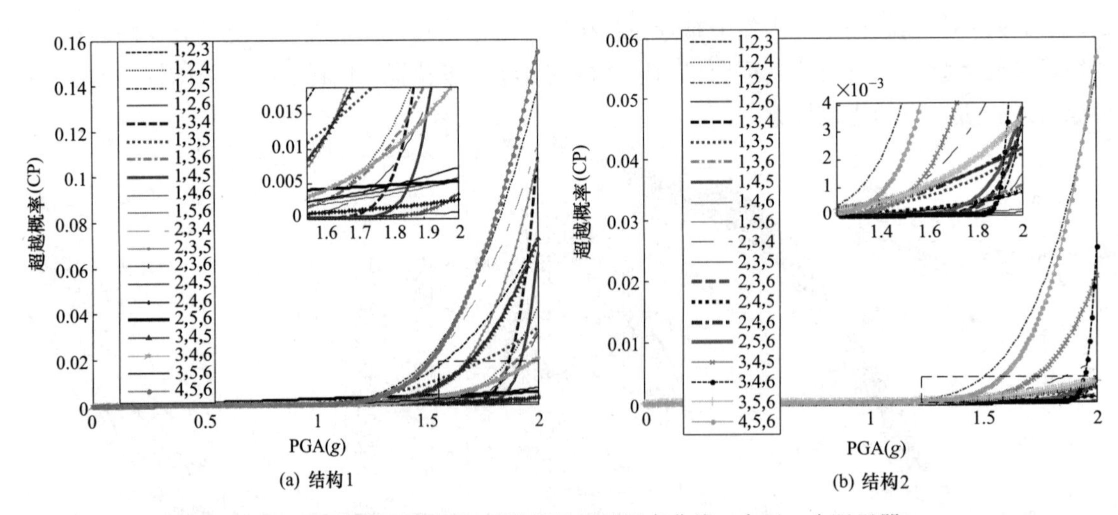

(a) 结构1 (b) 结构2

图 3-33 CP 性能目标下相邻塔楼的超越概率曲线（布置 3 个阻尼器）

当两结构间布置 4 个 Maxwell 型阻尼器时，则共有 $C_6^4=15$ 种不同的布置位置组合。图 3-34～图 3-37 给出了相邻塔楼在不同布置位置组合、不同性能目标下两结构的超越概率曲线。在图 3-34～图 3-37 中，“1，2，3，4”代表 Maxwell 型阻尼器分别布置在相邻塔楼的第 1 层、第 2 层、第 3 层和第 4

层；“1，2，3，5”代表 Maxwell 型阻尼器分别布置在相邻塔楼的第 1 层、第 2 层、第 3 层和第 5 层，其余依此类推。

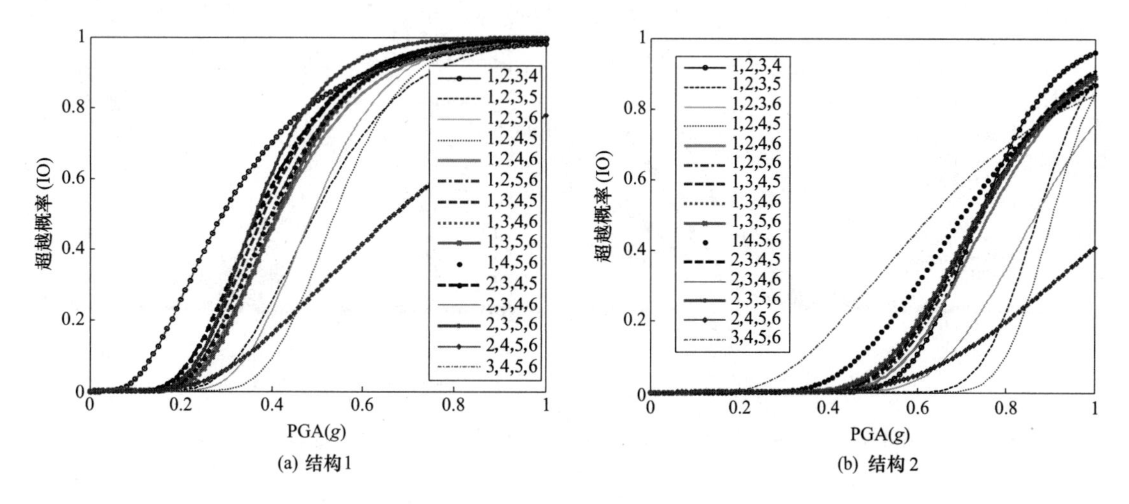

(a) 结构1　(b) 结构2

图 3-34　IO 性能目标下相邻塔楼的超越概率曲线（布置 4 个阻尼器）

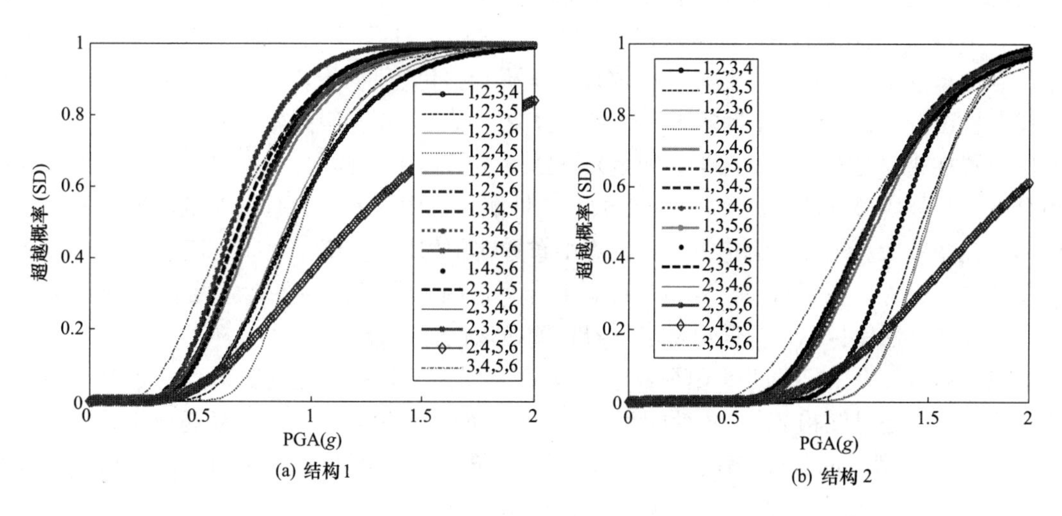

(a) 结构1　(b) 结构2

图 3-35　SD 性能目标下相邻塔楼的超越概率曲线（布置 4 个阻尼器）

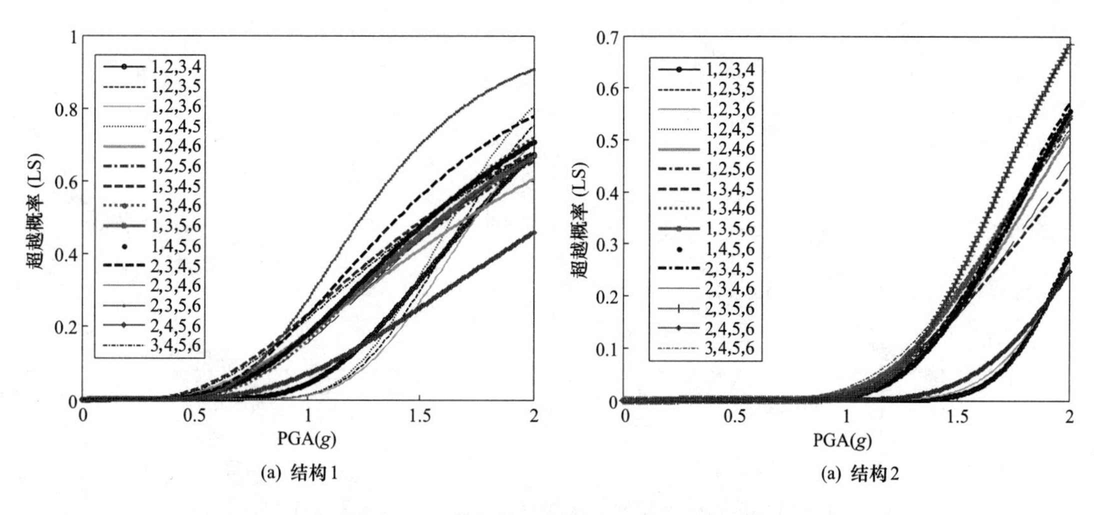

(a) 结构1　(a) 结构2

图 3-36　LS 性能目标下相邻塔楼的超越概率曲线（布置 4 个阻尼器）

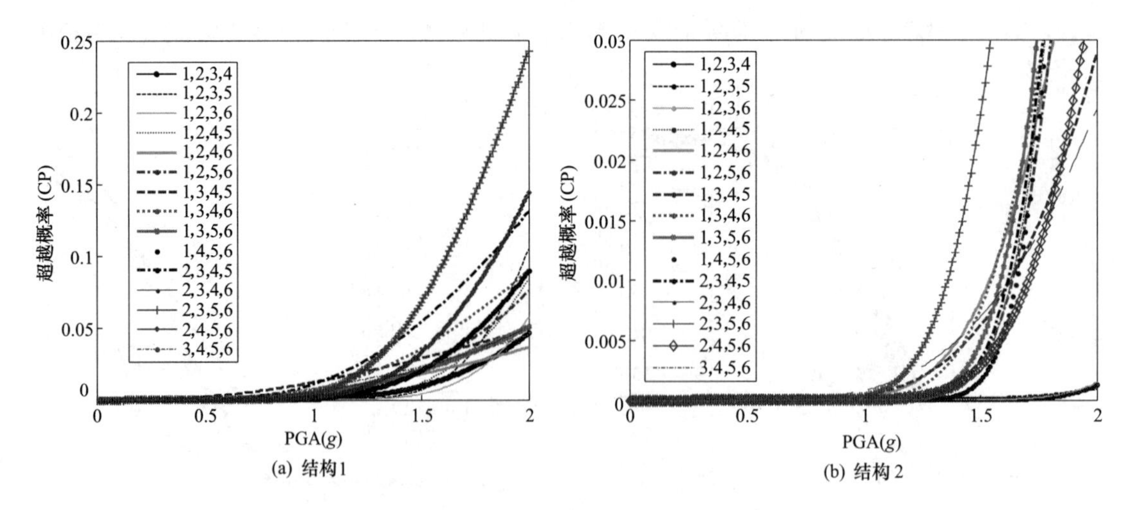

图 3-37　CP 性能目标下相邻塔楼的超越概率曲线（布置 4 个阻尼器）

由图 3-34～图 3-37 可以看出，当布置 4 个 Maxwell 型阻尼器时，相邻塔楼在不同阻尼器布置位置组合下的超越概率差异较大，这表明进行阻尼器的优化布置是很有必要的。当 4 个阻尼器分别布置在“1，2，3，5”“1，2，3，6”“1，2，4，5”及“2，4，5，6”时，两结构在不同性能目标下的超越概率明显小于其他布置组合的情况，尤其是在 IO、SD 及 LS 性能目标下，可以将“2，4，5，6”作为阻尼器的最优布置位置；在 CP 性能目标下可以将“1，2，3，6”作为阻尼器的最优布置位置。应避免将阻尼器集中布置在相邻塔楼的某些部位，如 IO、SD 性能目标中“1，2，3，4”“3，4，5，6”的阻尼器布置组合下，相邻塔楼的超越概率较大；LS、CP 性能目标中“2，3，4，5”的阻尼器布置组合下相邻塔楼的超越概率较大。因此，无论将阻尼器集中布置在相邻塔楼的底部、中部还是顶部，均不能得到较好的控制效果。另外，在“2，3，5，6”布置组合下，两相邻塔楼在各性能目标下的超越概率均较大，尤其是 LS、CP 性能目标，应避免将阻尼器布置在该位置组合。

当相邻塔楼布置 5 个 Maxwell 型阻尼器时，有 $C_6^5=6$ 种不同的布置位置组合，如图 3-38～图 3-41 所示，无论是结构 1 还是结构 2，在各性能目标下，不同的布置组合，结构的超越概率差别很小。这表明当布置的 Maxwell 型阻尼器数量较多时，阻尼器最优布置与最不利布置时的控制效果相差较小，进行优化布置的必要性较低。

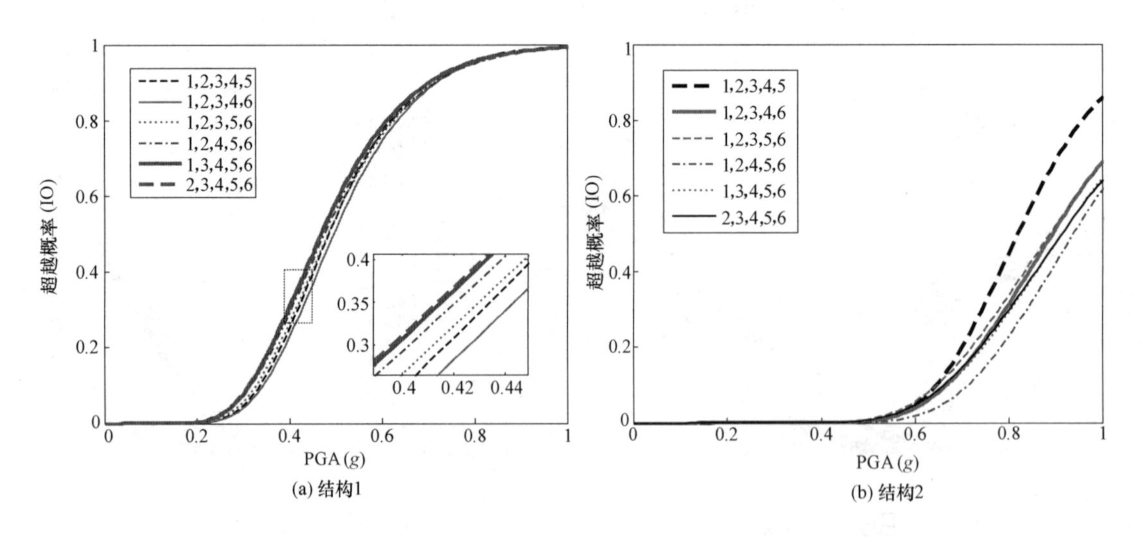

图 3-38　IO 性能目标下相邻塔楼的超越概率曲线（布置 5 个阻尼器）

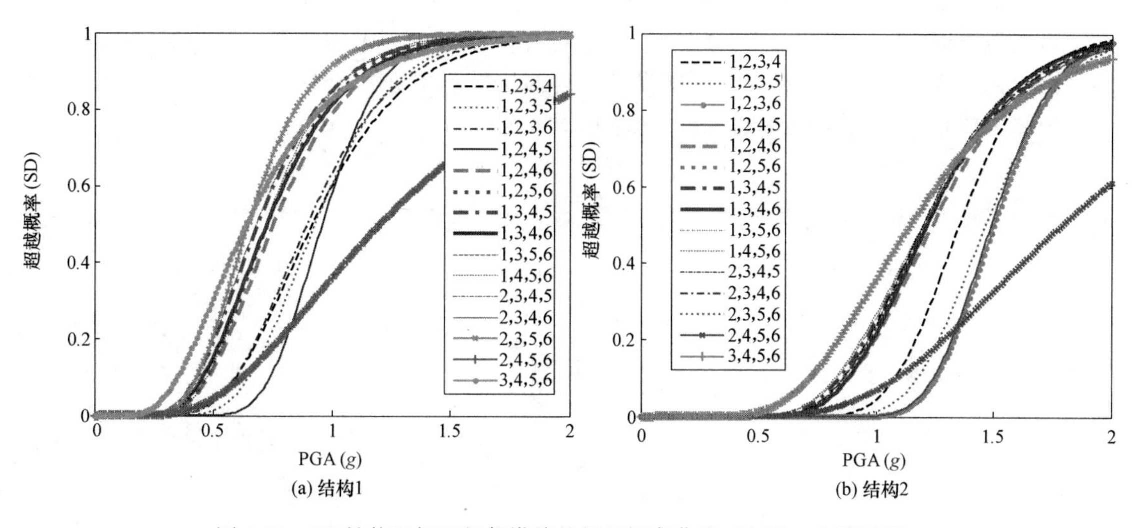

(a) 结构1　　(b) 结构2

图 3-39　SD 性能目标下相邻塔楼的超越概率曲线（布置 5 个阻尼器）

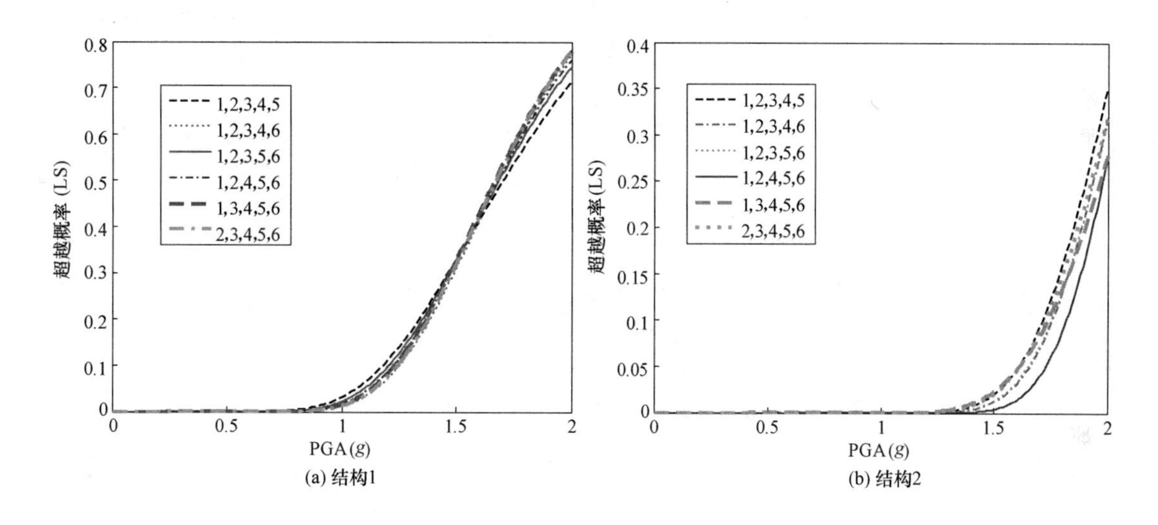

(a) 结构1　　(b) 结构2

图 3-40　LS 性能目标下相邻塔楼的超越概率曲线（布置 5 个阻尼器）

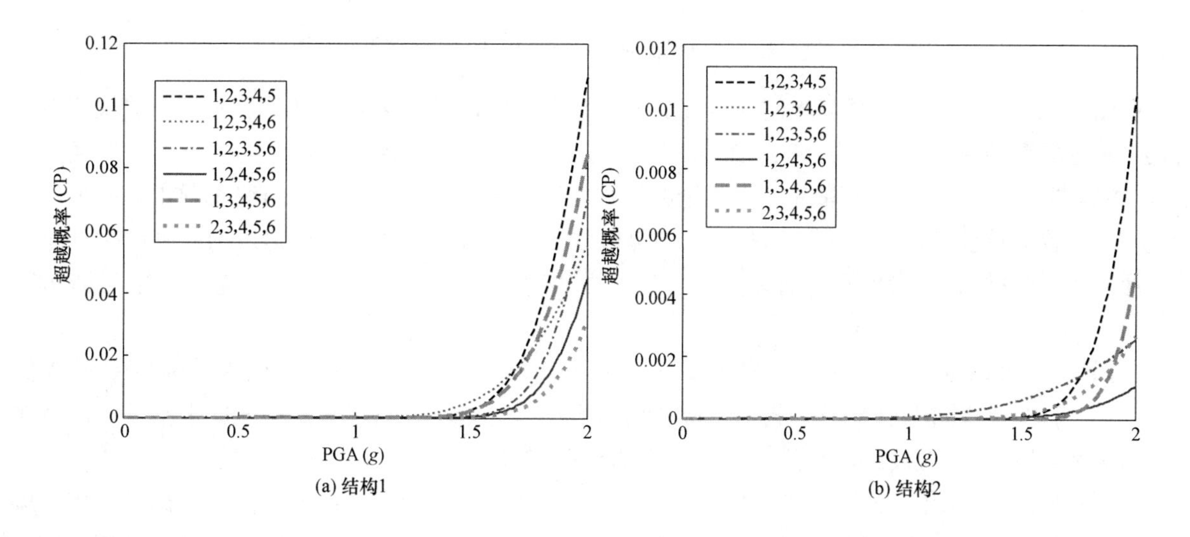

(a) 结构1　　(b) 结构2

图 3-41　CP 性能目标下相邻塔楼的超越概率曲线（布置 5 个阻尼器）

（2）不同布置位置组合下相邻塔楼的总超越概率

为了给出阻尼器不同布置组合下，相邻塔楼在各性能目标下同时满足较好控制效果的 Maxwell 型阻尼器优化布置方式，以相邻塔楼总超越概率最小为最优控制目标，图 3-42～图 3-46 给出了不同布置组合下，相邻塔楼布置不同阻尼器数目时的总超越概率曲线。

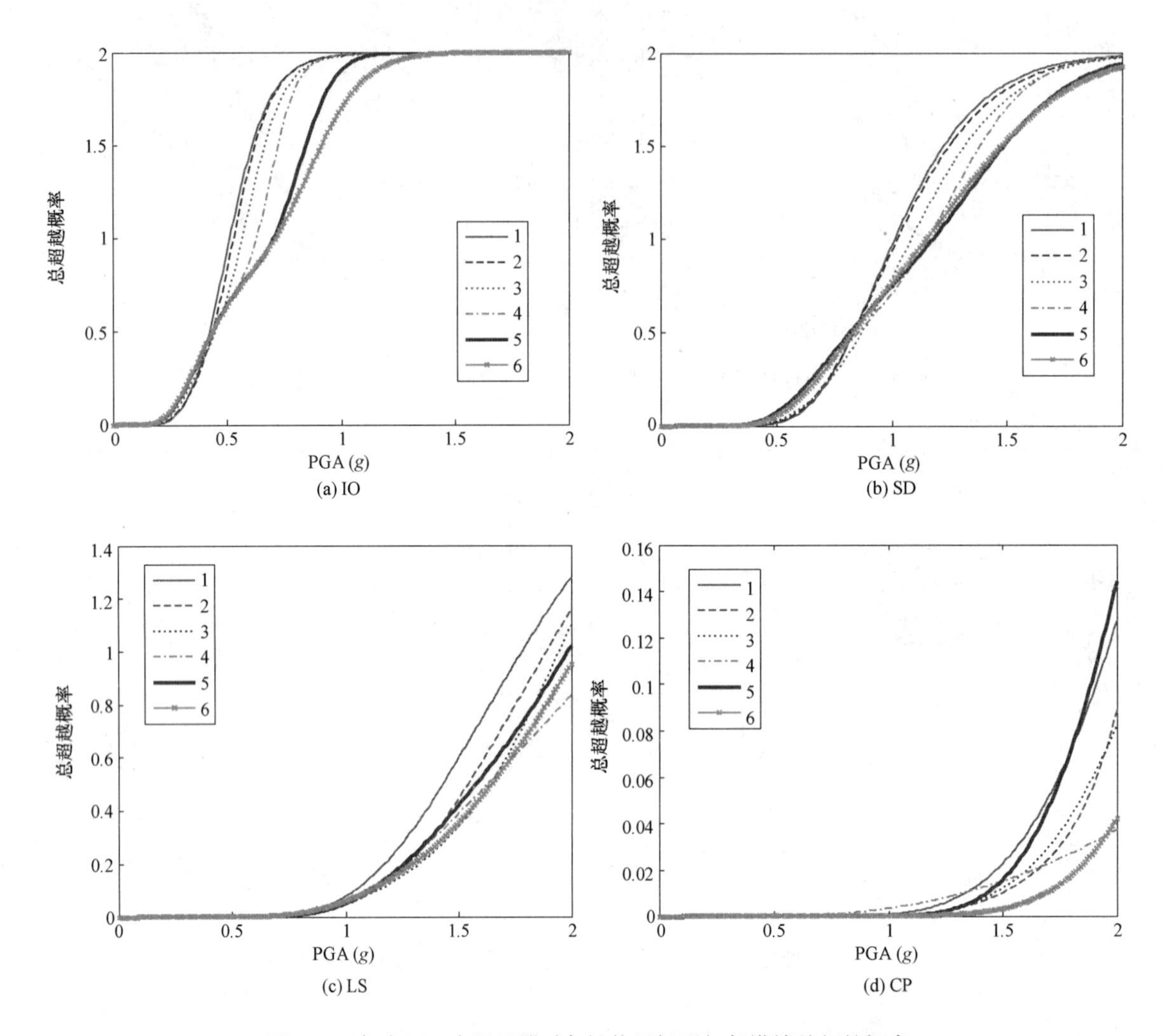

图 3-42　仅布置 1 个阻尼器时各性能目标下相邻塔楼总超越概率

由图 3-42 可以看出，相邻塔楼间仅布置 1 个阻尼器，当 PGA 较小时，不同阻尼器布置位置对相邻塔楼总超越概率的影响不大；随着 PGA 的增大，若将阻尼器布置在较矮建筑的顶层时（布置在第 6 层），相邻塔楼有最小的总超越概率，即无论在何种性能水平下，若相邻塔楼间仅布置 1 个阻尼器，则最优布置位置为较矮建筑的顶层。由图 3-42 亦可以看出，若将阻尼器布置在建筑物的底层时（布置在第 1 层），相邻塔楼有最大的超越概率，即若相邻塔楼间仅布置 1 个阻尼器，应避免将阻尼器布置在底层。

由图 3-43 可以看出，当在两结构间布置 2 个 Maxwell 型阻尼器时，在地震动强度水平较低时（PGA＜1.0g），不同布置组合下，相邻塔楼总超越概率差异较小；随着地震动强度水平的提高，在各性能目标下，“1，6”为最优布置组合，“1，2”为最差布置组合。

由图 3-44 可以看出，当在两结构间布置 3 个 Maxwell 型阻尼器时，在不同性能目标下，相邻塔楼在“2，3，6”“2，4，5”“2，4，6”“2，5，6”布置组合下，有明显低于其他布置组合时的总超越概率。而若在结构某些部位集中布置阻尼器，两结构的总超越概率较大。

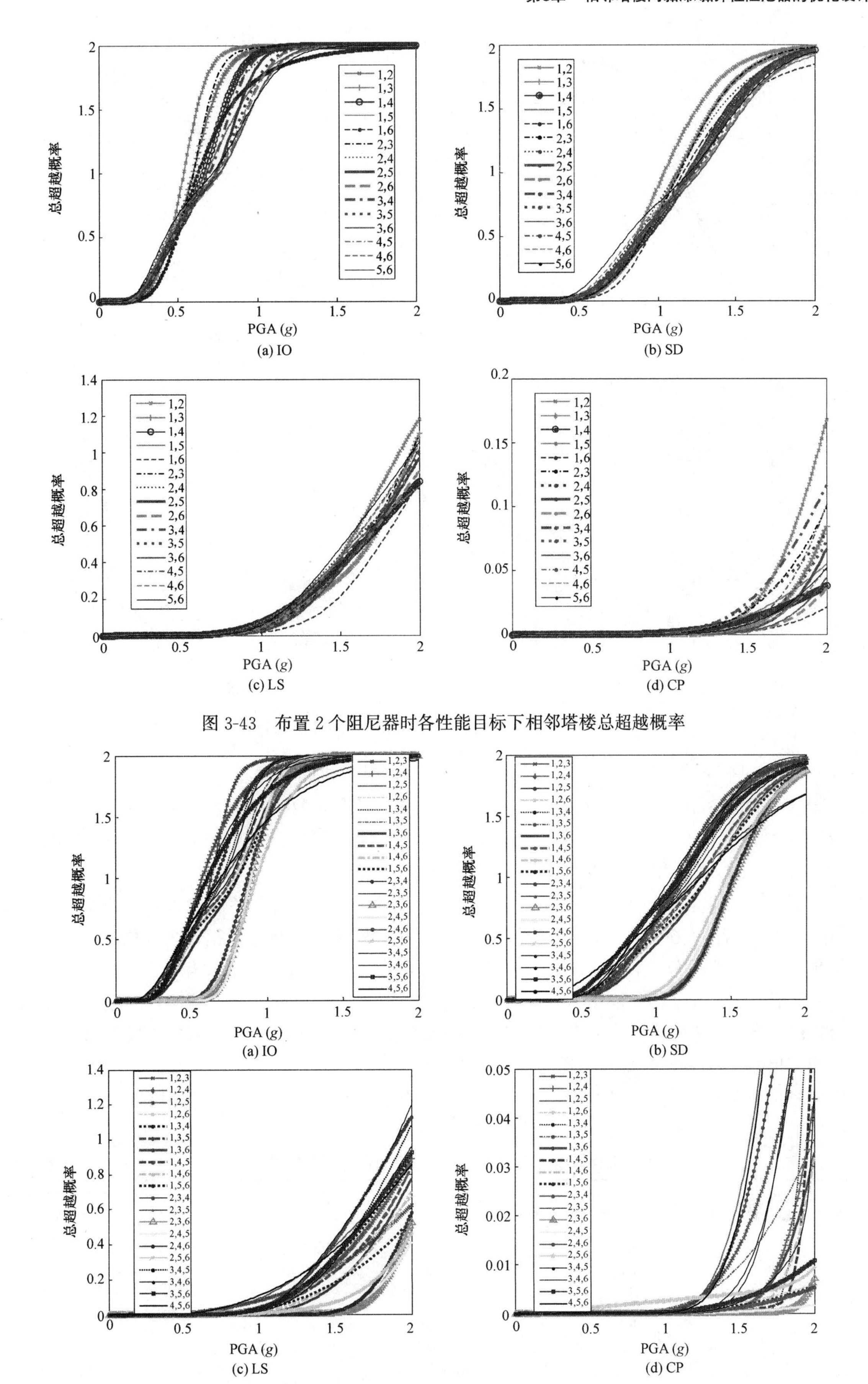

图 3-43　布置 2 个阻尼器时各性能目标下相邻塔楼总超越概率

图 3-44　布置 3 个阻尼器时各性能目标下相邻塔楼总超越概率

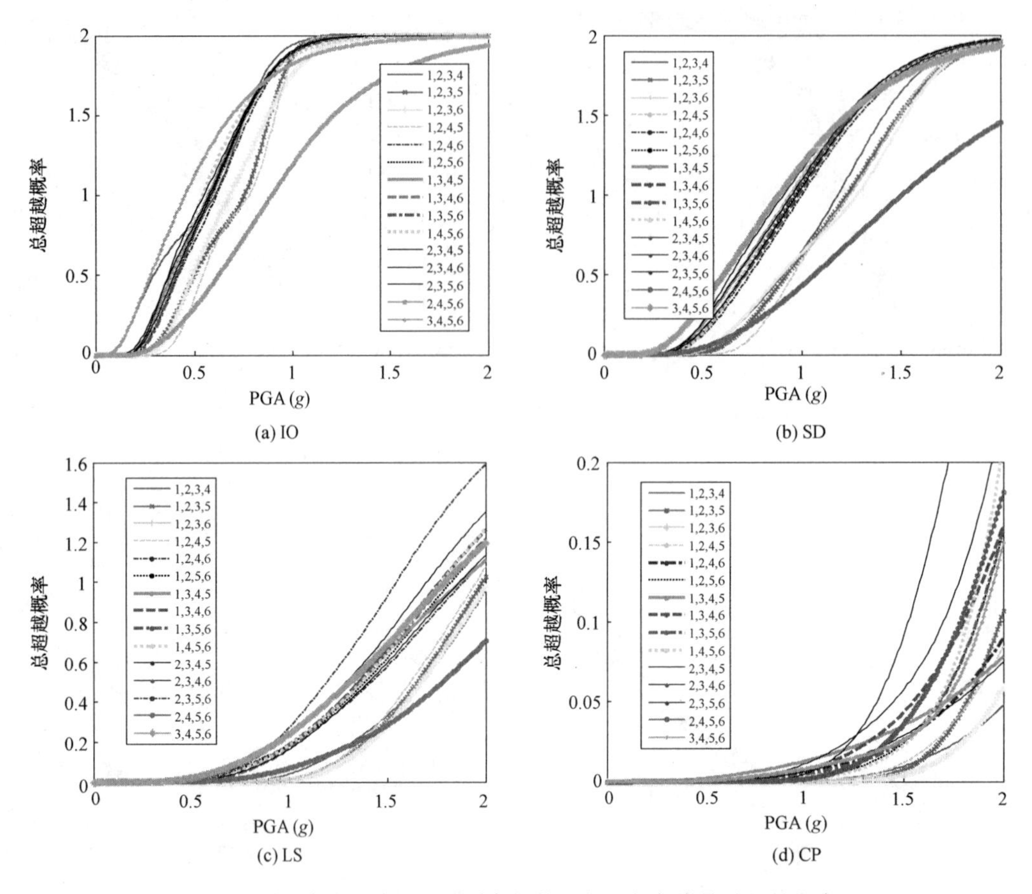

图 3-45　布置 4 个阻尼器时各性能目标下相邻塔楼总超越概率

图 3-45 给出了相邻塔楼间布置 4 个 Maxwell 型阻尼器时，相邻塔楼在各性能水平下的总超越概率曲线。由图 3-45 可以看出，在 IO、SD 和 LS 性能目标下，相邻塔楼有明显的最优布置组合即“2，4，5，6”；在 CP 性能目标下，除“2，3，5，6”布置组合外，相邻塔楼在其他布置组合下的总超越概率差别不大。“2，3，5，6”和“3，4，5，6”为较差布置组合形式。

图 3-46 给出了相邻塔楼间布置 5 个 Maxwell 型阻尼器时，相邻塔楼在各性能水平下的总超越概率曲线。由图 3-46 可以看出，在 IO、SD 和 LS 性能目标下，不同的阻尼器布置对相邻塔楼总超越概率的影响极小；仅在 CP 性能水平下，当 PGA 超过 1.5g 时，不同布置方案对超越概率才有较大影响。当相邻塔楼间布置 5 个阻尼器时，可以选“1，2，4，5，6”作为最优布置方案。同时可以看出，当相邻塔楼间布置阻尼器的数目越接近相邻塔楼较低建筑的层数时，相邻塔楼间进行阻尼器优化布置的必要性越低。

（3）相邻塔楼间 Maxwell 型阻尼器的最优布置位置

以相邻塔楼总超越概率最小为优化目标，表 3-3 列出了不同布置组合下，相邻塔楼在各性能目标下总超越概率的均值，并由此给出了建议的优化布置位置。

相邻塔楼间 Maxwell 型阻尼器的优化布置位置　　表 3-3

阻尼器布置数	性能目标	总超越概率均值	最优布置位置	最优布置位置建议
1	IO	1.5107	6	6
	SD	1.0859	5	
	LS	0.3346	4	
	CP	0.0103	6	
2	IO	1.4858	3,6	1,6
	SD	1.0322	3,6	
	LS	0.2764	1,6	
	CP	0.0054	1,6	

续表

阻尼器布置数	性能目标	总超越概率均值	最优布置位置	最优布置位置建议
3	IO	1.3554	2,5,6	2,4,5
	SD	0.8010	2,3,6	
	LS	0.1014	2,4,5	
	CP	0.0005	2,4,5	
4	IO	1.2696	2,4,5,6	2,4,5,6
	SD	0.7331	2,4,5,6	
	LS	0.2639	2,4,5,6	
	CP	0.0142	1,2,3,6	
5	IO	1.4834	1,2,4,5,6	1,2,4,5,6
	SD	1.0408	1,2,3,4,5	
	LS	0.4571	1,2,4,5,6	
	CP	0.0066	2,3,4,5,6	
6	IO	1.4975	1,2,3,4,5,6	1,2,3,4,5,6
	SD	1.0907	1,2,3,4,5,6	
	LS	0.4915	1,2,3,4,5,6	
	CP	0.1630	1,2,3,4,5,6	

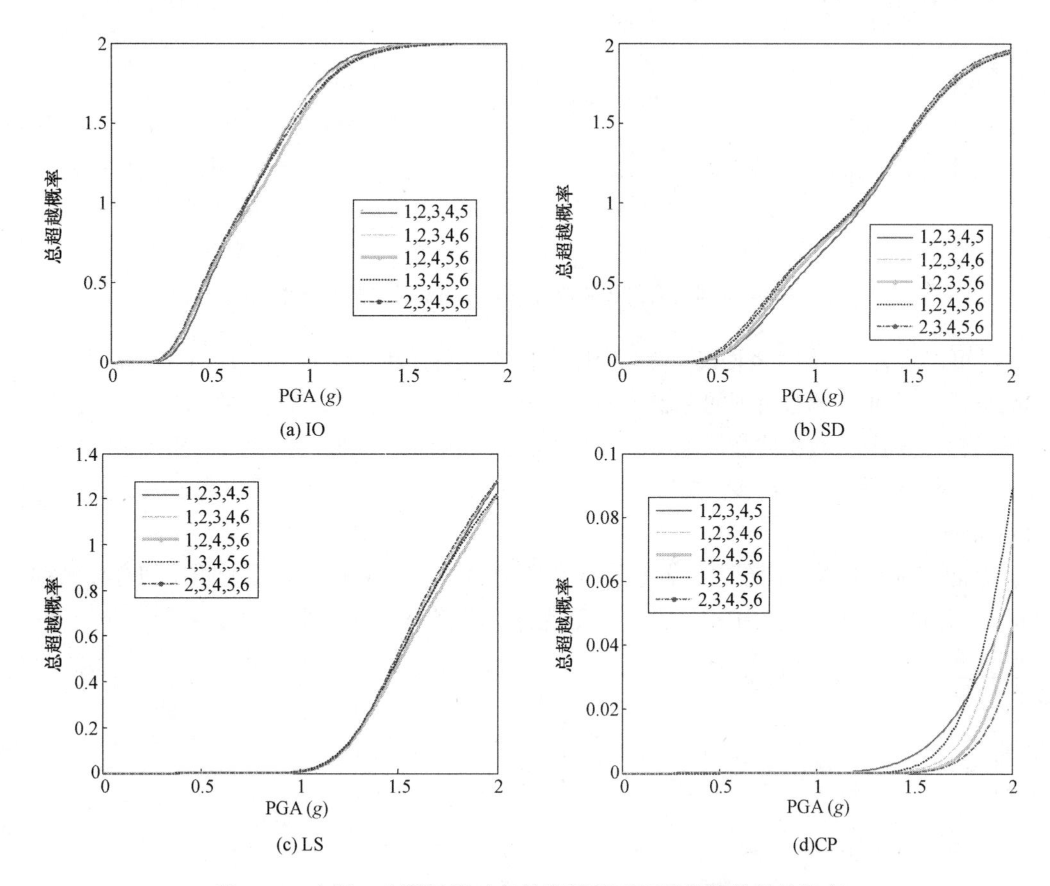

图 3-46　布置 5 个阻尼器时各性能目标下相邻塔楼总超越概率

由表 3-3 可以看出，不同性能目标下，相邻塔楼的最优布置位置的组合不尽相同，为使 Maxwell 型阻尼器对相邻塔楼在不同的性能目标下均具有较优控制效果，选取 LS 或 CP 性能目标对应的阻尼器最优布置组合，可以实现这一目的。

3. Maxwell 型阻尼器布置数目的优化

将前文建议的 Maxwell 型阻尼器优化布置位置下、相邻塔楼在不同性能目标下的总超越概率曲线各绘制在同一图中，可以更加直观地比选出 Maxwell 型阻尼器的最优布置数目，如图 3-47 所示。

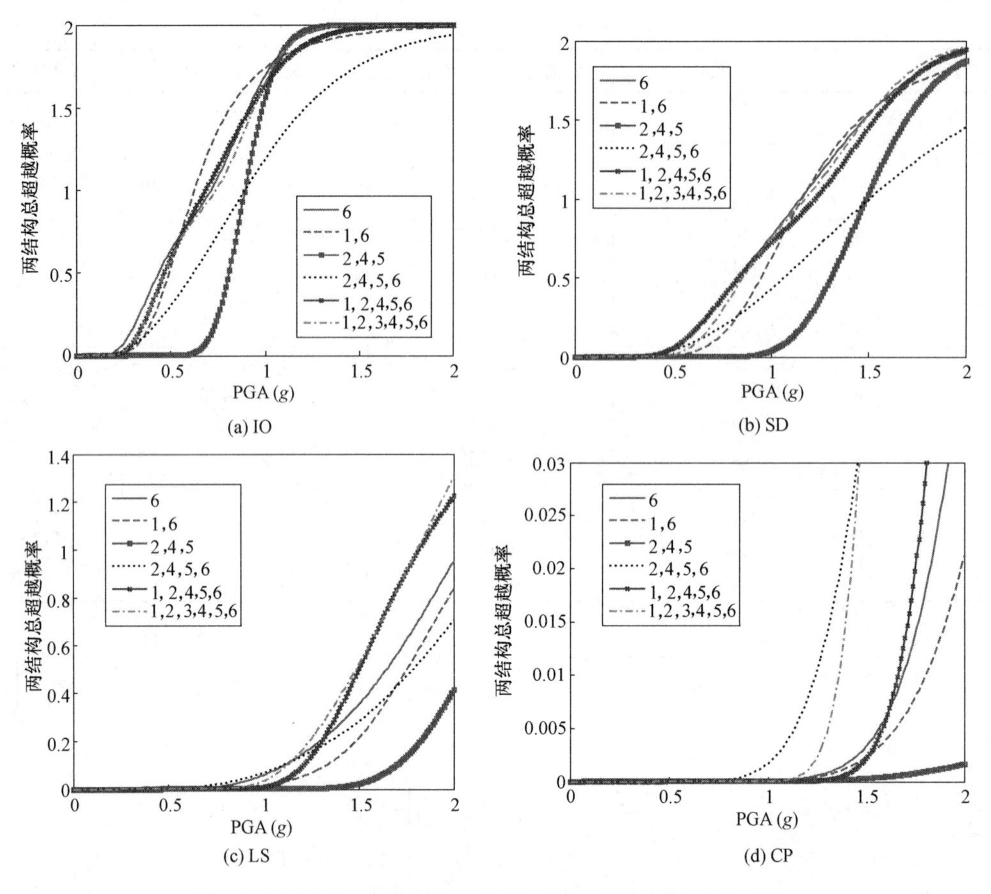

图 3-47　不同阻尼器布置数目下相邻塔楼的总超越概率曲线

由图 3-47 可以看出，当相邻塔楼仅布置 3 个阻尼器时（布置在“2，4，5”），Maxwell 型阻尼器在各性能目标下均具有优于其他布置数目下的控制效果。由表 3-3 更加可以定量得出，在布置 3 个阻尼器时，相邻塔楼在各性能目标下均具有较小的总超越概率均值。同时，由图 3-47 和表 3-3 可以看出，阻尼器并不是布置得越多越好，当阻尼器满布时，在各性能目标下，两结构总超越概率（均值）几乎是最大的。

4. 算例验证

应用前文建议的阻尼器最优布置位置和最优布置数目，对文中算例进行了无控和有控情况下的地震易损性分析，如图 3-48 所示，图中“-1”表示无控、“-2”表示最优控制。

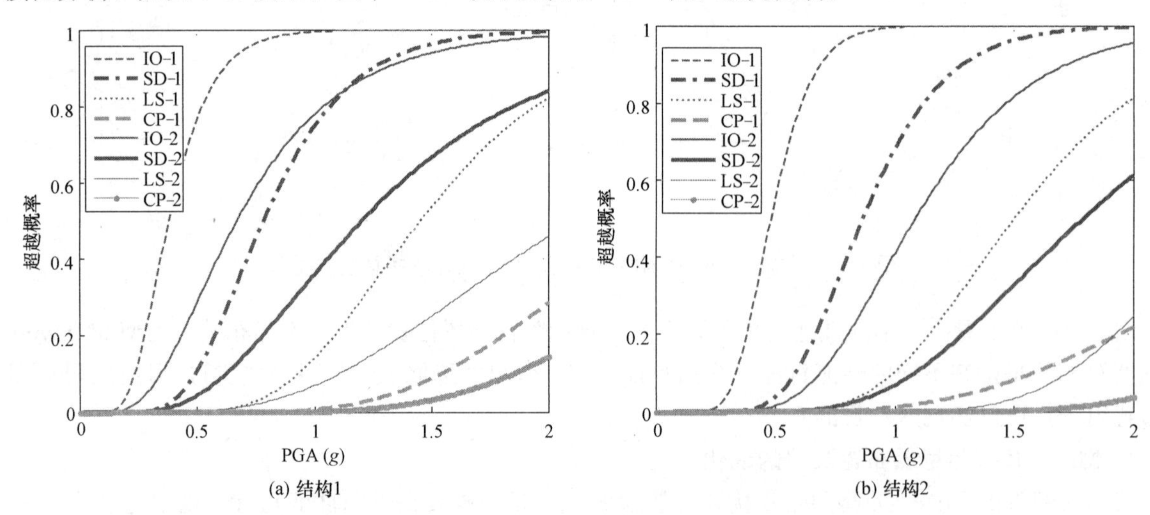

图 3-48　最优控制算例验证

由图3-48可以看出，无论是结构1还是结构2，采用最优控制策略的相邻塔楼的地震易损性，在各性能水平下的超越概率均远远小于无控时的超越概率，尤其是结构2的控制效果更佳。证明了本节所提阻尼器优化布置位置和布置数目的建议的有效性。由此可见，采用基于性能的相邻塔楼间阻尼器的优化设计（包含布置位置的优化和布置数量的优化），对结构振动控制的应用具有重要的指导意义。

3.3　带连廊双塔楼结构间黏滞和黏弹性阻尼器的优化设计研究

高层连体结构因其独特的造型及便利塔楼之间的联系而受到建筑师的青睐，同时也为结构工程师带来挑战：连体结构的耗能减振设计越来越受到重视。目前，关于利用连体部分进行双塔或多塔结构耗能减振的分析较少，大部分研究集中于非连体的相邻塔楼。王赞等对高层非对称连体结构，考虑到强连体、弱连体的利弊及在端支座设置阻尼器减振结构的弊端，提出了一种带耗能机制的新型连体结构。林剑研究了采用阻尼器对连体高层结构的地震响应进行振动控制。首先从结构动力方程出发，推导了在主塔与连廊之间设置有黏滞阻尼器的有控结构的基本振动控制方程；进而通过数值模拟，以某实际工程为原型，尝试将连廊与主塔间的斜撑利用黏滞阻尼器进行替换，分别在不同地震激励下比较了有控结构和无控结构的地震响应。陈俊儒、陈金科为减轻地震作用时连体与塔楼共同振动导致塔楼地震力和扭转变形加大的不利影响，连体与塔楼间采用铅芯叠层橡胶隔震支座进行连接。采用两种程序进行小震弹性反应谱和地震波时程分析，通过比较单塔工况和多塔连体工况的楼层剪力和层间位移角来研究该结构的抗震性能。Lee等通过在连廊和塔楼间设置铅芯橡胶支座和直线运动轴承研究了双塔楼带连廊结构的耦合控制效果。通过不同支座布置形式的研究提出了一种合适的连接体系。

连体结构的地震反应及减振效果依赖于连接装置的参数设置，而连接参数的优化又与塔楼频率比、塔楼质量比、连廊与塔楼质量比、连廊间连接参数的阻尼系数比及连廊位置等密切相关，目前，在该方面的研究较少。本节将双塔楼带连廊结构简化为3-SDOF模型，用Kelvin模型和Maxwell模型模拟连接双塔连体结构的流体阻尼器，以平稳白噪声为地震激励，推导了塔楼位移的频响函数，建立了双塔楼结构振动能量的表达式。以连廊两端连接的阻尼器的阻尼系数比为研究参数，分别以单体塔楼结构和双体塔楼结构的振动能量最小为控制目标，探讨了各阻尼器的阻尼系数比与两塔楼结构质量比、连廊与塔楼质量比、两塔楼频率比、连廊两端Kelvin模型和Maxwell模型的阻尼系数比之间的关系，并讨论了各参数（比）对塔楼结构控制效果的影响。最后，通过数值算例验证了本节所提出的控制策略的有效性。

3.3.1　计算模型

1. 基本假定

双塔楼带连廊结构的计算模型如图3-49所示，两塔楼结构的层数分别为n_1和n_2并且$n_1 \geqslant n_2$。阻尼器位于连廊两端，因此连廊的布置位置会直接影响阻尼器对塔楼结构的控制效果。连廊在双塔楼结构间有3种可能的布置方案：布置在底层、布置在中间层（较矮建筑的中间层）、布置在顶层（较矮建筑的顶层）。本节将双塔楼结构简化为相邻剪切模型，对由被动控制单元连接的相邻塔楼计算模型作以下假定：

（1）结构质量集中在楼层，楼层刚度无穷大，相邻塔楼都简化成多自由度剪切型模型；

（2）两结构第一阶自振频率相差较大，阻尼器能够有效地发挥耗能减振作用；

（3）两结构平面对称，忽略扭转效应，只考虑沿结构水平向对称面的地震作用；

（4）结构各层高度一致，且阻尼器在同一层高楼板处将相邻塔楼水平连接；

（5）由于两结构之间的间距很近，地震波输入相同，忽略地震波空间变化特性；

（6）在中等强度或低强度地震波激励下，由于阻尼器的耗能作用，相邻塔楼处于线弹性阶段；

（7）连接阻尼器采用工程中应用最广泛的黏弹性阻尼器和黏滞流体阻尼器，各层布置的阻尼器参数相同。

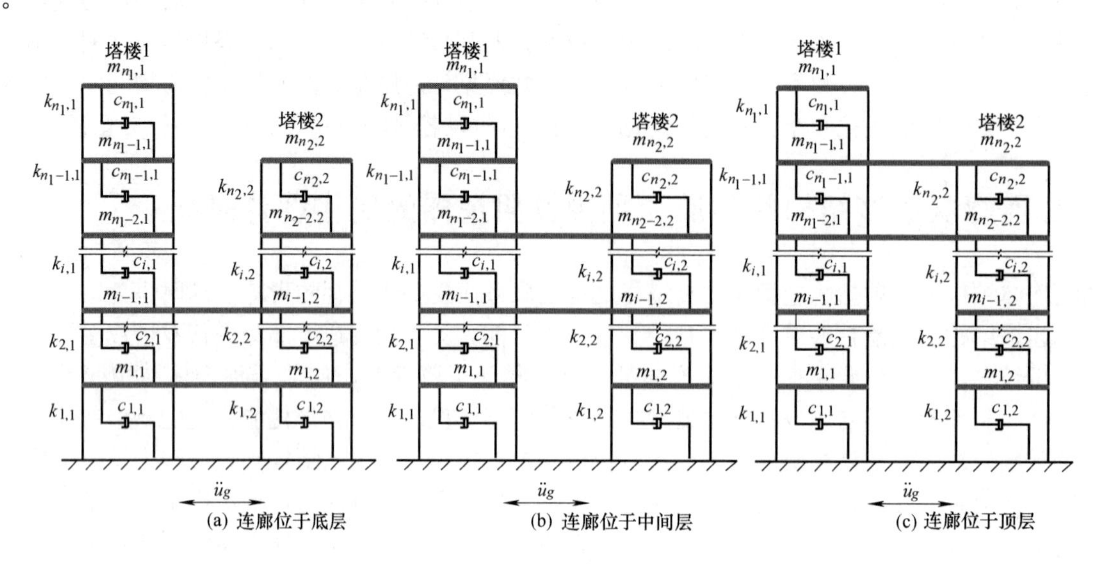

图 3-49　双塔带连廊结构计算模型

2. 连接阻尼器计算模型

（1）黏弹性阻尼器的计算模型

描述黏弹性阻尼器性能的最常用计算模型是 Kelvin 模型。Kelvin 模型也称作等效刚度和等效阻尼模型，由于模型简单，因此在工程中得到了广泛的应用。Kelvin 模型是由弹性元件和黏壶元件相互并联而成，如图 3-50（a）所示。研究表明：Kelvin 模型能很好地反映黏弹性阻尼器的蠕变和松弛特性。美国制定的抗震加固指南 FEMA273（1996）中，采用了形式非常简单的线性化方法，也就是用 Kelvin 模型来简化黏弹性阻尼器所受外力与变形间的关系：

$$f_{di}(t)=k_d\cdot\Delta x_i(t)+c_d\cdot\Delta\dot{x}_i(t) \tag{3-31}$$

式中，c_d 和 k_d 分别为阻尼器的阻尼系数和有效刚度；$\Delta x_i(t)$，$\Delta\dot{x}_i(t)$ 分别为阻尼器两端的相对位移和相对速度。

（2）黏滞流体阻尼器的计算模型

当黏滞流体阻尼器表现出强烈的频率依赖性时，Constantinou 提出利用 Maxwell 模型可以得出更精确的结果。在该模型中，阻尼器与弹簧串联，如图 3-50（b）所示。假设阻尼器与弹簧的位移分别为 $u_1(t)$ 和 $u_2(t)$，则有关系式：

$$u_1(t)+u_2(t)=u(t) \tag{3-32}$$

$$c_0\dot{u}_1(t)=ku_2(t)=F_d(t) \tag{3-33}$$

联立式（3-32）和式（3-33）可得：

$$F_d(t)+\lambda\dot{F}_d(t)=c_0\dot{u}(t) \tag{3-34}$$

式中，c_0 为零频率时的线性阻尼常数；k 为刚度系数；λ 为松弛时间系数，$\lambda=c_0/k$。

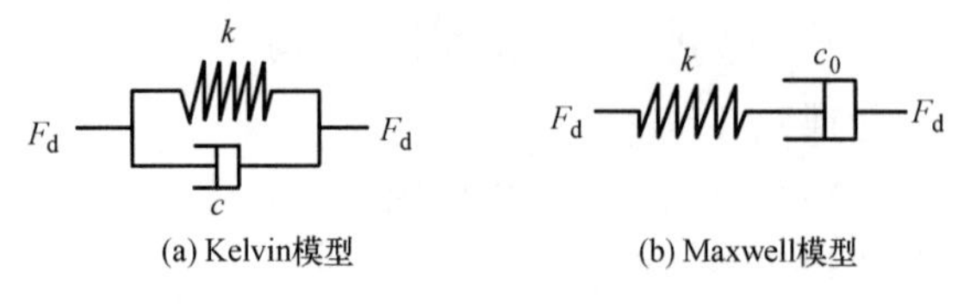

图 3-50　阻尼器计算模型

3. 双塔连体结构简化模型

只考虑塔楼结构水平方向的振动和第一振型的影响，将连廊连接双塔连体结构体系简化为由弹簧-阻尼器连接的 3-SDOF 体系，如图 3-51 所示。m_1、m_2 和 m_3 分别为塔楼 1、塔楼 2 和连廊的质量。k_1、c_1 和 k_2、c_2 分别为塔楼 1 和塔楼 2 的刚度和阻尼。k_{01}、c_{01} 和 k_{02}、c_{02} 分别为连廊两端的阻尼器的刚度系数和阻尼系数。塔楼中刚度较大建筑为主结构，

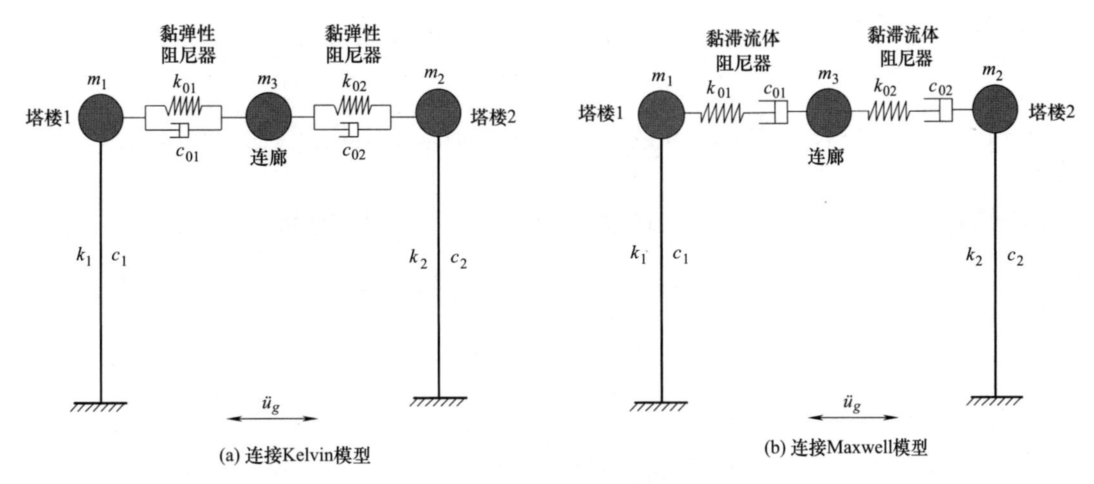

图 3-51　3-SDOF 计算模型

反之为次结构。

3.3.2　运动方程

1. 连接 Kelvin 模型的双塔连体结构的运动方程

地震作用下连接 Kelvin 模型的双塔连体结构（图 3-51a 的 3-SDOF 结构）的运动方程可以表示为：

$$m_1\ddot{x}_1+(c_1+c_{01})\dot{x}_1-c_{01}\dot{x}_3+(k_1+k_{01})x_1-k_{01}x_3=-m_1\ddot{x}_g \tag{3-35a}$$

$$m_2\ddot{x}_2+(c_2+c_{02})\dot{x}_2-c_{02}\dot{x}_3+(k_2+k_{02})x_2-k_{02}x_3=-m_2\ddot{x}_g \tag{3-35b}$$

$$m_3\ddot{x}_3+(c_{01}+c_{02})\dot{x}_3-c_{01}\dot{x}_1-c_{02}\dot{x}_2+(k_{01}+k_{02})x_3-k_{01}x_1-k_{02}x_2=-m_3\ddot{x}_g \tag{3-35c}$$

式中，$\ddot{x}_g(t)$ 为水平地震加速度，本节假设其为高斯白噪声随机过程，其功率谱密度为 S_{gg}。

构造虚拟激励 $\ddot{x}_i(t)=\sqrt{S_{ii}}\,\mathrm{e}^{i\omega t}$，则上式（3-35）可转化为：

$$(i\omega)^2m_1x_1+(i\omega)(c_1+c_{01})x_1-(i\omega)c_{01}x_3+(k_1+k_{01})x_1-k_{01}x_3=-m_1\ddot{x}_g \tag{3-36a}$$

$$(i\omega)^2m_2x_2+(i\omega)(c_2+c_{02})x_2-(i\omega)c_{02}x_3+(k_2+k_{02})x_2-k_{02}x_3=-m_2\ddot{x}_g \tag{3-36b}$$

$$(i\omega)^2m_3x_3+(i\omega)(c_{01}+c_{02})x_3-(i\omega)c_{01}x_1-(i\omega)c_{02}x_2+(k_{01}+k_{02})x_3-k_{01}x_1-k_{02}x_2=-m_3\ddot{x}_g \tag{3-36c}$$

随后，上式可进一步表示为：

$$\left[(i\omega)^2+(i\omega)\frac{(c_1+c_{01})}{m_1}+\frac{(k_1+k_{01})}{m_1}\right]x_1-\left[\frac{k_{01}}{m_1}+(i\omega)\frac{c_{01}}{m_1}\right]x_3=-\ddot{x}_g \tag{3-37a}$$

$$\left[(i\omega)^2+(i\omega)\frac{(c_2+c_{02})}{m_2}+\frac{(k_2+k_{02})}{m_2}\right]x_2-\left[\frac{k_{02}}{m_2}+(i\omega)\frac{c_{02}}{m_2}\right]x_3=-\ddot{x}_g \tag{3-37b}$$

$$\left[(i\omega)^2+(i\omega)\frac{(c_{01}+c_{02})}{m_3}+\frac{(k_{01}+k_{02})}{m_3}\right]x_3-\left[\frac{k_{02}}{m_3}+(i\omega)\frac{c_{02}}{m_3}\right]x_2-\left[\frac{k_{01}}{m_3}+(i\omega)\frac{c_{01}}{m_3}\right]x_1=-\ddot{x}_g \tag{3-37c}$$

令 $\omega_1=\sqrt{k_1/m_1}$，$\xi_1=c_1/2m_1\omega_1$，$\omega_2=\sqrt{k_2/m_2}$，$\xi_2=c_2/2m_2\omega_2$；$\omega_{01}=\sqrt{k_{01}/m_3}$，$\xi_{01}=c_{01}/2m_3\omega_{01}$，$\omega_{02}=\sqrt{k_{02}/m_3}$，$\xi_{02}=c_{02}/2m_3\omega_{02}$；$\mu=m_1/m_2$，$\mu_{01}=m_3/m_1$；$\beta=\omega_2/\omega_1$，$\beta_{01}=\omega_{01}/\omega_1$，$\beta_{02}=\omega_{02}/\omega_1$ 则上式可转化为：

$$[(i\omega)^2+(i\omega)(2\omega_1\xi_1+2\mu_{01}\omega_{01}\xi_{01})+(\omega_1^2+\mu_{01}\omega_{01}^2)]x_1-[\mu_{01}\omega_{01}^2+(i\omega)2\mu_{01}\omega_{01}\xi_{01}]x_3=-\ddot{x}_g \tag{3-38a}$$

$$[(i\omega)^2+(i\omega)(2\omega_2\xi_2+2\mu\mu_{01}\omega_{02}\xi_{02})+(\omega_2^2+\mu\mu_{01}\omega_{02}^2)]x_2-[\mu\mu_{01}\omega_{02}^2+(i\omega)2\mu\mu_{01}\omega_{02}\xi_{02}]x_3=-\ddot{x}_g \tag{3-38b}$$

$$[(i\omega)^2+(i\omega)(2\omega_{01}\xi_{01}+2\omega_{02}\xi_{02})+(\omega_{01}^2+\omega_{02}^2)]x_3-[\omega_{02}^2+(i\omega)2\omega_{02}\xi_{02}]x_2-[\omega_{01}^2+(i\omega)2\omega_{01}\xi_{01}]x_1=-\ddot{x}_g \tag{3-38c}$$

若忽略结构的阻尼，即令 $\xi_1=\xi_2=0$，则两塔楼结构在频域内的位移响应可解析表示为：

$$x_1(i\omega)=-\frac{\alpha_1(i\omega)}{D(i\omega)}\ddot{x}_g(i\omega) \tag{3-39a}$$

$$x_2(i\omega)=-\frac{\alpha_2(i\omega)}{D(i\omega)}\ddot{x}_g(i\omega) \tag{3-39b}$$

其中：

$$D=a_0(i\omega)^6+a_1(i\omega)^5+a_2(i\omega)^4+a_3(i\omega)^3+a_4(i\omega)^2+a_5(i\omega)+a_6 \tag{3-40a}$$

$$\alpha_1=b_{14}(i\omega)^4+b_{13}(i\omega)^3+b_{12}(i\omega)^2+b_{11}(i\omega)+b_{10} \tag{3-40b}$$

$$\alpha_2=b_{24}(i\omega)^4+b_{23}(i\omega)^3+b_{22}(i\omega)^2+b_{21}(i\omega)+b_{20} \tag{3-40c}$$

式中：

$a_0=1$

$a_1=2\omega_{01}\xi_{01}+2\omega_{02}\xi_{02}+2\mu_{01}\omega_{01}\xi_{01}+2\mu\mu_{01}\omega_{02}\xi_{02}$

$a_2=\omega_1^2+\omega_2^2+\omega_{01}^2+\omega_{02}^2+\mu_{01}\omega_{01}^2+\mu\mu_{01}\omega_{02}^2+4\omega_{01}\xi_{01}\omega_{02}\xi_{02}(\mu_{01}+\mu\mu_{01}+\mu\mu_{01}^2)$

$a_3=2\omega_1^2(\omega_{01}\xi_{01}+\omega_{02}\xi_{02}+\mu\mu_{01}\omega_{02}\xi_{02})+2\omega_2^2(\omega_{01}\xi_{01}+\omega_{02}\xi_{02}+\mu_{01}\omega_{01}\xi_{01})+2\omega_{02}^2\omega_{01}\xi_{01}(\mu_{01}+\mu\mu_{01}+\mu\mu_{01}^2)$
$\quad+2\omega_{01}^2\omega_{02}\xi_{02}(\mu_{01}+\mu\mu_{01}+\mu\mu_{01}^2)$

$a_4=\omega_1^2\omega_2^2+\mu_{01}\omega_{01}^2\omega_2^2+\mu\mu_{01}\omega_{02}^2\omega_1^2+\mu_{01}\omega_{01}^2\omega_2^2+\omega_{01}^2(\omega_1^2+\omega_2^2)+\omega_{02}^2(\omega_1^2+\omega_2^2)+\omega_{01}^2\omega_{02}^2(\mu\mu_{01}+\mu\mu_{01}^2)$
$\quad+4\omega_{01}\xi_{01}\omega_{02}\xi_{02}(\mu_{01}\omega_2^2+\mu\mu_{01}\omega_1^2)$

$a_5=2\omega_1^2\omega_2^2(\omega_{02}\xi_{02}+\omega_{01}\xi_{01})+2\omega_{01}^2\omega_{02}\xi_{02}(\mu\mu_{01}\omega_1^2+\mu_{01}\omega_2^2)+2\omega_{02}^2\omega_{01}\xi_{01}(\mu\mu_{01}\omega_1^2+\mu_{01}\omega_2^2)$

$a_6=\omega_1^2\omega_2^2(\omega_{01}^2+\omega_{02}^2)+\omega_{01}^2\omega_{02}^2(\mu\mu_{01}\omega_1^2+\mu_{01}\omega_2^2)$

$b_{14}=1$

$b_{13}=2\omega_{01}\xi_{01}+2\omega_{02}\xi_{02}+2\mu_{01}\omega_{01}\xi_{01}+2\mu\mu_{01}\omega_{02}\xi_{02}$

$b_{12}=\omega_{01}^2+\omega_{02}^2+\mu_{01}\omega_{01}^2+\mu\mu_{01}\omega_{02}^2+4(\mu_{01}+\mu\mu_{01})\omega_{01}\xi_{01}\omega_{02}\xi_{02}+4\mu\mu_{01}^2\omega_{01}\xi_{01}\omega_{02}\xi_{02}+\omega_2^2$

$b_{11}=2\omega_{01}^2\omega_{02}\xi_{02}(\mu_{01}+\mu\mu_{01})+2\omega_{02}^2\omega_{01}\xi_{01}(\mu_{01}+\mu\mu_{01})+2\mu\mu_{01}^2(\omega_{01}\xi_{01}\omega_{02}^2+\omega_{01}^2\omega_{02}\xi_{02})$
$\quad+2\omega_2^2(\omega_{01}\xi_{01}+\omega_{02}\xi_{02}+\mu_{01}\omega_{01}\xi_{01})$

$b_{10}=\omega_{01}^2\omega_{02}^2(\mu\mu_{01}^2+\mu_{01}+\mu\mu_{01})+\omega_2^2(\omega_{01}^2+\omega_{02}^2+\mu_{01}\omega_{01}^2)$

$b_{24}=1$

$b_{23}=2\omega_{01}\xi_{01}+2\omega_{02}\xi_{02}+2\mu_{01}\omega_{01}\xi_{01}+2\mu\mu_{01}\omega_{02}\xi_{02}$

$b_{22}=\omega_{01}^2+\omega_{02}^2+\mu_{01}\omega_{01}^2+\mu\mu_{01}\omega_{02}^2+4\omega_{01}\xi_{01}\omega_{02}\xi_{02}(\mu_{01}+\mu\mu_{01})+4\mu\mu_{01}^2\omega_{01}\xi_{01}\omega_{02}\xi_{02}+\omega_1^2$

$b_{21}=2\omega_{01}^2\omega_{02}\xi_{02}(\mu_{01}+\mu\mu_{01})+2\omega_{02}^2\omega_{01}\xi_{01}(\mu_{01}+\mu\mu_{01})+2\mu\mu_{01}^2(\omega_{01}\xi_{01}\omega_{02}^2+\omega_{01}^2\omega_{02}\xi_{02})$
$\quad+2\omega_1^2(\omega_{01}\xi_{01}+\omega_{02}\xi_{02}+\mu\mu_{01}\omega_{02}\xi_{02})$

$b_{20}=\omega_{01}^2\omega_{02}^2(\mu\mu_{01}^2+\mu_{01}+\mu\mu_{01})+\omega_1^2(\omega_{01}^2+\omega_{02}^2+\mu\mu_{01}\omega_{02}^2)$

定义塔楼结构的相对振动能量分别为：

$$\overline{E}_1=\frac{1}{2}m_1\langle\dot{x}_1^2\rangle+\frac{1}{2}k_1\langle x_1^2\rangle \tag{3-41a}$$

$$\overline{E}_2=\frac{1}{2}m_2\langle\dot{x}_2^2\rangle+\frac{1}{2}k_2\langle x_2^2\rangle \tag{3-41b}$$

将地震作用认为是一个平稳白噪声的地面加速度过程，故在功率谱密度函数为 S_{gg} 的地震作用下，某

结构在时间域内平均的相对振动能量为：

$$\overline{E}=M\langle\dot{X}^2(t)\rangle=\frac{1}{2\pi}M\int_{-\infty}^{\infty}S_{\dot{X}\dot{X}}(i\omega)\mathrm{d}\omega \tag{3-42}$$

它表示了结构的平均相对位移的大小。式中，$S_{\dot{X}\dot{X}}(i\omega)$ 表示结构速度响应的功率谱密度。

将式（3-39）代入式（3-42），则塔楼 1 和塔楼 2 的相对振动能量表示为：

$$\overline{E}_1=m_1\langle\dot{x}_1^2(t)\rangle=\frac{1}{2\pi}m_1\int_{-\infty}^{\infty}S_{\dot{x}_1\dot{x}_1(\omega)}\mathrm{d}\omega=-\frac{m_1S_{gg}}{2\pi i}\int_{-\infty}^{\infty}\frac{((i\omega)\alpha_1(i\omega))\cdot((i\omega)\alpha_1(i\omega))^*}{D(i\omega)\cdot D^*(i\omega)}\mathrm{d}(i\omega) \tag{3-43a}$$

$$\overline{E}_2=m_2\langle\dot{x}_2^2(t)\rangle=\frac{1}{2\pi}m_2\int_{-\infty}^{\infty}S_{\dot{x}_2\dot{x}_2(\omega)}\mathrm{d}\omega=-\frac{m_2S_{gg}}{2\pi i}\int_{-\infty}^{\infty}\frac{((i\omega)\alpha_2(i\omega))\cdot((i\omega)\alpha_2(i\omega))^*}{D(i\omega)\cdot D^*(i\omega)}\mathrm{d}(i\omega) \tag{3-43b}$$

其中：

$$(i\omega\alpha_1(i\omega))\cdot(i\omega\alpha_1(i\omega))^*=b_0(i\omega)^{10}+b_1(i\omega)^8+b_2(i\omega)^6+b_3(i\omega)^4+b_4(i\omega)^2+b_5 \tag{3-44a}$$

$$(i\omega\alpha_2(i\omega))\cdot(i\omega\alpha_2(i\omega))^*=d_0(i\omega)^{10}+d_1(i\omega)^8+d_2(i\omega)^6+d_3(i\omega)^4+d_4(i\omega)^2+d_5 \tag{3-44b}$$

式中：

$b_0=-b_{14}^2$，$b_1=b_{13}^2-2b_{12}b_{14}$，$b_2=2b_{11}b_{13}-2b_{10}b_{14}-b_{12}^2$，$b_3=b_{11}^2-2b_{10}b_{12}$，$b_4=-b_{10}^2$，$b_5=0$；

$d_0=-b_{24}^2$，$d_1=b_{23}^2-2b_{22}b_{24}$，$d_2=2b_{21}b_{23}-2b_{20}b_{24}-b_{22}^2$，$d_3=b_{21}^2-2b_{20}b_{22}$，$d_4=-b_{20}^2$，$d_5=0$。

式（3-43）可得如下解的形式：

$$\overline{E}_1=-m_1S_{gg}\frac{M_{61}}{2a_0\Delta_6} \tag{3-45a}$$

$$\overline{E}_2=-m_2S_{gg}\frac{M_{62}}{2a_0\Delta_6} \tag{3-45b}$$

其中：

$$\begin{aligned}M_{61}=&b_0(-a_0a_3a_5a_6+a_0a_4a_5^2-a_1^2a_6^2+2a_1a_2a_5a_6+a_1a_3a_4a_6-a_1a_4^2a_5-a_2^2a_5^2-a_2a_3^2a_6+a_2a_3a_4a_5)\\&+a_0b_1(-a_1a_5a_6+a_2a_5^2+a_3^2a_6-a_3a_4a_5)\\&+a_0b_2(-a_0a_5^2-a_1a_3a_6+a_1a_4a_5)\\&+a_0b_3(a_0a_3a_5+a_1^2a_6-a_1a_2a_5)\\&+a_0b_4(a_0a_1a_5-a_0a_3^2-a_1^2a_4+a_1a_2a_3)\\&+\frac{a_0b_5}{a_6}(a_0^2a_5^2+a_0a_1a_3a_6-2a_0a_1a_4a_5-a_0a_2a_3a_5+a_0a_3^2a_4-a_1^2a_2a_6+a_1^2a_4^2+a_1a_2^3a_5-a_1a_2a_3a_4)\end{aligned}$$

$$\begin{aligned}M_{62}=&d_0(-a_0a_3a_5a_6+a_0a_4a_5^2-a_1^2a_6^2+2a_1a_2a_5a_6+a_1a_3a_4a_6-a_1a_4^2a_5-a_2^2a_5^2-a_2a_3^2a_6+a_2a_3a_4a_5)\\&+a_0d_1(-a_1a_5a_6+a_2a_5^2+a_3^2a_6-a_3a_4a_5)\\&+a_0d_2(-a_0a_5^2-a_1a_3a_6+a_1a_4a_5)\\&+a_0d_3(a_0a_3a_5+a_1^2a_6-a_1a_2a_5)\\&+a_0d_4(a_0a_1a_5-a_0a_3^2-a_1^2a_4+a_1a_2a_3)\\&+\frac{a_0d_5}{a_6}(a_0^2a_5^2+a_0a_1a_3a_6-2a_0a_1a_4a_5-a_0a_2a_3a_5+a_0a_3^2a_4-a_1^2a_2a_6+a_1^2a_4^2+a_1a_2^3a_5-a_1a_2a_3a_4)\end{aligned}$$

$$\begin{aligned}\Delta_6=&a_0^2a_5^3+3a_0a_1a_3a_5a_6-2a_0a_1a_4a_5^2-a_0a_2a_3a_5^2-a_0a_3^3a_6+a_0a_3^2a_4a_5\\&+a_1^3a_6^2-2a_1^2a_2a_5a_6-a_1^2a_3a_4a_6+a_1^2a_4^2a_5+a_1a_2^2a_5^2+a_1a_2a_3^2a_6-a_1a_2a_3a_4a_5\end{aligned}$$

连接 Kelvin 型阻尼器的双塔连体结构在白噪声随机激励下总的振动能量即为式（3-45a）和式（3-45b）的叠加：

$$\overline{E}_1+\overline{E}_2=-m_1S_{gg}\frac{M_{61}}{2a_0\Delta_6}-m_2S_{gg}\frac{M_{62}}{2a_0\Delta_6}=-\mu m_2S_{gg}\frac{M_{61}}{2a_0\Delta_6}-m_2S_{gg}\frac{M_{62}}{2a_0\Delta_6}=-m_2S_{gg}\frac{\mu M_{61}+M_{62}}{2a_0\Delta_6} \tag{3-46}$$

2. 连接 Maxwell 模型的双塔连体结构的运动方程

地震作用下连接 Maxwell 模型的双塔连体结构（图 3-51b 的 3-SDOF 结构）的运动方程可以表示为：

$$m_1\ddot{x}_1(t)+c_1\dot{x}_1(t)+k_1x_1(t)-f_{\Gamma1}(t)=-m_1\ddot{x}_g(t) \tag{3-47a}$$

$$m_2\ddot{x}_2(t)+c_2\dot{x}_2(t)+k_2x_2(t)-f_{\Gamma2}(t)=-m_2\ddot{x}_g(t) \tag{3-47b}$$

$$m_3\ddot{x}_3(t)+f_{\Gamma1}(t)+f_{\Gamma2}(t)=-m_3\ddot{x}_g(t) \tag{3-48a}$$

$$f_{\Gamma1}(t)+\lambda_{01}\frac{\mathrm{d}f_{\Gamma1}(t)}{\mathrm{d}t}=c_{01}[\dot{x}_3(t)-\dot{x}_1(t)] \tag{3-48b}$$

$$f_{\Gamma2}(t)+\lambda_{02}\frac{\mathrm{d}f_{\Gamma2}(t)}{\mathrm{d}t}=c_{02}[\dot{x}_3(t)-\dot{x}_2(t)] \tag{3-48c}$$

令 $\mu=m_1/m_2$，$\mu_{01}=m_3/m_1$；$\beta=\omega_2/\omega_1$；$\Delta_{01}=c_{01}/m_1$，$\Delta_{02}=c_{02}/m_1$，$\eta=\Delta_{02}/\Delta_{01}$；$\omega_1=\sqrt{k_1/m_1}$，$\xi_1=c_1/2m_1\omega_1$，$\omega_2=\sqrt{k_2/m_2}$，$\xi_2=c_2/2m_2\omega_2$，则方程（3-48）在频域内可以表示为：

$$\left[(i\omega)^2+(i\omega)2\xi_1\omega_1+\omega_1^2+\frac{(i\omega)\Delta_{01}}{1+(i\omega)\lambda_{01}}\right]x_1-\frac{(i\omega)\Delta_{01}}{1+(i\omega)\lambda_{01}}x_3=-\ddot{x}_g \tag{3-49a}$$

$$\left[(i\omega)^2+(i\omega)2\xi_2\omega_2+\omega_2^2+\frac{(i\omega)\mu\Delta_{02}}{1+(i\omega)\lambda_{02}}\right]x_2-\frac{(i\omega)\mu\Delta_{02}}{1+(i\omega)\lambda_{02}}x_3=-\ddot{x}_g \tag{3-49b}$$

$$\left[(i\omega)^2+\frac{(i\omega)\Delta_{01}}{\mu_{01}+(i\omega)\mu_{01}\lambda_{01}}+\frac{(i\omega)\Delta_{02}}{\mu_{01}+(i\omega)\mu_{01}\lambda_{02}}\right]x_3-\frac{(i\omega)\Delta_{02}}{\mu_{01}+(i\omega)\mu_{01}\lambda_{02}}x_2-\frac{(i\omega)\Delta_{01}}{\mu_{01}+(i\omega)\mu_{01}\lambda_{01}}x_1=-\ddot{x}_g \tag{3-49c}$$

同样地，忽略结构的阻尼，即令 $\xi_1=\xi_2=0$，则在频率域内塔楼结构的位移响应由方程（3-49）可得：

$$x_1(i\omega)=-\frac{\alpha_1(i\omega)}{D(i\omega)}\ddot{x}_g(i\omega) \tag{3-50a}$$

$$x_2(i\omega)=-\frac{\alpha_2(i\omega)}{D(i\omega)}\ddot{x}_g(i\omega) \tag{3-50b}$$

其中：

$$D=a_0(i\omega)^5+a_1(i\omega)^4+a_2(i\omega)^3+a_3(i\omega)^2+a_4(i\omega)+a_5 \tag{3-51a}$$

$$\alpha_1=b_{15}(i\omega)^5+b_{14}(i\omega)^4+b_{13}(i\omega)^3+b_{12}(i\omega)^2+b_{11}(i\omega)+b_{10} \tag{3-51b}$$

$$\alpha_2=b_{25}(i\omega)^5+b_{24}(i\omega)^4+b_{23}(i\omega)^3+b_{22}(i\omega)^2+b_{21}(i\omega)+b_{20} \tag{3-51c}$$

式中：

$a_0=\mu_{01}\lambda_{01}\lambda_{02}$

$a_1=\mu_{01}(\lambda_{01}+\lambda_{02})$

$a_2=\Delta_{02}\lambda_{01}+\Delta_{01}\lambda_{02}+\Delta_{01}\lambda_{02}\mu_{01}+\mu_{01}+\omega_2^2\lambda_{01}\lambda_{02}\mu_{01}+\omega_1^2\lambda_{01}\lambda_{02}\mu_{01}+\Delta_{02}\lambda_{01}\mu\mu_{01}$

$a_3=\omega_2^2\lambda_{01}\mu_{01}+\omega_2^2\lambda_{02}\mu_{01}+\Delta_{01}+\Delta_{01}\mu_{01}+\omega_1^2\lambda_{01}\mu_{01}+\Delta_{02}\mu\mu_{01}+\Delta_{02}+\omega_1^2\lambda_{02}\mu_{01}$

$a_4=\omega_2^2\Delta_{01}\mu_{01}\lambda_{02}+\mu_{01}\omega_1^2+\mu_{01}\omega_2^2+\omega_2^2\Delta_{02}\lambda_{01}+\Delta_{01}\Delta_{02}+\omega_2^2\Delta_{01}\lambda_{02}+\omega_1^2\Delta_{01}\lambda_{02}+\omega_1^2\Delta_{02}\lambda_{01}+\mu\Delta_{01}\Delta_{02}$
$\quad+\omega_1^2\Delta_{02}\mu\mu_{01}\lambda_{01}+\omega_1^2\omega_2^2\lambda_{01}\lambda_{02}\mu_{01}+\Delta_{01}\Delta_{02}\mu\mu_{01}$

$a_5=\omega_2^2\Delta_{01}\mu_{01}+\omega_1^2\Delta_{01}+\omega_2^2\Delta_{01}+\omega_1^2\omega_2^2\lambda_{01}\mu_{01}+\omega_1^2\Delta_{02}+\omega_1^2\mu\mu_{01}\Delta_{02}+\omega_2^2\Delta_{02}+\omega_1^2\omega_2^2\lambda_{02}\mu_{01}$

$b_{15}=\mu_{01}\lambda_{01}\lambda_{02}$

$b_{14}=\mu_{01}(\lambda_{01}+\lambda_{02})$

$b_{13}=\Delta_{01}\lambda_{02}+\Delta_{02}\lambda_{01}+\mu_{01}\lambda_{01}\lambda_{02}\omega_2^2+\mu_{01}\Delta_{01}\lambda_{02}+\mu\mu_{01}\Delta_{02}\lambda_{01}+\mu_{01}$

$b_{12}=\Delta_{01}\mu_{01}+\Delta_{01}+\Delta_{02}+\mu_{01}\omega_2^2\lambda_{02}+\mu_{01}\omega_2^2\lambda_{01}+\Delta_{02}\mu\mu_{01}$

$b_{11}=\omega_2^2\Delta_{01}\lambda_{02}+\omega_2^2\Delta_{02}\lambda_{01}+\Delta_{01}\Delta_{02}+\omega_2^2\Delta_{01}\mu_{01}\lambda_{02}+\mu_{01}\omega_2^2+\Delta_{01}\Delta_{02}\mu+\Delta_{01}\Delta_{02}\mu_{01}\mu$

$b_{10}=\Delta_{01}\mu_{01}\omega_2^2+\Delta_{02}\omega_2^2+\Delta_{01}\omega_2^2$

$b_{25}=\mu_{01}\lambda_{01}\lambda_{02}$

$b_{20}=\Delta_{02}\mu\mu_{01}\omega_1^2+\Delta_{02}\omega_1^2+\Delta_{01}\omega_1^2$

$b_{24}=\mu_{01}(\lambda_{01}+\lambda_{02})$

$b_{23}=\mu_{01}\lambda_{01}\lambda_{02}\omega_1^2+\Delta_{01}\lambda_{02}+\Delta_{02}\lambda_{01}+\mu\mu_{01}\Delta_{02}\lambda_{01}+\mu_{01}\Delta_{01}\lambda_{02}+\mu_{01}$

$b_{22}=\Delta_{02}+\omega_1^2\lambda_{01}\mu_{01}+\Delta_{02}\mu_{01}\mu+\omega_1^2\lambda_{02}\mu_{01}+\Delta_{01}\mu_{01}+\Delta_{01}$

$b_{21}=\Delta_{01}\Delta_{02}\mu_{01}\mu+\omega_1^2\Delta_{01}\lambda_{02}+\mu_{01}\omega_1^2+\Delta_{01}\Delta_{02}+\mu\Delta_{01}\Delta_{02}+\omega_1^2\Delta_{02}\lambda_{01}+\omega_1^2\Delta_{02}\lambda_{01}\mu\mu_{01}$

$(i\omega\alpha_1)=b_{13}(i\omega)^4+b_{12}(i\omega)^3+b_{11}(i\omega)^2+b_{10}(i\omega)$

由式（3-51）～式（3-53）有：

$$(i\omega\alpha_1(i\omega))\cdot(i\omega\alpha_1(i\omega))^*=b_0(i\omega)^{12}+b_1(i\omega)^{10}+b_2(i\omega)^8+b_3(i\omega)^6+b_4(i\omega)^4+b_5(i\omega)^2+b_6 \tag{3-52a}$$

$$(i\omega\alpha_2(i\omega))\cdot(i\omega\alpha_2(i\omega))^*=d_0(i\omega)^{12}+d_1(i\omega)^{10}+d_2(i\omega)^8+d_3(i\omega)^6+d_4(i\omega)^4+d_5(i\omega)^2+d_6 \tag{3-52b}$$

式中：

$b_0=b_{15}^2$，$b_1=2b_{13}b_{15}-b_{14}^2$，$b_2=2b_{11}b_{15}-2b_{12}b_{14}+b_{13}^2$，$b_3=-2b_{10}b_{14}+2b_{11}b_{13}-b_{12}^2$，$b_4=-2b_{10}b_{12}+b_{11}^2$，$b_5=-b_{10}^2$，$b_6=0$；

$d_0=b_{25}^2$，$d_1=2b_{23}b_{25}-b_{24}^2$，$d_2=2b_{21}b_{25}-2b_{22}b_{24}+b_{23}^2$，$d_3=-2b_{20}b_{24}+2b_{21}b_{23}-b_{22}^2$，$d_4=-2b_{20}b_{22}+b_{21}^2$，$d_5=-b_{20}^2$，$d_6=0$。

两塔楼结构的振动能量为：

$$\overline{E}_1=-m_1S_{gg}\frac{M_{71}}{2a_0\Delta_7} \tag{3-53a}$$

$$\overline{E}_2=-m_2S_{gg}\frac{M_{72}}{2a_0\Delta_7} \tag{3-53b}$$

式中：

$$M_{71}=b_0m_0+a_0b_1m_1+a_0b_2m_2+a_0b_3m_3+a_0b_4m_4+a_0b_5m_5+a_0b_6m_6 \tag{3-54a}$$

$$M_{72}=d_0m_0+a_0d_1m_1+a_0d_2m_2+a_0d_3m_3+a_0d_4m_4+a_0d_5m_5+a_0d_6m_6 \tag{3-54b}$$

其中：

$$\begin{aligned}\Delta_7=&-a_0^3a_7^3+3a_0^2a_1a_6a_7^2+a_0^2a_2a_5a_7^2+2a_0^2a_3a_4a_7^2-3a_0^2a_3a_5a_6a_7-a_0^2a_4a_5^2a_7+a_0^2a_5^3a_6-3a_0a_1^2a_6^2a_7\\&-3a_0a_1a_2a_4a_7^2+a_0a_1a_2a_5a_6a_7+3a_0a_1a_3a_5a_6^2-a_0a_1a_3a_4a_6a_7+2a_0a_1a_4^2a_5a_7-2a_0a_1a_4a_5^2a_6\\&-a_0a_2^2a_3a_7^2+2a_0a_2a_3^2a_6a_7+a_0a_2a_3a_4a_5a_7-a_0a_2a_3a_5^2a_6-a_0a_3^3a_6^2-a_0a_3^2a_4^2a_7+a_0a_3^2a_4a_5a_6\\&+a_1^3a_6^3+3a_1^2a_2a_4a_6a_7-2a_1^2a_2a_5a_6^2-a_1^2a_3a_4a_6^2-a_1^2a_4^3a_7+a_1^2a_4^2a_5a_6+a_1a_2^3a_7^2-2a_1a_2^2a_3a_6a_7\\&-a_1a_2^2a_4a_5a_7+a_1a_2^2a_5^2a_6+a_1a_2a_3a_4^2a_7-a_1a_2a_3a_4a_5a_6\end{aligned}$$

$$\begin{aligned}m_0=&a_0^2a_6a_7^2-2a_0a_1a_6^2a_7-2a_0a_2a_4a_7^2+a_0a_2a_5a_6a_7+a_0a_3a_5a_6^2+a_0a_4^2a_5a_7\\&-a_0a_4a_5^2a_6+a_1^2a_6^3+3a_1a_2a_4a_6a_7-2a_1a_2a_5a_6^2-a_1a_3a_4a_6^2-a_1a_4^3a_7\\&+a_1a_4^2a_5a_6+a_2^3a_7^2-2a_2^2a_3a_6a_7-a_2^2a_4a_5a_7+a_2^2a_5^2a_6+a_2a_3a_4^2a_7-a_2a_3a_4a_5a_6+a_2a_3^2a_6^2\end{aligned}$$

$m_1=a_0a_4a_7^2-a_0a_5a_6a_7-a_1a_4a_6a_7+a_1a_5a_6^2-a_2^2a_7^2+2a_2a_3a_6a_7$

$$+a_2a_4a_5a_7-a_2a_5^2a_6-a_3^2a_6^2-a_3a_4^2a_7+a_3a_4a_5a_6$$

$$m_2=a_0a_2a_7^2-a_0a_3a_6a_7-a_0a_4a_5a_7+a_1a_5^2a_6-a_1a_2a_6a_7+a_1a_3a_6^2+a_1a_4^2a_7-a_1a_4a_5a_6$$

$$m_3=-a_0^2a_7^2+2a_0a_1a_6a_7+a_0a_3a_4a_7-a_0a_3a_5a_6-a_1^2a_6^2-a_1a_2a_4a_7+a_1a_2a_5a_6$$

$$m_4=a_0^2a_5a_7-a_0a_1a_4a_7-a_0a_1a_5a_6-a_0a_2a_3a_7+a_0a_3^2a_6+a_1^2a_4a_6+a_1a_2^2a_7-a_1a_2a_3a_6$$

$$m_5=a_0^2a_3a_7-a_0^2a_5^2-a_0a_1a_2a_7-a_0a_1a_3a_6+2a_0a_1a_4a_5$$

$$+a_0a_2a_3a_5-a_0a_3^2a_4+a_1^2a_2a_6-a_1^2a_4^2-a_1a_2^2a_5+a_1a_2a_3a_4$$

$$m_6=\frac{1}{a_7}(a_0^2a_1a_7^2-2a_0^2a_3a_5a_7+a_0^2a_5^3-2a_0a_1^2a_6a_7+a_0a_1a_2a_5a_7$$

$$+3a_0a_1a_3a_5a_6-2a_0a_1a_4a_5^2+a_0a_2a_3^2a_7-a_0a_2a_3a_5^2-a_0a_3^3a_6$$

$$+a_0a_3^2a_4a_5+a_1^3a_6^2+a_1^2a_2a_4a_7-2a_1^2a_2a_5a_6-a_1^2a_3a_4a_6$$

$$+a_1^2a_4^2a_5-a_1a_2^2a_3a_7+a_1a_2^2a_5^2+a_1a_2a_3^2a_6-a_1a_2a_3a_4a_5)$$

连接 Maxwell 型阻尼器的双塔连体结构在白噪声随机激励下总的振动能量即为式（3-53a）和式（3-53b）的叠加：

$$\overline{E}_1+\overline{E}_2=-m_1S_{gg}\frac{M_{71}}{2a_0\Delta_7}-m_2S_{gg}\frac{M_{72}}{2a_0\Delta_7}=-\mu m_2S_{gg}\frac{M_{71}}{2a_0\Delta_7}-m_2S_{gg}\frac{M_{72}}{2a_0\Delta_7}=-m_2S_{gg}\frac{\mu M_{71}+M_{72}}{2a_0\Delta_7} \tag{3-55}$$

3.3.3 阻尼器优化参数分析

为了检验塔楼结构间阻尼器的控制效果，塔楼结构的减振率采用如下定义：

$$R_1=\overline{E}_1/\overline{E}_{01},R_2=\overline{E}_2/\overline{E}_{02},R=\overline{E}_1+\overline{E}_2/\overline{E}_{01}+\overline{E}_{02} \tag{3-56}$$

式中，$\overline{E}_1$ 和 $\overline{E}_2$ 表示连接阻尼器的塔楼 1 和塔楼 2 的相对振动能量；$\overline{E}_{01}$ 和 $\overline{E}_{02}$ 表示不带连廊且不带阻尼器的塔楼结构各自的振动能量。于是有，$\overline{E}_{0i}=m_iS_{gg}/(4\omega_i\xi_i)(i=1,2)$。根据结构的不同功能要求，取 3 种控制目标：

目标 1：使塔楼 1 的平均振动能量 $\overline{E}_1$ 最小；

目标 2：使塔楼 2 的平均振动能量 $\overline{E}_2$ 最小；

目标 3：使塔楼 1、塔楼 2 的总平均振动能量 $\overline{E}_1+\overline{E}_2$ 最小。

1. 连接 Kelvin 型阻尼器的双塔连体结构间阻尼器优化参数分析

对于 Kelvin 型阻尼器，其优化设计问题即找到优化设计参数 c_{01}，c_{02} 和 k_{01}，k_{02}，使塔楼振动能量最小。

(1) 连接刚度系数 k_{01}，k_{02}

假设两结构阻尼比 $\xi_1=\xi_2=0.05$，连接 Kelvin 型阻尼器的阻尼比 $\xi_{01}=\xi_{02}=0.1$，塔楼质量比 $\mu=1.0$，塔楼减振系数随连接阻尼器的频率比（反映了连接阻尼器的刚度系数）变化曲线见图 3-52 和图 3-53。

图 3-52 可以看出，两塔楼控制效果强烈依赖于连接阻尼器与塔楼 1 的频率比 β_{01}，但是其规律不是很显著。其次，阻尼器频率比 β_{02} 对塔楼 1 减振系数 R_1 的影响不明显，但是对塔楼 2 减振系数 R_2 和两塔楼总减振系数 R 的影响较大。另外，阻尼器连接频率比 β_{02} 的优化不依赖于频率比 β_{01} 的变化。

由图 3-53 可以看出，塔楼 1 减振系数 R_1 不依赖于两塔楼的频率比 β；然而，连廊和塔楼 1 的质量比 μ_{01}，对塔楼 1 减振系数 R_1 有极大影响，并且随着质量比的增大，控制效果越好。从图 3-53（a）可以看出，塔楼减振效果较依赖于塔楼间阻尼器与塔楼 1 的频率比 β_{02}。另外，从图 3-53（b）可以看出，塔楼 2 减振系数 R_2 基本不依赖于连廊与塔楼 1 的质量比 μ_{01} 和两塔楼频率比 β。但是阻尼器与塔楼 1 最优频率比 β_{02} 随着塔楼频率比 β 的增加而增大；并随着连廊与塔楼 1 质量比 μ_{01} 的增加而减小。从

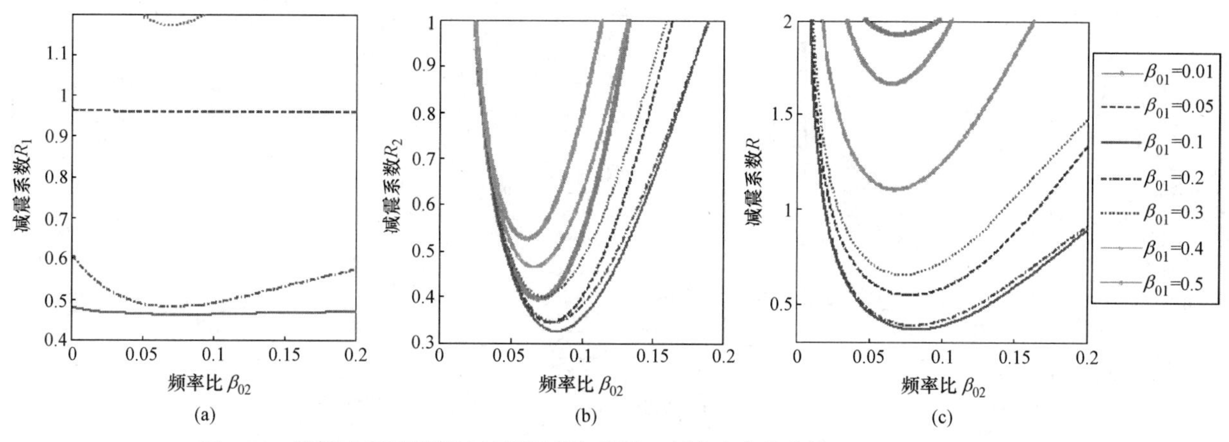

图 3-52　塔楼减振系数随连接阻尼器与塔楼 1 频率比变化曲线（$\mu_{01}=10$，$\beta=0.5$）

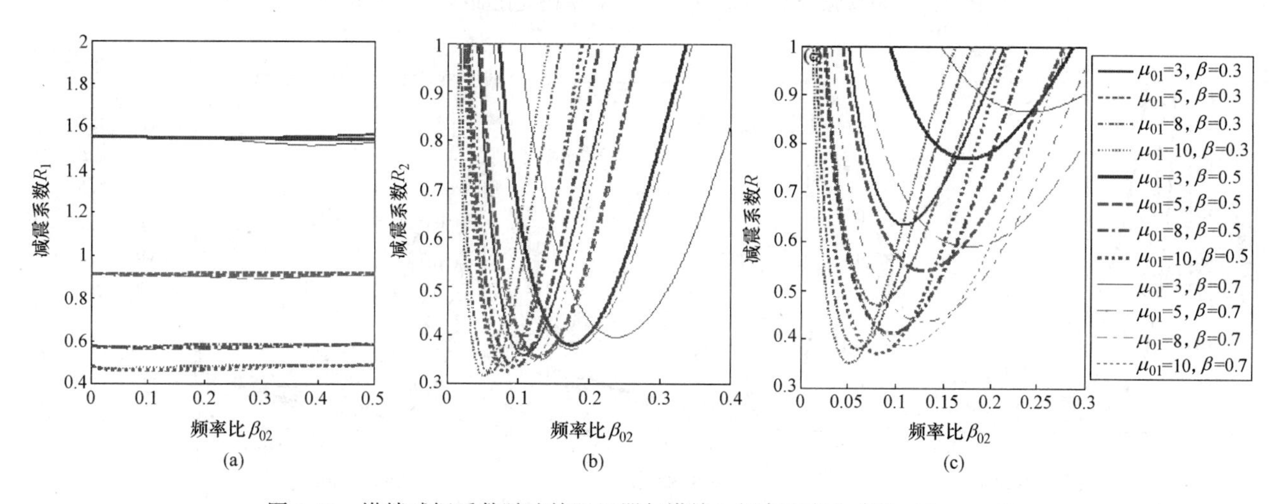

图 3-53　塔楼减振系数随连接阻尼器与塔楼 1 频率比变化曲线（$\beta_{01}=0.1$）

图 3-53（c）可以看出，两塔楼的减振系数 R 同时依赖于塔楼频率比 β 和连廊与塔楼 1 的质量比 μ_{01}，并随塔楼频率比 β 的增加，控制效果减弱；随质量比 μ_{01} 的增加，控制效果增强。从图 3-53（c）还可以看出，阻尼器与塔楼 1 频率比 β_{02} 随着塔楼频率比 β 的增加而增大；随连廊与塔楼 1 质量比 μ_{01} 的增大而减小。

（2）连接阻尼系数 c_{01}，c_{02}

为简化讨论，本节假设连廊两端阻尼器的阻尼系数是相同的。塔楼减振系数 R_1，R_2 和 R 随连接阻尼器的阻尼比、塔楼质量比变化的曲线见图 3-54 和图 3-55。本节讨论了阻尼器连接频率比 β_{01}，β_{02} 和连廊与塔楼 1 质量比 μ_{01} 及塔楼频率比 β 对阻尼器阻尼系数比 ξ_{01}（ξ_{02}）的影响。

由图 3-54 可以看出，塔楼减振系数 R_1，R_2 和 R 受 Kelvin 型阻尼器的连接频率影响较大，但是没有明显的规律可言。当 $\beta_{01}=\beta_{02}=0.1$ 时，阻尼器的控制效果对 3 个控制目标都是最优的，并且阻尼器的连接阻尼比 ξ_{01}（ξ_{02}）几乎不受连接频率比 β_{01}（β_{02}）的影响。

由图 3-55 可以看出，塔楼减振系数 R_1，R_2 和 R 基本上依赖于连廊与塔楼 1 质量比 μ_{01} 和塔楼频率比 β，但是规律不明显；而阻尼器的连接阻尼比 ξ_{01}（ξ_{02}）几乎不受 μ_{01} 和 β 的影响。

Kelvin 型阻尼器的优化参数分析表明，双塔连体结构间 Kelvin 阻尼器的优化设计问题比较复杂，并且阻尼器控制效果不太受阻尼器阻尼系数的影响；通过参数化分析，并没有发现明显的规律，因此为了简化设计过程，后续优化分析中假设连廊两端阻尼器为对称布置以降低分析复杂程度。

2. 连接 Maxwell 型阻尼器的双塔连体结构间阻尼器优化参数分析

对于 Maxwell 型阻尼器，阻尼器的优化设计即找到其最优阻尼系数 c_{01}，c_{02} 和松弛时间 λ_{01}，λ_{02}

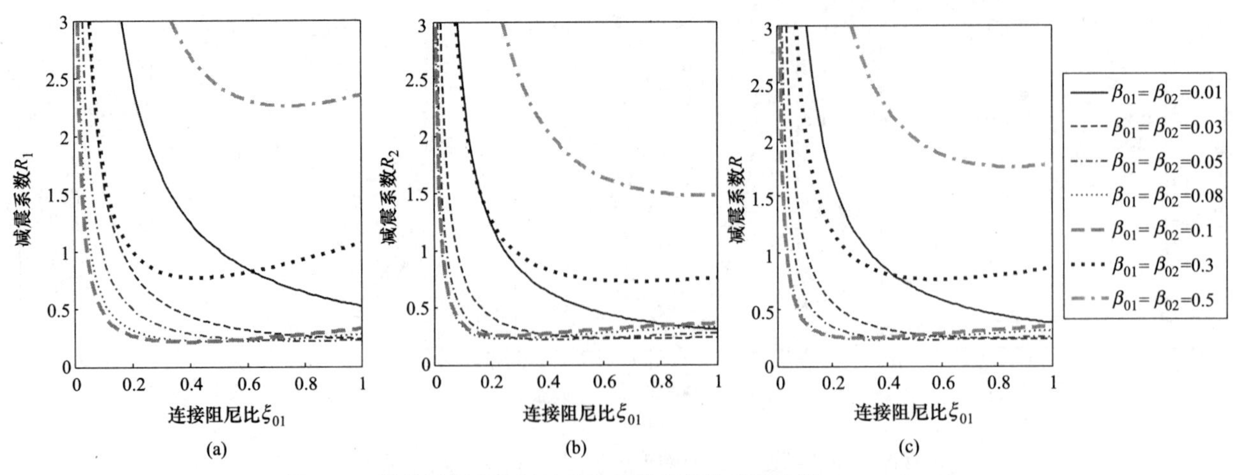

图 3-54　塔楼减振系数随连接阻尼器频率比变化曲线（$\mu_{01}=10.0$）

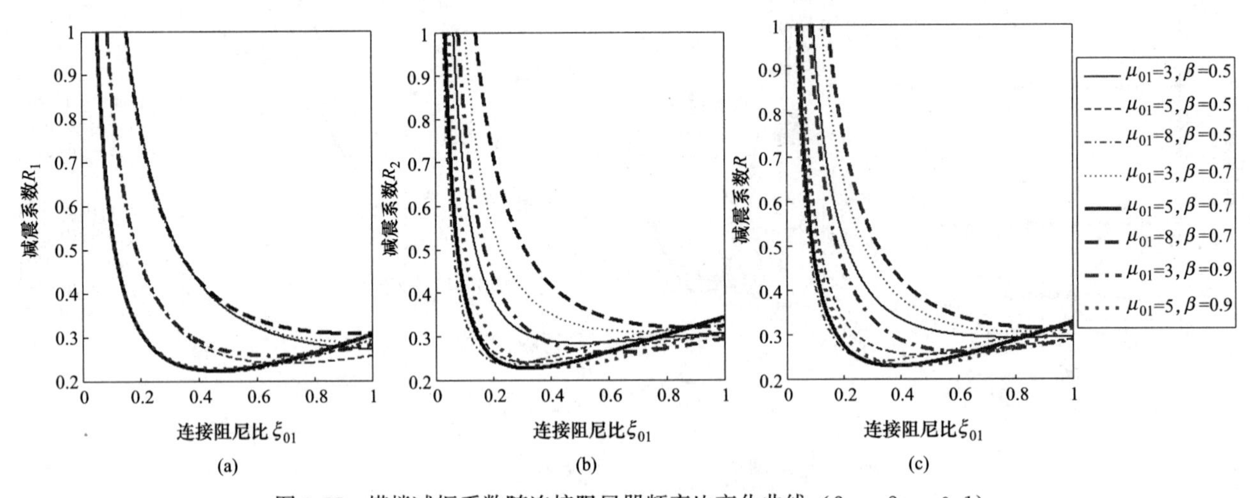

图 3-55　塔楼减振系数随连接阻尼器频率比变化曲线（$\beta_{01}=\beta_{02}=0.1$）

使塔楼结构的振动能量最小。本章定义塔楼和连廊间 Maxwell 型阻尼器的阻尼器优化阻尼比为 $\chi=\Delta_{01}/2\omega_1=c_{01}/2m_1\omega_1$，$\eta=\Delta_{02}/\Delta_{01}=c_{02}/c_{01}$。

（1）连接阻尼系数 c_{01}，c_{02}

假设两塔楼结构的阻尼比为 $\xi_1=\xi_2=0.05$，当松弛时间 $\lambda_{01}=\lambda_{02}=0.01\text{s}$，塔楼减振系数 R_1，R_2 和 R 随阻尼器优化阻尼比 χ（表示阻尼器阻尼系数）变化的曲线见图 3-56 和图 3-57。本节讨论了塔楼

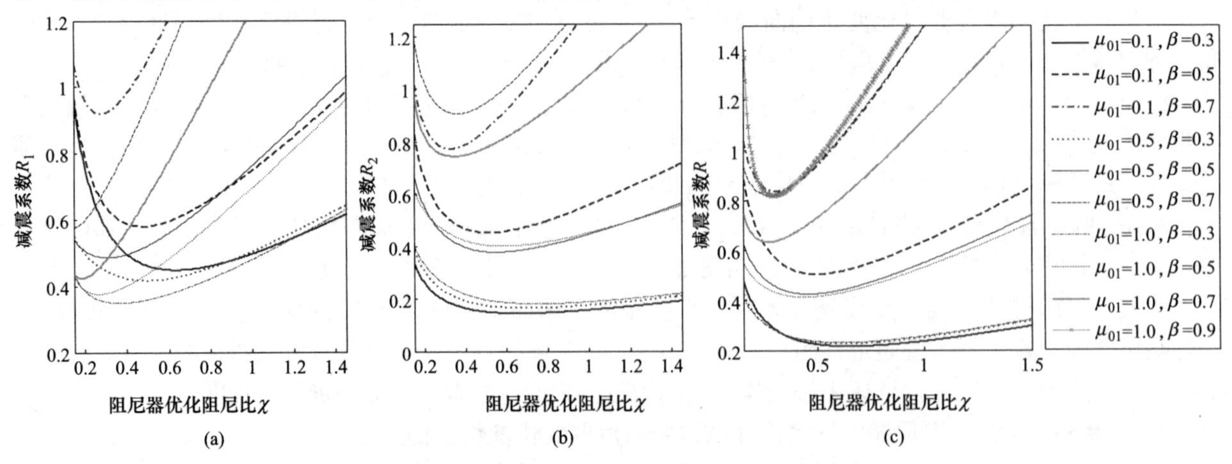

图 3-56　塔楼减振系数随连接阻尼器优化阻尼比变化曲线（$\mu=1$，$\eta=0.5$）

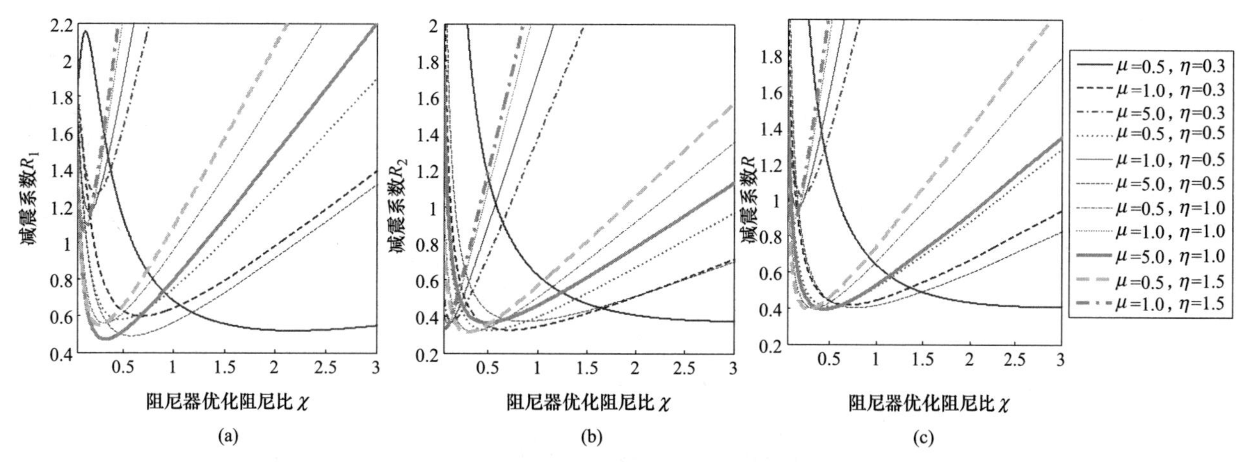

图 3-57 塔楼减振系数随连接阻尼器优化阻尼比变化曲线（$\mu_{01}=0.1$，$\beta=0.5$）

质量比μ和μ_{01}、塔楼频率比β和两塔楼阻尼器阻尼系数比η对阻尼器控制效果的影响。

由图 3-56 可以看出，塔楼频率比β对塔楼减振系数的影响很大，且随着塔楼频率比的增加 Maxwell 型阻尼器的减振效果明显减弱，尤其是控制目标 2 和 3，情况更为显著。连廊与塔楼 1 的质量比μ_{01}对减振系数R_2和R的影响很小，尤其是当塔楼频率比β足够小时，随着塔楼频率比β的增加，减振系数R_2和R在不同的质量比μ_{01}下的差异增大。但是，减振系数R_1受连廊与塔楼 1 的质量比μ_{01}的影响较大，并且随着μ_{01}的增大控制效果提高。由图 3-56 亦可以看出，对于R_2和R，连廊与塔楼 1 的质量比μ_{01}和塔楼频率比β的改变对阻尼器优化阻尼比χ（约 0.4～0.5）的影响很小；相反地，对于R_1，阻尼器优化阻尼比χ受连廊与塔楼 1 的质量比μ_{01}和塔楼频率比β影响较大，且随着μ_{01}和β的增大，阻尼器优化阻尼比χ（约 0.2～0.5）减小。

从图 3-57 可以看出，Maxwell 型阻尼器的控制效果不依赖于塔楼质量比μ和阻尼器阻尼系数比η的影响。对于减振系数R_1，R_2和R，阻尼器优化阻尼比χ为 0.5 左右。

（2）连接松弛时间λ_{01}，λ_{02}

仍假设塔楼阻尼比为$\xi_1=\xi_2=0.05$，两塔楼质量比为$\mu=1$，连廊和塔楼 1 的质量比为$\mu_{01}=0.5$，塔楼减振系数R_1，R_2和R随阻尼器松弛时间λ_{01}，λ_{02}的变化见图 3-58 和图 3-59。本节分析了塔楼频率比β和连接阻尼器阻尼系数比η和阻尼器优化阻尼比χ对控制效果的影响。

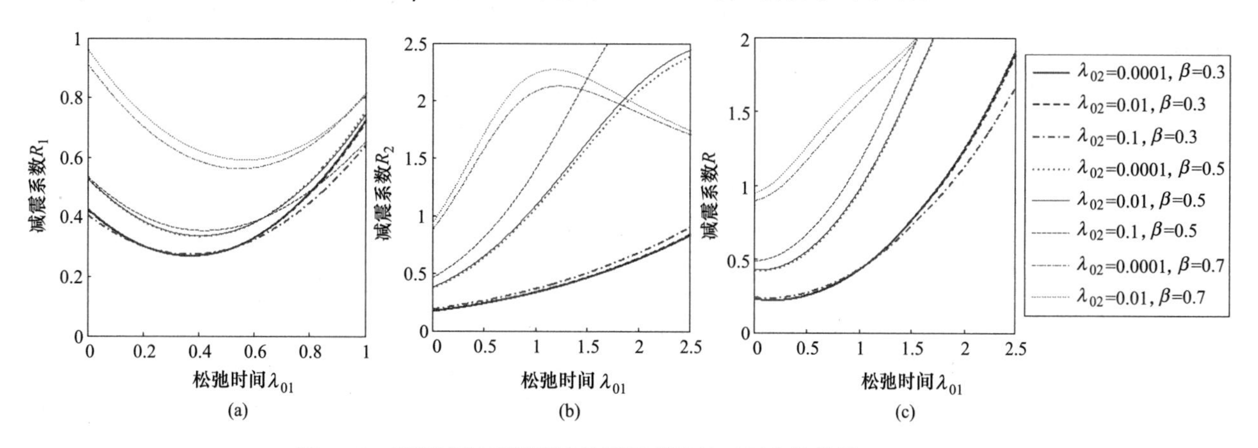

图 3-58 塔楼减振系数随连接阻尼器松弛时间变化曲线（$\eta=0.5$）

由图 3-58 可以看出，Maxwell 型阻尼器的优化控制效果受塔楼频率比β影响极大，并且随着塔楼频率比β的增加，控制效果减弱，尤其是当塔楼频率比β超过 0.7 时，Maxwell 型阻尼器对控制目标 2 和 3 几乎没有控制效果。从图 3-59 亦可以看出，阻尼器松弛时间λ_{02}的改变对塔楼减振系数R_1，R_2和

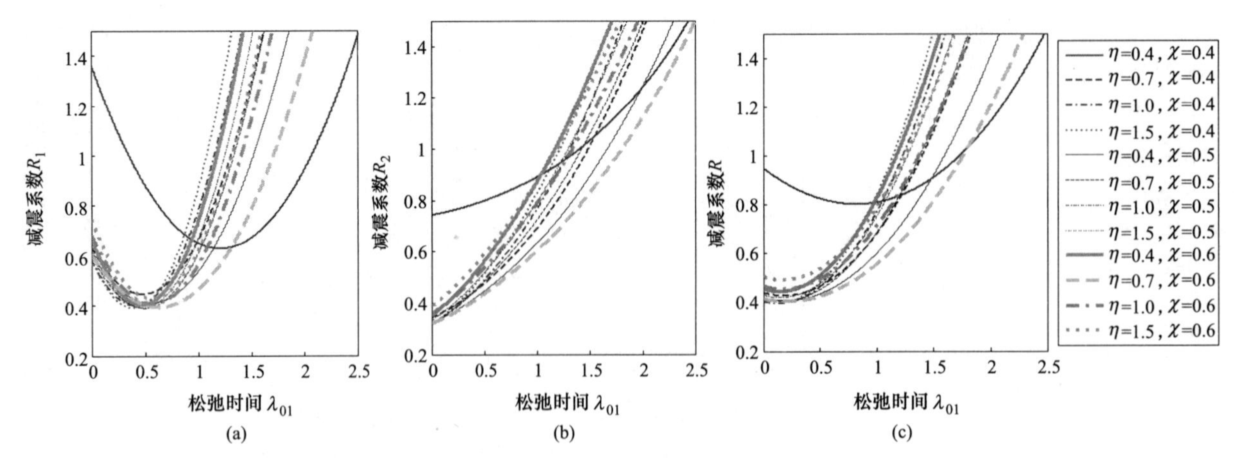

图 3-59　塔楼减振系数随连接阻尼器松弛时间变化曲线（$\lambda_{02}=0.00001$）

R 的影响较小，尤其是当塔楼频率比 β 足够小时，其影响可以忽略。因此松弛时间 λ_{02} 的最优值可以取为 0。另外，对于控制目标 2 和 3，如图 3-59（b）、（c）所示，塔楼减振系数 R_2 和 R 基本随着松弛时间 λ_{01} 的增加而增大，并且当 λ_{01} 接近于 0 时，控制效果是最优的，从图 3-59（b）、（c）亦可以得到相似的结论。对于塔楼 1 减振系数 R_1，λ_{01} 的最优值介于 0.4 和 0.6 之间。

图 3-58 给出了在不同的阻尼器阻尼系数下，阻尼器松弛时间 λ_{01} 对塔楼减振系数的影响，按前述分析，此时取 $\lambda_{02}=0.00001$（近似为 0）。由图 3-59 可以看出，阻尼器阻尼系数比对塔楼控制效果影响较小，也就是说，Maxwell 阻尼器的连接阻尼对连接松弛时间 λ_{01} 几乎没有影响。

通过图 3-58 和图 3-59 的分析，可以取 Maxwell 型阻尼器的松弛时间 λ_{02} 为 0，并且为了简化计算取松弛时间 λ_{01} 亦为 0。

3.3.4　阻尼器优化参数解析表达式

1. Kelvin 型阻尼器优化参数解析表达式

为了简化 Kelvin 型阻尼器的优化设计过程，本章将连廊两端的阻尼器设为对称布置，则式（3-56）的解可表示为：

$$R_1=\frac{m_{61}}{\delta},R_2=\frac{m_{62}}{\delta},R=\frac{\mu m_{61}+m_{62}}{\delta} \tag{3-57}$$

其中，

$$\begin{aligned}m_{6i}=&\beta_{01}^{14}[f_{14i}(\mu\mu_{01}\beta)\xi_{01}^2+g_{14i}(\mu\mu_{01}\beta)\xi_{01}^4]+\beta_{01}^{12}[f_{12i}(\mu\mu_{01}\beta)\xi_{01}^2+g_{12i}(\mu\mu_{01}\beta)\xi_{01}^4+h_{12i}(\mu\mu_{01}\beta)\xi_{01}^6]\\&+\beta_{01}{}^{10}[f_{10i}(\mu\mu_{01}\beta)\xi_{01}^2+g_{10i}(\mu\mu_{01}\beta)\xi_{01}^4+h_{10i}(\mu\mu_{01}\beta)\xi_{01}^6+k_{10i}(\mu\mu_{01}\beta)\xi_{01}^8]\\&+\beta_{01}{}^{8}[f_{8i}(\mu\mu_{01}\beta)\xi_{01}^2+g_{8i}(\mu\mu_{01}\beta)\xi_{8}^4+h_{8i}(\mu\mu_{01}\beta)\xi_{01}^6+k_{8i}(\mu\mu_{01}\beta)\xi_{01}^8]\\&+\beta_{01}{}^{6}[f_{6i}(\mu\mu_{01}\beta)\xi_{01}^2+g_{6i}(\mu\mu_{01}\beta)\xi_{01}^4+h_{6i}(\mu\mu_{01}\beta)\xi_{01}^6]\\&+\beta_{01}{}^{4}[f_{4i}(\mu\mu_{01}\beta)\xi_{01}^2+g_{4i}(\mu\mu_{01}\beta)\xi_{01}^4]+\beta_{01}^2f_{2i}(\mu\mu_{01}\beta)\xi_{01}^2\quad(i=1,2)\end{aligned} \tag{3-58a}$$

$$\begin{aligned}\delta=&\beta_{01}^{11}[u_{11}(\mu\mu_{01}\beta)\xi_{01}^3+v_{11}(\mu\mu_{01}\beta)\xi_{01}^5]+\beta_{01}^{9}[u_{9}(\mu\mu_{01}\beta)\xi_{01}^3+v_{9}(\mu\mu_{01}\beta)\xi_{01}^5+w_{9}(\mu\mu_{01}\beta)\xi_{01}^7]\\&+\beta_{01}^{7}[u_{7}(\mu\mu_{01}\beta)\xi_{01}^3+v_{7}(\mu\mu_{01}\beta)\xi_{01}^5+w_{7}(\mu\mu_{01}\beta)\xi_{01}^7]+\beta_{01}^{5}[u_{5}(\mu\mu_{01}\beta)\xi_{01}^3+v_{5}(\mu\mu_{01}\beta)\xi_{01}^5]\\&+\beta_{01}^{3}u_{3}(\mu\mu_{01}\beta)\xi_{01}^3\end{aligned} \tag{3-58b}$$

式中，$f(\cdot),g(\cdot),h(\cdot),k(\cdot)$ 和 $u(\cdot),v(\cdot),w(\cdot)$ 是 μ，μ_{01} 和 β 的函数。

令塔楼减振系数 R_1，R_2 和 R 最小作为控制标准，Kelvin 型阻尼器的优化设计参数 β_{01} 和 ξ_{01} 可以由式（3-57）计算出来。

2. Maxwell 型阻尼器优化参数解析表达式

如前所述，Maxwell 型阻尼器的松弛时间对阻尼器减振效果的影响极小，因此后续计算忽略 Max-

well 型阻尼器的松弛时间，即令 $\lambda_{01}=\lambda_{02}=0$，则式（3-56）的解可表示为：

$$R_1=\frac{m_{51}}{\delta},R_2=\frac{m_{52}}{\delta},R=\frac{\mu m_{51}+m_{52}}{\delta} \tag{3-59}$$

其中，

$$m_{5i}=h_{6i}(\eta\mu\mu_{01}\beta)\chi^6+h_{4i}(\eta\mu\mu_{01}\beta)\chi^4+h_{2i}(\eta\mu\mu_{01}\beta)\chi^2+h_{0i}(\eta\mu\mu_{01}\beta)\quad(i=1,2) \tag{3-60a}$$

$$\delta=g_4(\Delta_{01}\eta\mu\mu_{01}\beta)\chi^4+g_2(\Delta_{01}\eta\mu\mu_{01}\beta)\chi^2+g_0(\Delta_{01}\eta\mu\mu_{01}\beta) \tag{3-60b}$$

上式中，$h(\cdot)$ 是 μ，μ_{01}，η 和 β 的函数；$g(\cdot)$ 是 Δ_{01}，μ，μ_{01}，η 和 β 的函数。

令塔楼减振系数 R_1，R_2 和 R 最小作为控制标准，Maxwell 型阻尼器的优化设计参数 χ 和 η 可以由式（3-59）计算出来。

3.3.5　算例分析

本节给出了双塔连体结构间设置阻尼器时，在白噪声和实际地震激励下，Kelvin 型和 Maxwell 型阻尼器优化参数解析表达式的应用效果。本节对比了 3 组具有不同结构参数和楼层数目的相邻塔楼结构模型。在第 1 和第 3 个算例中，两个塔楼具有相同的高度，塔楼间设置连廊。第 1 个算例中，相邻塔楼结构的自振频率差异较大，表示两塔楼结构有截然不同的自振特性；第 3 个算例中，相邻塔楼结构的自振频率差异较小，表示两塔楼结构有相似的自振特性。而在第 2 个算例中，相邻塔楼结构具有不同的楼层高度，且具有不同的自振频率。3 个算例总共选用 4 个塔楼结构模型，各结构模型参数见表 3-4。各算例中两塔楼结构的刚度和阻尼特性参数见表 3-5。

结构模型参数　　表 3-4

模型编号	楼层数	阻尼比(%)	楼层质量(kg)	楼层刚度(N/m)	自振频率(Hz)
1	10	2	1.60×10^6	5.4×10^9	8.68
2	10	2	1.60×10^6	1.5×10^9	4.58
3	20	2	1.29×10^6	4.0×10^9	4.27
4	20	2	1.29×10^6	2.0×10^9	3.02

塔楼连接参数　　表 3-5

算例	相连结构编号	塔楼质量比 μ	连廊与塔楼质量比 μ_{01}	塔楼频率比 β
1	1-2	1.0	0.1	0.527
2	4-2	1.61	0.2	1.517
3	3-4	1.0	0.3	0.707

1. 阻尼器优化参数

（1）Kelvin 型阻尼器优化参数

采用前文所述 Kelvin 型阻尼器优化参数解析表达式计算出双塔连体结构间 Kelvin 型阻尼器的优化参数，表 3-6、表 3-7 给出了 3 种优化控制目标下，连廊两端对称布置 Kelvin 型阻尼器时，阻尼器的优化刚度系数 k_{01}（k_{02}）[优化频率比 β_{01}（β_{02}）] 和优化阻尼系数 c_{01}（c_{02}）[优化阻尼比 ξ_{01}（ξ_{02}）]。基于表 3-6、表 3-7 的阻尼器优化参数，计算出了塔楼各减振系数 R_1，R_2 和 R，见表 3-8。

3 组算例中 Kelvin 型阻尼器的频率比和阻尼比系数　　表 3-6

算例	$\beta_{01}(\beta_{02})$			$\xi_{01}(\xi_{02})$		
	目标 1	目标 2	目标 3	目标 1	目标 2	目标 3
1	1.611	1.684	1.649	1.396	2.837	2.244
2	1.2206	0.9338	1.1277	1.8363	0.8374	1.5567
3	0.6725	0.3738	0.6478	0.590	0.2043	1.1205

3 组算例中 Kelvin 型阻尼器的优化参数　　表 3-7

算例	$c_{01}(c_{02})$			$k_{01}(k_{02})$		
	目标 1	目标 2	目标 3	目标 1	目标 2	目标 3
1	7.197×10^6	1.529×10^7	1.184×10^7	3.129×10^8	3.419×10^8	3.278×10^8
2	6.986×10^7	2.437×10^7	5.471×10^7	7.011×10^7	4.104×10^7	5.985×10^7
3	2.623×10^7	5.048×10^6	4.798×10^7	6.382×10^7	1.972×10^7	5.922×10^7

Kelvin 型阻尼器减振系数　　表 3-8

控制目标	算例 1			算例 2			算例 3		
	R_1	R_2	R	R_1	R_2	R	R_1	R_2	R
目标 1	0.179	0.251	0.227	0.384	0.326	0.367	0.227	0.489	0.381
目标 2	0.192	0.219	0.210	0.447	0.289	0.402	0.286	**0.853**	**0.618**
目标 3	0.209	0.202	0.205	0.419	0.213	0.359	0.302	0.675	0.521

从表 3-8 可以看出，无论是何种控制标准，进行优化设计后的 Kelvin 型阻尼器可以有效控制双塔连体结构的振动，尤其是算例 1 和 2，由于塔楼结构间较大的自振特性差异，控制效果更好。而算例 3 中，有些减振系数，如 R_2 和 R，见表中加粗数值，其值相对较大即意味着减振效果较弱。一般地，可以看出控制目标 1 和控制目标 3 下的控制效果比控制目标 2 下的效果要好，即使主结构振动能量最小或主从结构总振动能量最小为控制目标时控制效果更佳。

（2）Maxwell 型阻尼器优化参数

采用前文所述 Maxwell 型阻尼器优化参数解析表达式计算出双塔连体结构间 Maxwell 型阻尼器的优化参数，表 3-9 给出了 3 种优化控制目标下，连廊两端阻尼器的阻尼系数比 η（$\eta=\Delta_{02}/\Delta_{01}=c_{02}/c_{01}$）、阻尼器和塔楼 1 的零频率阻尼比 χ（$\chi=\Delta_{01}/2\omega_1=c_{01}/2m_1\omega_1$）。基于表 3-9 的阻尼器优化参数，计算出了塔楼各减振系数 R_1，R_2 和 R，见表 3-11。

3 种控制目标下，基于表 3-9 的阻尼器优化参数，表 3-10 给出了 Maxwell 型阻尼器的优化阻尼系数 c_{01} 和 c_{02}。按上述分析，将阻尼器的松弛时间 λ_{01} 和 λ_{02} 取为 0。由表 3-10 可以看出，与塔楼 1（主结构，刚度大）相连的阻尼器的阻尼系数 c_{01} 一般大于与塔楼 2（从结构，刚度小）连接阻尼器的阻尼系数 c_{02}。

3 组算例下 Maxwell 型阻尼器优化参数　　表 3-9

算例	η			χ		
	目标 1	目标 2	目标 3	目标 1	目标 2	目标 3
1	0.513	0.441	0.485	0.481	0.423	0.452
2	0.443	0.348	0.398	0.506	0.431	0.479
3	0.673	0.508	0.519	0.252	0.342	0.316

3 组算例中 Maxwell 型阻尼器的优化参数　　表 3-10

算例	c_{01}(N·s/m)			c_{02}(N·s/m)		
	目标 1	目标 2	目标 3	目标 1	目标 2	目标 3
1	1.336×10^8	1.175×10^8	1.255×10^8	6.854×10^7	5.181×10^7	6.089×10^7
2	7.885×10^7	6.716×10^7	7.464×10^7	3.493×10^7	2.337×10^7	2.971×10^7
3	5.552×10^7	7.535×10^7	6.962×10^7	3.737×10^7	3.828×10^7	3.614×10^7

Maxwell 型阻尼器减振系数　　表 3-11

	算例 1			算例 2			算例 3		
	R_1	R_2	R	R_1	R_2	R	R_1	R_2	R
目标 1	0.250	0.108	0.157	0.265	0.318	0.280	0.308	0.269	0.285
目标 2	0.254	0.104	0.156	0.242	0.267	0.293	0.344	0.286	0.310
目标 3	0.268	0.113	0.156	0.299	0.349	0.281	0.333	0.281	0.302

从表 3-9 可以看出，流体阻尼器的优化阻尼比 χ 一般在 0.4 或 0.5 左右，与 3.3.4 节的参数化分析相符。

从表 3-11 可以看出，无论是何种控制目标下，Maxwell 型阻尼器都能对双塔连体结构起较好的控制作用。类似地，控制目标 1 和控制目标 3 下的控制效果优于控制目标 2。

2. Kobe 波下的地震响应分析

本节将采用实际地震激励 Kobe 波验证上文白噪声激励下 Kelvin 型和 Maxwell 型阻尼器优化参数的解析表达式对双塔连体结构控制效果的有效性。Kobe 波的峰值加速度调整为 $0.2g$，采用 Newmark-β 法进行时程分析。

（1）3-SDOF 计算结果

首先，采用 3-SDOF 模型模拟带连廊双塔连体结构。采用 MATLAB 编程，进行 3-SDOF 模型下的时程分析计算。

算例 1 中，各控制目标下，双塔连体结构的峰值位移和相对振动能量的时程曲线见图 3-60～图 3-63，并与未控未设置连廊的情况进行了对比。

由图 3-60 和图 3-63 可以看出，采用本节建议的 Kelvin 和 Maxwell 型阻尼器优化参数解析表达式计算的阻尼器的优化参数对双塔连体结构的相对位移和相对振动能量能起到很好的控制效果。并且可以看出，除了在塔楼 1 初始振动阶段外，Maxwell 型阻尼器的控制效果比 Kelvin 型阻尼器控制效果更佳。

图 3-64 给出了算例 3 在控制目标 3 下的塔楼相对位移响应、绝对加速度响应和基底剪力响应的时程曲线。可以看出，Maxwell 型阻尼器对相对位移响应和基底剪力响应的控制效果更佳。两类阻尼器对塔楼 2 加速度响应的控制要差一些。从图 3-64 还可以看出，按本节提出的优化参数解析表达式进行优化设计的两类阻尼器，对塔楼 1 的控制效果非常接近。由于篇幅有限，算例 2 的时程响应曲线并未给出。

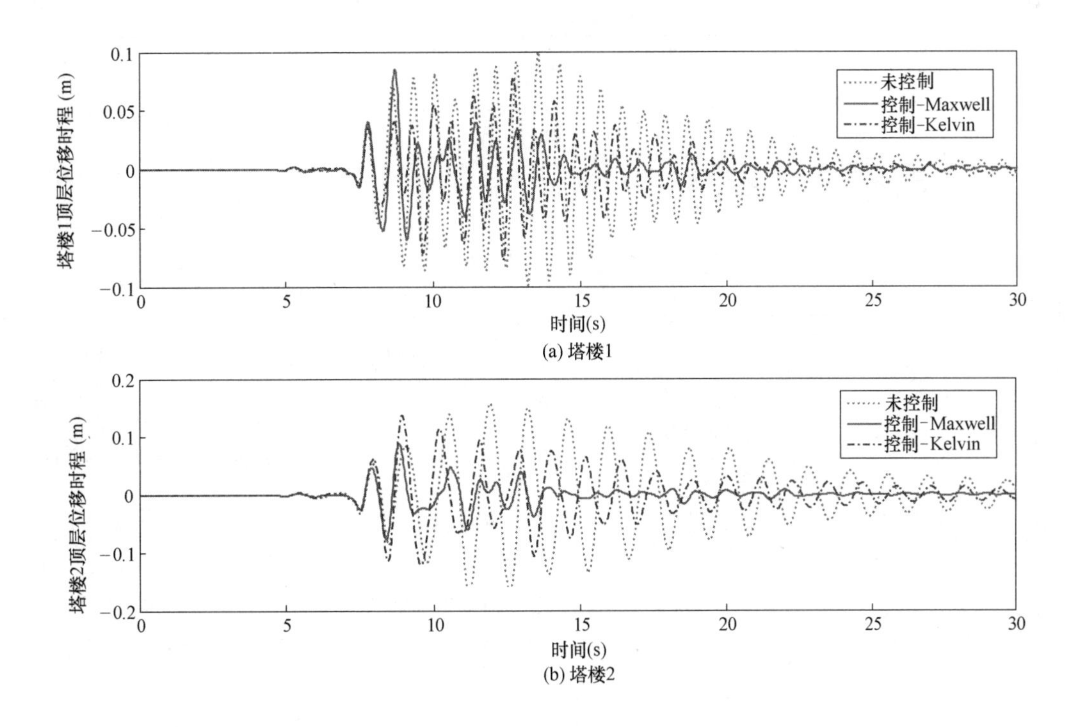

图 3-60　Kobe 波下双塔连体结构的顶层位移时程曲线（算例 1，控制目标 1）

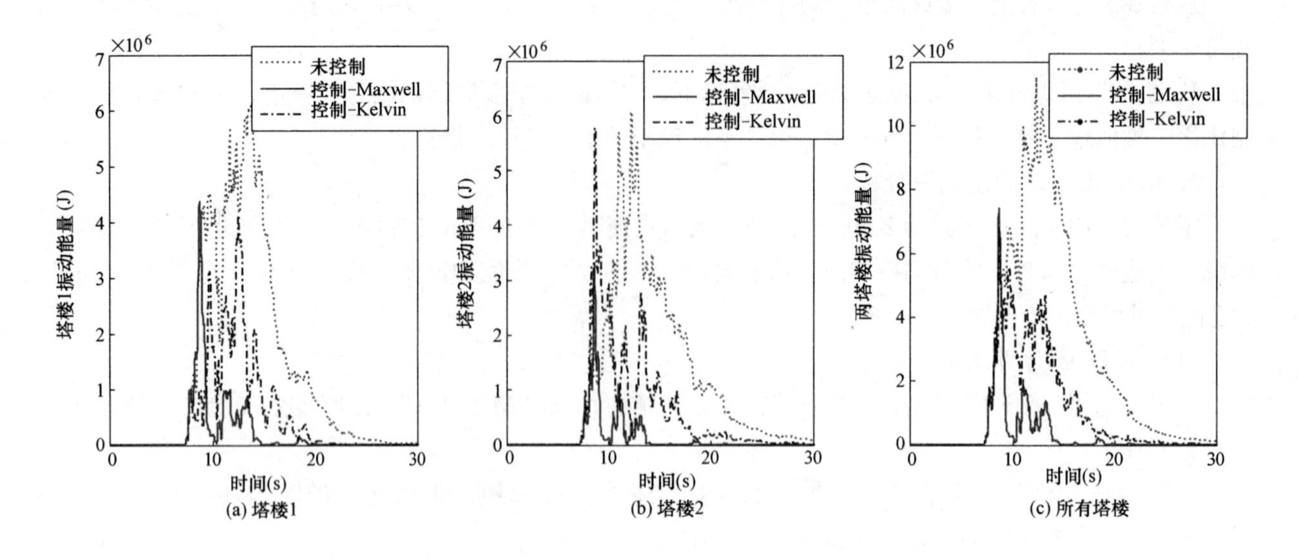

图 3-61 Kobe 波下双塔连体结构的振动能量时程曲线（算例 1，控制目标 1）

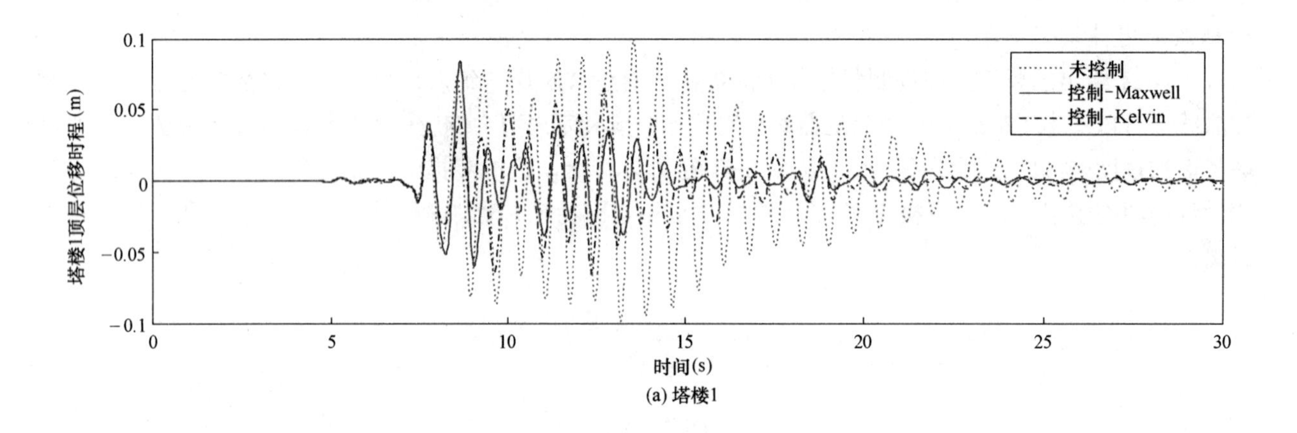

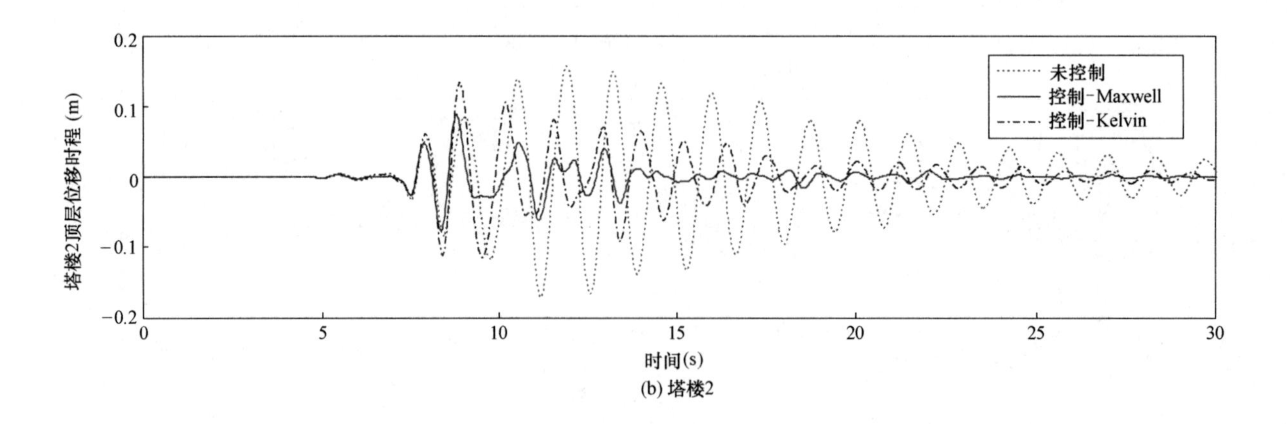

图 3-62 Kobe 波下双塔连体结构的顶层位移时程曲线（算例 1，控制目标 3）

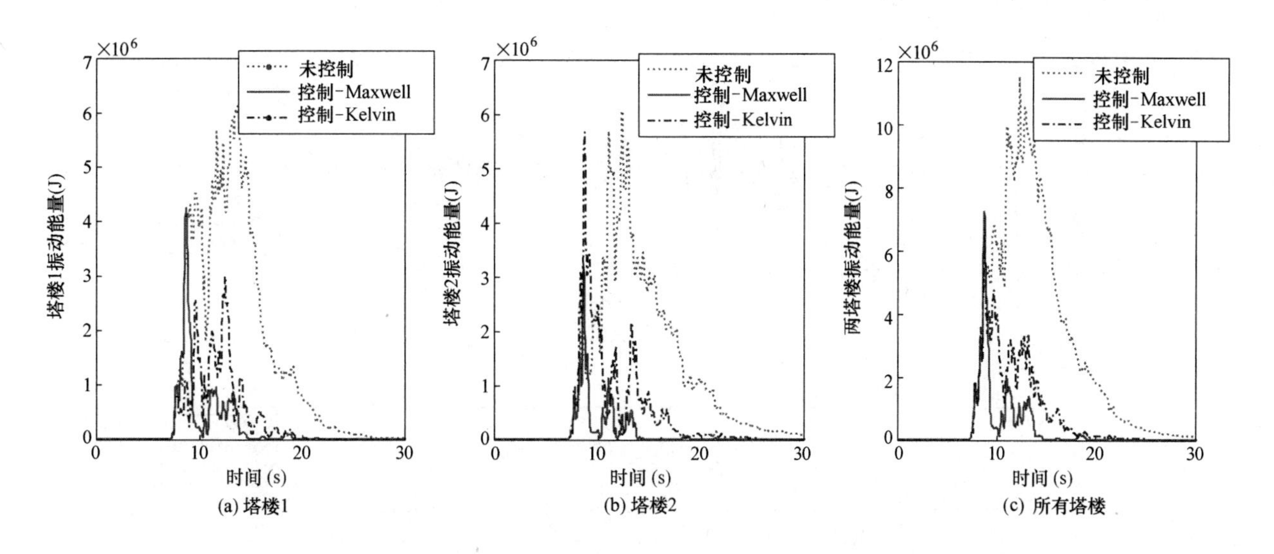

图 3-63　Kobe 波下双塔连体结构的振动能量时程曲线（算例 1，控制目标 3）

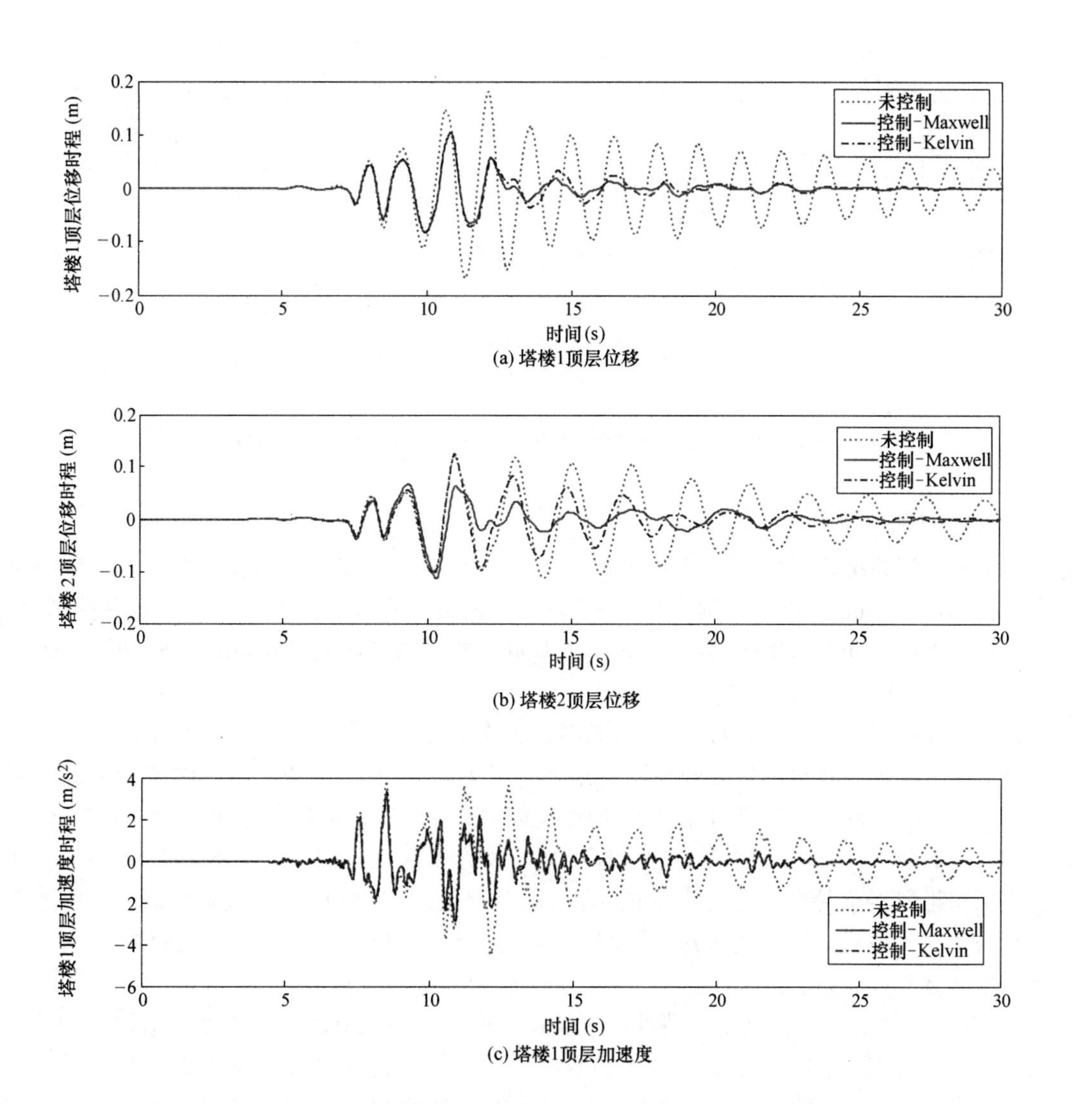

图 3-64　Kobe 波下双塔连体结构的时程响应曲线（算例 3，控制目标 3）（一）

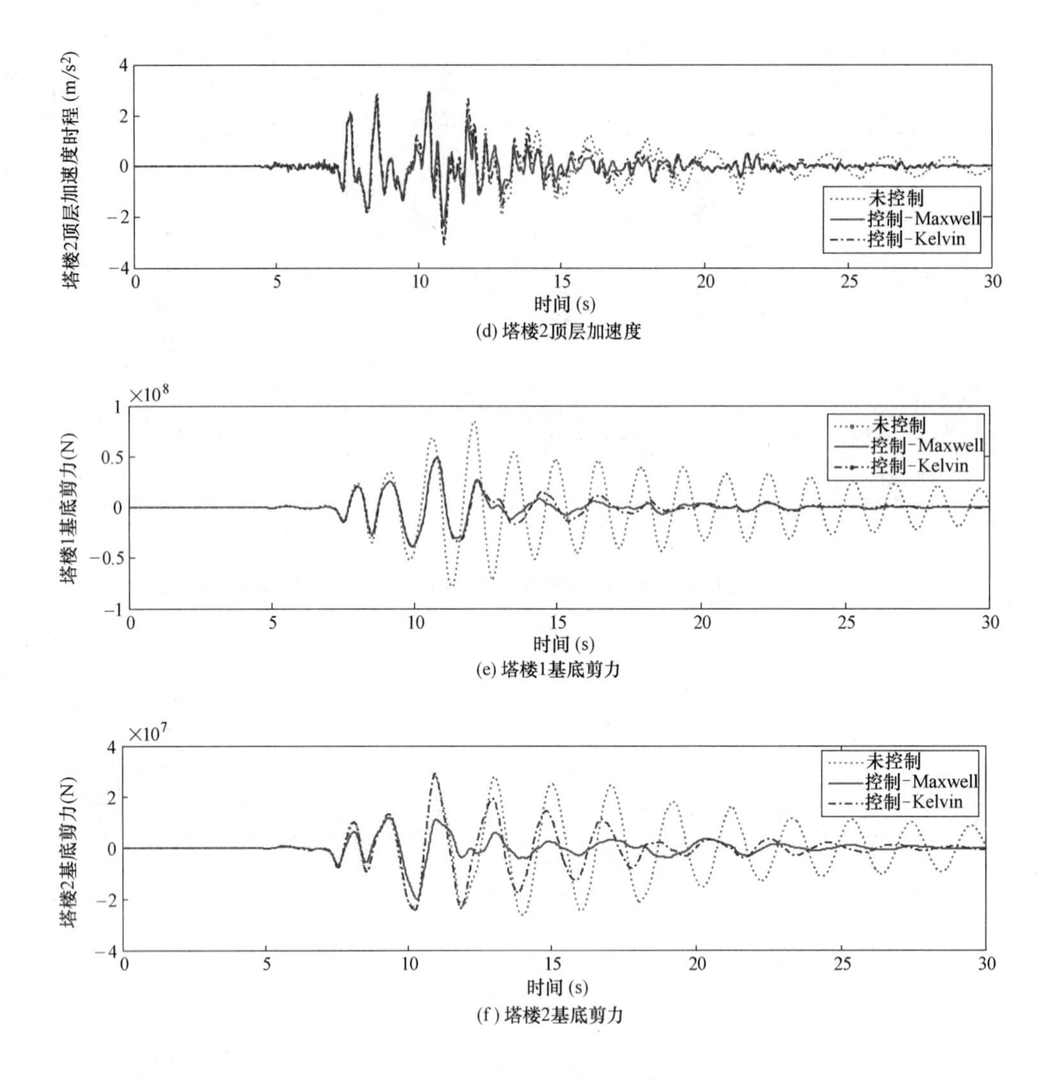

图 3-64 Kobe 波下双塔连体结构的时程响应曲线（算例 3，控制目标 3）（二）

（2）MDOF 计算结果

随后，将双塔连体结构简化为多自由剪切型模型（图 3-49）。连廊的布置位置对双塔楼结构的动力响应有重要影响，图 3-65 给出了算例 1（两塔楼具有相同的层数和层高）双塔楼结构在控制目标 1 下，不同连廊布置位置的 Kelvin 型阻尼器和 Maxwell 型阻尼器对两塔楼控制效果的对比。图中图例“1，3，5，7，9”分别表示连廊位于两塔楼结构的第 1，3，5，7，9 层。

由图 3-65 可以看出，对于 Maxwell 型阻尼器，当连廊位于结构的第五层时（结构中间层），两个塔楼都有相对于其他布置位置时的最好的控制效果。对于 Kelvin 型阻尼器，当连廊位于结构的第 9 层时（也就是结构的顶层），两个塔楼都有相对于其他布置位置时的最好的控制效果。因此，从图 3-65 可以看出，连廊的布置位置（即阻尼器的布置位置）对塔楼的控制效果有巨大影响，对于 Maxwell 型阻尼器，可将连廊和阻尼器布置在双塔楼结构中间层（较矮建筑）；对于 Kelvin 型阻尼器，可将连廊和阻尼器布置在双塔楼结构顶层（较矮建筑）。后续算例 2 的分析结果可以得出与之一致的结论，限于篇幅，本章没有给出具体时程曲线。

图 3-66 和图 3-67 给出了算例 1 中塔楼间布置 Maxwell 型阻尼器、连廊布置在结构的中间层，塔楼间布置 Kelvin 型阻尼器、连廊布置在结构的顶层时两个塔楼结构的时程响应曲线。由图可以看出用 3-SDOF 模型计算的 Mawell 型和 Kelvin 型阻尼器的优化参数对 MDOF 结构模型同样具有优良的控制效果，证明了阻尼器参数优化设计理论表达式在多自由度结构中的适用性。由图 3-66 可以看出，进行优

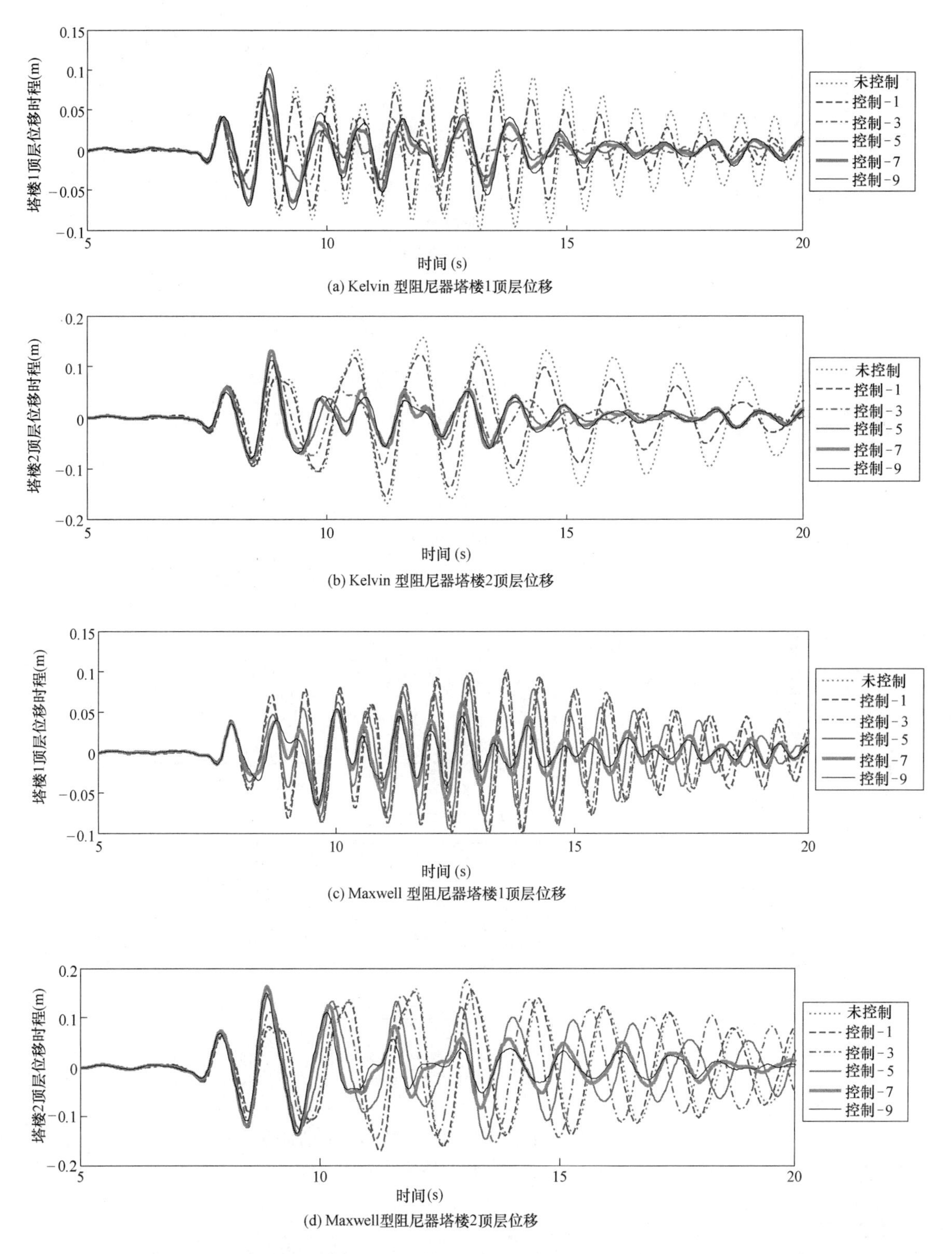

图 3-65　Kobe 波下双塔连体结构的顶层位移时程响应曲线（算例 1，控制目标 1）

化设计的两类阻尼器对两个塔楼的峰值位移响应和绝对加速度响应均有很好的控制效果，并且两类阻尼器的控制效果很接近。图 3-67 可以看出，两类阻尼器都能很好地控制两个塔楼结构的振动能量。对于塔楼 1，Kelvin 型阻尼器控制效果更佳；对于塔楼 2，Maxwell 型阻尼器控制效果更佳；而对于两塔楼

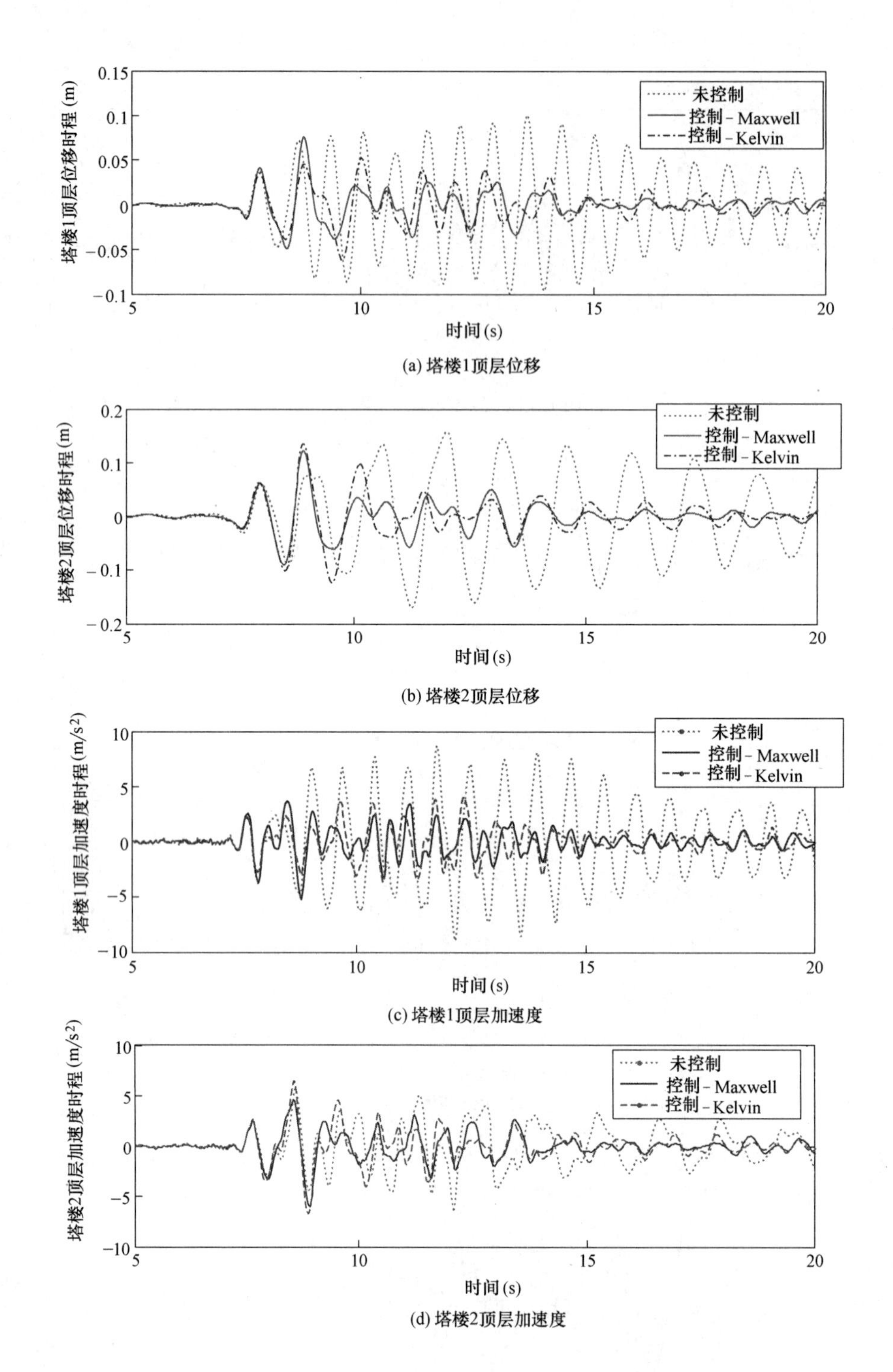

图 3-66 Kobe 波下双塔连体结构（MDOF）的时程响应曲线（算例 1，控制目标 1）

总振动能量，两类阻尼器的控制效果非常接近。

图 3-68 和图 3-69 为两塔楼结构在 3-SDOF 模型和 MDOF 模型下的顶层位移响应，阻尼器优化参数解析解基于 3-SDOF 模型计算结果。由图可以看出，由 3-SDOF 模型计算的 Kelvin 型和 Maxwell 型阻尼器优化参数亦适用于 MDOF 模型，并且两种模型下的顶层位移时程曲线拟合良好，证明了采用 3-SDOF 模型计算阻尼器优化参数解析解的正确性，即证明了本节建议的优化策略的合理性和有效性。

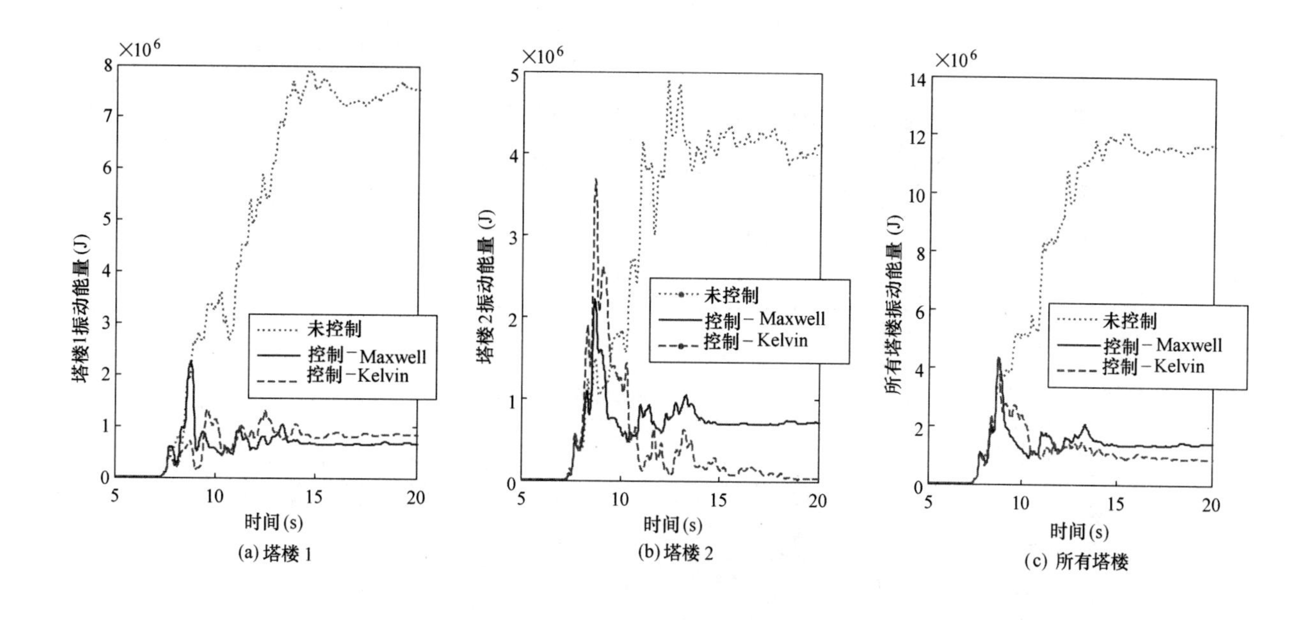

图 3-67 Kobe 波下双塔连体结构（MDOF）的振动能量时程响应曲线（算例 1，控制目标 3）

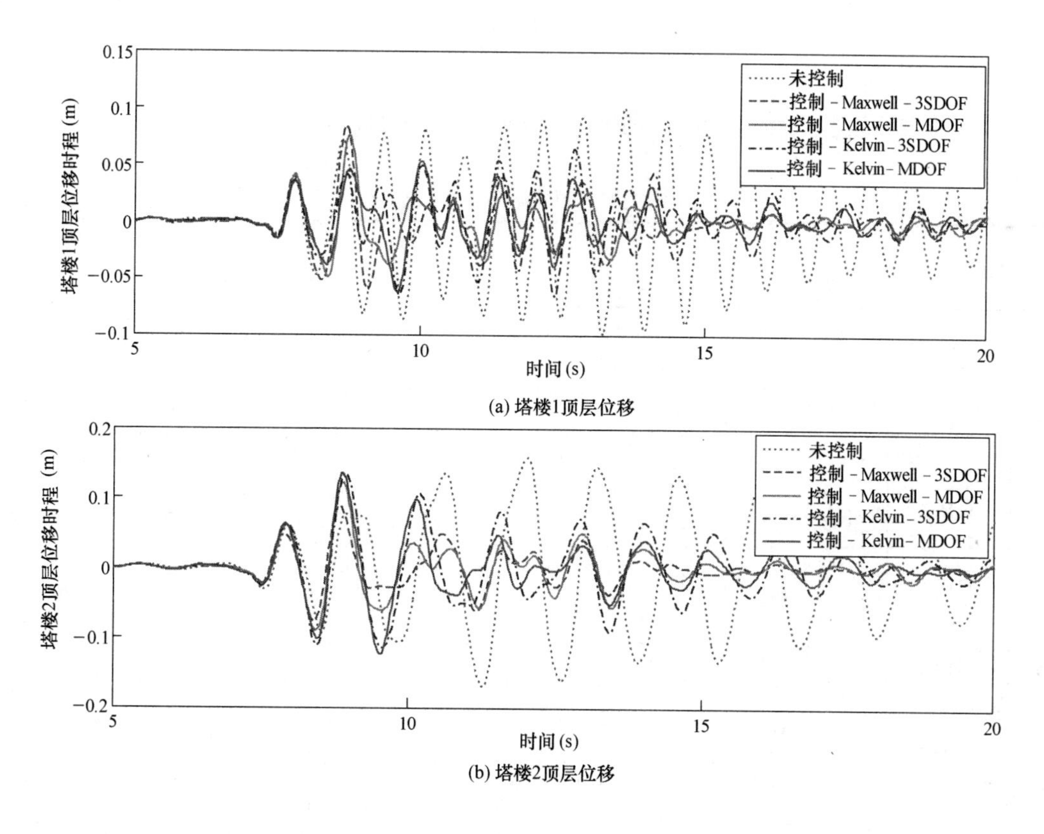

图 3-68 3-SDOF 和 MDOF 计算结果的对比（算例 1，控制目标 3）

表 3-12 给出了 Kobe 波下，两类阻尼器对 3 个算例控制效果的对比。对于 Kelvin 型阻尼器，连廊均布置在较矮建筑的顶层；对于 Maxwell 型阻尼器，连廊均布置在较矮建筑的中间层。

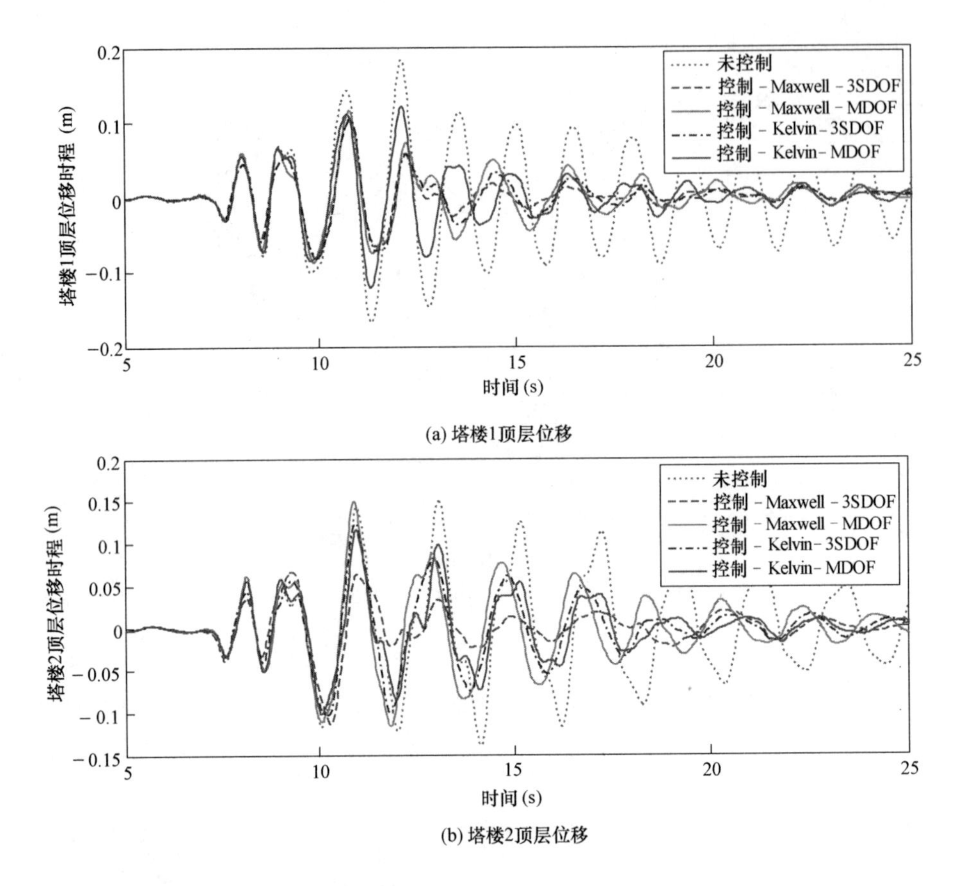

图 3-69　3-SDOF 和 MDOF 计算结果的对比（算例 3，控制目标 3）

两塔楼均方根值响应减少百分比　　　**表 3-12**

RMS 响应		算例 1		算例 2		算例 3	
		塔楼 1	塔楼 2	塔楼 1	塔楼 2	塔楼 1	塔楼 2
顶层位移	目标 1	65.25% (57.34%)	65.20% (54.25%)	29.52% (59.75%)	66.85% (82.84%)	55.31% (64.82%)	31.93% (53.74%)
	目标 2	65.97% (64.39%)	65.85% (58.70%)	34.14% (56.50%)	63.90% (82.83%)	54.60% (46.92%)	27.65% (44.18%)
	目标 3	65.70% (62.32%)	65.67% (57.16%)	31.54% (59.18%)	65.97% (83.46%)	55.00% (47.22%)	28.89% (44.78%)
顶层速度	目标 1	70.58% (61.10%)	53.44% (43.13%)	33.87% (50.70%)	60.92% (75.30%)	53.72% (63.40%)	30.71% (50.64%)
	目标 2	71.20% (69.52%)	55.75% (48.04%)	36.74% (48.72%)	58.38% (69.72%)	53.78% (43.50%)	27.89% (37.47%)
	目标 3	70.92% (66.90%)	54.60% (46.44%)	35.07% (50.54%)	60.15% (74.56%)	53.90% (43.38%)	28.85% (37.30%)
顶层加速度	目标 1	67.13% (58.88%)	38.87% (25.64%)	44.00% (54.50%)	42.92% (56.99%)	43.61% (53.69%)	38.77% (49.68%)
	目标 2	67.54% (67.65%)	42.34% (32.97%)	44.88% (54.15%)	41.91% (46.15%)	42.95% (33.22%)	37.78% (30.77%)
	目标 3	67.37% (64.86%)	40.50% (30.67%)	44.29% (54.85%)	42.69% (55.04%)	43.10% (32.74%)	38.05% (30.12%)

续表

RMS 响应		算例 1		算例 2		算例 3	
		塔楼 1	塔楼 2	塔楼 1	塔楼 2	塔楼 1	塔楼 2
基底剪力	目标 1	61.11% (55.79%)	73.01% (19.05%)	58.78% (38.21%)	65.02% (48.96%)	52.18% (69.64%)	50.48% (59.53%)
	目标 2	61.92% (66.59%)	72.12% (28.23%)	61.38% (30.60%)	62.56% (40.01%)	49.92% (46.94%)	46.32% (43.48%)
	目标 3	61.63% (63.06%)	72.83% (25.33%)	60.08% (36.74%)	64.35% (48.53%)	50.71% (46.08%)	47.07% (42.77%)

注：括号内和括号外数值分别表示 Maxwell 型和 Kelvin 型阻尼器的控制结果。

由表 3-12 可以看出，两塔楼在两类阻尼器下的结构响应均比未控时降低了 30%左右。例如，对于算例 2，在控制目标 1 下，塔楼 1 的峰值相对位移的最大折减率有 66.85%（82.84%）；对于算例 1，在控制目标 2 下，塔楼 1 的峰值速度响应的最大折减率有 71.2%（69.52%）。算例 1 中，对于两个塔楼结构，Maxwell 型阻尼器的控制效果优于 Kelvin 型阻尼器。对于算例 2，除了基底剪力响应外，Kelvin 型阻尼器的控制效果优于 Maxwell 型阻尼器；并且两类阻尼器对从结构的塔楼 2 的控制效果都更佳。当两塔楼结构的动力特性十分接近时，比如算例 3，Maxwell 型阻尼器对较柔结构的控制效果更差，而 Kelvin 型阻尼器对两个塔楼结构控制效果均较好。

3.4　带底盘对称双塔楼结构间阻尼器的优化设计研究

3.4.1　2-DOF 计算模型及运动方程

对称双塔楼结构一般都带有底盘，使得结构底部的质量和刚度不同于上部结构，故本节将相邻对称双塔楼结构简化为 2-DOF 剪切型模型，并将底部结构看作主结构（底盘），顶部结构看作从结构（上部塔楼）。以控制塔楼结构第 1 振型为主，将地震作用简化为白噪声激励，结构间连接的被动减振装置分别模拟为 Kelvin 型阻尼器和 Maxwell 型阻尼器并布置在相邻层间，两塔楼结构平面对称，并只考虑水平向沿结构对称面的地震激励，其计算模型如图 3-70 所示。

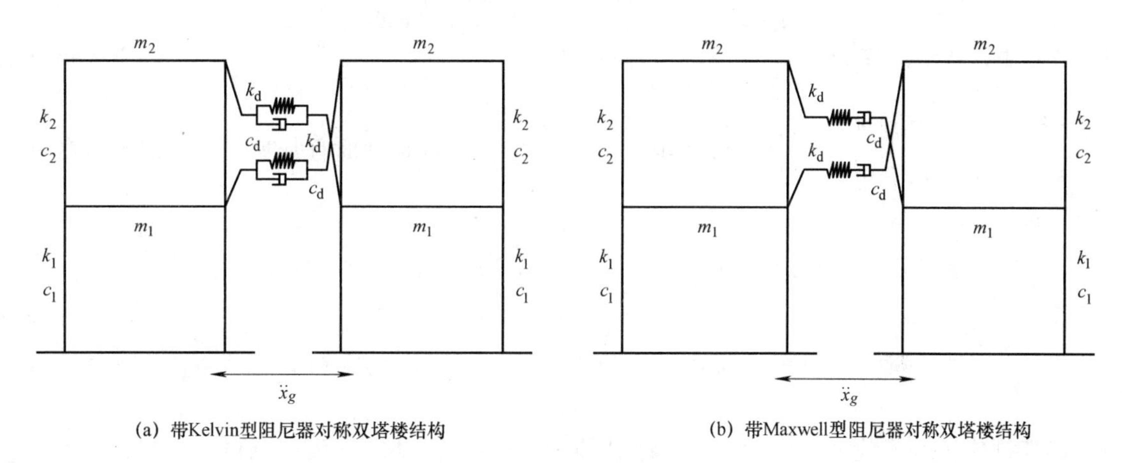

(a) 带Kelvin型阻尼器对称双塔楼结构　(b) 带Maxwell型阻尼器对称双塔楼结构

图 3-70　带被动阻尼器的对称双塔楼结构模型

由于两塔楼结构完全对称，因此可以将两个塔楼看作是单个连接着被动阻尼器的 2-DOF（Degree of Freedom）体系，如图 3-71 所示。

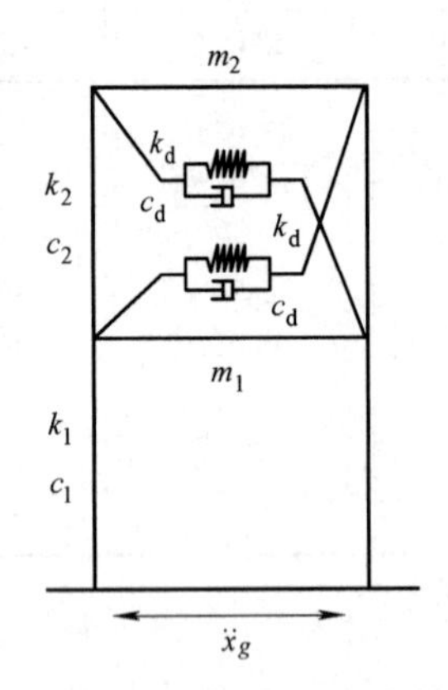

(a) 带Kelvin型阻尼器对称双塔楼简化模型

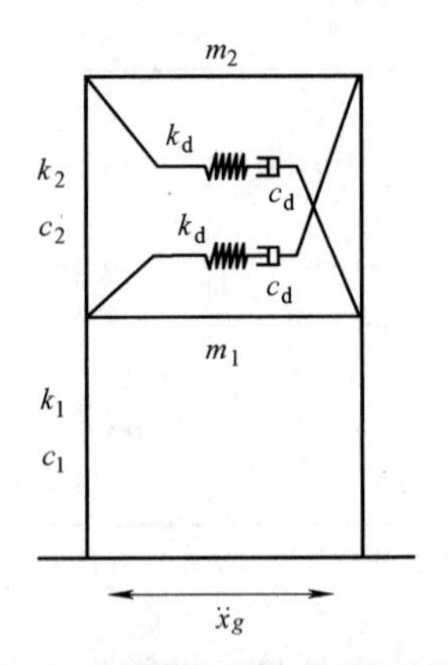

(b) 带Maxwell型阻尼器对称双塔楼简化模型

图 3-71 带被动阻尼器的对称双塔楼简化模型

本章对由被动阻尼器连接的带底盘双塔楼结构计算模型做以下假设：

（1）结构质量集中在楼层，楼层刚度无限大，塔楼结构简化为单自由度剪切模型，裙房简化为单自由度剪切模型；

（2）塔楼（主结构）和裙房（从结构）第一阶自振频率相差较大，阻尼器能有效地发挥耗能作用；

（3）两结构忽略扭转效应，只考虑平行于结构面的水平向地震作用；

（4）阻尼器在两楼板层间斜向连接；

（5）地震波输入相同，忽略地震波空间变化特性；

（6）在低中强度地震激励下，由于阻尼器的耗能减振作用，结构处于线弹性阶段；

（7）连接阻尼器采用工程应用中最主流的黏弹性阻尼器和黏滞阻尼器。

3.4.2 连接被动阻尼器双塔楼结构的运动方程

1. 连接 Kelvin 型阻尼器双塔楼结构的运动方程

在图 3-71（a）中，m_1、k_1、c_1 为主结构（底盘）的质量、刚度、阻尼；m_2、k_2、c_2 为从结构（上部塔楼）的质量、刚度、阻尼；k_d、c_d 为 Kelvin 型阻尼器的刚度系数和阻尼系数。根据耦合结构计算模型可以得到该耦合结构体系的运动微分方程：

$$M\ddot{x}+C\dot{x}+Kx=-MI\ddot{x}_g \tag{3-61}$$

在式（3-61）中，质量矩阵 $M=\begin{bmatrix} m_1 & \\ & m_2 \end{bmatrix}$，阻尼矩阵 $C=\begin{bmatrix} c_1+c_2+c_d & -c_2-c_d \\ -c_2-c_d & c_2+c_d \end{bmatrix}$，刚度矩阵 $K=\begin{bmatrix} k_1+k_2+k_d & -k_2-k_d \\ -k_2-k_d & k_2+k_d \end{bmatrix}$，$I=\begin{bmatrix} 1 \\ 1 \end{bmatrix}$，位移矩阵 $x=\begin{bmatrix} x_1 \\ x_2 \end{bmatrix}$，$\ddot{x}_g$ 为地面时程加速度，构造虚拟激励 $\ddot{x}_g=\sqrt{S_{gg}}\mathrm{e}^{i\omega t}$，即：

$$(i\omega)^2 m_1 x_1+(i\omega)(c_1+c_2+c_d)x_1+(k_1+k_2+k_d)x_1-(k_2+k_d)x_2-(i\omega)(c_d+c_2)x_2=-m_1\ddot{x}_g \tag{3-62a}$$

$$(i\omega)^2 m_2 x_2+(i\omega)(c_2+c_d)x_2-(k_2+k_d)x_1+(k_2+k_d)x_2-(i\omega)(c_2+c_d)x_1=-m_2\ddot{x}_g \tag{3-62b}$$

主-从结构频域内的相对位移响应 x_1 和 x_2 可以通过解运动方程（3-62）获得：

$$x_1=\frac{\alpha_1}{D}\ddot{x}_g, x_2=\frac{\alpha_2}{D}\ddot{x}_g \tag{3-63}$$

将其他参数再作定义：

令主从结构质量比 $\mu=m_1/m_2$，塔楼频率比 $\beta=\omega_2/\omega_1$、Kelvin 型阻尼器阻尼系数与塔楼质量比分别为 $\Delta_1=c_1/m_1$，$\Delta_2=c_2/m_2$，$\Delta_{12}=c_1/m_2$，$\Delta_{21}=c_2/m_1$，$\Delta_{d1}=c_d/m_1$，$\Delta_{d2}=c_d/m_2$，$\Delta_d=\Delta_{d1}+\Delta_{d2}$（耦合单元的阻尼系数），且 $\omega_1=\sqrt{k_1/m_1}$，$\omega_{21}=\sqrt{k_2/m_1}$，$\omega_2=\sqrt{k_2/m_2}$，$\omega_{d1}=\sqrt{k_d/m_1}$，$\omega_{d2}=\sqrt{k_d/m_2}$，$\beta_2=k_d/k_1$（刚度比）。

其中

$$\begin{cases}\alpha_1=b_{12}(i\omega)^2+b_{11}(i\omega)+b_{10}\\ \alpha_2=b_{22}(i\omega)^2+b_{21}(i\omega)+b_{20}\\ D=a_0(i\omega)^4+a_1(i\omega)^3+a_2(i\omega)^2+a_3(i\omega)+a_4\end{cases}\tag{3-64}$$

参数为：

$$b_{12}=-1\tag{3-65a}$$

$$b_{11}=-(\Delta_2+\Delta_{21}+\Delta_{d1}+\Delta_{d2})\tag{3-65b}$$

$$b_{10}=\omega_2^2+\omega_{21}^2+\omega_{d1}^2+\omega_{d2}^2\tag{3-65c}$$

$$b_{22}=-1\tag{3-65d}$$

$$b_{21}=\Delta_1+\Delta_2+\Delta_{21}+\Delta_{d1}+\Delta_{d2}\tag{3-65e}$$

$$b_{20}=\omega_1^2+\omega_2^2+\omega_{21}^2+\omega_{d1}^2+\omega_{d2}^2\tag{3-65f}$$

$$a_4=1\tag{3-66a}$$

$$a_3=\Delta_1+\Delta_2+\Delta_{21}+\Delta_{d1}+\Delta_{d2}\tag{3-66b}$$

$$a_2=\Delta_1\Delta_2+\Delta_1\Delta_{d2}+\omega_1^2+\omega_2^2+\omega_{21}^2+\omega_{d1}^2+\omega_{d2}^2\tag{3-66c}$$

$$a_1=\omega_1^2\Delta_2+\omega_2^2\Delta_1+\omega_1^2\Delta_{d2}+\omega_{d2}^2\Delta_1\tag{3-66d}$$

$$a_0=\omega_1^2\omega_{d2}^2+\omega_1^2\omega_2^2\tag{3-66e}$$

由此可以分别得到主、从结构（$i=1$，2）在时间域内的平均相对振动能量：

$$\begin{aligned}\bar{E}_i&=\frac{1}{2}m_i<\dot{x}_i^2(t)>+k_i<x_i^2(t)>=m_i<\dot{x}_i^2(t)>=\frac{1}{2\pi}m_i\int_{-\infty}^{+\infty}S_{\dot{X}_i\dot{X}_i(\omega)}\mathrm{d}\omega\\&=\frac{S_{gg}}{2\pi i}m_i\int_{-\infty}^{\infty}\frac{(i\omega\alpha_i)(i\omega\alpha_i)^*}{DD^*}\mathrm{d}(i\omega)\end{aligned}\tag{3-67}$$

其中

$$(i\omega\alpha_1)(i\omega\alpha_1)^*=b_0(i\omega)^6+b_1(i\omega)^4+b_2(i\omega)^2+b_3\tag{3-68}$$

$$(i\omega a_2)(i\omega a_2)^*=d_0(i\omega)^6+d_1(i\omega)^4+d_2(i\omega)^2+d_3\tag{3-69}$$

$$b_0=-1\tag{3-70a}$$

$$b_1=[(c_2+c_d)/m_1+(c_2+c_d)/m_2]-2[(k_2+k_d)/m_1+(k_2+k_d)/m_2]\tag{3-70b}$$

$$b_2=[(k_2+k_d)/m_1+(k_2+k_d)/m_2]^2\tag{3-70c}$$

$$b_3=0\tag{3-70d}$$

$$d_0=-1\tag{3-71a}$$

$$\begin{aligned}d_1=&2c_2c_d/m_1^2+2c_1c_2/m_1^2+2c_1c_d/m_1^2-2k_d/m_2+2c_2c_d/m_2^2+2c_2^2/m_1m_2+\\&2c_d^2/m_1m_2+c_2^2/m_2^2+c_d^2/m_2^2-2k_d/m_1-2k_2/m_2+2c_1c_2/m_1m_2\\&c_d^2/m_1^2+4c_2c_d/m_1m_2+c_1^2/m_1^2+c_2^2/m_1^2\end{aligned}\tag{3-71b}$$

$$\begin{aligned}d_2=&k_2^2/m_2^2+k_d^2/m_2^2+2k_1k_d/m_1^2+2k_1k_2/m_1m_2+\\&4k_2k_d/m_1m_2+k_1^2/m_1^2+k_2^2/m_1^2\end{aligned}\tag{3-71c}$$

$$d_3=0\tag{3-71d}$$

求解式（3-64）可以得到：

$$\bar{E}_1=\frac{M_{61}}{2a_0\Delta_6}S_{gg}m_1,\bar{E}_2=\frac{M_{62}}{2a_0\Delta_6}S_{gg}m_2 \tag{3-72}$$

其中：

$$M_{61}=b_0(a_1a_2-a_0a_3)+a_4(a_3b_2-a_1b_1)+(a_1a_4-a_2a_3)a_4b_3/a_0 \tag{3-73a}$$

$$M_{62}=b_{20}(a_1a_2-a_0a_3)+a_4(a_3b_{22}-a_1b_{21})+(a_1a_4-a_2a_3)a_4b_{23}/a_0 \tag{3-73b}$$

$$\Delta_6=a_4(a_4a_1^2+a_0a_3^2-a_1a_2a_3) \tag{3-74}$$

主、从结构本身的阻尼相对阻尼器的阻尼系数而言小得多，其对计算结果的影响可以忽略不计。因此，为了简化计算过程，在此忽略结构自身的阻尼比令 $c_1/2m_1\omega_1=c_2/2m_2\omega_2=0$，则各参数为：

$$a_4=1,a_3=\Delta_d,a_2=\omega_1^2\beta^2+\omega_1^2\beta_2^2+\omega_1^2+\omega_1^2\beta_2\mu+\omega_1^2\beta^2/\mu a_1=\mu\omega_1^2\Delta_d/(1+\mu),$$

$$a_0=\omega_1^4\beta_2\mu+\omega_1^4\beta_1^2,b_0=-1,b_1=\Delta_d{}^2-2(\omega_1^2\beta^2/\mu+\beta_2\omega_1^2\mu+\omega_1^2\beta^2+\beta_2\omega_1^2)$$

$$b_2=-(\omega_1^2\beta^2/\mu+\omega_1^2\beta_2\mu+\omega_1^2\beta^2+\omega_1^2\beta_2)^2,b_3=0$$

$$d_0=-1,d_1=2\mu\Delta_d^2+\mu^2\Delta_d^2-2(\mu\omega_{d1}^2+\mu^2\omega_{d1}^2+\omega_2^2+\omega_{d1}^2)$$

$$d_2=\omega_1^4+\omega_2^4+\omega_d^4+2\omega_1^2\omega_{d1}^2+2\omega_1^2\omega_2^2+4\omega_{d1}^2\omega_2^2+\omega_2^4/\mu^2,d_3=0$$

将以上关于 Kelvin 型阻尼器的系数带入式（3-64）中可求得主、从结构各自的相对平均振动能量为：

$$\bar{E}_1=\frac{M_1S_{gg}}{2}\cdot[(R_2\cdot\Delta_d-(\Delta_d^2-R_3)\cdot R_1-\Delta_d\cdot R_3^2)/$$
$$(R_2\cdot\Delta_d^2-(\omega_1^2+R_3)\cdot R_1+\omega_1^2\cdot R_1)] \tag{3-75}$$

$$\bar{E}_2=\frac{M_1S_{gg}}{2\mu}\cdot[(R_2\cdot\Delta_d-(\Delta_d^2+\omega_1^2-R_3)\cdot R_1-\Delta_d\cdot(\omega_1^2+R_3)^2/$$
$$(R_2\cdot\Delta_d^2-(\omega_1^2+R_3)\cdot R_1+\omega_1^2\cdot R_1)] \tag{3-76}$$

结合上面两式可以得到结构总的平均相对振动能量：

$$\bar{E}=\bar{E}_1+\bar{E}_2=\frac{m_1S_{gg}}{2}\{(\mu(R_2\Delta_d-(\Delta_d^2-R_3)\cdot R_1-\Delta_d\cdot R_3^2)/(1+\mu)-$$
$$\omega_1^2R_1/\mu-\Delta_d(\omega_1^4+2\omega_1^2R_3)/\mu)/[R_2\Delta_d^2-(\omega_1^2+R_3)]\} \tag{3-77}$$

其中：

$$R_1=\mu\omega_1^2\Delta_d/(1+\mu),R_2=\mu\beta_2\omega_1^4+\beta^2\omega_1^4$$

$$R_3=\beta^2\omega_1^2+\mu\beta_2\omega_1^2+\beta^2\omega_1^2/\mu+\beta_2\omega_1^2$$

2. 连接 Maxwell 型阻尼器双塔楼结构的运动方程

图 3-71（b）为单个连接着 Maxwell 型阻尼器的 2-DOF（Degree of Freedom）体系。其中结构自身参数同 Kelvin 计算模型；λ、c_0 为 Maxwell 型阻尼器的延时系数和阻尼系数。根据耦合结构计算模型可以得到该耦合结构体系的运动微分方程：

$$m_1\ddot{x}_1+(c_1+c_2)\dot{x}_1+(k_1+k_2)x_1-c_2\dot{x}_2-k_2x_2-f_\Gamma=-m_1\ddot{x}_g \tag{3-78}$$

$$m_2\ddot{x}_2+c_2\dot{x}_2+k_2x_2-c_2\dot{x}_1-k_2x_1+f_\Gamma=-m_2\ddot{x}_g \tag{3-79}$$

$$f_\Gamma+\lambda\frac{\mathrm{d}f_\Gamma}{\mathrm{d}t}=c_0(\dot{x}_2-\dot{x}_1) \tag{3-80}$$

构造虚拟激励 $\ddot{x}_i(t)=\sqrt{S_{ii}}\mathrm{e}^{i\omega t}$，有：

$$(i\omega)^2m_1x_1+(i\omega)(c_1+c_2)x_1+(k_1+k_2)x_1-(i\omega)c_2x_2-k_2x_2-f_\Gamma=-m_1\ddot{x}_g \tag{3-81}$$

$$(i\omega)^2m_2x_2+(i\omega)c_2x_2+k_2x_2-(i\omega)c_2x_1-k_2x_1+f_\Gamma=-m_2\ddot{x}_g \tag{3-82}$$

$$f_\Gamma+(i\omega)\lambda f_\Gamma=(i\omega)c_0(x_2-x_1) \tag{3-83}$$

令主从结构质量比 $\mu=m_1/m_2$，塔楼频率比 $\beta=\omega_2/\omega_1$、Maxwell 型阻尼器阻尼系数与塔楼质量比

分别为 $\Delta_0=c_0/m_1$，且 $\omega_1=\sqrt{k_1/m_1}$，$\omega_{21}=\sqrt{k_2/m_1}$，$\xi_1=c_1/2m_1\omega_1$，$\xi_{21}=c_2/2m_1\omega_1$，$\xi_2=c_2/2m_2\omega_2$，$\omega_2=\sqrt{k_2/m_2}$，联立式（3-81）、式（3-82）和式（3-83），有：

$$\left[(i\omega)^2+(i\omega)2(\xi_1\omega_1+\xi_{21}\omega_1)+(\omega_1^2+\omega_{21}^2)+\frac{(i\omega)\Delta_0}{1+(i\omega)\lambda}\right]x_1-\left[(i\omega)2\xi_{21}\omega_1+\omega_{21}^2+\frac{(i\omega)\Delta_0}{1+(i\omega)\lambda}\right]x_2=-\ddot{x}_g \tag{3-84}$$

$$\left[(i\omega)^2+(i\omega)2\xi_2\omega_2+\omega_2^2+\frac{(i\omega)\mu\Delta_0}{1+(i\omega)\lambda}\right]x_2-\left[(i\omega)2\xi_2\omega_2+\omega_2^2+\frac{(i\omega)\mu\Delta_0}{1+(i\omega)\lambda}\right]x_1=-\ddot{x}_g \tag{3-85}$$

主从结构频域内的相对位移响应 x_1 和 x_2 可以通过解运动方程（3-78）和运动方程（3-79）获得：

$$x_1=\frac{\alpha_1}{D}\ddot{x}_g, x_2=\frac{\alpha_2}{D}\ddot{x}_g \tag{3-86}$$

其中：

$$\alpha_1=-\left\{\begin{matrix}[1+(i\omega)\lambda]^2[(i\omega)^2+(i\omega)2(\xi_2\omega_2+\xi_{21}\omega_1)+(\omega_2^2+\omega_{21}^2)]+\\ [(1+\mu)\Delta_0(i\omega+(i\omega)^2\lambda)]\end{matrix}\right\} \tag{3-87}$$

$$\alpha_2=-\left\{\begin{matrix}[1+(i\omega)\lambda]^2\begin{bmatrix}(i\omega)^2+(i\omega)2(\xi_1\omega_1+\xi_{21}\omega_1+\\ \xi_2\omega_2)+(\omega_1^2+\omega_{21}^2+\omega_2^2)\end{bmatrix}+\\ [(1+\mu)\Delta_0(i\omega+(i\omega)^2\lambda)]\end{matrix}\right\} \tag{3-88}$$

$$D=\left\{\begin{matrix}[1+(i\omega)\lambda]\begin{bmatrix}(i\omega)^2+(i\omega)2(\xi_1\omega_1+\\ \xi_{21}\omega_1)+(\omega_2^2+\omega_{21}^2)\end{bmatrix}+\\ (i\omega)\Delta_0\end{matrix}\right\}\cdot\left\{\begin{matrix}[1+(i\omega)\lambda]\begin{bmatrix}(i\omega)^2+(i\omega)2\xi_2\omega_2+\\ \omega_2^2\end{bmatrix}+\\ (i\omega)\mu\Delta_0\end{matrix}\right\}-$$
$$\mu[1+(i\omega)\lambda]^2\left[(i\omega)2\xi_{21}\omega_1+\omega_{21}^2+\frac{(i\omega)\Delta_0}{1+(i\omega)\lambda}\right]^2 \tag{3-89}$$

定义塔楼结构的相对振动能量分别为：

$$E_1=\frac{1}{2}m_1\dot{x}_1^2+\frac{1}{2}k_1x_1^2,\quad E_2=\frac{1}{2}m_2\dot{x}_2^2+\frac{1}{2}k_2x_2^2 \tag{3-90}$$

将地震作用看作是一个平稳白噪声的地面加速度过程，故在功率谱密度函数为 S_{gg} 的地震作用下，某结构在时间域内平均的相对振动能量为：

$$\bar{E}=M\langle\dot{x}^2(t)\rangle=\frac{1}{2\pi}M\int_{-\infty}^{\infty}S_{\dot{X}\dot{X}(\omega)}\,\mathrm{d}\omega \tag{3-91}$$

将式（3-86）带入式（3-91），则主结构和从结构的平均相对振动能量分别可以表示为：

$$\bar{E}_1=m_1\langle\dot{x}_1^2(t)\rangle=\frac{1}{2\pi}m_1\int_{-\infty}^{\infty}S_{\dot{x}_1\dot{x}_1(\omega)}\,\mathrm{d}\omega=-\frac{m_1S_{gg}}{2\pi i}\int_{-\infty}^{\infty}\frac{((i\omega)\alpha_1)((i\omega)\alpha_1)^*}{DD^*}\mathrm{d}(i\omega) \tag{3-92a}$$

$$\bar{E}_2=m_2\langle\dot{x}_2^2(t)\rangle=\frac{1}{2\pi}m_2\int_{-\infty}^{\infty}S_{\dot{x}_2\dot{x}_2(\omega)}\,\mathrm{d}\omega=-\frac{m_2S_{gg}}{2\pi i}\int_{-\infty}^{\infty}\frac{((i\omega)\alpha_2)((i\omega)\alpha_2)^*}{DD^*}\mathrm{d}(i\omega) \tag{3-92b}$$

式（3-92）可得如下解：

$$\bar{E}_1=\frac{M_{71}}{2a_0\Delta_7}S_{gg}m_1,\quad \bar{E}_2=\frac{M_{72}}{2a_0\Delta_7}S_{gg}m_2 \tag{3-93}$$

其中：

$$M_{71}=b_0\begin{pmatrix}-a_0a_3a_5a_6+a_0a_4a_5^2-a_1^2a_6^2+2a_1a_2a_5a_6+a_1a_3a_4a_6-\\ a_1a_4^2a_5-a_2^2a_5^2-a_2a_3^2a_6+a_2a_3a_4a_5\end{pmatrix}$$
$$+a_0b_1(-a_1a_5a_6+a_2a_5^2+a_3^2a_6-a_3a_4a_5)$$

$$+a_0b_2(-a_0a_5^2-a_1a_3a_6+a_1a_4a_5)$$
$$+a_0b_3(a_0a_3a_5+a_1^2a_6-a_1a_2a_5)$$
$$+a_0b_4(a_0a_1a_5-a_0a_3^2-a_1^2a_4+a_1a_2a_3)$$
$$+\frac{a_0b_5}{a_6}\begin{pmatrix}a_0^2a_5^2+a_0a_1a_3a_6-2a_0a_1a_4a_5-a_0a_2a_3a_5+a_0a_3^2a_4- \\ a_1^2a_2a_6+a_1^2a_4^2+a_1a_2^3a_5-a_1a_2a_3a_4\end{pmatrix} \tag{3-94a}$$

$$M_{72}=b_0'\begin{pmatrix}-a_0a_3a_5a_6+a_0a_4a_5^2-a_1^2a_6^2+2a_1a_2a_5a_6+a_1a_3a_4a_6- \\ a_1a_4^2a_5-a_2^2a_5^2-a_2a_3^2a_6+a_2a_3a_4a_5\end{pmatrix}$$
$$+a_0b_1'(-a_1a_5a_6+a_2a_5^2+a_3^2a_6-a_3a_4a_5)$$
$$+a_0b_2'(-a_0a_5^2-a_1a_3a_6+a_1a_4a_5)$$
$$+a_0b_3'(a_0a_3a_5+a_1^2a_6-a_1a_2a_5)$$
$$+a_0b_4'(a_0a_1a_5-a_0a_3^2-a_1^2a_4+a_1a_2a_3)$$
$$+\frac{a_0b_5'}{a_6}\begin{pmatrix}a_0^2a_5^2+a_0a_1a_3a_6-2a_0a_1a_4a_5-a_0a_2a_3a_5+a_0a_3^2a_4- \\ a_1^2a_2a_6+a_1^2a_4^2+a_1a_2^3a_5-a_1a_2a_3a_4\end{pmatrix} \tag{3-94b}$$

$$\Delta_7=a_0^2a_5^3+3a_0a_1a_3a_5a_6-2a_0a_1a_4a_5^2-a_0a_2a_3a_5^2-a_0a_3^3a_6+a_0a_3^2a_4a_5+$$
$$a_1^3a_6^2-2a_1^2a_2a_5a_6-a_1^2a_3a_4a_6+a_1^2a_4^2a_5+a_1a_2^2a_5^2+a_1a_2a_3^2a_6-a_1a_2a_3a_4a_5 \tag{3-95}$$

为了简化计算过程，同样，在此忽略结构阻尼比，即令 $\xi_1=\xi_2=0$，得到如下参数表达式：

$$a_0=\lambda^2 \tag{3-96a}$$
$$a_1=2\lambda \tag{3-96b}$$
$$a_2=1+((1+\mu)\Delta_0)\lambda+\lambda^2\left(2+\frac{1}{\mu}\right)\omega_2^2 \tag{3-96c}$$
$$a_3=\left(4\omega_2^2+\frac{2\omega_2^2}{\mu}\right)\lambda+\mu\Delta_0+\Delta_0 \tag{3-96d}$$
$$a_4=(\omega_2^4)\lambda^2+(\omega_2^2\mu\Delta_0)+\frac{\omega_2^2}{\mu}+2\omega_2^2 \tag{3-96e}$$
$$a_5=(2\omega_2^4)\lambda+\mu\omega_2^2\Delta_0 \tag{3-96f}$$
$$a_6=\omega_2^4 \tag{3-96g}$$
$$b_0=-\lambda^4 \tag{3-97a}$$
$$b_1=-\frac{2\lambda^4\omega_2^2}{\mu}-2\lambda^3\mu\Delta_0+2\lambda^2-2\lambda^3\Delta_0-2\lambda^4\omega_2^2 \tag{3-97b}$$
$$b_2=\frac{4\lambda^2\omega_2^2}{\mu}+2\lambda\mu\Delta_0-\frac{\lambda^4\omega_2^4}{u^2}-\frac{2\lambda^4\omega_2^4}{u}-\lambda^2\mu^2\Delta_0^2-2\lambda^2\mu\Delta_0^2-4\lambda^3\omega_2^2\Delta_0-$$
$$\frac{2\lambda^3\omega_2^2\Delta_0}{\mu}-2\mu\lambda^3\omega_2^2\Delta_0-1-\lambda^2\Delta_0^2-\lambda^4\omega_2^4+4\lambda^2\omega_2^2+2\lambda\Delta_0 \tag{3-97c}$$
$$b_3=\frac{2\omega_2^4\lambda^2}{\mu^2}+\frac{4\omega_2^4\lambda^2}{\mu}+4\lambda\Delta_0\omega_2^2+2\lambda\mu\Delta_0\omega_2^2+\frac{2\lambda\Delta_0\omega_2^2}{\mu}-$$
$$2\omega_2^2+\Delta_0^2+2\Delta_0^2\mu+\Delta_0^2\mu^2+2\omega_2^4\lambda^2-\frac{2\omega_2^2}{\mu} \tag{3-97d}$$
$$b_4=-\omega_2^4-\frac{\omega_2^4}{\mu^2}-\frac{2\omega_2^4}{\mu} \tag{3-97e}$$
$$b_5=0 \tag{3-97f}$$

$$b_0'=-\lambda^4 \tag{3-98a}$$

$$b_1'=\frac{2\lambda^2(-\lambda^2\mu^2\omega_1^2-\lambda^2\mu^2\omega_2^2-\Delta_0\lambda\mu^3-\lambda^2\omega_2^2\Delta_0\lambda\mu+\mu^2)}{\mu^2} \tag{3-98b}$$

$$\begin{aligned}b_2'=&-\frac{1}{u^2}(\lambda^4\mu^2\omega_2^4+2\lambda^4\mu^2\omega_2^2\omega_1^2+\lambda^4\mu^2\omega_1^4+2\Delta_0\lambda^3\mu^3\omega_2^2+2\Delta_0\lambda^3\mu^3\omega_1^2+\\&2\lambda^4\mu\omega_1^2\omega_2^2+\Delta_0^2\lambda^2\mu^4+4\Delta_0\lambda^3\mu^2\omega_2^2+2\Delta_0\lambda^3\mu^2\omega_1^2+\lambda^4\omega_2^4+2\Delta_0^2\lambda^2\mu^3+\\&2\Delta_0\lambda^3\mu\omega_2^2+\Delta_0^2\lambda^2\mu^2-4\lambda^2\mu^2\omega_2^2-4\lambda^3\mu^2\omega_1^2-2\Delta_0\lambda\mu^3-4\lambda^2\mu\omega_2^2-2\Delta_0\lambda\mu^2+\mu^2)\end{aligned} \tag{3-98c}$$

$$\begin{aligned}b_3'=&\frac{1}{\mu^2}(2\omega_2^4\mu^2\lambda^2+4\omega_1^2\omega_2^2\mu^2\lambda^2+2\lambda^2\mu^2\omega_1^4+2\Delta_0\lambda\mu^3\omega_2^2+2\Delta_0\lambda\mu^3\omega_1^2+\\&4\lambda^2\mu\omega_2^4+4\lambda^2\mu\omega_2^2+4\lambda^2\mu\omega_2^2\omega_1^2+\Delta_0^2\mu^4+4\Delta_0\lambda\mu^2\omega_2^2+2\Delta_0\lambda\mu^2\omega_1^2+\\&2\lambda^2\omega_2^4+2\Delta_0^2\mu^3+2\Delta_0\lambda\mu\omega_2^2+\Delta_0^2\mu^2-2\mu^2\omega_2^2-2\mu^2\omega_1^2-2\mu\omega_2^2)\end{aligned} \tag{3-98d}$$

$$b_4'=-\frac{(\mu\omega_2^2+\mu\omega_1^2+\omega_2^2)^2}{\mu^2} \tag{3-98e}$$

$$b_5'=0 \tag{3-98f}$$

3.4.3　被动阻尼器的优化设计

1. Kelvin 型阻尼器的优化设计

运用数学软件 Maple，基于能量最小原理，合理地调节被动阻尼器的参数会减小结构的相对位移，从而保证结构的安全性。这里分别以控制主结构能量最小和控制主-从结构能量和最小为优化目标进行分析。

策略一，当以控制主结构能量最小为优化目标时，被动耦合单元优化设计方程为：

$$\partial\bar{E}_1/\partial\beta_2=0;\quad \partial\bar{E}_1/\partial\Delta_d=0 \tag{3-99}$$

由此可得 Kelvin 型阻尼器的优化参数解析解：

优化刚度系数：

$$\beta_{2\text{opt}}=-\frac{(\beta^2+2\mu\beta^2+\mu^2\beta^2-\mu^2)}{(1+\mu)^2} \tag{3-100}$$

优化阻尼系数：

$$\Delta_{\text{dopt}}=\frac{\omega_1}{\mu\sqrt{(1+\mu)}} \tag{3-101}$$

由于阻尼器刚度不会为零，当 $\beta_{2\text{opt}}\leqslant 0$ 时，$\beta_{2\text{opt}}$ 取值为 0，此时的优化阻尼系数为：

$$\Delta_{\text{dopt}}=\omega_1\cdot\sqrt{R_4}$$

$$R_4=\left(\frac{1+\mu}{\mu}\right)^3\beta^4-2\frac{\mu\beta^2}{1+\mu}+1 \tag{3-102}$$

策略二，当以控制主从结构能量最小为优化目标时，被动耦合单元优化设计方程为：

$$\partial\bar{E}/\partial\beta_2=0;\quad \partial\bar{E}/\partial\Delta_d=0 \tag{3-103}$$

由此可得 Kelvin 型阻尼器的优化参数解析解：

优化刚度系数：

$$\beta_{2\text{opt}}=-\frac{u\cdot(2\beta_1^2u^2+4\beta_1^2u+2\beta_1^2+u-1)}{2(1+u)^2} \tag{3-104}$$

优化阻尼系数：

$$\Delta_{\text{dopt}}=\frac{\omega_1}{2}\cdot\sqrt{\frac{u^2+6u+1}{1+u}} \tag{3-105}$$

同上，当$\beta_{2opt}\leqslant 0$时，β_{2opt}取值为0，此时的优化阻尼系数为：

$$\Delta_{dopt}=\frac{\sqrt{2}\omega_1}{2}\cdot\sqrt{(u+1)R_5}$$

$$R_5=2\beta^4(u^2+2u+1)+2\beta^2(u-1)+1 \tag{3-106}$$

从求得的最优参数（式3-100～式3-102、式3-104～式3-106）可以看出Kelvin型阻尼器的最优参数只与连接结构本身的属性有关，即与主从结构频率比β、质量比μ有着密切的关系。

2. Kelvin型阻尼器的参数化分析

为了掌握结构参数对阻尼器优化参数的影响，现对求得的能量表达式做参数化分析，图3-72显示的是不同频率比下结构能量与质量比之间的关系曲线（$\beta=0.3$、$\beta=0.7$、$\beta=1.0$、$\beta=1.5$），主结构能量和主从结构总能量与质量比之间关系曲线趋势大致一致，在其他参数确定的情况下，质量比μ一定时，结构能量随着频率比增加而增大，当频率比β一定时，结构能量在质量比$\mu=0.5$附近达到最小值；当$\mu<0.5$时，结构能量随着质量比μ的增加而减小，当质量比$\mu>0.5$时，结构能量随着质量比μ的增加而增大。这说明结构能量在质量比$\mu=0.5$附近控制效果最好。

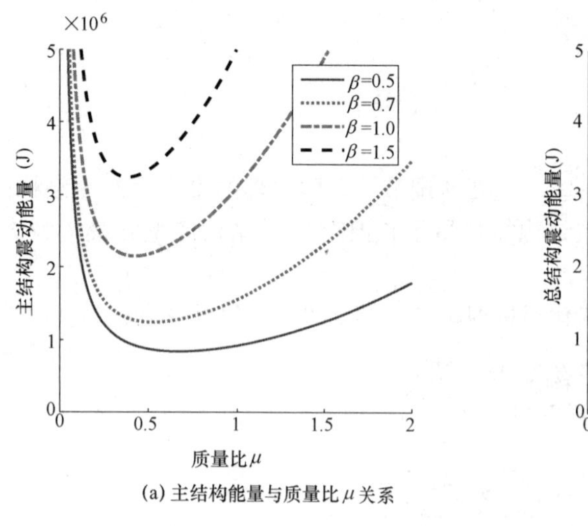

(a) 主结构能量与质量比μ关系

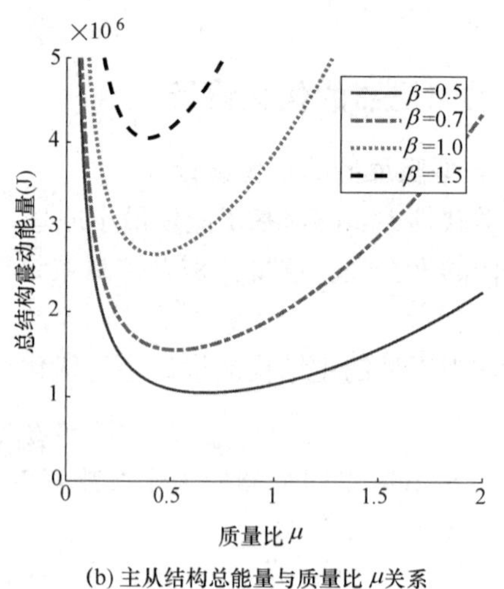

(b) 主从结构总能量与质量比μ关系

图3-72 结构能量与质量比关系曲线

图3-73显示的是不同频率比下结构能量与刚度比β_2之间的关系曲线（$\beta=0.3$、$\beta=0.7$、$\beta=1.0$、$\beta=1.5$），主结构能量和主从结构总能量与质量比之间关系曲线趋势大致一致，在其他参数确定的情况下，结构的能量没有随着刚度比的变化而变化，这说明刚度比对结构能量影响极小。

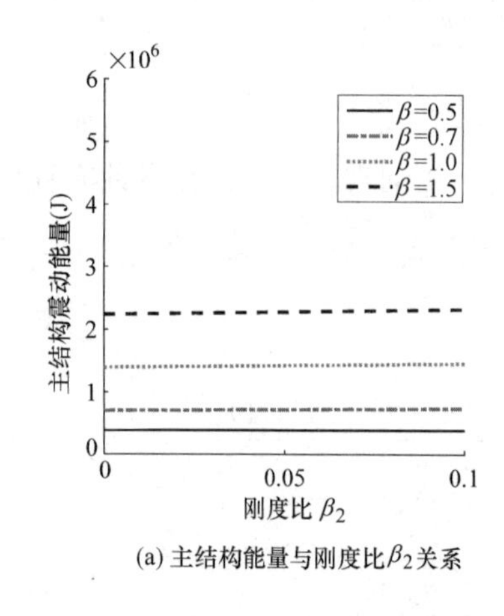

(a) 主结构能量与刚度比β_2关系

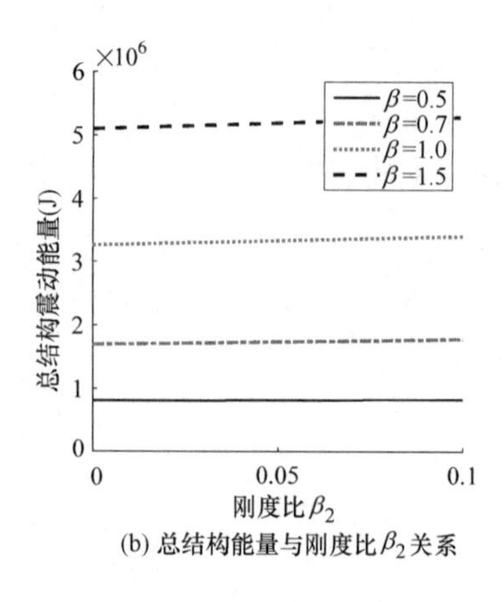

(b) 总结构能量与刚度比β_2关系

图3-73 结构能量与刚度比β_2关系曲线

图 3-74 显示的是不同质量比和频率比下结构能量与阻尼系数的关系曲线，可以看到在质量比 μ 和频率比 β 确定时，结构能量随着阻尼系数的变化一定会有一个最小值。在质量比 μ 一定时，相同阻尼系数下结构的能量随着频率比 β 的增加而增大，在频率比 β 一定时，相同阻尼系数下结构振动的能量在质量比 $\mu=0.5$ 时达到最小，说明此时的控制效果最好，这一结论也与图 3-72 所得结论一致。

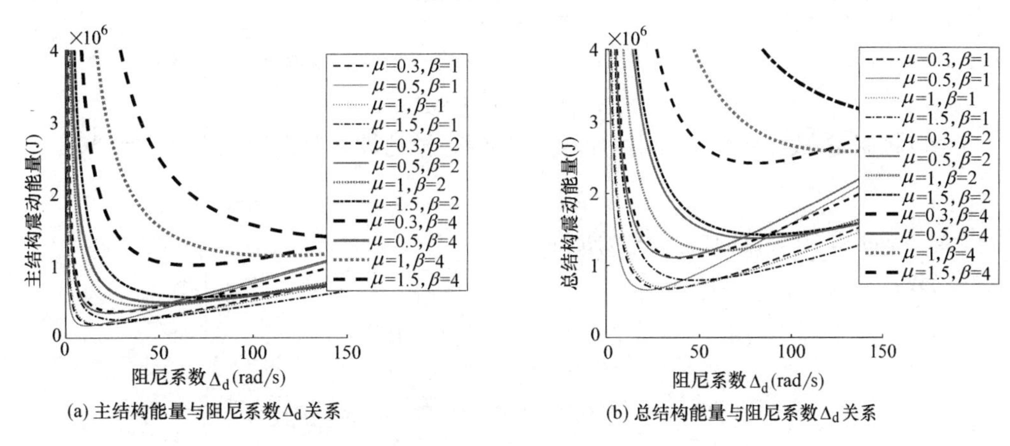

(a) 主结构能量与阻尼系数 Δ_d 关系　　(b) 总结构能量与阻尼系数 Δ_d 关系

图 3-74　结构能量与阻尼系数 Δ_d 关系曲线

3. Maxwell 型阻尼器的优化设计

Maxwell 型阻尼器是速度相关型耗能装置，阻尼器的阻尼系数一般严重影响着结构的控制效果，而刚度在较大范围内变化时却对控制效果影响很小。本节对求得的能量表达式做参数化分析，如图 3-75 所示为不同延时系数下主-从结构各自最大振动能量与频率比 β 的关系曲线，可以看出，在 λ 一定时，主-从结构的能量随着频率比 β 的增大而增大，当频率比 β 一定时，延时系数 λ 越小，主-从结构的最大振动能量差别越小，特别是当延时系数 λ 小于 0.001 时，该系数对结构最大振动能量几乎无影响，因此，Maxwell 型阻尼器的优化设计中可以在忽略结构本身阻尼的前提条件下进一步将延时系数设为 0.00001（近似为 0），从而求得最优的阻尼系数。

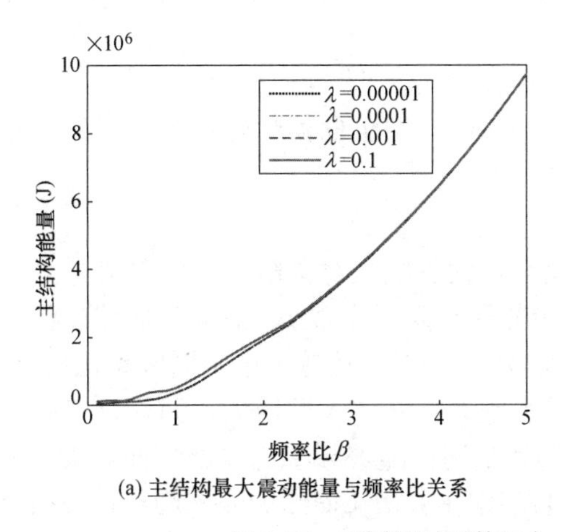

(a) 主结构最大震动能量与频率比关系

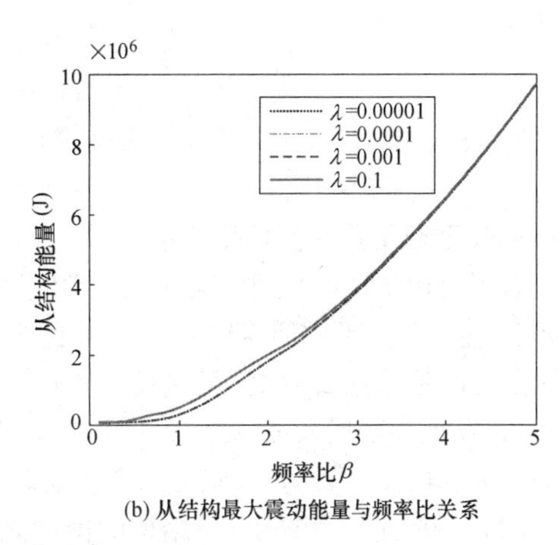

(b) 从结构最大震动能量与频率比关系

图 3-75　不同延时系数下主-从结构最大能量与频率比关系曲线

基于能量最小原理，合理的调节被动阻尼器的参数会减小结构的相对位移，同样地，这里分别以控制主结构能量最小和控制主从结构能量和最小为优化目标进行分析。

策略一，当以控制主结构能量最小为优化目标时，被动耦合单元优化设计方程为：

$$\partial \bar{E}_1 / \partial \Delta_0 = 0 \tag{3-107}$$

由此可求得 Maxwell 型阻尼器的优化参数解析解：

优化阻尼系数：

$$\Delta_0=\frac{\beta}{2\mu^2 A_{01}}(B_{01}+C_{01}) \tag{3-108}$$

其中

$$A_{01}=\beta^2\mu^3\omega_1^2+\beta^2\mu^2\omega_1^2-\mu^2-2\mu-1, B_{01}=-\mu^3\omega_1\beta-4\mu\omega_1\beta-4u^2\omega_1\beta-\omega_1\beta$$

$$C_{01}=\sqrt{C_{11}+C_{12}}$$

$$C_{11}=4\mu^5\omega_1^2\beta^2+20\mu^4\omega_1^2\beta^2+33\mu^3\omega_1^2\beta^2+24\mu^2\omega_1^2\beta^2+8\mu\omega_1^2\beta^2$$

$$C_{12}=\mu^5+\omega_1^2\beta^2+5\mu^4+8\mu^3+5\mu^2+\mu$$

策略二，当以控制主-从结构能量最小为优化目标时，被动耦合单元优化设计方程为：

$$\partial\bar{E}/\partial\Delta_0=0 \tag{3-109}$$

由此可得 Maxwell 型阻尼器的优化参数解析解：

优化阻尼系数：

$$\Delta_0=\frac{1}{4\mu^2\beta^2 C_{02}}(A_{02}+\sqrt{B_{02}}) \tag{3-110}$$

$$A_{02}=-2\beta^4\mu^3\omega_1-8\beta^4\mu^2\omega_1-8\beta^4\mu\omega_1-4\beta^4\mu^3\omega p-2\beta^4\omega_1-$$
$$6\beta^2\mu^2\omega_1-\mu^4\omega_1-2\beta^2\mu\omega_1-2\mu^3\omega_1-\mu^2\omega_1$$

$$B_{02}=B_{11}+B_{12}+B_{13}$$

$$B_{11}=16\beta^8\mu^5\omega_1^2+80\beta^8\mu^4\omega_1^2+8\beta^6\mu^6\omega_1^2+132\beta^8\mu^3\omega_1^2+76\beta^6\mu^5\omega_1^2+$$
$$2\beta^4\mu^7\omega_1^2+96\beta^8\mu^2\omega_1^2+164\beta^6\mu^4\omega_1^2+36\beta^4\mu^6\omega_1^2+32\beta^8\mu\omega_1^2+$$
$$4\beta^6\mu^5+144\beta^6\mu^3\omega_1^2+98\beta^4\mu^5\omega_1^2+8\beta^2\mu^7\omega_1^2+4\beta^8\omega_1^2$$

$$B_{12}=20\beta^6\mu^4+56\beta^6\mu^2\omega_1^2+104\beta^4\mu^4\omega_1^2+28\beta^2\mu^6\omega_1^2+\mu^8\omega_1^2+$$
$$32\beta^6\mu^3+8\beta^6\mu\omega_1^2+8\beta^4\mu^5+48\beta^4\mu^3\omega_1^2+36\beta^2u^5\omega_1^2+4u^7\omega_1^2+$$
$$20\beta^6u^2+20\beta^4u^4+8\beta^4u^2\omega_1^2+2\beta^2u^6+20\beta^2u^4\omega_1^2$$

$$B_{13}=6u^6\omega_1^2+4\beta^6\mu+16\beta^6\mu^3+6\beta^2\mu^5+4\beta^2\mu^3\omega_1^2+4\mu^5\omega_1^2+$$
$$4\beta^4\mu^2+6\beta^2\mu^4+\mu^4\omega_1^2+2\beta^2\mu^3$$

$$C_{02}=\beta^2\mu^3\omega_1^2+\beta^2\mu^2\omega_1^2-\mu^2-2\mu-1$$

由式（3-108）、式（3-110）的解析表达式可以看出 Maxwell 型阻尼器优化系数同样只与结构自身属性有关。

4. Maxwell 型阻尼器的参数化分析

同样，为了讨论结构参数对 Maxwell 型阻尼器优化系数的影响，对该阻尼器能量表达式做参数化分析，图 3-76 显示的是不同质量比 μ 和频率比 β 下结构能量与阻尼系数 Δ_0 的关系曲线。图 3-76（a）为主结构能量与阻尼系数 Δ_0 的关系曲线。当质量比 μ 取 $\mu=0.3$ 时，比较图中不同频率比曲线（$\beta=1$、$\beta=2$、$\beta=4$），发现在阻尼系数 Δ_0 一定时，结构能量随着频率比 β 增大而增大，同样，当质量比 μ 分别取 $\mu=0.5$、$\mu=1$、$\mu=1.5$，在阻尼系数确定时，结构能量同样随着频率比 β 增大而增大，所以在质量比 μ 一定时，相同阻尼系数 Δ_0 下结构的振动能量随着频率比 β 增大而增大。当频率比取值 $\beta=1$ 时，比较图中相同质量比曲线（$\mu=0.3$、$\mu=0.5$、$\mu=1$、$\mu=1.5$），发现在阻尼系数 Δ_0 一定时，质量比实线（$\mu=0.5$）的结构能量要小于其他质量比下的能量值，同样，在频率比 β 分别取为 $\beta=2$、$\beta=4$，阻尼系数 Δ_0 一定的情况下，实线（$\mu=0.5$）的结构能量同样要小于其他质量比下的能量值，所以在频率比 β 一定时，相同阻尼系数下结构的能量在质量比 $\mu=0.5$ 附近达到最小，这一结论与 Kelvin 型阻尼器参数化分析类似。

3.4.4 算例分析

为了更加直观地观察所得两被动阻尼器优化参数解析解对结构振动控制效果的影响，本节首先对

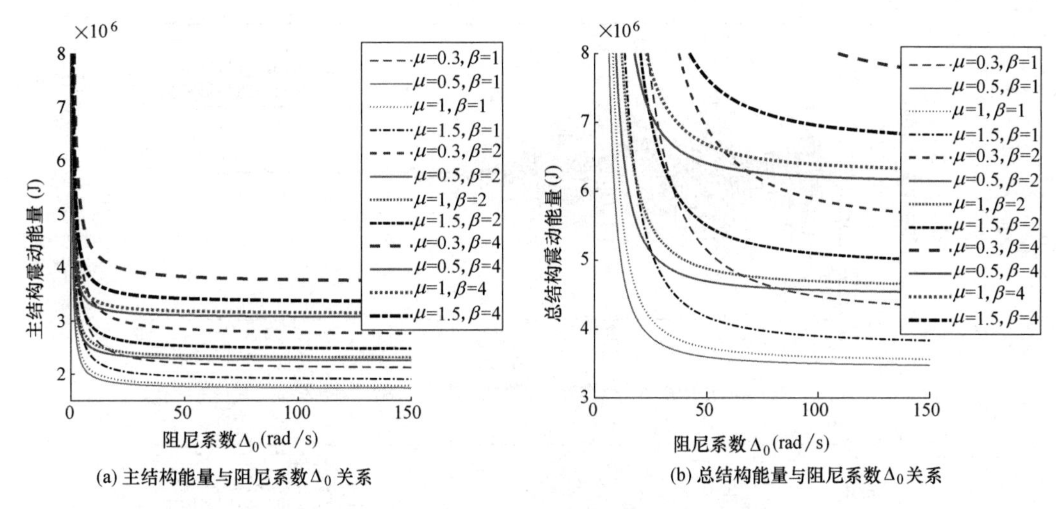

图 3-76 主-从结构能量与阻尼系数 Δ_0 关系曲线

El-Centro 波激励下基于 2-DOF 模型的对称双塔楼结构进行了数值分析。

2-DOF 算例 1：假设主结构质量为 2.58×10^5kg，其剪切刚度为 4×10^9N/m；从结构质量为 1.29×10^5kg，剪切刚度为 4×10^8N/m。结构采取瑞利阻尼模型，第一、二阶模态阻尼比均取为 0.02。地震波采用 El-Centro 波。求得 2-DOF 结构质量比 $\mu=2$，频率比 $\beta=0.167$。由式（3-100）～式（3-102）求得策略一下 Kelvin 型阻尼器的最优刚度比 $\beta_{2\text{opt}}=0.167$，最优阻尼系数为 $c_{\text{dopt}}=1.14\times10^7$N/(m/s)；由式（3-104）～式（3-106）求得策略二下的 Kelvin 型阻尼器的最优刚度比 $\beta_{2\text{opt}}=0$，最优耦合阻尼系数为 $c_{\text{dopt}}=1.32\times10^7$N/(m/s)。由式（3-108）求得策略一下 Maxwell 型阻尼器最优阻尼系数为 $c_{\text{dopt}}=1.34\times10^7$N/(m/s)；由式（3-110）求得策略二下的 Maxwell 型阻尼器最优阻尼系数为 $c_{\text{dopt}}=1.53\times10^7$N/(m/s)。

2-DOF 算例 2：主结构质量为 1.29×10^5 kg，其剪切刚度为 2×10^9N/m；从结构参数同算例 1，地震波采用 El-Centro 波。同理求得 2-DOF 结构质量比 $\mu=1$，频率比 $\beta=0.447$。由式（3-100）～式（3-102）求得策略一下 Kelvin 型阻尼器的最优刚度比 $\beta_{2\text{opt}}=0$，最优阻尼系数为 $c_{\text{dopt}}=1.34\times10^7$N/(m/s)。由式（3-108）求得 Maxwell 型阻尼器最优阻尼系数为 $c_{\text{dopt}}=1.74\times10^7$N/(m/s)；策略二下由式（3-104)～式（3-106）求得 Kelvin 型阻尼器的最优刚度比 $\beta_{2\text{opt}}=0$，最优耦合阻尼系数为 $c_{\text{dopt}}=1.52\times10^7$N/(m/s)。由式（3-110）求得 Maxwell 型阻尼器最优阻尼系数为 $c_{\text{dopt}}=1.83\times10^7$N/(m/s)。

通过数值分析软件 MATLAB 编制该耦合结构的时程分析程序，图 3-77 给出了 El-Centro 波下算例 1 在两种控制策略下的顶层位移时程曲线。从两图整体可以看出，两种策略下的结构顶层位移响应均得到了有效的控制。图 3-77（a）反映的是在算例 1 中采取控制策略一下塔楼结构的顶层位移时程曲线，Kelvin 型阻尼器和 Maxwell 型阻尼器在采用策略一的最优参数后，结构顶层的位移均大大减小，特别是位移峰值得到了极大的控制，对比该策略下两阻尼器的控制效果，连接 Maxwell 型阻尼器结构的位移峰值要小于连接 Kelvin 型阻尼器结构的位移峰值，这说明在策略一中采用 Maxwell 型阻尼器的控制效果要略微优于 Kelvin 型阻尼器。

图 3-77（b）反映的是在算例 1 中采取控制策略二下的塔楼结构的顶层位移时程曲线，Kelvin 型阻尼器和 Maxwell 型阻尼器在采用策略二的最优参数后，结构顶层在各个时间点的位移同样得到了减少，对比该策略下两阻尼器的控制效果，连接 Maxwell 型阻尼器结构的位移峰值同样也要小于连接 Kelvin 型阻尼器结构的位移峰值，这说明在策略二中采用 Maxwell 型阻尼器的控制效果也要略微优于 Kelvin 型阻尼器。

图 3-78 给出了 El-Centro 波下算例 2 在两种控制策略下的顶层位移时程曲线。从整体可以看出，Kelvin 型阻尼器和 Maxwell 型阻尼器同样均对减小结构顶层位移响应有良好的效果，两被动阻尼器在

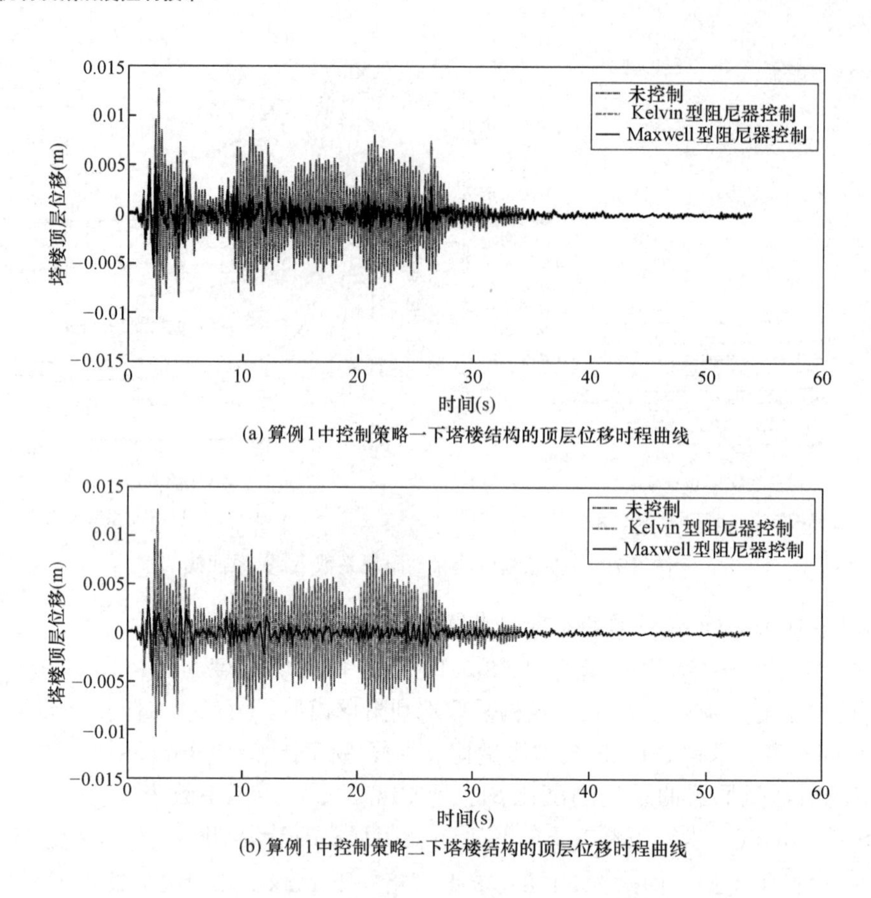

(a) 算例1中控制策略一下塔楼结构的顶层位移时程曲线

(b) 算例1中控制策略二下塔楼结构的顶层位移时程曲线

图 3-77　算例 1 中两种控制策略下塔楼结构的顶层位移时程曲线

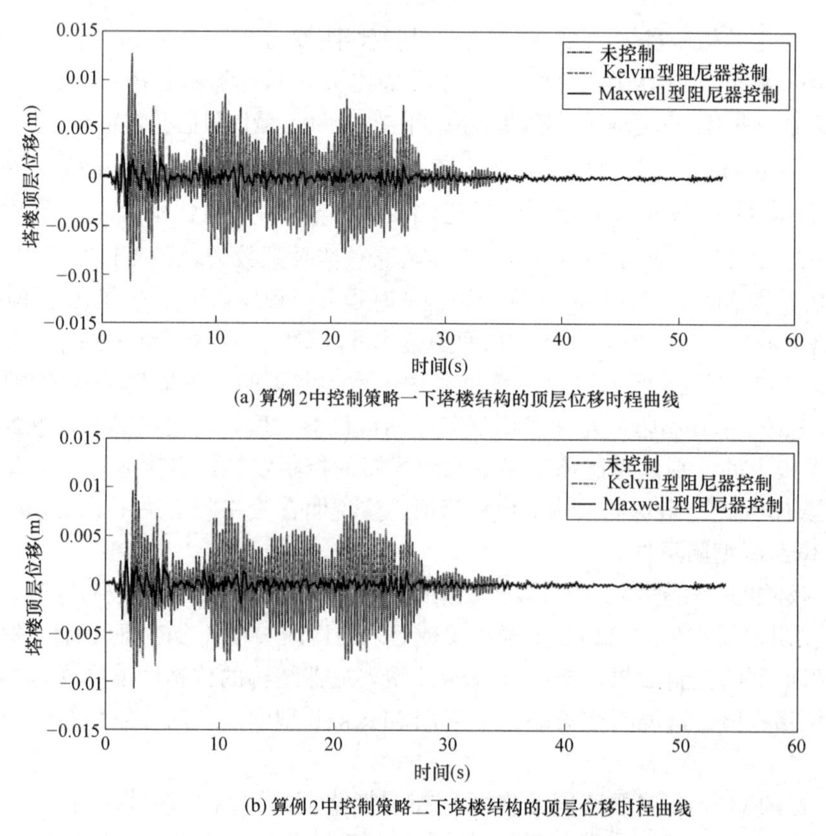

(a) 算例2中控制策略一下塔楼结构的顶层位移时程曲线

(b) 算例2中控制策略二下塔楼结构的顶层位移时程曲线

图 3-78　算例 2 中两种控制策略下塔楼结构的顶层位移时程曲线

该算例中采用两种策略取得的效果与算例 1 类似，即 Kelvin 型阻尼器和 Maxwell 型阻尼器在采用两种策略的最优参数后，结构顶层的位移均大大减小，尤其是位移峰值，两种策略下采用 Maxwell 型阻尼器的控制效果也要略微优于 Kelvin 型阻尼器。

为了更加明确地给出两被动阻尼器的量化控制效果，表 3-13 列出了 El-Centro 波下两 2-DOF 体系数值算例的位移峰值在不同控制策略下的减振率。从整体可以看出连接两种被动阻尼器的结构模型在两种控制策略下均取得了良好的控制效果，减振率均在 50%以上，最大减振率可达到 69.01%。算例 1 中，Kelvin 型阻尼器采取策略一优化系数后控制效果为 59.38%，而相同条件下 Maxwell 型阻尼器控制效果达到 61.94%；Kelvin 型阻尼器采取策略二优化系数后控制效果为 63.42%，而相同条件下 Maxwell 型阻尼器控制效果达到 66.74%。对比同一种策略下两种阻尼器的控制效果，Maxwell 型阻尼器的控制效果要略微优于 Kelvin 型阻尼器，而对比每种阻尼器采取两种策略下的控制效果，发现两种被动阻尼器在采用策略二时控制效果要好于策略一。

控制效果对比　　表 3-13

地震波		控制情况	Kelvin 模型位移峰值（cm）	控制效果（%）	Maxwell 模型位移峰值（cm）	控制效果（%）
El-Centro 波	算例 1	无控制	1.34		1.34	1.34
		控制主能量	0.62	59.38	0.51	61.94
		控制总能量	0.45	65.63	0.42	68.66
	算例 2	无控制	1.27		1.27	1.27
		控制主能量	0.48	63.42	0.42	66.74
		控制总能量	0.44	65.75	0.40	69.01

在算例 2 中 Kelvin 型阻尼器采取策略一优化系数后控制效果为 63.42%，而相同条件下 Maxwell 型阻尼器控制效果达到 66.74%；Kelvin 型阻尼器采取策略二优化系数后控制效果为 65.75%，而相同条件下 Maxwell 型阻尼器控制效果达到 69.01%。观察发现算例 2 阻尼器对结构顶层位移峰值控制效果结论同算例 1 一致，即在同一种策略下两种阻尼器的控制效果对比中，Maxwell 型阻尼器的控制效果要略微优于 Kelvin 型阻尼器，而对比每种阻尼器采取两种策略下的控制效果，两种被动阻尼器在采用策略二时控制效果要好于策略一。

对比两算例中相同条件（同策略同阻尼器）下的控制效果，算例 2 的各项数据均要略好于算例 1，这一结论与之前参数化分析一致，即在其他参数确定时，质量比 $\mu>0.5$，控制效果随着质量比增大而减小。

3.4.5　基于 M-DOF 模型的双塔楼结构被动控制研究

在上一节中，通过 MATLAB 编制了 2-DOF 体系在地震激励下峰值位移的程序，得到了结构在两被动阻尼器下的控制效果，证明了基于能量最小值理论推导得到的 2-DOF 体系下阻尼器最优参数表达式在 2-DOF 中的有效性，对于带大底盘的双塔楼高层建筑，由于裙房的存在，塔楼高层建筑结构的动力特性非常复杂；Kelvin 型和 Maxwell 型阻尼器优化参数表达式是基于白噪声激励的假设推导的，理论结果的适用性需要进一步探讨。带底盘对称塔楼 2-DOF 体系得到的被动阻尼器最优参数是否适用于 M-DOF 体系同样有待研究。因此，本节以带底盘对称双塔楼结构 M-DOF 体系为例，对以上问题进行研究。

1. M-DOF 模型的双塔楼结构运动方程

在相邻剪切型多自由度结构体系中，主结构与从结构分别采用 n_1 和 n_2 个集中质量单元模拟，结构体系运动方程如下：

$$M\ddot{X}(t)+C\dot{X}(t)+KX(t)+\sum_{i=1}^{n_d}d_i/f_i=-MI\ddot{u}_g \tag{3-111}$$

式中M，K与C分别为相邻塔楼结构质量、刚度与阻尼矩阵，维数均为$n\times n$，$n=n_1+n_2$；X，$\dot{X}$，$\ddot{X}$分别为n维相对位移、速度、加速度向量；f_i为第i个阻尼器的输出力；d_i为第i个阻尼器的指示力向量；n_d为阻尼器个数；I为单位列向量；$\ddot{u}_g$为地震波加速度。

相邻塔楼质量矩阵M表示如下：

$$M=\begin{bmatrix} M_1 & \\ & M_2 \end{bmatrix}$$

其中

$$M_1=\begin{bmatrix} m_{11} & & & & \\ & m_{12} & & & \\ & & \cdots & & \\ & & & m_{n_1-1,1} & \\ & & & & m_{n_1,1} \end{bmatrix},\quad M_2=\begin{bmatrix} m_{12} & & & & \\ & m_{22} & & & \\ & & \cdots & & \\ & & & m_{n_2-1,1} & \\ & & & & m_{n_2,1} \end{bmatrix}$$

相邻塔楼刚度矩阵K表示如下：

$$K=\begin{bmatrix} K_1 & \\ & K_2 \end{bmatrix}$$

其中

$$K_1=\begin{bmatrix} k_{11}+k_{21} & -k_{21} & & & \\ -k_{21} & k_{21}+k_{31} & & & \\ & & \cdots & & \\ & & & k_{n_1-1,1}+k_{n_1,1} & -k_{n_1,1} \\ & & & -k_{n_1,1} & k_{n_1,1} \end{bmatrix}$$

$$K_2=\begin{bmatrix} k_{12}+k_{22} & -k_{22} & & & \\ -k_{22} & k_{22}+k_{32} & & & \\ & & \cdots & & \\ & & & k_{n_2-1,2}+k_{n_2,2} & -k_{n_2,2} \\ & & & -k_{n_2,2} & k_{n_2,2} \end{bmatrix}$$

相邻塔楼阻尼矩阵C表示如下：

$$C=\begin{bmatrix} C_1 & \\ & C_2 \end{bmatrix}$$

其中

$$C_1=\begin{bmatrix} c_{11}+c_{21} & -c_{21} & & & \\ -c_{21} & c_{21}+c_{31} & & & \\ & & \cdots & & \\ & & & c_{n_1-1,1}+c_{n_1,1} & -c_{n_1,1} \\ & & & -c_{n_1,1} & c_{n_1,1} \end{bmatrix}$$

$$C_2=\begin{bmatrix} c_{12}+c_{22} & -c_{22} & & & \\ -c_{22} & c_{22}+c_{32} & & & \\ & & \cdots & & \\ & & & c_{n_2-1,2}+c_{n_2,2} & -c_{n_2,2} \\ & & & -c_{n_2,2} & c_{n_2,2} \end{bmatrix}$$

2. M-DOF 模型的双塔楼动力分析

（1）Kelvin 型阻尼器连接的结构动力分析

当 M-DOF 结构采用 Kelvin 型阻尼器连接时，第 i 个阻尼器的输出力可以表示为：

$$f_i(t)=k_i\Delta x_i(t)+c_i\Delta\dot{x}_i(t) \tag{3-112}$$

式（3-112）中，k_i，c_i 分别为第 i 个阻尼器刚度系数与阻尼系数；$\Delta x_i(t)$，$\Delta\dot{x}_i(t)$ 分别为第 i 个阻尼器两端的相对位移与相对速度，可分别表示为：

$$\Delta x_i(t)=d_i^{\mathrm{T}}X(t),\quad \Delta\dot{x}_i(t)=d_i^{\mathrm{T}}\dot{X}(t)$$

将阻尼器输出力表达式代入相邻塔楼运动方程式（3-111），可以得到：

$$M\ddot{X}(t)+\left(C+\sum_{i=1}^{n_{\mathrm{d}}}d_icd_i^{\mathrm{T}}\right)\dot{X}(t)+\left(K+\sum_{i=1}^{n_{\mathrm{d}}}d_ikd_i^{\mathrm{T}}\right)X(t)=-MI\ddot{u}_g \tag{3-113}$$

令 $C_{\mathrm{d}}=\sum_{i=1}^{n_{\mathrm{d}}}d_icd_i^{\mathrm{T}}$，$K_{\mathrm{d}}=\sum_{i=1}^{n_{\mathrm{d}}}d_ikd_i^{\mathrm{T}}$，则可以得到：

$$M\ddot{X}(t)+(C+C_{\mathrm{d}})\dot{X}(t)+(K+K_{\mathrm{d}})X(t)=-MI\ddot{u}_g \tag{3-114}$$

式（3-114）中，C_{d} 与 K_{d} 即为阻尼器的阻尼和刚度矩阵。式（3-114）可采用土木工程中最常用的 Newmark-β 逐步积分法进行动力时程分析，首先需要对系统进行离散化，设 t_n、t_{n+1} 分别为第 n、$(n+1)$ 步所对应的时间，时间步长为 Δt，则 Newmark-β 基本表达式为：

$$\left.\begin{aligned}\dot{X}(t_{n+1})&=\dot{X}(t_n)+\Delta t[(1-\gamma)\ddot{X}(t_n)+\gamma\ddot{X}(t_{n+1})]\\X(t_{n+1})&=X(t_n)+\Delta t\dot{X}(t_n)+\frac{\Delta t^2}{2}[(1-2\beta)\ddot{X}(t_n)+2\beta\ddot{X}(t_{n+1})]\end{aligned}\right\} \tag{3-115}$$

取 $\gamma=1/2$，$\beta=1/4$ 时，Newmark-β 法称作常平均加速度法。t_n 和 t_{n+1} 间 τ 时刻的结构加速度、速度与位移表达式为：

$$\left.\begin{aligned}\ddot{X}_r&=\frac{1}{2}(\ddot{X}(t_n)+\ddot{X}(t_{n+1}))\\\ddot{X}_r&=\dot{X}(t_n)+\frac{\tau}{2}(\ddot{X}(t_n)+\ddot{X}(t_{n+1}))\\X_\tau&=X(t_n)+\tau\dot{X}(t_n)+\frac{\tau^2}{4}(\ddot{X}(t_n)+\ddot{X}(t_{n+1}))\end{aligned}\right\}$$

将阻尼器输出力采用向量 $F(t)$ 表示，则式子（3-114）均可用矩阵形式表达：

$$M\ddot{X}(t)+C\dot{X}(t)+KX(t)+F(t)=-MI\ddot{u}_g \tag{3-116}$$

假设 t_n 和 t_{n+1} 间 τ 时刻阻尼器输出力线性变化，则：

$$F(t)=\frac{1}{2}(F(t_n)+F(t_{n+1})) \tag{3-117}$$

对式（3-116）进行积分，得到表达式：

$$\int_0^t\ddot{X}^{\mathrm{T}}M\mathrm{d}X+\int_0^t\dot{X}^{\mathrm{T}}C\mathrm{d}X+\int_0^tX^{\mathrm{T}}K\mathrm{d}X+\int_0^tF^{\mathrm{T}}(t)\mathrm{d}X=-\int_0^t\ddot{u}_g^{\mathrm{T}}M\mathrm{d}X \tag{3-118}$$

式（3-118）左侧第一项为结构的动能：

$$K_{\mathrm{E}}(t_n)=\int_0^{t_n}\ddot{X}^{\mathrm{T}}M\mathrm{d}X=\int_0^{t_n}\ddot{X}^{\mathrm{T}}M\dot{X}\mathrm{d}t=\frac{1}{2}\dot{X}(t_n)^{\mathrm{T}}M\dot{X}(t_n) \tag{3-119}$$

式（3-118）左侧第二项为结构阻尼耗能：

$$K_{\mathrm{D}}(t_n)=\int_0^{t_n}\dot{X}^{\mathrm{T}}C\mathrm{d}X=\int_0^{t_n}\dot{X}^{\mathrm{T}}C\dot{X}\mathrm{d}t=\sum_{t=0}^{t_n}\Delta E_{\mathrm{D}} \tag{3-120}$$

$$\Delta E_{\mathrm{D}}=\int_{t_n}^{t_{n+1}}\dot{X}^{\mathrm{T}}C\dot{X}\mathrm{d}t=\frac{1}{12}(\ddot{X}(t_n)+\ddot{X}(t_{n+1}))^{\mathrm{T}}C(\ddot{X}(t_n)+\ddot{X}(t_{n+1}))\Delta t^3+\frac{1}{2}\dot{X}(t_n)^{\mathrm{T}}C(\ddot{X}(t_n)+\dot{X}(t_{n+1}))\Delta t^2+\dot{X}(t_n)^{\mathrm{T}}CX(t_n)\Delta t$$

式（3-118）左侧第三项为应变能：

$$E_{\mathrm{S}}(t_n)=\int_0^{t_n}X^{\mathrm{T}}K\mathrm{d}X=\int_0^{t_n}X^{\mathrm{T}}K\dot{X}\mathrm{d}t=\frac{1}{2}X(t_n)^{\mathrm{T}}KX(t_n)$$

式（3-118）左侧第四项为阻尼器耗能：

$$E_{\mathrm{C}}(t_n)=\int_0^{t_n}F(t_n)^{\mathrm{T}}\mathrm{d}X$$

则地震波输入能量为：

$$E_{\mathrm{I}}(t)=E_{\mathrm{K}}(t)+E_{\mathrm{D}}(t)+E_{\mathrm{S}}(t)+E_{\mathrm{C}}(t) \tag{3-121}$$

（2）Maxwell 型阻尼器连接的结构动力分析

当相邻塔楼结构采用 Maxwell 型阻尼器连接时，第 i 个阻尼器的输出力可以表示为：

$$f_i(t)+\lambda_i\frac{\mathrm{d}f_i(t)}{\mathrm{d}t}=c_{0i}d_i^{\mathrm{T}}X(t) \tag{3-122}$$

式（3-122）中，c_{0i}、λ_i 分别为第 i 个阻尼器的零频率阻尼系数与松弛时间。

当结构中安装 Maxwell 型黏滞流体阻尼器后，结构动力学方程往往是非线性的。将 Maxwell 模型导入结构模型的运动方程时，需要求解三阶微分方程，稳定性和精确性难以保证。Tomohiko 等假设每一时间步长内，阻尼器两端的速度差线性变化，通过求解一阶微分方程和时间参数以及积分常数计算出每一步阻尼力的参数表达式，并假设阻尼力线性变化，推导出另一组参数直接引入结构的运动方程，采用 Newmark-β 直接积分法求解运动方程。即使积分时间步长 Δt 取 0.45，以上方法的计算结果仍然能保证良好的精度。

在离散系统中，第 i 个阻尼器的输出力可以表示为：

$$f_i(t_n)=\alpha_1\dot{\Delta}x_i(t_n)+\alpha_2\dot{\Delta}x_i(t_{n-1})+\alpha_3f_i(t_{n-1}) \tag{3-123}$$

式中，$f_i(t_{n-1})$ 为时间取 $(n-1)\Delta t$ 时，第 $(n-1)$ 步阻尼器输出力；$\dot{\Delta}x_i(t_{n-1})$ 为第 $(n-1)$ 步阻尼器两端的速度差；系数 α_1、α_2 与 α_3 均为常数，可取以下两组值：

$$\alpha_1=c_0\left[1+\frac{\lambda(\alpha_3-1)}{\Delta t}\right],\quad \alpha_2=c_0\left[\alpha_3+\frac{\lambda(\alpha_3-1)}{\Delta t}\right],\quad \alpha_3=\mathrm{e}^{-\Delta t/\lambda}$$

或者

$$\alpha_1=\frac{c_0\Delta t}{2\lambda+\Delta t},\quad \alpha_2=\frac{c_0\Delta t}{2\lambda+\Delta t},\quad \alpha_3=\frac{2\lambda-\Delta t}{2\lambda+\Delta t}$$

将阻尼器输出力代入结构运动方程（3-111）即可求解。

3.4.6 M-DOF 模型的双塔楼结构间阻尼器优化参数

为了证明基于 2-DOF 体系推导的阻尼器优化参数也适用于 M-DOF 体系，现以某高层带底盘对称双塔楼建筑为例，底盘（主结构）部分为 3 层，对称塔楼（从结构）部分为 17 层，将两被动阻尼器均匀地布置在每层楼层间，先将主结构和从结构分别看作一个单自由度结构，求得此时被动阻尼器不同策略下优化系数 $\beta_{2\mathrm{opt}}$、C_{dopt}，然后将该系数均匀分配到每个楼层，得到每层布置阻尼器的优化系数 $\beta_{2\mathrm{optn}}=\beta_{2\mathrm{opt}}/(n-1)$、$c_{\mathrm{doptn}}=c_{\mathrm{dopt}}/(n-1)$（$n$ 为总楼层数），底盘各楼层集中质量均为 2.5×10^6kg，剪切刚度均为 4.0×10^9N/m；对称塔楼各楼层的集中质量为 1.2×10^6kg，剪切刚度均为 2.0×10^9N/m。采用瑞利阻尼模型，塔楼一、二阶阻尼比均为 0.02。两被动阻尼器的结构模型如图 3-79 所示。

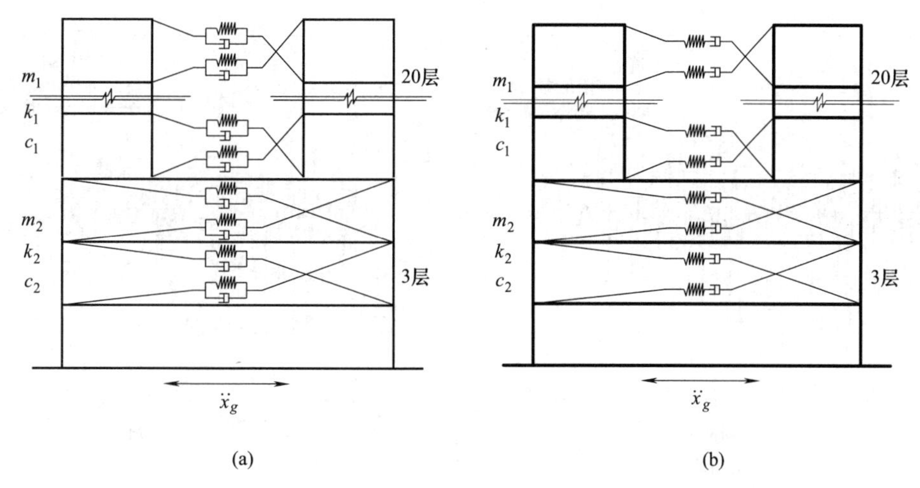

图 3-79　连接被动阻尼器的 M-DOF 对称双塔楼结构计算模型

采用模态分析得到塔楼从结构的第一阶自振圆频率为 5.67rad/s，主结构的第一阶自振圆频率为 25.18rad/s。此时结构的质量比 $\mu=0.441$，频率比 $\beta=0.225$，当以主结构能量最小为控制策略时，通过本节所提阻尼器优化参数解析表达式（3-100）～式（3-102）可以得到 Kelvin 型阻尼器最优刚度值 β_{2opt} 为 0，最优耦合阻尼系数为 $c_{dopt}=7.58\times10^7$N/(m/s)，每层阻尼器的优化系数为 $\beta_{2opt}=0$、$c_{doptn}=3.98\times10^6$N/(m/s)，由公式（3-108）求得 Maxwell 型阻尼器最优耦合阻尼系数为 $c_{dopt}=8.68\times10^7$N/(m/s)，每层阻尼器的优化系数为 $c_{doptn}=4.57\times10^6$N/(m/s)；当以结构总能量最小为控制策略时，由式（3-104）～式（3-106）求得 Kelvin 型阻尼器中最优刚度值 β_{2opt} 为 0，最优阻尼系数为 $c_{dopt}=8.56\times10^7$N/(m/s)，每层阻尼器的优化系数为 $\beta_{2opt}=0$、$c_{doptn}=4.50\times10^6$N/(m/s)，由式（3-110）求得 Maxwell 型阻尼器最优耦合阻尼系数为 $c_{doptn}=1.065\times10^8$N/(m/s)，每层阻尼器的优化系数为 $c_{doptn}=5.61\times10^6$N/(m/s)。

3.4.7　算例分析

编制该耦合 M-DOF 结构在 El-Centro 波下的时程分析程序，图 3-80 分别显示的是不同策略下结构采用未控制、连接 Kelvin 型阻尼器、连接 Maxwell 型阻尼器时产生的位移峰值时程曲线，从整体可以看出，两被动阻尼器对减小结构顶层位移响应有良好的效果。图 3-80（a）反映的是 M-DOF 结构采取控制策略一下塔楼结构的顶层位移时程曲线，Kelvin 型阻尼器和 Maxwell 型阻尼器在采用策略一的最优参数后，结构顶层的位移均大大减小，特别是位移峰值得到了极大的控制，未控制前结构位移峰值接近 0.15m，连接 Kelvin 型阻尼器后变为约 0.08m，而连接 Maxwell 型阻尼器后仅有 0.065m，对比该策略下两阻尼器的控制效果，说明在策略一中采用 Maxwell 型阻尼器的控制效果要略微优于 Kelvin 型阻尼器。图 3-80（b）反映的是 M-DOF 结构采取控制策略二下塔楼结构的顶层位移时程曲线，Kelvin 型阻尼器和 Maxwell 型阻尼器在采用策略二的最优参数后，结构顶层的位移同样大大减小，在此方法下，连接 Kelvin 型阻尼器后位移峰值变为 0.074m，而 Maxwell 型阻尼器只有 0.061m，说明在策略二中采用 Maxwell 型阻尼器的控制效果要略微优于 Kelvin 型阻尼器。对比每个阻尼器在不同策略下的控制效果，有得策略二的效果均略微优于策略一，这些结论与 2-DOF 算例结论一致，证明了本节基于单个 2-DOF 模型所得 Maxwell 型阻尼器优化参数解析解同样适用于带底盘对称双塔楼 M-DOF 结构。

图 3-81 为不同策略下连接被动阻尼器的 M-DOF 结构能量时程曲线，图中可以看出，结构的振动能量在连接阻尼器并采取本节所提控制策略后有明显的减小，这说明阻尼器充分发挥了其耗能作用，有效地减小了结构的振动能量。且从图中可以看出，在两种控制策略下连接 Maxwell 型阻尼器的结构振动的最大能量均要小于连接 Kelvin 型阻尼器的结构振动的最大能量，说明在控制结构最大能量方面

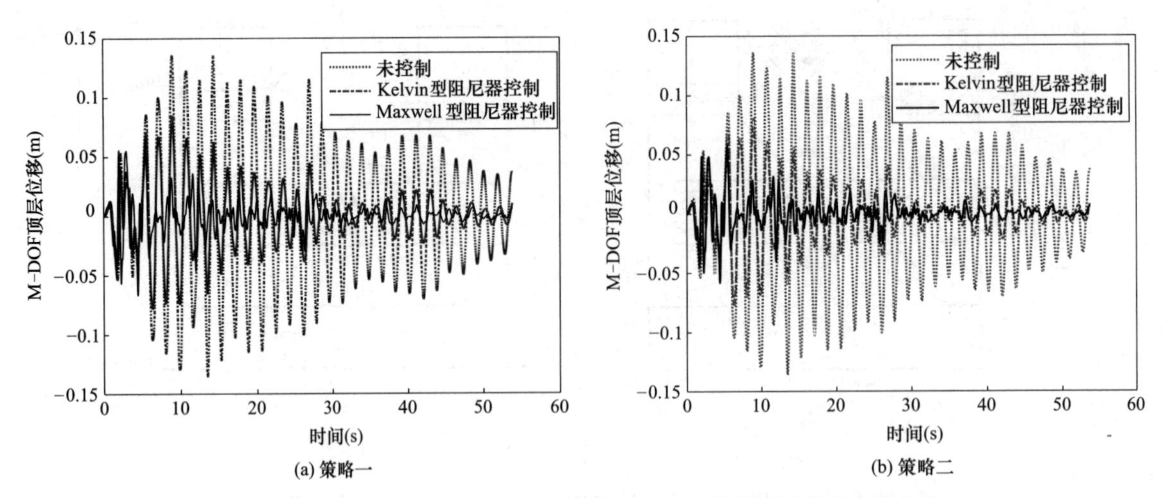

图 3-80 两种策略下连接被动阻尼器的 M-DOF 结构顶层位移时程曲线

Maxwell 型阻尼器要优于 Kelvin 型阻尼器。对比同一种阻尼器模型下的不同控制策略，控制结构总能量策略下的最大能量要略小于控制结构主能量策略下的最大能量，说明在控制结构最大能量方面采取策略二要优于策略一，这些结论与 2-DOF 算例相同。

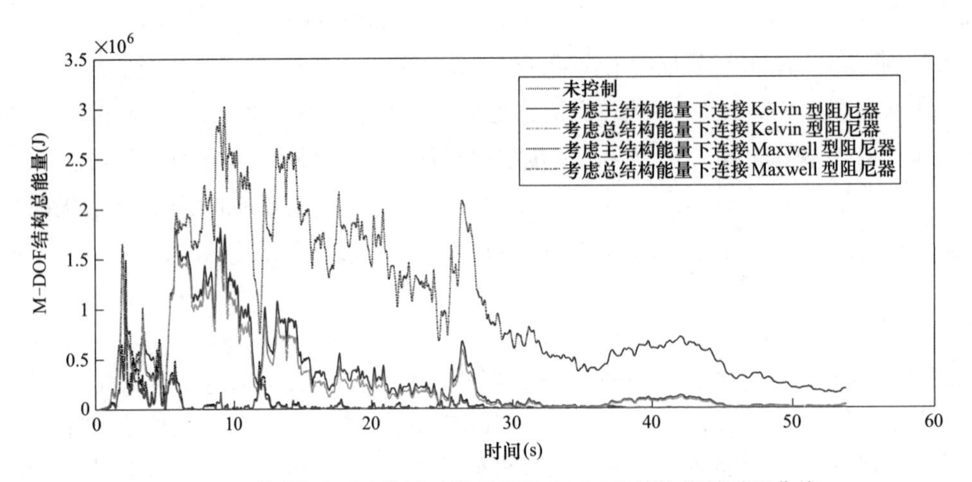

图 3-81 不同策略下连接被动阻尼器的 M-DOF 结构能量时程曲线

图 3-82 给出了该 M-DOF 结构在未控及不同控制策略下结构各层的最大层间位移。从图中可以看出，3 条曲线变化规律大致相同：前 3 层底盘（主结构）由于刚度大于从结构，因此产生的最大层间位移也远小于上部塔楼（从结构）部分。随着楼层的递增，上部塔楼（从结构）的最大层间位移也逐渐增大，在第 5 层时达到最大值，随后随着楼层的递增而减小。从每层最大层间位移可以看出，两种控制策略下的最大层间位移要明显小于未控制的情况。同时，连接 Maxwell 型阻尼器结构的最大层间位移要小于连接 Kelvin 型阻尼器结构的最大层间位移，说明在控制结构最大层间位移方面 Maxwell 型阻尼器要优于 Kelvin 型阻尼器。另外，对于塔楼部分（从结构），两被动阻尼器在控制策略二（控制结构总能量最小）下的层间位移略微小于控制策略一（控制主结构能量最小）下的层间位移值，这与之前结论一致，同样说明策略二要优于策略一。

3.4.8 连接被动阻尼器的带底盘对称双塔楼结构有限元分析

在上一节中，通过 MATLAB 编制了 M-DOF 体系在地震激励下几种控制效果的程序，良好的控制结果证明了基于能量最小值理论推导得到的 2-DOF 体系下阻尼器最优参数表达式同样适用于 M-DOF 体系，但是之前的研究主要集中在数值分析上，该理论推导公式是否同样适用于带底盘对称双塔楼结构

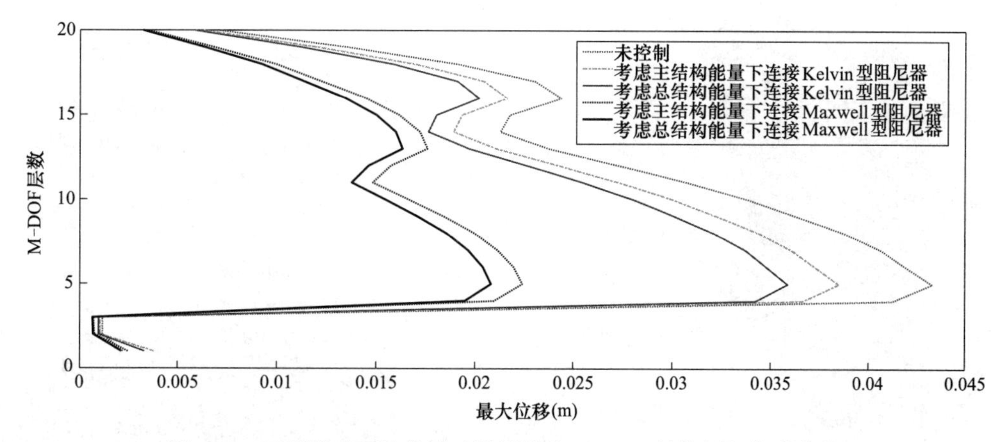

图 3-82　不同策略下连接被动阻尼器的 M-DOF 结构层间位移曲线

的实际情况有待研究，本节通过有限元软件 ETABS 建立实际带底盘对称塔楼模型，通过对地震作用下结构的控制效果探讨该公式的有效性。

3.4.9　连接被动阻尼器的带底盘对称双塔楼有限元模型及优化参数

1. ETABS 建模假设

通过 ETABS 分析带底盘双塔楼结构的相关性能，做出以下几点假设：

（1）建立梁柱等结构部件时使用三维框架单元；

（2）所有楼板的建立必须使用能够体现实际工程楼板情况的完整壳单元——Slab 单元；

（3）建立剪力墙和连梁时注意截面选取 WALL 截面，以壳元为主；

（4）模型建立完后，必须定义质量源，需要把等效质量集中于每个节点上来完成模态计算，即《建筑抗震设计规范》GB 50011—2010（2016 年版）中 5.1.3 条规定的重力荷载代表值。定义质量来源于荷载，且按一定比例转化为质量信息，《建筑抗震设计规范》GB 50011—2010（2016 年版）中要求恒荷载取 1.0，活荷载取 0.5；

（5）由于荷载分布比较复杂，为了使结构分析更准确，一般模态分析时采用 Ritz 法；

（6）采用 ETABS 抗震分析双塔连体结构时，地震作用可以单向输入，也可以双向输入，本节采用单向 x 方向输入。

（7）模型边界平动及转动自由度应该固结。

2. 连接被动阻尼器的带底盘对称双塔楼有限元模型

如图 3-83 所示为某带底盘对称双塔楼框架结构，下部裙房为 3 层均高 3.6m 的框架结构，柱网尺寸为 6m×4m，左右对称塔楼均为 13 层，柱网尺寸同为 6m×4m，层高同样为 3.6m。裙房和塔楼采用钢筋混凝土柱，柱子尺寸为 0.7m×0.7m，材料为 C30 混凝土，混凝土内纵筋为 HRB335，箍筋为 HPB300，纵筋的保护层厚度为 0.03m，各层梁均为组合梁，梁尺寸为 0.7m×0.3m，墙体为 190mm 厚加气混凝土砌块。楼面活载标准值分别取为 3.5kN/m^2 和 2.0kN/m^2。地下室全部固结，柱底支座也固结；每层板的连接考虑在内，框架梁与楼面板之间连接方式采用刚接。各阶模态阻尼比均为 0.02。

图 3-84 为层间布置了被动阻尼器的带底盘对称双塔楼模型，结构属性与图 3-83 一致，地震波激励为 El Centro 波，加速度幅值为 0.2g，仅考虑 x 水平向的地震波激励。

3. 求解优化参数

表 3-14 为裙房结构的模态分析结果，根据之前的理论，选取一阶模态结果，裙房结构的圆频率为 21.45rad/s，表 3-15 为塔楼结构的模态分析结果，塔楼结构的圆频率为 4.39rad/s，得到质量比 $\mu=0.619$，频率比 $\beta=0.204$。带入到式（3-100）～式（3-102）中，求得策略一下 Kelvin 型阻尼器的最优刚度比 $\beta_{2\text{opt}}=0$，最优耦合阻尼系数为 $c_{\text{dopt}}=2.74\times10^6\text{N/(m/s)}$。由式（3-108）求得 Maxwell 型阻尼

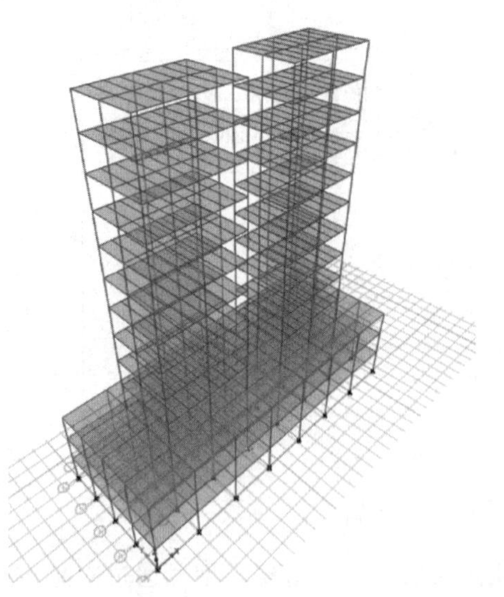

图 3-83　带底盘对称双塔楼模型

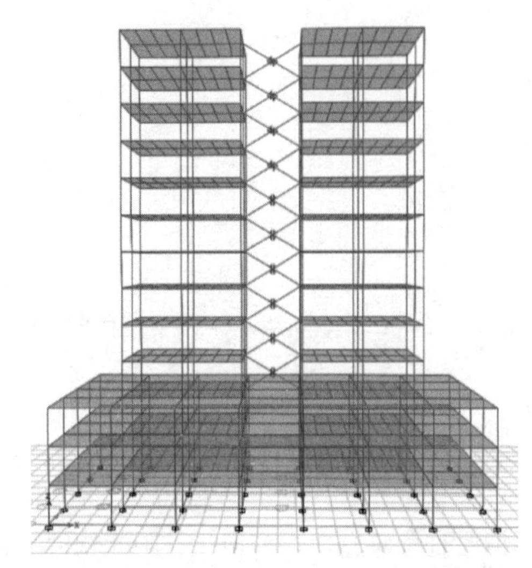

图 3-84　被动阻尼器下带底盘对称双塔楼模型

器最优阻尼系数为 $c_{\mathrm{dopt}}=2.82\times10^{6}\mathrm{N/(m/s)}$；策略二下由式（3-104）～式（3-106）求得 Kelvin 型阻尼器的最优刚度比 $\beta_{2\mathrm{opt}}=0$，最优耦合阻尼系数为 $c_{\mathrm{dopt}}=3.12\times10^{7}\mathrm{N/(m/s)}$。由式（3-110）求得 Maxwell 阻尼器最优阻尼系数为 $c_{\mathrm{dopt}}=3.31\times10^{6}\mathrm{N/(m/s)}$。

裙房结构模态分析　　　　**表 3-14**

模态	周期(s)	频率(1/s)	圆频率(rad/s)	特征值(rad^3/s^3)
1	0.293	3.414	21.4481	460.0216
2	0.172	5.812	36.5204	1333.7427
3	0.168	5.952	37.3994	1398.7168
4	0.098	10.164	63.8631	4078.4951
5	0.063	15.906	99.9372	9987.4493

塔楼结构模态分析　　　　**表 3-15**

模态	周期(s)	频率(1/s)	圆频率(rad/s)	特征值(rad^3/s^3)
1	1.432	0.698	4.3874	19.249
2	1.326	0.754	4.7388	22.4565
3	1.084	0.923	5.7973	33.6083
4	0.463	2.161	13.576	184.3085
5	0.424	2.356	14.8022	219.1049

3.4.10　连接被动阻尼器的对称双塔楼有限元分析结果与讨论

图 3-85 显示的是有限元分析中对称塔楼结构不同控制方式下塔楼顶层位移时程曲线，从整体可以看出，两被动阻尼器对减小结构顶层位移峰值响应均有良好的效果。在该结果中，被动阻尼器在采用两策略的最优参数后，结构顶层的位移均大大减小，特别是位移峰值得到了极大的控制。在图 3-85（a）中，对称塔楼未控制前顶层位移峰值为 0.062m，连接 Kelvin 型阻尼器并采用策略一后位移峰值变为 0.021m，而采用策略二时仅有 0.018m，对比 Kelvin 型阻尼器下不同策略的控制效果，其采用策略二下结构的位移峰值要小于策略一时结构的位移峰值；在图 3-85（b）中，连接 Maxwell 型阻尼器并采用策略一后位移峰值变为 0.02m，而采用策略二时仅有 0.015m，对比 Maxwell 型阻尼器下不同策略的控制效果，其采用策略二下结构的位移峰值要小于策略一时结构的位移峰值，结合两图规律，在控制对称结构位移峰值方面，被动阻尼器采用策略二的控制效果要略微优于策略一；而对比在相同策略下两被动阻尼器的位移控制效果，Maxwell 型阻尼器要略微优于 Kelvin 阻尼器。

图 3-86 显示的是有限元分析中对称塔楼结构取不同控制方式的塔楼基底剪力时程曲线，从整体可以看出，两被动阻尼器对减小结构基底剪力响应均有良好的效果。在该结果中，被动阻尼器在采用两策

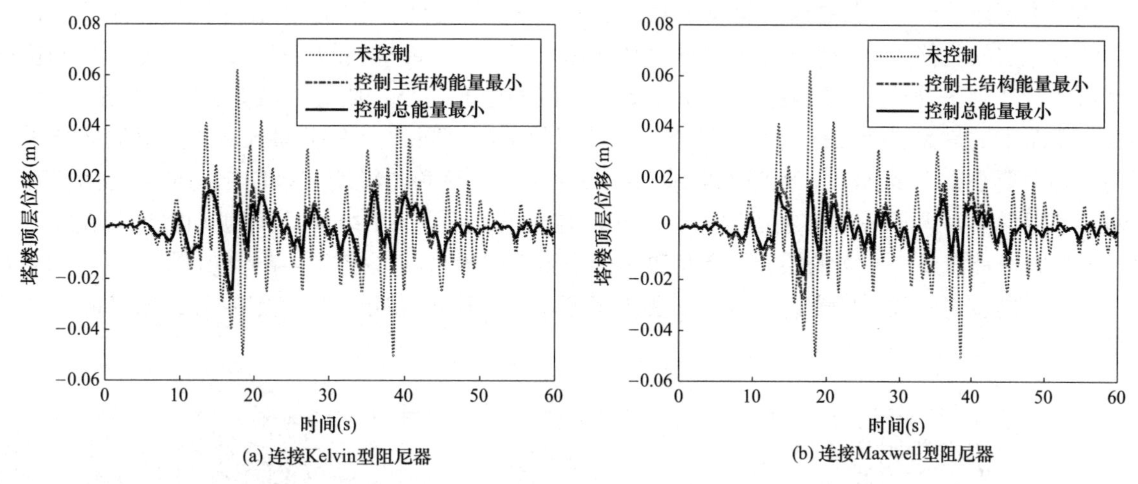

图 3-85　不同策略下连接被动阻尼器的 M-DOF 结构位移时程曲线

略的最优参数后，结构顶层的基底剪力值均大大减小，剪力峰值同样得到了极大的控制。在图 3-86（a）中，对称塔楼未控制前基底剪力峰值为 2332kN，连接 Kelvin 型阻尼器并采用策略一后剪力峰值变为 1522kN，采用策略二时为 1385kN，对比 Kelvin 型阻尼器下不同策略的控制效果，其采用策略二后结构的基底剪力峰值要小于策略一；在图 3-86（b）中，连接 Maxwell 型阻尼器并采用策略一后基底剪力峰值变为 1501kN，而采用策略二时仅有 1105kN，对比 Maxwell 型阻尼器下不同策略的控制效果，其采用策略二时结构的基底剪力峰值要小于策略一。结合两图规律，在控制对称结构基底剪力峰值方面，被动阻尼器采用策略二的控制效果要略微优于策略一；而对比在相同策略下两被动阻尼器的基底剪力控制效果，Maxwell 型阻尼器同样要略微优于 Kelvin 型阻尼器。

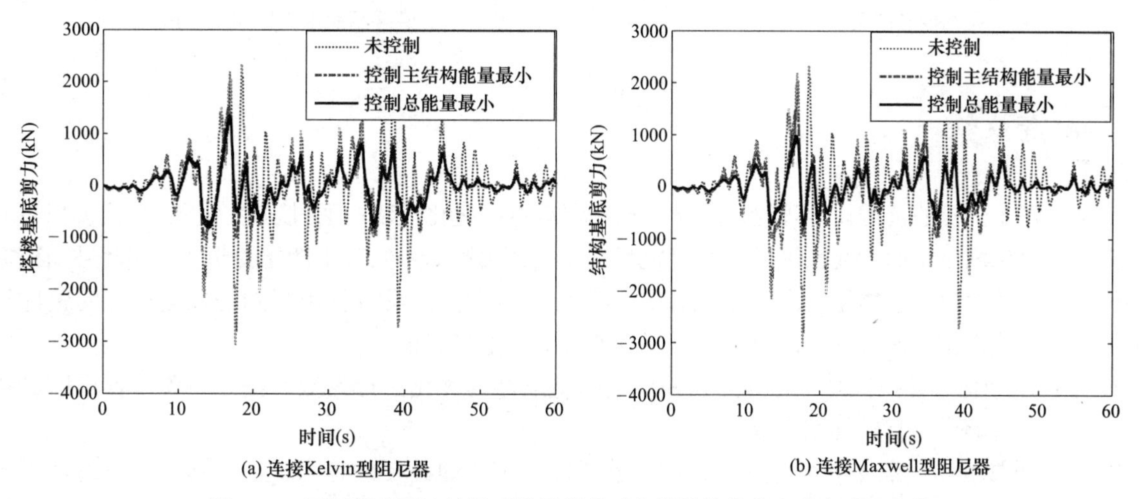

图 3-86　不同策略下连接被动阻尼器的对称塔楼结构基底剪力时程曲线

图 3-87 为不同策略下连接被动阻尼器的带底盘对称双塔楼结构能量（包含阻尼器）时程曲线，可以看出，结构的振动能量在连接阻尼器并采取本节所提控制策略后有了明显的减小，这说明阻尼器充分发挥了其耗能作用，有效地减小了结构的振动能量。且从图中可以看出，在两种控制策略下连接 Maxwell 型阻尼器的结构振动的最大能量均要小于连接 Kelvin 型阻尼器的结构振动的最大能量，说明在控制结构最大能量方面 Maxwell 型阻尼器要优于 Kelvin 型阻尼器。对比同一种阻尼器模型下的不同控制策略，控制结构总能量策略下的最大能量要略小于控制结构主能量策略下的最大能量，而对比在相同策略下两被动阻尼器的能量控制效果，Maxwell 型阻尼器同样要略微优于 Kelvin 型阻尼器。这些结论与有限元分析中的位移峰值响应和基底剪力响应一致，证明了 2-DOF 推导的被动阻尼器优化参数的有效性。

图 3-88 给出了连接被动阻尼器的带底盘对称双塔楼结构在不同控制策略下结构各层的最大层间位

移角。从图中可以看出，5 条曲线变化规律大致相同：前 3 层底盘（主结构）由于刚度大于从结构，因此产生的最大层间位移角也远小于上部塔楼（从结构）部分。随着楼层的递增，结构的最大层间位移角也逐渐增大，在第 4 层时达到最大值，随后随着楼层的递增而减小。从每层最大层间位移角可以看出，两种控制策略下的最大层间位移角要明显小于未控制的情况。同时，连接 Maxwell 型阻尼器结构的最大层间位移角要小于连接 Kelvin 型阻尼器结构的最大层间位移角，说明在控制结构最大层间位移方面 Maxwell 型阻尼器要优于 Kelvin 型阻尼器。另外，对于塔楼部分（从结构），两被动阻尼器在控制策略二（控制结构总能量最小）下的层间位移角也略微小于控制策略一（控制主结构能量最小）下的层间位移角，这与之前结论一致，同样说明策略二要优于策略一，这也证明了 2-DOF 推导的被动阻尼器优化参数的有效性。

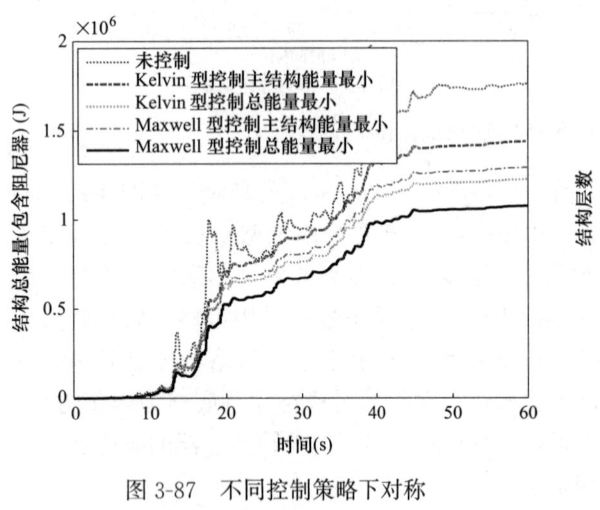

图 3-87　不同控制策略下对称塔楼结构能量时程曲线

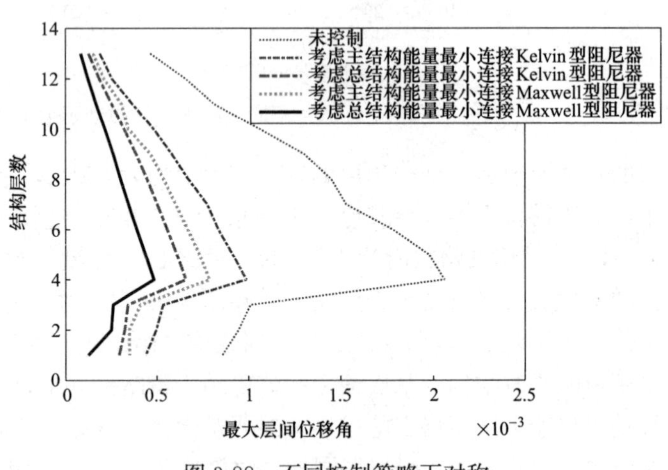

图 3-88　不同控制策略下对称塔楼结构最大层间位移角

3.5　本章总结

本章将基于性能的抗震设计理论应用于受控相邻塔楼的优化设计，通过理论分析、数值模拟与分析等研究方法提出满足目标性能水平且具有确定可靠度（失效概率）的基于性能的相邻塔楼间被动减振装置的优化设计并对双塔连体结构和带底盘对称双塔楼结构间黏滞/黏弹性阻尼器的优化设计问题进行了理论推导和数值模拟。通过这些研究，取得了以下主要结论与成果：

1. 采用基于地震易损性最小得到的相邻塔楼间阻尼器的优化设计参数和优化布置位置可以对各性能水平下的地震响应均有较好控制效果。

2. 相邻塔楼间阻尼器布置组合方式越多，进行优化布置的必要性越高，且优化布置的组合形式也越多。反之亦然。当相邻塔楼间仅布置 1 个阻尼器时，亦将阻尼器布置在结构顶部，不能布置在结构底部。当相邻塔楼间布置多个阻尼器时，应沿结构高度分别在相邻塔楼的底部、中部和顶部均匀布置阻尼器，避免在结构的某个部位集中布置。

3. 采用理论分析和数值模拟推导并验证了采用 3-SDOF 模型模拟双塔连体结构时，Kelvin 型和 Maxwell 型阻尼器优化参数解析表达式的适用性和有效性。发现两类阻尼器的优化参数解析解可以表示为塔楼结构间频率比、质量比和连廊与塔楼结构质量比的函数。数值模拟分析验证了基于 3-SDOF 模型推导的 Kelvin 型和 Maxwell 型阻尼器优化参数同样适用于 M-DOF 模型，并对两塔楼结构均有较好控制效果。但是，控制效果受连廊布置位置影响较大。一般地，当双塔连体结构间布置 Kelvin 型阻尼器时，连廊亦布置在塔楼结构中较矮建筑的顶层；当双塔连体结构间布置 Maxwell 型阻尼器时，连廊亦布置在塔楼结构中较矮建筑的中间层。

4. 被动阻尼器选用 Kelvin 模型和 Maxwell 模型，基于能量最小理论求得对称双塔楼结构间两种被动阻尼器的最优参数，通过数值分析发现所提被动阻尼器采用优化参数时均可以有效减少 2-DOF 体系、M-DOF 体系和三维有限元模型的动力响应，这证明了基于 2-DOF 模型所提阻尼器优化参数的有效性。在采取同一种控制策略时，采用 Maxwell 型阻尼器的位移控制效果要好于 Kelvin 型阻尼器的位移控制效果，而对于每一种被动阻尼器，采用策略二（控制结构总能量最小）时的控制效果更好。

参 考 文 献

[1] Rosenblueth E, Meli R. The 1985 earthquake: causes and effects in Mexico City [J]. Concrete International, 1986, 8 (2): 23-34.

[2] Kasai K, Maison B F. Building pounding damage during the 1989 Loma Prieta Earthquake [J]. Engineering Structures, 1997, 19 (3): 195-207.

[3] Sezen H, Whittaker A S, Elwood K J, et al. Performance of reinforced concrete buildings during the August 17, 1999 Kocaeli, Turkey Earthquake, and seismic design and construction practice in Turkey [J]. Engineering Structures, 2003, 25 (1): 103-114.

[4] Dogangün A. Performance of reinforced concrete buildings during the May 1, 2003 Bingöl Earthquake in Turkey [J]. Engineering Structures, 2004, 26 (6): 841-856.

[5] Naeim F, Lew M, Huang S C, et al. The performance of tall buildings during the 21 September 1999 Chi-Chi Earthquake, Taiwan [J]. The Structure Design of Tall Building, 2000, 9 (2): 137-160.

[6] Wang Z F. A preliminary report on the Great Wenchuan Earthquake [J]. Earthquake Engineering and Engineering Vibration, 2008, 7 (2): 225-234.

[7] Li X, Zhou Z, Yu H, et al. Strong motion observations and recordings from the Great Wenchuan Earthquake [J]. Earthquake Engineering and Engineering Vibration, 2008, 7 (3): 235-246.

[8] Zhao B, Taucer F, Rossetto T. Field investigation on the performance of building structures during the 12 May 2008 Wenchuan Earthquake in China [J]. Engineering Structures, 2009, 31 (8): 1707-1723.

[9] Yao J T P. Concept of structural control [J]. Journal of the Structural Division (ASCE), 1972, 98 (7): 1567-1574.

[10] Housner G W, Bergman L A, Caughey T K. Structural control: past, present, and future [J]. Journal of Engineering Mechanics, 1997, 123 (9): 897-971.

[11] Lu X L, Zhao B. Recent advances in structural control research and applications in China mainland. Earthquake Engineering and Engineering Vibration, 2003, 2 (1): 117-132.

[12] Spencer B F, Nagarajaiah J S. State of the art of structural control [J]. Journal of Structural Engineering, 2003, 129 (7): 845-856.

[13] Soong T T, Cimellaro G P. Future directions in structural control [J]. Structural Control and Health Monitoring, 2009, 16 (1): 7-16.

[14] Klein R E, Healy M D. Semi-active control of wind induced oscillations [C]. The 2nd International Conference on Structural Control, University of Waterloo, Ontario, Canada, 1987: 354-369.

[15] 朱宏平，俞永敏，唐家祥. 地震作用下主-从结构的被动优化控制研究 [J]. 应用力学学报，2000，17 (2)：63-69.

[16] Zhang W S, Xu Y L. Vibration analysis of two buildings linked by Maxwell model-defined fluid dampers [J]. Journal of Sound and Vibration, 2000, 233 (5): 775-796.

[17] 郭安薪，徐幼麟，吴波. 黏弹性阻尼器连接的相邻塔楼非线性随机地震反应分析 [J]. 地震工程与工程振动，2001，21 (2)：64-69.

[18] Lu X L, Gong Z G, Weng D G, et al. The application of a new structural control concept for tall building with large podium structure [J]. Engineering Structures, 2007, 29 (8): 1833-1844.

[19] 闫维明，陆赢祺，彭凌云. 两结构高效阻尼控制体系非线性地震反应分析 [J]. 土木工程学报，2003，20 (5)：58-63.

[20] Bhaskararao A V, Jangid R S. Seismic analysis of structures connected with friction dampers [J]. Engineering

Structures，2006，28（5）：690-703.

[21] Basili M，Angelis M D. A reduced order model for optimal design of 2-mdof adjacent structures connected by hysteretic dampers [J]. Journal of Sound and Vibration，2007，306（1-2）：297-317.

[22] 彭凌云，闫维明. 消能装置在相邻塔楼减振控制中的应用 [J]. 北京工业大学学报，2006，31（2）：138-143.

[23] Polycarpou P C，Komodromos P，Polycarpou A C. A nonlinear impact model for simulating the use of rubber shock absorbers for mitigating the effects of structural pounding during earthquake [J]. Earthquake Engineering and Structural Dynamics，2013，42：81-100.

[24] Shukla A，Datta T. Optimal use of viscoelastic dampers in building frames for seismic force [J]. Journal of Structural Engineering，1999，125（4）：401-409.

[25] Soong T T，Spencer B F. Supplemental energy dissipation：state-of-the-art and state-of-the-practice [J]. Engineering Structures，2002，24（3）：243-259.

[26] 凌和海，薛素铎，庄鹏. 减振结构中的黏弹性阻尼器参数优化 [J]. 世界地震工程，2005，21（3）：126-130.

[27] Guo J W W，Christopoulos C. Response prediction，experimental characterization and P-spectra design of frames with viscoelastic-plastic dampers [J]. Earthquake Engineering and Structural Dynamics，2016，45：1855-1874.

[28] Zhang W S，Xu Y L. Dynamic characteristics and seismic response of adjacent buildings linked by discrete dampers [J]. Earthquake Engineering and Structural Dynamics，1999，28（10）：1163-1185.

[29] Kim J，Ryu J，Chung L. Seismic performance of structures connected by viscoelastic dampers [J]. Engineering Structures，2006，28：183-195.

[30] Roh H，Cimellaro G P，Lopez-Garcia D. Seismic response of adjacent steel structures connected by passive device [J]. Advances in Structural Engineering，2011，14（3）：499-517.

[31] Tubaldi E. Dynamic behavior of adjacent buildings connected by linear viscous/viscoelastic dampers [J]. Structural Control and Health Monitoring，2015，22（8）：1086-1102.

[32] FEMA 273. NEHRP guidelines for the seismic rehabilitation of buildings [S]. Washington DC：Federal Emergency Management Agency，1997.

[33] Bertero R D，Vertero V. Performance-based seismic engineering：the need for a reliable conceptual comprehensive approach [J]. Earthquake Engineering and Structural Dynamics，2002，31：627-652.

[34] Luco J E，De Barros F C P. Control of the seismic response of a composite tall building modeled by two interconnected shear beams [J]. Earthquake Engineering and Structural Dynamics，1998，27（3）：205-223.

[35] Xu Y L，He Q，Ko J M. Dynamic response of damper-connected adjacent buildings under earthquake excitation [J]. Engineering Structures，1999，21（2）：135-148.

[36] Zhu H P，Iemura H. A study of response control on the passive coupling element between two parallel structures [J]. International Journal of Structural Engineering and Mechanics，2000，9（4）：383-396.

[37] 朱宏平，杨紫健，唐家祥. 利用连接装置控制两相邻塔楼的地震响应 [J]. 振动工程学报，2003，16（1）：57-61.

[38] 郭安薪，徐幼麟，吴波. 黏弹性阻尼器连接的相邻塔楼非线性随机地震反应分析 [J]. 地震工程与工程振动，2001，21（2）：64-69.

[39] 龚治国，吕西林，翁大根. 超高层主楼与裙房黏滞阻尼器连接减振分析研究 [J]. 土木工程学报，2007，40（9）：8-15.

[40] Bhaskararao A V，Jangid R S. Optimum viscous damper for connecting adjacent SDOF structures for harmonic and stationary white noise random excitations [J]. Earthquake Engineering and Structural Dynamics，2007，36（4）：563-571.

[41] Basili M，De A. A reduced order model for optimal design of 2-mdof adjacent structures connected by hysteretic dampers [J]. Journal of Sound and Vibration，2007，306：297-317.

[42] 閤东东，朱宏平，陈晓强. 两相邻塔楼地震动响应被动优化控制研究 [J]. 振动工程学报，2008，21（5）：482-487.

[43] 閤东东，朱宏平，陈晓强. 相邻塔楼间被动减振装置的位置优化设计 [J]. 振动、测试与诊断，2010，30（1）：11-15.

[44] Zhu，H P，Ge D D，Huang X. Optimum connecting dampers to reduce the seismic responses of parallel structures [J]. Journal of Sound and Vibration，2011，330（9）：1931-1949.

[45] 易凌，吴从晓. 黏滞阻尼器连接的相邻隔震与非隔震建筑地震反应分析 [J]. 工程抗震与加固改造，2012，34 (4)：61-72.

[46] 黄潇，朱宏平. 地震作用下相邻塔楼间阻尼器的优化参数研究 [J]. 振动与冲击，2013，32 (16)：117-121.

[47] Richardson A，Walsh K K，Abdullah M M. Closed-form equations for coupling linear structures using stiffness and damping elements [J]. Structural Control and Health Monitoring，2013，20 (3)：259-281.

[48] 吴巧云，朱宏平，陈楚龙. 连接 Maxwell 模型的两相邻塔楼非线性地震反应分析 [J]. 工程力学，2015，32 (9)：149-157.

[49] Wu Q Y，Dai J Z，Zhu H P. Optimum design of passive control devices for reducing the seismic response of twin-tower-connected structures [J]. Journal of Earthquake Engineering，2018，22 (5)：826-860.

[50] Wu Q Y，Feng H，Zhu H P，et al. Passive control analysis and design of symmetrical twin-tower structure with chassis [J]. International Journal of Structural Stability and Dynamics，2020，(10).

[51] Guo A X，Xu Y L，Wu B. Seismic reliability analysis of hysteretic structure with viscoelastic dampers [J]. Engineering Structures，2002，24 (3)：373-83.

[52] Marano C，Trentadue F，Greco R. Stochastic optimum design criterion for linear damper devices for seismic protection of buildings [J]. Struct Multidiscip Optim，2007，33 (6)：441-455.

[53] Jensen，H A，Sepulveda J G. On the reliability-based design of structures including passive energy dissipation systems [J]. Structural Safety，2012，34 (1)：390-400.

[54] 吴巧云，朱宏平. 连接 Maxwell 模型的两相邻塔楼地震易损性分析 [J]. 振动与冲击，2015，34 (21)：162-169.

[55] 吴巧云，朱宏平. 相邻塔楼在近远场地震作用下的易损性分析 [J]. 地震工程与工程振动 . 2014，34 (2)：1-7.

[56] 吴巧云，朱宏平. 基于性能的相邻塔楼间 Maxwell 阻尼器优化布置研究 [J]. 振动与冲击 . 2017，36 (9)：37-46.

[57] Wu Q Y，Zhu H P，Chen X Y. Seismic fragility analysis of adjacent inelastic structures connected with viscous fluid dampers [J]. Advances in Structural Engineering，2017，20 (1)：18-33.

[58] Zhang R H，Soong T T. Seismic design of viscoelastic dampers for structural applications [J]. Journal of Structural Engineering，1992，118 (5)：1375-1392.

[59] 周云. 耗能减振加固技术与设计方法 [M]. 北京：科学出版社，2006.

[60] Constantinou M C，Symans M D. Experimental study of seismic response of buildings with supplemental fluid dampers [J]. Journal of Structure Design of Tall Buildings，1993，2 (2)：93-132.

[61] Geol R K. Seismic response of linear and non-linear asymmetric systems with non-linear fluid viscous dampers [J]. Earthquake Engineering Structure Dynamics，2005，34：825-846.

[62] Zhu H P，Xu Y L. Optimum parameters of Maxwell model-defined dampers used to link adjacent structures [J]. Journal of Sound and Vibration，2005，279 (1-2)：253-274.

[63] 中华人民共和国住房和城乡建设部. 高层建筑混凝土结构技术规程：JGJ 3—2010 [S]. 北京：中国建筑工业出版社，2010.

[64] Mehanny S S，Deierlein G G. Modeling and assessment of seismic performance of composite frames with reinforced concrete columns and steel beams [R]. The John A. Blume Earthquake Engineering Center，Stanford University，Stanford，2000.

[65] FEMA 356. Prestandard and commentary for seismic rehabilitation of buildings [S]. Washington，DC：ASCE for Federal Emergency Management Agency，2000.

[66] 王赞，杨超，许文杰，等. 高层非对称连体结构屈曲约束构件耗能减振分析 [J]. 建筑结构，2014，44 (18)：89-93.

[67] 林剑. 设置黏滞阻尼器的连体高层结构的减振研究 [J]. 地震工程与工程振动，2015，35 (2)：181-185.

[68] 陈俊儒，陈金科. 某设置隔震支座的多塔连体结构抗震性能研究 [J]. 建筑结构，2014，44 (5)：50-57.

[69] Lee D G，Kim H S，Ko H. Evaluation of coupling-control effect of a sky-bridge for adjacent tall buildings [J]. The Structural Design of Tall and Special Buildings，2012，21：311-328.

[70] Cremer L，Heckl M. Structure Borne Sound [M]. New York：Springer Verlag，1973.

结合分段隔震与相邻塔楼连接耗能混合被动控制系统

4.1 引言

4.1.1 研究背景及意义

地震是一种突发性、瞬时性的自然灾害，板块相互挤压碰撞时快速释放的巨大能量将会对地面建筑结构产生毁灭性的破坏。一次突发性的大地震在仅仅数十秒内即可使一座现代化城市变成一片废墟，引起大量人员伤亡并造成重大经济损失。1976 年中国唐山 7.8 级地震死亡 40 余万人；1990 年伊朗鲁德巴尔 7.6 级地震死亡 5 万余人；1988 年阿美尼亚 8.9 级地震死亡 7 万余人；2005 年南亚 7.6 级强震造成逾 8 万人丧生。在 20 世纪，全球因地震造成 126 万人死亡和近千万人伤残。

我国作为地震多发的国家，近二十年来，境内共发生 6 级以上地震数百余次，这些实际震害正不断警示人们加强对地震灾害的预防与控制。因此就我国当前抗震形式而言，重视建筑结构新型减隔震技术研究，有效提高房屋结构抗震性能的工作势在必行。

然而，在一些实际震害中，经调查研究后表明，一些受损的建筑物虽然没有直接倒塌，但由于其内部结构损伤，昂贵的生产、医疗设备损坏等间接损失不可估量。统计表明，1994 年 1 月发生在美国西海岸洛杉矶地区的 6.7 级地震，死亡 57 人，经济损失达 300 多亿美元；1995 年 1 月发生在日本的 6.9 级神户大地震，由于震中附近存在大量老旧建筑，地震直接和间接导致死亡人数高达 5500 余人，经济损失达 1015 亿美元。由此可见，单纯强调“小震不坏、中震可修、大震不倒”已经不能适应现代建筑结构抗震性能的要求。在这种情况下，采用建筑结构隔震技术，使结构在小震和中震下不发生结构性损坏，大震下隔震层（支座）受损破坏，而上部结构不发生明显破坏，既保证了在地震发生时人员、设备和结构的安全，同时减少了地震破坏导致的经济损失，有着良好的发展和应用前景。

建筑隔震的思想已有百年之久，修建于唐朝时期的日本法隆寺五重塔是有记载的最早的隔震建筑，隔震技术相关的文献记载最早是 1881 年日本学者河合浩藏在《地震際大震動习受ケザル構造》中提出了一种可以在地震时减小结构变形和位移的方法，他提出结构主体在修建时，将原木多层并排布置于房屋的底部（基础结构），再从上部浇筑混凝土，地震来临时，底部的原木摩擦消耗能量，从而在一定程度上减小能量向上部结构传递。如今，隔震技术经历了 100 多年的研究与发展，已发展为一项成熟的工程技术且广泛应用于实际工程中。

在基础隔震系统中，隔震层位于建筑物的基础上，在地震来临时，上部结构以整体平移的方式运动，位移集中在隔震层，以牺牲隔震层大幅水平位移为代价，降低上部结构的附加加速度。为了满足这

种位移需求，结构工程师必须预留较大的水平隔震缝。但是对于要求设置水平隔震缝有限的结构，可能会使基础隔震技术的应用受到限制。

层间隔震最初作为一种旧房加固改造方案，随着实际工程的需要，同时考虑到基础隔震的隔震缝限值的局限性，被视为基础隔震的一种解决方案，可以满足在现有结构中增加附加层而不显著增加现有结构侧向力的需求。但是，国内学者周福霖、张颖及国外学者 Ryan 等发现，与基础隔震技术相比，层间隔震在减轻隔震层下部结构地震反应方面效果甚微，甚至在某些情况下还会放大下部结构的地震反应。

另外，高层隔震结构由于隔震层较大的层间变形，在强震中可能会与邻近建筑物发生冲击碰撞，导致局部结构性破坏、高阶模态的激发和层间加速度的大幅度增大等。同时，对于一些自振周期较长的建筑结构，采用单一的减隔震技术（基础隔震或层间隔震）并不能达到良好的隔震效果。部分学者提出了将基础隔震与层间隔震进行组合的分段隔震结构形式，应用于一些自振周期较长的结构，可在单一减隔震体系的基础上进一步延长结构的自振周期，在地震时，结构位移分配到两个隔震层中，降低了隔震支座位移超出规范限值以及出现拉应力的可能性，使隔震技术在高层建筑上的应用有了更大发展空间，解决了隔震技术应用的某些限制。

然而，高层隔震建筑在强震下的隔震研究，以前大多只关注其在高频短周期地震波激励下的隔震效果，它们在地震后的复位特性在具有 5～8s 特征周期的长周期地震波下并不一定能够得以保证。如 1995 年 1 月 17 日日本阪神大地震，虽然震级只有 6.9 级，但在远离震中的某些区域，大量高层建筑在此次地震中遭到破坏，同样导致了较大经济损失；2003 年，日本十胜海域里氏 8.0 级地震中，距震中约 250km 的 Tomakomanai 市大型储油罐发生火灾，由于储油罐的自振周期（8～9s）与地面震动的特征周期（7～8s）相近，罐内原油的严重晃动引起了结构共振现象，最大晃动幅度超过 3m，共造成 1 个油罐起火，2 个油罐浮顶在地震后明显下沉（图 4-1）。2011 年 3 月东日本大地震中，位于震中以西 130km 的大崎市古川车站附近，一座隔震建筑在这场持续时间较长的大地震中，其建筑结构因大量周期性位移和振动，隔震装置中的铅阻尼器在地震中损伤破坏（图 4-2）。自此，长周期地震波对高层隔震建筑和超高层建筑结构设计的影响引起了学者的广泛关注。东日本大地震后，由周福霖院士等执笔的中日联合考察团报告指出，“远震地区长周期地震动对长周期建筑的影响较明显”，如大阪某长周期结构，震源距离 770km，由于其与场地自振周期相近而发生共振效应，使得结构地震响应与距震中 100km 的 Sendai 市基本相同。赵益彬、吕西林研究了有工程背景的高层隔震结构在长周期地震激励下的动力响应，发现“在长周期地震作用下，高层隔震结构在小震和大震下都很难满足设计要求”。吴应雄等通过对某高层隔震结构进行近、远场长周期地震动下的振动台试验研究，发现“远场长周期地震动下隔震结构在地震时的动力响应明显大于普通周期地震动；尤其是含有脉冲的长周期波作用下，结构减振效果较差，隔震层位移明显大于位移容许值”。

图 4-1　地震引起油罐火灾和油罐浮顶下沉

图 4-2　隔震装置损坏

而另一方面，现有研究表明包含被动耗能系统（阻尼器）的建筑结构对长周期和长持时地震动下的控制效果却是十分有效的，但是它们未必对高频脉冲式地震波有效或具有恢复韧性。Xu、Agrawal 等的研究中指出，被动耗能装置的性能与脉冲激励的周期密切相关，当脉冲周期小于结构自振周期时（高频脉冲），被动耗能装置有可能会放大结构的位移、加速度和输入能。阁东东等曾对连接被动耗能装置的相邻塔楼进行过近断层地震作用下的控制性能分析，发现在强速度脉冲作用时，结构第一个响应峰值最大，此时阻尼器对结构的减振作用并不明显。吴巧云等通过对连接耗能装置的相邻塔楼进行近断层地震作用下的易损性分析时，也曾发现当相邻塔楼处于生命安全极限状态时，阻尼器有一定的控制效果；但结构一旦超过极限状态，连接阻尼器可能会放大相邻塔楼的动力响应。这是因为这些带有被动耗能装置的结构不一定能及时有效地抵抗脉冲型地震波的冲击输入，其耗能作用需要通过滞回运动才能体现。

如何解决单一减隔震体系局限性的问题在减隔震设计领域备受关注。如果将隔震结构与相邻的非隔震结构通过被动耗能减振装置连成新型混合控制体系，就可以同时结合隔震和减振的优点，联合抑制或减小其相邻塔楼的振动，达到相互控制的目的。而且，隔震和被动耗能（阻尼器）减振的机理不同，将这两种不同类型的被动控制装置适当混合，可能会在更宽的频域范围内降低地震激励对结构的损伤。Naderpour 提出将基础隔离和非传统调谐质量阻尼器（TMD）结合起来，以抑制高层建筑物的振动，研究分析证实，当组合使用两种控制系统时，控制效果达到了最理想的效果。Kasagi 和 Makita 提出了一种基础隔震和建筑物连接的混合控制系统，通过能量分析表明混合体系是有效的，并且开发了一种鲁棒性评估方法，研究表明随着阻尼器的总数量增加，基础隔震层变形的鲁棒性也相应增加。

本章设计了一种新的混合减隔震体系的振动台试验，该体系将分段隔震建筑与另一个非隔震相邻塔楼用阻尼器（油阻尼器、黏滞或黏弹性阻尼器等）连接，针对隔震建筑在高频短周期脉冲地震波激励下有较好的隔震效果，但在长周期地震动下效果可能较差；而连接被动耗能系统（阻尼器）的相邻塔楼在长周期、长持时地震动下有较好的控制效果，但在脉冲型地震动下效果可能较差，如果将隔震和减振组合，采用混合被动控制系统的建筑物在上述两种类型的地震波激励下都是有效的，能更加安全地适用于更宽频域内的地震地面运动（图 4-3），具有重要的试验研究意义和工程应用价值。

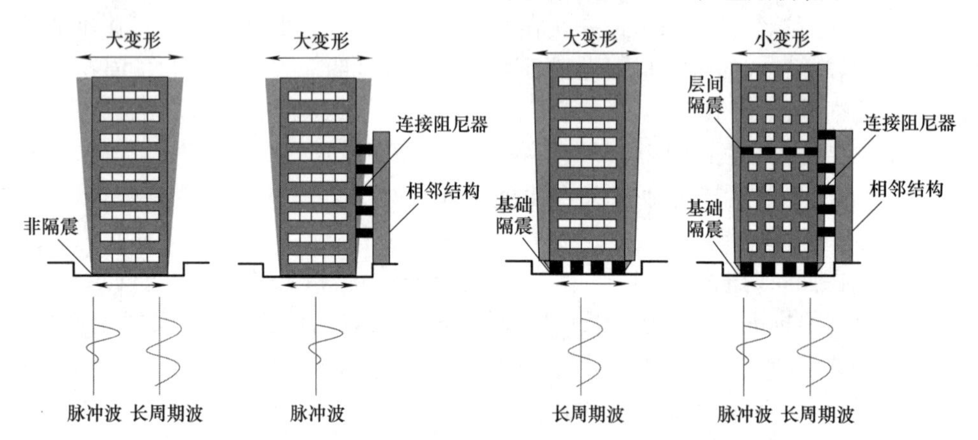

图 4-3　减隔震体系在不同地震波下的响应

提出该混合被动控制体系的原因主要有以下 3 点：

(1) 混合被动控制体系突破了单一减隔震结构的局限性

针对隔震建筑在高频短周期脉冲地震波激励下有较好的隔震效果，但在长周期地震动下效果可能较差；而连接被动耗能系统（阻尼器）的相邻塔楼在长周期、长持时地震动下有较好的控制效果，但在脉冲型地震动下效果可能较差，混合被动控制体系结合了单一减隔震体系的优缺点，能更加安全、有效地适用于高层建筑隔震应用，在更宽频域内的地震波激励下均有良好的减隔震效果。

(2) 混合被动控制体系具有广阔的应用前景

现代城市中存在大量紧密排列的多高层建筑群，以及部分需要进行隔震加固改造的相邻长短周期结构，在实际工程需求背景下，混合被动控制体系均具有较广阔的应用前景。采用耗能装置将两个具有个体差异的相邻塔楼耦联，可以实现两个结构动力响应控制的双赢。

(3) 构造简单、造价低、易维护、便于推广应用

相比于主动控制或半主动控制领域（如磁流变材料阻尼器等），混合被动控制体系不需要复杂的材料，不需要外部能源的支撑，不需要计算机算法设计等。因此其具有“构造简单灵活、成本低、易于维护、实用性强”等优点，便于推广应用。

4.1.2　国内外减隔震结构振动台试验研究现状

1. 基础隔震

基础隔震技术是20世纪60年代出现的一种隔震技术，因其通常将隔震层（隔震支座）布置于结构基础部位而得名，历经半个世纪的发展，已经成为一种高效、可靠且广泛应用的结构减振技术。目前对基础隔震结构的研究已趋于成熟。

1993年，Aiken，Ian D等，对日本某3层钢筋混凝土基础隔震建筑物以1/2.5的缩尺比例进行了振动台试验（图4-4），隔震支座选用高阻尼橡胶隔震支座（HDR）和铅芯橡胶隔震支座（LRB），试验结果表明由于隔震系统的存在，上部结构的加速度、层间位移以及基底剪力均显著降低。

2002年，Wu和Samali选取了4条不同类型的地震波，通过数值分析和振动台试验发现橡胶隔震支座的隔震效果与地震波类型密切相关，虽然隔震结构在某些地震波激励下不理想，但相比于非隔震结构，各项结构指标均明显降低，且加速度和层间位移的幅值随时间下降得更快。

2003年，Samali等考虑到平移-扭转耦合作用会使非对称结构（偏心结构）更容易受到地震的破坏，针对隔震支座对偏心结构的保护作用进行了研究，结果表明在布置LRB（Laminated Rubber Bearings，叠层橡胶支座）和LCRB（Lead-Core Rubber Bearings，铅芯橡胶支座）后，结构平移和扭转响应都明显降低，在相对位移、扭转角、加速度方面，LRB支座优于LCRB支座，但在结构体系绝对扭转角和绝对位移方面，LCRB优于LRB，结构体系更加稳定（图4-5）。

2006年，王铁英等，设计了相似比1/5，高宽比3.1的缩尺模型，以8度（0.2g）输入多条地震波进行测试，分析结果表明模型结构在8度El-Centro波罕遇地震激励下，加速度和位移反应都很大，橡胶支座在垂直方向的刚度已进入非线性阶段，支座存在承载力失效危险，隔震结构在高烈度地震作用下存在倾覆危险。

2006～2010年付伟庆课题组、刘文光课题组，2015年王栋等，为研究大高宽比隔震结构的多维抗震性能，设计了大高宽比的试验模型，通过输入不同加速度峰值和不同类型的地震波，分析了上部结构和隔震支座的地震反应，试验结果表明：基础隔震对上部结构减振效果较好；但一些特定工况下，隔震支座存在非线性受拉变形，出现了竖向拉应力，此时须重点关注结构倾覆效应。同时，竖向地震输入对结构水平反应的影响很小（10%～13%），对于高宽比小于5的隔震结构，由于结构高宽比较小，此时可忽略地震竖向加速度分量对结构的不利影响，重点针对水平地震反应进行分析（图4-6）。

图4-4　Aiken试验模型

图4-5　Samali试验模型

图4-6　付伟庆试验模型

2012年，Tu等，为了研究结构的地震反应和损伤，以1/3的比例设计了非隔震框架模型和隔震框架模型（图4-7），结果表明，根据《建筑抗震设计规范》GB 50011—2010（2016年版）设计的隔震结构具有良好的性能：在地震频繁的情况下，非隔震结构梁端出现塑性铰，结构振动频率变化曲线出现明显拐点，振动频率逐渐降低，结构损伤逐渐增大；隔震结构的振动频率基本保持恒定，顶层加速度放大系数变化很小，说明隔震结构未出现明显损伤。

2013年，李昌平等，通过振动台试验发现：非隔震结构受高阶振型影响较大，采用隔震技术后，隔震支座有效降低了基本振型反应对上部结构的影响，同时在抑制结构高阶振型反应上起到了关键作用，并认为这是长周期高层隔震结构仍然能够取得较好隔震效果的主要原因。

2014年，韩淼课题组，为研究近断层地震作用下隔震结构的地震响应，对缩尺比例为1/7的3层钢框架基础隔震模型进行了振动台试验（图4-8），结果表明：在相同地震动强度水准激励下，含有速度脉冲的地震波比不含速度脉冲的近断层地震波对隔震结构的影响更大，近断层（脉冲型）地震波对隔震结构的破坏更为显著。

图4-7　Tu试验模型

图4-8　韩淼课题组试验模型

2016年，苏何先等，针对钢筋混凝土异形柱结构的抗震性能不足，在实际工程应用受限的问题，设计了一栋8层基础隔震钢混异形柱框架结构，按1/5缩尺比例制作模型试验，结果表明：普通隔震框架结构的设计方法也同样适用于钢混异形柱框架结构，可以进一步扩大基础隔震技术适用范围。

针对基础隔震技术在实际工程中应用的研究，2011年Sato Eiji等做了1∶1全尺寸的4层刚劲混凝土医院模型（图4-9），并按真实情况布置了医疗设备进行振动台试验，结果表明：医院的功能性得到了显著改善，但在长周期长持时的地震激励下，医疗设备可能会因碰撞而损坏，医院的功能性将难以维持。2012年陆伟东课题组对当时世界最大单体隔震结构——昆明新国际机场航站楼（A区）进行了缩尺模型振动台实验；胥玉祥等（2010年）、刘阳等（2014年）、廖述江等（2016年）对云南省博物馆进行了缩尺模型振动台试验研究（图4-10），试验结果表明，基础隔震结构能有效保护上部结构，降低结

图4-9　Sato试验模型

图4-10　云南省博物馆缩尺模型

构地震反应，达到预期设计目标。

基础隔震振动台试验发现或存在的问题：(1) 对于大高宽比的高层结构，隔震支座的拉应力不容易控制，倾覆危险也不可忽视。(2) 在长周期地震波激励下，隔震支座的位移容易超限。

2. 层间隔震

层间隔震的概念最早来源于旧房的加固改造。随着实际工程的需要，一些建筑结构无法将隔震层布置在结构底层（例如需加层加固的老旧建筑等）。针对基础隔震技术在工程应用的局限性，层间隔震结构一般将隔震层（隔震支座）布置于结构中段框架柱以进行结构振动控制。经过 20 多年的发展，层间隔震已取得显著进展。

1999 年，Villaverde 和 Mosquedao 提出了采用顶层隔震体系来降低建筑物的地震反应，基于调谐质量阻尼器（TMD）的概念使结构顶层、橡胶支座和黏滞阻尼器分别构成此类减振器的质量、弹簧和阻尼器，制作了 5 层 2.44m 高，固有频率为 2.0Hz 的耐弯钢框架模型，在支撑顶层的柱子之间布置柔性层（橡胶支座），并安装黏滞阻尼器连接到顶层下部（图 4-11）。结果表明：该装置能有效地降低框架的地震反应，降低的程度取决于其非线性变形的大小，顶层隔震系统可能成为减少中低层建筑地震破坏的一种实用而有效的方法。

2007 年，Sung-Kyung Lee 等，采用实时混合振动台测试方法（Real-time Hybrid Shaking Table Testing Method，RHSTTM）对调谐液体阻尼器（TLD）进行了性能测试（图 4-12）。结果显示：TLD 体系可以有效地降低建筑结构的地震反应，同时，RHSTTM 还可以应用于具有较强非线性特性的减隔震体系。

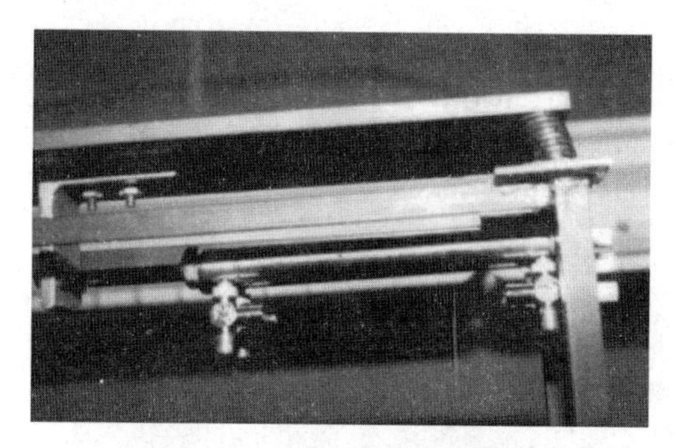

图 4-11　Villaverde 试验模型

图 4-12　Sung-Kyung Lee 试验模型

针对基础隔震与层间隔震结构动力特性差异的研究，Chang，Kuo-Chun 等（2009 年）、黄襄云等（2010）、Wang 等（2012 年）通过不同的缩尺试验模型，得出了相同的结论：中间隔震层上部结构与下部结构的频率比、阻尼比、质量比对试验结果起关键性作用，同时，高阶模态反应对结构的层间剪力有显著影响（图 4-13 和图 4-14）。周福霖课题组（2012 年）认为基础隔震工作机理并不完全适用于层间隔震结构，可能无法同时降低上部结构和下部结构的地震反应，设计了 4 层钢框架模型进行试验，结果表明：上部结构和下部结构的平均加速度为非隔震模型的 28.2%～53.4%和 87.7%～111.2%。层间隔震结构总体上降低了结构的地震反应，但也可能增大隔震层下部结构的加速度（图 4-15）。

针对隔震层布置位置对整体结构隔震效果影响的研究，郑国琛等（2014 年），韩淼课题组（2016 年）采用了可改变隔震层位置的缩尺模型，结果表明：隔震层位置越低，隔震后结构自振周期越长，隔震效果越好。随着隔震层的上移，隔震支座位移减小，顶层加速度增大。近断层地震动特征参数与隔震结构地震反应存在明显相关性，其中地震波 PGV 参数相关性尤为显著。

层间隔震振动台试验发现或存在的问题：(1) 隔震层下部结构的控制效果不理想，甚至会增大下部结构加速度；(2) 需要控制上下部结构的频率比、阻尼比、质量比等参数，导致间接限制了隔震层的布置位置。(3) 结构的高阶阵型对下部结构影响较大。

图 4-13　黄襄云试验模型

图 4-14　Wang 试验模型

图 4-15　周福霖试验模型

3. 混合隔震

基于上述两种隔震技术的应用局限性，部分学者考虑采用两种或多种减隔震技术组合使用，作为解决单一隔震技术弊端的一种方法，近 20 年来，越来越多的学者们开始尝试不同的组合和改造方案，取得了丰富的科研成果。

针对不同种类隔震支座组合隔震的研究，吕西林课题组（2001 年），Yenidogan Cem 和 Eren Uçkan（2008 年）采用橡胶隔震支座和摩擦摆隔震支座的组合（图 4-16），试验结果表明：叠层橡胶支座有良好的自复位能力，摩擦摆隔震支座具有良好的耗能能力，组合基础隔震系统是一种简单、经济、有效，具有广泛应用价值的隔震体系，能有效降低上部结构的地震反应。

图 4-16　Yenidogan Cem 试验模型

针对橡胶隔震支座改良改造的研究，Braga 和 Laterza（2004 年）在橡胶隔震支座的侧面设计了类似于“斜撑”的限位装置（图 4-17），Sang-Hoon 等（2013 年）在橡胶隔震支座的基础上，加入了由高韧性钢（HTS，High Toughness Steel）制成的 U 形滞回耗能装置（图 4-18）。试验结果表明：混合隔震结构具有良好的性能，在大震下，损伤集中在限位装置，在降低地震反应的同时有效保护支座和上部结构。

图 4-17　Braga 和 Laterza 试验模型

图 4-18　Sang-Hoon 试验模型

针对防止隔震支座在强震下位移超限损坏的研究，韩淼课题组（2014年）在基础隔震建筑物上加装弹簧限位器（图4-19）；刘军生等（2015年）以二硫化钼为材料，设计制作了一种带限位装置的滑移隔震装置（图4-20）；Zargar等（2016年）设计了一种间隙阻尼器（Gap Damper），在结构的4个方向上布置限位挡板并用阻尼器连接（图4-21）；吴应雄课题组（2017年）将阻尼器布置于隔震支座之间，通过隔震支座上下板片的相对位移驱动阻尼器完成滞回耗能作用（图4-22）。试验结果表明：以上研究均能在减小隔震层变形的同时耗散部分能量，降低上部结构地震反应。

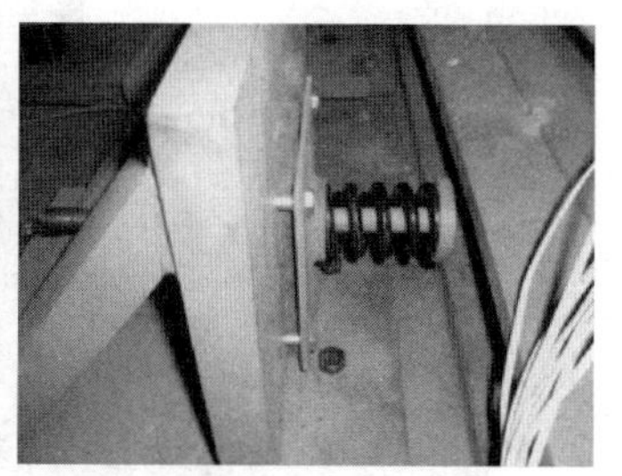

图4-19　韩淼课题组试验模型

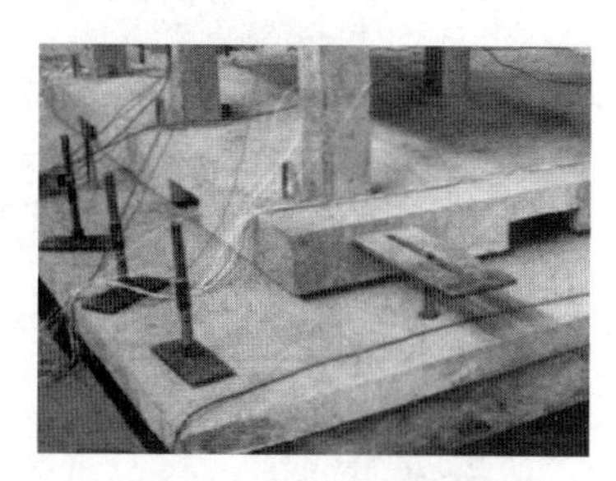

图4-20　刘军生试验模型

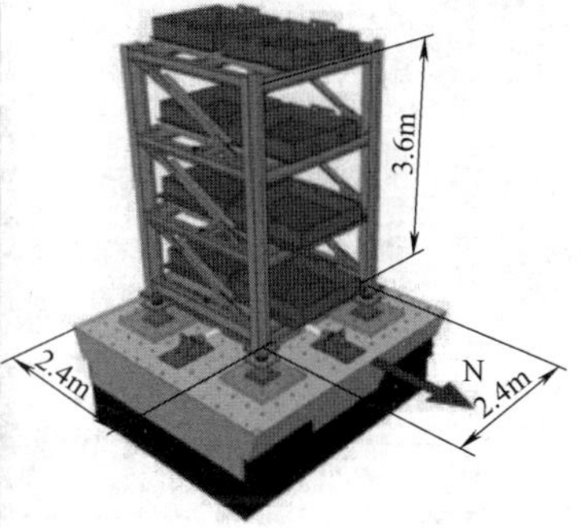

图4-21　Zargar试验模型

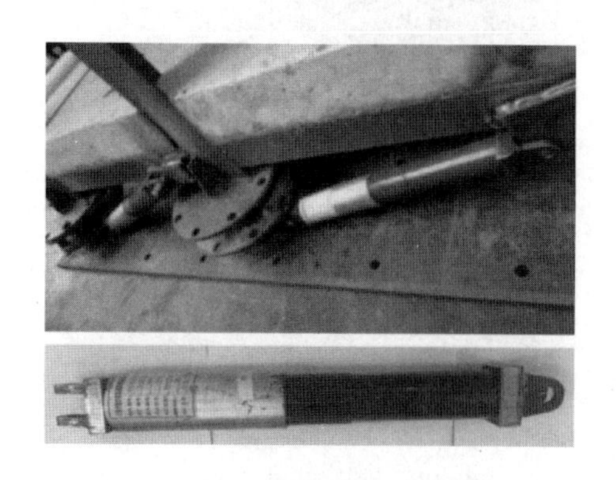

图4-22　吴应雄试验模型

混合振动台试验发现或存在的问题：(1) 目前混合隔震大多是基于支座的改良，增强其限位能力避免位移超限情况发生，但隔震效果无明显提升；(2) 高层结构在地震激励下隔震支座出现拉应力导致结构倾覆的问题仍未解决。

4. 相邻塔楼连接阻尼器耗能

现代城市中，由于建筑造型和土地紧张等方面的需求，出现了越来越多相邻布置的建筑，为了提高此类建筑结构的抗震性能和避免在地震时发生碰撞，学者们提出用阻尼器连接相邻塔楼，通过其滞回耗能作用减小地震能量的输入，但这部分研究大多停留在理论阶段，振动台试验研究相对较少。

针对耗能装置（阻尼器）单独使用作为结构减振加固方式的研究，吕西林课题组（2008年）、郑亮等（2017年）对墙壁式黏滞阻尼器进行了全面的研究，结果表明：布置墙壁式阻尼器后，虽然结构固有频率变化不大，但其增大了混凝土框架结构的阻尼比，地震激励下，位移响应大幅降低，有效了提高建筑的抗震性能（图4-23和图4-24）。

针对相邻塔楼连接阻尼器的研究，刘绍峰等（2017年）通过缩尺比例为1/20的15层和7层框剪结构模型（图4-25），分析了相邻塔楼不同位置连接阻尼器对整体结构减振效果的影响，结果表明：在基本和多遇地震激励下，连接阻尼器对主结构有一定的控制效果，但对从结构剪力控制效果较差，在罕遇地震激励下，结构地震反应可能不降反增；阻尼器连接过多（刚度过大）也会降低减振效果。律清等（2017年）基于某工程四塔连体结构设计了1/25的试验模型，四塔通过空中连廊连接并布置阻尼器参与限位耗能（图4-26），结果表明：随着输入加速度峰值增加，黏滞阻尼器发挥耗能，结构加速度放大系数减小。

图 4-23　吕西林试验模型

图 4-24　郑亮试验模型

图 4-25　刘绍峰试验模型

图 4-26　律清试验模型

相邻塔楼连接耗能振动台试验发现或存在的问题：(1) 大多数的研究集中在参数优化理论分析，针对相邻塔楼连接耗能的振动台试验较少；(2) 绝大部分的试验模型都是整体结构一次成型，无法改变多种工况，限制了其他方向的研究。

综上所述，相对于基础隔震不适用于高宽比较大的结构，而层间隔震又对下部结构的减振效果不理想的情况，采用基础隔震和层间隔震组合应用（分段隔震）可以弥补这两种隔震结构的不完善之处；此外，针对隔震建筑物受长持时长周期地震波影响较大，而相邻塔楼连接阻尼器耗能受近断层脉冲型地震动的影响较大，本章提出结合分段隔震与相邻塔楼连接耗能的混合被动控制系统，该体系将分段隔震建筑与另一个非隔震相邻塔楼用阻尼器（油阻尼器、黏滞或黏弹性阻尼器等）连接，通过设计振动台试验研究在不同频域地震动激励下不同减隔震方案的控制效果，并以有限元数值分析验证所提混合被动控制体系的优越性。本章研究内容可为减隔震设计方案提供新的思路和参考，进一步拓宽减振、隔震技术的应用范围，对高层相邻塔楼提出了新的减隔震体系，具有重要的研究意义。

4.1.3　本章主要研究内容

从上述国内外结构试验研究现状分析可知，目前，对于单一的减振、隔震领域已有大量理论和振动台试验研究，但对将减振和隔震领域相结合的混合被动控制体系的研究却很少，尤其是大尺寸振动台结构试验的研究。本节提出的结合分段隔震与相邻塔楼连接耗能的混合被动控制系统，是具有较高科研价值的课题。为不同减隔震技术方案在多种随机地震波激励下的地震响应提供试验参照，为复杂混合减隔震系统的研究和缩尺模型设计提供方案和思路。

本章针对混合被动控制体系中间隔震层布置位置对减隔震效果影响进行了相关研究。针对不同类型

地震波（普通周期地震波、近场脉冲长周期波、近场非脉冲长周期波、远场长周期波）激励下多种减隔震结构体系动力响应进行对比研究；并针对单一减隔震体系所存在的局限性，通过隔震技术与相邻塔楼连接组成新型混合被动控制体系。对多种减隔震体系进行振动台缩尺模型试验和有限元建模分析，对比不同减隔震体系结构动力响应差异，验证所提混合被动控制体系具有更高的鲁棒性和冗余度。主要研究内容如下：

4.1　引言。介绍了课题的研究背景及意义，收集了大量关于减隔震结构振动台试验的相关研究，回顾和总结了目前关于减隔震的发展趋势和不同减隔震体系的局限性，并提出了一种新型混合被动控制体系。

4.2　地震波的分类及特征研究分析。介绍了近、远场长周期地震波的参数指标，及近场地震波有关的滑冲效应、破裂方向性效应、长周期速度大脉冲、上/下盘效应等基本特征；并从反应谱的角度分析近、远场长周期地震动与普通地震动的区别；讨论在近场地震动中，有无脉冲效应对结构产生的不同影响。

4.3　混合被动控制系统振动台试验设计。设计了具有一定工程应用意义的混合被动控制体系振动台试验：7个相似比为1∶16的可组装单层钢框架模型，单层模型长1.6m，宽0.8m，高0.8m。其中，主结构4层，总高3.2m；从结构3层，总高2.4m。并在峰值加速度为0.2g的4条不同类型地震波激励下，进行数十种不同组合的减隔震结构模型的振动台试验，采集试验加速度、位移等结构大指标试验数据。

4.4　振动台试验结果分析研究。

4.5　混合被动控制体系有限元分析与试验结果对比。将振动台试验收集到的试验数据进行整理分析，与有限元分析计算结果进行对比，验证数值分析的可靠性，并探讨了所提新型混合被动减隔震体系在不同种类地震动作用下的减振效果以及限位能力，验证该混合被动控制体系具有更高的鲁棒性和冗余度，为结构设计和工程应用提供试验数据支持与建议。

4.6　混合被动控制体系有限元分析。

4.7　本章总结。

4.2　地震波的分类及特征研究分析

在已有参数研究和地震实地调查报告中发现，地震中记录到的地震波参数具有很强的随机性，地震中，地面建筑产生的破坏程度各不相同。目前，对地震波的分类主要分为常规的普通周期地震波和特征周期在5～8s左右的长周期地震波两大类。长周期地震波又可根据断层距分为近场、远场长周期地震波；近场长周期地震波根据是否含有脉冲效应分为近场非脉冲地震波和近场脉冲型地震波。为了进一步研究不同类型不同特性地震波激励下混合被动控制系统的动力响应，需对上述地震波特征进行系统分析研究，明确相关定义和参数差异性。本节针对上述问题展开研究，分析普通周期地震波和近场、远场长周期地震波的特征参数，通过反应谱分析比较不同地震波的特性，探究其对自振周期较长的减隔震建筑物的影响。

4.2.1　地震波参数指标

由于地震发生、震源机制、传播途径与场地条件等因素的随机性，建筑结构的地震响应一般由位移、加速度、能量、受力等多个参数量化。因此，可以根据研究内容和目的，通过地震波的各项参数指标选定所需要的地震波数据。国内外的学者提出了如地震震级、持续时间、断层距、峰值加速度、峰值速度、峰值位移、有效峰值、输入能量、滞回能量等多种参数表达地震波的特征。众多学者在研究中指出，地震波的持续时间、频率及反应谱特性以及地震波的峰值是影响地面建筑结构破坏程度最主要的三大因素，本节重点研究在不同类型的地震波激励下的隔震结构动力响应，因此对于地震波的分类，在参照目前现有分类标准及研究成果的基础上，详细分析地震波频谱相关的地震波特性主要参数指标。

从峰值角度考虑，地震波峰值相关的参数主要包括峰值加速度（PGA）、峰值速度（PGV）、峰值位移（PGD）、峰值比值（包括峰值速度与峰值加速度的比值 PGV/PGA、峰值位移与峰值速度的比值 PGD/PGV）、持续最大加速度（SMA）、持续最大速度（SMV）等。我国现行各项结构抗震设计规范和《中国地震烈度区划图》常用峰值加速度作为分类标准，在实际工程设计中是重要的参考指标。

从频谱特性角度分析，峰值比值 PGV/PGA 可以量化地震波反应谱加速度影响的区域，PGV/PGA 越大，则加速度影响的区域范围也越大；峰值比值 PGD/PGV 可以量化反应谱中位移敏感区出现的时间，PDG/PGV 越小，则敏感区出现越早。根据目前已有研究统计，大多数学者将 PGV/PGA＞0.2 作为判断地震波中是否有脉冲效应的重要指标。随着地震波特性研究的进展，学者们意识到仅靠地震波峰值无法衡量地震的严重程度，需要两个参数来描述地震波的破坏程度，即地震波的频谱强度加上强震动的持续时间，或者是地震期间输入的平均功率加上其输入的持续时间。地震波的持续时间在其中也起着关键的作用。

除了上述各项参数指标之外，国家现行建筑规范引入了地震波频谱参数来反映结构在不同场地类型的不同特性。实际地震中，PGA 通常来自高频地震波，其作用时间短，动量小，对结构的影响微乎其微。而长周期地震波集中在低频区域，高频分量对结构破坏影响并不明显，因此提出有效峰值的概念来量化地震波的实际强度。Mackie 发现隔震周期相对较低的结构，其动力响应很大程度上受高频脉冲的影响，并提出了 ASI 强度指标。对上述几项参数综合分析，可以更真实地反映地震波特性，并在此基础上进一步分析工程结构的地震响应。

4.2.2 长周期地震波的界定

当前研究针对长周期地震波的界定参数以“特征周期长短”，“近场、远场”为主，对于地震波特征周期长短的分类，一般从地震波频谱角度进行区分，长周期地震波的频谱值以 0～4Hz 的低频段内集中分布为主，其对应的卓越周期相对于普通周期波较大，但峰值加速度相对较小。

针对近场和远场的定义，由于受地震断层处与观测站相对位置影响，在判断时要考虑断层位置的影响。刘启方等引入断层距定义，即观测点到断层在地表投影的最短距离，如图 4-27 所示。

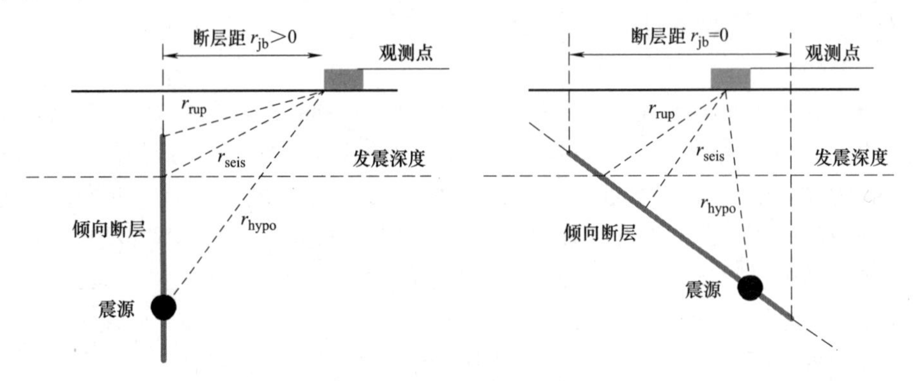

图 4-27　断层距定义示意图

其中，r_{jb} 为断层距，是地面上观测点到断层在地面的投影的最短距离（Joyner-Boore 距离）；r_{rup} 为观测点到断层破裂面的直线最短距离；r_{seis} 为观测点到发震断层面的最短距离；r_{hypo} 为震源距，为观测点到断层面初始破裂点的距离。

关于近场、远场具体的界定指标目前学术界尚未有明确统一标准，不同学者在研究时选取的近断层地震波界定条件也不相同，A. S. Papageorgiou 等选择断层距 55km 以内的地震波作为近场的界限，提出了一种简单但有效的分析模型来表示近场强地面运动；Bray 等使用断层距小于 20km 以内的地震波进行研究，提出了一种简化的参数化方法和经验公式；李新乐等以断层距 15km 以内的近场地震波对简化脉冲模拟模型参数进行讨论，提出了更为合理的参数取值；BabakAlavi 等取断层距 10km 以内的地震波为近断层地震波，评估和量化近断层地震波的特性；李爽、谢礼立等回顾了近场问题研究的历史，指出距离场地 20～60km 范围内的都可称为近场，在此范围之外称为远场。本节以现有文献研究中的界定

为参考，综合考虑研究成果的准确性，拟选定断层距在 20km 内的地震波数据进行研究，此范围在上述学者所选用的范围内，有一定的代表性。

4.2.3 近场长周期地震波参数特征分析

上述提及的指标是地震波共有的参数指标，而根据地震产生的原因、实际工程场地条件类别以及地震波衰减的规律等可以得到近场长周期地震波特有的参数特征，主要包括滑冲效应、破裂的方向性效应、长周期速度大脉冲、上/下盘效应、强地震动集中性、竖向效应等。目前大多数学者的研究均表明，滑冲效应和向前方向性效应是引起速度脉冲的主要原因。

近场地震波的滑冲切效应是由于断层上下两盘的相对运动形成位移差，当地震作用力大于断层上下两盘之间的摩擦力时，断层突然产生上下搓动形成滑冲效应，使地震波的速度时程中出现单方向突变，也就是地面产生动力变形的过程。在历次地震灾害中（1995 年日本神户大地震、1999 年中国台湾集集地震、1999 年土耳其地震、2011 年东日本大地震等）观测到的地面位移也证实了滑冲效应的产生机理。

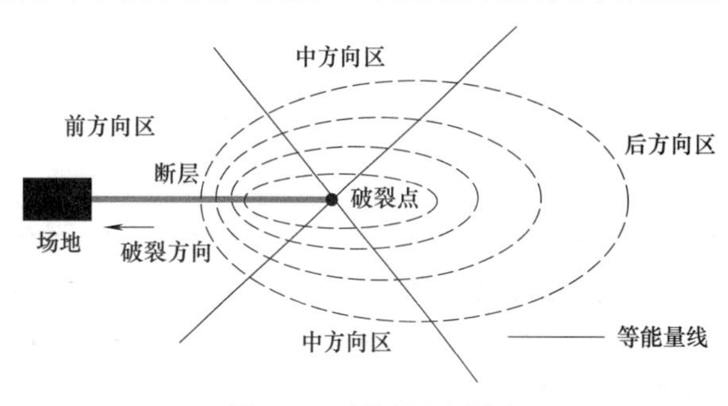

图 4-28 断层距示意图

在近断层范围内，若断裂扩散方向以及断层滑移方向沿建筑方向展开，如图 4-28 所示，此时地面运动效应即为向前方向性效应。与断层方向垂直的地面运动中产生脉冲效应。从时程曲线的角度来看，在加速度时程曲线中脉冲特性是通过大幅值来体现的；在速度时程曲线和位移时程曲线中，脉冲特性则表现为速度脉冲和位移脉冲。从持续时间来看，脉冲持时相比于地震波的总持时要短很多。

从上述定义分析可知，滑冲效应和向前方向性效应均可以引起脉冲，但这两种因素引起的脉冲形式却不相同。杨迪雄等通过选取卓越周期大于 1.2s 的脉冲型地震波进行隔震结构动力时程分析，结构在滑冲效应引起的脉冲型地震波作用下的地震响应明显大于向前方向性效应引起的地震响应。而贺秋梅等为了突出滑冲效应和向前方向性效应对结构反应的差异性，通过定义脉冲影响系数来表示。分析结果显示，滑冲效应引起的脉冲影响系数要比向前方向性效应大 7%左右，同样也说明滑冲效应是近场脉冲地震波形成的最主要因素。因此，本节所选的脉冲地震波主要为以滑冲效应为主的地震波。

4.2.4 地震波反应谱特性对比研究

综合上述关于长周期地震波的考量，已经明确了常规的普通周期地震波与长周期地震波频谱特征的差异性，因此，为进一步研究有关普通周期地震波、远场长周期地震波、近场无脉冲效应地震波、近场含脉冲效应地震波在反应谱上的特性，根据上节研究内容及上述 4 种地震波的不同特点，选取地震波数据。如表 4-1 所示，本章从美国太平洋地震工程中心（PEER）强震数据库（PEER Ground Motion Database）中选取出了 3 条普通周期地震波、3 条远场长周期地震波、3 条近场无脉冲效应长周期地震波以及 3 条近场含脉冲效应长周期地震波进行频谱分析对比。

选取地震波参数汇总表 表 4-1

地震波分类		名称	震级	台站	PGA (g)	PGV (cm/s)	PGD (cm)	持时 (s)	断层距 (km)
长周期地震波	近场长周期（含脉冲）	Chi-Chi	7.62	EMO270	0.51	249.34	296.85	90	0
				CHY024 Melolargl	0.19	33.1	19.60	8.6	19.6
		Imperial Valley	6.53	Geot Array (EMO270)	0.297	92.52	34.47	40	0.07

续表

地震波分类		名称	震级	台站	PGA (g)	PGV (cm/s)	PGD (cm)	持时 (s)	断层距 (km)
长周期地震波	近场长周期（不含脉冲）	Chi-Chi	7.62	TCU067	0.197	36.14	39.92	90	7.4
				TCU078	0.31	21.12	80.73	62	0
				CHY041	0.644	38.26	11.13	21	19.83
	远场长周期	Chi-Chi	7.62	TCU115	0.22	66.38	50.52	124	90
				TAP094	0.087	22.62	13.14	303	107.8
				ILA056	0.066	31	24.74	156	89.84
普通周期地震波		Imperial Valley	6.95	El-Centro Array No.9	0.348	38.13	139.80	30	6.09
		Kern-County	7.36	Taft	0.156	18.15	74.40	32	38.42
		Tang-Shan	7.28	Beijing Hotel	0.057	7.178	31.17	20	154

1. 长周期地震波与普通周期地震波的幅值谱分析

在上表所选取的地震波记录中，长周期波选择远场长周期波 TCU115 为代表，普通周期地震波选择最常用的 El-Centro 波为代表，从傅里叶谱和功率谱两个角度进行对比分析，研究两种不同类型地震波的特性差异。采用地震波频谱处理软件 Seismo-signal 对两类波进行处理。图 4-29 为 El-Centro 波与 TCU115 波的傅里叶谱的对比，图 4-30 为 El-Centro 波与 TCU115 波的功率谱的对比。

从图 4-29（a）可以明显看出普通周期地震波的傅里叶幅值谱各频段分布较为均匀，而图 4-29（b）

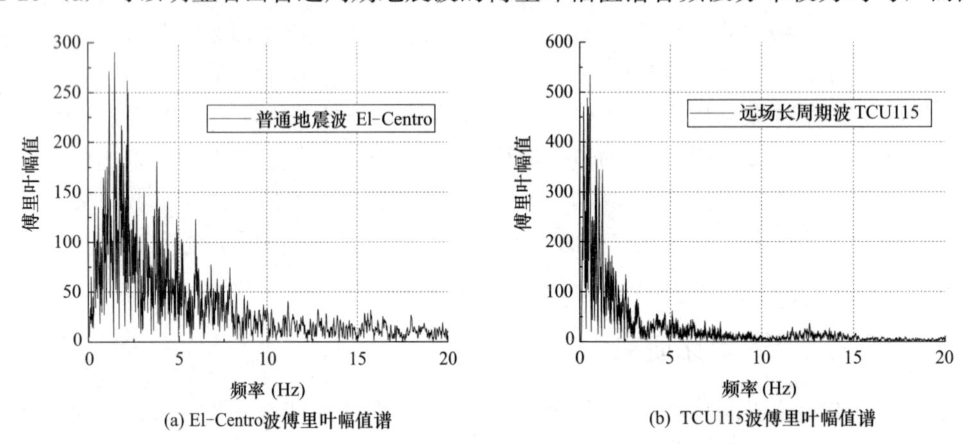

(a) El-Centro波傅里叶幅值谱　(b) TCU115波傅里叶幅值谱

图 4-29　El-Centro 波与 TCU115 波的傅里叶幅值谱对比

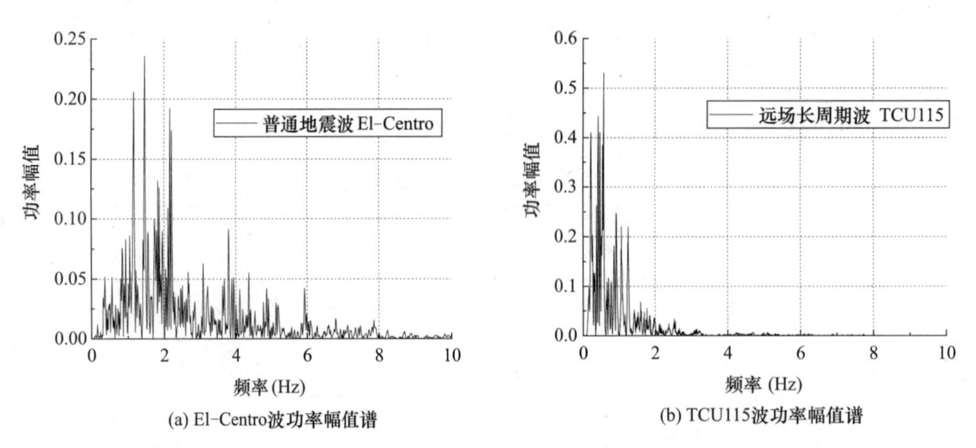

(a) El-Centro波功率幅值谱　(b) TCU115波功率幅值谱

图 4-30　El-Centro 波与 TCU115 波的功率幅值谱对比

所示长周期地震波的傅里叶幅值谱的低频成分非常丰富，主要集中于 0.1～4Hz。故地震波的频谱分布形式可作为区分普通周期地震波与长周期地震波的依据之一。

从图 4-30 对比可知，普通周期地震波 El-Centro 的功率幅值在各个频率段保持均衡，而长周期地震波 TCU115 的功率幅值主要集中在 0～2Hz 低频段。由此可见，在长周期地震波作用下，中长周期结构（尤其是自振周期较长的隔震结构）产生的动力响应将会远大于普通周期地震波。

2. 3 种地震波的频谱对比

为进一步研究普通地震波、近场地震波以及远场地震波的特征分析，在表 4-1 对应地震波种类中，选取不同类型地震波各 3 条调幅至峰值加速度为 0.2g 后进行频谱处理，得到在 5%阻尼比条件下各条地震波的加速度反应谱、速度反应谱和位移反应谱，每种类型地震波取 3 条波平均值比较分析，分析结果如图 4-31 所示。

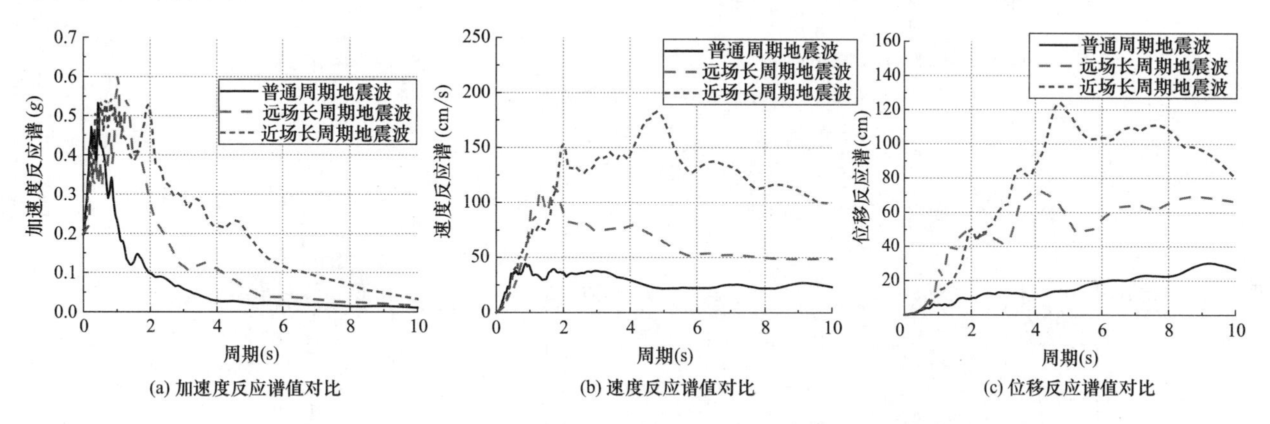

图 4-31　近、远场长周期和普通周期地震波的反应谱分析比较

从图 4-31（a）加速度反应谱中可以明显看出，在 0～1s 范围内 3 种类型地震波反应谱谱值快速激增至峰值，达到峰值后开始逐渐衰减，参考普通周期地震波的反应谱曲线可以看出，普通周期地震波衰减速度较长周期地震波要快得多，在 4s 后逐渐趋近于 0，而长周期地震波在 4s 之后反应谱值仍然很大，约为普通周期地震波的 3～6 倍；从近场长周期地震波与远场长周期地震波的对比可看出，4s 后近场长周期地震波的加速度约为远场长周期地震波的 2 倍，远场长周期地震波较近场长周期地震波衰减速度更快。

从图 4-31（b）速度反应谱中可以明显看出，在 0～1s 范围内普通周期地震波迅速达到峰值，约为 40cm/s 左右，而近场长周期地震波和远场长周期地震波继续上升，但在 2s 之后，远场长周期地震波的谱值出现骤降，4s 后长周期地震波和普通周期地震波再次继续下降，随后逐渐趋于平缓，近场长周期地震波在 5s 左右达到峰值，随后出现持续下降的趋势，且近场长周期的速度谱峰值和下降后的速度谱值仍然较大，约为远场长周期地震波以及普通周期地震波的 2～4 倍。

从图 4-31（c）位移反应谱中可以明显看出，普通周期地震波增幅缓慢，虽然一直随周期持续增长，但峰值在 30cm 左右，位移反应谱值很小。而长周期地震波的反应谱值大幅增长，在 2s 以后，近场长周期地震波反应谱值开始大于远场长周期地震波反应谱值，且继续呈线性增长，在 5s 左右达到峰值，此时谱值约为远场长周期谱值的 2 倍。

综合上述地震波特性及 3 种反应谱分析结果可知，近场长周期地震波的峰值加速度、峰值速度、峰值位移值均大于远场长周期地震波。由于上述分析选取的地震波中，部分近场长周期地震波含有脉冲效应，导致其 3 种反应谱中谱值要比其他两种地震波大得多。在 0～2s 的短周期范围内，3 种反应谱中近场长周期地震波均存在谱值较低的现象，这是由于远场地震波的频率范围宽，使得部分近断层含脉冲的地震波被大的周期较长的脉冲所控制。

3. 近场脉冲长周期与近场非脉冲长周期地震波对比

为进一步研究脉冲效应对近场长周期地震波的特性影响，考虑从地震波时程曲线和反应谱两个方面进行研究。从表 4-1 中，分别选出含有脉冲效应的 EMO270 和不含脉冲效应的 TCU078 两条近场长周期地震波，将其加速度峰值调幅至 0.2g，分别得到两条地震波的加速度时程曲线和速度时程曲线，如图 4-32 和图 4-33 所示。

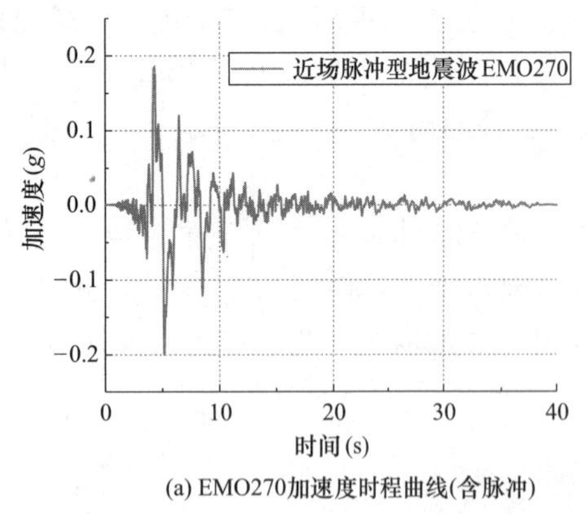

(a) EMO270加速度时程曲线(含脉冲)

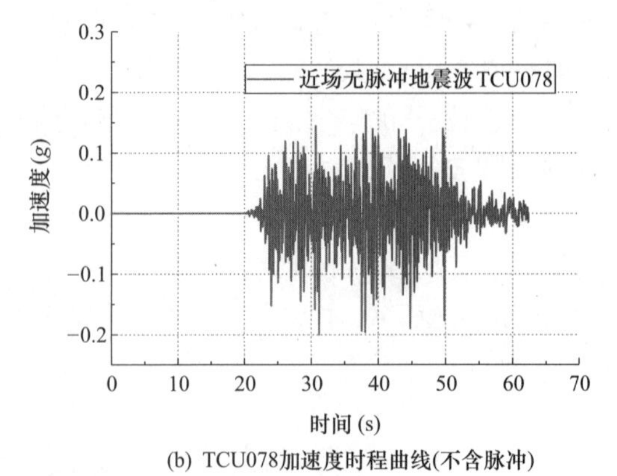

(b) TCU078加速度时程曲线(不含脉冲)

图 4-32　有无脉冲的近场地震波加速度时程对比

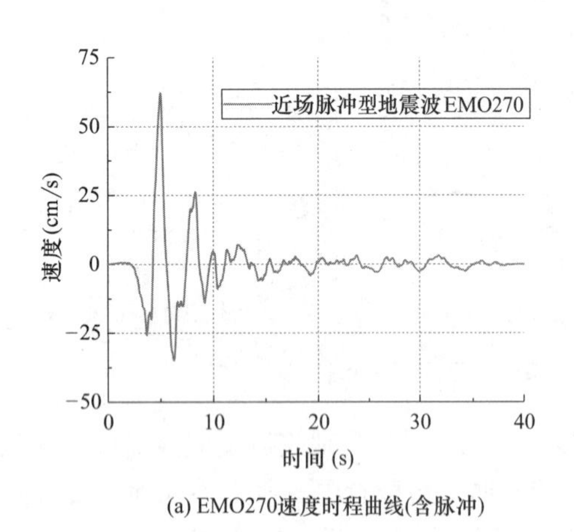

(a) EMO270速度时程曲线(含脉冲)

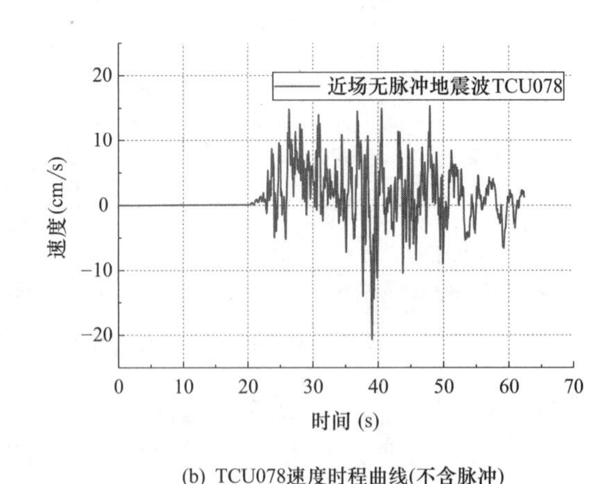

(b) TCU078速度时程曲线(不含脉冲)

图 4-33　有无脉冲的近场地震波速度时程对比

从图 4-32 两种类型地震波加速度时程对比可以看出，含有脉冲效应的 EMO270 地震波，在 0～10s 之间加速度出现多段脉冲型突变，在其持续期间，同时含有高频成分和明显的长周期脉冲效应；而不含脉冲效应的 TCU078 地震波，其加速度在持续时间内基本是持续的高频成分，分布较均匀，脉冲效应不明显。从图 4-33 两种类型地震波速度时程对比可以看出，含有脉冲效应的 EMO270 地震波，在 0～10s 内，速度大脉冲效应非常明显，速度峰值为不含脉冲 TCU078 波的 3 倍，而 TCU078 地震波同样是持续的高频成分，脉冲效应不明显，且速度峰值较小。

为进一步研究脉冲效应近场长周期地震波特性的影响，采用 Seismo 系列软件对表 4-1 中的 3 条含有脉冲效应的长周期地震波、3 条不含有脉冲效应的近场长周期地震波调幅至峰值加速度为 0.2g 后进行频谱处理，得到在 5%阻尼比条件下各条地震波的加速度、速度和位移反应谱，最后分别取平均值进行比较，分析结果如图 4-34 所示。

从图 4-34 3 种反应谱分析中可以明显看出：在 0～1s 周期区间内，含有脉冲效应的近场地震波加速度谱值、速度谱值和位移谱值较不含脉冲效应的近场地震波谱值增幅略慢，但周期在 1s 之后，含有脉冲效应的地震波反应谱值增幅迅速，远大于无脉冲效应的地震波。进一步研究可以发现（图 4-34a），加速度反应谱中两者反应谱变化趋势相似，但无脉冲效应的近场长周期地震波在 0～1s 周期内迅速增长，达到峰值后逐渐衰减，而且其衰减速度比含有脉冲效应的近场长周期地震波要快得多，说明在长周期段，对于含有脉冲效应的地震波，其破坏势能要明显大于不含脉冲效应的地震波。从图 4-34（b）速度反应谱可以看出，对于含有脉冲效应的地震波，在 0～5s 内，随着周期的增长基本呈持续上升的趋势，直到达到峰值，此时的峰值是无脉冲地震波峰值的 2.6 倍左右；而无脉冲效应的地震波在周期达到

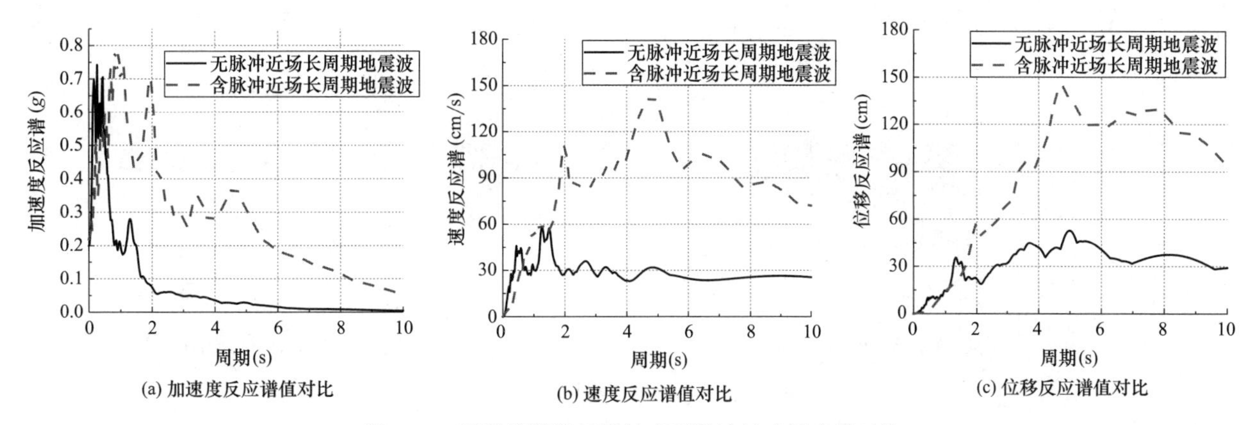

图 4-34　近场长周期地震波有无脉冲效应反应谱对比

1.5s 之后明显下降，随后逐渐趋于稳定。从图 4-34（c）位移反应谱可以看出，两者在 0～5s 内近似保持线性增长的趋势，但含有脉冲效应的地震波谱值增长幅度要快得多，在 5s 的峰值处两种类型的地震波位移谱差值达到了 3 倍左右。综上所述，是否含有脉冲效应对近场地震波的特性起到了决定性的影响，近场长周期地震波中的脉冲效应将会对自振周期较长的结构造成更严重的破坏。对于隔震结构，这个趋势会更加明显。

4.2.5　振动台试验地震波的选取

本节重点研究结合分段隔震与相邻塔楼连接耗能的混合被动控制系统在不同类型地震波激励下的结构动力响应，因此在选取物理试验使用的地震波时，应根据本节对于近场长周期地震波的研究分析，对地震波的特征周期长短，近场、远场的分类以及是否含有脉冲效应等特点选取 1 条普通周期地震波对比验证长周期地震波的影响；选取 1 条近场脉冲长周期地震波和 1 条近场非脉冲长周期地震波对比验证脉冲效应的影响；最后选取 1 条远场长周期地震波对比验证远场地震波的影响。

试验所选取的地震波划分标准如下：(1) 由于长周期地震波主要分布在高频段，则按照谱值频段分布作为长短周期的划分依据，分别选取普通周期地震波和长周期地震波。(2) 区分近场、远场地震波，近场地震波以断层距小于 20km 为标准，远场地震波以断层距大于 50km 为标准。(3) 区分是否含有脉冲效应，本章以 PGV/PGA（峰值速度与峰值加速度的比值）大于 0.2 作为是否含有脉冲效应的界定条件，且含有脉冲效应的地震波其加速度与速度时程曲线有明显的大脉冲特点。由于所选地震波记录中，峰值加速度各不相同，在其激励下对结构产生的动力响应无法统一量化评估，因此在振动台物理试验时将所有地震波峰值加速度值调幅至 $0.2g$ 输入进行试验。

如图 4-35 所示，根据设定条件筛选后，拟选用上述 4 条地震波用于振动台试验加载：普通周期地震波（El-Centro 波，记录于 1940 年 Imperial Valley 地震）；近场脉冲长周期地震波（EMO270，1999

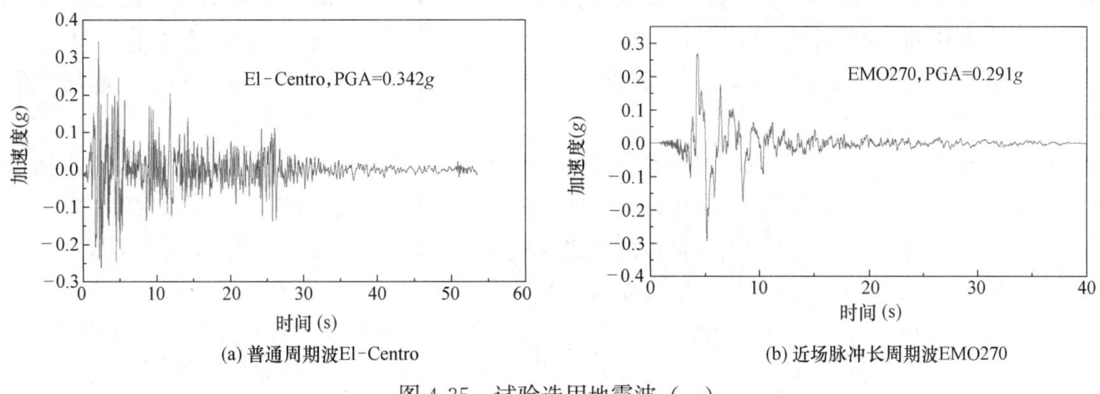

图 4-35　试验选用地震波（一）

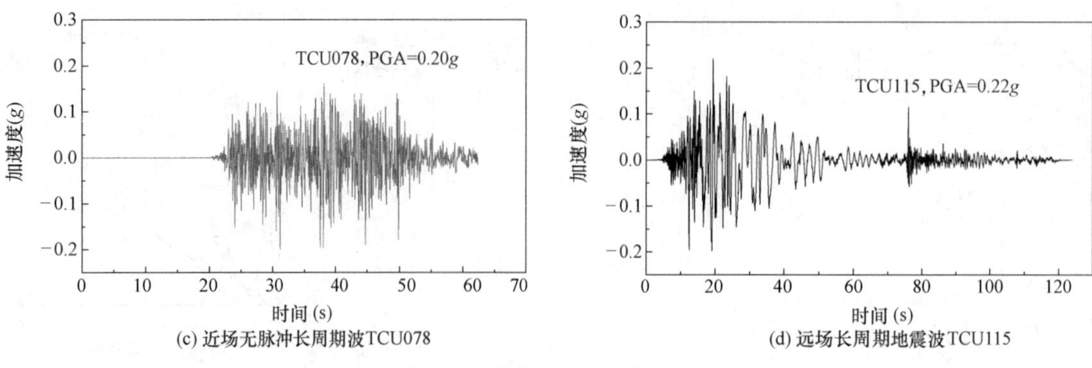

(c) 近场无脉冲长周期波TCU078　　(d) 远场长周期地震波TCU115

图 4-35　试验选用地震波（二）

年中国台湾集集地震）；近场非脉冲长周期地震波（TCU078，1999 年中国台湾集集地震）；远场长周期地震波（TCU115，1999 年中国台湾集集地震）。

4.3　混合被动控制系统振动台试验设计

为了更真实地还原实际地震中，近场、远场长周期地震波及普通周期地震波对长周期减隔震结构的影响，探讨结合分段隔震与相邻塔楼连接耗能的混合被动控制的减隔震方案的减隔震性能，进行振动台试验对比研究，重点关注其减隔震效果和对隔震支座的限位能力，以验证混合被动控制体系具有更高的鲁棒性和冗余度，为减隔震结构设计和工程应用提供试验数据支持与建议。

试验共制作了 7 个相似比为 1∶16 的单层钢框架结构，可按不同工况组装。根据试验方案，分别组装成非隔震结构、基础隔震结构、层间隔震结构、分段隔震结构以及其对应的通过黏滞阻尼器连接相邻塔楼工况，其中主结构 4 层，相邻从结构 3 层。本节主要介绍物理试验整体方案的设计、缩尺模型组合拼装、隔震支座、阻尼器安装和相邻塔楼设置、传感器布置、数据采集、试验工况等内容。

4.3.1　试验模型的设计与安装

1. 相似关系

在进行振动台物理模型试验时，鉴于试验场地硬件条件限制和科研经费投入等限制，常采用缩尺模型进行试验，即原结构按一定相似关系制作缩尺模型。缩尺模型试验具有可针对性研究、成本相对较低、可反复循环利用等优点。满足相似关系设计的小比例缩尺模型，可根据模型相似关系分析换算求出原型结构的地震动力响应。

1）缩尺模型材料选择

根据本试验要求，缩尺模型需要具有良好的组装和拆卸功能，可根据试验需求灵活改变多种试验工况，且由于试验模型属于大高宽比结构，为确保试验中整体结构处于线弹性阶段，方便后期继续使用，以及考虑缩尺模型制作加工难易程度等因素，本节试验模型选取钢材作为结构模型框架材料，附加配重选取混凝土材料，混凝土块固定于钢框架内，作为模拟结构楼面活荷载和补充部分结构恒荷载的附加配重。

2）缩尺模型相似比的确定

在振动台试验中，由于振动台的尺寸和最大负载能力限制，以及材料成本和模型运输等具体细节问题，缩尺模型的设计对试验前期准备工作和试验结果至关重要。此外，也需要根据试验材料、模型加工工艺和精度等实际问题进行设计。试验模型和原模型之间应符合相似关系，包括确定长度相似比、加速度相似比、周期相似比等，此外，还需确保模型边界条件及场地条件与原型结构相似，以减小试验相关误差。

根据相似学白金汉（Edgar Buckingham）定理：对于某个物理现象，如果存在 n 个变量互为函数，即有 $f(x_1,x_2,\cdots,x_n)=0$；而这些变量中含有 m 个物理量的量纲是相互独立的，则可排列这些变量成（$n-m$）个无量纲数的函数关系 $\varphi(\pi_1,\pi_2,\pi_3,\cdots)=0$，即可合并 n 个物理量为（$n-m$）个无量纲 π

数，完整的函数关系如下：

$$f(x_1, x_2, x_3, \cdots)=\varphi(\pi_1, \pi_2, \pi_3, \cdots)=0 \tag{4-1}$$

式中，前 m 项假定为可一次提出的量纲相互独立的物理量，或称基本物理量。其余（$n-m$）项为导出物理量。白金汉定理为试验模型相似比的确定提供了理论基础。

为了能使小比例缩尺模型能够很好地再现原型结构的动力特性，根据相似原理尽可能提高缩尺模型精度，模型与原型结构的弹性模量相似比 S_E 确定为 1；再根据振动台台面尺寸及最大承载力限制确定模型与原型结构的长度相似比 S_l 为 1/16；最后确定模型与原型结构的加速度相似比 S_a 为 1，根据量纲关系，如表 4-2 所示，得到本节试验缩尺模型各物理量的相似系数。

试验缩尺模型各物理量相似比　　**表 4-2**

物理量	符号	量纲	相似系数
弹性模量	S_E	$ML^{-1}T^{-2}$	1
长度	S_l	L	1/16
加速度	S_a	L/T^2	1
位移	S_x	L	1/16
质量	S_m	M	1/256
刚度	S_k	MT^2	1/16
时间	S_T	T	1/4
速度	S_v	L/T	1/4

3）模型荷载及附加配重

为确保模型结构设计符合实际，原型结构荷载参照现行国家规范进行取值，根据《建筑结构荷载规范》GB 50009—2012，楼面恒荷载标准值（不计楼板自重）为 1.5kN/m^2；楼面活荷载标准值为 2.0kN/m^2，考虑试验中缩尺模型方便安装连接，采用 1 层缩尺模型模拟原型结构 4 层的方案，缩尺模型取楼面恒荷载标准值为 6.0kN/m^2，楼面活荷载标准值为 8.0kN/m^2。

通过计算可得：缩尺模型每层框架的质量应为 1.3t 左右，但仅靠钢框架结构自重是远远不够的，由于存在多种试验工况，需要方便拆卸和考虑后期重复使用，若使用现浇混凝土作为配重将影响结构灵活组合的功能。因此，采用单独浇筑的混凝土配重块用于模拟真实的结构荷载。共制作混凝土配重块 170 块，选用 C30 高耐久性商品混凝土，在工厂进行浇筑制作，浇筑制作完成后，按照相关规范对其进行为期 14d 的洒水、覆盖保湿养护，待混凝土达到设计强度后方可拆模，即可抹平出厂，制作完成后运输至实验室结构大厅。每块混凝土配重块尺寸为 700mm（长）×500mm（宽）×90mm（厚），质量约为 72kg。混凝土块如图 4-36 所示。

(a) 混凝土块设计图

(b) 混凝土块实物图

图 4-36　混凝土配重块

2. 试验模型的设计

试验模型需要具有良好的组装和拆卸功能，可根据试验需求灵活变换多种试验工况。因此，共设计制作了7个整体式单层钢框架，单层钢框架尺寸如图4-37所示。

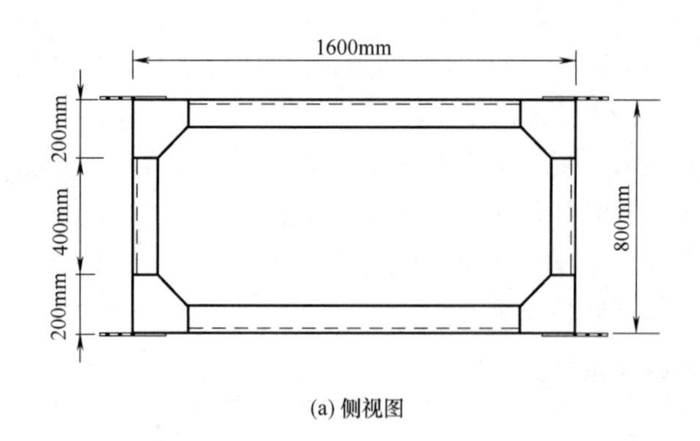

(a) 侧视图

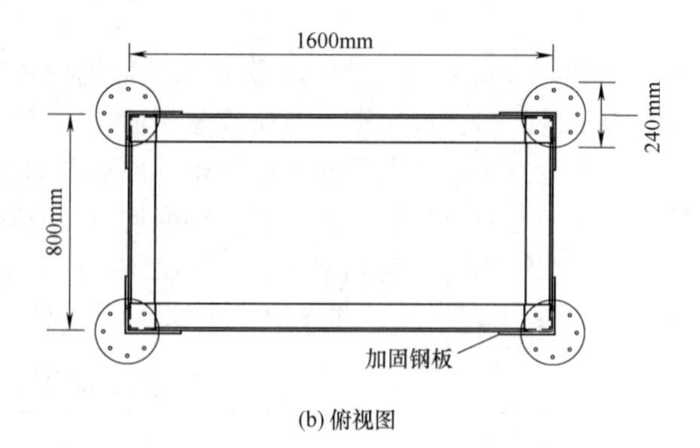

(b) 俯视图

图4-37　钢框架结构单层模型参数

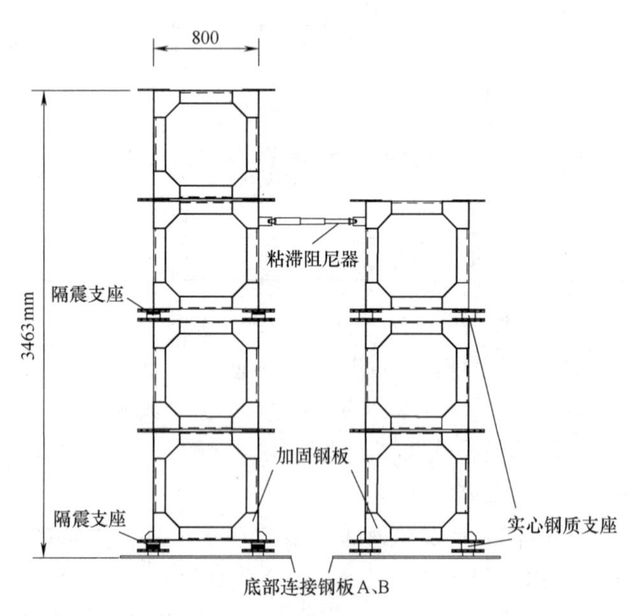

图4-38　混合被动控制体系模型整体设计图

混合被动控制体系整体设计模型如图4-38所示，其中：

主结构A：4层结构，模型尺寸1.6m（长）×0.8m（宽），总高3.2m；

从结构B：3层结构，模型尺寸1.6m（长）×0.8m（宽），总高2.4m。

考虑到结构高宽比较大，且加载地震波峰值较大，试验模型要承受较大的动力荷载，每个钢框架梁与柱之间选用焊接连接固定，此外，梁柱连接部分外侧加设额外的加固钢板，焊接加固梁柱节点处以增加框架整体稳定性。

模型主要构件表如表4-3所示。

模型设计过程中主要有3个难点问题：一是单层框架结构之间的连接，如何在做到安全、牢固的前提下同时兼容安装隔震支座，另一方面，也需要满足组装和拆卸方便；二是模型结构如何连接至振动台台面，由于振动台台面的螺栓孔较大，且对于缩尺模型来说，螺栓间隔也太大，无法直接连接在振动台台面上；三是主结构和从结构的间距，如何设置才能在位置有限的振动台上组装，并且在主从结构直接安装阻尼器。

试验缩尺模型主要构件表　　**表4-3**

构件类别	截面尺寸(mm)	长度(厚度)(mm)	数量
角钢1（长边梁）	110×110×10	1380	28
角钢2（短边梁）	110×110×10	580	28
角钢3（柱）	110×110×10	800	28
连接钢板1（梁柱加固）	200×200×10	10	56
连接钢板A（振动台转接）	400×1300×10	10	2
连接钢板B（振动台转接）	700×1300×10	10	2

针对单层钢框架层与层之间如何连接的问题，由于隔震支座的上下封钢板一般为圆形或方形，四周开孔。故将连接的圆形垫板设计为和隔震支座封钢板相同尺寸，采用焊接一次性固定于梁柱节点处，既可以满足钢框架独立拆卸，也可以通过螺栓连接其他钢框架或隔震支座，如图4-39所示。

图 4-39 钢框架节点设计及连接

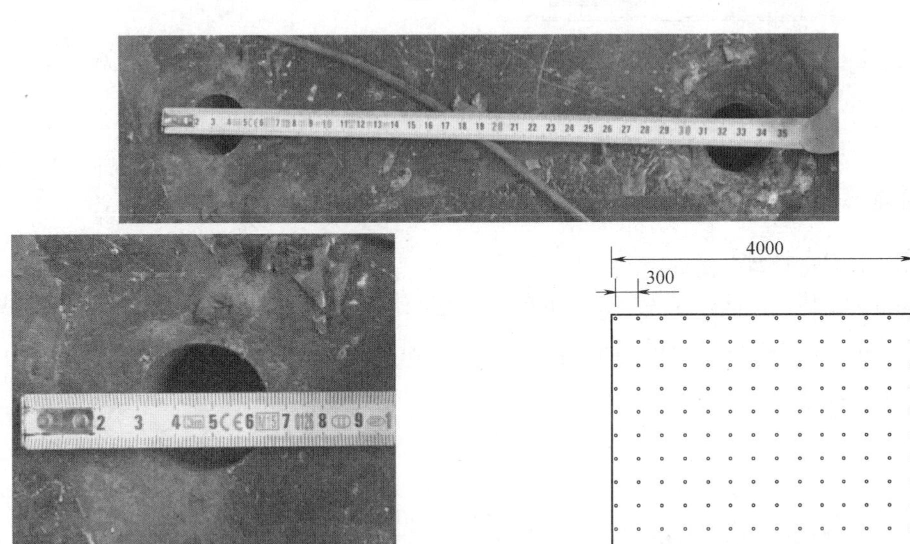

图 4-40 振动台螺栓孔尺寸及排列

针对模型结构如何连接至振动台台面的问题，振动台台面尺寸为 4m×4m，且螺栓孔间距组成 30cm×30cm 的方形阵列，单孔孔径为 35mm，如图 4-40 所示。由于钢框架柱下为圆形垫板，无法与其匹配，因此需要设计一个连接振动台台面和上部试验结构的转换层。

为此，试验设计了两种规格的底部连接板件，其中，底部连接钢板 A 尺寸为 400mm×1300mm；连接钢板 B 的尺寸为 700mm×1300mm，并在钢板上以 300mm 为间距开孔，孔径为 35mm，即可与振动台台面孔径尺寸吻合，如图 4-41 所示。同时，为了连接上部试验结构，需要在连接钢板上继续设计连接件，这部分设计如图 4-42 所示，需要注意的是，必须将连接钢板 A、B 上的圆形垫板用钢块支撑起来，才能留出螺栓安装的空间，连接上部结构。固定了试验模型的方位，上述第三个问题，主结构和从结构的间距问题也就解决了，同时确定了阻尼器长度为 700mm，试验模型在振动台的整体方位布置如图 4-43 所示。

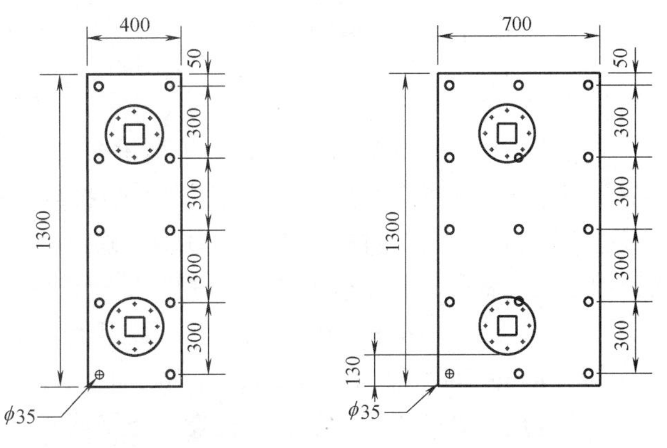

图 4-41 底部连接钢板 A、B 俯视设计图（单位：mm）

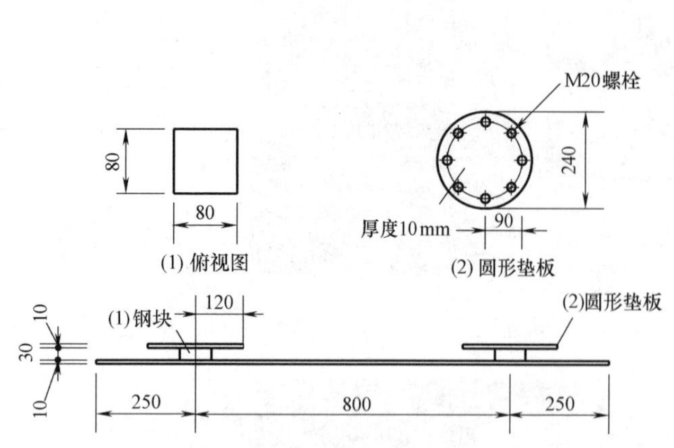

图 4-42　底部连接钢板 A、B 侧视设计图（单位：mm）

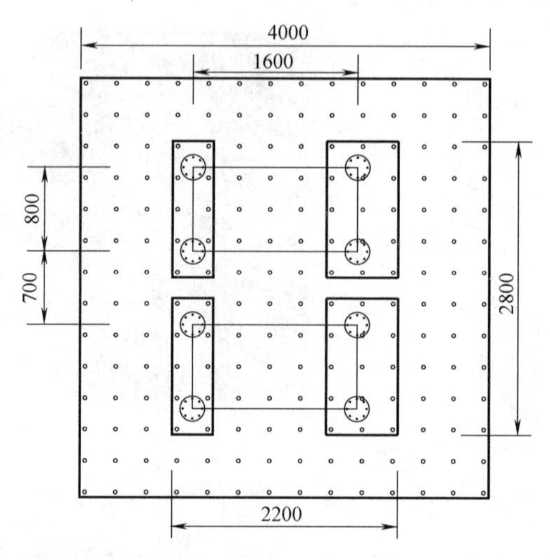

图 4-43　试验模型在振动台上的定位（单位：mm）

4.3.2　减隔震装置的力学特性

1. 隔震支座的力学特性

试验隔震支座采用有效直径 d_0＝100mm 的铅芯橡胶隔震支座（LRB100），支座总高度 h_b＝49mm（不含封钢板），由 9 层厚橡胶层组成，铅芯直径为 18mm，顶部和底部封钢板厚度 t_f＝8mm，隔震支座设计和实物如图 4-44 所示。

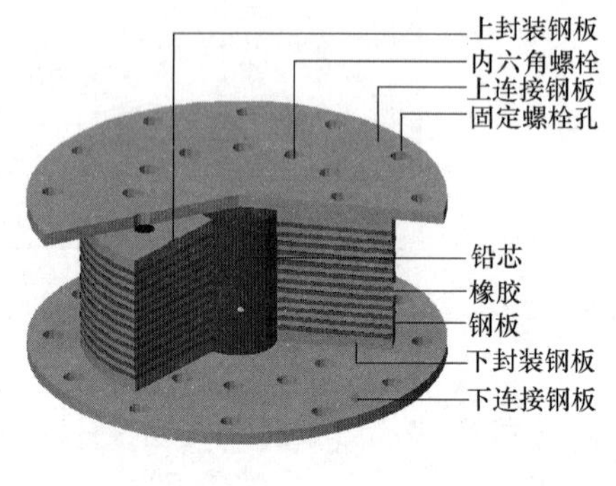

(a) 隔震支座设计图

(b) 隔震支座实物图

图 4-44　隔震支座设计图和实物图

考虑到试验所用的隔震支座远小于标准尺寸，难以保证出厂产品加工精度，需要对定制的 16 个 LRB100 隔震支座进行压剪试验，以确定支座参数。如图 4-45 所示，通过 YJW-10000 型微机控制电液伺服压剪试验机对支座进行压缩剪切试验，确定隔震支座在预期的加载作用下能承受的最大位移，并考虑结构系统倾覆的影响，取性能最接近设计要求的 8 个支座供试验使用。根据《建筑抗震设计规范》GB 50011—2010（2016 年版），隔震支座的最大水平变形 u_d 应同时满足：不应大于其有效直径 d_0 的 0.55 倍和支座内部橡胶总厚度 t_r 的 3 倍，即，$u_d \leqslant 0.55d_0$ 且 $u_d \leqslant 3t_r$。支座水平位移 u_d 应在 55mm 以内，所选用的 8 个隔震支座各项性能参数平均测试值见表 4-4。

2. 阻尼器力学特性

黏滞阻尼器由两端的固定部件和黏滞阻尼器部分组装而成，黏滞阻尼器总长度为 700mm（含两端固定部件），阻尼器最大行程为＋/－60mm。阻尼器安装和拆卸过程操作简单，两端由销头固定，只需拔插两端销头就能实现阻尼器的装卸，两端的固定部件焊接至节点加固钢板，阻尼器的主要参数如表 4-5 所示。

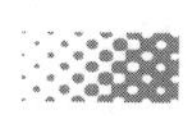

(a) 压剪试验机

(b) 隔震支座力学性能测试

图 4-45　隔震支座力学性能试验

隔震支座性能参数　　**表 4-4**

型号	铅芯橡胶支座 LRB 100	型号	铅芯橡胶支座 LRB 100
剪切模量 G(MPa)	0.392	第一形状系数 S_1	16.25
有效直径 d_0(mm)	100	第二形状系数 S_2	5.56
总高度(不含连接板)h_b(mm)	49	支座有效面积 A(mm^2)	7771.5
封钢板厚 t_f(mm)	8	竖向压缩刚度 K_v(kN/mm)	123.3
橡胶层厚度 t_r(mm)	2	屈服前刚度(kN/mm)	1.70
橡胶层数 n_r(片)	9	水平等效刚度(γ=100%)(kN/mm)	0.404
钢板层厚度 t_s(mm)	1	屈服力(kN)	0.628
钢板层数 n_s	8	屈服后刚度(kN/mm)	0.169
铅芯直径(mm)	18		

黏滞阻尼器参数　　**表 4-5**

型号	JZN5X	型号	JZN5X
阻尼系数(N·s/mm)	200	最大行程(mm)	60
阻尼指数	0.5	极限行程(mm)	90
最大阻尼力(kN)	5		

在缩尺模型试验中，小尺寸阻尼器产品时常因加工精度受到限制，导致力学性能难以得到保证，也可能会存在较大的误差。为确保产品性能达到后续试验要求，在收到产品后进行 6 组测试。测试环境稳定为 17℃的状态，额定荷载取 20kN，阻尼系数和速度指数分别取 200N·s/mm 和 0.5。测试位移为 15mm，最大速度为 625mm/s，实时记录阻尼力的变化，分别将测试频率设置为 0.663Hz、1.327Hz、3.317Hz、4.644Hz、6.635Hz、7.962Hz，测试速度设置为 62.5mm/s、125mm/s、312mm/s、437mm/s、625mm/s 依次加载，为测试阻尼器超限状态安全，进行一组速度为 750mm/s 的超限模式测试，测试圈数为 5 圈，测试结果见表 4-6，试验测量值和设计理论值本构曲线对比如图 4-46 所示。

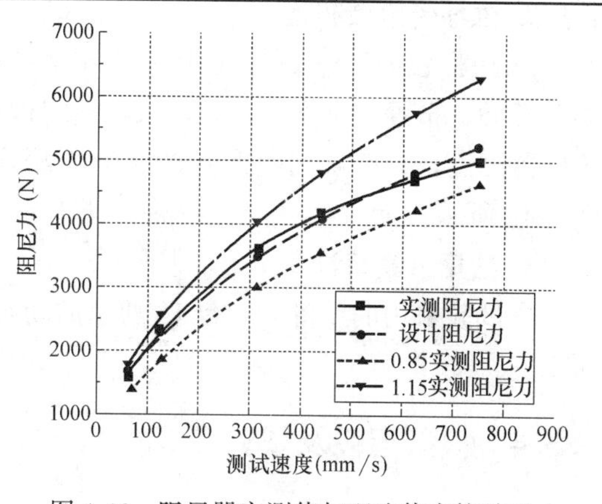

图 4-46　阻尼器实测值与理论值本构关系

黏滞阻尼器试验参数　　表 4-6

测试频率（Hz）	测试速度（mm/s）	实测阻尼力（N）	0.85 最大阻尼力（N）	1.15 最大阻尼力（N）
0.66	62.5	1640	1344	1818
1.32	125	2310	1901	2571
3.31	312	3650	3005	4066
4.64	437	4180	4250	4810
6.63	625	4730	4250	5750
7.96	750	5020	4656	6300

4.3.3 传感器布置和数据采集

1. 加速度传感器布置

加速度传感器在振动台台面设置 2 个测点，用于监测振动台台面输入加速度；主结构底层柱脚设置 2 个测点，用于记录结构基础部位加速度；主结构每层设置 2 个加速度测点，用于验证传感器的灵敏度和准确性，再取均值作为该处的实际加速度；从结构原则上每层设置一个加速度测点。共计设置 15 个加速度测点，测点布置如图 4-47 所示。

图 4-47　加速度传感器设置

2. 位移传感器布置

由于激光位移传感器只能固定于振动台一侧的架子上，故只能记录主结构的楼层位移。第 1 层钢框架下部梁上布置一个测点，以记录隔震结构基础隔震层的位移变化情况；主结构每层至少布置一个位移传感器测点，如有层间隔震层的工况，隔震层上下各布置一个位移测点，共 6 个测点。测点布置如图 4-48 所示。

3. 数据采集系统

本试验采用的设备为一台 16 通道的动态采集仪和两台控制器搭配 6 个激光位移计使用，如图 4-49 所示。

4.3.4 模型组装及试验工况

1. 模型组装

1）底部连接钢板 A、B 的安装

根据上述设计方案，由工厂负责加工制作完成后运送至实验室结构大厅，并在结构大厅现场进行进

图 4-48 激光位移传感器布置

图 4-49 数据采集仪器

一步的模型安装工作。清理振动台台面，用 35mm 螺栓按预先设计方位固定两块底部连接板件，如图 4-50 所示。

在预装主结构的 4 个基础上安装 4 个隔震支座，预装从结构的 4 个基础上安装加工好的 4 个实心钢质支座，实心钢支座与隔震支座尺寸相同，用于从结构安装，使从结构每层高度与主结构相同，方便连接阻尼器的同时减小试验误差（隔震支座上下封钢板中部有一圈小螺栓孔，用来固定夹在上下盖板之间的隔震支座，如图 4-51a 所示；实心钢质支座则没有，如图 4-51b 所示）。

图 4-50 底部连接板件 A、B 定位安装

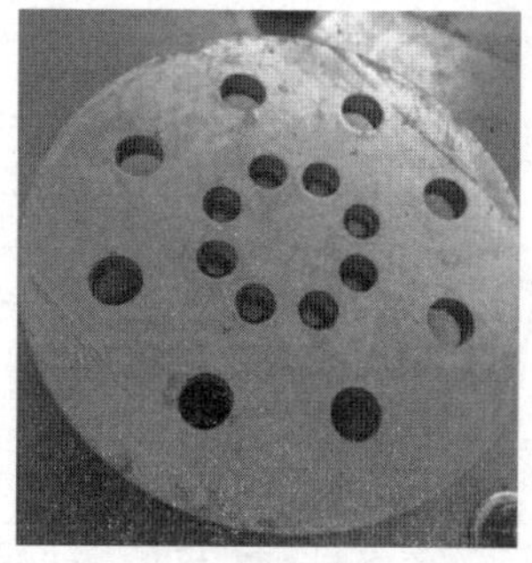

(a) 隔震支座

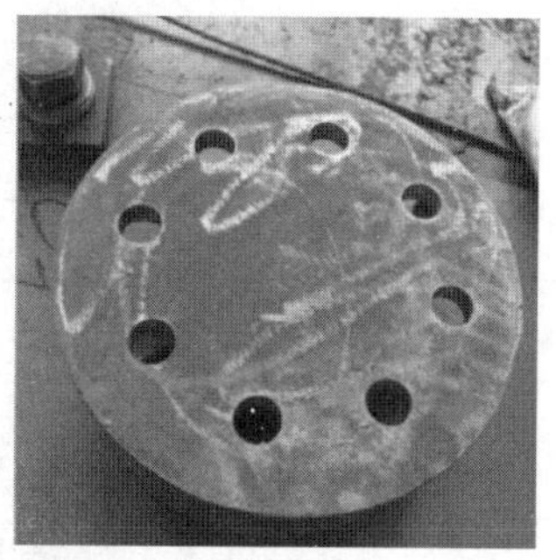

(b) 实心钢质支座

图 4-51 隔震支座与实心钢质支座

2）首层模型安装

安装完模型结构基础部分后，开始钢框架的组装工作，用实验室行吊将单层钢框架结构吊至连接板件 A、B 已安装好的支座上，采用 12mm 螺栓固定连接，如图 4-52 所示。

图 4-52　首层钢框架安装及螺栓连接

3）混凝土配重块的安装

在每层钢框架内都有一层由角钢梁承托的承重钢板，混凝土配重块摆成一排布置在每层钢板上，并采用紧固器固定，防止试验过程中产生晃动，由于设计时考虑了加工精度的影响，预留了一定缝隙方便组装和紧固，为防止紧固后的混凝土配重块整体晃动碰撞影响试验结果，采用木块将混凝土配重块与钢框架的间隙填满，防止滑移，如图 4-53 所示。

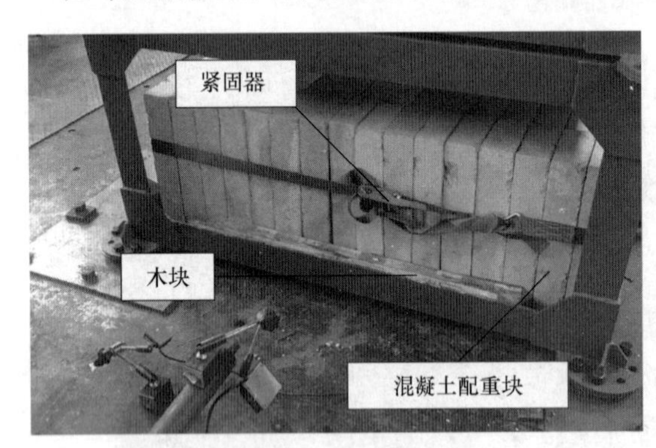

图 4-53　混凝土配重块布置

4）上部结构及阻尼器的安装

有了上述几个环节的基础工作，只需将安装完成的单层钢框架用实验室行吊依次从底层安装至顶层。阻尼器为两端可拆卸的黏滞阻尼器，设计与实物如图 4-54 和图 4-55 所示。试验采用焊接的方式，将阻尼器两端的固定支座焊接在模型梁柱加固板上，因此对结构的刚度不会产生影响，如图 4-56 所示，阻尼器沿振动台振动方向对称安装 2 支。组装过程如图 4-57 所示。最终，结合分段隔震与相邻塔楼连接耗能的混合被动控制系统如图 4-58 所示。

2. 试验工况

试验共有 8 种不同模型工况：非隔震结构、基础隔震结构、层间隔震结构（中间隔震层位于 2～3 层之间）、分段隔震结构（中间隔震层位于 2～3 层之间）以及相对应通过阻尼器连接相邻塔楼的工况。

图 4-54　阻尼器设计图（单位：mm）

图 4-55　阻尼器实物图

图 4-56　阻尼器的焊接

图 4-57　模型组装过程

图 4-58　组装完成的混合被动控制结构

将地震波的输入顺序定为：普通周期波 El-Centro、近场非脉冲波 TCU078、远场长周期波 TCU115 和近场脉冲长周期波 EMO270。需要说明的是，根据振动台限制以及试验结构的安全性，将试验选用的地震波加速度峰值调幅至 0.2g 后进行输入。在每次输入地震波前都会先输入白噪声进行扫频，监测结构频率是否发生明显变化，以确定结构是否出现损伤。所有地震波记录按照相似关系均在时间上压缩了4倍，以匹配缩尺模型时间尺度对结构原型的影响。具体工况如图 4-59～图 4-62 所示。所有试验工况中，模型顶部始终悬挂着松弛的钢缆连接行吊，确保试验过程安全。

(a) 非隔震结构

(b) 非隔震结构+相邻塔楼

图 4-59　非隔震结构相关工况

(a) 基础隔震结构

(b) 基础隔震结构+相邻塔楼

图 4-60　基础隔震结构相关工况

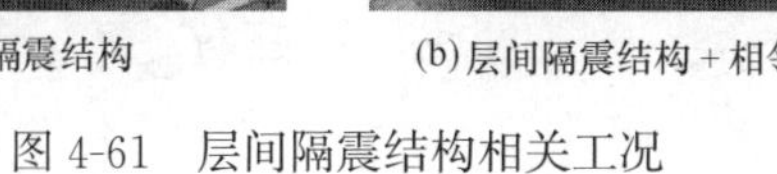

(a) 层间隔震结构　(b) 层间隔震结构+相邻塔楼

图 4-61　层间隔震结构相关工况

(a) 分段隔震结构

(b) 分段隔震震结构+相邻塔楼

图 4-62　分段隔震结构相关工况

4.4 振动台试验结果分析研究

4.4.1 试验模型结构的动力特性

通过在每次试验工况前输入 0.2g 的白噪声测试结构的自振特性，以判断结构是否出现损伤，避免试验误差，将收集到的白噪声数据通过频谱分析得到 4 种减隔震模型的固有周期，列于表 4-7 中。

模型振动台试验与数值模拟的自振周期对比　　表 4-7

模型结构	非隔震结构(s)	基础隔震(s)	层间隔震(s)	分段隔震(s)
试验值	0.163	0.624	0.496	0.692

从表 4-7 可以看出，非隔震结构的第一自振周期最小，为 0.163s，当采用基础隔震技术时，基础隔震工况的主结构第一自振周期试验值为 0.567s，将非隔震结构的周期延长到 4 倍左右，层间隔震工况的主结构第一自振周期试验值为 0.496s，较非隔震结构延长到 3 倍左右；而分段隔震工况主结构第一自振周期试验值为 0.692s，在基础隔震工况的基础上再次将结构自振周期延长了 11%。从模态周期的角度来说，分段隔震能更大程度上延长结构自振周期。

4.4.2 试验模型加速度响应分析

1. 连接相邻塔楼对结构加速度的影响

1）非隔震结构及连接相邻塔楼工况

非隔震工况下，试验测得的结构楼层加速度峰值曲线和结构顶层加速度时程曲线如图 4-63～图 4-66 所示。

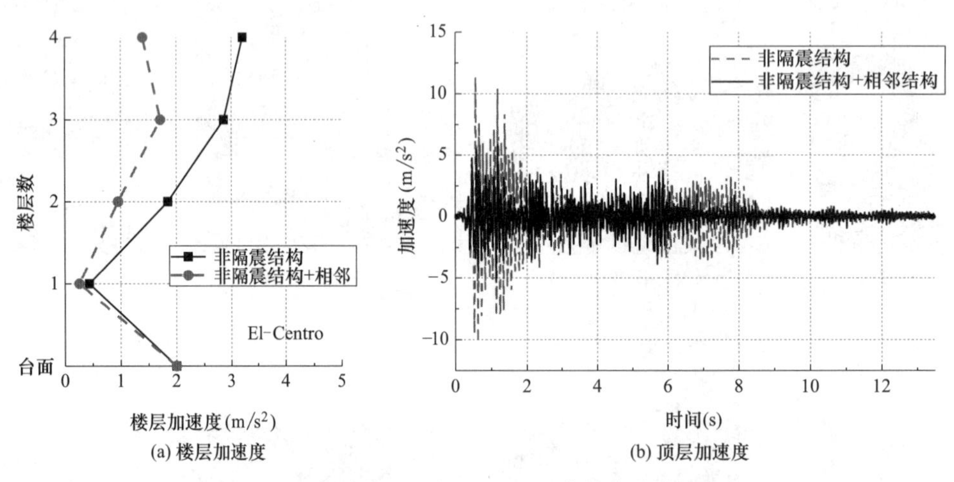

图 4-63　非隔震工况在 El-Centro 波激励下的加速度

从图 4-63～图 4-66 中可以看出，在峰值加速度为 0.2g 的地震波激励下，非隔震的楼层加速度较大，通过阻尼器连接相邻塔楼后，在普通周期波 El-Centro、近场非脉冲长周期波 TCU078、远场长周期波 TCU115 激励下，结构加速度均有明显的减小；但在近场脉冲长周期波 EMO270 激励下，阻尼器的作用并不明显。在图 4-66 中，不论是楼层加速度峰值还是顶层加速度时程曲线，结构加速度并没有像在其他波激励下明显减小。图 4-64（b）中，结构顶层加速度出现了异常峰值，这是由于试验过程中结构底部连接板件出现了晃动导致的，该峰值未被采用。

为了更方便地量化结构的减隔震效果，引入结构减振率参数 θ_1 来比较不同减隔震模型的减隔震效果，定义：

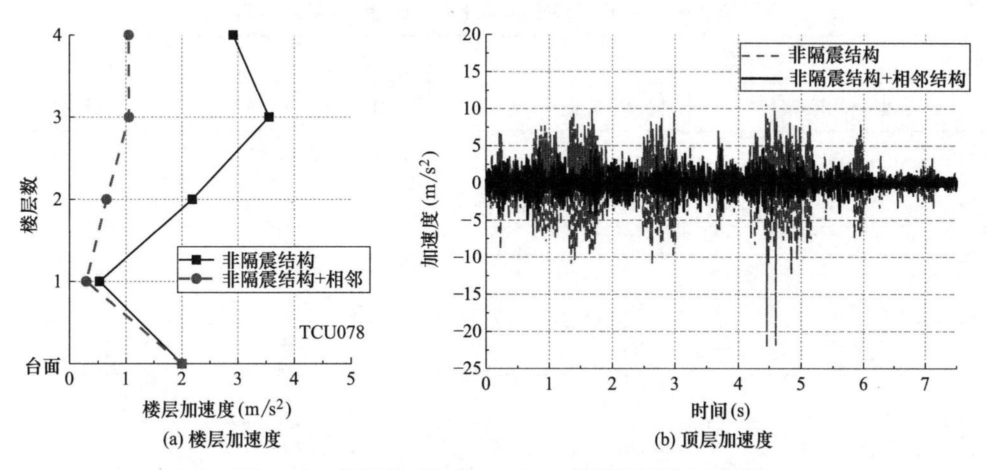

图 4-64 非隔震工况在 TCU078 波激励下的加速度

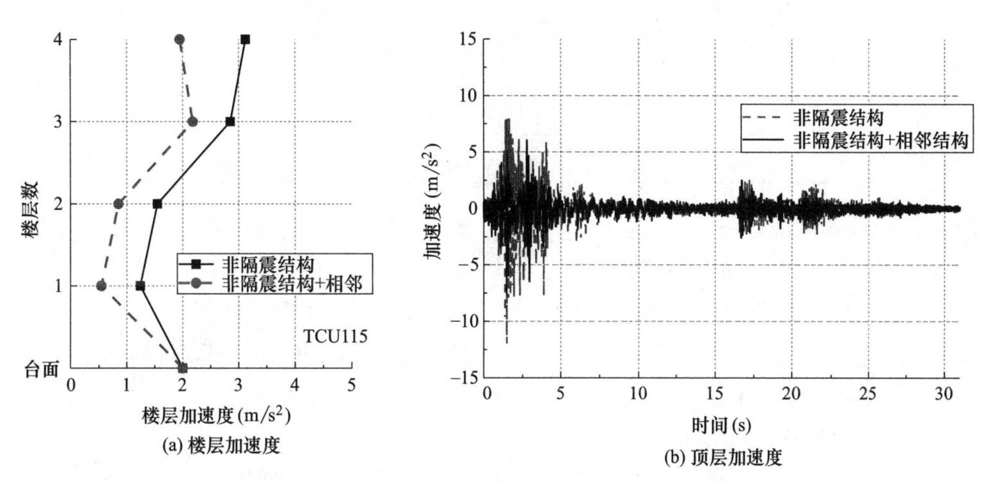

图 4-65 非隔震工况在 TCU115 波激励下的加速度

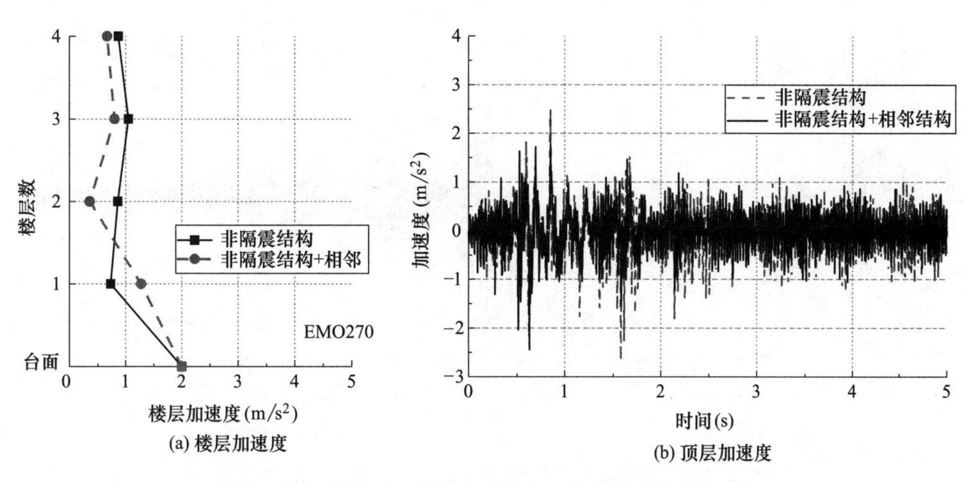

图 4-66 非隔震工况在 EMO270 波激励下的加速度

$$\theta_1=\left(1-\frac{\Delta_i}{\Delta}\right)\times 100\% \tag{4-2}$$

其中参数 θ_1 为结构减振率，Δ_i 为减隔震结构动力响应，Δ 为非隔震结构动力响应。非隔震结构连接相邻塔楼减振率列于表 4-8。

非隔震结构＋相邻塔楼楼层加速度试验值（g）及减振率　　表 4-8

楼层	El-Centro			TCU078		
	非隔震＋相邻塔楼	非隔震	减振率	非隔震＋相邻塔楼	非隔震	减振率
台面	0.200	0.200	—	0.200	0.200	—
1	0.026	0.044	40.91%	0.029	0.053	44.70%
2	0.095	0.185	48.38%	0.065	0.219	70.24%
3	0.171	0.286	39.96%	0.105	0.355	70.37%
4	0.139	0.321	56.59%	0.105	0.292	64.02%
楼层	TCU115			EMO270		
	非隔震＋相邻塔楼	非隔震	减振率	非隔震＋相邻塔楼	非隔震	减振率
台面	0.200	0.200	—	0.200	0.200	—
1	0.054	0.124	56.40%	0.127	0.073	−74.74%
2	0.085	0.155	45.20%	0.035	0.086	58.73%
3	0.218	0.285	23.42%	0.080	0.105	23.68%
4	0.195	0.312	37.61%	0.066	0.087	23.45%

结合图 4-62～图 4-66 以及表 4-8 可看出，从减振率来说，非隔震模型仅连接相邻塔楼，在普通周期波 El-Centro、近场非脉冲长周期波 TCU078、远场长周期波 TCU115 激励下均有良好的减隔震效果，大体在 40%～50%之间，在 TCU078 的试验中，甚至部分达到了 70%左右的减振率；但在近场脉冲长周期地震波 EMO270 的工况下，阻尼器甚至还放大了结构下部的加速度，但对结构上部仍有一定的控制效果。非隔震结构采用连接相邻塔楼减振方案，平均减振率为 39.31%。

2）基础隔震结构及连接相邻塔楼工况

在基础隔震工况下，试验测得的结构楼层加速度峰值曲线和结构顶层加速度时程曲线如图 4-67～图 4-70 所示。

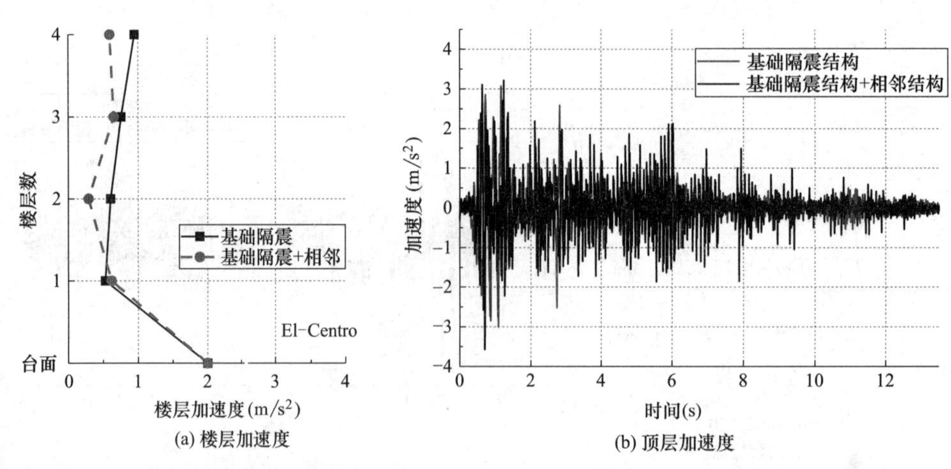

图 4-67　基础隔震工况在 El-Centro 波激励下的加速度

结合图 4-67～图 4-70 可以看出，相比于非隔震结构，基础隔震结构各层加速度峰值均明显减小。在普通周期波 El-Centro 激励下，连接相邻塔楼后效果不明显，但在长周期波（TCU078、TCU115）激励下结构加速度明显下降，同时在长周期波激励下，隔震结构的加速度峰值更大，长周期波对隔震结构影响明显。同样，在近场脉冲长周期地震波 EMO270 激励下，阻尼器似乎并没有减隔震效果，如图 4-70 所示，结构各层加速度没有明显变化，甚至放大了下部结构加速度，顶层加速度时程曲线在高

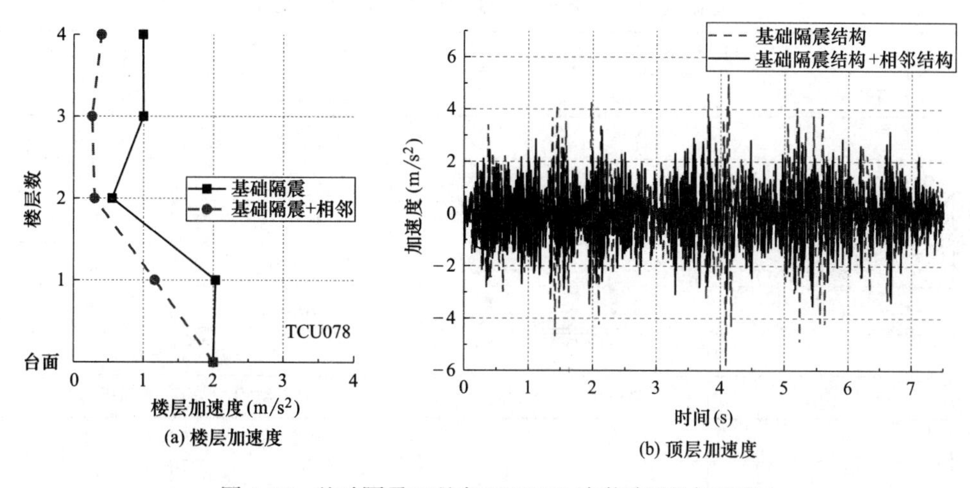

图 4-68 基础隔震工况在 TCU078 波激励下的加速度

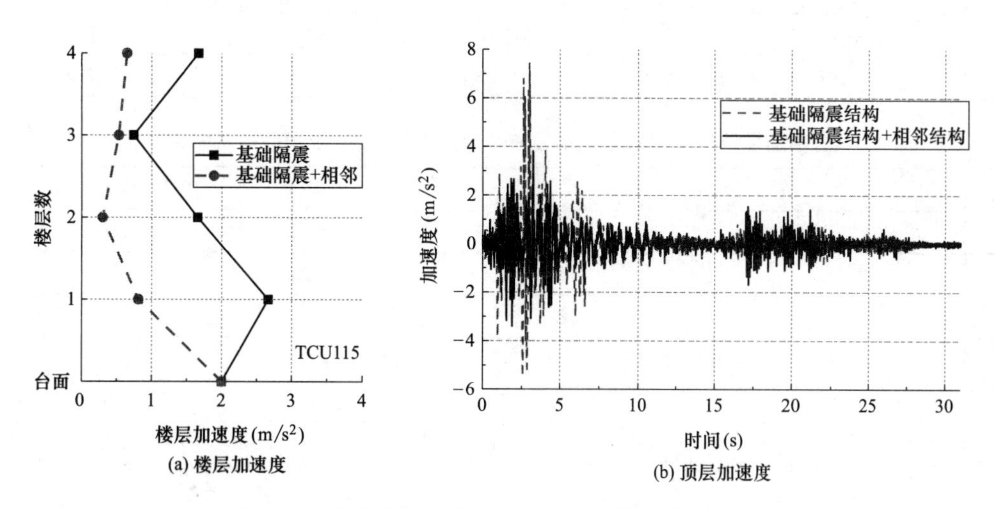

图 4-69 基础隔震工况在 TCU115 波激励下的加速度

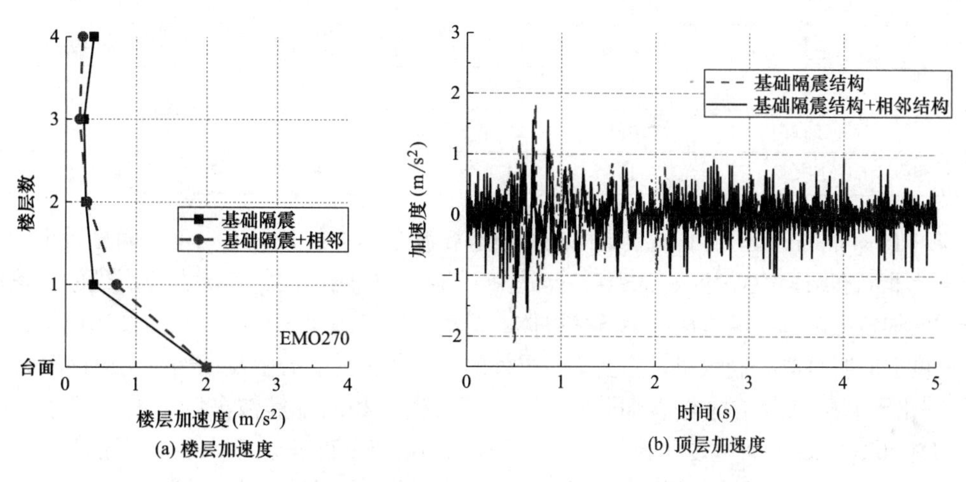

图 4-70 基础隔震工况在 EMO270 波激励下的加速度

频段（0～1s）也几乎重合，甚至在低频段（2～5s）放大了结构加速度，不过此时加速度较小，不会对结构产生破坏。

基础隔震减振率以及基础隔震连接相邻塔楼减振率列于表 4-9 和表 4-10。

基础隔震结构楼层加速度试验值（g）及减振率　　表 4-9

楼层	El-Centro			TCU078		
	基础隔震结构	非隔震	减振率	基础隔震结构	非隔震	减振率
台面	0.200	0.200	—	0.200	0.200	—
1	0.053	0.044	−21.26%	0.203	0.053	−285.79%
2	0.061	0.185	67.22%	0.055	0.219	74.69%
3	0.076	0.286	73.54%	0.100	0.355	71.91%
4	0.095	0.321	70.48%	0.099	0.292	65.95%
楼层	TCU115			EMO270		
	基础隔震结构	非隔震	减振率	基础隔震结构	非隔震	减振率
台面	0.200	0.200	—	0.200	0.200	—
1	0.266	0.124	−114.60%	0.040	0.073	45.80%
2	0.166	0.155	−7.11%	0.028	0.086	66.88%
3	0.074	0.285	73.86%	0.026	0.105	75.67%
4	0.167	0.312	46.51%	0.040	0.087	54.24%

基础隔震结构+相邻塔楼楼层加速度试验值（g）及阻尼器减振率　　表 4-10

楼层	El-Centro			TCU078		
	基础隔+相邻塔楼	基础隔	减振率	基础隔+相邻塔楼	基础隔	减振率
台面	0.200	0.200	—	0.200	0.200	—
1	0.062	0.053	−16.81%	0.116	0.203	42.80%
2	0.029	0.061	51.75%	0.030	0.055	45.63%
3	0.065	0.076	13.74%	0.026	0.100	73.48%
4	0.059	0.095	37.31%	0.040	0.099	59.93%
楼层	TCU115			EMO270		
	基础隔+相邻塔楼	基础隔	减振率	基础隔+相邻塔楼	基础隔	减振率
台面	0.200	0.200	—	0.200	0.200	—
1	0.081	0.266	69.54%	0.072	0.040	−83.28%
2	0.030	0.166	81.95%	0.030	0.028	−6.60%
3	0.053	0.074	28.47%	0.019	0.026	24.23%
4	0.065	0.167	61.01%	0.024	0.040	40.09%

表 4-9 列出了基础隔震结构与非隔震结构在相同地震波激励下的减振率，可以明显看出在 1 层处，隔震结构加速度比非隔震结构大，甚至大很多，这是由于含有基础隔震层的工况在 1 层处的加速度实际上测到的是隔震层的加速度，基础隔震结构上部呈整体式运动，在基础隔震层处，相对加速度会突然增大；但上部结构加速度会有明显的控制效果，除去第 1 层外的试验数据，基础隔震结构平均减振率为 61.15%。

表 4-10 列出了基础隔震结构与基础隔震连接相邻塔楼在相同地震波激励下的减振率，可以看出通过阻尼器连接相邻塔楼后，加速度得到了进一步控制，在 EMO270 波下，结构下部加速度明显放大，并且减振率明显小于其余 3 条波；相比于基础隔震结构，连接相邻塔楼的平均减振率为 32.70%；相比于非隔震结构，基础隔震连接相邻塔楼的平均减振率为 73.85%。

3）层间隔震结构及连接相邻塔楼工况

在层间隔震工况下，试验测得的结构楼层加速度峰值曲线和结构顶层加速度时程曲线如图 4-71～图 4-74 所示。

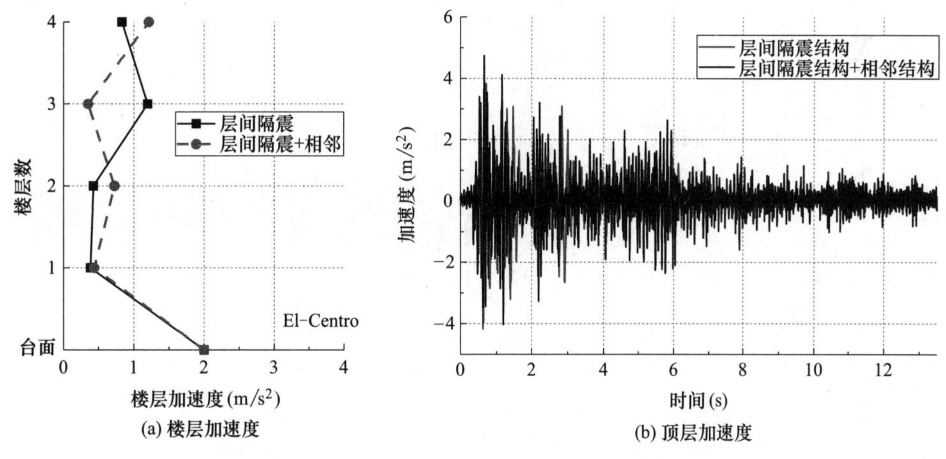

(a) 楼层加速度 (b) 顶层加速度

图 4-71 层间隔震工况在 El-Centro 波激励下的加速度

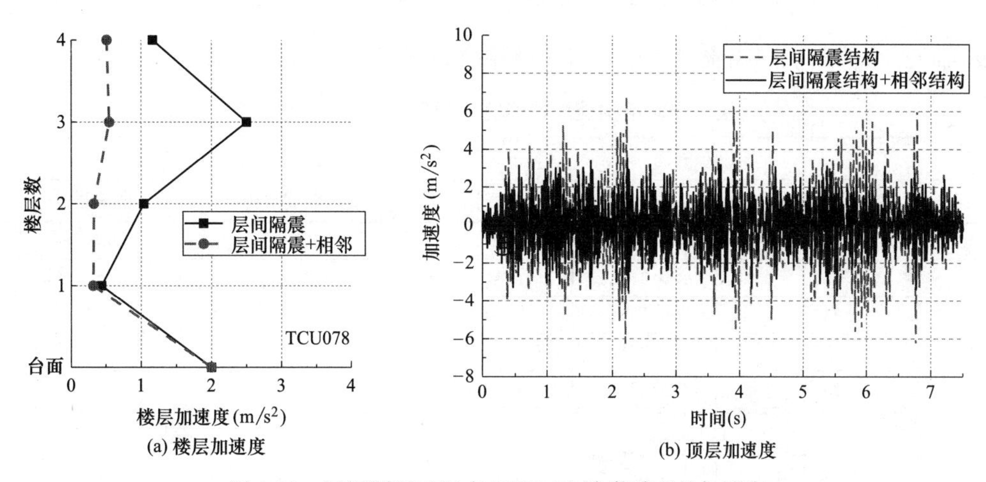

(a) 楼层加速度 (b) 顶层加速度

图 4-72 层间隔震工况在 TCU078 波激励下的加速度

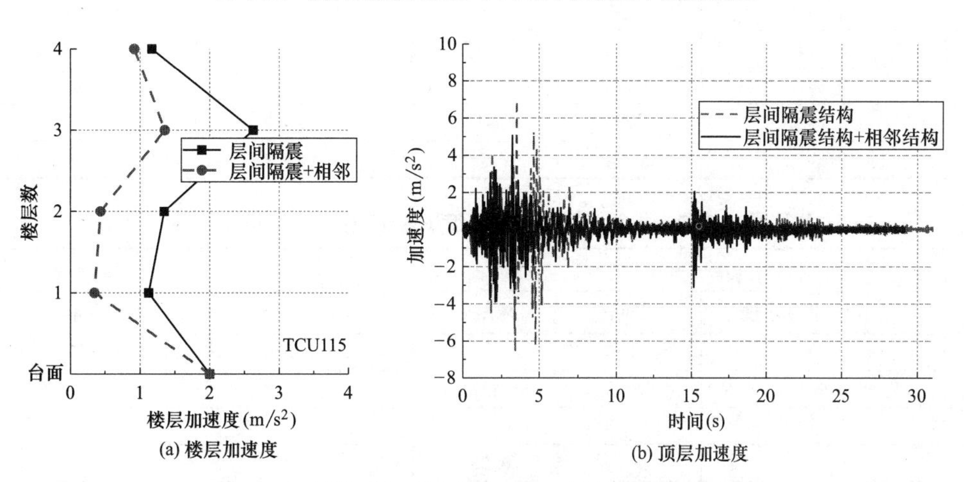

(a) 楼层加速度 (b) 顶层加速度

图 4-73 层间隔震工况在 TCU115 波激励下的加速度

层间隔震结构的隔震层位于结构 2～3 层之间，即第 3 层处测点，由图 4-71～图 4-74 可以看出，第 3 层的加速度均有一个较大的增幅，这是由于第 3 层测点代表中间隔震层的加速度，在此处相对加速度会有一个突变峰值，同样，在近场脉冲长周期波 EMO270 激励下，阻尼器的效果并不理想。从图 4-71（b）和图 4-74（b）的时程位移可以看出，在 El-Centro 波、EMO270 波激励下，连接相邻塔楼对结构顶层加速度的影响似乎不大；但在长周期波 TCU078、TCU115 激励下，在加速度时程高频处有明显的减小，阻尼器效果明显。

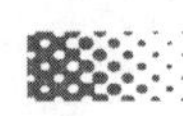

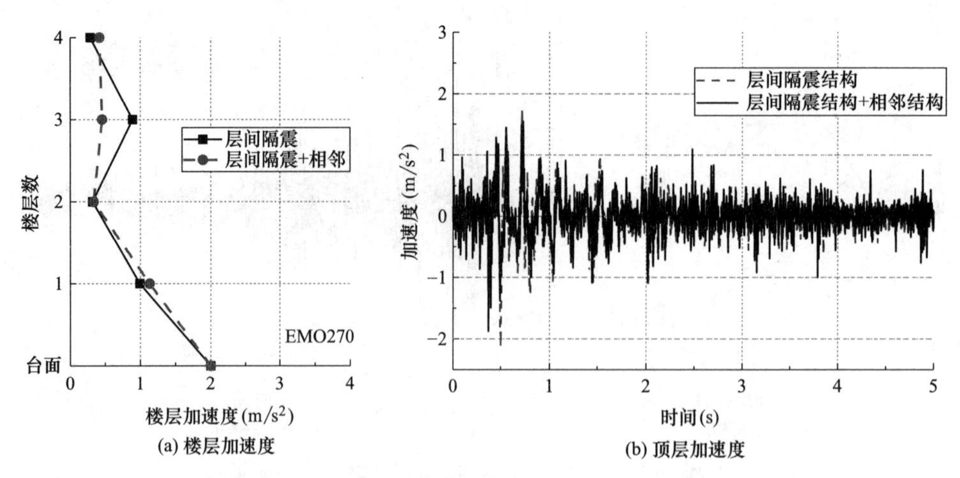

图 4-74 层间隔震工况在 EMO270 波激励下的加速度

层间隔震减振率以及层间隔震连接相邻塔楼减振率列于表 4-11 和表 4-12。

层间隔震结构楼层加速度试验值（g）及减振率 **表 4-11**

楼层	El-Centro			TCU078		
	层间隔震结构	非隔震	减振率	层间隔震结构	非隔震	减振率
台面	0.200	0.200	—	0.200	0.200	—
1	0.039	0.044	11.44%	0.044	0.053	16.49%
2	0.043	0.185	69.69%	0.104	0.219	52.61%
3	0.120	0.286	58.10%	0.250	0.355	29.57%
4	0.083	0.321	74.09%	0.116	0.292	60.14%
楼层	TCU115			EMO270		
	层间隔震结构	非隔震	减振率	层间隔震结构	非隔震	减振率
台面	0.200	0.200	—	0.200	0.200	—
1	0.112	0.124	9.51%	0.099	0.073	−36.08%
2	0.135	0.155	12.89%	0.032	0.086	62.64%
3	0.262	0.285	7.91%	0.089	0.105	15.09%
4	0.117	0.312	62.54%	0.029	0.087	67.06%

层间隔震结构+相邻塔楼楼层加速度试验值（g）及阻尼器减振率 **表 4-12**

楼层	El-Centro			TCU078		
	层间隔+相邻塔楼	层间隔	减振率	层间隔+相邻塔楼	层间隔	减振率
台面	0.200	0.200	—	0.200	0.200	—
1	0.044	0.039	−13.71%	0.032	0.044	27.77%
2	0.073	0.043	−69.21%	0.033	0.104	68.50%
3	0.035	0.120	70.58%	0.055	0.250	78.08%
4	0.101	0.083	−21.74%	0.051	0.116	56.00%
楼层	TCU115			EMO270		
	层间隔+相邻塔楼	层间隔	减振率	层间隔+相邻塔楼	层间隔	减振率
台面	0.200	0.200	—	0.200	0.200	—
1	0.035	0.112	69.04%	0.113	0.099	−14.07%
2	0.044	0.135	67.56%	0.033	0.032	−4.40%
3	0.135	0.262	48.38%	0.046	0.089	48.81%
4	0.092	0.117	21.46%	0.042	0.029	−45.89%

表 4-11 列出了层间隔震结构与非隔震结构在相同地震波激励下的减振率，可以明显看出在 1 层处，结构加速度的控制效果并不理想，说明层间隔震结构对下部结构的加速度控制效果并不好，甚至是略微放大。层间隔震对下部结构（1～2 层）平均减振率为 24.90％；上部结构（3～4 层）平均减振率为 46.81％；如果剔除与阻尼器相邻层（第 3 层）的影响，顶层平均减振率为 65.98％，说明层间隔震结构对上部结构控制效果较好，但对于下部结构控制效果较差。

表 4-12 列出了层间隔震结构与层间隔震连接相邻塔楼在相同地震波激励下的减振率，在 El-Centro 波、EMO270 波激励下控制效果较差，加速度均有不同程度的放大。存在加速度放大的层数位于连接阻尼器的相邻层（2 层和 4 层），而连接阻尼器的层数（第 3 层）加速度却有明显控制效果，说明在此处由于中间隔震层和阻尼器的共同作用，连接相邻塔楼后加速度在该层得到有效控制。相比于层间隔震结构，连接相邻塔楼的平均减振率为 24.20％；相比于非隔震结构，层间隔震连接相邻塔楼对上部结构的平均减振率为 59.68％。

4）分段隔震结构及连接相邻塔楼工况

在分段隔震工况下，试验测得的结构楼层加速度峰值曲线和结构顶层加速度时程曲线如图 4-75～图 4-78 所示。

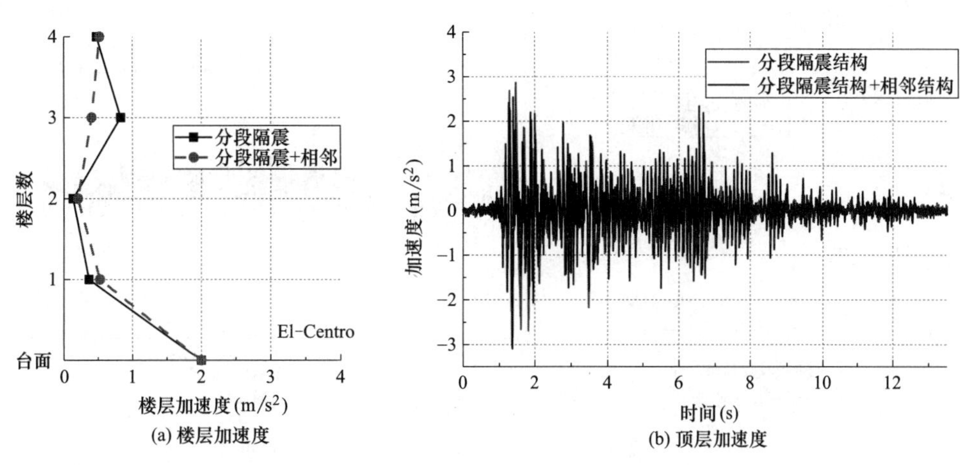

图 4-75　分段隔震工况在 El-Centro 波激励下的加速度

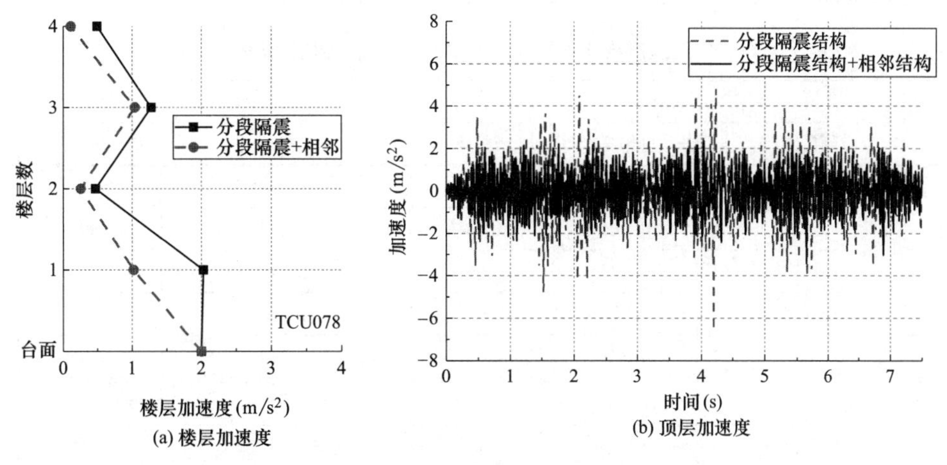

图 4-76　分段隔震工况在 TCU078 波激励下的加速度

分段隔震结构可以视为基础隔震和层间隔震组合，中间隔震层同样位于 2～3 层间，因此分段隔震结构的加速度也会在 1 层测点和 3 层测点出现加速度突变峰值。如图 4-75～图 4-78 所示，与前 3 种工况一样，在近场脉冲长周期波 EMO270 激励下，阻尼器效果不理想，这是由于阻尼器需要通过滞回运动发挥耗能能力，脉冲型地震波下阻尼器的滞回运动不能及时响应。

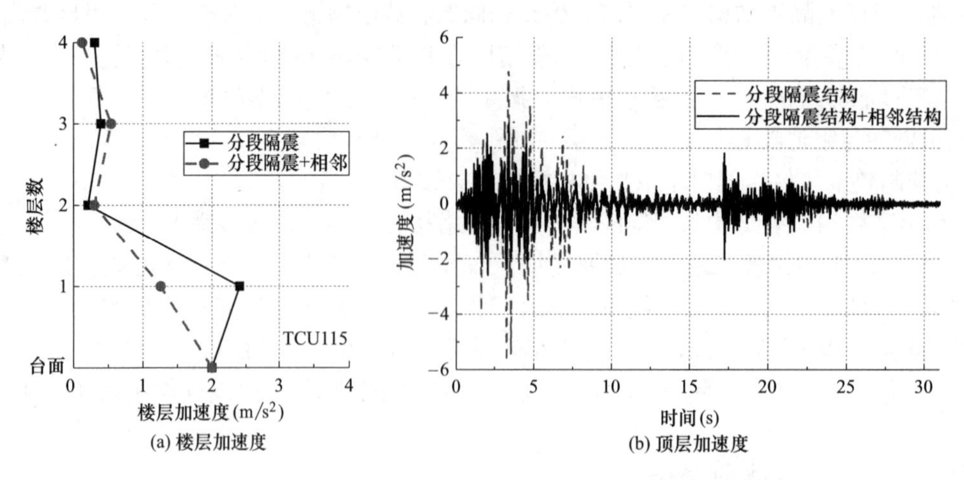

图 4-77　分段隔震工况在 TCU115 波激励下的加速度

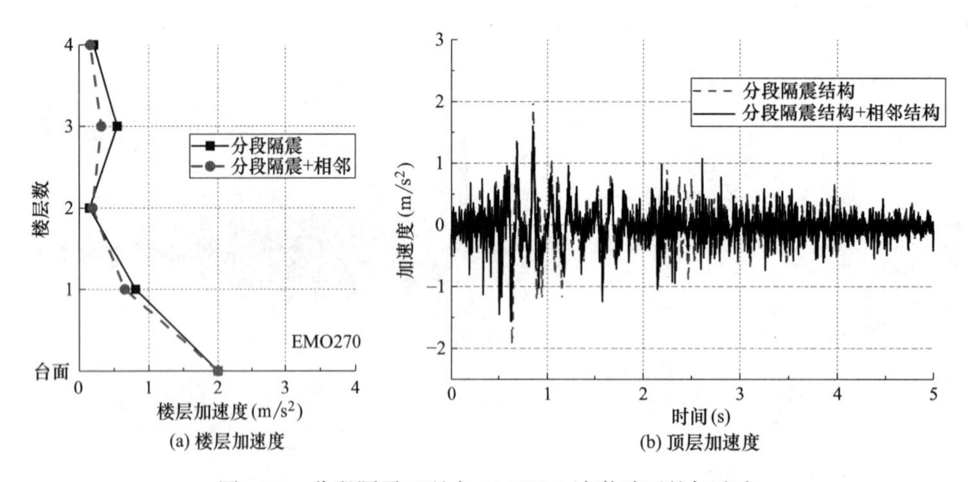

图 4-78　分段隔震工况在 EMO270 波激励下的加速度

分段隔震减振率以及分段隔震连接相邻塔楼减振率列于表 4-13 和表 4-14。

分段隔震结构楼层加速度试验值（g）及减振率　　**表 4-13**

楼层	El-Centro			TCU078		
	分段隔震结构	非隔震	减振率	分段隔震结构	非隔震	减振率
台面	0.200	0.200	—	0.200	0.200	—
1	0.036	0.044	16.85%	0.203	0.053	−285.23%
2	0.013	0.185	92.84%	0.047	0.219	78.40%
3	0.083	0.286	70.95%	0.128	0.355	64.10%
4	0.048	0.321	85.09%	0.049	0.292	83.09%

楼层	TCU115			EMO270		
	分段隔震结构	非隔震	减振率	分段隔震结构	非隔震	减振率
台面	0.200	0.200	—	0.200	0.200	—
1	0.240	0.124	−93.60%	0.081	0.073	−10.87%
2	0.021	0.155	86.49%	0.015	0.086	82.79%
3	0.039	0.285	86.19%	0.055	0.105	47.85%
4	0.031	0.312	90.23%	0.021	0.087	75.84%

分段隔震结构+相邻塔楼楼层加速度试验值（g）及阻尼器减振率　　表 4-14

楼层	El-Centro			TCU078		
	分段隔+相邻塔楼	分段隔	减振率	分段隔+相邻塔楼	分段隔	减振率
台面	0.200	0.200	—	0.200	0.200	—
1	0.053	0.036	−44.75%	0.102	0.203	49.71%
2	0.020	0.013	−52.47%	0.026	0.047	45.95%
3	0.040	0.083	51.20%	0.104	0.128	18.47%
4	0.052	0.048	−8.88%	0.011	0.049	77.99%
楼层	TCU115			EMO270		
	分段隔+相邻塔楼	分段隔	减振率	分段隔+相邻塔楼	分段隔	减振率
台面	0.200	0.200	—	0.200	0.200	—
1	0.126	0.240	47.68%	0.065	0.081	19.17%
2	0.030	0.021	−42.38%	0.019	0.015	−27.86%
3	0.054	0.039	−36.86%	0.032	0.055	41.94%
4	0.013	0.031	58.79%	0.016	0.021	23.62%

表 4-13 列出了分段隔震结构在试验地震波激励下的减振率，由于基础隔震层的存在，分段隔震工况的 1 层加速度较大。除去第 1 层外，分段隔震工况上部结构平均减振率为 78.66%，说明对上部结构隔震效果良好。

表 4-14 列出了分段隔震结构与分段隔震连接相邻塔楼在相同地震波激励下的减振率，在 3 条波激励下连接相邻塔楼出现了“负优化”的情况，这是由于分段隔震结构上部结构加速度较小，阻尼器的存在反而增大了加速度的突变，但整体来说，相比于分段隔震结构，连接相邻塔楼的平均减振率为 13.83%；相比于非隔震结构，若不计结构基础隔震层加速度，混合被动控制体系对上部结构的平均减振率为 83.39%。

2. 阻尼器减振率与总减振率

根据前面的研究，将 8 种试验工况在 4 条不同类型地震波激励下的减振率汇总于表 4-15 中。

阻尼器减振率与总减振率　　表 4-15

模型工况	阻尼器减振率	总减振率(相比于非隔震)
非隔震结构	—	—
非隔震结构+相邻塔楼	39.31%	39.31%
基础隔震结构	—	61.15%
基础震结构+相邻塔楼	32.70%	73.85%
层间隔震结构	—	46.81%
层间震结构+相邻塔楼	24.20%	59.68%
分段隔震结构	—	78.66%
分段震结构+相邻塔楼	13.83%	83.39%

从表 4-15 可以看出：(1) 即使是仅采用阻尼器与相邻塔楼减振，也具有较好的减振效果；(2) 层间隔震的隔震效果不如基础隔震，可能是由于层间隔震下部结构的加速度控制效果不理想，另一方面层间隔震对结构的自振周期并没有基础隔震结构自振周期长，可能也一定程度上影响了隔震效果；(3) 分段隔震连接相邻塔楼取得了最佳的减隔震效果。总体来说，阻尼器对结构减隔震有一定的效果，但采用什么隔震结构体系对减振率起决定性的影响，连接相邻塔楼对控制结构加速度起辅助作用。

4.4.3 试验模型位移响应分析

1. 连接相邻塔楼对结构位移的影响

1）非隔震结构及连接相邻塔楼工况

非隔震工况下，试验测得的结构楼层位移峰值曲线如图 4-79～图 4-82 所示。

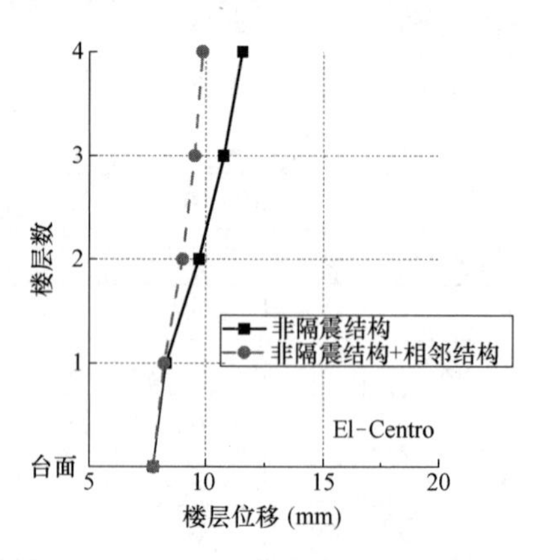

图 4-79 El-Centro 波激励下楼层位移

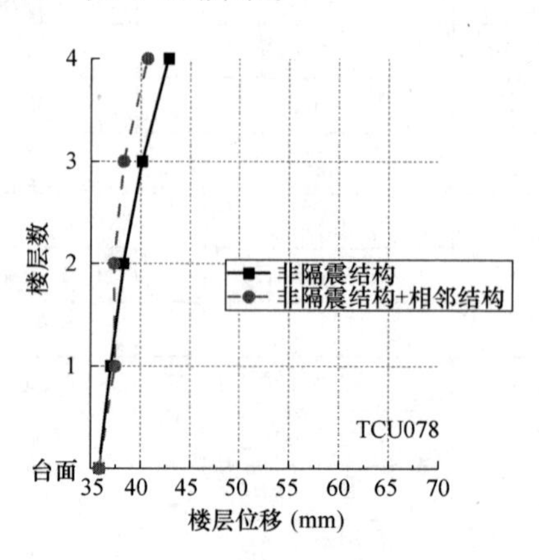

图 4-80 TCU078 波激励下楼层位移

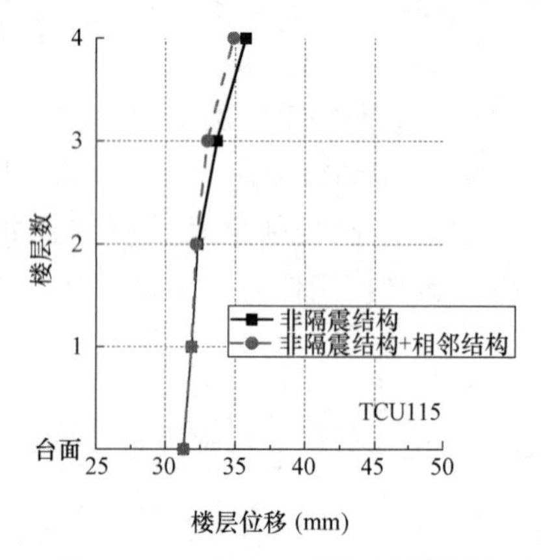

图 4-81 TCU115 波激励下楼层位移

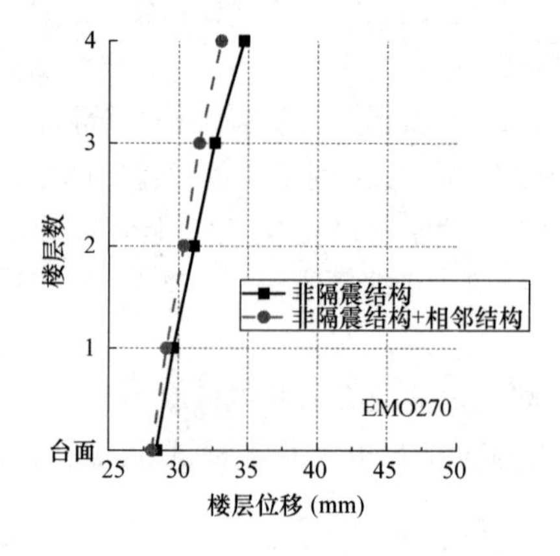

图 4-82 EMO270 波激励下楼层位移

从图 4-79～图 4-82 可以看出，在峰值加速度为 0.2g 的地震波激励下，不论是振动台台面的位移，还是结构产生的楼层位移，3 条长周期波对结构位移响应的影响明显大于普通周期波，长周期波对高层建筑的不利影响应引起重视。

采用更直观的指标来量化阻尼器连接相邻塔楼的限位效果，引入结构限位率参数 θ_2 来比较不同减隔震模型的层间位移控制效果，定义：

$$\theta_2=\left(1-\frac{\Delta_j}{\Delta}\right)\times100\% \tag{4-3}$$

其中参数 θ_2 为限位率，Δ_j 为减隔震结构位移响应，Δ 为非隔震结构位移响应。

为了更严谨直观地表达阻尼器的限位作用，取层间位移作为参考标准，即相邻两层的绝对位移差值。非隔震结构连接相邻塔楼的层间位移试验值及限位率列于表 4-16。

从表 4-16 可看出，非隔震模型连接相邻塔楼后，即使在几毫米的小位移下阻尼器依然发挥了一定程度的限位能力。非隔震结构与连接相邻塔楼后平均层间位移角分别为 1/597 和 1/796；连接相邻塔楼后结构处于线弹性阶段，综合限位率为 19.32%。

非隔震结构+相邻塔楼层间位移试验值（mm）及限位率　　表 4-16

楼层	El-Centro			TCU078		
	非隔震+相邻塔楼	非隔震	限位率	非隔震+相邻塔楼	非隔震	限位率
台面	7.756	7.757	—	35.886	35.886	—
1	0.464	0.554	16.19%	1.555	1.139	−36.51%
2	0.786	1.410	44.26%	0.510	1.253	59.30%
3	0.520	1.033	49.72%	0.962	1.880	48.83%
4	0.331	0.795	58.34%	2.396	2.694	11.06%
楼层	TCU115			EMO270		
	非隔震+相邻塔楼	非隔震	限位率	非隔震+相邻塔楼	非隔震	限位率
台面	31.307	31.307	—	28.070	28.433	—
1	0.558	0.578	3.48%	1.050	1.195	12.19%
2	0.337	0.429	21.39%	1.239	1.490	16.90%
3	0.802	1.374	41.62%	1.111	1.468	24.29%
4	1.874	2.066	9.29%	1.579	2.096	24.68%

2）基础隔震结构及连接相邻塔楼工况

在基础隔震工况下，试验测得的结构楼层位移峰值曲线和基础隔震层位移时程曲线如图 4-83～图 4-86 所示。

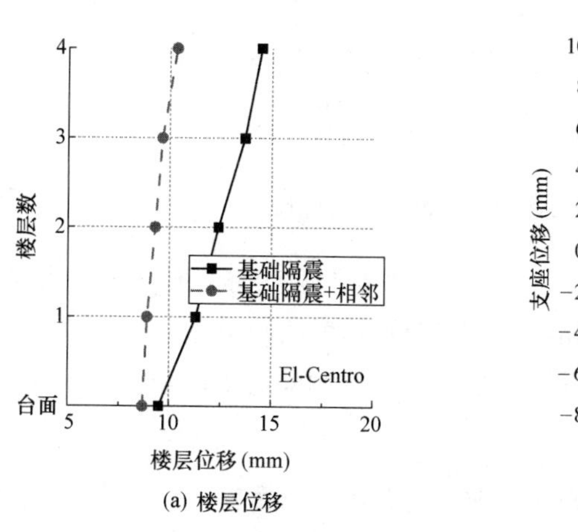

(a) 楼层位移

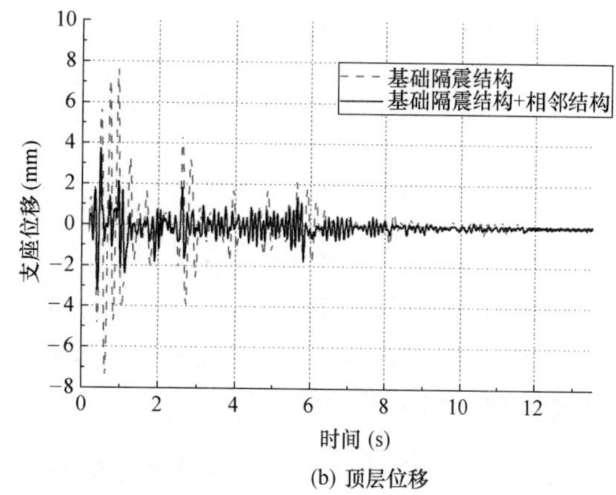

(b) 顶层位移

图 4-83　基础隔震工况在 El-Centro 波激励下的位移

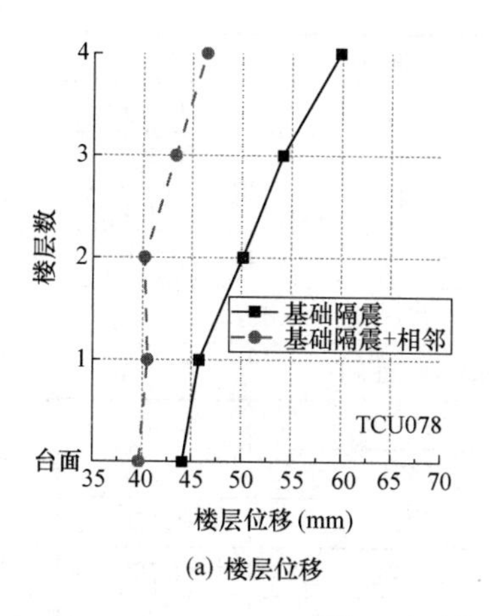

(a) 楼层位移

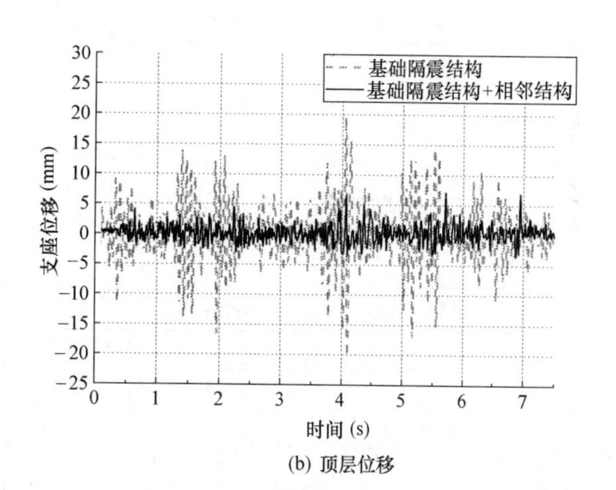

(b) 顶层位移

图 4-84　基础隔震工况在 TCU078 波激励下的位移

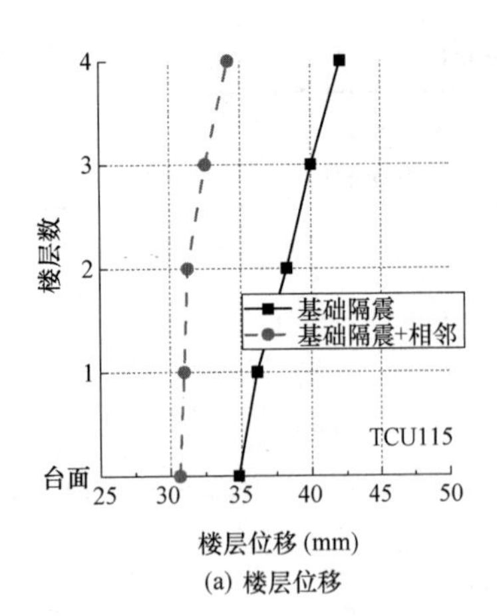

(a) 楼层位移

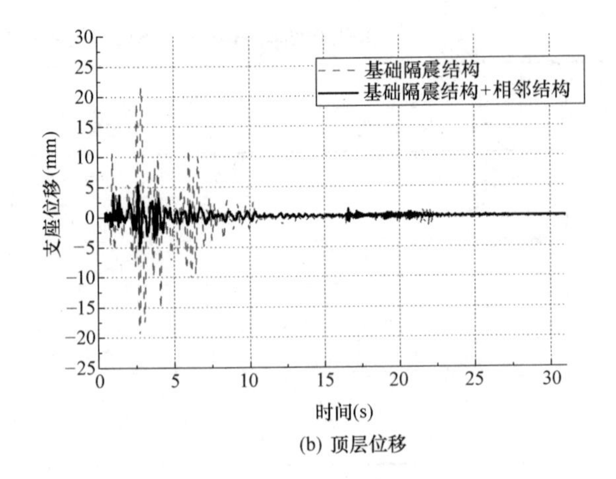

(b) 顶层位移

图 4-85 基础隔震工况在 TCU115 波激励下的位移

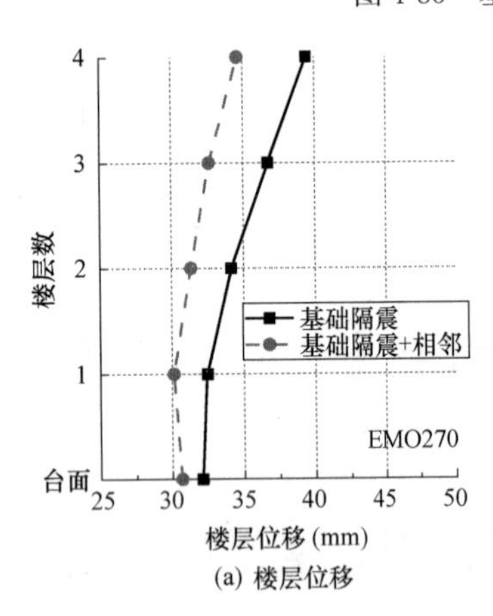

(a) 楼层位移

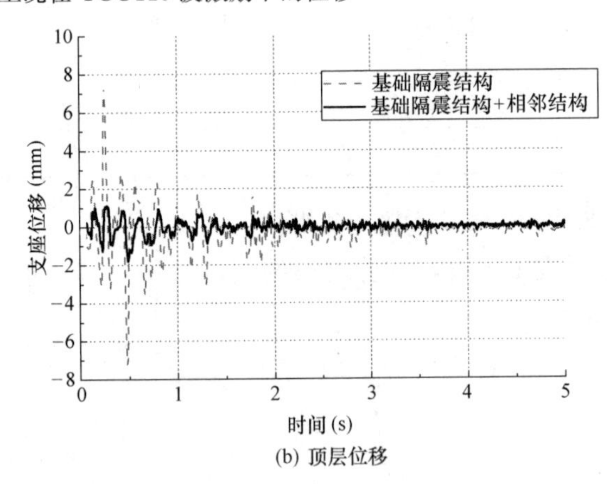

(b) 顶层位移

图 4-86 基础隔震工况在 EMO270 波激励下的位移

结合图 4-83～图 4-86 可看出，相比于非隔震结构，由于基础隔震层的存在使上部结构在地震波激励下有了更为明显的位移变形；但也因为隔震层的存在，使得阻尼器的限位功能得到了更好的发挥。从隔震支座位移时程图可以明显看出，在 4 条波激励下连接阻尼器对控制隔震支座位移效果显著。基础隔震连接相邻塔楼限位率列于表 4-17。

基础隔震结构＋相邻塔楼层间位移试验值（mm）及限位率 **表 4-17**

楼层	El-Centro			TCU078		
	基础隔＋相邻	基础隔	限位率	基础隔＋相邻	基础隔	限位率
支座	7.617	3.717	51.20%	7.08	20.307	65.10%
1	0.220	1.790	87.73%	0.852	1.679	49.24%
2	0.380	1.099	65.42%	0.515	4.351	88.16%
3	0.351	1.287	72.73%	3.159	3.978	20.59%
4	0.699	0.808	13.48%	3.090	5.756	46.32%

楼层	TCU115			EMO270		
	基础隔＋相邻	基础隔	限位率	基础隔＋相邻	基础隔	限位率
支座	5.475	21.424	74.44%	1.794	7.342	75.56%
1	0.335	1.344	75.06%	0.534	0.377	−41.69%
2	0.268	2.115	87.33%	1.216	1.675	27.43%
3	1.279	1.749	26.86%	1.287	2.589	50.29%
4	1.639	2.091	21.63%	1.983	2.697	26.48%

表 4-16 列出了基础隔震结构与基础隔震连接相邻塔楼在相同地震波激励下的限位率。基础隔震结构在进行 TCU078 波测试时，由于隔震层位移较大，结构出现了明显倾覆趋势，底部连接钢板 A、B 出现了明显晃动，导致层间位移出现了明显增大，通过阻尼器连接相邻塔楼后，不再出现倾覆趋势。隔震层的平均限位率为 66.58%；上部结构层间位移的限位率为 43.95%。需要说明的是，由于底部连接板晃动导致试验数据不准确，基础隔震结构不计算平均层间位移角；连接相邻塔楼后层间位移角为 1/497（除去隔震支座位移）。在基础隔震工况下，阻尼器可以很大程度上缓解在长周期波激励下隔震支座位移超限的压力。

3）层间隔震结构及连接相邻塔楼工况

在层间隔震工况下，试验测得的结构楼层位移峰值曲线和中间隔震层位移时程曲线如图 4-87～图 4-90 所示。

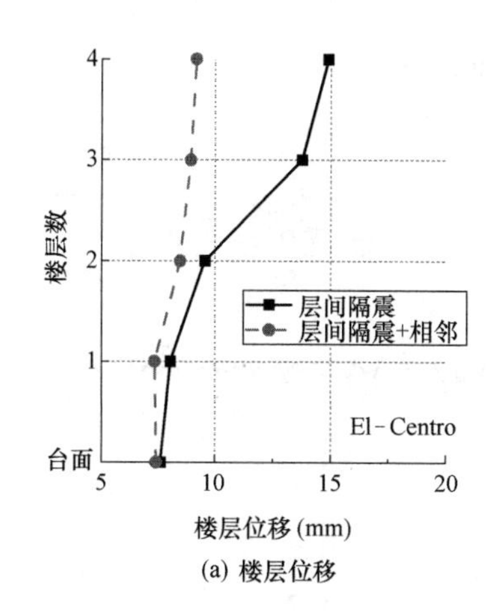

(a) 楼层位移

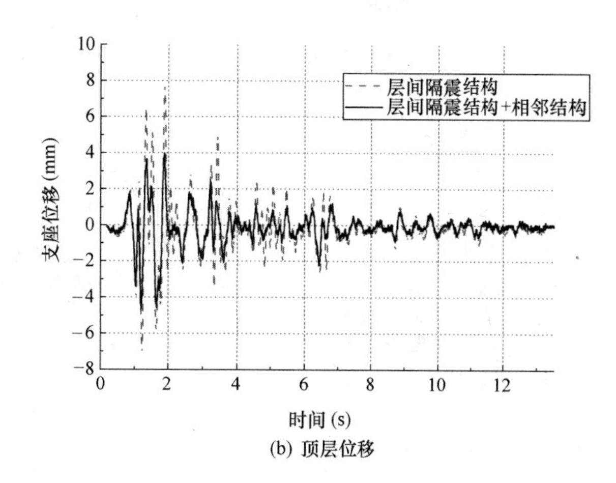

(b) 顶层位移

图 4-87　层间隔震工况在 El-Centro 波激励下的位移

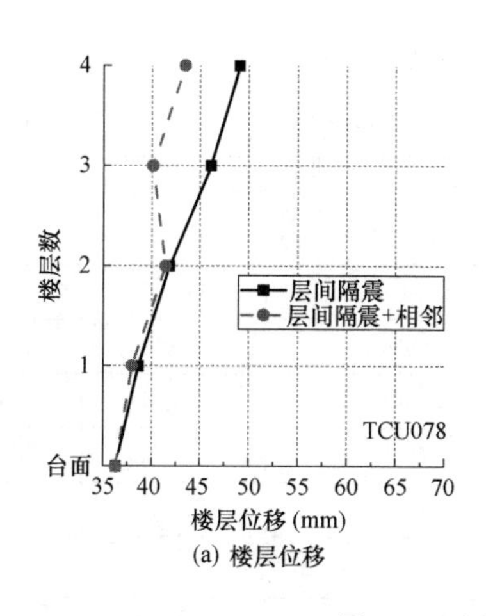

(a) 楼层位移

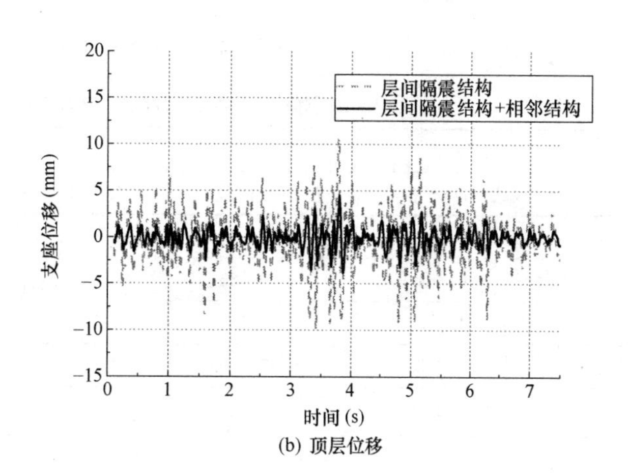

(b) 顶层位移

图 4-88　层间隔震工况在 TCU078 波激励下的位移

结合图 4-87～图 4-90 可看出，层间隔震结构的位移集中在中间隔震层（2～3 层之间），阻尼器对下部结构位移的控制微乎其微。由于层间隔震层位于中部，将结构分为上部结构和下部结构，层间隔震结构的支座位移略小于基础隔震结构。层间隔震连接相邻塔楼限位率列于表 4-18。

表 4-18 列出了层间隔震结构与层间隔震连接相邻塔楼在相同地震波激励下的限位率。连接相邻塔楼后，中间隔震层的平均限位率为 45.02%；对层间隔震层上部结构层间位移的平均限位率为 36.68%；下部结构平均限位率为 29.49%；综合限位率为 33.09%。层间隔震结构与连接相邻塔楼后平均层间位移角分别为 1/645 和 1/818。层间隔震结构作为一种防止基础隔震支座位移超限和结构倾覆的解决方案是可行的。

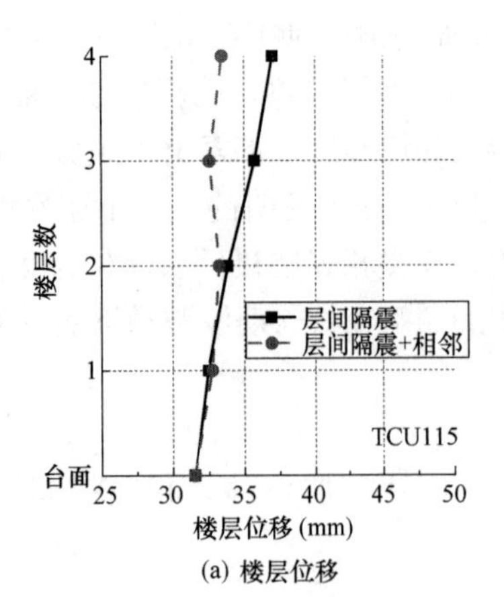

(a) 楼层位移

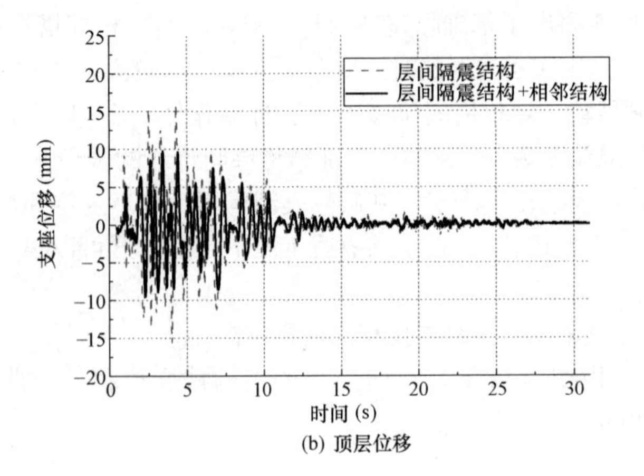

(b) 顶层位移

图 4-89　层间隔震工况在 TCU115 波激励下的位移

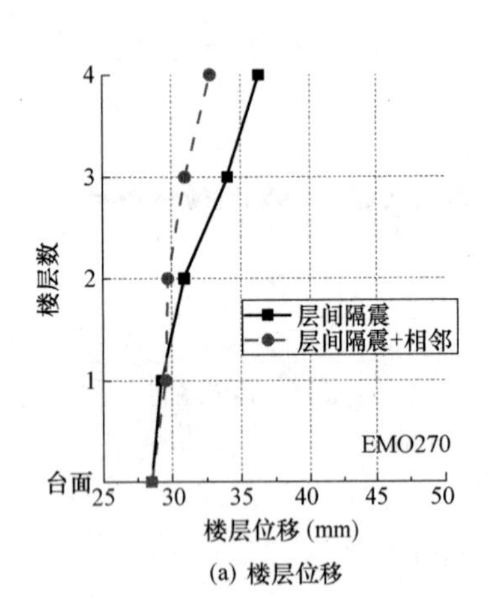

(a) 楼层位移

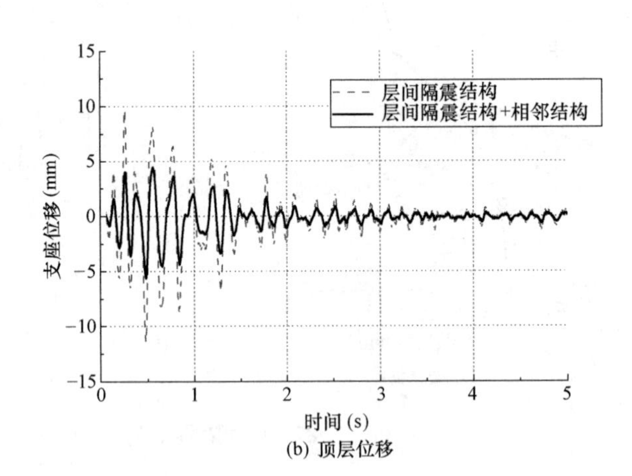

(b) 顶层位移

图 4-90　层间隔震工况在 EMO270 波激励下的位移

层间隔震结构+相邻塔楼层间位移试验值（mm）及限位率　　**表 4-18**

楼层	El-Centro			TCU078		
	层间隔+相邻	层间隔	限位率	层间隔+相邻	层间隔	限位率
台面	7.420	7.606	—	36.320	36.320	—
1	0.164	0.435	62.32%	1.699	2.328	26.99%
2	1.115	1.522	26.72%	3.406	3.214	−5.97%
支座	4.965	7.865	36.87%	4.756	10.658	55.38%
4	0.250	1.133	77.98%	3.344	2.923	−14.39%

楼层	TCU115			EMO270		
	层间隔+相邻	层间隔	限位率	层间隔+相邻	层间隔	限位率
台面	31.512	31.512	—	28.500	28.484	—
1	1.220	0.974	−25.22%	0.843	0.763	−10.45%
2	0.520	1.358	61.73%	0.383	1.649	76.79%
支座	9.836	15.687	37.30%	5.678	11.478	50.53%
4	0.893	1.265	29.44%	1.812	2.276	20.35%

4）分段隔震结构及连接相邻塔楼工况

在分段隔震工况下，试验测得的结构楼层位移峰值曲线和分段隔震层位移时程曲线如图 4-91～图 4-94 所示。

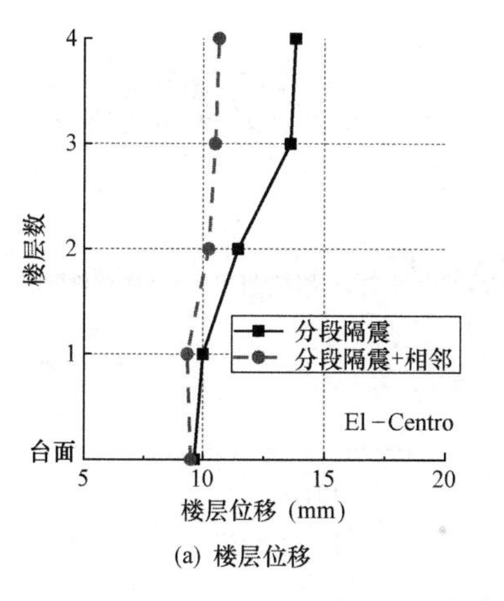

(a) 楼层位移

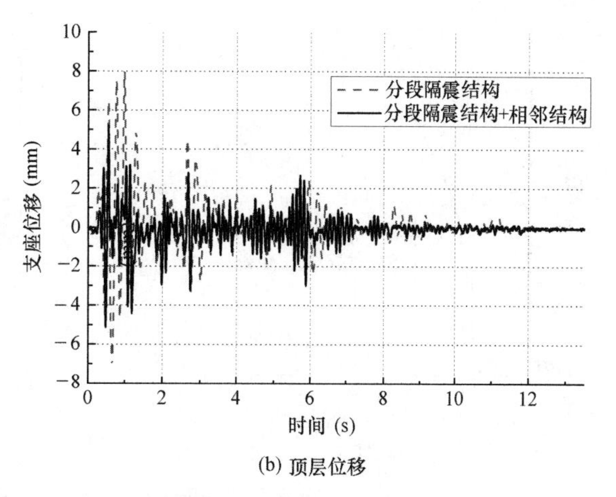

(b) 顶层位移

图 4-91　分段隔震工况在 El-Centro 波激励下的位移

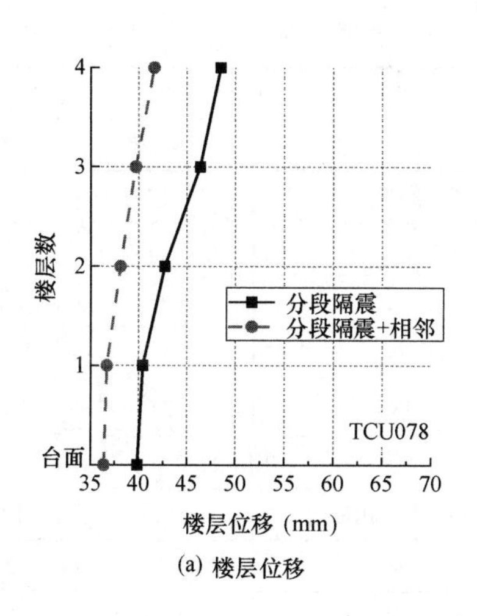

(a) 楼层位移

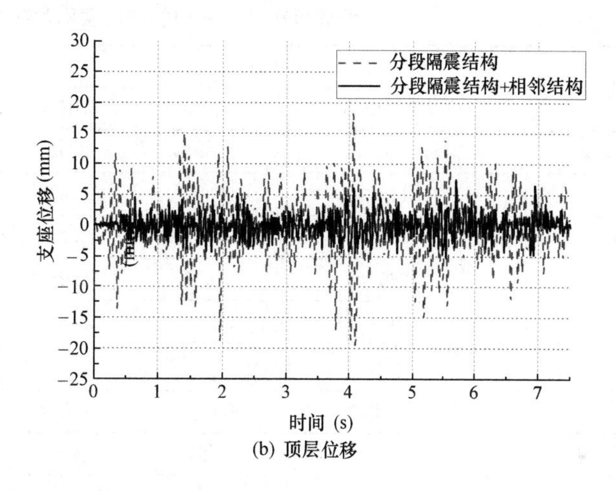

(b) 顶层位移

图 4-92　分段隔震工况在 TCU078 波激励下的位移

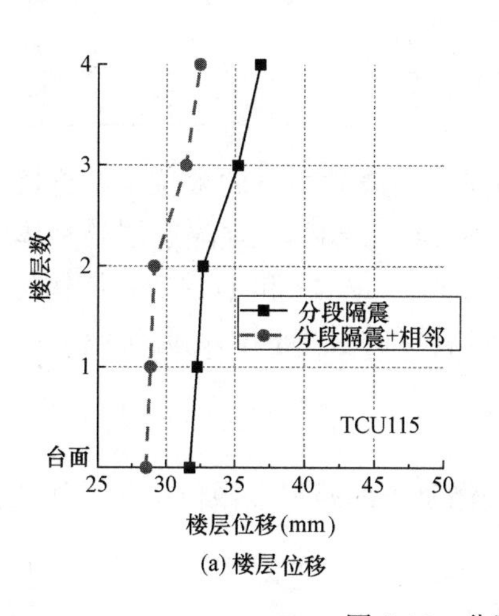

(a) 楼层位移

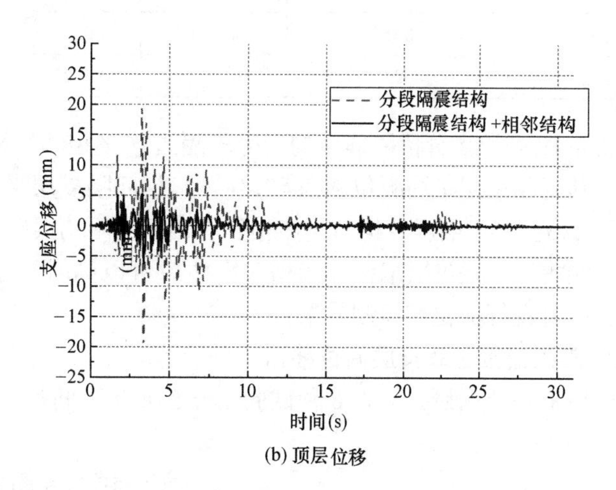

(b) 顶层位移

图 4-93　分段隔震工况在 TCU115 波激励下的位移

结合图 4-91～图 4-94 可看出，分段隔震结构的位移分配到了两个隔震层中；由于基础隔震层的存在，阻尼器对下部结构位移控制效果较层间隔震有了一定提升。在近场脉冲地震波 EMO270 激励下，位移的控制效果仍然保持不错的水平；虽然高频脉冲下阻尼器无法及时滞回耗能，但也使阻尼器起到了良好的限位效果。分段隔震连接相邻塔楼限位率列于表 4-19。

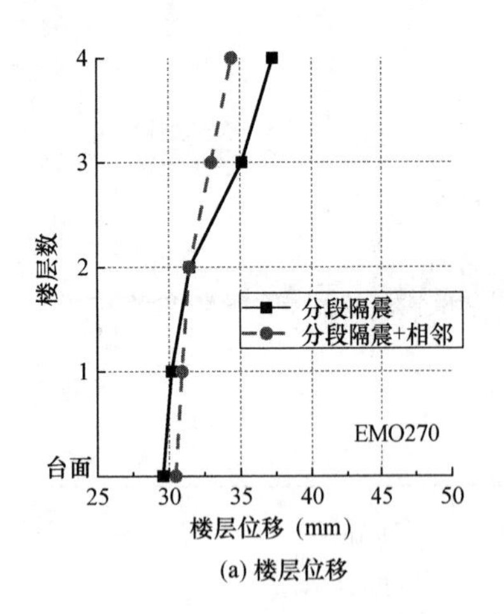

(a) 楼层位移

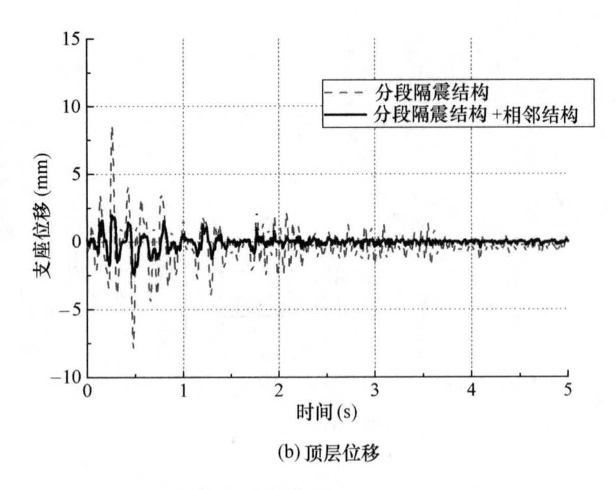

(b) 顶层位移

图 4-94 分段隔震工况在 EMO270 波激励下的位移

分段隔震结构+相邻塔楼层间位移试验值（mm）及限位率 **表 4-19**

楼层	El-Centro			TCU078		
	分段隔+相邻	分段隔	限位率	分段隔+相邻	分段隔	限位率
支座	5.23901	8.26543	36.62%	7.80765	19.1758	59.28%
1	0.149	0.350	57.53%	0.302	0.555	45.68%
2	0.890	1.452	38.69%	1.418	2.251	36.99%
支座	1.266	3.646	65.28%	2.987	6.115	51.15%
4	0.148	0.207	28.58%	1.904	2.124	10.39%

楼层	TCU115			EMO270		
	分段隔+相邻	分段隔	限位率	分段隔+相邻	分段隔	限位率
支座	6.20543	19.68444	68.48%	2.39062	8.59605	72.19%
1	0.311	0.535	41.82%	0.435	0.598	27.22%
2	0.255	0.426	40.02%	0.526	1.282	59.01%
支座	2.301	4.541	49.33%	2.238	3.930	43.05%
4	1.023	1.604	36.21%	1.424	2.173	34.47%

表 4-19 列出了分段隔震结构与分段隔震连接相邻塔楼在相同地震波激励下的限位率。连接相邻塔楼后，基础隔震层平均限位率为 59.14%；层间隔震层平均限位率为 52.20%；除隔震层外整体限位率为 38.05%。分段隔震结构与连接相邻塔楼后的平均层间位移角分别为 1/944 和 1/1457；结构位移集中在两个隔震层，通过阻尼器连接相邻塔楼后可以同时减小两个隔震层的位移，在更宽频域地震波激励下，均有着良好的位移控制效果。

2. 阻尼器限位率与层间位移角

根据上一节的研究，将 8 种试验工况在 4 条不同类型地震波激励下的阻尼器限位率与层间位移角汇总于表 4-20。

阻尼器限位率与层间位移角 **表 4-20**

模型工况	阻尼器限位率(隔震层/整体结构)	层间位移角
非隔震结构	—	1/597
非隔震结构+相邻塔楼	19.32%	1/796
基础隔震结构	—	—
基础震结构+相邻塔楼	66.58% / 43.95%	1/497

续表

模型工况	阻尼器限位率(隔震层/整体结构)	层间位移角
层间隔震结构	—	1/645
层间隔震结构+相邻塔楼	45.02% / 33.09%	1/818
分段隔震结构	—	1/944
分段隔震结构+相邻塔楼	55.67% / 38.05%	1/1457

需要说明的是，基础隔震结构由于试验过程中倾覆明显，底部连接板件晃动，对试验结果产生了较大影响，未连接相邻塔楼的试验值偏大，此工况下，阻尼器限位率偏大，故不计算限位率和层间位移角。从表 4-20 中可以看出，隔震结构通过阻尼器连接相邻塔楼后，阻尼器对隔震层和整体结构控制效果良好，层间位移明显减小。由《建筑抗震设计规范》GB 50011—2010（2016 年版）第 5.5.1 条规定：多、高层钢结构弹性层间位移角限值为 1/250，故试验模型工况整体处于弹性阶段，数据采集可信。

本节所提结合分段隔震与相邻塔楼连接耗能的混合被动控制系统，在试验中取得了最优的位移控制效果，分段隔震平均层间位移角为 1/944，通过阻尼器连接相邻塔楼后，平均层间位移角进一步减小为 1/1457。若考虑高层隔震结构的倾覆问题，连接相邻塔楼后，可以有效解决结构倾覆以及支座位移超限的问题。

4.5　混合被动控制体系有限元分析与试验结果对比

为了更好地反映结合分段隔震与相邻塔楼连接耗能的混合被动控制系统减隔震性能，本节采用当前结构设计行业使用较为广泛的有限元软件 ETABS 对缩尺模型的 8 种试验工况进行建模，并输入相应的 4 条地震波进行结构仿真，分析不同减隔震体系对模型结构大指标的影响，以验证本章所提混合被动控制体系的优越性。

4.5.1　有限元模型概况

1. 隔震支座在 ETABS 中的模拟

在数值分析中，由于建模时，模型中隔震层的水平刚度，以及其中的线性、非线性属性将直接影响到有限元模拟的地震响应结果，因此在有限元软件 ETABS 中模拟铅芯橡胶隔震支座时，须考虑到支座中叠层橡胶的线性属性，也必须考虑到铅芯带来的非线性属性。

针对隔震支座在 ETABS 中的模拟，可采用“Rubber Isolator”连接单元，在设置参数时，需定义“Rubber Isolator”单元中的 U1、U2、U3 三个方向的线性、非线性属性，其中 U1 为隔震支座垂直向力学参数，由于隔震支座竖向刚度可不考虑，故 U1 方向只考虑线性属性，U1 的参数设置如图 4-95 所示。U2、U3 为隔震支座水平向参数，须同时考虑支座线性和非线性属性，且隔震支座水平方向参数相同，参数设置如图 4-96 所示。

其中，U1 参数设置的交互界面中，有效刚度为隔震支座竖向刚度，在 U2、U3 参数设置中，分为线性和非线性属性，线性属性的有效刚度为《建筑抗震设计规范》GB 50011—2010（2016 年版）中规定的多遇地震下隔震支座剪切变形 50%时的水平有效刚度，以及罕遇地震下隔震支座剪切变形为 250%时的水平有效刚度。非线性属性的刚度为隔震支座屈服前水平刚度，屈服力为隔震支座水平屈服剪力；屈服后刚度比一般在 0.1 左右，为铅芯橡胶隔震支座屈服后与屈服前水平刚度的比值。

2. 黏滞阻尼器在 ETABS 中的模拟

针对阻尼器单元在 ETABS 中的模拟，可采用自带的连接单元“Damper-Exponential”单元，该单元本质为简化的 Maxwell 模型，材料函数中含有多个指数函数，软件中简化为弹簧和阻尼串联共同作用，其中，C 为阻尼系数；k 为弹簧的刚度系数，简化计算模型如图 4-97 所示。

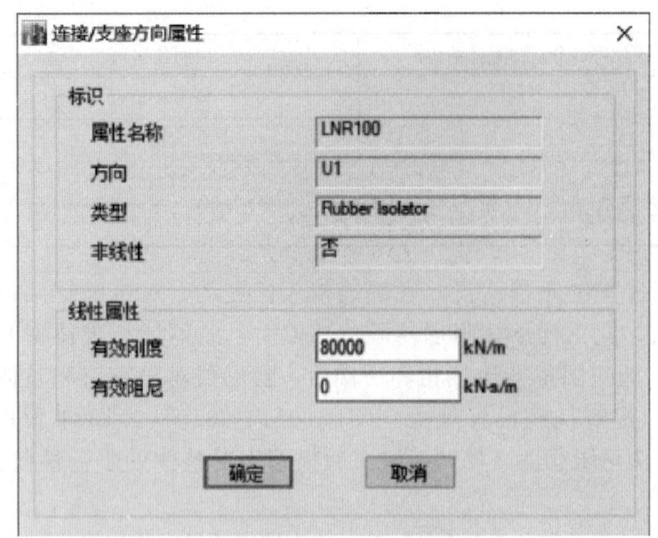

图 4-95　隔震支座 U1 参数设置

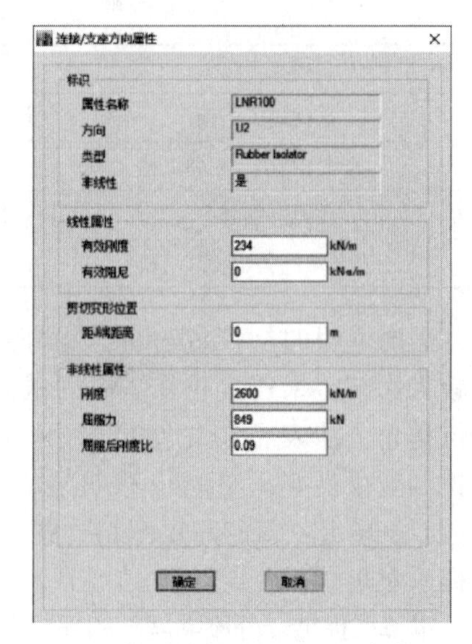

图 4-96　隔震支座 U2（U3）参数设置

图 4-97　Maxwell 模型图

根据第 4.3 节已测定的黏滞阻尼器力学特性，采用“Damper-Exponential”单元模拟阻尼器的非线性，其中 U1 为阻尼器轴向参数，如图 4-98 所示。

图 4-98 中需要说明的是：

（1）关于线性属性中的刚度和阻尼：由于黏滞阻尼器的储存刚度为 0，因此线性属性中有效刚度为 0，有效阻尼也为 0。

图 4-98　黏滞阻尼器参数设置

（2）关于非线性属性中的刚度：由于阻尼器的轴向变形非常小，可以忽略不计，在有限元模拟时，须保证轴向单元刚度足够大，在试验中由相似关系压缩后的地震波时间步长为 0.00125s，因此设定阻尼器非线性属性中的刚度参数为阻尼系数的 800 倍，若在一个时间步长内，阻尼器存在 800 倍的线性阻尼系数，在通过连接阻尼器连接相邻塔楼后，其原结构的刚度并不会发生改变。

（3）关于非线性属性中的阻尼和阻尼指数：参数设置中的阻尼为阻尼系数 C，其取值与阻尼器液体

材料及温度相关，阻尼指数为速度指数 η，其取值与阻尼器运动的相对速度相关。当 η 较小时，阻尼器耗能能力较强，同时，阻尼力也较大，根据经验一般取值 0.3～1.0，当结构位移较大或受力较大时，可通过取值改变阻尼器参数（速度指数或阻尼系数）或数量进行调整，考虑到 4.3 节试验方案，根据振动台试验工况、场地条件及阻尼器制作加工精度，最终确定阻尼系数 C=200N/(mm/s)，速度指数 η=0.5。

3. 有限元模型建立

依照 4.3 节相似比建立试验工况有限元模型如图 4-99（a）～(d）所示；对连接相邻塔楼的工况采用多塔模式分别建立主结构及从结构，如图 4-99（e）所示。模型单层尺寸 1.6m（长）×0.8m（宽）×0.8m（高）；主结构总体高度为 3.2m，从结构 2.4m，梁柱节点处为刚性连接，根据实际模型设定模型材料属性 Q235 钢，截面尺寸属性为国标 L110×10 型等边角钢。

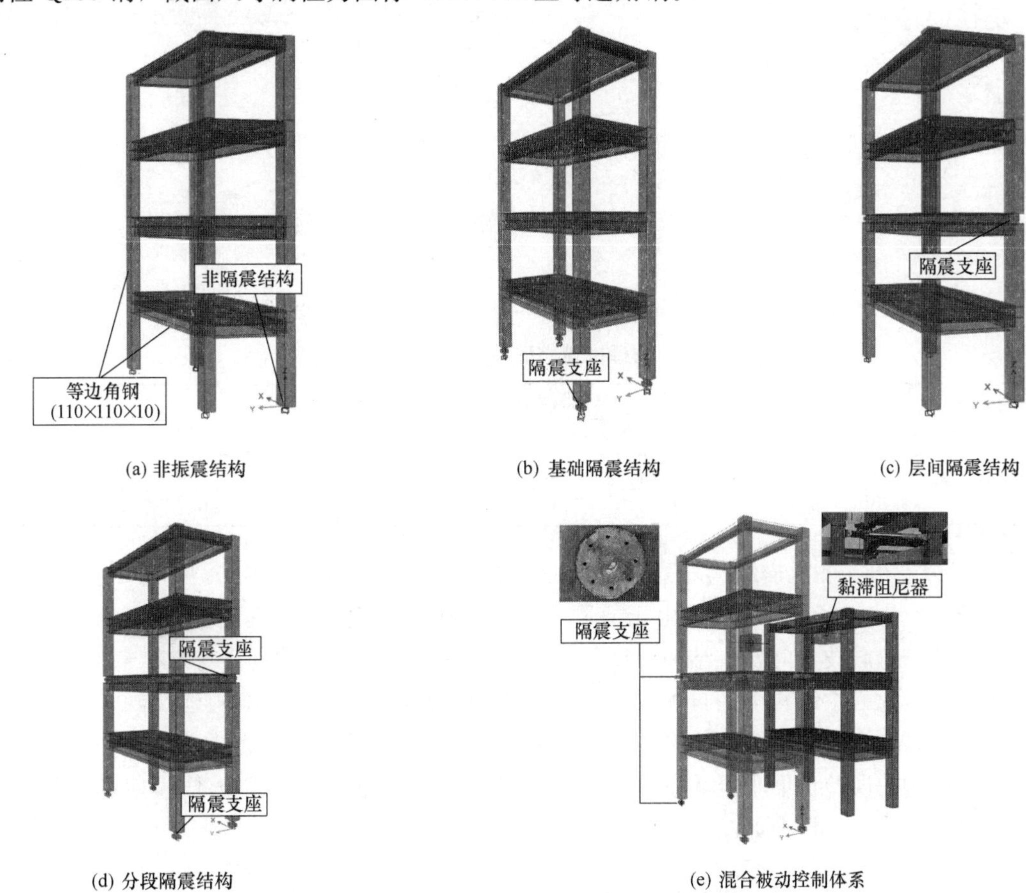

(a) 非振震结构　(b) 基础隔震结构　(c) 层间隔震结构

(d) 分段隔震结构　(e) 混合被动控制体系

图 4-99 试验工况有限元模型

4. 地震波的输入及荷载工况

本节选用不同类型的 4 种地震波，由于计算时选用的实际地震波记录中的加速度峰值大小存在差异，故将选用的地震波整体按一定比例进行修正，统一将峰值加速度调幅至 0.2g，并根据相似关系在时间上压缩 4 倍，如图 4-100 所示。

在荷载工况设置中，选择 Time History 工况，荷载输入类型为 Acceleration，方向沿阻尼器布置方向水平输入，时程分析荷载工况设置如图 4-101 所示。

4.5.2 有限元与试验结果对比

1. 模态分析

模态分析是结构动力分析的重要环节之一，结构的自振周期直接影响到结构在不同地震波下的共振情况，适当地改变结构的自振周期将提高结构的减隔震效果。为对比研究各减隔震方案的效果，对非隔震、基础隔震、层间隔震和分段隔震工况分别建模进行模态分析，隔震结构以一阶振型为主，如表 4-21 所示。

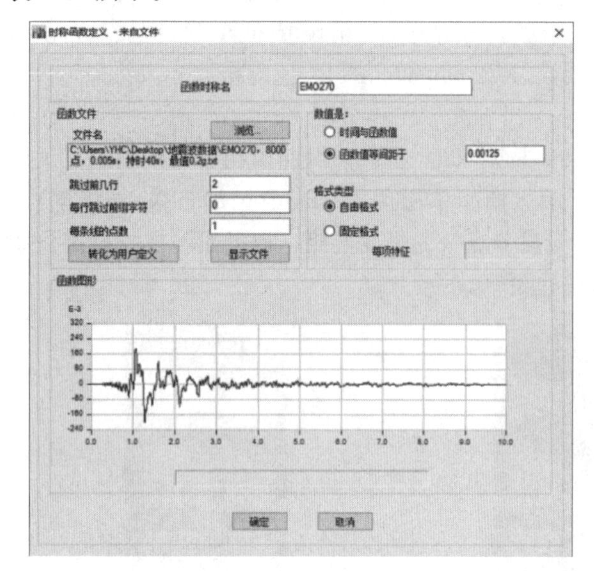

图 4-100　地震波在 ETABS 中的设置

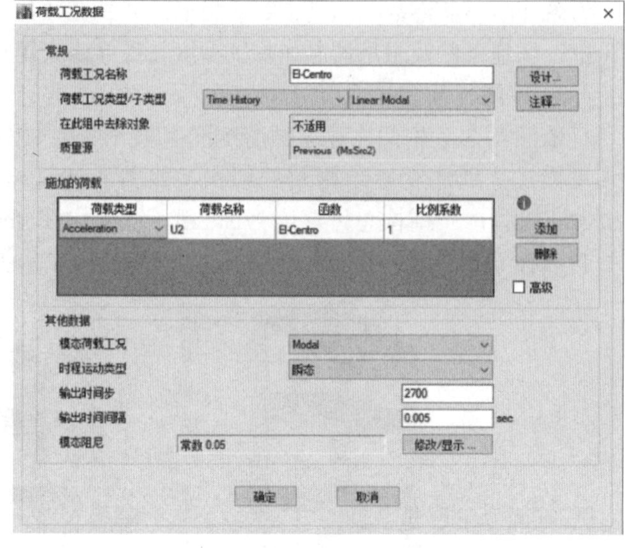

图 4-101　荷载工况 ETABS 中的设置

物理试验模型模态对比　　表 4-21

结构工况	非隔震结构	基础隔震结构	层间隔震结构	分段隔震结构
模拟值	0.134s	0.567s	0.443s	0.641s
试验值	0.163s	0.624s	0.496s	0.692s
误差	22%	11%	12%	8%

从表 4-21 可以看出，非隔震结构的第一自振周期最小，有限元模拟值为 0.134s，与试验值的误差相比其他结构较大，为 22%，这主要是由于有限元模型理想刚接模型与试验模型实际组装模型的刚度差导致。当采用基础隔震技术时，主结构自振周期模拟值为 0.567s，基础隔震将结构自振周期延长到 4 倍左右，层间隔震工况的主结构第一自振周期模拟值为 0.443s，较非隔震结构延长到 3 倍左右；而分段隔震工况主结构第一自振周期模拟值为 0.641，在基础隔震工况的基础上再次将结构自振周期延长了 13%左右。隔震结构的误差也缩小至 10%左右，误差较小且吻合程度较好，数值模拟和试验可以起到相互印证的效果。结构第一振型如图 4-102 所示。

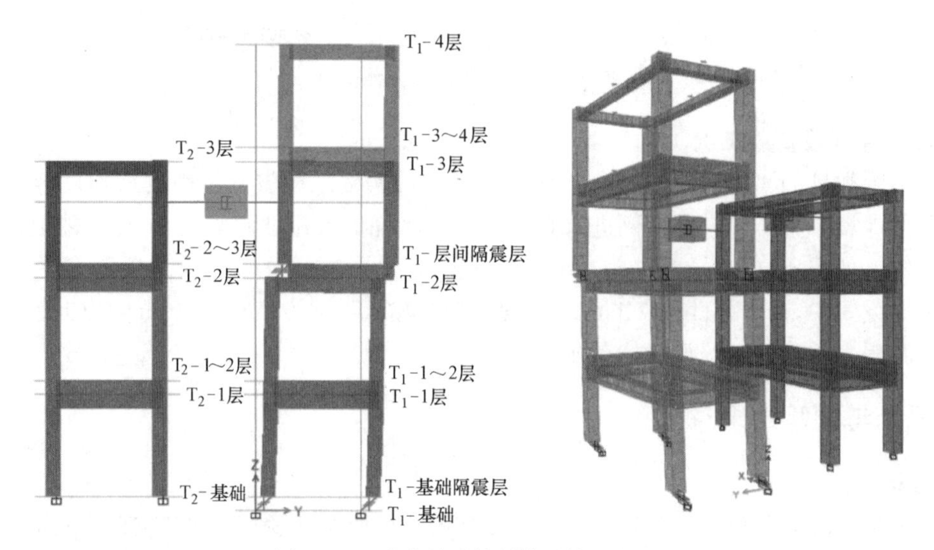

图 4-102　混合被动控制体系第一振型

2. 加速度响应分析对比

通过 ETABS 软件重点对非隔震模型、分段隔震模型工况以及混合被动控制体系模型工况进行动力时程分析，将各个楼层的相对加速度峰值模拟值对比列于图 4-103～图 4-106 中。

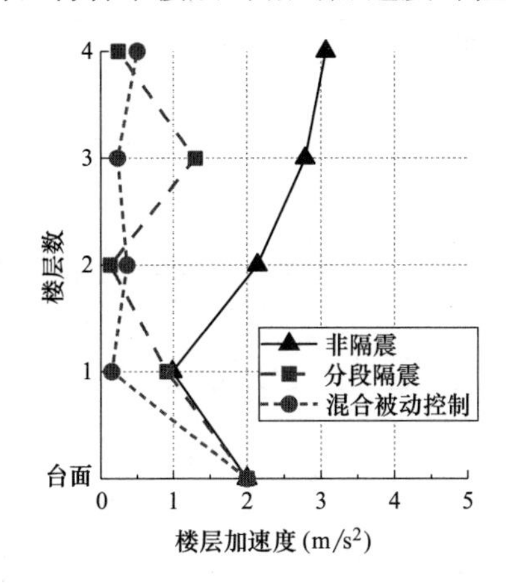

图 4-103　El-Centro 波激励下楼层加速度

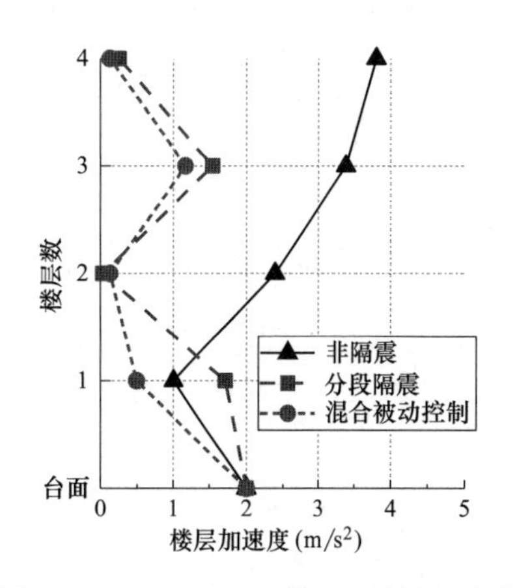

图 4-104　TCU078 波激励下楼层加速度

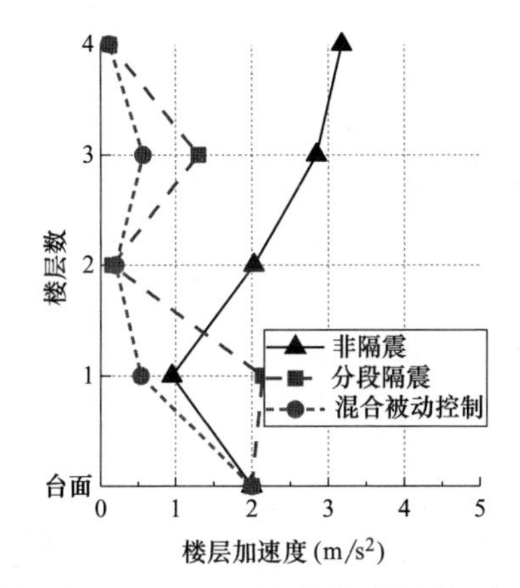

图 4-105　TCU115 波激励下楼层加速度

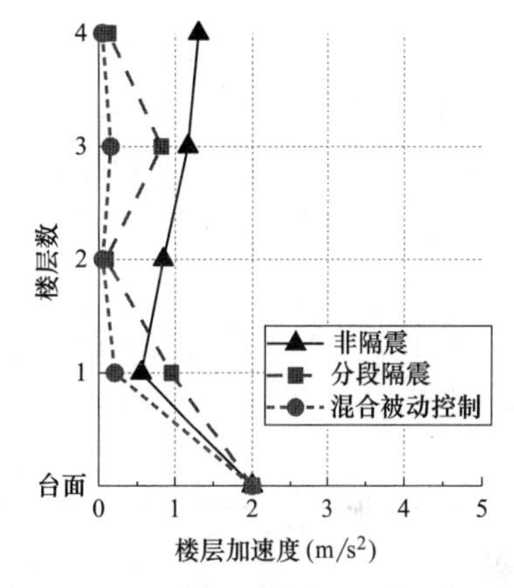

图 4-106　EMO270 波激励下楼层加速度

从图中可以看出，非隔震结构的加速度随着楼层的升高而持续增加；而分段隔震及混合被动控制体系均可以提供良好的减隔震效果，但在隔震层转换处，由于隔震支座的存在导致明显的加速度激增，此时混合被动控制体系的优势更为明显。除隔震层外，结构其他楼层加速度数值将会明显降低。分段隔震及连接相邻塔楼后的混合被动控制体系减振率模拟值列于表 4-22 和表 4-23。

分段隔震结构楼层加速度模拟值（*g*）及减振率　　表 4-22

楼层	El-Centro			TCU078		
	分段隔震结构	非隔震	减振率	分段隔震结构	非隔震	减振率
台面	0.200	0.200	—	0.200	0.200	—
1	0.091	0.099	7.80%	0.171	0.101	−70.55%
2	0.013	0.214	93.93%	0.003	0.239	98.58%
3	0.130	0.279	53.34%	0.155	0.339	54.42%
4	0.024	0.307	92.17%	0.025	0.381	93.32%

楼层	TCU115			EMO270		
	分段隔震结构	非隔震	减振率	分段隔震结构	非隔震	减振率
台面	0.200	0.200	—	0.200	0.200	—
1	0.214	0.095	−125.00%	0.095	0.055	−72.91%
2	0.015	0.203	92.60%	0.009	0.084	89.29%
3	0.130	0.284	54.29%	0.081	0.117	30.56%
4	0.012	0.318	96.23%	0.013	0.131	90.40%

分段隔震结构+相邻塔楼楼层加速度模拟值（g）及阻尼器减振率　　表 4-23

楼层	El-Centro			TCU078		
	分段隔+相邻塔楼	非隔震	减振率	分段隔+相邻塔楼	非隔震	减振率
台面	0.200	0.200	—	0.200	0.200	—
1	0.015	0.099	84.80%	0.049	0.101	50.95%
2	0.036	0.214	83.19%	0.013	0.239	94.56%
3	0.023	0.279	91.74%	0.117	0.339	65.49%
4	0.050	0.307	83.69%	0.013	0.381	96.58%

楼层	TCU115			EMO270		
	分段隔+相邻塔楼	非隔震	减振率	分段隔+相邻塔楼	非隔震	减振率
台面	0.200	0.200	—	0.200	0.200	—
1	0.054	0.095	43.59%	0.031	0.055	44.00%
2	0.020	0.203	90.14%	0.005	0.084	94.05%
3	0.056	0.284	80.17%	0.015	0.117	86.84%
4	0.011	0.318	96.45%	0.005	0.131	96.41%

由表 4-22 可以看出，在隔震层处，分段隔震结构在两个隔震层处减振率不理想。根据 4.4 节中的减振率计算方法，除去第 1 层（基础隔震层）外，分段隔震工况上部结构平均减振率为 78.26%。

由表 4-23 可以看出，通过阻尼器连接相邻塔楼后，结构减振率进一步提升，隔震层的加速度得到了更好的控制效果，相比于非隔震结构，若不计算基础隔震层加速度，混合被动控制体系对上部结构的平均减振率为 88.28%。

表 4-24 展示了分段隔震工况下试验值与模拟值减振率的对比。在 4 条波激励下平均减振率的试验值和模拟值吻合良好。

试验值与模拟值减振率对比　　表 4-24

模型工况	试验值减振率	模拟值减振率
分段隔震结构	78.66%	78.26%
分段隔震结构+相邻塔楼(混合被动控制)	83.39%	88.28%

将所得试验模型的楼层加速度和位移变形试验值与数值模拟值进行了对比。图 4-107～图 4-110 展示了分段隔震工况与混合被动控制工况的加速度试验值和模拟值对比图。结果显示试验测量数据与有限元模拟结果之间有着良好匹配结果，除极个别数据外，误差基本在 20%以内，符合振动台试验的实际情况。

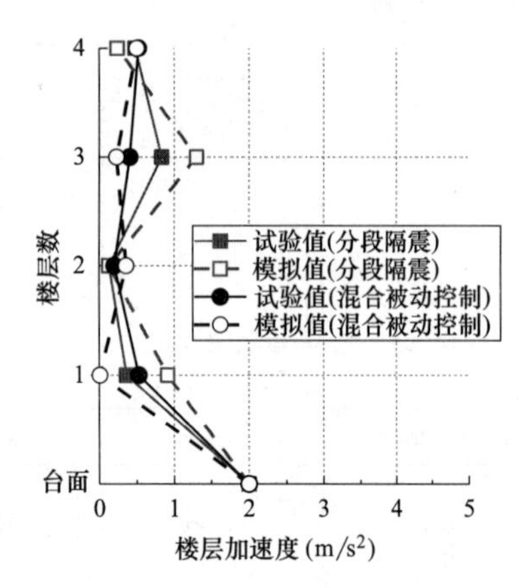

图 4-107　El-Centro 波激励下楼层加速度

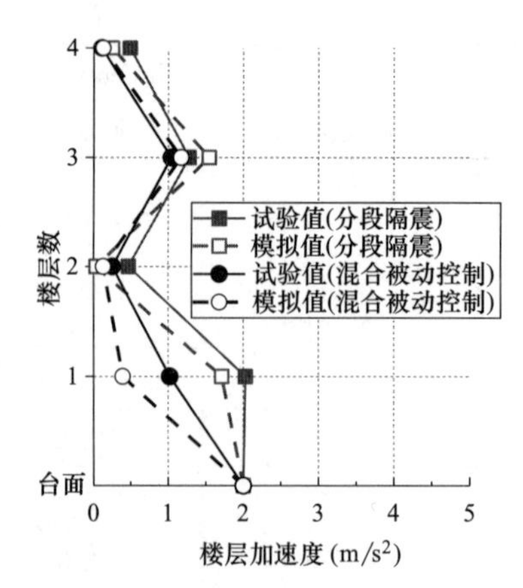

图 4-108　TCU078 波激励下楼层加速度

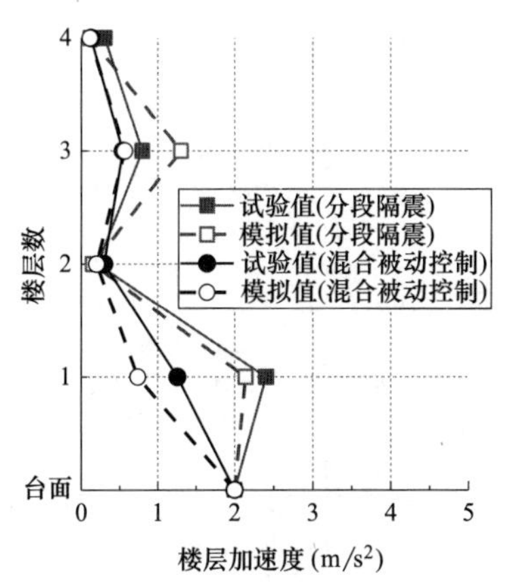

图 4-109 TCU115 波激励下楼层加速度

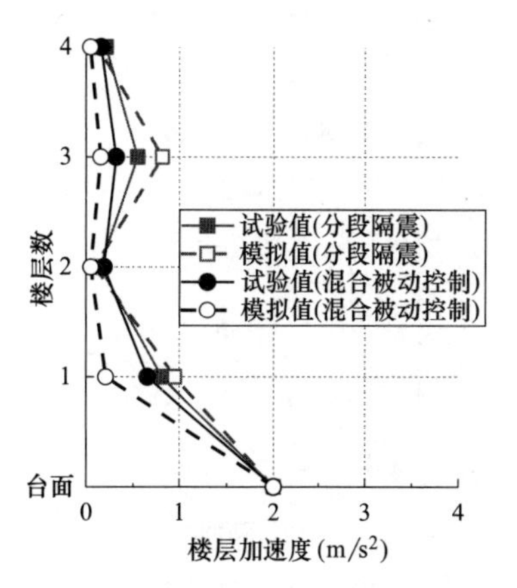

图 4-110 EMO270 波激励下楼层加速度

3. 位移响应分析对比

非隔震结构工况与分段隔震工况的位移趋势如图 4-111 所示。

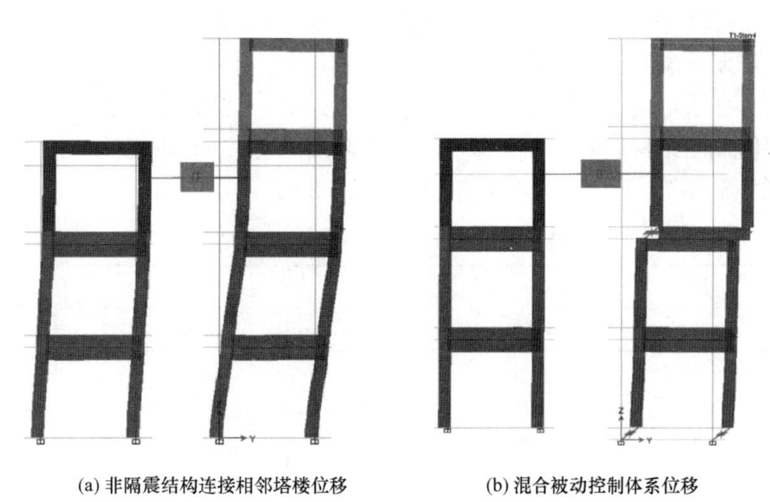

图 4-111 TCU115 波激励下楼层位移

混合被动控制体系由于两个隔震层的存在，位移变形主要集中于隔震层。通过阻尼器连接相邻塔楼，可以在分段隔震的基础上，更好地控制隔震层位移及层间位移。为突出变形趋势，图 4-111（a）中放大了结构变形系数，可以明显地看出非隔震结构连接阻尼器后会根据相邻塔楼变形协调，一定程度上也可以减小主结构的层间位移。

各楼层的层间位移试验值与有限元模拟值对比列于图 4-112～图 4-115 中。

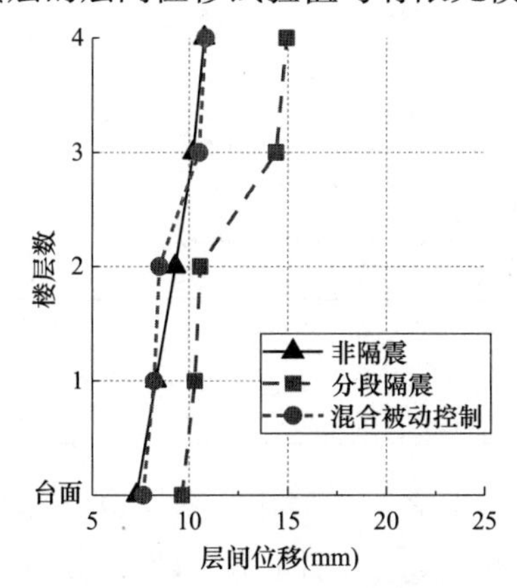

图 4-112 El-Centro 波激励下楼层位移

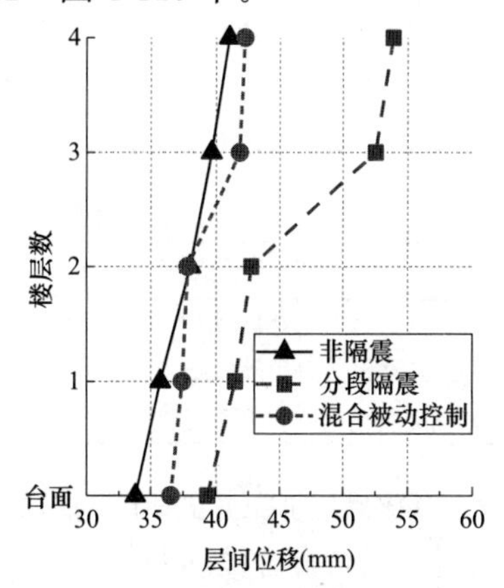

图 4-113 TCU078 波激励下楼层位移

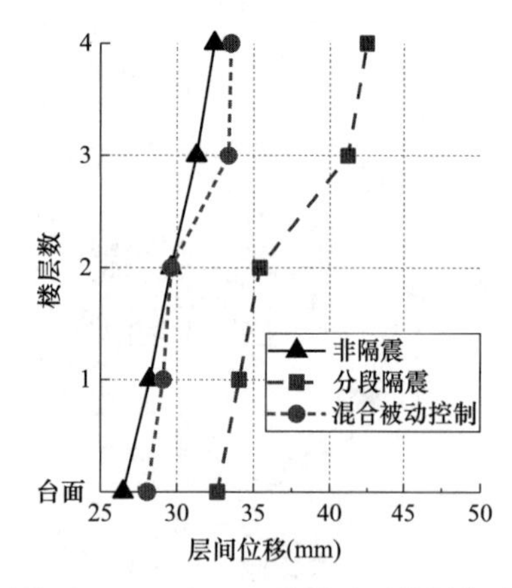

图 4-114　TCU115 波激励下楼层位移

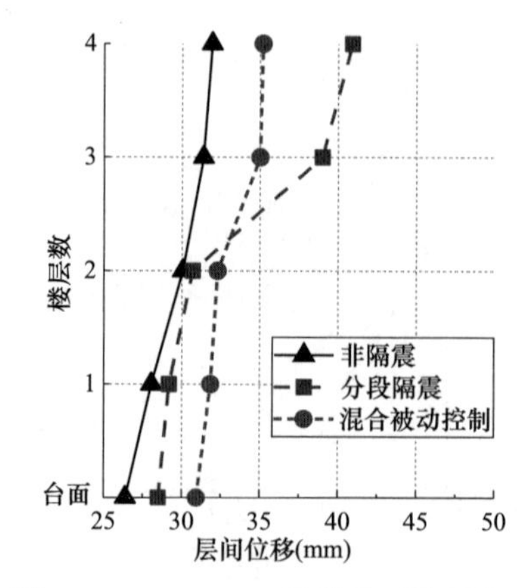

图 4-115　EMO270 波激励下楼层位移

从图中可以看出，隔震结构位移同样集中在隔震层，层间位移角明显降低，阻尼器控制效果良好。结构层间位移角模拟值列于表 4-25。

表 4-25 列出了非隔震结构、分段隔震结构和混合被动控制体系在 4 条波下的层间位移和层间位移角。可以看出：在长周期波激励下，结构变形更为明显；层间位移明显增大，层间位移角也随之增加；通过阻尼器连接相邻塔楼后，由于控制了高层结构的倾覆效应，结构层间位移大幅度减小，层间位移角也大幅度减小，阻尼器控制结构层间位移效果显著。非隔震结构、分段隔震结构、混合被动控制体系的平均层间位移角分别为 1/577、1/921、1/2128，列于表 4-26。

3 种结构层间位移模拟值（mm）及层间位移角　　表 4-25

楼层	El-Centro			TCU078		
	非隔震	基础隔	混合隔	非隔震	基础隔	混合隔
台面(支座)	7.3	9.64	7.64	33.8	39.339	36.561
1	0.998	0.663	0.563	1.96	2.144	0.865
2	1.002	0.276	0.276	2.283	1.261	0.426
支座	0.915	3.837	2.037	1.613	9.473	3.979
4	0.555	0.52	0.32	1.376	0.864	0.402
层间位移角	1/922	1/2193	1/2761	1/443	1/750	1/1869
楼层	TCU115			EMO270		
	非隔震	基础隔	混合隔	非隔震	基础隔	混合隔
台面(支座)	26.5	32.631	28.073	26.4	28.501	30.935
1	1.732	1.423	0.919	1.652	0.674	0.901
2	1.376	1.352	0.523	2.002	1.516	0.458
支座	1.656	5.779	3.831	1.33	8.304	2.725
4	1.157	1.298	0.169	0.5495	1.911	0.173
层间位移角	1/540	1/786	1/1986	1/578	1/780	1/2089

结构层间位移角试验值与模拟值对比　　表 4-26

模型工况	试验值层间位移角	模拟值层间位移角
非隔震结构	1/597	1/577
分段隔震结构	1/944	1/921
分段隔震结构＋相邻塔楼(混合被动控制)	1/1457	1/2128

将所有试验模型的加速度和层间位移测试结果与数值模拟结果进行了对比。图 4-116～图 4-119 展示了分段隔震工况与混合被动控制工况加速度试验值与模拟值的对比图。结果显示试验测量数据与有限元模拟结果之间有着良好匹配结果，误差均在 20%以内，符合振动台试验的实际情况。

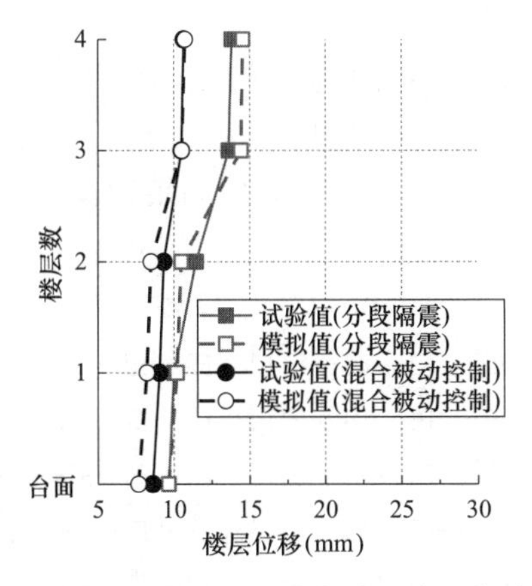

图 4-116　El-Centro 波激励下楼层位移

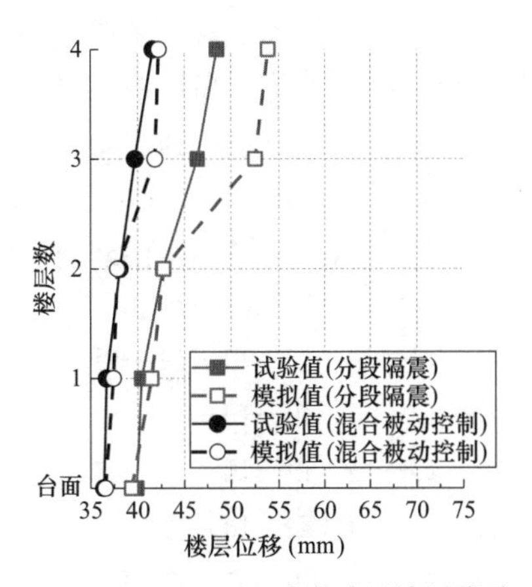

图 4-117　TCU078 波激励下楼层位移

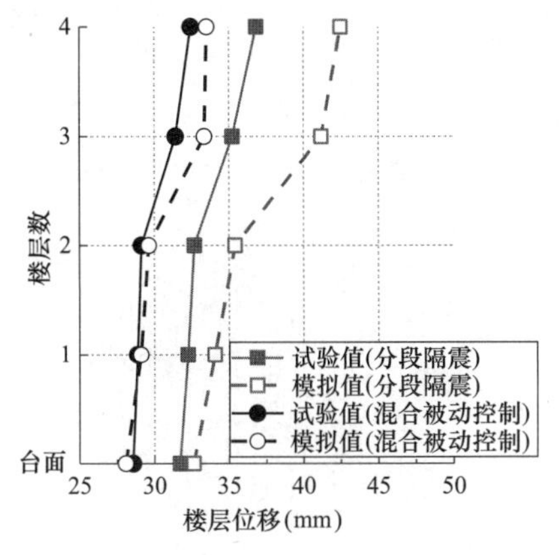

图 4-118　TCU115 波激励下楼层位移

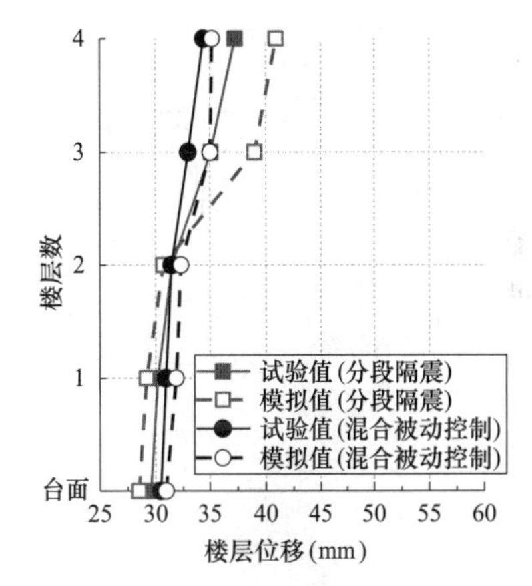

图 4-119　EMO270 波激励下楼层位移

4.6　混合被动控制体系有限元分析

为了进一步研究本章所提混合被动控制体系在不同频域地震动作用下结构的地震响应，通过分析不同减隔震方案下体系的减隔震效果和限位能力，论证其相对于单一减隔震形式，如分段隔震形式的优越性，并在不同地震波作用下，论证混合被动控制体系相对于其他隔震形式的鲁棒性。基于此，分别设计了一个具有工程应用意义的高层框架结构和一个相邻塔楼的有限元模型，对其进行脉冲地震动、长周期地震动和普通周期地震动作用下的原结构、分段隔震和混合被动控制的动力时程分析，选用了 ETABS 2015 进行数值分析。

4.6.1　模型基本参数

针对高层结构的模拟，本节的相关参数设置选择了一栋位于天津郊区的框架结构，抗震设防烈度为7度，基本地震加速度 0.15g，场地类别Ⅲ类，设计地震分组为第二组。考虑分段隔震结构时，结构共30层，第 1 层层高 4m，其他层层高 3m，框架柱截面尺寸 700mm×700mm，框架梁截面尺寸 600mm×350mm，楼板厚 100mm，混凝土强度等级 C40，每层层高 3m，楼面恒荷载取 3kN/m^2，楼面活荷载取 2kN/m^2，外部填充墙等自重按均布荷载作用于外部框架梁，均布荷载取 10kN/m，结构柱网如图 4-120 所示。每个柱下设置橡胶铅芯支座，均为 LRB1100 型橡胶隔震支座，隔震支座剪切变形为100%时的等效水平刚度为 5.128×10^{3}kN/m，屈服后刚度为 3.173×10^{3}kN/m，屈服力为 316.7kN，竖向刚度 8.741×10^{6}kN/m，等效黏滞阻尼为 0.23。

考虑混合被动控制体系时，主结构为30层分段隔震框架结构，从结构为20层无减隔震框架结构，主从结构的梁柱尺寸同前一高层框架结构，将主结构、从结构间用黏滞阻尼器相连，其中黏滞阻尼器的阻尼指数为0.25，阻尼比为50kN/mm·s，柱网如图4-121所示，连接的层数为20层、18层、16层、12层、8层、4层。其中，图4-122所示为中间隔震层位于10层时的分段隔震体系结构模型，图4-123为中间隔震层位于10层时的混合被动控制体系结构模型。

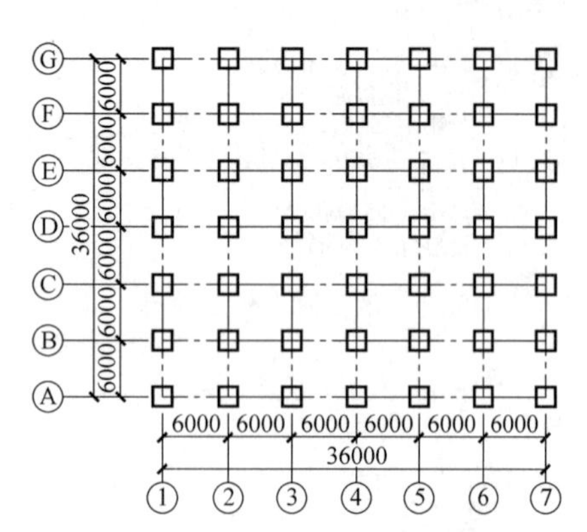

图4-120　分段隔震结构柱网图（单位：mm）

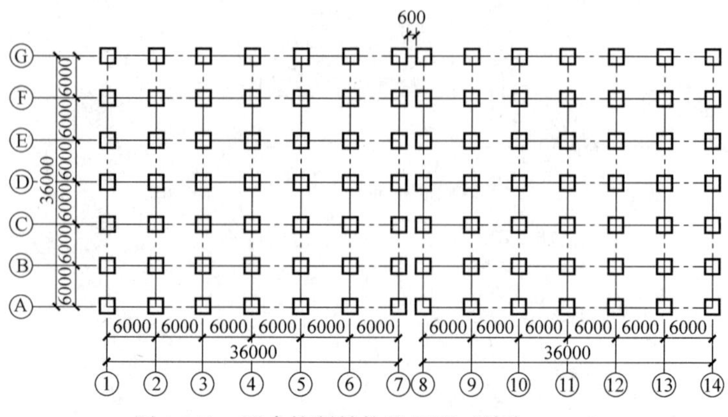

图4-121　混合控制结构柱网图（单位：mm）

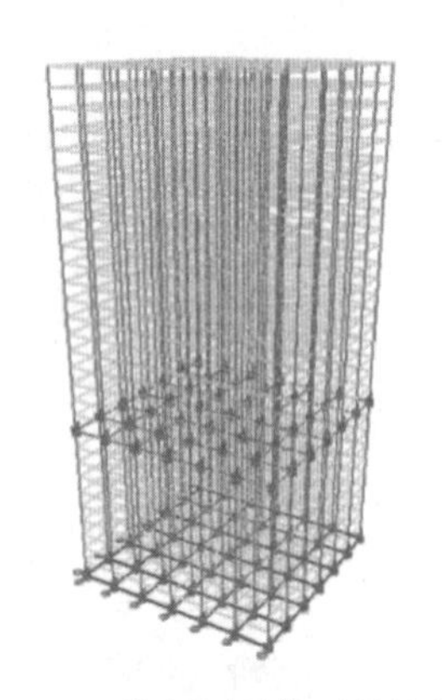
图4-122　分段隔震体系结构模型

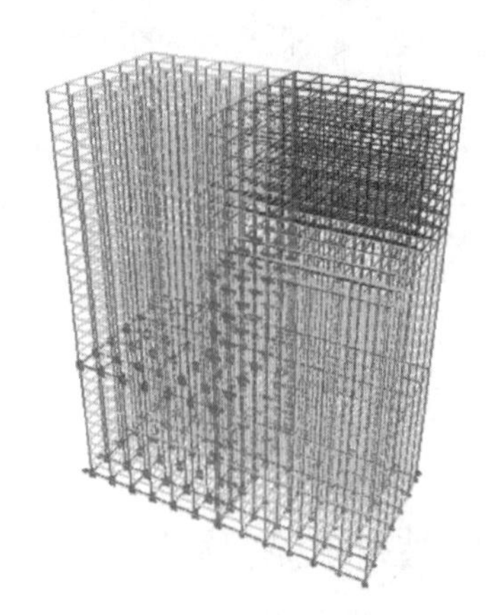
图4-123　混合被动控制体系结构模型

1. 隔震支座在软件中的模拟

使用Isolator 1单元模拟隔震支座，先后定义支座的弹性属性、有效刚度、阻尼、屈服后刚度等参数，水平刚度可以定义弹塑性属性，而轴向变形和弯曲变形只定义弹性属性。其中，剪切变形耦合的力-变形关系如下：

$$f_{N2}=r_2\cdot k_2\cdot d_{N2}+(1-r_2)\sigma_{y2}\cdot s_2 \tag{4-4}$$

$$f_{N3}=r_3\cdot k_3\cdot d_{N3}+(1-r_3)\sigma_{y3}\cdot s_3 \tag{4-5}$$

其中，k_2，k_3 为弹簧的弹性刚度；σ_{y2}，σ_{y3} 为屈服力；r_2，r_3 为屈服后对屈服前的刚度比；s_2，s_3 为恢复力模型的内部滞后变量，且$\sqrt{s_2^2+s_3^2}\leqslant 1$。$s_2$，$s_3$ 的初始值为零，按下式变化：

$$\begin{Bmatrix}s_2\\s_3\end{Bmatrix}=\begin{bmatrix}1-a_2s_2^2 & -a_3s_2s_3\\-a_3s_2s_3 & 1-a_3s_3^2\end{bmatrix}\begin{Bmatrix}k_2d_{N2}/\sigma_{y2}\\k_3d_{N3}/\sigma_{y3}\end{Bmatrix} \tag{4-6}$$

其中，$a_2=\begin{cases}1 & d_{N2}s_2>0\\0 & d_{N2}s_2\leqslant 0\end{cases}$，$a_3=\begin{cases}1 & d_{N3}s_3>0\\0 & d_{N3}s_3\leqslant 0\end{cases}$

设置基础隔震时，直接将连接属性添加在结构底部节点，设置层间隔震时，需先定义一个虚单元，即一个各项属性均为0的杆件单元，将虚单元添加至两个楼层之间作为隔震层，再将预设的连接属性赋

给该虚单元。本章使用了 Isolator 1 连接单元，先定义 Isolator 1 中 U1（竖向）的竖向刚度，然后确定 U2 和 U3（水平向）方向的线性和非线性属性，且由于这两者具有对称性，故在参数设置时取值呈一致性。如图 4-124 所示，支座的等效水平刚度表现为线性属性中的有效刚度，其取值分别是《建筑抗震设计规范》GB 50011—2010（2016 年版）中提出的在多遇地震作用下，橡胶支座剪切变形为 50%时的有效刚度，以及在罕遇地震作用下，橡胶支座剪切变形为 250%时的有效刚度；非线性属性中的刚度是指支座屈服前的水平刚度；屈服力对应于双线性刚度模型折线处；屈服后刚度比则是铅芯支座的屈服后水平刚度和屈服前水平刚度的比值。

将参数设置界面中相关部分填写完毕，即正确定义了一个隔震支座，然后两楼层间通过该属性连接，通过约束确保隔震层只会发生平动。根据规范可知 LRB1100 支座的位移限值为 55mm。

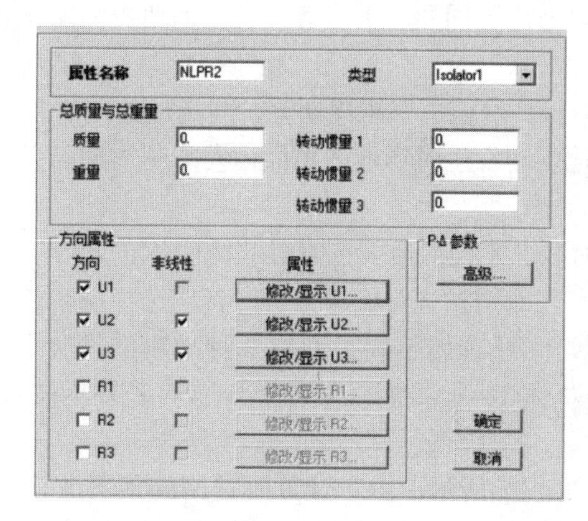

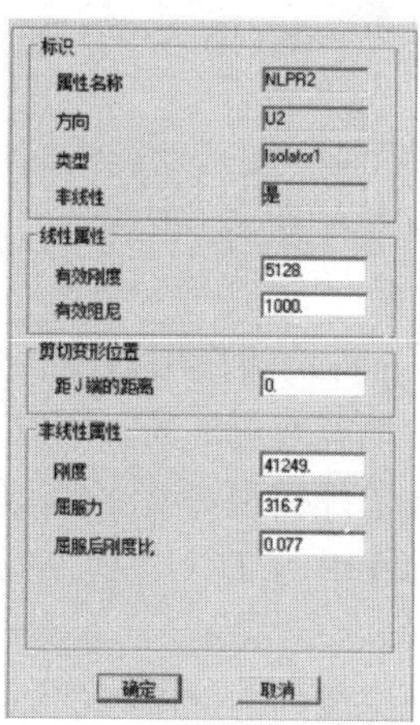

图 4-124　隔震支座在 ETABS 中的设置

2. 黏滞阻尼器在软件中的模拟

通过合理选择 Damper 单元中 U1（轴向）方向的参数来模拟黏滞阻尼器，如图 4-125 所示。对图 4-125 中参数加以说明：

（1）对于线性属性，主要定义刚度和阻尼。结合前文的描述可知，线性属性中有效刚度和有效阻尼与黏滞阻尼器的储存刚度有关，当储存刚度为 0 时，这两者都为 0。

（2）对于非线性属性中的刚度定义，由积分步长决定。为了确保足够大的刚度和较小的轴向变形，已知调整后地震波的输入时间间隔为 0.02s，则阻尼器的非线性属性中的刚度至少应该取为阻尼系数的 350 倍，假定一个步长内阻尼器可获得 350 倍的线性阻尼系数，以保证黏滞阻尼器增加不会改变原有结构的刚度。

（3）非线性属性中的阻尼和阻尼指数。阻尼指的是阻尼系数 C，而阻尼指数指的是速度指数 η。通常情况下，黏滞液体类型和温度对阻尼系数有较大影响，而阻尼器两端的相对速度影响着速度指数。当 η 越小，耗能越多，说明赋予阻尼器的阻尼力越大，一般速度指数的取值在 0.3～1。故对这两个参数的取值，通常需要经过模拟系统反复计算，当位移过大时，则改变阻尼系数再次计算直到满足范围；当受力过大，则调整速度指数或增减阻尼器数量重新计算。

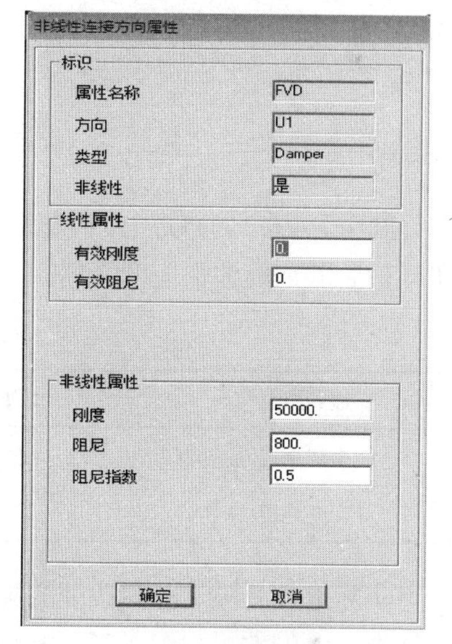

图 4-125　黏滞液体阻尼器在 ETABS 中的设置

4.6.2　地震波选取及输入

结构的地震响应不仅取决于自身的动力特性，还与作用的地震波有很大关系，因此选择合适的地震波并作出调整是十分重要的。在选择地震波时，需考虑建筑场地类型，而且由于地震动的随机性，即使在同一地点、同一震源的作用下，建筑物在持时内遭受的损害也不会完全相同。也有学者发现，即使在相同烈度下，同一场地类别下的地震加速度的各项参数都可能不一样。因此，选用的地震波必须具有实际意义并符合抗震设计规范的设定。

选择天然地震动记录时，要考虑其与目标建筑物拟抵抗的地震相似度较高，虽然定量确定未来可能发生的地震动存在很大的困难，但只要选择地震动主要参数的方法正确，则未来地震作用下的结构反应就能通过时程分析较真实地显示出来。目前，国内外公认的主要参数为 3 条：

（1）地震动强度：包括地震加速度、速度和位移的峰值。一般来说对目标结构直接输入选用波的加速度数值，而加速度峰值越高，对建筑物的破坏就越严重。所以在地震响应分析时，将地震动加速度峰值设置为强度标准，通过适当的调整，使之对应不同烈度下多遇或者罕遇地震的加速度峰值以满足不同的设计需求；

（2）地震动频谱特征：包括地震谱的形状、峰值、卓越周期等，与场地的地质条件、震源机制、传播介质特性等多种因素有关。一般来说，地震动发生时场地的地面运动卓越周期与场地的自振周期较为相似。

（3）地震动持时：即地震作用的持续时长。不同的地震持时对非线性状态下结构的能量积累情况不同，因而导致结构的地震响应不同。所以，当对结构进行能量分析时，应选择持时较长的地震动。

根据以上地震波选择需要考虑的因素，本章选用不同类型的 3 种地震波，分别为 El-Centro 地震波、中国台湾集集地震中的 TCU052EW 波（脉冲波）和 TCU115EW 波（长周期波），3 条地震波为 X 方向水平输入。

时程分析输入地震波的加速度峰值如表 4-27 所示，由于计算时选用的地震波可能不满足规范要求的峰值加速度，故将选用的地震波的最大值作为标值，整体按一定比例进行修正，即根据表 4-26 进行调幅。本节将地震动加速度峰值调整为 220cm/s^2，即调整地震基本烈度为 7 度。各条地震波下的不同反应谱曲线如图 4-126 所示，加速度的调整公式为：

$$\dot{a}(t)=\frac{\dot{A}_{\max}}{A_{\max}}a(t) \tag{4-7}$$

其中，$\dot{a}(t)$，$a(t)$ 分别表示调整前和调整后的地震波加速度曲线；$\dot{A}_{\max}$，$\dot{A}_{\max}$ 分别表示调整前和调整后的地震波加速度峰值。

地震波加速度峰值（cm/s^2）　　表 4-27

地震烈度	6 度	7 度	8 度	9 度
多遇地震	18	35	70	140
罕遇地震	125	220	400	620

实际地震是随着时间改变的脉冲，一般可选择 0.01s 或 0.02s 作为时间间隔来表示脉冲的效果，在软件中设置的效果如图 4-127 所示。用软件进行时程分析时一般要尽可能包括幅值较大的部分使分析部分更具有代表性，可以选择截取一定时间内的振动。

4.6.3　结构模态分析

模态分析是结构动力响应分析非常重要的环节，主要是为了通过结构的固有频率和振型计算得到自振周期，结构的自振周期直接影响结构在不同地震波下的共振情况，恰当地改变结构的自振周期将提高隔震效果。为对比研究各减隔震方案的效果，本节采用 ETABS 软件先对 30 层无隔震结构、基础隔震结构和分段隔震结构分别进行模态分析，得到各类结构的自振周期（表 4-28）。

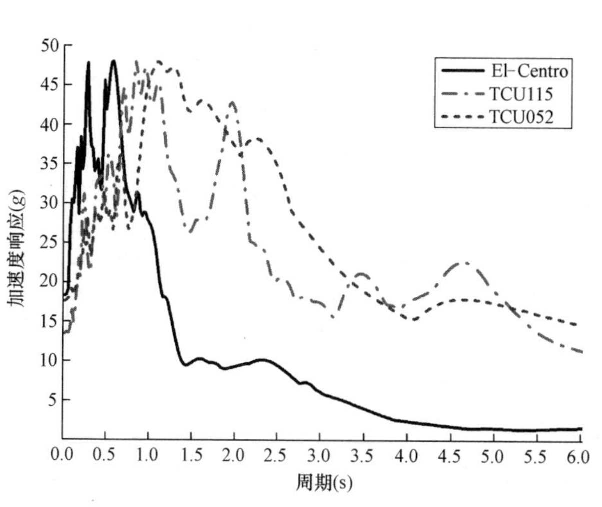

图 4-126　地震波加速度反应谱

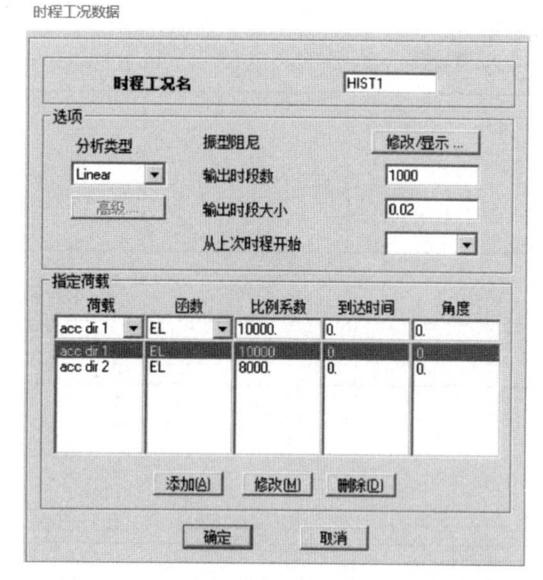

图 4-127　El-Centro 波在 ETABS 中的时程设置

3 种结构的前 5 阶自振周期（s）　　　**表 4-28**

自振阶数	自振周期(s)		
	无隔震	基础隔震	分段隔震
1	3.9100	4.6611	5.3138
2	3.9010	4.6610	5.3110
3	3.4473	4.1020	4.4920
4	1.2833	1.5381	1.6485
5	1.2831	1.5380	1.6482

由表 4-28 可知，传统无隔震结构的第 1 自振周期为 3.91s，采用基础隔震的结构第 1 自振周期延长为 4.66s。基础隔震方案使第 1 自振周期延长了 1.20 倍。采用分段隔震的结构第 1 自振周期为 5.31s，相对无隔震结构延长了 1.36 倍。表明这两种带有隔震支座的结构都能有效地提高结构的自振周期，但相对来说分段隔震结构的周期延长得更多，且两种隔震方案对高阶自振周期的延长的效果更好，说明隔震结构能充分发挥其足够柔的隔震层水平刚度，能有效地提高结构的基本周期，防止因为卓越周期而产生的共振现象。为进一步研究分段隔震的效果，对分段隔震结构进行细化，将中间隔震层分别设置在第 5 层、10 层、15 层、20 层、25 层得到结构 A、B、C、D、E，并得到各结构前 5 阶自振周期如表 4-29 所示。

由表 4-29 知，当中间隔震层设置在相对位置最低的第 5 层时，结构的第 1 阶自振周期约为 5.02s，随着中间隔震层位置的升高，结构的第 1 自振周期逐渐降低，当中间隔震层设置在较高的第 25 层时，结构的第 1 自振周期约为 4.68s，即说明高层分段隔震结构设置的中间隔震层位置越靠近基础，低阶自振周期延长越多，而高阶自振周期提高程度随中间隔震层位置上升而增加，故在进行隔震设计时，应考虑这一点，根据所需要抵抗的目标地震动周期，适当调整中间隔震层位置，以避免共振现象。

进一步地，为研究与相邻塔楼连接阻尼器的分段隔震体系的自振周期，将分段隔震结构 A、B、C 与相邻无隔震结构间以黏滞阻尼器连接，形成混合被动控制体系 A′、B′、C′，通过分别建模分析可得到新体系的自振特性如表 4-30 所示。

由表 4-30 知，当中间隔震层设置在第 5 层时，混合被动控制结构的第 1 阶自振周期约为 5.11s，相对分段隔震结构将周期延长了 1.01 倍。可以看出，在延长结构低阶自振周期的效果方面，虽然混合被动控制结构相对于分段隔震结构有一定提升但是不是特别明显，且和分段隔震结构相似，随着中间隔震层位置的升高，混合被动控制结构的周期延长效果降低。

不同分段隔震结构前5阶自振周期　　表4-29

自振阶数	自振周期(s)				
	A	B	C	D	E
1	5.0175	4.9685	4.8461	4.7480	4.6831
2	5.0174	4.9684	4.8460	4.7480	4.6830
3	3.8135	3.9877	3.7264	3.5248	3.4428
4	1.5232	1.5434	1.6626	1.7128	1.6289
5	1.5230	1.5433	1.6623	1.7125	1.6288

不同混合控制体系前5阶自振周期　　表4-30

自振阶数	自振周期(s)		
	A′	B′	C′
1	5.1122	4.9620	4.8191
2	5.1121	4.9610	4.8180
3	4.2571	3.9873	3.7233
4	2.5734	2.5645	2.5552
5	2.5733	2.5640	2.5541

振型分析也是结构动力响应分析中的重要环节，考虑到该结构高达30层，计算时振型分析数量定为25，提高后续分析精度。由于篇幅原因未给出全部的振型图，主要展示分段隔震结构和混合被动控制结构前3阶振型图（图4-128～图4-133）。

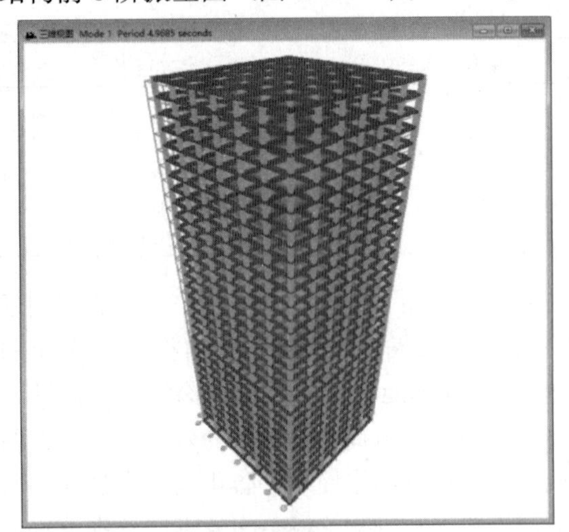

图4-128　分段隔震结构第1阶振型

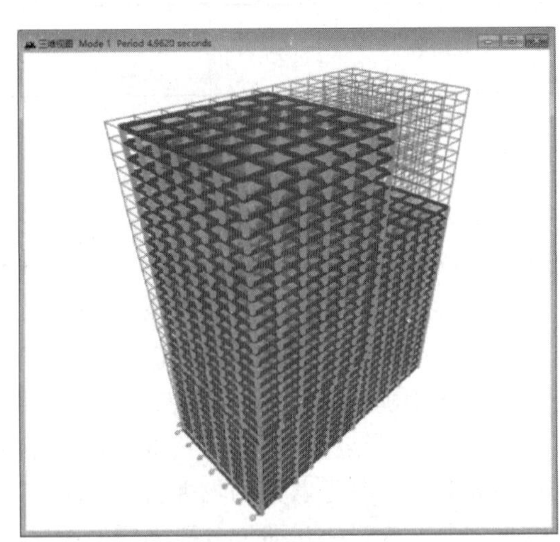

图4-129　混合被动控制结构第1阶振型

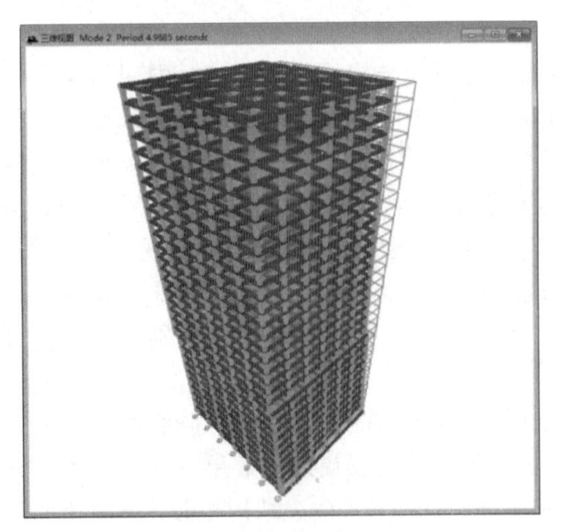

图4-130　分段隔震结构第2阶振型

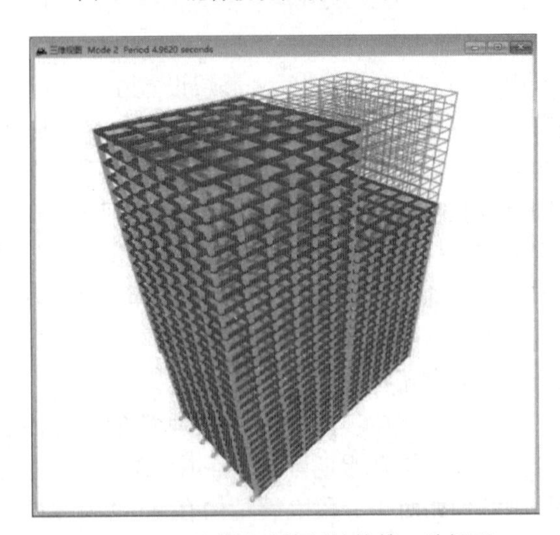

图4-131　混合被动控制结构第2阶振型

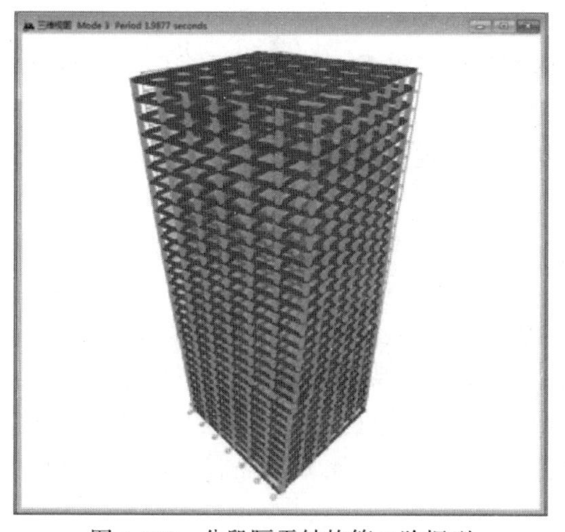

图 4-132 分段隔震结构第 3 阶振型

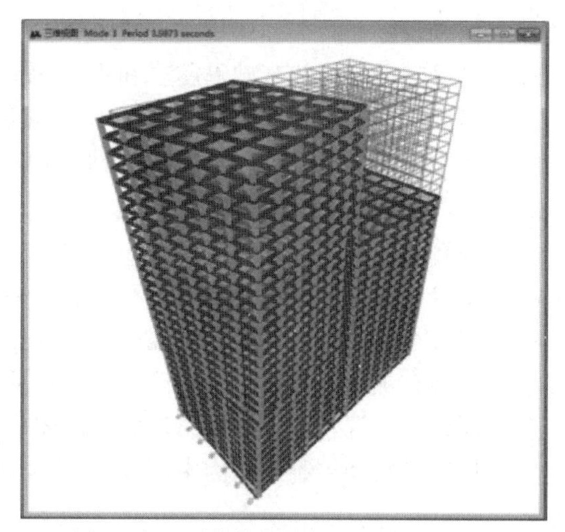

图 4-133 混合被动控制结构第 3 阶振型

由图 4-126～图 4-131，可以看出无论是分段隔震结构还是混合被动控制结构的第 1 阶、第 2 阶振型都主要为水平剪切变形，而且隔震层位置集中了较大的变形，即对带有隔震层的结构，隔震层处的位移会产生锐变，表明隔震层相邻的楼层间会出现较大的相对位移，在进行隔震设计时应特别注意，要将隔震层的位移控制在限值内。

4.6.4 结构动力响应分析

1. 位移分析

为研究在不同频域地震动下，混合被动控制体系的减隔震效果和相对于分段隔震体系的优越性，分别对无隔震结构（即原结构）、不同位置中间隔震层的分段隔震结构、不同位置中间隔震层的混合被动控制结构进行不同频域地震波下的时程分析，先输入经过调整的不同频域地震波（El-Centro 波、TCU052 波、TCU115 波），得到每种结构的层间位移如图 4-134～图 4-139 所示，其中“O”表示原结构；“S5”表示中间隔震层布置在第 5 层的分段隔震结构；“A5”表示中间隔震层布置在第 5 层的混合控制体系；楼层数“5-1”表示隔震层在第 5 层；其余以此类推。

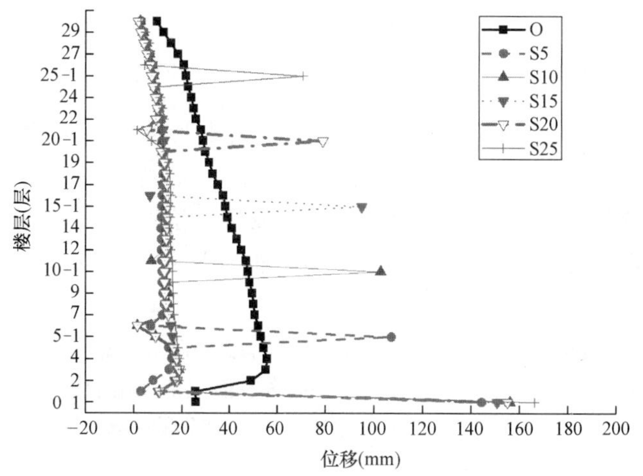

图 4-134 El-Centro 波作用下分段隔震结构层间位移

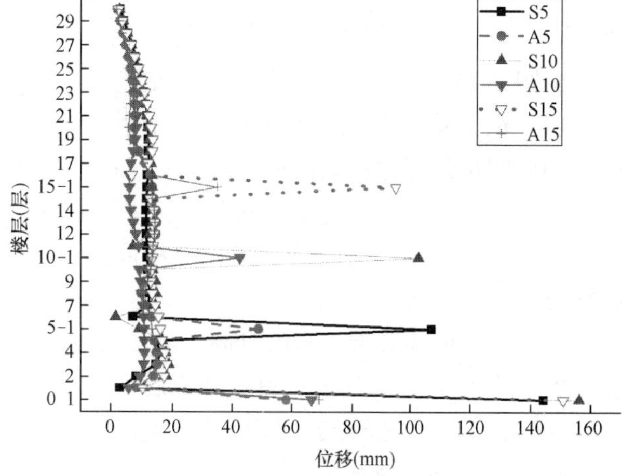

图 4-135 El-Centro 波作用下两种隔震形式结构层间位移对比

由图 4-134、图 4-135 可得到如下结论：

(1) 在普通短周期地震波（El-Centro）作用下，原结构平均层间位移约为 40mm，在分段隔震下结构的平均层间位移降低到 20mm 以内，结构的平均层间位移减小，结构顶层位移减小，说明位移的整体控制效果较好；

（2）分段隔震结构的基础隔震层和中间隔震层的位移较大，可以看到当中间隔震层位置在第 5 层时，基底隔震层位移达到了 160mm，中间隔震层位移超过 100mm；

（3）随中间隔震层位置的升高，分段隔震结构的中间隔震层位移减小，从超过 100mm 降低到 80mm 以内，基础隔震层位移增大；

（4）在普通短周期地震波（El-Centro）作用下，混合被动控制体系能进一步减小平均层间位移，效果不是十分明显，但其对隔震层位移控制效果极好；

（5）混合被动控制结构的基础隔震层位移比分段隔震结构小很多，可以看到，中间隔震层同样设置在 5 层时，混合被动控制结构的基础隔震层位移在 60mm 以内，是分段隔震结构的基础层位移 1/2；

（6）同样地，混合被动控制结构的中间隔震层位移也比分段隔震结构小，可以看到，当中间隔震层设置在 5 层时，被动控制结构的中间隔震层的位移控制在 50mm 左右，比分段隔震结构的基础层位移小了 1/2；

（7）混合被动控制的中间隔震层位移随隔震层位置升高而减小，其基础隔震层位移随隔震层位置升高而增大，当隔震层位置从 5 层增加到 15 层时，中间隔震层位移降低了 20mm 左右，基础隔震层位移增加了 10mm 左右。

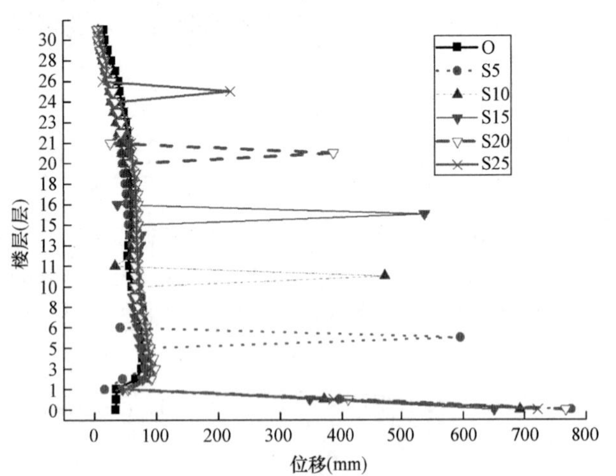

图 4-136　TCU052 波作用下分段隔震结构层间位移

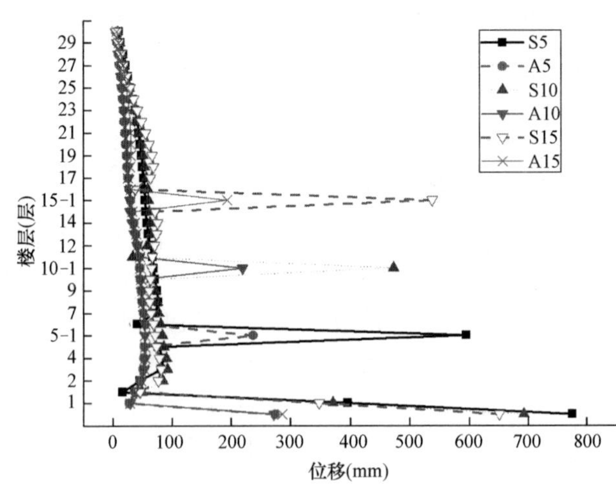

图 4-137　TCU052 波作用下混合被动控制结构层间位移

由图 4-136、图 4-137 可得到如下结论：

（1）在长周期地震波（TCU052）作用下，原结构平均层间位移约为 100mm，在分段隔震下结构的平均层间位移变化不大，控制效果一般；

（2）分段隔震结构的基础隔震层和中间隔震层的位移较大，可以看到当中间隔震层位置在第 5 层时，基础隔震层位移超过了 700mm，中间隔震层位移超过 600mm，超过了隔震支座的限值（550mm），结构可能会遭到破坏；

（3）随中间隔震层位置的升高，分段隔震结构的中间隔震层位移有一个先减后增再减小的变化过程，数值降低了约 400mm，基础隔震层位移增大，均大于 600mm 以上，超过位移限值（550mm）；

（4）在长周期地震波（TCU052）作用下，混合被动控制体系也能进一步减小平均层间位移，尤其是对隔震层位移控制效果极好；

（5）混合被动控制结构的基础隔震层位移比分段隔震结构小很多，可以看到，中间隔震层同样设置在 5 层时，混合被动控制结构的基础隔震层位移在 300mm 以内，是分段隔震结构的基础层位移的 0.3 倍；

（6）同样地，混合被动控制结构的中间隔震层位移也比分段隔震结构小，可以看到，当中间隔震层设置在 5 层时，被动控制结构的中间隔震层的位移控制在 250mm 左右，比分段隔震结构的基础层位移小 1/2 以上；

（7）混合被动控制的中间隔震层位移随隔震层位置升高而减小，其基础隔震层位移随隔震层位移变化不大，当隔震层位置从 5 层增加到 15 层时，中间隔震层位移略有减小，基础隔震层位移保持在 300mm 以内，变化不大。

由图 4-138、图 4-139 可得到如下结论：

（1）在脉冲型地震波（TCU115）作用下，原结构平均层间位移约为 150mm，分段隔震结构的平均层间位移降低到 150mm 以内，结构的平均层间位移减小，结构顶层位移减小，说明位移的整体控制效果较好；

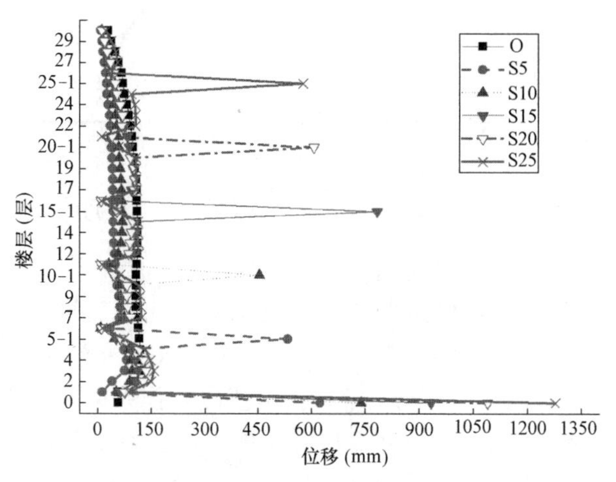

图 4-138　TCU115 波作用下分段隔震结构层间位移

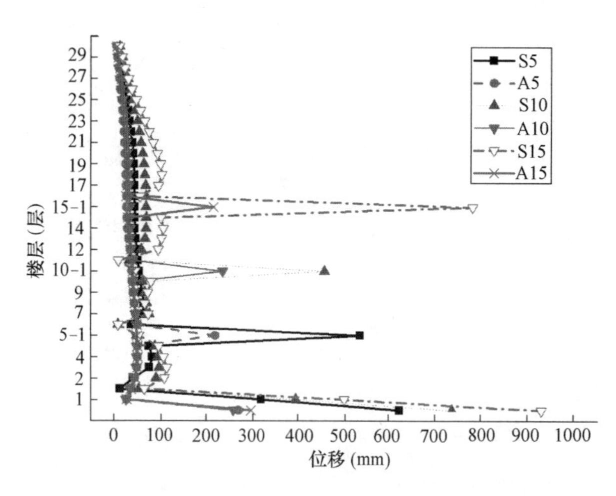

图 4-139　TCU115 波作用下混合被动控制结构层间位移

（2）分段隔震结构的基础隔震层和中间隔震层的位移较大，可以看到当中间隔震层位置在第 25 层时，基底隔震层位移超过了 1200mm，中间隔震层位移超过 600mm，存在位移超限的情况（550mm）；

（3）随中间隔震层位置的升高，分段隔震结构的中间隔震层位移呈起伏的趋势，先增大后减小再增大，基础隔震层位移呈逐渐增大的趋势，从 600mm 左右增加到 1200mm 以上；

（4）在脉冲型地震波（TCU115）作用下，混合被动控制体系能极大地减小隔震层位移，效果十分明显；

（5）混合被动控制结构的基础隔震层位移比分段隔震结构小很多，均小于 300mm，当中间隔震层同样设置在 15 层时，混合被动控制结构的基础隔震层位移在 300mm 以内，是分段隔震结构基础层位移的 1/3；

（6）同样地，混合被动控制结构的中间隔震层位移也比分段隔震结构小得多，可以看到，当中间隔震层同样设置在 15 层时，混合被动控制结构的基础隔震层位移在 250mm 以内，是分段隔震结构基础层位移的 1/4；

（7）混合被动控制结构的隔震层位移与隔震层位置的关系不大，当隔震层位置从 5 层增加到 15 层时，中间隔震层位移始终在 200～250mm 之间，基础隔震层位移始终在 250～300mm 之间。

2. 剪力分析

为进一步探究混合被动控制结构的地震动响应情况，故以其为研究对象，通过改变主结构分段隔震的中间隔震层位置形成不同的混合被动控制结构，分别对其在不同频域地震波作用下的层间剪力情况进行时程分析，输入经过调整的不同频域地震波（El-Centro 波、TCU052 波、TCU115 波），得到每种结构的楼层剪力如图 4-140～图 4-142 所示，其中“ori”表示原结构；“adj5”表示中间隔震层布置第 5 层的混合控制体系；楼层数“5-1”表示隔震层在第 5 层；其余以此类推。

由图 4-140～图 4-142 可得到如下结论：

（1）在地震波作用下，原结构的层间剪力随楼层数降低而增大，且底部的剪力最大，当结构应用减隔震装置后，剪力响应减小，说明混合被动控制体系能减小结构的地震响应；

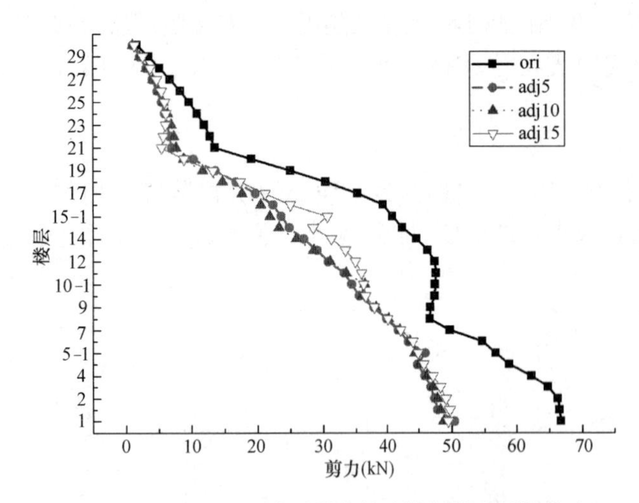

图 4-140　El-Centro 波下混合被动控制体系层间剪力

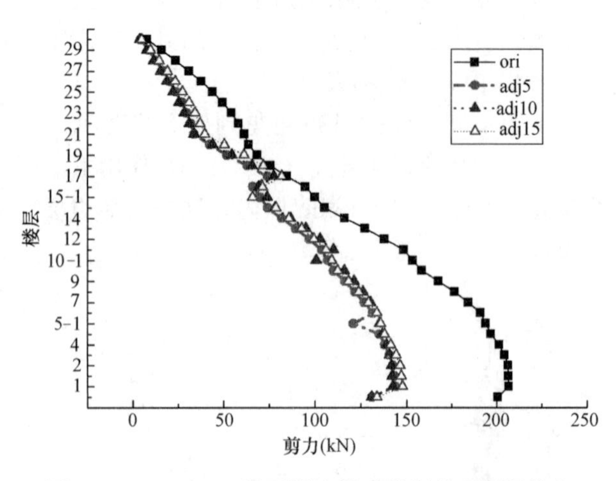

图 4-141　TCU052 波下混合被动控制体系层间剪力

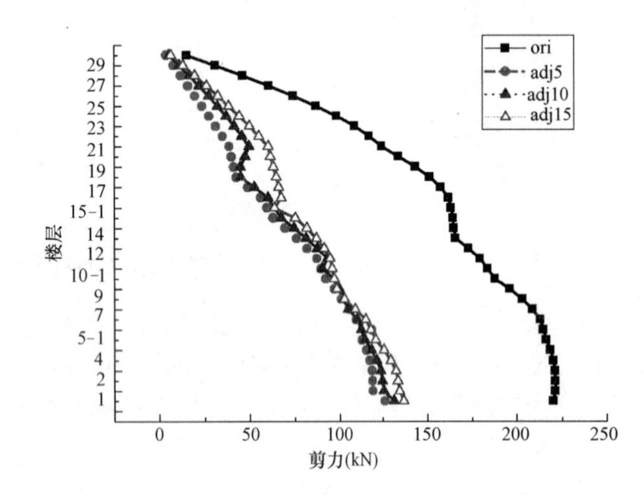

图 4-142　TCU115 波下混合被动控制体系层间剪力

（2）在普通地震波（El-Centro 波）作用下，混合被动控制的减隔震效果较好，可以看到，结构底部剪力从 65kN 以上减小到 50kN，结构整体剪力减小，且当主结构的分段隔震体系中间隔震层的位置设置在 10 层时，剪力的控制效果相对较好；

（3）在长周期地震波（TCU052）作用下，在混合被动控制下结构剪力得到控制，整体剪力减小，隔震层剪力较大，当中间隔震层设置在第 5 层时控制效果较好；

（4）在脉冲型地震波（TCU115）作用下，混合被动控制的减隔震效果显著，可以看出，结构的底部剪力从 225kN 以上减小到 150kN 以内，结构整体的剪力响应显著减小，且当体系中间隔震层的位置设置在 5 层时，剪力响应相对最小。

3. 加速度分析

加速度响应也是衡量结构减隔震效果的重要指标，故以混合被动控制结构为研究对象，通过改变主结构分段隔震的中间隔震层位置形成不同的控制方案，分别对其在不同频域地震波作用下的加速度情况进行时程分析，输入经过调整的不同频域地震波（El-Centro 波、TCU052 波、TCU115 波），得到每种结构的楼层加速度如图 4-143 所示，其中“ori”表示原结构；“adj5”表示中间隔震层布置在第 5 层的混合被动控制结构；楼层数“5-1”表示隔震层在第 5 层；其余以此类推。

由图 4-143～图 4-145 可得到如下结论：

（1）在地震波作用下，原结构的加速度随楼层数上升而增大，且在从结构（较矮结构）与主结构连接的顶层会有一个加速度锐减的现象，当结构应用减隔震装置后，加速度响应减小，说明混合被动控制体系能减小结构的地震响应；

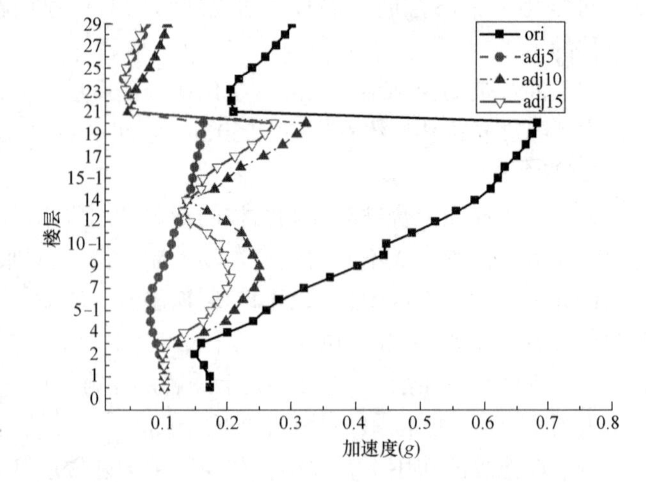

图 4-143　El-Centro 波作用下结构的加速度响应

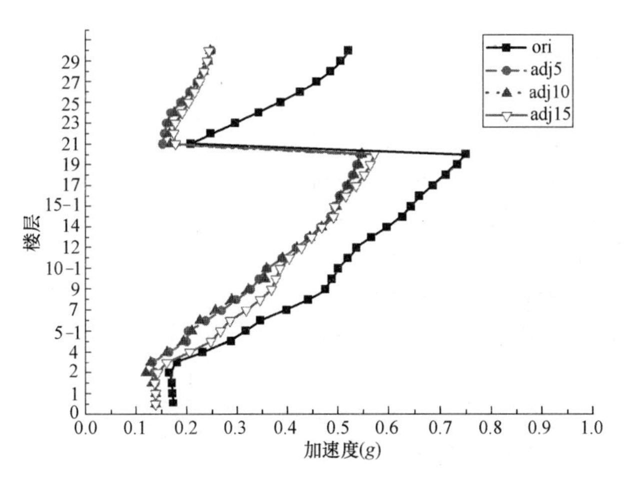

图 4-144　TCU052 波作用下结构的加速度响应

图 4-145　TCU115 波作用下结构的加速度响应

(2) 在普通地震波（El-Centro 波）作用下，混合被动控制的减隔震效果较好，可以看到，主结构顶层加速度减小到原结构的 1/3，结构顶部加速度从 0.7g 减小到 0.35g 以内，结构整体加速度减小，且当主结构的分段隔震体系中间隔震层的位置设置在 5 层时，加速度的控制效果相对较好；

(3) 在长周期地震波（TCU052）作用下，混合被动控制有一定的减隔震效果，主结构顶层加速度减小到原结构的 3/5，结构顶部加速度能从 0.75g 减小到 0.7g 以内，结构整体加速度减小，且当主结构的分段隔震体系中间隔震层的位置设置在 10 层时，加速度的控制效果相对较好；

(4) 在脉冲型地震波（TCU115）作用下，混合被动控制的减隔震效果显著，可以看出，主结构顶层加速度减小到原结构的 1/3，结构的整体加速度响应显著减小，且当体系中间隔震层的位置设置在 5 层时，加速度响应相对最小。

4.7　本章总结

本章主要介绍非隔震模型、基础隔震模型、层间隔震模型、分段隔震模型和混合被动控制模型等多种结构的有限元模型建立，并将数值模拟理论结果与振动台试验结果进行对比分析，主要结论如下：

(1) 隔震结构的楼层加速度和层间位移主要集中于隔震层处，结构呈整体平动趋势。在普通周期波 El-Centro 激励下结构层间变形较小，在长周期波激励下，结构变形明显增加，并有结构倾覆和隔震支座位移超限的可能性。在混合被动控制体系工况下，隔震层处加速度会有明显激增，但在结构变形方面，仅出现微小的弹塑性变形，整体表现出良好的隔震性能，保护了隔震支座的安全性，各项动力响应指标降低明显。

(2) 在普通地震波作用下，相比分段隔震形式，混合被动控制能够更有效地减小隔震层的位移，避免隔震层位移超限，使结构得到更好的控制，安全性更高；在长周期地震波作用下，分段隔震形式的控制效果不佳，隔震层位移很大，甚至会超过隔震支座的限值导致结构的破坏，而混合被动控制能够更有效地减小隔震层的位移，避免隔震层位移超限，使结构得到更好的控制，安全性更高；在脉冲型地震波作用下，相比分段隔震形式，混合被动控制能够更有效地减小隔震层的位移，避免隔震层位移超限，使结构得到更好的控制，安全性更高；

(3) 混合被动控制体系能有效地减小结构在地震作用下的剪力响应，且当改变中间隔震层位置时，减隔震效果有所不同，当考虑抵抗普通地震波时，中间隔震层宜设置在建筑物中间偏下的位置，当考虑抵抗长周期地震波和脉冲型地震波时，中间隔震层宜设置在靠近建筑物底层的位置，即不同类型的地震动下应通过调整主结构分段隔震体系的中间隔震层位置来选择合适的减隔震方案。

参考文献

[1] 朱士云. 基于强震观测记录的建筑结构抗震性能研究 [D]. 南京：南京工业大学，2004.

[2] 李岩峰，王广余. 2001—2010年全球有人员死亡的灾害性地震综述 [J]. 国际地震动态，2011，(11)：16-20.

[3] Goltz J. The Northridge，California Earthquake of January 17，1994：general reconnaissance report [J]. 1994.

[4] 山根尚志. 日本地震简介和日建设计的抗震设计 [J]. 建筑钢结构进展，2008，(03)：54-61.

[5] 河合浩藏. 地震際大震動ヲ受ケザル構造 [J]，建築雜誌，60号，1891：319-329.

[6] 丁永君，张光宁，李进军. 大高宽比高层结构基础隔震应用与研究 [J]. 工程抗震与加固改造，2017，39 (02)：93-99.

[7] Dutta A，Sumincht J，Mayes R，et al. An innovative application of base isolation technology [C]. 18th Analysis and Computation Specialty Conference，ASCE Structures Congress，Vancouver BC ，2008：18-20.

[8] 周福霖，张颖，谭平. 层间隔震体系的理论研究 [J]. 土木工程学报，2009，42 (8)：1-8.

[9] 张颖，谭平，周福霖. 层间隔震结构的能量平衡 [J]. 应用力学学报，2010，27 (1)：204-208.

[10] Ryan K L，Earl C L. 2010. Analysis and design of inter-story isolation systems with nonlinear devices [J]. Journal of Earthquake Engineering，2010，14 (7)：1044-1062.

[11] Komodromos P，Polycarpou P C，Papaloizou L，et al. Response of seismically isolated buildings considering poundings [J]. Earthquake Engineering and Structural Dynamics，2007，36：1605-1622.

[12] 王学庆，刘海卿. 高层分段隔震结构的动力响应分析 [J]. 地震工程与工程振动，2008，28 (1)：170-174.

[13] 穆琳. 高层建筑双层橡胶支座分段隔震技术研究 [D]. 兰州：兰州理工大学，2013.

[14] 胡宝庆. 高层建筑分段隔震结构抗风抗震的减振分析 [D]. 兰州：兰州理工大学，2013.

[15] 乔丽维. 分段隔震结构的非线性动力特性分析 [D]. 秦皇岛：燕山大学，2013.

[16] Earl C L，Ryan K L. Effectiveness and feasibility of inter-storey isolation systems [C]. Proceedings of the eighth U. S. national conference on earthquake engineering，Earthquake Engineering Research Institute，USA，2006.

[17] Phocas M C，Pamboris G. Multi-storey structures with compound seismic isolation [C]. Proceedings of earthquake resistant engineering structures VII. WIT Press，Southampton，UK，2009：207-216.

[18] Phocas M C，Pamboris G. Structures withmultiple seismic isolation levels [J]. WIT Transactions on State of the Art in Science and Engineering，2012，59：77-86.

[19] Phocas M C，Pamboris G. Multi-storey structures with seismic isolation at story-levels [J]. Computational Methods in Applied Sciences，2017，44：261-284.

[20] Pamboris G，Phocas M C. Seismically isolatedmulti-storey structures over the height [C]. Proceedings of 2nd international conference on computational methods in structural dynamics and earthquake engineering，Rhodes，Greece，2009.

[21] 张颖，谭平，周福霖. 分段隔震新体系的参数设计与减振性能研究 [J]. 土木工程学报，2010，43 (S1)：270-275.

[22] 高剑平，罗丹，潘月月. 带转换层高层建筑分段隔震体系被动控制参数优化 [J]. 华东交通大学学报，2011，28 (4)：25-27.

[23] 潘月月. 基于能量的高层建筑分段隔震体系被动控制参数优化 [D]. 上海：华东交通大学，2011.

[24] 王帅. 分段隔震结构简化设计计算研究 [D]. 秦皇岛：燕山大学，2013.

[25] Becker T C，Ezazi A. Enhanced performance through a dual isolation seismic protection system [J]. The Structural Design of Tall and Special Buildings，2016，25：72-89.

[26] Pan T C，Ling S F，Cui W. Seismic response of segmental buildings [J]. Earthquake Engineering and Structural Dynamics，1995，24：1039-1048.

[27] Charmpis D C，Komodromos P，Phocas M C. Optimized earthquake response of multi-storey buildings with seismic isolation at various elevations [J]. Earthquake Engineering and Structural Dynamics，2012，41：2289-2310.

[28] Charmpis D C，Phocas M C，Komodromos P. Optimized retrofit ofmulti-story buildings using seismic isolation at various elevations：assessment for several earthquake excitations [J]. Bull Earthquake Engineering，2015，13：

2745-2768.

[29] Fujita K, Miura T, Tsuji M, et al. Experimental study on influence of hardening of isolator in multiple isolated building [J]. Frontiers in Built Environment, 2016, 2: 1-10.

[30] Jangid R S, Kelly J M. Base isolation for near-faultmotions [J]. Earthquake Engineering and Structural Dynamics, 2001, 30 (5): 691-707.

[31] 杜永峰，白永利. 考虑近断层地震运动特性的隔震结构抗震性能分析 [J]. 工程抗震与加固改造，2017，39 (02)：78-84.

[32] 李小军，贺秋梅，张慧颖，等. 地震动速度脉冲对不同高宽比基础隔震结构抗震性能的影响 [J]. 建筑结构学报，2018，39 (01)：35-42.

[33] Ariga T, Kanno Y, Takewaki I. Resonant behavior of base-isolated high-rise buildings under long-period ground motions [J]. Structural Design of Tall and Special Buildings, 2006, 15 (3): 325-338.

[34] Takewaki I, Fujita K, Yoshitomi S. Uncertainties in long-period groundmotion and its impact on building structural design: case study of the 2011 Tohoku (Japan) Earthquake [J]. Engineering Structures, 2013, 49: 119-134.

[35] 李新乐. 近断层区桥梁结构的设计地震与抗震性能研究 [D]. 北京：北京交通大学，2005.

[36] Hatayama K. Lessons from the 2003 Tokachi-oki, Japan, Earthquake for prediction of long-period strong ground motions and sloshing damage to oil storage tanks [J]. Journal of Seismology, 2008, (12): 255-263.

[37] Motosaka M, Mitsuji K. Building damage during the 2011 off the Pacific coast of Tohoku Earthquake [J]. Soils and Foundations, 2012, 52 (5): 929-944.

[38] 中日联合考察团（执笔：周福霖，崔鸿超，安部重孝，等). 东日本大地震灾害考察报告 [J]. 建筑结构，2012，42 (4)：1-20.

[39] 赵益彬，吕西林. 高层隔震结构在长周期地震动作用下的响应分析 [J]. 结构工程师，2016，32 (3)：77-85.

[40] 吴应雄，颜桂云，石文龙，等. 长周期地震动作用下高层隔震结构减振性能试验研究 [J]. 振动工程学报，2017，30 (5)：806-816.

[41] Takewaki I. Fundamental Properties of Earthquake Input Energy on Single and Connected Building Structures [M]. //Lagaros N D, Tsompanakis Y, Papadrakakis M (Eds.). New Trends in Seismic Design of Structures. London: Saxe-Coburg Publisher, 2015: 1-28.

[42] Takewaki I, Murakami S, Fujita K, et al. The 2011 off the Pacific coast of Tohoku Earthquake and response of high-rise buildings under long-period ground motions [J]. Soil Dynamics and Earthquake Engineering, 2011, 31 (11): 1511-1528.

[43] Takewaki I, Moustafa A, Fujita K. Improving the Earthquake Resilience of Buildings: The Worst Case Approach [M]. London: Springer, 2012.

[44] Kasagi M, Fujita K, Tsuji M, et al. Effect of nonlinearity of connecting dampers on vibration control of connected building structures [J]. Frontiers in Built Environment, 2015, 1: 25.

[45] 郭彦，刘文光，何文福，等. 长周期地震波作用下超高层框架-核心筒减振结构动力响应分析 [J]. 建筑结构学报，2017，38 (12)：68-77.

[46] Xu Z, Agrawal A K, He W L, et al. Performance of passive energy dissipation systems during near-field ground-motion type pulses [J]. Engineering Structures, 2007, 29: 224-236.

[47] Ge D D, Zhu H P, Chen X Q, et al. Performance of viscous fluid dampers coupling adjacent inelastic structures under near-fault earthquakes [J]. Journal of Central South University of Technology, 2010, 17: 1336-1343.

[48] 吴巧云，朱宏平. 相邻结构在近远场地震作用下的易损性分析 [J]. 地震工程与工程振动，2014，34 (2)：1-7.

[49] Wu Q Y, Zhu H P, Chen X Y. Seismic fragility analysis of adjacent inelastic structures connected with viscous fluid dampers [J]. Advances in Structural Engineering, 2017, 20 (1): 18-33.

[50] Petti L, De Iuliis G G M, Palazzo B. Small scale experimental testing to verify the effectiveness of the base isolation and tunedmass dampers combined control strategy [J]. Smart Structures and Systems, 2010, 6 (1): 57-72.

[51] Karabork T. Performance ofmulti-storey structures with high damping rubber bearing base isolation systems [J]. Structural Engineering and Mechanics, 2011, 39 (3): 399-410.

[52] Murase M, Tsuji M, Takewaki I. Smart passive control of buildings with higher redundancy and robustness using

base-isolation and inter-connection [J]. Earthquake and Structures，2013，4 (6)：649-670.

[53] Naderpour H，Naji N，Burkacki D，et al. Seismic response of high-rise buildings equipped with base isolation and non-traditional tunedmass dampers [J]. Applied Sciences，2019，9 (6)：1201.

[54] Kasagi M，Fujita K，Tsuji M，et al. Automatic generation of smart earthquake-resistant building system：hybrid system of base-isolation and building-connection [J]. Heliyon，2016，2 (2)：e00069.

[55] Makita K，Murase M，Kondo K，et al. Robustness evaluation of base-isolation building-connection hybrid controlled building structures considering uncertainties in deep ground [J]. Frontiers in Built Environment，2018，4：16.

[56] 朱宏平，周方圆，袁涌. 建筑隔震结构研究进展与分析 [J]. 工程力学，2014，31 (03)：1-10.

[57] 尚守平，崔向龙. 基础隔震研究与应用的新进展及问题 [J]. 广西大学学报（自然科学版），2016，41 (01)：21-28.

[58] Aiken I D，Clark P W，Kelly J M，et al. Design and ultimate-level earthquake tests of a 1/2.5 scale base-isolated reinforced-concrete building [C]. Proceedings of ATC-17-1 Seminar on seismic Isolation，Passive Energy Dissipation and Active Control，San Francisco，California，1993.

[59] Wu Y M，Samali B. Shake table testing of a base isolatedmodel [J]. Engineering Structures，2002，24 (9)：1203-1215.

[60] Samali B，Wu Y M，Li J. Shake table tests on amass eccentricmodel with base isolation [J]. Earthquake Engineering & Structural Dynamics，2003，32 (9)：1353-1372.

[61] 王铁英，王焕定，刘文光，等. 大高宽比橡胶垫隔震结构振动台试验研究 (1) [J]. 哈尔滨工业大学学报，2006，(12)：2060-2064.

[62] 付伟庆，丁琳，陈菲，等. 高层隔震结构模型双向振动台试验研究 [J]. 世界地震工程，2006，(03)：125-130.

[63] 付伟庆，王焕定，刘文光，等. LRB隔震结构模型振动台试验研究 (1) [J]. 哈尔滨工业大学学报，2007，(02)：201-205.

[64] 付伟庆，于德湖，刘文光，等. 高层隔震模型结构双向地震反应的数值计算与试验 [J]. 振动与冲击，2010，29 (05)：114-117+127+244.

[65] 刘文光，何文福，霍达，等. 大高宽比隔震结构双向输入振动台试验及数值分析 [J]. 北京工业大学学报，2007，(06)：597-602+612.

[66] 何文福，刘文光，张颖，等. 高层隔震结构地震反应振动台试验分析 [J]. 振动与冲击，2008 (08)：97-101+180.

[67] 王栋，吕西林，刘中坡. 不同高宽比基础隔震高层结构振动台试验研究及对比分析 [J]. 振动与冲击，2015，34 (16)：109-118.

[68] Tu H B，Wang Y，Tan Y，et al. Simulated shaking table test research of isolated and non-isolated frame structuremodel [J]. Applied Mechanics and Materials. Trans Tech Publications Ltd，2012，193：1278-1283.

[69] 李昌平，刘伟庆，王曙光，等. 高层隔震和非隔震结构振动台试验对比 [J]. 南京工业大学学报（自然科学版），2013，35 (02)：6-10+40.

[70] Han M，Duan Y L，Sun H. Shaking table test study on seismic responses of base-isolated buildings under near-fault ground motions [J]. Advanced Materials Research. Trans Tech Publications Ltd，2014，1020：457-462.

[71] 苏何先，潘文，白羽，等. 隔震异形柱框架结构振动台试验研究 [J]. 建筑结构学报，2016，37 (12)：65-73.

[72] Sato E，Furukawa S，Kakehi A，et al. Full-scale shaking table test for examination of safety and functionality of base-isolated medical facilities [J]. Earthquake Engineering & Structural Dynamics，2011，40 (13)：1435-1453.

[73] 陆伟东，吴晓飞，刘伟庆. 基础隔震和非隔震结构模型振动台试验对比研究 [J]. 建筑结构，2012，42 (04)：34-37.

[74] 胥玉祥，朱玉华，卢文胜. 云南省博物馆新馆隔震结构模拟地震振动台试验研究 [J]. 建筑结构学报，2011，32 (10)：39-47.

[75] 刘阳，刘文光，何文福，等. 复杂博物馆隔震结构地震模拟振动台试验研究 [J]. 振动与冲击，2014，33 (04)：107-112.

[76] 廖述江，何文福，刘文光. 云南省博物馆新馆隔震设计与振动台试验研究 [J]. 建筑结构，2016，46 (22)：

48-55.

[77] Villaverde R, Mosqueda G. Aseismic roof isolation system: analytic and shake table studies [J]. Earthquake Engineering & Structural Dynamics, 1999, 28 (3): 217-234.

[78] Lee S K, Park E C, Min K W, et al. Real-time hybrid shaking table testingmethod for the performance evaluation of a tuned liquid damper controlling seismic response of building structures [J]. Journal of Sound and Vibration, 2007, 302 (3): 596-612.

[79] Chang K C , Hwang J S , Wang S J, et al. Analytical and experimental studies on seismic behavior of buildings withmid-story isolation [C]. ATC and SEI Conference on Improving the Seismic Performance of Existing Buildings and Other Structures, 2009.

[80] Huang X Y, Zhou F L, Wang S L, et al. Experimental investigation onmid-story isolated structures [J]. Advanced Materials Research. Trans Tech Publications Ltd, 2011, 163: 4014-4021.

[81] Wang S J, Chang K C, Hwang J S, et al. Dynamic behavior of a building structure tested with base andmid-story isolation systems [J]. Engineering structures, 2012, 42: 420-433.

[82] Jin J M, Tan P, Zhou F L, et al. Shaking table test study onmid-story isolation structures [J]. Advanced Materials Research. Trans Tech Publications Ltd, 2012, 446: 378-381.

[83] Zheng G C, Xu H L. Research on Shaking Table Test of Base and Story Isolation Structures [J]. Applied Mechanics and Materials. Trans Tech Publications Ltd, 2014, 580: 1776-1781.

[84] 韩森，张文会，朱爱东，等. 不同层隔震结构在近断层地震作用下动力响应分析 [J]. 振动与冲击，2016，35 (05)：120-124.

[85] 吕西林，朱玉华，施卫星，等. 组合基础隔震房屋模型振动台试验研究 [J]. 土木工程学报，2001 (02)：43-49.

[86] Yenidoğan C, Uçkan E. Seismic performance of a base isolated structure by shake table tests [C]. AIP Conference Proceedings. American Institute of Physics, 2008, 1020 (1): 1493-1502.

[87] Braga F, Laterza M. Field testing of low-rise base isolated building [J]. Engineering Structures, 2004, 26 (11): 1599-1610.

[88] Oh S H, Song S H, Lee S H, et al. Experimental study of seismic performance of base-isolated frames with U-shaped hysteretic energy-dissipating devices [J]. Engineering Structures, 2013, 56: 2014-2027.

[89] Du H K, Han M. Impact and energy analysis of deformation-limited base-isolated structure in shaking table test [J]. Applied Mechanics and Materials. Trans Tech Publications Ltd, 2014, 638: 1811-1817.

[90] 刘军生，王社良，石韵，等. 带限位装置的新型摩擦滑移隔震结构振动台试验研究 [J]. 西安建筑科技大学学报 (自然科学版)，2015，47 (04)：498-502.

[91] Zargar H, Ryan K L, Rawlinson T A, et al. Evaluation of a passive gap damper to control displacements in a shaking test of a seismically isolated three-story frame [J]. Earthquake Engineering & Structural Dynamics, 2017, 46 (1): 51-71.

[92] 吴应雄，颜桂云，石文龙，等. 长周期地震动作用下高层隔震结构减振性能试验研究 [J]. 振动工程学报，2017，30 (05)：806-816.

[93] Lu X, Zhou Y, Yan F. Shaking table test and numerical analysis of RC frames with viscous wall dampers [J]. Journal of Sructural Engineering, 2008, 134 (1): 64-76.

[94] 郑亮，李忠煜. 基于目标位移的大层高 RC 框架薄弱层增设黏滞阻尼器模型振动台试验 [J]. 建筑结构，2017，47 (S2)：313-316.

[95] 刘绍峰，施卫星. 相邻结构连接黏滞阻尼器减振效果的振动台试验研究 [J]. 结构工程师，2017，33 (03)：156-165.

[96] 律清，卢文胜，吕西林，等. 采用被动控制的四塔连体结构振动台试验研究 [J]. 建筑结构学报，2017，38 (03)：46-57.

[97] 叶列平，千里，缪志伟. 结构抗震分析用地震动强度指标的研究 [J]. 地震工程与工程振动，2009，29 (4)：9-22.

[98] Malhotra P K. Response of buildings to near-fault-field pulse-like groundmotions [J]. Earthquake Engineering and Structural Dynamics, 1999, 28 (11): 1309-1326.

[99] Liao W I, Loh C H, Wan S. Earthquake response of RC moment frames subjected to near-fault-fault ground motions [J]. The Structural Design of Tall Buildings, 2001, 10 (2): 219-229.

[100] 杨迪雄，李刚，程耿东. 近断层脉冲型地震动作用下隔震结构地震反应分析 [J]. 地震工程与工程振动，2005，25 (2)：119-124.

[101] Housner G W. Measures of severity of earthquake ground shaking [C]. Proceedings of the U. S. National Conference on Earthquake Engineering, EERI, 1975.

[102] Arias. A Measure of Earthquake Intensity in Seismic Design for Nuclear Power Plants [M]. Cambridge: MIT Press, 1970.

[103] Kramer S L. Geotechnical Earthquake Engineering [M]. New Jersey : Prentice Hall, 1996.

[104] Mackis N, Chang S P. Effect of damping mechanisms on the response of seismically isolated structures [R]. PEER Report, Pacific Earthquake Engineering Research Center, College of Engineering, University of California, Berkeley, 1998.

[105] 刘启方，袁一凡，金星，等. 近断层地震动的基本特征 [J]. 地震工程与工程振动，2006，26 (1)：1-10.

[106] Mavroeidis G P, Papageorgiou A S. Amathematical representation of near-fault-fault ground motions [J]. Bul. l Seism. Soc. Am., 2003, 93: 1099～1131.

[107] Bray J D, Rodriguez M. Characterization of forward-directivity ground motions in the near-fault-fault region [J]. Soil Dynam Earthquake Eng, 2004, 24: 815～828.

[108] 李新乐，朱晞. 近场地震速度脉冲效应及模拟模型的研究 [J]. 中国安全科学学报，2003，13 (12)：48-52.

[109] Babak A, Helmut K. Consideration of near-fault fault groundmotion effects in seismic design [C]. 12WCEE, Auckland, 2000.

[110] 李爽，谢礼立. 近场问题的研究现状与发展方向 [J]. 地震学报，2007，29 (1)：102-111.

[111] 杨迪雄，赵岩. 近断层地震动破裂向前方向性与滑冲效应对隔震建筑结构抗震性能的影响 [J]. 地震学报，2010，32 (5)：579～587.

[112] 贺秋梅，李小军，杨宇. 近断层速度脉冲型地震动作用基础隔震建筑位移反应分析 [J]. 应用基础与工程科学学报，2014，22 (1)：1～12.

[113] Chopra A K, Chintanapakdee C. Comparative response of SDF system to near-fault-fault and far-field-fault earthquake motions in the context of speetralregions [J]. Earthquake Engineering and Structural Dynamics, 2001, 30: 1769-1789.

大底盘上塔楼隔震结构的动力响应

5.1 引言

地震作为危害人类社会的自然灾害，爆发时释放的巨大能量对房屋建筑产生了严重的威胁，常常引起人员伤亡，造成重大的经济损失。我国地处环太平洋地震带和欧亚地震带之间，是受地震危害影响较大的国家。自20世纪以来，我国境内发生的6级以上地震累计数百余次，造成大量人员伤亡以及巨额财产损失。这些都不断提醒人们对地震灾害的警醒与控制。因此就我国当前的建筑抗震形势而言，加强对地震领域的研究，具有十分重大的意义。

在近几十年的抗震技术发展历程中，人们逐渐掌握了地震动参数特性，抗震设计规范也相继出台，建筑物的安全性得到了较好的保证。在对地震动特性研究过程中，发现了长周期地震动与普通周期地震动的差别，尤其是近场长周期地震动。在某些地震区域，尽管震级不大，但地表破裂带却产生超烈度强振动，附近建（构）筑物受损非常严重，比如1994年美国Northridge地震虽然只有6.7级，但由于城市恰好位于断层附近，当地为Ⅱ类场地土，使得这场地震成为美国历史上付出代价最大的灾害；1995年日本Kobe发生6.9级地震，但在靠近震中的Ⅱ类场地土，神户市区以及某些远离震中的区域，大量高层建筑破坏严重，同样使日本损失惨重。随着研究的不断深入，研究人员发现，在近场区域，除了地震动含有特殊的长周期特性，建筑物会在地震中的某个瞬间受冲击产生强烈的地震响应，其在地震动中表现为脉冲特性。由于对此类地震动特性没有足够的重视，即使有预先的抗震设计作为防范，依然无法达到设计目的，使建筑物遭受破坏。

最近二三十年，随着建筑物使用功能复杂化，低楼层需要满足大开间商业用房的要求，而高楼层则需要配套办公、酒店或者住宅类空间。大底盘上塔楼结构形式的出现，恰好实现了上述建筑多功能性的使用要求，逐渐应用在城市商品房开发和大型公共建筑中，建筑效果如图5-1所示。

然而这种上部体型缩进结构的布置方式，由于竖向不规则造成刚度突变，容易形成应力集中的薄弱部位，严重影响结构的抗震性能，使其在抗震设计时面临诸多问题，如图5-2所示。特别是在遭遇强震作用时，建筑的结构构件、非结构构件包括内部装饰都将遭受严重破坏，在经济上造成巨大损失。

随着隔震技术的成熟，采用隔震技术有效地解决了其塔楼体型缩进引起的结构竖向刚度突变问题。通过将隔震层设置在底盘或者塔楼下部，均可以极大改善此类结构的受力性能，结构所受地震动作用明显降低。

目前，国内外对大底盘上塔楼隔震结构的设计依然具有一定的局限性。在进行动力时程分析时，大多只是利用常规地震动（普通周期）进行模拟计算，而没有充分考虑到近、远场长周期地震动作用下的某些特殊情况，尽管概率较低，但依然有可能与隔震结构产生共振效应，造成隔震层位移过大，使整体结构发生碰撞或者脱出，将无法保证隔震结构的安全性。大底盘上塔楼隔震结构在此类地震作用下的动

图 5-1　大底盘上塔楼建筑

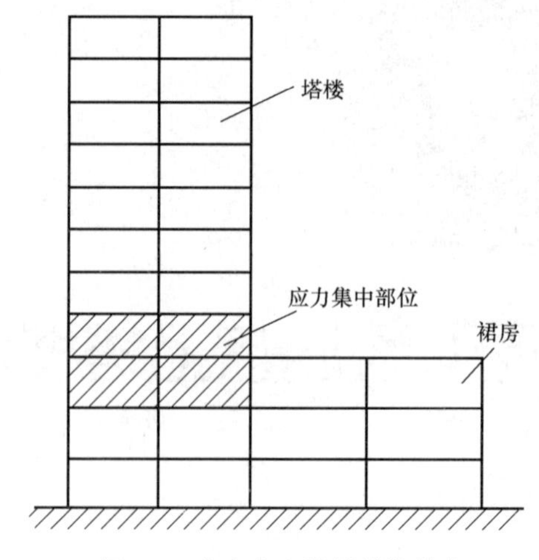

图 5-2　大底盘上塔楼结构特点

力特性以及可能引发的不利影响研究较少。相关振动台试验验证则更加少。

本章通过建立大底盘上塔楼缩尺模型，设立纯基础隔震、复合减隔震和抗震 3 种结构体系进行数值分析，并制作安装相应的试验模型结构进行同条件下的振动台试验。研究其在近、远场长周期地震动以及普通周期地震动作用下的楼层动力响应；针对近场脉冲地震动作用下可能出现的位移超限等问题，验证复合减隔震体系的减振效果以及限位保护作用；研究了塔楼不同缩进比例对隔震性能的影响规律，为大底盘上塔楼隔震结构的设计提供一定的数据支持和试验论证，有助于提高其设计水平和防灾减灾能力。另外，对抗震规范关于近场影响系数的进一步修订完善也具有一定的参考价值。

5.1.1　国内外研究现状

1. 大底盘上塔楼抗震结构理论研究概况

大底盘上塔楼建筑结构在裙房顶部将楼层进行收进，使结构竖向布置不规则。国内外已有震害资料显示，大底盘上塔楼结构由于上下面积比差别较大，在地震时在连接处会出现较严重的破坏，塔楼鞭端效应明显，对此类问题的研究已经较为深入，并取得了丰富的科研成果。

2001 年，董平等分析了底盘与塔楼的刚度比对结构地震响应的影响。其指出，当塔楼刚度大时，底盘的侧移及层间位移明显增大，而塔楼的则正好相反。当底盘刚度大时，底盘和塔楼的变形较小，但地震作用被放大，应力集中处楼层的层间位移将明显增大。

2005 年，徐永基等对某超长大底盘上塔楼高层建筑进行时程分析。指出此结构形式在地震作用下受力复杂，并且表现出明显的扭转效应。用抗侧力构件增加结构的抗扭承载力，防止受扭破坏。

2006 年，赵兵等认为上部塔楼仅对其附近一定范围内的大底盘竖向抗侧力构件产生显著影响。建议采用直接查看振型图的方法来判断大底盘结构竖向抗侧力构件对上部结构的贡献。同时指出，主体地下室（即软弱层位置）的剪切刚度应大于相邻上部塔楼的 1.5 倍，以保证连接部位的安全。

2010 年，杨必峰利用振型分解法、时程分析法以及 Pushover 法分析某大底盘上塔楼结构，着重强调了大底盘的内力计算方法。其指出，在中震以上地震作用下，大底盘楼面的内力可由小震下的内力乘以相应的放大系数确定，并且对于塔楼附近一定范围内的楼板应加强构造措施，保证抗震的可靠性。

2013 年，何富华等分析了上塔楼偏置情况对结构造成的不利影响。指出塔楼偏置导致塔楼和裙房相互“牵扯”，加剧了裙房的扭转效应。塔楼的偏离质量刚度中心的布置，在塔楼与裙房转换处引起竖向抗侧刚度突变，形成局部应力集中，裙房屋面受力复杂，需采取措施保证转换处相邻上下层的强度。

2013 年，唐宗鹏等人采用有限元分析软件 ETABS 对大底盘上塔楼结构进行 Pushover 分析。其指出，在性能点的求取过程中，需加入大底盘对塔楼的约束作用，可得到更为准确的性能点参数。

2. 大底盘上塔楼隔震结构理论研究概况

由于上述大底盘上塔楼抗震结构连接处的复杂受力以及塔楼产生明显的鞭端效应，在结构设计时需要采取一系列的加强措施来保证结构的安全性，这必然会增加设计的难度以及造价。隔震结构由于其良好的抗震性能及减振效果，已有设计人员逐渐将隔震技术引入大底盘上塔楼结构。当前对此类结构形式的研究已趋于成熟。

2010 年，赵楠等采用动力时程分析方法，分析大底盘上塔楼高层隔震结构的水平地震响应，并与相应的非隔震结构进行对比。结果表明，相比于非隔震结构，隔震结构的各类地震响应均明显减小，尤其是罕遇地震作用下的减振效果良好，上部塔楼的运动呈整体平动趋势。

2010 年，谭平基于大底盘多塔楼的集中质量模型，考虑基础隔震和层间隔震体系隔震机理的差异，推导出大底盘多塔楼层间隔震结构计算简化模型的运动方程，并就上述理论进行数值模拟。其指出，通过合理隔震支座的布置，合理配置隔震层刚度和阻尼，可以使下部底盘的层间剪力逐渐减小。

2011 年，李照德等针对大底盘下设置隔震层遇到的特殊问题以及隔震层楼面刚度作了分析探讨。其指出，在罕遇地震作用下，考虑了 P-Δ 效应后的隔震支座下部支墩需进一步强化设计来保证隔震支座的正常使用；隔震层楼板应按照大震不屈服原则强化设计；在 9 度设防区，建议采用基础隔震结构形式，同时适当调整用于上部塔楼抗震验算的水平地震作用影响系数。

2012 年，杜永峰等采用串联刚片系模型，探讨 3 种不同布置方式的大底盘多塔楼结构的地震响应特性。对比结果表明，隔震技术的应用有效降低了结构扭转效应。相比于基础隔震形式，层间隔震形式的地震响应更合理，更适合大底盘上塔楼结构形式。

2013 年，曾宾等通过 SAP2000 有限元程序对大底盘上塔楼基础隔震模型进行数值模拟，并与相应的抗震结构模型进行对比，分析各楼层的地震响应参数。其指出，采用基础隔震之后结构受力得到改善，尤其是裙房的隔震效果尤为显著，塔楼减振效果相对较差。

2014 年，干洪等对大底盘单塔楼层间隔震以及基础隔震模型进行动力时程分析，对比两类结构的地震响应。结果表明，大底盘上塔楼结构采用隔震技术可以较好地减小平扭周期比，并保证良好的减振效果。

2015 年，赵桂峰等通过设置不同的塔楼与底盘质量比和层刚度参数，研究其对结构隔震效果的影响。其指出，需要不断调整塔楼与底盘的质量比以及刚度比等，以达到塔楼最优减振效果的目标；明确了在此类结构设计时，需将底盘楼板定义为弹性板，且上部塔楼的设计需乘以相应的减振系数。

2015 年，邓烜等通过对某基础隔震的大底盘多塔结构工程实例的设计方法进行探讨。其指出，大底盘上塔楼基础隔震结构设计时，需优化隔震支座的布置，保证良好的减振效果。其次，对于不同的塔楼质量，应采取不同的计算模型进行设计。质量较大且高度较高的塔楼，宜采用单塔模型进行计算；质量较小的塔楼，宜按楼面连接进行设计。

2015 年，贾淑仙等研究在双向地震动作用下，大底盘上塔楼基础隔震、层间隔震和抗震结构 3 种模型的楼层地震响应。其指出，与抗震结构相比，隔震结构的楼层位移、底层剪力以及顶层加速度等都明显降低，层间隔震结构可以更好地抑制楼层的扭转效应。

3. 大底盘上塔楼结构振动台试验研究概况

从上述国内外文献的研究可知，当前对于大底盘上塔楼的动力特性研究主要还是采用有限元软件进行数值模拟分析的方法，而采用缩尺模型进行振动台试验的验证性研究依然较为缺乏。

2005 年，赵新卫等建立某隔震建筑缩尺模型进行振动台试验和数值模拟，对比分析其地震响应。结果表明，采用隔震技术极大地改善了结构的抗震性能，下部底盘的基底剪力减小了 20%左右，上部塔楼可在当前规范要求的基础上降一度设计，可有效节约工程造价等。

2009 年，李玉珍、祁皑等建立大底盘单塔楼隔震结构模型进行数值分析和振动台试验，分析对比了数值模拟理论结果与振动台试验结果的误差，并进一步对试验采集到的主要参数进行分析，判断各类参数的减振效果。

2014 年，王斌等通过建立某平面不规则复杂结构的缩尺模型，进行地震模拟振动台试验研究，考虑模型结构的动力反应，研究结构破坏机理及模式。结果表明，塔楼的偏置以及由于楼板开口引起的质量缺失等情况，造成上下结构刚心与质心不重合，产生明显扭转效应，需增强边榀构件刚度、调整楼层质量分布等措施控制。

2016 年，张宏等建立某大底盘三塔楼超高层整体缩尺模型，并进行振动台试验，以此研究大底盘多塔楼超高层结构的地震响应规律，并基于试验数据提出此类结构设计的改进建议。结果表明，多塔楼结构在合理的设计下，可以满足"三水准"的抗震设防目标要求，具有足够的抗震安全储备。

2016 年，李诚凯等建立一个具有工程应用意义的大底盘上塔楼结构模型，设立基础隔震和层间隔震两种结构形式，进行数值分析和振动台试验。结果表明，大底盘单塔楼基础隔震和层间隔震两种模型对上部塔楼的减振效果差异不大，基础隔震结构的底盘和塔楼减振效果均优于层间隔震结构。

4. 长周期地震动研究概况

(1) 长周期地震动特性研究概况

由于缺乏实际近断层地震动记录资料，关于地震动的长周期成分的存在一直被人们忽视，关于长周期地震动特性的研究也一直进展缓慢。直到 1957 年，Housner 和 Hudson 两位学者对美国 Port Hueneme 地震记录进行分析时，观察到了明显的长周期特性。此时长周期地震动才开始受到关注。随着技术的不断发展，越来越多地震波数据被记录下来，得以对长周期地震动进行深入研究。

早在 1979 年，Chopra Oscar A. Lopez 等依照地震记录，建立单自由度线性弹性和非线性滞回模型，模拟了长周期结构在地震动作用下的弹性响应和非弹性响应。得出地面运动速度和位移反过来会使长周期结构响应更可靠的结论。

1990 年，谢礼立等收集分析了国内监测到的约 200 条地震波，通过频谱分析以及归一化处理方法，统计得到上述地震动周期从 0.02s 至 15s 的绝对加速度反应谱、相对速度反应谱和相对位移反应谱，为我国的长周期结构的抗震设计提供初始依据。

1995 年，Thomas C. Hanks 等就通过记录克恩县地震与 San Fernando 地震两个地震波对洛杉矶盆地形成的冲击影响，预测出地震源和源站传播路径中均包含有长周期地震动成分。

1995 年，Trifunac M. D. 通过结构响应程序，正式引入强震地面的相对速度频谱幅值。进一步消除长周期信号的频谱幅度粗略估计的问题，并且指出了设计规范中长周期设计谱的不足。

2000 年，Baez J. I. 等研究了近场长周期地震动对单自由度体系结构的影响，从弹性和非弹性两个方面进行分析。结果表明，当结构的自振周期位于 0.1～0.3s 之间时，近场长周期地震动中包含的脉冲特性将使结构的地震响应出现明显的加强现象。

2004 年，Alavi 等研究了在脉冲长周期地震波和普通周期地震波作用下单自由度和多自由度体系的地震响应。提出框架结构在抗震设计时需予以加强，以应对脉冲长周期地震动的影响。

2005 年，廖述清等首次对长周期地震动作用下的多层和高层建筑进行时程分析（Wilson-θ 法），通过将地震动以最大速度的基准化的结果分析比较，提出当震源位于两个地壳板块之间或者场地是由软弱沉积物形成的表层地基时，地震动将会出现明显的长周期特征。

2008 年，徐龙军等以中国台湾集集地震中现有数据为基础，通过利用地震动的幅值（PGA、PGV、PGD）、傅里叶幅值谱和反应谱（加速度、速度）等参数，分析近场脉冲型和远场类谐和两种长周期地震动的特征。并且与规范反应谱进行比较，提出在反应谱应用时应考虑加强长周期地震动的地震作用。

2008 年，耿淑伟等对当前规范中高耸、大跨等长周期结构设计反应谱中加速度控制段进行设计的方法提出疑问。随着反应谱周期范围向长周期扩展，结构地震响应逐渐由位移控制。故选取某水平向强震记录，针对设计反应谱的平行段、下降段等问题进行讨论。

2009 年，杨伟林等对汶川地震中基岩及深厚软弱场地的长周期地震动对长周期结构的影响研究。其指出，远场长周期地震动的峰值加速度较低，但反应出的地震动位移响应却很大，说明对长周期结构

进行抗震设计时，不仅要控制加速度峰值，还应进一步考虑位移以及速度峰值作用的影响。

2011年，陈清军等采用Hilber-Hughes-Taylor递推格式，进行了长周期地震动作用下高层结构的弹塑性时程响应分析。其指出，高层结构在长周期地震动作用下产生的位移响应波动远远大于加速度响应的波动。进一步指出长周期地震动作用下的结构地震响应是由位移谱来控制的。

2012年，以周福霖为代表的中日联合考察团对东日本大地震进行了深入的阐述。介绍了震害总体状况以及次生地震灾害造成的破坏程度。还重点说明了本次地震中包含的长周期成分对结构的影响。首次总结出近、远场与地震动周期的关系以及地震波和构筑物的周期范围。

2012年，李旭等进一步对近场长周期地震动进行研究。其指出，近场地震动常常伴随有滑冲效应和向前方向性效应，且滑冲效应将显著影响长周期结构的地震作用，在考虑地震动作用时，不能忽略此类效应的影响。

2014年，李雪红等利用Hilber-Huang变换理论分析地震动能量特性，分析典型的常规地震动和近、远场长周期地震动在时域、频谱分布、地震动放大系数谱及周期特性等方面的特性。提出了评价地震动周期特性的方法，并且明确了近、远场长周期地震动在时频域特性方面与常规地震动的差别。

2015年，周靖等着重考虑震中距、震级和场地类型等不同，筛选出长周期成分丰富的破坏性浅源强震数字化记录，通过反应谱分析，得到加速度反应谱第一、二下降段特征周期点随震中距、震级和场地类型的变化规律。其指出，利用现有规范以第一下降段特征点周期估算第二下降段特征点周期的方法对长周期反应谱验算存在较大的误差。通过综合考虑各因素的影响，给出第一和第二下降段特征点周期建议取值，为抗震规范的修订提供参考。

2015年，王亚楠等按照速度脉冲周期对选取的36条近场长周期地震记录进行分组，并利用编程软件MATLAB计算出上述36条地震动的位移反应谱以及速度反应谱，对两者特性进行研究。其指出，含脉冲长周期地震动的位移反应谱经标准平均化后，谱峰值约等于2.2，且谱特征周期近似等于速度脉冲周期。

(2) 长周期地震动作用下隔震结构研究现状

随着隔震技术发展，对隔震结构的地震响应研究已经很成熟。由于隔震结构的周期延长，在长周期脉冲地震动作用下可能产生共振效应。而近年来，国内外研究学者对长周期地震动作用下的隔震结构地震响应研究并不多见。

2003年，Wesolowsky M. J. 等对某使用隔震技术的结构进行近场长周期地震动下的三维时程分析，并设立非隔震模型进行对比。结果表明，随着隔震支座的布置增加，结构的加速度响应降低明显，但在近场长周期地震动作用下，继续增加隔震支座将会极大地增加位移响应。

2006年，Minagawa K. 等认为隔震系统的自振周期大部分是被设计成3s左右的自振周期。使用橡胶支座隔震结构延长自振周期，但结构在长周期地震动作用下无法充分发挥隔震支座的性能。其建议采用橡胶轴承器和液压作动系统，通过主动隔震来达到设计目的。

2009年，党育等分析了近场场地土类型对基础隔震结构的影响。结果发现，场地土类型与地震动频谱有关。在中等场地下，近场地震动中包含较多的长周期频谱，将对隔震结构产生更不利的影响，而在软场下的作用不明显。

2013年，Du Y. F.，Zhu X.，Li H. 等研究近场脉冲、非脉冲及远场地震动作用下的某隔震结构进行动力时程分析。结果表明，近场脉冲地震动对隔震结构的地震响应远大于非脉冲近场和远场长周期地震动，尤其是隔震层位移超限导致隔震层的失效。

2013年，杜永峰等对近场脉冲长周期地震动作用下TMD-基础隔震混合控制结构和对应的纯基础隔震结构地震响应进行对比分析，并探讨混合控制结构的减振效果。结果表明，混合控制结构的位移响应明显小于纯基础隔震结构，但其加速度响应基本没有降低，甚至出现增大的现象。

2012年，火明譞等总结了近年来国内外学者对速度脉冲、竖向地震动和上下盘效应等近断层地震动特性的研究成果，综述了近断层地震作用下隔震结构动力响应的研究现状；并指出近场地震的脉冲效

应以及结构 $P\text{-}\Delta$ 效应等因素，是未来隔震技术动力研究的重点方向。

2014 年，刘伟庆、李雪红等研究某基础隔震结构模型在近场长周期地震动和普通周期地震动作用下的动力响应。结果表明，在近场脉冲长周期地震动作用下，基础隔震结构的地震响应明显大于普通地震动，隔震层位移甚至超出普通地震动的 2 倍以上，需重点关注。

2016 年，颜桂云等研究层间隔震结构在近场脉冲地震动作用下的位移过大问题，并探讨其限位保护的问题。设立有限位装置以及无限位装置两种层间隔震模型进行动力时程分析。结果表明，隔震层在限位装置的保护下，层间位移明显降低，有较好的减振效果。且在最大极限变形情况下，限位装置可以避免隔震层的脆性破坏，较好地实现抗震延性设计。

2016 年，颜桂云等研究了近场长周期地震动对基础隔震结构的动力特性的影响。其指出，含速度脉冲近场地震动会明显增大基础隔震结构的加速度以及位移等地震响应，可采取阻尼混合隔震措施限制其发展，避免了隔震层位移过大导致整体结构倾覆失稳。

2016 年，韩森等从太平洋地震中心选出 172 条近场长周期地震动作为动力激励，通过将隔震层设置在建筑不同位置，建立了 4 种隔震模型类型，分析近场长周期地震动对不同隔震层位置的隔震结构的影响。其指出，不同隔震层位置的楼层地震响应参数与输入的近场长周期地震特征参数存在必然联系。

5.1.2 研究目的和主要内容

从以上国内外相关文献总结分析可知，当前对于大底盘上塔楼隔震结构形式以及对应的抗震结构形式的理论研究已经有大量的研究成果，但长周期地震动作用对此类隔震结构的影响研究却很少，模拟地震动振动台试验的验证则更少，可见当前对于长周期地震动作用下大底盘上塔楼隔震结构的分析研究以及振动台试验，是具有科研价值的课题，可为长周期地震动对结构的影响研究以及此类结构的抗震设计提供试验数据支持，并为其在工程中应用提出建议。

本章对近场（脉冲、非脉冲）、远场长周期地震动以及普通周期地震动作用下大底盘上塔楼纯基础隔震结构模型和抗震结构对比模型的地震反应特性进行对比研究；并针对长周期地震动作用下（尤其是近场脉冲长周期）可能出现的位移超限等问题，通过引入黏滞液体阻尼器与橡胶支座配合组成的复合减隔震体系进行应对。对上述 3 种体系进行 ETABS 数值模拟和缩尺振动台试验，对比分析三者的地震响应差异，并探究复合减隔震体系对于解决近场含脉冲长周期地震动作用下隔震层位移超限问题的有效性以及限位保护作用。

针对上述问题，本章对近、远场长周期地震动作用下大底盘上塔楼隔震结构开展相关研究工作，研究的主要内容如下：

（1）介绍了近、远场长周期地震动的学术定义以及与近场地震动有关的滑冲效应、破裂方向性效应、长周期速度大脉冲、上/下盘效应等基本特征，着重考虑其脉冲运动特性；从反应谱的角度分析近、远场长周期地震动与普通地震动的区别；对比讨论在近场地震动中，有无脉冲效应对结构产生的不同影响；

（2）建立具有一定工程应用意义的大底盘上塔楼隔震结构缩尺数值模型进行有限元分析。将模型的缩尺比例定为 1∶7，模型下部底盘层高为 0.70m，2 层，上部塔楼层高为 0.50m，6 层，总高为 4.40m。初步设定抗震结构以及纯基础隔震两种结构模型，利用有限元软件 ETABS 进行 3 种加速度峰值（0.20g、0.40g 和 0.60g）的近场长周期（脉冲和非脉冲）、远场长周期地震动以及普通地震动作用下的模态分析和动力时程分析，对比结构的加速度、位移、层剪力等动力响应，并针对分析结果，探讨当前隔震结构设计中采用近场影响系数考虑近场效应的方法，能否合理考虑近场长周期脉冲地震动对隔震结构的不利影响，并以此为依据提出复合减隔震体系，进行同条件数值模拟，分析其减振效果以及限位保护作用。

（3）进行大底盘上塔楼隔震结构模型振动台试验。设计并制作了如前述缩尺比例为 1∶7 的钢结构

试验模型，在3种不同加速度峰值（0.20g、0.40g 和0.60g）地震作用下进行纯基础隔震、复合减隔震和抗震3种结构模型的水平向振动台试验并收集模型的加速度、位移等动力响应。

（4）对比分析数值模型以及振动台试验模型的自振周期、各层绝对加速度、层间位移反应等参数，利用振动台试验数据对理论结果加以论证，并研究复合减隔震体系在近场脉冲长周期地震动作用下的减振效果以及应对隔震层位移超限问题的限位保护作用。

5.2　长周期地震动特性研究分析

在震害调查研究中发现，不同的地震动特性对建筑物产生的震害程度并不相同。当前对地震动的分类主要分为普通周期地震动和长周期地震动。长周期地震动又可进一步分为近场脉冲长周期、近场非脉冲长周期以及远场长周期这3种。为了后续长周期地震动作用下大底盘上塔楼结构的动力响应研究提供准确的长周期地震动，有必要对上述几类地震动的特性进行研究分析，明确各类地震动的特点以及差异性。故首先确定长周期地震动本身的参数特点，并明确其与普通地震动之间的差异性。因此，本节对近场、远场长周期地震动以及普通周期地震动参数及界定进行分析，并比较分析各类反应谱特性。

5.2.1　地震动参数指标

由于地震中地面运动的复杂性以及对结构产生破坏的不确定性，结构的地震反应可以从受力、变形、能量等多个不同角度进行研究，故可以根据研究者需要的研究目的进行地震动参数指标的确定。国内外的学者提出了如震级、峰值加速度、峰值速度、峰值位移、有效峰值、位移延性、输入能量、滞回能量等多种参数表达地震动的特征。而当前研究普遍认为，建筑结构的破坏强度主要与地震动的峰值、频谱和持时3个因素有关。本节研究的条件背景是长周期地震动，因此针对长周期地震动，在参考已有学者提出的长周期地震动参数的基础上，分析归纳了与上述3种因素相关的长周期地震动有关的主要参数指标。

从峰值角度考虑，地震动峰值相关的参数主要包括峰值加速度、峰值速度、峰值位移（PGA、PGV、PGD）、峰值比值（PGV/PGA、PGD/PGV）、持续最大加速度、持续最大速度（SMA、SMV）、有效设计加速度（EDA）等。当前各类抗震设计规范和地震区划分常用峰值作为界定标准，特别是峰值加速度（PGA）被广泛应用于工程设计中。

从频谱角度分析，地震动反应谱加速度控制区的范围可通过PGV/PGA指标来反映，随着其值的增大，加速度控制区的范围越大；PGD/PGV的取值大小则直接影响反应谱中位移敏感区出现的时间，比值越小，出现得越早。在当前研究背景下，经过数据的大量统计分析，基本都将PGV/PGA$>$0.2作为判断脉冲效应的一个指标。因此本章选定的长周期地震动的PGV/PGA均大于0.2。随着地震动研究的进一步深入，研究人员认识到有些峰值较大的地震动对结构反应的影响并不是十分显著，而是与地震动的持续时间有很大的关系。比如G. W. Housner提出的均方根强度参数（RMS）、Arias提出的Arias强度（I_A）、Kramer累积绝对速度（CAV）等均与持时有关。

除了持时参数指标，当前国家规范考虑场地类别的不同，引入与地震动频谱相关的参数。由于峰值加速度PGA通常来自高频地震动，其作用时间短，动量小，对结构的影响几乎为零。而长周期地震动低频成分丰富，高频分量对结构破坏也不起关键作用，因此引入有效峰值来表征地震动的强度，包括有效峰值加速度、有效峰值速度（EPA、EPV）以及Mackie ASI强度指标。上述几类参数可以在一定程度上反映地震动特性，并以此为依据进行结构的地震响应分析。

5.2.2　长周期地震动界定

当前对于长周期地震动的界定主要涉及的问题是“近场”“远场”以及“长短周期”这三者的界定。

对于长短周期地震动的界定，主要从反应谱的角度进行划分，通常将长周期与反应谱中的位移控制段相对应。长周期地震动的频谱值主要分布在 4Hz 以下的低频区域，其对应的加速度峰值较小，但卓越周期较大。

对于近、远场的定义，由于观测站与断层的相对位置对长周期地震动具有很大的影响，在分析中必须考虑断层位置的影响。刘启方等引入断层距定义，即观测点到断层在地表投影的最短距离，如图 5-3 所示。

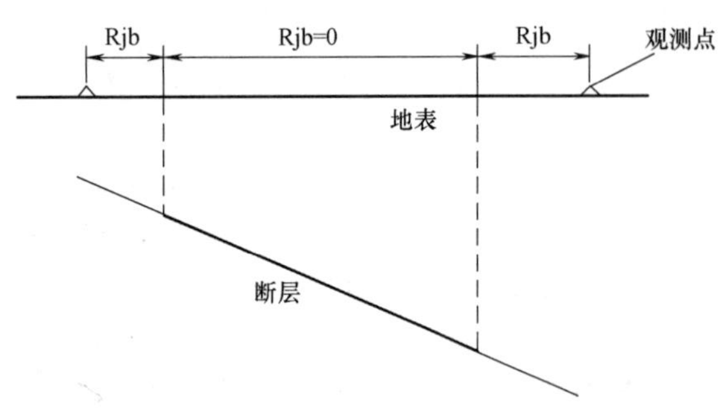

图 5-3 断层距示意图

但是目前关于近场、远场区域如何划分以及是否有具体的数值进行定量界定的讨论没有达成统一标准。不同研究者在选取近断层地震动的范围界定区域取值并不相同，例如：BabakAlavi 等取 10km 以内的地震动界定为近断层地震动，李新乐等则取 15km 以内的断层距作为近断层进行研究；Bray 等使用的是断层距小于 20km 以内的地震动进行研究；A. S. Papageorgiou 等却选择 55km 以内的地震动作为近断层地震动进行研究。李爽、谢礼立等就近场问题的讨论中指出在 20～60km 距离场地范围内的都可称为近场，范围之外称为远场。据此，根据前人研究中使用的近场长周期地震动的研究情况，综合考虑对应研究成果的准确性，本章拟选取断层距 50km 内的地震记录进行研究，此范围包含了大部分学者使用的断层距范围，可认为具有足够的准确性。

5.2.3 近场长周期地震动参数特征分析

上一小节中提及的指标是地震动共有的参数指标，而根据地震的产生原因、工程场地条件以及地震波衰减的规律等可以得到近场长周期地震动特有的参数特征，主要包括滑冲效应、破裂的方向性效应、长周期速度大脉冲、上/下盘效应、强地震动集中性、竖向效应等。目前大多数学者的研究均表明，滑冲效应和向前方向性效应是引起速度脉冲的主要原因。

近场地震动的滑冲效应是由于断层上下两盘的相对运动形成位移差，当地震作用力大于断层上下两盘之间的摩擦力时，断层突然产生上下搓动形成滑冲效应，使地震动的速度时程中出现单方向突变，也就是地面产生动力变形的过程。在历次地震灾害中（Kobe 地震、Michoacan 地震、中国台湾集集地震、Kocaeii 地震等）观测到的地面位移也证实了滑冲效应的产生机理。

在近断层范围内，若断裂扩散方向以及断层滑移方向沿建筑方向展开，如图 5-4 所示，此时地面运动效应即为向前方向性效应。与断层方向垂直的地面运动中产生脉冲效应。从时程曲线的角度来看，在加速度时程曲线中脉冲特性是通过大幅值来体现的；在速度时程曲线和位移时程曲线中，脉冲特性则表

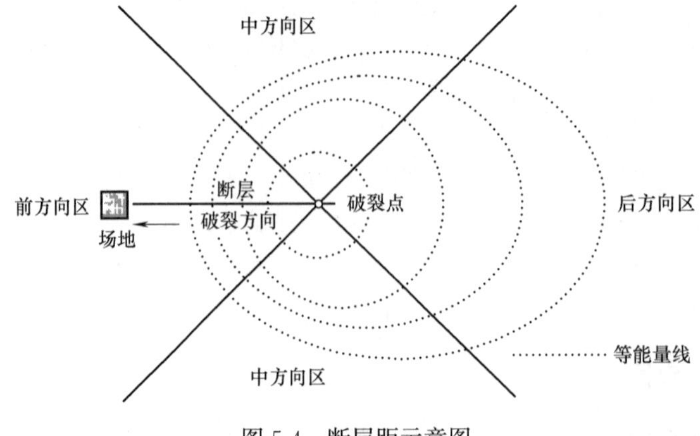

图 5-4 断层距示意图

现为速度脉冲和位移脉冲。从持时来看，脉冲持时要比地震动的总持时短很多。

从上述定义分析可知，滑冲效应和向前方向性效应均可以引起脉冲，但这 2 种因素引起的脉冲形式却不相同。杨迪雄等通过选取卓越周期大于 1.2s 的脉冲型地震动进行隔震结构动力时程分析，结构在滑冲效应引起的脉冲型地震动作用下的地震响应明显大于向前方向性效应引起的地震响应。而贺秋梅等为了突出比较滑冲效应和向前方向性效应对结构反应的差异性，定义了脉冲影响系数。分析结果显示，滑冲效应引起的脉冲影响系数要比向前方向性效应的大 7%左右，同样也说明滑冲效应是近场脉冲地震动形成的最主要因素。因此，本节选取以滑冲效应为主的地震波进行研究分析。

5.2.4 地震动反应谱特性对比研究

反应谱是反映地震动频谱特性对结构地震响应影响情况的参数，在 5.2 节的分析中已经明确了长周期地震动与普通地震动的频谱特征有着较大的区别。因此，本小节进一步探讨近场长周期地震动（包含脉冲与非脉冲两种）、远场长周期地震动、普通长周期地震动在反应谱特性方面的区别，并通过对比含脉冲近场长周期地震动以及不含脉冲近场长周期地震动的频谱特性来突出近场脉冲的特征。根据前两节中所述的各类地震动的特点，从美国太平洋地震工程中心（PEER）强震数据库中选取出了 5 条远场长周期地震动、5 条近场无脉冲效应长周期地震动、5 条近场含脉冲效应长周期地震动以及 4 条Ⅱ类场地对应的普通地震动进行对比分析，各地震动参数如表 5-1 所示。

选取地震波参数汇总表 **表 5-1**

地震动分类		名称	震级	台站	PGA (g)	PGV (cm/s)	PGD (cm)	持时 (s)	断层距 (km)
长周期地震动	近场长周期（脉冲）	Chi-Chi	7.62	EMO270	0.51	249.34	296.85	90	0
				CHY024	0.19	33.1	19.60	8.6	19.6
		Imperial Valley	6.53	Meloland Geot. Array (EMO270)	0.297	92.52	34.47	40	0.07
				El-Centro Array No. 6 (E06230)	0.45	113.44	72.81	28	0
				Agrarias (AGR273)	0.19	41.64	11.59	39	0
	近场长周期（不含脉冲）	Chi-Chi	7.62	TCU067	0.197	36.14	39.92	90	7.4
				TCU050	0.392	6.67	38.24	17	9.49
				TCU078	0.31	21.12	80.73	62	0
				TCU067	0.319	55.78	293.41	90	0.62
				CHY041	0.644	38.26	11.13	21	19.83
	远场长周期	Chi-Chi	7.62	ILA006	0.072	14.56	13.25	36.4	90
				TAP094	0.087	22.62	13.14	30.3	107.80
				TCU092	0.069	20.71	23.92	33	93.6
				KAU085	0.057	11.79	9.29	57	94.8
				ILA056	0.066	31	24.74	156	89.84
普通地震动		Imperial Valley	6.95	El-Centro Array No. 9	0.348	38.13	139.80	30	6.09
		Kern-County	7.36	Taft	0.156	18.15	74.40	32	38.42
		Tang-Shan	7.28	BeiJing Hotel	0.057	7.178	31.17	20	154
		Northridge	5.61	Tarzana Cedar Hill A	1.78	109.7	31.18	60	46.5

5.2.5 长周期地震动与普通地震动的幅值谱分析

在上述所选取的地震波中，选出 El-Centro 普通地震动与 KAU085 远场长周期地震动作为代表，从傅里叶谱参数以及能量谱参数两个方面进行对比分析，以此说明长周期地震动与普通地震动的差别。采用地震波信号处理软件 Seismo-signal 对两类波进行处理。图 5-5 为 El-Centro 波与 KAU085 波的傅里叶谱的对比，图 5-6 为 El-Centro 波与 KAU085 波的能量谱的对比。

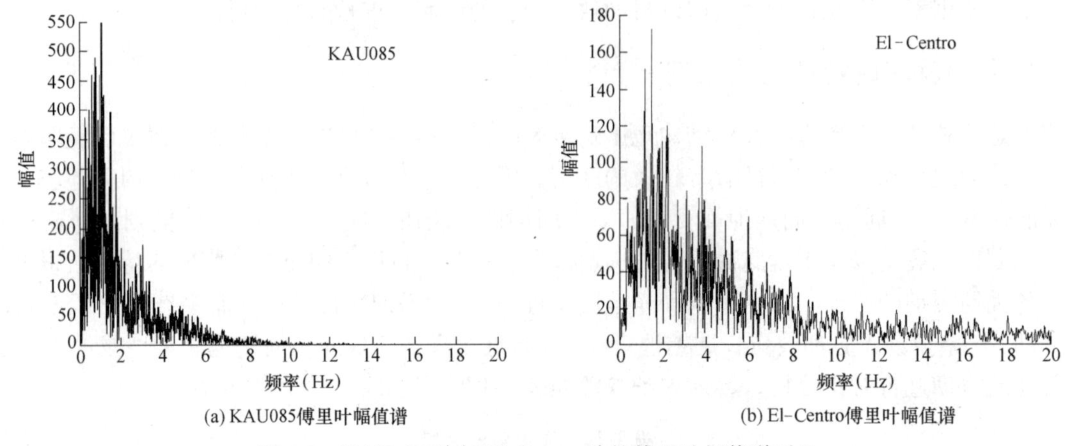

(a) KAU085傅里叶幅值谱　(b) El-Centro傅里叶幅值谱

图 5-5　KAU085 波与 El-Centro 波的傅里叶幅值谱对比

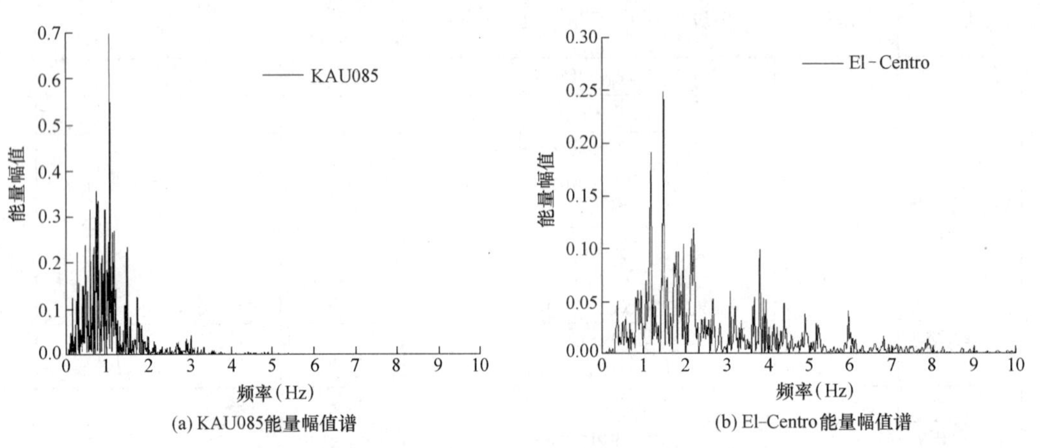

(a) KAU085能量幅值谱　(b) El-Centro能量幅值谱

图 5-6　KAU085 波与 El-Centro 波的能量幅值谱对比

从图 5-5（a）可知长周期地震动的傅里叶幅值谱的低频成分非常丰富，主要集中于 0.1～4Hz，而 5-5（b）所示普通地震动的傅里叶幅值谱各频段分布较为均匀。故地震波的频谱分布形式可作为区分长周期地震动与普通地震动的依据之一。从图 5-6 对比可知，长周期地震动的能量幅值主要集中在 0～2Hz 低频段，而普通地震动的能量幅值在各个频率段保持均衡。由上述分析可知，长周期地震动对中长期结构产生的影响将远大于普通地震动对结构的影响。

5.2.6 3 种地震动的频谱对比

为进一步突出近场、远场长周期地震动的特征，采用 Seismo 系列软件对表 5-1 中的 5 条远场长周期地震动、5 条近场长周期地震动以及 4 条Ⅱ类场地对应的普通地震动进行频谱处理，得到在 5%阻尼比条件下各条地震动的加速度、速度和位移反应谱，最后分别取平均值进行比较，如图 5-7 所示。

从图 5-7（a）可以看出，3 种地震动在 0～1s 陡然增大达到峰值，之后均出现逐渐衰减的趋势；从普通周期地震动与长周期地震动的对比可看出，普通周期地震动衰减速度明显大于长周期地震动，在 4s 以后基本趋近于 0，而长周期地震动在 4s 之后还存在较大的加速度；从近场长周期地震动与远场长

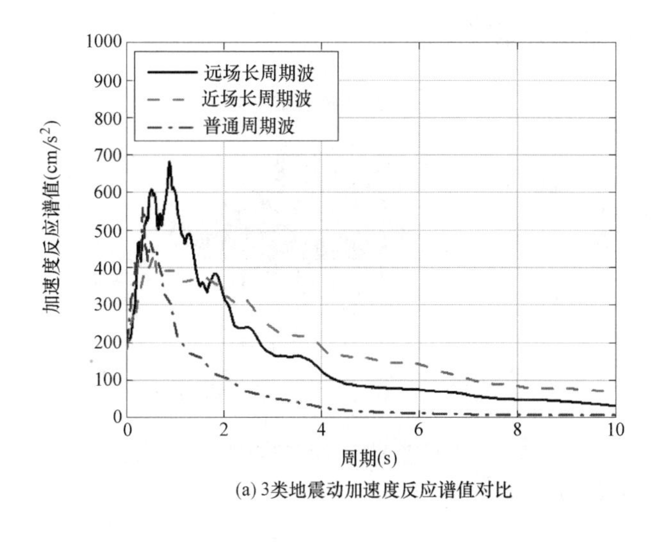

(a) 3类地震动加速度反应谱值对比

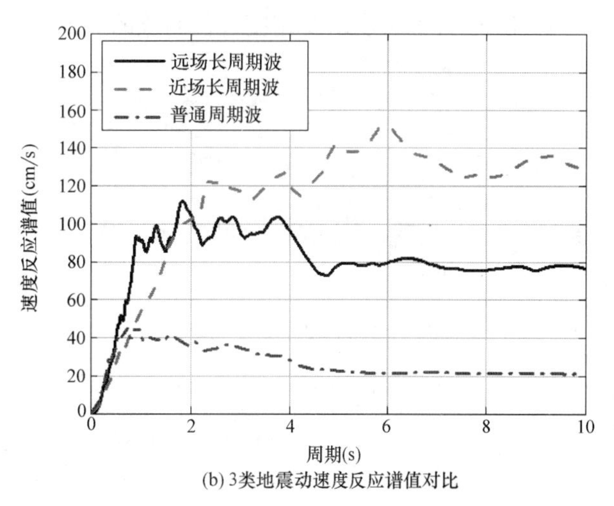

(b) 3类地震动速度反应谱值对比

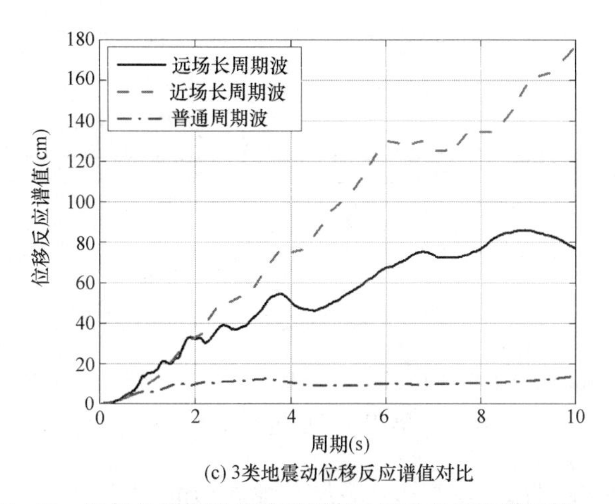

(c) 3类地震动位移反应谱值对比

图 5-7　近、远场长周期以及普通周期地震动的反应谱比较

周期地震动的对比可看出，远场长周期地震动衰减速度要大于近场长周期地震动。

从图 5-7（b）可以看出，3 种地震动的速度反应谱均存在上升段、平台段以及下降段，普通周期地震动的速度谱值在 40cm/s 左右达到峰值，明显小于长周期地震动的反应谱值；在 0～1s 上升阶段，近场长周期地震动的上升速度要低于远场长周期地震动和普通周期地震动，但在 4s 之后，远场长周期地震动和普通周期地震动的谱值出现骤降后趋于稳定，而近场长周期地震动谱值下降较小，随后继续增大，在 6s 才达到峰值，并且近场长周期的速度谱峰值远大于远场长周期地震动以及普通周期地震动。

从图 5-7（c）可以看出，普通周期地震动的位移反应较小，维持在 10cm 左右，无明显的变化趋势，而长周期地震动的位移反应谱呈近似线性增长；在 2s 以后，近场长周期地震动的谱值增幅远大于远场长周期地震动的谱值，峰值达到远场长周期的 2 倍以上。

结合上述分析现象以及 3 种地震动的特征可知，近场长周期地震动的 PGA、PGV、PGD 值均大于远场长周期地震动，部分近场长周期地震动含有脉冲效应，使得长周期段的加速度谱、速度谱和位移谱的峰值大出许多。近场长周期在短周期范围（0～1.5s）出现各类谱值偏低的现象，是由于远场地震动的频率范围宽，使得部分近断层含脉冲的地震动被大的周期较长的脉冲所控制。

5.2.7　近场脉冲长周期与近场非脉冲长周期地震动对比

为了进一步突出含脉冲效应的近场长周期地震动的特征，从时程曲线以及反应谱两个角度进行分析。选取表 5-1 中具有代表性的含脉冲效应的近场地震动 EMO270 以及不含脉冲效应的近场地震动

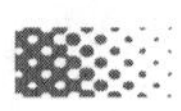

TCU078 进行加速度以及速度时程曲线的对比，结果如图 5-8、图 5-9 所示。

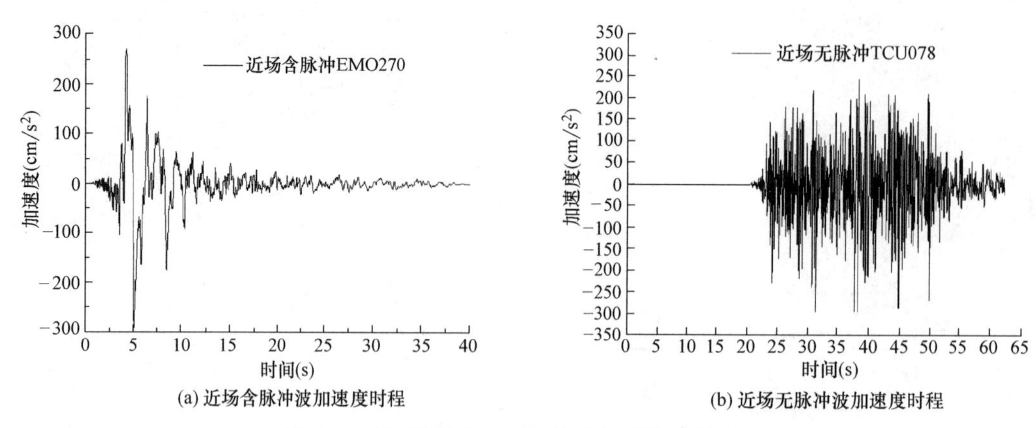

图 5-8　有无脉冲的近场地震动加速度时程对比

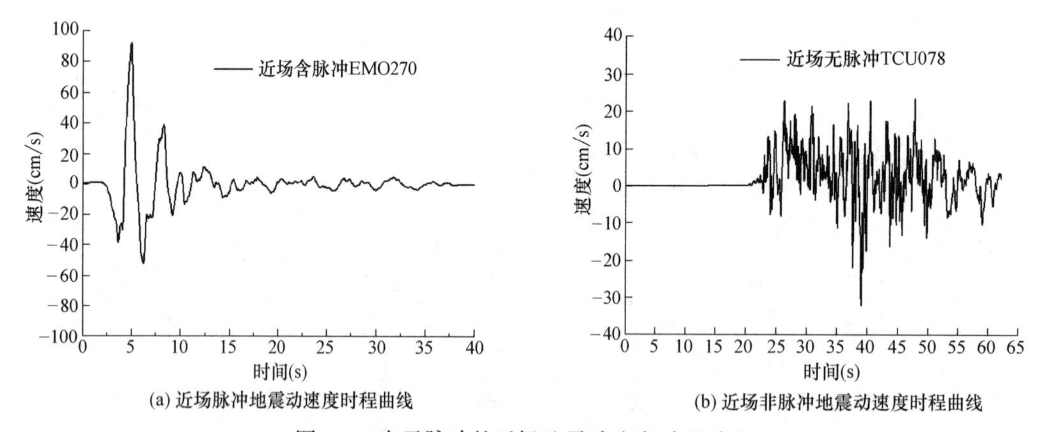

图 5-9　有无脉冲的近场地震动速度时程对比

从图 5-8 的加速度时程对比可以看出，含脉冲地震动 EMO270 在 5～10s 之间出现多个明显的脉冲型突变的加速度值，在持时范围内，既含有高频成分，又存在长周期脉冲；无脉冲地震动 TCU078 在持时范围内的加速度分布较为均匀，基本是高频成分，无明显的长周期脉冲。从图 5-9 的速度时程对比可以看出，含脉冲地震动 EMO270 在 5～10s 之间的长周期速度脉冲效应非常明显，之后则主要是低频成分；而无脉冲地震动 TCU078 在持时范围内的速度时程基本是高频均匀分布，无明显的长周期速度脉冲。故从时程曲线可以基本判别近场地震动是否含有脉冲效应。

采用 Seismo 系列软件对表 5-1 中的 5 条近场脉冲长周期地震动、5 条近场非脉冲长周期地震动进行频谱处理，得到在 5%阻尼比条件下各条地震动的加速度、速度和位移反应谱，最后分别取平均值进行比较，如图 5-10 所示。

从图 5-10（a）、(b)、(c）可以看出，在周期 0～1s 范围内，含脉冲近场地震动的加速度谱值、速度谱值和位移谱值均略低于不含脉冲的近场地震动的谱值，在 1s 之后，迅速以倍数增长，远大于不含脉冲的地震动。进一步分析，从图 5-10（a）加速度反应谱可以看出，两者反应谱形状相似，在 1s 周期附近达到峰值后开始衰减，但不含脉冲的地震动衰减幅度明显大于含脉冲的地震动，说明在长周期段，含脉冲效应的地震动依然具有较大的破坏能。从图 5-10（b）速度反应谱可以看出，对于含脉冲的地震动，一直呈上升的趋势，在 4s 之后继续加强，在 6s 达到峰值，此时的峰值接近于无脉冲地震动峰值的 3 倍，而无脉冲地震动在周期达到 1s 之后呈现出明显的平台段及下降稳定段。从图 5-10（c）位移反应谱可以看出，两者均近似呈线性增长，但含脉冲地震动谱值增长幅度远大于不含脉冲地震动谱值，峰值差距达到了 4 倍。综合上述分析可见，尽管两者均为近场长周期地震动，但含脉冲效应的地震动对中长周期结构的破坏将更明显，尤其是高层隔震结构。

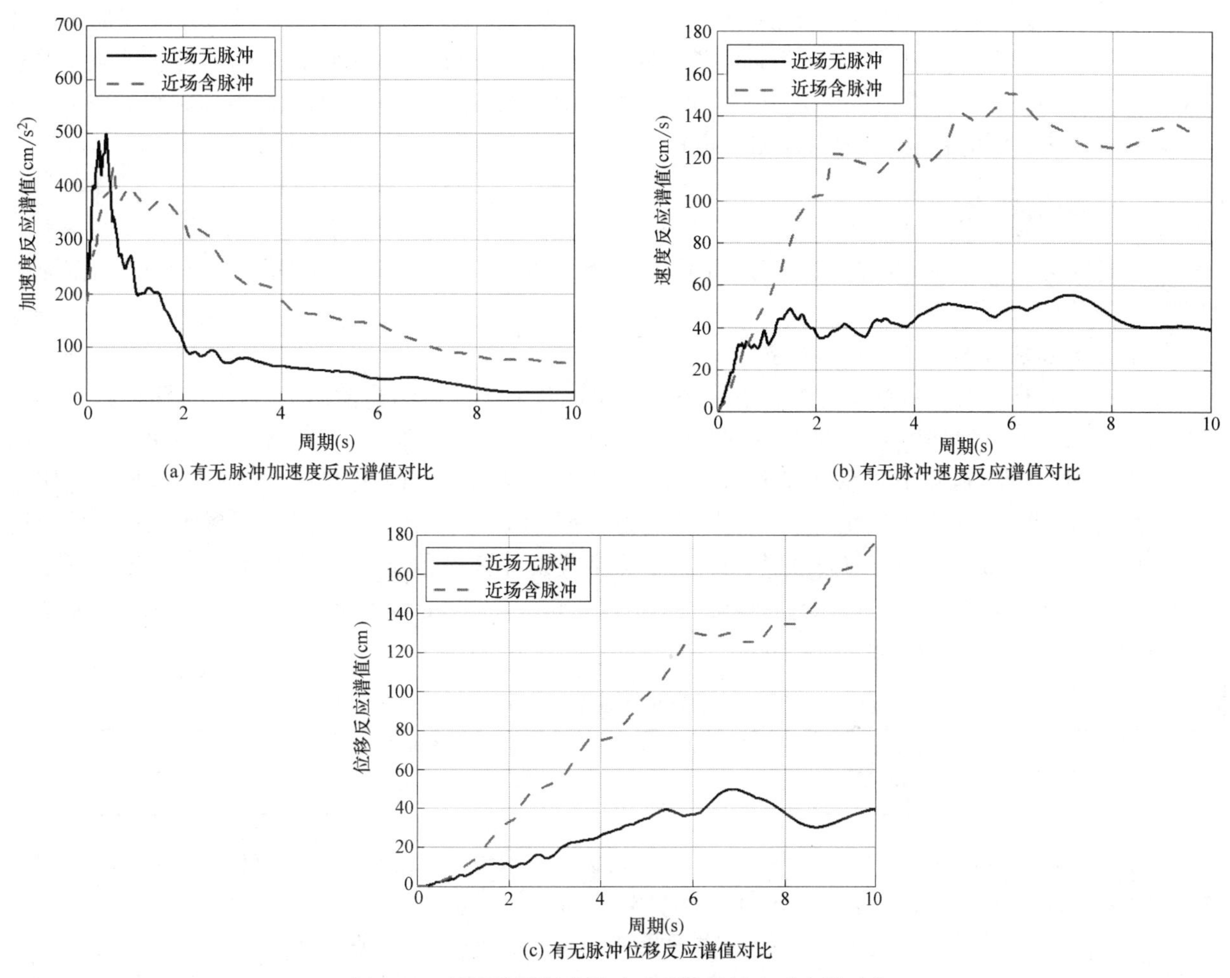

图 5-10 近场长周期地震动有无脉冲效应反应谱对比

5.2.8 试验用地震动的选取

本章旨在研究近场长周期地震动对大底盘上塔楼隔震结构的地震反应，因此根据本章的研究目的，对应于前文关于近场长周期地震动的研究说明，依照近远场、周期长短、脉冲效应等特点，选取一条普通周期地震波（El-Centro）对比验证长周期地震动的影响；选取一条远场长周期地震波（TAP094）对比验证近场地震动的影响；选取一条近场脉冲长周期地震波（EMO270）和一条近场非脉冲长周期地震波（TCU078）对比验证脉冲效应的影响。将上述地震动作为振动台试验用输入地震动，对于所选取的地震动遵循了以下原则：(1) 按照谱值频段分布作为长短周期的划分依据，长周期主要分布在高频段。(2) 近场以断层距小于 10km 划分，远场以断层距大于 50km 划分。(3) 近场地震动的峰值加速度 PGA 均大于 0.15g，远场地震动的峰值加速度 PGA 小于 0.10g。(4) 近场脉冲型地震动 PGV/PGA 大于 0.2，近场非脉冲型地震动小于 0.2。并且脉冲型地震动加速度时程曲线有明显的“突起”效应。由于所选原始地震动的峰值加速度（PGA）差别较大，对结构造成的地震响应也不尽相同，无法形成有效的对比，因此将所有地震波按照 200gal 的峰值加速度进行调幅。

5.3 大底盘上塔楼隔震模型有限元分析

本章研究对象为大底盘上塔楼隔震结构，而研究目的在于探究大底盘上塔楼隔震结构在长周期地震动作用下结构的地震响应以及可能产生的后果，并提出利用黏滞液体阻尼器配合隔震支座组成复合减隔震体系，分析体系的减隔震效果和限位能力，并论证其可行性。基于此，设计了一个具有工程应用意义的大底盘上塔楼有限元模型，对其进行近场长周期（含脉冲和非脉冲）、远场长周期和普通周期地震动作用下的基础隔震、复合减隔震的动力时程分析，并以对应的抗震模型作为对比。本节利用当前结构设计行业使用较为广泛的有限元软件 ETABS 进行数值分析。

5.3.1 模型结构设计

为了行文方便，笔者将振动台试验模型的设计方案在本小节进行介绍，并据此建立相应的有限元模型进行数值分析。

1. 试验结构模型及相似关系的确定

建立一个具有工程应用意义的大底盘上塔楼结构，其下部底盘结构横向为 3 跨，纵向为 2 跨，2 层，层高为 4.9m，柱网尺寸为 7m×7m 和 7m×5.25m；上部塔楼横向为 2 跨，纵向为 1 跨，6 层，层高为 3.5m，柱网为 7m×7m，总高度为 30.8m。塔楼与底盘的平面面积比为 1∶2.4，塔楼高宽比为 1∶3（Y 向），建筑上符合大底盘上塔楼结构的受力特征。墙体为 190mm 厚加气混凝土砌块。楼面活载标准值分别取为 3.5kN/m^2 和 2.0kN/m^2。主要建筑设计基本信息如表 5-2 所示。框架柱尺寸为 700mm×700mm 和 500mm×500mm，框架梁尺寸为 300mm×700mm 和 300mm×800mm，混凝土强度等级为 C25～C35，楼板厚度为 110mm。

建筑设计基本信息　　表 5-2

设防烈度	地震分组	场地类别	特征周期 T_g	基本风压
8 度	第一组	Ⅱ类	0.35s	0.50kN/m^2

为了得到振动台试验用的缩尺模型，对上述结构进行缩尺设计，运用似量纲分析法来确定各物理量的相似关系。本次试验选取的主要物理量有长度 l、时间 t、质量 m、刚度 K、弹性模量 E、应力 σ、应变 ε、位移 u、阻尼 c、加速度 α。各个物理量所对应的相似常数分别为 S_l、S_t、S_m、S_K、S_E、S_σ、S_ε、S_μ、S_c、S_a。从中选取 S_l、S_σ、S_a 作为可控相似常数，在质量系统中，它们对应的量纲分别为 [L]、[ML^{-1}T^{-2}]、[LT^{-2}]，通过量纲矩阵计算其他参数的相似常数。

考虑到实验室振动台台面尺寸及最大有效荷载等限制条件，初步将 S_l 定为 1/7。将应力相似常数 S_σ 和加速度相似关系 S_a 取值定为 1，主要是考虑到保证振动台试验得到的结果能反映出结构的真实响应。其余相似常数依据量纲分析法的矩阵变换即得。计算公式以及确定的参数相似常数如表 5-3 所示。需要说明的是，由于本次试验是按照层质点力学模型进行计算，而混凝土结构在大震后期损伤较严重，刚度和质量变化较大，故梁、柱采用钢材料，楼板采用混凝土材料。

结构模型的相似系数　　表 5-3

物理参数	相似常数符号	计算公式	相似常数
长度	S_l	—	1/7
弹性模量	S_E	—	1
加速度	S_a	—	2
质量	S_m	$S_m=S_ES_l^2/S_a$	1/98
速度	S_v	$S_v=\sqrt{S_lS_a}$	0.535
位移	S_u	$S_u=S_l$	1/7
应力	S_σ	$S_\sigma=S_E$	1
应变	S_ε	$S_\varepsilon=1$	1
力	S_F	$S_F=S_ES_l^2$	1/49
时间	S_t	$S_T=\sqrt{S_L/S_a}$	0.267
刚度	S_K	$S_K=S_ES_l$	1/7

2. 试验模型概况

依照上述参数相似系数对结构进行缩尺。缩尺后试验模型结构设计如图 5-11～图 5-14 所示。整体结构的总高度为 4.40m。模型梁柱节点采用焊接刚性连接，梁、柱分别采用 GB-L80×5 和 GB-L100×8 型角钢，材质均为 Q235B 钢。

缩尺后的模型结构质量约为 15.9t，为了简化试验时外加配重块的烦琐步骤，同时保证楼板的平面内刚度足够大，将配重量以现浇楼板的形式添加。确定试验模型楼板为 200mm 厚，采用 C30 混凝土浇筑，最终结构模型理论质量约为 16.2t，小于振动台最大载荷重量 22t，满足试验要求。

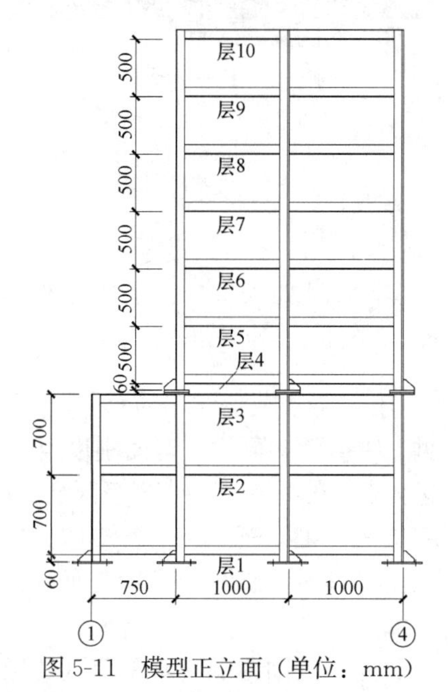

图 5-11　模型正立面（单位：mm）

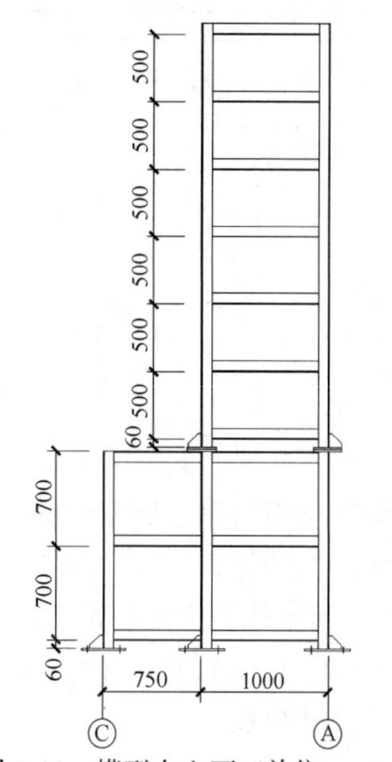

图 5-12　模型右立面（单位：mm）

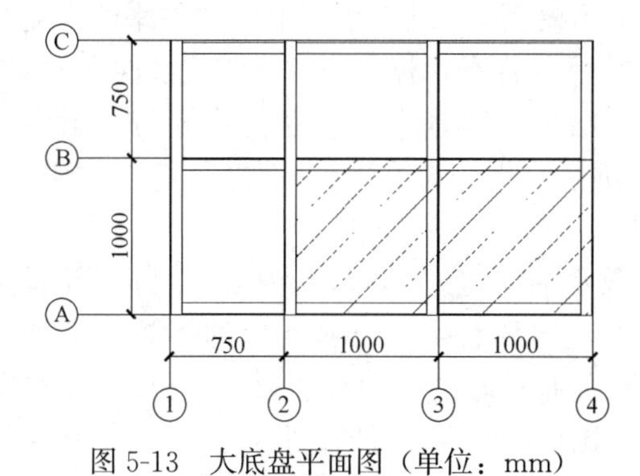

图 5-13　大底盘平面图（单位：mm）

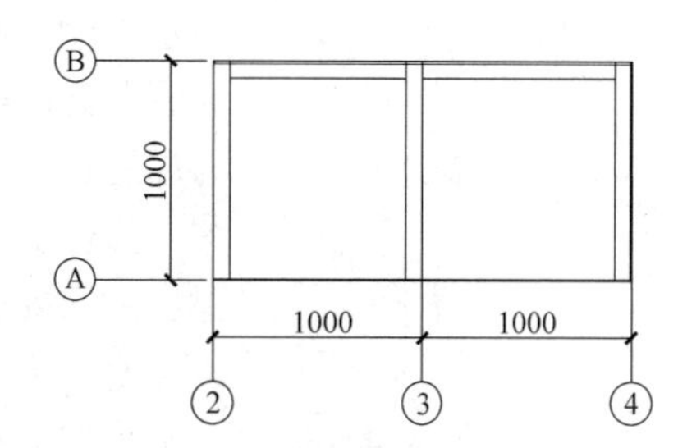

图 5-14　塔楼平面图（单位：mm）

5.3.2　减隔震装置

1. 隔震橡胶支座

（1）隔震橡胶支座基本参数以及力学性能

隔震橡胶支座由橡胶和钢板分层叠合经高温粘合硫化而成，主要分为铅芯橡胶支座（简称 LRB）和普通橡胶支座（简称 LNR），其组成如图 5-15 和图 5-16 所示。

隔震橡胶支座的承载能力和变形能力主要是由第一、二形状系数和剪应变参数来决定的，具体定义为：

第一形状系数 S_1：

$$S_1=\frac{d_e-d_0}{4l} \tag{5-1}$$

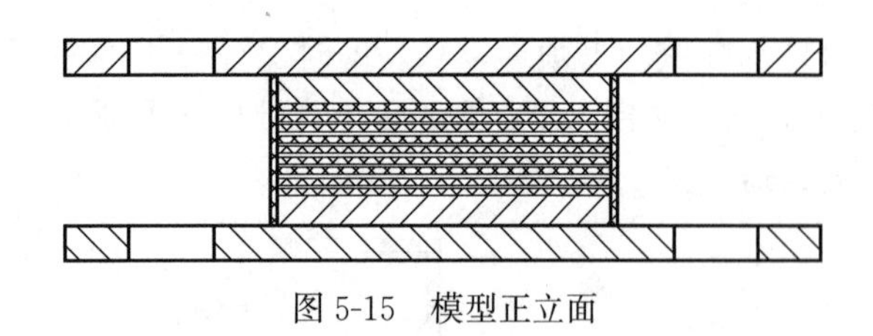

图 5-15　模型正立面

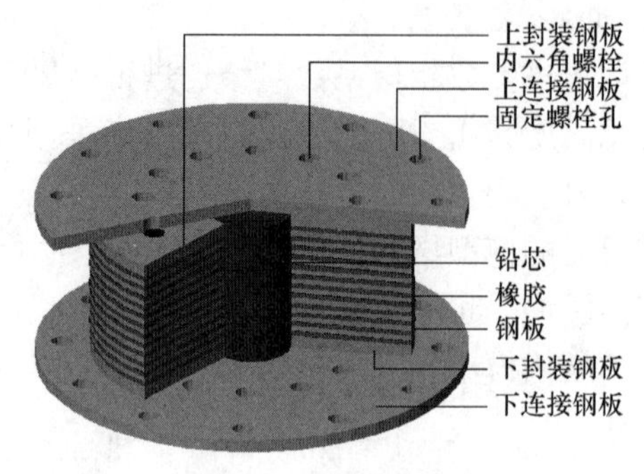

图 5-16　模型右立面

第二形状系数 S_2：

$$S_2=\frac{d_e}{t_r} \tag{5-2}$$

剪应变 γ：

$$\gamma=\frac{\delta_h}{t_r} \tag{5-3}$$

式中，t 和 t_r 分别为支座中的单层橡胶厚度和橡胶总高度，σ_h 为隔震支座水平位移。S_1 表征的是隔震橡胶支座中钢板对橡胶层变形的约束程度，S_1 越大，说明支座形状矮而粗，弯曲刚度也越大。S_2 表征的是支座的宽高比，S_2 越大，则水平刚度也越大。剪应变 γ 表征的是支座的水平极限变形能力。

由于 LNR 支座能提供的初始刚度非常有限，也很难提供有效的阻尼，基本不具备滞回耗能性。故在 LNR 支座中心加入铅芯棒，形成 LRB 支座，很好地解决了这个难题，也使得 LRB 支座有良好的滞回特性用于抗风和抗震耗能。

从恢复力模型分析，LNR 支座变形具有稳定的弹性性能，在变形范围内随着水平荷载的增加，刚度也逐渐增加，水平刚度性能基本呈线性变化，故将其恢复力模型近似为直线，斜线的斜率即为支座的水平刚度。而 LRB 支座的水平特性是铅棒本身的弹塑性特性和 LNR 支座水平刚度特性联合作用的结果，其力-位移关系见图 5-17。图中，k_0 为屈服前刚度，k'为屈服后刚度，k_{eff} 为等效水平刚度，Q 为屈服力，δ 为屈服位移。

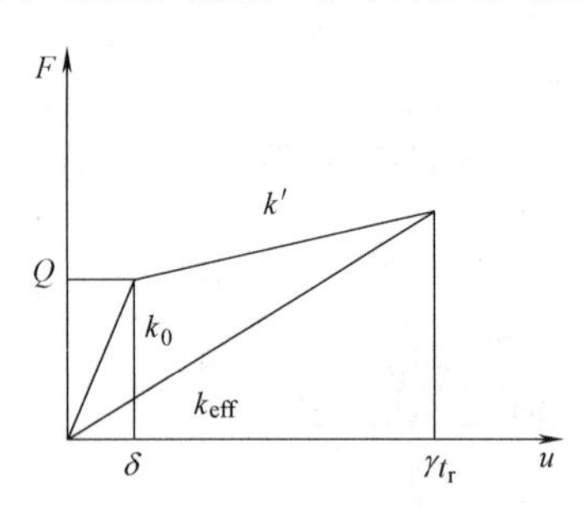

图 5-17　LRB 支座力-位移曲线

从图 5-17 可看出，等效水平刚度 k_{eff} 可以视为由 k_0 与 k'并联简化得到的双线性刚度。已有研究结果表明，LRB 支座的等效水平刚度只与自身因素有关，在使用阶段有较好的稳定性。由于 LRB 隔震支座存在水平双向非线性属性，故其实际水平剪力的计算按式（5-4）确定：

$$\begin{cases} f_{u2}=ratio_2 \cdot k_2 d_{u2}+(1-ratio_2) yield_2 \cdot z_2 \\ f_{u3}=ratio_3 \cdot k_3 d_{u3}+(1-ratio_3) yield_3 \cdot z_3 \end{cases} \tag{5-4}$$

式中，k_i、$yield_i$、$ratio_i$ 和 z_i 分别为 U_i（$i=2$，3）方向的屈服前刚度、屈服力、屈服后刚度比以及修正系数。屈服平面发生在$\sqrt{z_2^2+z_3^2}=1$ 处。

（2）隔震支座在 ETABS 中的模拟

在数值分析中，隔震层刚度的大小将直接影响到整体结构的地震响应和减振效果。因此在利用 ETABS 对隔震支座（包括 LNR 和 LRB）的模拟时，需要准确地考虑 LNR 的线性属性以及 LRB 的非线性属性。

ETABS 软件是采用自带的 Isolator1 连接单元来模拟隔震支座，通过定义 Isolator1 的 U1（竖向）、U2 和 U3（水平向）方向的线性、非线性属性来模拟支座水平力学性能。对于 LNR 支座模拟，由上节分析中可知，其只考虑 U1、U2 和 U3 方向的线性属性，故其 U1 的参数设置如图 5-18 所示，U2、U3

的参数设置由于对称性，是完全一致的，如图5-19所示。图中，U1对话框中的有效刚度是指隔震支座的竖向刚度，而U2、U3对话框中的有效刚度是指普通支座的线性水平刚度。

对于LRB支座的模拟，U1方向依然只考虑竖向刚度，故其U1的参数设置与图5-18相同，而U2和U3方向则需要考虑非线性属性，U2、U3的参数设置由于对称性，是完全一致的，如图5-20所示。图中，线性属性中的有效刚度是指支座的等效水平刚度，对应图5-17中的k_{eff}值。其大小分别对应于《建筑抗震设计规范》GB 50011—2010（2016年版）中规定的罕遇地震下橡胶支座剪切变形为250%时的有效刚度，以及多遇地震下橡胶支座剪切变形为50%时的有效刚度；非线性属性中的刚度是指支座屈服前的水平刚度；屈服力对应于图5-17中的双线性刚度模型折线处；屈服后刚度比则是铅芯支座的屈服后水平刚度和屈服前水平刚度的比值。

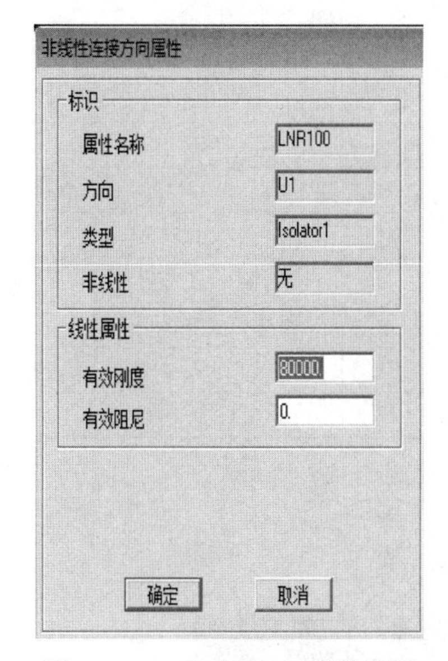

图5-18　LNR支座U1参数设置

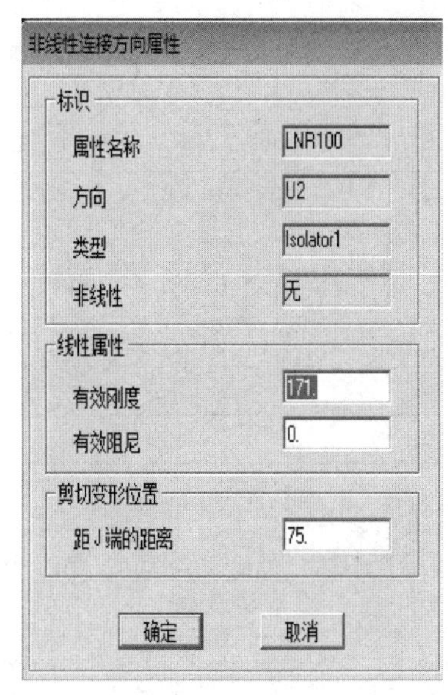

图5-19　LNR支座U2（U3）参数设置

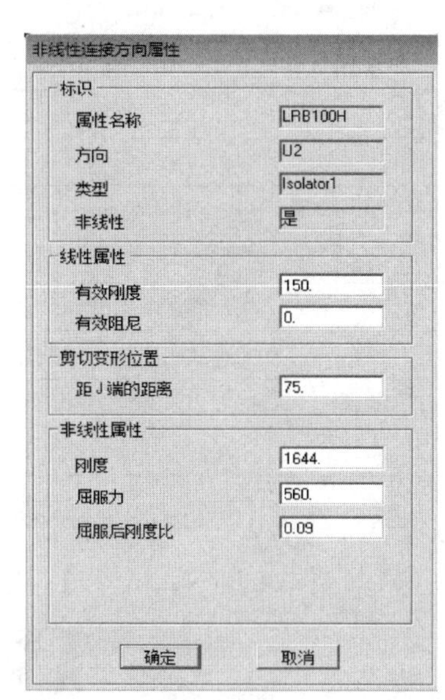

图5-20　LRB支座U2（U3）参数设置

（3）试验用隔震橡胶支座参数确定与检测

根据上述分析，初步确定隔震支座的各项参数，采用LRB和LNR两种支座进行试验，两种隔震支座性能参数如表5-4所示。委托湖南某公司进行支座的生产，设计和成品图如图5-21所示。

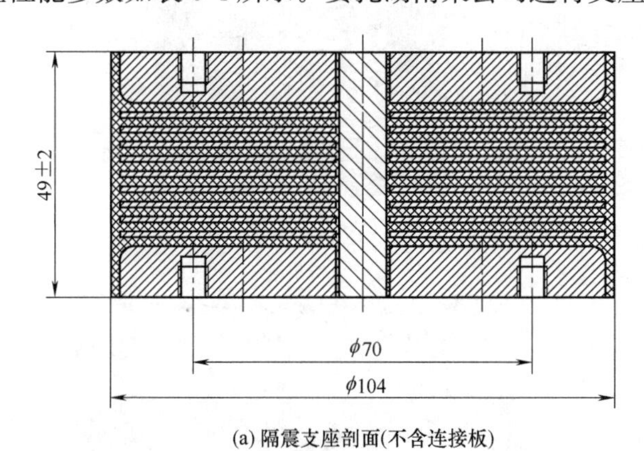

(a) 隔震支座剖面(不含连接板)

(b) 隔震支座

图5-21　隔震橡胶支座

由于试验用支座的直径过小，当前厂家的生产工艺难以保证其达到设计要求参数指标。故在支座出厂后，将20个LRB支座和16个LNR支座进行压缩剪切试验。试验采用YJW-10000型微机控制电液伺服压剪试验机进行，如图5-22所示。以两个支座一组的方式安放在中间隔板上下，通过隔板的水平移动来实现剪切效果，通过设备自带的采集系统收集隔板拉力，如图5-24所示。而支座的位移则通过

隔震支座性能参数 表 5-4

型号	LNR100	LRB100
剪切模量 G(MPa)	0.392	0.392
有效直径 d_0(mm)	100	100
总高度(不含连接板)h_b(mm)	49	49
封钢板厚 t_f(mm)	8	8
橡胶层厚度 t_r(mm)	2	2
橡胶层数 n_r(片)	9	9
钢板层厚度 t_s(mm)	1	1
钢板层数 n_s	8	8
铅芯直径(mm)	/	18
第一形状系数 S_1	16.25	16.25
第二形状系数 S_2	5.56	5.56
支座有效面积 A(mm^2)	7771.5	7771.5
竖向压缩刚度 K_v(kN/mm)	107.8	123.3
屈服前刚度(kN/mm)	/	1.70
水平等效刚度(γ=100%)(kN/mm)	0.166	0.214
屈服力(kN)	/	0.628
屈服后刚度(kN/mm)	/	0.169

隔板端部的GWC150型位移器进行测量，如图5-23所示。试验竖向压力设定为标准橡胶支座试验压力值6MPa即84.6kN，试验过程中保持轴向压应力恒定。试验过程中支座的测试效果如图5-25所示。

图5-22 YJW-10000型压剪试验机

图5-23 GWC150型位移传感器

图5-24 支座测试安放

图5-25 支座测试效果图

测试以位移作为控制变量，通过实时记录支座位移达到 9mm 和 18mm（50%和 100%剪切变形）时的隔板拉力数值，两者的比值即为支座 50%和 100%剪应变对应的等效水平刚度。采集过程中，当支座的位移达到 20mm 后卸载。将 20 个 LRB 和 16 个 LNR 支座分别分成 10 组以及 8 组进行试验。为保证支座后续的正常使用，防止支座破坏，故仅选取其中的 1-18 和 1-20 号作为第 11 组，进行 250%剪切变形对应的位移量的水平性能试验作为参考。表 5-5 和表 5-6 分别为 LRB100 和 LNR100 支座的压缩剪切试验的基本性能试验参数。

LRB100 水平性能试验参数表　　**表 5-5**

分组号	支座编号	橡胶层总厚度(mm)	水平负荷(kN)	水平变形(mm)	50%水平刚度(kN/mm)	水平负荷(kN)	水平变形(mm)	100%水平刚度(kN/mm)
1	1-1 1-2	18	2.428	9.035	0.268	4.296	18.000	0.238
2	1-3 1-4		2.400	9.030	0.265	4.520	18.005	0.251
3	1-4 1-5		2.376	9.050	0.262	4.324	18.000	0.240
4	1-6 1-7		2.336	9.040	0.258	4.200	18.005	0.233
5	1-8 1-9		2.292	9.005	0.254	4.096	18.035	0.227
6	1-10 1-11		2.556	9.030	0.283	4.588	18.050	0.254
7	1-12 1-13		2.544	9.050	0.281	4.384	18.050	0.242
8	1-14 1-15		2.156	9.010	0.239	3.724	18.005	0.206
9	1-16 1-17		2.132	9.000	0.236	3.932	18.015	0.218
10	1-18 1-19		2.700	9.000	0.300	4.904	18.005	0.272

注：因试验仪器限制，一次试验需两个支座同时进行，故上述得到的水平负荷为两支座和。

在支座试验过程中发现，第 8 组支座在测试完后发生不可恢复变形，故剔除掉。由表 5-5 可得，将表格中 100%水平刚度值与设计刚度值（0.214kN/mm）比较，将误差较大的几组去掉之后，取剩余的第 1、4、5 和 9 组中的任意 4 个作为试验用支座，并将其 100%水平刚度平均值 0.229kN/mm 作为数值模拟时支座的水平等效刚度，与理论值 0.214kN/mm 较为接近，误差仅为 6.5%。在对第 11 组的 1-18 和 1-20 两个支座进行 250%水平刚度测试中，在位移达到 45mm 后水平负荷为 9.120kN，故取其刚度为 0.208kN/mm。

由表 5-6 可得，将表格中 100%水平刚度值与设计刚度值（0.166kN/mm）比较，将误差较大的几组去掉之后，取剩余的第 1、3、4、6 组中的 8 个支座作为试验用支座，并将其 100%水平刚度平均值 0.167kN/mm 作为数值模拟时支座的水平等效刚度。其与理论值 0.166kN/mm 的误差仅为 0.6%，很接近。

LNR100 水平性能试验参数表　　**表 5-6**

分组号	支座编号	橡胶层总厚度(mm)	水平负荷(kN)	水平变形(mm)	50%水平刚度(kN/mm)	水平负荷(kN)	水平变形(mm)	100%水平刚度(kN/mm)
1	2-1 2-2	8	1.740	9.020	0.192	2.840	18.000	0.157
2	2-3 2-4		1.444	9.015	0.160	2.740	18.000	0.152

续表

分组号	支座编号	橡胶层总厚度(mm)	水平负荷(kN)	水平变形(mm)	50%水平刚度(kN/mm)	水平负荷(kN)	水平变形(mm)	100%水平刚度(kN/mm)
3	2-5 2-6	18	1.684	9.040	0.186	3.200	18.055	0.177
4	2-7 2-8		1.716	9.010	0.190	3.168	18.005	0.175
5	2-9 2-10		1.800	9.020	0.199	3.364	18.050	0.186
6	2-11 2-12		1.648	9.040	0.182	2.928	18.045	0.162
7	2-13 2-14		1.780	9.025	0.197	3.344	18.010	0.185
8	2-15 2-16		1.712	9.015	0.189	3.228	18.010	0.179

注：因试验仪器限制，一次试验需两个支座同时进行，故上述得到的水平负荷为两支座和。

2. 黏滞液体阻尼器

(1) 黏滞液体阻尼器工作原理以及参数设计

黏滞液体阻尼器主要由阻尼器本体、活塞杆保护罩、连接管和端部球形关节轴承、销头等构件组成，其外形如图 5-26 所示。

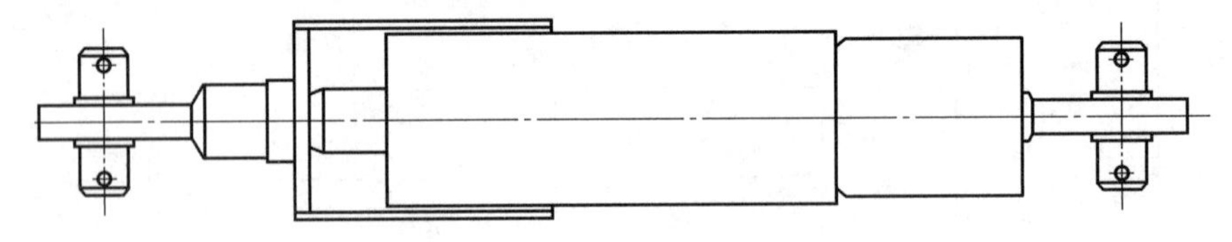

图 5-26　黏滞液体阻尼器外形图

黏滞液体阻尼器的工作原理则是通过压缩缸内阻尼液体产生反向作用力，通过此作用力来达到耗散地震能量的作用。此作用力的大小与阻尼工作的实时速度有关，其作用力与速度的关系如下：

$$F_d = C\dot{u}^{\eta} \tag{5-5}$$

式中，F_d 为阻尼力；C 为阻尼系数；u 为受迫位移；$\dot{u}$ 为瞬时速度；η 为黏滞液体阻尼器的速度指数。此类阻尼器可以按照 η 的大小进行划分。分析时通常是按阻尼器的非线性属性进行。

从耗散能量角度考虑，根据黏滞液体阻尼器的工作原理，可知黏滞液体阻尼器的最大阻尼力、损耗刚度、阻尼系数、速度指数等参数的关系如下：

$$k_0 = \frac{C\omega^{\eta}}{u_{max}^{1-\eta}} \tag{5-6}$$

$$F_{dmax} = k_0 u_{max} \tag{5-7}$$

式中，k_0 为损耗刚度；ω 为结构圆频率；F_{dmax} 为最大阻尼力；u_{max} 为阻尼器最大位移；η 为速度指数。

从式 (5-6) 和式 (5-7) 可知，由于黏滞液体阻尼器本身是内置液体，故其储存刚度基本接近于 0，故对于结构的影响，尽管有阻尼器的加入，但不会引起结构的周期、振型发生明显变化，即结构圆频率不变。在阻尼器设计时，只需要通过不断调整阻尼系数 C 以及速度指数 η，即可满足使用功能的需求。

(2) 黏滞液体阻尼器在 ETABS 中的模拟

黏滞液体阻尼器由 ETABS 自带的 Damper 单元模拟。单元是基于 Maxwell 模型设计，简化为阻尼和弹簧串联作用。简化计算模型如图 5-27 所示。

具体计算推导如下：设阻尼与“弹簧”的位移分别为 $u_1(t)$ 和 $u_2(t)$，整体位移为 $u(t)$，k 为弹簧的刚度系数，$F_{\mathrm{d}}(t)$ 为阻尼器的阻尼力，则有关系式：

$$u_1(t)+u_2(t)=u(t) \tag{5-8}$$

$$C_{\mathrm{m}}\dot{u}_1(t)^{c\exp}=ku_2(t)=F_{\mathrm{d}}(t) \tag{5-9}$$

图 5-27　Maxwell 模型图

通过傅里叶变换和欧拉公式处理，可得：

$$u(\omega)=u_1(\omega)+u_2(\omega) \tag{5-10}$$

$$k^*(\omega)u(\omega)=iC_{\mathrm{m}}\omega u_1(\omega)=ku_2(\omega) \tag{5-11}$$

式中 ω 为结构圆频率，C_{m} 为零频率时的阻尼系数。联立两式解得：

$$k^*(\omega)=\frac{iC_{\mathrm{m}}\omega k}{k+iC_{\mathrm{m}}\omega}=\frac{ik^2C_{\mathrm{m}}\omega+kC_{\mathrm{m}}^2\omega^2}{k^2+C_{\mathrm{m}}\omega^2} \tag{5-12}$$

$$k^*(\omega)=\frac{(C_{\mathrm{m}}^2\omega^2/k)+iC_{\mathrm{m}}\omega}{1+\lambda^2\omega^2}=\frac{C_{\mathrm{m}}\lambda\omega^2}{1+\lambda^2\omega^2}+i\frac{C_{\mathrm{m}}\omega}{1+\lambda^2\omega^2} \tag{5-13}$$

将 $\lambda=C_0/k$ 代入上式，可得：

$$k_1(\omega)=\frac{C_{\mathrm{m}}\lambda\omega^2}{1+\lambda^2\omega^2}+\frac{k\lambda^2\omega^2}{1+\lambda^2\omega^2} \tag{5-14}$$

$$k_2(\omega)=\frac{C_{\mathrm{m}}\omega}{1+\lambda^2\omega^2} \tag{5-15}$$

$$C(\omega)=\frac{k_2(\omega)}{\omega}=\frac{C_{\mathrm{m}}}{1+\lambda^2\omega^2} \tag{5-16}$$

依照方法可推算出试验需要的阻尼器参数。在 ETABS 中定义 Damper 单元 $\mathrm{U_1}$（轴向）的非线性单元模拟，如图 5-28 所示。

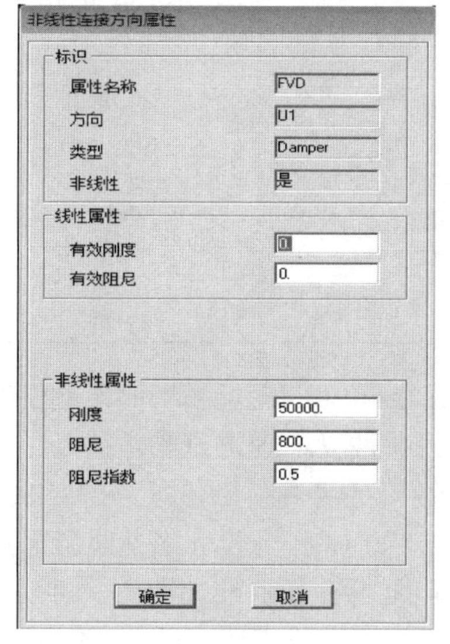

非线性连接方向属性

标识

属性名称	FVD
方向	U1
类型	Damper
非线性	是

线性属性

有效刚度	0
有效阻尼	0.

非线性属性

刚度	50000.
阻尼	800.
阻尼指数	0.5

确定　取消

图 5-28　黏滞液体阻尼器 U1 向参数设置

对图 5-28 中的参数加以说明：

1）线性属性中的有效刚度和有效阻尼。结合 5.3.1 节以及前述介绍，由于黏滞液体阻尼器的储存刚度为 0，因此线性属性中有效刚度为 0，有效阻尼也为 0。

2）非线性属性中的刚度。为了保证阻尼器刚度足够大，轴向变形很小，可由积分步长决定该参数。根据压缩后地震波的步长持时为 0.001335s 可得，阻尼器的非线性属性中的刚度至少应该取为阻尼系数的 750 倍，假定一个步长内阻尼器可获得 750 倍的线性阻尼系数，保证黏滞液体阻尼器增加不会改变原有结构的刚度。

3）非线性属性中的阻尼和阻尼指数。阻尼指的是阻尼系数 C，而阻尼指数指的是速度指数 η。阻尼系数 C 与黏滞液体以及温度有关，而速度指数则与阻尼器两端的相对速度有关。当 η 越小，阻尼器所获得的阻尼力 F_{d} 将越大，耗能能力越强，其经验取值范围为 0.3～1 之间。因此，对于这两个参数的确定，通常需要结合数值模型进行反复试算，若位移过大，则加大阻尼系数重新计算；若受力过大，则调整速度指数或增加阻尼器数量共同受力。笔者依据结构模型的平面特点，初步确定使用 8 个阻尼器进行协调受力，并将 $C=400\mathrm{N/(mm/s)}$、$600\mathrm{N/(mm/s)}$、$800\mathrm{N/(mm/s)}$ 以及 $\eta=0.4$、0.5、0.6 分别进行复合试算，并结合订制阻尼器生产方的工艺方面考虑，最终确定 $C=800\mathrm{N/(mm/s)}$，$\eta=0.5$。

（3）试验用黏滞液体阻尼器性能试验检测

委托上海某公司制作了 10 个阻尼器（2 个备用），设计尺寸及成品如图 5-29 所示。考虑到缩尺模型的尺寸较小，导致阻尼器的尺寸受到限制，对于小尺寸阻尼器的制作工艺相对难以得到保证，误差会很

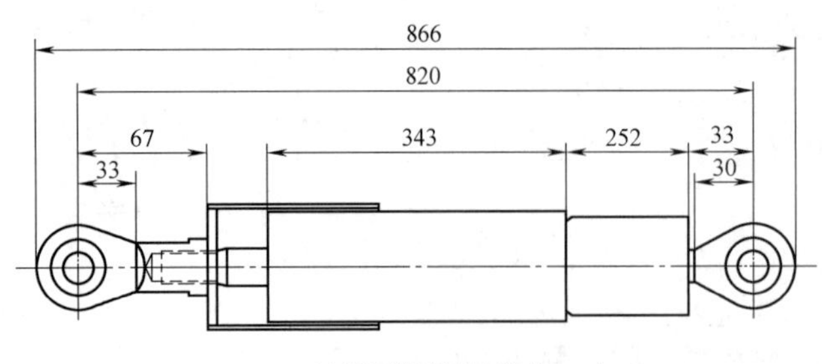

(a) 阻尼器设计图(单位：mm)

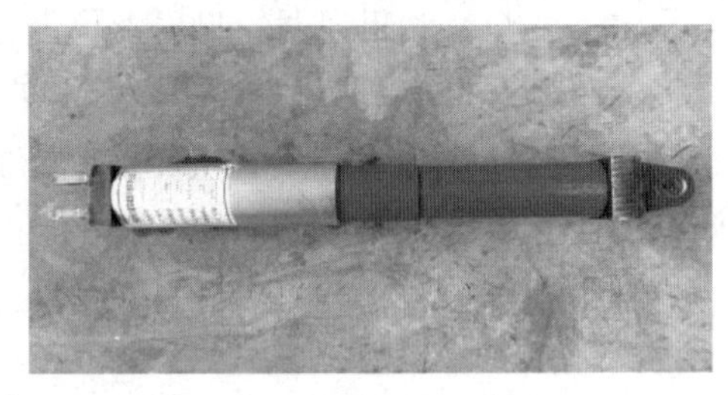

(b) 黏滞液体阻尼器

图 5-29 阻尼器设计及成品图

大。因此，为了保证性能的准确性，在产品生产后进行 10 组测试。

将产品进行编号，分别为 GVFD1 号～GVFD10 号，设定试验工况，将试验温度稳定在 17℃恒温状态下，取额定荷载为 20kN，阻尼系数和速度指数按照上述试算结果分别取为 800N/(mm/s) 和 0.5。分别进行以下两项测试：1）极限位移测试。将极限位移测试的理论额定位移定为 80mm，记录实测总行程的大小。2）最大荷载工况测试。确定最大荷载工况下的试验条件，取试验频率为 1.38Hz，振幅为 75mm，最大速度为 650mm/s，记录实时阻尼力的大小。在测试过程中，分别按 65mm/s、130mm/s、325mm/s、455mm/s、650mm/s 测试速度依次加载，并进行一组超额定速度——780mm/s 的测试，记录油缸位移以及荷载大小测试结果如表 5-7 所示。

黏滞液体阻尼器基本性能测试参数表 **表 5-7**

阻尼器编号	试验温度(℃)	额定荷载(kN)	实测阻尼力(kN)	理论额定位移(mm)	实测总行程(mm)
GVFD-1	17	20	20.5	80	80.30
GVFD-2			20.6		80.10
GVFD-3			20.01		80.08
GVFD-4			20.02		80.08
GVFD-5			20.08		80.10
GVFD-6			20.12		80.09
GVFD-7			20.09		80.10
GVFD-8			20.19		80.02
GVFD-9			20.15		80.09
GVFD-10			20.12		80.06

从表 5-7 可得，此批同型号的黏滞液体阻尼器的实测阻尼力平均值为 20.188kN，平均值误差仅为 0.94%；实测总行程平均值为 80.102mm，平均值误差仅为 0.13%，说明两者与理论值非常接近。10 个阻尼器中阻尼力误差最大值只有 3%，实测总行程误差也仅有 0.38%。

由于制作的阻尼器参数均满足设计要求，本节仅选择误差最小的 GVFD-3 作为代表来说明阻尼器的滞回性能以及实测值与理论值的本构关系。不同速度作用下，测得阻尼器滞回曲线如图 5-30 所示，最大实测值与理论值本构关系比较曲线如图 5-31 所示。

从图 5-30 可以看出，随着加载速度的增长，最大阻尼力和位移相应增大，滞回曲线逐渐饱满，阻尼器耗能作用越来越明显。当速度达到 650mm/s 后，位移已经接近设计极限位移 80mm，最大阻尼力基本达到额定荷载 20kN，之后继续加大速度到 780mm/s 后，可以看到阻尼器的位移不再增加，而最大阻尼力只是略有增加，不再与位移呈比例增加，说明阻尼器已经超过了设计最大速度值。不适宜继续使用，因此本次试验将阻尼器最大速度定为 650mm/s。

从图 5-31 可以看出，最大阻尼力本构关系曲线的理论值与试验值吻合较好，在速度达到 650mm/s 后，最大阻尼力达到 20kN，说明阻尼器的制作完全达到了设计要求，可以使用。

综上所述，此次基础隔震模型共需 8 个黏滞液体阻尼器，故从中挑选出编号为 GVFD3～GVFD10 的阻尼器进行振动台试验。

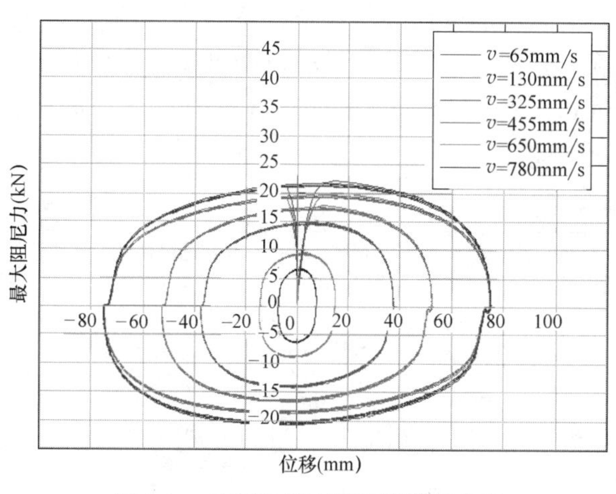

图 5-30 不同速度下阻尼器滞回曲线

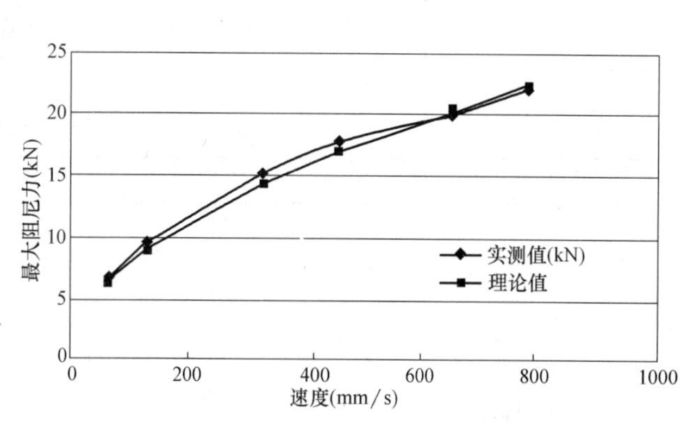

图 5-31 不同速度试验下本构关系

5.3.3 数值计算模型和加载工况

1. 数值模型建立

ETABS有限元软件直观的绘图功能极大地简化了建模过程，将基本信息输入完成后，通过梁单元模拟框架梁和柱，壳单元模拟楼板，并完成刚性隔板指定以及质量源的定义，即可完成模型的建立。此次试验模型采用焊接钢框架与混凝土板结合成型的方式设计。按照本章的研究目的，为了详细说明长周期脉冲地震动对隔震结构造成的影响，建立了纯基础隔震结构与抗震结构对比模型；同时考虑脉冲效应带来的不利影响，提出了阻尼复合减隔震方案，并验证方案的可行性。具体形成模型如图 5-32 所示。

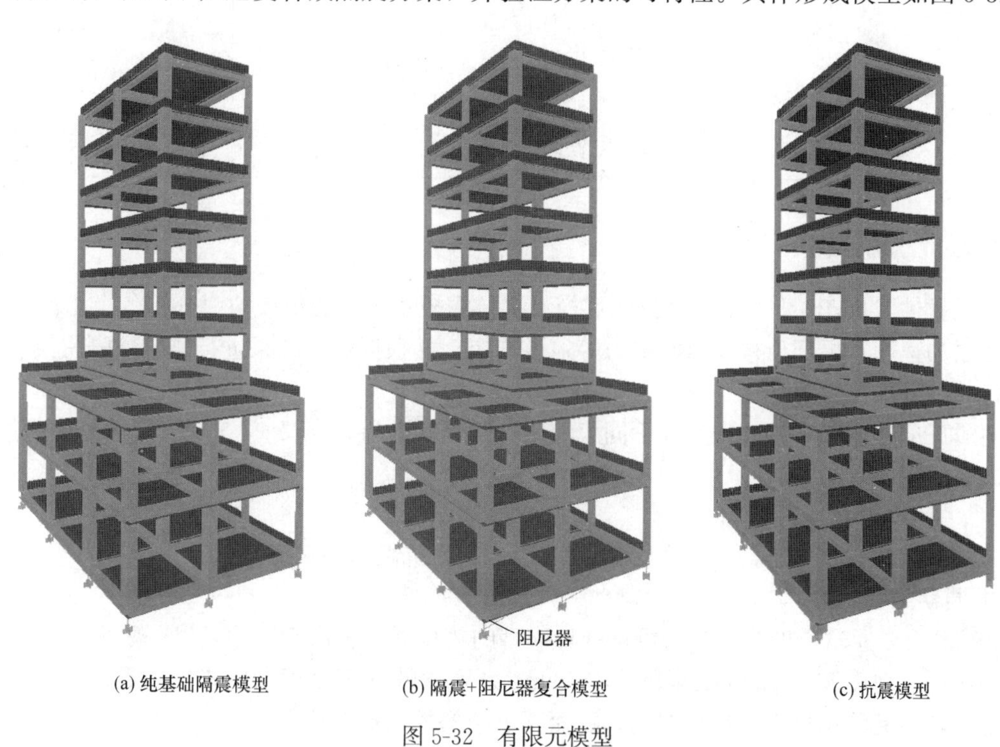

图 5-32 有限元模型

2. 地震波选取和模拟加载工况

如前文 5.2.8 节中所述，选取一条普通周期地震波（El-Centro）对比验证长周期地震动的影响；选取一条远场长周期地震波（TAP094）对比验证近场地震动的影响；选取一条近场脉冲长周期地震波（EMO270）和一条近场非脉冲长周期地震波（TCU078）对比验证脉冲效应的影响。为了方便试验时地震动的输入，本节统一将所有地震波峰值压缩为200gal。试验依照规范规定，采用 X 向单向输入。每条地震波均按0.20g，0.40g，0.60g 顺序进行加载。首先进行纯基础隔震模型以及抗震模型的数值模拟，将工况初定为表5-8中所示情况，再依据数值分析结果综合考虑复合减隔震模型的模拟工况。

数值模拟工况表 表5-8

模型结构	工况	输入地震动	加速度峰值(g)
纯基础隔震模型	A1	El-Centro波	0.20
	A2	El-Centro波	0.40
	A3	El-Centro波	0.60
	A4	TAP094波	0.20
	A5	TAP094波	0.40
	A6	TAP094波	0.60
	A7	TCU067波	0.60
	A8	TCU067波	0.40
	A9	TCU067波	0.60
	A10	EMO270波	0.20
	A11	EMO270波	0.40
	A12	EMO270波	0.60
抗震模型	B1	El-Centro波	0.20
	B2	El-Centro波	0.40
	B3	El-Centro波	0.60
	B4	TAP094波	0.20
	B5	TAP094波	0.40
	B6	TAP094波	0.60
	B7	TCU067波	0.20
	B8	TCU067波	0.40
	B9	TCU067波	0.60
	B10	EMO270波	0.20
	B11	EMO270波	0.40
	B12	EMO270波	0.60

5.3.4 有限元分析结果

在有限元软件ETABS上先对纯基础隔震模型和抗震模型进行数值模拟，分析各个工况下的一阶模态周期、楼层加速度、层间位移和层间剪力等地震响应，并根据分析结果进行复合减隔震模型的同条件模拟分析，验证其限位效果。

引入地震反应减振率参数 θ 来比较不同模型结构的隔震效果，定义：

$$\theta=\left(1-\frac{\Delta_i}{\Delta}\right)\times100\% \tag{5-17}$$

其中 θ 为参数响应减振率，Δ_i 为隔震结构响应，Δ 为抗震结构响应。

1. 自振周期分析

由ETABS有限元软件的模态分析可得3种模型的自振周期。由于模型是以一阶振型为主，故仅列出一阶自振周期。地震波的卓越周期则通过Seismo系列软件处理后读取出来。两者的对比如表5-9所示。避开地震波引起的场地土的卓越周期，进而减少结构的共振效应。

结构基本周期与地震波卓越周期表（s） 表5-9

结构/地震波	抗震	纯基础隔震	复合减隔震	El-Centro	EMO270	TCU078	TAP094
周期 T	0.390	1.403	1.403	0.140	1.100	1.26	1.020

从表5-9的分析中可以看出：

（1）由于隔震技术的应用，基础隔震模型的自振周期比抗震模型的周期大了近4倍，初步说明达到了较好的减振效果。

（2）从地震波的角度分析，El-Centro波的卓越周期与基础隔震模型的自振周期明显错开，说明基础隔震结构较好地避开了普通周期地震动的峰值范围。而EMO270、TCU078、TAP094的卓越周期与纯基础隔震结构的自振周期比较接近，极有可能产生共振效应，在隔震设计时应予以重点考虑，需进一步分析结构的地震响应。

（3）添加阻尼器的复合减隔震模型自振周期与纯基础隔震的自振周期完全一样，很好地验证了前文所述的阻尼器不改变原有结构周期的特性。

2. 加速度响应分析

利用ETABS软件对抗震模型以及纯基础隔震模型进行动力时程分析，4条地震动分别以0.20g，0.40g，0.60g加速度峰值分别输入，将各个楼层的绝对加速度峰值对比列于图5-33～图5-35中。需要说明的是，图中的楼层是指模型的楼板平面，楼层“1”为下部底盘底板，即隔震层；楼层“3”为下部底盘的顶层楼板；楼层“4”为塔楼底板，详见图5-11中。

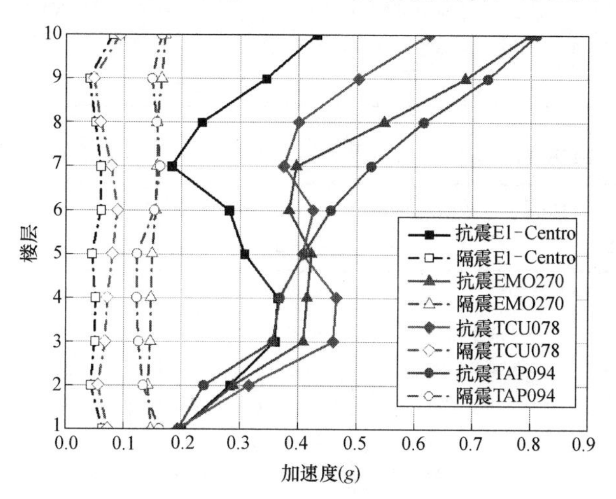

图5-33　加速度峰值0.20g下楼层加速度理论值对比

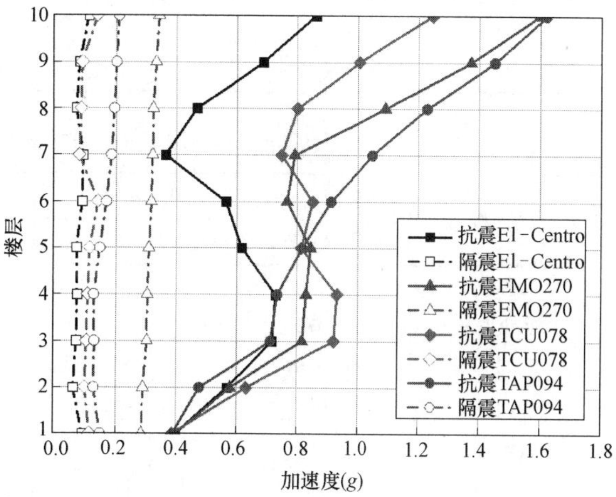

图5-34　加速度峰值0.40g下楼层加速度理论值对比

从图5-33～图5-35可以看出：

（1）从各条地震动对抗震结构的地震响应可看出，各楼层的加速度波动较大。下部底盘随着层高加大，各层加速度逐渐增大；而从“4”层塔楼开始加速度反应逐渐降低，直到楼层“7”后由于鞭端效应的影响重新加大。此规律符合大底盘上塔楼结构的加速度响应。

（2）从各条地震动对基础隔震结构的地震响应可以看出，隔震结构各楼层的加速度响应明显减小，表现出了良好的减振效果。随着楼层增加，加速度基本保持不变，呈现近似整体平动状态。

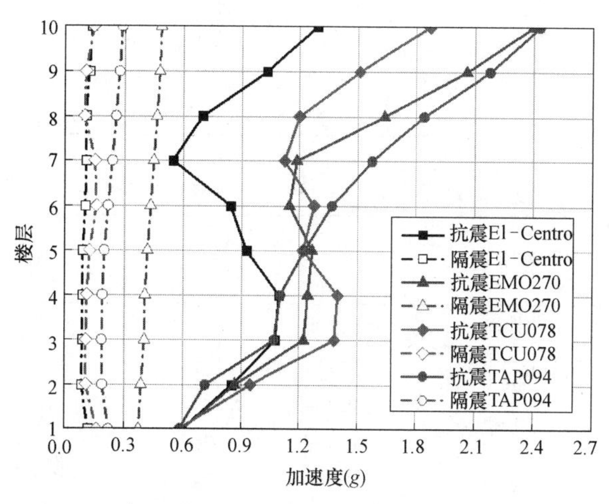

图5-35　加速度峰值0.60g下楼层加速度理论值对比

（3）从顶层加速度放大倍数可看出，抗震结构在El-Centro波和TCU078波作用下，顶层加速度分别放大了约2.2倍和3.2倍，而在EMO270波和TAP094波作用下，顶层加速度却放大了将近4倍，说明长周期地震动（EMO270、TAP094、TCU078）作用下结构的加速度响应要明显大于普通周期地震动（El-Centro）；近场脉冲地震动EMO270作用下结构的加速度响应又明显大于远场地震动TAP094和近场无脉冲地震动TCU078。

为了更详细表达出各地震动作用下楼层加速度响应情况，将对比结果以表格形式列出，并按照上述式（5-17）计算减振率，最终结果如表 5-10～表 5-13 所示。

普通周期 El-Centro 波作用下楼层理论加速度（g）及减振率　　表 5-10

楼面板	加速度峰值 0.20g			加速度峰值 0.40g			加速度峰值 0.60g		
	纯基隔	抗震	减振率	纯基隔	抗震	减振率	纯基隔	抗震	减振率
地面	0.200	0.200	—	0.400	0.400	—	0.600	0.600	—
1(底盘底板)	0.064	0.199	67.84%	0.093	0.399	76.69%	0.119	0.599	80.13%
2	0.043	0.284	84.86%	0.064	0.568	88.73%	0.087	0.852	89.79%
3	0.050	0.360	86.11%	0.074	0.720	89.72%	0.089	1.080	91.76%
4(塔楼底板)	0.051	0.366	86.07%	0.076	0.731	89.60%	0.091	1.097	91.70%
5	0.045	0.310	85.48%	0.074	0.616	87.99%	0.092	0.924	90.04%
6	0.060	0.281	78.65%	0.092	0.562	83.63%	0.104	0.844	87.68%
7	0.061	0.183	66.67%	0.095	0.365	73.97%	0.107	0.548	80.47%
8	0.050	0.234	78.63%	0.073	0.467	84.37%	0.106	0.701	84.88%
9	0.040	0.345	88.41%	0.083	0.690	87.97%	0.122	1.033	88.23%
10	0.081	0.430	81.16%	0.113	0.861	86.88%	0.137	1.291	89.36%

近场非脉冲长周期 TCU078 波作用下楼层理论加速度（g）及减振率　　表 5-11

楼面板	加速度峰值 0.20g			加速度峰值 0.40g			加速度峰值 0.60g		
	纯基隔	抗震	减振率	纯基隔	抗震	减振率	纯基隔	抗震	减振率
地面	0.200	0.200	—	0.400	0.400	—	0.600	0.600	—
1(底盘底板)	0.072	0.194	62.89%	0.116	0.388	70.10%	0.163	0.582	71.99%
2	0.056	0.316	82.28%	0.101	0.632	84.02%	0.108	0.948	88.61%
3	0.068	0.460	85.22%	0.107	0.920	88.37%	0.108	1.380	92.17%
4(塔楼底板)	0.072	0.468	84.62%	0.110	0.932	88.20%	0.112	1.397	91.98%
5	0.081	0.407	80.10%	0.116	0.814	85.75%	0.126	1.220	89.67%
6	0.089	0.425	79.06%	0.142	0.851	83.31%	0.158	1.276	87.62%
7	0.078	0.375	79.20%	0.082	0.750	89.07%	0.152	1.125	86.49%
8	0.059	0.401	85.29%	0.089	0.801	88.89%	0.099	1.202	91.76%
9	0.048	0.503	90.46%	0.092	1.006	90.85%	0.106	1.509	92.98%
10	0.093	0.624	85.10%	0.141	1.248	88.70%	0.146	1.872	92.20%

远场长周期 TAP094 波作用下楼层理论加速度（g）及减振率　　表 5-12

楼面板	加速度峰值 0.20g			加速度峰值 0.40g			加速度峰值 0.60g		
	纯基隔	抗震	减振率	纯基隔	抗震	减振率	纯基隔	抗震	减振率
地面	0.200	0.200	—	0.400	0.400	—	0.600	0.600	—
1(底盘底板)	0.113	0.195	52.05%	0.150	0.390	61.54%	0.221	0.585	62.22%
2	0.134	0.238	53.70%	0.129	0.477	72.96%	0.190	0.715	73.43%
3	0.126	0.357	64.71%	0.132	0.714	81.51%	0.186	1.071	82.63%
4(塔楼底板)	0.122	0.368	66.85%	0.130	0.737	82.36%	0.189	1.105	82.90%
5	0.123	0.409	69.93%	0.149	0.817	81.76%	0.198	1.226	83.85%
6	0.153	0.455	66.37%	0.169	0.911	81.45%	0.217	1.366	84.11%
7	0.163	0.525	68.95%	0.185	1.050	82.38%	0.237	1.575	84.95%
8	0.157	0.615	74.47%	0.195	1.230	84.15%	0.256	1.844	86.12%
9	0.149	0.726	79.48%	0.201	1.451	86.15%	0.274	2.177	87.41%
10	0.165	0.810	79.63%	0.210	1.620	87.04%	0.286	2.430	88.23%

近场脉冲长周期 EMO270 波作用下楼层理论加速度（g）及减振率　　表 5-13

楼面板	加速度峰值 0.20g			加速度峰值 0.40g			加速度峰值 0.60g		
	纯基隔	抗震	减振率	纯基隔	抗震	减振率	纯基隔	抗震	减振率
地面	0.200	0.200	—	0.400	0.400	—	0.600	0.600	—
1(底盘底板)	0.148	0.301	50.83%	0.286	0.401	28.68%	0.372	0.702	47.01%
2	0.143	0.289	50.52%	0.291	0.578	49.65%	0.384	0.867	55.71%
3	0.147	0.409	64.06%	0.304	0.817	62.79%	0.401	1.225	67.27%
4(塔楼底板)	0.147	0.415	64.58%	0.305	0.830	63.25%	0.404	1.245	67.55%
5	0.149	0.422	64.69%	0.310	0.845	63.31%	0.416	1.267	67.17%
6	0.155	0.384	59.64%	0.318	0.767	58.54%	0.432	1.151	62.47%
7	0.158	0.396	60.10%	0.322	0.792	59.34%	0.448	1.188	62.29%
8	0.158	0.547	71.12%	0.324	1.094	70.38%	0.464	1.641	71.72%
9	0.166	0.686	75.80%	0.334	1.373	75.67%	0.479	2.059	76.74%
10	0.172	0.799	78.47%	0.343	1.597	78.52%	0.486	2.396	79.72%

综合表 5-10～表 5-13 可以看出：(1) 随着加速度峰值的递增，各条地震动作用下的隔震结构均表现出良好的减振效果；下部大底盘随着楼层增高，减振率逐渐加大，但在竖向刚度突变处略有降低，随着塔楼的层数增高，减振率又出现增大的趋势。(2) 在普通周期地震动 El-Centro 波作用下隔震层的加速度减振率为 67.84%（0.20g）～80.13%（0.60g），而近场非脉冲长周期 TCU078 波作用下隔震层的加速度减振率为 62.89%（0.20g）～71.99%（0.60g），远场长周期 TAP094 波作用下隔震层的加速度减振率为 52.50%（0.20g）～62.22%（0.60g），近场脉冲长周期 EMO270 波作用下隔震层的加速度减振率仅仅为 50.83%（0.20g）～47.01%（0.60g），说明隔震结构的隔震层在长周期地震动作用下的加速度减振效果要小于普通周期地震动；其次，远场长周期地震动作用下的效果又要小于近场非脉冲长周期地震动；长周期脉冲地震动作用下隔震层的加速度减振效果最差，约为上述其他几种地震动的 1/2。因此需要重点关注远场长周期地震动和近场脉冲地震动对隔震结构造成的影响。

由于在近场脉冲长周期地震动 EMO270 作用下的纯基础隔震模型和抗震模型各楼层加速度响应均比其他几条波的响应更大，考虑引入黏滞液体阻尼器与隔震橡胶支座组成的复合减隔震体系来降低其影响。对此复合减隔震体系进行近场脉冲长周期地震动 EMO270 波作用下的数值分析，其他工况条件均相同。将结果与纯基础隔震模型和复合减隔震模型的结果进行对比，对比结果如图 5-36～图 5-38 所示。

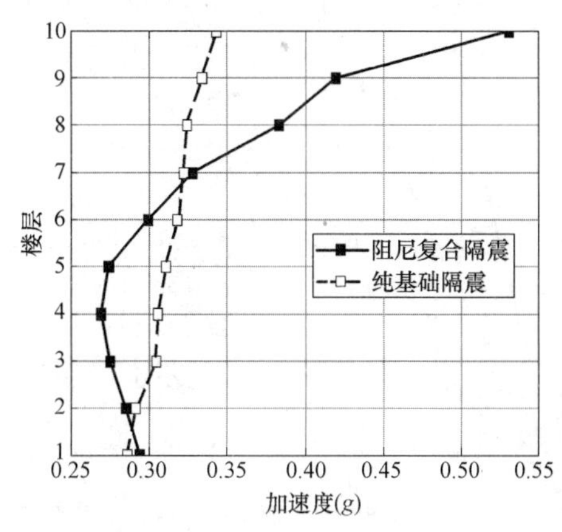

图 5-36　近场脉冲（0.20g）下有无阻尼加速度对比

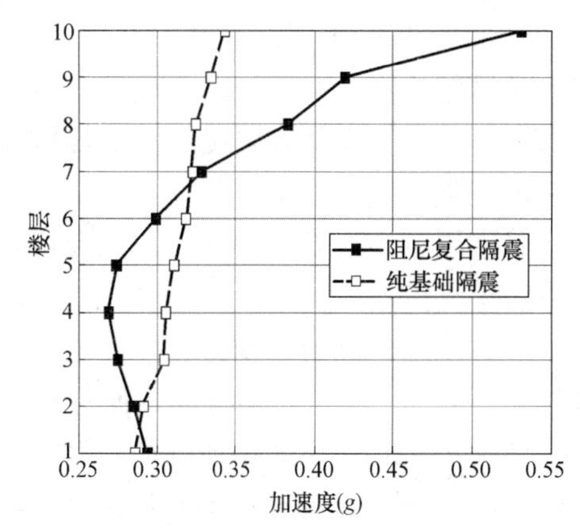

图 5-37　近场脉冲（0.40g）下有无阻尼加速度对比

从图 5-36～图 5-38 可以看出，与纯基础隔震模型相比，阻尼复合减隔震模型由于阻尼器的添加，人为加大了隔震层刚度，使得隔震层（1 层）的加速度有略微的增大，而上部塔楼和大底盘的加速度出现先减小后增大的趋势，说明阻尼方案会略微增大隔震层的加速度响应，但与抗震结构相比，其加速度响应依然只有抗震结构楼层加速度的 1/4 左右，而对上部结构加速度明显减小，起到了保护作用，可以

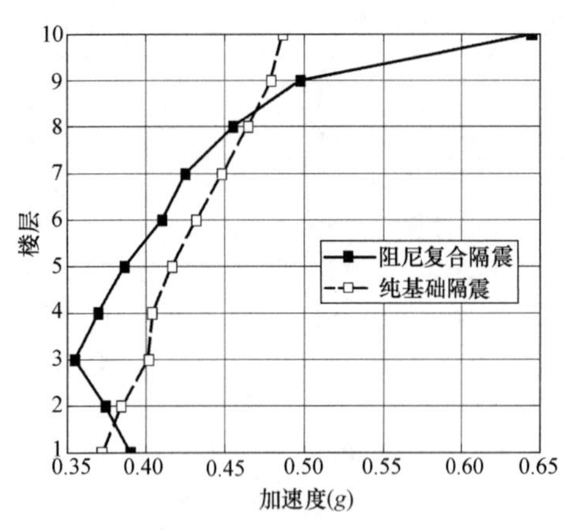

图 5-38 近场脉冲（0.60g）下有无阻尼加速度对比

较好地应对脉冲地震动对结构加速度造成的影响。

进一步对比上部塔楼与下部大底盘的楼层加速度变化可知，阻尼复合减隔震模型的大底盘的楼层加速度呈现逐渐递减的趋势，特别是在 0.40g 以上罕遇大震作用下，底盘的加速度甚至比纯基础隔震的底盘加速度还要小，说明对底盘有较好的加速度减振效果；而对于上部塔楼，在底层处（4 层）加速度开始反向增大，顶层鞭端效应的影响，放大效应明显。故复合减隔震模型会降低底盘的加速度响应，增大塔楼的加速度响应。

3. 位移响应分析

利用 ETABS 软件对纯基础隔震模型以及抗震模型进行动力时程分析，4 条地震动分别以 0.20g，0.40g，0.60g 加速度峰值作用，将各个楼层的位移峰值对比列于图 5-39～图 5-41 中。同样地，图中的楼层是指模型的楼板平面，楼层“1”为下部底盘底板；楼层“3”为下部底盘的顶层楼板；楼层“4”为塔楼底板。

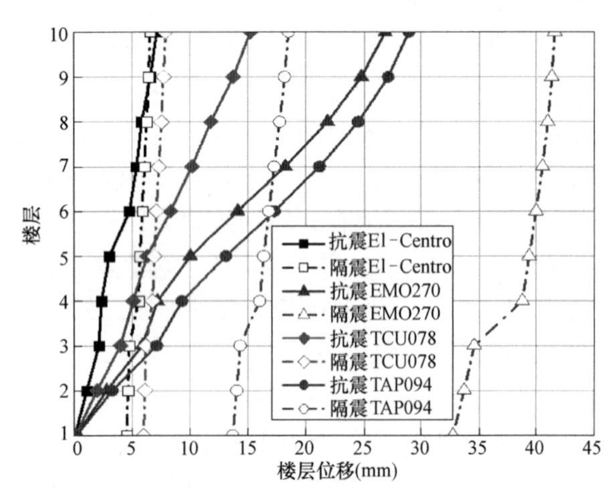

图 5-39 加速度峰值 0.20g 下各楼层位移理论值对比

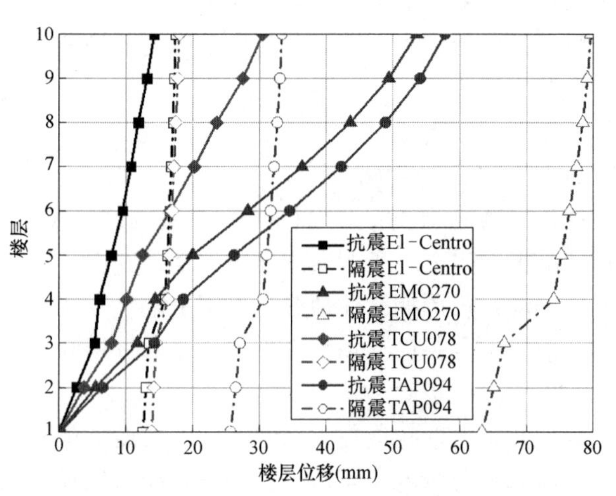

图 5-40 加速度峰值 0.40g 下各楼层位移理论值对比

从图 5-39～图 5-41 可以看出：

（1）抗震结构在 4 条地震动作用下，随着楼层增加，位移显著增大；而基础隔震模型的隔震层有较明显的位移，但随着楼层增加，位移只是略微增大，隔震层以上各楼层基本处于平动状态，只在塔楼与底盘交接处有位移突变产生。

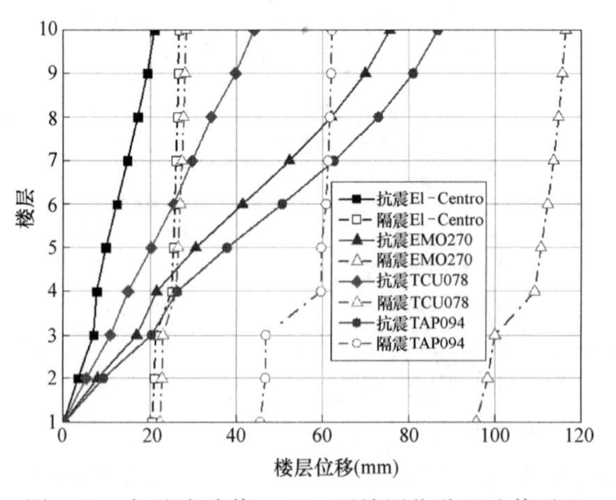

图 5-41 加速度峰值 0.60g 下楼层位移理论值对比

（2）从各条地震波的角度分析，无论是抗震结构还是隔震结构，普通周期 El-Centro 波对结构的位移响应都要明显小于其他长周期地震动，近场非脉冲长周期 TCU078 波的位移响应又要明显小于远场长周期 TAP094 波和近场脉冲长周期 EMO270 波的作用。但从近场脉冲长周期 EMO270 波与远场长周期 TAP094 波的对比中发现，近场脉冲长周期 EMO270 波对隔震结构的楼层位移响应超出远场长周期 TAP094 波的 2.52 倍，隔震层位移在 0.40g 峰值下已达到 63mm，已超出隔震支座的极限位移 55mm。由此说明隔震结构在近场脉冲地震动作用下可能出现隔震层位移超

限的情况，需采取措施进行防护。

（3）在3个加速度峰值作用下，近场脉冲长周期地震动作用下的隔震层位移均超过了普通周期地震动的1.5倍，即位移响应已超出当前规范针对近场地震效应提出的有关近场影响系数的规定范围。单纯地利用普通地震动时程分析进行隔震设计的方案将不适用于近场脉冲地震动的作用。

为了更详细地表达出各地震动对隔震结构和抗震结构各楼层的位移影响，通过计算出各楼层的层间位移，将结果以表格形式列出，并按照前述式（5-17）计算减振率，最终结果如表5-14～表5-16所示。需要说明的是，在层间位移的计算中，不考虑塔楼与底盘之间预留层（即层3与层4之间）。

普通周期El-Centro波作用下楼层理论层间位移和减振率　　表5-14

楼层	加速度峰值0.20g			加速度峰值0.40g			加速度峰值0.60g		
	层间位移(mm)			层间位移(mm)			层间位移(mm)		
	纯基隔	抗震	减振率	纯基隔	抗震	减振率	纯基隔	抗震	减振率
基隔	4.5086	—	—	12.607	—	—	20.404	—	—
1	0.141	1.019	86.16%	0.431	2.639	83.67%	0.59	3.384	82.57%
2	0.112	1.042	89.25%	0.383	2.678	85.70%	0.51	3.419	85.08%
3	0.135	0.686	80.32%	0.397	1.773	77.61%	0.557	2.335	76.15%
4	0.199	1.743	88.58%	0.400	2.512	84.08%	0.588	3.041	80.66%
5	0.207	0.624	66.83%	0.369	1.824	79.77%	0.523	2.432	78.50%
6	0.193	0.438	55.94%	0.344	1.559	77.93%	0.501	2.228	77.51%
7	0.167	0.747	77.64%	0.305	1.960	84.44%	0.483	2.660	81.84%
8	0.130	0.537	75.79%	0.278	1.721	83.85%	0.401	2.554	84.30%

近场非脉冲长周期TCU078波作用下楼层理论层间位移和减振率　　表5-15

楼层	加速度峰值0.20g			加速度峰值0.40g			加速度峰值0.60g		
	层间位移(mm)			层间位移(mm)			层间位移(mm)		
	纯基隔	抗震	减振率	纯基隔	抗震	减振率	纯基隔	抗震	减振率
基隔	5.9841	—	—	13.876	—	—	22.292	—	—
1	0.129	1.166	88.94%	0.387	3.221	87.99%	0.508	4.466	88.63%
2	0.101	1.284	92.13%	0.344	3.310	89.61%	0.487	4.643	89.51%
3	0.152	0.954	84.07%	0.372	2.615	85.77%	0.511	3.345	84.72%
4	0.21	1.832	88.54%	0.385	3.334	88.45%	0.556	4.565	87.82%
5	0.218	1.035	78.94%	0.301	2.763	89.11%	0.493	4.062	87.86%
6	0.206	0.914	77.46%	0.298	2.221	86.58%	0.421	3.838	89.03%
7	0.180	1.124	83.99%	0.275	2.587	89.37%	0.408	3.955	89.68%
8	0.153	0.983	84.44%	0.247	2.221	88.88%	0.388	3.566	89.12%

远场长周期TAP094波作用下楼层理论层间位移和减振率　　表5-16

楼层	加速度峰值0.20g			加速度峰值0.40g			加速度峰值0.60g		
	层间位移(mm)			层间位移(mm)			层间位移(mm)		
	纯基隔	抗震	减振率	纯基隔	抗震	减振率	纯基隔	抗震	减振率
基隔	18.696	—	—	35.691	—	—	55.576	—	—
1	0.364	3.155	88.46%	0.808	4.32	81.30%	1.224	5.835	79.02%
2	0.321	3.195	89.95%	0.723	4.621	84.35%	1.132	6.121	81.51%
3	0.357	2.813	87.31%	0.745	4.014	81.44%	1.215	5.253	76.87%
4	0.436	3.684	88.17%	0.751	4.755	84.21%	1.268	5.853	78.34%
5	0.459	3.093	85.16%	0.717	4.471	83.96%	1.197	5.664	78.87%
6	0.415	2.813	85.25%	0.688	4.111	83.26%	1.186	5.211	77.24%
7	0.394	2.590	84.79%	0.624	4.666	86.63%	1.017	5.750	82.31%
8	0.369	2.256	83.64%	0.592	4.235	86.02%	0.978	5.638	82.65%

近场脉冲长周期 EMO270 波作用下楼层理论层间位移和减振率　　表 5-17

楼层	加速度峰值 0.20g			加速度峰值 0.40g			加速度峰值 0.60g		
	层间位移(mm)			层间位移(mm)			层间位移(mm)		
	纯基隔	抗震	减振率	纯基隔	抗震	减振率	纯基隔	抗震	减振率
基隔	32.774	—	—	63.340	—	—	95.659	—	—
1	0.964	3.773	74.45%	1.781	5.356	66.75%	2.586	7.594	65.95%
2	0.909	3.862	76.46%	1.620	6.156	73.68%	2.366	8.038	70.56%
3	0.931	3.326	72.01%	1.891	5.641	66.48%	2.456	7.265	66.19%
4	1.112	4.145	73.17%	1.967	8.277	76.24%	2.576	7.823	67.07%
5	1.234	3.692	66.58%	1.907	8.17	76.66%	2.411	7.511	67.90%
6	1.138	3.313	65.65%	1.867	7.211	74.11%	2.228	7.025	68.28%
7	1.097	3.091	64.51%	1.734	5.767	69.93%	2.167	7.550	71.30%
8	0.968	2.79	65.30%	1.587	4.165	61.90%	2.007	7.368	72.76%

结合表 5-14～表 5-17 综合分析可知：

（1）随着加速度峰值的递增，各条地震动作用下的隔震结构各楼层位移响应减振效果均达到 60% 以上，有较好的减振效果。

（2）从地震动的角度分析，在普通周期地震动 El-Centro 波作用下隔震层的层间位移减振率为 86.16%（0.20g）～82.57%（0.60g），近场非脉冲长周期 TCU078 波作用下隔震层的层间位移减振率为 88.94%（0.20g）～88.63%（0.60g），远场长周期 TAP094 波作用下隔震层的层间位移减振率为 88.46%（0.20g）～79.02%（0.60g），近场脉冲长周期 EMO270 波作用下隔震层的层间位移减振率仅为 74.45%（0.20g）～65.95%（0.60g）。由此说明，对于无脉冲近场长周期地震动的作用，隔震结构有较好的层间位移减振率；而近场脉冲长周期地震动作用下结构的层间位移减振率则明显低于其他几类地震动。

由以上分析可知，隔震结构在近场脉冲长周期地震动作用下的楼层位移减振率最低，为了进一步揭示各楼层的位移变化情况，将 EMO270 波地震动作用下各楼层的层间位移角对比结果列于表 5-18 中。

近场脉冲长周期 EMO270 波作用下楼层理论层间位移角对比（rad）　　表 5-18

楼层	层高(mm)	加速度峰值 0.20g		加速度峰值 0.40g		加速度峰值 0.60g	
		基隔	抗震	基隔	抗震	基隔	抗震
1	700	1/727	1/262	1/393	1/131	1/271	1/92
2	700	1/835	1/229	1/460	1/114	1/421	1/78
3	500	1/848	1/177	1/447	1/89	1/343	1/55
4	500	1/819	1/121	1/422	1/60	1/323	1/46
5	500	1/913	1/122	1/463	1/61	1/354	1/49
6	500	1/1113	1/138	1/554	1/69	1/423	1/51
7	500	1/1457	1/173	1/712	1/86	1/610	1/64
8	500	1/2033	1/239	1/974	1/120	1/644	1/88

从表 5-18 可以看出，在加速度峰值为 0.40g 时，纯基础隔震模型的层间位移角为 1/393，结构产生较多的塑性变形；而抗震结构的层间位移角为 1/46，不满足《建筑抗震设计规范》GB 50011—2010（2016 年版）中有关弹塑性层间位移角的限值要求，结构已经破坏。在传统抗震时，应避免出现此类情况。

结合上述近场脉冲地震动对结构的位移响应分析，引入黏滞液体阻尼器配合隔震支座组成的复合减隔震体系来降低其影响。对此复合减隔震体系进行近场脉冲长周期地震动 EMO270 波作用下的数值分析，其他工况条件均相同。将结果与纯基础隔震模型进行对比，对比结果如图 5-42～图 5-44 所示。

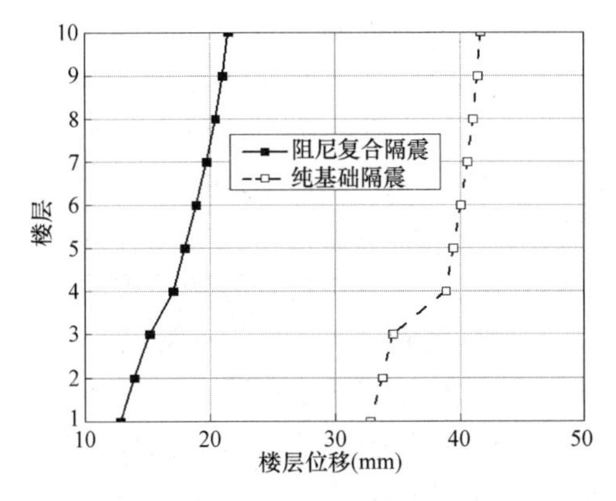

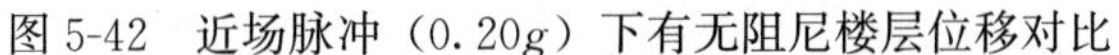
图 5-42　近场脉冲（0.20g）下有无阻尼楼层位移对比

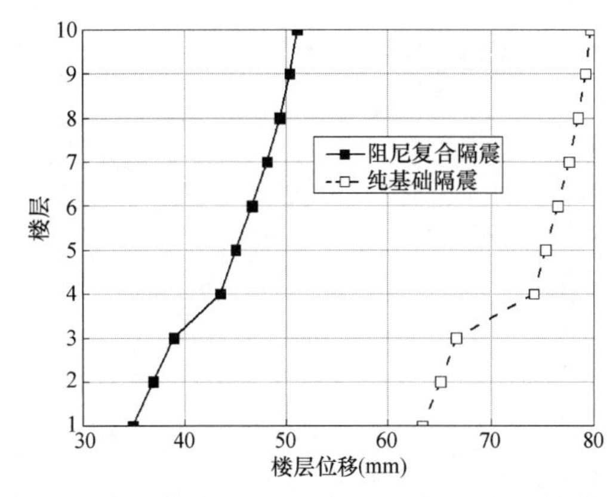

图 5-43　近场脉冲（0.40g）下有无阻尼楼层位移对比

从图 5-42～图 5-44 可以看出，与纯基础隔震模型相比，阻尼复合减隔震模型大大降低隔震层的位移，只有纯基础隔震的 1/2 左右，并且在各峰值加速度作用下，隔震层位移均在安全范围之内，说明采用阻尼复合减隔震方案可以有效解决隔震结构在脉冲地震动作用下的位移超限问题，保证隔震层的安全性。而且上部结构楼层位移响应的变化趋势基本保持不变，说明阻尼的存在并没有改变上部结构的位移响应规律，与抗震结构的对比可以看出，各楼层的位移减振率依然达到了 50%以上，位移减振效果良好。

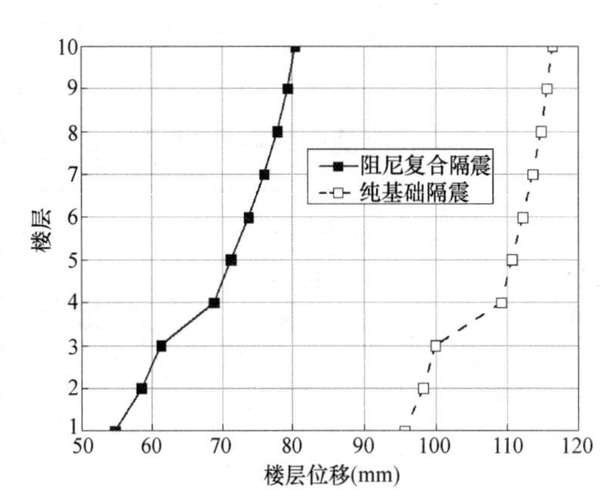

图 5-44　近场脉冲（0.60g）下有无阻尼楼层位移对比

4. 层间剪力分析

利用 ETABS 软件对抗震模型以及纯基础隔震模型进行动力时程分析，4 条地震动均以 0.20g，0.40g，0.60g 加速度峰值作用，将各个楼层的层间剪力包络值的对比列于图 5-45～图 5-47 中。需要说明的是，图中的楼层是指模型的楼板平面，楼层“1”为下部底盘底板；楼层“3”为下部底盘的顶层楼板；楼层“4”为塔楼底板。

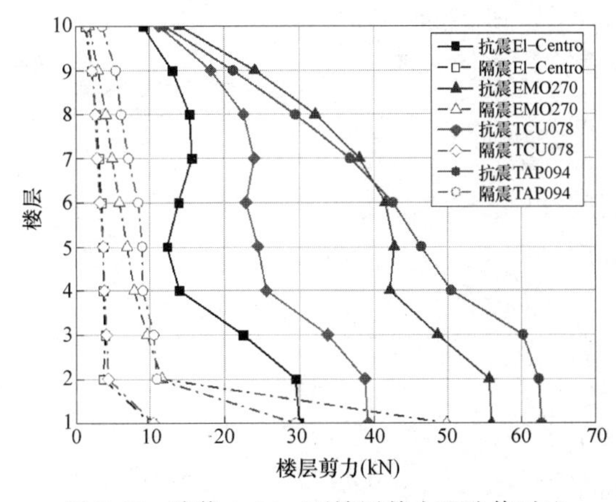

图 5-45　峰值 0.20g 下楼层剪力理论值对比

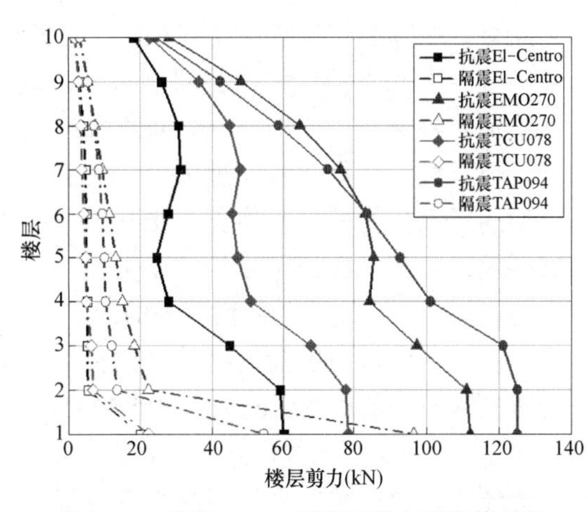

图 5-46　峰值 0.40g 下楼层剪力理论值对比

从图 5-45～图 5-47 的综合分析中可以看出：

（1）抗震模型在各条地震动作用下，楼层剪力变化较大，且在上部塔楼与下部底盘之间产生突变；而基础隔震模型各楼层最大层间剪力显著降低，且随着楼层的增加逐渐趋于平缓，上部塔楼与下部底盘的抗震性能均得到改善。

（2）从地震动的角度分析，普通周期 El-Centro 波对结构各楼层剪力响应都要明显小于其他长周期

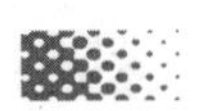

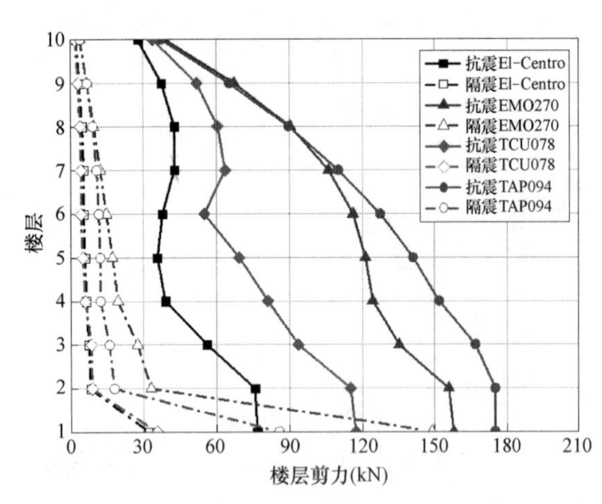

图 5-47　峰值 0.60g 下楼层剪力理论值对比

地震动；近场非脉冲长周期 TCU078 波的楼层剪力响应与 El-Centro 波基本接近；远场长周期地震动 TAP094 波作用下的抗震结构产生较大的剪力，而对隔震结构的响应则要小很多；近场脉冲长周期 EMO270 波作用下隔震层剪力与抗震结构的 1 层剪力相比并没有明显减小，说明近场脉冲地震动作用下的楼层剪力基本没有减振效果，需予以关注。

由于在近场脉冲长周期地震动 EMO270 作用下的纯基础隔震模型的层间剪力明显大于其他几条波的响应，且楼层剪力的减振效果较差，考虑引入黏滞液体阻尼器配合隔震支座组成复合减隔震体系来降低其影响。对此复合减隔震体系进行近场脉冲长周期地震动 EMO270 波作用下的数值分析，其他工况条件均相同。将结果与纯基础隔震模型进行对比，如图 5-48～图 5-50 所示。

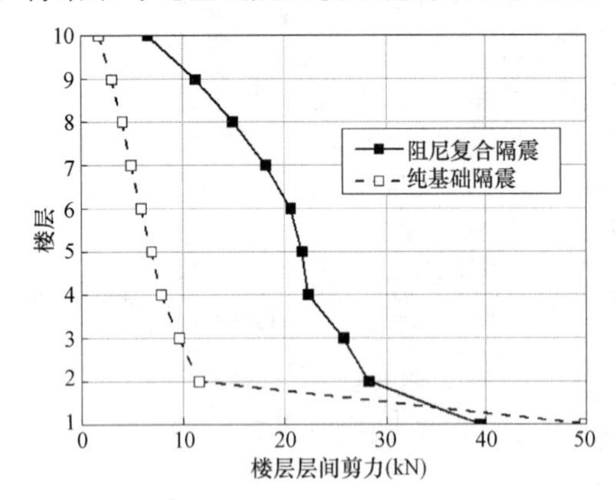

图 5-48　近场脉冲（0.20g）下有无阻尼层间剪力对比

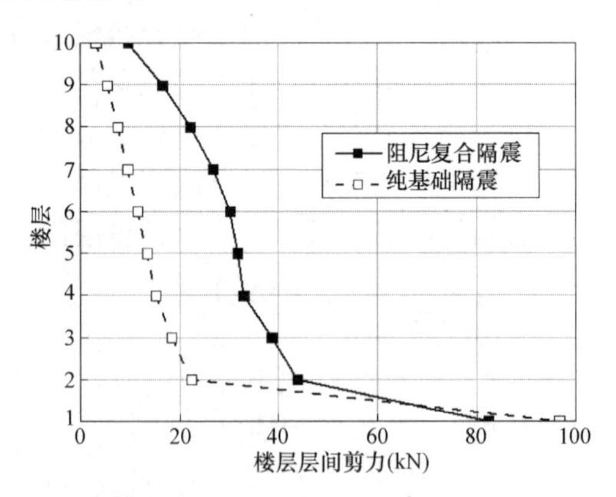

图 5-49　近场脉冲（0.40g）下有无阻尼层间剪力对比

从图 5-48～图 5-50 可以看出，与纯基础隔震模型相比，阻尼复合减隔震模型隔震层（1 层）的层间剪力减小，而上部塔楼和大底盘的层间剪力明显增大，说明阻尼方案较好地避免了隔震层的受剪破坏，对上部结构会造成一定的影响。但与抗震结构的楼层剪力对比可知，阻尼复合减隔震模型的层间剪力依然只有抗震结构的 1/4 左右，层间剪力减振效果良好，保证了结构的受剪安全，可以较好应对脉冲地震动对结构造成的层间剪力的影响。

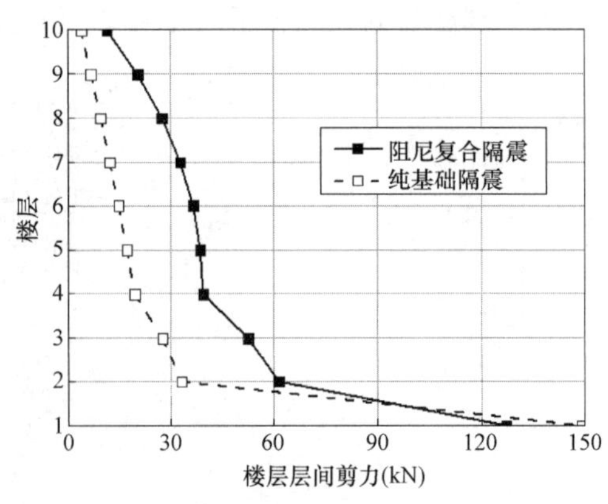

图 5-50　近场脉冲（0.60g）下有无阻尼层间剪力对比

进一步对比塔楼与底盘的楼层层间剪力变化可知，阻尼复合减隔震模型的底盘层间剪力减小趋势明显大于塔楼，特别是在 0.4g 以上罕遇大震作用下，上部塔楼的层间剪力减小趋势较缓，由此说明采用阻尼复合减隔震方案有利于大底盘的受剪承载力，而对塔楼的影响效果不明显。

5.4　大底盘上塔楼隔震结构振动台试验

为了更真实地还原实际地震中近、远场长周期地震动对结构的影响，探讨黏滞液体阻尼器复合减隔震方案的有效性，验证数值分析的准确性，利用振动台试验进行对比研究。本次试验目的是得到长周期

地震动作用下大底盘上塔楼隔震结构的地震响应，并与抗震结构对比分析结构的减振效果。同时通过振动台试验进一步验证复合减隔震体系的减振效果和限位能力。为长周期地震动作用的抗震设计提供试验数据支持。

依照5.3节介绍的模型设计方案，制作缩尺比为1∶7的钢框架混凝土模型，依次进行纯基础隔震模型、复合减隔震模型、抗震模型振动台试验。本节主要介绍大底盘上塔楼结构模型的制作与安装、支座安装、阻尼器安装、振动台试验加载系统、测量仪器、配套数值采集系统、场地条件等内容。

5.4.1　结构模型制作与安装

1. 支座安装连接方式设计

考虑到模型制作时，若将塔楼与底盘一次性制作完成，将会使得模型高度过高，不便于混凝土的浇筑，且重量太大，不便搬运；同时也为了后续层间隔震试验做模型储备，故在塔楼与底盘之间增设一层楼板连接，采用塔楼与底盘分开制作的方式，最后在振动台上进行拼接。故本次试验模型的组成从上而下依次为塔楼、塔楼预留层、大底盘、隔震支座、连接板、振动台台面。在整个连接拼装过程中，存在两个难点，首先是上部塔楼与下部底盘的连接固定，其次就是下部底盘通过隔震支座与振动台台面的连接。

首先是上部塔楼与下部底盘的连接固定。考虑到隔震支座上下封板均为带螺栓孔的圆形板，故在塔楼底部焊接上同尺寸的圆形钢板，如图5-51所示；而在下部底盘的顶层则采用预埋件的方式进行处理。笔者先在下部底盘的框架顶部焊接一块带4个墩台的转接板，墩台的顶部焊接于塔楼下部圆形板同尺寸的带预埋螺栓的圆形钢板，高度上保证浇筑后的混凝土面与墩台圆形钢板面等高。墩台平面布置如图5-52所示，转接板及墩台设计如图5-53所示，实际预埋板焊接定位如图5-54所示，最终完成拼装后预埋螺栓效果如图5-55所示。需要说明的是，由于采用螺栓进行固定，必须保证塔楼与预埋螺栓能无缝对接，故在转接板焊接完墩台后需进行预对位。将塔楼吊至相应位置后，先将转接板用螺栓与塔楼固定，再将转接板对位焊接到下部底盘的顶层，保证预埋位置的精确。

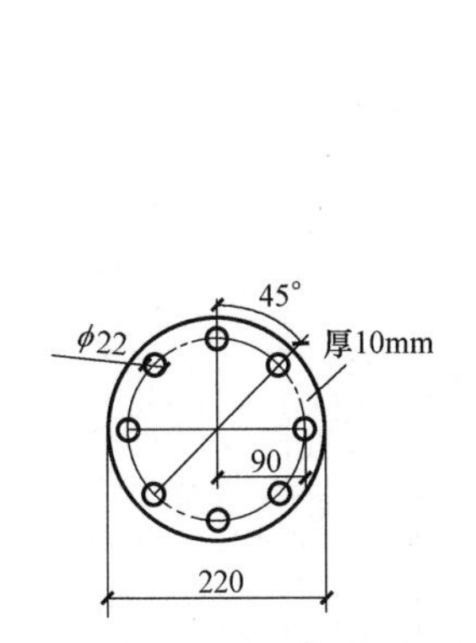

图5-51　底部圆形钢板平面图

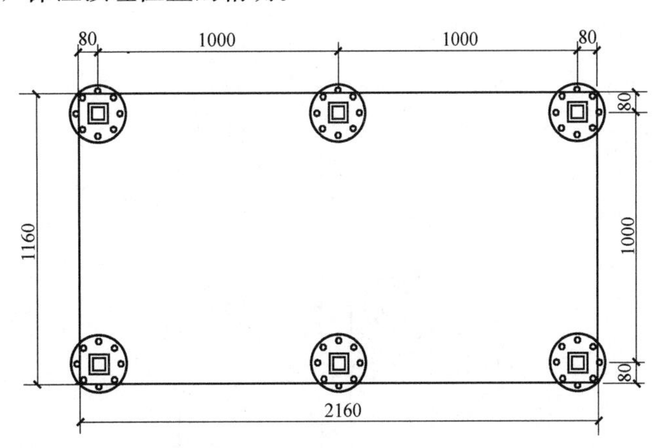

图5-52　墩台平面布置图（单位：mm）

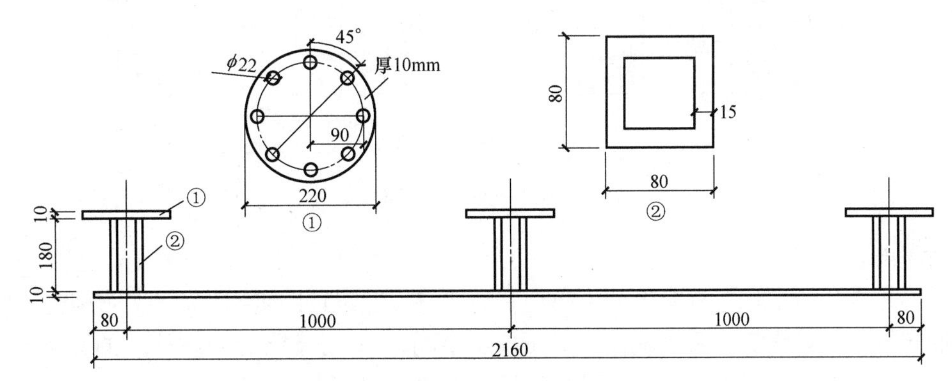

图5-53　转接板及墩台设计图（单位：mm）

图 5-54　转接预埋板实际焊接定位图

图 5-55　拼装后预埋螺栓效果图

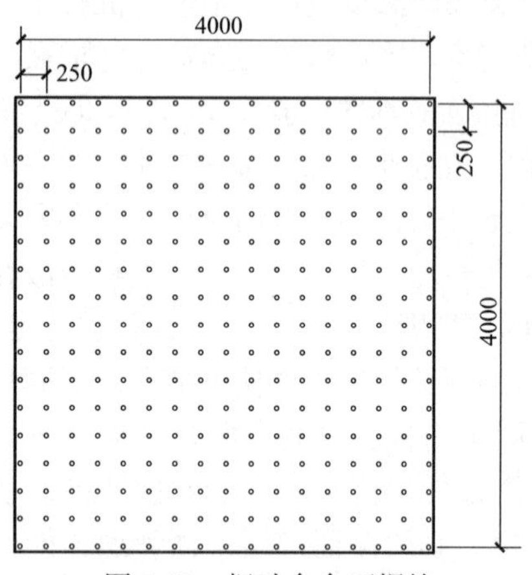

图 5-56　振动台台面螺栓孔分布图（单位：mm）

其次是下部底盘与振动台台面的连接。由于要在底盘与台面之间设置隔震支座，而隔震支座的上下封板均为圆形，与台面的方形列阵不符合，且若直接固定，无有效空间安装固定螺栓，故需要设置转接装置，将台面与隔震支座进行连接。考虑到振动台台面螺栓孔间距为 250mm×250mm，如图 5-56 所示，为了将底盘顺利与振动台固定，先设计了 4 块 350mm×2100mm 的钢板，在板四周按双向 250mm 间距开孔，与台面相对应，孔径 22mm，共两排，连接钢板的设计及排列如图 5-57 所示。为方便隔震支座的安装以及预留振动台台面上固定螺栓的安装空间，在板上焊接带圆形开孔钢板的墩台作为转接，墩台及圆形钢板的设计如图 5-58 所示。实际完成后的连接板与振动台的连接如图 5-59 所示。

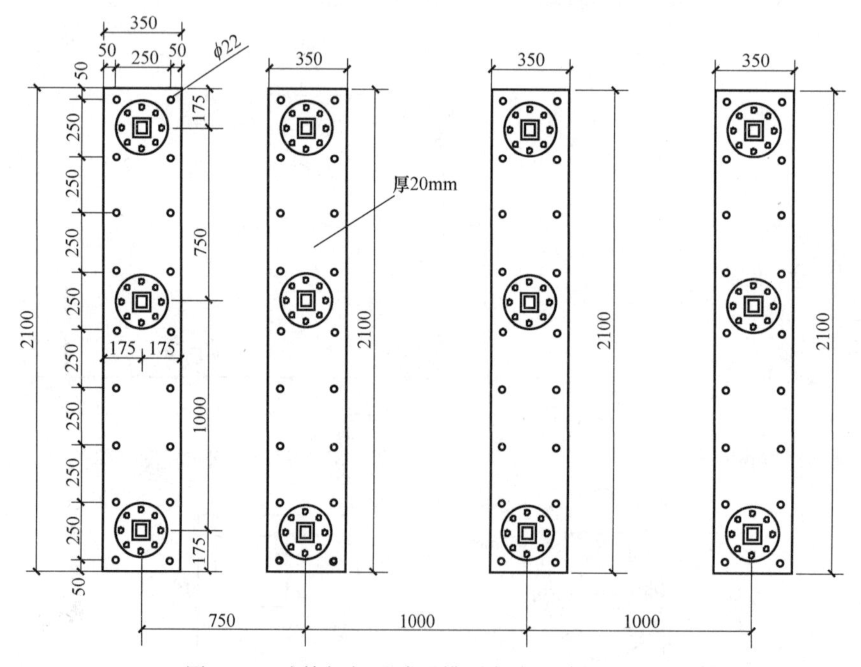

图 5-57　连接钢板尺寸及排列方式（单位：mm）

2. 模型结构制作

如前所述，本次试验采用钢框架混凝土模型，需严格按照设计图纸制作，钢框架梁柱的连接均采用焊接，形成固接节点，最终底盘及塔楼模型如图 5-60 所示。而对于下部底盘柱底的圆盘则需在振动台上先进行预定位，按照预先定位好的点位进行焊接，如图 5-61 所示。

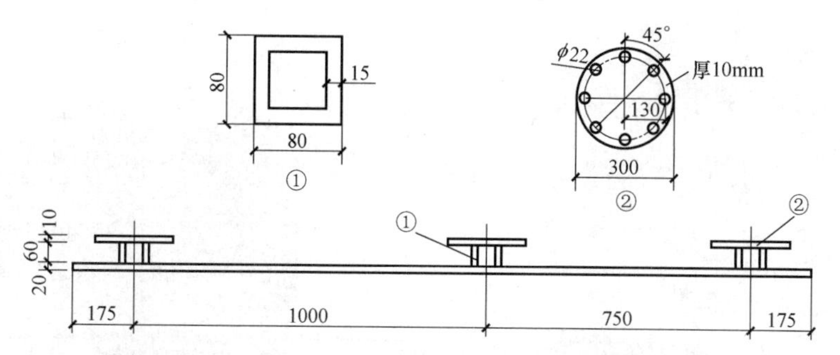

图 5-58　连接钢板立面图及墩台设计图（单位：mm）

图 5-59　振动台连接板安装图

图 5-60　底盘及塔楼模型钢框架制作

图 5-61　底部圆盘预定位焊接

在混凝土浇筑前，为了保证混凝土与框架的可靠连接，在每跨范围内按双层双向焊接 3 根 ϕ18 的 HRB335 钢筋，如图 5-62 所示。采用 200mm 高的木模板进行固定，板缝隙用发泡填缝剂堵漏，最终模板安装完成后效果如图 5-63 所示。浇筑用混凝土为 C30 的商品混凝土，在制作现场浇筑完成，如图 5-64 所示。

完成浇筑后，连续两周进行洒水养护，达到设计强度后拆模，并进行表面抹平。用砂纸打磨钢材表面后，涂刷一层红色防锈漆。最终的模型如图 5-65 所示。

3. 阻尼器安装连接方式设计

考虑到基础隔震结构的最大位移发生在隔震层，故将阻尼器对称布置在隔震层两侧相应位置。此次试验工况有带阻尼器和不带阻尼器两种，因此需保证阻尼器的安装拆卸简单方便，不能将阻尼器直接焊接在钢框架上。故在阻尼器设计时，将两端制作成带销头可活动式连接，通过单独设计两个节点板（以下称为节点板 1 和节点板 2）与钢框架焊接，以此达到阻尼器与主体结构连接的目的，如图 5-66 所示。

图 5-62　板底钢筋焊接

图 5-63　底盘及塔楼支模

(a) 底盘混凝土的浇筑

(b) 塔楼混凝土的浇筑

图 5-64　浇筑过程

(a) 塔楼制作完成效果

(b) 大底盘制作完成效果

图 5-65　底盘及塔楼成品

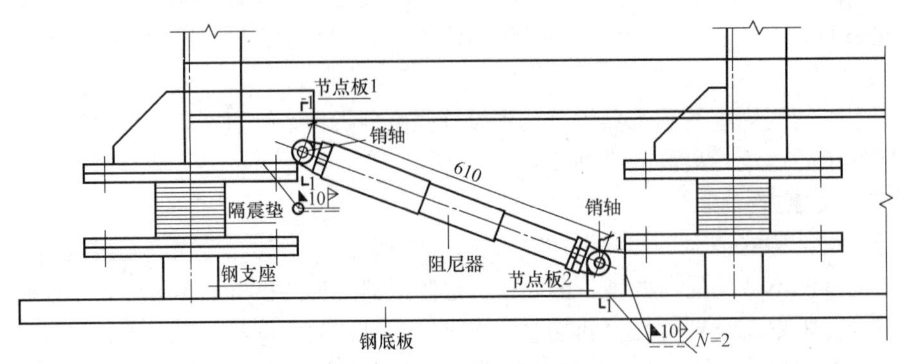

图 5-66　阻尼器安装大样

节点板与阻尼器可通过销轴进行固定，成品如图 5-67 所示。图 5-68 为阻尼器安装完成图。

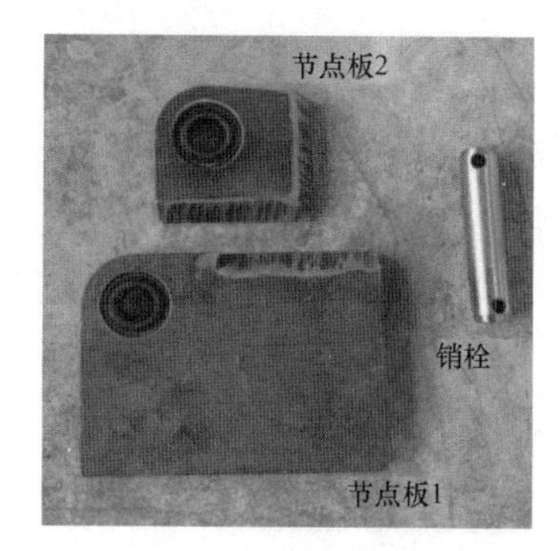

图 5-67　节点板以及销轴

图 5-68　阻尼器安装

5.4.2　振动台简介

按照预期模型的设计，本试验仅需要 4m×4m 振动台即可完成，即如图 5-69 所示的中间台。地震模拟振动台三台阵系统中间台的基本性能参数如表 5-19 所示。

图 5-69　地震模拟振动台三台阵系统

从表 5-19 可知，本次试验所需的各类技术条件均可以依靠此振动台实现。除此之外，为了配合模型的运输、吊装上台以及试验过程中各工况的切换，利用实验室已有的桥式吊车进行吊装搬运，吊车为双车配置，一大一小，最大起吊力为 2×10^4kg。而将模型从预制场运至实验室，则安排 15t 级汽车起重机作为临时调运机械。

试验振动台主要技术参数　　表 5-19

台面尺寸	4m×4m
振动方向	水平三向(X、Y 向和水平转角)
台面自重	9 650kg
最大有效载荷	22 000kg
台面最大位移	+/−250mm
台面最大转角	−13～+19°
台面满载最大加速度	X 向 1.5g；Y 向 1.2g
单独台面连续正弦波振动速度	75cm/s
单独台面地震波振动(10s)的峰值速度	105cm/s
最大倾覆力矩	600kN·m
最大偏心力矩	110kN·m
最大偏心	0.5m
工作频率范围	0.1～50Hz
振动波形	周期波、随机波、地震波
控制方式	数控

5.4.3　测量仪器与测点布置

试验重点研究模型结构在地震作用下的加速度和位移动力响应，故试验所需的测量仪器主要包括加速度传感器和拉线式位移传感器两种。以下对试验用的测量仪器及其布置方式进行详细介绍。

(a) DH610型加速度传感器

(b) DH202压阻式加速度传感器

图 5-70 加速度传感器

1. 加速度传感器

(1) 加速度传感器性能介绍

由于量程以及精确度的需要，试验选用 DH610 型和 DH202 压阻式加速度传感器配合使用（图 5-70）。DH610 型传感器的主要参数如表 5-20 所示。DH202 压阻式加速度传感器构造简单，主要依靠电压转换输出加速度，其量程为 $\pm10g$，频率响应 0～400Hz，冲击极限 $400g$，供电电压为 8～16V。

DH610 型传感器主要技术指标 **表 5-20**

档位		0	1	2	3
参量		加速度	小速度	中速度	大速度
灵敏度(V・s/m)		0.3	15	5	0.3
最大量程	加速度(m/s^2)	30	/	/	/
	速度(m/s)	/	0.125	0.3	0.6
频率范围(Hz)		0.25～80	1～100	0.3～100	0.1～100
输出负荷电阻(kΩ)		10000	10000	10000	10000
尺寸,重量		63×63×63mm,550g			

(2) 加速度传感器布置方式

笔者在试验时为了保证数据测量的全面性和准确性，尽量减小灵敏度误差影响，在塔楼和底盘的楼板面上均布置 X 向和 Y 向两个测点。需说明的是，在振动台台面上也需在 X 向和 Y 向布置加速度传感器，以测量出试验时台面的真实加速度。布置点位如图 5-71 和图 5-72 所示。从 0 到 10 依次向上进行编号。

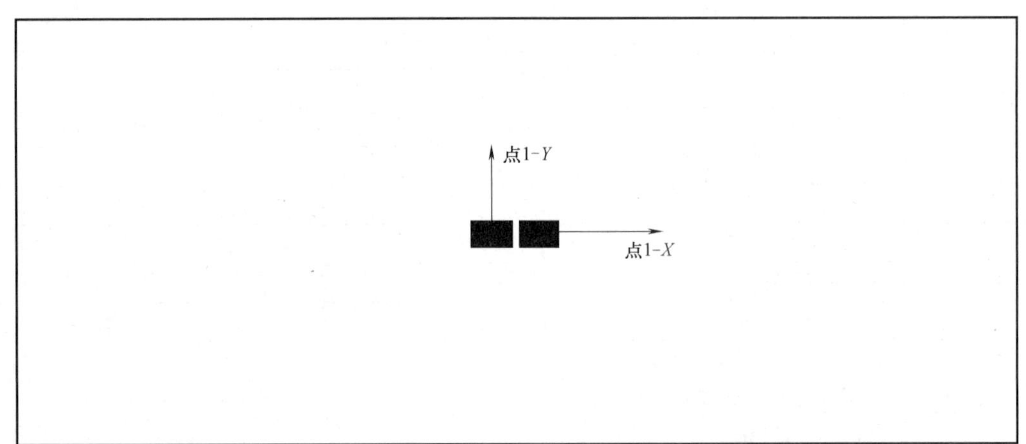

图 5-71 底盘加速度测点布置

2. 位移传感器

(1) 位移传感器性能简介

普通的顶针式位移计由于灵敏度、量程、接受频率以及使用场地等条件的限制，并不适合在振动台试验中使用，因此试验采用 BL80-V 型拉线式位移传感器测量，其测量量程为±500mm，如图 5-73 所示。

拉线式位移传感器是通过拉绳来反映测点的位移，故需将其安装在振动台台面以外，且必须保证在整个试验过程中拉绳的水平，测量结果才是准确的。此外，需在台面以外设置一部与台面等高的位移传感器来测量台面的位移，取上部结构各层测得的位移与振动台台面位移的差值，即为各楼层的相对位移。

（2）位移传感器布置方式

由前面介绍可知，需在塔楼和底盘的每层Y向侧面布置一个位移传感器，下部底盘从振动台台面开始以D0标号，依次往上到D3号；塔楼从T1标号开始，依次往上到T7号，共需11个位移传感器。位移传感器测点布置如图5-74所示。

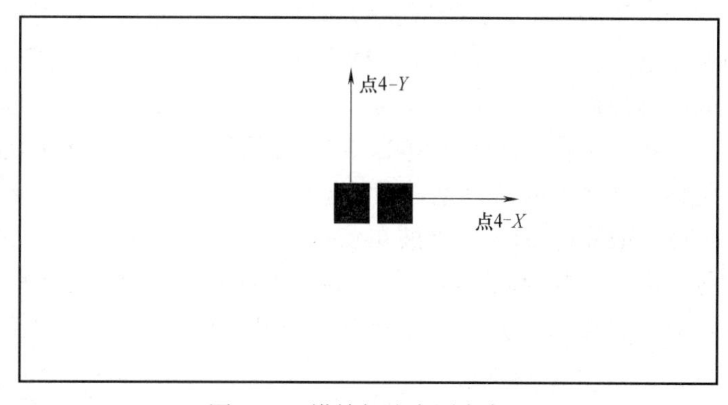

图5-72　塔楼加速度测点布置

5.4.4　计算机采集系统

本试验采用的计算机采集系统是JM5989三台振测试系统，如图5-75所示。该系统与数据采集箱配套使用，可将结构各楼层的位移和加速度以时程曲线的方式反映出来，便于随时监控。图5-76即为数据采集箱端口。

图5-73　BL80-V型位移传感器

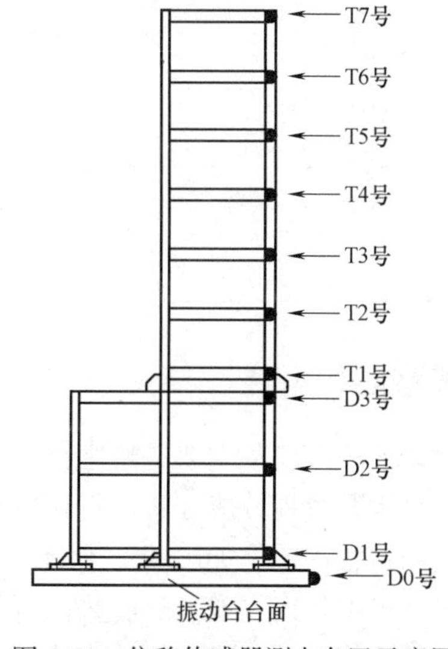

图5-74　位移传感器测点布置示意图

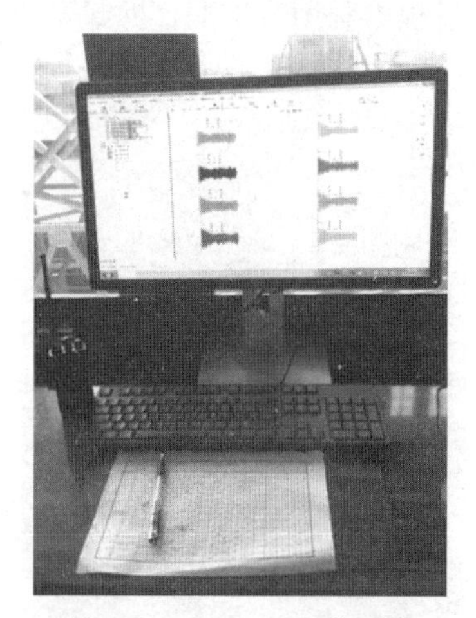

图5-75　JM5989采集系统

图5-76　数据采集箱端口

5.4.5　试验工况的顺序及步骤

依照各工况地震响应大小，以保证试验安全为原则，试验顺序按照响应由小到大确定，最终顺序为基础隔震试验、复合减隔震试验和抗震模型试验。试验用地震动依次按照 0.20g、0.40g 和 0.60g 峰值的顺序进行。而依照结构预先模拟响应值的大小，将地震波的输入顺序定为：普通周期波 El-Centro、近场非脉冲波 TCU067、远场长周期波 TAP094 和近场脉冲长周期波 EMO270。需要说明的是，在 5.3.3 节的有限元分析中可知，纯基础隔震在加速度峰值达到 0.40g、EMO270 波地震动作用下的隔震层位移已达到 80mm 以上，远远超出隔震垫的极限位移 55mm，无法保证实际振动台试验时整体结构的安全性，故剔除 EMO270 波在 0.40g 和 0.60g 条件下的工况。而在 4 条波中，EMO270 波产生的结构响应最大，且复合减隔震体系是为了验证此模型对于近场脉冲地震动作用产生的位移超限问题的控制效果，故仅仅在 EMO270 波工况下进行阻尼复合减隔震模型的试验。最后确定试验工况如表 5-21 所示。

振动台试验用工况表 **表 5-21**

模型分类	加速度峰值	地震波试验工况			
		El-Centro	TAP094	TCU067	EMO270
纯基础隔震	0.20g	A1	A2	A3	A4
	0.40g	A5	A6	A7	/
	0.60g	A9	A10	A11	/
复合减隔震	0.20g	/	/	/	B1
	0.40g	/	/	/	B2
	0.60g	/	/	/	B3
抗震	0.20g	C1	C2	C3	C4
	0.40g	C5	C6	C7	C8
	0.60g	C9	C10	C11	C12

5.4.6 模型结构组装

本次试验的模型组装主要是将塔楼与底盘的螺栓刚性拼接以及底盘与振动台台面通过连接底板刚性拼接。故需将组装过程分成 3 步进行：(1) 利用前文介绍的实验室桥式吊车，先将底部 4 块连接板吊装到振动台上用螺栓固定，如图 5-59 所示。(2) 抗震模型是将下部底盘吊装到连接板上直接用螺栓固定，若为基础隔震模型，则先安装隔震垫，再固定底盘。(3) 将塔楼吊装到底盘预埋螺栓上固定，以此完成所有拼接。最后搭设周边脚手架，将拉线式位移计和加速度触感器安装就位，最终纯基础隔震模型效果如图 5-77 所示，阻尼复合减隔震模型效果如图 5-78 所示。整个过程中利用人工配合拆卸安装。

图 5-77 纯基础隔震拼装图

图 5-78 阻尼复合减隔震拼装图

由于试验模型较重，在吊装和试验过程中易发生安全事故，为了保证人员及财产安全，需加强安全

管理。试验全程佩戴安全帽，并且在四周设置禁止通行标志。在振动台运行期间，为了防止隔震层位移过大或者材料出现断裂等引起模型倾覆倒塌，在试验全过程中，始终将上部塔楼与桥式吊车用钢索相连接，确保安全。

5.5　振动台试验与数值结果对比分析

本节主要将振动台试验收集到的纯基础隔震模型、抗震模型和阻尼复合减隔震模型的试验数据进行整理分析，并与5.3节中有限元分析理论结果进行对比，以图表的形式列出，以此验证数值分析的可靠性，并探讨复合减隔震体系在近场脉冲长周期地震动作用下的减振效果以及限位能力，为大底盘上塔楼隔震结构的设计和工程应用提供试验数据支持与建议。

5.5.1　模型结构动力特性

试验通过输入白噪声（0.10g）来测试结构的自振特性，由模态分析得到3种模型的自振周期，并与数值分析得到的自振周期进行对比，列于表5-22中。

模型结构试验和数值分析的自振周期　　表5-22

模型结构	抗震模型(s)	纯基础隔震模型(s)	复合减隔震模型(s)
试验值	0.428	1.613	1.563
计算值	0.390	1.403	1.403
误差	8.81%	13.02%	10.22%

从表5-22可得，纯基础隔震模型的自振周期实测值为1.613s，抗震模型的自振周期实测值为0.428s，两者相差约3.8倍，满足隔震设计周期延长的要求。而复合减隔震模型由于阻尼器安装的误差，与纯基础隔震模型的周期有微小偏差。总体来看，实际试验得到的3个模型的自振周期与数值分析所得自振周期结果的误差基本保持在10%以内，各模型的吻合度较好。说明试验模型的制作偏差较小，同时也验证了数值模型的合理性，可用此模型进行后续的分析。

5.5.2　模型结构楼层加速度反应对比分析

将试验测得的绝对加速度包络值与数值模拟得到的结果进行对比。列出El-Centro、TCU078、TAP094波在0.20g、0.40g和0.60g条件下，纯基础隔震模型的加速度响应对比情况。而对于EMO270地震波作用，由于隔震层位移过大，不适合进行纯基础隔震模型的振动台试验，故只进行阻尼复合减隔震模型试验的对比。图5-79为El-Centro地震波作用下纯基础隔震的理论与试验值的比较；

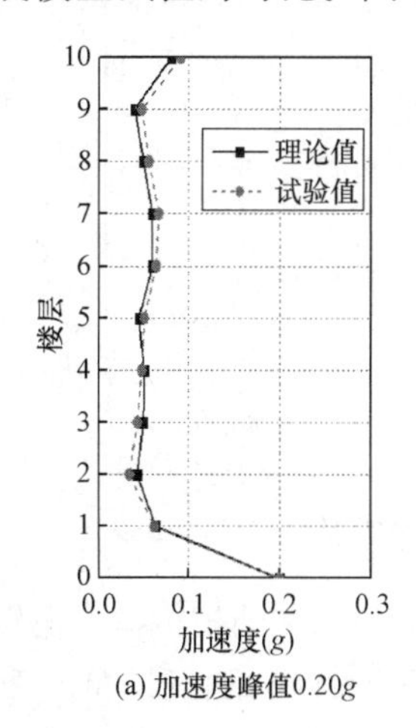

(a) 加速度峰值0.20g

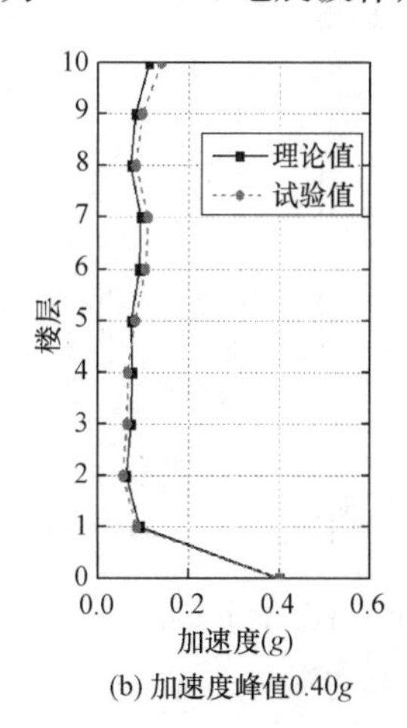

(b) 加速度峰值0.40g

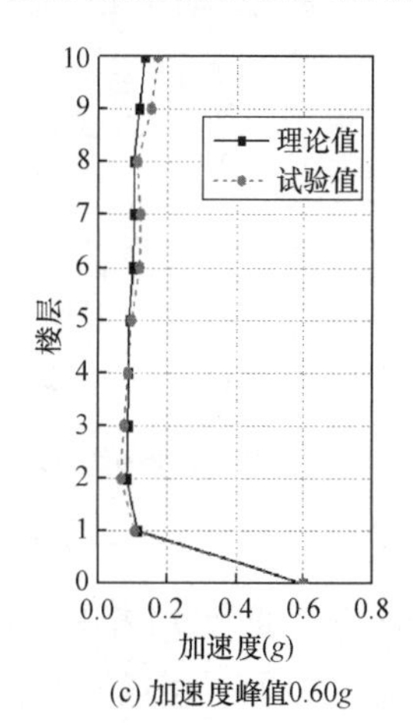

(c) 加速度峰值0.60g

图5-79　El-Centro作用下纯基础隔震加速度试验值误差对比

图 5-80 为 TCU078 地震波作用下纯基础隔震的理论与试验值的比较；图 5-81 为 TAP094 地震波作用下纯基础隔震的理论与试验值的比较；图 5-82 为 EMO270 地震波作用下阻尼复合减隔震的理论与试验值的比较。其中“0”代表振动台台面，“1”代表隔震层。

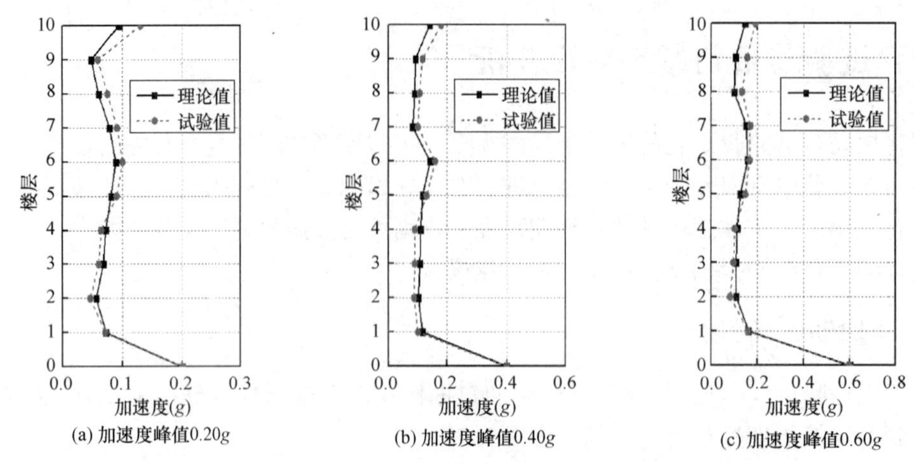

(a) 加速度峰值0.20g　(b) 加速度峰值0.40g　(c) 加速度峰值0.60g

图 5-80　TCU078 作用下纯基础隔震加速度试验值误差对比

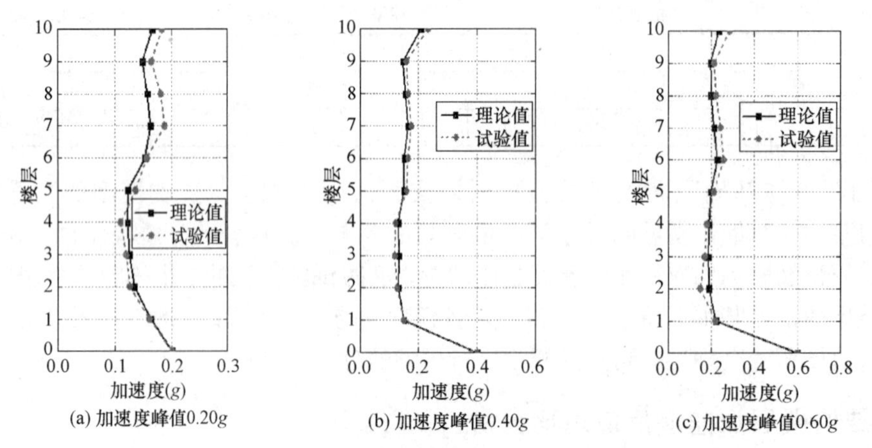

(a) 加速度峰值0.20g　(b) 加速度峰值0.40g　(c) 加速度峰值0.60g

图 5-81　TAP094 作用下纯基础隔震加速度试验值误差对比

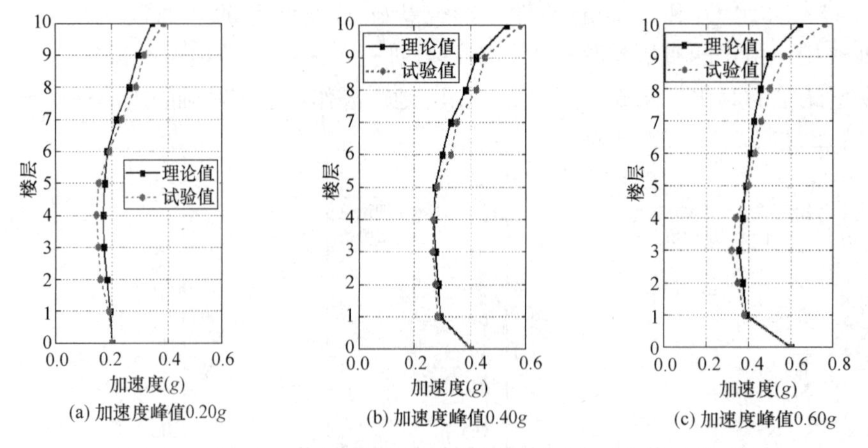

(a) 加速度峰值0.20g　(b) 加速度峰值0.40g　(c) 加速度峰值0.60g

图 5-82　EMO270 作用下阻尼复合减隔震加速度试验值误差对比

从图 5-79～图 5-82 可以看出，4 条地震动作用下得到的加速度试验值与数值模拟理论值较为接近，两者曲线基本吻合。为了更直观地表达出各地震动对各结构楼层加速度的影响，通过试验收集的楼层加速度，按照式（5-17）的减振率定义计算出加速度减振率，通过表格形式列出，如表 5-23～表 5-26 所示。

普通周期 El-Centro 波作用下楼层加速度试验值（g）及减振率 表 5-23

楼面板	加速度峰值 0.20g			加速度峰值 0.40g			加速度峰值 0.60g		
	纯基隔	抗震	减振率	纯基隔	抗震	减振率	纯基隔	抗震	减振率
地面	0.200	0.200	—	0.400	0.400	—	0.600	0.600	—
1(底盘底板)	0.054	0.121	55.37%	0.076	0.251	69.72%	0.13	0.447	70.92%
2	0.056	0.143	60.84%	0.079	0.293	73.04%	0.099	0.521	81.00%
3	0.061	0.141	56.74%	0.082	0.287	71.43%	0.12	0.505	76.24%
4(塔楼底板)	0.071	0.182	60.99%	0.091	0.314	71.02%	0.147	0.671	78.09%
5	0.073	0.221	66.97%	0.11	0.425	74.12%	0.165	0.781	78.87%
6	0.072	0.204	64.71%	0.105	0.403	73.95%	0.181	0.728	75.14%
7	0.077	0.254	69.69%	0.111	0.447	75.17%	0.197	0.767	74.32%
8	0.074	0.287	74.22%	0.109	0.469	76.76%	0.192	0.802	76.06%
9	0.082	0.301	72.76%	0.146	0.551	73.50%	0.201	0.906	77.81%
10	0.097	0.403	75.93%	0.18	0.78	76.92%	0.223	1.135	80.35%

近场非脉冲长周期 TCU078 波作用下楼层加速度试验值（g）及减振率 表 5-24

楼面板	加速度峰值 0.20g			加速度峰值 0.40g			加速度峰值 0.60g		
	纯基隔	抗震	减振率	纯基隔	抗震	减振率	纯基隔	抗震	减振率
地面	0.200	0.200	—	0.400	0.400	—	0.600	0.600	—
1(底盘底板)	0.071	0.161	55.90%	0.1	0.284	64.79%	0.142	0.514	72.37%
2	0.078	0.179	56.42%	0.121	0.31	60.97%	0.153	0.732	79.10%
3	0.082	0.172	52.33%	0.124	0.298	58.39%	0.149	0.721	79.33%
4(塔楼底板)	0.096	0.223	56.95%	0.132	0.334	60.48%	0.156	0.767	79.66%
5	0.105	0.268	60.82%	0.138	0.362	61.88%	0.162	0.853	81.01%
6	0.097	0.213	54.46%	0.122	0.355	65.63%	0.168	0.846	80.14%
7	0.11	0.232	52.59%	0.128	0.367	65.12%	0.183	0.878	79.16%
8	0.092	0.247	62.75%	0.119	0.374	68.18%	0.217	0.944	77.01%
9	0.103	0.252	59.13%	0.131	0.388	66.24%	0.234	1.075	78.23%
10	0.117	0.389	69.92%	0.148	0.495	70.10%	0.261	1.378	81.06%

远场长周期 TAP094 波作用下楼层加速度试验值（g）及减振率 表 5-25

楼面板	加速度峰值 0.20g			加速度峰值 0.40g			加速度峰值 0.60g		
	纯基隔	抗震	减振率	纯基隔	抗震	减振率	纯基隔	抗震	减振率
地面	0.200	0.200	—	0.400	0.400	—	0.600	0.600	—
1(底盘底板)	0.111	0.204	45.58%	0.138	0.377	63.40%	0.198	0.741	73.28%
2	0.116	0.271	57.20%	0.14	0.41	65.85%	0.223	0.868	74.31%
3	0.135	0.267	49.44%	0.164	0.487	66.32%	0.251	0.852	70.54%
4(塔楼底板)	0.146	0.314	53.50%	0.172	0.532	67.67%	0.264	0.969	72.76%
5	0.151	0.361	58.17%	0.179	0.596	69.97%	0.268	1.114	75.94%
6	0.147	0.345	57.39%	0.175	0.639	72.61%	0.262	1.103	76.25%
7	0.152	0.394	61.42%	0.181	0.711	74.54%	0.275	1.165	76.39%
8	0.149	0.411	63.75%	0.179	0.794	77.46%	0.27	1.274	78.81%
9	0.155	0.435	64.37%	0.185	0.701	73.61%	0.281	1.391	79.80%
10	0.162	0.527	69.26%	0.193	0.843	77.11%	0.298	1.554	80.82%

近场脉冲长周期 EMO270 波作用下楼层加速度试验值（g）及减振率 表 5-26

楼面板	加速度峰值 0.20g			加速度峰值 0.40g			加速度峰值 0.60g		
	复合减隔震	抗震模型	减振率	复合减隔震	抗震模型	减振率	复合减隔震	抗震模型	减振率
地面	0.200	0.200	—	0.400	0.400	—	0.600	0.600	—
1(底盘底板)	0.189	0.101	42.33%	0.283	0.398	31.41%	0.381	0.596	36.07%
2	0.158	0.231	31.60%	0.276	0.497	44.47%	0.353	0.754	53.18%
3	0.151	0.369	59.08%	0.265	0.651	59.29%	0.321	0.912	64.80%

续表

楼面板	加速度峰值 0.20g			加速度峰值 0.40g			加速度峰值 0.60g		
	复合减隔震	抗震模型	减振率	复合减隔震	抗震模型	减振率	复合减隔震	抗震模型	减振率
4(塔楼底板)	0.143	0.384	62.76%	0.268	0.719	62.73%	0.344	1.158	70.29%
5	0.152	0.432	64.81%	0.281	0.922	69.52%	0.400	1.369	70.78%
6	0.190	0.396	52.02%	0.332	0.847	60.80%	0.437	1.200	63.58%
7	0.234	0.413	43.34%	0.353	0.892	60.43%	0.468	1.234	62.07%
8	0.286	0.609	53.04%	0.425	1.211	64.91%	0.512	1.814	71.78%
9	0.315	0.724	56.49%	0.457	1.574	70.97%	0.577	2.154	73.21%
10	0.386	0.810	52.35%	0.588	1.641	64.17%	0.763	2.763	72.39%

结合图 5-79～图 5-82 以及表 5-23～表 5-26 可看出，从减振率来看，试验所得减振率要小于理论所得，但误差保持在 10%以内，随着输入地震动峰值的提高，减振率逐渐提高；以 0.20g 峰值为例，普通周期 El-Centro 和近场非脉冲 TCU078 地震动作用下，纯基础隔震结构隔震层的加速度减振率在 55%左右，而远场长周期 TAP094 地震动作用下减振率在 45%左右，减振效果较差。而在近场脉冲长周期 EMO270 地震动作用下，阻尼复合隔震模型的楼层加速度减振率基本保证在 50%左右，从而保证了加装阻尼器后依然有较好的隔震作用。

从试验模型本身的角度考虑，阻尼复合隔震模型在脉冲长周期 EMO270 地震动作用下的加速度明显大于普通周期 El-Centro、近场非脉冲 TCU078 和远场长周期 TAP094 地震动的作用，且大底盘随着楼层增加，加速度出现减小趋势，而上塔楼随着楼层增加，加速度明显增大，说明速度脉冲会对上部结构加速度产生不利影响。纯基础隔震模型上部各楼层加速度基本保持平动的变化过程，变化幅度非常小，与预期结构变化规律相吻合。

5.5.3 模型结构楼层位移反应对比分析

将试验测得的楼层位移包络值与数值模拟得到的数值进行对比，列出 El-Centro、TCU078、TAP094 地震波在 0.20g、0.40g 和 0.60g 条件下，纯基础隔震模型的楼层位移响应对比情况。而对于 EMO270 地震波作用，由于隔震层位移过大，不适合进行纯基础隔震模型的振动台试验，故只进行阻尼复合减隔震模型试验的对比。图 5-83 为 El-Centro 地震波作用下纯基础隔震的理论与试验值的比较；图 5-84 为 TCU078 地震波作用下纯基础隔震的理论与试验值的比较；图 5-85 为 TAP094 地震波作用下纯基础隔震的理论与试验值的比较；图 5-86 为 EMO270 地震波作用下阻尼复合减隔震的理论与试验值的比较。其中“0”代表振动台台面，“1”代表隔震层。

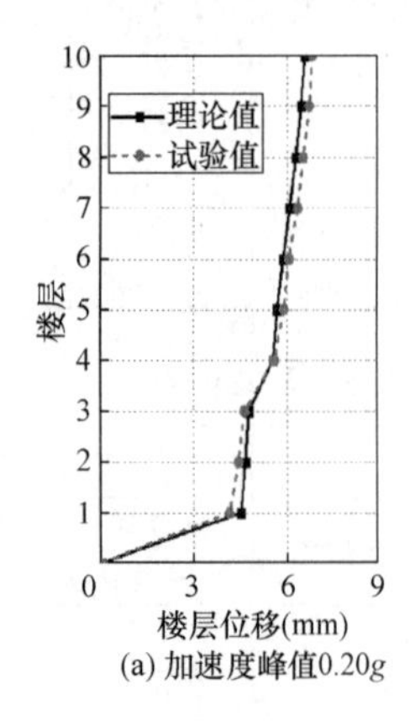

(a) 加速度峰值0.20g

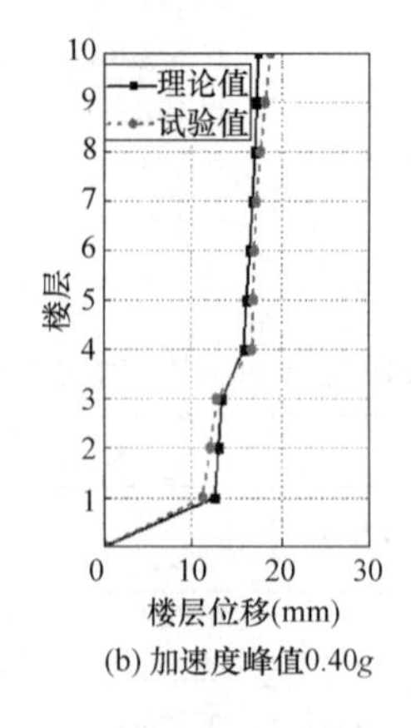

(b) 加速度峰值0.40g

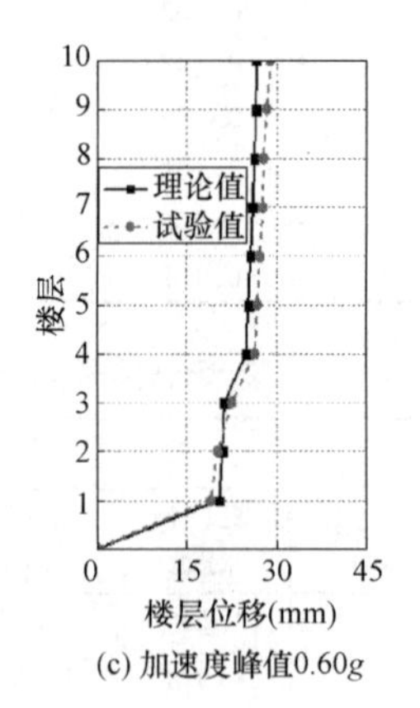

(c) 加速度峰值0.60g

图 5-83　El-Centro 作用下纯基础隔震最大楼层位移试验误差对比

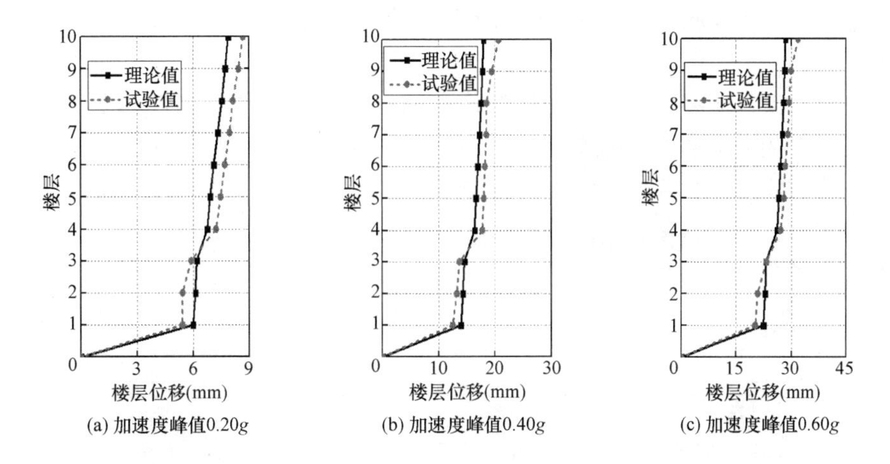

(a) 加速度峰值0.20g (b) 加速度峰值0.40g (c) 加速度峰值0.60g

图 5-84 TCU078 作用下纯基础隔震最大楼层位移试验误差对比

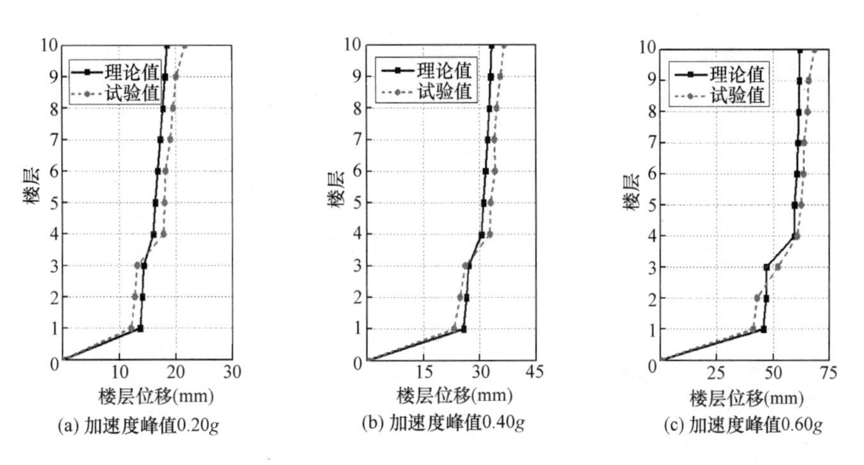

(a) 加速度峰值0.20g (b) 加速度峰值0.40g (c) 加速度峰值0.60g

图 5-85 TAP094 作用下纯基础隔震最大楼层位移试验误差对比

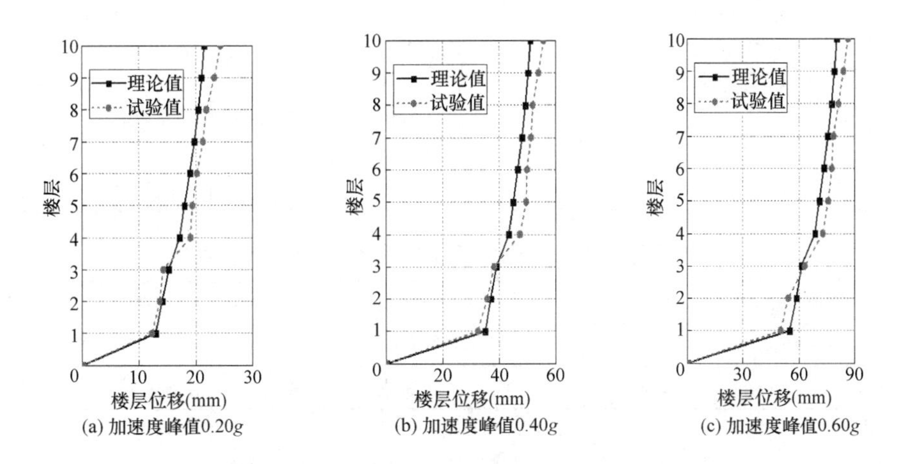

(a) 加速度峰值0.20g (b) 加速度峰值0.40g (c) 加速度峰值0.60g

图 5-86 EMO270 作用下阻尼复合减隔震最大楼层位移试验误差对比

从图 5-83～图 5-86 可以看出，4 种模型在 3 种加速度峰值的地震作用下，试验测得数值和理论计算值偏差较小，误差保持在 20%以内，吻合度较高。由 5.4 节分析可知，由于担心隔震支座破坏，没有进行近场长周期 EMO270 地震动作用下的纯基础隔震模型振动台试验，但结合数值分析结果，从阻尼复合减隔震模型在加速度峰值为 0.20g、0.40g 和 0.60g 时，隔震层最大位移为 12.23mm、32.23mm、49.88mm 中可以推断出，在近场脉冲地震作用下，随地震动强度增加，隔震层位移将超出隔震支座极限变形而致其失稳。上述结果同时还说明，应用阻尼复合减隔震方案可以很好地限制隔震层变形，保证隔震结构的安全。

为了更直观地表达出各地震动对各结构楼层位移的影响，通过计算出各楼层的层间位移，按照式(5-17)的减振率定义计算出层间位移减振率，通过表格形式列出，如表5-27～表5-30所示。需要说明的是，在层间位移的计算中，不考虑塔楼与底盘之间预留层（即层3与层4之间部分）。

普通周期 El-Centro 波作用下层间位移试验值和减振率　　表 5-27

楼层	加速度峰值 0.20g 层间位移(mm)			加速度峰值 0.40g 层间位移(mm)			加速度峰值 0.60g 层间位移(mm)		
	纯基隔	抗震	减振率	纯基隔	抗震	减振率	纯基隔	抗震	减振率
基隔	4.13	—	—	11.23	—	—	19.01	—	—
1	0.29	0.65	55.38%	0.68	2.42	71.90%	0.98	3.65	73.15%
2	0.25	0.62	59.68%	0.62	2.4	74.17%	0.94	3.61	73.96%
3	0.28	0.52	46.15%	0.64	2.36	72.88%	0.95	3.63	73.83%
4	0.30	0.66	54.55%	0.68	2.39	71.55%	1.03	3.69	72.09%
5	0.32	0.71	54.93%	0.70	2.46	71.54%	1.11	4.14	73.19%
6	0.34	0.68	50.00%	0.73	2.44	70.08%	1.18	4.1	71.22%
7	0.31	0.74	58.11%	0.71	2.52	71.83%	1.15	4.23	72.81%
8	0.28	0.66	57.58%	0.68	2.43	72.02%	1.06	4.12	74.27%

近场非脉冲长周期 TCU078 波作用下层间位移试验值和减振率　　表 5-28

楼层	加速度峰值 0.20g 层间位移(mm)			加速度峰值 0.40g 层间位移(mm)			加速度峰值 0.60g 层间位移(mm)		
	纯基隔	抗震	减振率	纯基隔	抗震	减振率	纯基隔	抗震	减振率
基隔	5.17	—	—	12.40	—	—	20.12	—	—
1	0.34	0.83	59.04%	0.73	3.02	75.83%	1.02	4.51	77.38%
2	0.31	0.80	61.25%	0.7	2.97	76.43%	0.98	4.32	77.31%
3	0.35	0.74	52.70%	0.71	2.92	75.68%	1.00	4.26	76.53%
4	0.38	0.82	53.66%	0.77	2.99	74.25%	1.14	4.35	73.79%
5	0.41	0.87	52.87%	0.8	3.10	74.19%	1.18	4.38	73.06%
6	0.44	0.86	48.84%	0.82	3.05	73.11%	1.22	4.23	71.16%
7	0.40	0.92	56.52%	0.81	3.14	74.20%	1.20	4.91	75.56%
8	0.37	0.88	57.95%	0.73	2.80	73.93%	1.14	4.86	76.54%

远场长周期 TAP094 波作用下层间位移试验值和减振率　　表 5-29

楼层	加速度峰值 0.20g 层间位移(mm)			加速度峰值 0.40g 层间位移(mm)			加速度峰值 0.60g 层间位移(mm)		
	纯基隔	抗震	减振率	纯基隔	抗震	减振率	纯基隔	抗震	减振率
基隔	12.12	—	—	23.10	—	—	41.10	—	—
1	0.56	1.21	53.72%	1.15	3.85	70.13%	1.56	5.72	72.73%
2	0.45	1.17	61.54%	1.08	3.77	71.35%	1.52	5.68	73.24%
3	0.49	1.10	55.45%	1.11	3.71	70.08%	1.59	5.64	71.81%
4	0.55	1.2	54.17%	1.21	3.84	68.49%	1.63	5.70	71.40%
5	0.58	1.27	54.33%	1.28	3.92	67.35%	1.67	5.85	71.45%
6	0.61	1.25	51.20%	1.35	3.90	65.38%	1.69	5.92	71.45%
7	0.57	1.42	59.86%	1.29	4.11	68.61%	1.65	5.98	72.41%
8	0.53	1.37	61.31%	1.27	4.05	68.64%	1.6	5.94	73.06%

近场脉冲长周期 EMO270 波作用下复合减隔震层间位移试验值和减振率　　表 5-30

楼层	加速度峰值 0.20g			加速度峰值 0.40g			加速度峰值 0.60g		
	层间位移(mm)			层间位移(mm)			层间位移(mm)		
	复合减隔震	抗震	减振率	复合减隔震	抗震	减振率	复合减隔震	抗震	减振率
基隔	12.53	—	—	32.23	—	—	49.88	—	—
1	0.86	1.81	52.49%	1.48	3.97	62.72%	2.52	7.11	64.56%
2	0.83	1.77	53.11%	1.42	3.92	63.78%	2.47	8.21	69.91%
3	0.88	1.73	49.13%	1.44	3.88	62.89%	2.48	8.62	71.23%
4	0.95	1.83	48.09%	1.53	4.03	62.03%	2.55	9.86	74.14%
5	0.96	1.90	49.47%	1.55	4.15	62.65%	2.58	10.02	74.25%
6	1.02	1.88	45.74%	1.59	4.11	61.31%	2.63	9.74	73.00%
7	0.97	1.93	49.74%	1.56	4.18	62.68%	2.61	7.98	67.29%
8	0.92	1.91	51.83%	1.51	4.16	63.70%	2.59	7.93	67.34%

结合表 5-27～表 5-30 综合分析可得：

（1）纯基础隔震模型层间位移要明显小于抗震模型，且各楼层的层间位移值相差较小，说明结构基本处于平动状态；从减振率可以看出，各楼层层间位移减振率基本在 50%以上，且在 0.60g 峰值的非脉冲地震动（El-Centro 波、TCU078 波和 TAP094 波）作用下，纯基础隔震的最大层间位移仅为 1.56mm，即层间位移角仅为 1/641，说明上部结构在罕遇地震作用下处于弹性变形范围；从结构本身角度分析可知，基础隔震模型的大底盘随着楼层增加，层间位移值略微增大，而在塔楼收进处，出现明显的位移减小，塔楼顶层层间位移仅有底盘处的 1/2 左右，与数值模拟结果较为吻合。

（2）从表 5-30 与其他表格数据对比可知，在近场脉冲长周期 EMO270 波作用下，复合减隔震模型的层间位移明显大于纯基础隔震模型的层间最大位移，尤其在 0.40g 和 0.60g 加速度峰值下表现更明显。尽管如此，较抗震模型依然有较大的降低，在各峰值地震动强度作用下，结构的减振率基本保持在 50%左右，由此可说明，采用阻尼复合减隔震方案在极大降低隔震层位移的前提下，依然可以保证较好的减振效果，有效地保证了结构安全。从数据分析来看，以 0.60g 峰值作用为例，上部结构最大层间位移值为 2.63mm，相应的层间位移角为 1/380，结构只发生微小的弹塑性变形，有较大的安全储备。

5.6　不同收进比例的大底盘单塔楼隔震结构有限元分析

大底盘单塔楼隔震结构的研究中，尚缺乏缩进比例对隔震效果的影响规律研究。5.3 节利用有限元软件 ETABS 对收进比为 1∶2.4 的大底盘单塔楼结构模型进行了数值模拟，分析了基隔和层隔结构模型的动力特性规律和地震响应差异；5.4 节进行了同模型条件的振动台试验，并将试验均值与数值模拟均值进行对比，结果表明数值模拟可靠性强。本节继续利用 ETABS 软件建立收进比例为 1∶1.8、1∶2.4、1∶3.0 和 1∶3.6 四种数值模型，分析不同收进比例基隔和层隔结构的地震响应差异，研究结果可为大底盘单塔楼隔震方案的选择以及隔震设计提供参考。

5.6.1　不同收进比例数值模型的建立

本节只考虑塔楼与底盘收进比变化，不考虑其他因素。其中，楼层设置、梁柱截面、楼板厚度以及隔震层布置与收进比例为 1∶2.4 的数值模型一致。主要通过移动边柱和中柱调整上部塔楼面积，大底盘角柱和外轮廓固定不变，从而实现收进比的变化，不同收进比例模型平面如图 5-87 所示，立面如图 5-88 所示。模型建立后，双向输入相同的 4 条地震波进行时程分析；由 5.3 与 5.4 节可知：结构 X 向加速度较 Y 向大、Y 向位移较 X 向大，且 X、Y 向加速度和位移响应规律基本一致，故本节仅分析结构 X 向加速度和 Y 向位移响应。

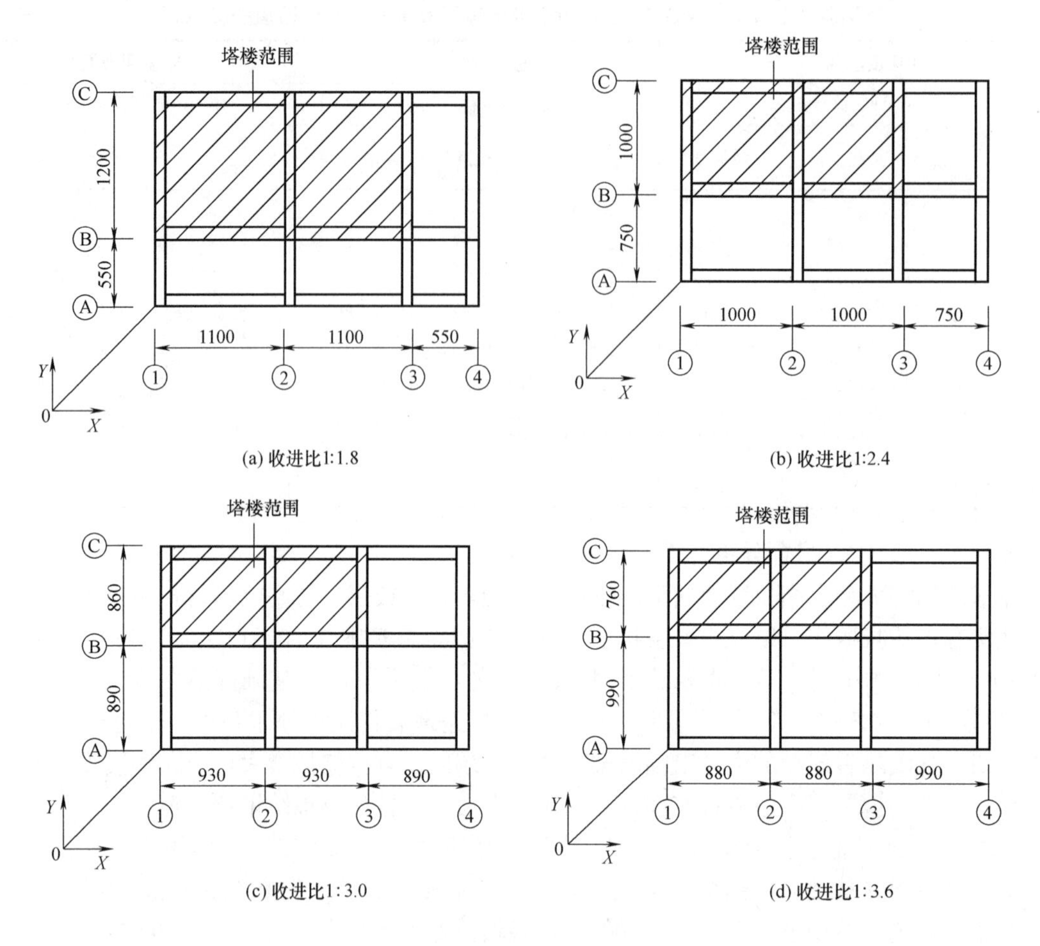

图 5-87　不同收进比例模型平面图（mm）

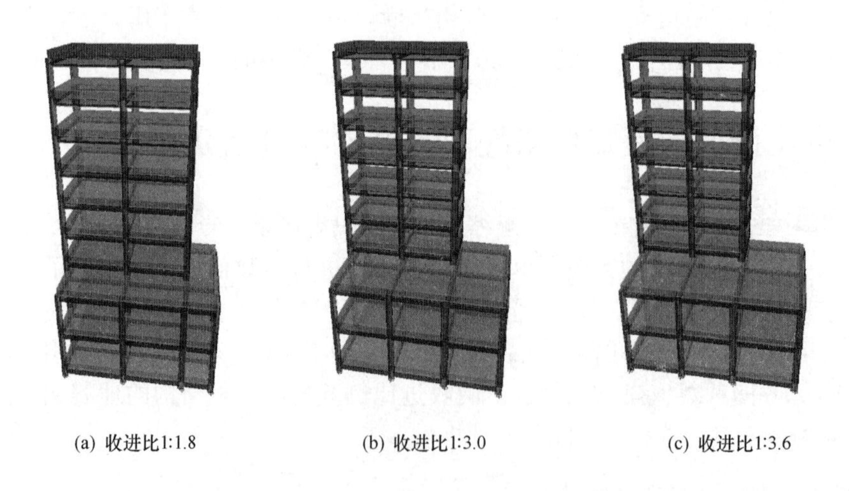

图 5-88　不同收进比例模型立面图

5.6.2　有限元分析结果

1. 自振周期对比分析

在有限元分析软件 ETABS 中对另外 3 种不同收进比例数值模型进行模态分析，由于模型一阶阵型参与系数较大，故仅列出结构一阶自振周期，如表 5-31 所示。

模型自振周期　　表 5-31

模型收进比	抗震(s)	基隔(s)	层隔(s)
1∶1.8	0.427	1.330	1.382
1∶2.4	0.368	1.053	1.115
1∶3.0	0.355	1.086	1.092
1∶3.6	0.299	0.841	0.823

从表 5-31 可以看出：

（1）随着收进比的增大，抗震结构的自振周期逐渐减小，主要是由塔楼面积减小后质量变小所致。

（2）不同收进比例数值模型模态分析表明，当模型收进比为 1∶3.6 时，基隔和层隔自振周期分别是抗震的 2.81 和 2.75 倍，收进比为 1∶1.8 和 1∶3.0 时，基隔和层隔延长结构自振的效果更明显，初步说明不同收进比例隔震模型均具备较好的减振性能。

2. 加速度响应对比分析

在 ETABS 中分别对 4 种不同收进比的抗震、基隔和层隔模型进行动力响应时程分析，4 条波（0.20g、0.40g 和 0.60g）作用下，不同收进比例结构 X 向楼层加速度计算均值对比如图 5-89～图 5-91 所示，数据采集位置为各层楼面。需要说明的是，图、表中“3-1”为塔楼底板，即“层隔隔震层”；“1-1”为下部底盘底板，即“基隔隔震层”；“-1”表示“台面”。

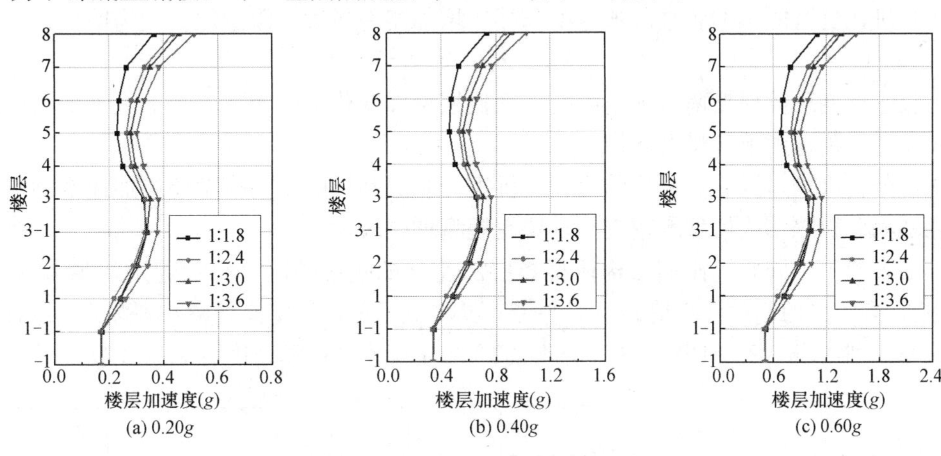

(a) 0.20g　(b) 0.40g　(c) 0.60g

图 5-89　抗震模型 X 向加速度对比

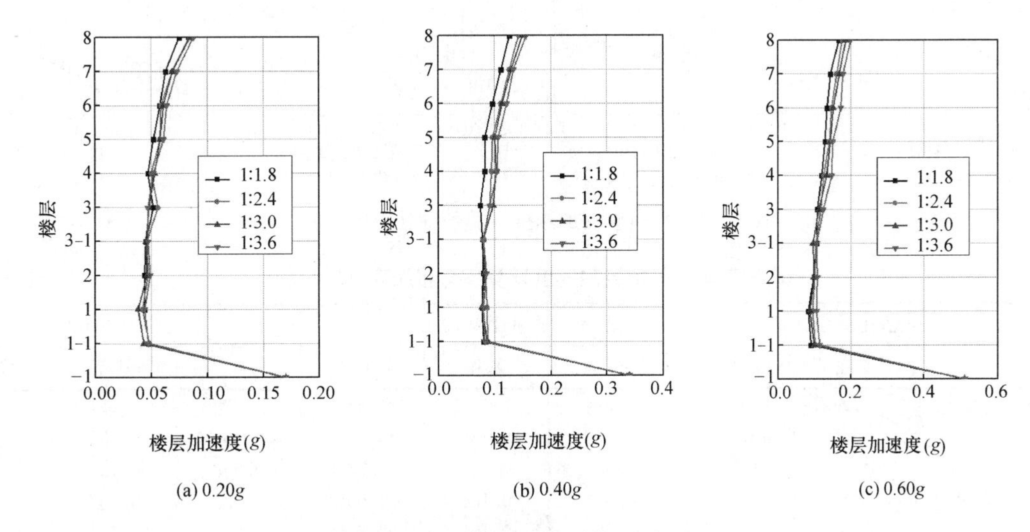

(a) 0.20g　(b) 0.40g　(c) 0.60g

图 5-90　基隔模型 X 向加速度对比

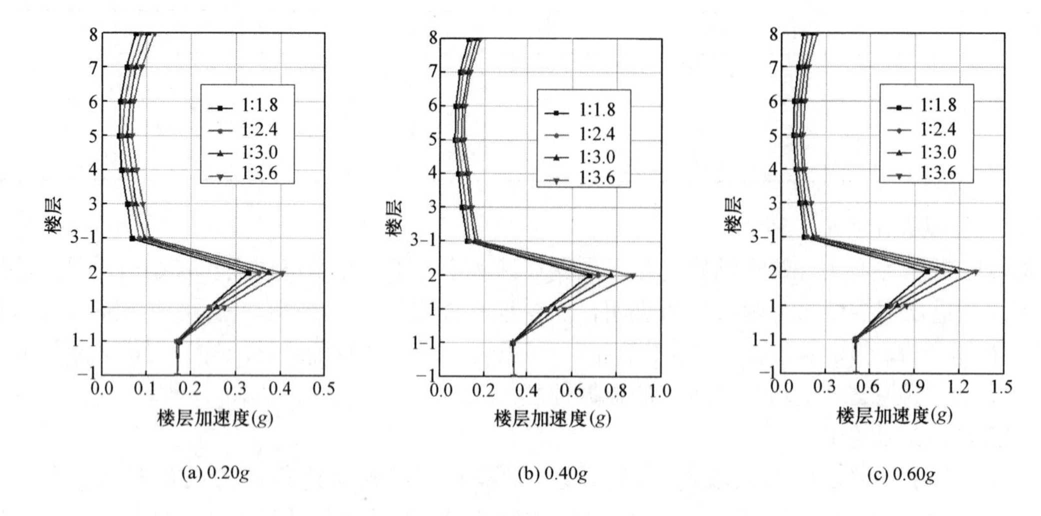

图 5-91　层隔模型 X 向加速度对比

从图 5-89～图 5-91 可得：

（1）不同收进比例基隔模型各楼层加速度随楼层增加略有增大，顶层放大较为明显，但总体上接近平动。

（2）不同收进比例层隔模型塔楼加速度响应随楼层增加变化不明显，总体上近乎平动；随着收进比例的增大，底盘楼层加速度响应略有增加。

（3）进一步分析可知，随着收进比的增大，抗震、基隔和层隔结构模型楼层加速度响应均呈逐渐增大的趋势，且基隔和层隔结构模型增幅较小，抗震模型增幅较大。

为了更详细表达出不同收进比例结构模型楼层加速度的响应情况，将加速度峰值 0.40g 时，不同收进比例模型 X 向楼层加速度计算值画于图 5-92，并按式（5-17）定义计算出基隔和层隔模型 X 向楼层加速度减振率，列于表 5-32 和表 5-33；收进比 1：2.4 模型楼层加速度见 5.3.3 节。

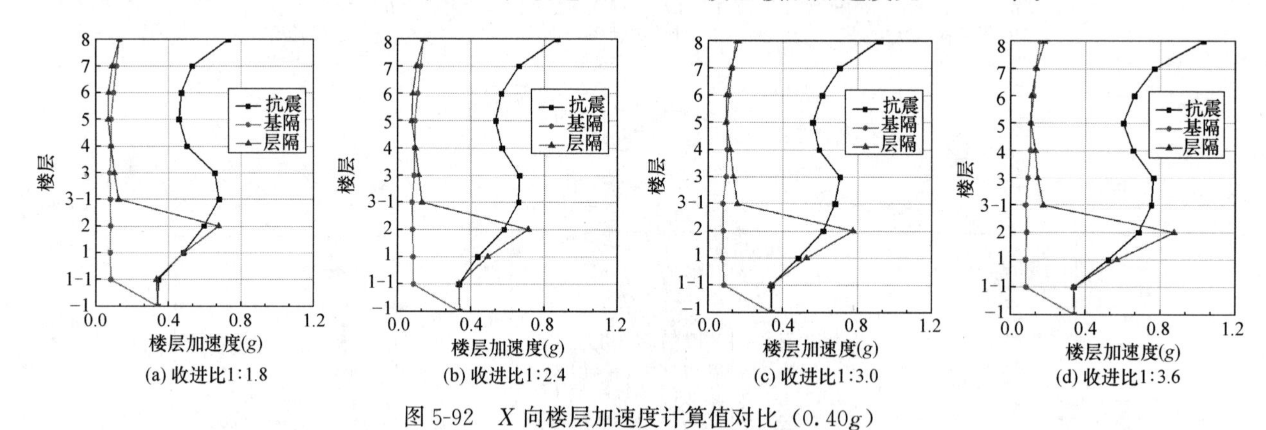

图 5-92　X 向楼层加速度计算值对比（0.40g）

基隔模型 X 向楼层加速度计算值与减振率（0.40g）　　**表 5-32**

楼层	收进比 1：1.8			收进比 1：3.0			收进比 1：3.6		
	抗震	基隔	减振率	抗震	基隔	减振率	抗震	基隔	减振率
8	0.730	0.127	82.59%	0.914	0.150	83.56%	1.029	0.157	84.74%
7	0.528	0.112	78.85%	0.703	0.130	81.51%	0.768	0.134	82.55%
6	0.470	0.097	79.45%	0.609	0.114	81.25%	0.659	0.122	81.49%
5	0.458	0.083	81.84%	0.558	0.101	81.98%	0.602	0.107	82.23%
4	0.500	0.083	83.43%	0.592	0.103	82.63%	0.654	0.105	83.94%
3	0.654	0.075	88.46%	0.704	0.098	86.04%	0.762	0.092	87.93%

续表

楼层	收进比 1∶1.8			收进比 1∶3.0			收进比 1∶3.6		
	抗震	基隔	减振率	抗震	基隔	减振率	抗震	基隔	减振率
3-1	0.678	0.079	88.32%	0.677	0.080	88.19%	0.752	0.080	89.36%
2	0.594	0.080	86.53%	0.615	0.083	86.49%	0.683	0.086	87.41%
1	0.480	0.078	83.69%	0.481	0.078	83.80%	0.522	0.080	84.67%
1-1	0.344	0.081	76.52%	0.340	0.087	74.41%	0.339	0.083	75.52%
-1	0.340	0.340	—	0.340	0.340	—	0.340	0.340	—

层隔模型 *X* 向楼层加速度计算值与减振率（0.40*g*）　　表 5-33

楼层	收进比 1∶1.8			收进比 1∶3.0			收进比 1∶3.6		
	抗震	层隔	减振率	抗震	层隔	减振率	抗震	层隔	减振率
8	0.730	0.129	82.33%	0.914	0.164	82.06%	1.029	0.181	82.41%
7	0.528	0.090	82.95%	0.703	0.126	82.08%	0.768	0.137	82.16%
6	0.470	0.070	85.11%	0.609	0.101	83.41%	0.659	0.112	83.00%
5	0.458	0.067	85.37%	0.558	0.097	82.62%	0.602	0.108	82.06%
4	0.500	0.083	83.40%	0.592	0.121	79.56%	0.654	0.132	79.82%
3	0.654	0.101	84.56%	0.704	0.137	80.54%	0.762	0.145	80.97%
3-1	0.678	0.124	81.71%	0.677	0.159	76.53%	0.752	0.174	76.86%
2	0.594	0.676	−13.80%	0.615	0.774	−25.95%	0.683	0.874	−27.96%
1	0.480	0.483	−0.63%	0.481	0.525	−9.07%	0.522	0.568	−8.81%
1-1	0.344	0.333	—	0.340	0.335	—	0.339	0.337	—
-1	0.340	0.340	—	0.340	0.340	—	0.340	0.340	—

（1）从图 5-92 可知，基隔模型加速度减振效果随收进比递增变化不明显，隔震层以上各层加速度连线均可近似为一条直线。层隔模型塔楼底部（第 3、4 层）加速度响应略大于基隔模型，底盘加速度响应随收进比递增略有增大。

（2）从表 5-32 和表 5-33 可知，不同收进比例基隔模型楼层加速度减振率均在 78%以上，收进比的改变对加速度减振率影响不大，模型减振效果显著。不同收进比例层隔模型塔楼加速度减振率均在 76%以上，减振效果显著；底盘加速度略大于抗震模型，且第 2 层加速度响应随收进比递增略有增大。因此，层隔模型收进比大时应加强底盘竖向受力构件的抗震性能。

3. 位移响应对比分析

在 ETABS 中分别对 4 种不同收进比的抗震、基隔和层隔结构模型进行动力响应时程分析，4 条波（0.20*g*、0.40*g* 和 0.60*g*）作用下，不同收进比例结构 *Y* 向楼层位移计算均值对比如图 5-93～图 5-95 所示，数据采集位置为各层楼面。需要说明的是，图、表中“3-1”为塔楼底板，即“层隔隔震层”；“1-1”为下部底盘底板，即“基隔隔震层”；“-1”表示“台面”。

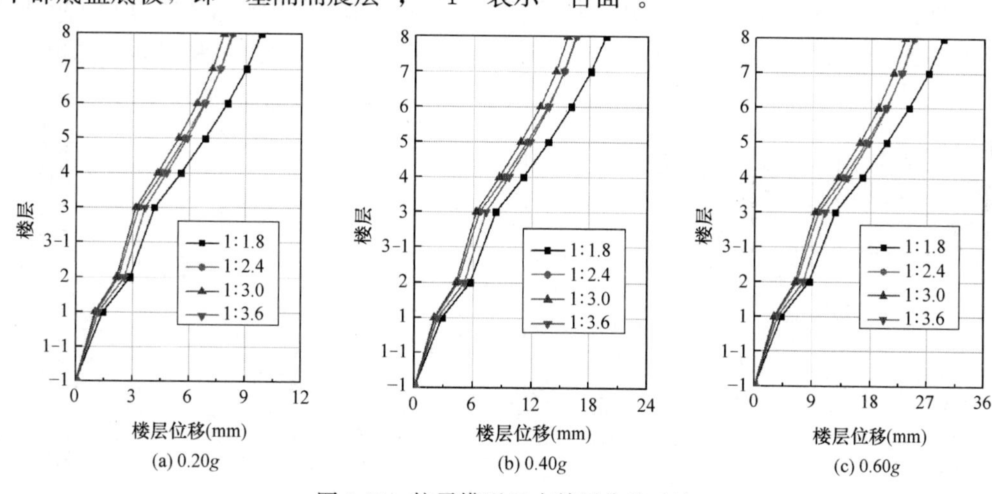

图 5-93　抗震模型 *Y* 向楼层位移对比

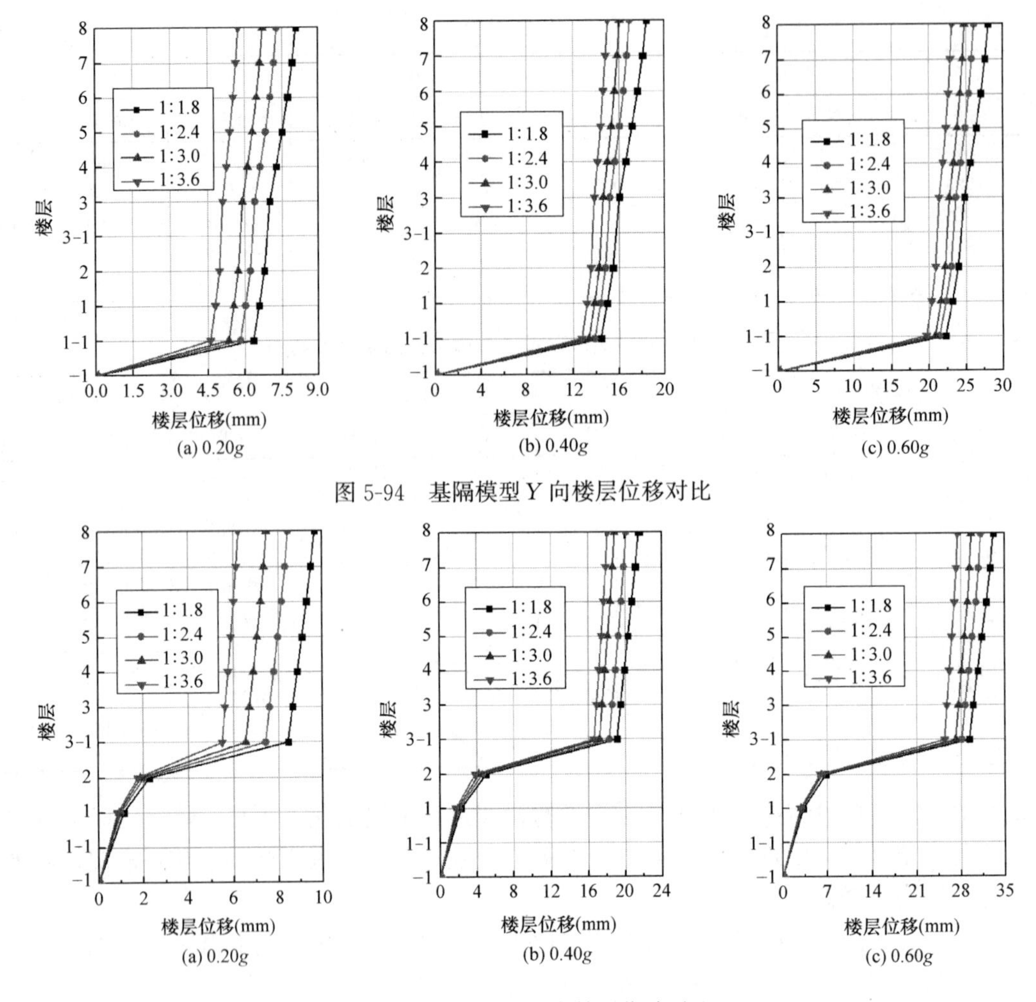

图 5-94　基隔模型 Y 向楼层位移对比

图 5-95　层隔模型 Y 向楼层位移对比

从图 5-93～图 5-95 可以看出：

(1) 抗震模型楼层位移随着收进比的递增略微减小。基隔模型楼层位移随收进比递增变化不明显，总体上不同收进比例基隔模型均表现为平动。

(2) 层隔模型底盘位移随收进比递增略微减小；塔楼位移随收进比递增变化不明显，表现为整体平动。

为了更详细表达出不同收进比例结构模型层间位移的响应情况，将加速度峰值 0.40g 时，不同收进比例模型 Y 向楼层位移计算均值画于图 5-96，并按式 (5-17) 定义计算出基隔和层隔模型 Y 向层间

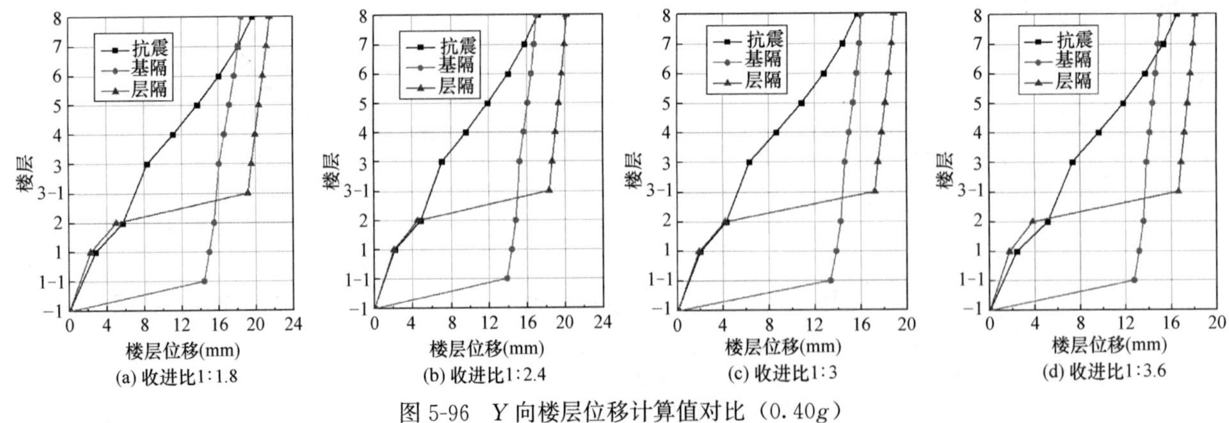

图 5-96　Y 向楼层位移计算值对比 (0.40g)

位移减振率，列于表5-34和表5-35；收进比1∶2.4模型层间位移见5.3.3节。

基隔模型Y向层间位移计算均值与减振率（0.40g） 表5-34

楼层	收进比1∶1.8			收进比1∶3.0			收进比1∶3.6		
	层间位移(mm)			层间位移(mm)			层间位移(mm)		
	抗震	基隔	减振率	抗震	基隔	减振率	抗震	基隔	减振率
8	1.545	0.337	78.18%	1.235	0.192	84.45%	1.212	0.177	85.40%
7	2.039	0.431	78.86%	1.623	0.241	85.15%	1.587	0.206	87.02%
6	2.371	0.513	78.37%	1.968	0.294	85.06%	1.918	0.237	87.65%
5	2.575	0.561	78.21%	2.208	0.347	84.29%	2.186	0.266	87.83%
4	2.797	0.563	79.87%	2.334	0.374	83.98%	2.299	0.280	87.82%
3	2.611	0.566	78.32%	2.029	0.366	81.96%	2.192	0.286	86.95%
2	2.896	0.519	82.08%	2.249	0.404	82.03%	2.727	0.375	86.25%
1	2.812	0.559	80.12%	2.032	0.501	75.35%	2.394	0.437	81.75%
1-1	—	14.392	—	—	13.347	—	—	12.744	—

层间模型Y向层间位移计算均值与减振率（0.40g） 表5-35

楼层	收进比1∶1.8			收进比1∶3.0			收进比1∶3.6		
	层间位移(mm)			层间位移(mm)			层间位移(mm)		
	抗震	层隔	减振率	抗震	层隔	减振率	抗震	层隔	减振率
8	1.545	0.346	77.60%	1.397	0.242	82.71%	1.235	0.212	82.83%
7	2.039	0.393	80.72%	1.712	0.284	83.42%	1.623	0.257	84.16%
6	2.371	0.416	82.46%	2.096	0.318	84.81%	1.968	0.294	85.06%
5	2.575	0.404	84.31%	2.324	0.335	85.57%	2.208	0.307	86.10%
4	2.797	0.421	84.95%	2.540	0.356	85.99%	2.334	0.316	86.46%
3	2.611	0.389	85.10%	2.180	0.331	84.80%	2.029	0.285	85.95%
3-1	—	14.147	—	—	13.725	—	—	13.024	—
2	2.896	2.704	6.62%	2.707	2.483	8.27%	2.249	2.289	−1.80%
1	2.812	2.269	19.31%	2.157	2.066	4.21%	2.032	1.902	6.41%

（1）从图5-96可知，不同收进比例基隔和层隔模型塔楼位移连线均可近似为一条直线，塔楼整体平动；层隔模型底盘位移较抗震模型有所减小。

（2）从表5-34和表5-35可知，基隔模型层间位移减振率随收进比递增略微增大，减振率均在78%以上，减振效果显著。层隔模型塔楼位移减振率随收进比递增变化不明显，减振率均在77%以上，减振效果显著；底盘位移减振率均小于20%，减振效果差。

4. 楼层扭转角对比分析

在ETABS中分别对4种不同收进比例的抗震、基隔和层隔结构模型进行动力响应时程分析，4条波加速度峰值依次设置为0.20g、0.40g和0.60g。抗震结构考虑相对于地面的扭转，将每层两对角角柱X、Y向楼层位移时程函数导出，求出每层X、Y向各时刻楼层扭转角，复核两个方向所求扭转角相等后，取其最大绝对值为该层的楼层扭转角。上部结构考虑相对于隔震层的扭转，即将每层两对角角柱楼层位移时程函数减去隔震层对应位移时程，求出楼层扭转角；层隔结构模型底盘楼层扭转角参照抗震结构求解。

不同收进比例结构模型楼层扭转角计算均值对比如图5-97～图5-99所示，数据采集位置为各层楼板处。需要说明的是，图中“3-1”为塔楼底板，即“层隔隔震层”；“1-1”为下部底盘底板，即“基隔隔震层”；“-1”表示“台面”。

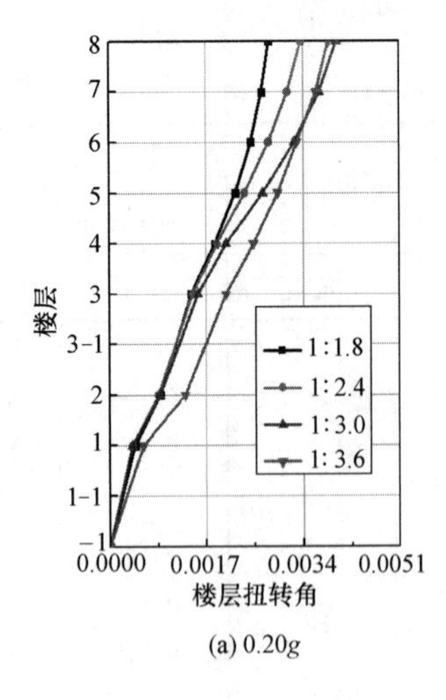

(a) 0.20g

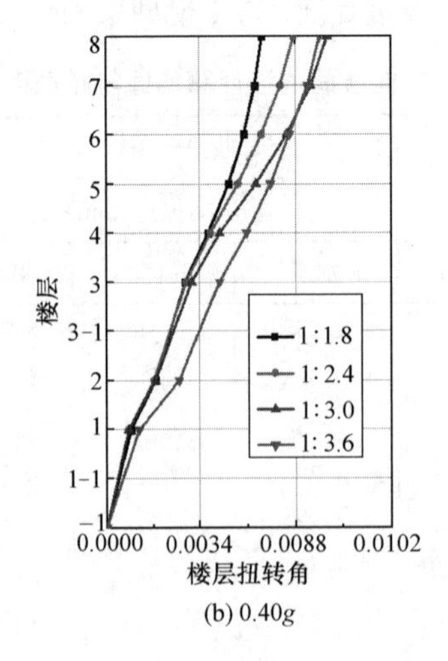

(b) 0.40g

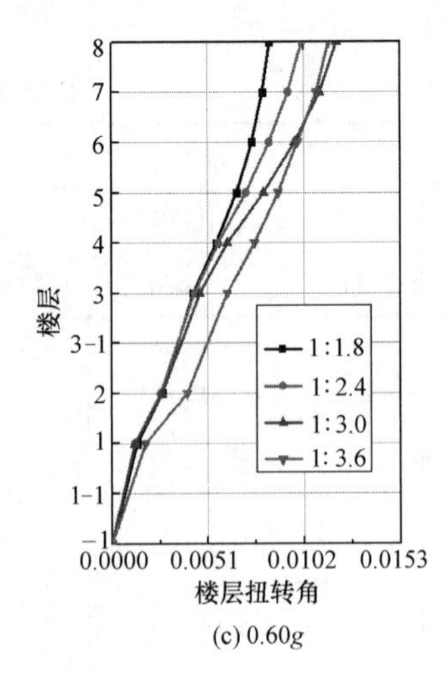

(c) 0.60g

图 5-97　抗震模型楼层扭转角对比

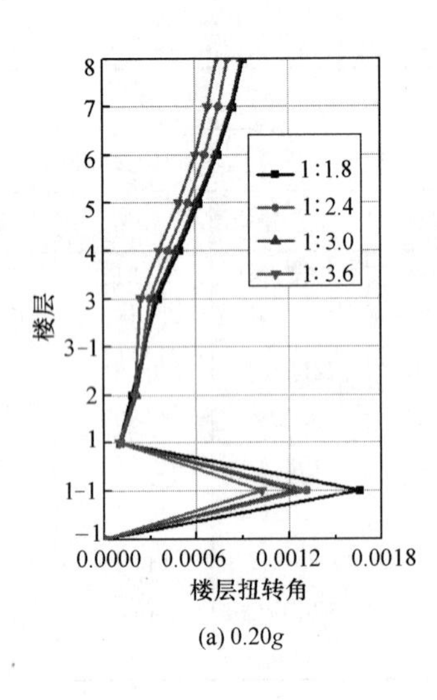

(a) 0.20g

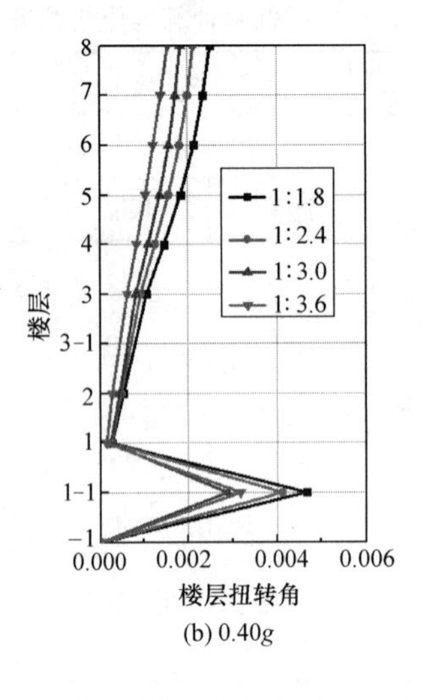

(b) 0.40g

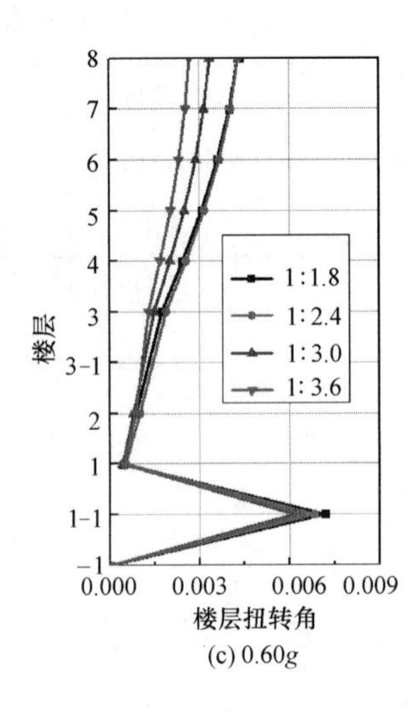

(c) 0.60g

图 5-98　基隔模型楼层扭转角对比

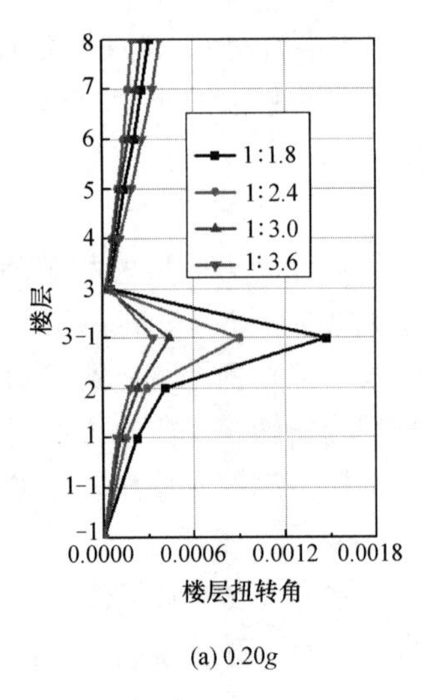

(a) 0.20g

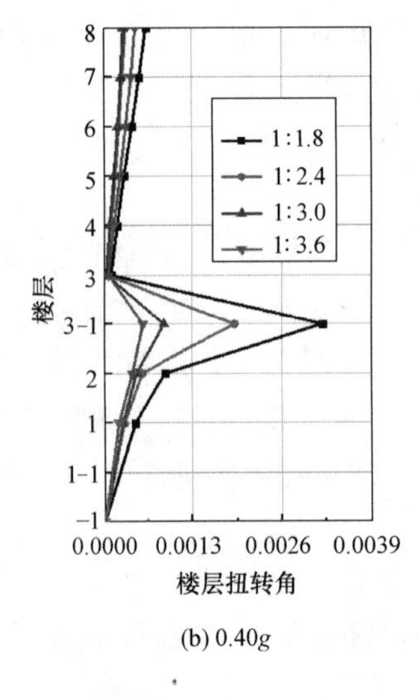

(b) 0.40g

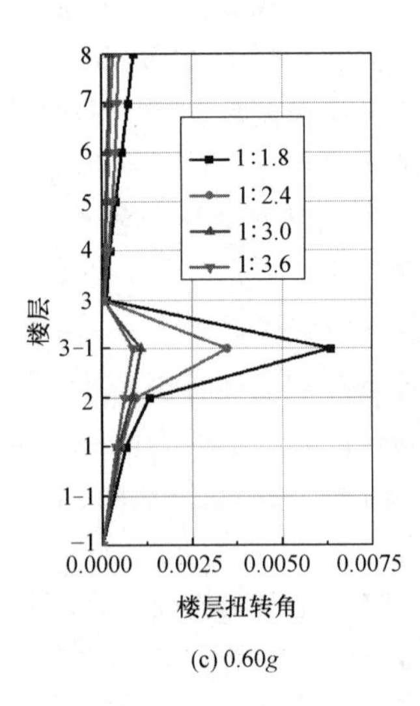

(c) 0.60g

图 5-99　层隔模型楼层扭转角对比

从图 5-97～图 5-99 可以看出：

（1）抗震结构模型楼层扭转角随收进比递增而增大，表明抗震结构竖向收进越多，结构越容易扭转。结构竖向抗侧刚度不变的条件下，楼层扭转角由质量和偏心距两者共同决定，缩进比改变后同时改变了上部结构的质量和偏心距。收进比为 1∶3.0 时，偏心距对抗震结构扭转的影响大，导致塔楼上部扭转放大。

（2）基隔模型楼层扭转角随收进比递增略微减小，主要是质量对基隔模型结构扭转的影响大。不同缩进比例基隔模型上部结构楼层扭转角变化规律一致，均随楼层增加逐渐增大，说明采用基隔后结构仍会产生轻微扭转。

（3）层隔模型底盘扭转角随收进比递增略微减小，隔震层抗扭刚度小，层间扭转角大，层隔塔楼扭转角随收进比递增变化不明显，均随楼层增加基本不变，塔楼扭转得到有效抑制，表明塔楼和底盘扭转耦联效应均不明显，建议采用层隔技术来抑制大底盘单塔楼结构的扭转效应。

为了更详细表达出不同收进比例结构模型楼层扭转角的响应情况，将加速度峰值 0.40g 时，不同收进比例模型楼层扭转角绘于图 5-100。

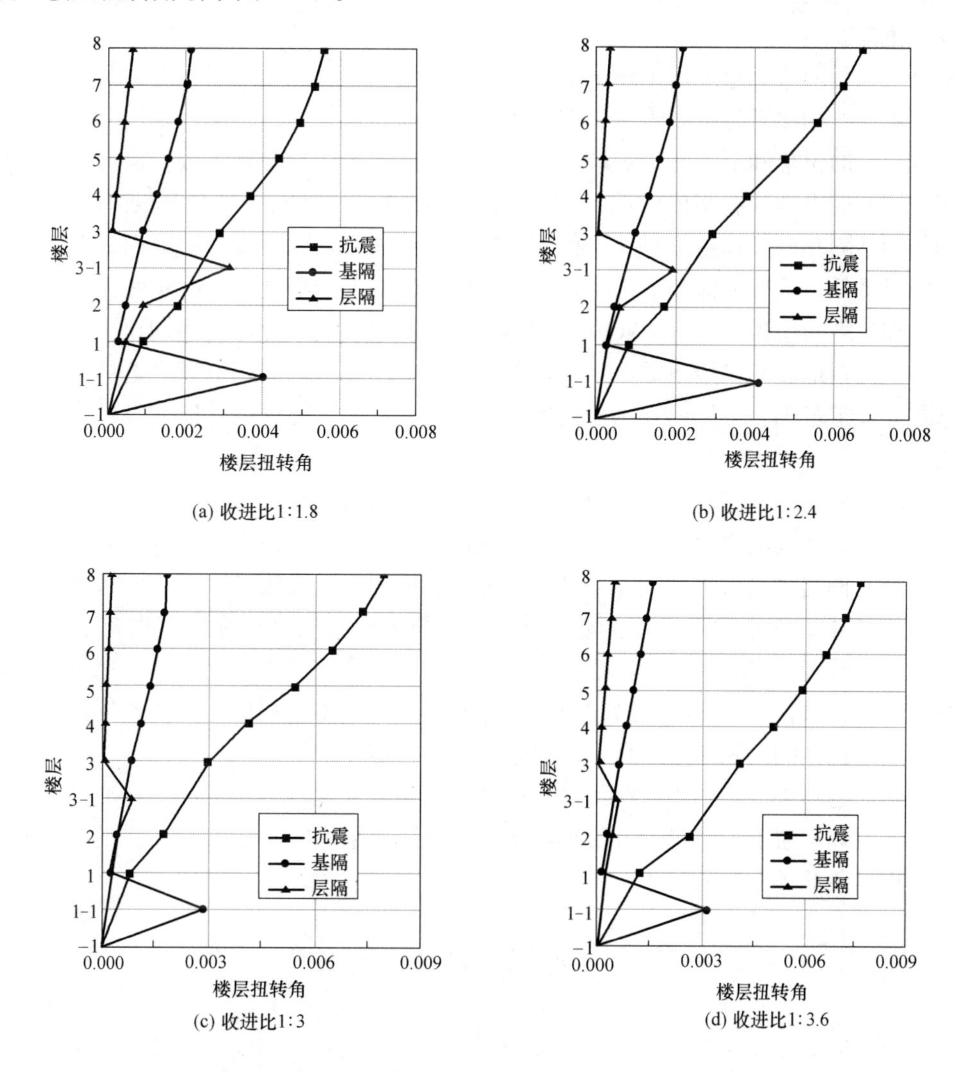

图 5-100　不同收进比例结构楼层扭转角对比（0.40g）

从图 5-100 可知，基隔模型楼层扭转角减振效果随收进比递增略微增大，收进比为 1∶3.6 时，隔震层以上各楼层扭转角随楼层增加增大幅度最小。层隔模型楼层随收进比递增变化不明显，均随楼层增加基本不变，塔楼扭转得到有效抑制；底盘扭转角随收进比递增略微减小，但均小于抗震结构。不同收进比例基隔和层隔底盘扭转角基本相等，基隔塔楼扭转角均大于层隔，因此，建议实际工程中大底盘单塔楼结构采用层隔技术以抑制结构的扭转。

5.7 本章总结

（1）从反应谱的角度分析，长周期地震动的傅里叶幅值谱和能量幅值谱主要集中在低频段内，且加速度、速度和位移的反应谱峰值均大于普通周期地震动；近场脉冲长周期地震动以速度脉冲为主，其加速度、速度、位移反应谱值均远大于近场非脉冲长周期和远场长周期地震动，由此说明，近场脉冲长周期地震动的脉冲和长周期特性，对中长周期结构破坏将更为显著。

（2）从数值模拟的结果对比可得，纯基础隔震模型相比于抗震结构模型，都有一定的减振效果，但不同地震动作用下的差别较大；长周期地震动作用下塔楼与底盘的加速度、层间位移、层间剪力的减振率要明显低于普通周期地震动；进一步对比，在长周期地震动中，远场地震动作用下的地震响应减振率要低于近场非脉冲地震动；而近场脉冲地震动作用的结构减振效果最差，在 0.40g 峰值时隔震层位移已超出常规设计范围。

（3）从复合减隔震形式（阻尼器＋隔震支座）与纯基础隔震（无阻尼器）的数值模拟理论值与振动台试验值对比可看出，相比于纯基础隔震，在近场脉冲长周期地震动作用下，采用阻尼复合减隔震体系可以明显降低隔震层的位移和层间剪力响应，隔震层的加速度响应会略微增大；但与抗震结构相比，其加速度、位移、层间剪力的减振率依然达到 50％以上，有良好的减隔震效果。较好地解决了近场脉冲长周期地震动作用下隔震层位移超限引起结构破坏等问题。同时，阻尼复合减隔震体系使大底盘的加速度和层间剪力明显降低，较好地保护下部底盘的安全性，但对上部塔楼的影响不明显。

（4）在 3 个加速度峰值强度下（0.20g、0.40g 和 0.60g），近场脉冲长周期地震动作用下隔震层的位移均超过了普通周期地震动作用下的 1.5 倍，即位移响应已超出当前规范针对近场地震效应提出的有关近场影响系数的规定范围。单纯地利用普通地震动时程分析进行隔震设计的方案将不适用于近场脉冲地震动的作用。

（5）纯基础隔震模型、抗震模型和复合减隔震模型的振动台试验结果与数值模拟理论值之间存在误差较小，两者反映出的地震响应规律及特点一致，验证了数值模拟分析结果的准确性。

（6）不同收进比例的大底盘单塔楼隔震结构数值分析表明，基隔模型以及层隔塔楼加速度和楼层位移减振率均在 76％以上，减振效果显著。基隔模型楼层扭转角随收进比递增略微减小，且均随楼层增加逐渐增大，结构扭转轻微。层隔模型底盘加速度和楼层位移响应随收进比递增变化不明显，扭转角随收进比增大略微减小，塔楼扭转角随收进比递增变化不明显，也不随楼层增加而改变，其扭转得到有效抑制，表明不同收进比例的层隔模型塔楼和底盘扭转耦联效应不明显。

（7）结合上述研究结果分析：当前隔震结构的设计方法，不能合理考虑近场脉冲长周期对隔震结构的不利影响，易导致隔震层变形超过设计变形限值，造成隔震层失效。建议在工程设计中考虑复合减隔震体系的应用，以避免此类问题的发生。

参 考 文 献

[1] 李岩峰，王广余. 2001—2010 年全球有人员死亡的灾害性地震综述 [J]. 国际地震动态，2011，(11)：16-20.

[2] 李新乐. 近断层区桥梁结构的设计地震与抗震性能研究 [D]. 北京：北京交通大学，2005.

[3] 谢礼立. 近场问题的研究现状与发展方向 [J]. 地震学报，2007，29 (1)：102-11l.

[4] 谭平，周云，周福霖，等. 大底盘多塔楼结构的混合隔震控制 [J]. 世界地震工程，2007，23 (2)：12-19.

[5] Saiful Isalam B M，Mohammed J，Syed Ishtiaq A，et al. Study on corollary of seismic base isolation system on buildings with soft storey [J]. International Journal of the Physical Sciences，2011，6 (11)：2654-2661.

[6] 徐传亮. 刚度理论在工程结构设计中的应用 [D]. 上海：同济大学，2006.

[7] 苏经宇，曾德民，田杰. 隔震建筑概论 [M]. 北京：冶金工业出版社，2012.

[8] 董平，林宝新. 超长超宽多塔结构的抗震分析与裂缝控制 [J]. 合肥工业大学学报（自然科学版），2001，24 (1)：106-111.

[9] 徐永基，吕旭东，廖文群，等. 超长大底盘不对称双塔高层建筑结构设计 [J]. 建筑结构，2005，35 (8)：8-11.

[10] 赵兵. 关于如何考虑大底盘结构刚度的探讨 [J]. 建筑结构，2006，36 (B01)：13-14.

[11] 杨必峰. 多塔楼结构的大底盘抗震设计 [J]. 建筑结构，2010，40 (A1)：116-119.

[12] 何富华，罗志国. 大底盘单塔偏置建筑的结构设计 [J]. 建筑结构，2013，43 (11)：55-59.

[13] 唐宗鹏，王黎. 大底盘多塔结构 Pushover 分析的探讨与实践 [J]. 山西建筑，2013，39 (9)：43-45.

[14] 赵楠，马凯，李婷，等. 大底盘多塔高层隔震结构的地震响应 [J]. 土木工程学报，2010，43 (1)：254-258.

[15] 吴曼林，谭平，唐述桥，等. 大底盘多塔楼结构的隔震减振策略研究 [J]. 广州大学学报（自然科学版），2010，9 (2)：83-89.

[16] 李照德，梁佶，叶勇勇. 某多塔楼大底盘工程隔震层设计 [J]. 建筑结构，2011，41 (10)：42-46.

[17] 杜永峰，贾淑仙. 多维地震下大底盘多塔楼隔震结构平扭耦联响应分析 [J]. 工程抗震与加固改造，2012，34 (5)：62-67.

[18] 曾宾，马玉宏，黄襄云，等. 大底盘多裙房复杂超高层建筑基础隔震设计与研究 [J]. 四川建筑科学研究，2013，39 (5)：179-183.

[19] 干洪，罗辉. 考虑扭转效应的平面不规则大底盘单塔楼减振性能分析 [J]. 安徽建筑工业学院学报（自然科学版），2014，22 (2)：19-23.

[20] 赵桂峰，马玉宏，曾宾，等. 大底盘多裙房基础隔震高层建筑参数关系研究 [J]. 振动与冲击，2015，34 (2)：154-160.

[21] 邓烜，叶烈伟，郁银泉，等. 大底盘多塔隔震结构设计 [J]. 建筑结构，2015，24 (8)：13-18.

[22] 贾淑仙，谭万里. 大底盘多塔楼隔震结构动力特性及地震响应分析 [J]. 四川建筑科学研究，2015，41 (2)：192-194.

[23] 赵新卫，架锡富，彭凌云. 层间隔震技术在地铁车辆段大平台上部土地开发上的应用研究 [J]. 世界地震工程，2005，21 (2)：110-114.

[24] 李玉珍，祁皑. 大底盘单塔层间隔震结构分析 [C]. 防震减灾工程理论与实践新进展（纪念汶川地震一周年）——第四届全国防震减灾工程学术研讨会会议论文集，福州，2009.

[25] 王斌，王曙光，刘伟庆，等. 平面不规则复杂超限结构振动台试验研究 [J]. 振动与冲击，2014，33 (16)：135-141.

[26] 张宏，田春雨，肖从真，等. 超高层三塔连体结构模型振动台试验研究 [J]. 工程抗震与加固改造，2016，38 (2)：44-51.

[27] 李诚凯. 大底盘单塔楼隔震结构振动台试验研究 [D]. 福州：福州大学，2016.

[28] Chopra A K，Lopez O A. Evaluation of simulated ground motions for predicting elastic response of long period structures and inelastic response of structures [J]. Earthquake Engineering & Structural Dynamics，1979，7 (4)：383-402.

[29] 谢礼立，周雍年，胡成祥，等. 地震动反应谱的长周期特性 [J]. 地震工程与工程振动，1990，10 (1)：1-20.

[30] Thomas C. Observations and estimation of long period strong ground motion in the los angeles basin [J]. Earthquake Engineering & Structural Dynamics，1976，4 (5)：473-488.

[31] Trifunac M D. Pseudo relative velocity spectra of earthquake ground motion at high frequencies [J]. Earthquake Engineering Structural Dynamics，1995，24 (8)：1113-1130.

[32] Baez J I. Amplification factors to estimate inelastic displacement demands for the design of structures in near-fault field [C]. Proc 12th World Conference on Earthquake Engineering. Auckland，2000.

[33] Alavi B. Behavior of moment-resisting frame structures subjected to near-fault-fault ground motions [J]. Earthquake Engineering and Structural Dynamics，2004，33 (6)：687-706

[34] 廖述清，裴星洙，周晓松，等. 长周期地震动作用下结构的弹塑性地震反应分析 [J]. 建筑结构，2005，35 (5)：24-27.

[35] 徐龙军，胡进军，谢礼立. 特殊长周期地震动的参数特征研究 [J]. 地震工程与工程振动，2008，28 (6)：20-27.
[36] 耿淑伟，陶夏新，王国新. 对设计反应谱长周期段取值规定的探讨 [J]. 世界地震工程，2008，24 (2)：111-116.
[37] 杨伟林，朱升初，洪海春，等. 汶川地震远场地震动特征及其对长周期结构影响的分析 [J]. 防灾减灾工程学报，2009，29 (4)：473-478.
[38] 陈清军，袁伟泽，曹丽雅. 长周期地震波作用下高层建筑结构的弹塑性动力响应分析 [J]. 力学学报，2011，32 (3)：403-410.
[39] 周福霖，崔鸿超，安部重孝. 东日本大地震灾害考察报告 [J]. 建筑结构，2012，42 (4)：1-20.
[40] 李旭，何敏娟. 近断层地震动对高层建筑结构抗震性能的影响 [J]. 同济大学学报（自然科学版），2012，40 (1)：14-21.
[41] 李雪红，王文科，吴迪，等. 长周期地震动的特性分析及界定方法研究 [J]. 振动工程学报，2014，27 (5)：685-692.
[42] 周靖，方小丹，江毅. 远场长周期地震动反应谱拐点特征周期研究 [J]. 建筑结构学报，2015，36 (6)：1-12.
[43] 王亚楠，李慧，杜永峰，等. 近场脉冲型地震动作用下设计位移反应谱 [J]. 中南大学学报（自然科学版），2015，46 (4)：1511-1517.
[44] Wesolowsky M J，Wilson J C. Seismic isolation of cable stayed bridges for near-fault field ground motions [J]. Earthquake Engineering Structural Dynamics，2003，32 (13)：2107-2126.
[45] Minagawa K，Fujita S. Fundamental study on the super long period active isolation system [J]. Journal of Pressure Vessel Technology，2006，128 (4)：502-507.
[46] 党育，霍凯成. 近断层地震各因素对基础隔震结构的影响 [J]. 武汉理工大学学报，2009，31 (14)：72-77.
[47] Du Y F，Zhu X，Li H，et al. Collapse simulation of plane irregular isolation structures subjected to near-fault-fault seismic motion [C]. Applied Mechanics and Materials，2013，433：2290-2294.
[48] 李慧，王亚楠，杜永峰. 近场脉冲型地震动作用下 TMD-基础隔震混合控制结构的减振效果分析 [J]. 地震工程学报，2013，35 (2)：208-212.
[49] 火明譞，赵亚敏，陆鸣. 近断层地震作用隔震结构研究现状综述 [J]. 世界地震工程，2012，28 (3)：161-170.
[50] 叶鑫，李雪红，徐秀丽，等. 近场长周期地震动对减隔震连续梁桥的地震响应的影响研究 [J]. 公路工程，2014，39 (1)：135-139.
[51] 颜桂云，陈福全，付朝江. 近场脉冲型地震下层间隔震结构的隔震层限位减振分析 [J]. 应用基础与工程科学学报，2016，24 (01)：90-102.
[52] 颜桂云，项洪，张铮，等. 近场脉冲型强震下基础隔震结构的非线性反应与限位分析 [J]. 建筑结构，2016，46 (11)：96-101.
[53] 韩淼，张文会，朱爱东，等. 不同层隔震结构在近断层地震作用下动力响应分析 [J]. 振动与冲击，2016，35 (5)：120-124.
[54] 叶列平，千里，缪志伟. 结构抗震分析用地震动强度指标的研究 [J]. 地震工程与工程振动，2009，29 (4)：9-22.
[55] Malhotra P K. Response of buildings to near-fault-field pulse-like ground motions [J]. Earthquake Engineering and Structural Dynamics，1999，28 (11)：1309-1326.
[56] Liao W I，Loh C H，Wan S. Earthquake response of RC moment frames subjected to near-fault-fault ground motions [J]. The Structural Design of Tall Buildings，2001，10 (2)：219-229
[57] 杨迪雄，李刚，程耿东. 近断层脉冲型地震动作用下隔震结构地震反应分析 [J]. 地震工程与工程振动，2005，25 (2)：119-124.
[58] Housner G W. Measures of severity of earthquake ground shaking [C]. Proceedings of the U. S. National Conference on Earthquake Engineering，EERI，1975.
[59] Arias A. A Measure of Earthquake Intensity in Seismic Design for Nuclear Power Plants [M]. Cambridge：MIT Press，1970.
[60] Kramer S L. Geotechnical Earthquake Engineering [M]. New Jersey：Prentice Hall，1996.
[61] Mackis N，Chang S P. Effect of damping mechanisms on the response of seismically isolated structures [R]. PEER Report，Pacific Earthquake Engineering Research Center，College of Engineering，University of California，Berkeley，1998.

[62] 刘启方，袁一凡，金星，等. 近断层地震动的基本特征［J］. 地震工程与工程振动，2006，26（1）：1-10.

[63] Babak A，Helmut K. Consideration of near-fault fault ground motion effects in seismic design［C］，12WCEE，2000.

[64] 李新乐，朱晞. 近场地震速度脉冲效应及模拟模型的研究［J］. 中国安全科学学报，2003，13（12）：48-52.

[65] Bray J D，Rodriguez M. Characterization of forward-directivity ground motions in the near-fault-fault region［J］. Soil Dynam Earthquake Eng，2004，24：815-828.

[66] Mavroeidis G P，Papageorgiou A S. A mathematical representation of near-fault-fault ground motions［J］. Bul. l Seism. Soc. Am.，2003，93：1099-1131.

[67] 李爽，谢礼立. 近场问题的研究现状与发展方向［J］. 地震学报，2007，29（1）：102-111.

[68] 杨迪雄，赵岩. 近断层地震动破裂向前方向性与滑冲效应对隔震建筑结构抗震性能的影响［J］. 地震学报，2010，32（5）：579-587.

[69] 贺秋梅，李小军，杨宇. 近断层速度脉冲型地震动作用基础隔震建筑位移反应分析［J］. 应用基础与工程科学学报，2014，22（1）：1-12.

[70] Chopra A K，Chintanapakdee C. Comparative response of SDF system to near-fault-fault and far-field-fault earthquake motions in the context of speetralregions［J］. Earthquake Engineering and Structural Dynamics，2001，30：1769-1789.

[71] 北京金土木软件技术有限公司，中国建筑标准设计研究院. CSI分析参考指南［M］. 北京：中国建筑工业出版社，2009.

[72] 吴应雄. 钢筋混凝土底层柱顶隔震框架结构试验及设计方法研究［D］. 福州：福州大学，2012.

[73] 潘开名. 橡胶垫减振台原位测试及动力响应分析［D］. 沈阳：东北大学，2002.

[74] 陈云信. 铅芯橡胶支座的研究现状与展望［J］. 现代机械，2006，(6)：79-80.

[75] 吴彬，庄军生，臧晓秋. 铅芯橡胶支座等效线性分析模型参数的研究［J］. 中国安全科学学报，2004，13（8）：65-68.

[76] 中华人民共和国住房和城乡建设部. 建筑抗震设计规范：GB 50011—2010（2016年版）［S］. 北京：中国建筑工业出版社，2016.

[77] 凌向前. 附设黏滞阻尼器的消能减振结构的抗震分析与研究［D］. 成都：西南交通大学，2008.

[78] 燕斌. 铅芯橡胶支座与液体黏滞阻尼器耦合分析［J］. 工程抗震与加固改造，2013，34（6）：69-73.

桩-土-层间隔震塔楼结构动力响应研究

6.1 引言

地震是一种严重的自然灾害，给人类生命、财产安全带来巨大的损失。在土木工程领域，建筑结构抗震一直是广大学者和工程师研究的重要课题。传统建筑抗震方法是增大结构构件本身的刚度和强度，提升建筑物的抗震能力。这种设计方法带来的问题在于结构在遇到强震的情况下，建筑物也将受到更强的地震作用力，导致建筑物的主要结构构件产生破坏，无法保障人们的人身安全，同时建筑内的设备受损严重，震后建筑的修复难度大，其经济损失是无法估量的，为解决此类问题，广大学者和工程师对建筑隔震技术进行了大量研究。隔震技术的原理是延长结构的自振周期，有效地避开场地的特征周期，增大阻尼并通过隔震层的耗能作用降低结构的地震响应。隔震技术的应用是通过在建筑物中安装隔震装置形成隔震层，隔震层具有竖向刚度大，能产生水平变形且可以复位的特点，可以有效地阻隔地震波的能量向隔震层上部结构传递，使建筑具有更高的安全性。在实际工程中，隔震层位于上部结构与基础之间的基础隔震形式较早得到应用，其抗震措施简单明了，上部结构设计具备一定的灵活性。现代关于基础隔震的理论和试验研究相对都比较完善，极大地促进了基础隔震的发展，成为国内外现阶段应用最为广泛的隔震体系。

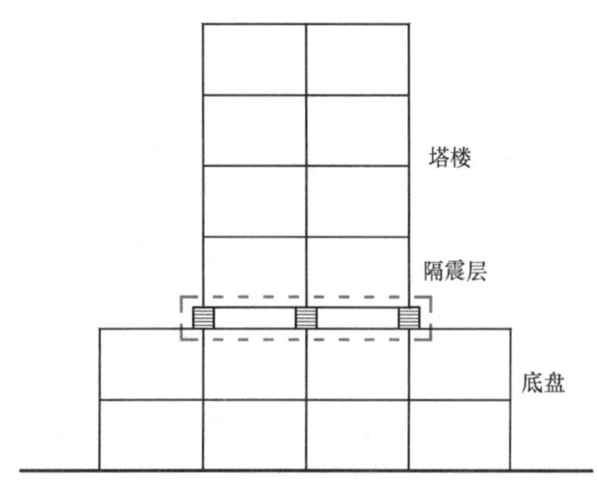

图 6-1　层间隔震结构形式

但对于如近海建筑、竖向不规则建筑以及需要加固改造的已有建筑等，已不再适合采用基础隔震方式，此时层间隔震技术则可有效地解决这一类问题，对基础隔震的应用范围进行了很好的补充，层间隔震结构形式如图 6-1 所示。

随着当下建筑物使用功能的复杂化，如图 6-2 所示的大底盘上塔楼结构形式广泛应用在城市的商品房开发和大型公共建筑中，此类建筑的下部裙房可以设置为大型商场或开放型大厅，上部的塔楼可以设置为酒店、办公等各类用途，满足建筑多功能性的使用要求。但由于这种建筑形态具有竖向不规则的特点，塔楼与底盘的连接处结构刚度产生突变，导致该部位应力集中而成为结构的薄弱位置，而层间隔震技术则能够有效地解决这一问题。通过将隔震层设置在塔楼下部，不仅施工简单方便，造价合理，还可以极大改善此类结构的受力性能，在工程应用中受到设计人员的认可。

目前国内外有关层间隔震结构的理论分析和抗震设计大多是基于刚性地基的假定来建立的，没有考

(a) 某综合楼

(b) 某办公楼

图 6-2 大底盘建筑

虑土-结构动力相互作用效应（简称 SSI 效应）。但实际上由于 SSI 效应影响的存在，上部结构和土的动力特性都将发生显著变化，从而导致在刚性地基假定下设计的结构与实际土层地基上的结构动力反应产生很大的差别。在结构受到动力荷载作用的过程中为了使计算结果更符合实际情况，需要将隔震结构、基础和地基土体看作相互作用的整体来进行研究。

在实际地震当中，地基条件也是影响地震反应的重要因素之一，著名的日本关东大地震，唐山大地震等震后调研资料均表明，建立在软土地基、复杂地基上的建筑受到的震害更严重，尤其是建立在软土地基上且自振周期较长的结构遭受的破坏更为显著。我国现行《建筑抗震设计规范》GB 50011—2010（2016 年版）（简称"抗规"）第 12.1.3 条规定：隔震结构建筑场地宜为Ⅰ、Ⅱ、Ⅲ类，并应选用稳定性较好的基础类型，而Ⅳ类场地上建造隔震建筑时应进行专门的研究和审查。由此可看出在考虑 SSI 效应时，需重点考虑地基条件对上部结构的影响。

基于上述背景，本文通过设计制作一个适合应用层间隔震技术的大底盘单塔楼结构缩尺模型，对其进行不同土性地基上的数值计算及振动台试验研究，探究不同土性地基条件下，考虑 SSI 效应后对层间隔震结构动力特性的影响规律。为应用层间隔震技术到此类竖向不规则建筑中的设计方法提供一定的参考，有助于提高此类复杂体型隔震结构的防灾减灾能力。

6.1.1 大底盘隔震结构研究现状

大底盘单塔楼结构，其建筑底部为大底盘裙房结构，上部是多层甚至高层住宅建筑，在国内城市的大型公共建筑当中得到了广泛的应用。建筑抗震设计理论的日趋完善，使人们对此类结构形式的抗震性能研究较为深入，在实际的工程应用中也相当成熟。因其属于竖向不规则建筑，结构响应特点明显不同于普通建筑，采用层间隔震技术具有良好的适用性，随着层间隔震理论研究的不断发展，众多学者对大底盘隔震结构开展大量研究。

在理论研究和数值模拟方面，李玉珍、祁皑采用隔震结构多质点的动力分析模型，并建立了相应的振动方程，计算分析了地震作用下大底盘单塔楼层间隔震结构的响应规律，认为在此类建筑上采用层间隔震技术显著降低了塔楼的地震反应，并能够保证刚度突变层的安全。吴曼琳、谭平对大底盘多塔楼层间隔震结构的实际工程进行了仿真计算，研究结果表明，结构减振效果受隔震层的参数设置的影响显著，合理的隔震层设计可以使底盘和塔楼均有较好的减振效果。杜永峰等运用串联刚片系模型，研究了大底盘多塔楼结构在 3 种不同的隔震方式下的动力响应特性，结果表明，采用隔震技术可以显著降低结构的扭转反应，相比于基础隔震，层间隔震技术更适用于大底盘单塔楼结构。赵楠等通过对大底盘多塔楼结构进行动力时程分析，对比了水平向地震作用下隔震结构和非隔震结构的动力响应，指出隔震结构的层间剪力相对于抗震结构有了明显的减小，且结构位移主要集中在隔震层，塔楼呈整体平动趋势。申春梅、王蓉蓉等通过 SAP2000 对大底盘单塔楼结构建立了相应的层间隔震结构有限元分析模型，指出相比于抗震结构而言，层间隔震结构具有非常明显的减振效果，结构扭转效应小，并且有很好的经济适应性。贾淑仙等通过双向地震波输入，分析了大底盘基础隔震和层间隔震两种形式的响应规律，认为隔震结构能够明显降低结构的地震反应，对于大底盘上塔楼结构而言，采用层间隔震方式可以更好地抑制楼层的扭转效应。

在试验研究方面，赵新卫通过振动台试验与有限元分析进行对比，分析了采用隔震技术后地铁段建筑的动力响应，认为通过层间隔震技术可以将塔楼的水平地震作用降低一度来进行设计。李诚凯等对大底盘单塔楼结构模型设立基础隔震和层间隔震两种结构形式，进行数值分析和振动台试验。其指出，底盘的减振效果在两种不同的隔震形式下存在较大差异，对于工程实际应用而言，大底盘单塔楼结构宜采用层间隔震形式。颜桂云等对大底盘单塔楼隔震结构进行数值模拟和单向的振动台试验，重点分析了远场类谐和地震动对其的影响。指出隔震结构在远场类谐和地震动的作用下，隔震支座的最大位移为普通地震动的 3～4 倍，易发生隔震层位移超限破坏，而塔楼的水平向缩进尺寸比例对结构的振动特性无明显的影响。夏侯唐斌、林森开展了长周期地震动作用下大底盘基础隔震结构振动台试验研究，分析指出隔震结构在普通地震波作用下减振性能良好，但在长周期地震动作用下，基础隔震结构的减振率明显下降，结构扭转响应增大。

6.1.2 土-结构动力相互作用概念

1. 土-结构动力相互作用简介

在地震作用下，地震波通过场地土的传播后输入上部结构，使结构产生动力响应；这时，上部结构产生的惯性力又反作用于土体，引起场地土和其中的基础发生变形，这种现象就称为土-结构的动力相互作用效应（SSI 效应）。目前，结构抗震设计往往建立在刚性地基假定之上，忽略了 SSI 效应的影响，而实际情况中，土体是一种非绝对刚性的材料，且具有显著的非线性变形特点，土体与结构在共同作用下产生的振动能量相互传递，都会导致在基于刚性基础假定上得出的计算结果与实际情况产生一定的偏差。为了能更准确地分析出地震中结构的实际动力特性，必须将地基土体、基础和上部结构考虑成具有能量交换的整体而不是将其分开来单独讨论，因而关于土-结构相互作用的研究广受国内外学者关注。

2. 土-结构动力相互作用效应

在考虑 SSI 效应的建筑结构的动力响应分析中，由于地震波从基岩再经过土体介质最终才传入上部结构，故地基土体对上部结构的地震响应，会从地震动特性、结构的动力特性和动力响应规律 3 个方面产生影响。

（1）地震动特性

大量研究表明，地基土介质会对其传播的地震波特性产生重要的影响，即土表处的地震波相对于基岩处会发生变化，进而导致不同场地上的建筑的震害有很大差异。一方面，土表采集的地震波的加速度峰值会不同于基岩处的峰值，另一方面，地震波的频谱在传播中也会发生改变。Idriss 研究分析了软弱土的地震响应，指出当输入地震波峰值较小的情况下软弱土对地震波峰值会有所放大。冯希杰等通过统计强震下土表的观测结果，重点研究了土层对地震波加速度峰值的放大作用，指出地震波在土表的放大效应与场地条件有关，各类地基对地震波的加速度峰值放大倍数分布在 1.0～2.0 之间。薄景山等通过一系列的试验研究较全面地分析了地基土体对地震波的影响，研究结果表明：均匀质软土对地震波的放大效应在土层厚度大于 6m 时不明显，而软夹层对地震波的影响机理相对均匀土层更为复杂。黄雨通过对上海地区的软弱土土表地震动反应分析，指出软土地基不仅放大了地震波的加速度峰值，而且削弱了地震波中的高频成分，放大了低频成分，使反应谱趋于向长周期方向移动。

（2）结构动力特性

考虑 SSI 效应后，一方面由于地基土的可变形性，会使整个体系变得更柔，另一方面由于地基的空

间无限性，在地基土和上部结构共同振动的过程中能量会不断向无限域散射，也将对体系的动力特性产生影响。基于目前的研究通常认为考虑 SSI 效应后的结构基频低于基底固定时的结构基频，上部结构向外传播的波能辐射会增大最终动力体系的阻尼：严士超等采用土-结构相互作用体系的阻尼比公式来分析结构的阻尼特性，指出由于地基土的存在，使考虑 SSI 效应后整个体系的阻尼要大于刚性地基条件下结构的阻尼。F. Q. Cal 等研究分析了考虑 SSI 效应的结构振型曲线，结果表明相对于刚性地基而言，考虑 SSI 效应的结构振型形状没有发生很大改变，但振型曲线的拐点位置下降，线条的最下部产生了转角，且地基土的性质对结构振型有明显的影响。田利研究了不同场地上结构在考虑 SSI 效应后的动响应，并与刚性地基上结构进行对比，指出考虑 SSI 效应后上部结构在 4 种场地的自振周期较刚性地基均有所延长，基底越软，结构的自振周期增加越明显。

（3）结构响应规律

在土-结构动力相互作用问题中，由于土体、基础、结构三者刚度的差异，导致地震作用下各自产生变形会受到整个体系的协调和制约；同时土的柔性会使结构基底产生一定的摇摆，都会对结构的动力响应分析造成一定程度的影响。陈波研究了均匀土-结构动力相互作用中的桩基响应情况，研究结果指出在地震作用下桩基和土体发生了分离又闭合的滑移情况，角桩与土体的滑移现象更为明显，桩身的变形情况为桩顶应变大，桩尖应变小，呈倒三角分布。陈国兴对 10 层的框架结构进行了考虑 SSI 效应的振动台试验，并与刚性地基试验进行对比。分析结果认为 SSI 效应对上部结构有双重作用，既可能增大也可能减小上部结构的动力响应，在小震时表现为放大作用，在大震时表现为减振作用，与输入地震波的加速度峰值有关。李培振通过对分层土上的框架结构进行试验，研究了结构和基础的动力响应。试验规律表明，小震情况下砂土层对地震波有放大作用，而黏质粉土层产生减振作用，上部结构的加速度响应放大系数与地震波峰值相关，当输入峰值增大时结构的放大系数会有所降低。康帅以加速度、层间位移为指标探究了考虑 SSI 效应后框架结构的动力响应，并对比了刚性地基的结果，分析结果指出，地震作用下考虑 SSI 效应后的上部结构各类响应均明显大于刚性地基的结果，加速度峰值最大提升为 5 倍，位移峰值为 3 倍，应变峰值为 7 倍。

6.1.3　土-结构动力相互作用研究方法

1. 理论及数值研究

在基本理论方面，1936 年 Reissner 使用 Lamb 解进行积分，并分析了竖向荷载作用下一刚性基础板的振动机理，标志着土-结构的动力相互作用理论正式成为研究课题。Parmelee 等研究出了一种土-结构动力相互作用的计算模型，首次将地震作用下的上部结构和地基土体考虑为相互作用的整体，建立了相应的运动方程计算结构的动力响应，进一步探究其基本规律。Wass 等提出了一种反应地基沿水平向无限延伸的传递边界理论，并提出“薄层法”来进行地基反应分析。

随着数值计算理论的进一步发展和计算机技术的进步，土-结构的动力相互作用的研究得到了深化发展。Dominguez 采用 FEM-BEM 法分析柔性基础的相互作用问题，并计算出地基的动力反应。Karabalis 和 Beskos 则进一步将 FEM-BEM 方法运用到了埋置基础的相关问题分析当中，利用该方法求得了埋置地基模型的时域和频域解。赵彤、于晓黎等采用半解析半数值法，将地基土考虑成半无限空间内的土介质，上部结构看作三维连续体，从而将土-结构相互作用的整体三维有限元问题等效为一维数值问题。阎俊义、金峰和 Lehmann 等在土-结构动力相互作用问题中，将有限元与边界元耦合来分析。熊辉、邹银生等考虑了土体边界条件和桩基土体的接触滑移等行为，建立数值模型对水平地震作用下考虑 SSI 效应的框架结构进行了全面研究，其研究结果表明，考虑桩-土非线性动力相互作用后，体系的加速度峰值响应和层间位移响应明显降低，土体与桩基的接触和分离作用对桩-土相互作用体系具有显著的影响。刘晶波、王振宇等采用弹性波动理论，提出了黏弹性人工边界的数值计算方法并进行了算例计算，结果表明，所采用的三维黏弹性人工边界能够较好地解决边界处波的散射问题。高爽采用 ANSYS 软件，建立了土-桩-上部结构动力相互作用的分析模型，研究了高层结构在不同频谱特性地震波激励下的动力响应特性，其研究指出，不同特性的场地土对上部结构响应的影响程度不同，上部结构的整体变形和层间位移随着土体弹性模量的增大而显著减小。

2. 室内动力试验研究

振动台模型试验常用于分析地震作用下建筑物的动力特性，通过试验，不仅可以最真实地对结构的抗震性能进行检验，还能对比数值计算结果来验证数值分析的准确性，随着振动台模型试验的广泛应用，广大学者们对考虑SSI效应的结构模型振动台试验亦展开了一系列研究，对理论和数值分析方法加以完善。日本的Kubo是第一位对桩-土-上部结构相互作用体系开展振动台试验的学者，其试验中的软土地基是采用砂土和油的混合物来模拟，然后输入不同频率的正弦波来进行试验。随后，Mizuno等在试验过程中考虑了土体受到模型箱的挤压而产生的边界效应，并在其装土的刚性容器的侧壁设置泡沫塑料来降低试验中模型箱边界效应的影响。Philip Meymand采用橡胶薄膜制成的圆筒形容器来装土后，进行了桩-土-上部结构动力相互作用的振动台试验，并指出该容器能较好地模拟土的无限边界，很大程度上消减了试验中边界效应的影响。

在国内，吕西林等率先尝试进行土体-结构动力相互作用体系的振动台试验，重点研究了在不同土性的地基上土体-结构动力相互作用效果及规律。陈国兴等通过振动台试验，分别对比了刚性地基和柔性地基条件SSI效应对上部结构地震反应的影响，研究结果表明，考虑SSI效应后土表的峰值和频谱特性相较于振动台台面均有了明显的改变，在实际工程设计中考虑SSI效应对结构地震反应的影响是非常有必要的。楼梦麟等对一系列钢框架结构模型进行了振动台试验，分析了钢框架结构在考虑SSI效应后的动力特性和地震反应情况，结果表明，考虑SSI效应后，结构模型的基频比和地震反应均有所减小，自振周期得到了有效的延长。陈跃庆等对不同基础类型以及不同相似比下的结构进行了一系列振动台试验，其指出建立在软土地基上的结构自振频率远小于刚性地基上结构的自振频率，认为软土地基对上部结构有滤波和隔震的效果。尚守平等通过对6层框架结构建立有限元分析模型和野外大比例模型试验进行对比，分析了简谐剪切波速激励下三维土-桩-结构线性耦合体系的动力响应特性，分析结果表明相互作用体系的固有频率不仅与结构的高度、质量及地基土刚度有关，还受到结构刚度和地基土厚度的影响，并首次提出了基于土-结构动力相互作用的隔震思路。钱德玲等对支盘桩-土-框架结构体系进行振动台试验研究，同时采用SAP2000建立有限元分析模型，以土弹簧模拟土体和基础之间的相互作用，其研究表明，地震作用下SSI效应对结构反应的影响较大，上部结构的破坏形态与地震的震级和地震波的类型有关，双跨框架结构的抗震性能要优于单跨框架。

6.1.4 土-隔震结构相互作用研究现状

上述大多是基于传统的抗震结构来进行土-结构动力相互作用的研究，目前我国隔震技术通过大力发展，采用隔震技术的建筑日益增加。由于隔震结构的动力特性明显不同于抗震结构，近些年来，对于考虑SSI效应的隔震结构动力响应也进行了一系列研究。

在理论研究和数值计算方面，Constantinou、Kneifati对考虑SSI效应的单自由度基础隔震体系进行了算例分析，指出SSI效应使结构体系的基频发生了明显的变化。Sayed等通过数值计算方法，研究了建立在软土地基上的高层隔震结构的动力特性，并认为地基土体的软硬程度对上部结构的动力响应有着显著的影响；姚谦锋等采用子结构法研究了考虑SSI效应后基础隔震体系的基频变化和结构动力反应特性，研究结果表明，基于刚性地基假定的隔震结构设计在很多情况下是偏不安全的。李忠献、李延涛等通过有限元分析，研究了考虑SSI效应后基础隔震结构的动力特性以及对结构控制的影响；张之颖等利用有限元分析方法对多层基础隔震框架进行了研究，结果表明，考虑SSI效应后的基础隔震结构比不考虑SSI效应时的动力响应明显增加，在工程应用中考虑SSI效应才能确保隔震结构安全；项征等对软土地基上的基础隔震结构进行了有限元分析，重点研究了隔震支座参数和土体参数变化对模型结构动力反应特性的影响。杜东升等对考虑SSI效应后的高层隔震结构进行了研究，结果表明，SSI效应对结构的影响是随着结构层数的增加而减小的，考虑SSI效应后，对隔震层以上的结构层间位移影响不大，但

增大了隔震层位移和提高了隔震支座面压利用率。张尚荣采用 SR 模型对考虑 SSI 效应的层间隔震结构进行了计算分析，研究结果表明，SSI 效应对层间隔震结构的影响与场地类别和结构的高宽比有关。赵明阳等对不同场地上的层间隔震结构建立了有限元模型，通过数值分析对比了结构在中震和大震下的响应，指出建立在Ⅳ类场地层间隔震结构的隔震层位移过大，在实际工程应用中需要特别关注隔震层的设计。苏毅等对大底盘上塔楼层间隔震结构建立了三维有限元模型，采用 S-R 模型来模拟土与结构之间的作用。认为 SSI 效应在软土上的作用更加明显，对建立在软土地基上的层间隔震结构设计不能忽略 SSI 效应的影响。康雷等对不同场地类别上结构的隔震效果进行了有限元分析，指出通过合理地布置隔震支座和参数选择，建立在Ⅳ类软土场地上的隔震结构也可以取得良好的隔震效果。

在隔震结构模型试验方面，近年来相关学者开展了不同地基上隔震结构动力反应的模型试验研究，验证考虑土-隔震结构动力相互作用的理论分析方法和数值计算方法正确与否。陈国兴等进行了考虑 SSI 效应的 TMD 减振结构振动台试验，研究分析表明，基于刚性地基设计的 TMD 减振结构在软土地基上达不到预期的减振效果，考虑 SSI 效应对减振结构的影响是非常有必要的。刘伟庆、李昌平针对不同土性地基上的高层隔震建筑进行了振动台模型试验，分析了地基对高层隔震结构的地震响应特性和隔震效果的影响。庄海洋，于旭等对桩-土-基础隔震结构进行了一系列的振动台试验，探究了不同地基上 SSI 效应对基础隔震结构的影响机理，结果指出 SSI 效应对隔震效果的影响与多种因素有关，其中地基土性对隔震效果的影响是最为显著的。

6.1.5　本章主要内容

由上述研究现状可知，土-结构相互作用理论经过长足的发展，其研究范围已逐渐扩展到建筑减隔震领域。然而现阶段已有研究多考虑 SSI 对基础隔震结构的影响，考虑 SSI 的层间隔震的研究较少，且主要以数值分析为主。在数值计算的过程中，研究者们使用不同的数值分析方法都进行了一定的假设和简化，研究成果缺乏实测数据及大型振动台试验的验证。对桩-土-层间隔震结构动力相互作用问题进行试验研究，既可以验证理论分析和数值计算的可靠性，还能够最直接地体现实际工程结构的各类特性，对于完善与发展层间隔震建筑设计理论、指导工程实践具有重要的现实意义。

基于此，本章依托国家自然科学基金“远场长周期地震下桩-土-层间隔震结构体系的灾变机理与失效控制”（项目编号：51778149）项目，以大底盘单塔楼层间隔震结构作为研究对象，通过缩尺模型进行数值模拟及振动台试验，对考虑 SSI 效应后不同土性地基上桩-土-层间隔震结构地震反应规律及其隔震效果进行了针对性的研究，研究的主要内容如下：

（1）选取一个具有工程应用意义的大底盘单塔楼结构，设计成 1：12 的结构缩尺模型，采用 ABAQUS 对其建立桩-土-层间隔震三维整体有限元模型，选取多条普通地震波分别在刚性地基、硬土地基和软土地基上进行结构的模态分析和动力时程分析，为后续振动台试验提供参考依据。

（2）制作一个用于振动台试验的层状剪切型土箱，以保证最大限度地降低边界效应对结构的动力反应影响，土箱净尺寸为 3.2m（长边）×2m（短边）×1.4m（高度）。为模拟试验中不同土性的场地，制备软硬程度不同的两种模型土。

（3）制作和安装试验用的钢结构缩尺模型，分别在硬土地基和软土地基上进行振动台试验研究。试验采用与数值计算相同的地震波进行单向（X 向）激振。对试验现象进行观察记录，分析模型结构在硬土地基和软土地基上的动力特性和隔震性能。

（4）通过对振动台试验的试验现象、结构自振周期、加速度响应以及位移响应等结果分析结构在不同土性地基上的响应规律，并对比数值计算结论，验证有限元模型的可靠性和振动台试验的可行性。

6.2　桩-土-结构整体有限元模型分析

为分析桩土共同作用下层间隔震结构在不同土性地基上的动力特性，本章设计并制作了一个具有工程应用意义的大底盘单塔楼结构缩尺模型，对其进行数值模拟及振动台试验。

在本节中，采用 ABAQUS 建立了将桩-土-层间隔震结构视为整体共同作用的三维有限元模型，分别对隔震模型和抗震模型在刚性地基、硬土地基、软土地基 3 种不同土性地基上进行地震动响应分析。从结构自振周期、各层加速度、层间位移等多个角度探究隔震结构在不同类型地基上的动力响应规律及差异，对比分析地震作用下层间隔震结构在不同类型地基上的减振效果。通过对数值结果的分析，为振动台试验提供参考。

6.2.1 模型结构设计

1. 模型相似关系确定

选取一个具有工程应用意义的大底盘单塔楼结构，典型的平面布置如图 6-3 所示。结构底盘共 2 层，每层层高 4.8m，其长向为 7 跨，短向为 3 跨，柱网尺寸为 7.2m×7.2m 和 7.2m×3.6m。结构塔楼共 6 层，每层层高 3.3m，其长向和短向均为 3 跨，柱网为 7.2m×7.2m，建筑物总高度为 29.4m。塔楼与底盘的平面面积比为 2，塔楼高宽比为 1∶2.75（X 向），符合大底盘高层结构的受力特征。

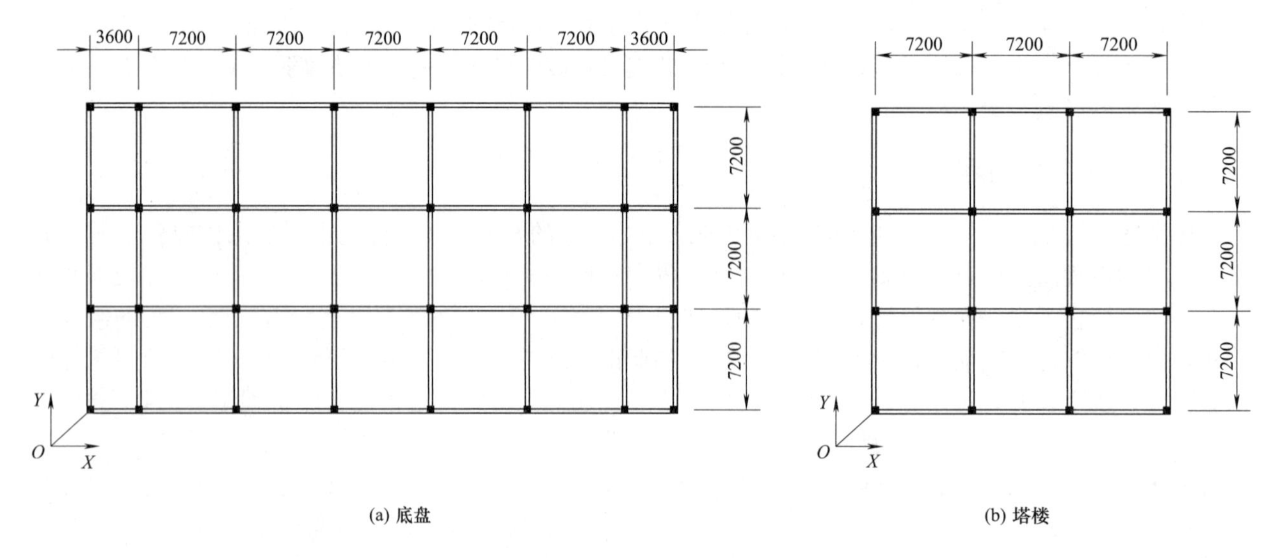

图 6-3 原型结构示意图（单位：mm）

结构的主要设计信息为：设定场地抗震设防烈度为高烈度区，取 8 度（0.2g）。结构所用的混凝土强度等级为 C30～C35，框架柱截面尺寸为 600mm×600mm（底盘），500mm×500mm（塔楼），框架梁截面尺寸为 300mm×600mm，隔震层楼板厚度 160mm，其他层楼板厚度 120mm，底盘的楼面活载标准值取为 3.5kN/m^2，塔楼的楼面活载标准值取为 2.0kN/m^2。

考虑后续振动台试验方案，对原型结构进行缩尺设计，缩尺振动台模型的确定综合考虑原型结构、试验目的、试验设备性能参数及实验室场地条件等因素。由于试验是为验证结构宏观动力特性及结构地震响应规律，故采用钢结构框架模型。考虑到模型箱的实际净尺寸（3.2m×2m×1.4m）及振动台设备的最大有效荷载，以及试验模型尺寸尽可能大以保证试验准确，将柱网的长度相似比定为 1/12。此时结构模型 X 向为 1.2m，桩基承台 X 向为 1.4m，土箱 X 向净空 3.2m，承台离土箱边距为 0.9m；模型 Y 向为 0.6m，桩基承台 Y 向 0.8m，土箱 Y 向净空 2m，承台离土箱边距为 0.6m，承台与土箱面积比为 1∶5.7，平面尺寸如图 6-4 所示。然后考虑振动台性能参数确定加速度相似比为 1。按实际钢与混凝土应力关系确定弹性模量相似比为 1。振动台试验设计考

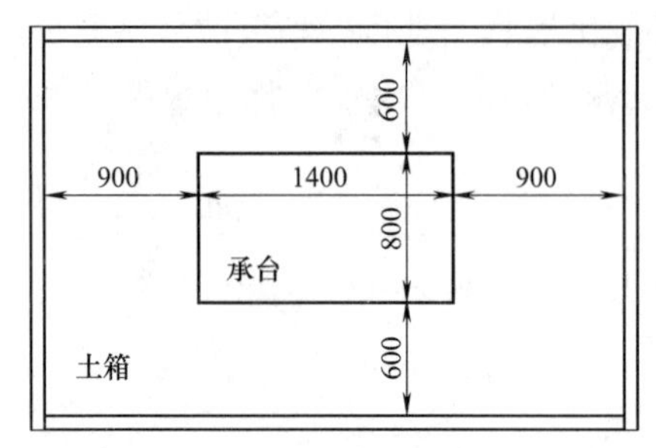

图 6-4 承台与土箱示意图（单位：mm）

虑的物理量主要分为几何性能参数、材料性能参数及动力性能参数。其中选取长度、材料、加速度作为控制量，并通过量纲相似原则计算其他物理量的相似常数，相似关系见表 6-1。

结构模型相似常数　　**表 6-1**

类型	物理量	相似关系	相似比
几何性能	长度 l	S_l	1/12
	位移 x	$S_x=S_l$	1/12
	变形模量 E	S_E	1
材料性能	等效密度 ρ	$S_\rho=S_E/S_aS_l$	12
	质量 m	$S_m=S_ES_l^2/S_a$	1/144
	应力 σ	S_σ	1
	刚度 k	$S_k=S_ES_l$	1/12
动力性能	时间 t	$S_v=S_l^{0.5}S_a^{-0.5}$	0.288
	周期 T	$S_T=S_l^{0.5}S_a^{-0.5}$	0.288
	加速度 a	S_a	1
	速度 v	$S_v=S_l^{0.5}S_a^{0.5}$	0.288

2. 试验模型概况

为了能准确地与振动台试验结果进行对比，本章进行有限元分析的几何模型与后续振动台试验为 1∶1 的尺寸，在考虑现有试验条件、模型材料、施工工艺和相似比关系的前提下，此次隔震结构模型上部结构为 5 层钢结构框架体系。其中，下 2 层为大底盘结构，上 3 层为单塔楼结构，梁柱均采用 Q235 级空心方钢。根据上述相似比关系，上部结构的设计方案如表 6-2 所示。结构模型的下部底盘纵向尺寸为边跨 300m，中间跨 600mm，横向尺寸为单跨 550mm，层高为 400mm；上部塔楼纵横向尺寸均为 550mm，并将每两层简化为一层，故其层高为 550mm。此外，每层均覆盖一块 10mm 厚钢板来模拟楼板。本试验中模型的激振方向为结构纵向，激振方向的模型高宽比为 2.75。为保证试验效果，在试验中需对模型结构施加配重，每层配重 0.4t，模型总质量为 3.3t，上部结构设计如图 6-5 所示。

钢框架模型信息　　**表 6-2**

参数	数值	参数	数值
塔楼高度(mm)	1650	高宽比	2.75
底盘高度(mm)	800	柱、梁截面尺寸(mm)	50×50×3
柱网(mm)	600×600-600×300	总质量(t)	3.3

试验模型采用以 8 根桩组成的群桩作为基础，首先将桩基与承台进行设计：承台的平面尺寸为 1400mm×800mm×120mm，桩长 800mm，截面为 50mm×50mm，桩的位置与上部结构柱网位置一一对应。另外，为了方便后续试验中埋设传感器以及对承台中心的土体进行夯实施工，在承台中心预留尺寸为 350mm×350mm 的孔洞。其尺寸及配筋如图 6-6 所示。

3. 材料本构模型及参数

建立桩-土-层间隔震结构有限元模型的过程中，需要赋予属性的材料主要有地基土、钢材及混凝土，将分别对 3 种材料本构及选用参数进行介绍。

（1）土的本构模型及参数

土体建模尺寸为 3.2m×2m×1.2m，与试验时土体尺寸一致。本构采用岩土工程材料最常用的 Mohr-Coulomb 模型来模拟，该屈服准则的控制方程为：

$$f=(\sigma_1,\sigma_2,\sigma_3)=\frac{1}{2}(\sigma_1-\sigma_3)+\frac{1}{2}(\sigma_1+\sigma_3)\sin\phi-c\cos\phi \tag{6-1}$$

式中 σ_1、σ_2 和 σ_3 分别表示第一、第二和第三主应力；c 表示黏聚力，ϕ 表示内摩擦角。对于黏土，一般认为，硬黏土的内摩擦角 ϕ、黏聚力 c 均高于软黏土，黏聚力和内摩擦角共同决定土的性质。其中黏聚力是一个极其重要的因素，取值范围 10～100kPa。另外内摩擦角的取值范围 0°～30°，从软黏土过

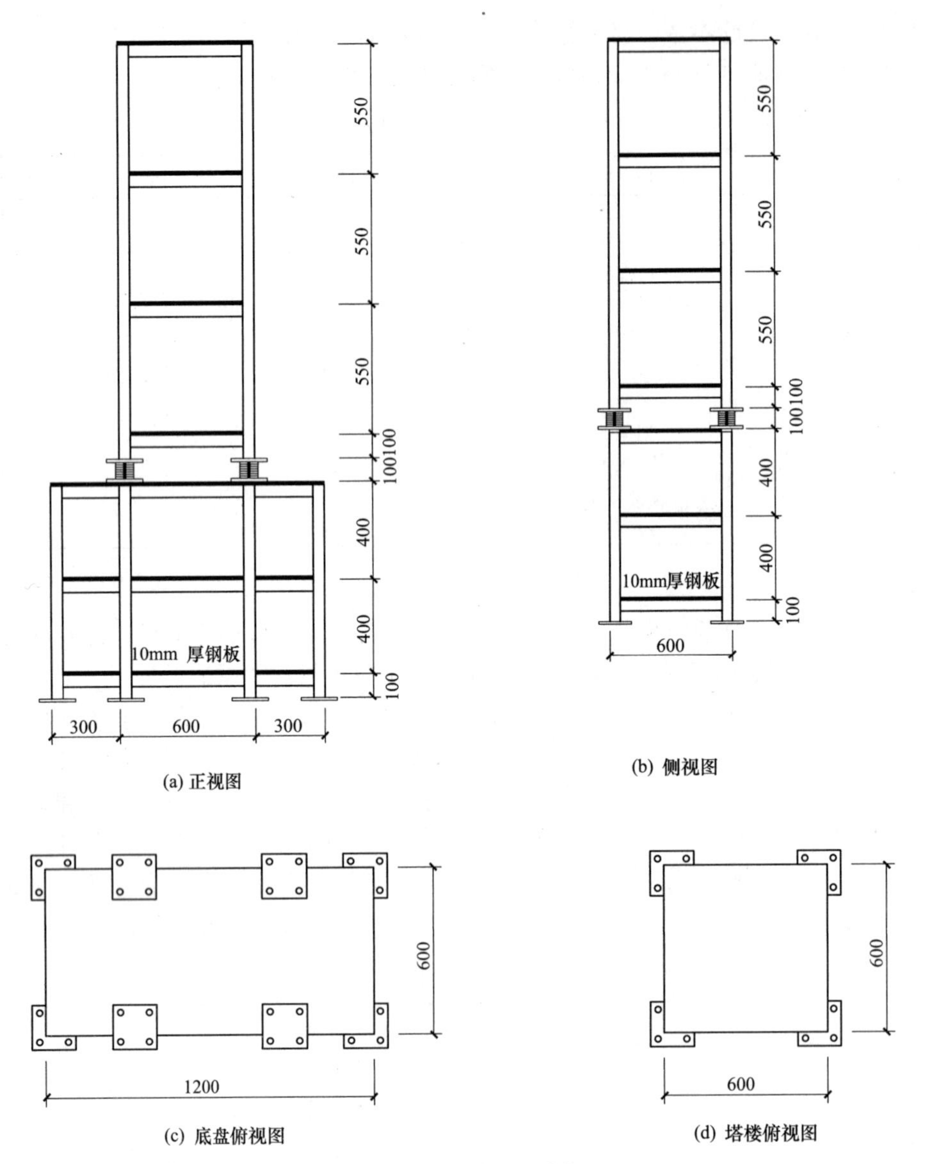

图 6-5　模型结构设计图（单位：mm）

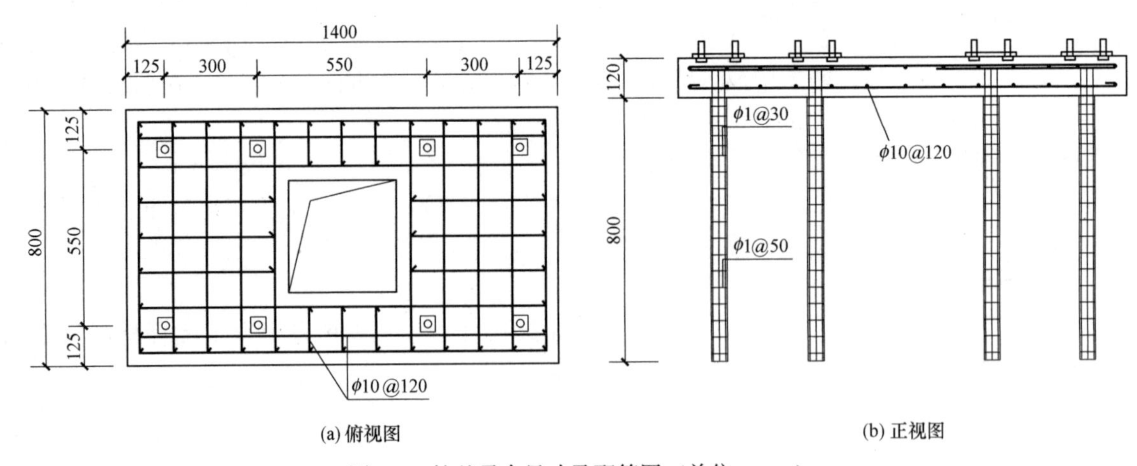

图 6-6　桩基承台尺寸及配筋图（单位：mm）

渡到硬黏土。

此外，土体介质存在的阻尼导致地震能量逸散，对相互作用的结果会产生较大影响，因此采用了瑞

利阻尼来考虑这种效应。瑞利阻尼系数的表达形式如下：

$$C=\alpha[M]+\beta[K] \tag{6-2}$$

$$\alpha=\frac{2\omega_i\omega_j(\xi_i\omega_j-\xi_j\omega_i)}{\omega_j^2-\omega_i^2} \tag{6-3}$$

$$\beta=\frac{2(\xi_j\omega_j-\xi_i\omega_i)}{\omega_j^2-\omega_i^2} \tag{6-4}$$

其中 α 称为质量阻尼系数，β 称为刚度阻尼系数。阻尼系数可以在软件中通过第一、二阵型周期来计算得出，在计算中对于土体的阻尼比，硬土地基取值为 0.08，软土地基取值为 0.15。基于上述分析，参考《工程地质手册》中相关内容并结合后续相关土工试验来修正，数值分析中模型土的参数设置如表 6-3 所示。

土体参数　　表 6-3

地基类别	密度	弹性模量	泊松比	内摩擦角	黏聚力
硬土地基	1910kg/m^3	100MPa	0.29	28°	80kPa
软土地基	1780kg/m^3	20MPa	0.35	15°	21kPa

（2）钢材的参数

钢材常用的本构模型有：理想弹塑性、等向强化、随动强化以及混合强化模型等。本节数值模型均采用双折线形式的弹性-强化模型，钢材选用 Q235 级钢板，其力学参数见表 6-4。

钢材参数　　表 6-4

材料	弹性模量	密度	屈服应力	泊松比
钢材	2.06×105MPa	7850kg/m^3	235MPa	0.3

（3）混凝土的本构模型及参数

模型桩基和承台采用 C30 混凝土参数，与试验一致。采用 ABAQUS 中提供的混凝土塑性损伤本构模型，该模型能够反映混凝土的裂缝发展及刚度恢复等非弹性行为，适用于在动力加载条件下混凝土材料的模拟。混凝土材料在受拉和受压条件下的应力-应变曲线如图 6-7 和图 6-8 所示，其基本参数在表 6-5 中给出。

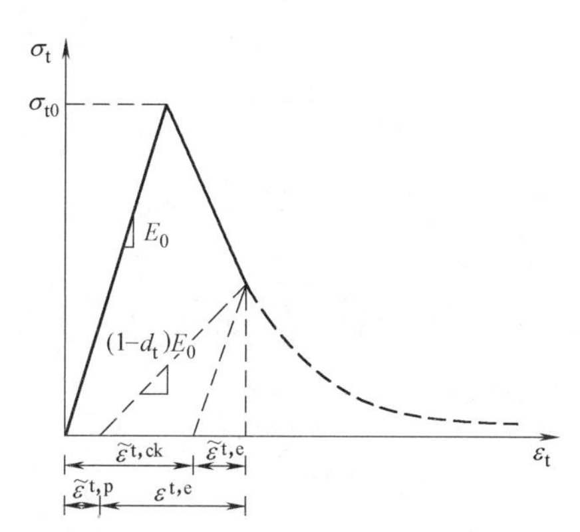

图 6-7　单轴拉伸下应力应变曲线图

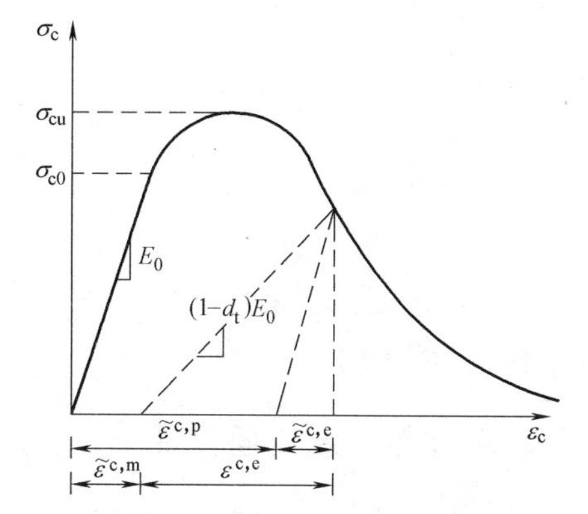

图 6-8　单轴压缩下应力应变曲线图

混凝土参数　　表 6-5

材料	弹性模量	密度	泊松比	膨胀角
C30 混凝土	30GPa	2500kg/m^3	0.2	30°

4. 模型接触分析方法

土与结构之间的相互作用方式是进行有限元整体分析中的关键，相比简单地将土体单元和桩基单元共节点的处理方式，采用接触关系来模拟土和结构间的作用更为准确。根据本章的研究目的，在ABAQUS中定义桩基承台与土体之间接触面的力学传递特性，此类接触可以较好地模拟结构和土体的滑移、分离等动力接触问题。

在具体设置中，法向采用“硬接触”，所基于的假定为土体与桩基接触时可产生无穷大的压力，可理解为在土体和桩基之间设置多个沿法向的弹簧，弹簧单元对从面节点上产生的法向接触力为：

$$P=lk_in_i \tag{6-5}$$

式中，l 为桩基与土体之间的间隙，k_i 为接触界面的弹簧刚度，其基本原理为当桩基与土体产生接触时（$l<0$），将在接触的从面节点和主面节点之间产生一系列刚度为 k_i 的界面弹簧，从而形成法向的接触力。

切向接触采用的是库伦摩擦模型，即认为切向接触力 τ 小于临界值 τ_{crit}，

$$\tau<\tau_{\mathrm{crit}} \tag{6-6}$$

$$\tau_{\mathrm{crit}}=\mu P \tag{6-7}$$

式中，μ 为桩基与土体之间的摩擦系数，本节中软土取为0.3，硬土取为0.4；P 为法向接触力。该模型基本原理为当接触面间的摩擦力低于临界值的时候，接触面间处于黏滞状态，不会产生相对滑移；当摩擦力高于临界值的时候，接触面间则会发生相对滑动。

5. 土体边界问题

在分析土-结构动力相互作用的问题中，考虑无限地基的辐射阻尼是尤为关键的。由于进行有限元分析时，需要截取一块地基土体来建模和计算分析，截取后地基的边界将对地震波的散射有所影响，这将对数值计算的结果产生一定的误差。已有研究指出，当土体侧向边界范围 D 取小于5倍桩基础平面宽度 d 时，由于地震波作用会在所截取边界处发生反射，侧向边界对桩基础地震反应分析的影响较大。

为最大化消除边界效应的影响，在本次建模中，利用单元矩阵等效原理采用普通有限单元构造了等效黏弹性边界单元来模拟三维黏弹性边界，通过式（6-8）可计算出该黏弹性边界单元的等效剪切模量 $\widetilde{G}$ 和等效弹性模量 $\widetilde{E}$，并假设黏弹性单元阻尼与刚度呈正比，通过式（6-9）来计算等效的阻尼系数 $\widetilde{\eta}$。

$$\begin{cases}\widetilde{G}=hK_{\mathrm{BT}}=\alpha_{\mathrm{T}}h\dfrac{G}{R}\\[2ex]\widetilde{E}=\dfrac{(1+\widetilde{\nu})(1-2\widetilde{\nu})}{(1-\widetilde{\nu})}hK_{\mathrm{BN}}=\alpha_{\mathrm{N}}h\dfrac{G}{R}\cdot\dfrac{(1+\widetilde{\nu})(1-2\widetilde{\nu})}{(1-\widetilde{\nu})}\end{cases} \tag{6-8}$$

$$\widetilde{\eta}=\frac{\rho R}{3G}\left(2\frac{c_{\mathrm{s}}}{\alpha_{\mathrm{T}}}+\frac{c_{\mathrm{p}}}{\alpha_{\mathrm{N}}}\right) \tag{6-9}$$

其中：h 为等效单元厚度，K_{BN}、K_{BT} 为人工边界弹簧法向与切向刚度。R 为波源至人工边界点的距离；c_{s} 和 c_{p} 分别为横波和纵波波速。

6.2.2 铅芯橡胶隔震支座介绍

叠层橡胶支座是一种由钢板和橡胶交替粘结而成的隔震装置，因其具有很大的竖向支承能力、水平变形能力以及变形后的可复位性，在隔震建筑中得到了广泛的应用。根据其内部构造的差异，可分为普通叠层橡胶支座（LNR）和铅芯叠层橡胶支座（LRB）。LNR在发生剪切变形时，水平刚度取决于橡胶本身的硬度，而LRB是在LNR截面的中心设置一根铅芯，铅芯具有低屈服强度、刚度可变和阻尼高的特点，可以起到阻尼耗能的作用，使LRB的耗能能力较强。LRB既有隔震作用又能提供阻尼，在没有设置阻尼器的情况下也能单独应用在隔震系统中，使隔震系统变得简单的同时也具有较好的隔震效果，构造详图如图6-9所示。

1. 铅芯橡胶隔震支座设计

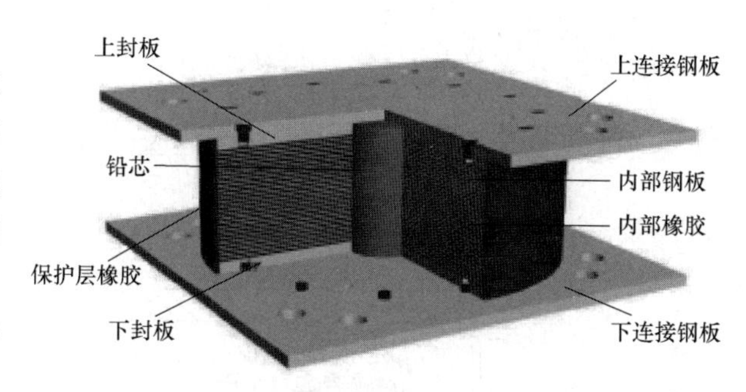

图 6-9　铅芯橡胶支座

隔震支座的选型和布置方式对隔震结构的设计至关重要，在综合考虑了模型尺寸、支座竖向承载能力以及水平方向减振系数等要求后，为达到良好的减振效果，本试验的隔震支座全部采用LRB。LRB的主要性能参数定义有：

（1）第一形状系数 s_1——表征钢板对橡胶层变形的约束程度

$$s_1=\frac{d-d_0}{4t_r} \tag{6-10}$$

式中，d 为橡胶层有效承压面直径，d_0 为橡胶层中开孔的直径，t_r 为每层橡胶层厚度。

（2）第二形状系数 s_2——表征支座的宽高比

$$s_2=\frac{d}{t} \tag{6-11}$$

式中，d 为橡胶层有效承压面直径，t 为橡胶层总厚度。

（3）剪应变 γ——表征支座的水平极限变形能力

$$\gamma=\frac{\delta_h}{t} \tag{6-12}$$

式中，δ_h 为上下板面水平相对位移，t 为橡胶层总厚度。

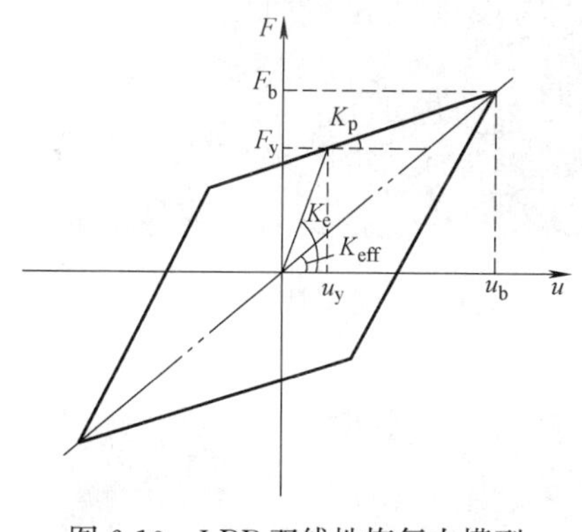

图 6-10　LRB双线性恢复力模型

（4）屈服后水平刚度 k_d——表征滞回环的丰满程度

$$k_d=\frac{Q-q}{X-x} \tag{6-13}$$

式中，X 为最大水平正位移，Q 为 X 对应的水平剪力，x 为屈服位移，q 为屈服水平剪力。

铅芯与橡胶两种材料的性质及组合特性决定了LRB的力学性能，常用如图6-10所示的双线性恢复力模型对LRB进行分析。图中，F_y 为屈服力，μ_v 为屈服位移，F_b 为有效设计承载力，μ_b 为有效设计位移，K_e 为屈服前刚度，K_p 为屈服后刚度，K_{eff} 为等效水平刚度。

通过上述分析与计算，确定试验采用直径为70mm的LRB，其参数如表6-6所示。某公司生产制作8个同等规格的LRB，其设计和产品如图6-11所示。

隔震支座基本性能参数　　表 6-6

型号	LRB 70	型号	LRB 70
剪切模量 G(MPa)	0.39	第一形状系数 s_1	13.8
有效直径 d_0(mm)	70	第二形状系数 s_2	5
总高度(不含连接板)h_b(mm)	50	橡胶面积(mm^2)	3768
封钢板厚 t_f(mm)	8	支座承压面积 A(mm^2)	3846.5
橡胶层厚度 t_r(mm)	1.27	竖向压缩刚度 K_v(kN/mm)	89.05
橡胶层数 n_r(片)	11	屈服前刚度(kN/mm)	1.06
钢板层厚度 t_s(mm)	2	γ=100%水平等效刚度(kN/mm)	0.143
钢板层数 n_s	10	屈服力(kN)	0.628
铅芯直径(mm)	10	屈服后刚度(kN/mm)	0.106

2. 隔震支座性能测试

为保证试验的准确性，需进一步确定LRB的出厂性能参数，故对8个隔震支座进行了压剪试验。

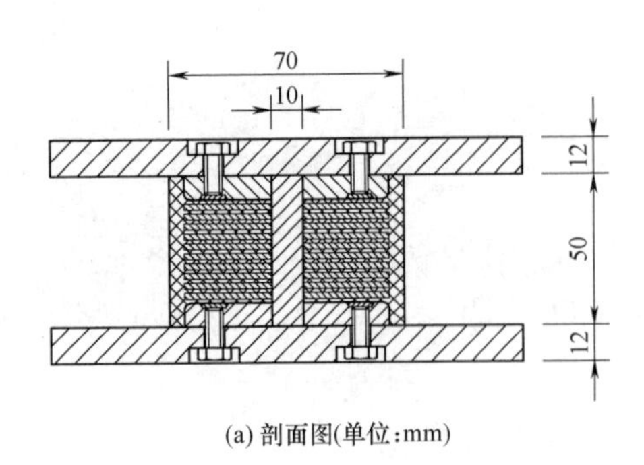

(a) 剖面图(单位:mm)

(b) 成品图

图 6-11　LRB 设计与成品图

将 8 个 LRB 随机分成 4 组，每组 2 个，分别对齐放置于试验机中间隔板的上下处，通过隔板的水平运动实现剪切效果。由设置于隔板端部 GWC150 型位移传感器测量的数据为 LRB 的位移。试验中对 LRB 施加的竖向面压为 6MPa，对应的压力值为 23.1kN，试验主要过程如图 6-12～图 6-15 所示。

图 6-12　试验机器与采集系统

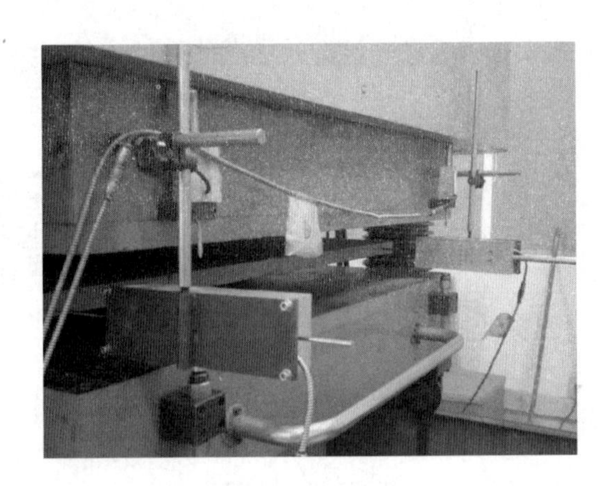

图 6-13　位移计

图 6-14　支座安放

图 6-15　支座变形

压剪试验采用位移控制加载，读取支座位移达到 7mm 和 14mm 对应的隔板拉力值，即可计算出隔震支座所对应的 $\gamma=50\%$ 和 $\gamma=100\%$ 等效水平刚度。LRB 试验性能参数见表 6-7。从表中可看出第 2 组和第 3 组的误差最小，故选择这两组的 4 个 LRB 用于后续的振动台试验，在数值计算中，采用支座试验 $\gamma=100\%$ 时水平刚度的均值 0.148kN/mm 作为数值的水平等效刚度，与上述理论值 0.143kN/mm 的误差为 3.5%，具有较高的准确性。

LRB 试验性能参数　　表 6-7

组号	编号	水平荷载(kN)	水平位移(mm)	γ=50% 水平刚度(kN/mm)	水平荷载(kN)	水平位移(mm)	γ=100% 水平刚度(kN/mm)
1	1-1/1-2	1.235	7.02	0.175	2.131	14.02	0.152
2	2-1/2-2	1.215	7.03	0.173	2.060	14.01	0.147
3	3-1/3-2	1.220	7.05	0.173	2.090	14.03	0.149
4	4-1/4-2	1.240	7.04	0.176	2.123	14.06	0.151

3. 隔震支座模拟

使用 ABAQUS 对隔震结构进行建模时，准确模拟叠层橡胶支座的性能是关键。采用软件中的 Cartesian connector 单元和 Align 旋转连接单元进行隔震支座的模拟，Cartesian 连接单元的基本原理为通过 3 个相互垂直的空间坐标系分量来度量两点之间相对位置的变化，如图 6-16 所示。Align 连接单元的作用是限制两点之间发生相对旋转，如图 6-17 所示。对于 LRB 支座的模拟，先连接单元的弹性行为，将 D22 方向设置为隔震支座的竖向刚度，D11 和 D33 两个水平向设置为支座的等效水平刚度；再设置单元的塑性行为，塑性行为采用强化运动准则，其中的刚度指的是隔震支座屈服前的水平刚度，参数设置由前文的性能测试试验来给出。

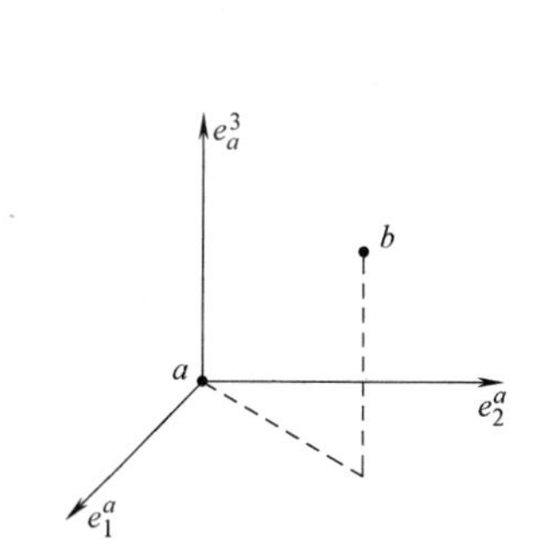

图 6-16　Cartesian 连接单元

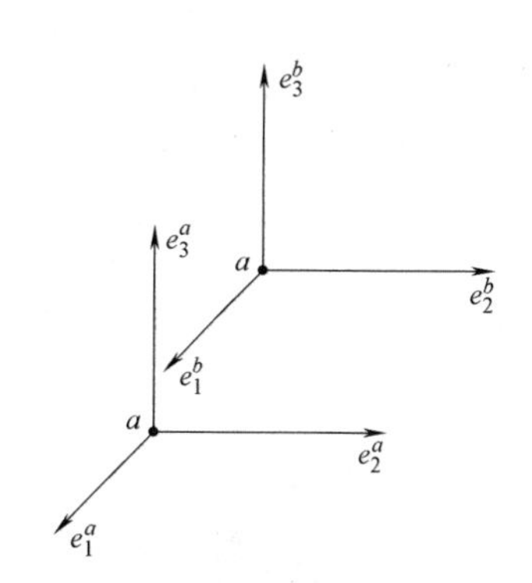

图 6-17　Align 旋转单元

6.2.3　数值模型及加载工况

1. ABAQUS 模型建立

按照本章的研究目的，旨在探究不同土性地基上 SSI 效应对隔震结构的影响机理，分别在刚性地基上和土性地基上，对隔震结构和抗震结构建立三维整体有限元模型，数值模型尺寸及物理力学参数与试验采用的真实结构模型保持严格的一致性。

模型的上部为 5 层的钢框架，框架的梁柱先用线部件建立，再采用 B31 单元模拟，分别赋予梁柱的真实截面尺寸和属性。楼板采用壳单元进行简化，赋予楼板的真实厚度，再通过增加楼板质量密度来实现配重的施加。桩基承台和土体采用实体单元，钢筋在承台中采用嵌入约束，以接近最真实的应力状态；上部结构柱底与承台表面节点施加绑定约束；桩基承台与土体采用面面接触；不同土性地基通过表 6-3 中的不同参数来实现，具体形成的模型如图 6-18 和图 6-19 所示。

2. 地震波选取和加载工况

本章拟在探究不同土性地基上，普通地震动对结构响应的影响，根据《抗规》要求进行动力时程分析应选用不少于 2 条天然地震波和 1 条人工合成的地震波，故分别选取 El-Centro 波、Taft 波、Kobe 波及人工合成的 Tongan 波 4 条地震动数据，4 条波的原始采样时程曲线和对应的傅里叶谱如图 6-20～图 6-23 所示。

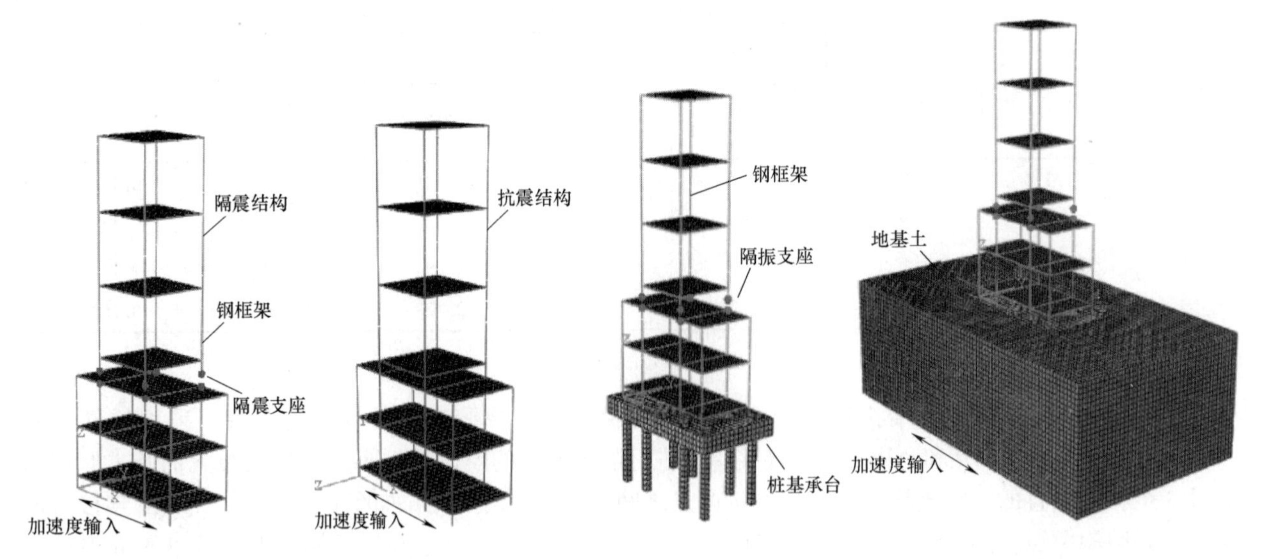

图 6-18　刚性地基有限元模拟　　　　图 6-19　土性地基有限元模拟

将选用的 4 条地震波加速度峰值分别调幅至 0.2g 和 0.4g，分别对应地震烈度为 8 度时的设防地震与罕遇地震时的加速度峰值。为防止结构在动力计算完成后产生较大的残余位移，对 4 条地震波分别进行基线校正。最后将原始地震波的持续时长按时间相似比（0.288）进行压缩，在几何模型中采用 X 向单向在底边界以加速度边界条件形式输入。本次动力时程分析共有 48 组工况，具体如表 6-8 和表 6-9 所示。

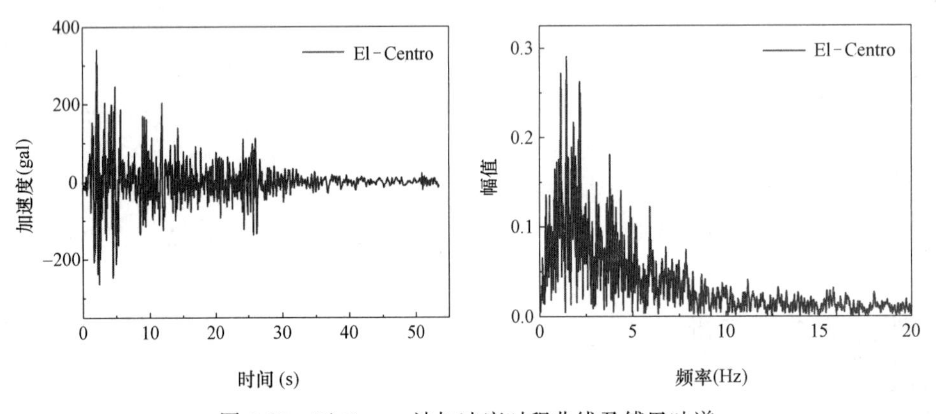

图 6-20　El-Centro 波加速度时程曲线及傅里叶谱

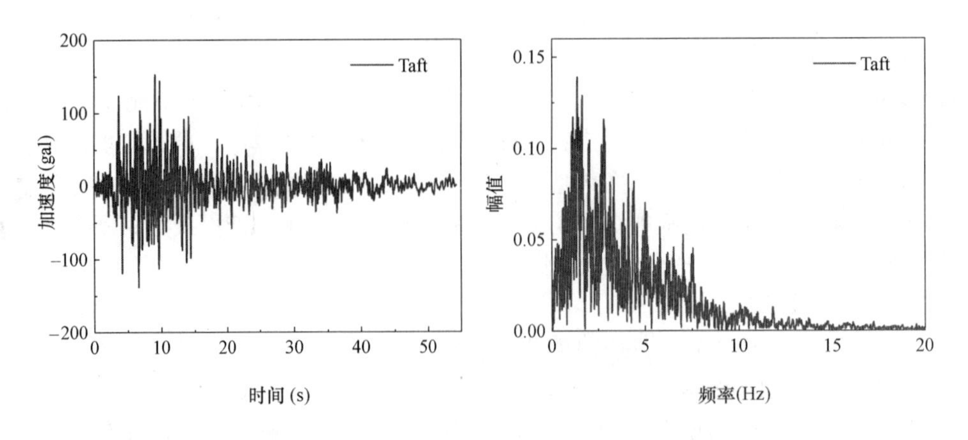

图 6-21　Taft 波加速度时程曲线及傅里叶谱

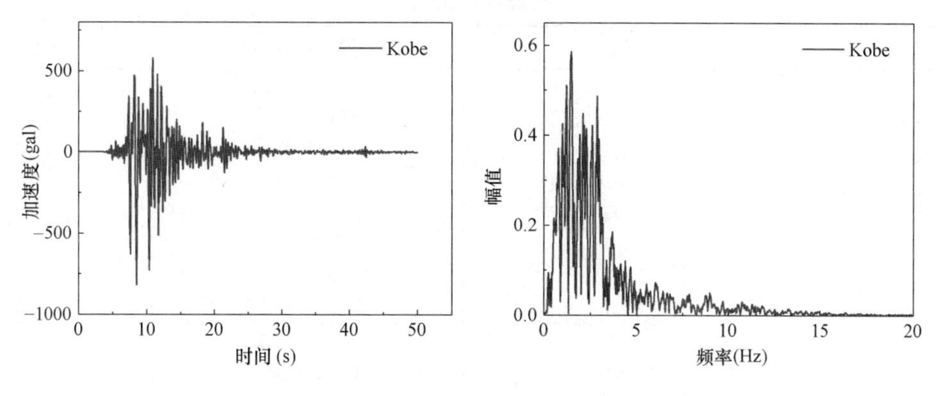

图 6-22 Kobe 波加速度时程曲线及傅里叶谱

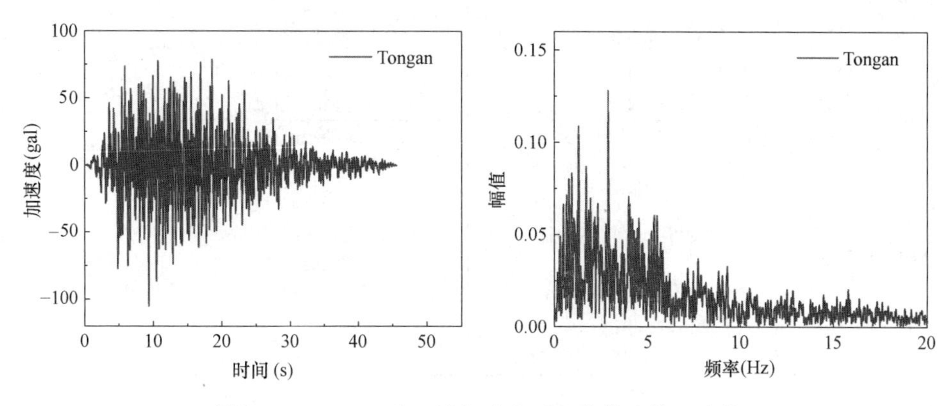

图 6-23 Tongan 人工波加速度时程曲线及傅里叶谱

隔震结构工况表 **表 6-8**

模型结构	工况	输入地震动	加速度峰值(g)
刚性地基隔震模型	A1	El-Centro 波	0.20
	A2	El-Centro 波	0.40
	A3	Taft 波	0.20
	A4	Taft 波	0.40
	A5	Kobe 波	0.20
	A6	Kobe 波	0.40
	A7	Tongan 人工波	0.20
	A8	Tongan 人工波	0.40
硬土地基隔震模型	B1	El-Centro 波	0.20
	B2	El-Centro 波	0.40
	B3	Taft 波	0.20
	B4	Taft 波	0.40
	B5	Kobe 波	0.20
	B6	Kobe 波	0.40
	B7	Tongan 人工波	0.20
	B8	Tongan 人工波	0.40
软土地基隔震模型	C1	El-Centro 波	0.20
	C2	El-Centro 波	0.40
	C3	Taft 波	0.20
	C4	Taft 波	0.40
	C5	Kobe 波	0.20
	C6	Kobe 波	0.40
	C7	Tongan 人工波	0.20
	C8	Tongan 人工波	0.40

抗震结构工况表　　表 6-9

模型结构	工况	输入地震动	加速度峰值(g)
刚性地基抗震模型	D1	El-Centro 波	0.20
	D2	El-Centro 波	0.40
	D3	Taft 波	0.20
	D4	Taft 波	0.40
	D5	Kobe 波	0.20
	D6	Kobe 波	0.40
	D7	Tongan 人工波	0.20
	D8	Tongan 人工波	0.40
硬土地基抗震模型	E1	El-Centro 波	0.20
	E2	El-Centro 波	0.40
	E3	Taft 波	0.20
	E4	Taft 波	0.40
	E5	Kobe 波	0.20
	E6	Kobe 波	0.40
	E7	Tongan 人工波	0.20
	E8	Tongan 人工波	0.40
软土地基抗震模型	F1	El-Centro 波	0.20
	F2	El-Centro 波	0.40
	F3	Taft 波	0.20
	F4	Taft 波	0.40
	F5	Kobe 波	0.20
	F6	Kobe 波	0.40
	F7	Tongan 人工波	0.20
	F8	Tongan 人工波	0.40

6.2.4 数值计算结果分析

通过 ABAQUS 的数值计算结果，对建立在刚性地基、硬土地基和软土地基的结构进行动力响应分析，探究隔震结构在地震作用下的自振周期、加速度和位移反应规律。

为便于讨论隔震结构相对于抗震结构的减振效果，首先引入地震反应减振率 θ，定义为：

$$\theta=\left(1-\frac{\Delta_i}{\Delta}\right)\times 100\% \tag{6-14}$$

其中，Δ_i 为隔震结构的响应峰值，Δ 为所对应的抗震结构的响应峰值。

为直观表述土的放大作用对结构的加速度响应的影响规律，本节中引入加速度放大系数 λ 概念，定义：

$$\lambda=\frac{a_s}{a} \tag{6-15}$$

其中，a_s 为各测点的加速度峰值，a 为地震波输入的加速度峰值。

1. 自振周期对比

将数值结果的 3 种不同地基上隔震结构和抗震结构沿激振方向的一阶振型图列于图 6-24～图 6-26 中。由图中可以看出，首先，隔震结构的一阶振型为沿 X 方向的平动，变形量主要集中在隔震支座上；而抗震结构的一阶振型为以剪切变形为主的侧向位移，结果符合隔震结构和抗震结构在地震动激励下的变形特征。其次，在土性地基尤其是软土地基上，上部结构

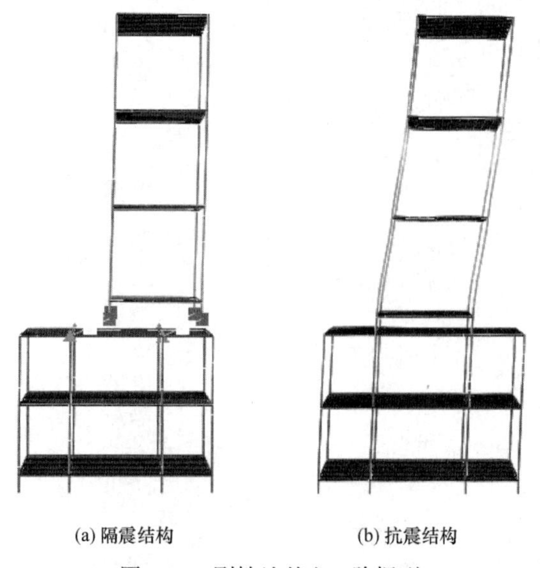
(a) 隔震结构　(b) 抗震结构

图 6-24　刚性地基上一阶振型

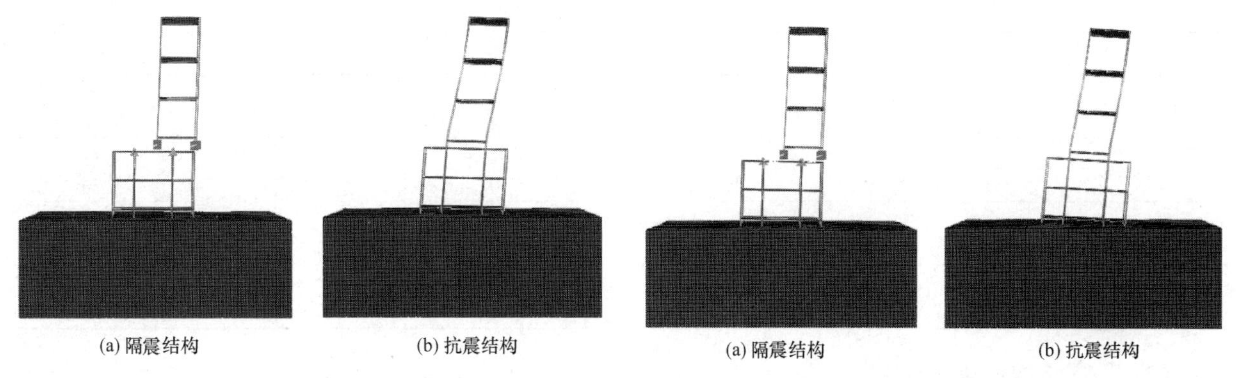

图 6-25 硬土地基上一阶振型

图 6-26 软土地基上一阶振型

倾斜严重，同时土表的承台结构也出现明显的沉降现象，均体现出 SSI 效应对结构产生了一定的影响。

表 6-10 描述了 3 种地基上模型结构的一阶自振周期数值计算结果，可以看出，由于 SSI 效应的影响，土性地基与刚性地基上结构的一阶自振周期存在差异，综合 3 种不同地基上结构的动力特性规律来看，具有以下结论：

(1) 隔震结构在 3 种地基上的自振周期均明显大于抗震结构。初步说明隔震结构能有效延长结构自振周期，从而降低结构的地震反应。

(2) 两种上部结构模型在土性地基上结构的一阶自振周期都大于刚性地基上的一阶自振周期。以层间隔震结构为例，硬土地基上隔震体系的周期相对刚性地基增加了 1.91%，软土地基上隔震体系的周期相对刚性地基增加了 4.68%，地基土越软，自振周期增加的幅度越大。可判断出随着地基变软，SSI 效应的影响更为显著，结构自振周期不断延长，而软土地基的滤波作用会使基底输入地震波的低频成分进一步得到加强，这可能与自振周期较长的隔震结构引起共振效应，导致建立在软土地基上层间隔震结构体系的地震反应增大。

(3) 刚性地基上，隔震结构自振周期较抗震结构延长 2.94 倍；硬土地基上，隔震结构自振周期较抗震结构延长 2.46 倍。软土地基上，隔震结构自振周期较抗震结构延长 2.11 倍。随着地基由刚变柔，其延长倍数减小，可能会对隔震结构在土性地基上的隔震效果产生一定影响。

模型结构自振周期 **表 6-10**

地基类型	隔震模型(s)	抗震模型(s)
刚性地基	0.470	0.160
硬土地基	0.479	0.195
软土地基	0.492	0.233

2. 加速度反应结果分析

(1) 土表加速度峰值对比

根据历次地震的现象观测以及震后资料表明，地震动经过土体传播后引起的地面运动与下层土体存在差异，其中加速度峰值增大的现象最为显著。由于土体起到滤波的作用，而不同类型的地基土对地震波的放大效应存在差异。表 6-11 列出了在不同土性地基上土表的加速度放大系数，从中可以看出如下规律：

1) 不同的地震波输入时地基土表的放大程度存在差异，但放大系数均分布在 1.08～2.1 之间。表明在模拟均匀土体形成的两种不同地基上，其土表加速度响应均是放大的。

2) 在不同土性的地基上，同一地震波在土表的加速度放大程度上产生了差异。具体来说，El-Centro 波和 Tongan 人工波在硬土地基土表的放大效应要大于软土地基土表，而 Taft 波和 Kobe 波在硬土地基土表的放大效应要小于软土地基土表，这表明土的放大作用与地震波频谱特性有关。

3) 在输入相同的地震波时，随着加速度峰值的增加，两种地基土表的加速度放大系数小幅度减小。

土表加速度放大系数对比 **表 6-11**

地震波	基底输入(g)	硬土土表(g)	放大系数	软土表(g)	放大系数
El-Centro 波	0.20	0.419	2.10	0.278	1.39
	0.40	0.826	2.07	0.547	1.37
Taft 波	0.20	0.338	1.69	0.341	1.71
	0.40	0.642	1.61	0.679	1.70
Tongan 人工波	0.20	0.331	1.66	0.281	1.41
	0.40	0.650	1.63	0.533	1.33
Kobe 波	0.20	0.232	1.16	0.331	1.66
	0.40	0.433	1.08	0.630	1.58

(2) 隔震结构加速度对比

利用 ABAQUS 对上部结构加速度响应进行动力时程分析。提取出上部结构各楼层的加速度时程记录，按照式 (6-15) 计算出结构的加速度放大系数。

将 3 种不同地基上隔震结构的楼层加速度放大系数 λ 对比列于图 6-27～图 6-30 中。需要说明的是，图中的“Rigid”“Soil-H”和“Soil-S”分别代表刚性地基、硬土地基和软土地基，楼层是指模型的各层楼面板，楼层“0”为输入加速度的底面，楼层“1”为底盘底部一层；楼层“IL”(Isolation Layer) 为塔楼底部一层，即隔震层。

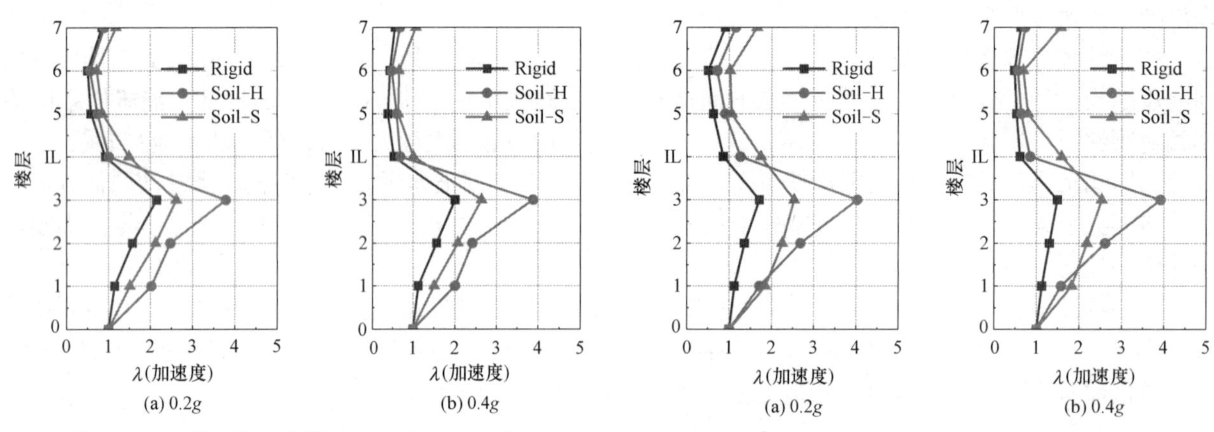

图 6-27 隔震结构加速度对比 (El-Centro 波)

图 6-28 隔震结构加速度对比 (Taft 波)

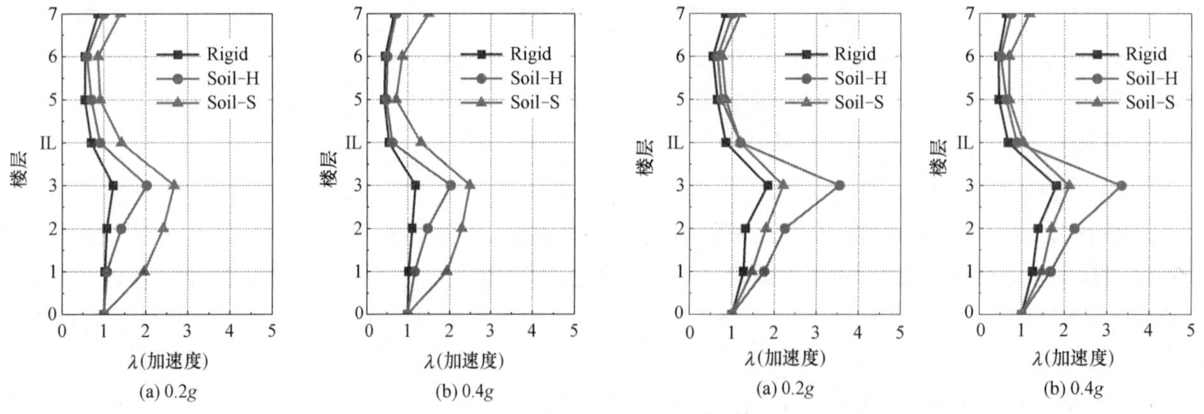

图 6-29 隔震结构楼层加速度放大系数对比 (Kobe 波)

图 6-30 隔震结构楼层加速度放大系数对比 (Tongan 人工波)

从图中可以看出，由于 SSI 效应的影响，不同土性地基上层间隔震结构楼层加速度响应具有明显的差异性。由于层间隔震体系的隔震层下部结构为抗震体系，因此在分析层间隔震结构动力响应时，会将上部塔楼与下部底盘分开来进行比较。总体来看，3 种地基上隔震结构的楼层加速度具有以下规律：

1) 由于土表加速度的放大效应，隔震结构在刚性地基上的加速度放大系数明显小于土性地基上的

放大系数。从塔楼角度来看，随着土性由硬至软，放大系数逐渐增大。从底盘角度来看，在不同土性地基上的结构反应与输入地震波的特性有关：当采用 El-Centro 波、Taft 波、Tongan 人工波输入时，在硬土地基上加速度放大系数比软土地基上大；当采用 Kobe 波输入时与其他 3 条地震波规律相反，即在硬土地基上加速度放大系数比软土地基上小。

2）考虑 SSI 效应的层间隔震结构的加速度响应与地震动峰值相关。从结构整体反应来看，加速度放大系数随地震波峰值的增大而有所降低。

3）考虑了 SSI 效应后，层间隔震结构下部底盘结构的加速度反应的增加幅度明显大于上部塔楼结构的加速度反应。表明考虑 SSI 效应的层间隔震设计中需要特别注意下部结构的设计，才能确保安全。

（3）抗震结构加速度对比

为与隔震结构进行对比，提取出抗震结构各楼层的加速度时程记录，计算出相应的加速度放大系数列于图 6-31～图 6-34 中。从图中可以看出，SSI 效应对不同土性地基上抗震结构的楼层加速度影响具有以下的规律：

1）在硬土地基上，抗震结构的加速度放大系数要明显大于刚性地基上的放大系数。随着楼层的升高，El-Centro 波、Taft 波，Tongan 人工波出现了上部塔楼的高楼层比低楼层加速度放大系数降低的现象，但降低幅度很小；而 Kobe 波则表现为全楼层放大系数均增加。表明在硬土地基上考虑 SSI 效应，抗震结构的加速度响应以增大趋势为主，在进行抗震结构设计时应予以特别注意。

2）在软土地基上，随着楼层的升高，结构加速度放大系数先增大后减小再增加，呈 S 形曲线。由前文分析可知，软土地基的土表加速度呈现放大的现象，而软土本身又具有减振效应，在多种作用的综合下，考虑 SSI 效应后，软土地基上抗震结构的加速度放大系数可能大于也可能小于刚性地基上的放大系数，与输入地震波的频谱特性和峰值均有关：如在 Taft 波、Kobe 波 0.2g 的工况下，表现为全楼层的加速度放大系数均大于刚性地基，而其余工况则表现为塔楼的部分楼层加速度放大系数小于刚性地

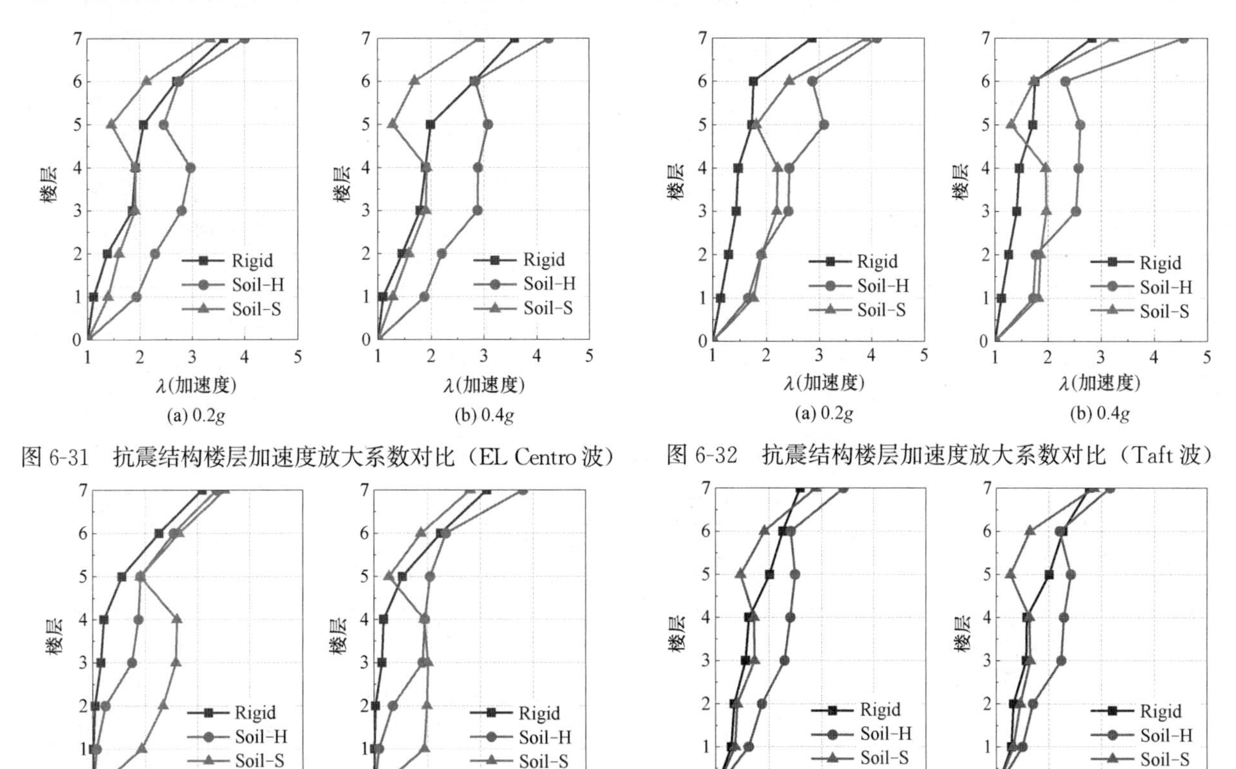

图 6-31　抗震结构楼层加速度放大系数对比（EL Centro 波）

图 6-32　抗震结构楼层加速度放大系数对比（Taft 波）

图 6-33　抗震结构楼层加速度放大系数对比（Kobe 波）

图 6-34　抗震结构楼层加速度放大系数对比（Tongan 人工波）

基，表明由于软土介质自身阻尼作用较强，能够耗散掉一部分地震波能量，对上部建筑结构产生了一定的减振效果。可见，在工程设计中，考虑土与结构相互作用效应是很有必要的。

3）抗震结构的加速度放大系数与地震波输入的峰值有关，并且在不同的地基上规律有所差异。随着输入地震动峰值的增大，软土地基上结构加速度放大系数降低，硬土地基上结构的各楼层加速度放大系数可能增大也可能减小，刚性地基上则相差不大。

（4）隔震结构减振效果分析

为了更直观表达 SSI 效应后层间隔震结构的加速度减振效果，将隔震结构和抗震结构在不同土性地基上的加速度绝对响应，按照式（6-14）计算上部结构的加速度减振率，减振率分析中的“1”层为实际模型中底盘的第 2 层楼面。最终结果如表 6-12～表 6-15 所示。

加速度减振率对比（El-Centro 波） **表 6-12**

楼层	刚性地基减振率		硬土地基减振率		软土地基减振率	
	0.2g	0.4g	0.2g	0.4g	0.2g	0.4g
6	76.59%	84.58%	77.56%	83.93%	64.55%	63.36%
5	81.33%	84.75%	79.60%	83.29%	66.12%	60.95%
4	71.81%	80.80%	70.06%	80.67%	41.44%	50.29%
3(隔)	51.82%	72.03%	66.10%	76.28%	22.45%	47.72%
2	−15.63%	−11.72%	−35.60%	−34.75%	−36.75%	−38.11%
1	−14.55%	−7.55%	−7.88%	−9.68%	−32.19%	−30.96%

加速度减振率对比（Taft 波） **表 6-13**

楼层	刚性地基减振率		硬土地基减振率		软土地基减振率	
	0.2g	0.4g	0.2g	0.4g	0.2g	0.4g
6	68.24%	77.85%	72.11%	83.88%	57.69%	51.32%
5	70.94%	72.51%	75.04%	76.18%	58.20%	59.91%
4	63.19%	68.91%	70.66%	75.62%	41.71%	38.89%
3(隔)	41.16%	58.22%	48.26%	66.89%	21.67%	18.88%
2	−19.23%	−5.93%	−66.01%	−55.14%	−15.20%	−28.46%
1	−5.04%	−3.89%	−40.99%	−47.26%	−18.23%	−17.23%

加速度减振率对比（Kobe 波） **表 6-14**

楼层	刚性地基减振率		硬土地基减振率		软土地基减振率	
	0.2g	0.4g	0.2g	0.4g	0.2g	0.4g
6	72.01%	78.30%	69.90%	80.81%	60.34%	46.17%
5	75.50%	79.91%	76.67%	78.53%	67.49%	53.72%
4	64.95%	72.06%	63.61%	76.65%	52.49%	43.53%
3(隔)	42.15%	53.60%	51.47%	67.52%	45.59%	31.65%
2	−5.63%	−3.27%	−15.76%	−5.73%	−3.09%	−23.26%
1	−2.40%	−7.79%	−13.77%	−9.74%	−2.99%	−14.30%

加速度减振率对比（Tongan 人工波） **表 6-15**

楼层	刚性地基减振率		硬土地基减振率		软土地基减振率	
	0.2g	0.4g	0.2g	0.4g	0.2g	0.4g
6	67.44%	77.21%	70.61%	76.39%	58.62%	58.71%
5	75.50%	80.31%	72.67%	77.49%	60.37%	57.19%
4	67.41%	77.33%	70.14%	74.12%	42.12%	44.79%
3(隔)	47.37%	57.19%	50.73%	61.38%	30.50%	36.14%
2	−18.33%	−15.10%	−54.47%	−49.57%	−28.57%	−27.92%
1	2.23%	−3.76%	−21.02%	−30.70	−28.57%	−16.67%

由上面表格可以看出，由于 SSI 效应的影响，不同土性地基上层间隔震结构减振率差异很大，且在不同地震波输入下其结果也具有一定的不同，大致具有以下的规律：

1）SSI 效应对层间隔震结构加速度减振效果的影响与地基土性密切相关。从隔震层角度来看，硬土地基上隔震层减振率最高，刚性地基上隔震层减振率次之，软土地基上隔震层减振率最差。从上部塔楼角度来看，在各条地震波作用下硬土地基与刚性地基的加速度减振率相差不大，在输入 Taft 波时硬土地基减振率还明显优于刚性地基减振率，这表明考虑 SSI 效应后，硬土地基上的层间隔震结构塔楼减振率较好，能够有效地发挥隔震效果，而软土地基的减振率均低于刚性地基和硬土地基。从下部底盘角度来看，层间隔震结构的底盘的加速度大多比抗震结构的要大，导致减振率为负值；其中土性地基上底盘的减振率比刚性地基更差，表明建立在土性地基上的层间隔震结构需更加注意下部底盘的地震响应。

2）不同地基上 SSI 效应对加速度减振效果的影响与输入地震波特性和峰值有关。在刚性地基和硬土地基上，输入地震波峰值越大，减振效果越好；在软土地基上，随着输入地震波加速度峰值的增大，El-Centro 波、Taft 波、Tongan 人工波作用下的楼层减振率仅在部分楼层有所提高，在 Kobe 波作用下表现为明显降低，与地震波的频谱特性有关。

总的来说，对加速度响应各个角度的研究结果表明，考虑 SSI 效应后层间隔震结构的加速度响应增大，硬土地基上仅底盘减振率变差，而软土地基上结构减振率明显低于刚性地基。软土地基减振率较差可作如下解释：首先是软土地基上隔震结构其一阶自振周期较刚性地基和硬土地基有所延长，而软土地基的滤波效应使地震波的频谱特性向长周期分量转变，可能增强其与结构的共振效应，隔震结构的地震反应增大。其次，如前文所述，由于软土地基对抗震结构具有一定的减振效果，从而间接降低了隔震结构的减振率，两方面的共同原因导致软土地基上的隔震结构隔震效率较差。上述分析结果充分说明了考虑 SSI 效应的必要性，基于刚性假定得出的计算结论是不安全的。

3. 位移反应结果分析

（1）楼层位移对比

利用 ABAQUS 对上部结构的位移响应进行动力时程分析。提取出隔震结构和抗震结构各楼层的位移时程记录，计算出两种结构试验模型各个楼层相对于底盘 1 层的位移峰值对比。

将两种结构在 4 条地震波激振下各个楼层对比列于图 6-35～图 6-38 中，需要说明的是，图中的

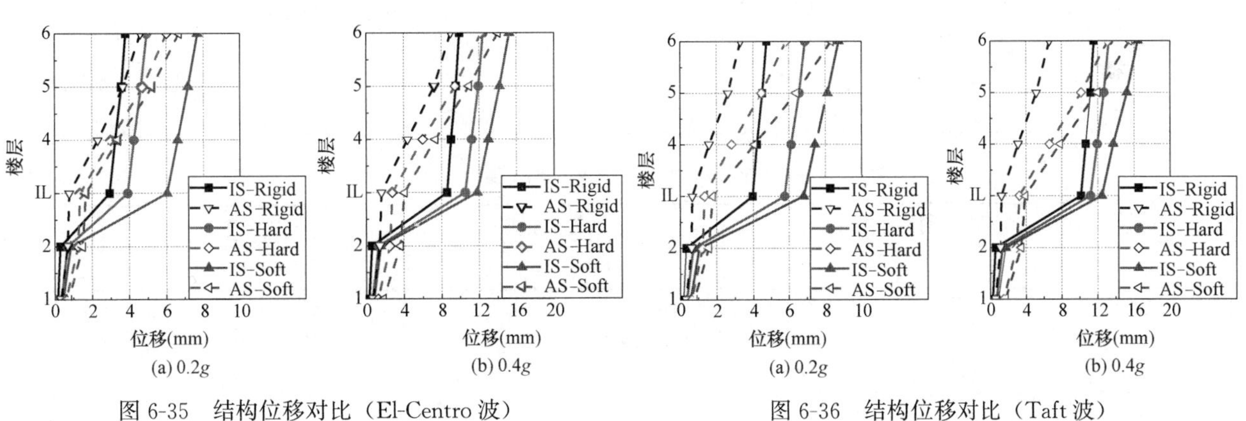

图 6-35 结构位移对比（El-Centro 波） 图 6-36 结构位移对比（Taft 波）

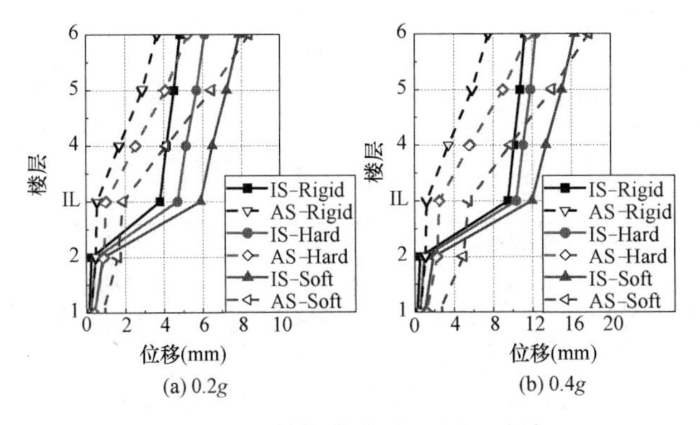

图 6-37 结构位移对比（Kobe 波）

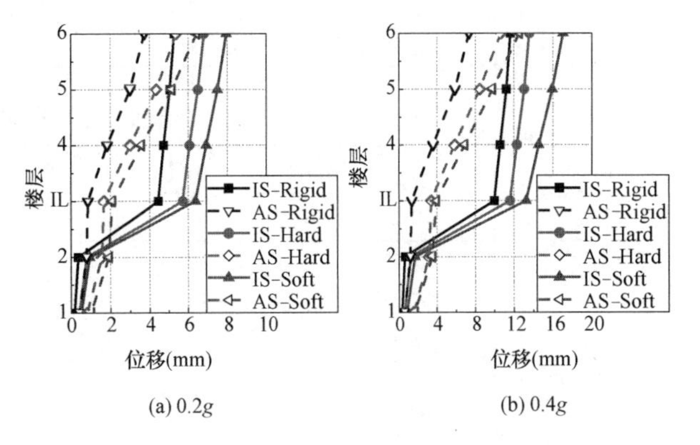

图 6-38 结构位移对比（Tongan 人工波）

"IS"（Isolated Structure）代表隔震结构，"AS"（Aseismic Structure）代表抗震结构，"Rigid""Hard"和"Soft"分别代表刚性地基、硬土地基和软土地基。楼层是指模型的楼板平面，楼层"1"为下部底盘第2层楼面；楼层"IL"（Isolation Layer）为隔震层。

由图中可以看出，结构的位移响应值在不同的地震动作用下存在差异，但表现出来的总体规律是基本一致的，可分析得出以下结论：

1）隔震结构与抗震结构的位移响应机理存在明显的差异。层间隔震结构的位移主要集中在隔震层，塔楼和底盘结构产生的位移均较小，可认为塔楼处于整体平动状态，层间隔震能有效地保证结构的安全；抗震结构随着楼层的升高，位移显著增大，即上部塔楼位移增加幅度明显大于下部底盘。

2）隔震结构和抗震结构在土性地基上的楼层位移均要大于刚性地基上结构的楼层位移，随着土由硬变软，位移增加的幅度变大。这是由于考虑了土与结构相互作用、土体的非绝对刚性，桩基承台会受到土体振动产生的平动和转动的综合作用，软土地基上这种作用会更加明显，导致上部结构的位移由平动、转动加上结构本身的变形综合组成，故考虑SSI效应后楼层位移显著放大。

（2）层间位移减振效果对比

为了更直观表达考虑SSI效应后层间隔震结构的位移减振效果，将两种模型在不同土性地基上的层间位移响应，按照式（6-14）计算上部结构的层间位移减振率，最终结果如表6-16～表6-19所示。

层间位移减振率对比（El-Centro波）　　表6-16

楼层	刚性地基		硬土地基		软土地基	
	0.2g	0.4g	0.2g	0.4g	0.2g	0.4g
6	76.60%	80.11%	75.91%	82.27%	65.78%	66.44%
5	75.00%	81.27%	78.12%	78.64%	69.76%	66.56%
4	79.74%	84.53%	79.24%	78.90%	66.49%	64.08%
3(隔)	/	/	/	/	/	/
2	60.00%	58.33%	49.92%	49.65%	45.08%	61.79%
1	52.94%	58.57%	41.18%	47.83%	40.16%	57.77%

层间位移减振率对比（Taft波）　　表6-17

楼面板	刚性地基		硬土地基		软土地基	
	0.2g	0.4g	0.2g	0.4g	0.2g	0.4g
6	64.18%	74.48%	76.98%	81.54%	68.23%	65.92%
5	70.19%	73.53%	72.73%	79.15%	70.06%	63.92%
4	73.91%	71.20%	75.51%	77.98%	72.80%	68.33%
3(隔)	/	/	/	/	/	/
2	45.95%	44.77%	40.98%	53.75%	41.14%	53.37%
1	46.88%	52.58%	41.94%	52.91%	25.33%	46.08%

层间位移减振率对比（Kobe波）　　表6-18

楼面板	刚性地基		硬土地基		软土地基	
	0.2g	0.4g	0.2g	0.4g	0.2g	0.4g
6	59.74%	70.12%	63.16%	79.62%	66.51%	65.15%
5	68.07%	73.75%	64.29%	77.98%	68.44%	62.20%
4	69.91%	72.20%	71.05%	77.07%	72.04%	66.23%
3(隔)	/	/	/	/	/	/
2	48.00%	49.39%	44.90%	59.46%	47.85%	64.19%
1	41.67%	51.49%	47.62%	54.62%	47.71%	59.35%

层间位移减振率对比（Tongan 人工波） 表 6-19

楼层	刚性地基		硬土地基		软土地基	
	0.2g	0.4g	0.2g	0.4g	0.2g	0.4g
6	67.12%	71.03%	70.75%	75.91%	64.08%	60.06%
5	72.17%	71.81%	67.91%	71.65%	63.84%	52.64%
4	70.41%	72.52%	73.68%	70.49%	62.58%	56.34%
3(隔)	/	/	/	/	/	/
2	48.32%	50.39%	50.00%	58.11%	52.48%	53.17%
1	58.02%	44.15%	48.15%	61.11%	48.67%	48.17%

从表中分析可知：

1）考虑 SSI 效应后隔震结构对于层间位移响应仍具有较好的减振效果。从总体来看，在 4 条地震动作用下，隔震结构的塔楼层间位移响应减振率大致为 60%以上，底盘的位移减振率为正值，也明显优于加速度响应底盘的减振率。

2）隔震结构的层间位移减振率与地基土的性质和地震动峰值密切相关。建立在刚性地基和硬土地基上的隔震结构的层间位移减振率均优于软土地基，随着输入地震波加速度峰值的增大，刚性地基和硬土地基减振率有所提升，软土地基减振率则略有下降。

（3）支座位移及层间位移角对比

为定量分析上部模型结构在考虑 SSI 效应后变形特征规律，将土性地基上隔震结构的支座位移相对于刚性地基上的支座位移增长率列于表 6-20 中，将两种结构的楼层最大层间位移角列于表 6-21 中。

隔震支座位移对比 表 6-20

地震波	加速度峰值	刚性地基	硬土地基		软土地基	
		位移(mm)	位移(mm)	放大倍数	位移(mm)	放大倍数
El-Centro 波	0.2g	2.64	3.24	1.23	5.19	1.97
	0.4g	8.01	9.24	1.15	10.29	1.28
Taft 波	0.2g	3.63	5.04	1.39	5.76	1.59
	0.4g	9.55	9.82	1.03	10.73	1.12
Kobe 波	0.2g	3.52	4.20	1.19	5.03	1.43
	0.4g	8.95	9.36	1.05	10.50	1.17
Tongan 人工波	0.2g	4.07	4.92	1.21	5.42	1.33
	0.4g	9.31	10.29	1.11	11.50	1.24

结构最大层间位移角 表 6-21

地震波	加速度峰值	刚性地基		硬土地基		软土地基	
		隔震	抗震	隔震	抗震	隔震	抗震
El-Centro 波	0.2g	1/1618	1/359	1/1111	1/317	1/887	1/298
	0.4g	1/1037	1/194	1/617	1/159	1/455	1/152
Taft 波	0.2g	1/1774	1/529	1/1111	1/333	1/696	1/233
	0.4g	1/1019	1/270	1/563	1/155	1/364	1/131
Kobe 波	0.2g	1/1447	1/462	1/1000	1/357	1/736	1/232
	0.4g	1/873	1/229	1/743	1/164	1/344	1/130
Tongan 人工波	0.2g	1/1718	1/478	1/952	1/410	1/772	1/346
	0.4g	1/859	1/242	1/601	1/211	1/401	1/186

由上表分析可知，SSI 效应对上部结构的位移有着显著的放大效应，尤其是对于建立在软土地基上的结构，更应充分注意考虑这一影响。一方面，隔震结构的支座在软土地基上的位移增长幅度较大，虽然在数值模拟的工况下最大位移仅为 11.5mm，处于隔震支座容许位移的安全范围内，但在大震或能量更高的脉冲地震波作用的情况下仍然会存在支座位移超限的风险。另一方面，抗震结构在软土地基上的层间位移角最大值已达 1/130，结构在极罕遇地震下可能突破《抗规》中关于弹塑性层间位移角的限

值，表明在软土地基上进行传统抗震设计时，应充分考虑结构的最大层间位移角超限问题。

由上述对有限元模型的位移综合分析表明，考虑 SSI 效应后对于结构的位移响应产生了显著影响，随着地基土的变软，上部结构的层间位移响应增大。这在抗震设计时就要求软弱场地上的结构更应充分考虑结构的延性，在进行隔震结构设计时应注意隔震支座的位移问题，在抗震结构设计中更应充分考虑层间位移角超限的问题。

4. 不同土性地基 SSI 效应分析

由前文分析可知，SSI 效应在硬土地基和软土地基的影响机理存在差异，为了定量分析考虑 SSI 效应后，硬土地基和软土地基对层间隔震结构的影响程度，引入 SSI 效应影响率参数 μ 来进行考量，定义其表达式为：

$$\mu=\left(1-\frac{R_{\mathrm{SSI}}}{R}\right)\times 100\% \tag{6-16}$$

式中，μ 为 SSI 影响率，R_{SSI} 为考虑 SSI 效应的土性地基上结构响应，R 为不考虑 SSI 效应的刚性地基上结构响应。将分别从加速度和层间位移两个角度来进行 SSI 效应对层间隔震结构的影响分析。

由于各条地震波造成的响应结果具有一定的离散性，在进行 SSI 效应分析时将取响应均值作为比较，将硬土地基和软土地基上层间隔震结构的 SSI 效应影响率列于表 6-22～表 6-25 中。

SSI 效应加速度影响率表一 **表 6-22**

输入峰值	楼层	刚性地基	硬土地基		软土地基	
		加速度(g)	加速度(g)	影响率	加速度(g)	影响率
0.2g	7	0.173	0.203	17.17%	0.271	56.54%
	6	0.106	0.127	19.06%	0.168	57.88%
	5	0.121	0.154	27.27%	0.183	51.24%
	隔	0.167	0.218	30.39%	0.291	74.40%
	3	0.346	0.669	93.63%	0.500	44.77%
	2	0.266	0.440	65.63%	0.429	61.53%
	1	0.228	0.328	43.64%	0.339	48.68%

SSI 效应加速度影响率表二 **表 6-23**

输入峰值	楼层	刚性地基	硬土地基		软土地基	
		加速度(g)	加速度(g)	影响率	加速度(g)	影响率
0.4g	7	0.249	0.289	15.96%	0.534	114.26%
	6	0.181	0.203	12.14%	0.292	61.24%
	5	0.180	0.233	29.76%	0.286	58.83%
	隔	0.237	0.305	29.07%	0.496	109.73%
	3	0.649	1.316	102.83%	0.974	50.08%
	2	0.536	0.872	62.59%	0.823	53.38%
	1	0.454	0.642	41.48%	0.675	48.57%

SSI 效应层间位移影响率表一 **表 6-24**

输入峰值	楼层	刚性地基	硬土地基		软土地基	
		位移(mm)	位移(mm)	影响率	位移(mm)	影响率
0.2g	6	0.25	0.34	34.65%	0.55	118.42%
	5	0.34	0.45	34.07%	0.65	91.63%
	4	0.30	0.37	26.27%	0.59	100.08%
	隔	3.47	4.35	25.54%	5.35	54.41%
	2	0.16	0.34	117.46%	0.44	179.87%
	1	0.16	0.35	118.75%	0.50	214.96%

SSI效应层间位移影响率表二　　表 6-25

输入峰值	楼层	刚性地基	硬土地基		软土地基	
		位移(mm)	位移(mm)	影响率	位移(mm)	影响率
0.4g	6	0.41	0.53	29.45%	1.16	185.28%
	5	0.59	0.74	26.50%	1.42	143.16%
	4	0.55	0.72	30.59%	1.29	135.16%
	隔	8.96	9.68	8.07%	10.64	18.84%
	2	0.31	0.62	101.72%	0.83	172.84%
	1	0.29	0.64	119.57%	0.91	212.76%

由上述表格可以看出，SSI效应对隔震结构存在显著的影响，且在不同土性的地基上的影响规律不尽相同，具体可总结为：

(1) 硬土地基和软土地基上各类响应的SSI效应影响率均为正值，表明考虑SSI效应后，层间隔震结构在两种土性地基的响应均是放大的。

(2) 从结构整体加速度响应角度分析，硬土地基对结构底盘的影响最为明显，最大已达102.83%，表明建立在硬土地基上的层间隔震结构需加强对底盘的构造才能确保安全。软土地基对结构的隔震层的影响十分显著，最大已达109.73%，以上综合表明考虑SSI效应后底盘和隔震层容易成为薄弱部位。

(3) 从结构的变形特征进行分析，考虑SSI效应后两种地基对层间隔震结构的底盘影响率均较高，其中软土对底盘的影响率最高已达214.96%。另外，软土地基对隔震支座的位移也存在明显的放大作用，由于隔震结构的位移集中在隔震层，层间位移数据基数较大使得SSI效应的影响率不高，实际应用中仍应关注隔震层的放大效应。

综合上述分析可得出，SSI效应对层间隔震结构的各种响应以放大作用为主，在实际工程设计中不能忽略SSI效应对层间隔震结构的影响，并应重点加强对隔震层和下部底盘的保护措施。

6.3　振动台层状剪切型土箱研制及测试

在实际的建筑工程中，房屋的基础结构部分通常是埋置在地表以下，处于半无限的场地中。在地震作用下，覆盖在刚性基岩上的半无限土体的水平向反应可看作在竖向传播剪应力作用下的剪切梁，其侧向变形如图6-39所示。在进行土-结构相互作用的试验中，需要将土体装填在一个盛土的容器当中，容器四周的侧边界不仅约束了土体的变形，还会对地震波在土体中的传递产生反射和散射作用，进而对动力试验的结果产生一定的影响，这种影响称为模型箱的“边界效应”。

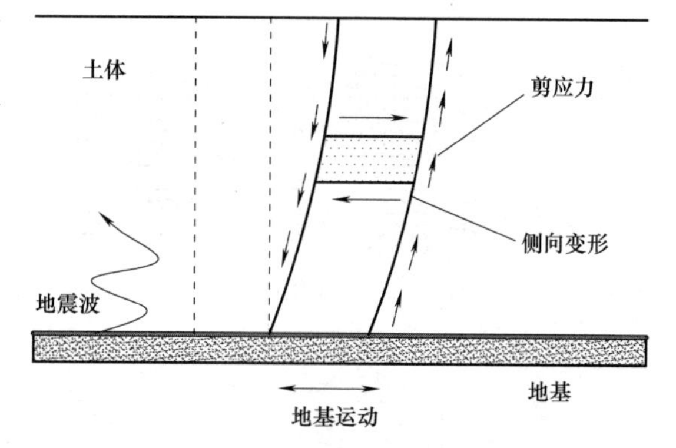

图6-39　天然土层的地震反应

为较好地模拟实际的场地情况，减小边界效应对试验的影响，本节设计并制作了一种层状剪切型土箱，对制作过程及性能测试进行了详细的介绍，包括通过振动台激振和ABAQUS软件分析了其动力特性，了解其对试验中边界条件的影响，课题组其他研究成员共享此成果。并制备了两种软硬程度不同的地基土，为后续的振动台试验提供基础条件。

6.3.1　振动台模型土箱应用现状

在土-结构动力相互作用振动台试验中，由于土体需要装填在试验土箱中，土箱的边界将会挤压模型土，但是在实际环境中，地基土是无限边界的自由场，土体边界没有受到约束，这将导致试验结果产生一定的误差。为了能更好地减小模型箱的边界效应，通常要求模型土箱不仅能正确地模拟土的边界条件，还

必须能满足土体的剪切变形。基于此，国内外研究人员发明了一系列不同样式的模型土箱来进行试验。

模型土箱的应用发展主要有刚性土箱、柔性土箱和层状剪切型土箱3种。其中，刚性模型箱在早期的振动台模型试验中应用较广，如杨林德等研制出的矩形刚性模型土箱，其工作原理是，在由型钢焊接的模型箱内部侧壁使用海绵、聚苯乙烯泡沫等柔性材料来减小边界的影响，这种模型箱具有研制简单、造价较低的特点。但因其侧向刚度较大，在试验中易产生较大的边界效应，故这种类型的土箱已渐渐较少出现在研究相互作用的动力试验中。随即发展而来的是柔性模型箱，这种土箱大多为圆形的容器，容器边界采用橡胶膜制作而成，膜外包有纤维带或钢丝来限制其产生过大的变形。Meymand率先在其桩-土相互作用试验中使用了此类圆筒形柔性土箱，其试验结果表明，这种柔性土箱比刚性模型箱能更好地模拟土体的剪切变形。但此类土箱的缺点也很显著：试验中土箱的外包纤维带间距对结果的影响很大，故这种土箱对边界条件的模拟是较难控制的。在这两种模型土箱的基础上，研究人员进一步发明出了层状剪切型土箱，这类土箱通常为钢框架结构，采用从下至上的多层平面钢框架堆叠而成，层层框架之间放置能产生滑动或滚动的钢珠，在水平向地震作用下，这种土箱即可产生层与层之间的错动，从而实现了剪切变形的模拟。

国外学者Matsuda等最先发明并制作出了该土箱进行试验，而后Durante也采用这种剪切型土箱完成了桩-土-结构动力相互作用试验。在国内，伍小平等是最先研制出钢框架剪切型土箱来进行振动台试验的学者。随后，经过黄春霞、史晓军、陈国兴等众多学者一系列的研究，表明相对于刚性土箱和圆筒柔性土箱而言，层状剪切型土箱能最好地实现土体边界条件以及剪切变形的模拟，使其成为目前应用最为普遍的模型土箱。基于此，本次试验设计并制作一个层状剪切型试验土箱，用它来装填土体以及完成后续的振动台试验。

6.3.2 试验土箱设计制作

基于上述理论研究的基础，并根据福州大学土木工程学院结构馆的振动台台面尺寸及承重能力，结合本次振动台试验的特点，设计了由多层矩形钢框架叠合而成的层状剪切型土箱，其净尺寸设计为3.2m（长向）×2.0m（短向）×1.4m（高度）。土箱由土箱基础和土箱主体两部分构成，土箱整体设计如图6-40所示。

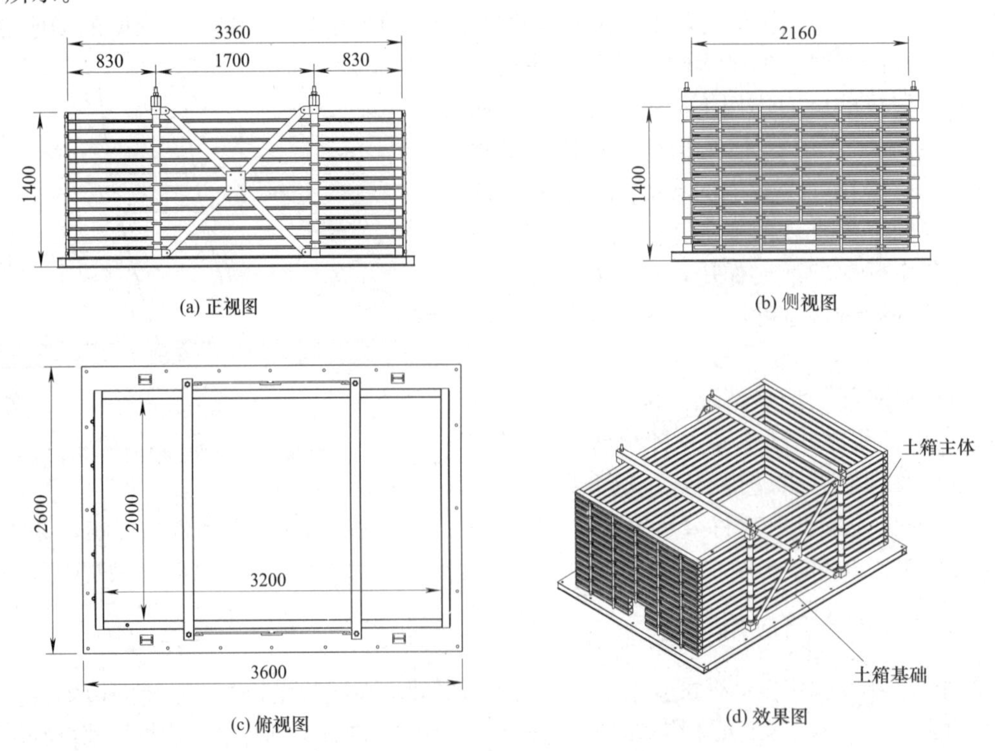

图6-40 层状剪切型土箱设计图（单位：mm）

土箱基础由上下两层钢板与中间方钢管骨架焊接而成，形成刚性底座，如图 6-41 所示。底座上设置 20 个螺栓孔，用于穿插螺杆与振动台台面的孔位连接。底座之上的土箱主体由 15 层 Q235 级方钢管框架自下而上叠合而成，以形成土箱侧壁，每层钢框架由 4 根截面尺寸为 80mm×80mm×3mm 的方钢管焊接而成。上下两层相邻框架之间均设置有若干个牛眼轴承，牛眼轴承安装在下层框架的表面，轴承内嵌有滚珠，如图 6-42 所示。牛眼轴承及滚珠的存在，形成了可以自由滑动的支撑点，可使层层框架之间产生水平方向的相对滑移，以满足模拟土在地震作用下产生剪切变形的要求。

图 6-41　土箱基础制作

图 6-42　方钢管上轴承及滚珠

在土箱主体的长边方向，其框架外壁设置有两根圆形立柱，给土箱侧壁提供一定刚度。立柱的底部固定在刚性底座上，自下往上同轴均布有若干个轴承，轴承的外圈与框架的长边外壁接触，两立柱间经“X”形的斜撑连接为稳定的整体，顶端之间均经沿框架宽度方向延伸的横梁通过螺栓连接为一体，如图 6-43 所示。立柱可约束土箱沿短边方向的变形，保证土箱框架层在沿长边方向的激振下不会发生扭转。

在土箱主体的短边方向，框架外壁经螺钉螺接有“Ω”形的箍板，采用 5 根圆钢管沿箍板的中部通孔穿过，沿短边均匀分布，如图 6-44 所示。其中一部分圆钢管与奇数层框架的宽边外壁螺接，另一部分圆钢管与偶数层框架的宽边外壁螺接，将宽边框架连接为整体。两个侧面的约束连接详图如图 6-45 和图 6-46 所示。

图 6-43　长边方向约束构件

图 6-44　短边方向约束构件

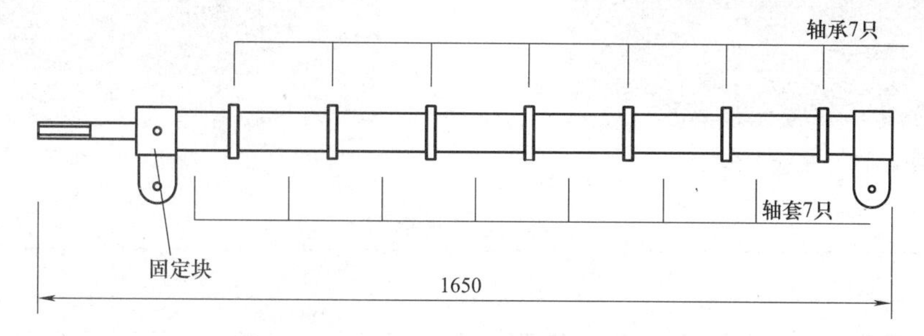

图 6-45　长边方向立柱详图（单位：mm）

为保证土不漏出，箱体内壁附有 10mm 厚的特制橡胶垫，橡胶垫通过穿插圆形钢管架设在箱顶框架表面，以保证其不会从箱壁上滑落。此外，土箱的一侧壁底部开有洞口，防止箱内产生积水。土箱制作完成后，用砂纸打磨钢材表面，涂刷一层灰色的防锈漆。其制作成品如图 6-47 所示。

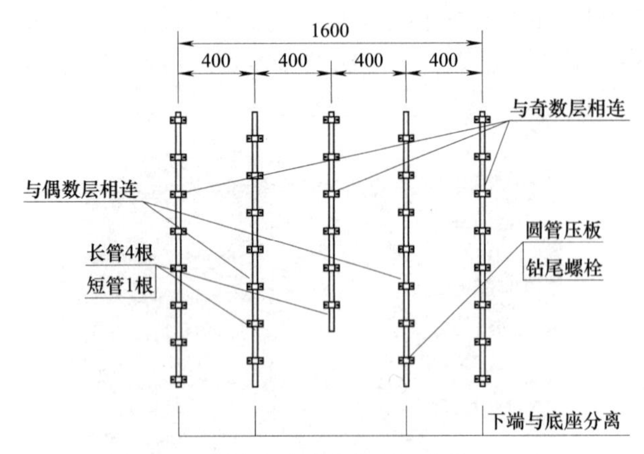

图 6-46　短边方向立柱详图（单位：mm）

图 6-47　土箱成品图

6.3.3　土的选取和制备

1. 不同土性指标的确定

为了揭示在不同土性地基条件下桩-土-结构动力相互作用的效果和规律，土的选取尤为重要。为达到试验目的，需要制备土性相对较硬和较软的两种模型土，来模拟试验的不同土性地基条件。在众多种类的土样中，黏性土随着自身含水率的变化有着不同的物理状态：当含水率较小时，黏性土比较坚硬，处于固体状态，有着较大的力学强度。随着含水率的逐渐增大，土也随着变软，随即达到可塑状态，若继续增大含水率至土体不能保持一定的形状，即呈现出流塑状态。由于黏性土的这种物理性质，考虑到后续试验施工方便，故两种地基土均采用颗粒级配良好的黏性土来制备，如图 6-48 所示。

由于含水量对黏土的性质改变十分明显，进而影响整个模型地基的动力特性，故试验中应特别注意场地土的含水量。本次试验中通过控制土的密度和含水率的方法来制备软土、硬土的地基模型。采用环刀法测量了土的密度，采用烘干法测定土的含水率，采用液塑限联合测定仪测定土的界限含水率，各类试验器材如图 6-49～图 6-51 所示，将自然状态下测得的土体参数列于表 6-26 中。

图 6-48　试验土样

图 6-49　烘箱

土样物理性质指标　　表 6-26

天然密度	天然含水率	塑限	液限
1850kg/m^3	29.7%	19.05%	40.91%

图 6-50 电子天平

图 6-51 液塑限联合测定仪

在试验填土过程中，采用人工分层装填的方法：每层土厚度 150mm，加水后静置 7d，再采用 HCD 型电动冲击夯均匀夯实至预设深度，以确保土层达到预定的密度，冲击夯功率参数如表 6-27 所示，夯实过程如图 6-52 和图 6-53 所示。夯实后形成的不同土性的地基如图 6-54 和图 6-55 所示。结合上述所选用黏土的物理力学指标参数，在试验前后分别对试验土体进行取样，综合给出了模型试验软土、硬土的各项物理参数来充分区别软、硬土在力学性质上的差异，如表 6-28 所示。结合《抗规》的说明，本次试验土的制备可以模拟硬土地基和软土地基效果。

HCD 型电动冲击夯性能参数 **表 6-27**

性能参数	HCD 型冲击夯	性能参数	HCD 型冲击夯
起跳高度	40～65mm	冲击次数	250～750 次/min
冲击能量	75～100N·m	配套功率	3kW
前进速度	10～13m/min		

图 6-52 电动冲击夯

图 6-53 夯实过程

地基土样物理性质指标 **表 6-28**

土样类型	密度	含水率	IP	IL	状态
硬土地基	1910kg/m^3	23.71%	21.86	0.213	硬塑
软土地基	1780kg/m^3	32.93%	21.86	0.635	可塑

图 6-54　硬土地基土表

图 6-55　软土地基土表

2. 模型土高度的确定

在填土过程中，为保证试验准确性，需要对箱内土体的高度有所限制。由于土箱的边界效应在试验中不可能被全部消除，地震波在土箱边界产生的反射波在箱内土体过高的情况下容易在土表处积累，从而使土体上部的地震波特性产生杂化，特别是在地震动高峰值输入下这种现象更为显著。在本试验中，地震波由振动台台面输入，通过箱内土体传播到上部结构，如果上部结构模型基底处的地震波受到干扰，会进一步影响试验结果的准确性和合理性。此外，箱内土体过高还会使土箱和土体整体产生弯曲振动的现象，严重影响试验中的安全性和稳定性。

为确定箱内土体的高度，先做如下推导。假定模型场地为周围无约束且具有一定形状的土体，它的面积为 A，高度为 H，密度为 ρ。若从土体的底部输入地震波的加速度峰值为 a，如果模型场地为弹性体，则模型场地的重心处的加速度也为 a。这时，场地底部的剪应力 τ 最大。则模型场地底部的受力平衡公式为：

$$\rho AH \cdot a=\tau A \tag{6-17}$$

由库伦定律可得土的抗剪强度为：

$$\tau_{\max}=P\tan\phi+c \tag{6-18}$$

式中，$P=\rho gH$ 为上覆土压造成的法向压应力，g 为重力加速度，ϕ 和 c 分别为土的内摩擦角和黏聚力。

如果箱内土体的底部先行破坏，则会变成软弱层，进一步影响地震波向上部的有效传播。所以，试验中一般不希望地基模型的底部提前出现破坏。如果试验中的最大输入加速度峰值为 $a_{\max}$，则将式（6-18）代入式（6-17）可以得到模型场地的最大高度 $H_{\max}$ 为：

$$H_{\max}=\frac{c}{\rho(\alpha_{\max}-g\tan\phi)} \tag{6-19}$$

由这个公式得到的箱内土体的最大高度可以认为是试验地基高度的上限值，如前文软黏土的物理力学参数为 $\rho=1780\text{kg/m}^3$，$\phi=15$ 和 $c=21\text{kPa}$，振动台场地进行大型试验时最大加速度为 $a_{\max}=1.2g$，则由此类土设计的箱内土体的上限高度为 $H_{\max}=1300\text{mm}$。又因为模型箱的存在对土体的约束往往会分担一部分底部剪力，这一高度还可以再提高一些。在试验设计中对模型尺寸、场地承载能力以及上述理论进行综合考虑后，将箱内土体的高度取值为 1200mm。

6.3.4　模型土箱的动力性能测试

1. 土箱基频和阻尼比测试

在土-结构相互作用的振动台试验中，只有当土箱的自振频率避开模型地基的基频，才不会因为共振效应而对内部土体自身的振动反应产生影响，同理土箱的阻尼也应避开箱内土体的阻尼。为此，本节采用数值模拟计算和土箱初步激振相结合的方法来测试土箱的性能。

首先通过 ABAQUS 建立了试验土箱的空箱模型，采用实体单元模拟土箱主体的方形钢管，对于土箱侧边的立柱，考虑到网格划分后方便计算收敛，采用等效刚度法将圆形截面钢管转换成了矩形截面。土箱主体的框架层与层之间通过弹簧单元相连，并可以产生水平向的滑动，土箱上部与两侧立柱相连接的横梁则采用刚度较大的弹簧单元模拟。建立的土箱有限元模型如图 6-56 所示，由此计算出剪切箱在沿 X 方向上激振的基频为 4.5Hz。在此基础上，又建立了装填有土体的有限元计算模型，土体采用 Mohr-Coulomb 模型，对模型提取一阶频率，其值为 X 方向为 10.8Hz，土箱振型如图 6-57 和图 6-58 所示。

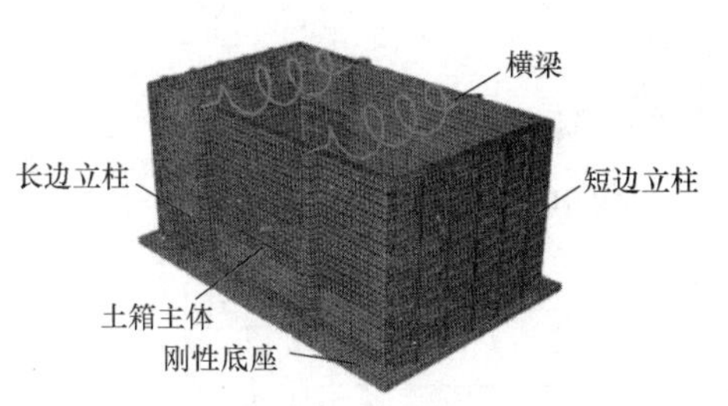

图 6-56　土箱三维有限元模型

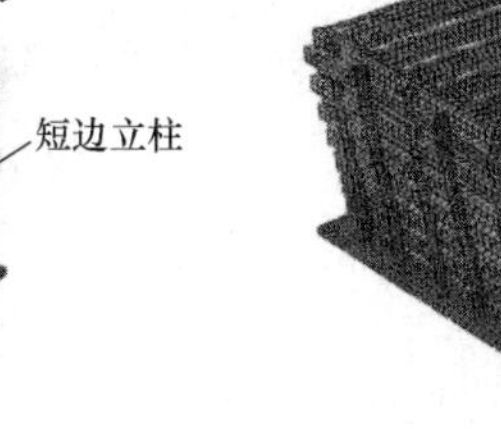

图 6-57　空箱一阶振型

图 6-58　填土一阶振型

为反映实际土箱对试验的适用性，利用振动台对其进行测试，如图 6-59 所示。将土箱通过螺栓与振动台台面连接安装完毕后，采用扫频的方法测得空箱的基频为 X 向 3.8Hz；通过从台面输入脉冲信号，使土箱产生相对位移，根据振动衰减理论计算出土箱的阻尼比为 3.61%。

图 6-59　土箱安装

采用同样的扫频方法获得了装填 1.2m 高软黏土时，土箱整体的基频为 X 向 9.3Hz，地震动作用下土体的阻尼比一般为 5%～25%，可以看出设计的层状剪切土箱的基频远离了箱内土体的基频，土箱自身的阻尼不会给模型土体的地震反应带来不良的影响。振动台实测结果与有限元分析结果误差较小，相互验证了土箱的可行性。

2. 土箱边界效应测试

通过将土箱安装后初步的振动台试验，来测试其边界效应的模拟效果。试验采用前文所述 1.2m 高软黏土作为箱内土体，分别在土表、埋深 0.4m 处和埋深 0.8m 处各安装 3 个加速度传感器，传感器自土箱中心沿 X 方向水平布置以获得模型土箱对地基中 X 方向自由边界的模拟效果，具体位置和编号如图 6-60 所示。

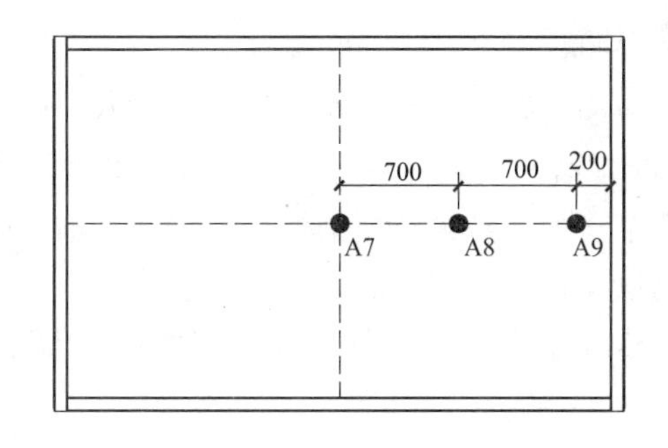

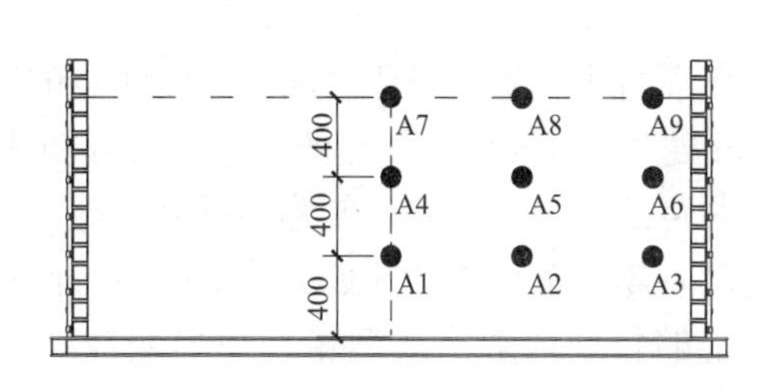

图 6-60　土箱加速度传感器布置图（单位：mm）

通过振动台台面输入峰值加速度 $0.2g$ 的 El-Centro 地震波后，获得 9 个加速度传感器的数据记录，其中位于土表的 A8 号传感器在激振过程中发生脱落，故土表 A8 号传感器数据缺失。通过比较激振中土体同一深度的各传感器所得到的加速度时程曲线和傅里叶谱的差异性，可以判断出模型土箱对地基中 X 方向自由边界的模拟效果。分别将土内 0.8m 深处、0.4m 深处和土层表面传感器记录的加速度时程和傅里叶谱列于图 6-61～图 6-63 中。

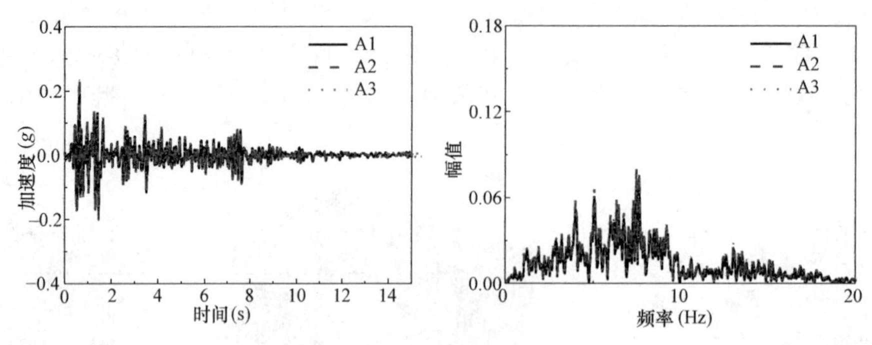

图 6-61 0.8m 处测点加速度时程及反应谱

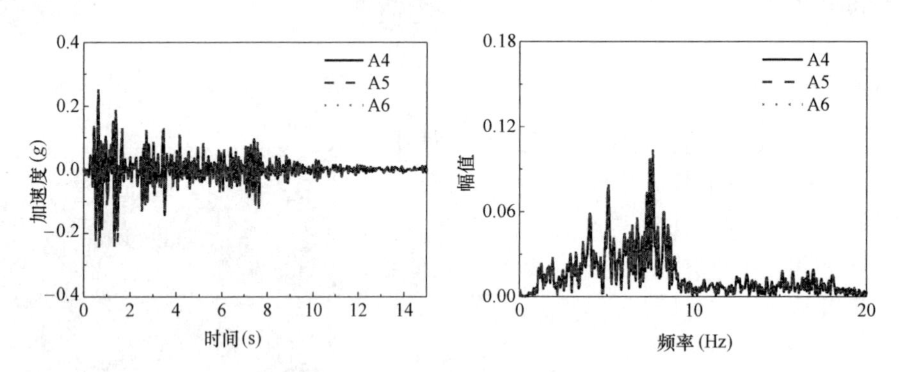

图 6-62 0.4m 处测点加速度时程及反应谱

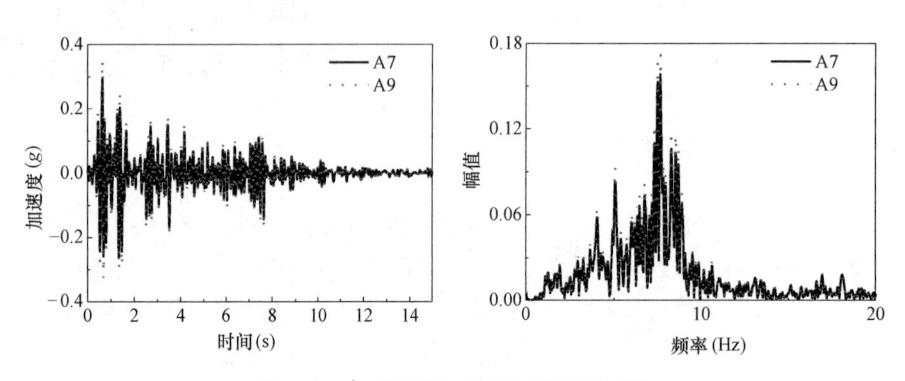

图 6-63 土表测点加速度时程及反应谱

从图中可以看出，地基土体内同一深度测点的时程曲线吻合度较好，频谱成分也基本一致；模型地基埋深 0.8m 处和 0.4m 处各测点的加速度时程和傅里叶频谱的一致性更好，土表测点的吻合度产生了一定的偏差，可解释为土表安装传感器时难以完全埋设至土内，导致在振动作用下传感器与土体间易产生相对的滑动，影响了传感器的数据采集结果，使得测量出现一定程度的误差。从总体结果来看，该模型土箱还是能够较好地解决模型箱的边界效应问题，具有较高的可靠性，应用在振动台试验中是可行的。

6.4 不同土性地基上振动台试验分析

在土-结构相互作用问题的数值计算中，由于计算方法以及计算模型选取存在不同，研究结果存在

很大的差异。对土-结构相互作用进行试验研究，一方面可以对数值成果进行验证，另一方面，可以促进研究成果在工程应用的发展。

本节以前文的有限元结构模型为基础进行振动台试验，由于本节研究的主要目的是分析和对比考虑SSI效应后层间隔震结构在不同土性地基上的地震反应，所以只进行了硬土地基和软土地基上的模型结构试验。通过试验结果探究结构的动力响应规律，并与前文的数值计算结果相互验证，为考虑SSI效应的结构抗震设计提供建议。

6.4.1　结构模型设计及制作

考虑层间隔震结构试验的需要，在模型制作时采用塔楼与底盘分开制作的方法，试验中再进行拼接。整体试验模型自下往上的组成顺序为：振动台台面、土箱、桩基承台、底盘、隔震支座、塔楼。上部结构模型设计图在6.2节已详细说明，在此重点描述其拼装过程中的设计。

在整个连接拼装过程中，首先要注意的是关于上部塔楼与下部底盘的连接固定：与其他楼层的区别在于，由于隔震支座是通过上下两层钢板来进行螺栓连接，故在模型的底盘顶部和塔楼底部均需焊接上与支座同尺寸的钢板，同理底盘顶部也需焊接上同尺寸钢板来与桩基承台进行拼接，其设计尺寸见图6-64和图6-65。试验用钢框架结构的制作均严格按照图纸进行，其梁柱节点采用焊接形成固接，模型成品图如图6-66和图6-67所示。需要说明的是，底盘底部中间的斜撑构造是为了防止模型在试验过程中的Y向失稳，此构件不会影响激振过程中结构在X向的动力性能。

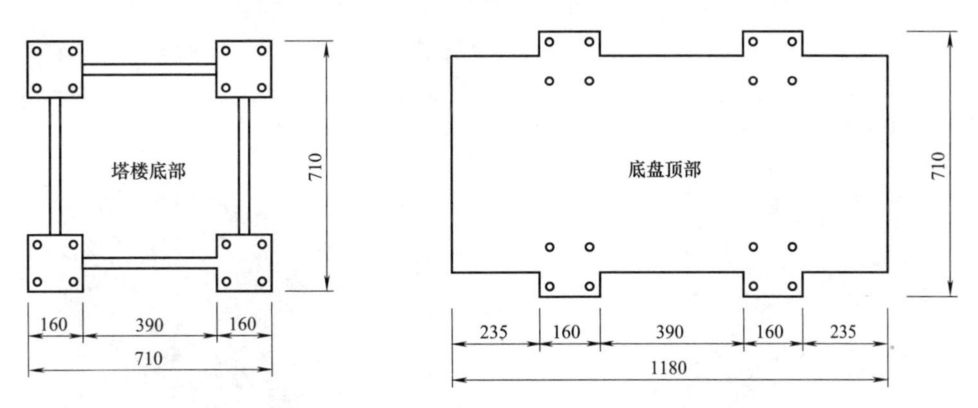

图6-64　塔楼转换层示意图（单位：mm）

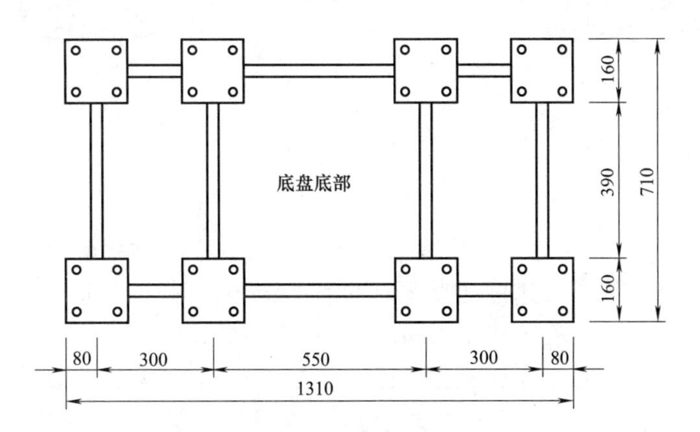

图6-65　底盘底部示意图（单位：mm）

然后是关于下部底盘与桩基承台的连接，需要在桩基承台的内部焊接转接板，转接板上连接有8个分别焊有方形钢板的墩台，方形钢板与结构的底盘钢板尺寸保持一致，墩台距离也应控制与底盘的柱网尺寸完全一致，以保证预埋位置的精确性，其设计如图6-68所示。

图 6-66　底盘模型

图 6-67　塔楼模型

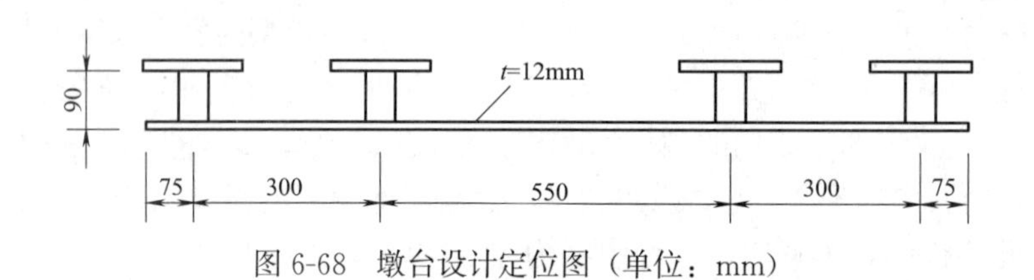

图 6-68　墩台设计定位图（单位：mm）

在进行桩基承台混凝土浇筑前，采用 200mm 高的木模板进行固定，板缝隙用发泡填缝剂堵漏。然后采用 C30 的商品混凝土浇筑，在制作现场完成混凝土浇筑后，对其洒水养护 14d。在达到设计强度后拆模，并将表面抹平擦净，最终的桩基承台模型如图 6-69 和图 6-70 所示。

图 6-69　桩基承台模型

图 6-70　桩基承台底面

6.4.2　测点布置及采集系统

1. 传感器布置

试验中采用地震波沿结构长边方向（X 向）输入，来探究模型结构各类的动力特性，所需要的设备和器材分别有数据采集系统、加速度传感器、位移传感器。其中，选用 DH610 型加速度传感器、BL80-V 型拉线式位移传感器进行安装，如图 6-71 和图 6-72 所示。

DH610 的参数如表 6-29 所示，在加速度传感器安装完毕后，须对加速度传感器进行灵敏度测试以减小试验误差。试验只测定 X 轴方向的加速度响应，所以无需对 Y 轴方向放置传感器。在放置方法上，因结构楼板上被配重块挡板占用，故须在楼板侧面另外粘贴一块薄钢板用来安装加速度传感器。

塔楼共有 4 个楼面，底盘共有 3 个楼面在每个楼面的左侧放置 1 个 X 向加速度传感器；承台上布置 1 个 X 向加速度传感器，土表布置 2 个 X 向加速度传感器来测定土的放大效应及滤波效应，振动台台面布置 1 个 X 向加速度传感器来判定输入地震波的时程。共布置 11 个加速度传感器。上部结构楼板处的加速度传感器测点位置如图 6-73 所示。

图 6-71　DH610 型加速度传感器

图 6-72　BL80-V 型拉线式位移传感器

DH610 型传感器参数　　**表 6-29**

档位		0	1	2	3
参量		加速度	中速度	小速度	大速度
灵敏度(V·s/m)		0.3	50%	77.6%	39.29%
最大量程	加速度(m/s^2)	20			
	速度(m/s)		0.125	0.3	0.6
频率范围(Hz)		0.25～80	1～100	0.3～100	0.1～100
输出负荷电阻		10000	10000	10000	10000
尺寸(mm),重量		63×63×63,550g			

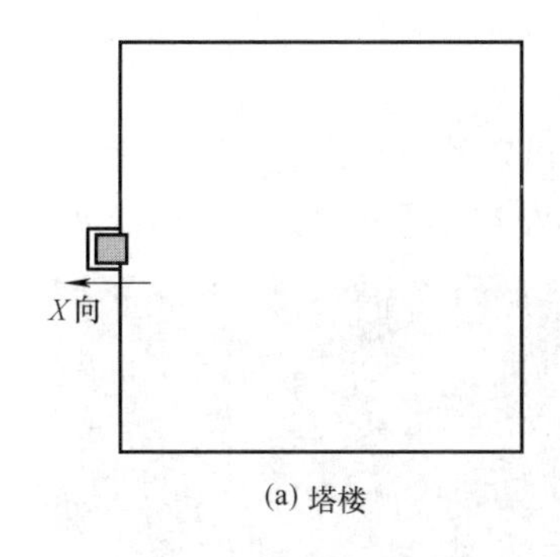

(a) 塔楼

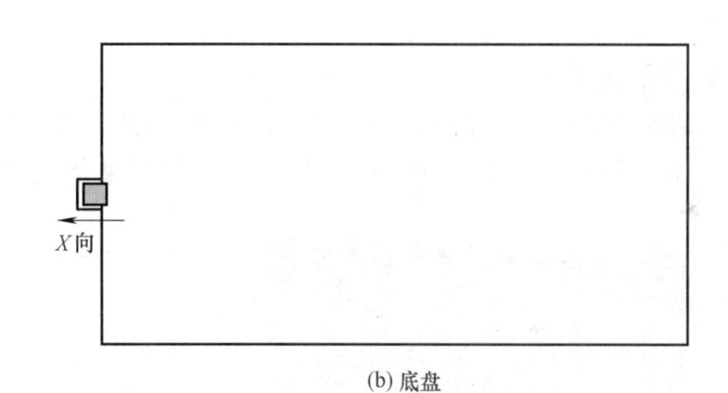

(b) 底盘

图 6-73　加速度传感器位置图

BL80-V 型拉线式位移传感器一般固定在振动台外的脚手架上，将其线头水平拉至模型结构的测点处固定，这样即可采集到结构测点发生的水平绝对位移。在处理层间位移的过程中，通过提取出上下不同的两层测点的绝对位移时程，再求出不同测点的绝对位移时程差值即为层间位移。本节仅研究 X 方向上的位移响应，因此在结构的每层布置一个沿 X 向拉出的位移传感器，共计 7 个位移传感器。与加速度传感器位置相反，位移传感器安装在楼层的 X 向右侧，如图 6-74 所示。至此，试验的所有传感器测点图如图 6-75 所示。

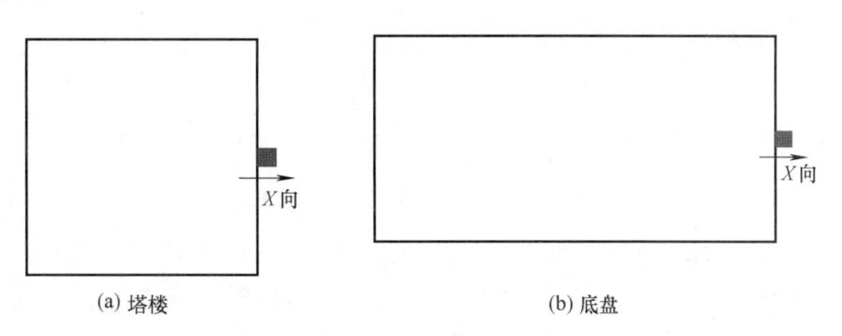

(a) 塔楼　　(b) 底盘

图 6-74　位移传感器位置图

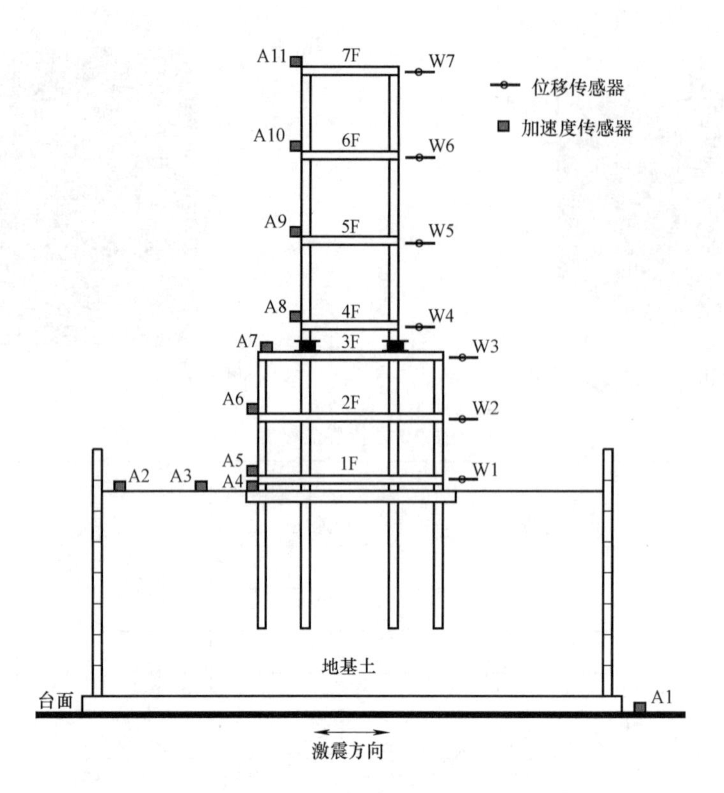

图 6-75　试验传感器测点布置图

2. 采集系统简介

试验通过 JM5958 三台振测试系统进行数据采集，在该系统中可观测到各传感器的时程曲线，便于数据的收集。与该系统配套使用的是数据采集箱，采集系统及采集端口如图 6-76 和图 6-77 所示。

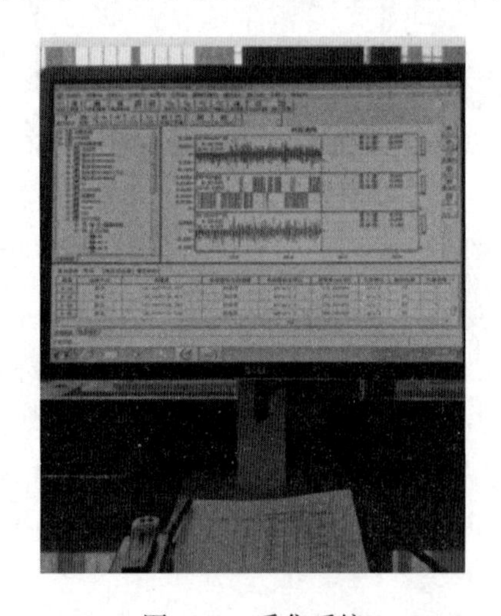

图 6-76　采集系统

图 6-77　数据采集端口

6.4.3　场地条件及试验工况

1. 振动台简介

福州大学土木工程结构实验室拥有三台阵双向地震模拟振动台系统，如图 6-78 所示。由于土箱体积庞大，故只能放置于中间的振动台上进行激振，其基本性能参数见表 6-30。从表中可以看出，该振动台可以满足本次试验所需的各类技术条件，在该振动台上进行试验是可行的。

图 6-78　地震模拟振动台三台阵系统

试验振动台主要技术参数　　表 6-30

参数	概况
台面尺寸	4m×4m
振动方向	水平三向（X、Y 向和水平转角）
台面自重	9650kg
最大有效载荷	22000kg
台面最大位移	±250mm
台面最大转角	−13°～+19°
台面满载最大加速度	X 向 1.5g；Y 向 1.2g
单独台面连续正弦波振动速度	75cm/s
单独台面地震波振动(10s)的峰值速度	105cm/s
最大倾覆力矩	600kN·m
最大偏心力矩	110kN·m
最大偏心	0.5m
工作频率范围	0.1～50Hz
振动波形	周期波、随机波、地震波
控制方式	数控

2. 试验工况及加载方案

由于土体的存在，地震波的输入次数和输入峰值均会对地基的动力特性产生较大的影响，进而影响上部整体结构的反应。故在完成试验研究目的的情况下，尽可能地减少试验工况。在开机后，先对设备进行正弦波调试，确认传感器及设备正常后，进行白噪声工况扫描，用以测量模型的自振频率等动力特性。试验工况以地震动加速度峰值为序从小至大依次展开，在不同的地基上，先进行隔震模型试验，再进行抗震模型试验。优化试验加载制度方案后，本试验共 32 种工况。如表 6-31 和表 6-32 所示。

振动台试验工况表 1　　表 6-31

模型结构	工况	输入地震动	加速度峰值(g)
软土地基隔震模型	A1	El-Centro 波	0.20
	A2	El-Centro 波	0.40
	A3	Taft 波	0.20
	A4	Taft 波	0.40
	A5	Kobe 波	0.20
	A6	Kobe 波	0.40
	A7	Tongan 人工波	0.20
	A8	Tongan 人工波	0.40
软土地基抗震模型	B1	El-Centro 波	0.20
	B2	El-Centro 波	0.40
	B3	Taft 波	0.20
	B4	Taft 波	0.40
	B5	Kobe 波	0.20
	B6	Kobe 波	0.40
	B7	Tongan 人工波	0.20
	B8	Tongan 人工波	0.40

振动台试验工况表 2　　表 6-32

模型结构	工况	输入地震动	加速度峰值(g)
硬土地基隔震模型	C1	El-Centro 波	0.20
	C2	El-Centro 波	0.40
	C3	Taft 波	0.20
	C4	Taft 波	0.40
	C5	Kobe 波	0.20
	C6	Kobe 波	0.40
	C7	Tongan 人工波	0.20
	C8	Tongan 人工波	0.40
硬土地基抗震模型	D1	El-Centro 波	0.20
	D2	El-Centro 波	0.40
	D3	Taft 波	0.20
	D4	Taft 波	0.40
	D5	Kobe 波	0.20
	D6	Kobe 波	0.40
	D7	Tongan 人工波	0.20
	D8	Tongan 人工波	0.40

6.4.4　模型组装

本次试验的模型组装包括 3 个部分：(1) 土箱基础与振动台台面通过螺杆刚性连接，(2) 底盘与桩基承台台面通过螺栓刚性拼接，(3) 塔楼与底盘的螺栓刚性拼接。另外，为了防止模型吊装和试验激振过程中配重块松动及掉落，在楼板上用模板将配重块挡住，并且在沿模型激振方向采用焊接钢筋围住模板。模型组装过程中按以下步骤来完成：首先将土箱吊装至振动台台面固定，然后底盘装好配重后吊装至土箱内与承台连接，最后吊装塔楼。层间隔震结构需在底盘与塔楼之间安装隔震垫再安装塔楼；抗震结构则直接通过转换层螺栓连接。最后分别安装好加速度传感器和拉线式位移传感器，安装过程如图 6-79～图 6-86 所示。

图 6-79　土箱吊装

图 6-80　底盘连接

图 6-81　隔震支座安装

图 6-82　楼层配重

图 6-83　加速度传感器安装

图 6-84　位移传感器安装

图 6-85　隔震模型

图 6-86　抗震模型

6.4.5　振动台试验结果分析

1. 试验现象

图 6-87、图 6-88 给出了在加速度峰值为 0.4*g* 的 El-Centro 波作用下隔震结构模型整体和隔震支座

图 6-87　试验中模型位移

图 6-88　隔震支座位移

产生的 X 向位移。可看出在激振过程中上部结构以平动为主，位移主要集中在隔震层，符合隔震结构的宏观试验现象，也表明隔震支座发挥了良好的隔震效果。

试验结束后，上部钢结构未出现明显损伤，在软土地基上，桩基承台表面产生了明显的不均匀沉降，上部结构发生了轻微的倾斜现象，在硬土地基上则只产生轻微沉降，上部结构未发生倾斜，如图 6-89～图 6-91 所示。表明建立在硬土地基上的层间隔震结构可以有效减小地震中结构的沉降和倾斜震害。

图 6-89　硬土地基上沉降

图 6-90　软土地基上沉降

图 6-91　软土地基上倾斜

随着试验工况的不断进行，在软土地基上，发现有少量水分析出，其土表变得略微湿润，而在硬土地基上没有显著观察到此现象。可解释为土体在振动作用下，其中的孔隙水压力会有上升趋势，但其上升程度与土体的密实度及其含水量有关，由于软土地基含水量较高，故表现为随着试验进行的同时出现较明显的水珠析出现象。而硬土地基含水量较低但其夯实程度更高，其上覆压力大且上层不易透水，同时也抑制了孔隙水的析出。

2. 模型结构动力特性

试验中基于白噪声扫描来求得模型结构的自振特性，通过模态分析得到两种模型的一阶自振周期，并将试验结果与数值结果进行对比，列于表 6-33 中，本节中的误差以试验值为基准，计算公式为：

$$\text{误差}=\frac{\text{试验值}-\text{计算值}}{\text{试验值}}\times 100\% \tag{6-20}$$

从表中可得，两种土性地基上的抗震模型自振周期较计算值均有所增大，这可能是因为试验顺序为先进行隔震结构的工况，再进行抗震结构工况，随着地震波的不断输入和加载，地基土体的频率会有所降低。

从误差情况来看，结构自振周期的试验值与计算值误差基本保持在 5%以内，表明建立的数值模型是合理的，也说明制作的试验模型准确度较好，可用此模型进行后续的分析。

模型结构自振周期对比　　**表 6-33**

地基类型	硬土地基		软土地基	
	隔震模型(s)	抗震模型(s)	隔震模型(s)	抗震模型(s)
试验值	0.474	0.201	0.480	0.243
计算值	0.480	0.195	0.492	0.233
误差	−1.27%	2.99%	−2.50%	4.11%

3. 加速度反应试验-数值对比

（1）土表加速度响应分析

由前文数值分析可知，地震波从地基底部输入后传递到土体表面的过程中，加速度的峰值强度发生了明显的改变。将试验测得的两种地基土表加速度列于表 6-34 和表 6-35 中，并与数值计算结果进行对比。

硬土地基土表加速度误差对比　　表 6-34

地震波	基底输入(g)	计算值(g)	试验值(g)	误差
El-Centro 波	0.20	0.419	0.463	9.50%
	0.40	0.826	0.881	6.24%
Taft 波	0.20	0.338	0.354	4.52%
	0.40	0.642	0.621	−3.38%
Kobe 波	0.20	0.232	0.272	14.71%
	0.40	0.433	0.489	11.45%
Tongan 人工波	0.20	0.331	0.355	6.76%
	0.40	0.650	0.721	9.85%

软土地基土表加速度误差对比　　表 6-35

地震波	基底输入(g)	计算值(g)	试验值(g)	误差
El-Centro 波	0.20	0.278	0.344	19.19%
	0.40	0.547	0.623	12.20%
Taft 波	0.20	0.341	0.382	10.73%
	0.40	0.679	0.661	−2.72%
Kobe 波	0.20	0.331	0.412	19.66%
	0.40	0.630	0.732	13.93%
Tongan 人工波	0.20	0.281	0.329	14.59%
	0.40	0.533	0.630	15.40%

从表中可以看出，土表加速度在硬土地基上的误差总体比软土地基上的误差要小，说明由于硬土地基的土体强度更大、稳定性好，在硬土地基上的加速度响应结果具有更高的可靠性。总体来说，在两种地基上试验测得的土表加速度与数值分析所得结果的误差基本保持在 20%以内，再一次验证了数值模型的合理性。

在地震波传播过程中，地基土体会选择性地放大或抑制在土中地震波的某一频段能量，使从基岩传递到土表的地震波频谱特性发生变化，这种现象称为土的滤波效应。为了进一步分析硬土地基和软土地基对地震波频谱特性的影响，在试验中 4 条地震波 0.2g 加速度峰值的工况下，提取出两种地基中土表测点的傅里叶谱与振动台台面的测点傅里叶谱对比列于图 6-92～图 6-95 中。图中“Hard Soil”代表硬土地基土表，“Soft Soil”代表软土地基土表，“Table”代表振动台台面。

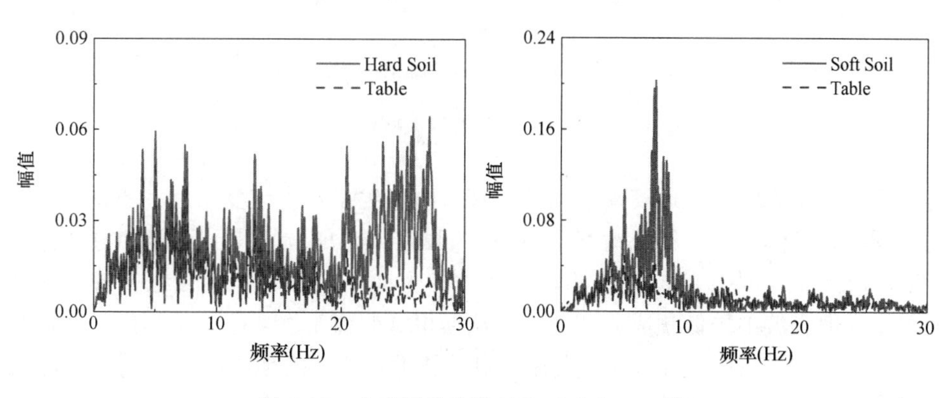

图 6-92　土表傅里叶谱对比（El-Centro 波）

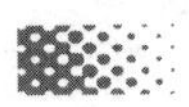

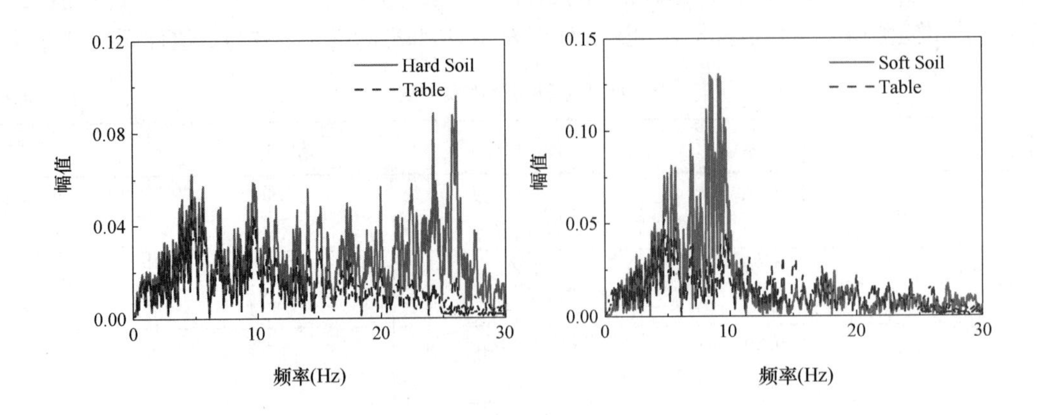

图 6-93　土表傅里叶谱对比（Taft 波）

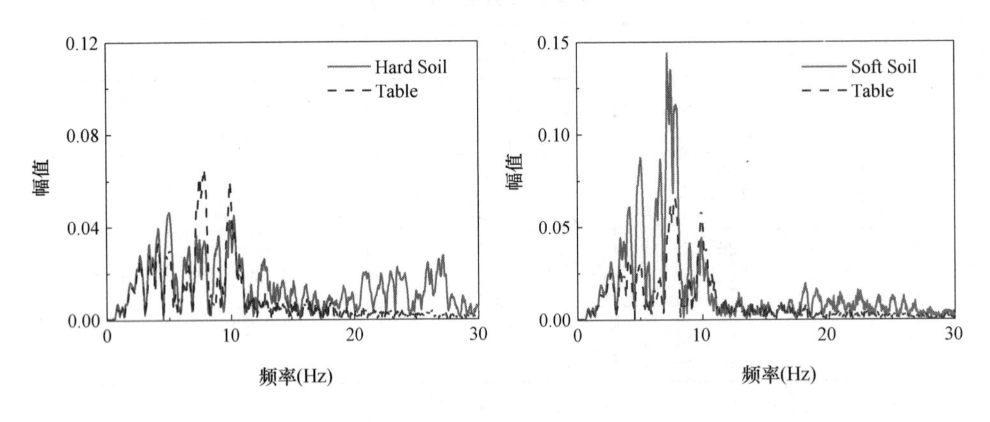

图 6-94　土表傅里叶谱对比（Kobe 波）

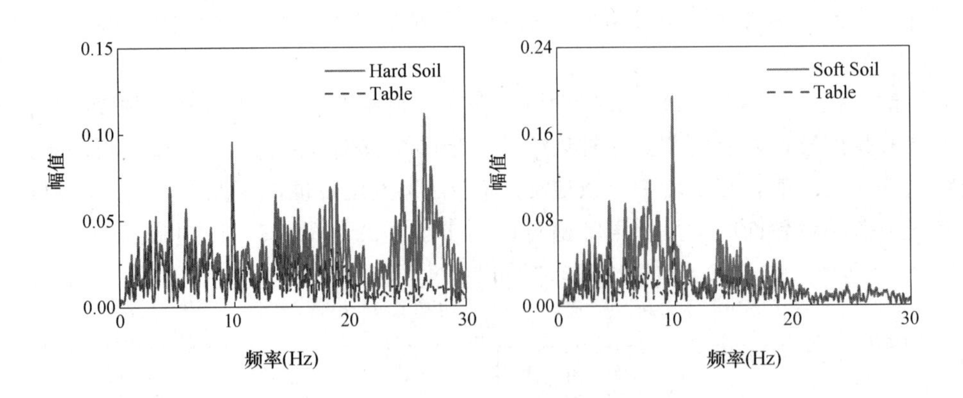

图 6-95　土表傅里叶谱对比（Tongan 人工波）

由图中可以看出，土表测得的地震动频谱特性较台面发生了较大改变，且在不同土性的地基上的变化规律是明显不同的。具体来说，硬土地基上 20～30Hz 区间内的频谱得到明显的放大作用，软土地基上 5～10Hz 区间内频谱得到明显的放大作用，可认为硬土地基能够明显增强地震波中的高频成分，而软土地基能明显增强地震波中的低频成分。此外，从傅里叶幅值来看，不同的地震波在两种地基上得到的放大程度不尽相同，如 Kobe 波的幅值放大程度明显低于其他 3 条地震波，表明土体的滤波效应与地震波自身的频谱特性也是密切相关的。

（2）隔震结构试验加速度对比

隔震结构试验完毕后，利用各个测点的加速度传感器记录，计算出相对于振动台台面的加速度峰值放大系数，将试验得到的加速度放大系数与数值结果进行对比，结果列于图 6-96～图 6-99 中。图中楼层“0”为振动台台面，楼层“1”为下部底盘底层，楼层“IL”为隔震层。“Test”为试验结果，“Numer”为数值计算结果，“HS”代表硬土地基，“SS”代表软土地基。

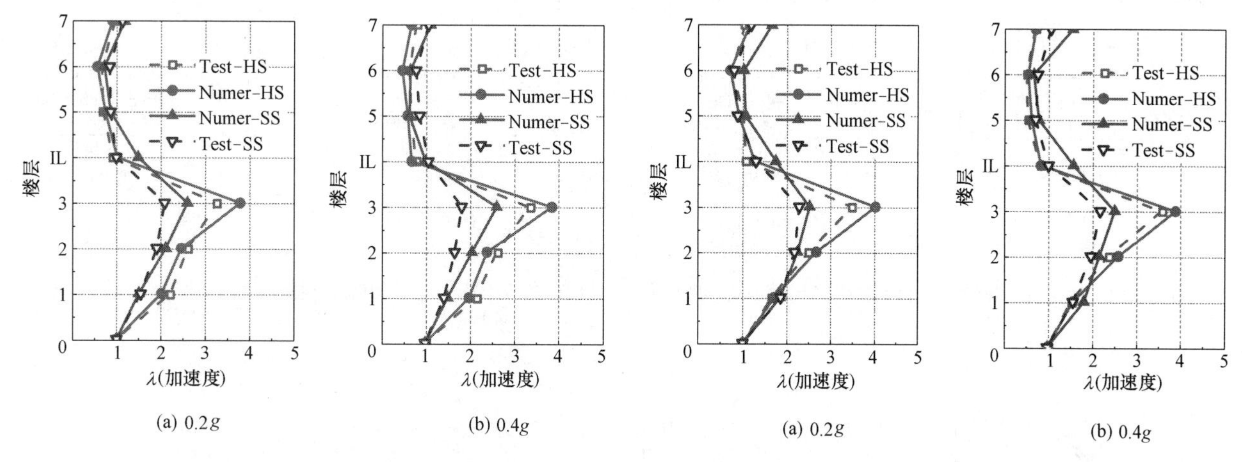

(a) 0.2g　(b) 0.4g

图 6-96 隔震结构试验加速度对比（El-Centro 波）

(a) 0.2g　(b) 0.4g

图 6-97 隔震结构试验加速度对比（Taft 波）

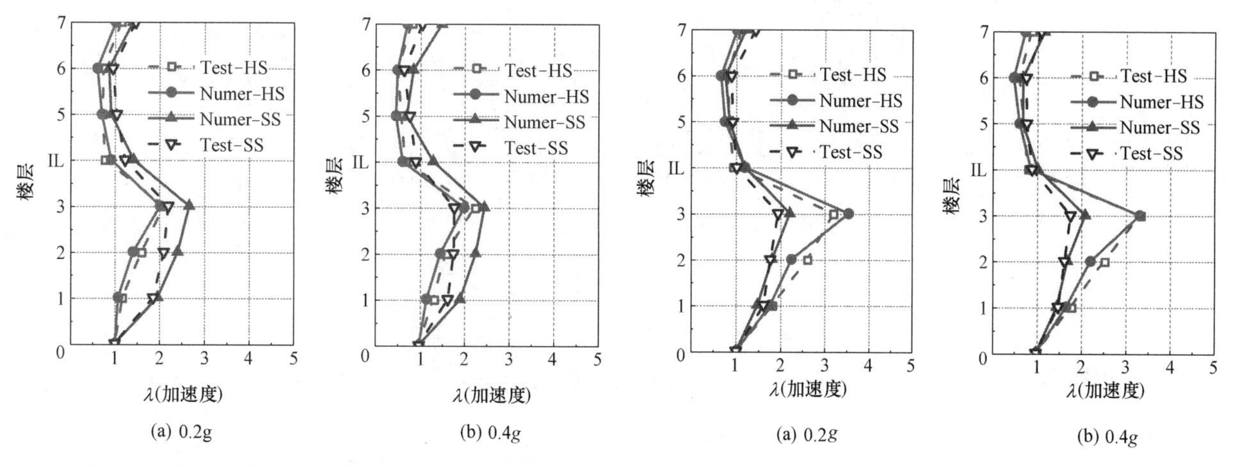

(a) 0.2g　(b) 0.4g

图 6-98 隔震结构试验加速度对比（Kobe 波）

(a) 0.2g　(b) 0.4g

图 6-99 隔震结构试验加速度对比（Tongan 人工波）

从试验与数值的加速度放大系数对比中可以看出：

1）隔震结构模型在硬土地基上的加速度曲线吻合度比软土地基上的吻合度要好，可认为是硬土的土体强度比软土要大，在地震波激振的过程中地基稳定性更高的缘故。

2）结构在 0.2g 加速度峰值作用下得到的试验值与数值模拟理论值曲线吻合度较高，表明在小震作用下试验与数值的结果是较为接近的。随着地震波加速度峰值的增大，试验与数值曲线拟合度变差。

总体来看，试验和数值计算所得的隔震结构加速度响应存在一定的误差，但两种地基上整体响应规律和基本趋势与数值结果依旧是保持一致的。

（3）抗震结构试验加速度对比

将抗震结构在两种不同土性地基上的加速度试验结果与数值结果对比情况列于图 6-100～图 6-103 中，其中楼层“0”为振动台台面，楼层“1”为下部底盘底层，其余图例与隔震结构含义一致。

(a) 0.2g　　(b) 0.4g

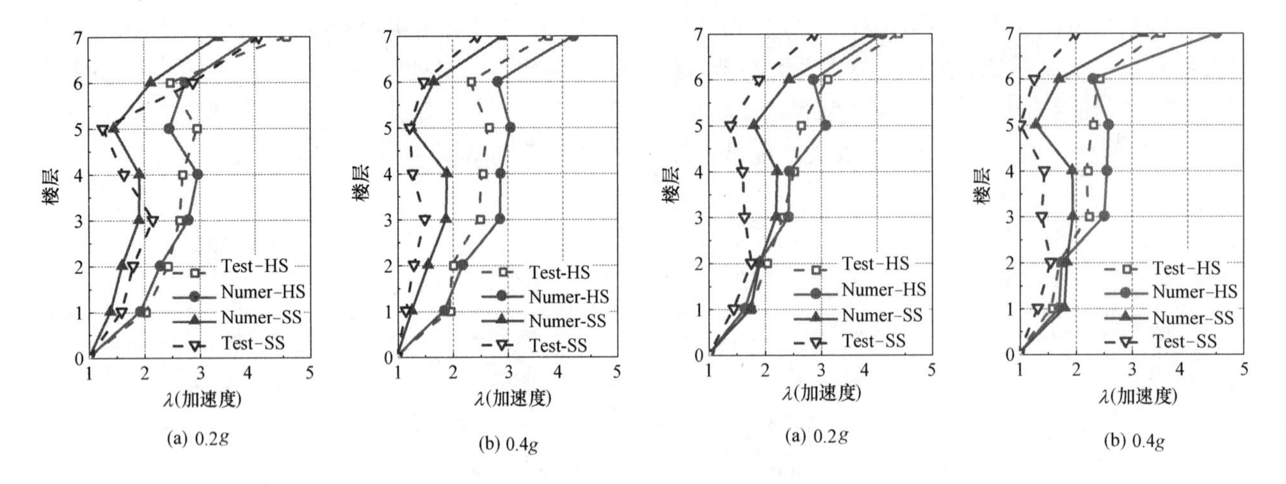

图 6-100　抗震结构试验加速度对比（El-Centro 波）

(a) 0.2g　　(b) 0.4g

图 6-101　抗震结构试验加速度对比（Taft 波）

(a) 0.2g　　(b) 0.4g

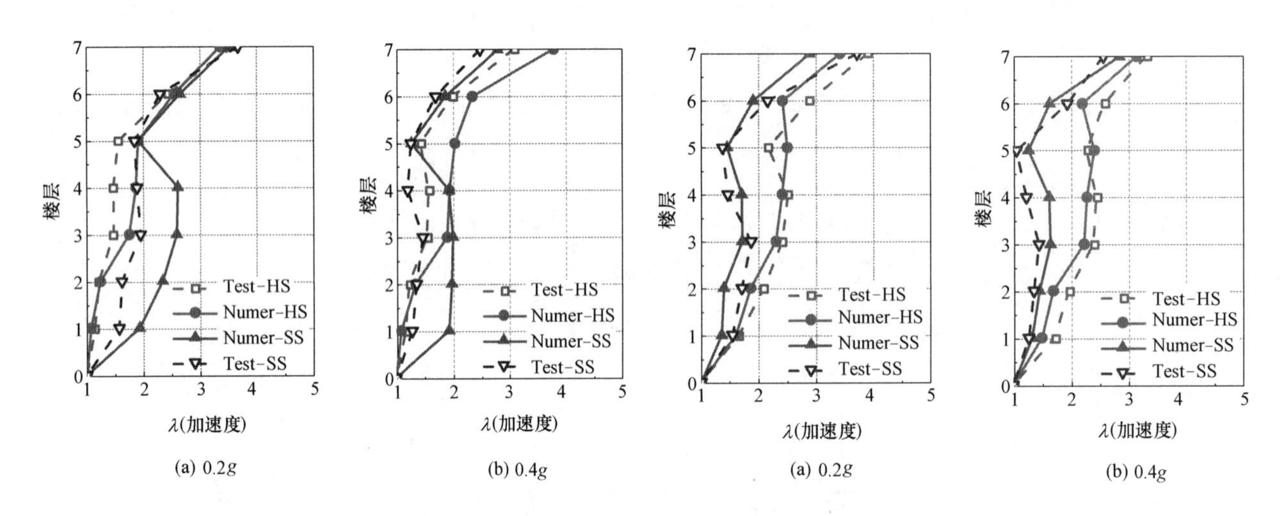

图 6-102　抗震结构试验加速度对比（Kobe 波）

(a) 0.2g　　(b) 0.4g

图 6-103　抗震结构试验加速度对比（Tongan 人工波）

从图中可以看出：1）抗震结构在硬土地基上的试验规律与数值规律大致相同，即随着结构楼层的升高，加速度响应逐渐增大。在软土地基上，试验时上部抗震结构的加速度放大系数表现为：随着楼层的升高，首先产生了小幅度增加，在第“2”层或第“3”层开始降低，直至第“5”层后才开始增加，到顶层时达到最大。这种现象充分表明，软土地基上的 SSI 效应对上部结构的加速度响应具有一定的减振效果。2）抗震结构的试验值与理论值在具体数据上吻合度较隔震结构要差，可认为是由于试验顺序的原因，在两种地基上均是先进行了隔震结构的激振，激振过后土的阻尼比增大，非线性作用进一步增强，从而对抗震结构结果的准确性产生了一定的影响。

总体而言，抗震结构在两种土性地基上的大致规律和数值计算结果是相同的，其结果与数值上的偏差表明，土-结构动力相互作用的振动台试验仍需继续优化试验方案，加强控制试验中可能存在的误差因素。

（4）隔震结构试验减振效果分析

为了更直观表达隔震结构在试验中的加速度减振效果，计算出隔震结构的加速度减振率，最终结果列于表 6-36～表 6-39 中。

试验加速度减振率对比（El-Centro 波） 表 6-36

楼层	硬土地基减振率		软土地基减振率	
	0.2g	0.4g	0.2g	0.4g
6	79.15%	78.87%	72.26%	56.88%
5	79.94%	77.60%	71.05%	47.60%
4	76.65%	74.56%	31.47%	30.34%
3(隔)	66.23%	69.20%	39.60%	17.47%
2	−23.30%	−35.50%	3.07%	−19.28%
1	−7.82%	−30.80%	−6.33%	−26.81%

试验加速度减振率对比（Taft 波） 表 6-37

楼层	硬土地基减振率		软土地基减振率	
	0.2g	0.4g	0.2g	0.4g
6	76.28%	79.99%	59.34%	47.22%
5	75.80%	78.64%	58.22%	38.76%
4	61.81%	76.13%	37.14%	28.88%
3(隔)	57.46%	62.54%	19.94%	30.62%
2	−50.22%	−60.34%	−39.50%	−55.68%
1	−23.04%	−37.09%	−23.93%	−26.24%

试验加速度减振率对比（Kobe 波） 表 6-38

楼层	硬土地基减振率		软土地基减振率	
	0.2g	0.4g	0.2g	0.4g
6	68.33%	73.58%	60.27%	57.21%
5	70.02%	74.61%	58.58%	61.47%
4	54.02%	65.44%	43.86%	37.57%
3(隔)	47.44%	56.71%	34.78%	22.55%
2	−42.86%	−44.97%	−12.56%	−21.64%
1	−32.37%	−29.49%	−29.66%	−29.62%

试验加速度减振率对比（Tongan 人工波） 表 6-39

楼层	硬土地基减振率		软土地基减振率	
	0.2g	0.4g	0.2g	0.4g
6	71.96%	72.59%	61.96%	57.17%
5	72.49%	76.06%	59.03%	59.87%
4	70.05%	68.94%	33.70%	25.06%
3(隔)	62.67%	66.94%	31.63%	25.66%
2	−32.78%	−39.13%	−3.99%	−22.97%
1	−25.42%	−28.01%	−2.37%	−20.00%

从表中的试验结果可以看出，硬土地基上隔震结构的塔楼减振率较高，除了隔震层减振率略低之外，上部塔楼加速度减振率达到了 54.02%～79.99%；软土地基上的塔楼减振率较差，为 25.06%～72.26%。下部底盘减振率在 4 条地震波下均为负值，在硬土地基上底盘的加速度减振率最低，这在工程设计中值得引起注意。随着输入加速度峰值的增加，硬土地基上塔楼的加速度减振率有所提高，但提高的幅度比数值计算结果明显降低，软土地基上则略有下降。上述规律总体表明，考虑 SSI 效应后的减振率与地基类型和地震动强度均相关，其中地基的影响是最为显著的，与数值的结果是一致的，与已有的研究成果也是相同的。

4. 位移反应试验-数值对比

（1）试验楼层位移对比

列出 4 条地震波作用下，层间隔震结构和抗震结构分别在两种不同土性地基上的楼层位移响应情况，并将试验中两种结构模型的楼层位移响应与数值结果进行对比。图 6-104～图 6-107 为隔震结构的理论与试验值的比较；图 6-108～图 6-111 为抗震结构的理论与试验值的比较。图中楼层“1”为下部底

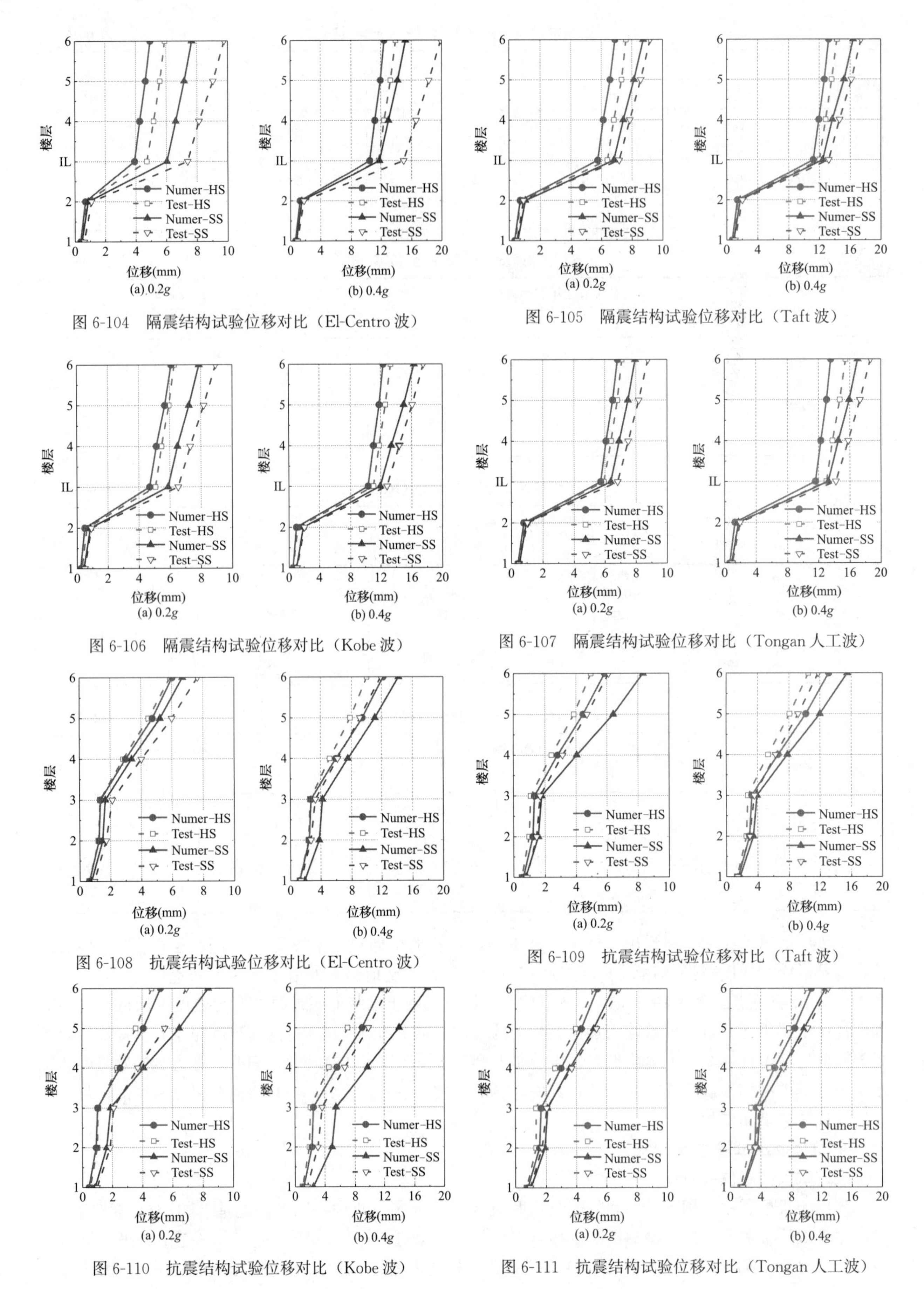

图 6-104 隔震结构试验位移对比（El-Centro 波）

图 6-105 隔震结构试验位移对比（Taft 波）

图 6-106 隔震结构试验位移对比（Kobe 波）

图 6-107 隔震结构试验位移对比（Tongan 人工波）

图 6-108 抗震结构试验位移对比（El-Centro 波）

图 6-109 抗震结构试验位移对比（Taft 波）

图 6-110 抗震结构试验位移对比（Kobe 波）

图 6-111 抗震结构试验位移对比（Tongan 人工波）

盘的第二层；楼层“IL”为隔震层。“Test”为试验结果，“Numer”为数值计算结果，“HS”代表硬土地基，“SS”代表软土地基。

从图中可以看出，试验中模型结构的位移与数值计算的结果存在一定的误差，具体可描述为：一方面，隔震结构在试验中的隔震层位移大于数值计算的结果，另一方面，抗震结构在试验中产生楼层位移大多小于数值计算的结果，这种现象将对试验减振率产生明显的影响。从总体规律来看，试验中软土地基上的结构位移响应仍明显大于硬土地基上的结构位移响应，这与数值模拟结果的总体规律是一致的。在试验结果与数值结果吻合度方面，软土地基上测得的位移响应吻合度比硬土地基上的吻合度差，这与前文加速度响应规律也是一致的。

为定量分析考虑SSI效应后层间隔震结构的变形特征，分别将两种地基上试验和数值中隔震支座位移的对比列于表6-40中。由表中可知，试验中隔震结构支座的位移略大于数值计算的结果，误差基本保持在20%以内，其中软土地基上支座最大位移为13.19mm，处于隔震支座容许位移的安全范围内，但极罕遇地震以及长周期类地震动作用下，仍然会存在支座位移超限的风险，这表明在工程实践中，重点关注软土地基上隔震层的位移放大效应是很有必要的。

隔震支座位移误差对比 **表6-40**

地震波	加速度峰值	硬土地基			软土地基		
		数值(mm)	试验(mm)	误差	数值(mm)	试验(mm)	误差
El-Centro波	0.2g	3.24	3.97	18.39%	5.19	6.32	17.88%
	0.4g	9.24	10.13	8.79%	10.29	13.19	21.99%
Taft波	0.2g	5.04	5.64	10.64%	5.76	6.23	7.54%
	0.4g	9.82	10.55	6.92%	10.73	11.22	4.37%
Tongan人工波	0.2g	4.92	5.08	3.15%	5.42	5.78	6.23%
	0.4g	10.29	11.32	9.10%	11.50	12.26	6.20%
Kobe波	0.2g	4.20	4.44	5.41%	5.03	5.62	10.50%
	0.4g	9.36	9.89	5.36%	10.05	10.76	6.60%

(2) 试验层间位移减振效果分析

为了更直观表达试验中考虑SSI效应后层间隔震结构的位移减振效果，将两种模型在两种不同地基上层间位移响应的试验值，按照式(6-11)计算上部结构的层间位移减振率，最终结果如表6-41～表6-44所示。

试验层间位移减振率对比(El-Centro波) **表6-41**

楼层	硬土地基减振率		软土地基减振率	
	0.2g	0.4g	0.2g	0.4g
6	76.97%	69.90%	55.85%	44.18%
5	74.72%	67.59%	53.70%	41.31%
4	70.45%	71.42%	61.76%	43.74%
3(隔)	/	/	/	/
2	41.70%	39.35%	38.30%	36.07%
1	33.83%	31.32%	35.92%	32.23%

试验层间位移减振率对比(Taft波) **表6-42**

楼层	硬土地基减振率		软土地基减振率	
	0.2g	0.4g	0.2g	0.4g
6	73.95%	71.88%	56.15%	51.46%
5	63.94%	71.14%	55.29%	45.77%
4	68.62%	68.67%	51.47%	49.35%
3(隔)	/	/	/	/
2	28.73%	42.20%	33.98%	36.99%
1	20.97%	42.56%	37.95%	25.98%

试验层间位移减振率对比（Kobe 波） 表 6-43

楼层	硬土地基减振率		软土地基减振率	
	0.2*g*	0.4*g*	0.2*g*	0.4*g*
6	66.02%	69.86%	47.54%	47.05%
5	61.72%	66.64%	51.68%	48.05%
4	68.82%	69.90%	51.76%	46.90%
3(隔)	/	/	/	/
2	32.31%	35.08%	51.49%	32.22%
1	39.92%	43.89%	49.38%	35.20%

试验层间位移减振率对比（Tongan 人工波） 表 6-44

楼层	硬土地基减振率		软土地基减振率	
	0.2*g*	0.4*g*	0.2*g*	0.4*g*
6	76.40%	69.41%	60.04%	51.08%
5	70.14%	64.44%	58.52%	51.17%
4	62.16%	66.76%	58.54%	50.68%
3(隔)	/	/	/	/
2	39.14%	36.87%	29.04%	40.08%
1	37.34%	30.71%	51.40%	40.43%

由上述表格综合分析可得：

1）在 4 条地震波作用下，硬土地基的塔楼减振率在 61.72%～76.97%之间，表明隔震结构对塔楼依然可以产生较好的减振效果，能有效地保证结构安全，软土地基的层间位移减振率在 41.31%～61.76%之间，可见硬土地基上隔震结构减振率明显优于软土地基。

2）随着地震波加速度峰值的增大，硬土地基上层间位移减振率没有明显的提升，软土地基上减振率出现明显的降低现象，表明试验中随着激振的不断增强，SSI 效应作用下的隔震结构的减振效果也变差。

综合来看，从前文分析可知试验中抗震结构的位移响应要低于数值计算结果，间接导致了试验的层间位移减振率也略低于数值计算的结果，但两种地基上的 SSI 效应的影响机理和宏观规律与数值分析结论是一致的。

5. 误差分析和工程应用

（1）试验误差分析

桩-土-结构动力相互作用振动台试验是一个非常复杂的大型试验，试验过程中易产生很多不确定的因素，故很难非常精准地达到数值计算的结果。基于对试验过程的思考，并对照试验与有限元计算结果，总结出以下几点产生误差的主要原因：

1）试验设计的地基模型为均匀黏土，但由于土体装填时采用分层装填夯实的方式，在这种方式下，要使地基模型的各层土体的密实程度和软硬程度保持完全一致是非常困难的。

2）在土-结构相互作用的动力试验中，随着地震波不断的激振，土体频率及阻尼比都将发生改变。这一特性会使土体呈现显著的非线性特征，对软土地基的影响尤为明显。导致在后续的部分工况下，对试验与数值的吻合程度产生了较大影响。

3）在试验获取位移数据的过程中，由于拉线式位移传感器安装不能做到绝对水平，可能导致位移数据与模拟数据存在一定偏差。

4）与数值的具体曲线吻合程度存在一定偏差，进行桩-土-结构动力试验仍需优化试验方案，加强控制试验中可能存在的误差因素。

（2）工程应用建议

随着隔震建筑数量的不断增加，在沿海地区由于用地紧张，已经开始将建筑建立在土层相对较软的

地基上，结合前文有限元分析结论以及振动台试验结果，对层间隔震建筑的工程应用可以给出以下建议：

1）层间隔震结构在工程应用中应考虑SSI效应的影响，底盘和隔震层在设计中需要重点关注。从加速度响应和位移响应规律来看，硬土地基和软土地基较刚性地基存在一定的放大作用，对底盘和隔震层影响较大。在硬土地基上结构的底盘加速度响应增长显著，软土地基上结构位移底盘的影响大于塔楼，且位移集中在隔震层。试验中隔震支座与数值结果误差表明，实际地震作用下土层性质发生改变，有可能会进一步增加隔震支座的位移值，隔震层和底盘作为薄弱部位，隔震支座的直径选择和底盘截面尺寸应适当加大，在高烈度区必要时可以对隔震层考虑采取限位措施。

2）软土地基上SSI效应更为显著，建立在软土地基上的隔震建筑不能忽略SSI效应的影响。软土地基上层间隔震结构位移响应最大，在地震作用下易出现基础沉降现象，进而引起建筑物的倾斜，且结构各动力响应的减振效果较硬土地基明显降低。以上充分表明，软土地基上的隔震结构除了地基基础要满足稳定性要求外，需要采取措施来提高减振效果，如优化隔震层参数、支座布置形式等。

6.5　分层土地基-层间隔震塔楼振动台试验

本次选取的地震动为普通地震动（El-Centro、Taft、TCU053E）、近场脉冲地震动（TCU036E、TCU063E、TCU102E）和远场类谐和地震动（ILA004N、ILA055N、ILA056N）。结合试验目的以及数值分析结果，试验工况以地震动加速度峰值由小到大进行，普通地震动和近场脉冲地震动均按照0.1g、0.2g、0.4g的峰值进行加载，远场类谐和地震动按照0.1g、0.2g的峰值加载。其中，为保证试验安全，加速度峰值为0.4g的近场脉冲地震动仅在复合隔震模型下进行。试验模型顺序为：刚性地基层间隔震模型、刚性地基抗震模型、土性地基层间隔震模型、土性地基抗震模型、土性地基复合隔震模型。在输入不同地震动前，应先对设备和传感器进行调试，确认使用正常后，进行白噪声工况扫频，以测量模型的自振频率等动力特性参数。地震动持续时间根据时间相似比（0.288）进行压缩。最后确定的试验工况如表6-45和表6-46所示。

振动台试验工况表1（刚性地基）　　　　**表6-45**

模型结构	工况	地震波	输入方向	加速度峰值(g)
层隔/抗震	A1/B1	El-Centro	X	0.1
	A2/B2	El-Centro	X	0.2
	A3/B3	El-Centro	X	0.4
	A4/B4	Taft	X	0.1
	A5/B5	Taft	X	0.2
	A6/B6	Taft	X	0.4
	A7/B7	TCU053E	X	0.1
	A8/B8	TCU053E	X	0.2
	A9/B9	TCU053E	X	0.4
	A10/B10	ILA004N	X	0.1
	A11/B11	ILA004N	X	0.2
	A12/B12	ILA055N	X	0.1
	A13/B13	ILA055N	X	0.2
	A14/B14	ILA056N	X	0.1
	A15/B15	ILA056N	X	0.2
	A16/B16	TCU036E	X	0.1
	A17/B17	TCU036E	X	0.2
	A18/B18	TCU063E	X	0.1
	A19/B19	TCU063E	X	0.2
	A20/B20	TCU102E	X	0.1
	A21/B21	TCU102E	X	0.2

振动台试验工况表 2（土性地基） 表 6-46

模型结构	工况	地震波	输入方向	加速度峰值(g)
层隔/抗震	C1/D1	El Centro	X	0.1
	C2/D2	El Centro	X	0.2
	C3/D3	El Centro	X	0.4
	C4/D4	Taft	X	0.1
	C5/D5	Taft	X	0.2
	C6/D6	Taft	X	0.4
	C7/D7	TCU053E	X	0.1
	C8/D8	TCU053E	X	0.2
	C9/D9	TCU053E	X	0.4
	C10/D10	ILA004N	X	0.1
	C11/D11	ILA004N	X	0.2
	C12/D12	ILA055N	X	0.1
	C13/D13	ILA055N	X	0.2
	C14/D14	ILA056N	X	0.1
	C15/D15	ILA056N	X	0.2
	C16/D16	TCU036E	X	0.1
	C17/D17	TCU036E	X	0.2
	C18/D18	TCU063E	X	0.1
	C19/D19	TCU063E	X	0.2
	C20/D20	TCU102E	X	0.1
	C21/D21	TCU102E	X	0.2
复合隔震	E1	TCU036E	X	0.1
	E2	TCU036E	X	0.2
	E3	TCU036E	X	0.4
	E4	TCU063E	X	0.1
	E5	TCU063E	X	0.2
	E6	TCU063E	X	0.4
	E7	TCU102E	X	0.1
	E8	TCU102E	X	0.2
	E9	TCU102E	X	0.4

6.5.1 模型结构组装

本次试验的模型结构组装主要分为两个部分，分别为刚性地基情况和土性地基情况。刚性地基情况下，层间隔震模型的安装顺序为：转接板-下部底盘-隔震支座-上部塔楼-传感器安装-调试；抗震模型的安装顺序为：转接板-下部底盘-上部塔楼-传感器安装-调试。土性地基情况下，层间隔震模型的安装顺序为：土箱-下部底盘-隔震支座-上部塔楼-传感器安装-调试；抗震模型则为拆除隔震支座，即下部底盘与上部塔楼通过螺栓直接刚性连接；复合隔震模型则在隔震层处沿激振方向两侧增设黏滞阻尼器。模型整体组装过程如图 6-112～图 6-119 所示。

图 6-112 转接板安装

图 6-113 楼层配重

图 6-114　底盘连接

图 6-115　支座连接

图 6-116　土箱吊装

图 6-117　土箱连接

图 6-118　加速度传感器安装

图 6-119　位移传感器安装

6.5.2　振动台试验结果分析

1. 试验宏观现象

刚性、土性地基上层隔模型、抗震模型、复合隔震模型如图 6-120～图 6-124 所示。刚性、土性地基上的模型结构在试验中的宏观反应现象基本一致，即当振动台输入较小加速度峰值地震动时，结构的位移反应较小，随着加速度峰值的增大，结构的反应增强，隔震结构的最大层间位移主要集中于隔震层，符合隔震结构的地震反应现象。其中，长周期地震动作用下结构的位移反应明显较普通地震动作用

图 6-120　层隔模型（刚性地基）

图 6-121　抗震模型（刚性地基）

图 6-122　层隔模型（土性地基）

图 6-123　抗震模型（土性地基）

图 6-124　复合隔震模型（土性地基）

强烈；分层土地基上结构发生一定程度的沉降和倾斜，但沉降量和倾斜度较小，表明土性地基上的结构较容易产生沉降及倾斜，可推断随着地基土变软，沉降和倾斜程度增大；复合隔震模型的隔震层位移反应较层隔模型显著降低，隔震层位移得到明显控制（图 6-124）。土性地基上结构倾斜如图 6-125 所示。

图 6-125　土性地基上结构倾斜

2. 土箱边界效应

本次试验中，在模型地基土层表面沿激振方向水平布置了加速度传感器 A5 和 A6。通过比较两测点的土层表面加速度峰值、加速度时程曲线及傅里叶频谱，以验证模型土箱的边界效应影响程度。考虑到选用的地震波和工况较多，因此仅选普通地震动 El-Centro、近场脉冲地震动 TCU063E 和远场类谐和地震动 ILA004N 来进行加速度时程曲线及傅里叶频谱的比较分析。表 6-47 给出了加速度峰值为 0.2g 时，土-层间隔震体系的 A5 和 A6 测点的加速度峰值对比［注：偏差=(A5－A6)/A6］。

A5 和 A6 测点加速度峰值（g）　　表 6-47

地震波	A5	A6	偏差
El-Centro	0.248	0.245	1.22%
Taft	0.212	0.208	1.92%
TCU053E	0.250	0.246	1.63%
TCU036E	0.217	0.212	2.36%
TCU063E	0.302	0.298	1.34%
TCU102E	0.238	0.231	3.03%
ILA004N	0.293	0.281	4.27%
ILA055N	0.282	0.270	4.44%
ILA056N	0.218	0.210	3.81%

由表 6-47 分析可知，测点 A5 和 A6 的加速度峰值比较接近，长周期地震动作用下偏差较大，但最大偏差仅为 4.44%，总体偏差较小。

图 6-126 给出了 0.2g 峰值时，El-Centro、TCU063E、ILA004N 作用下土层表面测点 A5 和 A6 的

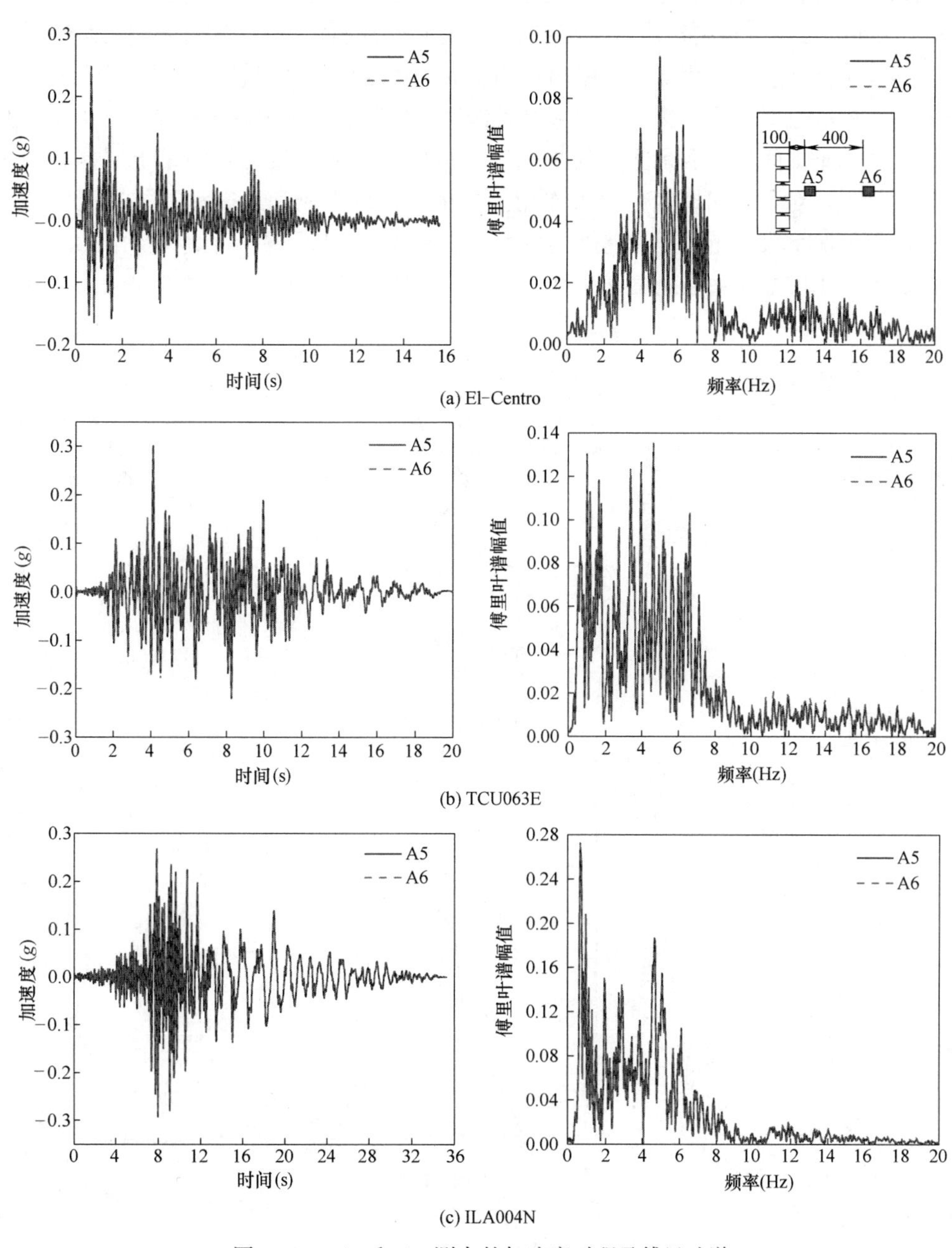

图 6-126　A5 和 A6 测点的加速度时程及傅里叶谱

加速度时程曲线及傅里叶谱对比。

由图 6-126 分析可知，不同类型地震动作用下，A5 和 A6 测点的加速度时程曲线比较接近，吻合程度较高，傅里叶频谱成分基本相同，表明边界效应对两测点的影响程度较小，本次试验对土体边界的处理效果较好。综合分析表明，模型土箱的设计较合理，能够较好地消除有限边界对地震波的散射或反射作用等，保证了试验结果的可靠性。

3. 分层土地基地震反应

（1）地基土放大作用

为便于描述土层内加速度反应规律，引入加速度放大系数 α 来表示，定义如下：

$$\alpha=\frac{a_{\mathrm{t}}}{a_{\mathrm{j}}} \tag{6-21}$$

式中，a_{t} 为土层内测点的加速度峰值，a_{j} 为振动台测点的加速度峰值。

图 6-127 给出了土-隔震结构体系中土层内不同深度处的加速度放大系数曲线，图中测点位置 0m，0.4m，0.7m，0.9m，1.2m 分别对应台面测点 A1，地基土内测点 A2，A3，A4 以及土表测点 A6。由图分析可知，不同类型地震动作用下，土层内各测点的加速度放大规律基本一致。即当输入地震动加速度峰值较小时，底层砂土对土内加速度反应起放大作用，但随着加速度峰值的增大，则对土内加速度反应起减弱作用。地基土中间的软弱黏土层使加速度反应明显减小，表明软弱黏土层具有一定的减振效果。而对于顶层砂土，对土内加速度起放大作用。其中，远场类谐和地震动下加速度的放大作用最显著。随着加速度峰值的增大，土体对加速度的放大作用减弱，分析原因，当地震动激励较小时，土体耗能较小，因此放大作用明显，而当地震动激励增大时，土体逐渐软化，非线性增强，传递振动的能力减

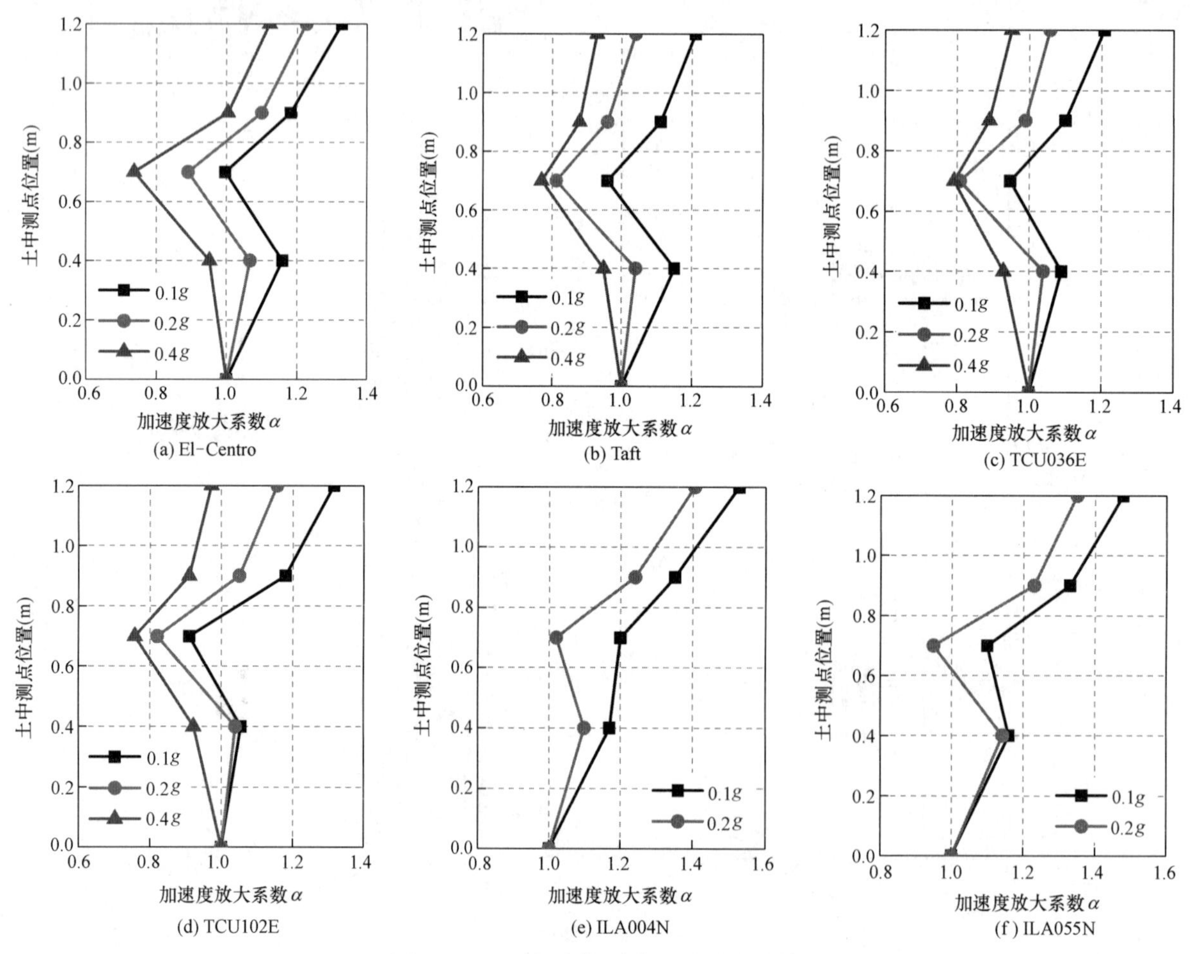

图 6-127　土层不同深度加速度放大系数

弱，从而导致放大作用减弱。总体来看，分层土地基的动力反应与地震动的强度和频谱特性相关。上述试验结果与已有研究一致，表明设计的模型地基基本能反映分层土地基的地震反应规律。

（2）地基土滤波效应

当地震波输入土体时，由于地基土体具有一定的阻尼介质，可以吸收输入地震波的能量；另一方面，地基土体可能放大或削弱某一范围的地震波频率，从而使地震波的频谱特性发生改变，即地基土的滤波效应。本次试验中，通过比较振动台台面、地基土表面的加速度传感器 A1 和 A6 的傅里叶谱，对模型地基的滤波效应进行分析。图 6-128 给出了加速度峰值为 0.2g 时，不同类型地震动作用下土-层间隔震体系测点 A1 和 A6 的傅里叶谱对比。

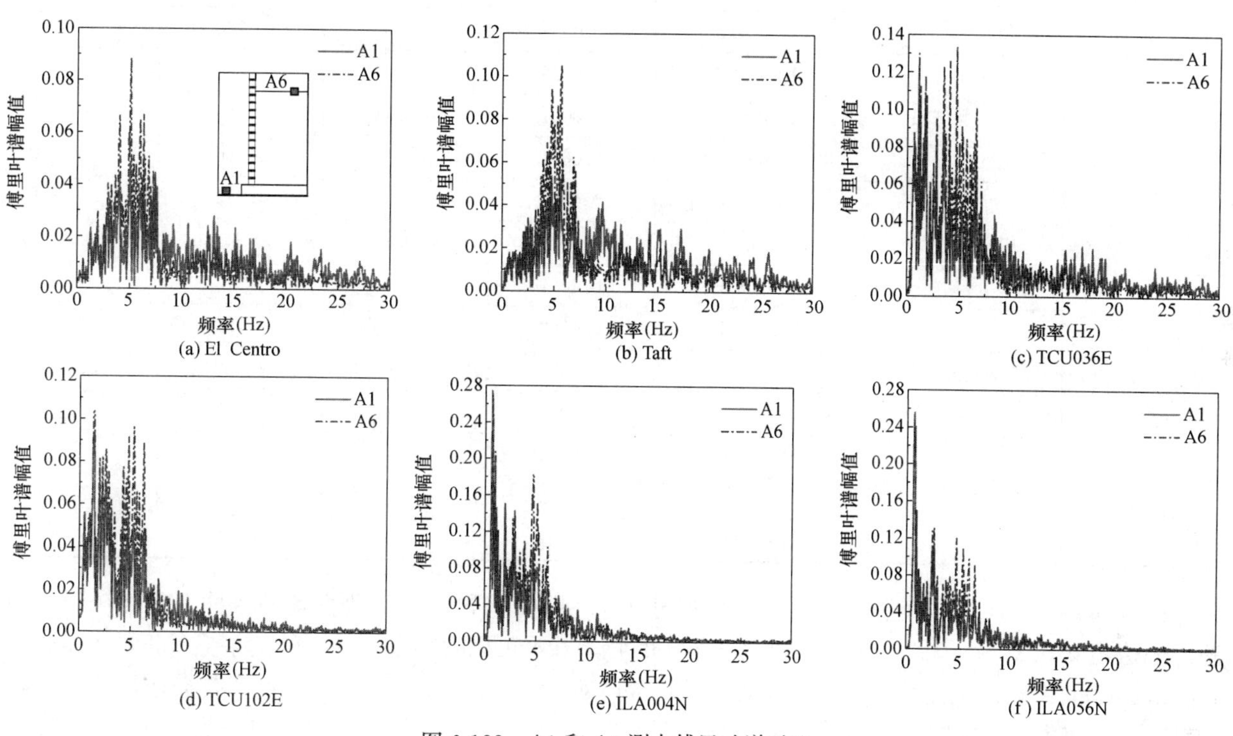

图 6-128　A1 和 A6 测点傅里叶谱对比

由图 6-128 分析可知，地震波经振动台输入模型地基后其傅里叶谱发生了明显的变化，主要表现为：分层土地基过滤掉地震波的高频分量，增强部分中低频分量。例如，普通地震波 El-Centro 在台面输入时其傅里叶谱在 4～7Hz 频率范围的谱值最强，8～16Hz 的谱值较强。经过地基土滤波后，土表测点的傅里叶谱在 3～6Hz 的谱值得到增强，而 8～30Hz 的谱值明显减小。长周期地震波经过模型地基的滤波效应后，傅里叶谱变化规律与普通地震波相同，2～6Hz 的谱值增大，8～30Hz 的谱值呈衰减趋势。总体来说，滤波后长周期地震波的傅里叶谱在 0～2Hz 的谱值仍明显大于普通地震波，具有丰富的低频能量，对隔震结构等长周期结构影响较大。

4. 基础转动效应

已有研究表明，由于土-结构相互作用的影响，地震作用下建筑基础相对地基会发生平动和转动，从而使上部结构产生摇摆运动。因此，考虑 SSI 效应的主要表现之一为基础转动。

为探究分层土地基的基础转动效应，本次试验分别在刚性地基和桩承台表面两端各布置 1 个竖向加速度传感器 V_1 和 V_2。利用 V_1、V_2 的试验实测值，通过式（6-22）可以计算出基础的转动角加速度 θ：

$$\theta=\frac{V_1+V_2}{L}\times 100\% \tag{6-22}$$

式中，L 为加速度传感器 V_1 和 V_2 的距离。

表 6-48 给出了不同工况下刚性地基与分层土地基上层隔结构的基础转动角加速度峰值。

基础转动角加速度　　表 6-48

PGA (g)	地震波类型	地震波	角加速度峰值(rad/s^2)			
			刚性地基	均值	土性地基	均值
0.1	普通	El Centro	0.0038	0.0045	0.795	0.673
		Taft	0.0054		0.583	
		TCU053E	0.0042		0.641	
	近场脉冲	TCU036E	0.0038	0.0049	0.591	0.654
		TCU063E	0.0047		0.626	
		TCU102E	0.0063		0.746	
	远场类谐和	ILA004N	0.0056	0.0054	0.668	0.668
		ILA055N	0.0061		0.649	
		ILA056N	0.0044		0.686	
0.2	普通	El Centro	0.0076	0.0077	1.173	1.077
		Taft	0.0074		0.945	
		TCU053E	0.0081		1.112	
	近场脉冲	TCU036E	0.0082	0.0091	1.187	1.247
		TCU063E	0.0093		1.232	
		TCU102E	0.0098		1.321	
	远场类谐和	ILA004N	0.0076	0.0087	1.385	1.326
		ILA055N	0.0083		1.190	
		ILA056N	0.0102		1.403	

由表 6-48 可知，不同地基下基础转动角加速度存在明显差异：(1) 刚性地基条件下基础转动角加速度峰值为 0.0038～0.0102rad/s^2，对上部结构的影响基本可以忽略不计，土性地基条件下为 0.583～1.403rad/s^2，基础转动角加速度增大显著，转动效应明显。(2) 当峰值为 0.1g 时，普通地震动下基础的转动角加速度与长周期地震动下相差不大，随着峰值增大，长周期地震动对基础转动效应的影响较为明显，转动效应增强。

6.5.3　工程应用建议

目前，隔震建筑在中国沿海部分地区的数量不断增加，这些地区分布有广泛的软弱场地。软弱地基会使输入的地震波出现长周期化，从而对隔震结构的地震反应产生较大影响，在长周期地震动下更为不利。结合前文数值分析结论及振动台试验结果，对软弱地基上层间隔震技术的工程应用给出如下建议：

层间隔震结构考虑 SSI 效应后应重点关注底盘和隔震层的设计。软弱地基上底盘和隔震层的动力响应较刚性地基有所增大，SSI 效应对底盘的加速度、位移响应的影响大于塔楼，层间位移增幅显著，且位移主要集中于隔震层，层间位移角可能超限，减振效果变差。底盘和隔震层容易成为薄弱部位，建议进行隔震设计时应考虑 SSI 效应的影响，适当加大底盘截面尺寸和隔震支座直径。

考虑 SSI 效应后长周期地震动作用下层间隔震结构的减振效果明显变差，建议不能忽视长周期地震动与 SSI 效应耦合的影响。设防水准下长周期地震动对隔震结构地震响应的影响甚至与罕遇水准下普通地震动作用相当，建议根据加速度峰值重新划分长周期地震动。近场脉冲地震动作用下隔震层位移容易超限，根据《抗规》采用的近场影响系数偏不安全，建议隔震设计时对近场脉冲地震动作独立工况分析。并考虑采取复合隔震方案，综合厂家的生产能力和隔震结构的整体减振效果，对黏滞阻尼器的性能参数进行优化设计，在隔震层进行合理布置，可以有效控制隔震层位移响应，提高层间隔震体系的安全性。

6.6　土-层间隔震结构参数分析

考虑SSI效应的层间隔震结构相关研究中，尚缺乏地基土性、土层厚度对隔震效果的影响规律研究。因此，本节基于前面已建立的不同土性地基上层隔、抗震结构模型，选取不同土性地基（刚性地基、均匀硬土地基、软夹层地基）、不同夹层厚度（0.4m、0.6m、0.8m）这两种参数，通过ABAQUS建立相应模型并进行数值分析，研究参数变化对层隔结构模态特性、地震响应及减振性能的影响。

6.6.1　不同土性地基模型体系对比分析

1. 不同土性地基模型建立

利用ABAQUS分别建立刚性地基、均匀硬黏土地基（硬土地基）及软夹层地基上层间隔震结构及对应抗震结构模型。通过创建不同土体部件（土体尺寸均为3.2m×2m×1.2m）并与上部结构进行装配形成不同地基模型体系，3种模型上部结构尺寸、材料本构及隔震层的模拟等参数设置保持一致，且采用相同的相互作用及模型边界条件，保证3种模型除地基不同外均无差别。参照课题组已完成的硬土地基上层隔结构试验研究，给出硬土地基土体参数如表6-49所示。

硬土地基土体参数　　**表6-49**

土体种类	密度(kg/m³)	弹性模量(MPa)	泊松比	内摩擦角(°)	黏聚力(kPa)
硬黏土	1910	100	0.29	28	80

在ABAQUS中创建完成的3种不同地基的层隔模型如图6-129所示。模型建立后，分别进行模态分析及动力时程分析。

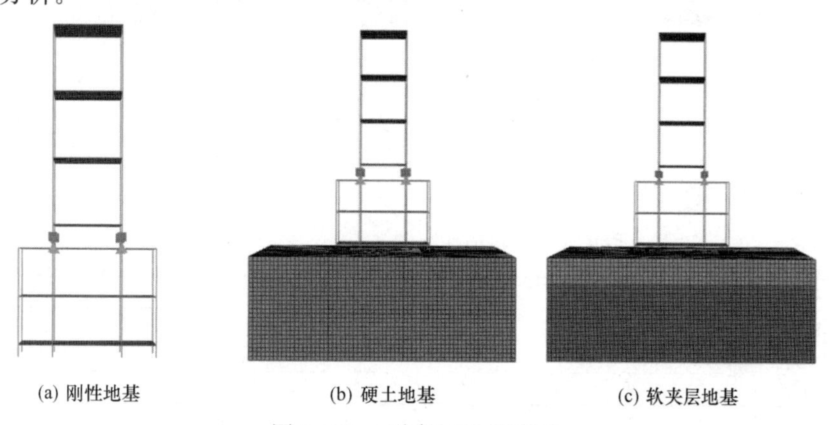

(a) 刚性地基　(b) 硬土地基　(c) 软夹层地基

图6-129　不同地基层隔模型

2. 模态特性对比分析

图6-130～图6-132给出了3种不同地基上两种结构沿X向的一阶振型图。

由图可知，3种不同地基上部结构一阶振型表现为：层隔结构均为沿X向的平动，位移变形集中在隔震层；抗震结构均为剪切变形为主的侧向位移。分析结果符合地震作用下隔震和抗震结构的变形特征。进一步观察分析可知，土性地基尤其是软夹层地基上部结构较刚性地基倾斜程度大，且承台出现沉降，表明考虑SSI效应对结构自振特性产生一定影响。

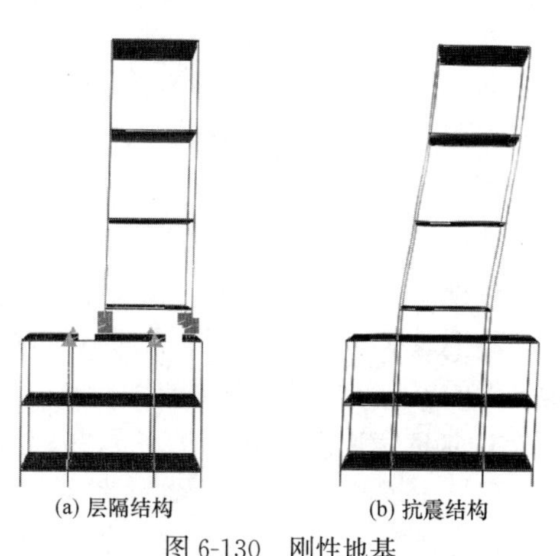

(a) 层隔结构　(b) 抗震结构

图6-130　刚性地基

为定量对比分析模态特性，表6-50给出了3种不同地基

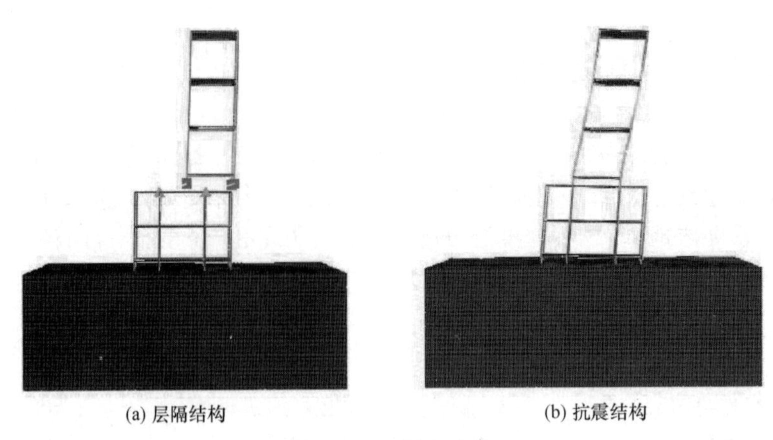

图 6-131　硬土地基

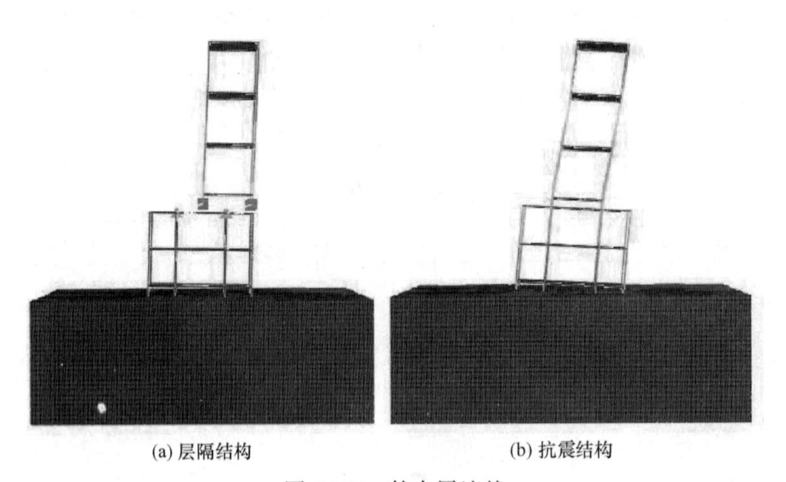

图 6-132　软夹层地基

上部结构的一阶自振周期，由表中数据可以看出，考虑 SSI 效应后结构一阶自振周期与刚性地基存在差异，表现为：

模型结构自振周期　　**表 6-50**

地基类型	层隔模型(s)	抗震模型(s)
刚性地基	0.470	0.160
硬土地基	0.479	0.195
软夹层地基	0.487	0.229

（1）两种结构在硬土及软夹层地基上的一阶自振周期均大于刚性地基。以层隔结构为例，其一阶自振周期在硬土地基上较刚性地基上延长了 1.91%，在软夹层地基上延长了 5.74%，表明地基由刚变柔，结构的一阶自振周期随之增大，且地基土体越柔，增加幅度越大，SSI 效应影响越显著。结合 6.2 节可知，软夹层地基土体在延长上部结构自振周期的同时放大了基底输入地震动的低频分量，这可能会增大建立在软夹层地基上层隔结构的地震响应。

（2）不同地基上层隔结构一阶自振周期相比抗震结构均有显著延长，符合层隔结构可延长结构周期的一般规律。不同地基延长倍数有所不同，表现为：刚性地基层隔结构自振周期较抗震结构延长 1.94 倍，硬土地基为 1.46 倍，软夹层地基为 1.13 倍，延长倍数随地基由刚变柔而减小，可能对建立在土性地基上的层隔结构隔震效果产生影响。

3. 加速度响应对比

（1）土表加速度放大系数对比

已有研究表明，不同类型地基土体对地震波的放大效应有所差异。结合前文对于软夹层地基土体放

大效应的研究，表 6-51 给出了硬土地基和软夹层地基在不同工况下的地基土表加速度放大系数，对比分析可得出如下规律：

土表加速度放大系数　　表 6-51

地震波	基底输入(g)	硬土土表(g)	放大系数	软夹层土表(g)	放大系数
Kobe 波	0.20	0.23	1.16	0.26	1.31
	0.40	0.43	1.08	0.47	1.17
El-Centro 波	0.20	0.42	2.10	0.22	1.10
	0.40	0.83	2.07	0.43	1.07
Taft 波	0.20	0.34	1.69	0.20	0.98
	0.40	0.64	1.61	0.35	0.88
Tongan 波	0.20	0.33	1.66	0.17	0.86
	0.40	0.65	1.63	0.32	0.80

1）不同工况下硬土地基土表加速度放大系数为 1.08～2.10，而软夹层地基土表加速度放大系数为 0.80～1.31，明显小于硬土地基，软夹层地基对输入地震动加速度峰值的放大效应弱于硬土地基，究其原因是软夹层地基中部的软黏土层有效地减小了向上传播的地震动加速度峰值，使地震动传至土表时的加速度峰值明显小于硬土地基。

2）基底输入相同地震波时，两种地基土表加速度放大系数均随输入加速度峰值的增大而有所减小。

（2）隔震结构加速度放大系数对比

利用 ABAQUS 对 3 种不同地基上层隔结构进行动力时程分析，提取上部结构各楼层的加速度时程数据，按式（6-15）计算相应的加速度放大系数。图 6-133 给出了层隔结构在 3 种不同地基上的楼层加

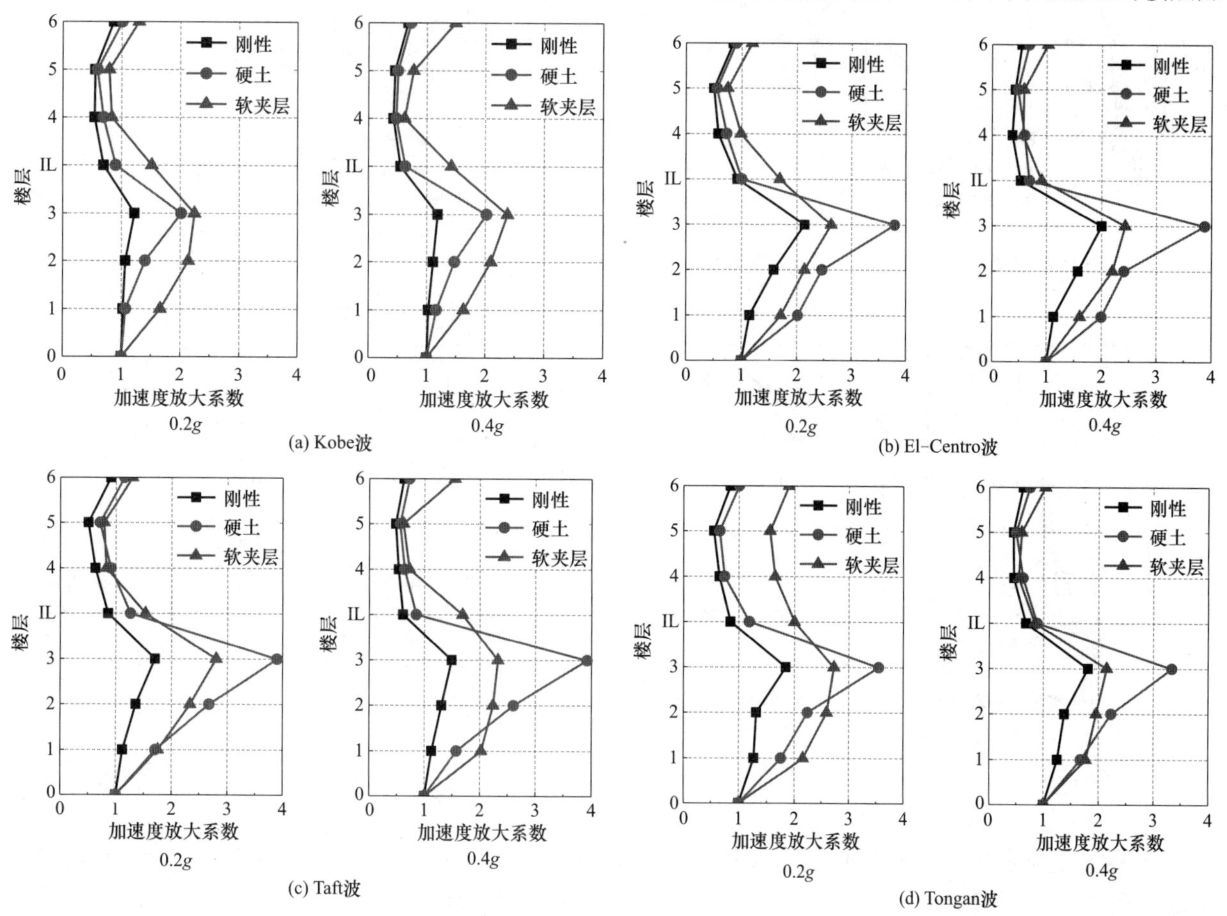

图 6-133　层隔结构加速度放大系数

速度放大系数的对比图。图中楼层号为结构各层的楼面板，其中楼层“0”为基础顶面，“1”为底盘底部一层，“IL”为隔震层。

分析图 6-133 可知，由于 SSI 效应的影响，层隔结构加速度放大系数曲线在不同地基上存在明显差异，且基底输入不同地震动和不同加速度峰值时，变化规律也不尽相同。总体来看，具有如下规律：

1）由于土体的放大效应，硬土及软夹层地基上结构的加速度放大系数均大于刚性地基上的放大系数。从上部塔楼角度来看，塔楼加速度放大系数随地基由刚变柔而有所增大。从下部底盘角度来看，当基底输入 Kobe 波时，软夹层地基上的加速度放大系数大于硬土地基；输入 El-Centro 波和 Taft 波时的规律相反，即软夹层地基上的加速度放大系数小于硬土地基；而 Tongan 人工波以 0.2g 输入时，软夹层地基上的加速度放大系数大于硬土地基，0.4g 则规律相反，底盘加速度放大系数与输入地震波的类型和峰值相关。

2）硬土及软夹层地基上层隔结构相较于刚性地基而言，下部底盘加速度放大幅度要显著大于上部塔楼，表明考虑 SSI 效应下采用层间隔震应注意隔震层下部结构设计。

（3）抗震结构加速度放大系数对比

为对比分析不同地基上层隔结构的加速度减振效果，对 3 种地基上抗震结构进行不同工况下的动力时程分析，提取各楼层的加速度时程记录，并计算相应的加速度放大系数。图 6-134 给出了抗震结构在 3 种不同地基上的楼层加速度放大系数的对比图。从图中分析可知，抗震结构加速度放大系数曲线在 3 种地基上存在明显差异，总体来看有以下规律：

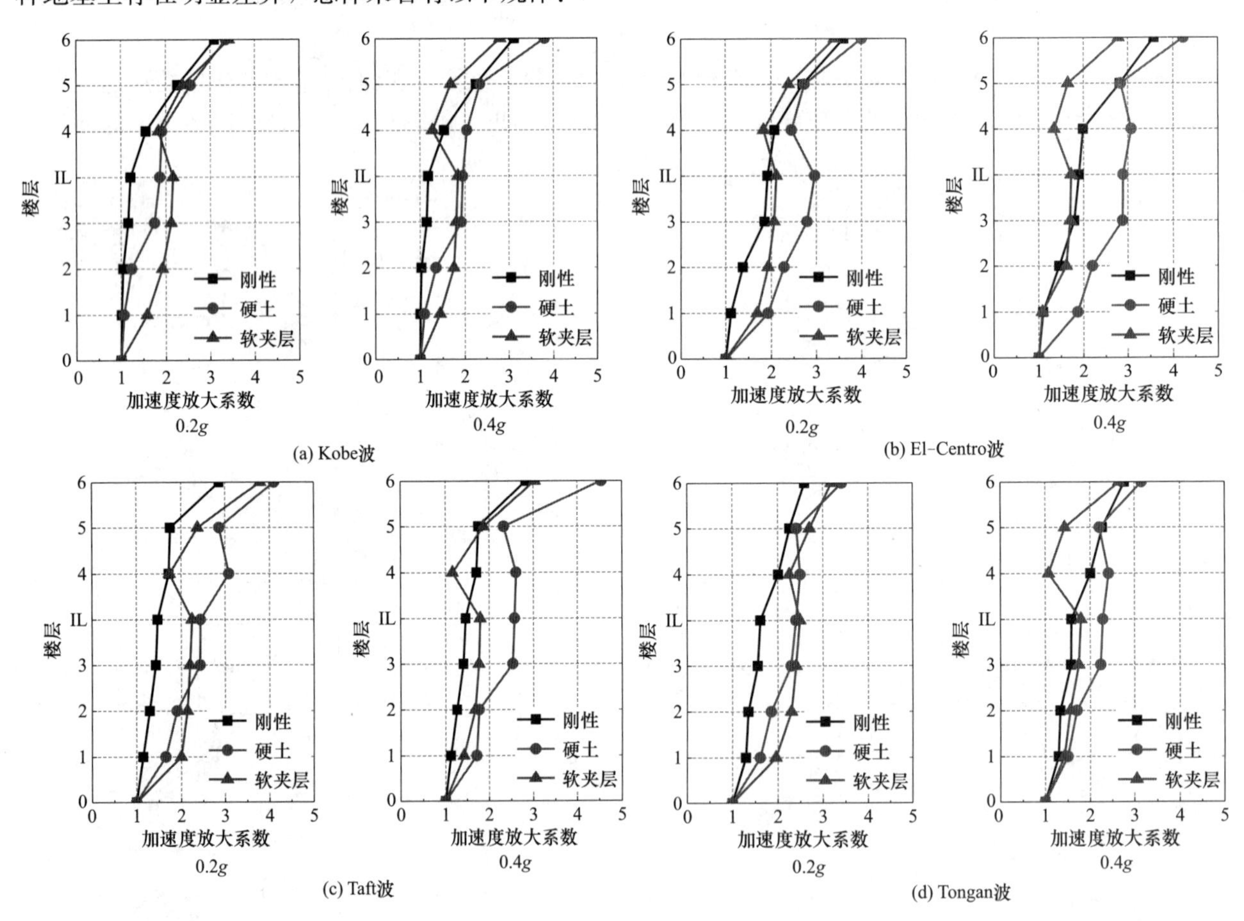

图 6-134 抗震结构加速度放大系数

1）硬土地基和软夹层地基上抗震结构楼层加速度放大系数总体上均呈 S 形曲线，放大系数随楼层升高先增大后减小再增大，刚性地基则表现为随楼层升高而单调增大。

2）抗震结构在硬土地基上的加速度放大系数明显大于刚性地基的放大系数，表明考虑 SSI 效应后

硬土地基土体对传至土表的地震动加速度峰值存在明显放大作用，从而导致上部结构加速度响应被放大；软夹层地基上抗震结构底盘加速度放大系数均大于刚性地基，而塔楼在个别工况下的加速度放大系数则小于刚性地基，表明考虑SSI效应后软夹层地基上抗震结构加速度响应可能增大也可能减小，与基底输入地震动的频谱特性及加速度峰值有关。

3）3种地基上抗震结构加速度放大系数随输入地震动加速度峰值变化的规律存在差异，表现为：随基底输入加速度峰值由0.2g增大为0.4g，刚性地基基本不变，硬土地基总体略有增大，而软夹层地基上则明显减小。

（4）隔震结构减振率对比

为了定量对比分析层隔结构在考虑SSI效应后的减振效率，根据层隔及抗震两种结构在3种地基上楼层的加速度峰值响应计算得到相应减振率。表6-52～表6-55给出了不同工况下3种地基层间隔震结构各楼层的加速度减振率，其中“1”为下部底盘2层楼面，“IL”为隔震层。

加速度减振率对比（Kobe波） **表6-52**

楼层	刚性地基		硬土地基		软夹层地基	
	0.2g	0.4g	0.2g	0.4g	0.2g	0.4g
5	76.59%	84.58%	77.56%	83.93%	65.28%	63.44%
4	81.33%	84.75%	79.60%	83.29%	68.68%	64.46%
3	71.81%	80.80%	70.06%	80.67%	46.17%	58.07%
IL	51.82%	72.03%	66.10%	76.28%	20.33%	47.46%
2	−15.63%	−11.72%	−35.60%	−34.75%	−27.36%	−42.58%
1	−14.55%	−7.55%	−7.88%	−9.68%	−11.14%	−36.59%

加速度减振率对比（El-Centro波） **表6-53**

楼层	刚性地基		硬土地基		软夹层地基	
	0.2g	0.4g	0.2g	0.4g	0.2g	0.4g
5	72.01%	78.30%	69.90%	80.81%	62.11%	47.06%
4	75.50%	79.91%	76.67%	78.53%	66.74%	54.17%
3	64.95%	72.06%	63.61%	76.65%	54.50%	51.37%
IL	42.15%	53.60%	51.47%	67.52%	29.63%	22.48%
2	−5.63%	−3.27%	−15.76%	−5.73%	−6.15%	−32.08%
1	−2.40%	−7.79%	−13.77%	−9.74%	−11.46%	−20.52%

加速度减振率对比（Taft波） **表6-54**

楼层	刚性地基		硬土地基		软夹层地基	
	0.2g	0.4g	0.2g	0.4g	0.2g	0.4g
5	68.24%	77.85%	72.11%	83.88%	65.85%	48.93%
4	70.94%	72.51%	75.04%	76.18%	66.67%	66.84%
3	63.19%	68.91%	70.66%	75.62%	52.01%	37.01%
IL	41.16%	58.22%	48.26%	66.89%	31.85%	6.11%
2	−19.23%	−5.93%	−66.01%	−55.14%	−27.74%	−31.68%
1	−5.04%	−3.89%	−40.99%	−47.26%	−9.60%	−32.59%

分析表格可知，3种地基上层隔结构加速度减振率有明显差异，不同地震动作用下的规律变化也不尽相同，总体来看有以下规律：

加速度减振率对比（Tongan 人工波）　　表 6-55

楼层	刚性地基		硬土地基		软夹层地基	
	0.2g	0.4g	0.2g	0.4g	0.2g	0.4g
5	67.44%	77.21%	70.61%	76.39%	40.56%	61.24%
4	75.50%	80.31%	72.67%	77.49%	42.51%	58.19%
3	67.41%	77.33%	70.14%	74.12%	27.21%	48.48%
IL	47.37%	57.19%	50.73%	61.38%	19.68%	52.99%
2	−18.33%	−15.10%	−54.47%	−49.57%	−13.51%	−23.08%
1	2.23%	−3.76%	−21.02%	−30.70%	−13.04%	−25.89%

1）考虑 SSI 效应后层隔结构楼层加速度减振率可能增大也可能减小，与地基类型有关。上部塔楼减振率在刚性地基和硬土地基上时差别较小，甚至在基底输入 Taft 波时，减振率在硬土地基上要优于刚性地基，而软夹层地基上减振率则显著低于刚性地基和硬土地基。隔震层减振率表现为在硬土地基上最高，刚性地基次之，软夹层地基则最低。下部底盘在 3 种地基上的减振率均为负值，且在硬土及软夹层地基上更低，表明采用层间隔震会增大下部底盘的加速度响应值，这种情况在土性地基上更为明显。

2）刚性地基和硬土地基上减振率随基底输入地震动加速度峰值的增加而增大；软夹层地基上在 El-Centro 波及 Tongan 波作用下的减振率随输入峰值的增加而增加；而在 Kobe 波及 Taft 波作用下，加速度减振率随输入峰值的增加而减小，加速度减振率与输入地震波频谱特性和峰值有关。

综上对于加速度反应的对比分析研究可知，土性地基上层隔结构加速度响应明显增大，尤其是软夹层地基上采用层间隔震后减振效果明显变差，究其原因主要有以下两点：一是由于土体中部软弱黏土层的存在，使体系变柔的同时明显增强了基底输入地震波的低频分量，且层间隔震延长了结构自振周期，产生共振效应而使得结构的加速度响应被放大；二是前文分析中软夹层地基可能减小抗震结构的加速度响应，一来一回降低了减振率。基于以上分析，现有大部分基于刚性地基假设的隔震设计是偏于不安全的，特别是在软弱地基上，应考虑 SSI 效应的影响。

4. 位移响应对比

（1）楼层位移响应对比

利用 ABAQUS 分别对 3 种地基上层隔结构、抗震结构进行不同工况下的动力时程分析，在分析结果中提取上部结构各楼层位移时程数据。

图 6-135 给出了不同地基上两种结构楼层位移响应的对比图，楼层号指各层楼板平面，其中“1”为底盘 2 层楼板，“IL”为隔震层。

从图 6-135 分析可知，总体来看，由于 SSI 效应的影响，两种结构在硬土和软夹层地基上的位移响应均大于刚性地基；土性地基上随土体由刚变柔，层隔结构位移响应可能增大也可能减小，与地震动频谱特性有关，具体表现为：Kobe 波和 El-Centro 波作用时，隔震结构在软夹层地基上的位移响应大于硬土地基，在 Taft 波作用时则规律相反，而在 Tongan 人工波作用下，隔震结构在两种土性地基上的位移响应十分接近。

（2）层间位移减振率对比

为更直观体现不同地基上采用层间隔震后结构的位移响应减振效果，按式（6-16）计算不同工况下层间位移减振率列于表 6-56～表 6-59。分析表中数据可得：

1）层隔结构在土性地基上的层间位移减振效果良好，塔楼总体上的减振率在 56%以上，且底盘的减振率也均为正值，表明考虑 SSI 效应后采用层间隔震对于层间位移响应仍有较好的削弱作用。

2）减振率与地基类型及基底输入地震动频谱特性、加速度峰值有关，表现为：硬土地基上的减振率优于刚性地基，而软夹层地基上的减振率则可能大于也可能小于刚性地基；刚性地基和硬土地基上减振率随输入地震动峰值增大而有所增大，软夹层地基上减振率在输入 El-Centro 波和 Tongan 人工波时随输入峰值增大而有所增大，在输入 Kobe 波和 Taft 波时随输入峰值增大而减小。

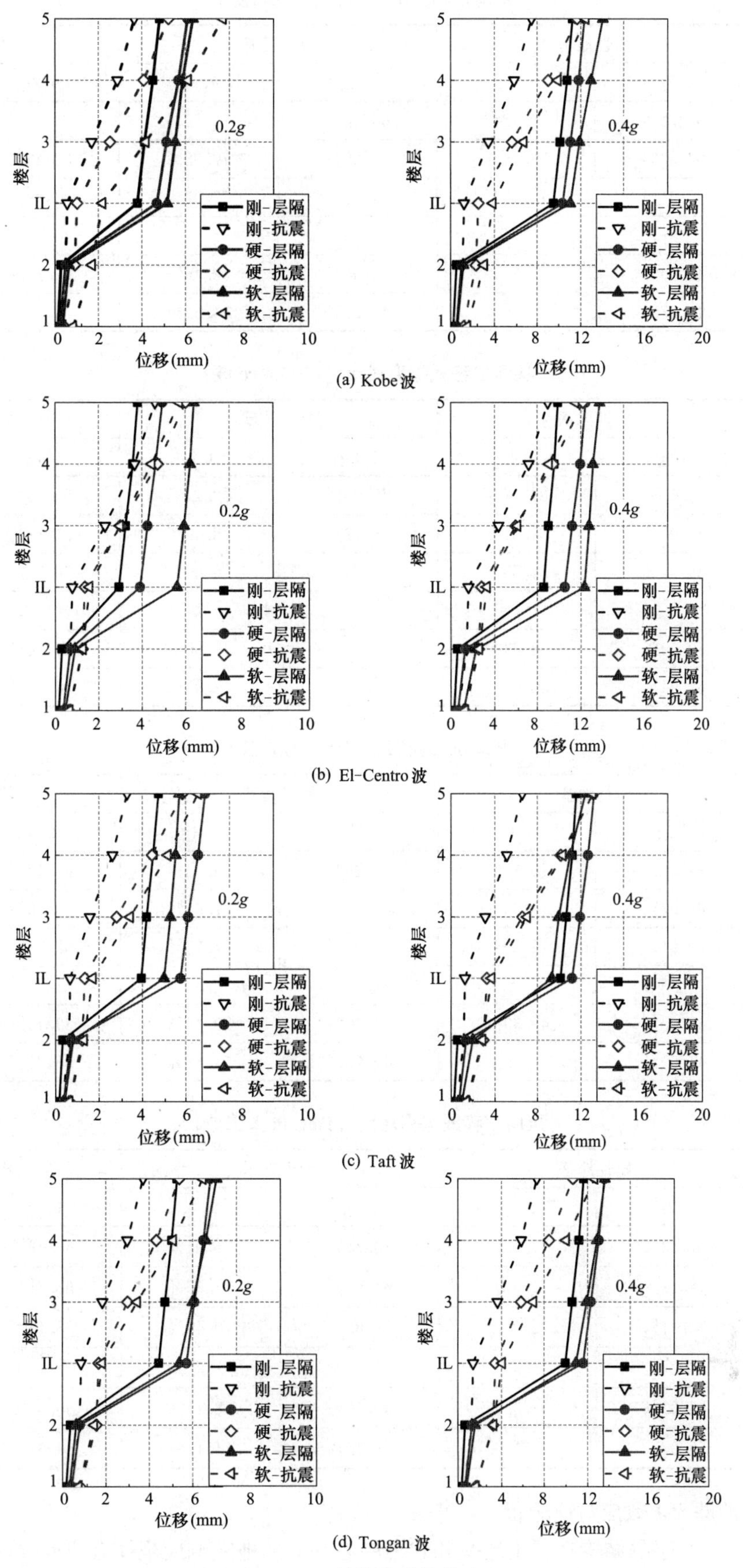

图 6-135 结构位移峰值响应

层间位移减振率对比（Kobe 波）　　表 6-56

楼层	刚性地基		硬土地基		软夹层地基	
	0.2g	0.4g	0.2g	0.4g	0.2g	0.4g
5	59.74%	70.12%	63.16%	79.62%	70.57%	56.08%
4	68.07%	73.75%	64.29%	77.98%	82.42%	65.63%
3	69.91%	72.20%	71.05%	77.07%	80.99%	70.61%
IL	/	/	/	/	/	/
2	48.00%	49.39%	44.90%	59.46%	66.33%	63.97%
1	41.67%	51.49%	47.62%	54.62%	58.91%	59.13%

层间位移减振率对比（El-Centro 波）　　表 6-57

楼层	刚性地基		硬土地基		软夹层地基	
	0.2g	0.4g	0.2g	0.4g	0.2g	0.4g
5	76.60%	80.11%	75.91%	82.27%	86.70%	70.62%
4	75.00%	81.27%	78.12%	78.64%	81.31%	87.42%
3	79.74%	84.53%	79.24%	78.90%	76.70%	84.37%
IL	/	/	/	/	/	/
2	60.00%	58.33%	49.92%	49.65%	29.78%	11.39%
1	52.94%	58.57%	41.18%	47.83%	28.95%	10.85%

层间位移减振率对比（Taft 波）　　表 6-58

楼层	刚性地基		硬土地基		软夹层地基	
	0.2g	0.4g	0.2g	0.4g	0.2g	0.4g
5	59.74%	70.12%	63.16%	79.62%	88.48%	62.39%
4	68.07%	73.75%	64.29%	77.98%	85.75%	68.18%
3	69.91%	72.20%	71.05%	77.07%	82.93%	80.90%
IL	/	/	/	/	/	/
2	48.00%	49.39%	44.90%	59.46%	39.44%	32.21%
1	41.67%	51.49%	47.62%	54.62%	36.71%	29.27%

层间位移减振率对比（Tongan 人工波）　　表 6-59

楼层	刚性地基		硬土地基		软夹层地基	
	0.2g	0.4g	0.2g	0.4g	0.2g	0.4g
5	67.12%	71.03%	70.75%	75.91%	63.69%	70.60%
4	72.17%	71.81%	67.91%	71.65%	63.81%	67.75%
3	70.41%	72.52%	73.68%	70.49%	63.15%	66.88%
IL	/	/	/	/	/	/
2	48.32%	50.39%	50.00%	58.11%	56.84%	51.28%
1	58.02%	44.15%	48.15%	61.11%	55.87%	51.89%

5. 不同土性地基 SSI 效应对比分析

从前文分析可知，层隔结构在硬土地基和软夹层地基上的地震响应规律有所差异，为定量分析考虑 SSI 效应后两类地基对层隔结构的影响，引入参数 δ 进行衡量，其表达式为：

$$\delta=\frac{R_{SSI}}{R}-1 \tag{6-23}$$

式中，δ 为 SSI 影响率，R_{SSI} 为土性地基上结构响应峰值，R 为刚性地基上结构响应峰值。

提取 3 种地基上层隔结构在不同地震波作用下的加速度及位移响应，取均值后按式（6-23）计算相应的 SSI 减振率列于表 6-60～表 6-63。

加速度响应影响率（0.2g） **表 6-60**

楼层	刚性地基	硬土地基		软夹层地基	
	加速度(g)	加速度(g)	影响率	加速度(g)	影响率
6	0.173	0.203	17.34%	0.284	64.16%
5	0.106	0.127	19.81%	0.194	83.02%
4	0.121	0.154	27.27%	0.215	77.69%
IL	0.167	0.218	30.54%	0.336	101.20%
3	0.346	0.669	93.35%	0.544	57.23%
2	0.266	0.440	65.41%	0.461	73.31%
1	0.228	0.328	43.86%	0.365	60.09%

加速度响应影响率（0.4g） **表 6-61**

楼层	刚性地基	硬土地基		软夹层地基	
	加速度(g)	加速度(g)	影响率	加速度(g)	影响率
6	0.249	0.289	16.06%	0.504	102.41%
5	0.181	0.203	12.15%	0.253	39.78%
4	0.180	0.233	29.44%	0.247	37.22%
IL	0.237	0.305	28.69%	0.479	102.11%
3	0.649	1.316	102.77%	0.909	40.06%
2	0.536	0.872	62.69%	0.850	58.58%
1	0.454	0.642	41.41%	0.704	55.07%

位移响应影响率（0.2g） **表 6-62**

楼层	刚性地基	硬土地基		软夹层地基	
	位移(mm)	位移(mm)	影响率	位移(mm)	影响率
5	0.25	0.34	36.00%	0.32	28.67%
4	0.34	0.45	32.35%	0.36	7.33%
3	0.30	0.37	23.33%	0.40	33.21%
IL	3.47	4.35	25.36%	4.55	31.13%
2	0.16	0.34	112.50%	0.36	125.34%
1	0.16	0.35	118.75%	0.39	141.06%

位移响应影响率（0.4g） **表 6-63**

楼层	刚性地基	硬土地基		软夹层地基	
	位移(mm)	位移(mm)	影响率	位移(mm)	影响率
5	0.41	0.53	29.27%	1.08	163.63%
4	0.59	0.74	25.42%	0.87	47.11%
3	0.55	0.72	23.33%	0.73	32.79%

续表

楼层	刚性地基	硬土地基		软夹层地基	
	位移(mm)	位移(mm)	影响率	位移(mm)	影响率
IL	8.96	9.68	8.04%	9.16	2.24%
2	0.31	0.62	100.00%	0.86	177.47%
1	0.29	0.64	120.69%	0.89	206.70%

分析表 6-60～表 6-63 可知，SSI 效应对层隔结构加速度及位移响应影响显著，在两种地基上的影响率大小有所差异，具体可总结为：

1）从加速度响应影响率来看，层隔结构塔楼影响率随地基土体变柔而增大，即在软夹层地基上均大于硬土地基；软夹层地基上隔震层影响率可达 102.11%，SSI 放大效应显著。结构底盘影响率在两种地基上均较大，其中硬土地基最大值超过 100%，表明建立在土性地基上的层隔结构需加强对隔震层下部结构的保护。

2）从位移响应影响率来看，层隔结构底盘的影响率在两种地基上均很高，软夹层地基最大值甚至达到 206.70%，位移响应较刚性地基增大显著；软夹层地基上塔楼顶部影响率可达 163.63%，边梢效应明显。

综上分析可知，考虑 SSI 效应后不同土性地基上层隔结构的地震响应以放大为主，基于刚性地基假设的层间隔震设计是偏于不安全的，在实际工程设计中不应忽略 SSI 效应的影响。

6.6.2 不同夹层厚度的软夹层地基模型体系对比分析

1. 不同夹层厚度的软夹层地基模型建立

从上文研究可知，考虑 SSI 效应后软夹层地基上层间隔震结构的地震响应以放大为主，减振效果变差。在实际工程中，软夹层地基的软弱层厚度不尽相同，在地震作用下，不同的软弱层厚度对于上部层隔结构动力特性及地震响应的影响有待研究。

为探究软夹层地基土体中夹层厚度的改变对层隔结构模态特性及地震响应的影响，在 ABAQUS 中基于已建立的软夹层地基上层隔结构及抗震结构模型（软黏土厚 0.4m），通过保持上下砂土层厚度及夹层中心位置不变而仅改变夹层厚度的方法，将夹层厚度依次增大 0.5、1 倍，建立了夹厚度分别为 0.6m 和 0.8m 的软夹层地基上层隔结构及对比抗震结构模型。模型除地基土体中软黏土层厚度不同外，其余设置均保持一致，创建完成后的层隔结构模型如图 6-136 所示。后文 3 种不同夹层厚度的模型分别用 0.4m 厚、0.6m 厚及 0.8m 厚来代替表示。

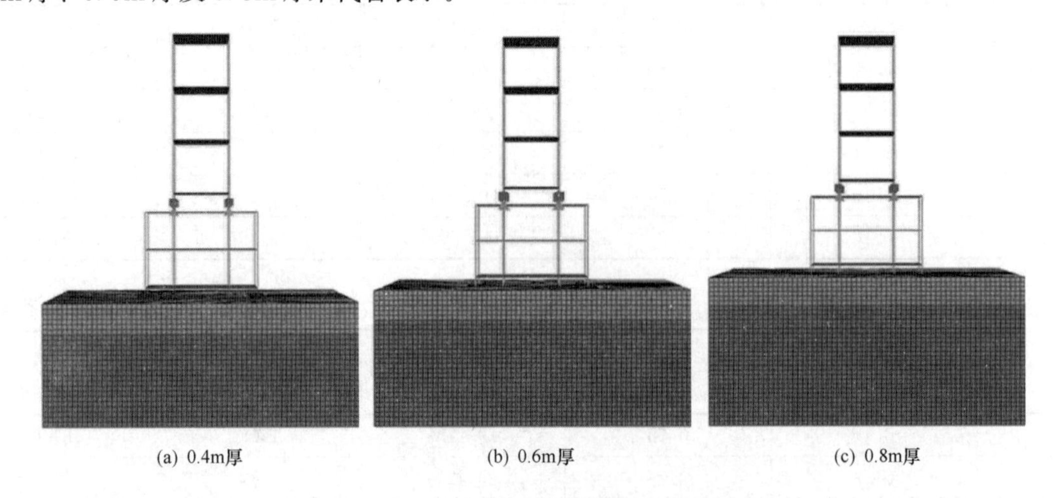

(a) 0.4m厚　(b) 0.6m厚　(c) 0.8m厚

图 6-136　不同夹层厚度模型（层隔结构）

2. 自振周期对比

对 3 种不同夹层厚度的软夹层地基上层隔及抗震模型进行模态分析，根据分析结果计算出自振周期列于表 6-64。

模型结构自振周期　　表 6-64

地基类型	隔震模型(s)	抗震模型(s)
0.4m 厚	0.497	0.238
0.6m 厚	0.505	0.262
0.8m 厚	0.548	0.364

由表 6-64 分析可知，随着夹层厚度的增加，层隔及抗震模型的自振周期均增大，且抗震模型的增加幅度大于隔震模型，尤其是在夹层厚度为 0.8m 时，隔震模型自振周期相比于 0.4m 厚时延长了 10.26%，而抗震模型则延长了 52.94%，由此可以看出夹层厚度的变化对抗震结构自振特性影响更显著。

3. 加速度响应对比

（1）土体加速度响应对比

对 3 种不同夹层厚度的软夹层地基上层隔及抗震模型进行动力时程分析，提取地基土体不同深度分析点的加速度时程，按式（6-15）计算出放大系数。以层隔模型为例，对 4 条地震波的计算结果取均值后，绘出土中不同位置分析点的加速度放大系数变化曲线，如图 6-137 所示。

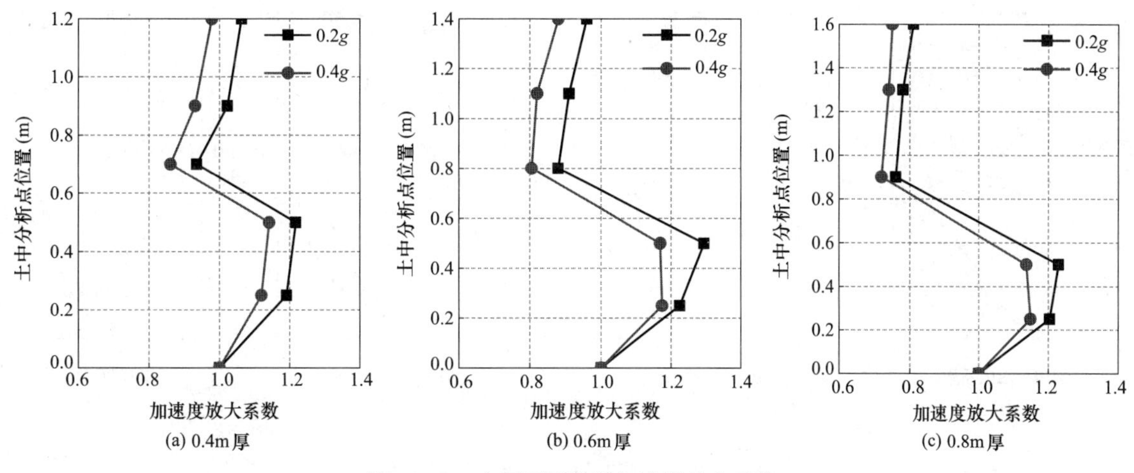

图 6-137　土层不同位置加速度放大系数

从图 6-137 可以看出，土层不同位置分析点处的加速度放大系数变化规律在 3 种不同软土层厚度土体中表现一致：上下部砂土层放大了地震波加速度峰值，而软黏土夹层则有效削弱了峰值，曲线呈 S 形变化，且输入峰值由 0.2g 增大为 0.4g 时，曲线向左偏移，放大系数有所减小。进一步观察可知，随夹层厚度增大，其对于地震波加速度峰值削弱的作用有所放大。

为更直观对比 3 种不同夹层厚度土体的放大效应，表 6-65 给出了 3 种土体的土底、顶加速度峰值对比，并计算出 0.6m、0.8m 厚相对于 0.4m 厚的减小程度。

土底、顶加速度峰值对比　　表 6-65

基底输入(g)	0.4m 厚土顶(g)	0.6m 厚土顶(g)	减小程度(%)	0.8m 厚土顶(g)	减小程度(%)
0.2	0.212	0.192	9.43	0.162	23.58
0.4	0.392	0.352	10.20	0.293	25.26

从表 6-65 可以看出，基底输入地震波加速度峰值相同时，土顶处加速度峰值随夹层厚度的增大而减小，且减小程度随基底输入峰值的增大而略微增大，总体上表明软夹层地基土体的放大效应随夹层厚

度的增大而减弱。

（2）隔震结构加速度放大系数对比

在动力时程分析结果中提取层隔结构各楼层的加速度时程数据，按式（6-15）计算相应的加速度放大系数。图 6-138 给出了 3 种不同夹层厚度的软夹层地基上层隔结构楼层加速度放大系数的对比图。图中楼层号为模型上部结构各层的楼面板，其中楼层“0”为基础顶面，“1”为底盘底部一层，“IL”为隔震层。

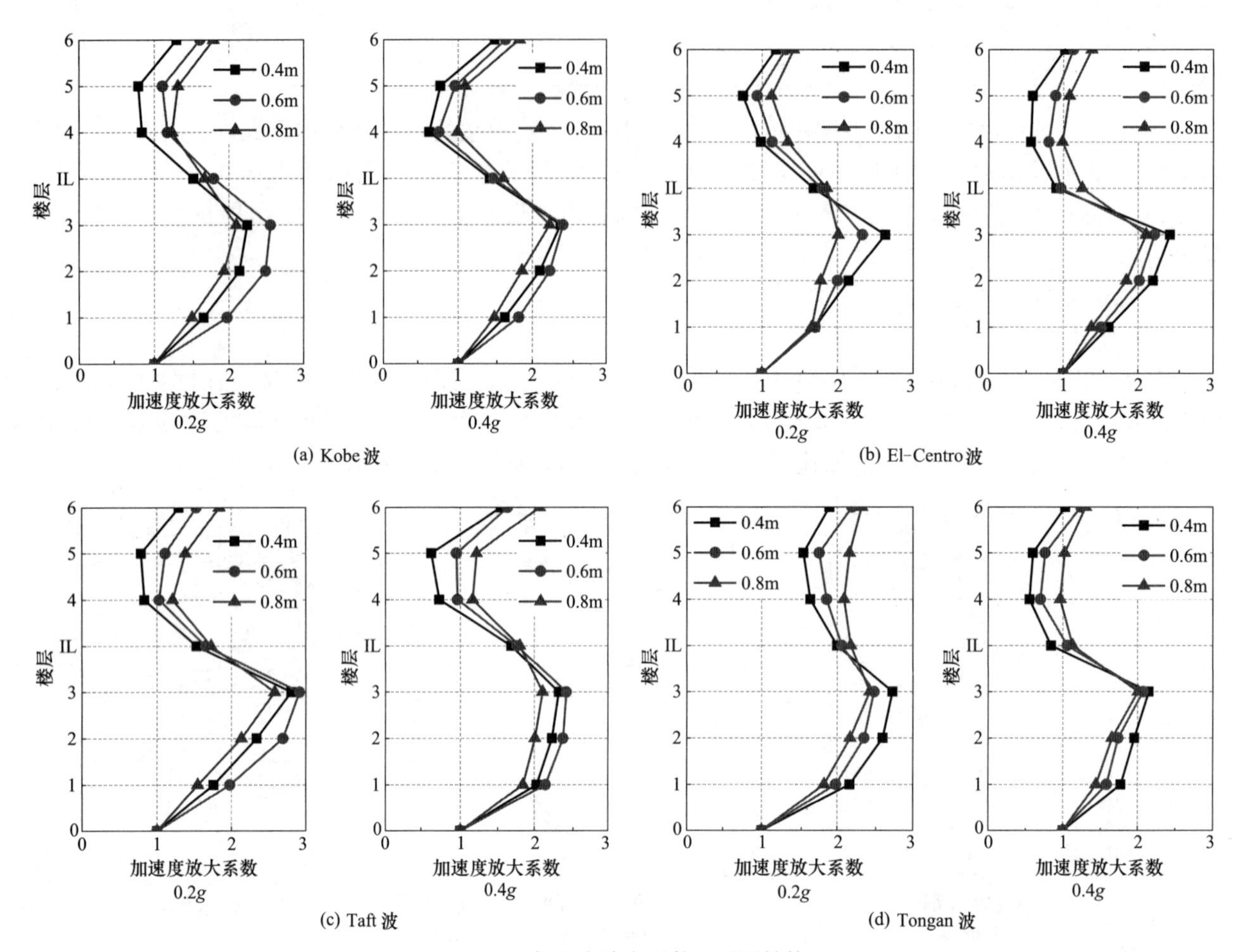

图 6-138　加速度放大系数（层隔结构）

从图 6-138 可以看出，不同夹层厚度的软夹层地基上层隔结构楼层加速度放大系数曲线规律保持一致，但由于夹层厚度改变的影响，放大系数存在一定差异，总体来看有以下规律：

1）从塔楼角度来看，加速度放大系数随夹层变厚而逐渐增大。从底盘角度来看，加速度放大系数变化规律与基底输入地震动频谱特性有关，具体表现为：当基底输入 Kobe 波和 Taft 波时，放大系数随夹层变厚先增大后减小，而输入 El-Centro 波和 Tongan 人工波时则随夹层变厚而逐渐减小。

2）加速度放大系数与输入地震动峰值有关：随输入峰值由 0.2g 增大到 0.4g，3 种不同夹层厚度的软夹层地基上层隔结构楼层加速度放大系数均有所下降。

（3）抗震结构加速度放大系数对比

为对比分析夹层厚度对层隔结构加速度响应减振效果的影响，提取时程分析结果中抗震结构各楼层的加速度时程记录，并计算相应的加速度放大系数。图 6-139 给出了 3 种不同夹层厚度的软夹层地基上抗震结构楼层加速度放大系数的对比图。从图中分析可得以下规律：

1）3 种不同夹层厚度的软夹层地基上抗震结构楼层加速度放大系数变化规律保持一致，表现为随楼层升高先增大后减小再增大的 S 形分布；不同地震波作用下，加速度放大系数随软土层厚度的增加而

减小。

2）随输入地震波峰值的增加，3 条曲线整体上往左偏移，与层隔结构变化趋势相似。

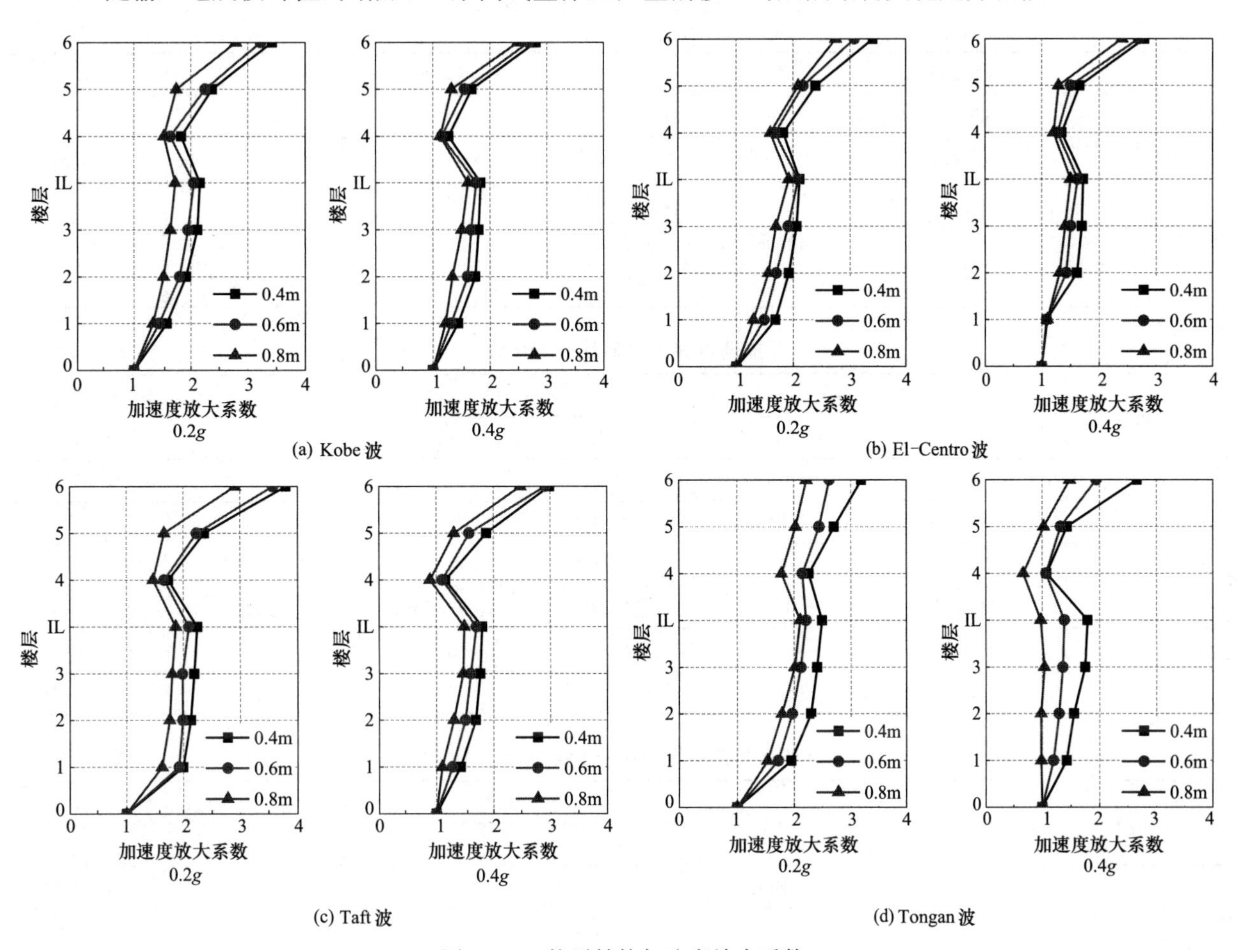

图 6-139 抗震结构加速度放大系数

（4）隔震结构减振率对比

为定量分析对比夹层厚度对于软夹层地基上层隔结构的加速度响应减振效果的影响，提取层隔及抗震两种结构楼层的加速度峰值响应按式（6-16）计算得到相应减振率，列于表 6-66～表 6-69，其中“1”为下部底盘 2 层楼面，“IL”为隔震层。

加速度减振率对比（Kobe 波） **表 6-66**

楼层	0.4m 厚		0.6m 厚		0.8m 厚	
	0.2g	0.4g	0.2g	0.4g	0.2g	0.4g
5	62.11%	47.06%	50.07%	38.92%	35.98%	26.88%
4	66.74%	54.17%	50.70%	44.73%	24.74%	27.33%
3	54.50%	51.37%	28.67%	43.90%	19.17%	33.01%
IL	29.63%	22.48%	12.81%	16.29%	3.46%	0.48%
2	−6.15%	−32.08%	−30.71%	−44.07%	−27.40%	−54.95%
1	−11.46%	−20.52%	−37.84%	−32.89%	−36.97%	−53.94%

从表中数据可以看出，随夹层厚度的增加，软夹层地基上层隔结构加速度减振率显著减小，底盘减振率均为负值，且在个别工况下塔楼加速度减振率为负值，表明在具有较深厚软弱夹层的地基土体上采用层间隔震时，其减振效果不理想。

加速度减振率对比（El-Centro 波） 表 6-67

楼层	0.4m 厚		0.6m 厚		0.8m 厚	
	0.2g	0.4g	0.2g	0.4g	0.2g	0.4g
5	65.28%	63.44%	57.37%	57.99%	48.51%	42.49%
4	68.68%	64.46%	60.63%	40.28%	46.30%	16.15%
3	46.17%	58.07%	42.86%	36.61%	25.23%	18.31%
IL	20.33%	47.46%	14.19%	40.53%	8.38%	16.54%
2	−27.36%	−42.58%	−35.35%	−47.76%	−37.67%	−49.76%
1	−11.14%	−36.59%	−10.99%	−41.49%	−19.22%	−40.77%

加速度减振率对比（Taft 波） 表 6-68

楼层	0.4m 厚		0.6m 厚		0.8m 厚	
	0.2g	0.4g	0.2g	0.4g	0.2g	0.4g
5	65.85%	48.93%	57.16%	43.63%	36.85%	16.39%
4	66.67%	66.84%	50.31%	39.46%	17.04%	6.93%
3	52.01%	37.01%	38.17%	12.42%	17.68%	−31.00%
IL	31.85%	6.11%	21.30%	−3.81%	7.52%	−21.41%
2	−27.74%	−31.68%	−55.14%	−51.63%	−47.96%	−44.01%
1	−9.60%	−32.59%	−35.14%	−58.42%	−41.23%	−64.11%

加速度减振率对比（Tongan 人工波） 表 6-69

楼层	0.4m 厚		0.6m 厚		0.8m 厚	
	0.2g	0.4g	0.2g	0.4g	0.2g	0.4g
5	40.56%	61.24%	16.30%	36.32%	−4.51%	11.79%
4	42.51%	58.19%	27.77%	42.24%	−6.36%	−0.04%
3	27.21%	48.48%	13.44%	33.94%	−17.33%	−44.82%
IL	19.68%	53.00%	6.73%	23.72%	−3.10%	−16.17%
2	−13.51%	−23.08%	−17.15%	−52.65%	−20.65%	−94.35%
1	−13.04%	−25.88%	−19.37%	−34.48%	−21.44%	−69.41%

4. 位移响应对比

（1）楼层位移响应对比

根据动力时程分析结果，提取不同工况下上部结构各楼层的位移响应。图 6-140 给出了 3 种不同夹层厚度的软夹层地基上层隔及抗震结构楼层位移峰值响应的对比图，楼层号为各层楼板平面，其中“1”为底盘 2 层楼板，“IL”为隔震层。

从图 6-140 分析可知：

1）不同工况作用下抗震结构楼层位移峰值响应变化规律一致，均表现为随楼层的升高而位移显著增加，各工况下 3 条曲线总体上十分接近，表明软夹层地基上抗震结构楼层位移响应受夹层厚度变化的影响较小；

2）3 种不同夹层厚度的软夹层地基上层隔结构楼层位移峰值响应变化规律在不同地震波作用下不尽相同，表现为：从塔楼角度来看，基底输入 Kobe 波和 Tongan 人工波时，楼层位移峰值响应随夹层厚度的增加而减小，而在 El-Centro 波和 Taft 波作用下则先增加后减小；从底盘角度看，随夹层厚度增加，楼层位移峰值响应有所增大；隔震层位移峰值响应随夹层厚度增加而减小。

为更直观表现夹层厚度对于层隔结构上部塔楼位移响应的影响，表 6-70 给出了不同工况下 3 种不

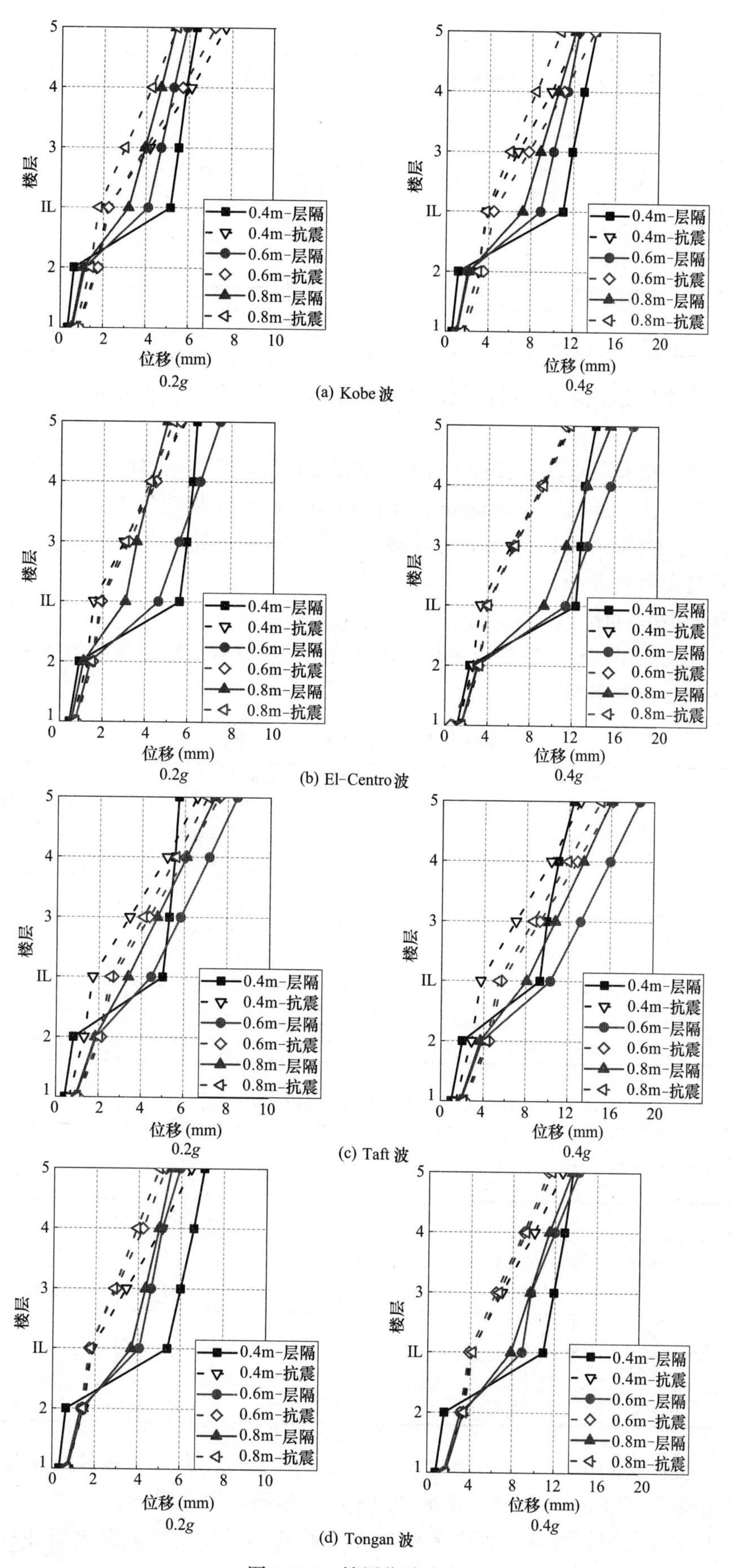

图 6-140 楼层位移响应

塔楼顶、底位移差值对比　　表 6-70

地震波	加速度峰值	0.4m 厚(mm)	0.6m 厚(mm)	放大倍数	0.8m 厚(mm)	放大倍数
Kobe 波	0.2g	1.18	1.78	1.51	2.18	1.84
	0.4g	3.06	3.54	1.16	4.86	1.59
El-Centro 波	0.2g	0.77	2.86	3.71	1.95	2.53
	0.4g	1.83	6.29	3.44	6.19	3.38
Taft 波	0.2g	0.70	3.97	5.65	4.02	5.71
	0.4g	3.10	8.31	2.68	7.94	2.56
Tongan 人工波	0.2g	1.69	1.87	1.11	1.86	1.10
	0.4g	2.72	5.30	1.95	5.70	2.09

同夹层厚度的软夹层地基上层隔结构塔楼顶、底部的位移差值，并计算出 0.6m、0.8m 厚相对于 0.4m 厚的放大倍数。

由表中数据可知，软夹层地基上层隔结构上部塔楼整体位移随夹层厚度的增加而增大，放大倍数与地震波频谱特性相关，在 Kobe 波和 Tongan 人工波作用下的放大倍数为 1.10～2.09，而在 El-Centro 波和 Taft 波作用下为 2.53～5.71。实际工程中建立在具有较深厚软弱夹层地基上的层隔结构应注意隔震层上部结构位移过大的危害。

(2) 层间位移减振率对比

为定量分析对比夹层厚度对于软夹层地基上层隔结构的位移响应减振效果的影响，按式 (6-16) 计算不同工况下层间位移减振率列于表 6-71～表 6-74。

层间位移减振率对比（Kobe 波）　　表 6-71

楼层	0.4m 厚		0.6m 厚		0.8m 厚	
	0.2g	0.4g	0.2g	0.4g	0.2g	0.4g
5	70.57%	56.08%	59.56%	63.84%	40.96%	32.23%
4	82.42%	65.63%	65.73%	60.46%	41.66%	30.93%
3	80.99%	70.61%	65.95%	63.86%	38.74%	27.85%
IL	/	/	/	/	/	/
2	66.33%	63.97%	36.57%	42.65%	23.20%	28.61%
1	58.91%	59.13%	34.76%	41.05%	26.60%	28.60%

层间位移减振率对比（El-Centro 波）　　表 6-72

楼层	0.4m 厚		0.6m 厚		0.8m 厚	
	0.2g	0.4g	0.2g	0.4g	0.2g	0.4g
5	86.70%	70.62%	31.12%	13.40%	18.54%	10.69%
4	81.31%	87.42%	40.09%	25.46%	22.50%	15.31%
3	76.70%	84.37%	56.22%	19.49%	25.28%	17.88%
IL	/	/	/	/	/	/
2	29.78%	11.39%	26.50%	4.84%	9.11%	4.64%
1	28.95%	10.85%	26.41%	4.43%	7.13%	3.25%

从表中分析可得：层间位移减振率变化规律与加速度相同，表现为随软黏土层厚度的增加而显著下降，尤其是在输入 El-Centro 波和 Taft 波 0.4g 时，塔楼减振率最大仅为 25%左右，而在 Tongan 人工波作用下底盘出现负减振现象，再次表明软夹层地基上层隔结构减振效果随软土层厚度增加而变差。

层间位移减振率对比（Taft 波）　　表 6-73

楼层	0.4m 厚		0.6m 厚		0.8m 厚	
	0.2g	0.4g	0.2g	0.4g	0.2g	0.4g
5	88.48%	62.39%	18.57%	19.59%	10.29%	15.04%
4	85.75%	68.18%	19.98%	20.53%	11.44%	15.18%
3	82.93%	80.90%	19.64%	20.41%	12.31%	18.23%
IL	/	/	/	/	/	/
2	39.44%	32.21%	11.77%	16.45%	9.23%	14.18%
1	36.71%	29.27%	11.70%	16.57%	9.21%	14.04%

层间位移减振率对比（Tongan 人工波）　　表 6-74

楼层	0.4m 厚		0.6m 厚		0.8m 厚	
	0.2g	0.4g	0.2g	0.4g	0.2g	0.4g
5	63.69%	70.60%	22.15%	22.35%	44.58%	12.55%
4	63.81%	67.75%	58.92%	43.99%	41.70%	29.81%
3	63.15%	66.88%	57.48%	68.69%	38.58%	28.24%
IL	/	/	/	/	/	/
2	56.84%	51.28%	1.82%	5.94%	−1.06%	0.06%
1	55.87%	51.89%	2.58%	5.54%	−0.99%	0.12%

6.7　本章总结

本章基于 ABAQUS 有限元分析软件，研究了地基土性、夹层厚度这两种参数对层间隔震结构动力响应规律及减振效果的影响，得出结论如下：

（1）SSI 效应对结构自振周期影响显著，影响规律与地基土性有关。考虑 SSI 效应后层隔结构的自振周期较刚性地基延长，且随地基土由硬变软，自振周期延长幅度越大。

（2）软夹层地基对地震波加速度峰值的放大作用弱于硬土地基。不同工况下硬土地基土表加速度放大系数为 1.08～2.10，而软夹层地基土表加速度放大系数为 0.80～1.31。

（3）考虑 SSI 效应后结构的动力响应与地基土性密切相关。硬土地基上抗震结构加速度响应较刚性地基明显增大，而软夹层地基可能减小抗震结构的加速度响应，与输入地震波频谱特性有关；两种土性地基上层隔结构加速度响应均大于刚性地基；考虑 SSI 效应后两种结构的位移响应较刚性地基均明显增大。

（4）层隔结构减振效果在土性地基上有所差异。考虑 SSI 效应后，硬土地基上层隔结构各类响应减振率无明显变化，仍具有较好的减振效果，而软夹层地基上层隔结构的减振率明显减小，减振效果差。

（5）软夹层地基上层隔、抗震结构的自振周期均随夹层厚度增大而显著增大，且抗震模型的增加幅度大于隔震模型，夹层厚度变化对抗震结构自振特性影响更为显著。

（6）夹层厚度对软夹层地基上层隔结构的减振效果影响显著。层隔结构加速度及位移响应减振率随夹层厚度增加而明显降低，底盘降低幅度大于塔楼。

（7）建议实际工程中在软夹层地基上采用层间隔震技术时应考虑 SSI 效应的影响，且当夹层较厚时，更应加强隔震层下部的抗震设计。

参 考 文 献

[1]　胡聿贤. 地震工程学 [M]. 北京：地震出版社，2006.
[2]　刘凯雁. 结构地震响应的主、半主动、被动控制耗能机理对比 [D]. 兰州：兰州理工大学，2007.
[3]　沈聚敏. 抗震工程学 [M]. 北京：中国建筑工业出版社，2015..

[4] Petti L, Giannattasio G, De Iuliis M, et al. Small scale experimental testing to verify the effectiveness of the base isolation and tuned mass dampers combined control strategy [J]. Smart Structures and Systems, 2010, 6 (1): 57-72.
[5] Hyung-Jo J, Seung-Hyun E, Dong-Doo J, et al. Performance analysis of a smart base-isolation system considering dynamics of mrelastomers [J]. Journal of Intelligent Material Systems and Structures, 2011, 22 (13): 1439-1450.
[6] 吴应雄，祁皑. 某综合楼层间隔震设计及分析 [J]，工业建筑，2012，42 (3)：43-48.
[7] 祁皑. 层间隔震技术评述 [J]. 地震工程与工程振动，2004，24 (6)：114-120.
[8] 李慧，姚云龙，杜永峰，等. 叠层橡胶支座与柱串联体系动力失稳特性探讨 [J]. 世界地震工程，2005，21 (1)：18-23.
[9] 马长飞，谭平，周福霖. 近场地震作用下考虑 P-Δ 效应的首层柱顶隔震结构地震反应分析 [J]. 振动工程学报，2012，25 (4)：439-445.
[10] Wang S J, Chang K C, Hwang J S. Simplified analysis of mid-story seismically isolated buildings [J]. Earthquake Engineering and Structural Dynamics, 2011, 40 (2): 119-133.
[11] 周福霖，张颖，谭平. 层间隔震体系的理论研究 [J]. 土木工程学报，2009，42 (8)：1-8.
[12] Wolf J P. Dynamic Soil-structure Interaction [M]. New Jersey: Prentice Hall, 1985.
[13] Luco J E, Wong L. Seismic response of foundations embedded in a layered half-space [J]. Earthquake Engineering and Structural Dynamics, 1987, 15 (2): 233-247.
[14] 薄景山，李秀领，李山有. 场地条件对地震动影响研究的若干进展 [J]. 世界地震工程，2003，19 (2)：11～15.
[15] 中华人民共和国住房和城乡建设部. 建筑抗震设计规范：GB 50011—2010（2016 年版）[S]. 北京：中国建筑工业出版社，2016.
[16] Atsuko S, Tadamichi Y, Shinji I, et al. Design proposal for controlling seismic behaviors of inter-story isolation building structures [C]. Proceedings of 13th WCEE, Vancouver, 2004.
[17] Earl C. Effectiveness and feasibility of inter-story isolation systems [D]. Logan: Utah State University of America, 2007.
[18] 黄襄云. 层间隔震减振结构的理论分析和振动台试验研究 [D]. 西安：西安建筑科技大学，2008.
[19] 祁皑，郑国琛，阎维明. 考虑参数优化的层间隔震结构振动台试验研究 [J]. 建筑结构学报，2009，30 (02)：8-16.
[20] 吴应雄. 钢筋混凝土底层柱顶隔震框架结构试验与设计方法研究 [D]. 福州：福州大学，2012.
[21] 李爱群，轩鹏，徐义明，等. 建筑结构层间隔震技术的现状及发展展望 [J]. 工业建筑，2015，45 (514)：6-13.
[22] 李玉珍，祁皑. 大底盘单塔层间隔震结构分析 [C]. 防震减灾工程理论与实践新进展，第四届全国防震减灾工程学术研讨会，福州，2009.
[23] 吴曼林，谭平，唐述桥，等. 大底盘多塔楼结构的隔震减振策略研究 [J]. 广州大学学报（自然科学版），2010，9 (2)：83-89.
[24] 杜永峰，贾淑仙. 多维地震下大底盘多塔楼隔震结构平扭耦联响应分析 [J]. 工程抗震与加固改造，2012，34 (5)：62-67.
[25] 赵楠，马凯，李婷，等. 大底盘多塔高层隔震结构的地震响应 [J]. 土木工程学报，2010，43 (1)：254-258.
[26] 申春梅. 大底盘单塔结构层间隔震的研究 [D]. 西安：西安建筑科技大学，2010.
[27] 王蓉蓉. 高层建筑大底盘框架结构的隔震研究 [D]. 成都：西南交通大学，2013.
[28] 贾淑仙，谭万里. 大底盘多塔楼隔震结构动力特性及地震响应分析 [J]. 四川建筑科学研究，2015，41 (2)：192-194.
[29] 赵新卫，架锡富，彭凌云. 层间隔震技术在地铁车辆段大平台上部土地开发上的应用研究 [J]. 世界地震工程，2005，21 (2)：110-114.
[30] 李诚凯. 大底盘单塔楼隔震结构振动台试验研究 [D]. 福州：福州大学，2016.
[31] 颜桂云，方艺文，吴应雄，等. 远场类谐和地震动下大底盘单塔楼隔震结构振动台试验研究 [J]. 振动与冲击，2018，37 (18)：91-99.
[32] 夏侯唐斌. 长周期地震作用下大底盘上塔楼隔震结构振动台试验研究 [D]. 福州：福州大学，2017.
[33] 林森. 长周期地震下大底盘基础隔震结构试验研究 [D]. 福州：福州大学，2019.

[34] Idriss I M. Response of soft soil sites during earthqueakes [C]. Proc. H. Bolton seed Memorial Simposium. Univ. of California，Berkeley，1990：273-290.

[35] 冯希杰，金学申. 场地土对基岩峰值加速度放大效应分析 [J]. 工程地质学报，2001，9 (4)：385-388.

[36] 薄景山，李秀领，刘红帅. 土层结构对地表加速度峰值的影响 [J]. 地震工程与工程振动，2003，23 (03)：35-40.

[37] 黄雨，叶为民，唐益群，等. 上海软土场地的地震反应特征分析 [J]. 地下空间与工程学报，2005，(05)：127-132.

[38] 严士超，蔡方钱，宗志恒. 结构-地基体系的振型阻尼比 [J]. 振动工程学报，1992，5 (2).

[39] CAI F Q，et al. A study on the dynamic soil-pile-structure interaction of circular framed tube Sstructure [C]. Proceedings of 4th International Conference on Tall Buildings，Hongkong and Shanghai，1988.

[40] 田利，李兴建，易思银，等. 地震下考虑桩-土-结构相互作用的输电塔-线体系响应分析 [J]. 世界地震工程，2018，34 (03)：1-11.

[41] 陈波，吕西林，李培振，等. 均匀土-桩基-结构相互作用体系的计算分析 [J]. 地震工程与工程振动，2002，(03)：92-100.

[42] 陈国兴，王志华. 考虑土与结构相互作用效应的结构减振控制大型振动台模型试验研究 [J]. 地震工程与工程振动，2001，(4)：117-127.

[43] 李培振，陈跃庆，吕西林，等. 较硬分层土-桩基-结构相互作用体系振动台试验 [J]. 同济大学学报（自然科学版），2006，34 (03)：307-313.

[44] 康帅，楼梦麟，孔庆梅. 土-结构相互作用问题中的放大效应研究 [J]. 世界地震工程，2018，34 (01)：9-16.

[45] Reissner E. Stationäre，axialsymmetrische durch eine schüttelnde masse erregte schwingungen eines homogene elastischen halbraumes [J]. Ingenieur-Archiv，1936，7 (6)：381-396.

[46] Parmmelee R A. Building-foundation interaction effects [J]. ASCE，EM2，1967.

[47] Wass G. Linear two-dimensional analysis of soil dynamics problems in semi-infinite layered media [D]. Berkeley：University of California，Berkeley，1972.

[48] Wass G，et al. Analysis of pile foundation under dynamic loads [C]. SmiRT，1981.

[49] Dominguez J. Dynamic stiffness of rectangular foundation [R]. Teeh. Rep. R78-20，Dept. of civil eng. MIT. Cambridge Mass. 1978.

[50] Karabalis D L，Beskos D E. Dynamic stiffness of 3D rigid surface foundation by time domain BEM [J]. Earthquake Engineering and Structural Dynamics，1984，2：73-79.

[51] 赵彤，于晓黎. 高层建筑-基础-土体耦合系统的动力分析 [J]. 地震工程与工程振动，1991，11 (3)：67-75.

[52] Yann J，Zhang C，Jin F. A coupling procedure of FE and SBFE for soil-structure interaction in the time domain [J]. International Journal for Numerical Methods in Engineering，2004，59 (11)：1453-1471.

[53] Lehmann L. An effective finite element approach for soil-structure analysis in the time-domain [J]. Structural Engineering and Mechanics，2005，21 (4)：437-450.

[54] 熊辉，邹银生. 群桩（土)-承台-结构的动力相互作用分析 [J]. 工程力学，2004，21 (4)：75-80.

[55] 刘晶波，王振宇，杜修力，等. 波动问题中的三维时域黏弹性人工边界 [J]. 工程力学，2005，22 (6)：46-51.

[56] 高爽. 高层建筑与桩土共同作用的抗震性能分析 [D]. 青岛：中国石油大学，2010.

[57] Kubo K. Vibration test of a structure supported by pile Ffoundation [C]. 4WCEE，A6，1969：1-12.

[58] Mizuno H，Liba M. Shaking table testing of seismic building-pile-soil interaction [C]. Proc. 8WCEE，1984：649-656.

[59] Meymand P. Shake table tests：seismic soil-pile-superstructure interaction [J]. PEER Center News，1998，1 (2)：1-4.

[60] 吕西林，陈跃庆，陈波，等. 结构-地基动力相互作用体系振动台模型试验研究 [J]. 地震工程与工程振动，2000，(04)：20-29.

[61] 吕西林，陈跃庆. 高层建筑结构-地基动力相互作用效果的振动台试验对比研究 [J]. 地震工程与工程振动，2002，(02)：42-48.

[62] 陈国兴，王志华，宰金珉. 土与结构动力相互作用体系振动台模型试验研究 [J]. 世界地震工程，2002，18 (4)：

47-54.

[63] 楼梦麟，王文剑，马恒春，等. 土-桩-结构相互作用体系的振动台模型试验 [J]. 同济大学学报（自然科学版），2001，(07)：763-768.

[64] 楼梦麟，宗刚，牛伟星，等. 土-桩-钢结构相互作用体系的振动台模型试验 [J]. 地震工程与工程振动，2006，(05)：226-230.

[65] 陈跃庆，吕西林，侯建国，等. 不同土性地基中地震波传递的振动台模型试验研究 [J]. 武汉大学学报（工学版），2005，(02)：49-53.

[66] 陈跃庆，吕西林，李培振，等. 不同土性的地基-结构动力相互作用振动台模型试验对比研究 [J]. 土木工程学报，2006，(05)：57-64.

[67] 尚守平，鲁华伟，邹新平，等. 土与结构相互作用大比例模型试验研究 [J]. 工程力学，2013，30 (09)：41-46.

[68] 尚守平，熊伟，王海东，等. 土-结构动力相互作用 1∶4 大比例模型试验研究（英文） [J]. 土木工程学报，2009，42 (05)：103-111.

[69] 任慧，尚守平，李刚，等. 土桩结构线性动力相互作用简化分析 [J]. 湖南大学学报（自然科学版），2007，(11)：6-11.

[70] 王海东，尚守平，卢华喜，等. 场地土动剪模量的试验对比研究 [J]. 湖南大学学报，2005，32 (3)：33-37

[71] 卢华喜. 成层地基-桩基-上部结构动力相互作用理论分析与试验研究 [D]. 长沙：湖南大学，2006.

[72] 钱德玲，夏京，卢文胜，等. 支盘桩-土-高层建筑结构振动台试验的研究 [J]. 岩石力学与工程学报，2009，28 (10)：2024-2030.

[73] 周伟，钱德玲. 土-基础-高层框架结构振动台试验及有限元分析 [J]. 合肥工业大学学报（自然科学版），2010，(10)：106-109.

[74] Constantinou M C，Kneifati M C. Effect of soil-structure interaction on damping and frequencies of base-isolated structures [J]. Proceedings of 3rd US National Conference on Earthquake Engineering，1988，114 (1)：211-221.

[75] Sayed M，Per-Erik A，Jankowski R. Non-linear behavior of base-isolated building supported on flexible soil under damaging earthquakes [J]. Key Engineering Materials，2012，488-489：142-145.

[76] 王阿萍，姚谦峰. 土与隔震结构共同作用的随机地震反应分析 [J]. 北京交通大学学报，2007，31 (4)：40-44.

[77] 李忠献，李延涛，王健. 土-结构动力相互作用对基础隔震的影响 [J]. 地震工程与工程振动，2003，(05).

[78] 李延涛. 考虑土-结构动力相互作用的基础隔震与结构控制理论研究 [D]. 天津：天津大学，2004.

[79] 张之颖，王洪卫，段学刚，等. 地基-结构动力相互作用对基础隔震效果的影响 [J]. 工业建筑，2007，37 (10)：54-57.

[80] 项征. 地震作用下软土地基基础隔震结构体系的动力反应分析 [D]. 上海：同济大学，2006.

[81] 杜东升，刘伟庆，王曙光，等. SSI 效应对隔震结构的地震响应及损伤影响分析 [J]. 土木工程学报，2012，(05)：26-33.

[82] 张尚荣，谭平，杜永峰，等. 土-结构相互作用对层间隔震结构的影响分析 [J]. 土木工程学报，2014，47 (S1)：246-252.

[83] 赵明阳. 软土场地层间隔震结构的地震响应分析 [D]. 天津：天津大学，2016.

[84] 苏毅，李静珠，何强，等. 土与结构相互作用对层间隔震结构影响的参数分析 [J]. 工业建筑，2015，45 (11)：9-13.

[85] 康雷. 软土场地建筑隔震的参数分析研究 [D]. 南京：东南大学，2017.

[86] 陈国兴，王志华，宰金珉. 考虑土与结构相互作用效应的结构减振控制大型振动台模型试验研究 [J]. 地震工程与工程振动，2001，(04)：117-127.

[87] 刘伟庆，李昌平，王曙光，等. 不同土性地基上高层隔震结构振动台试验对比研究 [J]. 振动与冲击，2013，32 (16)：128-133+151.

[88] 李昌平，刘伟庆，王曙光，等. 软土地基上高层隔震结构模型振动台试验研究 [J]. 建筑结构学报，2013，34 (07)：72-78.

[89] 于旭，宰金珉，庄海洋. SSI 效应对隔震结构地震响应的影响分析 [J]. 南京航空航天大学学报，2011，43 (06)：846-851.

[90] 于旭，陈亚东. 考虑 SSI 效应的隔震结构体系振动台模型试验与数值模拟对比研究 [J]. 世界地震工程，2011，

27 (02)：100-106.

[91] 于旭，朱超，庄海洋，等. 不同场地多层基础隔震结构振动台试验对比研究 [J]. 防灾减灾工程学报，2016，36 (05)：758-765.

[92] Zhuang H Y，Yu X，Zhu C，et al. Shaking table tests for the seismic response of a base-isolated structure with the SSI effect [J]. Soil Dynamics and Earthquake Engineering，2014，67 (6)：208-218.

[93] 庄海洋，于旭. 土-桩-隔震结构动力相互作用 [M]. 北京：中国建筑工业出版社，2016.

[94] 朱超，庄海洋，于旭，等. 土-桩-隔震结构动力相互作用体系振动反应特性试验研究 [J]. 岩土工程学报，2015，37 (12)：2182-2188.

[95] 《工程地质手册》编委会. 工程地质手册 [M]. 5 版. 北京：中国建筑工业出版社，2018.

[96] 刘晶波，吕彦东. 结构-地基动力相互作用问题分析的一种直接方法 [J]. 土木工程学报，1998，(03)：56-65.

[97] 楼梦麟，陈清军. 侧向边界对桩基地震反应影响的研究 [R]. 上海：同济大学，1999.

[98] 谷音，刘晶波，杜义欣，等. 三维一致黏弹性人工边界及等效黏弹性边界单元 [J]. 工程力学，2007，24 (12)：31-37.

[99] Mishra S K，Chakraborty S. Performance of a base-isolated building with system parameter uncertainty subjected to a stochastic earthquake [J]. International Journal of Acoustics and Vibration，2013，18 (1)：7-19.

[100] 潘毅，季晨龙，韩徐扬，等. 隔震支座主要参数对基础隔震结构双向地震响应的影响 [J]. 土木建筑与环境工程，2014，36 (04)：28-35.

[101] 庄卓，朱以文，蔡元奇，等. ABAQUS/Standard 有限元软件入门指南——ABAQUS/CAE 版 [M]. 北京：清华大学出版社，2003.

[102] 文雯，宋廷苏，王珏. 单一均质土覆盖层厚度对地表峰值加速度和反应谱平台值的影响 [J]. 地震研究，2012，35 (04)：548-554.

[103] 杨林德，季倩倩，郑永来，等. 软土地铁车站结构的振动台模型试验 [J]. 现代隧道技术，2003，40 (1)：7-11.

[104] Meymand P J. Shaking table scale model tests of nonlinear soil-pile-superstructure interaction in soft clay [D]. Berkeley：University of California，Berkeley，1998.

[105] Maysuda T，Goto Y. Studies on experimental technique of shaking table test for geotechnical problem [C]. Proceedings of the 9th World Conference Earthquake Engineering，Tokyo，1998：837-842.

[106] Durante M G，Di Sarno L，Mylonakis G，et al. Soil-pile-structure interaction：experimental outcomes from shakingtable tests [J]. Earthquake Engineering and Structural Dynamics. 2015，1041-1061.

[107] 伍小平，孙利民，胡世德，等. 振动台试验用层状剪切变形土箱的研制 [J]. 同济大学学报（自然科学版），2002，(07)：781-785.

[108] 黄春霞，张鸿儒，隋志龙. 大型叠层剪切变形模型箱的研制 [J]. 岩石力学与工程学报，2006，25 (10)：2128-2128.

[109] 史晓军，陈隽，李杰. 层状双向剪切模型箱的设计及振动台试验验证 [J]. 地下空间与工程学报，2009，5 (2)：254-261.

[110] 陈国兴，王志华，左熹，等. 振动台试验叠层剪切型土箱的研制 [J]. 岩土工程学报，2010，(01)：95-103.

[111] 李小军，王晓辉，李亮，等. 振动台试验三维层状剪切模型箱的设计及性能测试 [J]. 岩土力学，2017，38 (05)：1524-1532.

[112] Zhuang H Y，Fu J S，Yu X，et al. Earthquake responses of a base-isolated structure on a multi-layered soft soil foundation by using shaking table tests [J]. Engineering Structures，2019，179：79-91.

[113] 倪克闯. 成层土中桩基与复合地基地震作用下工作性状振动台试验研究 [D]. 北京：中国建筑科学研究院，2013.

[114] 赵爽，周宏宇，江欢成，等. 软土场地某隔震结构分析 [C]. 第四届全国防震减灾工程学术研讨会论文集，2009：517-522.

[115] 翁大根，刘帅，李霄龙，等. 软土地基结构隔震方案及其工程应用 [J]. 建筑结构学报，2015，36 (2)：41-50.

基于振动功率流的叠层橡胶支座损伤识别

7.1 引言

叠层橡胶支座作为一种隔震性能优越、构造简单、制作方便的隔震装置，在实际工程结构中被广泛使用。基础隔震技术通过设置隔震层，将上部结构与地震运动解耦，从而控制地震能量向上部结构传递，达到保护上部结构及内部设施的目的。地震发生时，叠层橡胶隔震支座产生较大的水平变形，是结构最容易发生破坏的关键、敏感部位。据日本隔震协会（JSSI）对隔震建筑的震害调查统计，在2011年的东日本大地震中15%的隔震结构在隔震装置上出现了问题，其中就有5栋隔震建筑的叠层橡胶隔震支座出现了损伤破坏（如图7-1所示）。若隔震支座震后损伤未能及时发现（因为大多数橡胶支座在失效前不会出现任何可见损伤）而继续发展并积累到一定程度，可能会导致整个结构突发性的失效，如一些隔震建筑物在遭受主震后隔震支座中已经存在了损伤，虽然并未倒塌，但是由于未能及时检测到支座中的损伤，可能导致建筑物在后来的余震作用下倒塌，对人民的生命和财产安全造成损害。除此之外，在荷载、环境等不利因素长期耦合作用下，叠层橡胶隔震支座的性能不断劣化，直接影响着隔震建筑物在地震作用下的安全冗余度。因此，为了确保叠层橡胶隔震支座在使用过程中的安全性能，迫切需要发展与之相匹配的损伤识别方法。

传统的叠层橡胶隔震支座损伤检测通常是：(1) 针对严重破坏支座，直接更换；(2) 针对有残余变形支座，将其进行复位。那么复位后支座内部是否会有损伤？内部损伤如何检测？有学者提出将所有的待检测橡胶隔震支座进行拆卸，然后依据实验室支座力学性能试验判据标准和人为经验等逐一检测后再重新安装。这些方法对于一些大型建筑工程来说不仅耗时、费力、影响结构的正常运行，而且在拆卸、检测过程中还有可能由于突发余震而导致结构整体损伤加重甚至倒塌。

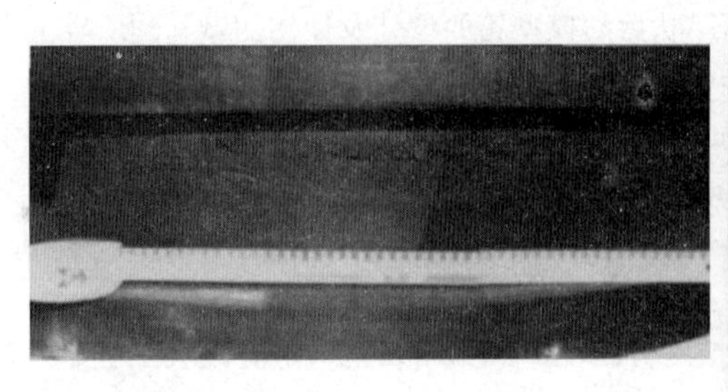

图7-1　叠层橡胶隔震支座损伤震害（东日本大地震）

因此，精确反映叠层橡胶隔震支座的损伤动力特性，并实现现场快速识别支座的损伤程度是目前学术界及工程界亟待解决的关键科学问题之一。

7.1.1　国内外研究现状

目前，叠层橡胶隔震结构在国内外已有广泛的研究和应用，但是隔震支座作为结构关键、薄弱部位，其自身损伤动力特性还处在研究的起步阶段，损伤识别方法鲜有报道。

1. 基于周期结构理论的叠层橡胶隔震支座损伤动力特性

叠层橡胶隔震支座通常是由橡胶与钢板交替叠合而成，其本质上可以视作由若干重复子结构（或称周期胞元）通过首尾相接构成的有限谐调周期性结构系统，如图 7-2（a）和（b）所示的叠层橡胶隔震支座中含有 n 个周期胞元，每个周期胞元由一层橡胶和两个 1/2 层钢板组成。然而，传统叠层橡胶隔震支座模型大多将其简化为 Haringx 均匀连续柱或一系列弹簧模型，这些模型不能解释支座中层与层之间及各层内部的动力特性，同时不能处理每层厚度、材料特性、横截面面积和边界条件等因素的影响，即无法有效反映周期性支座的本质特征。针对叠层橡胶隔震支座这种周期性结构，其在动荷载作用下产生振动，振动以波动的形式传播，且周期结构具有不同于一般非周期结构的特殊力学性质，可表现出频率通带和禁带特性，即当弹性波处于结构的通带频率区域内时，波动会无损耗地传播；而当弹性波处于禁带区域时，波动将会受到抑制，这为工程结构减振研究提供了一种新的思路和技术途径。

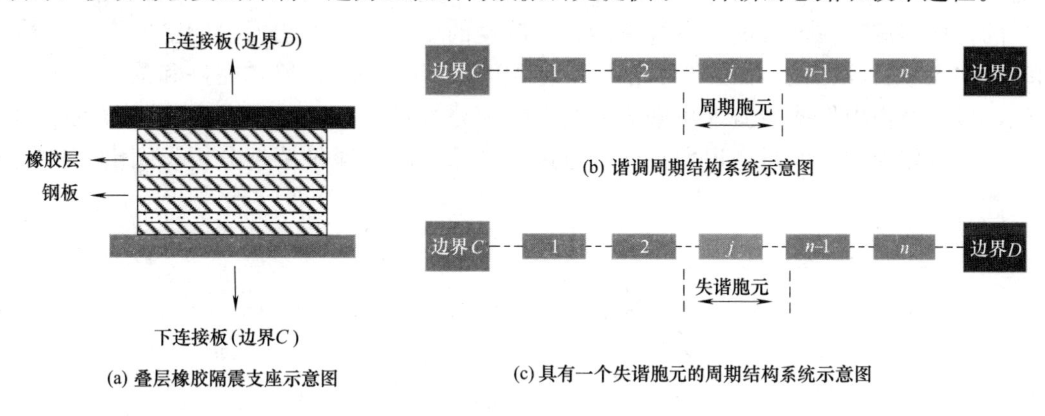

图 7-2　叠层橡胶隔震支座及其周期结构系统示意图

目前，学者们对各种类型周期结构的振动和波传播特性进行了系统研究。针对周期性叠层橡胶隔震支座，朱宏平和唐家祥将其与多层房屋结构均简化为有限周期柱模型，研究了在水平地震作用下叠层橡胶隔震支座及其上部结构的振动传递特性。丁兰等曾利用传递矩阵法和周期结构理论，对叠层橡胶隔震支座的力学性能进行了研究。周期结构的动力特性分析可以利用其空间上的周期性，而无需对整体结构进行全面的模拟，从而有效地减少了计算工作量。

周期结构发生几何、材料等缺陷或损伤将使其同理想谐调周期结构产生一定的偏差，致使各周期胞元间存在某种程度的非统一性，称之为失谐，如图 7-2（c）所示，叠层橡胶隔震支座第 j 个周期胞元中橡胶层出现了损伤，即视第 j 个胞元为失谐胞元。失谐可明显影响周期结构的动力特性，导致振动或波动限制在结构某一区域，形成局部振荡，即产生振动或波动的局域化现象。关于周期性叠层橡胶隔震支座失谐或损伤状态振动特性，Dorfmann 和 Burtscher 对支座进行了拉伸、压缩和剪切试验。试验表明随着加载的往复持续，橡胶层分子链被破坏，支座内部出现空隙，水平刚度随着水平位移的增加显著降低。Weisman 和 Warn 针对叠层橡胶隔震支座进行了大位移下的损伤破坏试验研究，发现采用 Over-Lapping Area Method 评价隔震支座竖向屈曲荷载过于保守。Sanchez 等通过对叠层橡胶隔震支座的相关试验研究了其竖向临界荷载。Kumar 等通过试验研究了叠层橡胶隔震支座空隙对其水平刚度和竖向临界荷载的影响。刘阳和杨晨晓分别利用有限元软件建立叠层橡胶隔震结构模型，采用拆除支座法分析了支座破坏对结构动力性能的影响。

既往的叠层橡胶隔震支座损伤动力特性大多集中于运用试验研究其损伤失效模式，或有限元模拟拆除支座法分析剩余结构的动力特性，缺乏考虑叠层橡胶隔震支座周期胞元局部损伤的结构系统动力特性研究。因此，有必要将叠层橡胶隔震支座的损伤视作周期结构的局部失谐，运用周期结构局域化理论开展损伤状态叠层橡胶隔震支座周期系统动力特性研究。

2. 基于振动功率流的周期结构损伤识别方法

结构振动功率流（能量）是从能量的角度出发，既包含力和速度的幅值，又考虑两者之间的相位关系。相比于传统损伤识别的模态参数法，振动功率流法有其显著优势，既能表征结构的整体特性，又可反映结构局部物理参数变化。同时，振动能量是以不同频率传播的波的能量总和，其大小不受振型节点的影响，即使固有频率改变很小，振动能量也会有较大的变化，且振动功率流比传统模态振型更容易精确测量。

振动功率流的概念早在 20 世纪中叶就提出来了，虽然很多学者在此方面进行了大量的分析研究，但是直到 20 世纪 70 年代由 Pavic 提出用有限差分法在时域内进行处理，才使功率流的理论研究推进了一大步。自 Goyder 和 White 于 1980 年创建功率流理论以来，功率流方法就被作为振动控制研究的分析工具。1982 年，Bossion 和 Guyder 研究两耦合板的功率流。Bossion 等研究了 L 形板的功率流，发现它不仅与材料、几何形状和边界条件有关，也与激励类型有关。如果结构中存在损伤，当振动波从激励点传播到达损伤所在不连续的界面时，阻抗特性的不匹配导致了波动在此处会发生反射和透射，影响了波动的传播；波动在传播过程中携带能量，波动的变化进而影响振动能量的变化，最终改变了振动功率流的大小及其特性，如图 7-3 给出了一无限长 Timoshenko 梁在完好和损伤状态下的振动输入功率流，可以发现损伤梁的输入功率流曲线围绕完好梁的输入功率流曲线上下波动。因此，可将振动输入功率流作为结构的损伤识别指标，通过振动输入功率流敏感性分析识别出结构损伤部位及其特征尺寸。

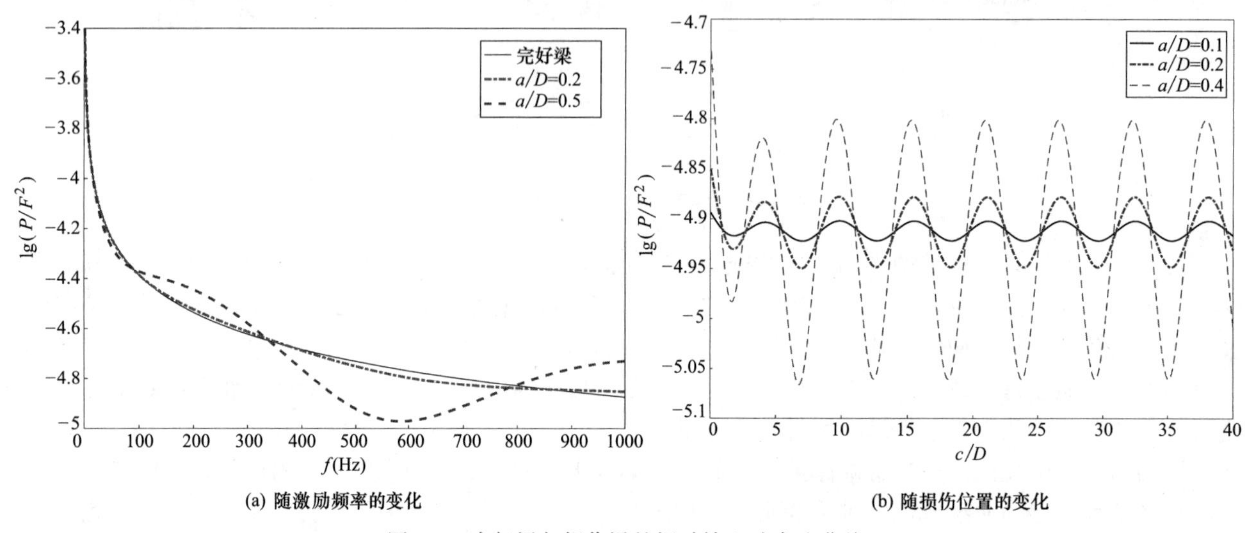

(a) 随激励频率的变化　　(b) 随损伤位置的变化

图 7-3　完好梁与损伤梁的振动输入功率流曲线

在基于振动输入功率流的结构损伤识别方面，朱翔以裂纹损伤梁、板和壳体结构为研究对象，对在集中力作用下的结构进行了振动功率流特性研究，提出了利用输入功率流进行损伤识别的方法，通过数值研究说明该方法的精度优势。Ji 和 Pinnington 引入功率流模态的思想，他们利用功率流模态概念将 N 个离散激励力产生的功率流转化为 N 个独立功率流模态，简化了功率流的计算。Huh 等利用振动功率流方法对直梁和方板作用下的裂纹进行了诊断研究，强调仅根据传播功率流位置曲线上出现的突变点即可准确识别裂纹损伤位置。Savin 利用关于双曲偏微分方程高频渐近线在数学领域研究的新成果，得到任意不同种类圆柱壳振动精确的瞬态功率流方程。Varghese 和 Shankar 采用多目标优化算法，通过使测量和预测加速度差值最小化以及功率流平衡技术，对质量-弹簧系统和悬臂梁结构的损伤识别问题进行了研究。Nyein 探讨薄板在其前 4 阶固有频率的动态特性和振动功率流的潜在变化，采用基于互功率谱密度的方法对振动功率流进行了测量，研究振动功率流随频率的变化规律。王骁介绍了一种多支撑

隔震系统传递功率流的间接测试方法，对实际隔震系统的功率流获取提供了一定的参考。同时 Haosen Chen 研究了黏性声介质对无限长圆柱壳中振动功率流特性的影响。研究表明结合振动功率流方法可以达到仅需少量传感器即可提高识别精度的目的。

目前来看，振动功率流主要应用于单个 uniform 结构（单个 uniform 梁、单个 uniform 板和 uniform 壳，如图 7-4 所示）的损伤识别，较少应用于周期结构损伤识别。李天匀等结合周期结构理论和点导纳法，分析了损伤等连续跨梁结构的弯曲波运动以及振动功率流的输入和传播，为基于振动功率流方法的周期结构损伤识别提供了思路。林言丽和郭杏林研究了在简谐力作用下裂纹周期简支梁中的波传播特性，通过计算激励单元两端的输出功率流，给出了裂纹诊断的步骤，为周期结构损伤识别问题研究提供借鉴。上述周期结构主要针对无限长周期结构，若进一步考虑利用振动功率流作为有限周期结构损伤敏感性参数，其理论方法还需更进一步拓展，其实质在于确定有限周期结构边界条件的阻抗特性。

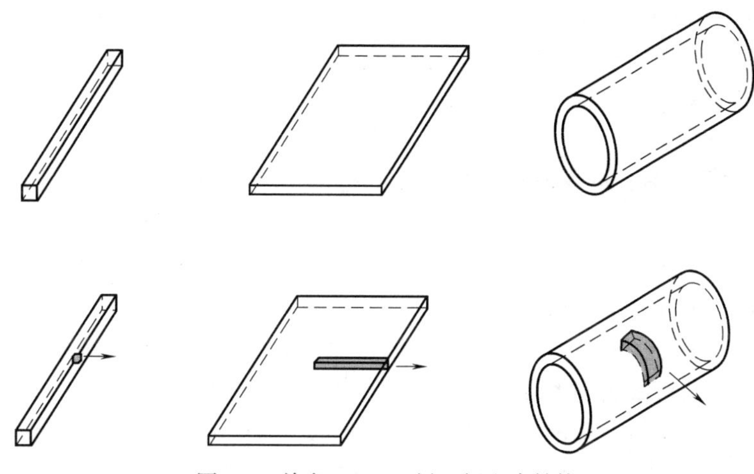

图 7-4　单个 uniform 梁、板和壳结构

7.1.2　本章主要研究内容

纵观国内外的研究现状可知，目前关于叠层橡胶隔震支座损伤状态的结构系统动力特性研究仍处于起步阶段，其损伤识别问题的研究成果还十分欠缺，有必要进一步的深入探讨。叠层橡胶隔震支座沿竖向呈周期性特点，振动功率流适用于结构损伤识别，但是要发展基于振动功率流的叠层橡胶隔震支座损伤识别方法依然存在难题，主要表现在以下两个方面：

（1）周期性叠层橡胶隔震支座力学模型亟待研究：传统叠层橡胶隔震支座力学模型假设其为均匀连续柱或一系列弹簧模型，无法真实描述各层橡胶与钢板之间的力学行为，同时也不能有效处理内部各层损伤对叠层橡胶隔震系统动力特性的影响；

（2）周期系统的振动功率流敏感性损伤识别方法有待完善：传统的振动功率流敏感性损伤识别法主要局限在单个结构以及无限长简单周期梁结构上，如何考虑实际有限长周期结构的边界反射效应尚需进一步研究。

针对上述挑战，本章以理论推导、数值仿真模拟为主要研究手段，建立基于周期结构理论的叠层橡胶隔震支座力学特性分析模型，为叠层橡胶隔震支座损伤识别研究提供有效的计算方法；研究叠层橡胶隔震支座的振动输入功率流与其损伤表征参数的敏感性关系，对叠层橡胶隔震支座的损伤位置和损伤程度进行识别。

7.1 引言。主要介绍了基于周期结构理论的叠层橡胶隔震支座损伤动力特性以及周期结构的振动功率流的国内外研究现状，给出本章主要研究目的：提出基于输入功率流的周期性叠层橡胶隔震支座损伤识别方法。

7.2 带损伤叠层橡胶隔震支座周期结构的波传播特性。结合导纳的定义和波传播理论，建立了波传播常数与导纳之间的关系，并推导了用导纳形式表示的含单损伤单元的有限周期系统频率特征方程。同时进一步建立了自振频率变化率与叠层橡胶隔震支座基本周期单元整体剪切模量变化率之间的关系。

7.3 基于频率的叠层橡胶隔震支座敏感性分析与损伤识别。分析了具有 n 个基本周期单元的叠层橡胶隔震支座自由振动问题，得到了自振频率与基本周期单元整体剪切模量变化率之间的关系。通过建立自振频率变化率对单元损伤的敏感性识别方程组，并采用约束优化方法求解该识别方程组，分别实现了叠层橡胶隔震支座及带上部结构叠层橡胶隔震支座的损伤识别。

7.4 基于输入功率流的叠层橡胶隔震支座损伤识别。结合特征波导纳法和周期结构输入功率流与自振频率的关系，得到输入功率流与基本周期单元整体剪切模量变化率之间的关系。建立了输入功率流变化率对单元损伤的敏感性识别方程组，并采用约束优化方法求解该识别方程组，分别实现了叠层橡胶隔震支座及带上部结构叠层橡胶隔震支座的损伤识别。

7.5 叠层橡胶隔震支座损伤识别的数值仿真分析。以一周期叠层橡胶隔震支座数值仿真模型为例，并采用周期支撑梁模型模拟基础隔震结构，通过对单一叠层橡胶支座及含上部结构的叠层橡胶支座损伤识别的数值仿真验证了本章提出的基于频率和基于振动输入功率流损伤识别方法的正确性。

7.2 带损伤叠层橡胶隔震支座周期结构的波传播特性

特征波导纳是指结构中耦合节点处广义位移与广义力的比值，Mead 通过研究周期结构波传播特性，并结合导纳原理得到了周期结构振动与波传播的一系列规律。本章 7.3 节所探讨的基于频率的叠层橡胶隔震支座损伤识别方法与 7.4 节所探讨的基于输入功率流的叠层橡胶隔震支座损伤识别方法都是以本节所研究的含损伤单元的有限周期系统的波传播特性作为理论基础。

本节结合导纳的定义和波传播理论，通过对无限长健康周期系统和含损伤单元的有限周期系统的波传播特性研究，建立了波传播常数与导纳之间的关系，并推导了用导纳形式表示的含单损伤单元的有限周期系统频率特征方程。利用叠层橡胶隔震支座的周期性特点，进一步建立了自振频率变化率与叠层橡胶隔震支座基本周期单元整体剪切模量变化率之间的关系。

7.2.1 无限长健康周期结构波传播特性

图 7-5 为由若干相同基本周期单元组成的无限长周期系统，相邻两基本周期单元之间为单耦合。且假设两边界分别为 C 和 D，第 j 个周期单元两端节点分别为 A 和 B。图 7-5（a）表示由 n 个相同基本周期单元组成的无限长周期系统，图 7-5（b）表示第 j 个周期单元两端的力与位移。假设某基本周期单元边界 C 处施加一个简谐力 F_C，则振动波将从边界 C 出发在结构中传播。边界 C 坐标点处的简谐

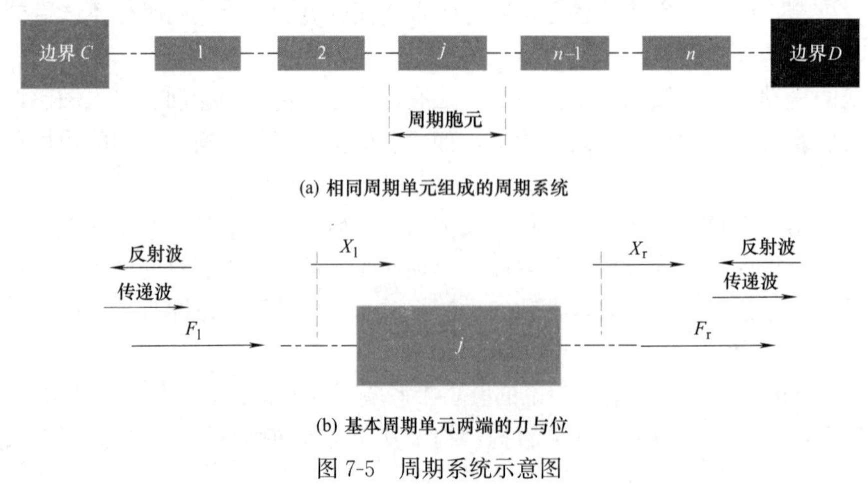

(a) 相同周期单元组成的周期系统

(b) 基本周期单元两端的力与位

图 7-5 周期系统示意图

力和位移分别为 F_C、q_C，边界 D 坐标点处的简谐力和位移分别为 F_D、q_D，则力和位移之间的关系可以通过导纳矩阵表示为：

$$\begin{Bmatrix} X_{\mathrm{l}} \\ X_{\mathrm{r}} \end{Bmatrix} = \begin{bmatrix} \alpha_{\mathrm{ll}} & \alpha_{\mathrm{lr}} \\ \alpha_{\mathrm{rl}} & \alpha_{\mathrm{rr}} \end{bmatrix} \begin{Bmatrix} F_{\mathrm{l}} \\ F_{\mathrm{r}} \end{Bmatrix} \tag{7-1}$$

其中，$\alpha_{\mathrm{ll}}=\alpha_{\mathrm{rr}}$ 为直接导纳，$\alpha_{\mathrm{lr}}=\alpha_{\mathrm{rl}}$ 为间接导纳。第 1 个下角标表示反应的位置，第 2 个下角标表示广义力的作用点，l 和 r 分别表示周期系统的左侧和右侧。在线性系统中，两个方向的间接导纳相等，$\alpha_{\mathrm{lr}}=\alpha_{\mathrm{rl}}$，当系统对称时，即当两端边界的约束条件相等时，满足 $\alpha_{\mathrm{ll}}=\alpha_{\mathrm{rr}}$。

图 7-5（b）基本周期单元两侧的力 F 与位移 X 存在以下相互关系：

$$X_{\mathrm{r}}=\mathrm{e}^{\mu}\cdot X_{\mathrm{l}}$$

$$F_{\mathrm{r}}=-\mathrm{e}^{-\mu}\cdot F_{\mathrm{l}} \tag{7-2}$$

其中，μ 为波的传播常数，e 为自然常数。

定义特征波导纳 α_{w} 为周期单元节点处简谐位移与简谐力的比值，联立式（7-1）和式（7-2）可得到其表达式：

$$\alpha_{\mathrm{w}}=X_{\mathrm{l}}/F_{\mathrm{l}}=\alpha_{\mathrm{ll}}-\mathrm{e}^{\mu}\alpha_{\mathrm{lr}} \tag{7-3}$$

由此可分别推导出正向传递波与反射波所对应的特征波导纳方程为：

$$\alpha_{\mathrm{w_t}}=\alpha_{\mathrm{ll}}-\mathrm{e}^{-\mu}\alpha_{\mathrm{lr}}$$

$$\alpha_{\mathrm{w_r}}=\alpha_{\mathrm{ll}}-\mathrm{e}^{\mu}\alpha_{\mathrm{lr}} \tag{7-4}$$

将双曲余弦定理公式 $(\mathrm{e}^{\mu}+\mathrm{e}^{-\mu})/2=\cosh\mu$ 代入式（7-4）中可推导出直接导纳 α_{ll} 和间接导纳 α_{lr} 与波传播常数 μ 之间的关系表达式：

$$\cosh\mu=\frac{\alpha_{\mathrm{ll}}}{\alpha_{\mathrm{lr}}} \tag{7-5}$$

图 7-6 为由 n 个相同基本周期单元组成的周期系统，假定其第 j 个单元为损伤（或失谐）单元，且假设两边界分别为 C 和 D，单元 j 两端节点分别为 A 和 B。若将一个激励力 F_{C} 施加在系统左端 C 处，那么振动波将从左端出发从左至右在该系统中传播。当振动传递至第 j 个单元时，波的运动将分为两个部分：其中一部分是能够穿越第 j 个单元继续向前传播的传递波，而另一部分则为在第 j 个单元处发生反射并朝左端 C 处传播的反射波。而当越过第 j 个单元继续向前传播的传递波到达右端边界 D 处时，同样会发生反射，而在 D 处发生反射后的反射波则向左端边界 C 处继续传播。显然，周期系统中任意点波动大小可表示为相应的传递波和反射波之和。

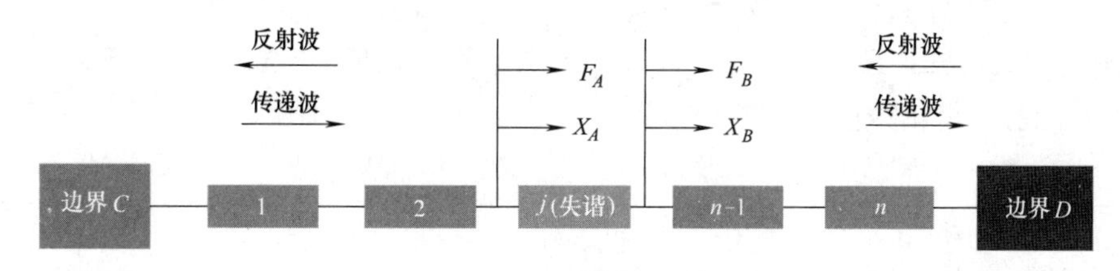

图 7-6　波在系统中的传播

假设传递波和反射波在左端边界 C 处引起的位移分别为 $X_{0_{\mathrm{t}}}$ 和 $X_{0_{\mathrm{r}}}$，$F_{0_{\mathrm{t}}}$ 和 $F_{0_{\mathrm{r}}}$ 分别表示传递波和反射波在左端边界 C 处的广义力。则左端边界 C 处的位移和广义力可表示为：

$$X_0=X_{0_{\mathrm{t}}}+X_{0_{\mathrm{r}}} \tag{7-6}$$

$$F_0=F_C=F_{0_{\mathrm{t}}}+F_{0_{\mathrm{r}}} \tag{7-7}$$

传递波和反射波在损伤单元 j 左侧边界 A 处的位移为：

$$\mathrm{X}_{A_{\mathrm{t}}}=\mathrm{X}_{0_{\mathrm{t}}}\cdot\mathrm{e}^{-(j-1)\mu} \tag{7-8}$$

$$\mathrm{X}_{A_{\mathrm{r}}}=\mathrm{X}_{0_{\mathrm{r}}}\cdot\mathrm{e}^{(j-1)\mu} \tag{7-9}$$

推导可得损伤单元左侧边界 A 处的总位移可表示为：

$$X_{A^-}=X_{A_t^-}+X_{A_r^-}=X_{0_t}e^{-(j-1)\mu}+X_{0_r}e^{(j-1)\mu} \tag{7-10}$$

同时，损伤单元左侧边界 A 处的总广义力为：

$$F_A=F_{A_t}+F_{A_r} \tag{7-11}$$

其中，F_{A_t} 和 F_{A_r} 分别为传递波和反射波在损伤单元左侧边界 A 处的广义力大小。

同理，用 X_{D_t} 和 X_{D_r} 分别表示传递波和反射波在周期系统右端边界 D 处的位移，则损伤单元右端节点 B 处的位移用 X_{D_t} 和 X_{D_r} 可表示为：

$$X_{B^+}=X_{B_t^+}+X_{B_r^+}=X_{D_t}e^{(n-j)\mu}+X_{D_r}e^{-(n-j)\mu} \tag{7-12}$$

同时，损伤单元 j 右端节点 B 处的总广义力为：

$$F_B=F_{B_t}+F_{B_r} \tag{7-13}$$

式中，F_{B_t} 和 F_{B_r} 分别为传递波和反射波在损伤单元右端节点 B 处的广义力大小。

利用特征波导纳定义，损伤单元 j 左右两节点 A 和 B 处的位移可以表示为：

$$X_{A^-}=\alpha_{w_t}F_{A_t}+\alpha_{w_r}F_{A_r} \tag{7-14}$$

$$X_{B^+}=\alpha_{w_t}F_{B_t}+\alpha_{w_r}F_{B_r} \tag{7-15}$$

对于损伤单元，同样由周期单元导纳的定义可得到：

$$X_{A^+}=\alpha_{AA}F_{A^+}+\alpha_{AB}F_{B^-} \tag{7-16}$$

$$X_{B^-}=\alpha_{BA}F_{A^+}+\alpha_{BB}F_{B^-} \tag{7-17}$$

式中，α_{AA}、α_{BB} 为损伤单元 j 的直接导纳，α_{AB}、α_{BA} 为损伤单元 j 的间接导纳。

利用损伤单元 j 左右两端节点 A 和 B 处的位移连续条件和力的平衡条件可以推导得到：

$$X_{A^-}=X_{A^+}=X_A \quad X_{B^-}=X_{B^+}=X_B \tag{7-18}$$

$$F_{A^-}=-F_{A^+}=-F_A \quad F_{B^-}=-F_{B^+}=-F_B \tag{7-19}$$

将上述式（7-18）和式（7-19）代入式（7-16）和式（7-17）推导出：

$$X_A=\alpha_{AA}F_A-\alpha_{AB}F_B \tag{7-20}$$

$$X_B=\alpha_{BA}F_A-\alpha_{BB}F_B \tag{7-21}$$

将式（7-14）和式（7-20）联立，式（7-15）和式（7-21）联立，考虑损伤单元左右节点 A 和 B 处力的平衡条件，可推导出：

$$(\alpha_{AA}-\alpha_{w_t})F_{A_t}+(\alpha_{AA}-\alpha_{w_r})F_{A_r}=\alpha_{AB}F_{B_t}+\alpha_{AB}F_{B_r} \tag{7-22}$$

$$(\alpha_{BB}+\alpha_{w_t})F_{B_t}+(\alpha_{BB}+\alpha_{w_r})F_{B_r}=\alpha_{BA}F_{A_t}+\alpha_{BA}F_{A_r} \tag{7-23}$$

由特征导纳的定义可知：$F_{A_t}=X_{A_t}/\alpha_{w_t}$，$F_{A_r}=X_{A_r}/\alpha_{w_r}$，$F_{B_t}=X_{B_t}/\alpha_{w_t}$，$F_{B_r}=X_{B_r}/\alpha_{w_r}$，联立式（7-10）、式（7-22），可推导出：

$$(\alpha_{AA}-\alpha_{w_t})\frac{X_{0_t}e^{-(j-1)\mu}}{\alpha_{w_t}}+(\alpha_{AA}-\alpha_{w_r})\frac{X_{0_r}e^{(j-1)\mu}}{\alpha_{w_r}}=\alpha_{AB}\frac{X_{D_t}e^{(n-j)\mu}}{\alpha_{w_t}}+\alpha_{AB}\frac{X_{D_r}e^{-(n-j)\mu}}{\alpha_{w_r}} \tag{7-24}$$

再联立式（7-12）、式（7-23），可得到：

$$(\alpha_{BB}+\alpha_{w_t})\frac{X_{D_t}e^{(n-j)\mu}}{\alpha_{w_t}}+(\alpha_{BB}+\alpha_{w_r})\frac{X_{D_r}e^{-(n-j)\mu}}{\alpha_{w_r}}=\alpha_{BA}\frac{X_{0_t}e^{-(j-1)\mu}}{\alpha_{w_t}}+\alpha_{BA}\frac{X_{0_r}e^{(j-1)\mu}}{\alpha_{w_r}} \tag{7-25}$$

令传递波与反射波在右端边界节点 D 处的广义力分别为 F_{D_t} 和 F_{D_r}，则系统最右端边界 D 处的位移和广义力分别为：

$$X_D=X_{D_t}+X_{D_r} \tag{7-26}$$

$$F_D=F_{D_t}+F_{D_r}=\frac{X_{D_t}}{\alpha_{w_t}}+\frac{X_{D_r}}{\alpha_{w_r}} \tag{7-27}$$

假设右端边界 D 处的导纳为 α_D，则端点 D 处的位移 X_D 可用力 F_D 和 α_D 表示为：

$$X_D = X_{D_t} + X_{D_r} = \alpha_D F_D \tag{7-28}$$

联立式（7-27）和式（7-28），消除 F_D 可推导出右端边界 D 点处传递波和反射波所引起的位移比值 β：

$$\frac{X_{D_t}}{X_{D_r}} = -\frac{\alpha_{w_r} - \alpha_D \alpha_{w_t}}{\alpha_{w_t} - \alpha_D \alpha_{w_r}} = \beta \tag{7-29}$$

将式（7-29）代入式（7-24）和式（7-25），分别推导出：

$$X_{D_r} = \frac{\alpha_{w_r}(\alpha_{AA} - \alpha_{w_t})e^{-(j-1)\mu}X_{0_t} + \alpha_{w_t}(\alpha_{AA} - \alpha_{w_r})e^{(j-1)\mu}X_{0_r}}{\alpha_{AB}[\alpha_{w_r}e^{(n-j)\mu}\beta + \alpha_{w_t}e^{-(n-j)\mu}]} \tag{7-30}$$

$$X_{D_r} = \frac{\alpha_{BA}\alpha_{w_r}e^{-(j-1)\mu}X_{0_t} + \alpha_{BA}\alpha_{w_t}e^{(j-1)\mu}X_{0_r}}{\alpha_{w_r}(\alpha_{BB} + \alpha_{w_t})\beta e^{(n-j)\mu} + \alpha_{w_t}(\alpha_{BB} + \alpha_{w_r})e^{-(n-j)\mu}} \tag{7-31}$$

令左端边界点 C 处传递波和反射波所引起的位移 X_{0_r} 和 X_{0_t} 的比值为 Φ（波传播常数），联立式（7-30）和式（7-31）消除 X_{D_r} 后，可以推导出仅含导纳和波传播常数 Φ 的具体表达式为：

$$\Phi = \frac{X_{0_r}}{X_{0_t}} = -\frac{X}{Y} \tag{7-32}$$

式中：

$$X = X_1 + X_2$$

$$X_1 = (\alpha_{AA}\alpha_{BB} - \alpha_{BA}\alpha_{AB} + \alpha_{AA}\alpha_{w_t} - \alpha_{BB}\alpha_{w_t} - \alpha_{w_t}^2)\alpha_{w_r}^2\beta e^{(n-2j+1)\mu}$$

$$X_2 = (\alpha_{AA}\alpha_{BB} - \alpha_{AB}\alpha_{BA} + \alpha_{AA}\alpha_{w_r} - \alpha_{BB}\alpha_{w_t} - \alpha_{w_t}\alpha_{w_r})\alpha_{w_r}\alpha_{w_t}e^{-(n-1)\mu}$$

$$Y = Y_1 + Y_2$$

$$Y_1 = (\alpha_{AA}\alpha_{BB} - \alpha_{BA}\alpha_{AB} + \alpha_{AA}\alpha_{w_r} - \alpha_{BB}\alpha_{w_r} - \alpha_{w_r}^2)\alpha_{w_t}^2 e^{-(n-2j+1)\mu}$$

$$Y_2 = (\alpha_{AA}\alpha_{BB} - \alpha_{AB}\alpha_{BA} + \alpha_{AA}\alpha_{w_t} - \alpha_{BB}\alpha_{w_r} - \alpha_{w_t}\alpha_{w_r})\alpha_{w_r}\alpha_{w_t}\beta e^{(n-1)\mu}$$

当激励频率与结构自振频率相等时，无阻尼结构的位移将为无限大，即求解下列方程可得到具有单一损伤单元的周期结构的自振频率：

$$1 + \Phi = 0 \tag{7-33}$$

7.2.2　含损伤单元的叠层橡胶隔震支座结构频率特征方程

叠层橡胶隔震支座通常是由橡胶与钢板交替叠合而成，其本质上可以视作由若干重复子结构（或称周期胞元）通过首尾相接构成的有限单耦合周期性结构系统，如图 7-2 所示。

假设叠层橡胶隔震支座为由 n 个单元组成的有限周期结构，剪切弹性模量为 G，每个复合周期单元含有一个质量为 m_r、厚度为 d 的橡胶层和两个质量均为 $m_s/2$ 的钢板，下端 C 和上端 D 为任意边界。假设第 j 个单元为损伤单元，损伤程度用单元损伤前后的剪切模量的增加率来表征。显然，如图 7-2 所示的第 j 个单元为含损伤单元的有限周期结构，属于具有损伤的有限单耦合周期系统范畴。

由二阶剪切振动微分方程及边界条件得橡胶层的直接导纳和间接导纳为：

$$r_{ll} = -\frac{\cos(nd)}{GAn\sin(nd)} \tag{7-34}$$

$$r_{lr} = -\frac{1}{GAn\sin(nd)} \tag{7-35}$$

其中，$n = \omega(\rho_2/G)^{1/2}$，$\omega$ 是频率，A 是橡胶层的截面面积，ρ_2 是橡胶的密度。

每块钢板（载荷部分）的导纳为：

$$\delta = \frac{-2}{m_s\omega^2} \tag{7-36}$$

周期结构中的任意单元的直接导纳和间接导纳为：

$$\alpha_{ll}=\alpha_{rr}=\frac{\delta[r_{ll}(r_{ll}+\delta)-r_{lr}^2]}{(\delta+r_{ll})^2-r_{lr}^2} \tag{7-37}$$

$$\alpha_{lr}=\frac{\delta^2 r_{lr}}{(\delta+r_{ll})^2-r_{lr}^2} \tag{7-38}$$

其中，r_{ll} 和 r_{lr} 分别为载波部分的直接导纳和间接导纳，δ 为载荷部分的导纳。而且，对于对称周期单元，传播常数与周期单元各个组成部分导纳的关系为：

$$\cosh\mu=\frac{r_{ll}^2-r_{lr}^2+\delta r_{ll}}{\delta r_{lr}} \tag{7-39}$$

将式（7-34）～式（7-36）代入式（7-37）～式（7-39）得到叠层橡胶隔震支座中任意健康复合周期单元的直接阻抗 α_{ll}、间接阻抗 α_{lr} 以及剪切波传播常数 μ 为：

$$\alpha_{ll}=\alpha_{rr}=\frac{-2\sin(nd)[2\cos(nd)-\varphi nd\sin(nd)]}{(A/d)G(nd)[\theta^2-(\varphi nd)^2]} \tag{7-40a}$$

$$\alpha_{lr}=\alpha_{rl}=\frac{-4\sin(nd)}{(A/d)G(nd)[\theta^2-(\varphi nd)^2]} \tag{7-40b}$$

$$\cosh\mu=\cos(nd)-\frac{\varphi nd\sin(nd)}{2} \tag{7-40c}$$

其中，$\phi=m_s/m_r$，$\theta=2\sin(nd)+\varphi nd\cos(nd)$。

相应地，损伤单元 j 在发生损伤后（即支座橡胶层剪切模量的升高）的直接单元导纳和间接单元导纳分别表示为：

$$\alpha_{ll}=\alpha_{rr}=\frac{-2\sin(n^*d)[2\cos(n^*d)-\varphi n^*d\sin(n^*d)]}{(A/d)G(n^*d)[\theta^2-(\varphi n^*d)^2]} \tag{7-41a}$$

$$\alpha_{lr}=\alpha_{rl}=\frac{-4\sin(n^*d)}{(A/d)G(n^*d)[\theta^2-(\varphi n^*d)^2]} \tag{7-41b}$$

$$\cosh\mu=\cos(n^*d)-\frac{\phi n^*d\sin(n^*d)}{2} \tag{7-41c}$$

其中，$n^*=\omega[\rho_2/(G+\Delta G)]^{1/2}$，$\phi=m_s/m_r$，$\theta=2\sin(n^*d)+\phi n^*d\cos(n^*d)$。$\Delta G$ 表示损伤单元 j 在损伤前后剪切模量的变化。

式（7-33）即为周期结构的频率特征方程，若将式（7-41）带入式（7-33）即可得到叠层橡胶隔震支座结构的频率特征方程。特别地，当 $\Delta G=0$ 时，式（7-31）可以推导简化为健康周期结构的频率特征方程，即：

$$\frac{(\alpha_{AA}\alpha_{BB}-\alpha_{AB}\alpha_{BA}+\alpha_{AA}\alpha_{w_r}-\alpha_{BB}\alpha_{w_t}-\alpha_{w_t}\alpha_{w_r})\alpha_{w_r}\alpha_{w_t}e^{-(n-1)\mu}}{(\alpha_{AA}\alpha_{BB}-\alpha_{AB}\alpha_{BA}+\alpha_{AA}\alpha_{w_t}-\alpha_{BB}\alpha_{w_r}-\alpha_{w_t}\alpha_{w_r})\alpha_{w_r}\alpha_{w_t}\beta e^{(n-1)\mu}}=1 \tag{7-42}$$

通过式（7-42）描述的频率特征方程能够计算得到健康状态下叠层橡胶隔震支座结构的各阶自振频率值。

7.3 基于频率的叠层橡胶隔震支座敏感性分析与损伤识别

在工程实际中，由于裂缝发展、材料发生腐蚀老化、施加约束失效、机械焊接缺陷及失效、螺栓松动等一系列构件连接方面或材料特性方面的影响，都能够导致结构内部应力或者位移发生偏差，结构发生上述偏差可视为结构损伤。当某一结构的刚度、剪切模量等物理力学参数发生改变时，其自振频率、振型等模态参数对上述改变的敏感程度称为敏感度，其大小用敏感系数表示。

本节以 7.2 节所提出的特征波导纳法为基础，研究了基于频率的敏感性系数在叠层橡胶隔震支座中

的特性，并通过该敏感系数表达式进行准确的损伤检测。因为输入功率流与频率相关，本节的研究内容将作为7.4节进一步提出基于输入功率流的叠层橡胶隔震支座损伤识别方法的过渡。

本节结合特征波导纳法和波传播理论分析了具有 n 个基本周期单元的叠层橡胶隔震支座自由振动问题，得到自振频率与基本周期单元整体剪切模量变化之间的关系。通过建立自振频率变化对单元损伤的敏感性识别方程组，并采用约束优化方法求解该识别方程组，以实现叠层橡胶隔震支座结构的损伤识别。同时，计算模型创新地考虑上部隔震结构对底层橡胶支座的影响，对比分析了上部结构简化为单自由度集中质量、多层建筑对底部叠层橡胶隔震支座损伤识别的影响。

7.3.1　含单损伤单元的叠层橡胶隔震支座频率敏感度系数

根据敏感度的定义，第 n 阶自振频率对第 j 个单元损伤的敏感度系数 $S_{n,j}$（$j=1, 2, \cdots, N$）为：

$$S_{n,j}=\lim_{\xi\to 0}\frac{\partial[(\omega-\omega^u)/\omega^u]}{\partial\xi}=\frac{1}{\omega^u}\lim_{\partial\xi\to 0}\frac{\partial\omega}{\partial(\Delta\xi)} \tag{7-43}$$

式中，ω^u 为健康状态下各阶固有频率值，$\Delta\xi=\dfrac{\Delta G}{G}$ 为损伤单元损伤前后的剪切模量变化率，$\lim\limits_{\partial\xi\to 0}\dfrac{\partial\omega}{\partial(\Delta\xi)}$ 的计算是通过式（7-33）求解 ω 对 $\Delta\xi$ 的偏导，再令 $\partial\xi=0$ 来实现，此时 ω 变为 ω^u。而 ω^u 可通过将叠层橡胶隔震支座的几何物理参数带入式（7-42），求解此时式（7-42）超越方程得到。由此可知，敏感度系数 $S_{n,j}$ 表达式中仅含健康状态频率 ω^u、周期单元总数 n 及损伤所处周期单元号 j 三个变量。

本节为方便印证，叠层橡胶隔震支座参数参考相关文献，假设叠层橡胶隔震支座结构的周期单元总数 $n=10$，给定一组几何物理参数如下：剪切模量 $G=1\times10^6\text{N/m}^2$，橡胶密度 $\rho_2=1\times10^3\text{kg/m}^3$，橡胶层的直径800mm，$d=1\text{cm}$，钢板与橡胶的质量比 $\phi=5$。

表7-1为计算得到的叠层橡胶隔震支座未损伤时的前5阶频率。将 $n=10$ 及表7-1中各阶 ω^u 值分别代入式（7-43），可得单元总数为10的周期叠层橡胶隔震支座前5阶自振频率对各周期单元整体刚度的敏感度系数，如图7-7所示。

健康叠层橡胶隔震支座前5阶频率值　　表7-1

n	1	2	3	4	5
ω^u	202.64	604.44	995.62	1368.63	1715.30

从图7-7中可以明显看出，同一阶自振频率对不同单元的敏感度系数不相同，且每一阶自振频率都有各自最敏感的单元，对应于图7-7中每幅柱状图的最高柱单元。同时，每一阶自振频率也都有各自最不敏感的单元，对应于图7-7中每幅柱状图的最矮柱单元。

7.3.2　含多损伤单元的叠层橡胶隔震支座频率敏感度系数

在多单元损伤的情况下，任意阶自振频率变化可近似为单损伤引起自振频率变化的线性叠加，若忽略高次项，则由损伤所引起的自振频率的总变化率为单损伤引起频率变化的线性叠加。则损伤引起的频率总变化率为：

$$\begin{cases}\delta\overline{\omega}_1=\dfrac{\delta\overline{\omega}_1}{\delta\xi_2}\delta\xi_1+\dfrac{\delta\overline{\omega}_1}{\delta\xi_2}\delta\xi_2+\cdots+\dfrac{\delta\overline{\omega}_1}{\delta\xi_N}\delta\xi_N\\ \vdots\\ \delta\overline{\omega}_p=\dfrac{\delta\overline{\omega}_p}{\delta\xi_2}\delta\xi_1+\dfrac{\delta\overline{\omega}_p}{\delta\xi_2}\delta\xi_2+\cdots+\dfrac{\delta\overline{\omega}_p}{\delta\xi_N}\delta\xi_N\end{cases} \tag{7-44}$$

即 $\{\delta\overline{\omega}_1\}=[S]\{\delta\xi\}$。其中 p 为周期结构测量模态阶数；$[S]$ 为频率的敏感性矩阵。通常测量获得的结构自振频率阶数要少于周期结构单元总数（即 $p<N$），这会导致式（7-44）中的敏感性识别方程

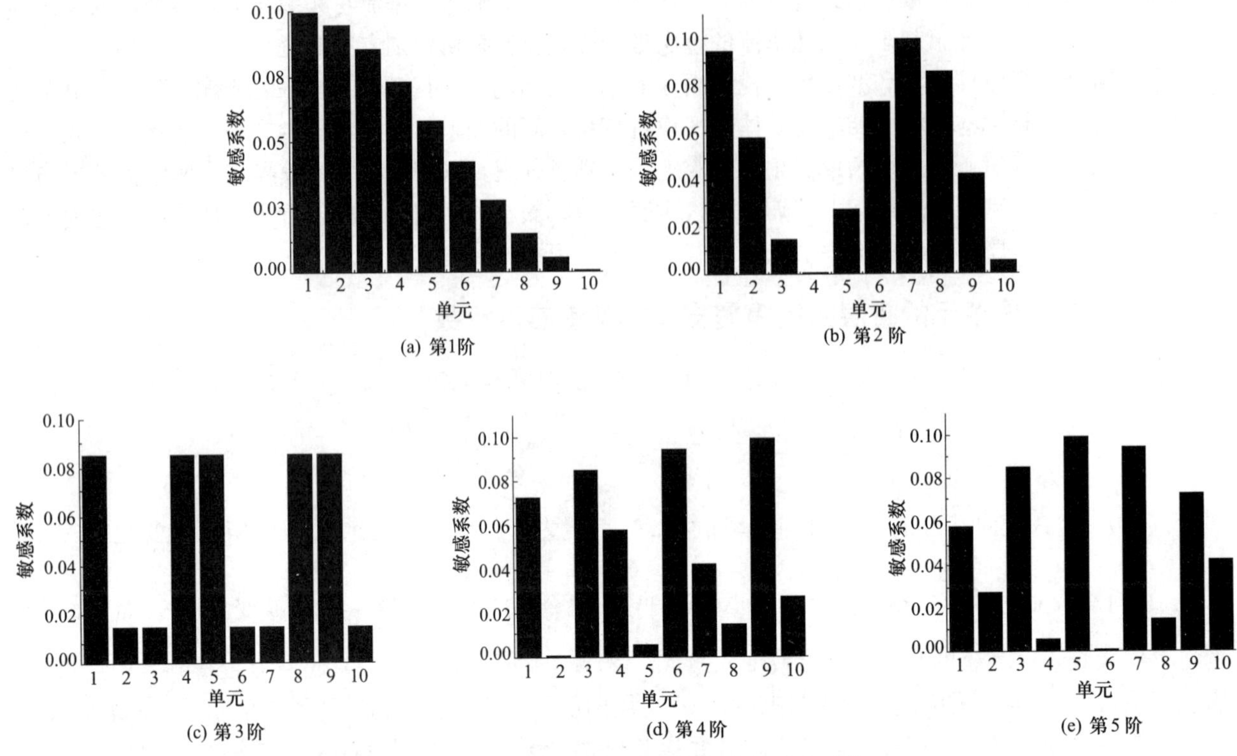

图 7-7 叠层橡胶隔震支座各阶频率敏感度系数

组欠定，造成求解结果不唯一。为此，考虑到损伤不可能引起刚度增加，将本节叠层橡胶隔震支座结构的损伤识别问题转化成如下的非负最小二乘曲线拟合问题：

$$\min_{\{\delta\xi\}} \frac{1}{2} \| [S]\{\delta\xi\} - \{\delta\overline{\omega}\} \|^2 \text{ 如此} \{\delta\xi\} \geqslant 0 \tag{7-45}$$

运用适合该类问题的数值优化算法求解式（7-45），可得到周期结构损伤识别结果。

7.3.3 基于频率的叠层橡胶隔震支座周期结构损伤识别

对于周期单元总数一定的叠层橡胶隔震支座结构（有限长周期结构），通过分析其各阶自振频率对各基本周期单元的敏感系数的变化规律，结合计算得到的结构损伤前后自振频率的变化率，能够初步预判结构损伤的位置。而对于结构具体损伤位置和损伤程度的确定，则需要借助于敏感性方程的推导。根据前文推导得到的叠层橡胶支座各阶自振频率对各基本周期单元的敏感系数公式（7-43），进一步推导得到了其敏感性方程，通过该敏感性方程可以识别结构具体的损伤位置和损伤程度。

对于叠层橡胶隔震支座模型，假设共考虑 3 种损伤工况，其中包含单损伤和多损伤工况，各工况具体损伤位置及损伤程度见表 7-2。

叠层橡胶隔震支座模型损伤工况　　表 7-2

	工况 1	工况 2	工况 3
损伤单元	1	1,8	1,8,9
损伤程度/%	20	15,20	15,20,15

参考相关文献，利用特征波导纳法的敏感性方程进行损伤识别时，需要的频率阶数为周期结构单元数的一半，因此，利用图 7-7 中得到的敏感性矩阵的前 5 阶，逐阶代入公式（7-45）中并采用非负最小二乘曲线拟合数值优化算法，即可得到 3 种损伤工况对应的损伤识别结果，如图 7-8 所示。

从图 7-8 中 3 种损伤工况的损伤识别结果可以看出，除了工况 3 第 1 单元中理论推导值略大于实际

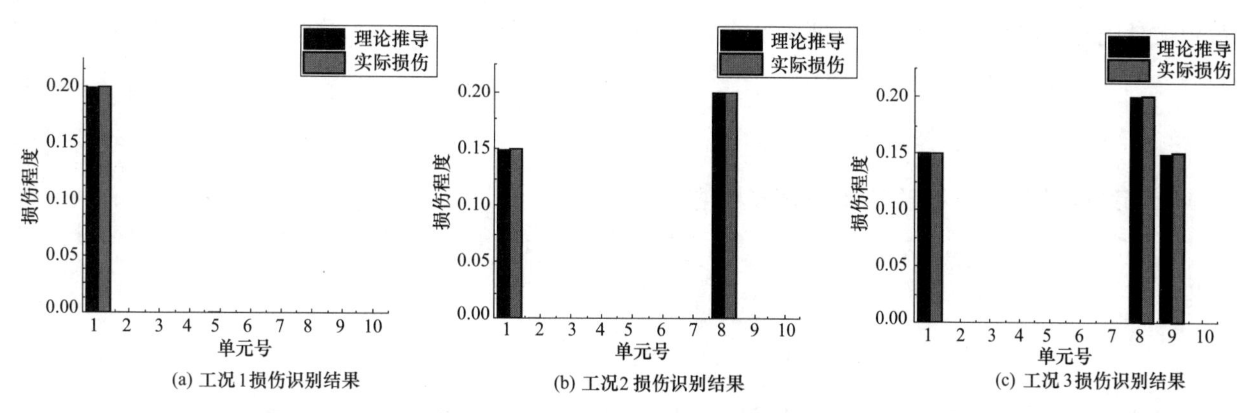

(a) 工况1损伤识别结果　(b) 工况2损伤识别结果　(c) 工况3损伤识别结果

图 7-8　各工况下叠层橡胶隔震支座的损伤识别结果

损伤外，其他单元的理论推导值都略小于实际损伤，其中工况 1 存在 2、4、5、8 单元的误识别，工况 3 存在 6、7 单元的误识别，但识别误差均在 1%以内。对于预设的 3 种损伤工况，无论是单损伤、双损伤，还是三损伤，本节所提损伤识别方法均能对其损伤位置及损伤程度进行较为精确的识别。

7.3.4　基础隔震结构中叠层橡胶隔震支座的频率敏感性方程

对于上部建筑结构，可视为由一根长柱以及间隔为 L 的一系列集中质量 m_1，m_2，…，m_{N-1}，m_N 组成的简化模型，如图 7-9 所示。设 $m_1=m_2=\cdots=m_{N-1}=m$，$m_0=m_N=m/2$，且假定每个柱单元完全相同。

假设叠层橡胶隔震支座由 $n+1$ 块钢板和 n 块橡胶层交替叠合而成，设每块钢板质量为 m_s，每块橡胶质量为 m_r，厚度为 d，如图 7-10 所示，且考虑支座中第 j 个单元发生失谐。叠层橡胶隔震支座的顶部与上部结构相连，底部受水平简谐位移 $q_0=|q_0|e^{i\omega t}$ 的作用，其中 $|q_0|$ 为位移幅值，$i=\sqrt{-1}$。事实上，该基础隔震系统可看作是由两个不同的周期结构（上部建筑结构和叠层橡胶隔震支座）相连组成的结构。

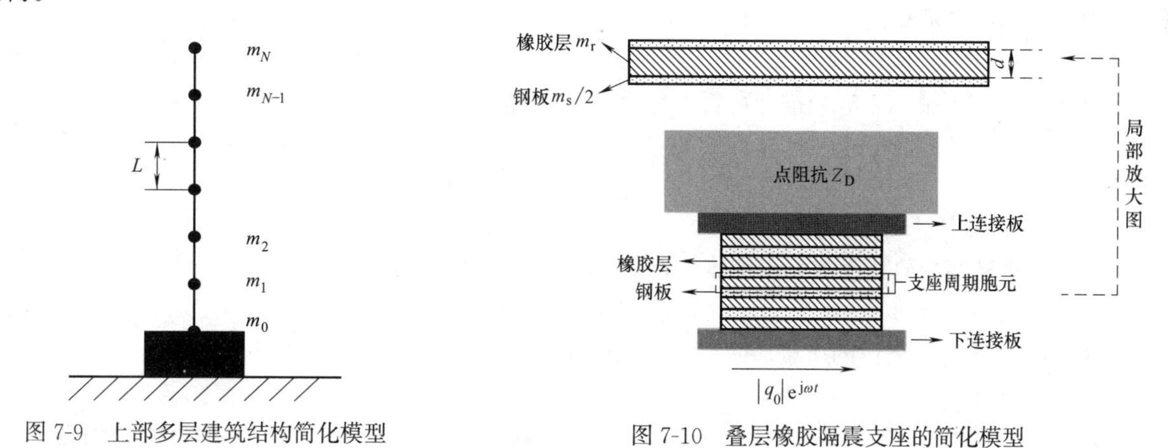

图 7-9　上部多层建筑结构简化模型　　图 7-10　叠层橡胶隔震支座的简化模型

由均匀 Euler-Bernoulli 梁的四阶微分方程可得长为 L、两端自由的柱单元的节点导纳为：

$$r_{\mathrm{ll1}}=-\frac{F_6}{2\overline{E}I\lambda^3F_1} \tag{7-46a}$$

$$r_{\mathrm{lr1}}=-\frac{F_7}{2\overline{E}I\lambda^3F_1} \tag{7-46b}$$

式中，$\overline{E}=E(1+i\eta)$，E 为弹性模量，η 为结构材料耗散系数；I 为柱截面惯性矩；$\lambda=[\rho_1A_1\omega^2/(EI)]^{1/4}$ 为弯曲波数，ρ_1 为柱材料密度，A_1 为柱的截面面积，ω 为角频率；"F_1，F_3，F_6，F_7" 函

数由文献确定。由图 7-9 可知，上部房屋结构每一层的集中质量为 m，由对称性，单元的载荷部分的质量为 $m/2$，其导纳为：

$$\delta_1=\frac{-2}{m\omega^2} \tag{7-47}$$

上部结构周期单元的直接导纳和间接导纳为：

$$\alpha_{ll}=\alpha_{rr}=\frac{\delta[r_{ll}(r_{ll}+\delta)-r_{lr}^2]}{(\delta+r_{ll})^2-r_{lr}^2} \tag{7-48a}$$

$$\alpha_{lr}=\frac{\delta^2 r_{lr}}{(\delta+r_{ll})^2-r_{lr}^2} \tag{7-48b}$$

其中，r_{ll} 和 r_{lr} 分别为载波部分的直接导纳和间接导纳，δ 为载荷部分的导纳。而且，对于周期单元，传播常数与周期单元各个组成部分导纳的关系为：

$$\cosh\mu=\frac{r_{ll}^2-r_{lr}^2+\delta r_{ll}}{\delta r_{lr}} \tag{7-49}$$

因此，将式（7-46）和式（7-47）代入式（7-48b），可得上部结构周期单元的间接导纳 α_{lr1} 为：

$$\alpha_{lr1}=X_3+\mathrm{i}X_4 \tag{7-50}$$

其中，

$X_3=[64E^2I^2\lambda^6F_1^2F_7(1+\eta^2)(2EI\lambda^3F_1-m\omega^2F_6)+16m^2\omega^4F_1^3F_3F_7EI\lambda^3]/X_5$

$X_4=[-128E^3I^3\lambda^9F_1^3F_7(1+\eta^2)+16m^2\omega^4F_1^3F_3F_6F_7EI\lambda^3\eta]/X_5$

$X_5=[16E^2I^2\lambda^6F_1^2(1+\eta^2)-16EI\lambda^3m\omega^2(F_6+F_7)+m^2\omega^4(F_6+F_7)^2]\times$
$[16E^2I^2\lambda^6F_1^2(1+\eta^2)-16EI\lambda^3m\omega^2(F_6-F_7)+m^2\omega^4(F_6-F_7)^2]$

将式（7-46）和式（7-47）代入式（7-49），可推导得波传播常数 μ_1 为：

$$\cosh\mu_1=\frac{m\omega^2F_3}{2E(1+\mathrm{i}\eta)I\lambda^3F_7}+\frac{F_6}{F_7} \tag{7-51}$$

由阻抗的定义可知：

$$Z_C=F_c/X_c \tag{7-52}$$

由式（7-50）~式（7-52）推导可得上部房屋结构的点阻抗为：

$$Z_D=\frac{\sinh(N\mu_1)}{\alpha_{lr1}\sinh\mu_1\cosh(N\mu_1)} \tag{7-53}$$

式中，N 为房屋结构的层数。

如果将上部结构简化为单自由度体系，则上部结构的阻抗为：

$$Z_D=-M\omega^2 \tag{7-54}$$

这里，M 为上部结构的质量，$M=Nm+N\rho_1A_1L$。此时，上部结构的导纳为：

$$\alpha_D=1/Z_D \tag{7-55}$$

将上部结构阻抗式（7-55）代入式（7-27），可以推导得到基础隔震结构中叠层橡胶隔震支座的频率特征方程以及健康状态下的频率特征方程：

$$\begin{aligned}&(\alpha_{AA}\alpha_{BB}-\alpha_{BA}\alpha_{AB}+\alpha_{AA}\alpha_{w_t}-\alpha_{BB}\alpha_{w_t}-\alpha_{w_t}^2)\alpha_{w_r}^2\left(\frac{\alpha_{w_r}-1/Z_D}{\alpha_{w_t}-1/Z_D}\cdot\frac{\alpha_{w_t}}{\alpha_{w_r}}\right)e^{(n-2j+1)\mu}\\&+(\alpha_{AA}\alpha_{BB}-\alpha_{AB}\alpha_{BA}+\alpha_{AA}\alpha_{w_r}-\alpha_{BB}\alpha_{w_t}-\alpha_{w_t}\alpha_{w_r})\alpha_{w_r}\alpha_{w_t}e^{-(n-1)\mu}\\&=(\alpha_{AA}\alpha_{BB}-\alpha_{BA}\alpha_{AB}+\alpha_{AA}\alpha_{w_r}-\alpha_{BB}\alpha_{w_r}-\alpha_{w_r}^2)\alpha_{w_t}^2e^{-(n-2j+1)\mu}\\&+(\alpha_{AA}\alpha_{BB}-\alpha_{AB}\alpha_{BA}+\alpha_{AA}\alpha_{w_t}-\alpha_{BB}\alpha_{w_r}-\alpha_{w_t}\alpha_{w_r})\alpha_{w_r}\alpha_{w_t}\left(\frac{\alpha_{w_r}-1/Z_D}{\alpha_{w_t}-1/Z_D}\cdot\frac{\alpha_{w_t}}{\alpha_{w_r}}\right)e^{(n-1)\mu}\end{aligned} \tag{7-56}$$

7.3.5　基础隔震结构中叠层橡胶隔震支座基于频率的损伤识别

1. 上部结构模型简化为单自由度

当上部结构模型简化为单自由度时，假设上部结构为集中质量块，此时上部结构的质量由式 $M=Nm+N\rho_1A_1L$ 求得，阻抗按式（7-54）计算。对基础隔震结构中叠层橡胶支座进行敏感性分析，计算得到单元总数为 10 的周期叠层橡胶隔震支座未损伤时的前 5 阶频率，如表 7-3 所示，前 5 阶自振频率对各单元整体刚度的敏感度系数折线图，如图 7-11 所示。

上部结构简化为单自由度时健康叠层橡胶隔震支座前 5 阶频率值（Hz）　　表 7-3

n	1	2	3	4	5
ω^u	184.37	550.11	907.93	1252.27	1577.13

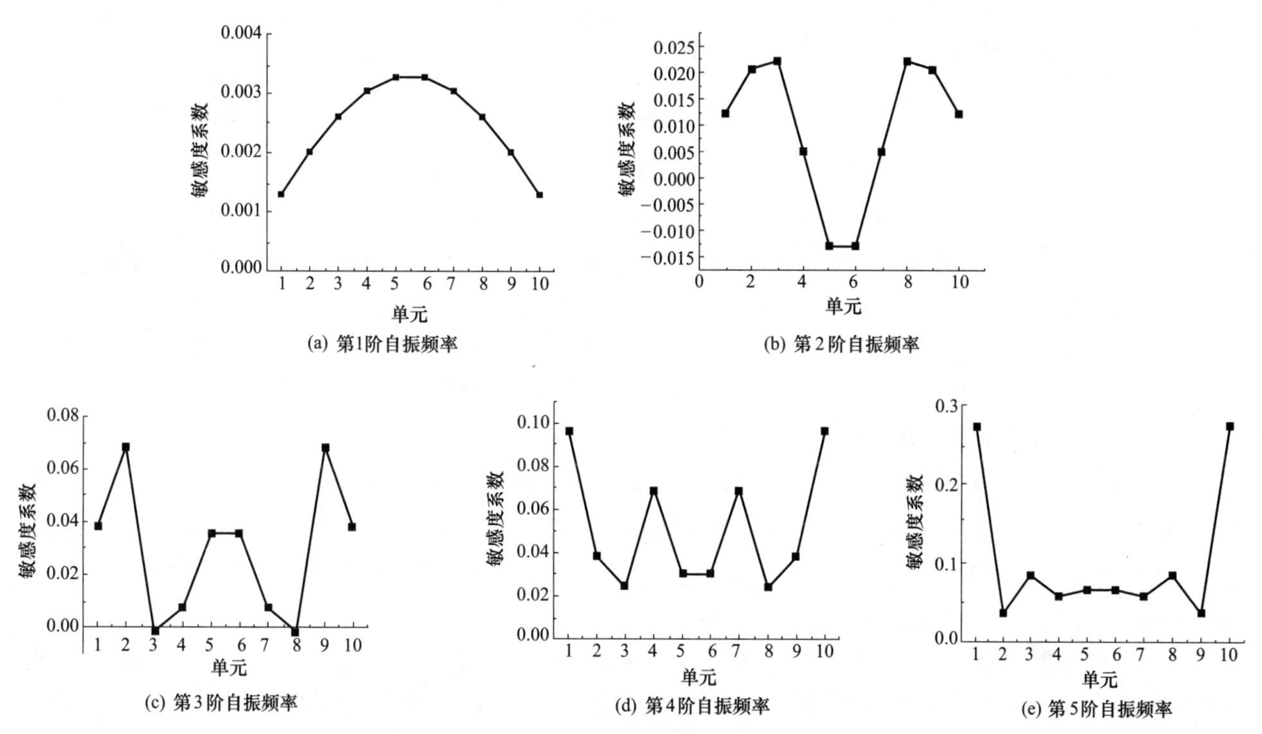

图 7-11　上部结构为单自由度时叠层橡胶基础隔震支座各阶频率敏感度系数

从图 7-11 可以看出每一阶自振频率都有各自的最敏感单元，且各阶自振频率的最敏感单元存在对称性，对应图 7-11 中的最高点。同时，各阶自振频率的最敏感单元会随着频率阶数的增加逐渐由中间单元向两端单元移动。

由图 7-11 还可以看出，由于频率反映的是整个周期系统的特性，当周期系统两边界都存在约束条件时，各单元敏感性系数基于中间单元呈现对称趋势，因此利用基于频率敏感性的识别方法势必产生损伤位置对称性问题（也即在对称位置出现虚假损伤的问题）。为消除结构纵向对称性对损伤识别结果的影响，本节在使用 MATLAB 编程计算时采用 format long 命令提高计算精度（精确到小数点后 8 位），同时在使用非负最小二乘曲线拟合方法时采用 optimset 命令调整计算时的迭代次数。

对于上部结构为集中质量块的叠层橡胶隔震支座模型，假设考虑 3 种损伤工况，其中包含单损伤和多损伤工况，各工况具体损伤位置及程度见表 7-4。

同理，本次损伤识别过程需要的频率阶数仅为 5 阶，因此，利用图 7-11 中的前 5 阶敏感性矩阵，逐阶代入公式（7-45）中并采用非负最小二乘曲线拟合数值优化算法，得到 3 种损伤工况对应的损伤识别结果，如图 7-12 所示。

上部结构简化为单自由度时叠层橡胶支座模型损伤工况　　表 7-4

	工况 1	工况 2	工况 3
损伤单元	8	8,10	4,8,10
损伤程度(%)	20	20,15	10,20,15

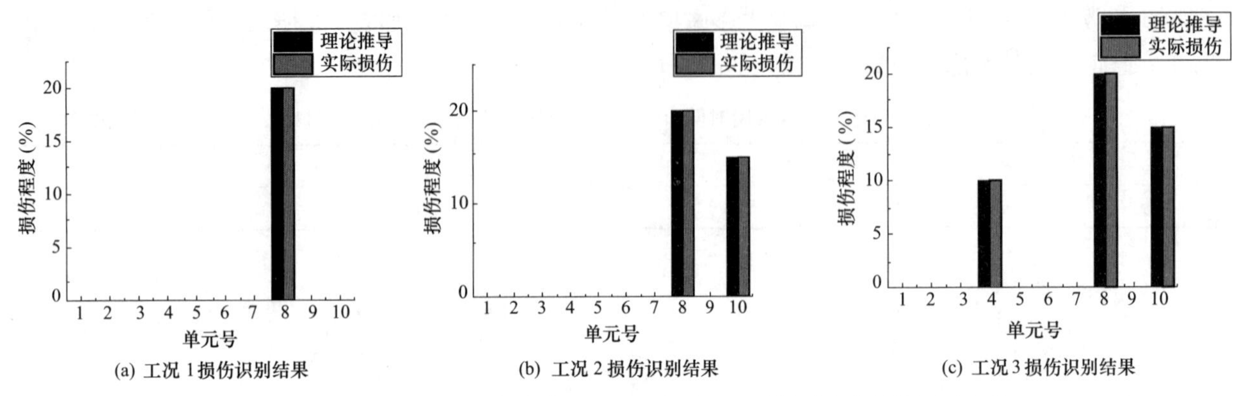

图 7-12　上部结构为单自由度各工况下叠层橡胶基础隔震支座损伤识别结果

从图 7-12 中 3 种损伤工况的损伤识别结果可以看出，理论推导值与实际损伤几乎不存在误差，工况 1 的第 4 单元、工况 2 的第 1 单元与工况 3 的第 3 单元均存在误识别，但误差小于 1%可以忽略不计。对于预设的 3 种损伤工况，无论是单损伤还是多损伤，本章所提出的基于频率的叠层橡胶隔震支座损伤识别方法均能对其损伤位置及损伤程度进行较为精确的识别。但相较于独立的叠层橡胶隔震支座损伤识别来说，考虑上部结构的计算模型对于结构自振频率变化值和计算精度有更高的要求。

2. 上部结构模型为 8 层建筑物

当上部结构为多自由度时，假设上部结构参数如下：柱截面面积 $A_1=2.581\text{m}^2$，截面惯性矩 $I=0.3455\text{m}^4$，弹性模量 $E=2.6\times10^{10}\text{N/m}^2$，材料密度 $\rho_1=2.5\times10^3\text{kg/m}^3$，每层柱高度 $L=3\text{m}$，每层集中质量 $m=4.2\times10^5\text{kg}$。上部结构层数为 8 层，假设建筑物下安装 36 个叠层橡胶基础隔震支座，此时上部结构的阻抗按式（7-46）～式（7-52）计算。

对该基础隔震结构中的叠层橡胶支座进行敏感性分析，同样假设支座的单元总数为 10，计算得到该叠层橡胶隔震支座未损伤时的前 5 阶频率见表 7-5，前 5 阶自振频率对各单元整体刚度的敏感度系数折线图如图 7-13 所示。

上部结构为多自由度时健康叠层橡胶支座前 5 阶频率值（Hz）　　表 7-5

n	1	2	3	4	5
ω^u	185.39	550.11	907.93	1252.27	1577.13

由图 7-13 与图 7-11 对比可知，上部结构的简化方法并不会对叠层橡胶隔震支座周期系统本身特性产生影响，叠层橡胶隔震支座的结构特性仅受两端的约束条件以及上部结构具体传递的阻抗大小的影响。

对于上部结构为 8 层建筑的基础隔震结构模型，其中叠层橡胶隔震支座模型的损伤假设考虑 3 种损伤工况，同样包含单损伤和多损伤工况，各工况具体损伤位置及损伤程度见表 7-6。

上部结构为多自由度时叠层橡胶隔震支座模型损伤工况　　表 7-6

	工况 1	工况 2	工况 3
损伤单元	1	10	4,10
损伤程度(%)	20	20	25,20

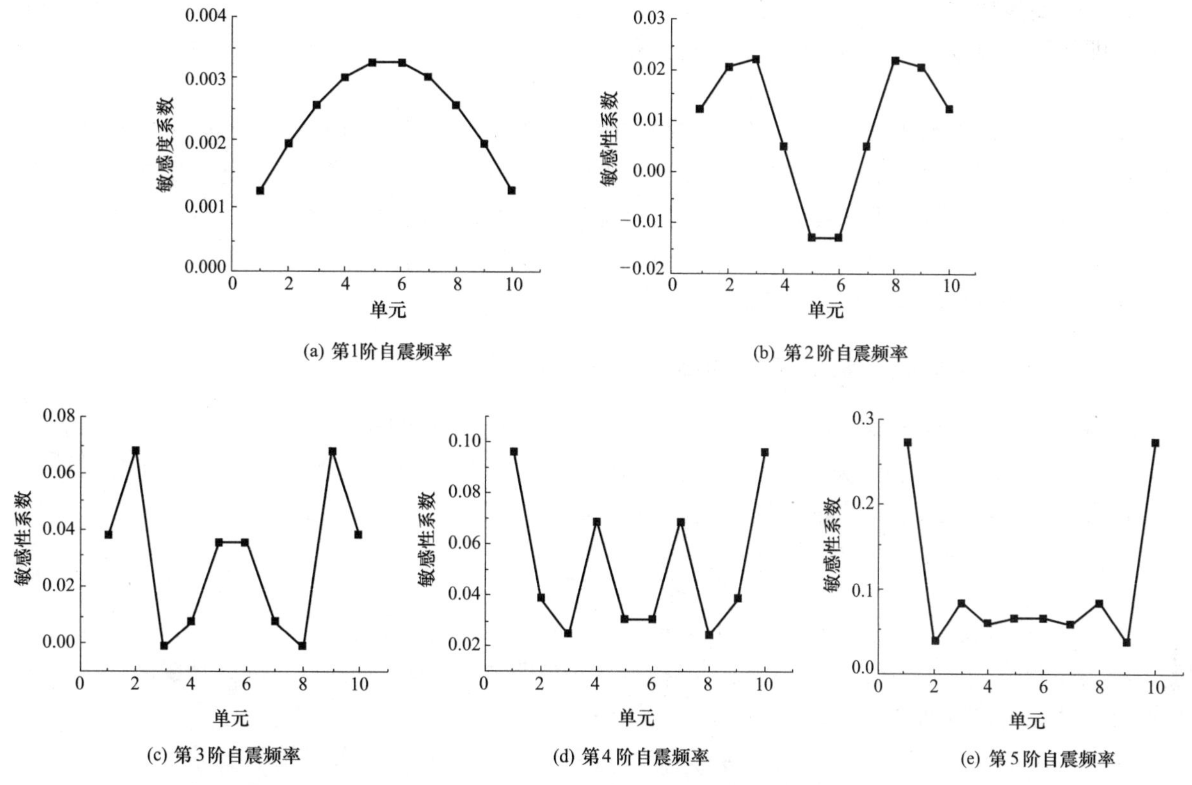

(a) 第1阶自震频率　(b) 第2阶自震频率

(c) 第3阶自震频率　(d) 第4阶自震频率　(e) 第5阶自震频率

图 7-13　上部结构为多自由度时叠层橡胶隔震支座各阶频率敏感度系数

利用图 7-13 中的前 5 阶敏感性矩阵，逐阶代入公式（7-45）中并采用非负最小二乘曲线拟合数值优化算法，即可得到 3 种损伤工况对应的损伤识别结果，如图 7-14 所示。

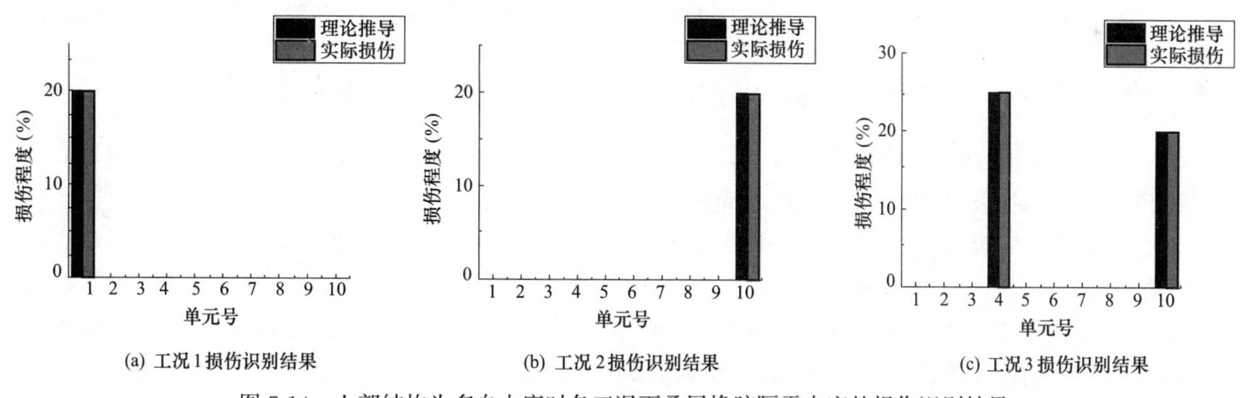

(a) 工况 1 损伤识别结果　(b) 工况 2 损伤识别结果　(c) 工况 3 损伤识别结果

图 7-14　上部结构为多自由度时各工况下叠层橡胶隔震支座的损伤识别结果

从图 7-14 中 3 种损伤工况的损伤识别结果可以看出，理论推导值与实际损伤一致，不存在误差，工况 1 的 3、4、5、10 单元以及工况 2 和工况 3 的 1 单元存在误识别的情况，但误差在 1%以内可以忽略不计。本章所提方法能对单损伤和多损伤叠层橡胶隔震支座周期结构的损伤位置和损伤程度进行较为精确的识别。使用 MATLAB 的 format long 命令提高计算精度（精确到小数点后 8 位），同时使用非负最小二乘曲线拟合方法时采用 optimset 命令调整计算时的迭代次数，有效解决了损伤位置对称性的问题。

7.4　基于输入功率流的叠层橡胶隔震支座损伤识别

结构的振动功率流是从能量的角度出发，既包含力和速度的幅值，又考虑两者之间的相位关系。既能表征结构的整体特性，又可反映结构局部物理参数变化。同时，振动能量是以不同频率传播的波的能量总和，即使固有频率改变很小，振动能量也会有较大的变化，且振动功率流比传统自振频率更容易精确测量。

本节结合特征波导纳法和基于频率的叠层橡胶隔震支座损伤识别，利用周期结构输入功率流与自振频率的关系，推导得到输入功率流与基本周期单元整体剪切模量变化之间的关系。建立了输入功率流变化率对单元损伤的敏感性识别方程组，并采用约束优化方法求解该识别方程组，以实现叠层橡胶隔震支座的损伤识别。同理，计算模型考虑上部结构对底层橡胶支座的影响，对比了输入功率流与自振频率对结构内部损伤的敏感性以及损伤识别的效果。

7.4.1 基于输入功率流的叠层橡胶隔震支座结构敏感性方程

设 $F(t)$ 为作用于结构某点的作用力，$V(t)$ 为该点对应的速度响应，则输入结构的瞬时功率为 $F(t)\cdot V(t)$，由于振动分析更关心的是平均功率而非瞬时功率，用平均功率来衡量振动强度更具有代表性，因此这里把按时间平均的功率定义为振动功率流：

$$P=\frac{1}{2}\mathrm{Re}(F_{\mathrm{c}}V^{*})=\frac{1}{2}|F_{\mathrm{c}}|^{2}\mathrm{Re}(\alpha_{D}) \tag{7-57}$$

式中，Re 表示取实部，α_D 和 F_{c} 分别为导纳和广义力。α_D 可以由式（7-42）与式（7-54）获得。因此，叠层橡胶隔震支座的输入功率流仅受结构本身的自振频率影响。通过建立输入功率流与结构自振频率的计算关系可以得到输入功率流对第 j 单元损伤的敏感度。

根据敏感度的定义，可以推导出第 n 阶输入功率流对第 j 单元损伤的敏感度系数 $S_{n,j}$（$j=1$，2，…，N）为：

$$S_{n,j}=\lim_{\xi\to 0}\frac{\partial[(p-p^{u})/p^{u}]}{\partial\xi}=\frac{1}{p^{u}}\frac{\partial p}{\partial(\Delta\xi)}\bigg|_{\partial\xi=0} \tag{7-58}$$

其中，$\lim\limits_{\partial\xi\to 0}\dfrac{\partial p}{\partial(\Delta\xi)}$的计算是先通过公式（7-33）叠层橡胶隔震支座的频率特征方程求解 ω 对 $\Delta\xi$ 的偏导$\dfrac{\partial\omega}{\partial(\Delta\xi)}$，再根据式（7-57）求出输入功率流 p 对 ω 的偏导，令两式相乘得到$\dfrac{\partial p}{\partial(\Delta\xi)}$，最后令$\partial\xi=0$ 计算式（7-58）等号右边的极限，此时 p 变为 p^{u}，所得敏感度系数 $S_{n,j}$ 表达式中同样仅含健康状态输入功率流 p^{u}、周期单元总数 n 及损伤所处周期单元号 j 3 个变量。

假设叠层橡胶隔震支座结构的周期单元总数 $n=10$，给定一组几何物理参数如下：剪切模量 $G=1\times10^{6}\mathrm{N/m^{2}}$，橡胶密度 $\rho_2=1\times10^{3}\mathrm{kg/m^{3}}$，橡胶层的直径为 800mm，$d=1\mathrm{cm}$，钢板与橡胶的质量比 $\phi=5$，一并代入式（7-40）中，已经计算得到未损伤时叠层橡胶隔震支座各阶固有频率值 ω^{u}，根据输入功率流与频率的计算关系进而得到未损伤时各阶频率所对应的输入功率流 p^{u}。将 $n=10$ 及表 7-1 中各阶 ω^{u} 值分别代入式（7-58），可得单元总数为 10 的周期叠层橡胶隔震支座前 5 阶输入功率流对各单元整体刚度的敏感度系数，如图 7-15 所示。

对比图 7-15 与图 7-7 可以看出，输入功率流与频率中各阶单元的敏感性分布相同，但输入功率流对损伤的敏感度大小远大于频率对损伤的敏感度大小。根据敏感度系数的大小可以看出输入功率流对周期结构内部损伤较自振频率更加敏感（和图 7-7 对比）。基础隔震结构中叠层橡胶支座计算模型所带来的损伤位置对称性的问题需要通过采集更加精确的数据来解决，由此可以看出在敏感性的损伤识别方法中，输入功率流的变化率比自振频率的变化率更适合作为损伤的识别参数。

7.4.2 基于输入功率流的叠层橡胶隔震支座周期结构的损伤识别

根据推导得到的各阶输入功率流对叠层橡胶隔震支座各基本周期单元的敏感系数公式，进一步推导得到了敏感性方程，通过该敏感性方程来识别隔震支座具体的损伤位置和损伤程度。

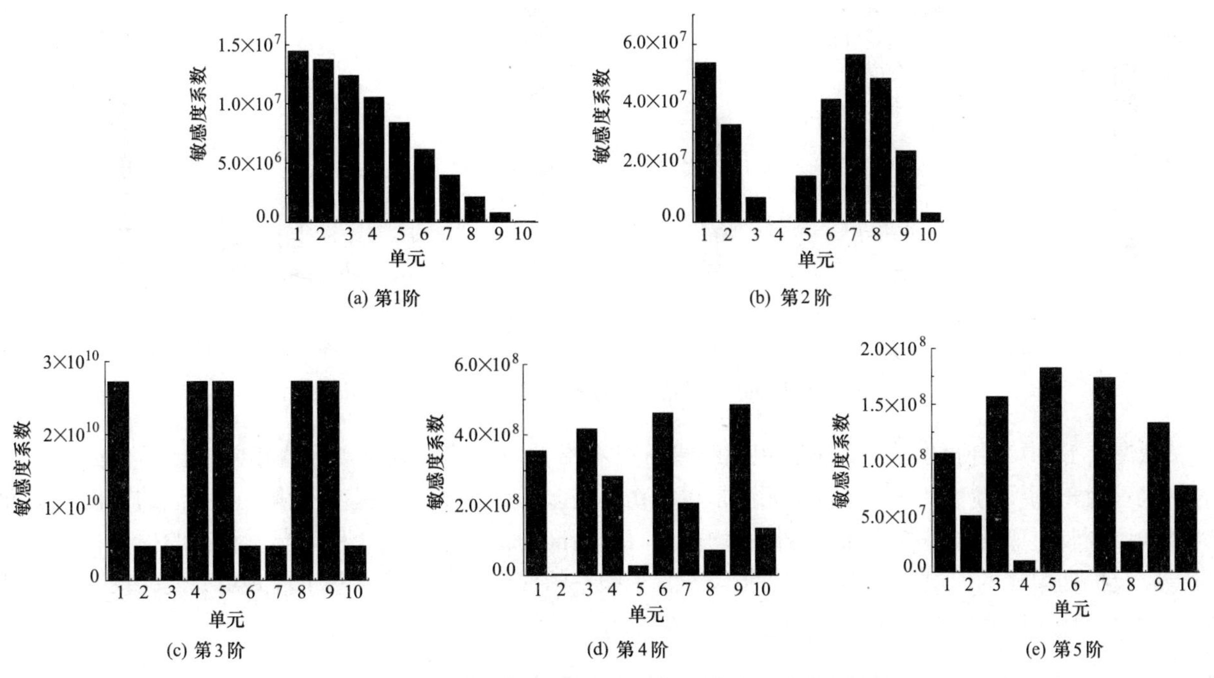

图 7-15 叠层橡胶隔震支座各阶输入功率流敏感度系数

同理，在多单元损伤的情况下，任意阶输入功率流变化率可近似为单损伤引起输入功率流变化的线性叠加，即由损伤所引起的输入功率流的总变化率为单损伤引起输入功率流变化的线性叠加。则可推导出损伤引起的输入功率流总变化率为：

$$\begin{cases} \delta\overline{p}_1=\dfrac{\delta\overline{p}_1}{\delta\xi_2}\delta\xi_1+\dfrac{\delta\overline{p}_1}{\delta\xi_2}\delta\xi_2+\cdots+\dfrac{\delta\overline{p}_1}{\delta\xi_N}\delta\xi_N \\ \vdots \\ \delta\overline{p}_q=\dfrac{\delta\overline{p}_q}{\delta\xi_2}\delta\xi_1+\dfrac{\delta\overline{p}_q}{\delta\xi_2}\delta\xi_2+\cdots+\dfrac{\delta\overline{p}_q}{\delta\xi_N}\delta\xi_N \end{cases} \tag{7-59}$$

式（7-59）中 q 为周期结构测量模态阶数，即为$\{\delta\overline{p}\}=[S]\{\delta\xi\}$，$[S]$ 为输入功率流的敏感性矩阵。

同理，将本节基于输入功率流的叠层橡胶隔震支座结构损伤识别问题转化成如下的非负最小二乘曲线拟合问题：

$$\min_{\{\delta\xi\}}\frac{1}{2}\|[S]\{\delta\xi\}-\{\delta\overline{p}\}\|^2 \text{ 如此}\{\delta\xi\}\geqslant 0 \tag{7-60}$$

运用非负最小二乘曲线拟合数值优化算法求解式（7-59），可得到叠层橡胶隔震支座结构损伤识别结果。

同样考虑与 7.3 节相同的叠层橡胶隔震支座模型，假设 3 种损伤工况，包含单损伤和双损伤工况，各工况具体损伤位置及损伤程度见表 7-7。

叠层橡胶隔震支座模型损伤工况 **表 7-7**

	工况 1	工况 2	工况 3
损伤单元	2	2,8	2,4,8
损伤程度(%)	20	15,20	15,10,20

本次损伤识别过程需要的频率阶数为 5 阶，因此，利用图 7-15 算得的敏感性矩阵的前 5 阶，逐阶代入式（7-60）中并采用非负最小二乘曲线拟合数值优化算法，即可得到 3 种损伤工况对应的基于输入功率流的叠层橡胶隔震支座损伤识别结果，如图 7-16 所示。

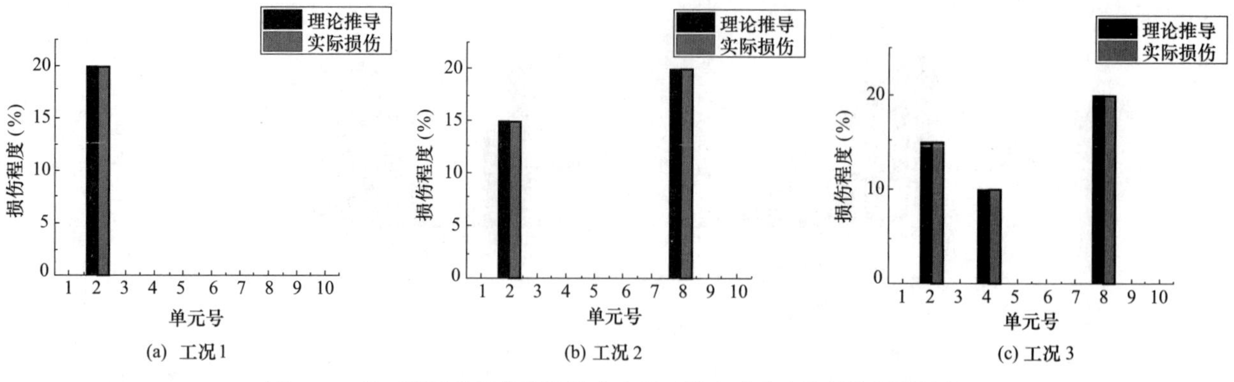

图 7-16 各工况下叠层橡胶隔震支座基于输入功率流的损伤识别结果

从图 7-16 中 3 种损伤工况的损伤识别结果可以看出，理论推导值与实际值相同，且不存在误识别的单元。对于预设的 3 种损伤工况，无论是单损伤还是多损伤，本节所提基于输入功率流的损伤识别方法对叠层橡胶支座的损伤位置及损伤程度均能进行较精准的识别。对比 3 种工况所存在的损伤程度识别误差以及损伤单元的误识别可以发现，相较于基于频率的损伤识别结果，基于输入功率流的损伤识别更好地改善了环境因素影响所带来的误差。

7.4.3 基础隔震结构中叠层橡胶支座基于输入功率流的损伤识别

1. 上部结构模型简化为单自由度

将上部结构模型简化为单自由度集中质量块，质量块的质量参数由式 $M=Nm+N\rho_1A_1L$ 求得，由式（7-53）计算出上部结构的阻抗。对基础隔震结构中叠层橡胶隔震支座进行基于输入功率流的敏感性分析，计算得到单元总数为 10 的周期叠层橡胶隔震支座前 5 阶输入功率流对各单元整体刚度的敏感度系数折线图，如图 7-17 所示。

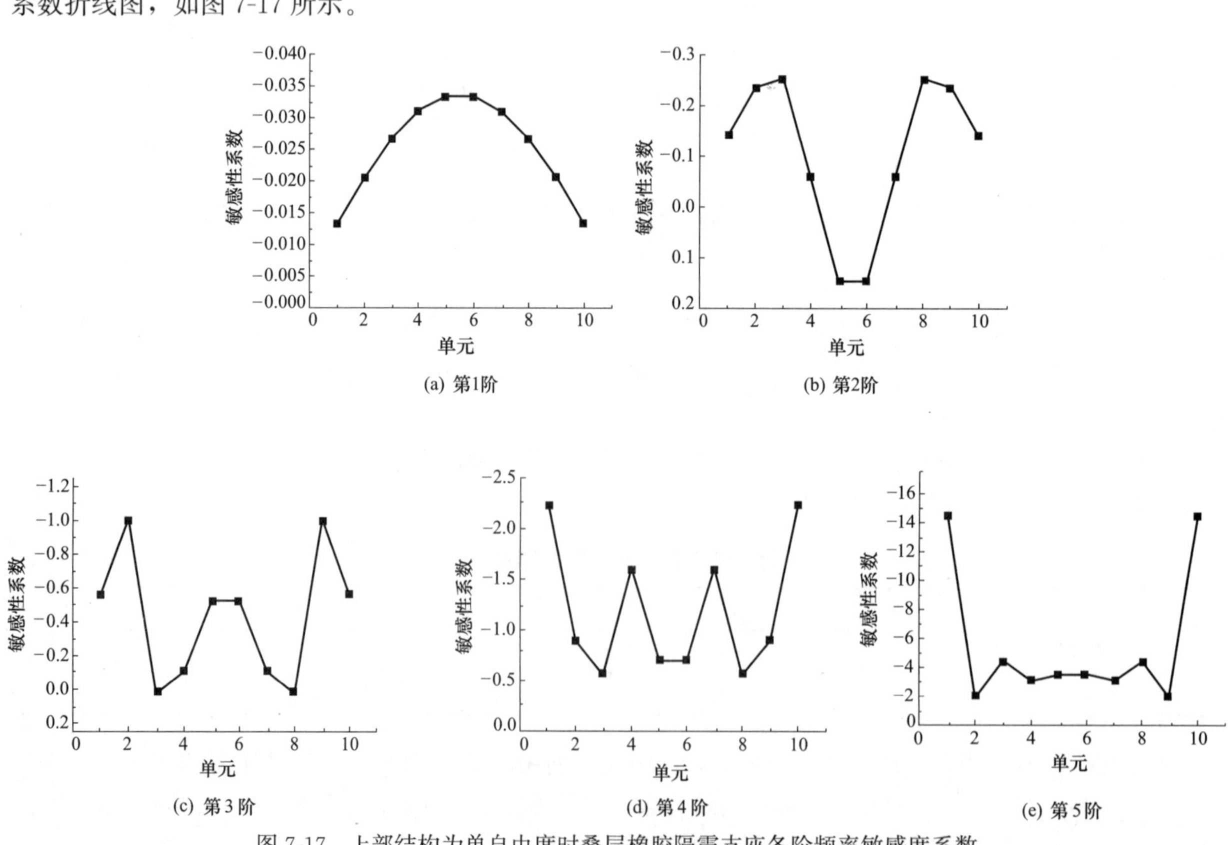

图 7-17 上部结构为单自由度时叠层橡胶隔震支座各阶频率敏感度系数

由图 7-17 可知，由于结构的振动功率流受结构的自振频率影响，当两边界都存在约束条件时，各单元敏感性系数基于中间单元呈现对称趋势，因此利用基于输入功率流敏感性的识别方法也同样会产生损伤位置对称性问题（也即在对称位置出现虚假损伤的问题）。

对于上部结构为集中质量块的基础隔震结构模型，其中叠层橡胶隔震支座模型的损伤考虑 3 种损伤工况，包含位置对称的单损伤和双损伤工况及多损伤工况，各工况具体损伤位置及损伤程度见表 7-8。

叠层橡胶隔震支座模型损伤工况　　表 7-8

	工况 1	工况 2	工况 3
损伤单元	1	10	1,3,10
损伤程度(%)	20	20	10,20,15

同理，利用图 7-17 中算得的前 5 阶敏感性矩阵，逐阶代入公式（7-59）中并采用非负最小二乘曲线拟合数值优化算法，得到叠层橡胶隔震支座基于输入功率流的 3 种损伤工况对应的损伤识别结果，如图 7-18 所示。

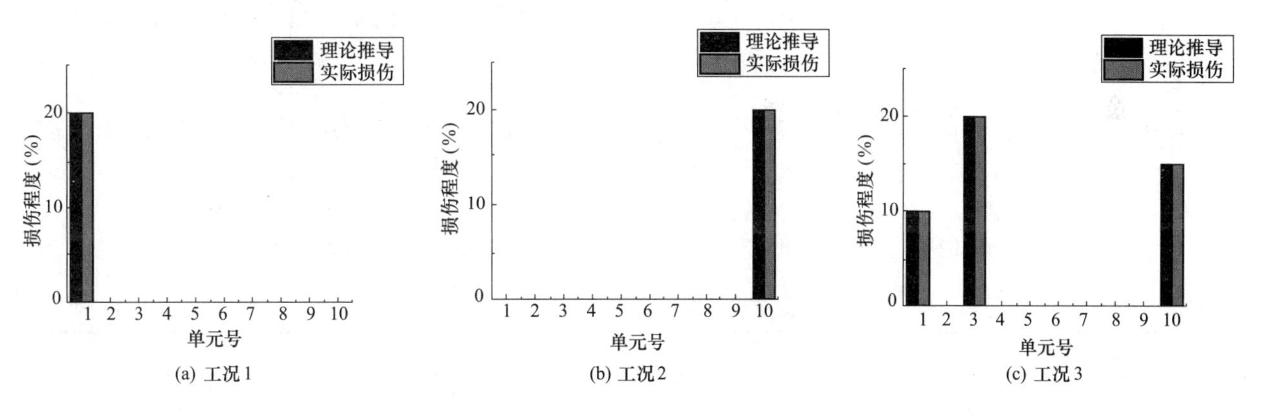

图 7-18　上部结构为单自由度时各工况下叠层橡胶隔震支座的损伤识别结果

从图 7-18 中 3 种损伤工况的损伤识别结果可以看出，理论推导值与实际损伤不存在误差，各工况下几乎不存在损伤单元的误识别情况。对于预设的 3 种损伤工况，当上部结构简化为单自由度时，无论是单损伤还是多损伤，本节所提基于输入功率流的损伤识别方法对各损伤工况下的支座损伤位置及损伤程度均能进行较准确的识别，同时损伤位置对称性的问题得到了很好的解决。

2. 上部结构模型为多层建筑物

当上部结构为多自由度时，采用相同的结构模型，假设上部结构的参数如下：柱截面面积 $A_1=2.581\text{m}^2$，截面惯性矩 $I=0.3455\text{m}^4$，弹性模量 $E=2.6\times10^{10}\text{N/m}^2$，材料密度 $\rho_1=2.5\times10^3\text{kg/m}^3$，每层柱高度 $L=3\text{m}$，每层集中质量 $m=4.2\times10^5\text{kg}$。上部结构层数分别为 8 层和 32 层，建筑物下分别安装 36 个和 144 个叠层橡胶隔震支座，上部结构的阻抗按式（7-46）～式（7-52）计算。

对该基础隔震结构中叠层橡胶隔震支座进行敏感性分析，带入表 7-5 计算的叠层橡胶隔震支座结构未损伤时的前 5 阶频率，得到单元总数为 10 的周期叠层橡胶隔震支座前 5 阶输入功率流对各单元整体刚度的敏感度系数折线图，如图 7-19 所示。

由图 7-17 与图 7-19 对比可再次验证上部结构的简化方法并不会对叠层橡胶隔震支座周期系统本身特性产生影响这一结论。叠层橡胶隔震支座的结构特性仅受两端的约束条件以及上部结构具体传递的阻抗大小的影响。鉴于此，下面只给出上部结构为 8 层建筑时基础隔震支座的损伤识别结果。

对于上部结构为 8 层建筑的基础隔震结构模型，叠层橡胶隔震支座模型的损伤，共考虑 3 种损伤工况，其中包含单损伤和多损伤工况，各工况具体损伤位置及损伤程度见表 7-9。

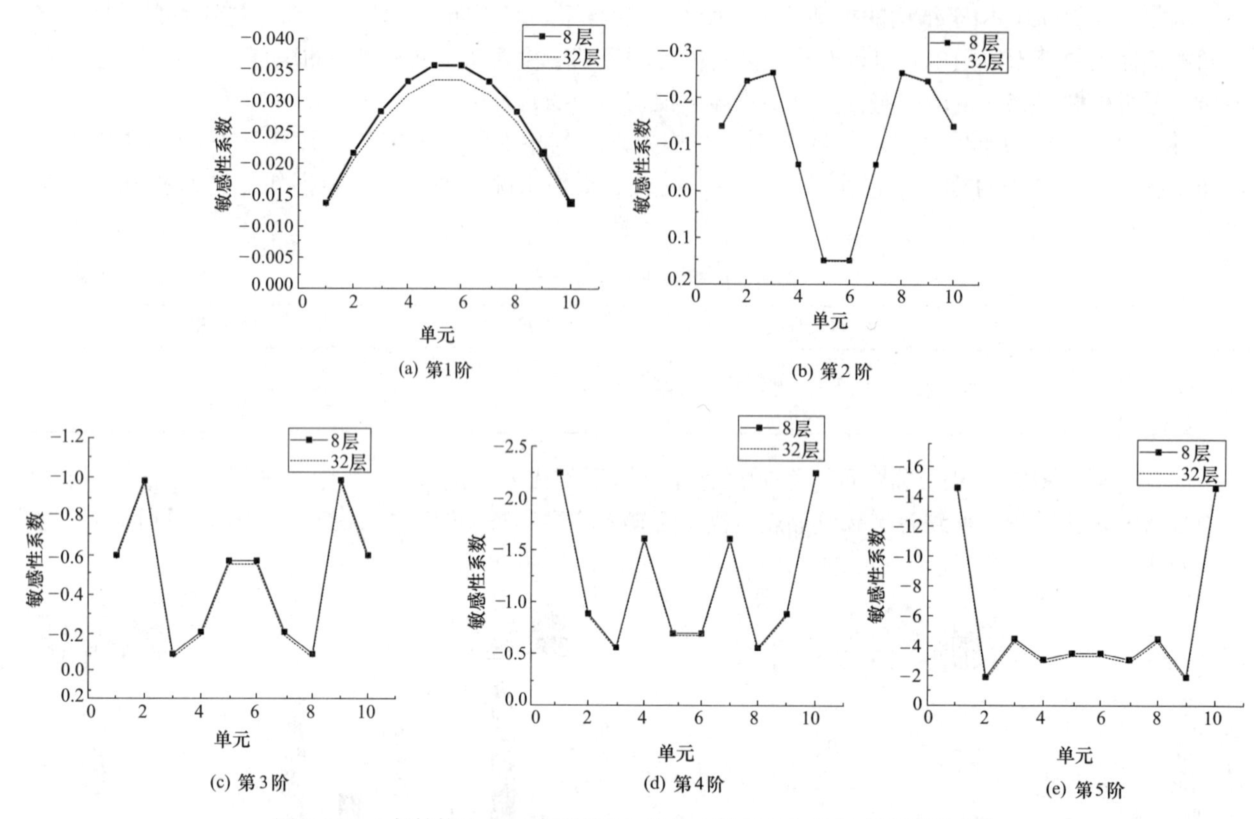

图 7-19 上部结构为多层建筑时叠层橡胶隔震支座各阶频率敏感度系数

叠层橡胶隔震支座模型损伤工况 表 7-9

	工况 1	工况 2	工况 3
损伤单元	2	9	3,10
损伤程度(%)	20	20	15,20

利用图 7-19 中算得的前 5 阶敏感性矩阵，逐阶代入公式（7-59）中并采用非负最小二乘曲线拟合数值优化算法，采用基于振动功率流的损伤识别方法，即可得到上部结构为 8 层建筑的叠层橡胶基础隔震支座 3 种损伤工况对应的损伤识别结果，如图 7-20 所示。

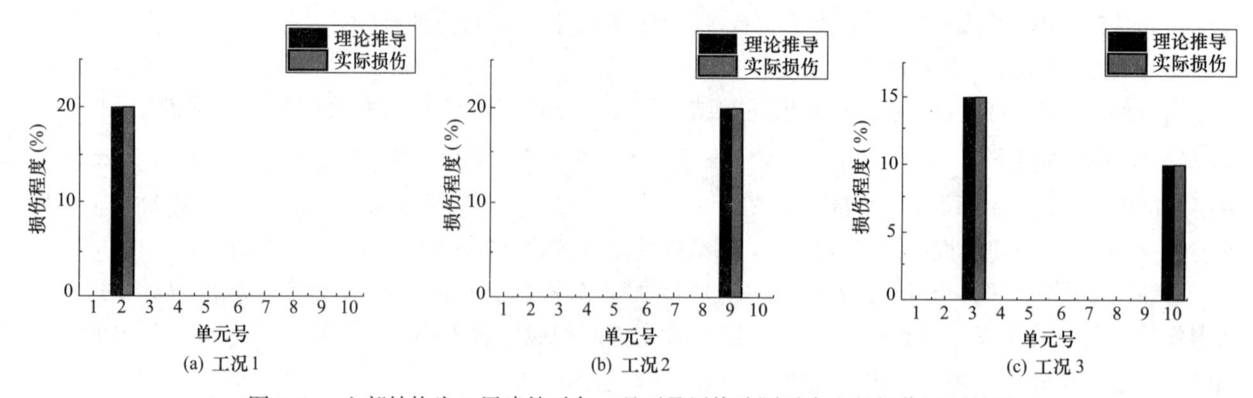

图 7-20 上部结构为 8 层建筑时各工况下叠层橡胶隔震支座的损伤识别结果

从图 7-20 中 3 种损伤工况的损伤识别结果可以看出，理论推导值与实际损伤之间基本不存在误差且同样没有损伤单元误识别的问题。本节所提基于输入功率流的叠层橡胶隔震支座损伤识别方法能对叠层橡胶支座单损伤和多损伤等损伤工况下的损伤位置及损伤程度进行较精准的识别。输入功率流敏感性方程中的系数远大于自振频率敏感性系数方程中的系数，采用本节所提基于输入功率流的叠层橡胶隔震

支座损伤识别方法进行计算时参与运算的系数更加精确，因此输入功率流相较于自振频率更好地解决了损伤位置对称性的问题。

7.5　叠层橡胶隔震支座损伤识别的数值仿真分析

本节分别以单元总数为 10 的单独叠层橡胶隔震支座数值模型和含上部结构的叠层橡胶隔震支座模型为例，通过设置多种损伤工况（单损伤、双损伤、三损伤），采用基于频率敏感性分析的损伤识别方法以及基于输入功率流敏感性分析的损伤识别方法分别对支座中所设置的损伤进行识别，以验证两种方法的正确性和有效性，并证实本章所提基于输入功率流损伤识别方法的优越性。

7.5.1　叠层橡胶隔震支座数值仿真模型

考虑如图 7-21 所示的单元个数为 10 的叠层橡胶隔震支座模型。通过降低某基本周期单元中橡胶的弹性模量来模拟该单元橡胶剪切模量的升高，即损伤。为方便与理论推导值做对比，数值仿真算例模型同 7.4 节中的算例模型。假定该叠层橡胶隔震支座模型为圆形截面，钢板与橡胶的直径均为 800mm，厚度均为 10mm。基本周期单元按计算模型进行简化，且记固定端为第 1 号周期单元，其余依次类推。钢板的密度为 $7.85\times 103\text{kg/m}^3$，泊松比为 0.3，弹性模量为 $2.1\times 105\text{MPa}$，橡胶按超弹性材料属性建立。

采用有限元软件 ABAQUS 6.14，建立上述叠层橡胶隔震支座仿真模型，如图 7-22 所示。其中，支座底部为固定约束，上部为自由约束。待识别损伤位置个数为 10，分别为各基本周期单元的弹性模量，而损伤识别同样仅利用前 5 阶模态频率。采用基于频率的叠层橡胶隔震支座进行损伤识别，其中单元总数为 10 的周期结构敏感性系数计算方法已经在 7.4 节中给出。

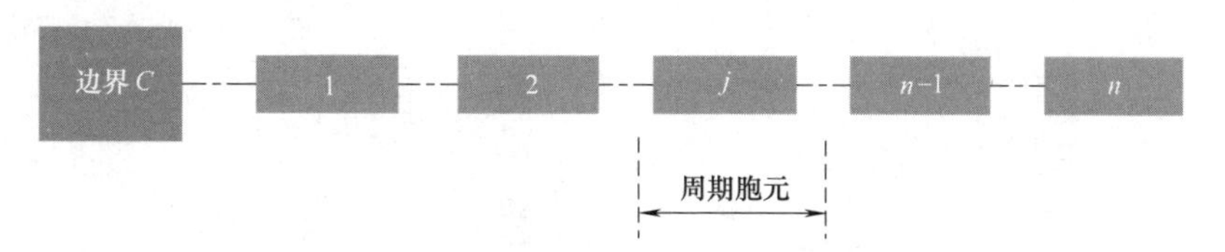

图 7-21　周期单元数为 10 的叠层橡胶隔震支座

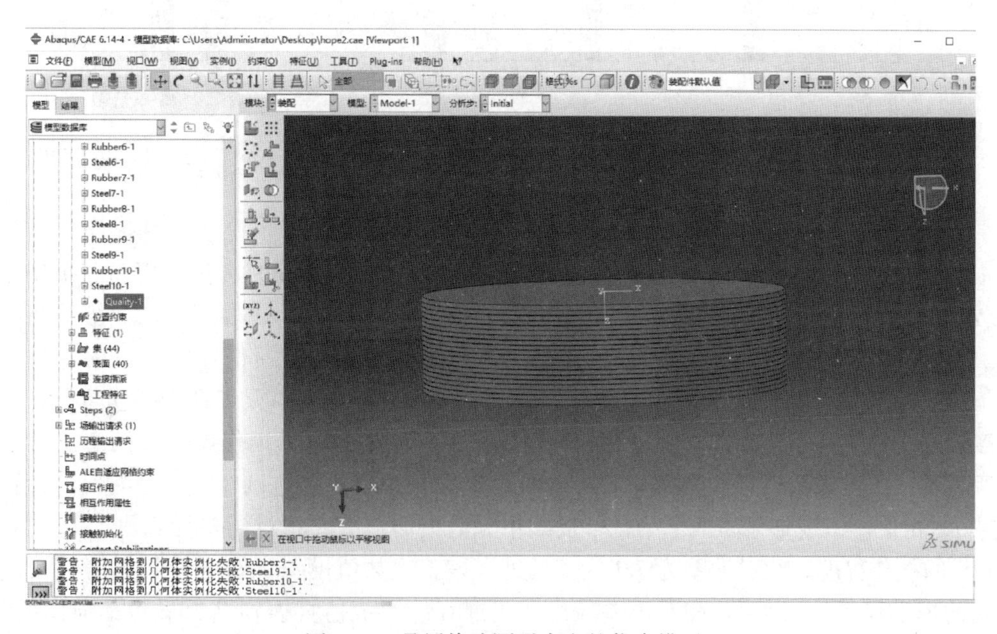

图 7-22　叠层橡胶隔震支座的仿真模型

对于图 7-22 所示周期支撑梁仿真模型，本节考虑了 3 种损伤工况，即单损伤、双损伤以及三损伤，具体见表 7-10。

叠层橡胶隔震支座模型损伤工况　　表 7-10

	工况 1	工况 2	工况 3
损伤单元	10	2,8	2,4,8
损伤程度(%)	10	10,20	15,10,20

7.5.2　叠层橡胶隔震支座基于数值仿真的损伤识别

取其前 5 阶频率值，分别得到了表 7-10 中设计的 3 种损伤工况所对应的前 5 阶频率值，见表 7-11。

将 7.3 节中计算得到的敏感性矩阵取其前 5 阶，并联合表 7-11 中计算得到的叠层橡胶隔震支座仿真模型 3 种损伤工况对应损伤后前 5 阶频率的变化，逐阶代入式（7-43）中并采用非负最小二乘曲线拟合数值优化算法，即可得到 3 种损伤工况对应的损伤识别结果，对比仿真模拟结果与基于频率的叠层橡胶隔震支座损伤识别理论推导结果如图 7-23 所示。

叠层橡胶隔震支座仿真模型各工况前 5 阶频率变化（Hz）　　表 7-11

频率阶数	工况 1	工况 2	工况 3
1	0.047	1.50	2.46
2	0.10	2.45	2.80
3	0.09	1.72	3.00
4	0.60	0.30	0.97
5	0.50	0.40	0.97

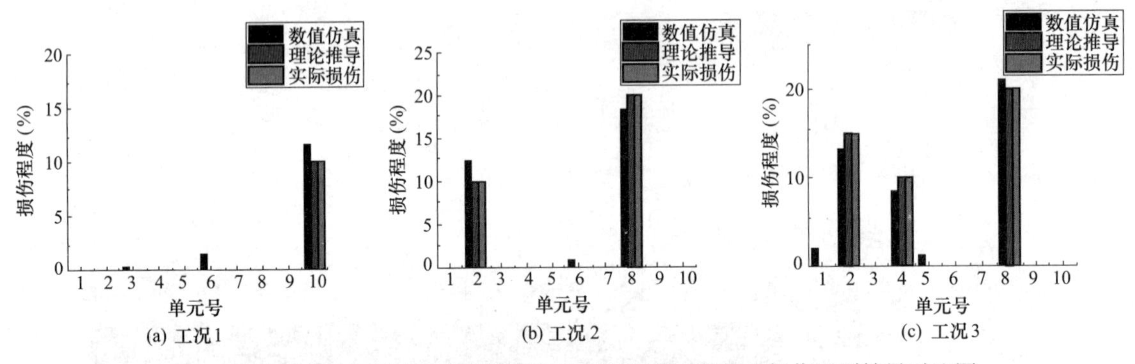

图 7-23　叠层橡胶隔震支座仿真模型与基于频率的理论推导损伤识别结果对比图

从图 7-23 中 3 种损伤工况的损伤识别结果对比图可以看出，对于预设的 3 种损伤工况，无论是单损伤、双损伤还是三损伤，本章所提的基于频率的叠层橡胶支座损伤识别方法均能对其损伤位置及损伤程度进行较准确的识别。其中，工况 1 的数值仿真识别结果显示，损伤位置在第 10 号周期单元，损伤程度为 11.58%，与实际设置的损伤程度 10%相比，高估了该单元的损伤程度，但相对误差较小，为 1.58%。但该工况数值模拟识别也存在误判，误将第 3 号和 6 号周期单元识别为损伤位置，但误判单元的损伤程度较小，仅为 1.5%左右。工况 2 的数值仿真识别结果显示其损伤位置有两个：第 2 号周期单元，损伤程度为 12.45%和第 8 号周期单元，损伤程度为 18.4%，与这两个损伤位置实际设置的损伤程度 10%与 20%相比，识别结果高估了第 2 号周期单元的损伤程度，相对误差为 2.45%，同时低估了第 8 号周期单元的损伤程度，相对误差为 1.6%。另外，该工况数值模拟识别的误判损伤单元为 6 号周期单元，误判的损伤程度为 0.9%，相对误差较小。工况 3 的数值仿真识别结果显示其损伤位置有 3 个：第 2 号周期单元，损伤程度为 13.3%；第 4 号周期单元，损伤程度 8.5%，与实际损伤程度 15%和

10%相比，都低估了其损伤程度，相对误差在1.5%以内，比较精确；第8号周期单元，损伤程度为21.1%，与实际损伤程度20%相比，识别结果高估了其损伤程度，相对误差为1.1%，精确程度较高。

从上述3种损伤工况的损伤识别结果对比图及其结果分析可以明显看出，尽管部分工况的识别结果存在损伤位置误判的情况，但由于识别出的误判损伤位置的损伤程度相对较小，不影响对最终损伤位置的判定，理论推导结果更与实际损伤无明显误差。因此，采用本章所提周期结构损伤识别方法识别叠层橡胶隔震支座结构时，能够较准确地识别出损伤位置和损伤程度。

7.5.3　基础隔震结构中叠层橡胶隔震支座的数值仿真与分析

考虑图7-24所示单元个数为10的叠层橡胶隔震支座模型，同理，通过降低某基本周期单元中橡胶的弹性模量来模拟该单元橡胶剪切模量的升高，即发生损伤。建立如图7-25所示的基础隔震结构中叠层橡胶隔震支座的数值仿真模型，模型参数同前。其中，支座底部为固定约束，上部单自由度质量块为自由状态，质量块的质量参数由式$M=Nm+N\rho_1A_1L$求得。

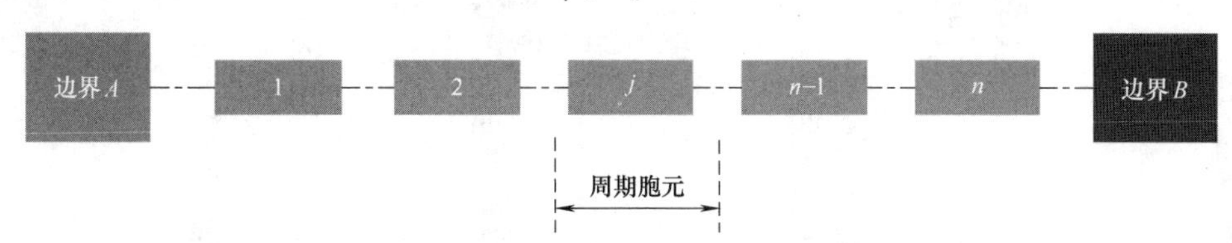

图7-24　基础隔震结构中单元数为10的叠层橡胶隔震支座周期模型

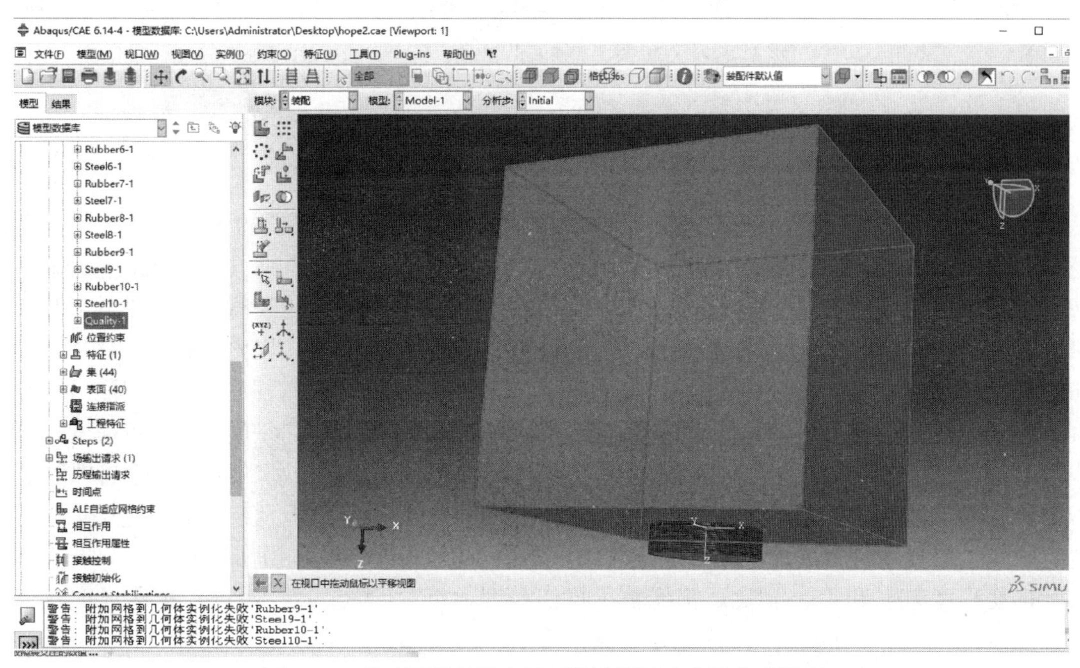

图7-25　基础隔震结构中叠层橡胶隔震支座的仿真模型

对于图7-25所示周期支撑梁仿真模型，本节考虑了3种损伤工况，包含对称单元损伤以及双损伤工况，具体见表7-12。

叠层橡胶隔震支座模型损伤工况　　表7-12

	工况1	工况2	工况3
损伤单元	2	9	3,10
损伤程度(%)	30	10	20,15

同前，取图7-25所示数值仿真模型前5阶频率值，分别得到了表7-12中设计的3种损伤工况所对应的前5阶频率值的变化，见表7-13。

基础隔震结构中叠层橡胶支座仿真模型各工况前5阶频率变化表（Hz）　　表 7-13

频率阶数	工况 1	工况 2	工况 3
1	0.012	0.02	0.06
2	0.31	0.22	0.46
3	3.10	0.66	0.40
4	0.41	0.32	1.53
5	0.41	0.31	5.20

同理，将表 7-13 计算得到的叠层橡胶隔震支座仿真模型 3 种损伤工况对应的损伤前后前 5 阶频率带入式（7-57）换算为输入功率流，将计算得到的输入功率流敏感性矩阵取其前 5 阶，联合逐阶代入公式（7-60）中并采用非负最小二乘曲线拟合数值优化算法，即可得到基于输入功率流的叠层橡胶隔震支座 3 种损伤工况对应的损伤识别结果，对比仿真模拟结果与理论推导结果如图 7-26 所示。

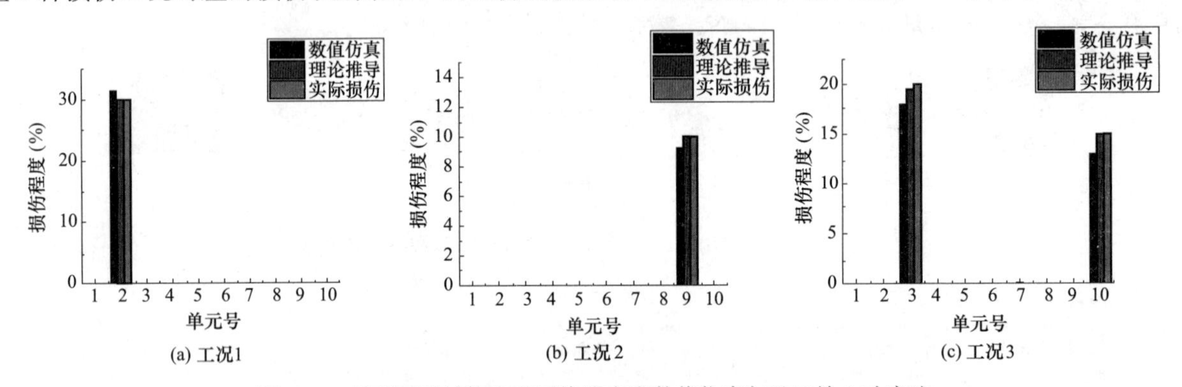

图 7-26　基础隔震结构中叠层橡胶支座数值仿真与基于输入功率流理论推导损伤识别结果对比图

从图 7-26 中 3 种损伤工况的损伤识别结果对比图可以看出，对于预设的 3 种损伤工况，无论是单损伤还是多损伤，本章所提的基于振动功率流的叠层橡胶隔震支座损伤识别方法均能对基础隔震结构中叠层橡胶支座的损伤位置及损伤程度进行较准确的识别。其中，工况 1 的数值仿真识别结果显示损伤位置在第 2 号周期单元，损伤程度为 31.54%，与实际设置的损伤程度 30%相比，高估了该单元的损伤程度，相对误差较小，为 1.5%左右；工况 2 的数值仿真识别结果显示支座损伤位置在第 9 号周期单元，损伤程度为 9.28%，与实际在该位置预设的损伤程度 10%相比，低估了该单元的损伤程度，但相对误差较小，为 0.72%左右。由工况 1 和工况 2 可以看出，本章所提基于振动功率流的叠层橡胶隔震支座损伤识别方法成功地解决了损伤位置对称性的问题。工况 3 的数值仿真识别结果显示叠层橡胶支座的损伤位置有两个：第 3 号周期单元，损伤程度为 18%；第 10 号周期单元，损伤程度 13%，与在该位置预设的实际损伤程度 20%和 15%相比，都低估了损伤程度，相对误差在 2%以内，精确程度在合理范围之内。

由此，本章所提理论推导损伤识别结果与实际预设损伤相符。对比图 7-26 与图 7-23 的损伤识别结果可以发现，基于输入功率流的损伤识别结果总体上与实际损伤误差较小，且大大地改善了损伤单元误识别的问题，采用结构的输入功率流作为损伤识别参数相较于频率更加合理，因此，本章首次提出的基于输入功率流识别叠层橡胶隔震支座结构损伤方法，能够较准确地识别出损伤位置和损伤程度，具有极高的优越性。

7.6　本章总结

本章提出了隔震支座周期系统力学模型，为隔震支座损伤提供有效的识别平台，解决叠层橡胶隔震支座力学模型不利于损伤定位这一问题。研究了周期单元总数为 n 的含单损伤及多损伤单元的有限周

期系统，推导得到了该周期系统的频率特征方程。该频率特征方程和振动方程适用于任意含单个及多个损伤单元的周期结构，具有一般性。通过叠层橡胶隔震支座的周期性特点，结合周期结构的特征波导纳法进一步建立了自振频率变化与叠层橡胶隔震支座基本周期单元整体剪切模量变化之间的关系。

创新性地在传统特征波导纳法计算模型中引入了上部结构的简化模型，使计算模型更加符合工程实际。通过对比了将上部结构计算模型简化为单自由度集中质量以及将上部结构计算模型简化为多层建筑结构两种工况下的叠层橡胶隔震支座各阶频率敏感度系数，发现了上部结构的简化方法并不会对叠层橡胶隔震支座周期系统本身特性产生影响，叠层橡胶隔震支座的结构特性仅受两端的约束条件以及上部结构具体传递的阻抗大小影响。同时通过增加数据的精确度和计算的迭代次数解决了基于频率敏感性的识别方法所产生的损伤位置对称性问题。

引入输入功率流作为叠层橡胶隔震支座的识别参数，首次提出了基于输入功率流的叠层橡胶隔震支座结构损伤识别方法。同时，通过对基于输入功率流和基于频率的叠层橡胶隔震支座结构损伤识别结果的对比可以看出，输入功率流对结构的内部损伤更加敏感，结构的输入功率流作为损伤识别参数相较于频率更加合理，并通过数值仿真模拟进行了验证。

参 考 文 献

[1] Japan Society of Seismic Isolation (JSSI). Report of response-controlled buildings [R]. Japan Society of Seismic Isolation (JSSI) Investigation Committee，Tokyo，2012.

[2] Olivier G，Adamou S，Arnaud B，et al. Experimental determination of the lateral stability and shear failure limit states of bridge rubber bearings [J]. Engineering Structures，2018，174：39-48.

[3] Kiremidjian A S，Straser E G，Meng T，et al. Structural damage monitoring for civil structures [C]. Proceedings of the International Workshop of Structural Health Monitoring，Stanford：1997，371-382.

[4] 高山峯夫. 东日本大地震后的隔震结构现状与课题研究 [J]. 建筑结构，2017，47 (16)：24-29.

[5] 刘文光，李峥嵘，周福霖，等. 低硬度橡胶隔震支座各种相关性及老化徐变特性 [J]. 地震工程与工程振动，2002，22 (6)：115-121.

[6] 马玉宏，李艳敏，赵桂峰，等. 基于热老化作用的橡胶隔震支座力学性能时变规律研究 [J]. 地震工程与工程振动，2017，37 (5)：38-44.

[7] 尹强，橡胶隔震结构参数识别与损伤诊断研究 [D]. 南京：南京航空航天大学，2010.

[8] Haringx J A. On highly compressible helical springs and rubber rods，and their application for vibration-free mountings，Ⅰ) Ⅱ) Ⅲ) [J]. Philips Research Reports，1949，4.

[9] Koh C G，Kelly J M. A simple mechanical model for elastomeric bearings used in base isolation [J]. International Journal of Mechanical Sciences，1988，30 (12)：933-943.

[10] Nagarajaiah S，Ferrel K. Stability of elastomeric seismic isolation bearings [J]. Journal of Structural Engineering，1999，125 (9)：946-954.

[11] Iizuka M. A macroscopic model for predicting large-deformation behaviors of laminated rubber bearings [J]. Engineering Structures，2000，22 (4)：323-334.

[12] Yamamoto S，Kikuchi M，Ueda M，et al. A mechanical model for elastomeric seismic isolation bearings including the influence of axial load [J]. Earthquake Engineering and Structural Dynamics，2009，38 (2)：157-180.

[13] Kikuchi M，Nakamura T，Aiken I D. Three-dimensional analysis for square seismic isolation bearings under large shear deformations and high axial loads [J]. Earthquake Engineering and Structural Dynamics，2010，39 (13)：1513-1531.

[14] Mead D M. Wave propagation in continuous periodic structures：research contributions from southampton，1964 - 1995 [J]. Journal of Sound and Vibration，1996，190 (3)：495-524.

[15] Baz A. Active control of periodic structures [J]. Journal of Vibration and Acoustics，2001，123 (4)：472-479.

[16] Heckl M A. Coupled waves on a periodically supported Timoshenko beam [J]. Journal of Sound and Vibration，2002，252 (5)：849-882.

[17] Yeh J Y，Chen L W. Wave propagations of a periodic sandwich beam by FEM and the transfer matrix method [J]. Composite Structures，2006，73 (1)：53-60.

[18] Lee S M，Vlahopoulos N，Waas A M. Analysis of wave propagation in a thin composite cylinder with periodic axial and ring stiffeners using periodic structure theory [J]. Journal of Sound and Vibration，2010，329 (16)：3304-3318.

[19] 朱宏平，唐家祥. 叠层橡胶隔震支座的振动传递特性 [J]. 工程力学，1995，12 (4)，109-114.

[20] 朱宏平，唐家祥. 房屋结构振动控制的功率流方法 [J]. 振动工程学报，1994，(01)：32-37.

[21] 朱宏平，唐家祥. 多层房屋结构的振动功率流 [J]. 噪声与振动控制，1994，(06)：2-6.

[22] Ding L，Zhu H P，Wu L. Analysis of mechanical properties of laminated rubber bearings based on transfer matrix method [J]. Composite Structures，2017，159：390-396.

[23] Hodges C H. Confinement of vibration by structural irregularity [J]. Journal of Sound and Vibration，1982，82 (3)：411-424.

[24] Bouzit D，Pierre C. Wave localization and conversion phenomena in multi-coupled multi-span beams [J]. Chaos Solitons & Fractals，2000，11 (10)：1575-1596.

[25] Li F M，Wang Y S，Hu C，et al. Localization of elastic waves in randomly disordered multi-coupled multi-span beams [J]. Waves in Random and Complex Media，2004，14 (3)：217-227.

[26] Dorfmann B A，Burtscher S L. Aspects of cavitation damage in seismic bearings [J]. Journal of Structural Engineering，2000，126 (5)，573-579.

[27] Weisman J，Warn G P. Stability of elastomeric and lead rubber seismic isolation bearings [J]. Journal of Structural Engineering，2012，138 (2)：214-222.

[28] Sanchez J，Masroor A，Mosqueda G，et al. Static and dynamic stability of elastomeric bearings for seismic protection of structures [J]. Journal of Structural Engineering，2013，139 (7)：1149-1159.

[29] Kumar M，Whittaker A S，Constantinou M C. Experimental investigation of cavitation in elastomeric seismic isolation bearings [J]. Engineering Structures，2015，101：290-305.

[30] 刘阳. 高层隔震结构地震响应及损伤评估研究 [D]. 上海：上海大学，2014.

[31] 杨晨晓. 支座失效后隔震结构多维地震响应分析及损伤路径识别 [D]. 兰州：兰州理工大学，2017.

[32] Goyder H G D，White R G. Vibration power flow from machines into built-up structures. part Ⅰ：introduction and approximate analyses of beam and plate-like foundations [J]. Journal of Sound and Vibration，1980，68 (1)：59-75.

[33] Huh Y C，Chung T Y，Moon S J，et al. Damage detection in beams using vibratory power estimated from the measured accelerations [J]. Journal of Sound and Vibration，2011，330 (15)，3645-3665.

[34] 李天匀，刘土光，刘理. 梁结构破损诊断的振动功率流特性 [J]. 声学学报，1999，24 (2)，143-148.

[35] Pavic G. Measurement of structure born wave intensity，part Ⅰ：formulation and the methods [J]. Journal of Sound and Vibration，1976，49.

[36] Goyder H G D，White R G. Vibrational power flow from machines into built-up structures，part Ⅱ：wave propagation and power flow in beam-stiffened plates [J]. Journal of Sound and Vibration，1980，68 (1)：77-96.

[37] Goyder H G D，White R G. Vibrational power flow from machines into built-up structures，part Ⅲ：power flow through isolation systems [J]. Journal of Sound and Vibration，1980，68 (1)：97-117.

[38] Guyader J L，Boisson C，Lesueur C. Energy transmission in finite coupled plates—1. Theory [J]. Journal of Sound and Vibration，1982，81 (1)：81-92.

[39] Boisson C，Guyader J L，Millot P，et al. Energy transmission in finite coupled plates—2. Application to an L shaped structure [J]. Journal of Sound and Vibration，1982，81 (1)：93-105.

[40] 朱翔. 裂纹损伤结构的振动功率流特性与损伤识别 [D]. 武汉：华中科技大学，2007.

[41] Ji L，Mace B R，Pinnington R J. A mode-based approach to the vibration analysis of coupled long-and-short-wavelength subsystems [J]. Qc Physics，2003.

[42] Ji L，Mace B R，Pinnington R J. A power mode approach to estimating vibrational power transmitted by multiple sources [J]. Journal of Sound and Vibration. 2003，265 (2)：387-399.

[43] Ji L, Mace B R, Pinnington R J. Estimation of power transmission to a flexible receiver from a stiff source using a power mode approach [J]. Journal of Sound and Vibration, 2003, 268 (3): 525-542.

[44] Huh Y C, Chung T Y, Lee J W, et al. Damage identification in plates using vibratory power estimated from measured accelerations [J]. Journal of Sound and Vibration, 2015, 336, 106-131.

[45] Savin E. Transient transport equations for high-frequency power flow in heterogeneous cylindrical shells [J]. Waves Random Media, 2004, 14 (3): 303.

[46] Savin E. Radiative transfer theory for high-frequency power flows in fluid-saturated, poro-visco-elastic media [J]. Journal of the Acoustical Society of America. 2005, 117 (31): 1020-1027.

[47] Varghese Cibu K, Shankar K. Crack identification using combined power flow and acceleration matching technique [J]. Inverse Problems in Science and Engineering, 2012, 20 (8): 1239-1257.

[48] Varghese Cibu K, Shankar K. Damage identification using combined transient power flow balance and acceleration matching technique [J]. Structural Control and Health Monitoring, 2014, 21 (2), 135-155.

[49] Nyein O K, Aminudin B A, Asnizah S. Experimental and numerical investigation of vibration power flow of thin plate using cross power spectral density based technique [J]. IOP Conference Series: Materials Science and Engineering, 2021, 1051 (1): 012043.

[50] Wang X, Wang M, Wang T, et al. A measurement method of power flow transmission for multi-supported vibration isolation systems [J]. Noise and Vibration Control, 2019.

[51] Haosen Chen, et al. Vibration power flow of an infinite cylindrical shell submerged in viscous fluids [J]. Shock and Vibration, 2020, (9): 8828204.1-8828204. 14.

[52] Li T Y, Zhang W H, Liu T G. Vibrational power flow analysis of damaged beam structures [J]. Journal of Sound and Vibration, 2001, 242 (1): 59-68.

[53] 金立明. 损伤梁的波动特性与振动功率流分析 [D]. 武汉：华中科技大学，2005.

[54] 林言丽，郭杏林. 含裂纹的周期简支梁振动功率流特性 [J]. 大连理工大学学报，2004，44 (2)：181-185.

[55] Mead D J. A new method of analyzing wave propagation in periodic structures: applications to periodic timoshenko beams and stiffened plates [J]. Journal of Sound and Vibration, 1986, 104 (1): 9-27.

[56] Mead D J . Free wave propagation in periodically supported, infinite beams [J]. Journal of Sound and Vibration, 1970, 11 (2): 181-197.

[57] Mead D J. Wave propagation and natural modes in periodic systems: I. Mono-coupled systems [J]. Journal of Sound and Vibration, 1975, 40 (1), 1-18.

[58] Lawson C L, Hanson R J. Solving least squares problems [J]. 1974.

[59] Bishop R E D, Johnson D C. The Mechanics of Vibration [M]. Cambridge: Cambridge University Press, 1960.

[60] Ohlrich M. Forced vibration and wave propagation in mono-coupled periodic structures [J]. Journal of Sound and Vibration, 1986, 107 (3): 411-434.

[61] 尹涛，尹孟林. 基于特征波导纳法和敏感性分析的大型周期支撑结构损伤识别 [J]. 振动与冲击，2017，36 (22)：93-99.

[62] Zhu H, Wu M. The characteristic receptance method for damage detection in large mono coupled periodic structures [J]. Journal of Sound and Vibration, 2002, 251 (2): 241-259.

基于中国规范设计的典型阻尼器性能与易损性评估

8.1 建筑结构设计中的消能减振理念

8.1.1 消能减振理念简述

地震，尤其是在强震作用下，建筑结构往往会在薄弱部位首先发生损伤破坏，要使得结构完好无损是不现实的，也是不经济的，因为伴随着地震作用会有不可预知的不确定性和随机性，企图掌握它发生的时程、地理位置以及峰值强度是极难的。

在传统的非消能减振的一般抗震结构中，常常是利用结构中具有一定延性的部分次要构件，在不可预知的强震作用下，进入非弹性的受力阶段，产生的既有塑性变形来对输入的强震能量进行耗损。这些具有一定延性的部分次要构件是人为地按照结构中各类构件的优先必要性进行划分选择的，它们是结构中较为薄弱的环节，使得强震作用下按照人们的意愿在此处出现损伤破坏，以免出现意料之外的结构重要构件的破坏，保证结构不倒塌，使得结构的可靠性有了更大的保障，一般可以采用二阶段设计方法来达到所需要的三水准的抗震设防要求。但由于这种设计理念是凭借结构自身的强度和刚度（即塑性变形）来对地震作用储能和耗能进行抵抗，虽然能有效地防止强震中建筑的倒塌，但付出的代价不低，在有些强震作用后，可能还要对损坏的结构进行重新修建。而且在现今不少的建筑结构中，建筑中重要的屋内设备和用品的价值甚至高于结构维护重建本身，因此这种仅考虑到自身结构的抗震设计理念有发展的局限性和很多值得探讨的问题。

于是，大量学者研究和思考，提出了更优化的新的结构的减振控制理念。它的基本方法是在结构中加入耗能装置或者将某非承重部件的结构改为消能构件（一般在建筑结构中前者更为方便所以比较常见），使结构和耗能装置或构件共同参与结构承受动力荷载作用，改变了结构的动力特性，从而达到减少结构动力响应的目的。减振控制根据控制方式可分为5类，其中有一类就是消能减振技术。它在现阶段也应用得十分广泛，对于消能减振的建筑设计，我国还专门编写了此技术规范，即《建筑消能减振技术规程》JGJ 297—2013，它代表了我国消能减振技术的发展和成熟。

在消能减振的建筑结构中，采用的是减振控制下的被动控制方法。它是通过在建筑结构中添加消能减振的装置，通常安装在原结构中相对变形量较大的部件处，如黏弹性阻尼器、防屈曲支撑等，使得二者融合为新的结构体系。消能减振装置可以有效地改善结构的动力特性，常赋予结构附加的有效阻尼比以及有效刚度，在较小的地震作用下，处于弹性阶段的消能减振装置给结构提供附加的有效刚度，使得它具有充足的侧向刚度来抵御侧向受力和变形；而在较强的地震作用下，消能减振装置先一步进入弹塑性阶段，并通过自身给结构的附加阻尼比大量消耗强震作用于结构的能量，令地震响应得到快速的衰减以保护重要的建筑结构，并尽可能减轻主结构强震下的损坏概率。

消能减振结构具有更大的发展前景和优势，总结下来有以下两点：

（1）建筑结构的安全性得到了更加可靠的保障。因为传统抗震设计的核心在于结构主体构件本身的抗震，但是由于地震的不确定性以及建筑结构在实际工程建造中不可避免的人为因素的干扰，使得地震作用下很难精准地控制最大破坏点的位置，即薄弱点所处的部位，这与在计算设计建筑结构时确定的薄弱点很难恰好保证一致，当发生强震时情况更甚，主体承重构件的安全性难以得到保证。而在消能减振结构中加入的消能减振装置或非承重构件能有效地存储和消耗强震能量，迅速衰减地震作用响应，通过减少地震整体作用效应来有力地保证震下结构的安全性。

（2）消能减振结构具有更好的经济性和更优的性能。通过力学分析可知，为了加强截面的强度，需要提高材料强度或者增加材料截面面积，前者很难实现，因为新材料的设计和推广应用不是一朝一夕的，所以传统设计理念往往是通过后者——加大截面面积来实现，但是随着截面的增大，结构的刚度和质量也相应增加，在地震作用下所受的力也会增加，有可能还要再加大截面，这对造价要求很高，有时为了确定最优截面需要花费设计人员大量的精力。在消能减振结构中，承重结构和消能减振装置各司其职，前者负责承受力，后者负责减弱地震作用等动力作用，不仅对结构抗震的可靠度有所提高，而且甚至还能减少主体结构的截面面积的设计或减少配筋量的设计，这无疑对抗震设计大有裨益，结构也更为合理，性能更佳。

8.1.2　消能减振理念的工程应用

消能减振理念的工程应用很广泛，不论是在国内还是在国外，都不失为是一种对建筑结构抗震安全性保驾护航的方法。

在国内，最早的消能减振设计可以追溯到千年前的古建筑，尤其是木结构，如山西应县木塔，它已经距今千年有余，历经了无数次的大地震，却仍旧屹立不倒，应县木塔内有近六十种不同形态的斗拱（图8-1），斗拱就是木结构中应用十分广泛的有着消能减振作用的消能节点部件结构形式，它是由许多弓形木结构和方形木块在梁柱节点处榫卯连接形成的，在结构中这种连接方式不属于刚接，当结构受到较大的水平力如地震或者风荷载时，水平方向产生较大的位移，斗拱结构会通过榫卯连接的木结构之间的反复摩擦移动，存储和消耗大量的输入能量，可大幅度降低结构的动力响应，使结构安全可靠，屹立不倒。在近现代也有很多的典型的消能减振建筑案例，如上海的港汇中心是目前国内最大体积容量、采用消能减振技术进行加固的建筑结构，2010年的世博会展览厅（图8-4）则是国内最大体积容量的新建的消能减振建筑结构，上海国际贸易中心（图8-2），主附结构之间安装了40个消能减振装置，可以较有效地控制主结构所受的风振效应和附属结构所产生的扭转耦变，江苏百年财富中心（图8-3）则是国内最高的、应用黏滞阻尼器作为消能减振装置的建筑结构，还有北京通用时代广场，是第一座应用了我国自主设计研究发明的防屈曲约束支撑的建筑结构。随着科技的进步发展，国内越来越多的建筑也都采用了消能减振的设计理念。

在国外也有很多消能减振的案例，尤其是在日本和美国，消能减振设计理念刚被提出来不久，就建立了很多消能减振建筑。在日本有一栋54层的钢结构建筑，建立于1979年，历经了新潟中越地震后采用油阻尼器加固了结构，提高了近一倍的阻尼比，加固之后结构的最大顶点位移显著降低了1/5以上，在2011年发生的东日本大地震中，结构表现不俗，展现出了良好的抗震性能。在墨西哥的墨西哥城有一座名为Izazaga 38号的大楼，曾在墨西哥大地震中遭到了严重的损坏，后采取传统方法进行维护加固，又在1986年的大地震中再次遭到严重坏损，此后经过相关设计人员的分析研究，采用了消能减振装置中的金属阻尼器对结构进行再次加固，结构的侧向刚度增加从而降低了近1/2的层间位移角，在此以后，大楼完好地经历了多场大地震。而在美国纽约，由于飓风灾害的频发，曾在911事件中毁坏的纽约世贸中心（图8-5）就安装了近万个可以提供0.03阻尼比的消能器，使得世贸中心不仅在飓风侵袭中

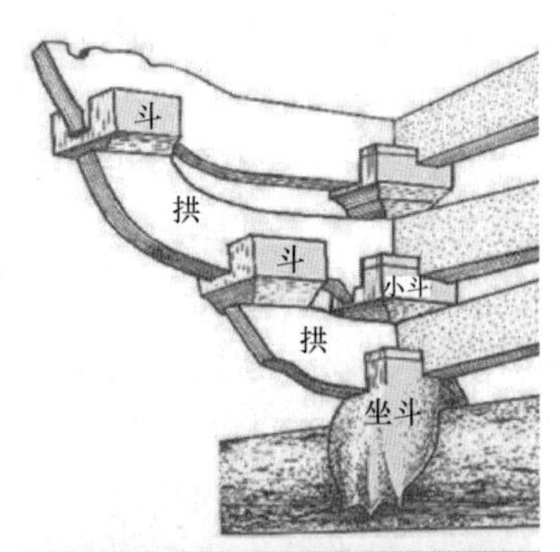

图 8-1 斗拱

图 8-2 上海国际贸易中心

图 8-3 江苏百年财富中心

图 8-4 上海世博会展览厅

图 8-5 纽约世贸中心

具有良好的舒适度，同时也有不俗的抗震性能。

消能减振建筑结构对自身抗震性能的提高是显而易见的，中国的消能减振建筑结构在汶川大地震后呈现了激增的趋势，日本和美国的消能减振建筑的数量增长趋势也和中国类似，均是在某场大地震灾害发生后呈现爆发性增长的趋势，对于日本，是在 1995 年的阪神大地震之后开始大规模应用，对于美国，则是在 1994 年的北岭大地震发生之后。这也说明了传统方法抗震未达到人们所需要的期望值，工程师学者们一直在坚持不懈地探索努力找寻更优良可靠的方法，而消能减振建筑结构由于在数次地震中抗震表现优良，经得起实际大震的考验，为该结构的普及和推广起到了重要作用，同时也进一步验证了消能减振理念的准确性。

8.1.3 远场强地震动对结构的影响

远场地震动是地震动作用下根据震中距不同所划分的一个类别。它包含着大量的长周期成分，会被深厚软土层放大，使得地震动的周期更加接近地表上尤其是高层建筑的自振周期，将发生严重的共振现象。尤其是现阶段，随着社会经济的快速发展，长周期的高层建筑建设越来越多，近些年频发的大震级地震作用下，高层建筑的损伤颇为严重。

现阶段，对于远场地震动的研究相对于近场地震动来说要少得多，原因大致有两点，(1) 相对于远场地震动来讲，近场地震动往往带来更加严重的灾害，使得后者的研究得到了更为广泛的关注；(2) 虽然有了较为可靠的长周期的基岩衰减关系，可是仍然无法非常精确地对地面的地震动特征进行深度的理

论分析，因为地下几百至几千米深度范围内存在着不确定性的介质，它对地震动的运动特征有着极大的影响。

因此，对于大量级地震的远场区以及长周期地震动的衰减关系的研究是相当重要且刻不容缓的。

8.1.4 基于性能的抗震设计

这一设计理论是在 1995 年，由完成 Vision2000 的定制工作、美国加州结构工程师协会基于结构抗震设计的经济成本双最优性的原则提出的，简称 PBSD。凭借着美国西海岸的太平洋地震工程研究中心的推动，基于性能的高层建筑抗震设计规范被率先编写了出来，并在随后的 10 年中被其他国家，如经历了 1995 年阪神大地震后的日本以及欧洲各国广泛接受和改进优化，从而使得此设计理论得到了极大的发展。

顾名思义，基于性能的抗震设计就是抗震的设计和评估方法采用结构的性能指标作为直接的评判标准，它的基本设计框架思路如图 8-6 所示。

其实在我国，最早的 1989 年版《建筑抗震设计规范》就已经提到了基于性能的抗震设计初步思路，称为“三二”的设计目标和原则，并一直沿用和补充至今，《建筑抗震设计规范》GB 50011—2010（2016 年版）（以下简称《抗规》）完善了基于性能的抗震设计思路和原则，规定了性能优化的要求和内容，并结合确定的抗震性能目标进行经济和技术双方面的可行性论证分析研究，在超限高层建筑中具有较深入的应用。

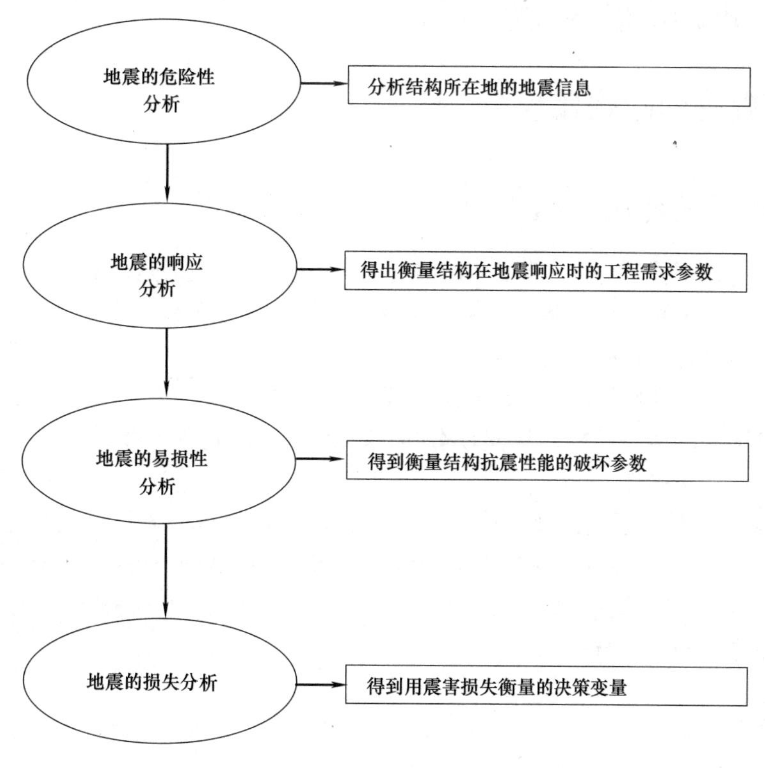

图 8-6 基于性能的抗震设计框架思路图

8.1.5 本章主要工作

本章借鉴美国的 Benchmark 模型的设计理念，重新设计了满足中国规范的 20 层钢框架结构，在太平洋地震动数据库中心选择出符合建筑结构场地特征的 10 条远场地震动，根据本章阐述的基于消能减振建筑结构理念设计出 4 类结构的阻尼器参数，并将阻尼器布置在结构中，研究在选择的 10 条远场地震动下，20 层钢框架结构分别在无阻尼结构、有阻尼结构的情况下基于增量动力分析（IDA）方法的结构倒塌易损性，并比较了不同阻尼器的抗震性能。具体工作如下：

1）根据《抗规》，结合美国的 Benchmark 模型设计理念，利用 PKPM 设计出 20 层钢框架结构并得到合理的布置建议，再通过有限元软件 OpenSEES 进行 20 层钢框架结构建模，建模时取弱轴方向一榀框架代表结构模型。

2）根据设计的建筑结构场地特征，在太平洋地震动数据库中心根据远场强地震动的界定条件，以及《抗规》要求的地震动三要素，选择 10 条地震动，并采用了双波频段的选波方法对选波结果的可行性进行了验证。

3）基于消能减振理念的建筑结构设计方法，按照结构减振目标为最大层间位移角减少至初始层间位移角 76%的标准，对 4 类典型的建筑结构采用的阻尼器确定相关的设计参数。

4）在有限元软件 OpenSEES 中，对无阻尼器结构以及含有 3 类阻尼器的结构分别进行基于 IDA 方法的结构倒塌易损性分析，通过《抗规》确定了它们的性能水准，并比较了各自的差异性，给出工程实际方面应用的建议。

5）按照《抗规》提出的抗震结构时程分析方法，在太平洋地震动数据库中心选择 20 条地震波，根据选波的原则，用 MATLAB 编程验算 20 条地震波的合理性；根据巴特定律和古登堡主余震衰减关系构造了一系列主余震序列型地震动。

6）利用 OpenSEES 建立 20 层 Benchmark 钢结构模型，对 4 类阻尼器进行主余震序列型地震动下的 IDA，得到 4 类阻尼器的倒塌、位移、加速度易损性曲线，对比分析了 4 类阻尼器对结构的减振性能，并基于 20 层钢结构模型，给出阻尼器工程应用的建议。

8.2 基于中国规范的结构建模

8.2.1 基于中国规范的模型的建立简述

美国土木工程结构控制委员会（ASCE）提出的 Benchmark 模型，是针对不同研究者在研究结构某个控制目标的响应时，为了避免采用不同结构以及评价指标而导致研究工作缺乏可比性而建立的基于共同策略平台对不同方案进行比较的结构模型，使得各研究者在一致的结构模型、外界环境扰动和性能指标控制下，通过公共平台方便地比较不同的控制方案。它包含 3 层、9 层以及 20 层的钢框架抗震结构，结构的原型也是取自国外的实体结构，从建模分析的角度上看，利用实体结构进行模型的规范设计分析，具有高度的合理性和正确性。

然而 Benchmark 模型是基于美国规范建立的。关于中国规范下的 20 层结构模型的设计和使用，目前国内绝大部分的结构设计常用 PKPM 进行辅助设计，而且 PKPM 软件内部含有中国各类规范，所以通过初期采用 PKPM 软件进行结构的初步设计和布置，后期再利用 OpenSEES 有限元软件编译来进行抗震研究分析的思路是合理和可行的。

8.2.2 PKPM 建模

1. 结构简要概述

基本构造：假设此建筑位于湖南省常德市，是一座 20 层高的写字楼。主体结构为钢框架结构，建筑物的平面柱网初步定为 5 跨×6 柱距布置（图 8-7），它的长宽为 39.6m×33m，长宽比为 1.2，符合长宽比不超过 4 的建议。

建筑的底层高度为 4.2m，其余各层高均为 3.3m，总高度为 66.9m，最大高宽比为 2.07，小于高宽比不超过 6.5 的限制要求（《抗规》8.1.2 条）。

设计理念：该建筑的目的是便于进行整体结构抗震分析，故大量的建筑设计细部暂不考虑。设计遵循对称、简约、实用、经济的核心思路，尤其是对称，因为通过规则的建筑平面结构设计，可以大大加

强建筑结构自身的抗震能力，并可有效减少扭转和平动之间的耦联，使得周期比得到一定程度的降低。建筑平面纵向共 6 榀，每一榀采用 6 跨，横向共 7 榀，每一榀采用 5 跨，整体布置符合《抗规》所要求的规则建筑结构平面设计。

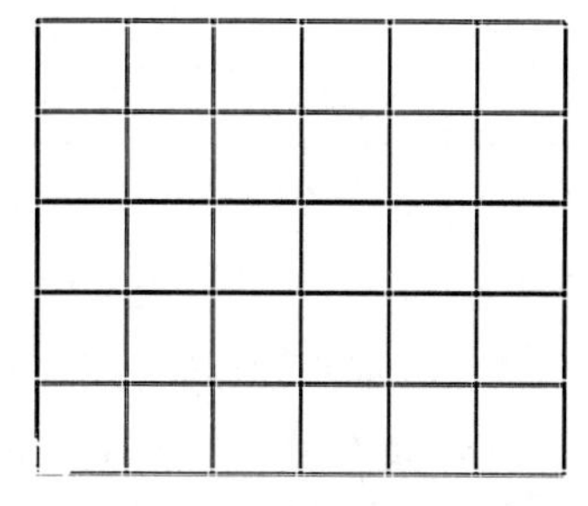

图 8-7　钢框架结构平面布置图

抗震参数：根据《抗规》附录 A，可得写字楼所在地的抗震设防烈度为 7 度，抗震设防地震分组为第一组，场地类型选择Ⅱ类场地，因此特征周期为 0.35s，设防地震的加速度时程分析的最大值为 0.15g，钢结构房屋的抗震等级为三级（表 8-1）。

钢结构房屋的抗震等级　　**表 8-1**

房屋高度	烈度			
	6	7	8	9
≤50m		四	三	二
＞50m	四	三	二	一

2. 结构主要构件尺寸

构件材料：所有梁柱构件都采用 Q345 钢，即低合金钢。Q345 钢多用于高层钢结构、劲性结构、钢结构连廊、体育场馆和刚性梁等，而且与 Q235 钢相比，相同情况下，其承载力更大，但价格却相差不多，能节省钢材料，符合绿色建筑的设计理念。

各楼层主要构件类型如下：

（1）1 层

主梁 HN500×200×10×16，各柱□650×650×30×30；

（2）2～7 层

主梁 HN500×200×10×16，各柱□600×600×20×20；

（3）8～14 层

主梁 HN400×200×8×13，各柱□500×500×15×15；

（4）15～20 层

主梁 HN400×200×8×13，各柱□400×400×15×15。

各楼层的楼板厚度统一取为 120mm。各层构件参数如表 8-2 所示。

各层构件参数　　**表 8-2**

柱(单位:mm)	梁(单位:mm)	质量(单位:kg)
1 层:箱形 A=650,t=30	1 层:HN500×200×10×16	1 层:m=926.9
2～7 层:箱形 A=600,t=20	2～7 层:HN500×200×10×16	2～7 层:m=874.7
8～14 层:箱形 A=500,t=15	8～14 层:HN400×200×8×13	8～14 层:m=856
15～20 层:箱形 A=400,t=15	15～20 层:HN400×200×8×13	15～19 层:m=839
		20 层:m=708.3

注：A 为腹板高度、t 为翼缘厚度。

3. 荷载的标准值计算

（1）楼面恒载的确定

为了简便计算，假设每一层的楼面恒荷载均一致，根据《建筑结构荷载规范》GB 50009—2012（以下简称《荷载规范》）的附录 A，常见材料自重见表 8-3。

参考吴俊的汉森写字楼框架结构的设计标准，对该写字楼进行如下设计：

10mm 厚混合砂浆抹灰：0.01×17=0.17kN/m^2；

常用材料自重表 **表 8-3**

材料名	自重(kN/m³)	材料名	自重(kN/m³)
混合砂浆	17	水泥砂浆	20
钢筋混凝土	25	蒸压粉煤灰加气混凝土砌块	5.5

20mm 厚水泥砂浆找平：0.02×20=0.40kN/m^2；

120mm 厚现浇混凝土楼板：0.12×25=3.0kN/m^2；

某耐磨型地板砖：1.0kN/m^2；

吊顶：0.4kN/m^2；

合计为：0.17+0.40+3.0+1+0.4=4.97kN/m^2≈5.0kN/m^2。

(2) 楼面活载的确定

根据《荷载规范》中对民用建筑的楼面均布活荷载规定值，选用写字楼的活荷载，如表 8-4 所示。

写字楼部分楼面均布活荷载及其系数 **表 8-4**

类别	标准值(kN/m²)	组合系数	频遇值系数	准永久值系数
会议室	2.0	0.7	0.6	0.5
办公室	2.0	0.7	0.5	0.4

这里简单取办公室类别，即标准值 2.0kN/m^2。

(3) 梁间线荷载的确定

梁间线荷载一般包括内外隔墙、玻璃幕墙和女儿墙等的自重，这里简单取内外隔墙和女儿墙。

内墙为两侧 20mm 厚的混合砂浆抹灰的 300mm 厚蒸压粉煤灰加气混凝土砌块：

$$2\times0.02\times17\times(3.3-0.488)+0.3\times5.5\times2.812=6.55\text{kN/m}\approx7.0\text{kN/m}$$

外墙为两侧 20mm 厚的混合砂浆抹灰的 300mm 厚蒸压粉煤灰加气混凝土砌块：

$$2\times0.02\times17\times(3.3-0.488)+0.2\times5.5\times2.812=5.01\text{kN/m}\approx5.5\text{kN/m}$$

女儿墙：顶层最外层的梁承受女儿墙的线荷载，这里取标准值 2.0kN/m。

4. PKPM 建模简述

PKPM 总界面如图 8-8 所示。

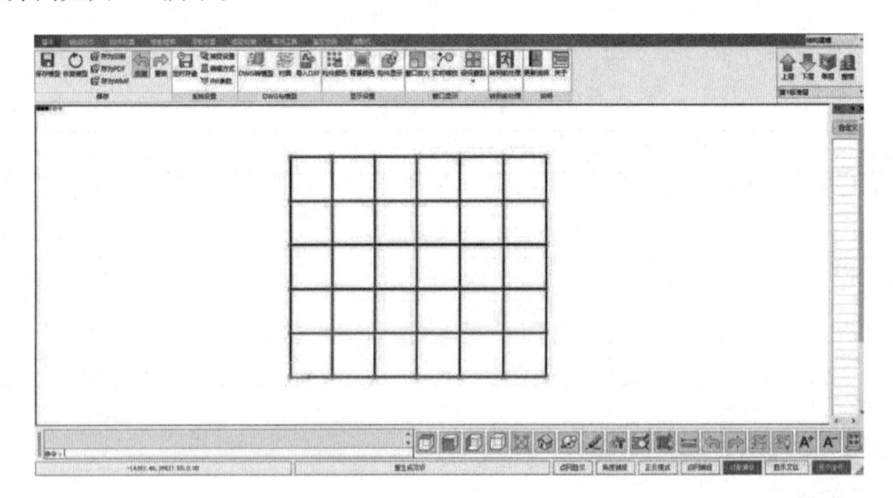

图 8-8 PKPM 总界面图

(1) 轴网布置

通过"轴线输入"目录下的"正交轴线"的选项定位轴线，其相关数据如图 8-9 所示。点击"确定"，便会自动生成所需要的网格轴线。

（2）构件定义

通过“构件布置”目录下的“主梁”和“柱”选项进行相应构件的定义（图 8-10、图 8-11）。

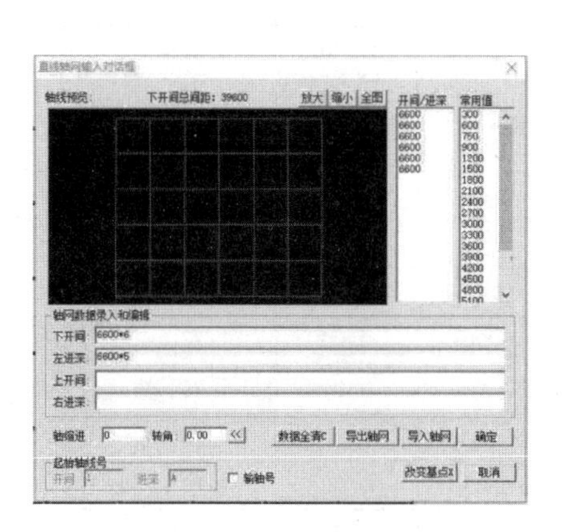

图 8-9 轴网布置

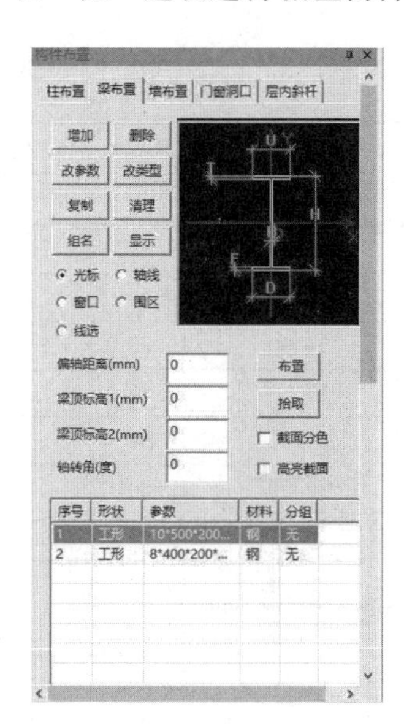

图 8-10 主梁布置

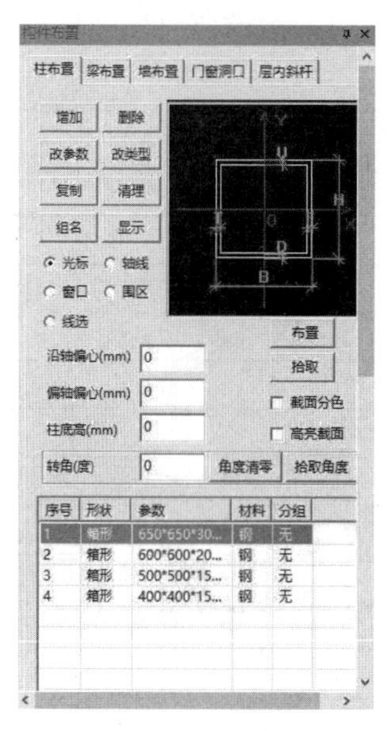

图 8-11 柱的布置

（3）楼层布置

首先，在“楼层组装”目录下，编辑“设计参数”和“本层信息”，根据不同楼层布置方式，在“加标准层”中添加不同类型的标准层，这里定义了 5 个标准层，分别为底层、2～7 层、8～14 层、15～19 层以及顶层，之所以顶层和前一标准层分开是因为顶层所受荷载与前一标准层并不一致。

接着，根据自行设计的梁柱布置情况，在各标准层布设梁柱构件。

之后，选择“楼板楼梯”中的“生成楼板”，默认生成双向板，板厚修改为一开始定义的 120mm。

（4）荷载布置

将计算的相应荷载标准值输入到构件中。这里要注意，因为直接将楼板的恒载计算出来，所以需要在“恒活设置”中去掉“自动计算现浇楼板自重”，以免重复计算楼板自重。

（5）楼层组装（图 8-12）

选择“楼层组装”，将之前设计的含有已布置构件和荷载标准层的单层模型，根据设计需要将其拼装成一个完整的主体结构。

（6）SATWE 电算分析

根据定义的楼层信息，通过“SATWE 的设计分析”界面下的“参数定义”，选择各类参数设计类型（图 8-13）。

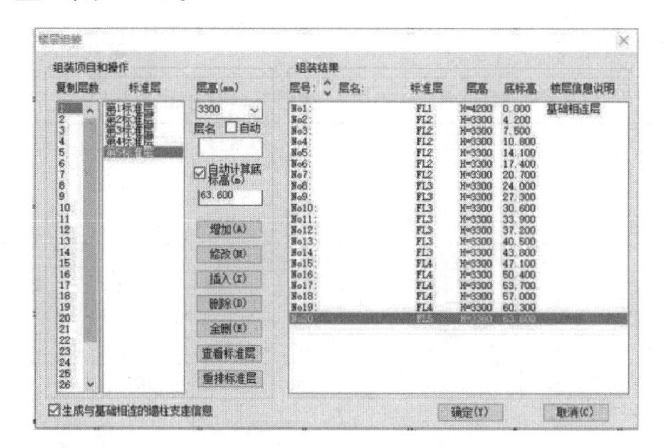

图 8-12 楼层组装

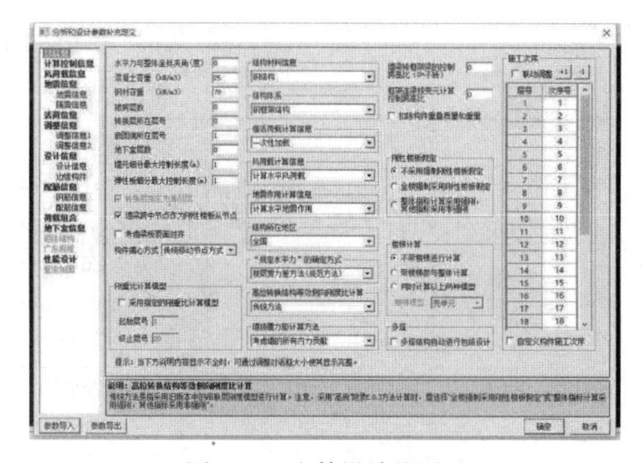

图 8-13 电算设计的图示

5. SATWE 电算结果

根据以下电算结果，可验证所设计模型是否合理。

（1）结构各层信息

结构各层信息　　表 8-5

楼层	各楼层质量(t)	质心(m)		刚心(m)		偏心率		刚度比	
		X	Y	X	Y	X	Y	X	Y
1	926.90	19.80	16.50	19.80	16.50	0.00	0.00	2.50	2.51
2	874.70	19.80	16.50	19.80	16.50	0.00	0.00	1.67	1.58
3	874.70	19.80	16.50	19.80	16.50	0.00	0.00	1.39	1.40
4	874.70	19.80	16.50	19.80	16.50	0.00	0.00	1.31	1.31
5	874.70	19.80	16.50	19.80	16.50	0.00	0.00	1.32	1.32
6	874.70	19.80	16.50	19.80	16.50	0.00	0.00	1.35	1.35
7	874.70	19.80	16.50	19.80	16.50	0.00	0.00	1.37	1.37
8	856.00	19.80	16.50	19.80	16.50	0.00	0.00	1.25	1.26
9	856.00	19.80	16.50	19.80	16.50	0.00	0.00	1.25	1.26
10	856.00	19.80	16.50	19.80	16.50	0.00	0.00	1.26	1.26
11	856.00	19.80	16.50	19.80	16.50	0.00	0.00	1.28	1.29
12	856.00	19.80	16.50	19.80	16.50	0.00	0.00	1.43	1.43
13	856.00	19.80	16.50	19.80	16.50	0.00	0.00	1.49	1.50
14	856.00	19.80	16.50	19.80	16.50	0.00	0.00	1.96	1.95
15	839.00	19.80	16.50	19.80	16.50	0.00	0.00	1.56	1.56
16	839.00	19.80	16.50	19.80	16.50	0.00	0.00	1.30	1.31
17	839.00	19.80	16.50	19.80	16.50	0.00	0.00	1.28	1.28
18	839.00	19.80	16.50	19.80	16.50	0.00	0.00	1.41	1.41
19	839.00	19.80	16.50	19.80	16.50	0.00	0.00	1.56	1.57
20	708.30	19.80	16.50	19.80	16.50	0.00	0.00	1.00	1.00

其中，刚度比指的是《抗规》中的 3.4.3 条——侧向刚度不规则的定义和参考指标，即本层结构的侧向刚度与相邻上一层结构侧向刚度的 70%或相邻上 3 层结构侧向刚度平均值的 80%的比值的最小值；各楼层的质量是指重力荷载代表值。

根据表 8-5 可知，刚度比最小值为 1，符合规范要求，且钢框架结构的质心和刚心的偏心率极小，几乎为零，可以初步认为结构的布置相对合理。

（2）结构的自振周期

这里取 SATWE 计算结果的前 3 阶振型列于表 8-6。

考虑耦联的前 3 阶振型　　表 8-6

振型	振型号	周期(s)	类型	扭转振型所占比例
1	1	3.5827	Y	0.8350
	2	3.4753	X	0.8488
	3	2.9497	T	1.0000
2	4	1.2615	Y	0.8683
	5	1.2445	X	0.8802
	6	1.0954	T	1.0000
3	7	0.7242	Y	0.8795
	8	0.7163	X	0.8892
	9	0.6369	T	1.0000

根据表 8-6 可知，前 3 阶振型的最大周期比为 0.8892<0.9，结构的平动和扭转之间的耦联程度较低，从而进一步验证结构布置的合理性。

（3）X、Y 向水平地震力作用（表 8-7）

X、Y 向水平地震力作用 **表 8-7**

顶点位移(mm)		最大层间位移角		最大层间位移角发生楼层
X	Y	X	Y	8
125.33	129.15	1/403	1/392	

根据《抗规》5.5.1 条和 5.5.5 条，钢框架结构的弹性层间位移角限值为 1/250，弹塑性层间位移角限值为 1/50，表 8-7 中 Y 向的刚度较低，顶点位移和层间位移角较 X 向大，但其最大层间位移角小于 1/250 的限值，而且相差不是太大，说明结构刚度较合理，也进一步说明钢框架结构的布置较合理。

综上所述，本节所设计的 20 层钢框架结构符合中国规范，是可行和合理的，可接下来进行 Open SEES 有限元建模分析。

8.2.3 利用 OpenSEES 有限元软件进行建模

1. OpenSEES 部分建模参数设计

因为模型结构在 Y 向相对于 X 向的刚度更弱，这里取结构在此方向的一榀（图 8-14）建立二维的 20 层钢框架结构模型进行研究。

（1）材料模型

由于是钢框架结构，本模型采用 Steel01 的钢材料，即最常用到的 Bilinear（双线性）钢材料本构模型，可以定义屈服强度（345MPa）、初始弹性模量（206GPa）以及硬化系数（0.02），其本构关系如图 8-15 所示。

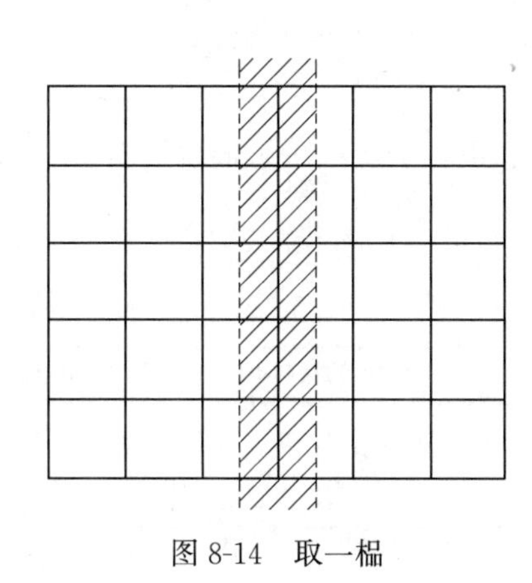

图 8-14 取一榀

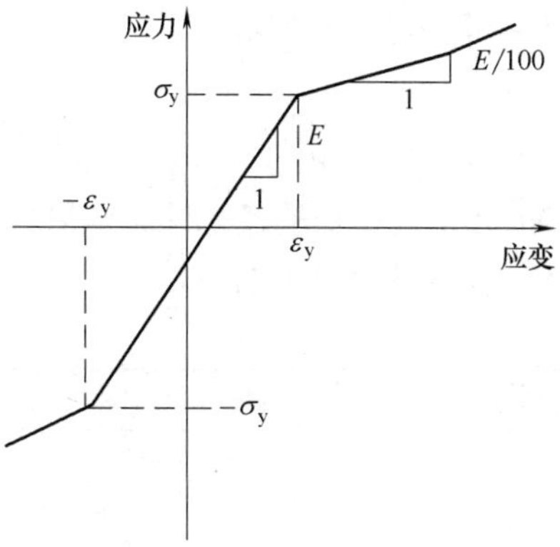

图 8-15 钢材的双线性模型

（2）截面模型

本模型的截面类型采用 Fiber，即纤维截面，它是 OpenSEES 提供的一个十分强大的模型。Fiber 截面是由大量的称之为纤维的极小区域单元组成的纤维整合截面，每个纤维区域单元都包含了设定的轴向材料，它能够很好地贴近模型构件的实际性能，尤其是对钢框架结构，它还能较好地耦合弯曲作用和轴向力作用，使分析更准确。

（3）单元模型

OpenSEES 平台有 3 种宏观纤维单元，基于柔度法梁柱单元、基于柔度法塑性铰梁柱单元以及基于刚度法梁柱单元。基于柔度法梁柱单元是由 Filippo 提出来的，对于模拟弯曲型梁柱构件可以得到很好的效果且计算过程具有较快的收敛速度，但通过很多试验发现梁柱的塑性区大多数发生在端部，中间部分基本是弹性状态的，于是 Scott 和 Fenves 后面提出了基于柔度法塑性铰梁柱单元，不同在于它是在中部非塑性区采用弹性本构，可大大加快求解分析速度。基于刚度法梁柱单元最早是由 Mari 与 Scorderlis 提出的，它是采用多项式插值求解相关变形，不能很好地模拟端部屈服后单元的曲率分布情况而且收敛速度慢，但可以通过细分单元的方法减少误差。

本章的模型单元采用 Disbeamcolumn，并细分了单元以达到精确的求解结果。

（4）节点设置

节点方面 OpenSEES 建模中总共有 3 处需要设置。

1）单点约束（SP Constraint），可以对单点进行约束，这里根据 PKPM 模型对底部节点进行了固端约束。

2）多点约束（MP Constraint），可以定义刚性楼板假定，是通过设置主节点和从节点来模拟的。刚性楼板假定是指假定楼板在自身平面内刚度无限大而自身平面外则可忽略不计，适用于绝大多数竖向刚度突变较小的高层建筑结构，尤其是框架体系和剪力墙体系，采用此方法可以将结构位移的自由度减少，从而简化运算方法。

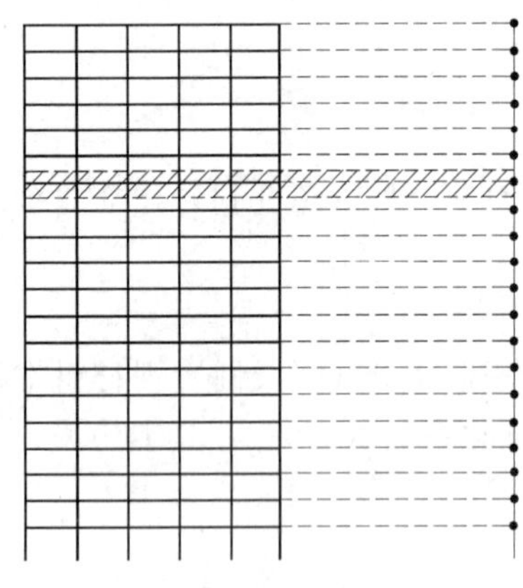
图 8-16　等效质量图示

3）节点质量，这里的 Node mass 可以取楼层的等效质量，再平分给楼层的每个节点。楼层等效质量的计算如图 8-16 所示，因为对于常见的建筑结构，大部分的质量和荷载都集中于楼层处，其他部分如柱等只占了很小的比重，每个楼层的质量都包含了它本体以及与它直接相连的上半层和下半层结构的质量，对于顶层则是本体加上下半层结构，底层则是忽略了下半层的结构的质量。

本模型可以直接利用 PKPM 计算书中每个楼层的质量，即表 8-5 所示的信息。经过计算比对，表 8-5 所示的质量，与抗震计算中采用的重力荷载代表值的数值基本是一致的，重力荷载代表值的计算方法如下所示：

顶层：屋面恒载＋0.5 屋面雪荷载＋半层柱自重＋纵横梁自重＋半层墙体自重。

非顶层：楼面恒载＋0.5 楼面活载＋纵横梁自重＋楼面上、下各半层柱＋纵横墙体自重。

2. OpenSEES 模型的模态计算结果对比

模态分析结果及对比如表 8-8 所示。

模态分析结果及对比　　表 8-8

模态	OpenSEES 周期(s)	PKPM 周期(s)	绝对误差(s)	相对误差
1	3.58	3.61	0.03	0.84%
2	1.26	1.33	0.07	5.56%
3	0.73	0.76	0.03	4.11%

所对应的各阶模态 20 层的结构变形如图 8-17 所示。

根据模态结果可知，OpenSEES 有限元软件中采用一榀框架模拟 PKPM 建立的模型与原模型拟合度很高，尤其是第一阶模态下的误差极小，高模态下的误差会变大，根据分析有两点原因：(1) PKPM 中每层框架柱所受的轴向力并不相同，而 OpenSEES 建模过程中的简化运算，使模型各层的柱子受力均一致，这在第一阶模态下反应不明显，但是在高阶模态下两者的差异性会慢慢变大；(2) PKPM 计算书中所示的周期是指考虑扭转耦合作用后的周期，原模型是三维结构，而 OpenSEES 得到的结果只是二维框架模型的模态。尽管有误差，但误差是极小的，在可控范围内，这也进一步说明了 OpenSEES 建立的 20 层钢框架结构模型与原模型具有很高的拟合度，体现了原结构的特点，可进行后续的各项分析。

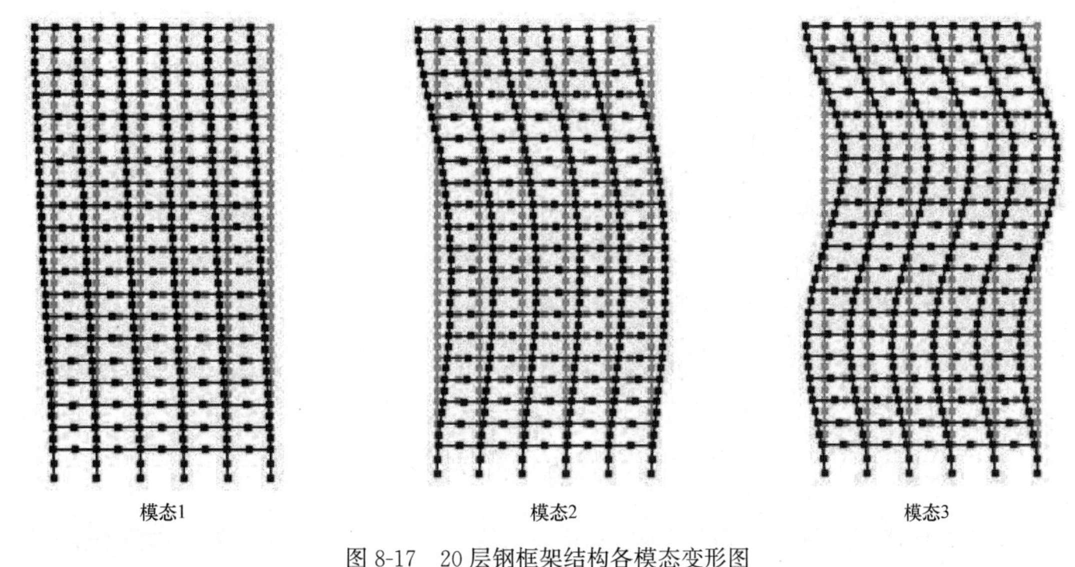

图 8-17 20 层钢框架结构各模态变形图

8.3 远场强地震动的选取

8.3.1 远场地震动的划分准则和影响

目前还没有对近场和远场地震动进行统一的标准规定，张令心和张继文建议了定义近远场地震动的方法，即通过所处场地与地震中心或者断层的相对关系来确定。小于 60km 断层距的地震动定义为近场地震动，60～200km 断层距的地震动定义为中场地震动，大于 200km 断层距的地震动定义为远场地震动。

现阶段，远场地震动的研究相对较少，但其带来的灾害影响不可忽略，尤其是在一些大震当中，比如 1983 年在日本海中部发生的里氏 7.7 级的地震，使得震中距 270km 的澙县十三个自振周期是 1.05s 左右的油罐遭受到严重的破坏；1985 年的墨西哥地震，使得震中距 400km 的墨西哥城内多个高层建筑遭受了严重的破坏；同样在 2008 年的四川汶川大地震，距离很远的宝鸡市和西安市的高层建筑相比于多层建筑发生了更为严重的震害。

究其根本，主要是由于远场地震中长周期部分和场地深厚软弱土层之间的相互作用。大部分震级较小的远场地震动给结构带来的工程损害并不严重，但是震级很大时，情况就明显不同了，当地震动传播时，地震动中的短周期能量较长周期会更为迅速地衰减，远场地震动包含着大量的长周期成分，这些成分还会被场地的深厚软土层放大，使得地震动的周期更加接近地表上尤其是高层建筑的自振周期，发生严重的共振现象，此时相对于近震地区的地震影响，远震地区的地震影响作用效应更为强烈，从而造成建筑物的严重破坏。

随着社会经济的快速发展，长周期的高层建筑建设越来越多，尤其是在近年频发的大震级地震作用下，高层建筑的损伤颇为严重，因此，对于大震级地震的远场区以及长周期地震动的衰减关系的研究是相当重要且刻不容缓的。

8.3.2 中国规范下地震动的选取原则

在结构的弹塑性分析中，为了得到较为准确且符合实际工程情况的结构响应参数，必须要输入满足建筑抗震设计实际需要和规定的地震动数据，工程建设场地的地震动三要素要尽可能全面地反映出来。

根据《抗规》及说明，首先要满足地震动的三要素，即振幅、频谱和持时。

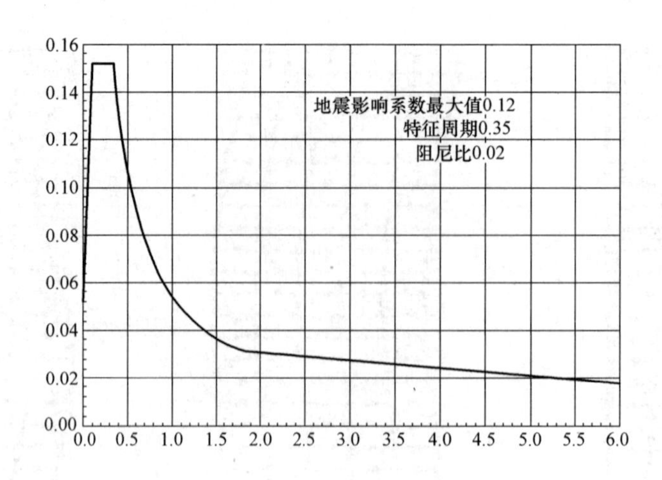

图 8-18　场地的设计反应谱

振幅也称为有效峰值或强度，反映了地震动反应谱值的大小，选取的地震波的均值谱要和设计反应谱在统计意义上是相互接近的，本节采用了双波频段的选波方法。

频谱即频谱特性，反映了地震动不同频率的简谐运动的构成，可通过场地类型、震中距等的参数来选取。

持时即有效持续时间，反映了地震动反应的循环往复次数，持时越大，结构在非线性弹塑性状态下，因为震害的积累效应，由地震动作用产生的较大不可逆的塑性变形的概率会大幅度地增加。持时取首次达到地震动加速度时程曲线最大峰值 1/10 的时刻，到最后达到相同数值时刻为止的时间长度，一般范围限定在结构自身基本周期的 5～10 倍之间。

对于本章的 20 层钢框架结构，根据抗震参数，抗震设计分组为第一组，场地类型为二类场地，抗震设防烈度为 7 度，结构的基本周期为 3.61s，钢结构的阻尼比取 0.02，根据《抗规》，绘制场地的设计反应谱如图 8-18 所示。

8.3.3　太平洋地震动数据库中心选取地震动

太平洋地震动数据库中心收集着世界上大量的地震动数据，是地震研究学者下载地震动数据的常用网站。数据库中心的网站上，既可以通过地震波的名称搜索到相应的地震动数据，还可以通过上传自己创建的包含周期和相应谱加速度的 csv 表格文件的设计反应谱信息查找相应的地震动，将网站上所含有的地震动数据按照需要的搜索条件进行拟合，可以自动匹配出最接近反应谱的地震动数据，进而可以下载，下载的数据包含了地震动的完整信息，如震中距、矩震级以及强震有效持续时间等。

1. 选波步骤

（1）将设计反应谱的横纵坐标对应的部分点通过 Excel 转化为 csv 格式的文件，并上传到太平洋地震动数据库中心；

（2）根据相应条件使系统自动匹配出拟合度较好的 10 条地震动，相应的参数如下：

矩震级：6.5～7.8 级；

震中距：60～500km（符合远场数据的特点）；

30m 深度土层的剪切波波速：150～500m/s；

强震持续时间：19～36s；

算法匹配：SRSS；

权重设置：采用 Minimise MSE 算法，在 0.1s、0.35s、6s 和结构的第一自振周期 3.61s 处分别设置权函数，由于地震波需要在结构的第一自振周期附近处具有较高的拟合度，所以此处权函数设置为 3，其他 3 处均设置为 1。

（3）根据上述操作，选择的 10 条地震动数据信息如表 8-9 所示。由于每一条地震动记录有相应的 3 条波数据，即平行于断裂带方向的水平地震、垂直于断裂带方向的水平地震以及竖向地震，这里选择了 10 条波平行于断裂带方向的水平地震下的地震动数据。

10 条地震动基本信息 **表 8-9**

地震编号	地震名	发生时间	测量站点	矩震级
No. 40	Borrego Mtn	1968	San Onofre-So Cal Edison	6.63
No. 1812	Hector Mine	1999	Mill Creek Ranger Station	7.13
No. 1830	Hector Mine	1999	San Bernardino-N Verdemont Sch	7.13
No. 1838	Hector Mine	1999	Whitewater Trout Farm	7.13
No. 2550	Chi-Chi-03	1999	HWA050	6.2
No. 2551	Chi-Chi-03	1999	HWA051	6.2
No. 2555	Chi-Chi-03	1999	HWA059	6.2
No. 2590	Chi-Chi-03	1999	TCU029	6.2
No. 2781	Chi-Chi-04	1999	HWA033	6.2
No. 6281	Tottori	2000	KYT012	6.61

2. 10 条远场地震动具体数据

所选的 10 条地震动数据的有效持续时间如表 8-10 所示。

10 条地震动有效持时 **表 8-10**

地震编号	No. 40	No. 1812	No. 1830	No. 1838	No. 2550
有效持时(s)	28.0	20.9	19.5	21.1	19.5
对结构第一自振周期的倍数	7.76	5.79	5.40	5.84	5.40
地震编号	No. 2551	No. 2555	No. 2590	No. 2781	No. 6281
有效持时(s)	28.8	26.3	27.6	18.9	25.5
对结构第一自振周期的倍数	7.98	7.29	7.65	5.24	7.06

3. 根据双波频段的选波方法检查所选地震动

所选出的 10 条地震波的谱加速度以及它们的均值谱（加粗）如图 8-19 所示。

赖明等提出双波频段的选波方法，在所选择的地震波的两个频段，即按照规范的设计反应谱的平台段以及结构的基本周期段，若与设计反应谱拟合度很高，相差不超过设计反应谱数值的 20%，则满足《抗规》的规定。输入的地震动数据，采用时程分析法计算的结构弹性的底部剪力不小于采用振型分解反应谱法计算的弹性底部剪力的 80%。

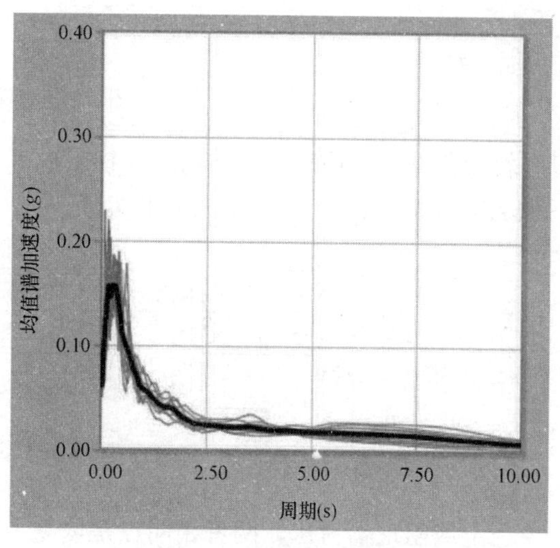

图 8-19　地震波及均值谱

根据双波频段的选波方法，在要求的两个频段，即 $0.1 \sim T_g$ 和 $[T_1-\delta T_1,\ T_1+\delta T_2]$ 处，对比均值谱和反应谱的数值，赖明等提出 δT_1 和 δT_2 的取值为前者不大于后者为宜，这里我们取前者为 0.2s，后者为 0.5s，对比结果如表 8-11 所示。

双波频段选波法对所选地震波均值谱和设计反应谱的对比 **表 8-11**

关键点	0.1	$0.5\times(0.1+T_g)$	T_g	$T_1-\delta T_1$	T_1	$T_1+\delta T_2$
对比周期点(s)	0.1	0.225	0.35	3.41	3.61	4.11
均值谱加速度(g)	0.1248	0.1567	0.1241	0.0236	0.0228	0.0211
设计反应谱加速度(g)	0.1521	0.1521	0.1521	0.0252	0.0244	0.0223
偏差(%)	17.95	3.02	18.41	6.35	6.56	5.38

因为均值谱在平台段是平台状，在第一阶自振周期附近是单调的，根据均值谱的图形特点，只需要对 6 个点进行误差分析即可完成两个频段内的曲线数值对比。据分析，所选地震波的均值谱在数值上满足双波频段的选波方法所规定的双频段误差在 20%的要求，说明所选择的 10 条地震波是符合时程分析要求的。

8.4 基于消能减振理念的阻尼器参数设计

8.4.1 阻尼器概述

阻尼器，也称消能器，是指消能减振建筑结构中可以对结构产生附加耗能的减振原件或装置。

1. 阻尼器的类型及特点

阻尼器一般可根据自身的耗能机理分为两大类，即位移相关型和速度相关型。前者可显著控制结构的位移响应，后者可以显著控制基底剪力。常见的几类阻尼器如下所示。

（1）位移相关型

① 摩擦阻尼器

摩擦阻尼器（图 8-20）是利用具有预紧力的相同或不同金属构件之间的相对滑动产生的摩擦进行耗能从而达到消能减振目的的阻尼器。

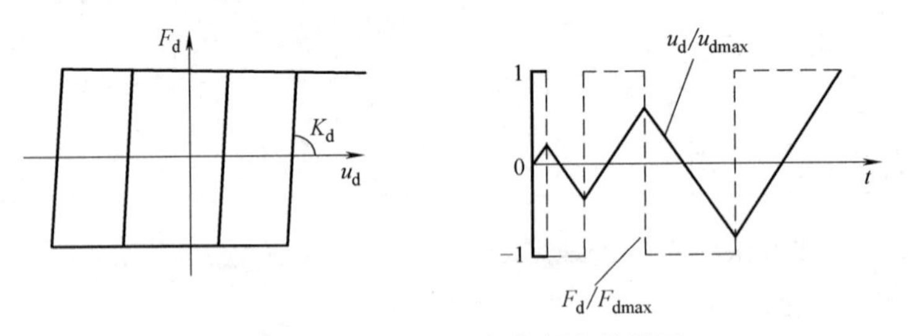

图 8-20　摩擦阻尼器的恢复力特性图

较为典型的摩擦阻尼器有筒式摩擦阻尼器（图 8-21）和 Pall 型摩擦阻尼器（图 8-22），前者由 Kelly 和 Aiken 提出，后者由 A. S. Pall 发明。

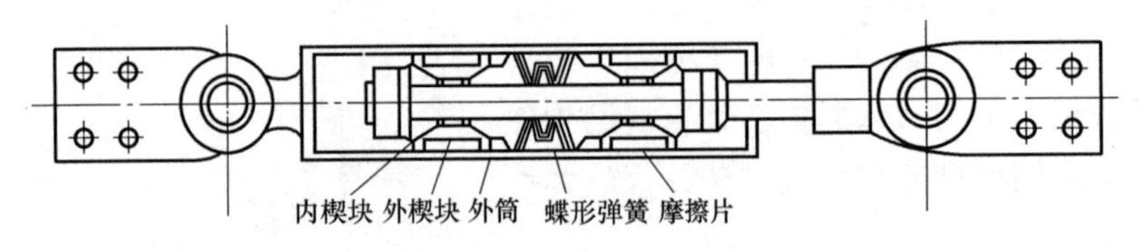

图 8-21　筒式摩擦阻尼器的构造图

与金属阻尼器对比，两者相同点是恢复力特性与阻尼器的位移历史有关，不同点是摩擦阻尼器具有更大的初始刚度和二次刚度为 0。

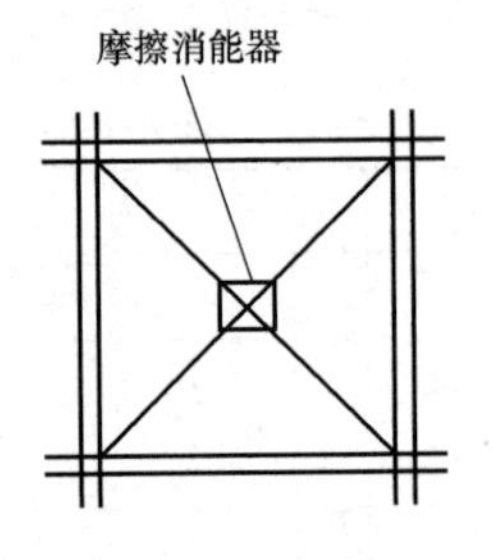

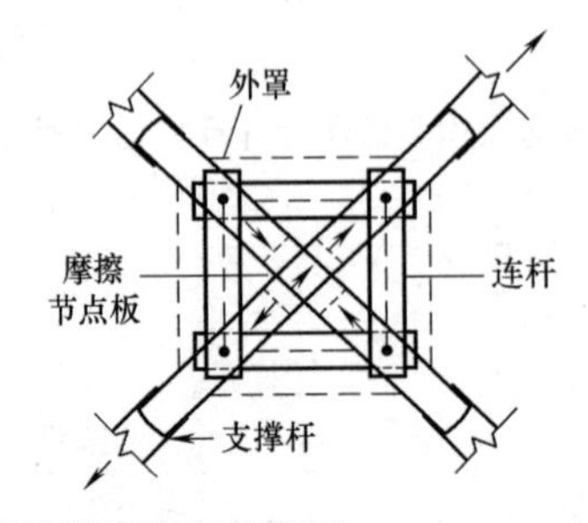

图 8-22　Pall 型摩擦阻尼器的构造图

② 金属阻尼器

金属阻尼器一般可以分为金属剪切阻尼器和金属弯曲阻尼器两类。

金属剪切阻尼器（图 8-23）是根据不发生断裂的完整钢材屈服后具有饱满的纺锤形耗能曲线，从而表现出良好的耗能特性的特点来达到消能减振的目的而设计的。

金属弯曲阻尼器相对于金属剪切阻尼器具

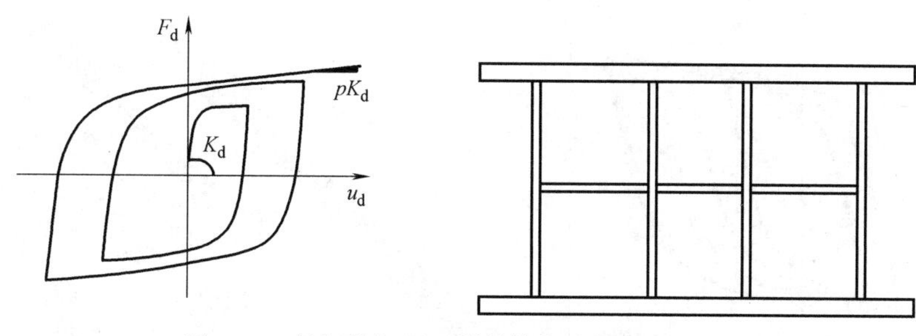

图 8-23　软钢剪切阻尼器的恢复力特性和构造图

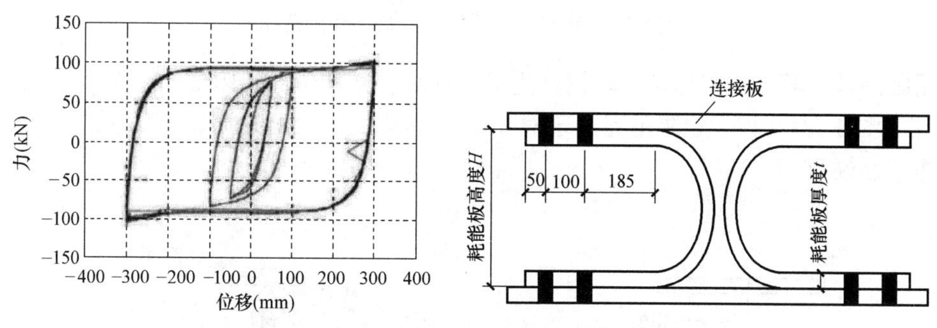

图 8-24　履带型阻尼器恢复力特性和构造图

有更强的变形能力，典型的是履带型阻尼器（图 8-24）和钢滞变阻尼器（图 8-25）。履带型阻尼器通过充分利用金属的弯曲变形从而适应大位移需要的消能减振设计，在屈服时耗能钢板的屈服点随着阻尼器的变形而相应地发生改变，能很好地解决屈服变形集中的现象。钢滞变阻尼器由数块耗能钢板组成，每块金属板在弯曲屈服的变形耗能时会产生沿着板外方向的位移，为了获得最大的耗能效果，金属板的截面形式需要精心设计以使得绝大多数金属板都会产生弯曲屈服的塑性变形。

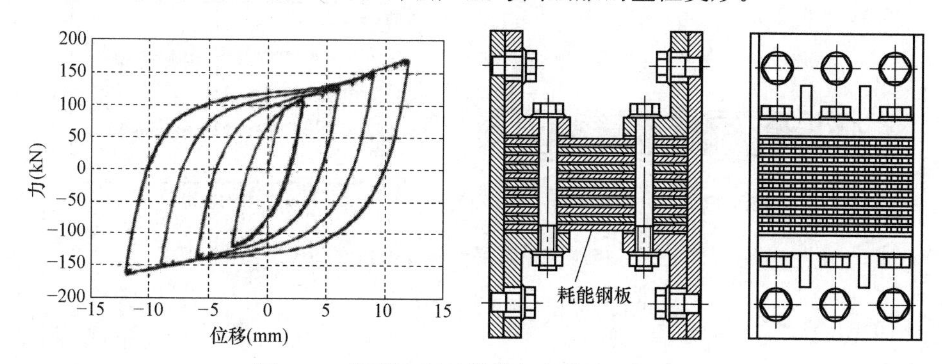

图 8-25　钢滞变阻尼器恢复力特性和构造图

③ 防屈曲支撑

防屈曲支撑（图 8-26）由内核部件、外围约束以及无黏结层组成，它的受力明确，内核部件承受主要外力和耗能，外围约束可以抑制内核部件的受压屈曲，而无黏结层则是在两者之间形成保护层，防止外围约束部件和内核部件通过接触摩擦共同承受轴向力，相比于普通支撑受压容易屈曲导致荷载位移的滞回曲线不饱满的问题，防屈曲支撑由于不易受压屈服，在拉压轴向力荷载作用下，具有既对称又饱满的荷载位移滞回曲线，这对自身耗能性能的提高大有裨益。它既提供附加刚度也提供附加阻尼。

全钢的防屈曲支撑有传统的十字形内芯的防屈曲支撑以及常用的一字形内芯的防屈曲支撑，其他非全钢的有外包钢管混凝土和外包钢筋混凝土等。

④ 铅阻尼器

为了满足大变形的需要，研究者设计了铅阻尼器。因为首先铅具有较高的延展性，可以存储大量的变形，其次，铅由于具备变形跟踪能力，变形前的状态是可以通过重结晶过程和动态恢复达成的，最

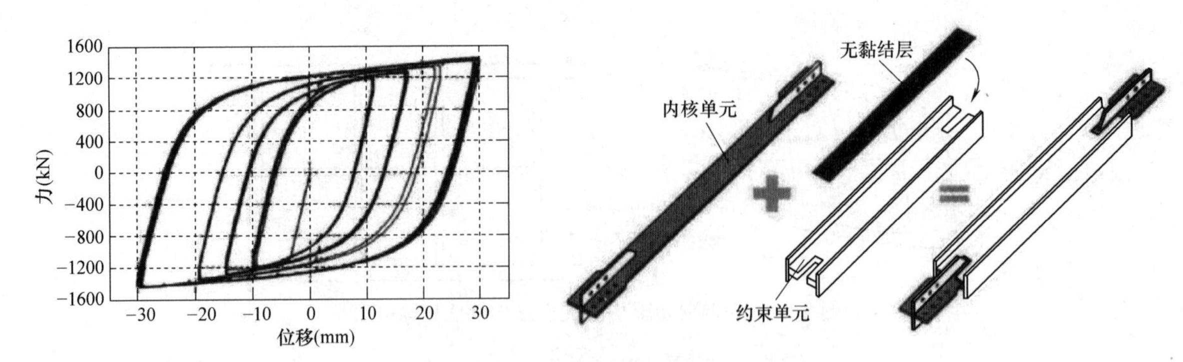

图 8-26　防屈曲支撑恢复力特性和构造图

后，由于铅屈服点低，耗能作用相对于软钢会更早地体现在结构中。铅阻尼器一般可分为剪切型和挤压型等（图 8-27、图 8-28），但是铅阻尼器由于对环境不是很友好，目前应用范围不是很广。其恢复力一般采用理想弹塑性模型。

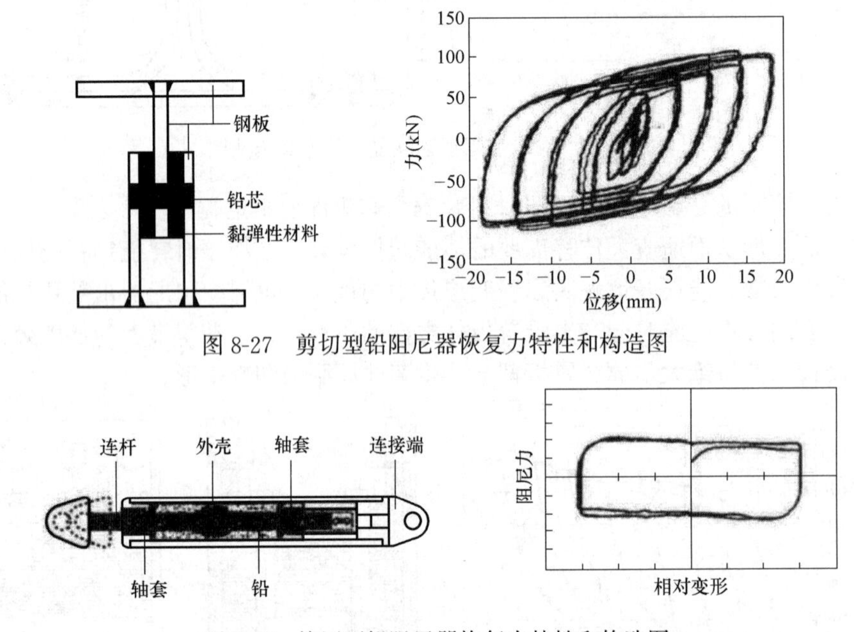

图 8-27　剪切型铅阻尼器恢复力特性和构造图

图 8-28　挤压型铅阻尼器恢复力特性和构造图

（2）速度相关型

① 黏滞阻尼器

黏滞阻尼器是利用平板或活塞在具有高度黏性的液体中运动耗能来实现消能减振。它只提供给结构附加阻尼而不提供附加刚度。

目前研究比较深入、应用比较广泛的黏滞阻尼器主要有黏滞阻尼墙和筒式流体阻尼器（图 8-29），当所需要的阻尼力很大时可以采用前者，而且由于它是墙体外形，更加美观，与建筑外形更为契合。

② 黏弹性阻尼器

黏弹性阻尼器（图 8-30）是将具有黏弹性的材料（如玻璃质物体以及异分子共聚物等）和钢板夹层组合在一起，利用黏弹性材料剪切滞回耗能的原理来实现消能减振，既具有黏性流体的特性，还具有弹性固体的特性。相对于同为速度相关型的黏滞阻尼器，它不仅附加给结构阻尼还附加给结构刚度。

目前常见的有 3 种黏弹性阻尼器，分别是板式黏弹性阻尼器、圆筒式黏弹性阻尼器和壁式黏弹性阻尼墙，板式和圆筒式黏弹性阻尼器多通过轴向变形产生剪切黏滞变形耗能，壁式黏弹性阻尼器通过与梁相连，并随着梁的弯曲变形能产生大于层间位移的更大的变形。

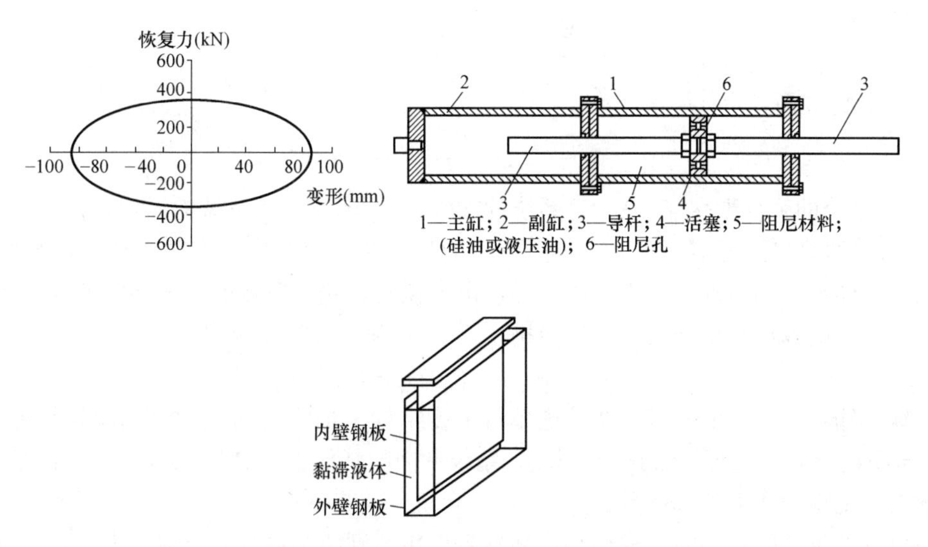

图 8-29　黏滞阻尼器恢复力特性图以及筒式流体阻尼器和黏滞阻尼墙的构造图

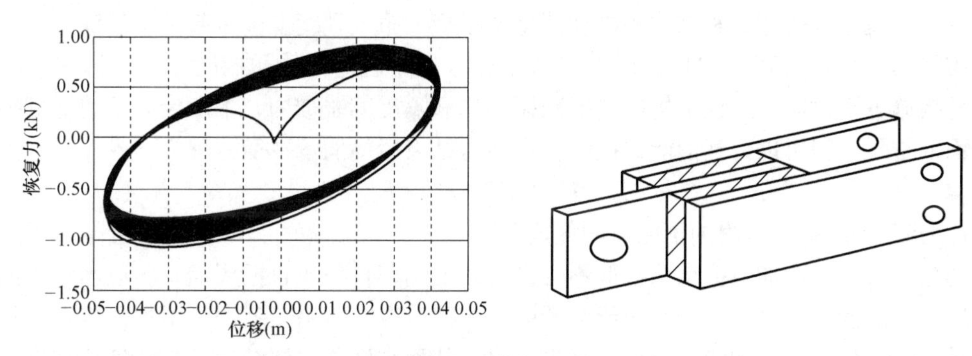

图 8-30　黏弹性阻尼器恢复力特性图和构造图

2. 阻尼器在消能减振结构中的基本力学原理

为了方便起见，以下以单自由度系统为例。

设有一图 8-31 所示单自由度系统，由结构动力学知识得到其普通结构的运动方程如式（8-1）所示。

$$m\ddot{x}+c\dot{x}+F(x)=-m\ddot{x}_0 \qquad (8\text{-}1)$$

其中，m 为质点质量，c 为系统阻尼系数，$F(x)$ 为结构的恢复力，x、$\dot{x}$、$\ddot{x}$ 分别指质点对于地面的相对位移、相对速度以及相对加速度，$\ddot{x}_0$ 为地面运动的加速度。

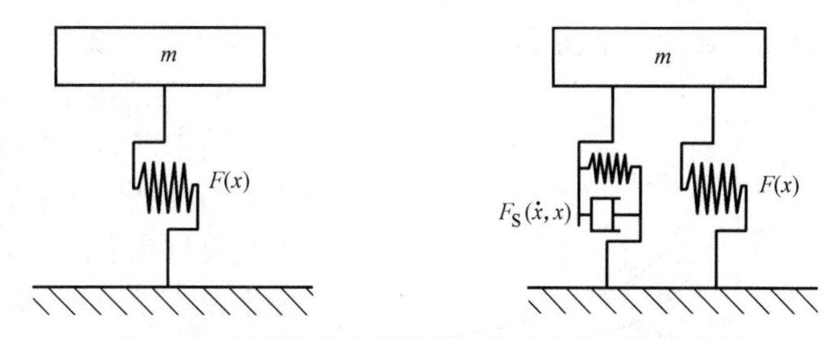

图 8-31　普通结构和消能结构单自由度系统等效图

式（8-1）两边同时乘 $\dot{x}\mathrm{d}t$，并在 $0\sim t$ 的积分区域内积分得到式（8-2）：

$$\int_0^t m\ddot{x}\dot{x}\,\mathrm{d}t+\int_0^t c\dot{x}\dot{x}\,\mathrm{d}t+\int_0^t F(x)\dot{x}\,\mathrm{d}t=\int_0^t(-m\ddot{x}_0)\dot{x}\,\mathrm{d}t \qquad (8\text{-}2)$$

设 $E_{\mathrm{k}}=\int_0^t m\ddot{x}\dot{x}\,\mathrm{d}t$，$E_{\mathrm{c}}=\int_0^t c\dot{x}\dot{x}\,\mathrm{d}t$，$E_{\mathrm{s}}=\int_0^t F(x)\dot{x}\,\mathrm{d}t$，分别为系统的动能，系统的阻尼耗能以及系统的变形耗能，$E_{\mathrm{eq}}=\int_0^t(-m\ddot{x}_0)\dot{x}\,\mathrm{d}t$ 为地震作用于系统的能量，则式（8-2）可以简化为式（8-3）：

$$E_k+E_c+E_s=E_{eq} \tag{8-3}$$

对于系统的变形耗能 $E_s=\int_0^t F(x)\dot{x}\mathrm{d}t$，有：

$$E_s=E_e+E_p+E_h \tag{8-4}$$

其中，E_e 为系统的弹性形变能，E_p 为系统的塑性形变能，E_h 为系统的滞回耗能。

式（8-3）为普通单自由度结构在地震作用下的能量平衡方程，当地震作用结束，结构会恢复静止状态，停止振动，体现出的运动特征为系统的弹性形变恢复，相应质点的速度和加速度均为零，故系统的动能 $E_k=0$，系统的弹性形变能 $E_e=0$，根据式（8-3）和式（8-4）可得：

$$E_k+E_c+E_e+E_p+E_h=E_c+E_p+E_h=E_{eq} \tag{8-5}$$

这表明，地震输入的外部能量 E_{eq} 在普通单自由度结构中最终转为化系统的阻尼耗能 E_c、塑性变形能 E_p 以及滞回耗能 E_h。为保证结构不倒塌，系统的阻尼耗能 E_c、塑性变形能 E_p 以及滞回耗能 E_h 三者总和必须大于地震输入的外部能量 E_{eq}。

结构自身系统提供的阻尼耗能一般很小，当地震作用达到结构自身的承载能力之后，地震作用的外部能量主要由系统结构的塑性变形能和滞回耗能所消耗，这也使得结构在地震作用下损伤破坏多积累在结构本身，一旦地震输入的能量和结构的损耗能量不平衡，很大程度上会引起结构的倒塌破坏。为了提高结构的抗震能力，从式（8-5）可以看出，要么增加方程左边结构的耗能能力，要么减少输入的地震能量，这两种措施分别对应于工程结构的消能减振结构和隔震减振结构，本章仅介绍消能减振结构。

重复前面的推导过程可以得到消能减振结构在地震结束后的能量平衡方程为：

$$E_c+E_p+E_h+E_x=E_{eq} \tag{8-6}$$

其中，E_x 指消能减振结构附加消能器的耗能。

从能量的角度分析，消能减振结构一般不会显著改变结构自身的自振周期，所以当输入的地震能量相同时，其输入地震能量几乎不会受到消能装置的影响而改变，但由于新增了附加消能器的耗能，原先由主体结构承担的塑性变形能和滞回耗能会减少很多，从而减轻了主体结构的损伤破坏程度，加强了结构的安全性。

从谱加速度的角度分析（为方便分析理解这里取只提供给结构附加阻尼而不提供附加刚度的黏滞阻尼器），当结构安装消能减振装置后，结构的总阻尼比会显著增加，周期基本不变，由图 8-32 可看出，同一周期点对应的谱加速度大幅度降低，从而消能减振结构受到的地震作用会显著下降。即使是同时提供附加阻尼和刚度的阻尼器，由于阻尼增加带来的影响一般较改变结构周期带来的影响大，只要使用合理的设计参数，结构受到的地震作用仍然会显著降低。

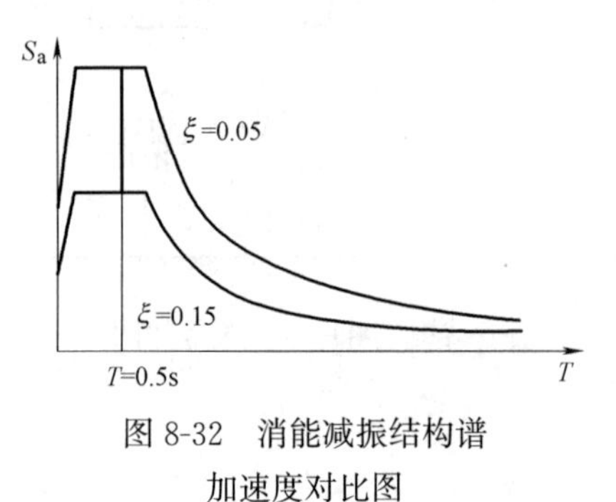

图 8-32　消能减振结构谱加速度对比图

3. 阻尼器常用计算模型

由于不同类型的阻尼器的荷载位移滞回曲线不同，故各自的恢复力模型并非千篇一律。而消能减振的设计中需要根据结构的减振目标确定需要的阻尼器以及参数，所以准确选定阻尼器对应的恢复力模型对抗震设计的研究是相当重要的。对于阻尼器的恢复力模型，经过了大量学者的研究和探索，对目前较为成熟且广泛应用在国内《建筑消能减振技术规程》JGJ 297—2013（以下简称《消能减振规程》）中的模型作如下简要说明。

（1）Maxwell 模型（图 8-33）

模型是一个由弹簧单元和阻尼单元串联的形式，其恢复力表达式为：

$$F=c\dot{u}_1^{\alpha}=ku_2 \tag{8-7}$$

式中，F 为阻尼力，c 为阻尼系数，k 为弹簧刚度，$\dot{u}_1$ 为阻尼单元位移对时间的一次导数，即速度，u_2 为弹簧的变形位移，α 为阻尼指数，可取 0.2～1.0，当取 1 的时候模型即为线性模型。

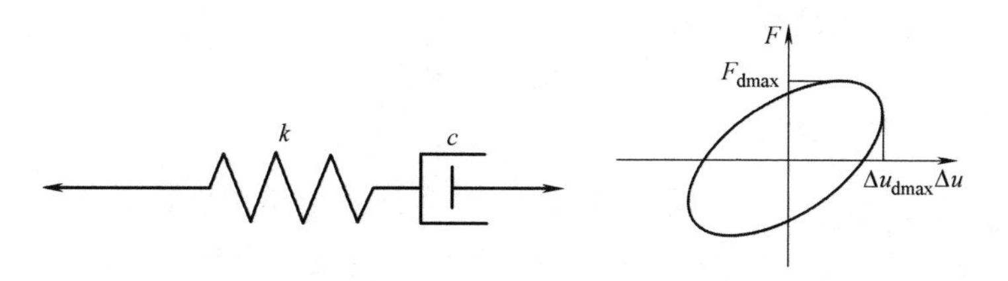

图 8-33　Maxwell 模型的组成和恢复力曲线

（2）Kelvin 模型（图 8-34）

模型是一个由弹簧单元和阻尼单元并联的形式，其恢复力表达式为：

$$F=c\dot{u}+ku \tag{8-8}$$

式中，F 为阻尼力，c 为阻尼系数，k 为弹簧刚度，u 为弹簧单元的变形位移，$\dot{u}$ 为阻尼单元位移对时间的一次导数，即速度。

（3）线性模型

线性模型可以看出是 Maxwell 模型的特殊形式，即 $\alpha=1$ 时的情况，其恢复力表达式为：

$$F=c\dot{u} \tag{8-9}$$

其恢复力模型的曲线与 Maxwell 模型一致，为椭圆关系。

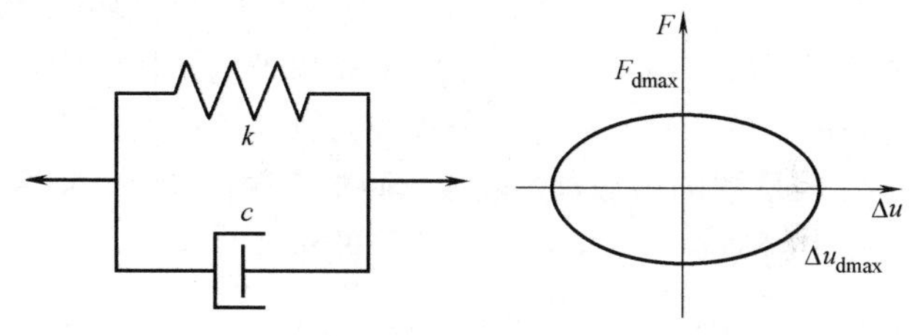

图 8-34　Kelvin 模型的组成和恢复力曲线

（4）理想弹塑性模型（图 8-35）

理想弹塑性模型中的恢复力模型特点是当所受外力达到某一数值时才会产生位移，其恢复力表达式为：

$$F=f\,\mathrm{Sgn}(u) \tag{8-10}$$

式中，F 为阻尼器开始移动时的阻尼力，f 为作用在阻尼器上的外力，u 为阻尼器的位移。

（5）双线性模型（图 8-36）

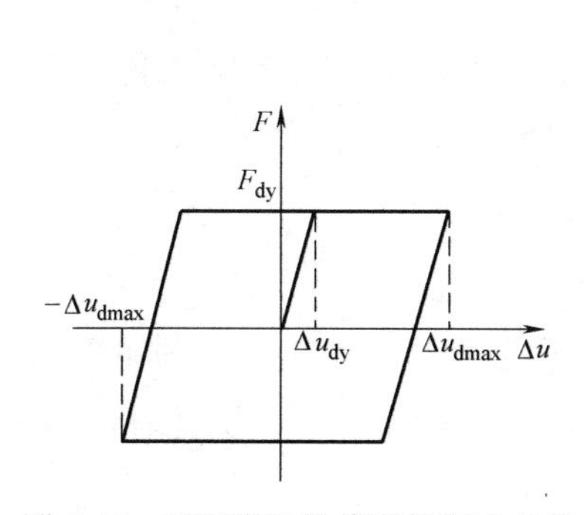

图 8-35　理想弹塑性模型恢复力曲线

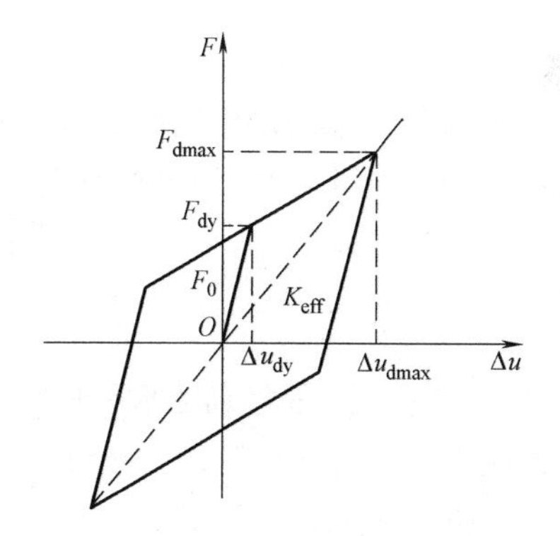

图 8-36　双线性模型恢复力曲线

双线性模型常在工程中采用，是一种简化的，避免进行复杂曲线模型计算的方法，其恢复力模型表达式为：

$$\text{弹性刚度 } K_{d}=\frac{F}{\Delta u}\quad(\Delta u<\Delta u_{y}) \tag{8-11}$$

$$\text{有效刚度 } K_{eff}=\frac{F_{max}}{\Delta u_{max}}\quad(\Delta u\geqslant\Delta u_{y}) \tag{8-12}$$

式中，Δu_y 为阻尼器材料达到屈服状态时对应的位移，Δu 为阻尼器的位移，F 为阻尼器所受的阻尼力。

（6）Bouc-Wen 模型（图 8-37）

Bouc-Wen 模型是一个很经典的位移型阻尼器滞回曲线关系的恢复力模型，由于精准的拟合性常被用于各类力学模型的研究，其恢复力表达式为：

$$F=\alpha K\Delta u+(1-\alpha)Kz \tag{8-13}$$

$$\dot{z}=A\Delta\dot{u}-\beta\Delta\dot{u}|z|^{n}-\gamma|\Delta\dot{u}|z|z|^{n-1} \tag{8-14}$$

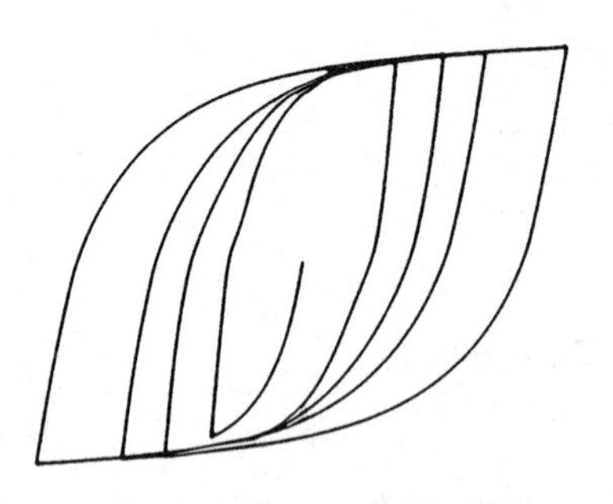

图 8-37　Bouc-Wen 模型恢复力曲线

其中式（8-13）为恢复力模型表达式，式（8-14）为滞回曲线的形状函数，F 为阻尼力，α 为屈服后阻尼器的刚度比，K 为阻尼器的初始刚度，Δu 为阻尼器的位移，z 为与滞回曲线有关的函数，A，β，γ，n 为决定滞回曲线形状的 4 类参数，一般以参数所处的位置决定参数的类型。

8.4.2　基于国内规范的消能减振结构的阻尼器参数设计方法

1. 阻尼器的参数设计方法

《消能减振规程》对阻尼器消能部件的参数设计方法进行了说明，首先要确定结构的抗震目标，如结构最大层间位移角或者结构顶点位移的减少量，其次通过阻尼器提供给结构的附加有效刚度和附加有效阻尼比进行结构抗震分析，最后验证符合条件的阻尼器参数即为设计抗震所需要的。

2. 阻尼器的附加有效刚度和附加有效阻尼比的计算方法

（1）附加有效刚度——等价线性化方法

$$K_{\mathrm{eff}}=\frac{F_{\max}}{\Delta u_{\max}} \tag{8-15}$$

式中，K_{eff} 指阻尼器附加到结构的有效刚度，$F_{\max}$ 指阻尼器所受的最大荷载，$\Delta u_{\max}$ 指阻尼器的最大位移。

（2）附加有效阻尼比——能量化方法

$$\xi_{\mathrm{d}}=\sum_{j=1}^{n}W_{\mathrm{c}j}/4\pi W_{\mathrm{s}} \tag{8-16}$$

式中，ξ_{d} 指阻尼器附加给结构的有效阻尼比，$W_{\mathrm{c}j}$ 指在预计的层间位移下第 j 个阻尼器进行一周往复循环运动的耗能量，W_{s} 指水平地震作用下消能减振结构的总应变能。

$$W_{\mathrm{s}}=\sum\frac{1}{2}F_{i}u_{i} \tag{8-17}$$

式中，F_i 指质点 i 处施加的水平地震作用标准值，一般简便取结构基本振型对应下的水平地震作用力，可采用振型分解法计算，u_i 为上述水平地震作用标准值的力引起的质点水平位移，振型分解法如式（8-18）和式（8-19）所示：

$$F_{ji}=\alpha_{j}\gamma_{j}X_{ji}G_{i} \tag{8-18}$$

$$\gamma_{j}=\frac{\sum_{i=1}^{n}X_{ji}G_{i}}{\sum_{i=1}^{n}X_{ji}^{2}G_{i}} \tag{8-19}$$

式中，α_j 指结构的第 j 周期对应的水平地震影响系数，γ_j 指第 j 振型的参与系数，X_{ji} 为结构在第 j 振型下 i 质点的水平相对位移，G_i 为 i 质点集中的重力荷载代表值。

$W_{\mathrm{c}j}$ 的计算根据阻尼器类型的不同，共分为 3 种。

1）位移相关型和速度非线性相关型

$$W_{cj}=\sum A_j \tag{8-20}$$

式中，A_j 指第 j 个恢复力滞回曲线在相对水平位移下的面积。

2）速度相关线性阻尼器

$$W_{cj}=(2\pi^2/T_1)\sum C_j\cos^2(\theta_j)\Delta u_j^2 \tag{8-21}$$

式中，T_1 指结构的基本周期，C_j 指第 j 个阻尼器的阻尼系数，θ_j 指第 j 个阻尼器布设方向的位置与水平面的夹角（°），Δu_j 指第 j 个阻尼器两端的相对水平位移。

3）非线性黏滞阻尼器

$$W_{cj}=\lambda_1 F_{j\max}\Delta u_j \tag{8-22}$$

式中，λ_1 指阻尼指数的函数，根据阻尼指数的不同而取不同的值，若取其他阻尼指数可以采用线性插值的方法求出，$F_{j\max}$ 指第 j 个阻尼器所受的最大阻尼力，Δu_j 指第 j 个阻尼器两端的相对水平位移。

注意：当所计算的附加阻尼比超过 0.25 时，取 0.25。

3. 阻尼器参数设计总体流程

阻尼器参数设计总体流程图如图 8-38 所示。

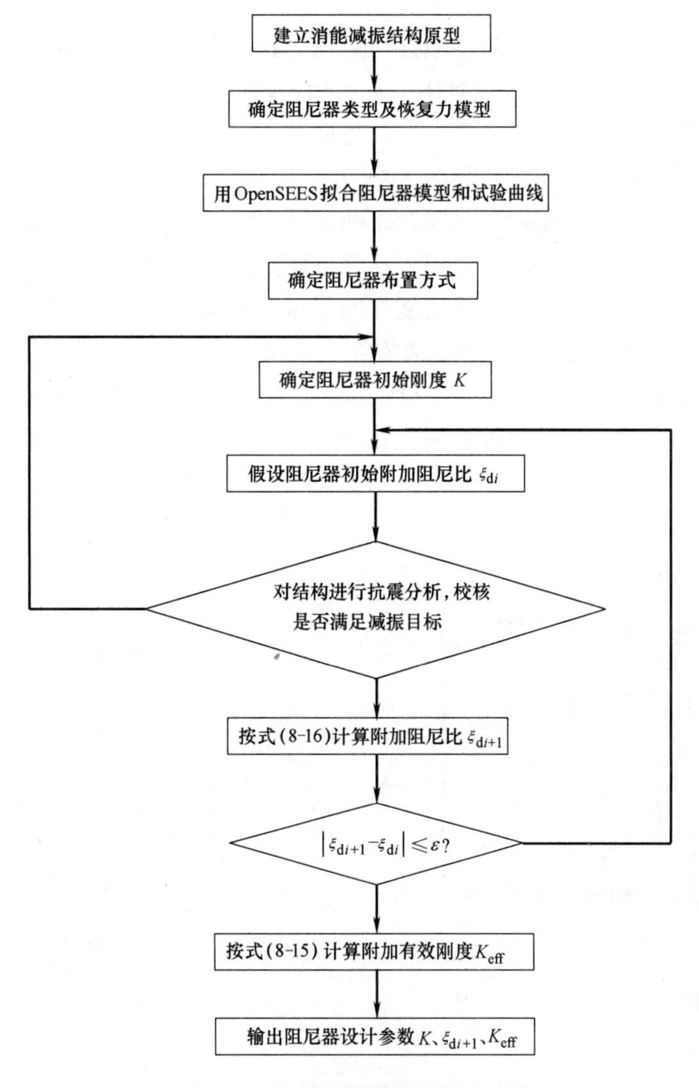

图 8-38 阻尼器参数设计总体流程

流程图中有 3 点需要说明：

（1）本章采用 OpenSEES 软件的原因是，它内置丰富的材料库，可以适应各类阻尼器的恢复力模型，对各类阻尼器的模拟可以达到十分精准的结果。

（2）之所以先拟合阻尼器恢复力模型滞回曲线和试验曲线，是为了根据文献选择已设计出的阻尼器原型，确定相应的恢复力滞回曲线的大致形状参数（尤其是位移相关型阻尼器），为所设计的阻尼器在工程实际中的存在提供依据，在此基础上以消能减振结构的减振率为目标，调整阻尼器的力学参数使得满足设计要求。

（3）在验证结构是否满足减振目标之前，由于此时将阻尼器加入结构之后结构的变形状态并未可知，无法通过式（8-16）得到附加阻尼比，所以需要暂时根据经验对附加阻尼比作出假设，以便能求出结构总阻尼比，并进行后续的结构变形计算。在此之后根据计算得到结构的变形并非真实变形，需要再次采用式（8-16）求出阻尼器的附加阻尼比，将两次的附加阻尼比进行比较，若二者相差很大，则用计算后的附加阻尼比进行迭代计算，若二者很接近，则可以采用最后计算的数值作为阻尼器的附加阻尼比。

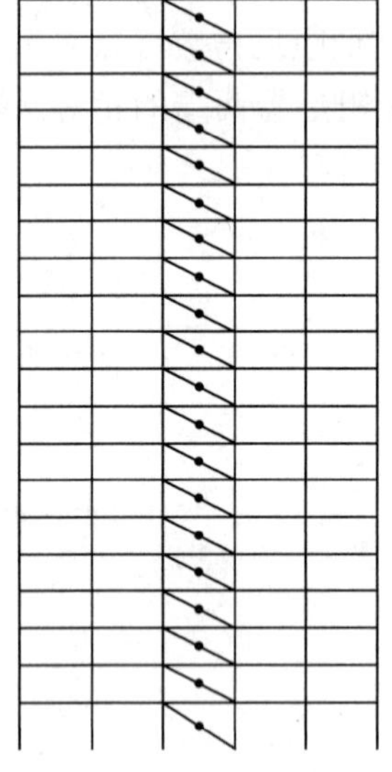

图 8-39　20 层钢框架结构布置阻尼器

8.4.3　20 层钢框架结构的阻尼器参数设计

本章的消能减振目标取结构发生层间位移角最大的楼层为无阻尼器结构的 76％来设计阻尼器参数，由于阻尼器的布置方式不同也会对阻尼器的参数设计带来影响，此处阻尼器的布置采用每层简单斜撑布置的形式，每层均匀布置，如图 8-39 所示。

摩擦阻尼器和防屈曲支撑均采用 Bouc-Wen 模型，其中摩擦阻尼器也可以采用弹塑性模型，黏滞阻尼器采用线性模型，黏弹性阻尼器采用 Maxwell 模型，并同时采用胡瑶通过拟合相关文献中摩擦阻尼器和防屈曲支撑的形状函数参数来对摩擦阻尼器和防屈曲支撑进行辅助设计，如图 8-40 所示。

在这几类阻尼器中，除了黏滞阻尼器仅提供结构附加阻尼比之外，其他阻尼器均可以提供附加阻尼比和附加刚度比。最终设计的阻尼器参数如表 8-12 所示。

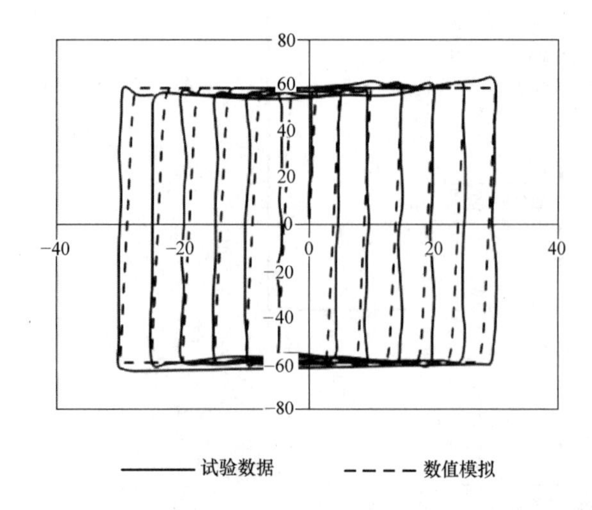

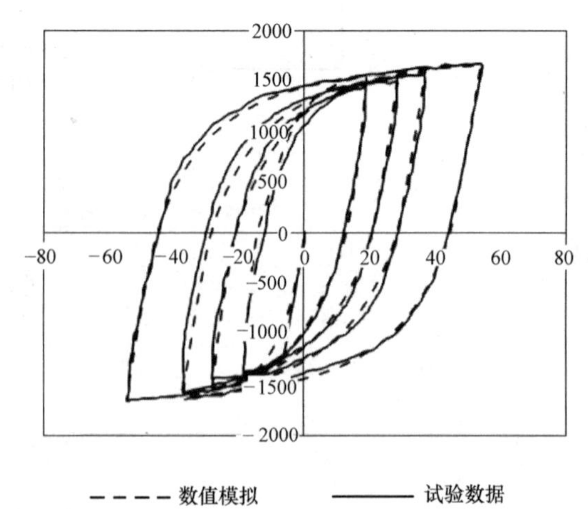

图 8-40　摩擦阻尼器和防屈曲支撑的恢复力模型曲线和试验曲线的拟合

各类阻尼器的设计参数　　　　**表 8-12**

阻尼器	阻尼器恢复力曲线	滞回曲线形状参数	阻尼器力学参数
摩擦阻尼器	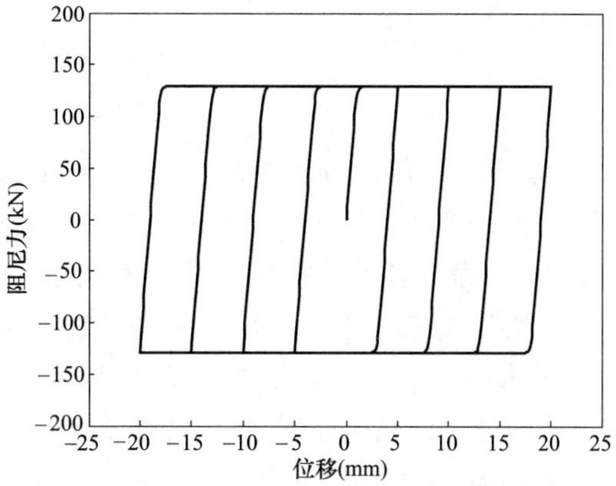	$\alpha=0.00001$ $\beta=0.91,\gamma=0.011$ $n=10,A=1.0$ $K=128\text{kN/mm}$	$T_1=3.28\text{s}$ $\xi_1=0.02,\xi_d=0.041$ $K_{\text{eff}}=96.8\text{kN/mm}$
黏弹性阻尼器	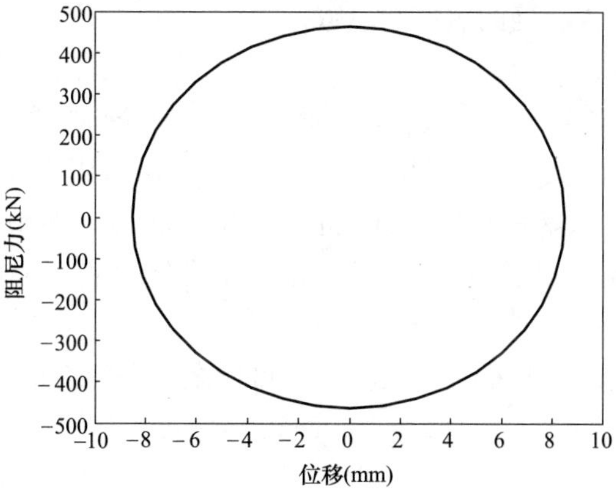	$K_d=156\text{kN/mm}$ $C_d=6.07\text{kN}\cdot\text{s/mm}$	$T_1=3.24\text{s}$ $\xi_1=0.02,\xi_d=0.0371$ $K_{\text{eff}}=96.8\text{kN/mm}$
黏滞阻尼器	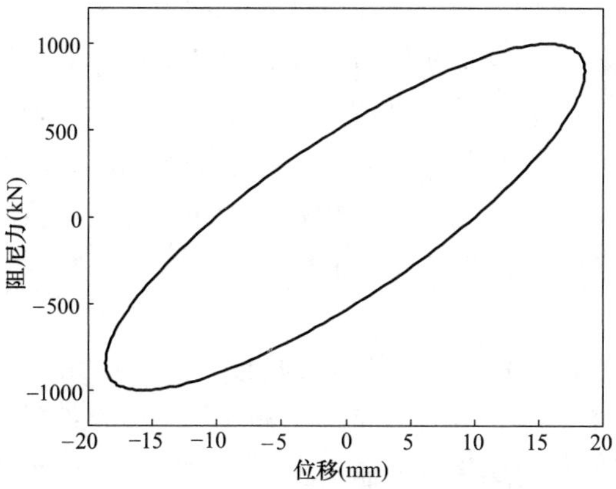	$C_d=11.90\text{kN}\cdot\text{s/mm}$ $\alpha=1.0$	$T_1=3.61\text{s}$ $\xi_1=0.02,\xi_d=0.160$
防屈曲支撑	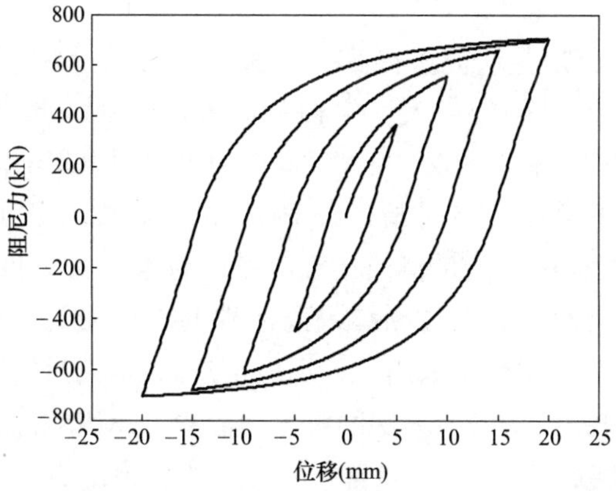	$\alpha=0.005$ $\beta=0.171,\gamma=0.3$ $n=0.5,A=1.0$ $K=156\text{kN/mm}$	$T_1=3.24\text{s}$ $\xi_1=0.02,\xi_d=0.0371$ $K_{\text{eff}}=99.8\text{kN/mm}$

8.5 消能减振结构的IDA分析及地震易损性评价

8.5.1 IDA分析方法

增量动力分析（Incremental Dynamic Analysis），简称IDA分析，是由Bertero在1977年提出的结构性能分析方法，在它被提出的23年后，美联应急管理署（FEMA）350正式采用并推荐这一方法。虽然采用此方法计算量很大，但是随着计算机应用的普及以及计算机技术的快速发展，不久便被全世界大部分研究地震分析的学者广泛接纳采用。IDA方法提出来之前，常用的结构性能分析是静力推覆方法，而IDA分析是以一系列放大强度的地震动记录为基础，通过非线性的结构动力分析法，作用在需要进行分析的结构中，根据得到的结构分析来对结构进行评估和承载能力预测等。由于结构在IDA分析下经历了线弹性阶段、弹塑性阶段以及倒塌破坏阶段的完整响应历程，可以得到更真实、更全面的地震响应分析，为后续结构的易损性分析研究提供准确的抗震响应数据。

1. 基本原理

简单来说，IDA分析就是将单条或者多条地震动记录的强度赋予单调递增的比例系数SF（Scale Factor），得到不同强度指标度量值IM（Intensity Mearsure），输入到结构中并且对结构进行动力时程分析而得到不同强度下结构损伤指标度量值DM（Damage Measure），在坐标图中画出并连接这些（DM，IM）离散点，从而建立反映结构响应历程的以IM为纵坐标，DM为横坐标的IM-DM曲线。

在这一过程中，结构历经了细观的弹性变形到宏观的倒塌变形，可以全面和精准地体现地震下结构的动力响应。

2. 常用的指标分析参数及选取

IDA分析的指标参数就是它的横纵坐标，即DM指标度量和IM指标度量。

DM指标度量是结构在地震作用下反映结构动力响应和损伤程度的状态参数。常用到的指标有结构最大的层间位移或层间位移角，结构的顶点位移以及结构的各种损伤指标等。对于框架结构，最常采用结构层间位移角的最大值作为DM的指标度量，因为相对于其他指标，结构的最大层间位移角综合反映了结构层间的构件以及节点之间的变形情况，是一个有效的结构延性度量指标，同时对于结构的性能评估，《消能减振规程》常用到结构的层间位移角，使得这一指标便于后续结构的性能分析，具有很高的实用性。

IM指标度量是输入地震动本身反映地震动记录中强度值的参数指标，既可以用结构的最大反应相关参数表示，也可以用地面地震动运动相关参数表示。前者常常用结构在第一阶自振周期下谱加速度值S_a（T_1，ξ）参数来表示，而对于后者常常用地震动的峰值加速度PGA、地震动的峰值速度PGV或地震动的峰值位移PGD参数表示。

叶列平等对包含这些参数的地震动强度指标度量研究了在SDOF和MDOF的弹塑性系统下的强度指标参数以及结构的各类响应参数的相关性，在结构的最大反应相关参数指标中，中长周期的结构与S_a（T_1，ξ）关联度比较高；在结构的地面地震动相关参数中，短周期结构、中周期结构以及长周期结构与其关联度比较高的分别为PGA、PGV和PGD。综合分析，以PGV作为地震动强度指标度量最为理想，但由于PGV与我国规范采用的PGA度量对应关系目前还没有统一标准，难以像在日本一样得以广泛推广，而PGA指标度量在中长周期结构的抗震中数据结果离散性的干扰较为严重，相比较下，S_a（T_1，ξ）指标度量是最为适合的，并且与我国规范中采用设计反应谱进行抗震设计的理念相符合。

本章的20层钢框架结构，DM指标度量采用结构的最大层间位移角参数，IM指标度量选择结构在第一阶自振周期下谱加速度值S_a（T_1，ξ）参数。

3. 极限状态点的确定方法

做出IDA曲线之后，为了进行结构的抗震性能评估，需要确定曲线上极限状态点。文献总结并推荐了3种确定极限状态点的方法准则。

（1）基于IM准则的极限点状态判据

当曲线上某一点的地震强度指标IM的数值达到所规定的极限状态界限值时，即可视这一点为极限状态点。因为单调递增的IM指标方便确定到达极限的状态点，在抗震研究中判断结构的倒塌极限状态点常会采用此法则，但是确定倒塌极限状态点的界限值会随着不同的地震动记录发生难以掌控或者计算的变化，这也意味着每一条的地震动记录都需要专门单独地确定极限状态点的界限值。为了简化准则，方便确定IM所规定的极限状态界限值，2000年FEMA根据结构动力失稳体现的规律，将IDA曲线上切线斜率减至初始弹性斜率20%的点确定为基于IM准则的倒塌极限状态点。

（2）基于DM准则的极限点状态判据

当曲线上某一点的结构损伤指标DM的数值达到所规定的极限状态界限值时，即可视这一点为极限状态点。由于此极限状态点是某一确定结构自身的失稳倒塌极限状态点，不同于基于IM准则的极限点状态判据，对于多条不同的地震动记录都可以采用同一DM界限值，而这通过理论研究或工程实际得到的DM界限值，大大方便了对结构倒塌性能的分析研究，例如《抗规》就通过此准则规定了钢框架结构倒塌抗震分析时的最大弹塑性位移角为1/50，即为基于DM准则的极限点状态判据的倒塌极限状态点。但如图8-41所示，会发生在同一DM极限状态界限值处出现多个对应的IM值，影响最终的极限状态点判断。

（3）基于IM-DM准则的极限点状态判据

结合上述两个准则，认为只要达到上述两个准则之一即可确定结构的倒塌极限状态点。

尽管基于IM-DM准则考虑得最为全面，但在实际研究应用中，前两个准则具有该准则无法比拟的直观性。

本节采用基于IM准则的极限点状态判据。

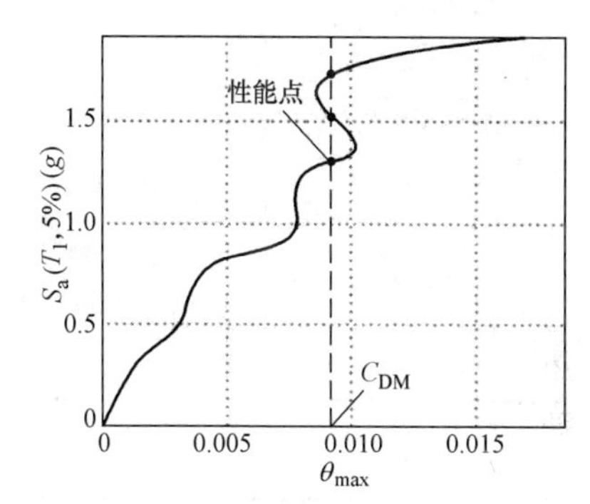

图8-41　DM准则对应下的某地震动的IDA曲线

4. IDA总体分析步骤

（1）确定消能减振结构的基本自振周期和总阻尼比（包括无阻尼器结构和有阻尼器结构），并将某条地震动记录转化为谱加速度曲线，读取相应的数值。

（2）按预先确定的调幅原则（地震动的调幅需要包含多遇、设防、罕遇地震共3个状态下对应的IM值）和步长确定一系列比例系数SF，以达到对地震动记录进行单调增调，从而得到对应的参数IM并输入到结构计算模型中，经过计算分析得到相应的最大层间位移角参数DM。

（3）按照以DM为横坐标，IM为纵坐标的原则，在MATLAB中画出IDA曲线图。

（4）根据IDA分析中对于选取极限状态点的方法，找出IDA曲线上的倒塌点。

（5）对所选的全部地震动重复步骤（1）到步骤（4）进行IDA分析，以便后续进行地震下结构抗倒塌的易损性分析研究。

8.5.2　基于IDA结构的地震易损性分析方法

结构的易损性，是指结构受到一系列强度各异的地震作用后，用概率大小描述其能达到的某一极限状态，并通过概率统计的方法建立结构损坏状况与确定的地震动强度之间的定量关系，简称超越概率函数，由最终的损坏状况再根据规范的量化指标来评价结构的性能，具体过程如图8-42所示。

文献给出了对结构进行倒塌易损性分析时采用的工程结构需求参数在确定的地震动强度量值IM下，对结构某一性能水准能力L的超越概率函数P的表达式，如式（8-23）所示，并发现结构需求参

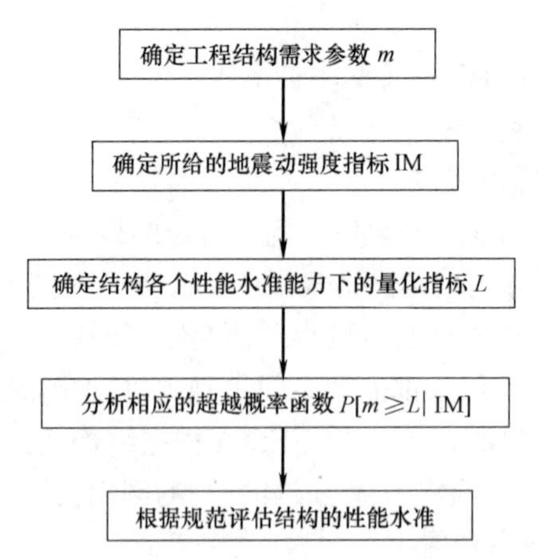

图 8-42 结构易损性分析总体流程图

数 m 在该确定的地震动强度值 IM 下是服从对数正态分布的，即：

$$P[m \geqslant L \mid \mathrm{IM}] = 1 - \Phi\left(\frac{\ln m - \mu_{\ln m \mid \mathrm{IM}}}{\sigma_{\ln m \mid \mathrm{IM}}}\right) \tag{8-23}$$

根据《消能减振规程》可以得到表 8-13 和表 8-14。

《消能减振规程》下破坏级别的参考度 表 8-13

破坏级别	性能表现	参考变形量
基本完好及完好	一般不需要修理即可继续使用	$\leqslant[\Delta u_e]$
轻微损坏	不需要修理或者稍加修理仍可使用	$1.5[\Delta u_e]\sim2[\Delta u_e]$
中等破坏	需要一般修理，采取安全措施后可适当使用，检修消能部件	$3[\Delta u_e]\sim4[\Delta u_e]$
严重破坏	应排检大修，局部拆除，位移相关型消能器应更换，速度相关型消能器根据检查情况确定是否更换	$0.9[\Delta u_p]$
倒塌	需要拆除	$\geqslant[\Delta u_p]$

《消能减振规程》下抗震水准度量指标 表 8-14

地震水准	性能 1	性能 2	性能 3	性能 4
多遇地震	完好	完好	完好	完好
设防烈度地震	完好，正常使用	基本完好，检修后可继续使用	轻微损坏，简单修理后可继续使用	轻微至接近中等破坏
罕遇地震	基本完好，检修后可继续使用	轻微至中等破坏，修复后可继续使用	其破坏需加固后继续使用	接近严重破坏，大修后可继续使用

8.5.3 20 层钢框架结构的典型阻尼器性能评估

1. 无阻尼器结构的评估

(1) 单条地震波的 IDA 曲线

在参与结构抗震性能分析的 10 条地震动中，取地震动 No. 2590 为例详细叙述 IDA 分析的过程及曲线绘制。

初始无阻尼结构是 20 层钢框架结构，结构总阻尼比 $\xi=0.02$，结构的基本自振周期 $T_1=3.61\mathrm{s}$，根据 Seismo Signal 软件得到原始地震动的加速度峰值 PGA=0.0142g，在对应结构的总阻尼比和自振周期下的谱加速度 $S_a=0.011g$，并将原始地震动进行调幅，调幅后需要包含地震动的加速度峰值位于多遇地震、设防烈度地震、罕遇地震下的最大值，在本章结构中，三者的数值分别为 $\mathrm{PGA}_{多}=0.056g$，

$PGA_{设}=0.15g$，$PGA_{罕}=0.316g$，调幅后将地震波输入到 OpenSEES 软件中得到各状态下的最大层间位移角 θ_{max}，如表 8-15 所示。

No. 2590 地震动的 IDA 计算　　**表 8-15**

PGA(g)	0.056	0.15	0.316	0.4	0.5	0.65	0.8	0.95	1.1
$S_a(g)$	0.0434	0.1162	0.2448	0.3099	0.3873	0.5035	0.6197	0.7359	0.8521
θ_{max}	0.0050	0.0127	0.0208	0.0239	0.0273	0.0387	0.0574	0.0973	0.1653

从而可以得到 No. 2590 地震动在无阻尼结构作用下的 IDA 曲线以及按照基于 IM 准则（FEMA 推荐的斜率为弹性斜率 20%的方法）的极限点状态判据得到倒塌状态点，如图 8-43 所示。

采用前述基于 IM 准则判据得到的倒塌点坐标为（0.1271，0.7868），即无阻尼结构在 No. 2590 地震动作用下的倒塌极限状态处，最大层间位移角为 0.1271，对应的谱加速度值为 0.7868g。

（2）10 条地震波的 IDA 曲线（图 8-44）

（3）结构的易损性曲线

将表 8-16 中所示的各条地震动对应的倒塌点极限状态，根据 S_a/g 数值由小到大的顺序进行结构在第一自振周期的谱加速度的累计概率分布排序，得到表 8-17，并结合 MATLAB 工具拟合式（8-23）得出无阻尼结构的倒塌易损性曲线如图 8-45 所示。

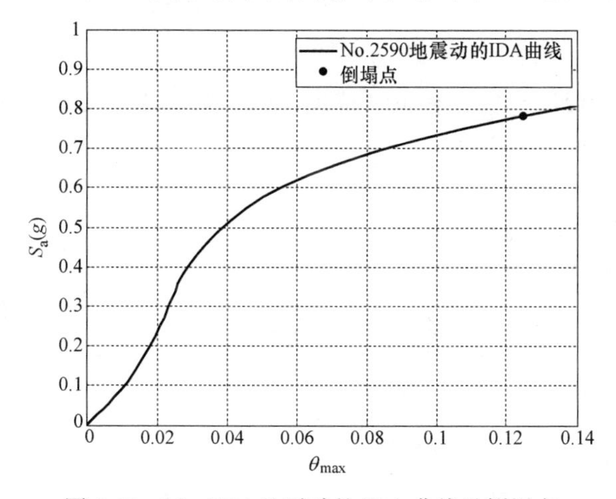

图 8-43　No. 2590 地震动的 IDA 曲线及倒塌点

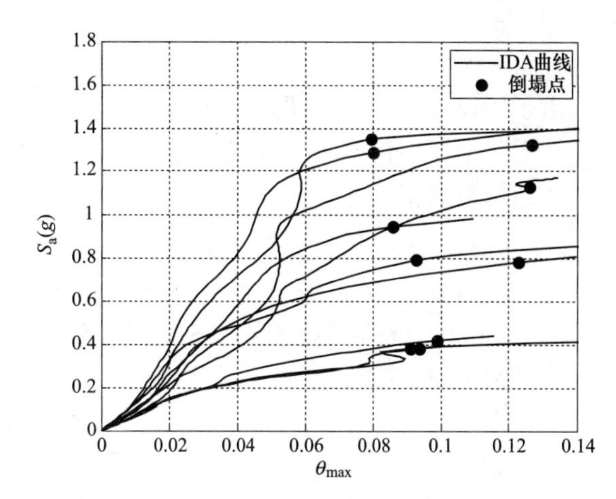

图 8-44　10 条地震动的 IDA 曲线及倒塌点

10 条地震动的倒塌点坐标　　**表 8-16**

地震动序号	No. 40	No. 1812	No. 1830	No. 1838	No. 2550
θ_{max}	0.1260	0.0895	0.0923	0.1298	0.0953
$S_a(g)$	1.1310	0.3808	0.3799	1.3300	0.7981
地震动序号	No. 2551	No. 2555	No. 2590	No. 2781	No. 6281
θ_{max}	0.0829	0.0781	0.1271	0.0971	0.0887
$S_a(g)$	1.2950	1.3440	0.7868	0.4158	0.9485

谱加速度累计概率分布排序　　**表 8-17**

P	0.1	0.2	0.3	0.4	0.5	0.6	0.7	0.8	0.9	1.0
S_a/g	0.3799	0.3808	0.4158	0.7868	0.7981	0.9485	1.1310	1.2950	1.3300	1.3440

拟合的累计正态分布函数为：

$$F(x \mid \mu,\sigma)=\int_{0}^{x}\frac{1}{x\sigma\sqrt{2\pi}}e^{-\frac{(\ln x-\mu)^2}{2\sigma^2}}dt=\Phi\left(\frac{\ln x-\mu}{\sigma}\right) \tag{8-24}$$

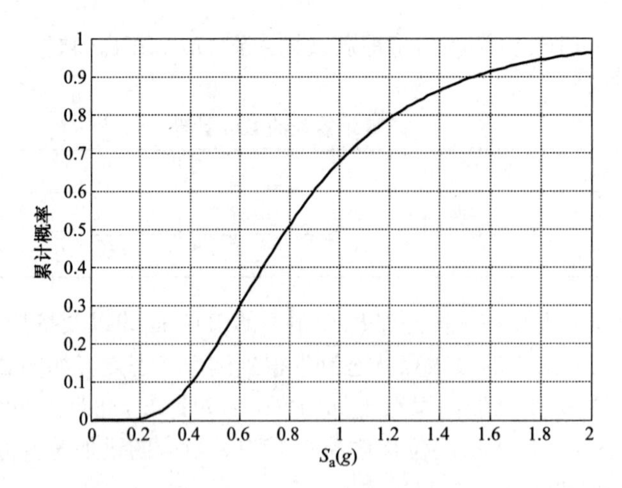

图 8-45　拟合累计正态分布函数后的无阻尼器结构倒塌易损性曲线

最终结果为：

$\mu=-0.2367$（标准差$=0.1647$）

$\sigma=0.5207$（标准差$=0.1263$）

均值$=0.9038$

方差$=0.2545$

由于所设计的 20 层钢框架结构位于 7 度（$0.15g$）设防地区，根据《抗规》的 5.1.4 条和 5.1.5 条可知，无阻尼器结构第一自振周期为 3.61s，总阻尼比为 0.02，则：

当结构遭遇多遇地震时：

$$T_g=0.35\text{s},\alpha_{\max}=0.12$$
$$\gamma=0.9714,\eta_1=0.0265,\eta_2=1.2678$$
$$\alpha(T)=\alpha(3.61)=0.12\times[1.2678\times0.2^{0.9714}-0.0265\times(3.61-5\times0.35)]=0.026$$

当结构遭遇设防地震时：

$$T_g=0.40\text{s},\alpha_{\max}=0.33$$
$$\gamma=0.9714,\eta_1=0.0265,\eta_2=1.2678$$
$$\alpha(T)=\alpha(3.61)=0.33\times[1.2678\times0.2^{0.9714}-0.0265\times(3.61-5\times0.40)]=0.074$$

当结构遭遇罕遇地震时：

$$T_g=0.40\text{s},\alpha_{\max}=0.72$$
$$\gamma=0.9714,\eta_1=0.0265,\eta_2=1.2678$$
$$\alpha(T)=\alpha(3.61)=0.72\times[1.2678\times0.2^{0.9714}-0.0265\times(3.61-5\times0.40)]=0.160$$

故根据倒塌易损性曲线可知 7 度（$0.15g$）设防地区，20 层钢框架结构的倒塌概率为：

多遇地震：　$F(0.026|\mu,\sigma)=\Phi\left(\dfrac{\ln0.026-\mu}{\sigma}\right)=1.65\times10^{-9}$

设防地震：　$F(0.074|\mu,\sigma)=\Phi\left(\dfrac{\ln0.074-\mu}{\sigma}\right)=3.64\times10^{-6}$

罕遇地震：　$F(0.16|\mu,\sigma)=\Phi\left(\dfrac{\ln0.16-\mu}{\sigma}\right)=1.2\%$

注：罕遇地震下结构的最大水平地震的影响系数和特征周期按规范会发生改变。

（4）无阻尼结构性能的评估

上述 3 类地震下，从 MATLAB 拟合的插值函数读出各条地震波的最大层间位移角，列于表 8-18。并按照计算倒塌易损性曲线的方法，采用最大层间位移角代替结构的谱加速度，仍采用累计对数概率分布的函数进行拟合，结果如表 8-19 所示，拟合曲线如图 8-46 所示。

3 类地震下 10 条地震动对应的结构最大层间位移角 表 8-18

	No. 40	No. 1812	No. 1830	No. 1838	No. 2550	No. 2551	No. 2555	No. 2590	No. 2781	No. 6281
多遇	0.0021	0.0022	0.0017	0.0038	0.0024	0.0034	0.0024	0.0050	0.0020	0.0031
设防	0.0055	0.0060	0.0047	0.0102	0.0064	0.0089	0.0064	0.0127	0.0053	0.0082
罕遇	0.0117	0.0129	0.0098	0.0181	0.0125	0.0144	0.0133	0.0208	0.0113	0.0151

拟合累计对数概率分布函数后结果 表 8-19

	μ	σ	均值	方差
多遇	−5.9273	0.334	0.00282	9.38E-07
设防	−4.9499	0.31832	0.00745	5.92E-06
罕遇	−4.2927	0.22384	0.01401	1.01E-05

以 3 类地震下最大层间位移角控制的结构倒塌概率为 10%来对结构进行性能评估，即将图 8-46 最大层间位移角的累计对数正态分布函数等于 0.9 时，对应的最大层间位移角作为基准值，如下所示：

$$\theta_{1\max}(90\%)=0.004$$
$$\theta_{2\max}(90\%)=0.011$$
$$\theta_{3\max}(90\%)=0.016$$

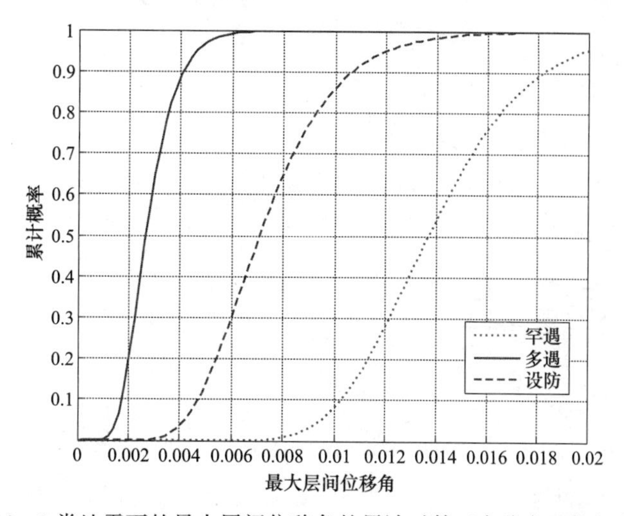

图 8-46 3 类地震下的最大层间位移角的累计对数正态分布函数拟合曲线

根据表 8-13 和表 8-14 的各个性能水准量化的指标，由于钢框架结构的最大弹性层间位移角为 1/250，最大弹塑性层间位移角为 1/50，对所得到的 3 类基准值进行比较：

$$\theta_{1\max}(90\%)=0.004=[\Delta u_{e}]$$
$$\theta_{2\max}(90\%)=0.011=2.75[\Delta u_{e}]\leqslant 3[\Delta u_{e}]$$
$$\theta_{3\max}(90\%)=0.018=4[\Delta u_{e}]$$

由此可知，以 3 类地震下最大层间位移角控制的结构倒塌概率为 10%来对结构进行性能评估：多遇地震下，结构完好；设防地震下，轻微至中等损坏；罕遇地震下，中等破坏，经过适当加固修理等安全措施后可以继续使用。

综上所述，本章设计的 20 层钢框架结构的性能等级评估为第三类性能，性能较为良好，符合抗震设计的“三二”水准和目标。

2. 有阻尼器结构的评估

(1) 有阻尼结构的 IDA 曲线

同理可以得到结构在 3 类阻尼器布置下的 IDA 曲线，如图 8-47～图 8-49 所示。

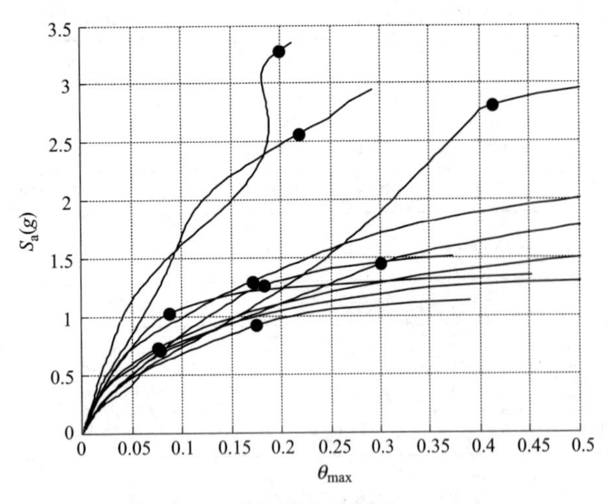

图 8-47　黏滞阻尼器的 IDA 曲线

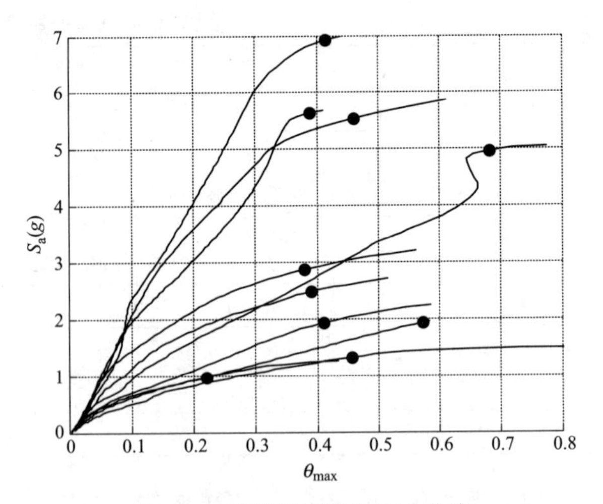

图 8-48　摩擦阻尼器的 IDA 曲线

(2) 有阻尼结构的易损性曲线

同前，图 8-50 汇总了 3 类阻尼器的倒塌易损性曲线和无阻尼器结构的倒塌易损性曲线。

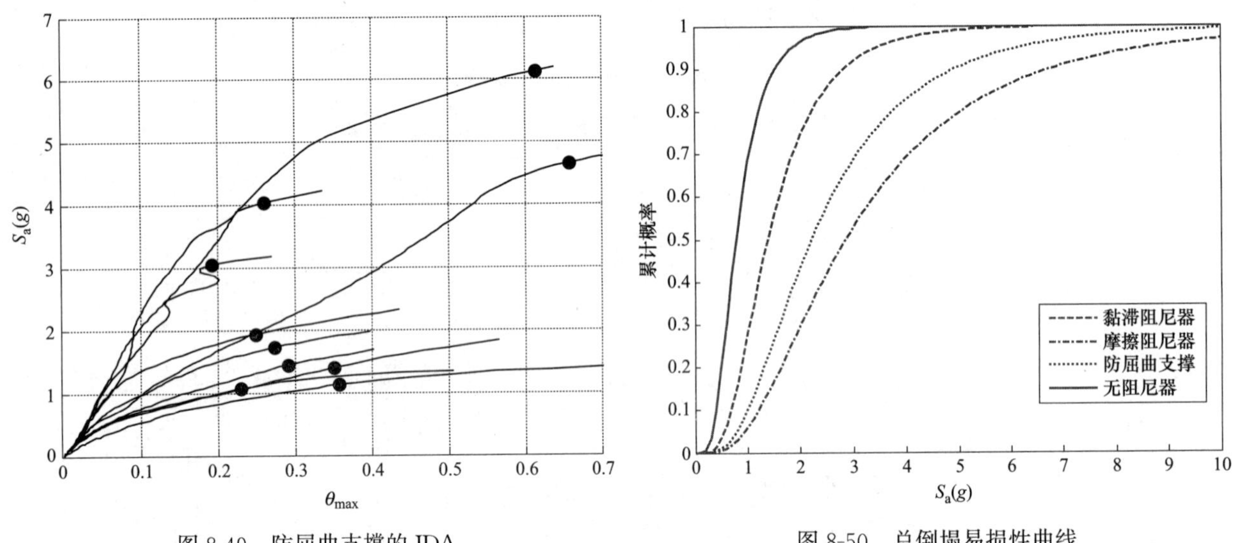

图 8-49　防屈曲支撑的 IDA　　　　图 8-50　总倒塌易损性曲线

采用累计对数概率分布函数进行拟合，得各类阻尼器拟合累计对数概率分布函数后结果，如表 8-20 所列。

各类阻尼器拟合累计对数概率分布函数后结果　　**表 8-20**

	μ	σ	均值	方差
黏滞阻尼器	0.331341	0.553236	1.62316	0.94341
摩擦阻尼器	0.0452739	−4.73074e-18	1.05119	0.672859
防屈曲支撑	0.796575	0.624349	2.69522	3.46287

(3) 有阻尼结构在倒塌之前对于阻尼器是否正常工作的判断

在结构的 IDA 分析中判断结构的倒塌破坏是基于 IM 准则确定的，并未考虑结构在倒塌破坏前阻尼器是否仍然正常工作，有可能在结构的倒塌过程中阻尼器先结构一步破坏。

对于此点可以通过对结构模型中的阻尼器单元赋予生死单元来实现，并根据搜集的各类阻尼器破坏的准则，结合 OpenSEES 软件的编译对阻尼器的破坏界限进行定义和判断。当阻尼器无法正常工作时立即发挥生死单元的作用，即立即删去阻尼器单元，研究此时刻失去阻尼器的作用后结构的抗震倒塌性能。为了保证阻尼器在结构到达倒塌点之前未先行破坏，必须要对设计的阻尼器的限值进行判断，从而

判断是否采用生死单元。考虑到阻尼器的实际尺寸会对阻尼器所受实际阻尼力限值产生影响，对于阻尼器破坏准则判断指标的选取应尽量选择相对指标，从而忽略或者尽量减少阻尼器实际尺寸带来的误差。

前人已经对各类阻尼器的性能进行了试验研究，对于本章设计的 3 类阻尼器，满足性能要求，并且通过了试验证明，所以可以采用此类阻尼器的设计构造的性能要求，并可以根据它们的试验资料来对所设计的三类阻尼器进行破坏的判定。

文献通过荷载试验证明了一种改进的拟黏滞摩擦阻尼器在 220mm 的长度下，最大可以发生 20mm 的位移，这时阻尼器的摩擦片或者钢板会发生翘曲或者局部失稳，从而导致摩擦阻尼器的破坏，属于阻尼器本身的破坏，可以采取相对指标 20/220＝1/11 的位移变形作为此类阻尼器性能水准的限值，亦可以作为此类阻尼器的破坏准则；文献通过荷载试验证明了一种新型约束支撑构件——抑制屈曲支撑，在总长度为 960mm、屈服段为 500mm 的情况下，可以达到 15 倍受拉屈服的变形，而试件最大的弹塑性变形为 6～10mm，故最大的受拉变形为 90～150mm，取均值 120mm 作为阻尼器受拉屈服的最大变形，此时阻尼器会发生内核构件约束屈服段的受拉屈服，属于阻尼器本身的破坏，同理，可以取相对指标 80÷960＝1/12 作为此类阻尼器性能水准的限值，亦可以作为此类阻尼器的破坏准则。黏滞阻尼器在工程上尺寸可达到 1260mm，位移可达到±100mm 以及最大阻尼力为 500kN，相对位移 100/1260≈1/12 或者 500kN 的阻尼力可作为此类阻尼器性能水准的限值，亦可以作为此类阻尼器的破坏准则，破坏时阻尼器会由于活塞运动的卡死失效，活塞杆较弱部分首先发生破坏，紧接着整个阻尼器发生破坏，也属于阻尼器本身的破坏。

各类阻尼器结构下 10 条地震动的 IDA 曲线倒塌点如图 8-47～图 8-49 所示，在时程分析中，采用各类倒塌点状态下的阻尼器两端最大相对位移或者过程中所受最大阻尼力作为极限性能，以此进行判定。

本章设计的结构是否需采用生死单元的判断如表 8-21 所示。

各类阻尼器下倒塌点阻尼器的最大受力　　表 8-21

结构布置的阻尼器	倒塌前阻尼器最大受力或者最大相对位移	阻尼力判断准则限值	是否采用生死单元
黏滞阻尼器	378.5mm,418.5kN	1/19<1/12,418.5kN<500kN	否
摩擦阻尼器	586.3mm	1/12.5<1/11	否
防屈曲支撑	454.5mm	1/16.2<1/16	否

综上所述，当采用阻尼器相对位移作为破坏准则时，在倒塌破坏之前，阻尼器仍保持正常工作，说明结构在阻尼器布置下进行的易损性分析是合理的。也就是说，是可以找到与本章阻尼器性能一致的阻尼器，使得阻尼器在倒塌之前性能完好，可以正常承受阻尼器的消能减振作用。

3. 结构在各类阻尼器下的性能评估对比

各类阻尼器布置在结构中后，在罕遇地震下结构的第一周期谱加速度会发生变化。

（1）黏滞阻尼器

$$T_g=0.40\text{s},\alpha_{max}=0.72,T_1=3.61\text{s},\xi=0.180$$
$$\gamma=0.8059,\eta_1=0.00668,\eta_2=0.64674$$
$$\alpha(T)=\alpha(3.61)=0.72\times[0.64674\times0.2^{0.8059}-0.00668\times(3.61-5\times0.40)]=0.1196$$

（2）摩擦阻尼器

$$T_g=0.40\text{s},\alpha_{max}=0.72,T_1=3.28\text{s},\xi=0.061$$
$$\gamma=0.8835,\eta_1=0.0182,\eta_2=0.9381$$
$$\alpha(T)=\alpha(3.28)=0.72\times[0.9381\times0.2^{0.8835}-0.0182\times(3.28-5\times0.40)]=0.1462$$

(3) 防屈曲支撑

$$T_g=0.40\text{s},\ \alpha_{max}=0.72,\ T_1=3.24\text{s},\ \xi=0.0571$$

$$\gamma=0.8890,\ \eta_1=0.0188,\ \eta_2=0.9586$$

$$\alpha(T)=\alpha(3.24)=0.72\times[0.9586\times0.2^{0.8890}-0.0188\times(3.24-5\times0.40)]=0.1483$$

故可得到布置阻尼器后结构在罕遇地震作用下，倒塌概率为：

$$F(0.1196|\mu,\sigma)=\Phi\left(\frac{\ln 0.1196-\mu}{\sigma}\right)=0.69\%$$

$$F(0.1462|\mu,\sigma)=\Phi\left(\frac{\ln 0.1462-\mu}{\sigma}\right)=0.56\%$$

$$F(0.1483|\mu,\sigma)=\Phi\left(\frac{\ln 0.1483-\mu}{\sigma}\right)=0.61\%$$

由此可以看出，在罕遇地震作用下，20层钢框架结构在各类阻尼器的布置下倒塌概率最大的是黏滞阻尼器，最小的是摩擦阻尼器，但由于概率值均较小，为了对受阻尼器影响的结构的作用效果进行显著区分，采用CMR系数，即表征结构实际对地震的抗倒塌性能对于要求设防性能的存储潜力水平，公式为：

$$\text{CMR}=\frac{S_a(T_1)_{50\%}}{S_a(T_1)_{\text{大震或罕遇}}} \tag{8-25}$$

即根据20层钢框架结构的倒塌作用易损性曲线图中横坐标谱加速度IM值在50%概率点处与遭遇罕遇地震时结构谱加速度IM值的比值，对无阻尼器和3类阻尼器结构进行计算比较。

$$\text{CMR}_{\text{无阻尼器}}=\frac{0.7895}{0.160}=4.93$$

$$\text{CMR}_{\text{黏滞}}=\frac{1.414}{0.1196}=11.82$$

$$\text{CMR}_{\text{摩擦}}=\frac{2.828}{0.1462}=19.34$$

$$\text{CMR}_{\text{防屈曲}}=\frac{2.22}{0.1483}=14.97$$

由此可以明显地看出，减振目标控制在76%时设计出来的阻尼器，对于结构在远场地震下的抗倒塌性能方面，摩擦阻尼器效果最佳，其次是防屈曲支撑，然后是黏滞阻尼器。因此在实际工程中，对于远场地震作用下的建筑结构，推荐使用摩擦阻尼器以满足自身的抗倒塌性能。同时还可以看出，阻尼器对结构抗震性能的改善效果十分显著，这也进一步说明了消能减振结构对于结构抗震性能具有极大的加强和改善作用。

接下来探究结构在5个性能指标上的表现，根据图8-44，图8-47，图8-48和图8-49，分别采用累计对数正态概率分布的函数关系对比无阻尼结构和3种有阻尼器结构，拟合5种性能指标下结构第一周期谱加速度的倒塌易损性概率曲线，拟合时不同性能指标下结构的最大层间位移角如表8-22所示，拟合曲线如图8-51～图8-55所示。

5个性能指标界限值对应的最大层间位移角 **表8-22**

性能水准	基本完好	轻微损伤	中等损伤	严重损伤	倒塌破坏
最大层间位移角值	0.004	0.006	0.012	0.018	0.02

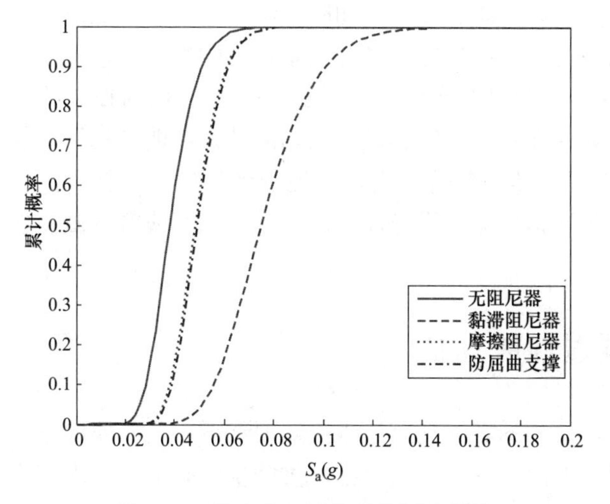

图 8-51　基本完好性能的易损性曲线

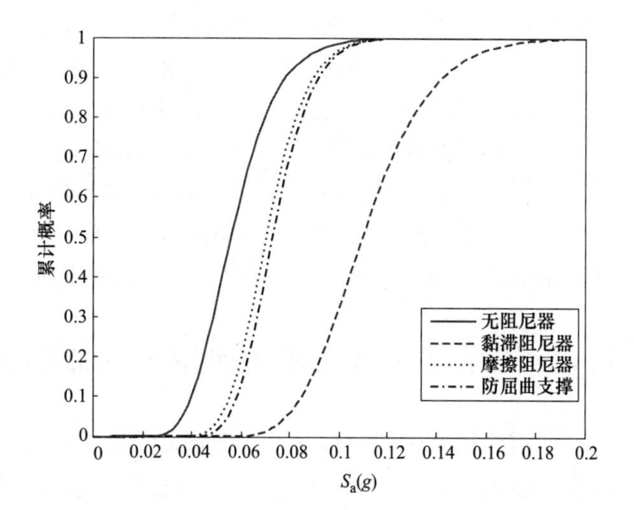

图 8-52　轻微损伤性能的易损性曲线

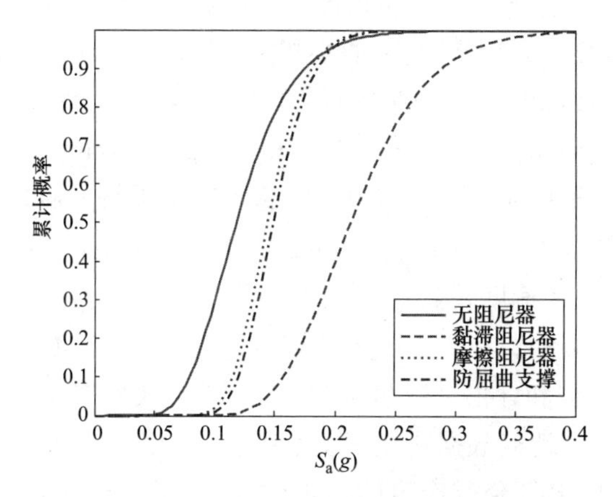

图 8-53　中等损伤性能的易损性曲线

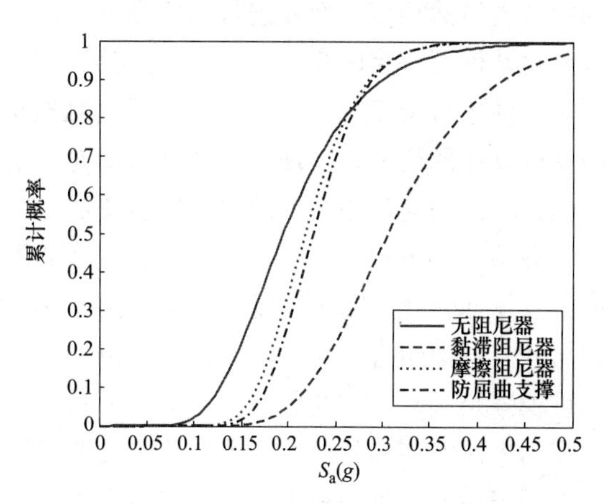

图 8-54　严重损伤性能的易损性曲线

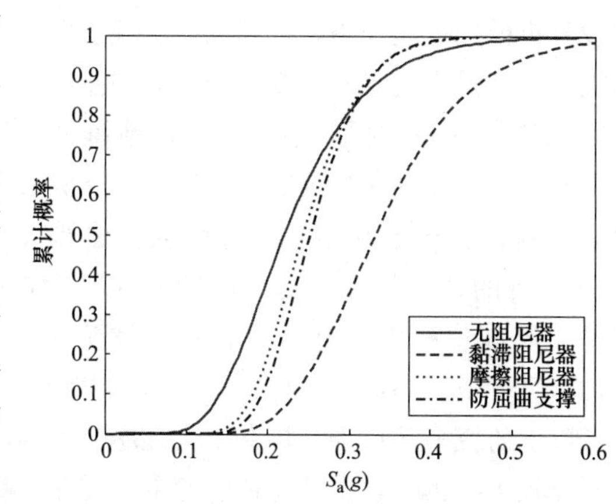

图 8-55　倒塌破坏性能的易损性曲线

从图 8-51～图 8-55 可看出（以下 $[u_e]$ 指钢框架结构的最大弹性层间位移角，$[u_p]$ 指钢框架结构最大的塑性层间位移角）：

1）控制结构最大层间位移角小于 0.004（$[u_e]$）时，阻尼器的控制效果为黏滞阻尼器最佳，防屈曲支撑和摩擦阻尼器效果几乎一致；

2）控制结构最大层间位移角大于 0.004 而小于 0.006（$1.5[u_e]$）时，阻尼器的控制效果为黏滞阻尼器最佳，防屈曲支撑其次，摩擦阻尼器虽然最差但是与防屈曲支撑差别不大；

3）控制结构最大层间位移角大于 0.006 而小于 0.012（$[3u_e]$）时，阻尼器的控制效果为黏滞阻尼器最佳，防屈曲支撑其次，摩擦阻尼器虽然最差，但是与防屈曲支撑差别不大；

4）控制结构最大层间位移角大于 0.012 而小于 0.018（$0.9[u_e]$）时，阻尼器的控制效果为黏滞阻尼器最佳，防屈曲支撑其次，摩擦阻尼器虽然最差但是与防屈曲支撑差别不大；

5）控制结构最大层间位移角大于 0.018 而小于 0.020（ $[u_p]$）时，阻尼器的控制效果为黏滞阻尼器最佳，防屈曲支撑其次，摩擦阻尼器虽然最差但是与防屈曲支撑差别不大。

综上所述，在规范定义的 5 个性能指标下，黏滞阻尼器的表现最为突出，在 5 个性能指标下都有不错的结构控制性能。虽然防屈曲支撑稍比摩擦阻尼器更优，但防屈曲支撑和摩擦阻尼器两者性能效果差别不大，而且在后3种性能指标中，随着水准程度的提升，防屈曲支撑和摩擦阻尼器的性能效果甚至在很高的超越性能概率下会被无阻尼结构超越，这说明在中等损伤倒塌破坏的结构性能指标的控制范围内，防屈曲支撑和摩擦阻尼器的控制效果不是很好，它们在基本完好和轻微损伤的结构性能指标下，控制效果则很明显。所以，在工程实际中，对于20层钢框架结构在遭受远场强地震动作用下，在中国规范控制结构的性能指标方面，若保持同一减振目标，黏滞阻尼器效果最优，而在基本完好或者轻微损伤性能指标下，还可以选用防屈曲支撑或者摩擦阻尼器。

8.6 主余震下塔楼建筑典型阻尼器的减振性能评估

地震往往呈序列频繁发生，研究表明较强的余震对结构的破坏甚至比主震还要严重，究其原因是结构在主震到来之后，虽然没有产生严重破坏或者倒塌，但由于其延性刚度都严重降低，较大的余震到来之后，会对结构造成更严重的破坏，故研究结构在序列型地震动下的响应具有重要意义。然而实际中记录的主余震虽然很多，但在进行数值分析时，很难找到适合某类场地的主余震序列地震记录。因此，许多学者对此做了许多研究，在19世纪初期，大森房吉研究了余震次数随时间的衰减关系，Mahin等研究了非线性单自由度在余震作用下需提高结构的延性，Amadio C. 等通过主余震对非线性单自由度记录的反应规律的研究，发现主余震序列型地震动会使结构损伤变大，Kihak Lee和Douglas Foutch研究了结构在不同的地震序列下的损伤性能评估，Bath M. 等根据大量的地震数据得到了主余震与最强余震震级的关系，Gutenberg B. 等则明确提出了地震累计频度与余震级的关系，George D. Hatzigeorgiou则根据古登堡-克里特定律的主余震衰减关系，通过主震峰值加速度得到最大余震峰值加速度，再对各个主震与余震自由组合，从而可以构造一系列主余震序列地震动。在国内，吴开统最先提出在工程建设中应该重视强余震对结构的影响，并进行了强余震的灾害影响和评估。冯世平于1990年首次构造了序列型地震动来研究结构的反应。欧进萍和吴波等则根据大量的地震数据建立了主余震统计关系，吕晓健等根据中国记录的序列型地震动的震级分布和空间分布，指出强余震产生的地震动幅值与震级、距离相关。马骏驰等通过对一个6层钢筋混凝土框架结构进行震害分析，采用静力弹塑性分析和静力循环往复加载分析模拟地震作用，得到钢筋混凝土框架结构在地震作用下的累积损伤现象明显，指出只考虑主震的抗震设计是不完善和不安全的。温卫平采用改进的Park-Ang损伤指数的评价方法，采用加权的方式得到结构的整体损伤系数，利用地震动衰减关系构造了一系列主余震序列型地震动并分析了钢筋混凝土框架结构的主余震易损性，分析表明，基于Park-Ang损伤指数评价方法的主余震序列型地震动对结构的损伤累积十分明显。徐骏飞等采用IDA的分析方法，基于最大层间位移角和改进Park-Ang的评价指标，对6层钢筋混凝土框架考虑了主震与主余震的地震损伤对比分析，结果表明基于层间位移角的IDA评价指标评价主震与主余震序列型地震动对结构的损伤累积差别并不明显，基于改进Park-Ang评价指标评价则表现出明显的差别。

以上研究多着重于结构在主余震序列型地震下的反应，对于阻尼器在地震序列下减振性能如何，目前研究较少，因此，本节考虑研究主余震序列型地震动下阻尼器对结构的减振性能。

8.6.1 主余震序列型的构造方法

1. 冯世平地震序列构造方法

冯世平在1990年首次采用构造的序列型地震动研究主余震地震动序列对结构的反应，在8度设防烈度的地区，地震动的PGA为：

小震：PGA=750mm/s^2；中震：PGA=2000mm/s^2；大震：PGA=3000mm/s^2。

地震序列构造如表8-23所示。

地震序列构造 表 8-23

编码	第一次输入 PGA(mm/s²)	第二次输入 PGA(mm/s²)	类别	地震序列
S	750	—	小震	多遇地震
M. S	2000	750	中-小震	主余震
M. M	2000	2000	中-中震	双主震
M. L	2000	3000	中-大震	双主震
L. S	3000	750	大-小震	主余震
L. M	3000	2000	大-中震	主余震

2. 吴波欧进萍地震动序列构造方法

吴波、欧进萍等选择了 49 组主余震序列地震动进行回归分析，统计了主震震级与余震震级之间的关系，运用最小二乘法，得到了主震震级 M_{max} 分别与两次最大余震 M_{a1} 与 M_{a2} 的关系：

$$M_{a1}=0.50M_{max}+2.02 \tag{8-26a}$$

$$M_{a2}=0.32M_{max}+2.98 \tag{8-26b}$$

对于如何确定主余震时程曲线参数，吴波等给出 3 种方法：

（1）根据主震烈度确定余震烈度的求解方法，如图 8-56 所示。

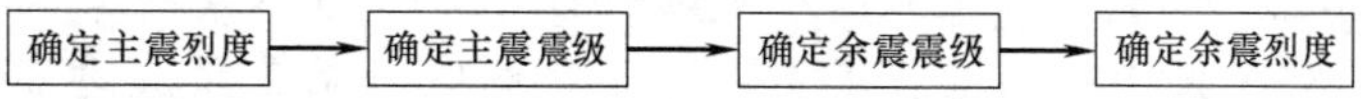

确定主震烈度 → 确定主震震级 → 确定余震震级 → 确定余震烈度

图 8-56 主余震参数确定

（2）修改现有主余震记录，选择满足要求的实际主余震记录，再分别对每条地震记录的三要素——峰值，频谱和持时进行调整。但是由于现有的记录中满足设计要求的主余震较少，这种方法用得较少。

（3）修改一条实际地震记录，通过调整峰值加速度获得主余震时程曲线。该方法简单易操作，其缺点是余震的频谱特性等与主震相同，不能反映主余震的随机性。

此外，吴波等给出了随机主余震地震动模型参数，其模型表示为：

$$S_A(\omega)=\frac{1+4\dfrac{\omega^2}{\omega_g^2}\xi_g^2}{\left(1-\dfrac{\omega^2}{\omega_g^2}\right)^2+4\dfrac{\omega^2}{\omega_g^2}\xi_g^2}\cdot\frac{1}{1+\dfrac{\omega^2}{\omega_k^2}}\cdot S_0 \tag{8-27}$$

其中 ω_g 为场地卓越频率，ξ_g 为阻尼比，ω_k 为反映基岩特性的谱参数，S_0 为地震动强弱程度的谱强度因子。

3. 阚玉萍和丁文胜地震动序列构造方法

阚玉萍和丁文胜等人认为理想化的主震最大加速度、持时与主震震级之间存在一定的关系，利用地震历史资料，选择了大量的强余震地震动记录进行回归分析，得到了最大余震震级 M_y 与峰值加速度 PGA 的关系以及余震震级与强余震相对持续时间之间的关系：

$$\text{PGA}=0.0806M_y-0.2913 \quad (R^2=0.2072) \tag{8-28a}$$

$$\text{PGA}=0.0115M_y-0.0448 \quad (R^2=0.3443) \tag{8-28b}$$

$$T_d=5.2808M_s-17.686 \quad (R^2=0.1811) \tag{8-28c}$$

其中，M_s 为余震震级，T_d 为地震能量从 5%上升到 95%的持续时间。

主余震的大小关系可由吴波、欧进萍统计的主余震震级关系得到，然后再根据式（8-28）求得余震震级对应的最大余震峰值加速度。

4. Joyner-Boore 地震动序列构造方法

David M. Boore 和 William B. Joyner 等采用线性回归方法通过拟合 271 条实际地震记录数据，建立了预测任意地震峰值加速度的方程为：

$$\log(\text{PGA})=b_1+b_2(M-6)^2+b_4r+b_5\log r+b_6G_B+b_7G_c+\varepsilon_r+\varepsilon_e \tag{8-29a}$$

$$r=(d^2+h^2)^{1/2} \tag{8-29b}$$

其中，PGA 为峰值加速度（g）；M 为地震震级；d 为震中距（km）；场地类型中，$G_B=1$ 对应 B 类场地，$G_C=1$ 对应 C 类场地，0 对应其他场地；ε_r 和 ε_e 是每一条地震记录指定的独立随机变量，h 是由线性回归分析确定的震源深度（km）。系数 b_1 通过 b_7，h，ε_r、ε_e 得到，r 为断层距（km）。

根据场地的不同，该方程中的相关参数 b_1，b_2，b_4，b_5，b_6，b_7，r 等参数通过查文献附录表格得到，故式（8-29a）为：

$$\log(\mathrm{PGA})=0.49+0.23(M-6)-\log(\sqrt{R^2+8^2})-0.0027\sqrt{R^2+8^2} \tag{8-29c}$$

5. George D. Hatzigeorgiou 地震动序列构造方法

George D. Hatzigeorgiou 采用了古登堡-克里特定律假设一次震级为 M 的主震等效为两次较小震级的余震，震级均为 $M-0.301$，采用 Joyner-Boore 提出的主余震地震动衰减关系（式 8-29c）求出余震 PGA 的大小：

$$\frac{\mathrm{PGA}_{M-0.301}}{\mathrm{PGA}_M}=\frac{10^{0.49+0.23(M-0.301-6)-0.0027\sqrt{R^2+8^2}-\log\sqrt{R^2+8^2}}}{10^{0.49+0.23(M-6)-0.0027\sqrt{R^2+8^2}-\log\sqrt{R^2+8^2}}}=0.8526 \tag{8-30}$$

根据结构所在场地和分组选择若干地震动，单调调幅主震 PGA 大小，按照式（8-30），根据主余震地震动 PGA 得到余震 PGA 大小：如主震 PGA 为 1g，构成一条主余震地震动序列为（0.8526，1，0.8526），依次对各条地震动进行调幅并随机组合可得到一系列地震动序列。

8.6.2 主余震地震动序列构造原则

根据前述主余震地震动序列构造方法，本节采用一种组合的方式构造主余震地震动序列，其基本思路是根据主震震级确定余震震级，再根据 Joyner-Boore 地震动衰减关系求出震级与最大峰值加速度 PGA 的大小。

主余震关系可以根据巴特定律统计得到的主震震级 M_{ms} 与最大余震震级 $M_{\mathrm{sa}}^{\max}$ 相差为 1.2 得到：

$$\Delta M=M_{\mathrm{ms}}-M_{\mathrm{as}}^{\max}\approx 1.2 \tag{8-31}$$

根据式（8-29c），可得

$$\frac{(\mathrm{PGA})_{\mathrm{as}}}{(\mathrm{PGA})_{\mathrm{ms}}}=\frac{10^{0.49+0.23(M_{\mathrm{as}}^{\max}-6)-\log(\sqrt{R^2+8^2})-0.0027\sqrt{R^2+8^2}}}{10^{0.49+0.23(M_{\mathrm{ms}}-6)-\log(\sqrt{R^2+8^2})-0.0027\sqrt{R^2+8^2}}}=0.5297 \tag{8-32}$$

按照以上公式，可构造一系列主震-余震地震动序列，例如当主震的峰值加速度为 0.1g 时，最大余震的峰值加速度为 0.05297g。

8.6.3 地震波选取原则

结构的非线性时程分析中，如何正确地选择输入地震加速度时程曲线是能否得到结构响应的关键。通常，在地震分析中，地震波的选取要满足地震动的三大要素，即强度、频谱特性、持续时间。强度表示所选地震波的均值谱在统计意义上和设计反应谱相符，频谱特性可按照场地类别确定，持时则根据《抗规》要求，满足地震记录的峰值加速度大于最大峰值 10%的时间为结构基本周期的 5～10 倍。根据《抗规》，可通过表 8-9 和表 8-10 确定结构的地震影响系数最大值和特征周期。

20 层 Benchmark 模型按照基本烈度为 8 度多遇地震，场地类别为第二类第二组来进行地震波选取，可得到 20 层钢结构 Benchmark 模型的水平地震影响系数 $\alpha_{\max}=0.16g$，$T_g=0.4$s，其设计反应谱曲线如图 8-57 所示。

根据结构的设计反应谱，在太平洋地震动数据库中心按照设计反应谱选择 20 条地震动，其相关信息如表 8-24 所示。

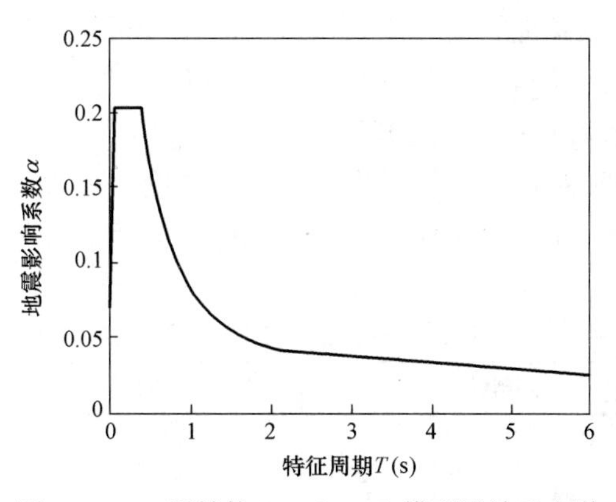

图 8-57　20 层结构 Benchmark 模型设计反应谱

20 条地震波　　**表 8-24**

编号	名称	年份	测量站点	矩震级
1	Whittier Narrows-01	1987	Huntington Beach-Lake St	5.99
2	Loma Prieta	1989	Sunol-Forest Fire Station	6.93
3	Landers	1992	Barstow	7.28
4	Landers	1992	Mission Creek Fault	7.28
5	Kobe_Japan	1995	Tadoka	6.9
6	Duzce_Turkey	1999	Lamont 362	7.14
7	Iwate_Japan	2008	YMT017	6.9
8	Darfield_New Zealand	2010	Canterbury Aero Club	7
9	Chi-Chi-03	1999	TCU068	6.2
10	Landers	1992	Thousand Palms Post Office	7.28
11	Darfield_New Zealand	2010	DORC	7
12	Darfield_New Zealand	2010	Riccarton High School	7
13	Chuetsu-oki_Japan	2007	Tokamachi Matsunoyama	6.8
14	Chuetsu-oki_Japan	2007	Sawa Mizuguti Tokamachi	6.8
15	Chuetsu-oki_Japan	2007	Ojiya City	6.8
16	Chuetsu-oki_Japan	2007	NIG028	6.8
17	Chuetsu-oki_Japan	2007	NIGH01	6.8
18	Chuetsu-oki_Japan	2007	NIGH06	6.8
19	Iwate_Japan	2008	Minamikatamachi Tore City	6.9
20	Darfield_New Zealand	2010	MAYC	7

用 MATLAB 编写程序，将地震动转化为反应谱，如图 8-58 所示。

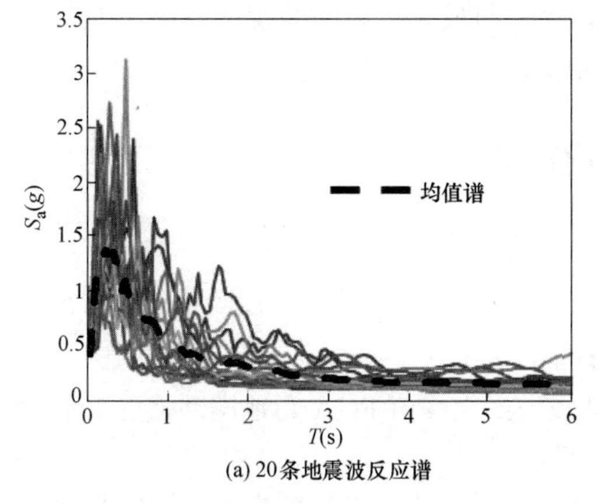

(a) 20条地震波反应谱

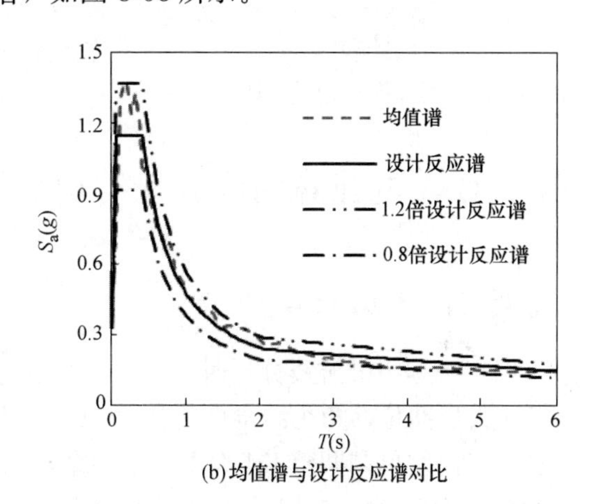

(b) 均值谱与设计反应谱对比

图 8-58　反应谱

将 20 条地震波对应的反应谱取均值可得到平均反应谱，如果在统计意义上，均值谱数值与设计反应谱相差不大，则认为所选的20条地震波对该结构进行时程分析是合理的。采用《抗规》和工程中应用的双波频段选波法，即在0.1～T_g，$[T_1-\Delta T_1, T_1+\Delta T_2]$这一范围内，其中$\Delta T_1=0.2s$，$\Delta T_2=0.5s$，平均反应谱的值不大于设计反应谱的20%。

美国ASCE 7-10规范要求时程分析所选用的地震动记录应与最大地震的参数相符合，所选择的地震波在$[0.2T_1, 1.5T_1]$段内，平均值不应超过规范反应谱值上下的20%。基于以上筛选原则，所选地震波原则如表8-25所示。

双波频段和ASCE 7-10的选波方法 **表8-25**

选波方法	控制频段一	控制频段二	控制精度
双波频段	[0.1，0.4]	[3.72，4.42]	20%
ASCE 7-10	[0.784，5.88]	—	20%

由图8-58对比分析知，均值谱整个周期都能较好地满足不超过设计谱值上下20%的要求，满足双波频段和ASCE 7-10选波法的筛选原则。

《抗规》中规定了输入的地震波的有效持时需要满足地震记录的峰值加速度大于最大峰值10%的时间为结构基本周期的5～10倍。

按照选波持时要求，统计20条地震波有效持时，如表8-26所示。

地震波峰值大于10%的持时和倍数 **表8-26**

编号	1	2	3	4	5	6	7	8	9	10
时间	23.2	21.7	21.3	40.6	43.8	20.5	50.6	35.1	40.3	30.3
倍数	5.9	5.5	5.4	10.3	11.1	5.2	12.8	8.9	10.2	7.7
编号	11	12	13	14	15	16	17	18	19	20
时间	27.6	24.6	24.2	22.7	22.7	36.3	36.5	27.6	24.6	25.5
倍数	7.0	6.2	6.1	5.7	5.7	9.2	9.2	7.0	6.2	6.4

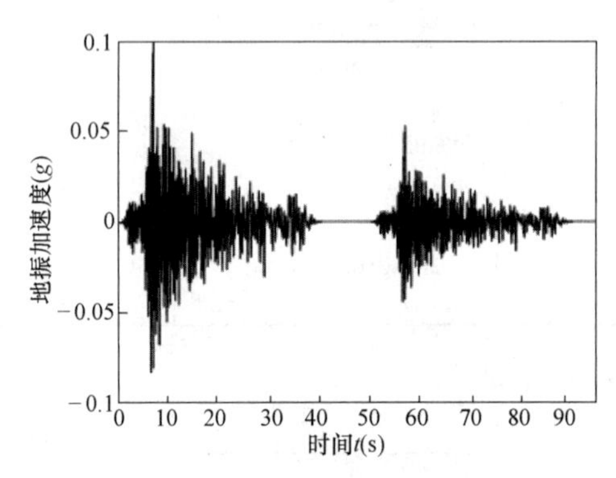

图8-59 1号主余震地震动波形

表8-26的数据表明所选20条地震波的峰值加速度大于最大峰值10%的时间均满足结构基本周期的5～10倍的要求。

综合上述选波原则，说明选取的20条地震波是合理的。

8.6.4 主余震地震动序列

根据8.6.3节可以得到20条主余震地震动序列，考虑地震动实际情况，可以把主震-主余震地震动序列看成是一条地震波，主震与最大余震间隔10s，限于篇幅图8-59仅表示了1号主余震地震动波形。

8.7 基于IDA的建筑消能减振结构数值分析

8.7.1 地震序列IDA计算

IDA应用于工程中的抗震分析时，按以下步骤进行：

(1) 以最大层间位移角为结构性能参数DM，以地震波最大峰值PGA为地震动强度IM，主震和最大余震按照一定比例单调调整IM大小，得到结构的DM；

(2) 以DM为横坐标，IM为纵坐标得到第一个DM-IM点，连接坐标轴原点，记斜率为初始刚度；

(3) 继续对该条地震记录单调调幅，获得一系列DM-IM点，如果后一个DM-IM点与前一个DM-IM点斜率小于初始斜率的20%，则认为结构倒塌，停止计算，否则继续计算。

通过计算得到 4 类阻尼器对应的主震 IDA 曲线与主余震 IDA 曲线，如图 8-60 所示。

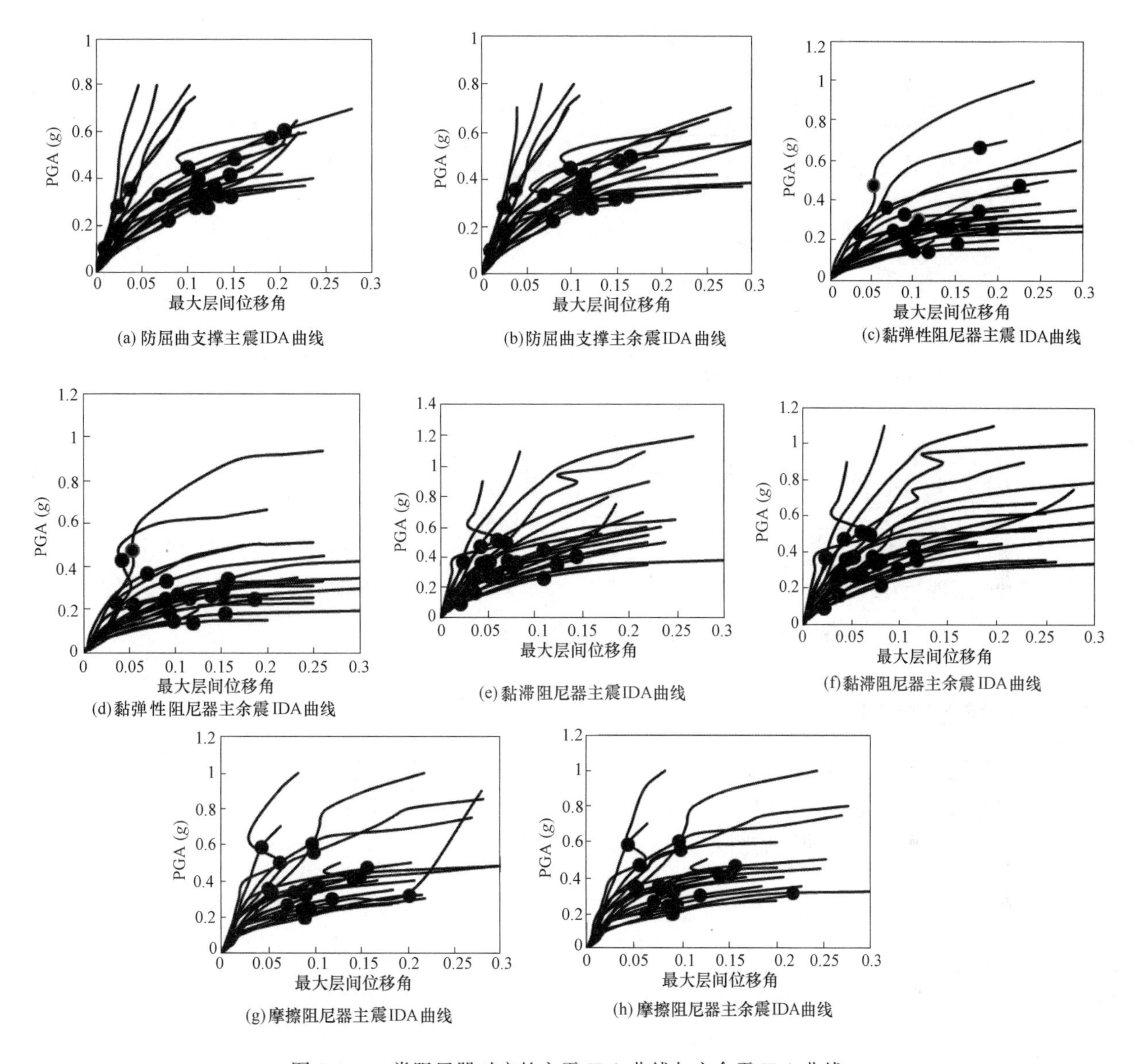

(a) 防屈曲支撑主震IDA曲线　(b)防屈曲支撑主余震IDA曲线　(c)黏弹性阻尼器主震 IDA曲线

(d)黏弹性阻尼器主余震IDA曲线　(e)黏滞阻尼器主震IDA曲线　(f)黏滞阻尼器主余震IDA曲线

(g)摩擦阻尼器主震IDA曲线　(h)摩擦阻尼器主余震IDA曲线

图 8-60　4 类阻尼器对应的主震 IDA 曲线与主余震 IDA 曲线

由以上 8 个图进行数据统计和曲线拟合，可得到 4 类阻尼器主震与主余震曲线对应的 50%比例曲线（按照 20 条地震波进行统计），如图 8-61 所示。

从图中可以看出，4 类阻尼器对应的主余震 IDA 50%比例曲线是不同的。各类阻尼器结构进入塑性状态所对应的地震峰值加速度 PGA 和层间最大位移角是不同的，说明 4 类阻尼器对结构在地震下的响应控制是不同的。对图 8-61 4 个图分析，以层间位移角作为 IDA 分析的性能指标，在同一 PGA 下，4 类阻尼器主震与主余震所对应的最大层间位移角并没有太大的区别，当 PGA 较小时，主震和主余震曲线几乎重合，说明结构在 PGA 较小时，主震对结构作用之后，余震再对结构作用并没有对结构产生明显的损伤，在 PGA 较大时，结构在主震作用之后，进入塑性状态，产生残余变形，余震再次作用时对结构造成更大的破坏，其表现为在同一 PGA 下，主余震对应的最大层间位移角较主震单独作用时大，且随着 PGA 的增加，主震与主余震之间的区别越来越明显。4 类阻尼器的主震与主余震对应的 IDA 50%比例曲线说明了余震对结构会造成一定的破坏，建筑在单次地震和主余震序列型地震下的响应是有区别的。

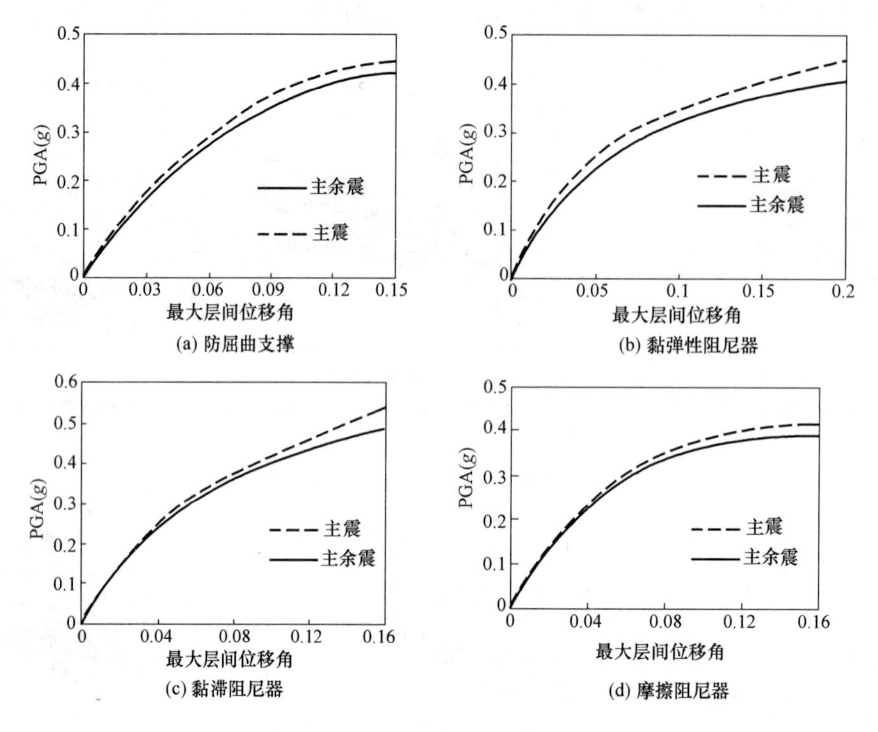

图 8-61　4 类阻尼器主震与主余震曲线对应的 50%比例曲线

8.7.2　倒塌控制分析

根据 4 类阻尼器的 IDA 倒塌曲线以及易损性关系，可得到 4 类阻尼器的主震、主余震易损性曲线，以便于比较分析 4 类阻尼器对结构的倒塌控制，易损性曲线按 8.5.2 节建立，4 类阻尼器在主震单独作用和主余震作用下的易损性曲线如图 8-62 所示。

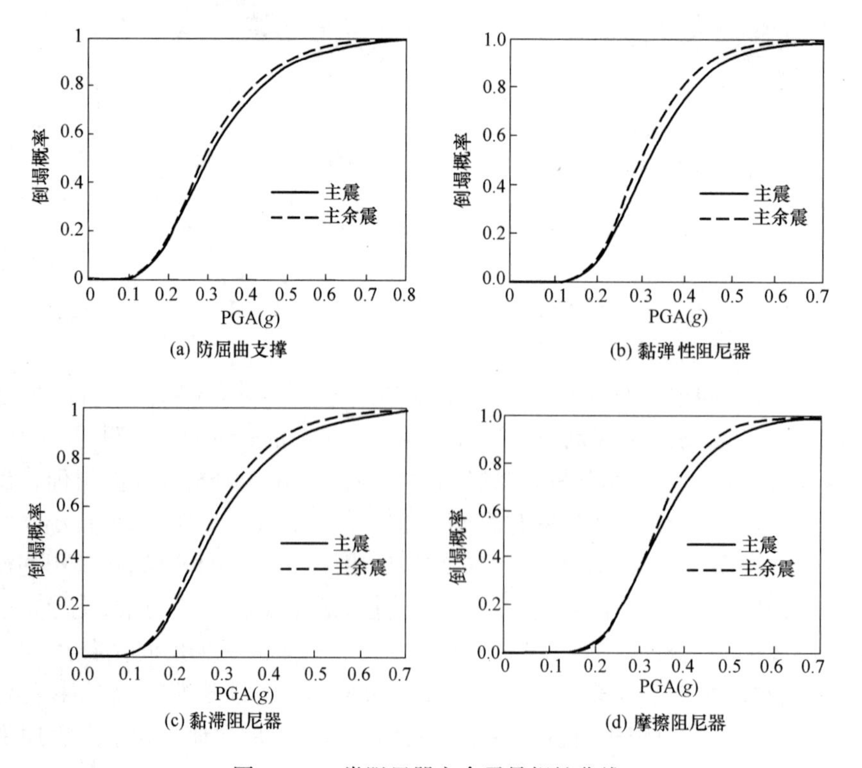

图 8-62　4 类阻尼器主余震易损性曲线

通过图 8-62 可以看出，4 类阻尼器在 PGA 较小时，结构在主震与主余震作用下的易损性几乎一致，随着 PGA 的增加，主震和主余震的易损性有所区别，在同一 PGA 下，在主余震下结构的倒塌概率大于单独主震作用下的倒塌概率，但是两者相差不大，随着 PGA 增加到某一限值，主震和主余震所对应的结构倒塌概率都趋近 1，这说明在 PGA 很大时，主震就已经对结构产生了严重的破坏或者已经使结构倒塌。由以上分析可以看出，以层间最大位移角作为 DM 指标来分析结果的易损性，余震对结构的影响并不能明显地体现出来。

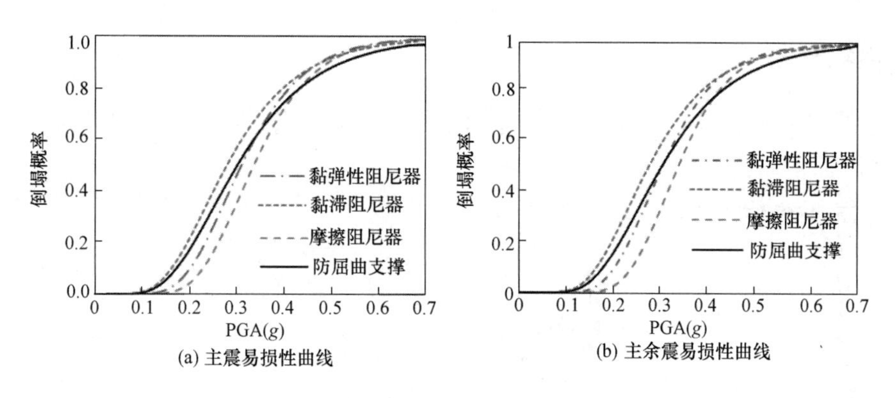

(a) 主震易损性曲线　(b) 主余震易损性曲线

图 8-63　4 类阻尼器主震和主余震曲线对比

将 4 类阻尼器对应的主震、主余震曲线进行对比分析，得到图 8-63，从图中可以看出，在主震易损性曲线中，相比于其他 3 类阻尼器，黏滞阻尼器对结构倒塌控制整体较差，在 PGA 较小时，摩擦阻尼器控制倒塌能力最好，黏弹性阻尼器次之，防屈曲支撑控制倒塌能力较黏滞阻尼器好，较黏弹性阻尼器和摩擦阻尼器差。随着 PGA 的增加，当 $0.3g<\mathrm{PGA}<0.4g$ 时，对倒塌控制最好的是摩擦阻尼器，防屈曲支撑与黏弹性阻尼器次之，且控制效果相差不大，黏滞阻尼器最差；当 $\mathrm{PGA}>0.42g$ 时，对结构倒塌控制最好的是防屈曲支撑，黏弹性阻尼器、黏滞阻尼器和摩擦阻尼器对结构倒塌控制几乎一样，相差不大；从图 8-72（b）主余震易损性曲线看，在 $\mathrm{PGA}<0.3g$ 左右时，摩擦阻尼器控制最好，黏弹性阻尼器次之，其次是防屈曲支撑，黏弹性阻尼器最差；当 $0.3g<\mathrm{PGA}<0.4g$ 时，摩擦阻尼器对倒塌控制最好，防屈曲支撑次之，黏弹性阻尼器较摩擦阻尼器和防屈曲支撑差，较黏滞阻尼器好；随着 PGA 增大，当 $\mathrm{PGA}>0.4g$，黏滞阻尼器、黏弹性阻尼器和摩擦阻尼器控制效果相当，防屈曲支撑对倒塌控制相对于其他 3 类阻尼器较好。从数值的角度分析，以 8 度罕遇地震为例，表 8-27 给出了各个阻尼器的倒塌概率。

8 度罕遇地震（$0.4g$）下阻尼器的倒塌概率　　**表 8-27**

阻尼器	防屈曲支撑	黏弹性阻尼器	黏滞阻尼器	摩擦阻尼器
主震	73.4%	77.4%	80.2%	70.4%
主余震	76.7%	83.4%	84.4%	76.0%

从表 8-27 可以看出，在主震和主余震作用下，对结构倒塌控制由强到弱依次为摩擦阻尼器，防屈曲支撑，黏弹性阻尼器，黏滞阻尼器。在不同地震作用下，同一阻尼器对结构倒塌控制也不同，且在主余震下阻尼器的倒塌概率明显大于地震单独作用时的倒塌概率，再一次证明了余震对结构具有不可忽略的破坏性。

基于倒塌指标的 4 类阻尼器评估可考虑通过地震设防烈度来进行分析。对于高层建筑的消能减振结构抗震设计，以 8 度地震烈度为例，在 8 度多遇地震设防目标下，4 类阻尼器均可选择，8 度基本设防烈度下，可优先考虑摩擦阻尼器，然后是黏弹性阻尼器。8 度罕遇地震作用下，主震单独作用下可考虑摩擦阻尼器，防屈曲支撑和黏弹性阻尼器。主余震作用下可选择防屈曲支撑和摩擦阻尼器。如表 8-28 所示。

倒塌控制阻尼器选择 表 8-28

设防目标	主震单独作用	主余震作用
8 度多遇地震	黏弹性、黏滞、摩擦、防屈曲支撑	黏弹性、黏滞、摩擦、防屈曲支撑
8 度基本设防	摩擦阻尼器，黏弹性阻尼器	摩擦阻尼器，黏弹性阻尼器
8 度罕遇地震	摩擦阻尼器，防屈曲支撑，黏弹性阻尼器	防屈曲支撑，摩擦阻尼器

8.7.3 位移性能分析

根据表 8-13 的评价体系和 IDA 倒塌曲线可以得到 4 类阻尼器的性能曲线，如图 8-64 所示。

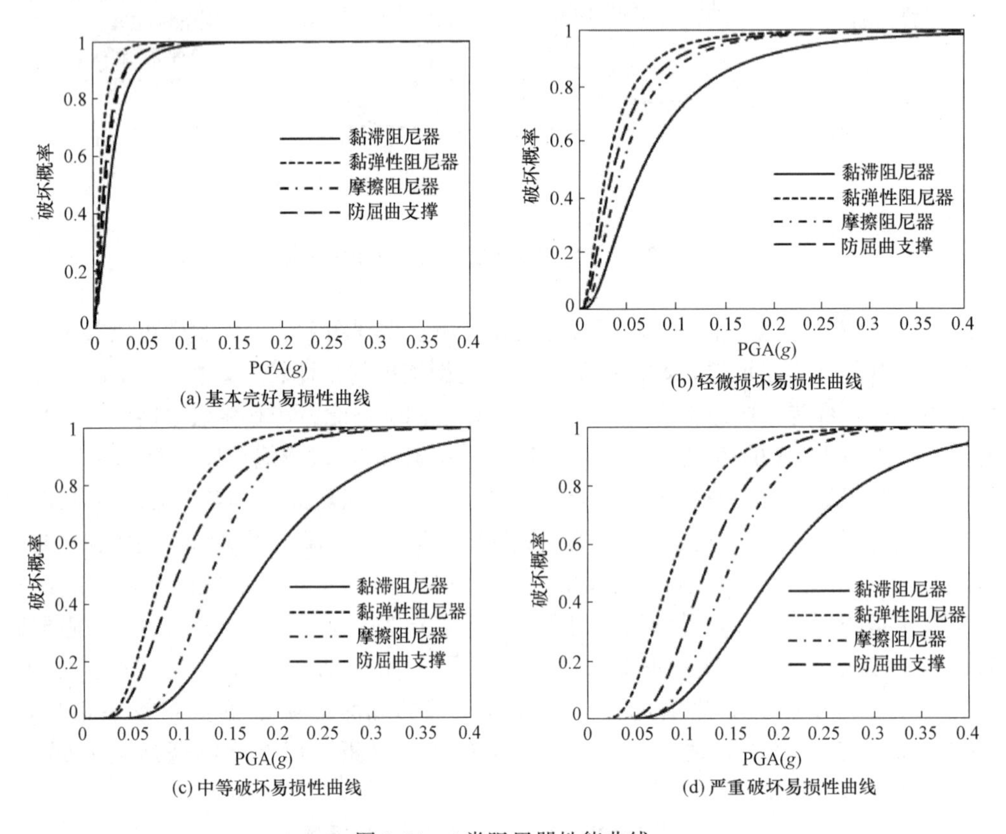

图 8-64 4 类阻尼器性能曲线

由图 8-64（a）可以看出，结构遭遇小震时，黏滞阻尼器对结构保持基本完好性能的控制最好，黏弹性阻尼器最差，摩擦阻尼器和防屈曲支撑的控制效果相同，介于黏滞阻尼器和黏弹性阻尼器之间；对图 8-64（b）结构轻微损坏时的控制，黏滞阻尼器最好，摩擦阻尼器次之，其次是防屈曲支撑，黏弹性阻尼器最差；对图 8-64（c）结构中等破坏时的控制，总体上看，黏弹性阻尼器控制效果最差，防屈曲支撑较黏弹性阻尼器好，摩擦阻尼器和黏滞阻尼器对结构性能控制整体较好，在 PGA$>0.25g$，摩擦阻尼器对结构的控制与防屈曲支撑效果相同；在图 8-64（d）中，4 类阻尼器对结构严重破坏时的控制效果与中等破坏时效果类似。

对于 20 层钢结构 Benchmark 模型，对基于位移指标的 4 类阻尼器控制能力进行分析，建议对结构基本完好时的控制，可选择黏滞阻尼器、摩擦阻尼器和防屈曲支撑；对结构轻微损坏时的控制，可选择黏滞阻尼器和摩擦阻尼器；结构中等破坏时的控制，可选择黏滞阻尼器和摩擦阻尼器；对结构严重破坏时的控制器，可选择黏滞阻尼器和摩擦阻尼器。如表 8-29 所示。

位移控制阻尼器选择 表 8-29

破坏状态	阻尼器类型
基本完好	黏滞阻尼器,摩擦阻尼器,防屈曲支撑
轻微损坏	黏滞阻尼器,摩擦阻尼器
中等破坏	黏滞阻尼器,摩擦阻尼器
严重破坏	黏滞阻尼器,摩擦阻尼器

8.7.4 加速度性能分析

基于倒塌和位移为指标的易损性分析是针对结构进行的，然而在实际工程中，不仅要考虑结构的破坏，还要考虑结构物中安装的设备破坏，如医院设备、核电站等，往往这些设备都很昂贵，一旦破坏就不可再继续使用。因此，在结构的抗震设计中，考虑设备的破坏易损性十分重要。设备的破坏一般与加速度有关，本节以设备的极限破坏加速度作为指标来判断设备是否破坏，假设设备与结构楼层板的连接是完全刚性的，通过调节地震峰值加速度 PGA 的大小，可得到一系列的某一条地震记录下结构在每一层的最大加速度值，找到设备极限加速度对应下的地震峰值加速度 PGA，从而可以获得 4 类阻尼器的加速度易损性曲线。本节选择医院实验室设备，查得其极限破坏速度为 0.15g，选取了 20 层 Benchmark 模型的第 5、13、17、20 层，分别代表结构的底层、中层、高层、顶层来进行分析，得到 4 类阻尼器的加速度易损性曲线，如图 8-65 所示。

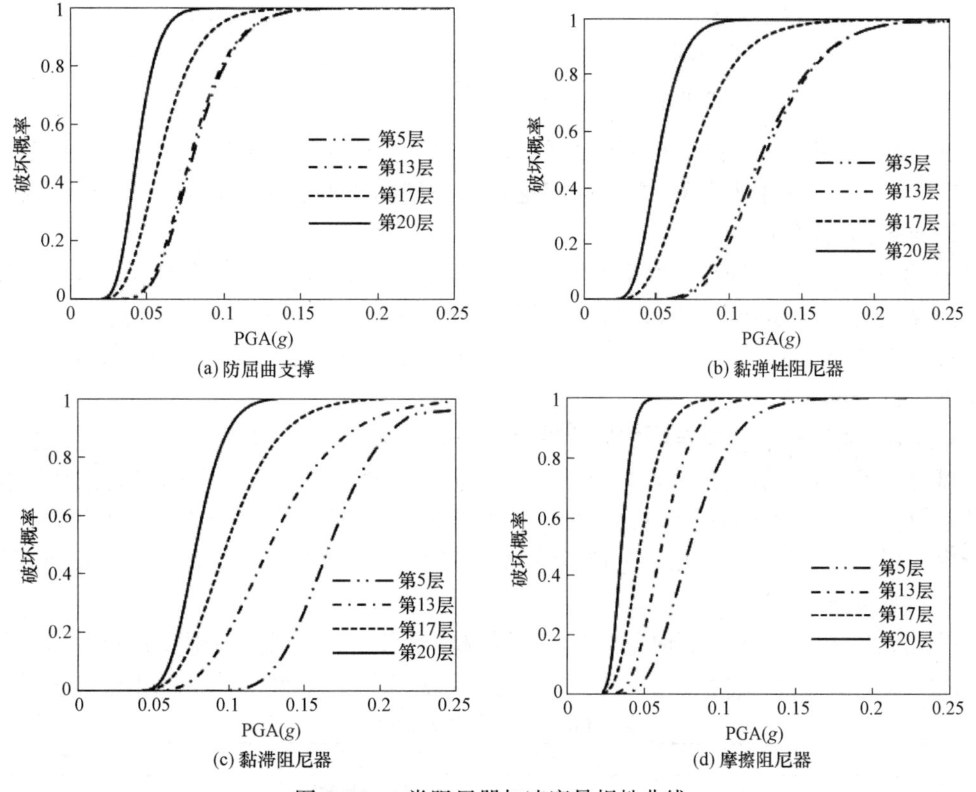

图 8-65 4 类阻尼器加速度易损性曲线

图 8-65（a）、图 8-65（b）表明防屈曲支撑和黏弹性阻尼器对建筑物第 5、13 层加速度控制相同，比对 17 层和 20 层的控制效果好，对结构顶层控制效果最差；图 8-65（c）和图 8-65（d）表明黏滞阻尼器和摩擦阻尼器对建筑物第 5、13、17、20 层的加速度控制效果具有明显的差异性，随着楼层的增加，同一类阻尼器控制效果减弱。

图 8-66 比较了同一楼层 4 类不同阻尼器对加速度的控制，可以看出，在第 5 层，摩擦阻尼器和防屈曲支撑对结构加速度控制效果最差，且控制效果基本一样，黏滞阻尼器控制效果最好，黏弹性阻尼器

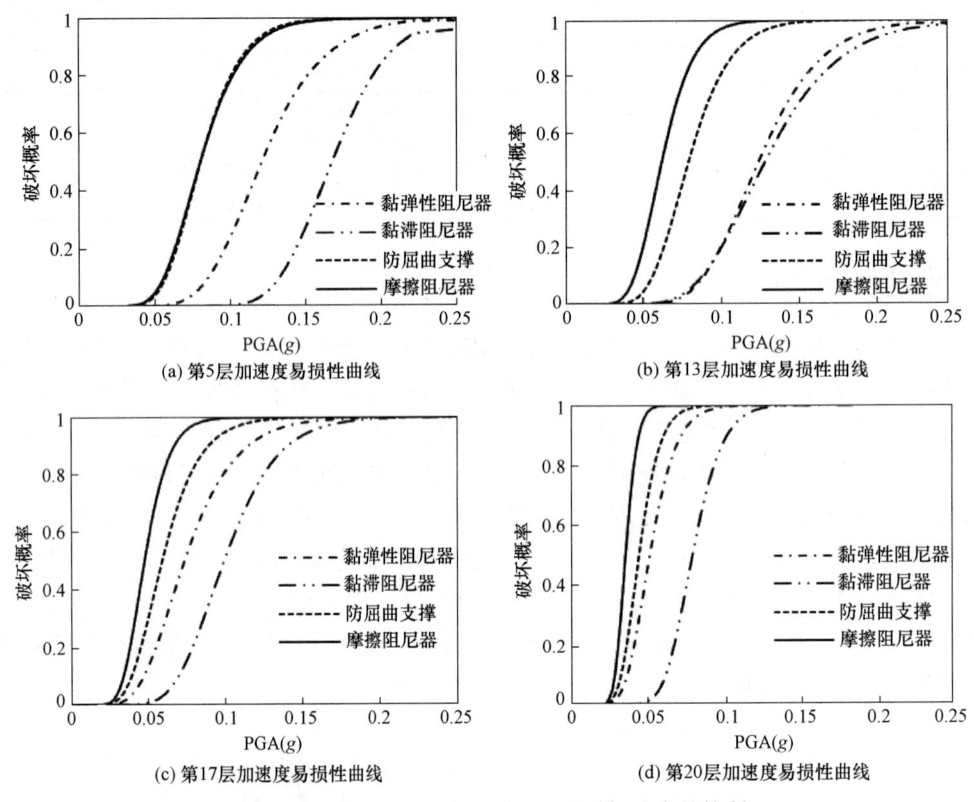

(a) 第5层加速度易损性曲线

(b) 第13层加速度易损性曲线

(c) 第17层加速度易损性曲线

(d) 第20层加速度易损性曲线

图 8-66　同一楼层 4 类不同阻尼器对加速度的控制

次之；在第 13 层，黏滞阻尼器和黏弹性阻尼器对结构加速度控制效果相当，防屈曲支撑次之，摩擦阻尼器最差；在第 17 层，黏滞阻尼器、黏弹性阻尼器、防屈曲支撑、摩擦阻尼器的控制效果依次减弱；在顶层，结论与第 17 层相似。

通过对 20 层 Benchmark 钢结构模型第 5、13、17、20 层设备进行加速度易损性分析，比较了防屈曲支撑、黏弹性阻尼器、黏滞阻尼器和摩擦阻尼器 4 类阻尼器对结构加速度的控制能力，分析表明设备最好不要设置在建筑的高层或者顶层，因为，随着建筑物楼层的增加，阻尼器控制加速度的能力逐渐减弱，且顶层破坏最严重。

对同一楼层，4 类阻尼器对建筑物的加速度控制是有差别的，建议在设置设备的建筑物的低层，可考虑选用黏滞阻尼器，或黏弹性阻尼器次之。在 4 类阻尼器中，黏滞阻尼器对设备加速度控制是最好的，黏弹性阻尼器次之，摩擦阻尼器和防屈曲支撑相对于其他两类阻尼器，控制效果较差。

对于设置在建筑物中间层的设备，建议首选黏弹性阻尼器或者黏滞阻尼器，其次是防屈曲支撑，摩擦阻尼器的控制效果最差。

对于 20 层钢结构模型，在建筑物高层或者顶层安装设备时，黏滞阻尼器，黏弹性阻尼器，防屈曲支撑，摩擦阻尼器的减振性能依次减弱。表 8-30 列出了 20 层钢结构建筑物不同楼层可选择的阻尼器。

设备所在层阻尼器选择　　**表 8-30**

楼层	阻尼器
低层	黏滞阻尼器,黏弹性阻尼器
中间层	黏滞阻尼器,黏弹性阻尼器
高层	黏滞阻尼器,黏弹性阻尼器
顶层	黏滞阻尼器,黏弹性阻尼器,防屈曲支撑

8.8　阻尼器失效对于塔楼建筑抗震性能的影响及规律

本研究的主要目的是定量分析阻尼器失效对钢框架抗震损失的影响。3 栋建筑被用作抗震改造的原

型，包括 3 层、9 层和 20 层钢框架。这些建筑代表了典型的低、中、高层钢结构建筑。高效金属阻尼器作为改装装置，它通过弯曲机制在整个可更换钢带段内耗散能量，其性能已通过循环试验得到验证。采用基于刚度和位移要求的方法设计阻尼器尺寸。然后，利用 OpenSEES 程序建立改造后钢框架的数值模型，并进行了试验验证。为了考虑阻尼器失效的影响，在仿真中采用了 Mimax 材料。随后，通过非线性动力学分析对设计方法的有效性进行了评估。通过增量动力分析（IDA）比较了考虑和不考虑阻尼器失效的钢框架的地震易损性。基于 IDA 获得的结果，采用基于层的损失估算方法对钢框架的地震损失进行了比较。

8.8.1 计算模型

假设该 3 层、9 层和 20 层建筑位于加利福尼亚州洛杉矶的 C 类场地，分别表示为 LA3、LA9 和 LA20。LA3 在 X 和 Y 方向上分别有 4 个间隔和 6 个间隔，间隔宽度为 9.15m。对于 LA9，每个方向有 5 个间隔，宽度为 9.15m。对于 LA20，X 方向有 5 个间隔，Y 方向有 6 个间隔，间隔宽度为 6.10m。由于结构对称，如图 8-67 所示，在每栋建筑中选择一个抗侧向荷载框架进行分析。楼板系统由钢和混凝土组合而成，假设它们充当刚性隔板。LA20 角柱采用方箱型钢，其余构件均采用 W 型钢。LA9 和 LA20 的柱接头位于梁柱接头中心线上方 1.83m 处。LA3 的柱固定在基座上，其他建筑的柱则用销栓连接在基座上。梁和柱用钢的标称屈服强度分别为 248MPa 和 345MPa。所选抗侧力框架的附属地震质量分别为 1.48×10^6kg、4.50×10^6kg 和 5.55×10^6kg。

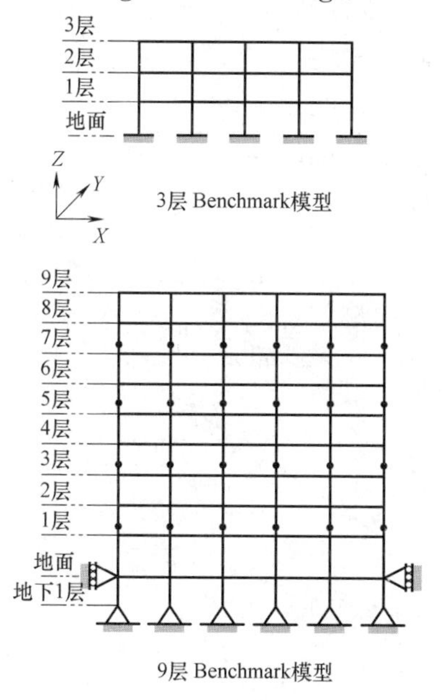

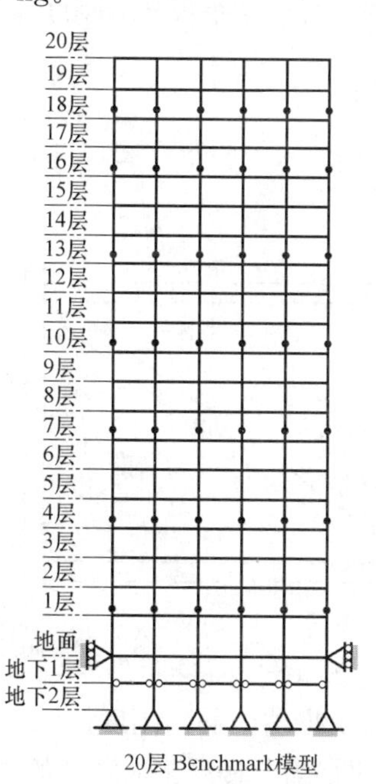

图 8-67 原型建筑

减振器由坚硬的外部和内部外壳以及钢带保险丝组成，如图 8-68 所示。钢带熔断器的两个内连接环（图 8-69a）用螺栓固定在内壳上，而另外两个环用螺栓固定在外壳上。利用内外套管之间的相对位移，假设钢带以弯曲变形为主。通过合理的设计，钢带可以实现整个截面的屈服。这种阻尼器可以安装在对角线和斜向支撑的中间和末端部分。地震后，受损的钢带可以很容易地更换，而不会影响抗重力系统，并且套管可以重复使用。已通过试验验证了板条的能量耗散能力。图 8-69 说明了理论和试验模型的几何结构和变形模式。

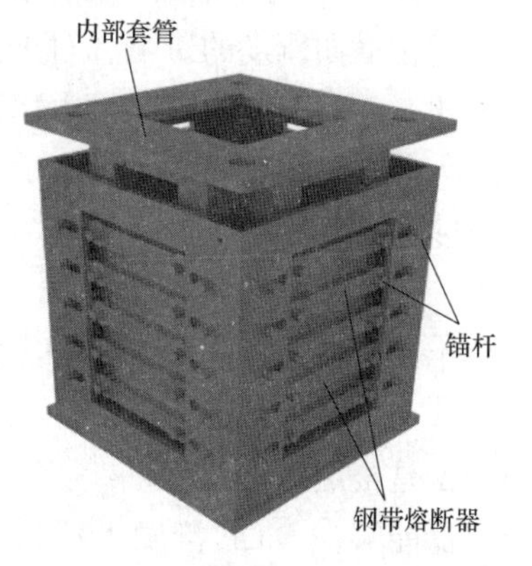

图 8-68 减振器示意图

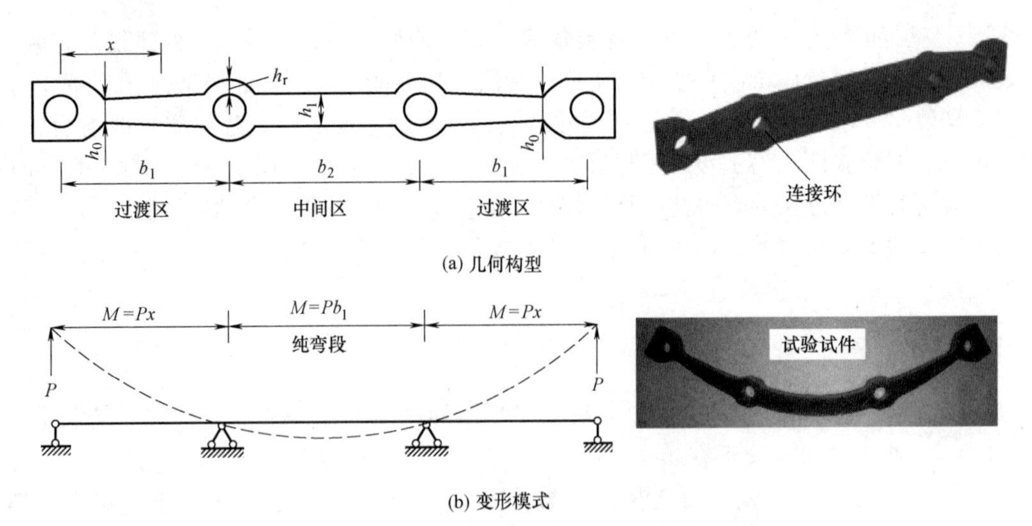

图 8-69　钢带熔断器的详细信息

减振器设置为对角撑杆。斜撑的整体刚度由阻尼器和钢支撑串联而成。由于钢支撑的轴向刚度通常比阻尼器刚度大得多，因此此处将阻尼器刚度视为对角支撑的刚度。阻尼器按楼层分布，每层阻尼器提供的横向刚度与钢框架的楼层横向刚度呈比例。图 8-70 显示了阻尼器的安装，并说明了其轴向变形和横向刚度。那么，第 i 层中单个板条的刚度需求 $k_{e,i}$ 可以计算如下：

$$k_{L,i}=k_{d,i}\cos^2\varphi=\beta_L k_{c,i} \tag{8-33}$$

$$k_{c,i}=\sum_{j=1}^{6}\frac{12EI_j}{h_i^3}\frac{a(a+b)(b+1)^3}{b^4+4ab^3+6ab^2+4ab+a^2} \tag{8-34}$$

$$k_{e,i}=k_{d,i}/(m_i n_i) \tag{8-35}$$

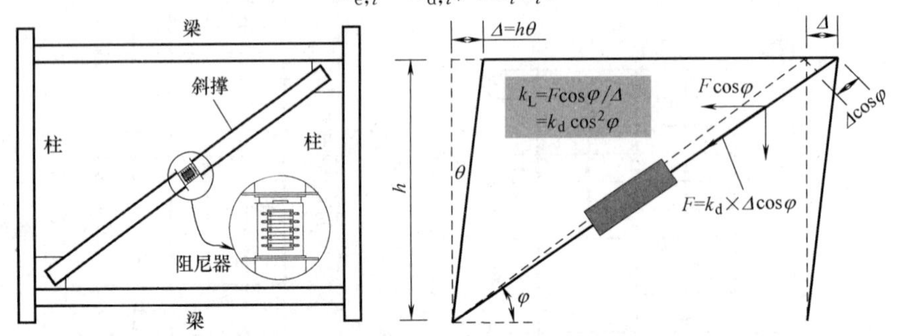

图 8-70　阻尼器的轴向变形和横向刚度

其中，$k_{L,i}$ 是第 i 层阻尼器的侧向刚度；$k_{d,i}$ 是第 i 层的阻尼器刚度；$k_{c,i}$ 是第 i 层结构侧向刚度；h_i 是楼层层高；β_L 为阻尼器与楼层侧向刚度的比值；I_j 是第 i 层第 j 列柱的惯性矩且此处未考虑梁的弯曲变形对柱横向刚度的影响，对于拼接柱，I_j 是底部的惯性矩；a 是顶部与底部的惯性矩比，b 是相应的长度比；m_i 是安装在第 i 层的阻尼器的数量；n_i 是每个阻尼器中的钢带数量。阻尼器的变形能力应大于最大考虑地震（MCE）下的最大设计位移。此处采用最大设计位移的 1.2 倍，也就是说，阻尼器的变形能力 Δ_u 表示为：

$$\Delta_{u,j}=1.2\times\Delta\cos\varphi=1.2h_i\theta_u\cos\varphi \tag{8-36}$$

单个带材的屈服强度 F_y 可以通过以下公式计算：

$$F_{y,i}=k_{e,i}\Delta_{u,i}/\mu \tag{8-37}$$

其中，Δ 是楼层水平位移；φ 是斜撑的水平转角；θ_u 是 MCE 地震动水平下层间位移角的设计目标，以便阻尼器能够在 MCE 激励下保持正常工作；μ 为阻尼器的延性系数，根据参考文献试验结果选择为 13.79。在上述分析的基础上，阻尼器的分步设计程序概述如下：

(1) 选择地震动强度和层间位移角 ISDR（最大层间位移角）设计目标；

(2) 根据式（8-33）～式（8-35），选择 β_L 来计算钢带的刚度需求。使用式（8-36）和式（8-37）计算单个带材的屈服强度。

(3) 设计钢带的截面。

(4) 建立数值模型并进行非线性动态时程分析，以检查 ISDR 目标。如果不满足，则返回步骤（2）并调整 β_L 的值，直到达到 ISDR 目标。

在设计过程中，3 层结构的最终 β_L 为 0.4。LA9 和 LA20 的第一层横向刚度仅为第二层的 40%左右。为了避免软层机制，LA9 和 LA20 的第一层 β_L 分别选择为 2.6 和 0.97，以便第一层的总侧向刚度与第二层相同。对于其他楼层，LA9 和 LA20 的 β_L 分别为 0.45 和 0.15。图 8-71 显示了每层建筑物的阻尼器布局。

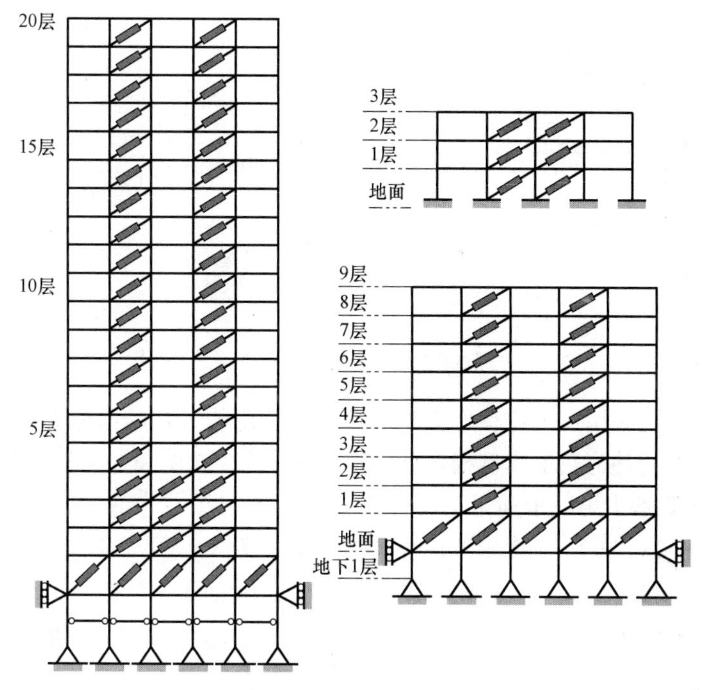

图 8-71 阻尼器的逐层分布

为了评估设计程序的有效性，使用 OpenSEES 建立了改装框架的数值模型。图 8-72 以 3 层结构为例说明钢框架的建模方法。梁和柱是通过集中塑性方法建模的，在构件的两端有两个塑性铰链，中间有弹性梁柱单元。铰链的非线性行为是使用零长度旋转弹簧和改良的 Ibarra-Medina-Kravinkler（IMK）退化材料模拟的，该材料可以捕捉梁柱连接的刚度和强度退化，并已根据 350 多个试验数据进行校准。根据 ATC 72-1 中规定的方法建立面板区域，该区域有 8 个刚性梁柱单元、3 个销连接和 1 个旋转弹簧。采用由 Gupta 和 Krawinkler 推荐的三线性滞回模型的旋转弹簧来考虑面板区剪切变形的影响。为了考虑与重力荷载相关的 P-δ 效应，在数值模型中包含了一个倾斜柱，该模型采用刚性梁柱单元，由零长度旋转弹簧连接，具有非常小的刚度。

图 8-73 绘制了每个建筑中具有最大位移响应的阻尼器的滞回曲线。

阻尼器由 twoNodeLink 单元建模，并使用具有运动学和各向同性组合硬化的单轴材料 steel4 来模拟循环行为。图 8-73 比较了测试条带的滞回曲线和数值模型。仿真结果与试验结果吻合较好，表明该模型能够有效地预测阻尼器的循环行为。为了研究阻尼器失效的影响，使用了材料最大最小位移能力阈值$\pm\Delta u$。一旦阻尼器元件的响应超过阈值，切线和应力将恢复为零，并且假设材料失效。值得注意的是，阻尼器失效可能发生在累积塑性的极限状态下，而不是经历的最大位移，如图 8-73 所示。然而，从图中可以发现，在经历最大位移后的反向加载过程中耗散的能量相对较小。忽略这部分能量耗散对结

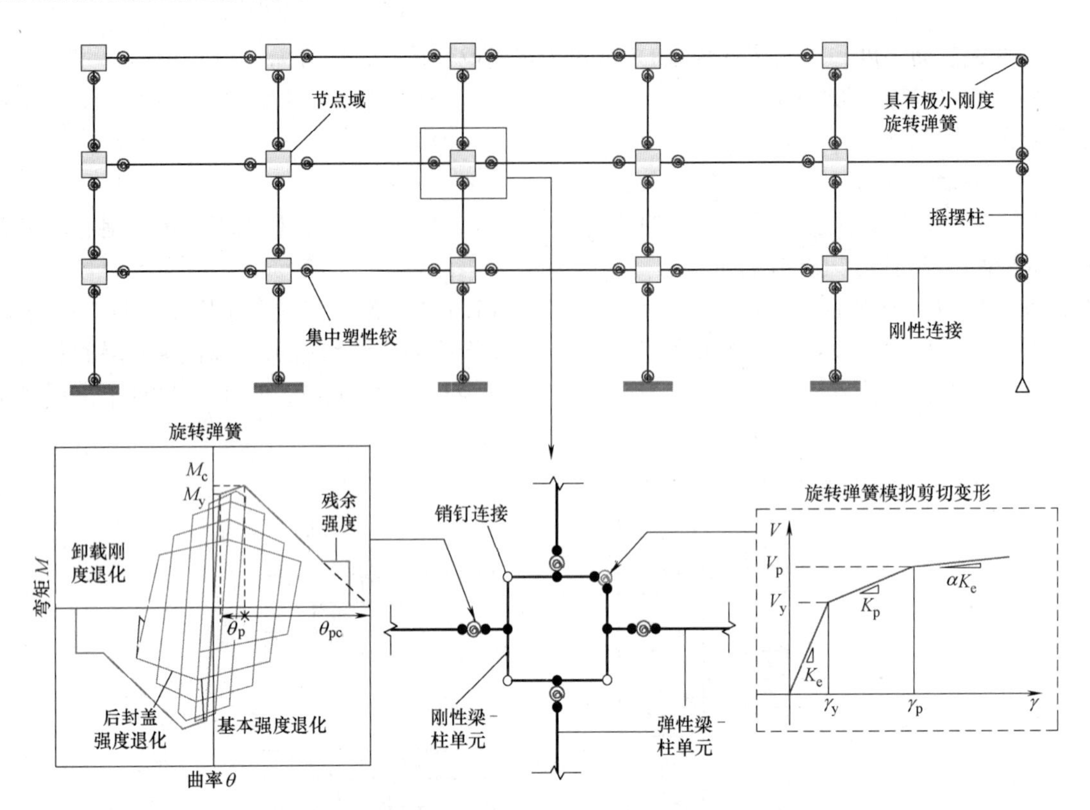

图 8-72　钢框架的建模方法

构响应的影响很小。因此，采用最大位移作为阻尼器失效的阈值。在动力分析过程中，将附属地震质量集中在相应的梁柱节点处，并为数值模型指定 2%的瑞利阻尼。3 层和 9 层钢框架的瑞利阻尼基于前两个振动周期，20 层钢框架基于第一个和第三个周期。不考虑阻尼器失效的阻尼器改造框架的数值模型表示为 LA3D、LA9D 和 LA20D，考虑失效的模型分别表示为 LA3DF、LA9DF 和 LA20DF。

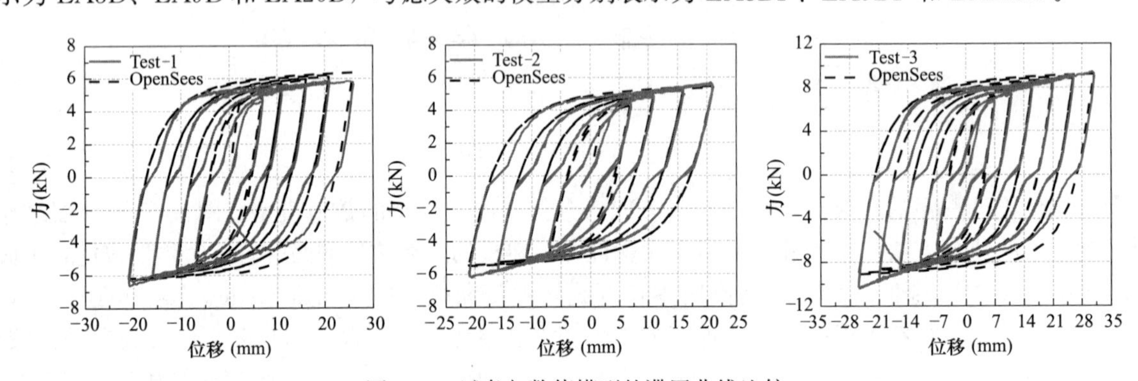

图 8-73　试条与数值模型的滞回曲线比较

图 8-74 提供了顶层位移的下降幅度比 β，其定义为：

$$\beta = \left| \frac{\Delta_{r,DF} - \Delta_r}{\Delta_r} \right| \times 100\% \tag{8-38}$$

其中，Δ_r 为不考虑阻尼器失效的框架峰值屋顶位移；$\Delta_{r,DF}$ 为考虑阻尼器失效的改装模型的峰值响应。改造后，所有的屋顶位移响应都有所减少。最大下降幅度比达到 55%。3、9、20 层模型平均振幅下降率分别为 33%、39%和 23%。结果证明了阻尼器在减轻结构动力响应方面的有效性。

8.8.2　地震动记录选取

增量动力分析（IDA）是基于概率的地震性能评估和地震损失估计的基础。在本节中，从规范 FE-

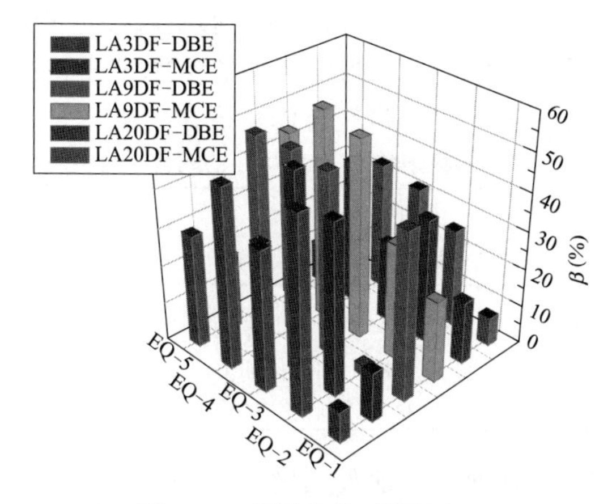

图 8-74　顶层位移下降幅度比

MAP695 的建议中选择了一组 15 个地震动来执行 IDA。图 8-75 提供了按基于地震水平缩放记录的响应谱，并将其与设计目标谱进行了比较。可以看出，平均谱与 $0.2T_1$～$1.5T_1$ 之间的目标谱非常一致，其中 T_1 代表结构基本周期，对于 3 层、9 层和 20 层阻尼器融合框架，分别为 0.65s、1.34s 和 2.72s。根据规范 FEMAP-58 的建议，采用第一模态 S_a（T_1）的谱加速度作为地震动强度测量（IM）。选择最大层间位移角 ISDR（θ）和剩余层间位移角（RISDR，θ_r）作为工程需求参数（EDP）。对于 20 层模型，执行 IDA 时，S_a（T_1）从 0 增加到 1.2g，间隔为 0.1g。对于 3 层和 9 层模型，S_a（T_1）分别增加到 5.0g 和 4.0g，两者的间隔为 0.2g。为了精确确定 θ_r，每个动态分析扩展了 2000 个自由振动步骤。

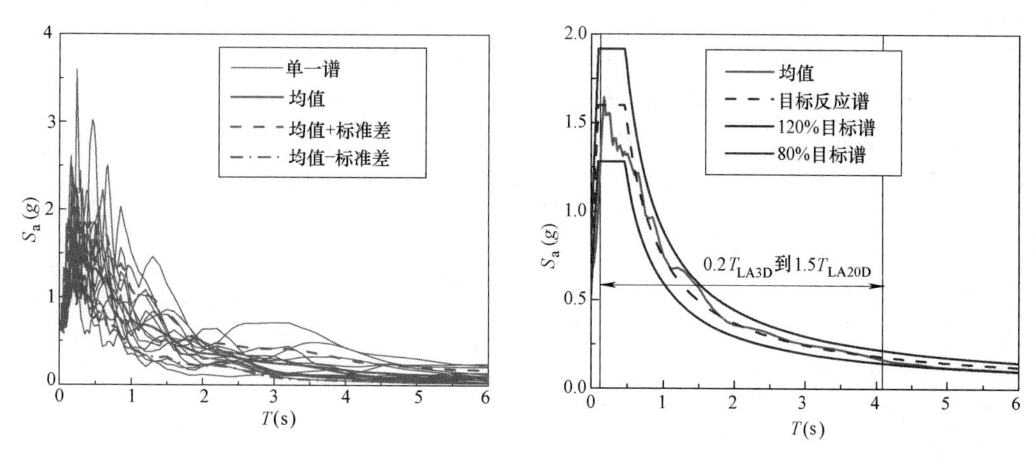

图 8-75　按 DBE 水平缩放的地震记录反应谱

注：LA3D、LA20D 分别为 3 层、20 层钢框架不考虑阻尼器失效。

8.8.3　地震易损性分析

要建立地震易损性曲线，首先要确定结构的损伤极限状态。根据 HAZUS 指南的建议，θ 相关损伤评估采用四种极限状态，包括轻微、中度、广泛和完全损伤（表示为 DS1～DS4）。相应的性能级别为使用（OP）、立即使用（IO）、生命安全（LS）和防倒塌（CP）。由于与拆除相关的经济损失由 θ_r 决定，因此采用了三种与 θ_r 相关的损伤状态 LS1～LS3，分别对应于 IO、LS 和拆除预防（DP）性能水平。表 8-31 列出了基于 HAZUS 和 FEMAP-58 的损伤状态阈值。易损性函数给出了在不同地震烈度下超过预定性能水平的概率，其表示为：

$$P_f[D>C|IM]=\Phi\left[\frac{\ln(S_d/S_c)}{\sqrt{\beta_d^2+\beta_c^2+\beta_m^2}}\right] \tag{8-39}$$

其中 D 表示结构地震需求，C 表示结构承载力，假设它们遵循对数正态分布；S_c 为结构承载力的中位数，采用该中位数作为表 8-31 所示的阈值；S_d 为地震需求参数 EDP_s 的均值；β_d，β_c 和 β_m 分别表示结构需求、能力和模型的不确定性；Φ 表示标准正态概率积分。

各极限状态下 θ 和 θ_r 的阈值 表 8-31

损伤状态	性能水平	θ 相关			损伤状态	性能水平	θ_r 相关
		低层建筑	中层建筑	高层建筑			
DS1	OP	0.6%	0.4%	0.3%	LS1	IO	0.2%
DS2	IO	1.2%	0.8%	0.6%	LS2	LS	0.5%
DS3	LS	3.0%	2.0%	1.5%	LS3	DP	1.0%
DS4	CP	8.0%	5.33%	4.0%			

图 8-76 描绘了模型的地震易损性曲线。地震烈度（水平轴）在 DBE 水平通过 S_a（T_1）标准化（S_a@DBE）。总的来说，考虑阻尼器失效的模型在给定地震烈度下显示出更大的超越概率。阻尼器失效对 DS1、DS2 和 LS1 的脆性曲线影响较小，对 DS4 和 LS3 的脆性曲线影响最大。在建筑物倒塌概率为 50%时，LA3DF 和 LA3D 的相应强度 S_a（T_1）分别为 4.75g 和 5.55g，LA9DF 和 LA9D 分别为 1.73g 和 1.95g，LA20DF 和 LA20D 分别为 0.56g 和 0.73g。在建筑物拆除概率为 50%的情况下，LA3DF 和 LA3D 的 S_a(T_1) 分别为 1.90g 和 2.15g，LA9DF 和 LA9D 的 S_a(T_1) 分别为 1.0g 和 1.2g，LA20DF 和 LA20D 的 S_a(T_1) 分别为 0.42g 和 0.53g。这些结果表明，忽略阻尼器失效会高估结构在强震下的抗倒塌和拆除能力，尤其是抗倒塌能力。在归一化强度为 1.5 的 MCE 水平上，LA3DF 和 LA3D 的坍塌概率分别为 0.4% 和 0.2%，LA9DF 和 LA9D 的坍塌概率分别为 9.5% 和 3.1%，LA20DF 和 LA20D 的坍塌概率分别为 21.5%和 9.6%。也就是说，忽略阻尼器失效分别低估了这三座建筑倒塌概率的 50%、67%和 55%。LA3DF 和 LA3D 在 MCE 水平的拆除概率分别为 38.4%和 28.2%，LA9DF 和 LA9D 的拆除概率分别为 32.5%和 23.3%，LA20DF 和 LA20D 的拆除概率分别为 45.9%和 26.7%。在不考虑阻尼器失效的情况下，3 层、9 层和 20 层模型的概率分别被低估了 26.5%、28.3%和 41.8%。通常，在模拟中忽略阻尼器失效会明显低估结构的倒塌和拆除概率。

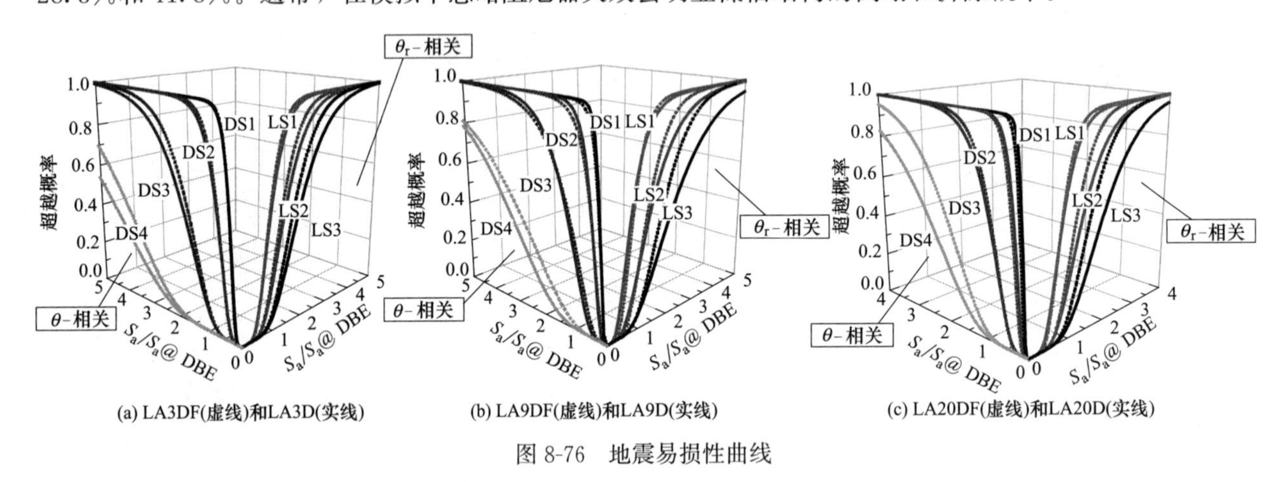

图 8-76 地震易损性曲线

8.8.4 经济损失评估

在本节中，采用 Ramirez 提出的基于楼层的损失估计方法来评估地震损失。与 FEMAP-58 中基于组件的方法相比，该方法需要更少的信息，并且可以实现快速损失评估。地震动强度 IM 条件下的期望总损失比 $E[L_T|IM]$ 可表示为：

$$E[L_T|IM]=E[L_T|NC\cap R,IM]\cdot\{1-P(D|NC,IM)\}\cdot\{1-P(C|IM)\}$$
$$+E[L_T|NC\cap D]\cdot P(D|NC,IM)\cdot\{1-P(C/IM)\}+E[L_T|C]\cdot P(C|IM) \quad (8\text{-}40)$$

式中，$E[L_T|NC\cap R,IM]$ 表示与建筑维修相关的总损失，前提是结构不会在强度为 IM 的地面运

动下倒塌；$E[L_T|NC\cap D]$ 表示给定结构没有倒塌，但需要拆除的总损失；$E[L_T|C]$ 表示结构倒塌引起的总损失；$P(C|IM)$ 和 $P(D|NC, IM)$ 表示在给定的地震强度 IM 下结构倒塌和不倒塌而拆除的概率。

$E[L_T|NC\cap R, IM]$ 包含三部分：(a) 位移敏感结构部件（SC）的维修成本；(b) 位移敏感非结构部件的维修费用；(c) 加速度敏感非结构部件的维修成本。因此，$E[L_T|NC\cap R, IM]$ 可以表示为：

$$E[L_T|NC\cap R, IM]=E[L_{SC,ISDR}|NC\cap R, IM]+E[L_{NSC,ISDR}|NC\cap R, IM]+E[L_{NSC,PFA}|NC\cap R, IM] \tag{8-41}$$

$E[L_T|NC\cap R, IM]$ 每个部分可以计算为：

$$E[L_i|NC\cap R, IM]=\sum_{i=1}^{n}\int_0^{\infty}E[维修成本|DS_i]P(DS_i|EDP)dP(EDP|NC\cap R, IM) \tag{8-42}$$

$$P(DS_i|EDP)=\begin{cases}1-P(EDP>edp=DS_{i+1}) & i=0\\ P(EDP>edp=DS_i)-P(EDP>edp=DS_{i+1}) & 1\leqslant i\leqslant n-1\\ P(EDP>edp=DS_i) & i=n\end{cases} \tag{8-43}$$

其中，下标 PFA 表示峰值楼层加速度，$E[维修成本|DS_i]$ 表示对应损伤状态 DS_i 的修复成本；$P(DS_i|EDP)$ 是在给定 EDP 水平上超过 DS_i 的概率；$P(EDP|NC\cap R, IM)$ 是在 IM 处结构未倒塌的情况下超过 EDP 的概率。

将基于层的损伤函数与每个层的动力学响应相结合，计算出随地震烈度变化的预期经济损失，如图 8-77 所示。考虑阻尼器失效的模型表现出更高的预期总损失曲线，尤其是对于 20 层模型。在 MCE 水平上，LA3DF 和 LA3D 的标准化总损耗分别为 0.59 和 0.52，LA9DF 和 LA9D 的标准化总损耗分别为 0.53 和 0.42，LA20DF 和 LA20D 的标准化总损耗分别为 0.66 和 0.47。无阻尼器失效的模型与对应模型的相对估计误差分别为 12%、21%和 29%。对于 3 层模型，MCE 级别的总损失主要由修复和拆除损失组成。相对估计误差主要由拆迁损失引起。对于 LA20DF 和 LA20D，MCE 水平下修复、拆除和坍塌损失的相对估计误差分别为 52%、32%和 55%。此外，随着地震烈度的增加，坍塌损失的估计误差显

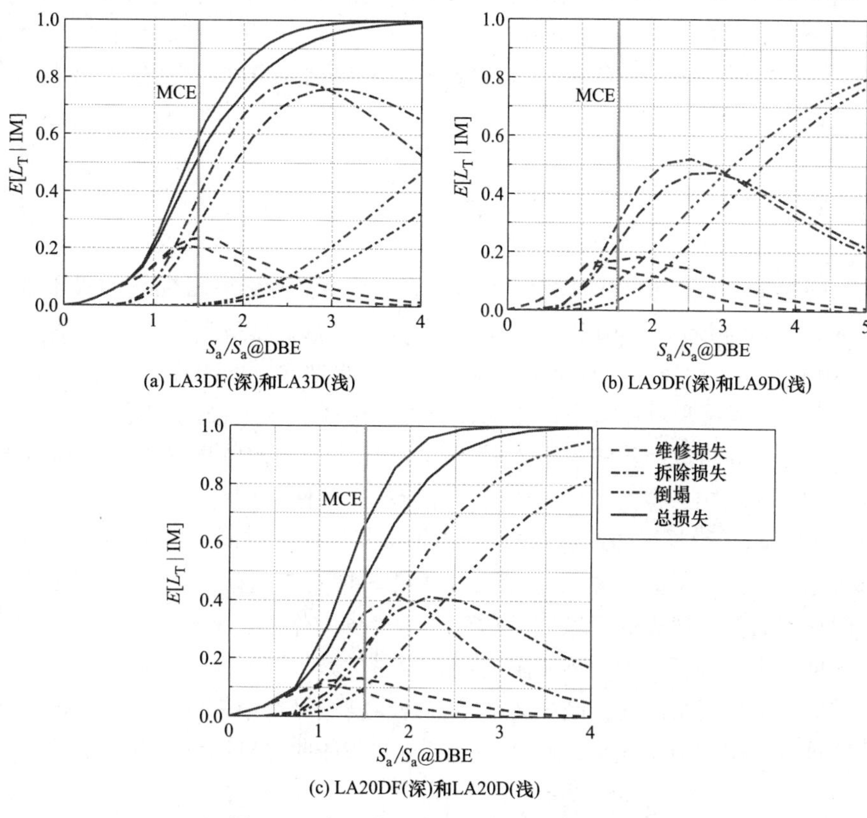

图 8-77　归一化预期经济损失与地震烈度

著增加。从整体上看，阻尼器失效对倒塌和拆除损失的影响明显大于对修复损失的影响。由此可知，阻尼器失效对高层建筑地震损失的影响大于中低层建筑。在相对较大的地震烈度下，对拆除和倒塌损失的影响是显著的。

根据预计地震损失，预计年损失（EAL）可通过以下公式计算：

$$\mathrm{EAL}=\int_0^{\infty} E[L_{\mathrm{T}} \mid \mathrm{IM}]\left|\frac{\mathrm{d}\lambda(\mathrm{IM})}{\mathrm{dIM}}\right| \mathrm{dIM} \tag{8-44}$$

图 8-78 显示了根据建筑场地和基本周期从 USGS 统一危险工具获得的地震危险曲线 λ(IM)。图 8-79 比较了建筑物的 EAL（预计年损失）。对于 LA3DF 和 LA3D，EAL 的计算值分别为 0.14%和 0.13%，对于 LA9DF 和 LA9D，EAL 的计算值分别为 0.28%和 0.27%，对于 LA20DF 和 LA20D，EAL 的计算值分别为 0.22%和 0.21%。这一结果表明，阻尼器故障对 EAL 影响不大，忽略阻尼器故障会导致 EAL 降低约 5%。

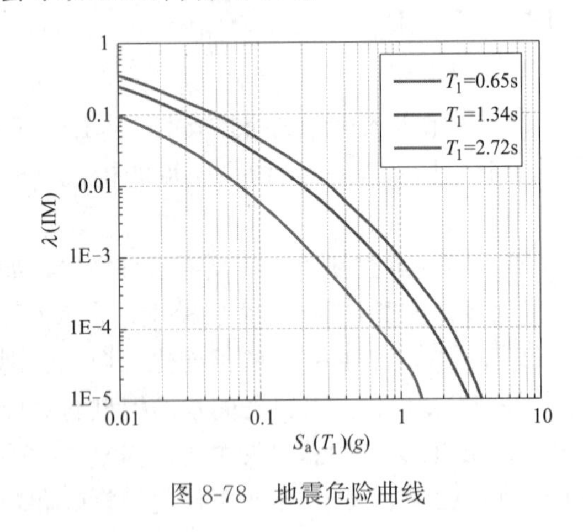

图 8-78 地震危险曲线

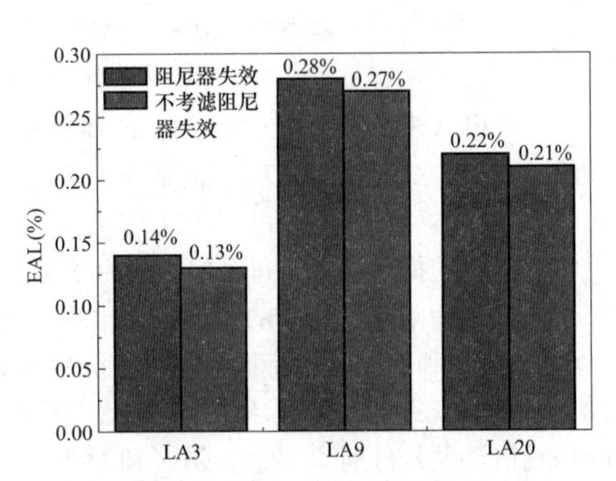

图 8-79 框架的标准化预计年损失（EAL）

此外，由于在地震损失评估期间，阻尼器的损坏状态和相应的维修成本不清楚，因此不考虑阻尼器的损失。应进一步研究其损伤状态与修复成本之间的关系。一般来说，金属阻尼器的成本相对于建筑物更换成本而言较小。因此，可以预计，阻尼器维修成本对建筑物的地震损失几乎没有影响。

8.9 本章总结

本章借鉴美国的 Benchmark 模型的设计理念，重新设计了满足中国规范前提下的 20 层钢框架结构，并以此作为本章研究的 Benchmark 模型。通过在太平洋地震动数据库中心选择出符合建筑结构场地特征的 10 条远场地震动，以及结合基于消能减振建筑结构理念设计的置于 20 层钢框架结构中的 4 类阻尼器参数，并将其中 3 类阻尼器布置在结构中，研究在选择的 10 条远场地震动作用下，20 层钢框架结构分别在无阻尼结构、有阻尼结构的情况下基于 IDA 方法的结构倒塌易损性，判断出原始结构是属于性能三水准的结构，并比较了各类阻尼器的抗震性能的优良性。

1. 通过比对发现，对于遭受远场地震动的 20 层钢框架结构，在同样的消能减振目标需求下，从抵抗结构的最终倒塌概率方面分析，摩擦阻尼器表现优良，防屈曲支撑次之，黏滞阻尼器的作用效果一般，这说明摩擦阻尼器对防止地震的倒塌破坏具有较为可靠的作用；从维持结构基于《消能减振规范》提出的 5 类结构的性能水准方面，则是黏滞阻尼器表现最优秀，防屈曲支撑虽然略高于摩擦阻尼器但差别不大，尤其是在后 3 类性能水准的控制中，甚至出现了稍逊原始结构的现象，这说明黏滞阻尼器对维持结构的性能水准具有很强的控制效果，而摩擦阻尼器和防屈曲支撑则仅对前两类性能水准具有较为明显的控制作用。

2. 对工程应用的建议，对于远场地震动作用下的钢框架高层建筑结构，若是以抵抗结构的最终倒塌为目标，首选摩擦阻尼器或者防屈曲支撑；若是要以控制结构的性能水准，如最大层间位移角为目标，在前两类水准下，黏滞阻尼器、摩擦阻尼器以及防屈曲支撑均可，但要是纵观全局选择满足 5 类性能水准的情况，则首选黏滞阻尼器。

3. 主震单独作用和主余震序列型地震动的结构易损性曲线表明，余震会对结构产生进一步的破坏，但是以层间最大位移作为结构的 DM 指标，余震对结构造成的损伤累积体现并不十分明显。

4. 防屈曲支撑对结构倒塌控制和位移控制效果较好。在地震峰值加速度 PGA 较小时，其对结构倒塌控制能力低于摩擦阻尼器和黏弹阻尼器，在 PGA 较大时其抗震性能有所提高，对结构倒塌控制效果最好。其对结构的位移控制也较好。因此对于 20 层钢结构的抗震设计，工程中建议对结构倒塌和位移进行控制时可选择防屈曲支撑。

5. 黏弹性阻尼器对结构的倒塌控制效果和加速度控制也较好。在 PGA 较小时，其对倒塌控制低于摩擦阻尼器，对结构加速度的控制能力较好，因此，对 20 层钢结构的抗震设计，倒塌控制和加速度控制可考虑选择黏弹性阻尼器。

6. 黏滞阻尼器对结构的倒塌控制较其他 3 类阻尼器差，但是对位移和加速度的控制较好，在工程中建筑的位移控制以及加速度控制中可考虑选用黏滞阻尼器。

7. 摩擦阻尼器对结构倒塌控制能力较好，在地震峰值加速度 PGA 较小时，相对于其他 3 类阻尼器控制效果是最好，但随着 PGA 增大，控制效果比防屈曲支撑略差。而对结构位移控制效果仅次于黏滞阻尼器，但对结构设备加速度控制效果最差。因此，在工程中，倒塌控制和位移控制可考虑选择摩擦阻尼器。

8. 对 4 类阻尼器加速度易损性曲线分析可知，4 类阻尼器对结构加速度控制效果呈现相同的规律，随着楼层的增加，对楼层的减振效果明显地减弱。因此，建议在高层建筑中，对于贵重精密的设备仪器，可考虑安置在建筑的中下层。

9. 阻尼器失效对倒塌和拆除损失的影响明显大于对修复损失的影响，对高层建筑地震损失的影响大于中低层建筑。在相对较大的地震烈度下，对拆除和倒塌损失的影响是显著的。

参考文献

[1] 佐野利器. 家屋耐震构造论 [D]. 东京：东京帝国大学，1915.

[2] Biot M. Theory of vibration of buildings during earthquake [J]. Zamm Journal of Applied Mathematics & Mechanics Zeitschrift Für Angewandte Mathematik Und Mechanik，2010，14 (4)：213-223.

[3] Housner G W. Behavior of structures during earthquakes [J]. Journal of the Engineering Mechanics Division，ASCE，1960：283-303.

[4] Clough R W. The finite element method in plane stress analysis [C]. Proc. 2nd ASCE Confertence on Electronic Computation，Pittsburgh，1960.

[5] Newmark N M. A method of computation for structure dynamics [J]. Journal of Engineering Mechanics，ASCE，1959，85 (EM3)：67-94.

[6] 汪梦甫，周锡元. 基于性能的建筑结构抗震设计 [J]. 建筑结构，2003，(03)：59-61.

[7] 周福霖. 工程结构减振控制 [M]. 北京：地震出版社，1997.

[8] 唐家祥. 建筑隔震与消能减振设计 [J]. 建筑科学，2002，18 (1)：21-27.

[9] 佟建国，韩家军，任思泽. 消能减振加固技术应用 [J]. 四川建筑科学研究，2009，35 (6)：188-194.

[10] 李春锋，张旸. 长周期地震动衰减关系研究的迫切性 [J]. 地震地磁观测与研究，2006，27 (3)：1-8.

[11] Poland C，Hill J，Sharpe R，et al. Performance based seismic engineering of buildings：final report [R]. Structural Engineers Association of California，1995.

[12] Ohtori Y，Chirstenson R E，Spencer J B F. Benchmark control problems for seismically excited nonlinear buildings

[J]. Journal of Engineering Mechanics，2004，130（4）：366-385.
[13] Filippou F C，Neuenhofer A. Evaluation of nonlinear frame finite-element models [J]. Journal of Structural Engineering，1997，123（7）：958-966.
[14] Michael H S，Gregory L F. Plastic hinge intergration methods for force-based beam-column element [J]. Journal of Structure Engeering，2006，132（2）：244-252.
[15] Hellesland J，Scordelis A C. Analysis of RC bridge columns under imposed deformations [C]. IABSE Colloquium on Advanced Mechanics of Reinforced Concrete，1981.
[16] 张令心，张继文. 近远场地震动及其地震影响分析 [C]. 全国地震工程学术会议，2010.
[17] 佚名. 新潟地震为何损失严重 [J]. 防灾科技学院学报，2005，（3）：9.
[18] 吴济民. 1985年墨西哥地震震害分析 [J]. 建筑科学，1987，（4）：75-81.
[19] 胡世平. 1985年的墨西哥大地震及其经验教训 [J]. 建筑结构学报，1987，8（5）：62-74.
[20] 赵海，白国良. “5·12”汶川地震后对陕西宝鸡和汉中地区的地震灾害调查与分析 [C]. 全国土木工程研究生学术论坛，2008.
[21] 潘志宏，洪博. 地震动频谱特性和持时对IDA结果影响的研究 [J]. 振动与冲击，2014，33（5）：155-159.
[22] 杨溥，李英民，赖明. 结构时程分析法输入地震波的选择控制指标 [J]. 土木工程学报，2000，33（6）：33-37.
[23] 王亚勇，程民宪. 结构抗震时程分析法输入地震记录的选择方法及其应用 [J]. 建筑结构，1992，（5）：3-7.
[24] 王亚勇，刘小弟，程民宪. 建筑结构时程分析法输入地震波的研究 [J]. 建筑结构学报，1991，12（2）：51-60.
[25] Aiken，I D. Earthquake simulator testing and analytical studies of two energy-absorbing systems for multistorys [D]. Berkeley：University of California，1990.
[26] Pall A S，Marsh C. Response of friction damped braced frames [J]. Journal of the Structural Division，1982，108（6）：1-5.
[27] 马宁，吴斌，赵俊贤，等. 十字形内芯全钢防屈曲支撑构件及子系统足尺试验 [J]. 土木工程学报，2010，（4）：1-7.
[28] 严红，潘鹏，王元清，等. 一字形全钢防屈曲支撑耗能性能试验研究 [J]. 建筑结构学报，2012，33（11）：142-149.
[29] 卢德辉，周云，邓雪松，等. 钢管铅阻尼器耗能机理研究 [J]. 土木工程学报，2016，（12）：45-51.
[30] 吴美良，钱稼茹. 黏滞阻尼墙的研究与工程应用 [J]. 工业建筑，2003，33（5）：61-65.
[31] 牛欣欣. 黏滞性阻尼器在建筑结构中的应用 [J]. 河南建材，2013，（6）：149-150.
[32] 翁大根，卢著辉，徐斌，等. 黏滞阻尼器力学性能试验研究 [J]. 世界地震工程，2002，18（4）：30-34.
[33] Mahmoodi P，Robertson L E，Yontar M，et al. Performance of viscoelastic dampers in World Trade Center Towers [J]. American Society of Civil Engineers，2015.
[34] 常业军，苏毅，吴曙光，等. 圆筒式黏弹性阻尼器的试验研究及工程应用 [J]. 振动与冲击，2007，26（12）：63-67.
[35] 张伟. 黏弹性阻尼墙的分析与设计方法 [D]. 南京：东南大学，2007.
[36] Housner G W. Limit design of structures to resist earthquakes [J]. Proc of Wcee，1956，5：5.1-5.13.
[37] 刘宁，朱维申，李勇. 基于Maxwell模型的有限元黏弹性位移分析 [J]. 矿业研究与开发，2008，28（1）：19-20.
[38] 李魁彬，王安稳，胡明勇，等. 确定Kelvin模型黏弹性材料参数的一种实验方法 [J]. 海军工程大学学报，2007，19（6）：26-29.
[39] 闫志浩. 基于Bouc-Wen模型的非线性结构参数识别研究 [D]. 南京：南京理工大学，2005.
[40] 李鸿光，何旭，孟光. Bouc-Wen滞回系统动力学特性的仿真研究 [J]. 系统仿真学报，2004，16（9）：2009-2011.
[41] 胡瑶. 主余震下高层建筑典型阻尼器的减振性能评估 [D]. 长沙：中南大学，2016.
[42] 张蓬勃，赵世春，孙玉平，等. 铝板摩擦材剪切型摩擦阻尼器的研究 [J]. 四川大学学报工程科学版，2011，43（5）：218-223.
[43] Bertero V V. Strength and deformation capacities of buildings under extreme environments [J]. Structural Engineering & Mechanics，1977：211-215.
[44] 陆新征，叶列平. 基于IDA分析的结构抗地震倒塌能力研究 [J]. 工程抗震与加固改造，2010，32（1）：13-18.
[45] 叶列平，马千里，缪志伟. 结构抗震分析用地震动强度指标的研究 [J]. 地震工程与工程振动，2009，29（4）：

9-22.
[46] Vamvatsikos D, Cornell C A. The incremental dynamic analysis and its application to performance-based earthquake engineering [J]. Earthquake Engineering and Structural Dynamics, 2002, 31: 491-514.
[47] Shome N. Probabilistic Seismic Demand Analysis of Nonlinear Structures [M]. Palo Alto: Stanford University Press, 1999.
[48] Miranda E, Aslani H. Probabilistic response assessment for building-specific loss estimation [J]. Bioimages, 2003, 11: 1-8.
[49] 中华人民共和国住房和城乡建设部. 建筑抗震设计规范: GB 50011—2010 (2016年版) [S]. 北京: 中国建筑工业出版社, 2016.
[50] 中华人民共和国住房和城乡建设部. 建筑消能减振技术规程; JGJ 297—2013, [S]. 北京: 中国建筑工业出版社, 2013.
[51] 中华人民共和国住房和城乡建设部. 建筑结构荷载规范: GB 50009—2012 [S]. 北京: 中国建筑工业出版社, 2012.
[52] 吴俊. 汉森写字楼框架结构的地震倒塌与减振器的应用 [D]. 长沙: 中南大学, 2015.
[53] 吴斌, 张纪刚, 欧进萍. 一种改进的拟黏滞摩擦阻尼器的试验研究与数值分析 [J]. 土木工程学报, 2004, 37 (1): 24-30.
[54] 贾明明, 张素梅. 抑制屈曲支撑滞回性能分析 [J]. 天津大学学报, 2008, 41 (6): 736-744.
[55] Omori F. On the after-shocks of earthquakes [J]. The Journal of the College of Science, Imperial University, Japan, 1895, 7 (2): 111-200.
[56] Mahin S A. Effects of duration and aftershocks on inelastic design earthquakes [C]. Proceedings of the Seventh World Conference on Earthquake Engineering, 1980, 5: 677-679.
[57] Moustafa A, Takewaki I. Response of nonlinear single-degree-of-freedom structure to random acceleration sequences [J]. Engineering Structures, 2011, 33 (4): 1251-1258.
[58] Bath M. Lateral Inhomogeneitues in the Upper Mantle [J]. Tectonophysics, 1965, 2: 483-514.
[59] Gutenberg B, Richter C F. Seismicity of the Earth and Associated Phenomenon [M]. Princeton University Press, Princeton, 2nd edition, 1954.
[60] Hatzigeorgiou G D. Ductility demand spectra for multiple near-and far-fault earthquakes [J]. Soil Dynamics and Earthquake Engineering. 2010, 30 (4): 170-183.
[61] 吴开统, 焦远碧, 等. 强震序列对工程建设的影响 [J]. 地震学刊, 1987, (03): 1-10.
[62] 冯世平. 多次地震作用下的钢筋砼结构的动力反应 [C]. 第三届全国地震工程学术会议论文集, 1990.
[63] 吴波, 欧进萍. 主震与余震的震级统计关系及其他震动模型参数 [J]. 地震工程与工程振动, 1993, 13 (3): 8.
[64] 吕晓健, 高孟潭, 等. 强余震和主震地面运动分布比较研究 [J]. 地震学报, 2007, 29 (3): 295-301.
[65] 马骏驰, 窦远明, 苏经宇, 等. 考虑接连两次地震影响系数的建筑物震害分析方法 [J]. 地震工程与工程振动, 2004, 24 (1): 59-62.
[66] 温卫平. 基于主余震序列型地震动损伤谱研究 [D]. 哈尔滨: 哈尔滨工业大学, 2011.
[67] 徐俊飞, 陈隽, 丁国. 基于IDA的主余震序列作用下RC框架易损性分析与生命周期费用评估 [J]. 地震工程与工程振动, 2015, 35 (4): 206-212.
[68] 阚玉萍, 丁文胜, 强余震荷载的确定 [J]. 上海应用技术学院学报, 2008, 8 (1): 18-21.
[69] Boore D M, Joyner W B, Fumal T E. Estimation of response spectra and peak accelerations from western north American earthquakes: an interim report [R]. Open-File Report 93-509.
[70] Ramirez C M, Liel A B, Mitrani-Reiser J, et al. Expected earthquake damage and repair costs in reinforced concrete frame buildings [J]. Earthquake Engineering & Structural Dynamics, 2012, 41 (11): 1455-1475.

塔楼建筑多功能复合减隔震/振装置的研发

9.1 引言

基础隔震技术的基本原理是通过在建筑底部设置隔震支座，得到水平刚度较小的隔震层，通过滤波效应减小上部结构地震加速度响应。并通过在隔震层设置耗能装置吸收消耗地震动能量，属于一种被动的振动控制技术。作为一种切实有效的减振装置，目前隔震支座在世界范围内已经得到了普及应用。基础隔震技术被看作是20世纪地震工程领域最重要的技术进步之一，在世界范围内得到了较为广泛的应用。1969年，南斯拉夫出现了第一座3层现代隔震建筑，采用天然橡胶。1981年，新西兰惠灵顿威廉克雷顿（William Clayton）大楼首次采用铅芯橡胶支座作为隔震装置。发展至今，日本隔震建筑已经增加至1000余栋，而我国也已有几百座隔震建筑，且在公路桥梁中有着广泛应用，分布于北京、上海、新疆、河南、江西、广东等20个省、市、自治区，覆盖了我国大部分地震设防区。隔震设计已写入了我国《建筑抗震设计规范》GB 50011—2010（2016年版），是最为有效的、应用最普及的减振装置。其相关技术是通过直接在底座中设置弹簧或者橡胶垫来实现抗震或者减振功能。但是，目前已有的传统建筑隔震支座存在以下不足：不能隔离竖向地震振动以及水平向微振动。大量震害观察及有限元分析表明，竖向地震作用能导致结构竖向承压构件受压破坏进而破坏整个隔震支座。随着城市轨道交通发展，地铁等环境振动，尤其是微振动的竖向分量会对人们的居住舒适度产生较为严重的影响。大量震害观察及有限元分析表明，竖向地震作用能导致结构竖向承压构件受压破坏进而破坏整个隔震支座。

阻尼器是目前最广泛使用的一种消能减振技术，在新建建筑中安装阻尼器或者在建筑震损后进行修缮，以增大结构阻尼比，耗散地震能量，达到消能减振的作用。现有的技术成熟的阻尼器，包括黏弹性阻尼器、摩擦阻尼器、金属阻尼器等，其中摩擦阻尼器的概念在1980年引入土木建筑领域之后，多年来发展迅速，技术成熟，并得到广泛的实际工程应用。其中转动摩擦阻尼器提出以来，凭借其优秀的耗能能力得到学界广泛的关注，但是其耗能变形后无法及时复位的缺陷使得其在面对多次震害时存在问题，因此需要寻找新的转动摩擦阻尼器的结构形式，来改善这一缺陷。

周期结构是材料参数、几何形态等按一定的规律重复排列拓展形成的结构，组成结构的最小重复单元叫做原胞。当组成周期性结构的单元按规律无限重复时，形成理想周期性结构。描述一个理想周期性结构应该包含两个方面：单元形式、周期性形式。周期性结构可分为一维、二维和三维3种类型，但这个维度并不是指结构是具有几个空间维度的几何实体，而是指其在几个维度上呈现出了周期性。由于周期结构可以阻挡一定频率范围的波的传播，而地震波的传播是地震产生的主要原因，将周期结构引入到土木工程研究领域中的思路，可设计新型周期结构，旨在阻隔地震波的传播。借鉴声子晶体理论研究周期结构的振动特性，有利于周期结构在建筑防震领域的推广应用。目前周期结构的带隙机理有两种，分别是布拉格散射机理和局域共振机理。在布拉格散射型周期结构中，结构周期性起主导作用；而在局域

共振型周期结构中，单个散射体的共振特性起主导作用。在土木工程中，应结合两种带隙机理的特性，采用最合适的方案，以达到最有效的隔震减振效果。近年来，周期性结构相关理论的研究已经取得了一些成果，并且在机械、建筑、船舶等领域有广阔的应用前景。若将周期性结构引入到土木结构领域，利用其带隙特征，可以减弱地震波或者其他振动对建筑结构的影响。

9.1.1　隔震支座研究综述

1. 水平隔震支座研究综述

隔震技术就是在地震发生时，通过隔震层的设计，将上部结构与基础隔离开，延长了结构的自振周期，使上部结构的加速度响应和水平位移都减小，有效地保护了建筑物与结构的安全性。

实现隔震技术的关键是隔震装置，目前，实际工程中应用较多的支座种类主要有摩擦摆支座、叠层橡胶支座、平板滑移支座、滚动滑移支座等。另外还有工程师和科研工作者们不断研发和改进的多重摩擦摆支座、铅芯橡胶支座、高阻尼橡胶支座以及多种新型支座，也开始应用在了诸多的工程实例之中。

（1）摩擦摆支座

Zayas 等人根据摩擦滑移耗能机制，考虑装置能拥有自复位特性，于 1985 年研发了摩擦摆隔震装置，称之为摩擦摆系统/支座（Friction Pendulum System/Bearing，简称 FPS / FPB）。摩擦摆隔震系统的滑块与上下滑面在地震作用下保持水平。上下滑面与滑块具有相同的曲率半径，且在滑面上涂有低摩擦系数的材料，如聚四氟乙烯、尼龙等，通过摩擦和摆动，延长了结构自振周期，增大阻尼比，实现了隔震的功能。

摩擦摆隔震装置自问世以来，以其自复位能力、高承载力、高耗能性能而受到了学术界和工程界的广泛认可。在过去的 30 多年内，许多学者针对摩擦摆支座的力学性能进行了大量的试验研究，并依据不同的性能要求做出了各种完善和改进。

国外首先是 Zayas 等人对温度、时间等影响摩擦摆支座性能的因素进行了研究，证明其在高抗压性能的条件下能够保持可靠性。而后 Constantinou 和 Mokha 等人对摩擦摆的摩擦材料——聚四氟乙烯的可靠性和耐久性进行了理论和试验研究，从中发现，摩擦系数不仅与接触面的材料特性有关，同时还受到摩擦速度和上部面压的影响。Seible F. 等学者对摩擦摆支座的构造、曲率半径、摩擦系数等性能影响因素进行了系统性的研究，并加入了振动台试验验证其实际的隔震效果。Barroso 等把摩擦摆支座的研究拓展到了结构使用之中，他们对摩擦摆支座隔震系统的结构与非隔震结构进行了地震动响应对比试验，结果发现隔震系统显著减小了层间相对位移和最大加速度等结构振动响应。

国内对于摩擦摆支座的研究始于周锡元等，率先给出了摩擦摆支座隔震系统在水平地震作用下的动力学微分方程。随后，李大望等对摩擦摆支座进行水平与竖向振动响应分析，结果表明，摩擦摆支座隔震效果明显，能大幅减小上部结构水平振动的同时抑制鞭梢效应。李宏男等重点关注了摩擦摆支座的抗倾覆性能，并开展了大量的振动台试验进行验证。胡灿阳等分别使用 El-Centro 地震波、Taft 地震波和天津地震动对摩擦摆支座隔震的住宅进行了地震响应时程分析，得出了其可以有效降低结构的层间剪力、层间位移的结论。王建强、丁永刚等考虑了摩擦摆支座恢复力模型，计算分析表明，应该采用双向耦合恢复力模型以考虑双向耦合作用对支座本身性能和结构地震动响应的影响。赵伟、薛素铎等对摩擦摆支座做了参数影响分析，分别验证了滑动面半径和摩擦系数对摩擦摆支座隔震性能的影响，结果表明有效滑道半径越大，摩擦系数越小，则摩擦摆支座的隔震能力越强。杨林等的研究表明摩擦摆支座能够有效延长结构自振周期，减小上部结构的地震动响应，并且具有良好的复位能力和稳定性。龚健、周云、邓雪松等推导了摩擦摆支座的刚度和等效黏滞阻尼比，构造了摩擦摆支座的滞回模型，同时采用多个有限元软件对摩擦摆隔震框架结构及其对应的非隔震框架结构进行模态分析、反应谱分析以及动力时程分析，结果表明摩擦摆支座能有效地控制位移、加速度和基底剪力等地震反应，削减构件内力，相较于多遇地震而言罕遇地震下支座隔震耗能性有着更充分的发挥、结构响应降幅明显。

（2）橡胶支座

橡胶支座是由多层天然橡胶与多层一定厚度的薄钢板镶嵌、粘合、硫化而成的一种隔震产品。橡胶支座隔震的基本原理是将刚性房屋的基本周期延长，避开地震作用过程中地面运动输入的主要周期，从而使隔震层上部结构受地震作用的影响大大减小。传统橡胶隔震支座按材料的不同又分为3类：普通叠层橡胶支座、铅芯橡胶支座和高阻尼橡胶支座。其中铅芯橡胶支座是由普通叠层橡胶支座中插入一根或多根铅芯构成，而将普通叠层橡胶支座的橡胶材料换成高阻尼橡胶就成了高阻尼橡胶支座。

新西兰、日本和美国是最早开始对橡胶支座进行研究的国家，研究成果使得叠层橡胶支座作为建筑物基础隔震技术得到了蓬勃发展。Haringx于20世纪中叶第一次提出了关于橡胶弹性体压缩剪切相关的计算理论。1978年美国的Kelly等提出了叠层橡胶支座隔震方法和技术。而后加藤泰正、冯德民等在Haringx弹性体模型和饭家回转弹性体模型的基础上提出了新的橡胶简化计算分析模型。Buckle等对大剪切变形情况下橡胶支座的临界屈曲荷载进行了试验研究，结果表明橡胶支座的临界荷载随着水平位移的增加而不断减小。

20世纪80年代，我国专家学者也开始认识到橡胶支座是一种良好隔震系统。周福霖、唐家祥、周锡元等作为该领域的翘楚，对橡胶支座在隔震系统中的应用展开了诸多研究，并设计了大量的隔减振建筑结构，对橡胶支座在抵御地震灾害的应用过程中的实际效能进行了大量的验证，提出了较为完备的橡胶支座隔震技术应用方案。施卫星等对一种叠层橡胶支座进行了伪静力试验，结果表明加载频率、加载幅度对支座刚度有一定影响，并提出叠层橡胶支座的刚度计算公式。杨巧荣等对夹层橡胶支座的全刚性能和回转性能做了研究，结果显示竖向面压达到30MPa时，橡胶支座仍能够保持良好的力学性能。闫维明建立了橡胶隔震支座的双弹簧拉伸刚度简化模型，推导了不同剪切变形下的拉伸刚度计算公式；赵慧雯等进行了3个不同高度的框架结构铅芯橡胶支座隔震的地震响应研究，结果表明在一定高度范围内，铅芯橡胶支座对框架结构减振效果非常明显。张林海等以实际工程为背景，对原结构和结构的地震响应进行了对比分析，发现铅芯橡胶支座的隔震性能与其等效水平刚度有关；袁涌等对高阻尼橡胶支座进行了力学性能试验及其隔震性能研究，总结了高阻尼橡胶支座的水平刚度与其加载经历之间的关系。沈朝勇等通过反复加载试验对新型桥梁高阻尼橡胶支座的剪切性能的影响因素进行了分析，表明某些情况下其减振效果优于普通板式橡胶支座。

（3）其他类型隔震支座

除传统的橡胶支座或摩擦摆支座外，还有平板滑移支座、滚动滑移支座、球铰支座、钢弹簧支座等等都在房屋建筑、公路桥梁、铁路桥梁等多种结构中有着广泛的应用，且各自在不同的地区、不同的使用条件下均有着良好的隔震效果。上述支座均已有了较为详细的研究或试验，但其主要是在水平方向普遍具有较好的隔震性能，而对于竖向地震动及轨道交通等环境振动所引起的竖向振动却较为无力。

厚层橡胶支座是在普通叠层橡胶支座的基础上发展起来的一类新型橡胶支座，通过减小橡胶层数、增大单层橡胶厚度的方式，使得支座在保持原有水平刚度的同时竖向压缩刚度大幅降低，由此，支座对于竖向振动有了较高的敏感性和良好的隔震性能，但其在整体稳定性上有所欠缺。Yabana等的研究表明，在水平方向破坏试验中厚层橡胶支座表现出了与普通叠层橡胶支座相近的极限性能。Marionil等采用厚层橡胶支座配合剪力卡榫对我国台湾某段高速铁路中的桥梁进行竖向减振应用研究。Jared等对具有较小第二形状系数的叠层橡胶支座和铅芯橡胶支座的屈曲承载力进行了研究，在无水平位移时铅芯橡胶支座的屈曲承载力要比普通叠层橡胶支座高，在有水平位移时普通叠层橡胶支座的临界荷载较铅芯橡胶支座下降明显。

徐永秋、杨彦飞等通过水平剪切和竖向压缩试验研究了厚层橡胶支座在不同频率和振幅下的水平和竖向力学性能。何文福等设计了两种不同形状系数的厚叠层橡胶支座，对比了不同振幅以及不同频率组合下的天然橡胶支座、厚叠层橡胶支座和铅芯支座的基本力学性能。试验表明，厚叠层橡胶支座在水平向和普通橡胶支座的基本力学性能相似，但是竖向差异较大，故厚叠层的竖向刚度采用传统的竖向刚度理论公式存在一定误差。王涛等以核电厂基础隔震为研究对象，对比分析了油阻尼器、薄层橡胶支座和厚层橡胶支座的力学性能试验及核电厂整体基础隔震模型的振动台试验，结果也表明厚叠层橡胶支座不

适合继续沿用传统橡胶支座的竖向刚度理论公式。陈浩文对武汉某地铁项目采用的厚叠层橡胶支座进行数值分析，测试了4种橡胶支座在不同面压和频率的多种工况，得到了厚肉型普通橡胶支座对于大型足尺结构的实际隔震效果。盛涛等研究了不同层厚的叠层橡胶支座的竖向刚度变化，并进行了现场试验，结果表明，当橡胶层较厚且橡胶厚度在一定的适宜范围内时，支座具有良好的减振效果。Pan等对普通橡胶支座、厚层橡胶支座、高阻尼厚层橡胶支座等的竖向减振效果进行了分析，高阻尼厚层橡胶支座和厚层橡胶支座加速度比值均小于1，且厚层橡胶支座共振范围较厚层高阻尼橡胶支座而言更小。

2. 三维隔震支座研究综述

地震是一种复杂的三维空间运动，包含水平（X、Y方向）和竖直方向的运动，传统观点认为震害主要由水平向地震作用造成，竖向地震加速度仅相当于水平向加速度的0.65，因此，传统意义上隔震技术的研究主要考虑水平方向的隔震效果。但根据大量地震记录显示，地震作用竖直方向的分量对建筑物的破坏作用是不能忽视的。无水平构件建筑物，如高耸结构、筒形结构等，发生地震时，竖向地震作用在其破坏过程中有决定性作用；地下结构的破坏是由于结构在竖向地震作用下反复振动，其顶部和底部会相互冲击，使结构中柱产生较大的拉压应力，从而造成拉压破坏；汶川地震中，大量桥梁破坏的原因是受到强大的竖向和水平地震作用，使桥墩等桥梁主要构件发生强度失效破坏。上述情况表明，竖向地震作用不能忽略，尤其在高烈度区和震中区域，竖向地震分量极为明显，另一方面，城市交通的发展引起的环境振动，给人们的工作和生活带来的影响，也对隔离竖向振动做出了要求。但与水平隔震相比，三维隔震减振的研究进展较为缓慢。目前大多数三维隔震减振装置是通过将水平隔震支座与竖向减振支座串联组合来满足隔震与减振的需求。

（1）三维隔震的国内外研究现状

1985年，Huffmann等提出一种新型整体结构三维地震保护系统，由螺旋弹簧和黏滞阻尼器构成，将其设置于一个5层楼的建筑模型中进行振动台试验，结果表明，该系统不仅能保护建筑物和内部人员，还能节约建筑成本。1987年，Fujita T. 等将多级橡胶支座与碟形弹簧组合形成三维隔震楼板系统进行了振动台试验，对其隔震性能进行研究分析。1990年，Kelly等提出了一种厚叠层橡胶支座，研究结果表明支座对竖向地震的作用并不明显，但是较普通橡胶支座有所改善；同年，Nakajima等提出通过设置钢丝绳和滑轮将结构的竖向运动转化为螺旋弹簧的水平运动，这是对竖向隔震装置的一种新的尝试；1993年Shingu Kiyoshi等提出了在结构和基础间安装弹簧和可变阻尼器，该体系可以有效降低结构的竖向地震反应；1999年，Kashiwazaki等提出将水平隔震装置和竖向隔震装置进行串联以达到三维隔震的效果，其水平隔震装置利用铅芯橡胶支座，竖向隔震装置利用由液压油缸和蓄能器组成的复合装置，并针对该系统进行振动台试验，之后又应用于FRB反应堆的基础隔震中；2001年，Parvin等提出了一种采用液体阻尼器和螺旋弹簧组成的隔震系统来隔离竖向地震作用，针对该体系在桥梁结构中的使用可行性进行了理论分析；2002年，Kageyama等提出由一种钢丝加强型空气弹簧构成的三维隔震体系，并将该体系在一座核电站工程中使用。2009年，Araki等提出了一种使用恒力弹簧的复合隔震支座，通过设置恒力弹簧，使隔震器具有分段恒力恢复，缓解了自重引起的过大变形问题。2017年，Asai等开发了一种可变椭圆曲线机构的可调垂直隔震支座，该支座可实现零垂直刚度，无论垂直位移如何，都能承受恒定的荷载。然而，为了实现零垂直刚度，隔震支座的承载能力较小，只能适应相对较小的物体。

2004年，熊世树提出了一种采用铅芯橡胶支座隔离水平地震，蝶形弹簧隔离竖向地震的复合三维隔震装置，建立了三维框架隔震结构的非线性模型及其运动方程，并进行了模拟仿真分析，隔震率达到50%以上，隔震效果明显。2007年，魏陆顺介绍了一种三维隔震支座，概念性地指出三维支座的结构形式，将该支座应用于某地铁平台的实际结构中，地铁运行时进行三维隔震效果对比测试，结果显示，该隔震装置对振动高频信号衰减效果明显。2008年，李雄彦开发了摩擦滑移装置作为水平隔震、螺旋弹簧或碟形弹簧进行竖向隔震的三维隔震支座，并在大跨机库中进行隔震性能研究，验证了该支座具有较好的水平、竖向隔震性能。2010年，颜学渊将碟形弹簧三维隔震抗倾覆装置设置于高层钢框架模型结构中，进行了三向地震振动台试验，结果表明该装置可明显衰减三向地震响应，有较好的减振效果，但结构倾角反应大，支座的竖向刚度需进一步优化。2012 年，贾俊峰等将组合碟形弹簧与钢板阻尼器并联使用以提高复合三维隔震装置的耗能性能和稳定性能。2013 年，熊玉生提出一种新型三维隔震支座，竖向隔震装置由钢弹簧和黏滞阻尼器并联而成，通过数值模拟进行地震反应分析，可知该支座可有效减弱竖向地震分量，但其抗震性能还需进一步的试验研究与分析。2014 年，李爱群等开发了一种由碟形弹簧和铅芯橡胶支座组合而成的三维隔震减振系统，并采用时程分析法研究了结构在地铁振动下的动力响应，结果表明该装置能够有效提高地铁沿线建筑的舒适度。王维等针对新型多功能隔震支座提出了其设计方法，并分析了其在地震和地铁荷载作用下装置的隔震减振效果。2017 年，刘文光等将不同方向铅芯橡胶支座组合，设计了一种倾斜旋转型三维隔震装置，并完成了竖向压缩力学性能试验。试验结果表明该装置在竖向变形状态下具有良好的阻尼耗能性能。2018 年，杨维国等提出了一种新型三维隔震减振装置，并将其应用在博物馆的数值模型上，验证了装置的有效性。2019，陈兆涛等提出由铅芯橡胶支座和组合液压缸构成的竖向变刚度三维隔震装置；通过改变不同阶段参与工作液压腔的种类和数量，可以实现较长竖向隔震周期与竖向变刚度特性。2020 年，何文福等将厚层橡胶支座与铅芯橡胶支座串联组合，从而实现了上部隔震下部减振的双控效果，并对某地铁上盖建筑进行了动力响应分析，结果表明：地铁振动下结构竖向 Z 振级减小 10～28dB，地震作用下加速度响应降低 1/3～1/2。

(2) 新型自适应变刚度三维隔震装置

目前，水平隔震技术已相对成熟，并在工程中得以应用，但对三维基础隔震的研究还相对较少。此外，地下轨道交通的迅猛发展引发了一系列环境振动和噪声污染的问题，对建筑结构的竖向减振做出了要求，尤其是微振动的竖向分量会对人们的居住舒适度产生较为严重的影响。但对于地震和地铁振动双重控制的研究还比较少，相关理论研究还不够完善，缺少实际工程应用。针对以上问题，研发了一种新型自适应变刚度三维隔震装置。该装置的竖向隔震单元由不同刚度的碟形弹簧组进行串联，可以实现竖向变刚度特性且具有自适应特性，对于竖向微振动有良好的隔震效果；水平隔震单元采用铅芯叠层橡胶支座。水平和竖向隔震单元进行串联组装，水平和竖向隔震单元解耦。装置构造合理、传力机制明确，具有良好的震振双控效果。

9.1.2 消能减振器研究综述

自消能减振的思想引入土木工程领域至今，我国建筑消能减振技术研究与应用取得了丰硕的成果，研究开发了一系列具有自主知识产权的消能减振装置，设计方法和设计标准日趋成熟，且已在新建和既有建筑工程中得到广泛应用。

传统结构抗震设计是通过增加结构自身强度、刚度等来抵御地震与风振作用，是一种被动的抗震对策。传统抗震结构通常截面较大、耗能性能一般，强震后损伤位置不易控制且修复困难。自 20 世纪 70 年代开始，我国学者开始对建筑结构消能减振体系进行研究，经过四十多年的发展，2013 年国家行业标准《建筑消能减振技术规程》JGJ 297—2013 颁布实施，作为国内外第一部系统的消能减振行业技术标准，标志着我国消能减振技术达到国际领先水平，规程的颁布实施为我国消能减振结果设计和施工提供了技术支撑和指导依据，也为消能减振技术在我国的工程应用推广奠定了坚实的基础。我国作为一个地震频发的国家之一，随着社会的发展，民众对建筑结构的抗震安全也日益重视，消能减振技术在国内也得到更广泛的应用。

消能减振技术已逐步成为结构抗震的主流技术之一，有关消能减振技术的研究也成为学术界和工程界的热点。我国学者对建筑消能减振领域四十多年的研究中，在消能减振装置开发、性能试验、分析模型、结构设计理论、工程应用等方面取得一系列丰硕的成果，并逐步朝着标准化、规范化、产业化的方向发展。建筑结构消能减振的效果很大程度上取决于消能器的类型与性能。国内对消能器的研发相较国外虽然起步较晚，但发展迅速，四十多年的研究也取得了丰硕的成果。土木领域主流的消能器产品包括黏滞阻尼器、黏弹性阻尼器、金属阻尼器、摩擦阻尼器、调谐质量阻尼器、屈曲约束支撑、复合型阻尼器等。

1. 单一阻尼器

（1）黏滞阻尼器

黏滞阻尼器从军事航空领域引入结构工程领域以来，历经三十多年发展，逐渐形成目前主流的以小孔射流方式控制的第三代黏滞阻尼器。小孔射流技术式黏滞阻尼器能够以稳定的性能工作，服务于建筑结构的抗震安全，目前已在实际工程中得到广泛的应用，我国也已颁布实施相关的技术规程。第三代黏滞阻尼器主要由油缸、活塞、阻尼孔、黏滞流体阻尼材料和活塞杆等部分组成。活塞上有特殊构造的小孔作为阻尼器孔，缸筒内装满硅油等黏滞流体材料。当黏滞阻尼器工作时，随着活塞相对缸筒往复运动，黏滞流体从高压腔体经过阻尼孔或间隙流入低压腔体，在黏滞流体往复流经阻尼孔或间隙的过程中产生射流，因克服摩擦和碰撞等耗散能量。我国学者进一步对第三代黏滞阻尼器进行相关的研究，包括对黏滞流体材料和活塞头或缸筒的改进。为改善黏滞阻尼器工作速度较低时的性能，黄政提出阻尼叠加型黏滞阻尼器。小孔射流、异形孔、阻尼叠加型黏滞阻尼器的对比试验研究表明，阻尼叠加型黏滞阻尼器在低速工作下能很好地满足设计要求，且具有良好的抗疲劳性能。

（2）黏弹性阻尼器

黏弹性阻尼器最早由美国3M公司设计和制作，1969年被应用于纽约世贸大厦以控制结构风振，标志着黏弹性阻尼器开始应用于土木工程领域。随后，国内外学者对黏弹性阻尼器开展了大量试验研究。

黏弹性阻尼器主要由黏弹性材料和钢板组成，黏弹性材料夹在两块钢板之间，通过高温硫化连接在一起。黏弹性阻尼器产生剪切变形时，黏弹性材料中聚合物分子链组成的网络之间产生压缩、错位、松弛以及混合物间产生摩擦，部分能量以位能形式存储起来。另一部分能量则被耗散或转化为热能。

为改善早期黏弹性阻尼器在循环加载下性能退化严重的问题，周云等研发了高阻尼黏弹性阻尼器。相比传统黏弹性阻尼器，高阻尼黏弹性阻尼器的疲劳性能得到明显提高。

（3）金属阻尼器

金属阻尼器是利用金属元件屈服时产生的弹塑性滞回变形来耗散能量。金属材料往往具有良好的滞回特性和低周疲劳性能，且受外界环境和温度的影响较小，国内外学者研制与开发了不同类型的金属阻尼器。软钢进入塑性后有良好的塑性变形能力和滞回耗能性能，因此软钢阻尼器具有稳定且优良的耗能性能。

国内外学者根据软钢的物理特性，设计研发出多种剪切型软钢阻尼器和弯曲型软钢阻尼器。剪切型软钢阻尼器如：Y形加劲软钢阻尼器、三角加劲软钢阻尼器、开孔式加劲软钢阻尼器等。弯曲型软钢阻尼器如：双环阻尼器、加劲圆环阻尼器等。其中剪切型软钢阻尼器在实际工程中应用范围更广，弯曲型软钢阻尼器仍存在初始刚度小、屈服位移较大等问题。

铅具有较高的柔性和延展性，有较强的变形跟踪能力，特别是具有动态再结晶特性，因此铅成为制作消能减振装置的优选材料之一。铅阻尼器主要有挤压型铅阻尼器、剪切型铅阻尼器、弯剪型铅阻尼器等。

（4）屈曲约束支撑（BRB）

屈曲约束支撑最早由日本新日铁公司提出，经过多年的推广和应用，目前已在实际工程中广泛应用。屈曲约束支撑通常由核心单元与外约束构件组成。

国内外学者提出并研究了不同核心单元截面形式的屈曲约束支撑。为解决传统屈曲约束支撑端部易产生应力集中破坏的问题，周云等提出了开孔式钢管BRB、开槽式钢管BRB、外包混凝土式BRB等。针对传统板式BRB中存在的构造复杂和破坏位置随机的问题，周云等提出开孔钢板装配式BRB和开孔双核心钢板装配式BRB。

（5）调谐质量阻尼器（TMD）

调谐质量阻尼器是通过设计其固有频率与主结构的控制频率相近，将TMD安装在主结构上后，当发生振动时，惯性使得TMD会对主结构产生一个与振动方向相反的力，以达到减小主结构振动的效果。

李书进等利用分布于装配式楼板内的大量空腔，提出了一种可置于空腔楼板内部的滚动碰撞式调谐质量阻尼器减振装置，该装置结合了滚动型调谐质量阻尼器及碰撞调谐质量阻尼器的特点，解决了一般TMD在地震作用下控制效果有限且鲁棒性较差的缺点。

2. 复合阻尼器

（1）形状记忆合金（SMA）复合阻尼器

SMA具备超弹性和高阻尼性，因此众多学者将SMA与传统单一阻尼器结合，以期解决传统单一阻尼器在震后无法自行复位的缺陷。

国内外学者将现有的摩擦阻尼器与SMA丝相结合，提出一些新的阻尼器。钱辉等将SMA丝安装在新型摩擦阻尼器的外侧，提出一种自复位SMA摩擦阻尼器（HSMAFD），并对其进行平扭耦联振动台试验。由试验结果可知，该阻尼器对结构的平动及扭转角位移有一定控制效果，但受场地影响较大。Osman等提出了自复位摩擦阻尼器（RVFD），除了设置SMA和摩擦装置外，特别设置了压电驱动器来调节摩擦装置的法向力，使其能够达到理想的耗能效果。时程分析结果也表明，RVFD能够有效控制峰值位移响应，对加速度控制也有一定效果。

黏滞阻尼器在低频和超高频荷载下耗能能力较差，而SMA在低频荷载下可以正常工作，因此有学者将SMA与黏滞阻尼器相结合，以此来提高黏滞阻尼器在低频荷载下的工作性能。姚远、刘海卿、张夫等，都提出了相似的加入SMA丝的黏滞阻尼器，研究结果也显示该阻尼器工作性能良好，滞回性能稳定，在低高频荷载下均能发挥耗能的效果。

金属阻尼器通过金属塑性变形耗能，但变形过大超出弹性范围时，存在残余变形，导致需要更换阻尼器，经济性较差。Naeem等将SMA杆布置在钢缝阻尼器两侧的对角线上，组合成SMA复合钢缝阻尼器。通过多层钢框架的有限元模型的分析可知，安装该阻尼器的有控结构与未安装该阻尼器的无控结构相比，残余变形明显减小，最大层间位移也显著降低。刘明明等提出一种新型的自复位SMA-剪切型铅阻尼器，就是将SMA丝与铅金属阻尼器相结合，由数值模拟和试验的结果可知，该装置具有良好的自复位性能。

（2）金属复合阻尼器

金属阻尼器的耗能效果与使用的金属量有关，而其大多尺寸固定，耗能量固定。摩擦阻尼器的耗能效果与摩擦力大小有关，而其大多摩擦力大小是固定的。因此金属阻尼器和摩擦阻尼器无法做到同时适应大小震。为实现分阶段耗能，周云等将金属阻尼器与摩擦阻尼器相结合，提出钢屈服摩擦复合耗能器，试验结果表明，小震时，阻尼器不工作仅仅起到提供刚度的作用；中震时，摩擦阻尼器开始工作耗能；大震时，耗能圆环屈服耗能。Lee等提出一种摩擦-钢片阻尼器，并对其进行数值模拟验证其有效性，结果表明其具备多阶段耗能的特点，能够按照预期分阶段激活上部的摩擦阻尼器和下部的钢片阻尼器。陈云等提出一种由O形钢板金属阻尼器与高阻尼黏弹性阻尼器并联而成的复合型消能器，对其进行了低周反复加载试验，结果表明该复合消能器具有较强的变形能力和良好的耗能能力，加载频率对力学性能影响较小，且能实现在大小变形下的分阶段耗能。

（3）TMD复合阻尼器

TMD阻尼器由于其在设计时需使得其固有频率与主结构的控制频率相近，故TMD阻尼器只能对某个区间内的频率起作用，只能针对主结构的某一特定振型起作用，并且由于误差的存在，计算所得到的最优值并不一定能准确实现。因此，国内外学者为追求更高功能需求，将TMD的特性与其他阻尼器相结合得到新型的TMD复合阻尼器。戴军等提出一种黏弹性调谐质量阻尼器，该阻尼器适用于空间受限的结构。基于黏弹性材料刚度低，易于变形，可以有效地吸收能量和冲击，Zhang等提出了黏弹性碰撞调谐阻尼器并将其安装在输电塔上研究其减振能力，后续还将其应用在控制海底管道的振动。传统的TMD主要是由质量块、弹簧和阻尼系统构成，Li等将调谐质量阻尼器中的普通弹簧换成SMA螺旋弹簧，制成SMA调谐质量阻尼器，并对其进行有限元分析，结果表明所有的SMA-TMD都对输电塔有

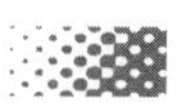

明显的振动控制效果，可显著减小结构位移。最早是由 Lin 等通过试验验证了一种由摩擦阻尼器与 TMD 相结合的半主动摩擦 TMD。Kim 等利用数值模拟优化设计了摩擦调谐质量阻尼器系统，推导了非线性影响响应的修正因子，并提出了峰值响应计算的一种近似表达式。但在实际应用中，摩擦阻尼器与 TMD 系统相结合很少能够达到最优控制效果。因此 Jiang 等提出了一种新型的摩擦调谐质量阻尼器，通过对其进行数值模拟和试验研究，结果均表明该阻尼器能够大幅度提高原结构的阻尼比，并且显著降低结构的共振峰值振幅。

土木工程行业从航空、机械等其他行业领域引入了许多消能减振的装置和设计理念，虽然也可以解决建筑结构的振动问题，但是没有结合土木工程的专业特性，应当多发展土木工程领域独特的消能减振装置，例如，国内学者也研发出木质阻尼器和混凝土材料相关的减振措施，以及消能减振建筑构件。

国内外学者对单一形式的阻尼器的相关研究较多，对复合阻尼器的研究起步较晚，相关研究和应用仍较少，系统性不强。单一阻尼器不乏耗能能力优良的设计，但其仍在分阶段耗能、自复位、多向耗能等特性上有所缺陷，未来应多研究具备相应功能的复合型阻尼器，进一步满足建筑结构对于抗震的需求。

9.1.3　本章主要工作

不同于传统减隔震装置，塔楼建筑由于空间刚度突变、塔楼偏置等对隔震装置的变形能力、单位承载能力等提出了更高要求，多塔楼建筑由于塔楼间的多目标协同耗能需求，对减振装置的协同耗能、多阶段耗能等提出了更高要求，亟需研发适用于塔楼建筑的高性能减隔震装置与体系。本章主要研究内容包括：

9.1　引言。

9.2　多阶段防控的系列自适应变刚度、变频率三维隔震/振装置。研发了一种由钢板橡胶-软钢-铅组成的三阶段耗能隔震/振支座、一种多频段三维复合隔震/振支座、一种自适应变刚度三维隔震/振装置与变频率变刚度三维复合隔震装置，其对不同频段地震动均具有较好的控制鲁棒性。

9.3　易更换、多阶段耗能和空间耗能限位等新型减振/震装置。研发了适用于塔楼建筑减振控制的系列低成本、多阶段、强韧性等新型阻尼器［X 形管道阻尼器（XPD）、新型金属结构熔断器 S 形钢板阻尼器（SSPD）、可更换钢带金属阻尼器（RSSD）］；研发了适用于双塔楼建筑间的新型旋转摩擦负刚度阻尼器（RFNSD）；研发了一种自复位变刚度转动摩擦阻尼器，弥补了传统单一阻尼器的性能缺陷，解决了传统转动摩擦阻尼器的自复位问题，为结构振动舒适度和结构振动控制提供了参考。

9.4　基于声子晶体理论的周期隔减振/震结构。提出了弹性地基上双自由度局域共振双层欧拉梁模型和并联平行欧拉梁模型，成功对双自由度（一个横向自由度一个转动自由度）双层梁结构的振动带隙展开了研究，成功将梁结构计算模型扩展到三维空间中，研究了振子转动平面与梁振动平面相垂直时转动惯量对带隙的影响，突破了对声子晶体转动惯量的研究局限于梁振动平面内的障碍。利用平面波展开法研究了无限周期结构的弯曲振动带隙，并利用有限元法对带隙产生机理及有限周期结构的传输特性进行了分析，采用质量-弹簧系统简化模型可以较准确地预测结构的起始截止频率，有助于加深对结构带隙机理的深入理解，同时可大大简化多自由度局域共振复杂周期结构的设计，通过合理选择弹簧刚度可以控制完全带隙和不完全带隙的宽度，显著提升隔震/振效果。

9.2　多阶段防控的系列自适应变刚度、变频率三维隔震/振装置

本节研究主要为一系列自适应变刚度、变频率三维隔震/振装置的研发，其包括：由钢板橡胶-软钢-铅组成的三阶段耗能隔震/振支座；多频段三维复合隔震/振支座；自适应变刚度三维隔震/振装置。

9.2.1　一种由钢板橡胶-软钢-铅组成的三阶段耗能隔震/振支座

为了弥补现有隔震技术的缺陷，本装置提供了一种由钢板橡胶-软钢-铅组成的三阶段耗能隔震/振支座，能够实现在中小地震下的第一阶段钢板橡胶隔震，大震下的第二阶段软钢参与耗能、超预期大震

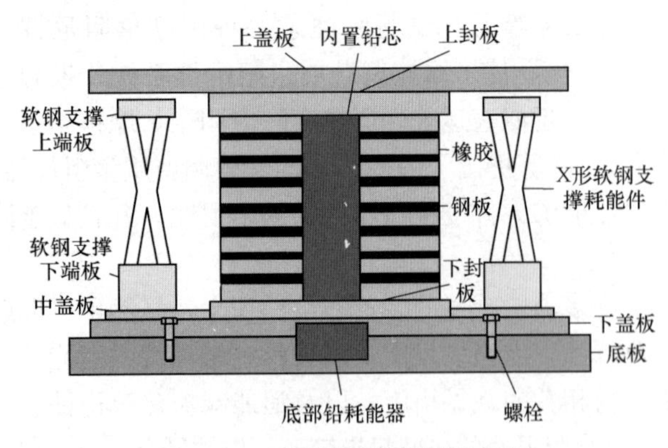

图 9-1　三阶段耗能隔震/振支座

下的第三阶段铅耗能器参与耗能并可避免橡胶支座失稳破坏。本发明可有效增强隔震支座在不可预期强震下的安全性和可靠性，并更能适应多性能目标的设防策略，更具实用价值。

为了实现上述技术目的，本装置的技术方案是（图 9-1），一种由钢板橡胶-软钢-铅组成的三阶段耗能隔震/振支座，其特征在于，包括叠层钢板橡胶支座主体、软钢支撑、铅耗能器和底板，叠层钢板橡胶支座主体的角部设置有软钢支撑，叠层钢板橡胶支座主体的下部设置有铅耗能器和底板，铅耗能器包括底部铅耗能器和侧边铅耗能器，底部铅耗能器和侧边铅耗能器分别设置在叠层钢板橡胶支座主体下部与底板之间和软钢支撑下部与底板之间，底部铅耗能器分别嵌固在叠层钢板橡胶支座主体下部和底板内，侧边铅耗能器分别嵌固在软钢支撑下部和底板内。叠层钢板橡胶支座主体包括叠层钢板橡胶、内置铅芯、上封板、下封板、上盖板和下盖板，内置铅芯设置在叠层钢板橡胶支座主体的中部，内置铅芯周围环向包裹有叠层钢板橡胶，内置铅芯和叠层钢板橡胶的组合体上下分别覆盖有上封板和下封板，上封板上设置有上盖板，下封板下设置有下盖板。叠层钢板橡胶为一层橡胶一层钢板交替叠合而成。软钢支撑包括软钢支撑上端板、X 形软钢支撑耗能件、软钢支撑下端板和中盖板，X 形软钢支撑耗能件竖向设置，其上下分别设置有软钢支撑上端板和软钢支撑下端板，软钢支撑下端板下部设置为中盖板。软钢支撑下部的中盖板一端叠靠在叠层钢板橡胶支座主体的下盖板上并且与下封板紧靠设置，另一端呈 L 形与底板连接。铅耗能器、叠层钢板橡胶支座主体和软钢支撑串联。软钢支撑的中盖板外侧与底板焊接为一体，中盖板内侧与底板通过螺栓连接。软钢支撑上端板与叠层钢板橡胶支座主体的上盖板间隔设置。钢板橡胶支座主体包括叠层钢板橡胶、内置铅芯、上下封板以及上下盖板，其和软钢支撑底部并联于橡胶支座的下盖板，支座顶部上盖板延伸覆盖软钢支撑，但并不与其相连，即橡胶支座和软钢支撑上部无连接，并留有一定间距，可实现当橡胶支座有相当程度的震致侧移时，软钢支撑会与橡胶支座接触，进而受力耗能，进入支座第二阶段的耗能隔震，钢板橡胶支座主体的下盖板之下设置有整个装置的底板，底板与基础固接，下盖板和底板之间设有相互嵌固的铅耗能器，同时在下盖板 4 个侧边有中盖板，中盖板外侧与底板焊接为一体，内侧通过螺栓连接，中盖板和底板夹住下盖板，铅耗能器固定于中盖板和底板，并穿过下盖板的预留孔洞，使得铅耗能器与橡胶支座主体和软钢支撑形成串联关系，当橡胶支座主体和软钢支撑侧移较大时，将推动下盖板相对中盖板和底板运动，铅耗能器进入剪切变形状态，一方面提高装置总体耗能能力，另一方面起到卸载作用，可以保护橡胶支座，防止橡胶支座由于较大侧移所导致的受压面积变小，避免了竖向失稳破坏，由此通过铅耗能器实现第三阶段耗能隔震，提升了隔震支座在不可预知地震下的工作可靠性。耗能隔震工作原理和技术方案可以描述为：（1）第一阶段，中小地震导致钢板橡胶支座主体发生一定侧移，此时软钢支撑没有与隔震支座接触，并不受力，新型支座中仅钢板橡胶参与工作，实现普通隔震功能，震致变形主要集中于隔震层；（2）第二阶段，大震导致钢板橡胶主体发生较大侧移，其与软钢支撑接触，软钢支撑产生变形耗能，由于钢板橡胶主体和软钢支撑的并联布置，也给钢板橡胶主体提供了一个二次刚度提升，从某种程度上说既提高了耗能能力，也防止了橡胶主体的过大侧移；（3）第三阶段，超预期大震下，钢板橡胶主体必然将发生较大侧移，其与软钢支撑一同耗能工作，但此时对于钢板橡胶主体来说，其承受上部建筑物的重量，仍然存在着发生过大侧移并导致支座受压失稳的风险，此时超预期大震会导致钢板橡胶和软钢支撑产生较大的作用力，将推动底板、下盖板和中盖板嵌固的铅耗能器，使其产生变形耗能，此时由于变形导致支座底部产生位移，必然对上部钢板橡胶和软钢支撑起到一定的卸载效应，从此种意义上来说保护了钢板橡胶，避免由于侧移所致受压面积变小而产生的失稳风险。显然，通过本装置的技术方案可有效提升隔震支座的耗能能力、超预期大震下的工作可靠性。同时，考虑

到传统隔震支座的工作原理和特征，新型隔震支座能在小震、中震、大震和超预期大震下均具有良好的工作性能，满足现在所流行的多性能水准和目标的设计需求，同时具有构造明确、制作简单等优点。

9.2.2　一种多频段三维复合隔震/振支座

目前已有的传统建筑隔震支座存在以下的不足：不能隔离竖向地震振动以及水平向微振动。大量震害观察及有限元分析表明，竖向地震作用能导致结构竖向承压构件受压破坏进而破坏整个隔震支座。随着城市轨道交通发展，地铁等环境振动，尤其是微振动的竖向分量会对人们的居住舒适度产生较为严重的影响。针对上述不足，本小节提出了一种新型三维复合隔震/振支座。

如图 9-2 所示，该装置的多频段三维复合隔震/振支座包括多频段竖向减振机构、水平向减振机构以及分别水平设置且自上而下依次间隔分布的上联板、中联板和下联板，多频段竖向减振机构设置于该装置的上联板和中联板之间，水平向减振机构设置于该装置的中联板和下联板之间。其优点为结构设计合理，可以实现多频段三维复合隔震/振。

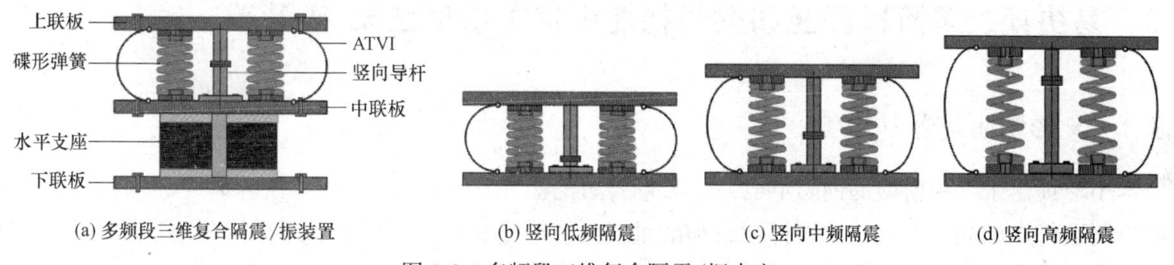

(a) 多频段三维复合隔震/振装置　(b) 竖向低频隔震　(c) 竖向中频隔震　(d) 竖向高频隔震

图 9-2　多频段三维复合隔震/振支座

在上述技术方案的基础上，该装置还可以做如下改进：

（1）上述多频段竖向减振机构包括至少 3 个弹性件、3 个调谐减振器和伸缩连杆，伸缩连杆竖直连接于上联板和中联板的中部之间，并可上下伸缩，至少 3 个弹性件均竖直设置连接于上联板和中联板之间，并以伸缩连杆为中心沿周向等间距间隔环设于伸缩连杆四周，至少 3 个调谐减振器分别连接于上联板和中联板之间，并以伸缩连杆为中心沿周向等间距间隔环设于至少 3 个弹性件的四周，调谐减振器上均贴有用于调节其曲率的压电陶瓷片。

（2）弹性件为蝶形弹簧，其竖直设置，且上下端分别固定有托板，弹性件上下端的托板分别通过贯穿的螺栓与对应的上联板和中联板连接固定。

（3）水平向减振机构包括圆柱状的叠层橡胶和至少 3 组屈服剪切板组件，叠层橡胶设置于中联板和下联板的中部之间，且其上下端分别通过水平设置的上封板和下封板与中联板和下联板连接固定，至少 3 组屈服剪切板组件竖向连接于中联板和下联板之间，并沿周向等间隔地围设在叠层橡胶的四周。

（4）屈服剪切板组件包括多片水平向叠合的剪切板。

9.2.3　一种自适应变刚度三维隔震/振装置

针对传统隔震支座不能隔离竖向地震振动以及水平向微振动的不足，本研究研发了一种新型隔震装置（图 9-3）。新型三维隔震/振支座采用上部碟形弹簧支座和下部叠层橡胶隔震支座串联而成，可以实现竖向变刚度特性。该支座可以在不同受力状态下提供不同的竖向刚度和阻尼力，且具备自适应能力，在竖向和水平方向均具有良好的隔震/振效果。

该支座由上部的竖向隔震/振单元、下部的水平隔震单元组成，支座构造如图 9-3 所示。竖向隔震/振单元由上连接板、上层碟形弹簧组、限位套筒、下层蝶形弹簧组、导杆和中作板构成的竖向变刚度隔震支座组成；水平隔震单元由叠层橡胶支座组成。叠层橡胶支座位于下连接板和中作板之间，下层碟形弹簧组套于导杆外，下层碟形弹簧组直接放置于中作板上方，导杆焊接于中作板上，限位套筒套于导杆外，限位套筒下部与下层碟形弹簧组上端接触，上层碟形弹簧组套于限位套筒外，限位套筒的上端伸入

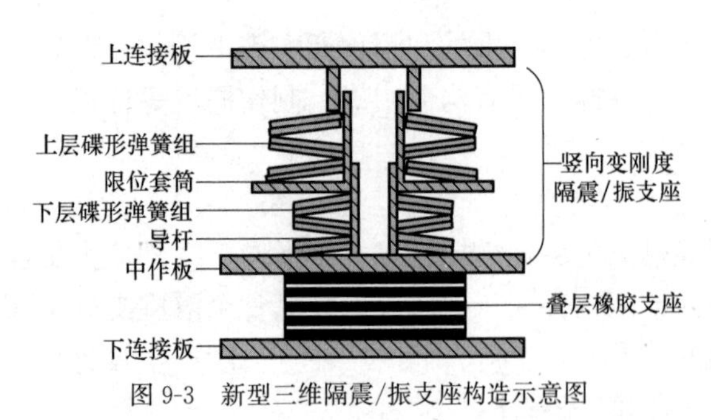

图 9-3　新型三维隔震/振支座构造示意图

上连接板的内套筒内；上连接板和限位套筒相互咬合以实现运动导向设计；上连接板的内径和限位套筒的外径相等；限位套筒和导杆也相互咬合，限位套筒的内径和导杆的外径相等；当装置承受上部建筑结构荷载，上连接板和限位套筒发生竖向相对位移；限位套筒和导杆发生竖向相对位移。

支座的工作原理为：由上部竖向隔震/振支座隔离竖向震/振动，下部水平隔震单元隔离水平地震动。在荷载作用下，上部碟形弹簧支座和下部叠层橡胶支座发生压缩变形，支座的整体竖向变形由上部碟形弹簧支座和下部叠层橡胶支座的竖向变形叠加而成，上部竖向隔震/振支座与下部水平隔震支座在竖向上不解耦，两者为串联关系。

9.3　易更换、多阶段耗能和空间耗能限位等新型减振/震装置

9.3.1　X 形管阻尼器（XPD）

本小节提出了一种新型的钢阻尼器——X 形管阻尼器（XPD），并进行了试验研究。XPD 可以在保持简单制造优点的同时更有效地发挥承载和能量耗散。如图 9-4（a）所示，阻尼器是通过焊接两个相对定位的管道半壁以形成 X 形芯，然后将 X 形芯焊接到刚性连接板上制成的。XPD 具有与管道阻尼器相同的优点，即制造工艺简单，管道易于获得。XPD 可以制成单层模式，以实现剪切阻尼器的应用（图 9-4c），或者制成双层模式，以满足拉伸阻尼器的要求，如图 9-4（d）中与支撑框架中的对角支撑的配合。从理论上讲，这种新的 XPD 具有额外的优点，即只保留了双管阻尼器中的高效部件，这可以提高每种钢材使用的能量耗散效率。

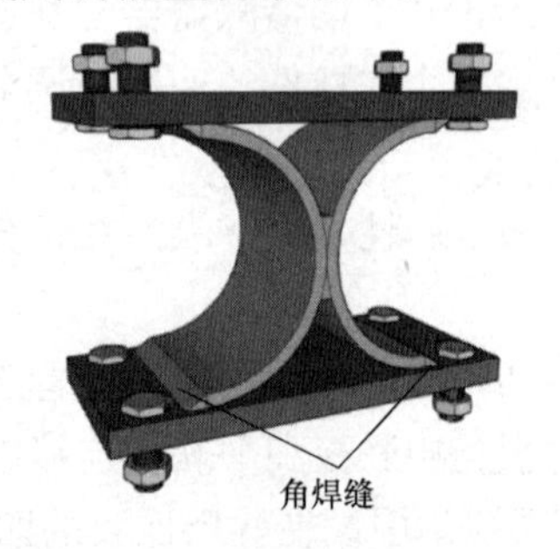

(a) X形管阻尼器

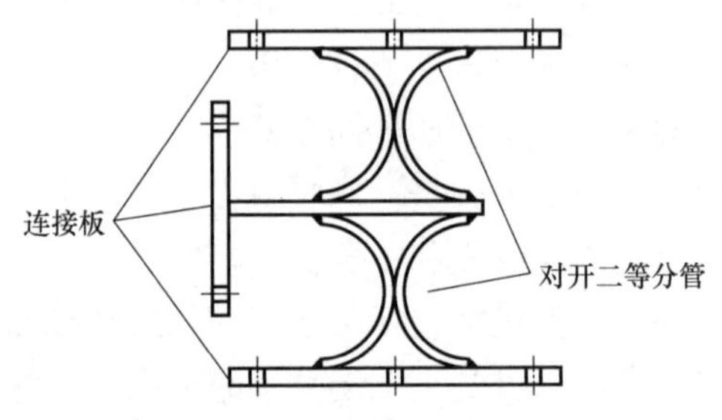

(b) 双层X形管阻尼器

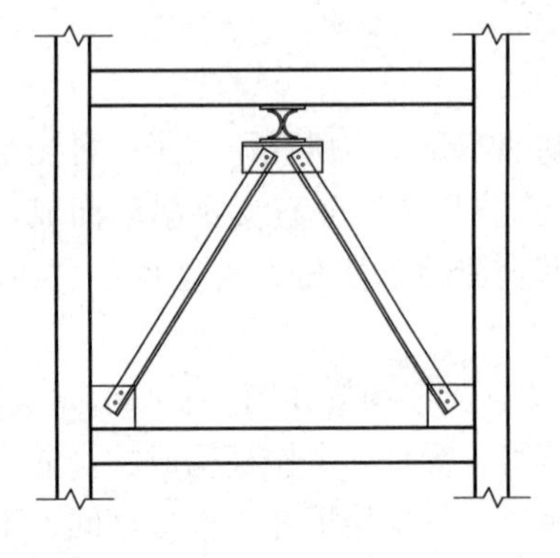

(c) 同心支撑中的剪力阻尼器

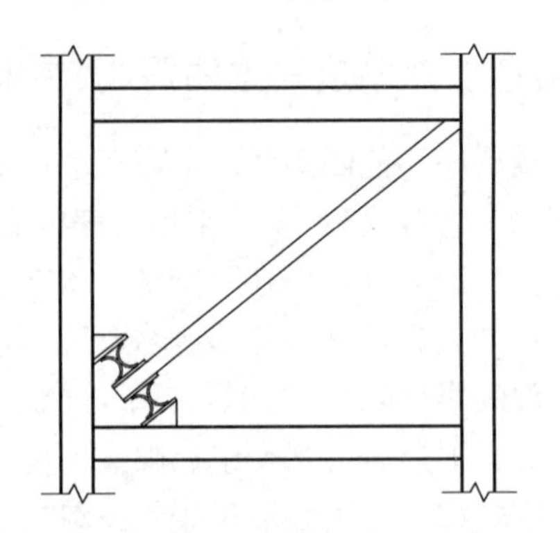

(d) 斜撑张力阻尼器的应用

图 9-4　X 形管阻尼器及安装方案

该阻尼器是通过焊接两个位置相反的管道半壁形成 X 形芯，并将 X 形芯与侧板用角焊或环焊连接而成。XPD 阻尼器最初通过管板的弯曲提供侧向阻力和耗能行为，后通过复合材料管板的拉伸提供侧向阻力和耗能行为。对其初始刚度和屈服特性进行了理论推导，并通过循环准静力试验研究了其非线性工作机理和抗震性能，本节研究了焊接方法和管道结构对 XPD 的刚度、强度、延性和能量吸收效率的影响。与双管阻尼器相比，半管阻尼器具有相似的抗横向荷载性能。XPD 试样均呈现稳定的滞回曲线，屈服后强度稳定增加直至断裂破坏。与角焊缝相比，环焊缝 XPD 具有更高的初始刚度、强度和更好的变形能力，但在疲劳循环方案下，在热影响区具有疲劳断裂潜力。

尽管 XPD 的设计理念与管道阻尼器相似，但熔丝区域的结构仍然不同，这将带来不同的强度、刚度、耗能性能和故障模式。因此，在接下来的章节中，将通过理论推导和试验测试研究 XPD 的性能和设计方法。根据所得结果，讨论了 XPD 的性能和改进建议。

1. X 形管阻尼器的理论设计

XPD 通过将两个半管焊接到 X 形芯中制成，并依靠弯曲板的弯曲承载。在使用工作期间，阻尼器通常设计为保持在弹性状态，并为建筑物增加结构刚度。当遇到地震激励时，阻尼器需要进入屈服和塑性变形状态以进行能量耗散。因此，阻尼器的初始刚度和屈服强度是重要的指标，直接由熔断器结构决定。本节将通过理论推导提供 XPD 的初始刚度和屈服强度计算。

图 9-5（a）给出了 X 形芯的变形和示意图。假设两个连接板是刚性的，在弹性变形期间，X 形管和连接板之间的焊接连接是刚性约束（图 9-5a 中的 A、B、C、D 位置）。在上下连接板之间的相对位移为 $2u$ 的情况下，X 形芯将变形为虚线模式。图 9-5（a）中的变形是反对称的。因此，两个半管之间的中间接触点 O 具有 u 的水平位移，并且仅在没有反作用弯矩的点处形成张力和剪力，如图 9-5（b）所示。X 形芯的变形和承载模式可以进一步简化，并用图 9-5（b）中的 1/4 拱表示。

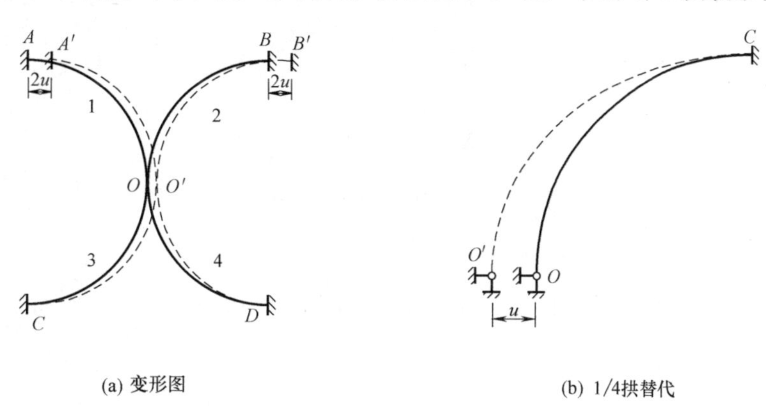

图 9-5　XPD 变形图

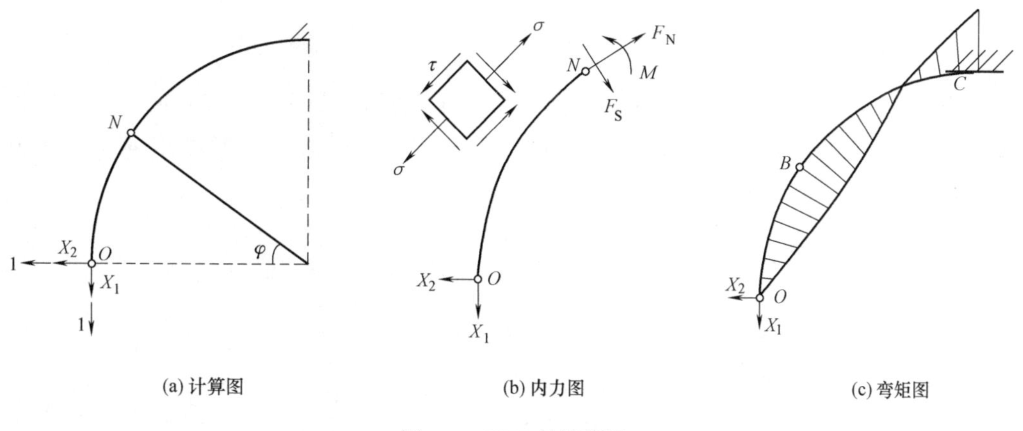

图 9-6　XPD 的计算图

假设点O处的垂直和水平反作用力为X_1和X_2，方向如图9-6（a）所示。在图9-5（b）的1/4拱变形模式下，沿X_1方向的位移等于0，沿X_2方向的位移为u。令δ_{11}和δ_{12}为点O处施加单位荷载时沿X_1和X_2方向产生的位移，δ_{21}和δ_{22}为施加沿X_2方向单位荷载时沿X_1和X_2方向的位移。然后，基于沿两个方向的位移平衡，可以获得以下等式：

$$\begin{cases}\delta_{11}X_1+\delta_{12}X_2=0\\ \delta_{21}X_1+\delta_{22}X_2=u\end{cases} \tag{9-1}$$

假设产生的虚拟位移主要由1/4拱的弹性弯曲引起，忽略管板处的拉伸和剪切变形。因此，由沿X_1和X_2方向的单位荷载引起的图9-6（a）中选定位置N处的感应力矩M_1和M_2可以计算为：

$$\begin{cases}\overline{M}_1=-R(1-\cos\varphi)\\ \overline{M}_2=R\sin\varphi\end{cases} \tag{9-2}$$

其中R为管道半径，φ是点N和点O之间的中心角。根据虚功原理，当向平衡系统施加单位虚负荷时，虚内功等于虚外功。因此，单位荷载下产生的位移可以基于单位荷载法和图乘法进行计算：

$$\delta_{11}=\sum\int\frac{\overline{M_1}\ \overline{M_1}}{EI}\mathrm{d}s=\int_0^{\frac{\pi}{2}}\frac{R^2(1-\cos\varphi)^2}{EI}R\,\mathrm{d}\varphi=\frac{R^3}{EI}\left(\frac{3}{4}\pi-2\right) \tag{9-3}$$

$$\delta_{22}=\sum\int\frac{\overline{M_2}\ \overline{M_2}}{EI}\mathrm{d}s=\int_0^{\frac{\pi}{2}}\frac{R^2\sin\varphi^2}{EI}R\,\mathrm{d}\varphi=\frac{\pi R^3}{4EI} \tag{9-4}$$

$$\delta_{12}=\delta_{21}=\sum\int\frac{\overline{M_1}\ \overline{M_2}}{EI}\mathrm{d}s=-\int_0^{\frac{\pi}{2}}\frac{R^2\sin\varphi(1-\cos\varphi)}{EI}R\,\mathrm{d}\varphi=-\frac{R^3}{2EI} \tag{9-5}$$

式中E为钢材的弹性模量，I为管板的截面模量。将式（9-3）～式（9-5）代入式（9-1）中，可以求解水平位移u下点O处的反作用力X_1和X_2：

$$\begin{cases}X_1=16.80\dfrac{EIu}{R^3}\\ X_2=11.97\dfrac{EIu}{R^3}\end{cases} \tag{9-6}$$

1/4拱中任何点N（图9-6b）处的内力和力矩可推导如下：

$$\begin{aligned}M&=-R(1-\cos\varphi)X_1+R\sin\varphi X_2\\&=(16.80\cos\varphi+11.97\sin\varphi-16.80)\frac{EIu}{R^2}\end{aligned} \tag{9-7}$$

$$\begin{aligned}F_\mathrm{N}&=X_2\sin\varphi+X_1\cos\varphi\\&=(11.97\sin\varphi+16.80\cos\varphi)\frac{EIu}{R^3}\end{aligned} \tag{9-8}$$

$$\begin{aligned}F_\mathrm{S}&=X_2\cos\varphi-X_1\sin\varphi\\&=(11.97\cos\varphi-16.80\sin\varphi)\frac{EIu}{R^3}\end{aligned} \tag{9-9}$$

此处采用简化假设，即由于薄板结构，弯曲板遵循梁理论，如图9-6（b）所示。在这种简化下，法向应力σ在管板中，仅有弯曲弯矩M（导致法向应力σ_2，张拉荷载F_N导致法向应力σ_1）在管板上。剪切应力τ由图9-6（b）中的剪切力F_S引起：

$$\sigma_1=\frac{Mt}{2I}=(16.80\cos\varphi+11.97\sin\varphi-16.80)\frac{Eut}{2R^2} \tag{9-10}$$

$$\sigma_2=\frac{F_\mathrm{N}}{S}=(11.97\sin\varphi+16.80\cos\varphi)\frac{Eut^2}{12R^3} \tag{9-11}$$

$$\tau=\frac{F_\mathrm{S}}{S}=(11.97\cos\varphi-16.80\sin\varphi)\frac{Eut^2}{12R^3} \tag{9-12}$$

在钢结构中，材料屈服通常用 Von Mises 应力进行评估。在双向应力状态下，Von Mises 应力可以用σ_1，σ_2 和 τ 计算：

$$\sigma_{\text{Von}}=\sqrt{\sigma_x^2+\sigma_y^2-\sigma_x\sigma_y+3\tau_{xy}^2}=\sqrt{(\sigma_1+\sigma_2)^2+3\tau^2} \tag{9-13}$$

基于式（9-10）～式（9-12）中的方程，σ_2 与 τ 的比例为$\frac{t}{6R}$，在常用钢管中，该系数通常小于0.05。此外，先前对管阻尼器的研究也证明，管道板在初始加载阶段主要通过弯曲板的弯曲来参与承载。因此，XPD 的屈服状态的确定可以进一步简化：当弯矩诱导的法向应力 σ_1 达到钢材的屈服强度 f_y 时，阻尼器视为屈服。在这种简化下，可以获得以下关系：

$$\sigma_1=(16.80\cos\varphi+11.97\sin\varphi-16.80)\frac{Eut}{2R^2}=f_y \tag{9-14}$$

力矩如图 9-6（c）所示。系数（$16.80\cos\varphi+11.97\sin\varphi-16.80$）有两个极值，当 φ 为 35.5°时为 3.83，而当 φ 为 90°时则为－4.83，相应位置在图 9-6（c）中标记为 B 点和 C 点。C 点的诱导力矩导致焊接管端连接板的分离拉拔效应。而 B 点由于管板矫直而产生屈服的力矩发生在管板内表面。

K_e 为阻尼器的初始刚度。两块连接板的相对位移为 $2u$ 时，支座 C、D 处的水平反力均为 X_2。这时可以得到初始刚度：

$$K_e=\frac{2X_2}{2u}=11.97\frac{EI}{R^3}=11.97\frac{Eb}{12}\left(\frac{t}{R}\right)^3 \tag{9-15}$$

式中 b 为管道长度，t 为板厚。令 Δ_y 为屈服位移，根据式（9-14），可以获得点 C 和 B 处管板边缘达到屈服状态时的最小位移：

$$\Delta_{y,C}=2u=\frac{4R^2f_y}{4.83Et} \tag{9-16}$$

$$\Delta_{y,B}=2u=\frac{4R^2f_y}{3.83Et} \tag{9-17}$$

利用式（9-15）中的弹性模量，可以获得点 C 和 B 处屈服对应的强度：

$$P_{y,C}=K_e\Delta_{y,C}=0.826\frac{bt^2}{R}f_y \tag{9-18}$$

$$P_{y,B}=K_e\Delta_{y,B}=1.042\frac{bt^2}{R}f_y \tag{9-19}$$

2. 试验测试准备

上述讨论和方程均基于弹性理论。而阻尼器被设计为进入非弹性状态并通过塑性发展参与能量耗散，其非线性无法用上述弹性推导来描述。为了评估 XPD 的循环性能和研究其能量耗散能力，进行了一系列准静态循环试验和循环疲劳试验。共测试了 8 个具有不同构造细节或不同加载方案的试样。变化的因素包括管道直径、板厚和焊接方法。通过比较，可以得出 XPD 的工作机理和机械性能。

（1）试样设计

将试样设计为两层 XPD 模式，其中各层中的管道配置相同。表 9-1 列出了试样的详细信息。阻尼器宽度或半管长度均为 40mm。选择两种管径，即 133mm 和 108mm。试验包括 3 种管板厚度，从 4～6mm 不等。表 9-1 还列出了所采用管道的直径-厚度（D/t）比，并设计了类似的 D/t 比（S108T4 和 S133T5、S108T5 和 S133T6），以研究其对非线性行为的影响。

试样信息　　　　**表 9-1**

序号	试样	直径(mm)	厚度(mm)	直径-厚度比	焊接模式	循环模式
1	S108T4-F	108	4	27	外角焊缝	标准
2	S108T5-F	108	5	21.6	外角焊缝	标准
3	S133T5-F	133	5	26.6	外角焊缝	标准
4	S133T6-F	133	6	22.2	外角焊缝	标准

续表

序号	试样	直径(mm)	厚度(mm)	直径-厚度比	焊接模式	循环模式
5	S108T5-C	108	5	21.6	环形焊缝	标准
6	S133T5-C	133	5	26.6	环形焊缝	标准
7	F108T5-F	108	5	21.6	外角焊缝	疲劳
8	F108T5-C	108	5	21.6	环形焊缝	疲劳

X 形芯和连接板之间考虑了两种类型的焊接连接。共有 5 个试样采用角焊缝连接方法（图 9-7a），即半管通过外部角焊缝焊接到连接板上，支腿尺寸等于管板厚度。其他 3 个试样采用环向焊接模式，即重叠板通过环向焊缝连接在一起，如图 9-7（b）所示。根据循环模式、管径、厚度和焊接方法原理对试样进行命名。如表 9-1 中的 S133T6-F，表示 XPD 试样由 133mm 直径和 6mm 厚的管道制成，F 表示管道通过外部角焊缝连接至连接板，并在标准准静态循环方案下对试样进行测试。

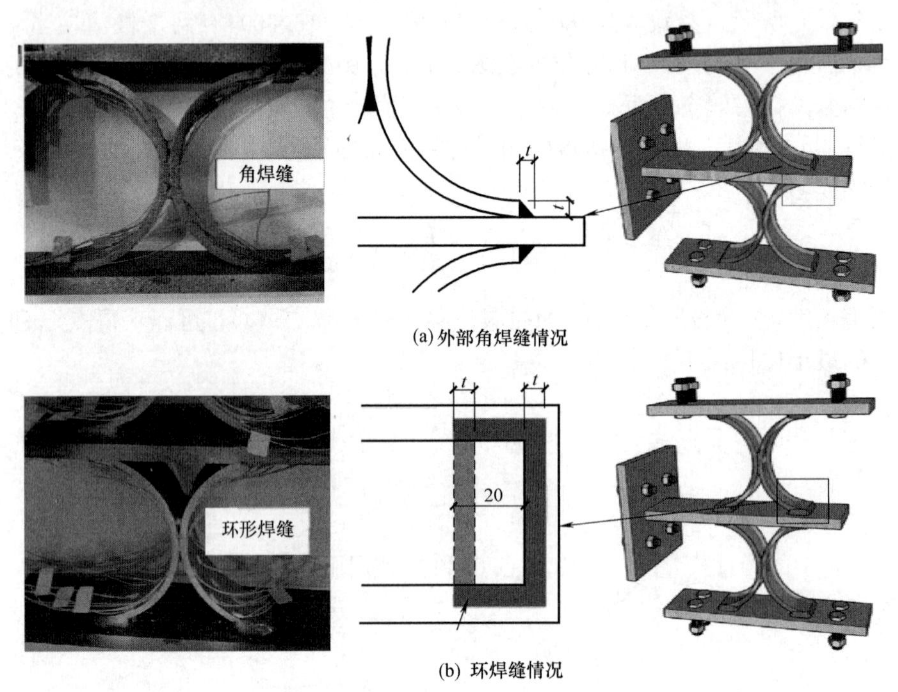

图 9-7　不同焊接模式下的试样设计

（2）试验设置和加载方案试验

如图 9-8 所示试验采用 100kN 致动器进行，由于采用双层 XPD 结构，仅需单向循环荷载，且无需额外的剪切荷载即可实现试验。外部连接板用螺栓固定在固定支架上，中间连接板用铰链连接到致动器上。向中间连接板施加循环位移荷载，并通过连接至致动器的载荷传感器记录反作用力。

试验采用了两种加载方案，根据 FEMA461 设计。表 9-1 中的标准循环位移历史遵循准静态循环方案，Δm（目标最大变形幅度）等于 30mm。图 9-9（a）给出了标准循环方案的位移历史，包括重复循环，在 1.45mm、2.03mm、2.85mm、3.98mm、5.58mm、7.81mm、10.93mm、15.3mm、21.4mm 和 30.00mm 处逐步增加位移振幅。如果试样在 Δm 之前未发生失效，则继续进行加载，以 $0.3\Delta m$ 的增量进行振幅重复循环，直到试样完全失效。

管道材料特性　　表 9-2

管道	管径(mm)	厚度(mm)	弹性模量(GPa)	屈服应力(MPa)	极限应力(MPa)	破坏应变(%)
test-1	31.97	8.63	204.89	334	492	36.5
test-2	31.97	8.25	196.79	340	495	38.9
test-3	31.95	8.57	202.76	340	485	36.4
test-4	31.93	8.61	204.44	347	492	37.6
test-5	31.96	8.48	201.27	344	492	37.1
均值	31.96	8.51	202.03	341	491	37.3

由于 XPD 的设计是为了在地震期间耗散能量，而管道的一半是通过焊接连接到连接板，阻尼器可能容易在焊接处或周围发生低周疲劳失效。因此，本次试验也采用了 FEMA461 中提出的另一种加载方案——疲劳加载方案，用于评估低周疲劳失效对系统性能的影响。在进行疲劳循环试验之前，需要进行单调试验，得到阻尼器的破坏位移 Δ_{ult}（极限位移）。循环疲劳试验包括两个阶段：在第一阶段，试样将以 $0.1\Delta_{ult}$ 的位移振幅经历 10 次循环。随后，加载过程进入幅值逐级递增加载阶段（第二阶段），每一步的位移幅值均为电流幅值的 1.2 倍。每个位移幅值重复 3 次，这种加载方式将一直持续到完全损伤或断裂失效为止。参照文献［25］中的管道阻尼器试验，两种方案的 13 种加载速率均在 0.8～1mm/s 之间，随位移幅值的变化而变化。两种加载方案位移历史如图 9-9 所示。

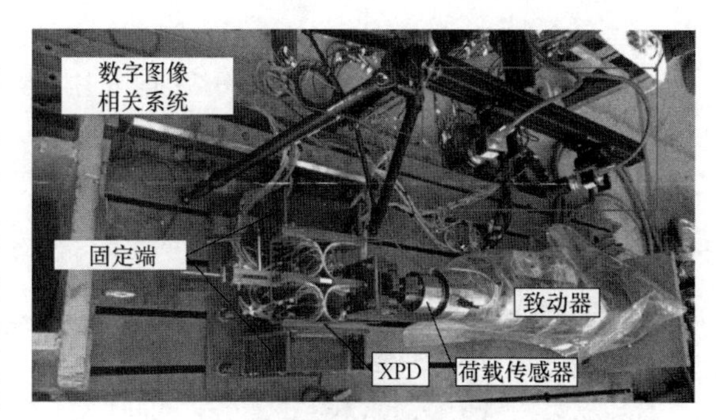

图 9-8　测试设置

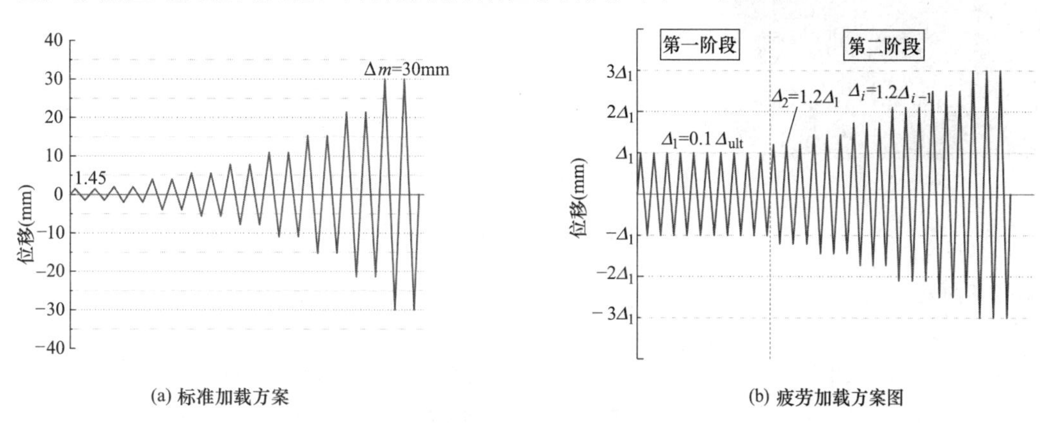

(a) 标准加载方案　　(b) 疲劳加载方案图

图 9-9　试验中加载方案的位移历史

（3）测点布置

在试验期间，线性可变差动变压器（LVDT）安装在固定支架上，并靠着双层 XPD 试样的中间连接板布置（图 9-10a）。这样，可以获得外板和中间板之间的相对位移，这也是 XPD 部件的横向变形。4 个半管标有 A、B、C 和 D，应变计均匀分布在每个半管的内表面。图 9-10（b）给出了详细的应变计分布方案。阻尼器应经历较大的变形和应变变化，可能超过应变计的测量范围。因此，还安装了数字图像相关系统，以捕获 XPD 试样横截面处的整个场应变变化。

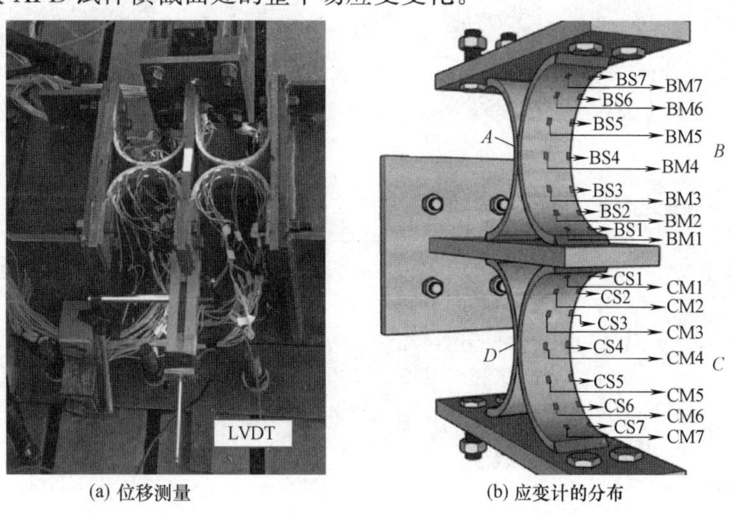

(a) 位移测量　　(b) 应变计的分布

图 9-10　测点布置

（4）材料特性

试样中使用的4根不同尺寸的钢管均采用20号低碳钢在同一轧机生产。为获得管板的力学性能，对相同材料的圆管标准试样进行了5个拉伸试验。试验装置如图9-11（a）所示，工程应力-应变关系如图9-11（b）所示。管道的材料性能如表9-2所示。弹性模量平均值为202.03GPa，屈服应力和极限应力平均值分别为341MPa和491MPa。

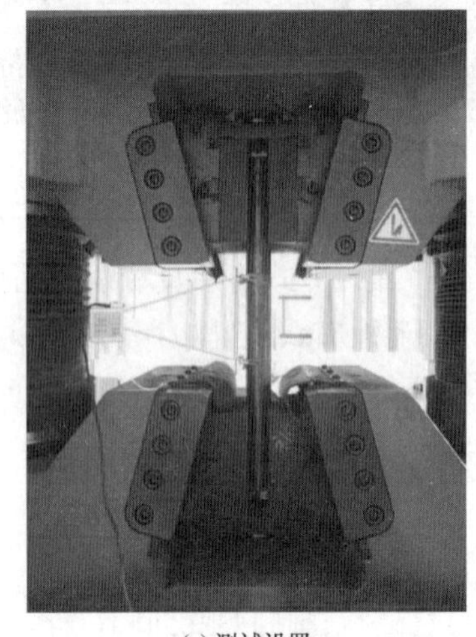

(a) 测试设置

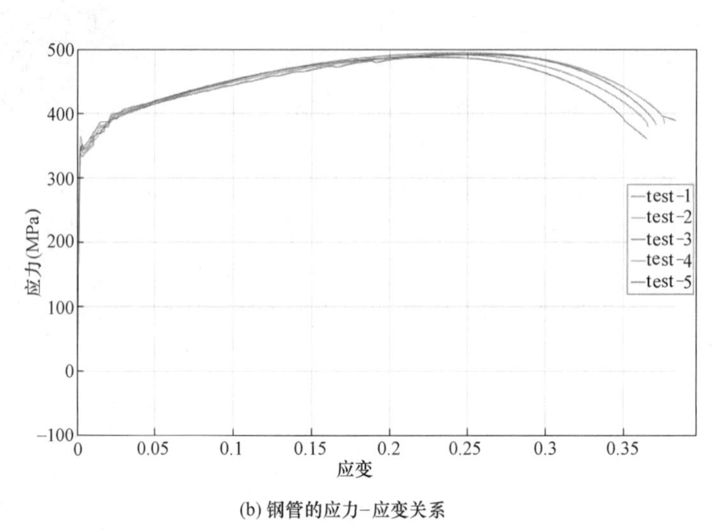

(b) 钢管的应力-应变关系

图9-11　材料性能试验

3. 标准准静态加载试验

（1）测试现象

6个试件均按准静态循环加载直至断裂破坏。XPD试样最初在管柱的半边进行弯曲承载。在大侧向位移循环下，XPD试样在两段管柱处呈现明显的交替矫直和弯曲变形，表明两段管柱之间存在良好的协同工作状态，并形成拉撑模式。图9-12给出了各标准试件的破坏模式。角焊试件（试件1～4，图9-12a～d）均因角焊处断裂而失效。焊缝断裂发生在管材全部矫直前。如图9-12（a）～（d）所示，

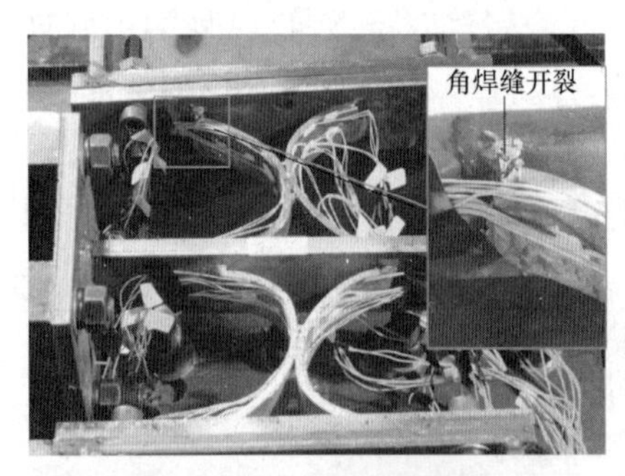

(a)S108T4-F：角焊缝断裂

(b) S108T5-F：角焊缝断裂

(c) S133T5-F：角焊缝断裂

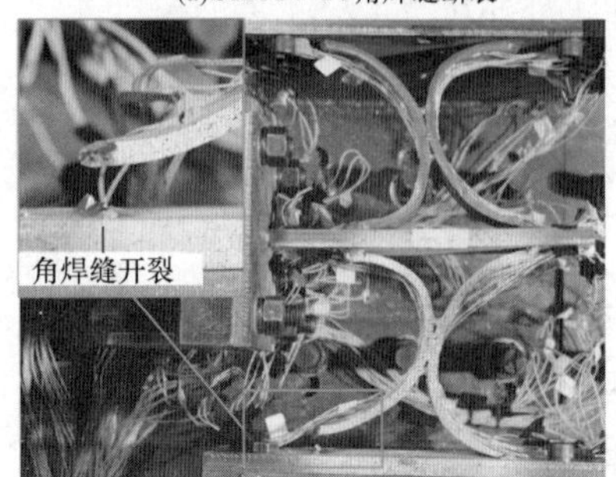

(d) S133T6-F：角焊缝断裂

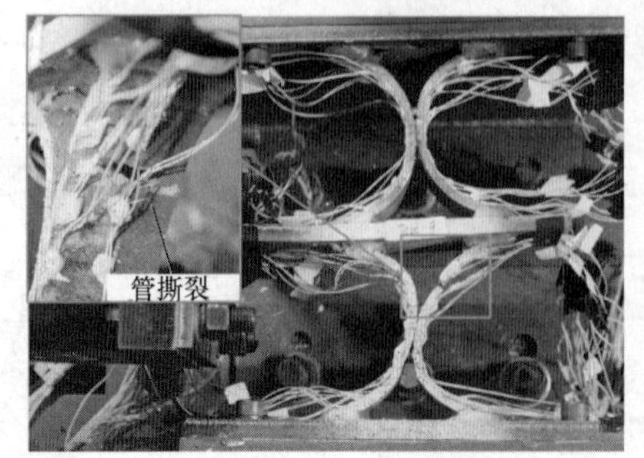

(e) S108T5-C：管部分撕裂

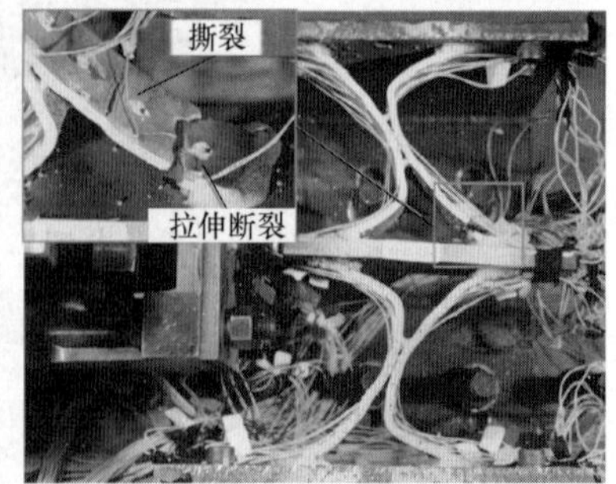

(f) S133T5-C：管部分撕裂

图9-12　标准循环加载下失效模式

两个环向焊缝试样（试样 5～6）在管半的 1/4 跨位置发生拉弯板撕裂破坏。S108T5-C 试样的直径小于 S133T5-C 试样，在相同水平位移下，管件弯曲变形程度较大。因此，管内表面出现了早期的材料撕裂。试件 S133T5-C 表现出较高的拉伸-弯曲变形水平，在最后的几个循环中，连接的两半管柱甚至变形为直管状态。由于靠近环向焊缝的管件处出现拉伸撕裂，试样失效，但从管件内侧 1/4 跨处也可观察到撕裂裂纹。

（2）滞回行为

图 9-13 为得到的荷载-位移滞回关系及其对比。6 个 XPD 试件屈服后均呈现稳定的滞回曲线。屈服后强度呈稳定增长趋势，这种增长趋势一直持续到试样断裂破坏。当施加位移幅值超过 10mm 时，环向焊接试件 S108T5-C 和 S133T5-C 甚至出现了轻微的二次刚度和强度增加。二次强化伴随着管材半端矫直变形和 X 形芯部拉伸支撑模式的形成。当阻尼器发生较大的相对位移时，其承载机理由管板的弯曲转变为管板伸直处的拉伸。

其中角焊缝阻尼器焊缝断裂较早，变形能力较弱。小管径 XPD 的破坏位移更小。以直径为 108mm 的钢管（S108T5-F 和 S108T4-F）为例，试件在达到 15mm 水平位移前焊缝断裂失效，剪切阻尼器的漂移角约为 13.8%。而直径 133mm 钢管（S133T5-F 和 S133T6-F）的破坏位移约为 21mm，剪切阻尼器的漂移角约为 15.8%。环形焊缝试样比外角焊缝试样具有更好的变形能力。环形焊缝在管道和连接板之间提供了更强的连接，从而导致更长的负载过程。此外，与相同结构的角焊 XPD 相比，环焊 XPD 也表现出更高的强度发展（S108T5-F 和 S108T5-C，S133T5-F 和 S133T5-C 的对比，图 9-13b、d）。由于外角焊缝和环形焊缝 XPD 都出现了断裂失效，测试阻尼器配置的允许漂移可以确定为 12%的结构设计。

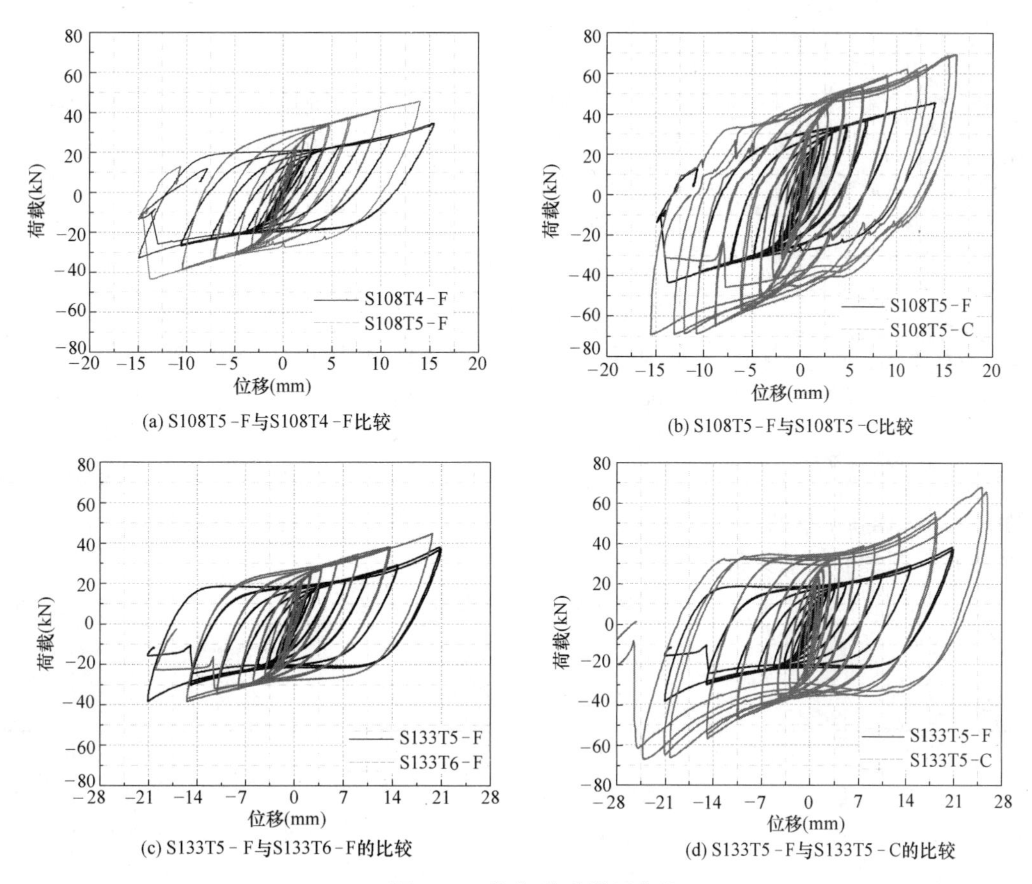

图 9-13　荷载-位移滞回曲线

（3）骨架曲线与强度计算比较

图 9-14（a）为 6 个 XPD 试样的骨架曲线，这是将每个振幅周期中受力最大的点连接起来得到的。

表 9-3 给出了初始刚度 K_0、屈服位移（Δy）、屈服荷载（P_y）、塑性刚度（K_p）、延性比 μ（最大位移与屈服位移之比）以及选定位移水平（5mm 和 10mm）下的平均强度。力学性能的计算方法如图 9-15 所示。XPD 阻尼器的屈服位移均在 2mm 以内，且具有较高的延性，实际屈服比在 7～10 之间。S133T5-C 试样的延性比达到 16.78。多数阻尼器试件强度呈双线性发展，即阻尼器屈服后强度仍有稳定增长，但增长速度较小。试件 S108T5-C 的初始刚度 K_0、屈服强度 P_y、塑性强度 P_{5mm}、P_{10mm} 分别是试件 S108T5-F 相应性能的 1.53、1.44、1.60、1.61 倍。S133T5-C 与 S133T5-F 的性能比分别为 2.28、1.53、1.77 和 1.78。因此，环形焊缝对塑性强度的改善作用大于对屈服强度的改善作用。

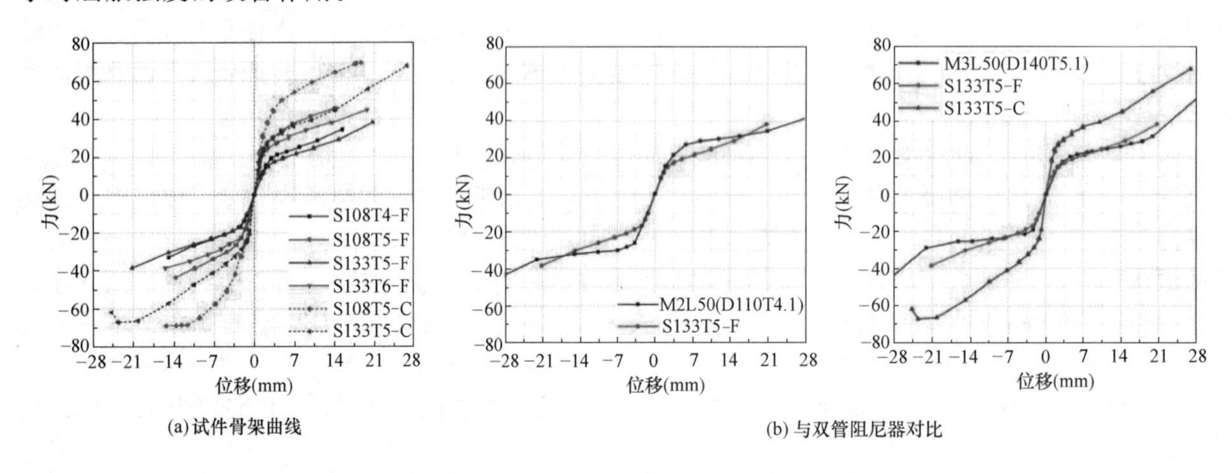

图 9-14　骨架曲线及对比

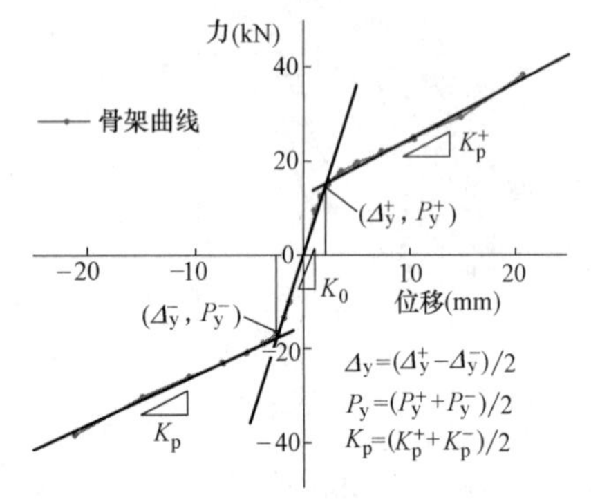

图 9-15　骨架曲线计算

由于 XPD 由 Maleki 和 Mahjoubi 提出的双管阻尼器发展而来，图 9-14（b）比较了类似配置的阻尼器的抗横向负载能力。将双管阻尼器做成两层模态，在中心连接梁处施加循环位移荷载。试件 M2L50 采用直径 110mm、厚 4.1mm 的管件制作，试件 M3L50 采用直径 140mm、厚 5.1mm 的管件制作，其配置分别类似于 S108T4-F 和 S133T5-F。结果表明，在 20mm 水平位移范围内，角焊阻尼器具有相似的初始刚度和强度水平。与相同尺寸的角焊 XPD 相比，双管阻尼器的屈服强度略高，但塑性刚度较低。由于双管阻尼器的管件长度为 50mm，而双管阻尼器的管件长度为 40mm，因此，XPD 可以在不到一半的管材使用量下实现类似的侧向阻力，提高了材料的使用效率。然而，双管阻尼器成功实现了二次强度提高，而本次试验中的 XPD 由于焊缝断裂而提前失效。

XPD 试样的力学性能　　**表 9-3**

样品	K_0 (kN/mm)	Δ_y (mm)	P_y (kN)	K_p (kN/mm)	μ	P_{5mm} (kN)	P_{10mm} (kN)
S108T4-F	7.69	1.99	14.92	1.19	7.80	21.88	26.26
S108T5-F	14.50	1.55	19.48	1.52	9.08	33.11	39.66
S133T5-F	7.59	2.36	15.89	1.09	8.95	21.02	24.40
S133T6-F	11.44	1.75	21.96	1.12	11.26	29.28	33.88
S108T5-C	22.21	1.53	28.01	1.75	10.63	53.09	64.03
S133T5-C	17.33	1.54	24.26	1.71	16.78	37.17	43.50

角焊 XPD 试样的理论性能　　表 9-4

样品	K_{0cal} (kN/mm)	$P_{y,C}^{cal}$ (kN)	$P_{y,B}^{cal}$ (kN)	K_0/K_{0cal}	$P_y/P_{y,C}^{cal}$	$P_y/P_{y,B}^{cal}$
S108T4-F	7.34	6.93	8.75	1.05	2.15	1.71
S108T5-F	14.75	10.94	13.80	0.98	1.78	1.41
S133T5-F	7.69	8.80	11.10	0.99	1.81	1.43
S133T6-F	13.60	12.77	16.12	0.84	1.72	1.36

基于弹性理论，对单层 XPD 的弹性刚度和屈服位移进行了理论计算。为了验证推导结果的有效性，根据式（9-15)～式（9-19）和表 9-2 中实际测量的材料性能，计算了理论弹性刚度 K_{0cal}、理论屈服强度 $P_{y,C}^{cal}$ 和 $P_{y,B}^{cal}$，并与测试数据进行比较（表 9-4)。结果表明，理论刚度计算能够较好地预测填充焊 XPD 阻尼器的初始刚度，但理论屈服强度小于试验获得的强度。根据理想弹性梁理论计算了未变形状态下的理论推导，将理论屈服定义为选定位置板表面达到屈服后的状态。然而，由于试件的几何效应和试件的冗余性，表面材料局部的屈服可能不会立即导致整个试件的非线性行为。试件开始出现明显的屈服现象，在 1/4 跨位置附近的管板范围较大，均达到表面屈服状态后，刚度降低。因此，阻尼器的实际屈服荷载高于理论预测。而且，图 9-6（c）中 B 点屈服基础上的屈服强度更接近试验值，这是由于管道边缘角焊缝约束不足造成的，后面将详细说明。

（4）能量耗散能力

XPD 试件的耗能能力对比如图 9-16 所示。图 9-16（a）给出了累积耗能与累积位移的关系，图 9-16（b）显示了等效阻尼比 β_{eff} 与位移的关系。根据 FEMA273 表示为：

$$\beta_{eff}=\frac{1}{2\pi}\frac{E_D}{k_{eff}\Delta_{ave}^2} \tag{9-20}$$

$$k_{eff}=\frac{|F^-|+|F^+|}{|\Delta^-|+|\Delta^+|},\quad \Delta_{ave}=\frac{|\Delta^-|+|\Delta^+|}{2} \tag{9-21}$$

式中，k_{eff} 为有效刚度，由式（9-21）计算。E_D 给出了一个完整循环的荷载-位移响应所包围的面积。Δ_{ave} 等于位移绝对值的平均值。结果表明：等效阻尼比 β_{eff} 随着加载幅值的增大而增大；大直径 XPD 试样比小直径 XPD 试样具有较高的阻尼比。在大位移范围内，阻尼器总体能提供大于 0.3 的阻尼比，具有较好的消能性能。在初始循环过程中，累积能量增长缓慢，但随着阻尼器进入塑性状态，曲线开始上升。与外角焊缝阻尼器相比，环形焊缝阻尼器的累积能量增加更快，累积位移也更大。S133T5-C 试样在 19 次循环中累积位移接近 600mm，吸收能量达到 16kJ。而该减振器只使用了 2.03kg 管材的一半，相比于其他类似尺寸的减振器，该减振器钢材消耗量小，具有良好的耗能效率。角焊阻尼器由于在填充焊缝处的早期断裂失效而表现出较低的累积能量发展和较小的累积位移。

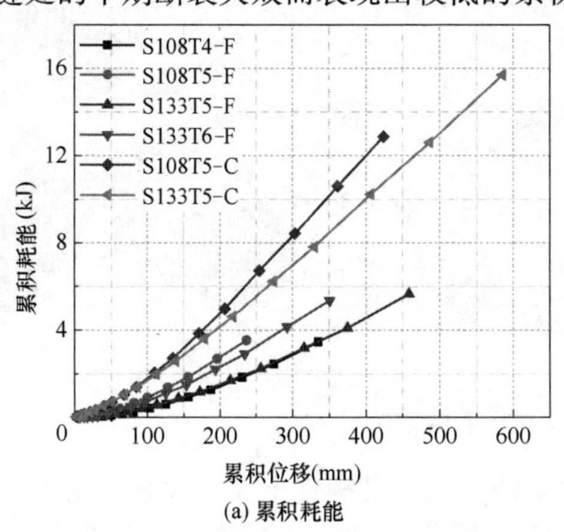

(a) 累积耗能

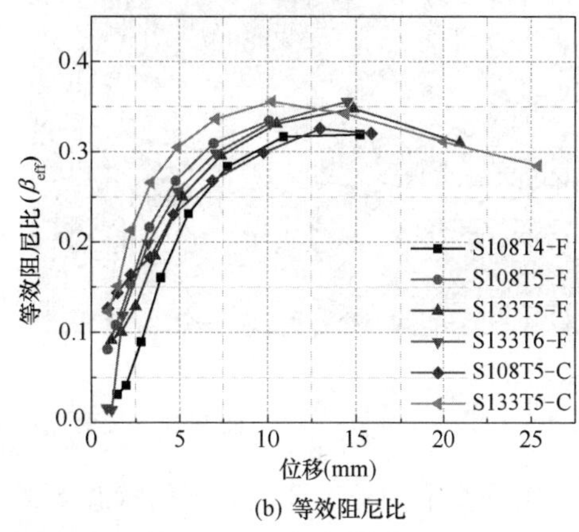

(b) 等效阻尼比

图 9-16　试件的耗能能力

4. 疲劳准静态循环试验

以往的标准试验结果表明，热影响区的焊缝或管板会影响 XPD 阻尼器的性能。在循环荷载作用下，阻尼器具有疲劳破坏的潜力。为了全面了解 XPD 的性能，在考虑疲劳失效的情况下，采用 FEMA461 软件按照循环加载协议进行了 2 次疲劳循环试验。2 个疲劳试样的管径均为 108mm，管厚均为 5mm，但焊接方法不同。在疲劳循环方案中，加载幅值需要以破坏位移为基础确定。为此，对角焊缝壳体进行单调加载试验，得到的结果如图 9-17 所示。由于角焊缝断裂，角焊试件失效，断裂位移 Δ_{ult} 为 12.86mm。随后 F108T5-F 和 F108T5-C 试样均按图 9-9（b）中的方法进行试验，逐级位移幅值分别为 1.28mm（10 次循环）、1.54mm、1.85mm、2.22mm、2.67mm、3.20mm、3.84mm、4.61mm、5.53mm、6.63mm、7.96mm、9.55mm、11.47mm、13.76mm。

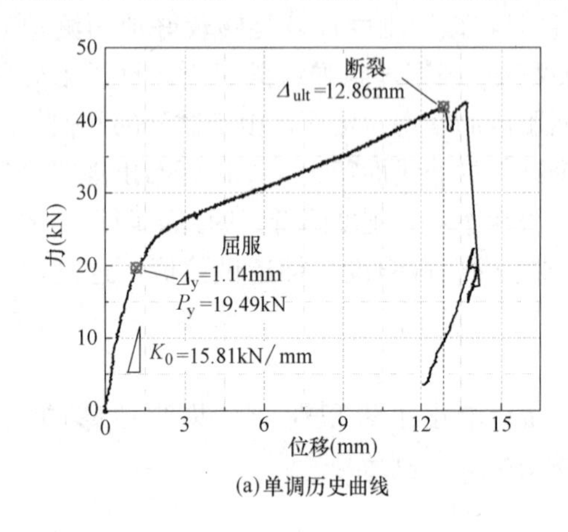

(a)单调历史曲线

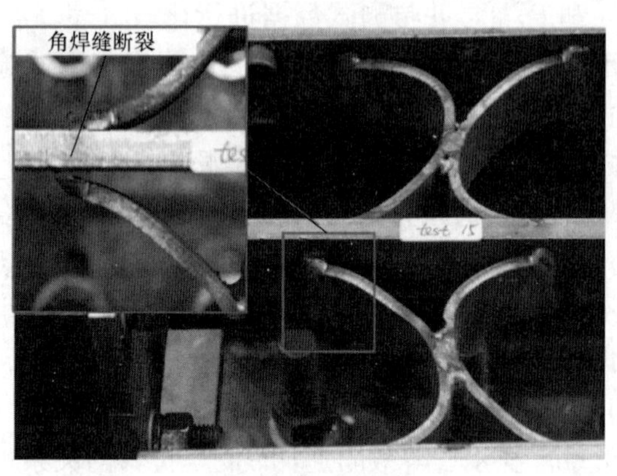

(b)失效模式图

图 9-17　外角焊 XPD 试件单调试验

图 9-18 为 XPD 在疲劳循环加载下的破坏模式，图 9-19 为不同方案下的滞回曲线对比。F108T5-F 角焊缝试样仍然因角焊缝断裂而失效，其最大位移与标准试验下的 S108T5-F 相似。而环焊缝阻尼器在疲劳荷载作用下表现出不同的失效模式。在标准循环协议下，试样 S108T5-C 由于管板的重复撕裂而失效。而 F108T5-C 中，中间焊缝周围管板发生疲劳断裂，F108T5-C 的断裂位移仅为 10mm，小于 S108T5-C。如图 9-18（b）所示，断裂位置为中间焊缝热影响区，4 个热影响区均突然同时发生脆性断裂。两半管道通过焊接连接在一起，在热影响区会产生残余焊接应力和材料退化。在疲劳循环荷载作用下，中间节点同时经历多次弯曲和拉伸，最终导致疲劳断裂。

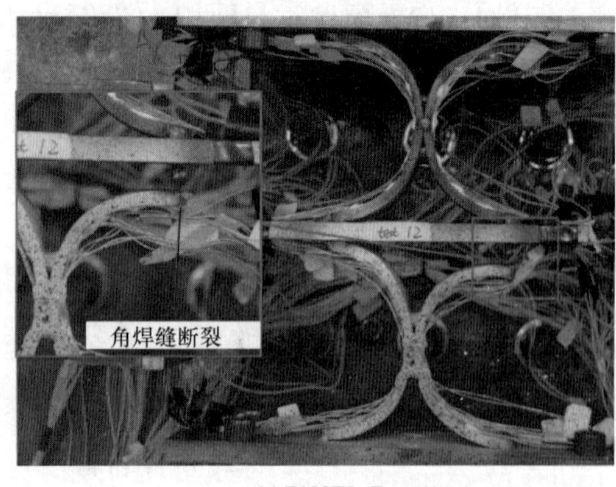

(a) F108T5-F

(b) F108T5-C

图 9-18　疲劳循环协议下试件的破坏模式

FEMA461 提供了一种计算不同损伤状态下强度水平的方法。设构件不完全损伤的最后一个阶段为第 n_{th} 阶段，第 n_{th} 阶段的力幅值 F_n 对应 100%（完全）损伤状态。各试验阶段结束时规范化疲劳损伤为：

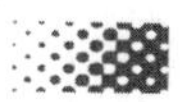

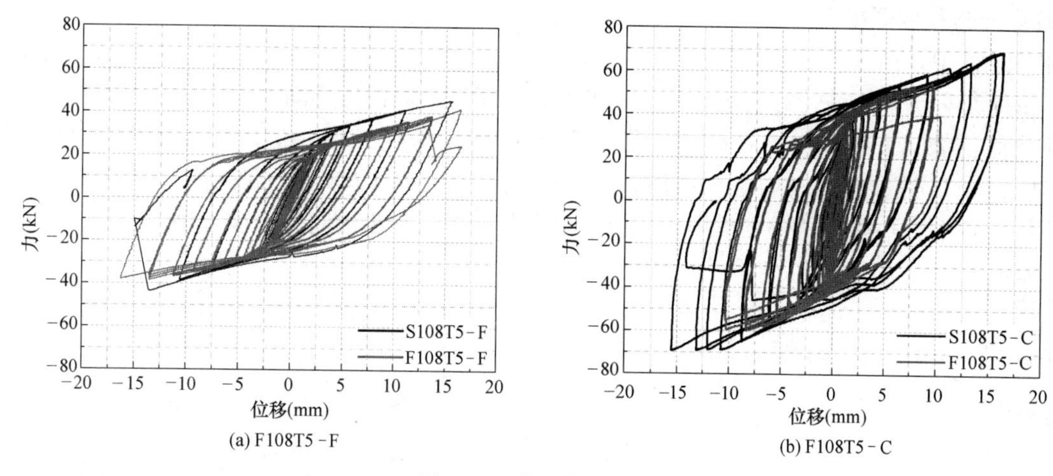

图 9-19 滞回曲线对比

$$D_i=\frac{\sum_{j=1}^{i}N_j\Delta_j^2}{\sum_{j=1}^{n}N_j\Delta_j^2}\times 100 \tag{9-22}$$

其中 N_j 为不同阶段的循环次数。在疲劳循环加载协议下，$N_1=10$，$N_2=N_3=\cdots=N_n=3$。同时，记录每个阶段的最小水平力，并作为选定阶段结束时的强度。

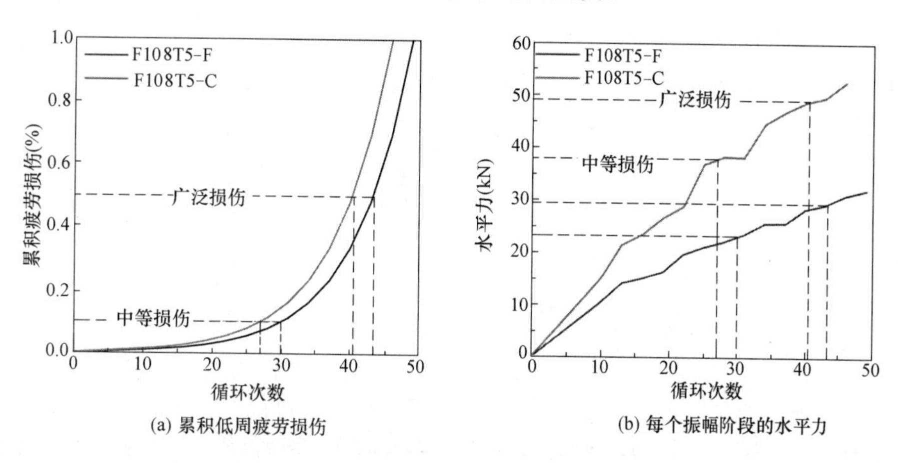

图 9-20 不同损伤状态下的累积损伤和水平力

图 9-20 给出了 F108T5-F 和 F108T5-C 在不同加载周期下的 D_i 和相应的水平力。确定了中等损伤和广泛损伤两种损伤状态，累积损伤分别为 10%和 50%。由图 9-20（a）的累积损伤曲线可以得到两种损伤级别对应的加载周期，由图 9-20（b）可以得到各损伤阶段对应的水平力。F108T5-F 中损伤强度为 37.86kN，大损伤强度为 48.98kN，是 S108T5-F 屈服荷载的 1.94 和 2.51 倍（表 9-3 为 19.48kN），而 F108T5-C 中损伤和大损伤荷载分别为 23.25kN 和 29.57kN，与 F108T5-C 屈服荷载（表 9-3 为 28.01kN）之比分别为 0.83 和 1.06。在疲劳加载条件下，角焊 XPD 具有良好的屈服后强度储存和变形能力。而环焊 XPD 强度储存小，在焊缝影响区可能发生早期疲劳断裂。

结合标准循环试验和疲劳试验结果，角焊缝的断裂破坏会影响和限制角焊 XPD 的极限强度和变形能力，但疲劳荷载下的稳定性较好。环焊 XPD 具有较高的刚度、强度和耗能能力，但疲劳荷载下热影响区域的稳定性较弱。因此，环焊 XPD 不适合有长期交通荷载的桥梁，但当疲劳荷载较小时，可以选择环焊 XPD，如低层到中层建筑。

5. 应变分布和变形模式

在试验过程中，通过应变片和数字图像相关系统测量和记录应变发展。图 9-21 为标准方案加载试件在±15mm 左右水平位移处的应变分布。为了更好地比较不同试件之间的应变情况，在同一个图例下绘制了应变等值线。4 个试件均在管端 1/4 跨区域出现高应变发展，但应变水平和应变范围不同。图 9-22 对比了 1/4 跨区域周围选定点的应变片结果。在相同水平位移下，直径越大的 XPD 的应变水平越低。相同配置下，环焊缝试样比角焊缝试样在更大范围内呈现出更高的应变发展。

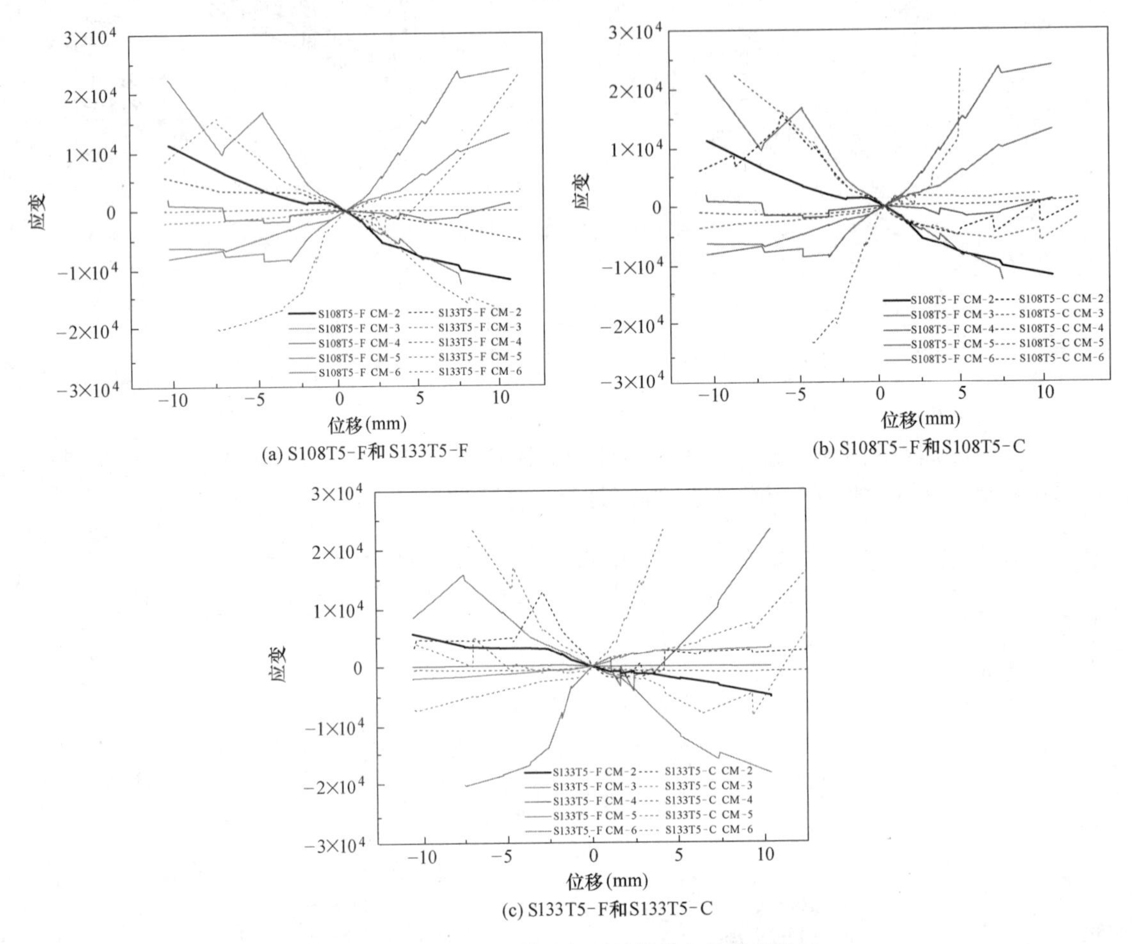

图 9-21 应变片结果与阻尼器横向位移的关系

两种焊接方法的约束效应不同，导致了管端变形状态的不同。如图 9-23（a）所示，外角焊缝对管板的抑制作用相对较弱。在管板交替矫直和内弯过程中，焊趾处也会产生撕裂、挤压效应和变形。得到的管半部分弯矩与理论推导结果不完全相同，焊接点弯矩在图 9-6（c）中未达到理论水平。因此，材料的屈服和塑性首先发生在 1/4 跨区域，得到的理论屈服强度 $P_{y,B}$ 更接近表 9-4 中的试验值。随着加载幅值的增加，重复撕裂和挤压效应增加，从而导致角焊缝断裂失效。环焊缝对管端有很强的抑制作用。因此，在整个加载过程中环焊缝区域内的管板通常保持原来的形状和位置，如图 9-23（b）所示。这样减少了参与弯曲和拉伸矫直的有效管材区域，使得管板的弯曲变形和拉伸变形发展程度更高。因此，环焊 XPD 具有较大的刚度和强度水平，并因管板的拉伸撕裂而失效。

9.3.2 S 形钢板阻尼器（SSPD）

1. 详细内容及工作原理

S 形钢板阻尼器是由两块经低碳钢冷成型的钢板加工而成。所述 S 形钢板包括上端板、下端板和 S 形圆弧段。圆弧段分解为两个反向 1/4 圆弧，是主要的耗能部分，相应的配置如图 9-24 所示。SSPD 通

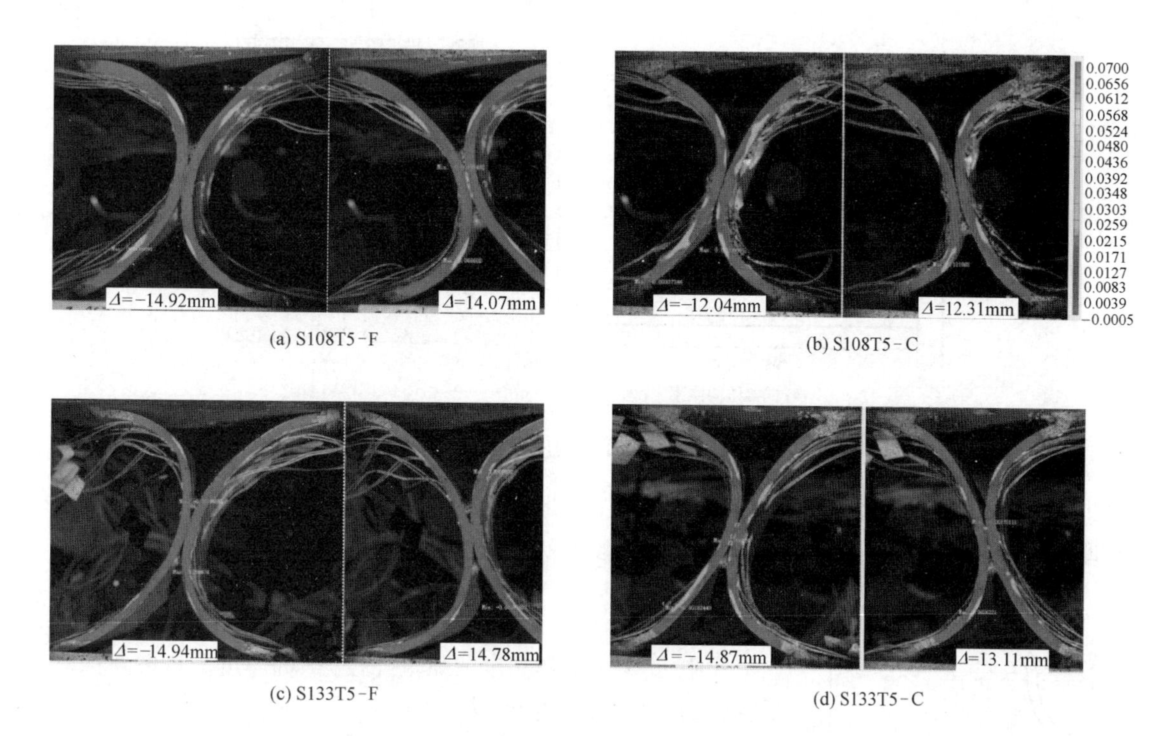

(a) S108T5-F (b) S108T5-C

(c) S133T5-F (d) S133T5-C

图 9-22 DIC 系统 XPD 试样的应变轮廓图

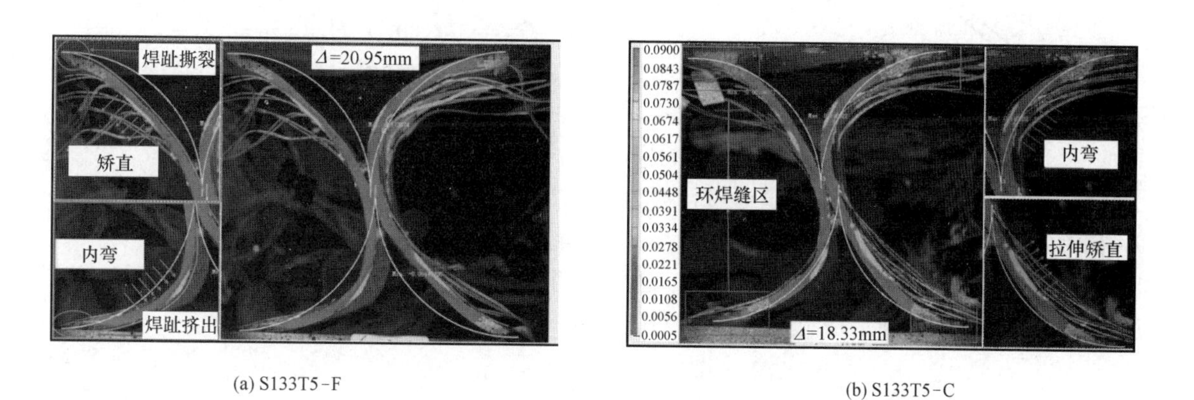

(a) S133T5-F (b) S133T5-C

图 9-23 变形模式描述与讨论

过螺栓与结构部件连接，便于阻尼器的安装和更换。圆弧段的厚度、宽度、长度等几何参数可根据抗震需求方便地调整。SSPD 在受到外荷载时，会产生上下端板之间的剪切变形，使弧段能量耗散。在小位移时，由弯曲塑性变形吸收能量。随着位移的增加，圆弧段被拉直，变形由弯曲逐渐转变为拉伸。大位移时出现弯拉行为，显著提高了结构的刚度和强度。一般来说，SSPD 具有以下特点：成本低，免焊接，易于制造、安装、检查和更换；弯曲和轴向组合变形吸收能量，充分利用钢的塑性；与文献［109-111］中提出的阻尼器相比，具有更稳定的弯曲-拉伸性能；在高抗震需求下，刚度和强度明显提高。

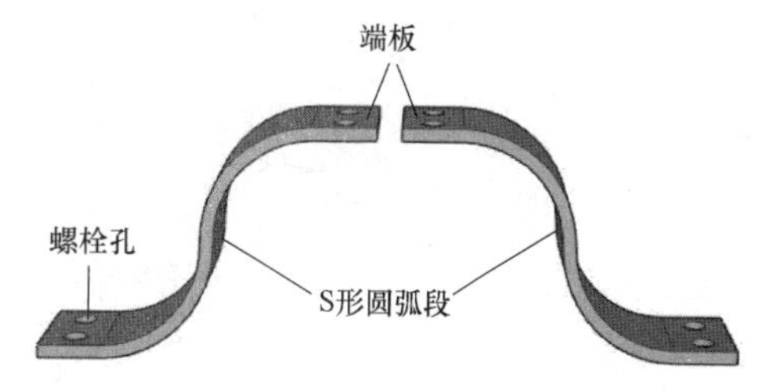

图 9-24 SSPD 原理图

图 9-25 描述了 SSPD 在结构中应用的潜力。如图 9-25（a）所示，新的阻尼器可以安装在人字形支撑的末端；如图 9-25（b）所示，也可以安装在两个相邻的摇摆墙板的中间。此外，SSPD 还可用于斜撑的中间和端部，作为预制墙的连接节点和摇摆架的剪力杆，其具有良好的地震应用潜力。

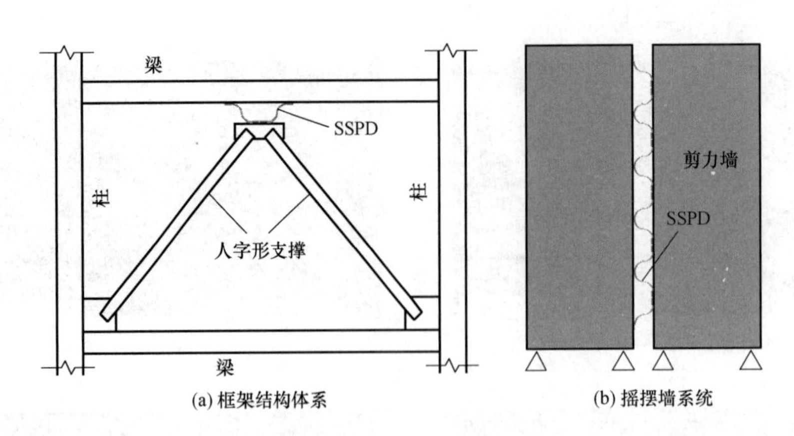

图 9-25　SSPD 的应用潜力

基于该拉伸机构，当施加的位移达到最大值时，S 形弧板就会变直。根据几何位移和塑性变形计算 SSPD 的理论最大位移，如图 9-26 所示。S 形圆弧段的初始长度可以表示为：

$$L_{AB}=\frac{\pi(D-t)}{2} \tag{9-23}$$

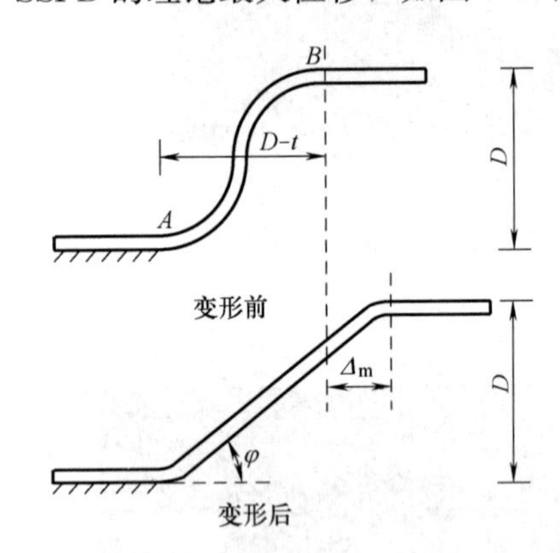

图 9-26　SSPD 的最大位移描述

式中 D 为阻尼器高度或弧段外径；t 为厚度。考虑到材料塑性，矫直后的最大长度可简化为：

$$L_{max}=(1+\beta)L_{AB} \tag{9-24}$$

式中 β 为塑性变形系数。如图 9-26 所示，可得最大位移 Δ_m：

$$\varphi=\arcsin(D/L_{max}) \tag{9-25}$$

$$\Delta_m=D/\tan\varphi-(D-t) \tag{9-26}$$

由上式可知，Δ_m 随 β 的增加而增加，β 的最小值为零。与 D 相比，t 的贡献要小得多，对 Δ_m 的影响也很小。因此，Δ_m 的最小值通过计算为 0.21D，说明 SSPD 的变形较大。

2. 初始刚度和屈服强度

SSPD 是由两块相同的 S 形钢板组成的。这里采用一块钢板进行分析，简化为 S 形梁，如图 9-27（a）所示。相应的 3 次超静定系统如图 9-27（b）所示。给出该系统的力学模型：

$$\begin{cases}\delta_{11}x_1+\delta_{12}x_2+\delta_{13}x_3+\Delta_{1c}=0\\ \delta_{21}x_1+\delta_{22}x_2+\delta_{23}x_3+\Delta_{2c}=-\Delta\\ \delta_{31}x_1+\delta_{32}x_2+\delta_{33}x_3+\Delta_{3c}=0\end{cases} \tag{9-27}$$

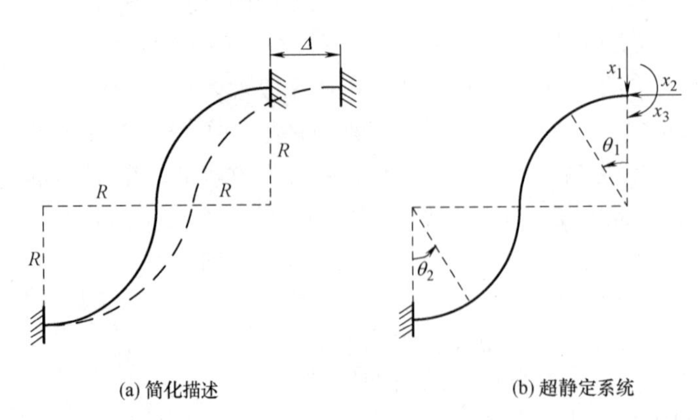

图 9-27　SSPD 的力学模型

式中Δ_{1c}，Δ_{2c}和Δ_{3c}为支撑运动引起的基本系统位移，实际上$\Delta_{1c}=\Delta_{2c}=\Delta_{3c}=0$；$\theta_1$和$\theta_2$的范围为0到$\pi/2$。由于板在小位移时变形以挠曲为主，因此忽略剪力和轴力对屈服强度和刚度的影响。通过计算弯矩，可得：

$$\delta_{11}=\sum\int_0^{\pi/2}\frac{\overline{M_1}^2}{EI}\mathrm{d}s=\frac{\int_0^{\pi/2}R^2\sin^2\theta_1\cdot R\mathrm{d}\theta_1+\int_0^{\pi/2}R^2(2-\sin\theta_2)^2\cdot R\mathrm{d}\theta_2}{EI}=\left(\frac{5\pi}{2}-4\right)\frac{R^3}{EI} \tag{9-28}$$

$$\delta_{12}=\delta_{21}=\sum\int_0^{\pi/2}\frac{\overline{M_1M_2}}{EI}\mathrm{d}s=-\frac{\int_0^{\pi/2}R^3(1-\cos\theta_1)\sin\theta_1\mathrm{d}\theta_1+\int_0^{\pi/2}R^3(1+\cos\theta_2)(2-\sin\theta_2)\mathrm{d}\theta_2}{EI}$$

$$=-(\pi+1)\frac{R^3}{EI} \tag{9-29}$$

$$\delta_{22}=\sum\int_0^{\pi/2}\frac{\overline{M_2}^2}{EI}\mathrm{d}s=\frac{\int_0^{\pi/2}R^3(1-\cos\theta_1)^2\mathrm{d}\theta_1+\int_0^{\pi/2}R^3(1+\cos\theta_2)^2\mathrm{d}\theta_2}{EI}=\frac{3\pi R^3}{2EI} \tag{9-30}$$

$$\delta_{33}=\sum\int_0^{\pi/2}\frac{\overline{M_3}^2}{EI}\mathrm{d}s=\frac{\int_0^{\pi/2}R\mathrm{d}\theta_1+\int_0^{\pi/2}R\mathrm{d}\theta_2}{EI}=\frac{\pi R}{EI} \tag{9-31}$$

$$\delta_{13}=\delta_{31}=\sum\int_0^{\pi/2}\frac{\overline{M_1}\,\overline{M_3}}{EI}\mathrm{d}s=\frac{\int_0^{\pi/2}R^2\sin\theta_1\mathrm{d}\theta_1+\int_0^{\pi/2}R^2(2-\sin\theta_2)\mathrm{d}\theta_2}{EI}=\frac{\pi R^2}{EI} \tag{9-32}$$

$$\delta_{23}=\delta_{32}=\sum\int_0^{\pi/2}\frac{\overline{M_2}\,\overline{M_3}}{EI}\mathrm{d}s=-\frac{\int_0^{\pi/2}R^2(1-\cos\theta_1)\mathrm{d}\theta_1+\int_0^{\pi/2}R^2(1+\cos\theta_2)\mathrm{d}\theta_2}{EI}=-\frac{\pi R^2}{EI} \tag{9-33}$$

将式（9-28）～式（9-33）代入式（9-27）可得：

$$x_1=-\frac{8.402EI\Delta}{R^3};\quad x_2=-\frac{5.989EI\Delta}{R^3};\quad x_3=\frac{2.413EI\Delta}{R^2} \tag{9-34}$$

则S形板的弯矩为：

$$M=\overline{M}_1x_1+\overline{M}_2x_2+\overline{M}_3x_3=\begin{cases}\dfrac{EI\Delta}{R^2}(8.402-8.402\sin\theta_1-5.989\cos\theta_1)\\ \dfrac{EI\Delta}{R^2}(8.402\sin\theta_2+5.989\cos\theta_2-8.402)\end{cases} \tag{9-35}$$

由式（9-34）可知，由两板组成的SSPD的理论初始刚度可表示为：

$$k_e=2\times\frac{x_2}{-\Delta}=\frac{11.978EI}{R^3} \tag{9-36}$$

式中E为弹性模量，I为惯性矩，R为S形圆弧半径。当最大弯矩达到截面弹性极限时，认为阻尼器开始屈服。由式（9-35）可得平衡方程：

$$M_{\max}=\frac{2.413EI\Delta_y}{R^2}=\frac{\kappa bt^2\sigma_y}{6} \tag{9-37}$$

式中Δ_y为屈服位移；b为钢板宽度；κ为截面形状因子，板的矩形截面采用1.5；σ_y为材料的屈服强度。通过求解式（9-37），可以得到SSPD的屈服位移：

$$\Delta_y=\frac{bt^2R^2\sigma_y}{9.652EI}=\frac{1.243R^2\sigma_y}{Et} \tag{9-38}$$

因此，SSPD的屈服强度计算公式为：

$$F_y=k_e\Delta_y \tag{9-39}$$

3. 试验方案

（1）试件

对 10 个不同高度 D、不同厚度 t 的试件进行了试验，研究 SSPD 的抗震性能。为了保证加载的稳定性，每个试件都包含两个尺寸相同的 SSPD。所有试件均采用名义屈服强度为 235MPa 的 Q235B 钢制作。图 9-28 为 S 形板的几何构型。宽度 b、底端板长度 l_1、顶端板长度 l_2、螺栓孔直径 d 分别为 40mm、100mm、50mm、18mm。厚度为 3.59mm、5mm 和 5.57mm，高度为 108mm 和 133mm。几何尺寸和加载类型见表 9-5。对试件 S1、S2 进行单调加载试验，试件 S3～S8 进行准静态循环加载试验，试件 S9、S10 进行疲劳循环加载试验。

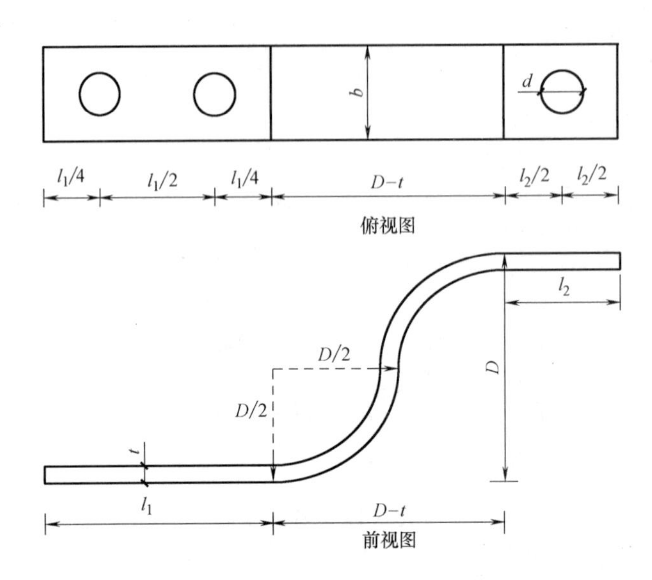

图 9-28　SSPD 的几何构型

试件几何尺寸及加载类型（单位：mm）　　表 9-5

试件	D	b	t	l_1	l_2	d	加载类型
S1	108	40	5	100	50	18	单调加载
S2	133	40	5	100	50	18	
S3	108	40	3.59	100	50	18	准静态循环加载
S4	108	40	5	100	50	18	
S5	108	40	5.57	100	50	18	
S6	133	40	3.59	100	50	18	
S7	133	40	5	100	50	18	
S8	133	40	5.57	100	50	18	
S9	108	40	5	100	50	18	疲劳循环加载
S10	133	40	5	100	50	18	

（2）测试设置和加载方案

在中南大学实验室，采用 70kN 容量的单轴驱动器进行试验。试验设置如图 9-29 所示。试验标本被螺栓固定到 4 个刚性支撑和刚性轴板并连接到驱动器。执行机构由反应架支撑。组件安装采用 10.9 级高强度螺栓，名义屈服强度 900MPa。放置 4 个激光位移传感器（DS）监测固定支架的滑移，1 个激光传感器记录轴板的位移。

加载方案采用位移法，按照 FEMA 461 方案 I 进行计算，如图 9-30 所示。根据前述理论分析，加载过程的最大位移幅值 Δ_m 估计为 30mm。试件 S3～S8 按位移幅值 1.04mm、1.45mm、2.03mm、2.85mm、3.98mm、5.58mm、7.81mm、10.93mm、15.31mm、21.43mm 和 30.0mm 加载。若试件在最大位移幅值 Δ_m 处未发生破坏，则仍以 $0.3\Delta_m$ 为增量进行加载循环，直至完全破坏。每次都加载两个周期。单调加载试验中，采用相同的位移幅值。在疲劳循环加载试验中，采用《建筑消能减振技术规程》JGJ 297—2013 给出的加载方案，对试件进行 30 次设计位移幅值试验。考虑到弯拉型阻尼器在大位移时存在夹紧效应和强度退化，进行疲劳循环试验时，其中 S9 试样以 30mm 幅值进行了 30 次循环试验。S10 试样进行 30 次循环的振幅为 40mm。

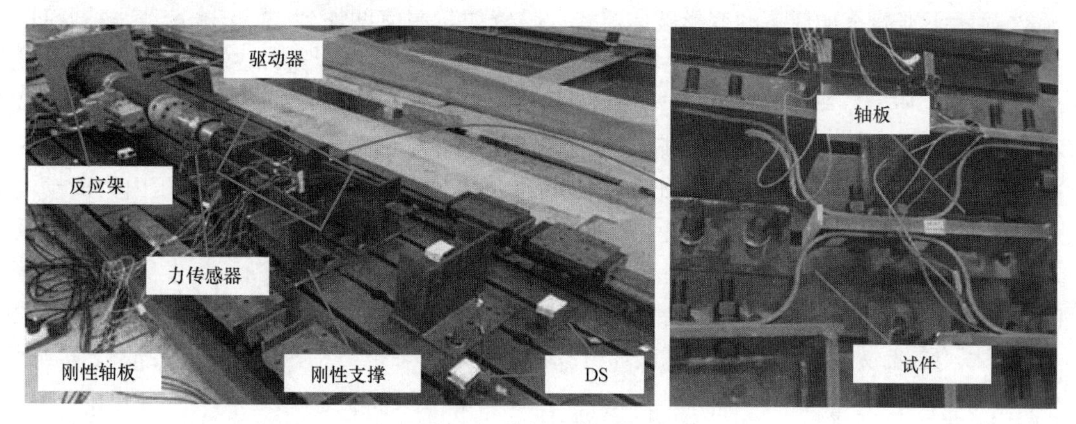

图 9-29　SSPD 测试装置

（3）材料特性

试样采用 Q235B 低碳钢板制作。根据《金属材料　拉伸试验　第 1 部分：室温试验方法》GB/T 228.1—2021 对厚度分别为 3.59mm 和 5.57mm 的 6 种钢片进行了测试，获得了材料的力学性能。图 9-31 绘制了拉伸试验的应力-应变关系，材料主要性能见表 9-6。可以看出，相同厚度的试件表现出相似的材料力学性能。厚度越大，屈服强度和极限强度越大，延伸率越小。这些差异主要是由材料组成和制造工艺造成的。此外，厚度对弹性模量基本没有影响。

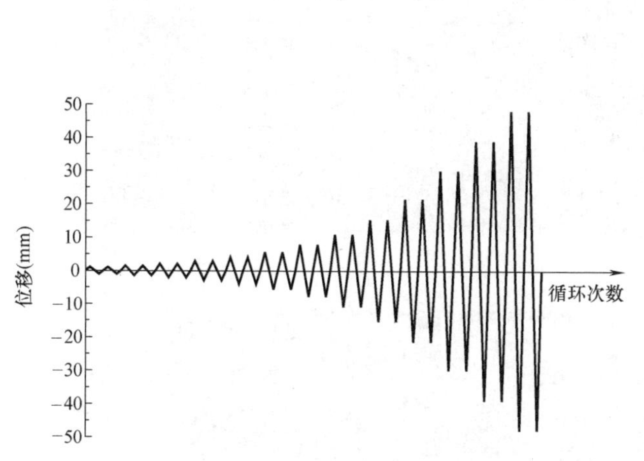

图 9-30　试样的标准循环加载规程

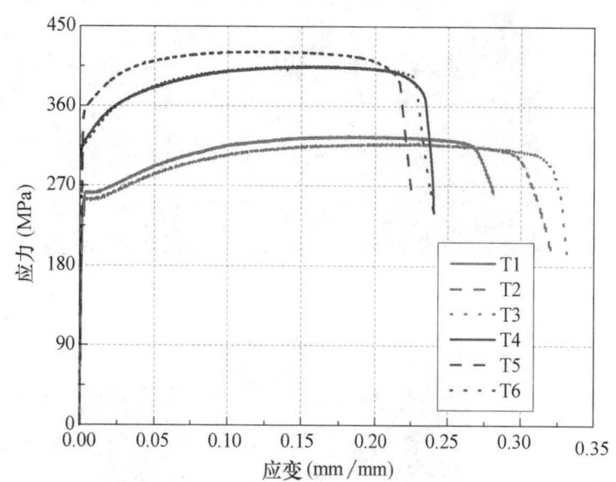

图 9-31　钢材料的应力-应变关系

钢材料的主要材料力学性能　　表 9-6

试件	厚度 t (mm)	宽度 b (mm)	弹性模量 E (GPa)	屈服强度 σ_y (MPa)	极限强度 σ_u (MPa)	伸长率 (%)
T1	3.59	40	206	261	327	36.9
T2	3.59	40	202	254	321	41.4
T3	3.59	40	206	253	319	41.6
T4	5.57	40	200	321	405	31.6
T5	5.57	40	203	358	422	31.1
T6	5.57	40	197	318	406	32.5

4. 试验结果

（1）变形破坏模式

在试验中，试件 S1、S2、S4、S5、S7、S8 因执行机构容量限制而在失效前终止加载。试验观察结果表明，所有试件均表现出相似的变形模式。以试件 S3、S5 和 S6 的变形为例，说明 SSPD 的破坏模式。

图 9-32 显示了准静态加载下的变形破坏模式。随着加载幅值增加到 15.31mm，S 形圆弧段变形由挠曲为主转变为受弯、轴力为主，如图 9-32（a）、（b）所示。同时，试件 S5 的顶端板出现了韧性裂纹，如图 9-32（c）所示。当位移幅值达到 30mm 时，阻尼器受拉侧呈直线，矫直后的钢板出现多波面，有利于防止钢板屈曲。由于弯曲-压缩作用过大，阻尼器压缩侧出现了明显的挤压变形，S 形圆弧板上形成了两个挤压凹痕。图 9-32（c）给出了阻尼器在相对大位移时的拉伸和挤压内力流动（如箭头所示）示意图。压应力集中在挤压压痕处，导致挤压压痕处塑性变形过大。当加载幅值达到极限位移（S3 为 56mm，S6 为 57mm）时，试件在长度较短且锚杆较少的顶端板处断裂。发生破坏时，S3 顶板与底板的相对位移为 0.52D，S6 顶板与底板的相对位移为 0.43D。综上所述，SSPD 具有较大的变形能力，其模态以弯拉行为为主。在准静态循环荷载作用下，单轴抗剪结构的破坏主要表现为顶板的韧性断裂。

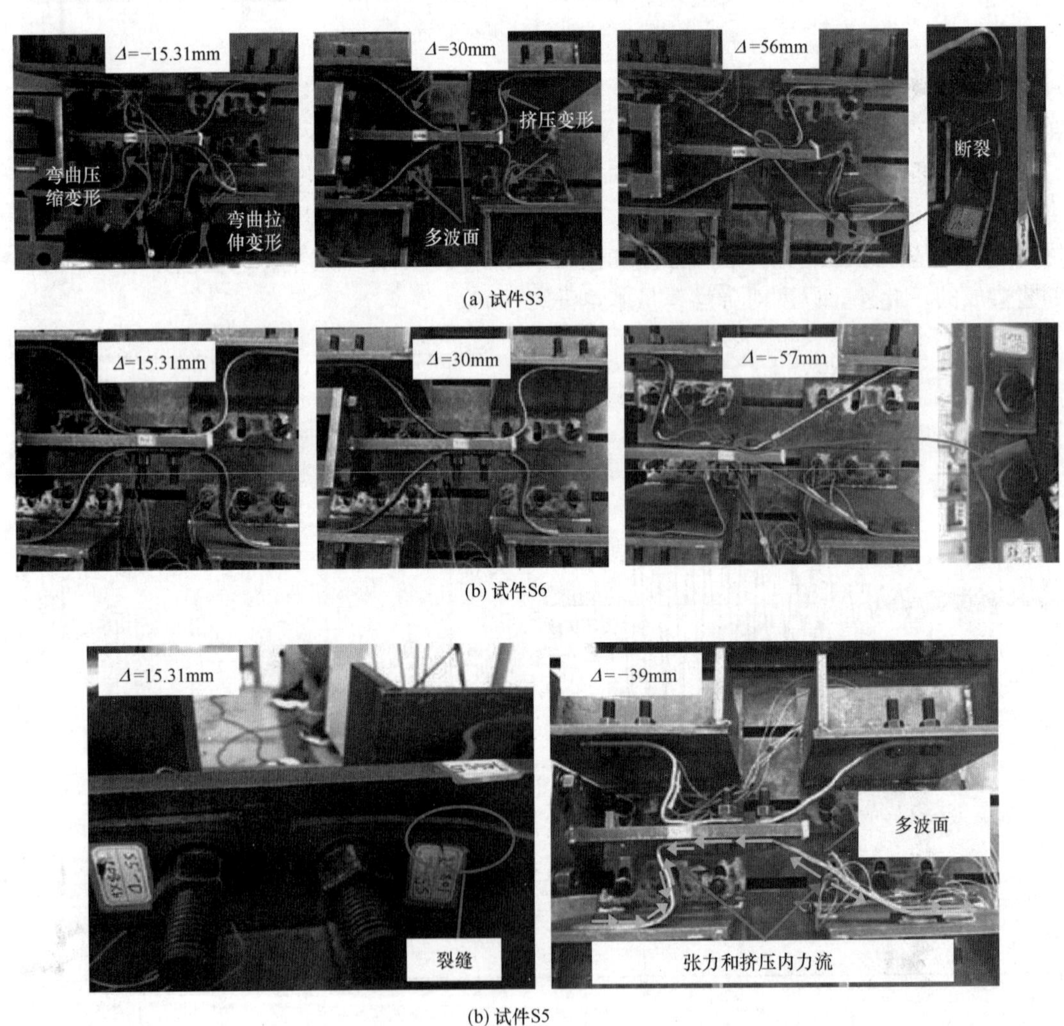

(a) 试件S3

(b) 试件S6

(b) 试件S5

图 9-32　试件变形破坏模式

图 9-33（a）给出了基于试验结果的力-位移主干曲线。可以看出，正负曲线基本对称。主干曲线可分为 4 个阶段：弹性阶段、弯曲屈服阶段、拉伸强化阶段和断裂破坏阶段。图 9-33（b）给出了几个关

键参数，包括初始刚度 k_e、屈服位移 Δ_y 和受力 F_y、第一屈服刚度 k_1、第二屈服位移 Δ_t 和受力 F_t、第二屈服刚度 k_2、拉伸强化阶段峰值力 F_p 和位移 Δ_p、极限力 F_u 和位移 Δ_u。屈服点（Δ_y，F_y）定义为弹性屈服段与弯曲屈服段切线的交点。从主干曲线可以得到峰值点（Δ_p，F_p）和 Δ_u。第二屈服点（Δ_t，F_t）由两个准则确定：①弯曲屈服段切线上的点；②多线性模型进入破坏阶段前的面积等于骨干曲线对应的面积。同样，F_u 是根据能量平衡的原理确定的。然后可以计算出刚度 k_1 和 k_2。由于拉伸行为，第二屈服刚度 k_2 远大于第一屈服刚度 k_1。

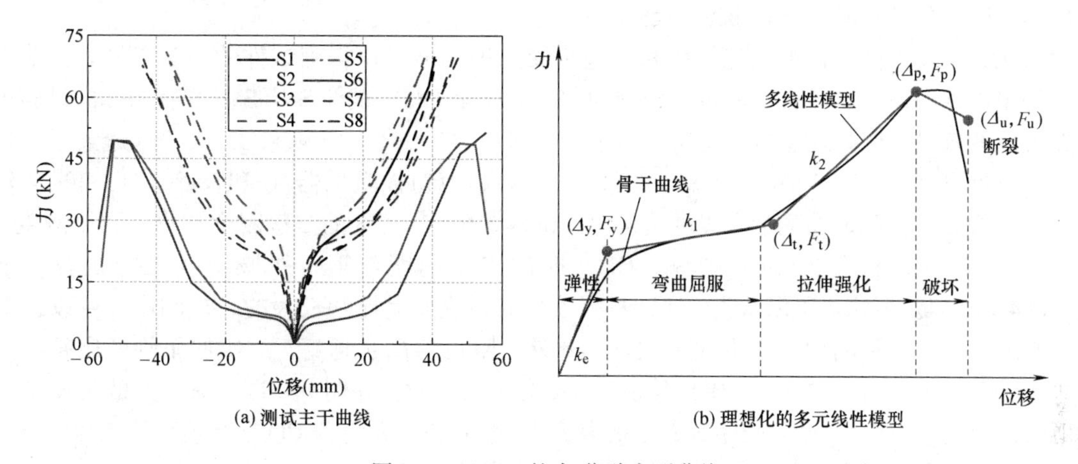

图 9-33 SSPD 的力-位移主干曲线

（2）滞回性能

图 9-34 为准静态循环加载下试件的力-位移关系。所有试件均表现出稳定的滞回性能，屈服位移相对较小。在阻尼器进入拉伸强化阶段之前，滞回曲线与弯曲型金属阻尼器相似。之后，由于拉伸强化作用，强度和刚度逐渐增加，并出现明显的捏缩效应，随着位移的发展而增大。在拉伸耗能阶段，第二循

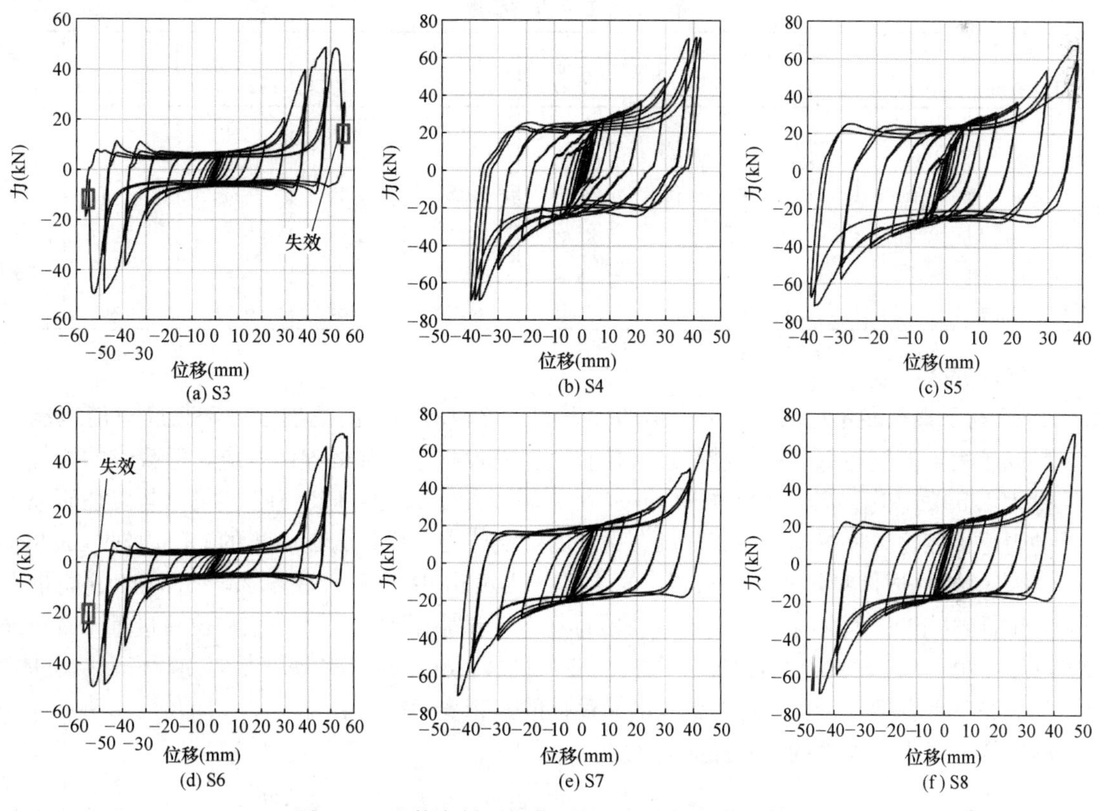

图 9-34 准静态循环加载下的 SSPD 的力-位移关系

环再加载过程中强度和刚度下降明显。在弯曲耗能阶段，强度和刚度几乎没有退化。可以认为大位移时的 SSPD 更加脆弱。试件 S3～S5 在 30mm 位移时开始退化，试件 S6～S8 的退化对应于 39mm 位移，说明阻尼器高度越高，越能延迟捏缩效应的发生，疲劳性能越强。试件 S3 和 S6 在第 25 次循环时均发生破坏，对应的最大力分别为 49.08kN 和 50.46kN，表明 SSPD 的承载力与阻尼器高度无关。这是因为破坏模式以顶板的韧性断裂为主。此外，可以观察到，与锯齿型阻尼器、双管阻尼器（DPD）和活塞型金属阻尼器（PMD）相比，SSPD 的拉伸强化阶段发展更为彻底，其失效是由焊接界面断裂引起的。所提出的 SSPD 具有更稳定的弯曲-拉伸性能。

参考简化的多线性模型，由正包络线和负包络线的平均值可以得到试件的力学参数，如表 9-7 所示。计算得出试件 S3 和 S6 的强度质量比分别为 43.02 和 40.25。试件 S4、S5、S7 和 S8 的试验虽未达到阻尼器失效的效果，但其强度质量比仍分别达到 43.50、39.06、41.14 和 35.56，远远大于三角板附加刚度和阻尼阻尼器（TADAS）（12.8）、DPD（19.9）、剪切板阻尼器（SPD，22.6）和蜂窝阻尼器（HD，17.9）等大多数阻尼器的最大强度质量比。试件 S3、S4、S5 的二次刚度与第一屈服刚度 k_2/k_1 之比分别为 7.47、2.38、2.04，试件 S6、S7、S8 的二次刚度与第一屈服刚度之比 k_2/k_1 分别为 12.13、3.84、4.54。因此，可以认为 SSPD 具有较大的强度质量比和较大的二次刚度，可以提高结构在大地震需求下的强度和刚度，减少残余位移。此外，阻尼器高度越高，二次屈服刚度比越高。试件 S3 和 S6 的延性系数 μ（Δ_u 与 Δ_y 之比）分别为 22.84 和 19.72，表明 SSPD 具有良好的抗震延性。试件 S3 和试件 S6 的 F_p 与 F_y 的超强系数 ξ 分别为 7.73 和 9.95，表明 SSPD 具有较高的超强性能。在设计过程中应注意这种超强度特性，防止构件过早进入非弹性状态。

由解析推导计算出的理论初始刚度 $k_{e\text{-cal}}$ 如表 9-7 所示。由于理论推导是基于理想固定边界的假设，故理论值大于试验结果。但试验刚度和理论刚度的变化趋势是相同的。初始刚度随阻尼器厚度的增加而增大，随阻尼器高度的增加而减小。同时，屈服位移随阻尼器高度的增加而增大，这与理论推导一致。初始刚度将在后面进一步讨论。

试件主要力学参数 **表 9-7**

试件	k_e (kN/mm)	Δ_y (mm)	F_y (kN)	Δ_u (mm)	F_p (kN)	μ	ξ	k_1 (kN/mm)	k_2 (kN/mm)	$k_{e\text{-cal}}$ (kN/mm)
S3	2.59	2.45	6.35	55.97	49.08	22.84	7.73	0.19	1.42	4.80
S4	6.87	2.72	18.69	36.89	69.12	13.56	3.70	1.04	2.47	13.06
S5	8.77	2.48	21.75	37.15	69.13	14.98	3.18	0.95	1.94	17.53
S6	1.76	2.88	5.07	56.8	50.46	19.72	9.95	0.15	1.82	2.57
S7	4.67	4.06	18.96	45.12	70.07	11.11	3.70	0.56	2.15	6.99
S8	6.00	3.42	20.52	45.98	69.15	13.44	3.37	0.41	1.86	9.38

（3）耗能和等效刚度

图 9-35 绘制了累积能量耗散与累积位移的关系图。可以看出，阻尼器厚度和高度对消能能力有显著影响。厚度越大，高度越低，耗能越高。大位移时虽然发生了明显的捏缩效应，但吸收的能量仍然相当大。质量为 1.59kg 和 1.77kg 的试样 S4 和 S5 分别吸收约 28.5kJ 和 25.4kJ 能量。与以往研究中其他类似尺寸的阻尼器相比，所提出的 SSPD 具有更好的消能能力。质量为 2.1kg 的 DPD 吸收 22.8kJ 的能量，160mm 高缝阻尼试件吸收 6.9～10.3kJ 的能量，120mm 单 SPD 吸收 6.23～6.51kJ 的能量。需要注意的是，试件 S4 和 S5 均未失效，仍能进行能量耗散。试验阻尼器的最大累积位移接近 1800mm，也大于 DPD 的 1130mm、裂隙阻尼器的 500mm、SPD 的 400mm 和蜂窝阻尼器的 1000mm。总体而言，本章提出的 SSPD 具有稳定、良好的能量耗散和优良的累积变形能力。

根据滞回线可以得到试件的等效黏滞阻尼比：

$$\xi_{eq}=\frac{E_D}{2\pi E_{s0}} \tag{9-40}$$

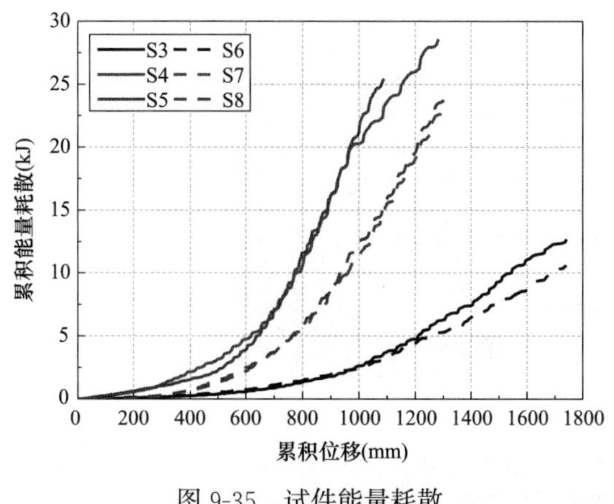

图 9-35　试件能量耗散

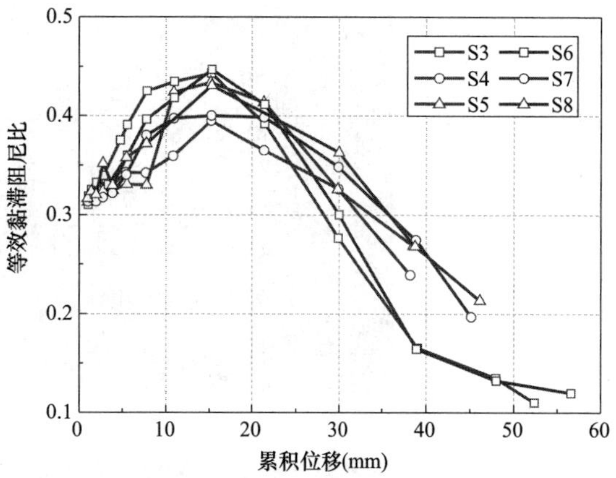

图 9-36　试件等效黏滞阻尼比

式中，E_D 为一个滞回回路耗散的能量；E_{s0} 为最大位移对应的等效线弹性系统应变能。图 9-36 给出了试件的等效黏滞阻尼比，在相对较小的位移中，由于弯曲变形能的耗散，黏滞阻尼比逐渐增大。大位移时，由于滞回环的挤压作用，阻尼比逐渐减小。试件 S3～S8 的最大阻尼比分别为 0.44、0.39、0.43、0.45、0.40 和 0.43，表明 SSPD 的阻尼水平与其他钢板阻尼器，如 DPD（0.45）、TADAS（0.46）和 HD（0.45）相近。

等效刚度是金属阻尼器的一个重要参数。可以计算为：

$$k_{eff}=\frac{|P_{max}|+|P_{min}|}{|\Delta_{max}|+|\Delta_{min}|} \tag{9-41}$$

式中 P_{max}、Δ_{max} 分别为最大力、最大位移；P_{min} 和 Δ_{min} 分别为最小力、最小位移。试件阻尼器的计算等效刚度如图 9-37 所示。可以看出，试件高度越低，其等效刚度越大。在大位移时，由于二次刚度的加强，等效刚度增加。在破坏状态下，S3 和 S6 的等效刚度均接近 0.93kN/mm，表明阻尼器高度对最终等效刚度影响不大。

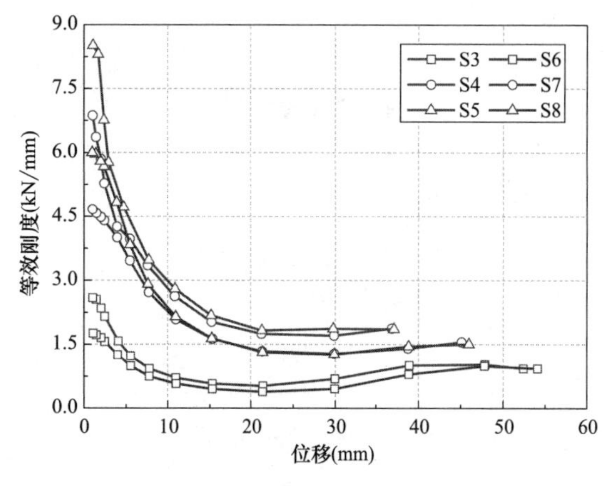

图 9-37　试件阻尼器的计算等效刚度

（4）低循环疲劳性能

试件 S9 和 S10 进行恒幅循环加载试验。当试样进入拉伸强化阶段时，可以对其低周性能进行研究。试件疲劳破坏模式如图 9-38 所示。可以看出，疲劳荷载下试件的变形模式与准静态加载试验试件的变形模式是相同的。挤压侧压痕处发生应力集中，导致挤压变形和塑性发展过度。在第 7 次循环时，疲劳裂纹在挤压压痕处形成并扩展，如图 9-38（a）所示。在第 8 次循环时，试样因挤压压痕韧性断裂而失效，如图 9-38（b）和（c）所示。

试件力-位移曲线如图 9-39 所示。S10 试样的负向力明显大于正向力，因为试样在记录前加载了 47mm 的幅值。根据《建筑消能减振技术规程》JGJ 297—2013 的规定，金属阻尼器的主要力学特性在设计位移作用下 30 次加载循环后的下降幅度不应超过 15%。试件 S9 的正力由 50.86kN 减小到 39.58kN，负力由 57.83kN 减小到 41.13kN。试件 S10 的正力由 41.59kN 减小到 10.15kN，负力由 66.35kN 减小到 30.79kN。两试样在第 8 次循环时均发生断裂。由此可以得出，SSPD 具有较大的位移能力，但由于应力集中、夹紧和强度退化，其在大位移下的疲劳性能不足。弯拉型阻尼器的疲劳性能对位移幅值敏感，但可以根据抗震设计位移来确定合理的 D 值。

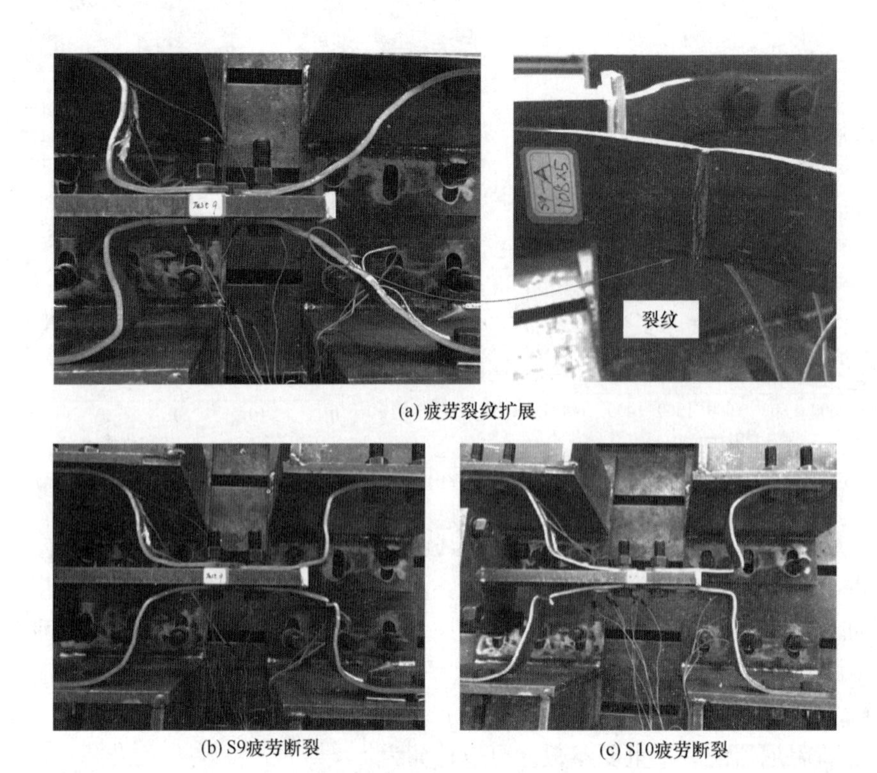

(a) 疲劳裂纹扩展

(b) S9疲劳断裂　　(c) S10疲劳断裂

图 9-38　低周加载试件的疲劳破坏模式

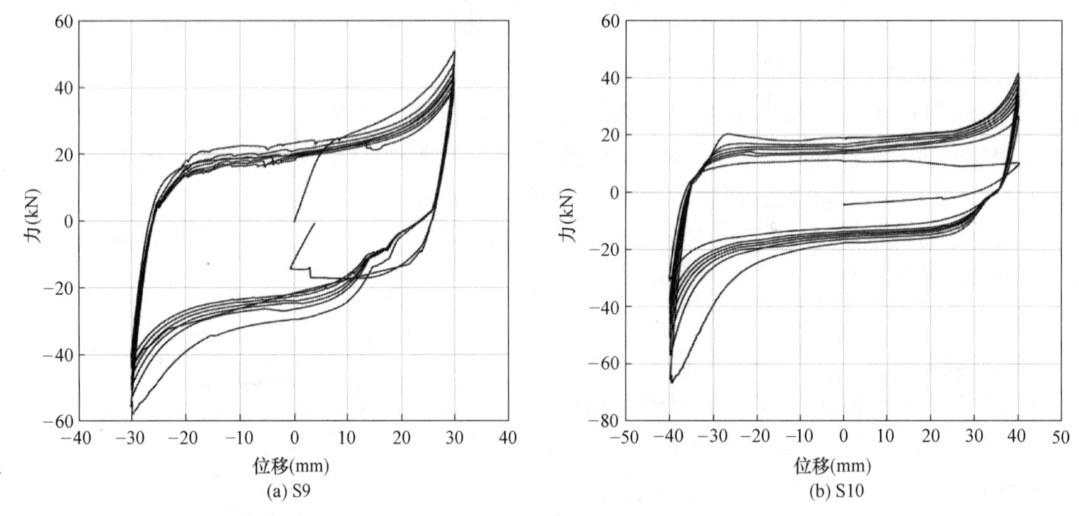

(a) S9　　(b) S10

图 9-39　疲劳试验 SSPD 的力-位移关系

5. 有限元分析

(1) 建模方法

利用 ABAQUS 程序建立了有限元模型（FE 模型），进一步研究了 SSPD 的性能。由于每个试件的两个阻尼器是相同的，所以只建立其中一个。考虑 S 形钢板与螺栓杆之间的接触效应，两者均采用三维应力 8 节点非线性实体单元（C3D8R）建模，如图 9-40（a）所示。锚杆孔与支撑杆之间的表面相互作用采用表面与表面接触的模型，其正常性质为“硬接触”和摩擦系数为 0.1 的“惩罚”切向行为。为了模拟试验条件，对底杆端面的所有自由度进行了约束。顶杆端面的所有自由度耦合到一个参考点，该参考点在 X 方向上施加了试验加载历史。为了模拟端板的边界条件，对螺栓孔两端进行 Z 方向约束（平动自由度 $U3$）。建立的实体模型按 5mm 单元尺寸和 4 个单元沿板厚进行网格划分，如图 9-40（b）所示。

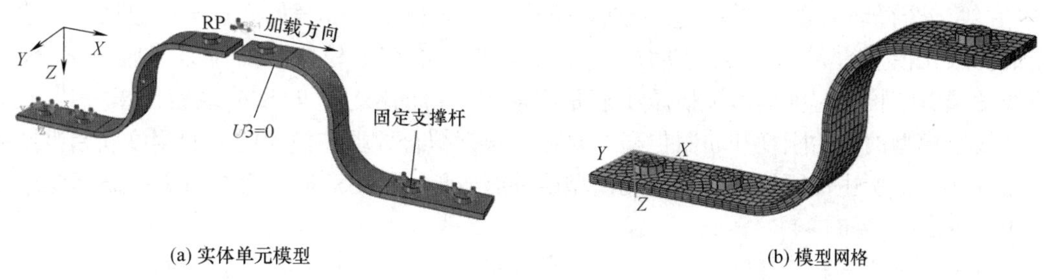

(a) 实体单元模型　　(b) 模型网格

图 9-40　SSPD的有限元模型建立

在数值模拟中，考虑了材料塑性和几何非线性。由于高强度螺栓的塑性变形不明显，因此采用杨氏模量为210GPa，泊松比为0.3的弹性材料作为螺栓单元。S形板单元采用表9-6中测试的材料性能，泊松比选取为0.3。前人的研究表明考虑运动学和各向同性循环硬化行为的复合硬化规律可以有效模拟钢材料在循环荷载作用下的非线性行为。因此，对S形板采用了4个背应力系数对的复合硬化材料模型。考虑到未进行循环试验，相应的硬化参数选择与Deng模型相同，参数来源于钢材料的循环试验。在模拟过程中，有限元模型的加载模式与上文相同。

（2）有限元模型验证

试件与有限元模型的滞回曲线如图9-41所示。试件S3和S6的数值分析由于塑性过大和接触迭代而以大位移结束。结果表明，该有限元模型能有效地模拟SSPD的弯曲-拉伸行为。在小位移条件下，模拟的力-位移循环行为与试验结果吻合较好。在大位移时，有限元模型的受力明显大于试件的受力，这可能与有限元模型的局限性和试件制作工艺有关。有限元模型实际上没有考虑断裂和低周疲劳损伤。此外，试样的端板在实验室内采用砂轮手工切割，会产生较大的热残余应力，在模拟中没有考虑该热残余应力。大位移时，试样因端板拉伸断裂而失效。因此，在大幅荷载作用下，残余应力的存在必然会降低试件的侧向力。对于试件S4、S5、S7和S8，执行机构的容量限制也可能导致最后一个循环的力变小，如图9-41（b）所示。由图9-41可以看出，有限元模型S3和S6的最大力相似，模型S3～S5和模

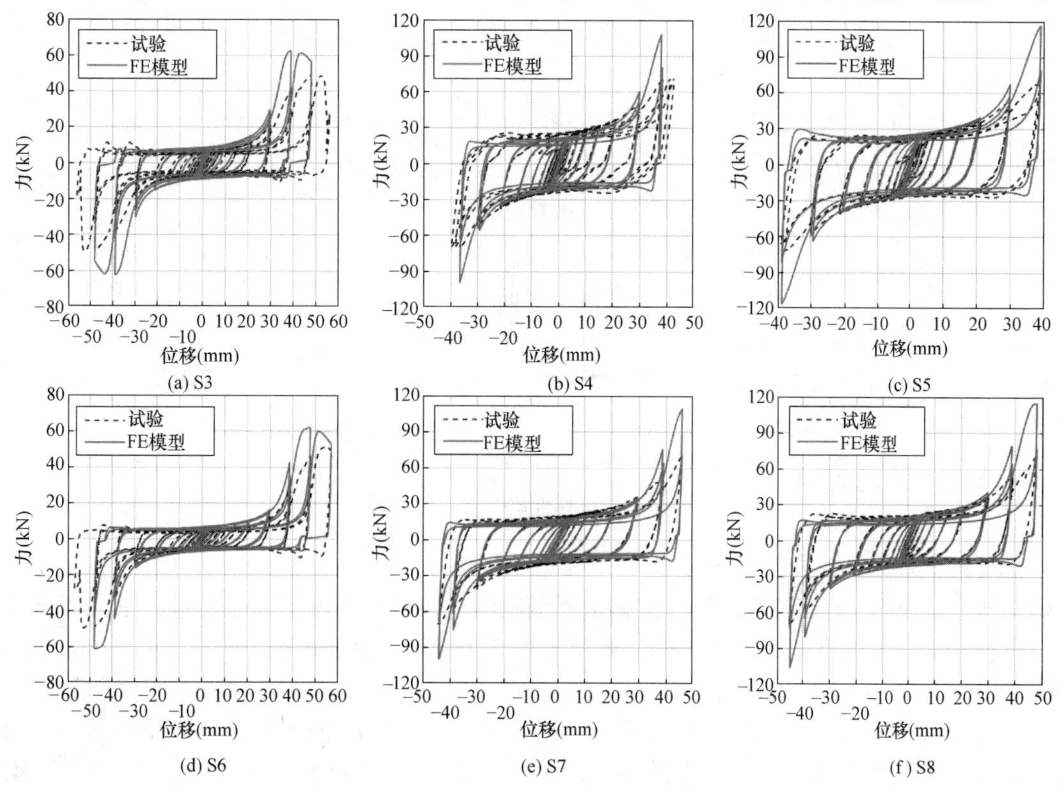

(a) S3　(b) S4　(c) S5

(d) S6　(e) S7　(f) S8

图 9-41　试件与有限元模型的滞回曲线

型 S6～S8 在第二个循环加载下的退化量分别从位移 30mm 和 39mm 开始，这与试验结果一致。图 9-42 绘制了变形有限元模型的 Von Mises 应力分布。数值模型的变形模式和高应力区域与试验试件相同。应力等值线图预测螺栓孔过度变形和挤压压痕是阻尼器的薄弱部位，与试验观察结果一致。图 9-43 给出了基于多线性模型的初始刚度和屈服位移的对比。根据拟合数据，模拟的初始刚度和屈服位移与试验结果吻合较好。综上所述，所建立的有限元模型能够有效地模拟 SSPD 的弯拉行为、循环变形和破坏模式，可用于研究。

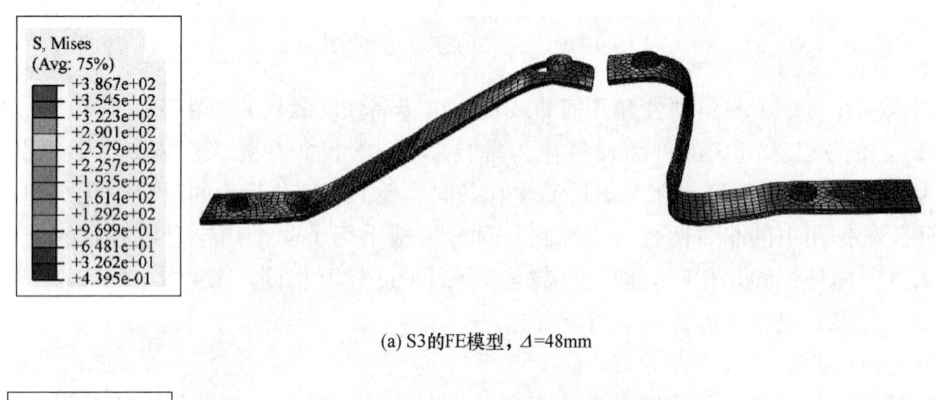

(a) S3的FE模型，Δ=48mm

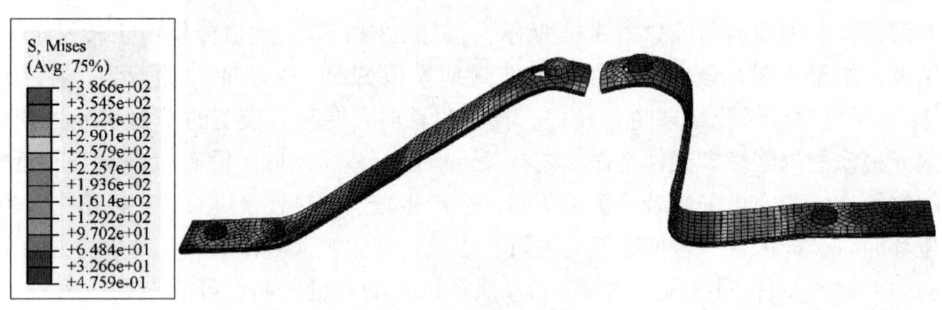

(b) S6的FE模型，Δ=57mm

图 9-42　变形有限元模型的 Von Mises 应力分布

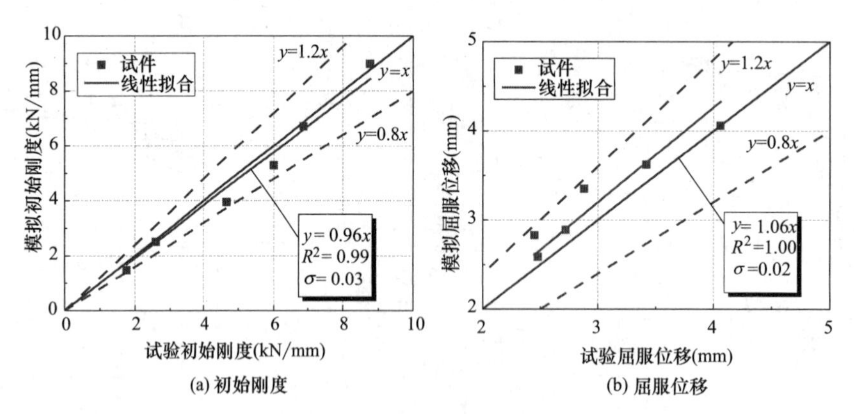

(a) 初始刚度　　(b) 屈服位移

图 9-43　试件性能及有限元模型

（3）荷载幅值对疲劳性能的影响

如前文所述，SSPD 的疲劳性能对荷载幅值非常敏感。在此研究了不同位移条件下的疲劳性能。建立与 S10 试件相同尺寸的有限元模型，位移幅值分别为 15mm、20mm 和 30mm，循环 30 次。力-位移关系曲线如图 9-44 所示。在荷载幅值为 15mm（0.11D）和 20mm（0.15D）时，刚度和强度均未出现明显退化。当振幅为 15mm 时，最大力从第一个循环的 21.73kN 减少到最后一个循环的 21.13kN，当振幅为 20mm 时，最大力从 24.59kN 减少到 23.04kN。退化率分别为 3%和 6%，满足《消能减振规程》规定的 15%的限制。在 30mm（0.23D）加载幅值下，有明显的强化效应，刚度和强度均出现明显退化。最大力由第一次循环的 36.58kN 减小到第 4 次循环的 30.3kN，不满足规范要求。结果表明，抗拉强化阶段的疲劳性能明显弱于弯曲屈服阶段，这是弯拉型阻尼器的一个重要特性。图 9-45 绘制了 30mm 幅值下的最大等效塑性应变（PEEQ）分布。PEEQ 集中在挤压压痕处，与图 9-38 中的试样结果相似。

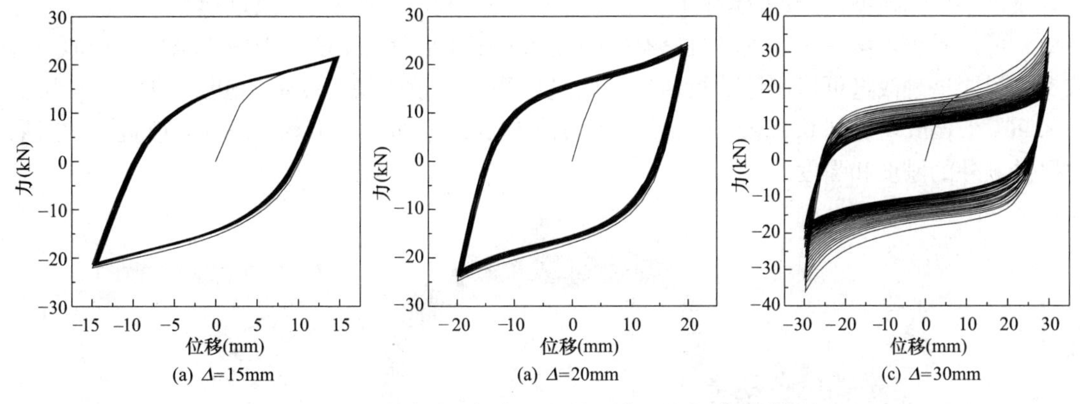

图 9-44　疲劳循环加载下有限元模型的力-位移关系

图 9-45　变形有限元模型的 PEEQ 分布（Δ＝30mm）

（4）SSPD 的潜在改进

试验结果表明，端板是 SSPD 的薄弱部位。由于边界约束，试件的初始刚度小于理论值。因此，可以对端板进行改进，以提高 SSPD 的性能。首先，将拟静力试件对应的有限元模态边界条件修改为理想固定边界，即约束所有端板自由度；图 9-46 给出了理论模型和数值模型的初始刚度和屈服位移对比。刚度比在 0.93～0.95 之间，屈服位移比在 0.95～1.05 之间，说明了有限元模态的可靠性和理论的准确性。

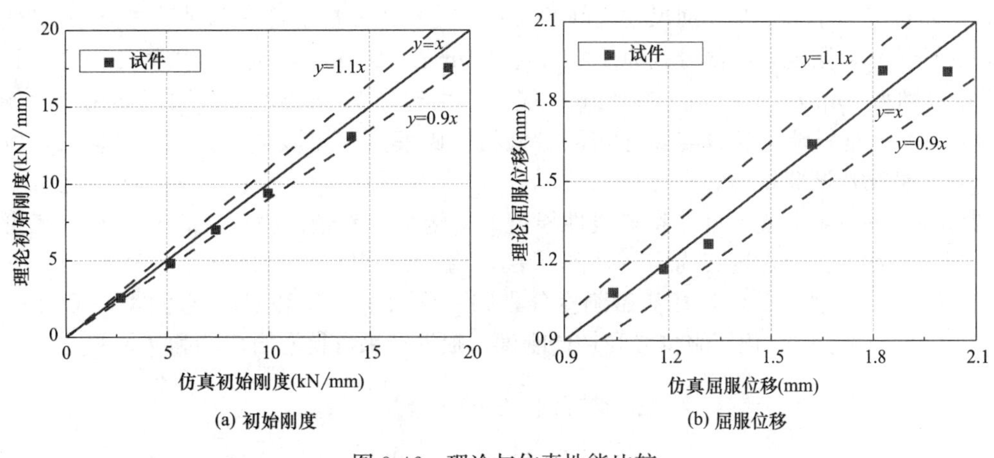

图 9-46　理论与仿真性能比较

在实际应用中，理想的固定边界几乎不可能实现。但是，可实现以下改进：1）将S形钢板的顶端合并为一体板；2）在端板上加约束板。前者可以提高阻尼器的完整性，后者可以提高刚度和强度。考虑这些潜在的改进，建立有限元模型，如图9-47所示，通过对端板 Z 方向平移自由度和面外旋转自由度的约束，模拟了添加板的约束效应。图9-48为尺寸与试件S7相同的有限元模型的滞回曲线。“原型”表示没有改进的原始模型，“改进模型-1”表示进行第一次改进的模型，“改进模型-2”表示进行两次改进的模型。可以看出，第一次改进对阻尼器的刚度和强度几乎没有影响。但由于螺栓孔变形引起的滑移明显减少，说明这种改进可以避免端板断裂。改进模型-2比改进模型-1具有更大的刚度和强度。初始刚度由3.96kN/mm增加到6.96kN/mm，最大力由112kN增加到134kN。因此，改进后的阻尼器可以为结构提供额外的刚度和强度。

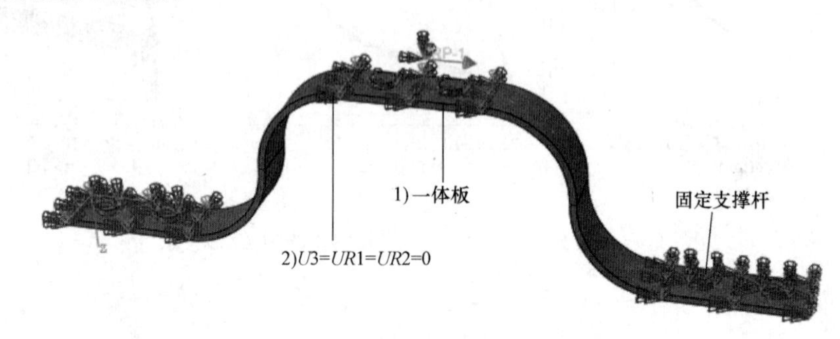

图9-47　改进SSPD的有限元模型建立

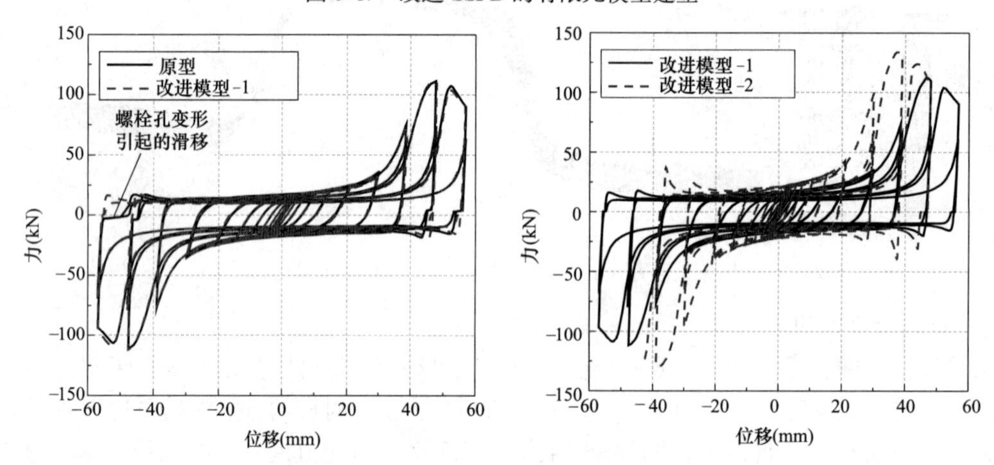

图9-48　原型和改进模型的滞回曲线

（5）参数化研究

为了进一步研究力学参数与几何尺寸之间的关系，建立并分析了考虑两种改进方法的24个有限元模型。参数化研究中，阻尼器高度分别为100mm、150mm、200mm，板厚分别为4mm、6mm、8mm、10mm，板宽分别为80mm、100mm、120mm。端板长度选择160mm，安装阻尼器用4个螺栓。几何参数如表9-8所示。材料硬化参数与前述相同。材料杨氏模量和屈服强度分别为200GPa和332MPa，这是根据前述拉伸贴片试验得出的。

从有限元模型的主干曲线可以得到多线性模型的关键力学参数。由于在模拟中没有考虑材料的断裂，所以这里将模型的失效点定义为力下降到 $0.85F_p$ 的点。根据理论分析，将 $R=(D-t)/2$ 代入式(9-36)、式(9-38)，可将屈服位移和初始刚度分别归一化为 $\sigma_y t/E$ 和 Eb。它们都是 $D/t-1$ 的函数。图9-49和图9-50绘制了归一化屈服位移和初始刚度。根据结果可得屈服位移和初始刚度：

$$\Delta_y=1.94\frac{\sigma_y t}{E}\left(\frac{D}{t}-1\right)^{1.58} \tag{9-42}$$

$$k_e=2.39Eb\left(\frac{D}{t}-1\right)^{-2.63} \tag{9-43}$$

参数化研究有限元模型尺寸（单位：mm） 表 9-8

模型	D	b	t	l_1	l_2	d	模型	D	b	t	l_1	l_2	d
D100b80t4	100	80	4	160	160	16	D150b120t4	150	120	4	160	160	20
D100b80t6	100	80	6	160	160	16	D150b120t6	150	120	6	160	160	20
D100b80t8	100	80	8	160	160	16	D150b120t8	150	120	8	160	160	20
D100b80t10	100	80	10	160	160	16	D150b120t10	150	120	10	160	160	20
D100b100t4	100	100	4	160	160	16	D200b100t4	200	100	4	160	160	16
D100b100t6	100	100	6	160	160	16	D200b100t6	200	100	6	160	160	16
D100b100t8	100	100	8	160	160	16	D200b100t8	200	100	8	160	160	16
D100b100t10	100	100	10	160	160	16	D200b100t10	200	100	10	160	160	16
D150b100t4	150	100	4	160	160	16	D200b120t4	200	120	4	160	160	20
D150b100t6	150	100	6	160	160	16	D200b120t6	200	120	6	160	160	20
D150b100t8	150	100	8	160	160	16	D200b120t8	200	120	8	160	160	20
D150b100t10	150	100	10	160	160	16	D200b120t10	200	120	10	160	160	20

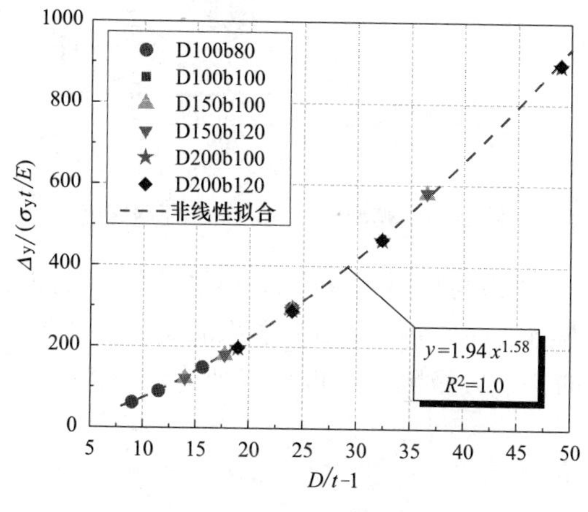

图 9-49 模型的归一化屈服位移

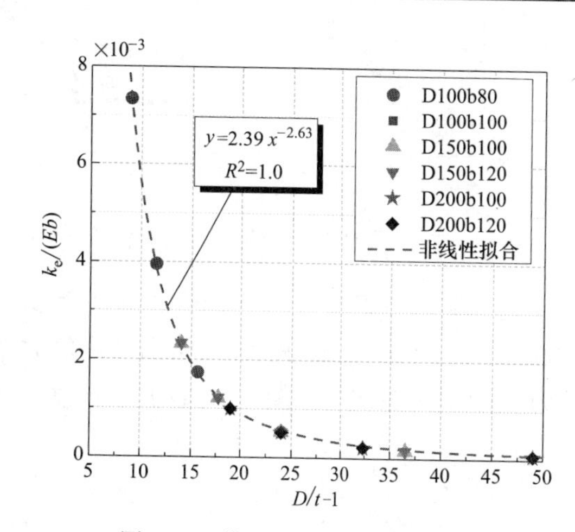

图 9-50 模型的归一化初始刚度

由分析结果可知，理论最大位移与阻尼器高度 D 呈正比，由 Δ_y 归一化得到的峰值位移和极限位移是 D/t 的函数，如图 9-51 和图 9-52 所示。结果表明，随着高厚比的增大，阻尼器的延性减小。峰值位移和极限位移的计算公式如下：

$$\Delta_p = 163.38\Delta_y\left(\frac{D}{t}\right)^{-0.75} \tag{9-44}$$

$$\Delta_u = 564.64\Delta_y\left(\frac{D}{t}\right)^{-1.05} \tag{9-45}$$

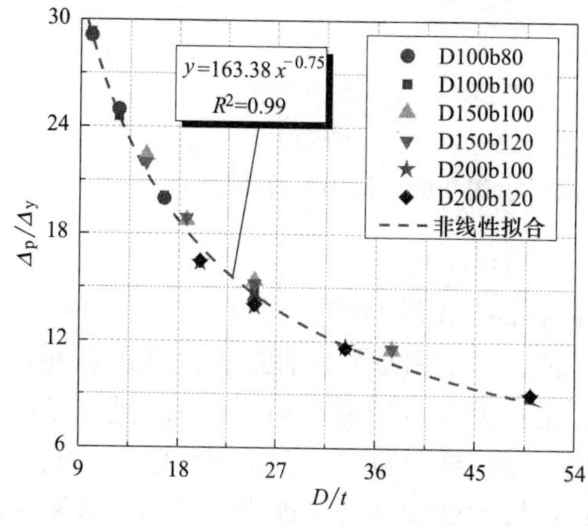

图 9-51 模型的归一化峰值位移

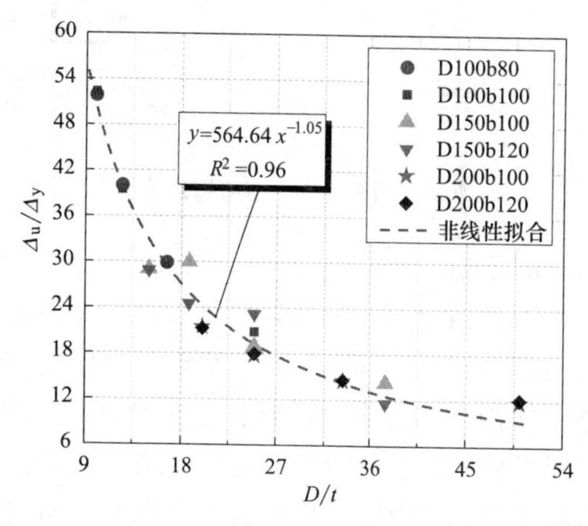

图 9-52 模型的归一化极限位移

图 9-53 和图 9-54 分别给出了用 k_e 归一化的第一屈服刚度和第二屈服刚度。归一化第一屈服刚度和第二屈服刚度随高厚比的增大而增大，表明大高厚比下拉伸强化效果显著。第一屈服刚度和第二屈服刚度的计算公式为：

$$k_1=0.001k_e\left(\frac{D}{t}\right)^{1.50} \tag{9-46}$$

$$k_2=10^{-5}\times5.97k_e\left(\frac{D}{t}\right)^{2.88} \tag{9-47}$$

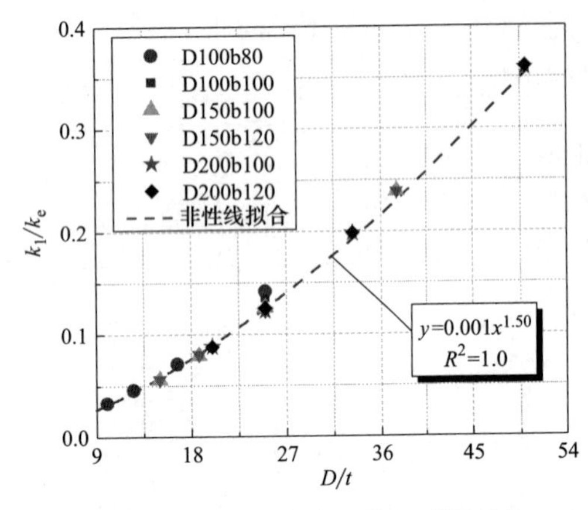

图 9-53 模型归一化的第一屈服刚度

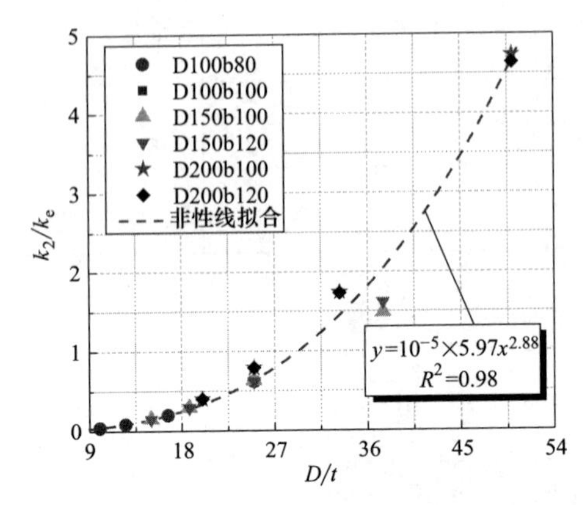

图 9-54 模型归一化的第二屈服刚度

在大位移时，阻尼器的性能受拉应力的影响。因此，峰值力与材料极限应力（或屈服应力）和阻尼器截面面积的乘积有关。图 9-55 给出了峰值力和屈服应力与截面面积（$\sigma_y bt$）乘积的关系。结果表明，峰值力随乘积线性增加。图 9-56 显示了峰值力与极限力的关系。极限力可以用峰值力线性拟合。提出以下公式：

$$F_p=0.96\sigma_y bt \tag{9-48}$$

$$F_u=0.98F_p \tag{9-49}$$

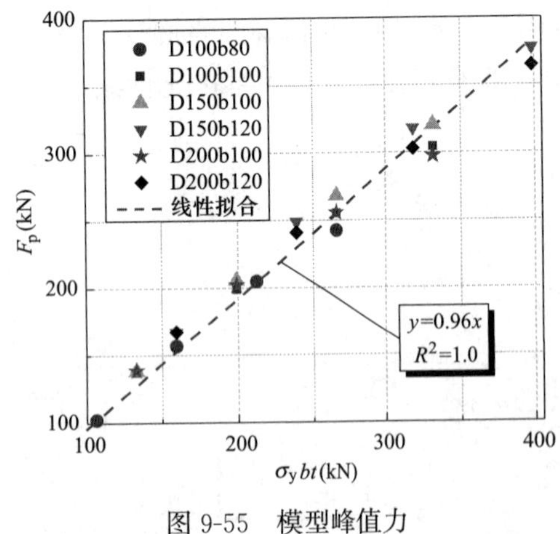

图 9-55 模型峰值力

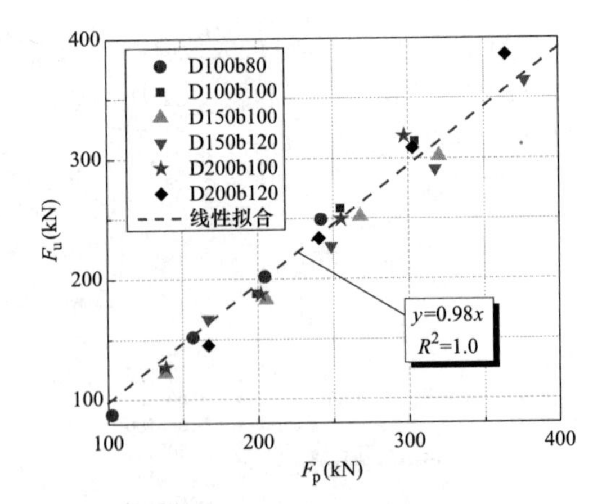

图 9-56 极限力对峰值力

6. 讨论

通常情况下，金属阻尼器对加载速率不是很敏感，研究主要集中在准静态循环荷载作用下的性能。然而，材料在高速率、高频率动荷载作用下的性能不同，这可能会影响阻尼器的性能。高速加载和内摩擦会使钢材料的应变速率和温度升高，也会影响材料的应力-应变关系。应变率越高，材料强度越大，但对弹性模量影响较小。此外，高应变率会导致疲劳循环恶化。韧性能力也是一种重要的材料性能，它决定了材料的断裂性能和抗冲击性能。断裂行为反映了裂纹扩展抗力和塑性变形能力。这将显著影响阻

尼器的延性和疲劳性能。在此基础上，动态荷载和材料韧性对所提出的SSPD性能的影响有待于进一步研究。

以往的研究已经证明了钢板阻尼器在大跨度桥梁抗震控制中的有效性。同样，本节所提出的SSPD也可用于桥梁系统。如在桥墩与上部结构之间设置SSPD，其优点是二次刚度和强度可以约束滑动轴承的位移，避免落梁。大跨径桥梁通常具有较大的振动周期。因此对阻尼器疲劳性能的要求主要以低频振动为主。SSPD在0.15D（15%阻尼器高度）荷载幅值下呈现良好的疲劳性能。根据桥墩与上部结构之间的相对位移需求，设计合适的D值以保证阻尼器的疲劳性能。结果表明，该方法也可用于大跨度桥梁的抗震控制。

对于建筑结构，结构损伤状态与层间位移密切相关，楼板加速度响应与对加速度敏感的非结构构件的损伤状态相关。同时，钢板阻尼器可以为结构提供额外的刚度和强度。因此，钢板阻尼器通常用于减轻结构的位移响应。附加刚度会增加结构的振动频率，从而增加结构弹性阶段的加速度响应。此外，钢板阻尼器可以通过塑性变形为结构提供附加阻尼，附加阻尼可以延长结构的振动周期，减轻结构的加速度响应。Bogdanovic通过振动台试验研究了带有阻尼装置的建筑结构的地震反应控制。结果表明，该装置通过提供附加阻尼可降低建筑物65%的加速度响应。Zhou对装有钢板阻尼器的大跨径桥梁的动力响应进行了研究。结果表明：阻尼器能显著降低桥墩位移响应和桥面加速度；峰值加速度的最大退化量超过80%。基于有效阻尼比的要求，本节提出的SSPD可以通过与阻尼相关的设计，有效地控制结构的加速度响应。进一步的研究工作将在后续进行。

7. 结论

本节提出了一种新型的金属耗能装置——S形钢板阻尼器（SSPD），该装置通过弯曲-拉伸行为的非弹性变形耗能，并对其进行了一系列的单调试验和循环试验，以研究其抗震性能。通过有限元模型进行了大量的数值分析，得出以下结论：

（1）SSPD的变形模式以弯曲-拉伸行为为主，所建立的多线性模型可以表征相应的力-位移关系，并给出了阻尼器关键力学参数的实用设计公式。

（2）端板和挤压压痕是SSPD的薄弱部位。准静态循环试样破坏的原因是顶板断裂，循环疲劳试样破坏的原因是挤压压痕断裂。

（3）该结构具有稳定的滞回曲线、耗能能力、弯拉性能和较大的变形能力。由于拉伸强化作用，其强度质量比高，二次刚度大，超强度系数大，可提高结构强度和刚度，减少残余位移。

（4）所建立的有限元模型能够有效地预测SSPD抗弯拉性能和破坏模式。在数值分析的基础上，提出了SSPD的改进方案，并表明改进后的阻尼器可以提供更高的刚度和强度。

（5）参数化研究表明，高厚比对阻尼器刚度和延性有显著影响，而材料强度和截面面积决定了峰值力。

9.3.3　旋转摩擦负刚度阻尼器

结合负刚度装置（NSD）和旋转摩擦阻尼器（RFD）的优点，本节提出了一种新型的消能负刚度装置——旋转摩擦负刚度阻尼器（RFNSD）。在小位移下，NSD保持零刚度状态，RFD提供抗震能力，可防止柔性连接在小荷载下发生异常位移。在较大位移时，NSD通过产生负刚度来调整柔性连接的刚度，RFD提供额外的耗能能力，避免连接接头失效，减少传递到连接体的力。据此，本节利用非对称超高层双塔结构的实际原型建筑，开展相应的研究工作以验证所提出的柔性连接的有效性。

1. 原型建筑概述

原型建筑深圳湾创新科技中心（SBITC）由两座不同高度的超高层塔楼组成，如图9-57所示。A座高299.1m，共69层，B座高235.2m，共54层。两塔平面尺寸为46.4m×46.4m，两塔均采用框-筒结构体系。A塔43层和B塔38层以下框架柱采用钢管混凝土柱，其他框架柱采用钢筋混凝土柱。两座塔由分别位于低区（6～8层，离地25.8m）和高区（34～37层，离地146.1m）的两个斜钢桁架系统

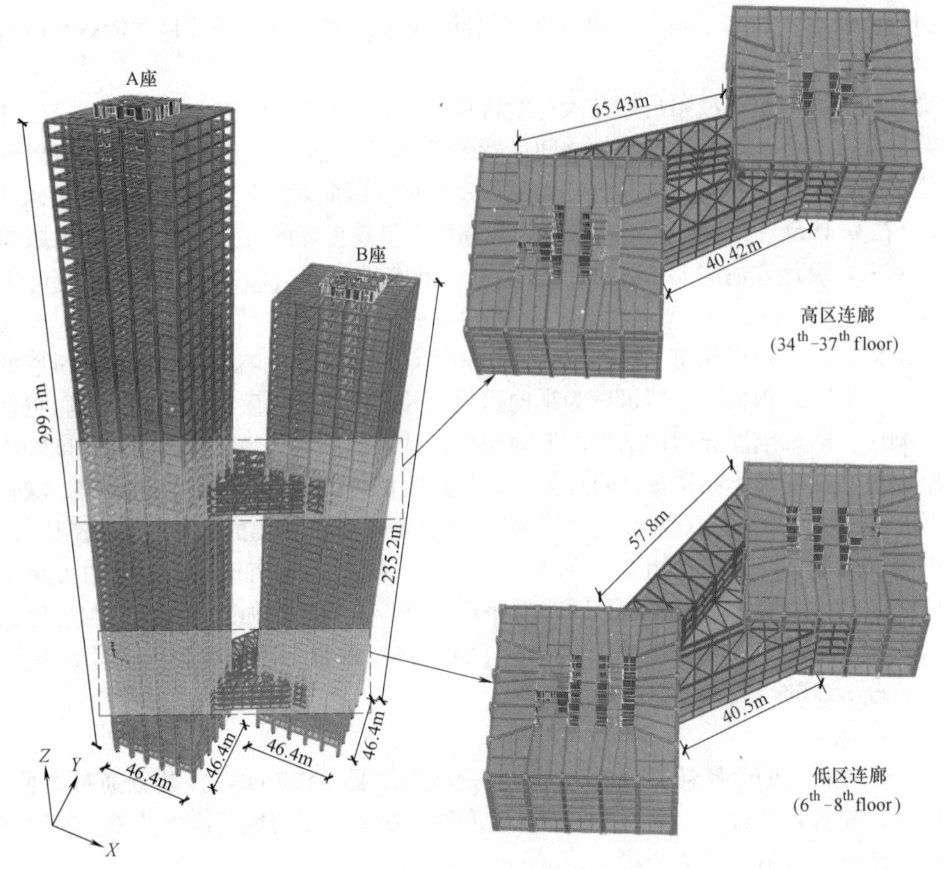

图 9-57　SBITC 示意图

刚性连接。两个钢桁架系统的最大跨度分别达到 57.8m 和 65.43m。关于构件设计和结构不规则性的信息详见文献［115］。

基于相似理论，设计并构建了原型的 1/45 比例模型，并研究了服务级地震（SLE）、设计地震（DBE）和最大可信地震（MCE）下的地震行为。根据试验观察，刚性连接接头处未发现明显损伤，说明塔架与钢桁架连廊连接可靠。但是，连接钢桁架的部分桁架构件出现局部屈曲，如图 9-58 所示，这

图 9-58　连接钢桁架与塔楼损坏情况

表明连接钢桁架在两塔刚性连接时受力较大，易发生损伤。此外，试验过程中观察到角柱局部混凝土剥落，均位于刚性连接区域，如图 9-58 所示。这一现象说明在地震作用下，连接层更容易发生破坏。一般情况下，破坏主要集中在钢桁架连廊及周边柱构件上。虽然刚性连接整体性能可靠，但在地震激励下其受力状态较为复杂。连接桁架构件的屈曲会严重影响结构的安全，尤其是高区连接桁架。因此，有必要优化塔楼之间的连接。

2. RFNSD 与柔性连接的发展

（1）RFNSD 的详细内容和工作机理

为了取代原型的刚性连接，本节提出了一种新型的耗能负刚度装置 RFNSD。如图 9-59 所示，RFNSD 由预张紧弹簧、弯曲滑块、销杆、连杆、底座和旋转摩擦阻尼器（RFD）组成。其中，RFD 以外的部分共同构成负刚度装置（NSD）。装置中心的两个预张紧弹簧通过销杆与弯曲滑块相关联以实现负刚度。弹簧通过垂直钢板固定在底座上，滑块由连杆支撑，底座和滑块分别与上下结构连接，RFD 安装在连杆的铰链处。摩擦片夹在两块钢板之间，施加在摩擦片上的法向力由高强度螺栓的拧紧力提供。当弯曲滑块在上下结构之间的相对位移下运动时，预张紧弹簧收缩并产生与施加位移方向相同的

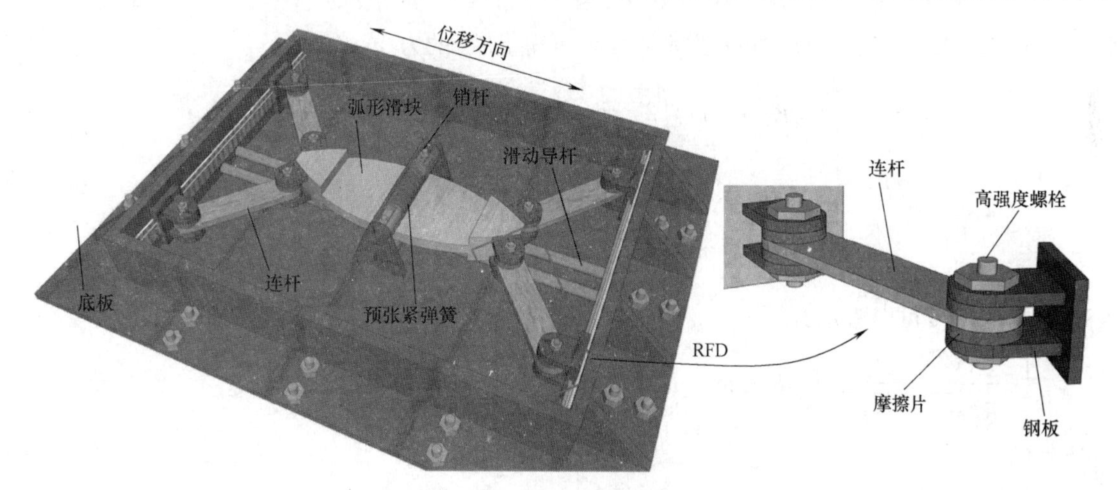

图 9-59　RFNSD 三维简图

力，从而对装置产生“负刚度”。如图 9-60 所示，为避免在风荷载等外部小荷载作用下产生不必要的大位移响应，在弯曲滑块的中间增加一个水平段，形成一个“零刚度段”。预张紧弹簧在“零刚度段”结束时开始改变装置的刚度，而不是在初始位置。该装置通过被动地产生辅助运动的力来产生真正的水平负刚度。组成该设备的所有元件都是无源的，因此不需要外部电源。

图 9-60 所示为预张紧弹簧对弯曲滑块变形时所产生的力。滑块包括两个弯曲段和一个水平段，其长度为 2m。r_1 是销杆的半径，r_2 是滑块曲面的半径。m 与 Δ_x 之和为滑块相对于初始位置的总滑动位移，Δ_x 为曲线段对应的位移。预张紧弹簧的恢复变形为 Δ_y。φ 为 Δ_x 之间弧长对应的圆心角，可表示为：

$$\tan\varphi=\frac{\Delta_x}{r_1+r_2-\Delta_y} \tag{9-50}$$

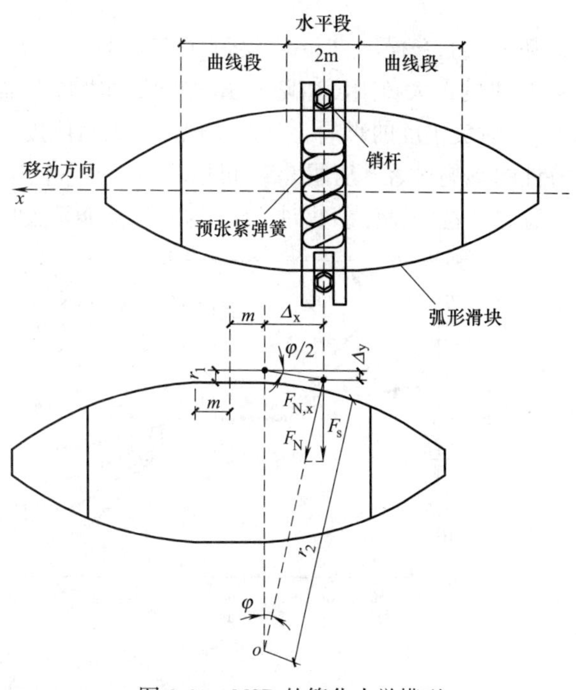

图 9-60　NSD 的简化力学模型

根据几何关系，可以得到：

$$\tan\varphi=\frac{2\tan\dfrac{\varphi}{2}}{1-\left(\tan\dfrac{\varphi}{2}\right)^2}=\frac{2\dfrac{\Delta_y}{\Delta_x}}{1-\left(\dfrac{\Delta_y}{\Delta_x}\right)^2} \tag{9-51}$$

将式（9-51）代入式（9-50），设 $R=r_1+r_2$，则预张紧弹簧的恢复变形为：

$$\Delta_y=R-\sqrt{R^2-\Delta_x^2} \tag{9-52}$$

预张紧弹簧的恢复力 F_s 由：

$$F_s=K(y_s-2\Delta_y) \tag{9-53}$$

式中 K 为预张紧弹簧的刚度，y_s 为预张紧弹簧的初始拉伸长度。销杆作用在曲线滑块上的水平力为：

$$F_{N,x}=F_N\sin\varphi=F_s\sin\varphi/\cos\varphi=K\Delta_x\left(2+\frac{y_s-2R}{\sqrt{R^2-\Delta_x^2}}\right) \tag{9-54}$$

将式（9-52）代入式（9-54），并考虑水平段，可得 NSD 的力-位移关系：

$$F=\begin{cases}-4K(x+m)\left(2+\dfrac{y_s-2R}{\sqrt{R^2-(x+m)^2}}\right) & x<-m\\ 0 & -m\leqslant x\leqslant m\\ -4K(x-m)\left(2+\dfrac{y_s-2R}{\sqrt{R^2-(x-m)^2}}\right) & m<x\end{cases} \tag{9-55}$$

NSD 的横向刚度可以表示为：

$$k=\begin{cases}\dfrac{4K(2R-y_s)}{\sqrt{R^2-(x+m)^2}}+4K(2R-y_s)(x+m)^2\left[R^2-(x+m)^2\right]^{-3/2}-8K & x<-m\\ 0 & -m\leqslant x\leqslant m\\ \dfrac{4K(2R-y_s)}{\sqrt{R^2-(x-m)^2}}+4K(2R-y_s)(x-m)^2\left[R^2-(x-m)^2\right]^{-3/2}-8K & m<x\end{cases} \tag{9-56}$$

基于以上方程，图 9-61 绘制了在常数 y_s、R 下，不同 K 的 NSD 特性曲线。从图中可以看出，NSD 提供的最大负刚度值随着 K 的增加而增加，而 K 的变化对 NSD 的有效范围没有影响。图 9-62 显示了 y_s 对负刚度的影响。可以发现，最大负刚度值和有效范围都随着 y_s 的增大而增大，说明 y_s 对刚度特性的影响显著。从图 9-63 可以看出，有效范围随着 R 的增大而逐渐增大，但最大负刚度值明显减小。总之，这些设计参数对 NSD 的力学性能至关重要。

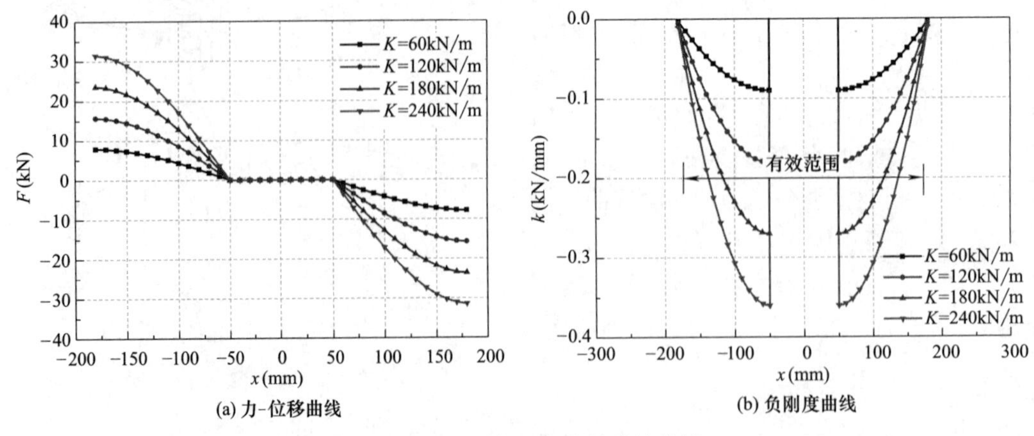

图 9-61　NSD 随 K 变化的特性曲线

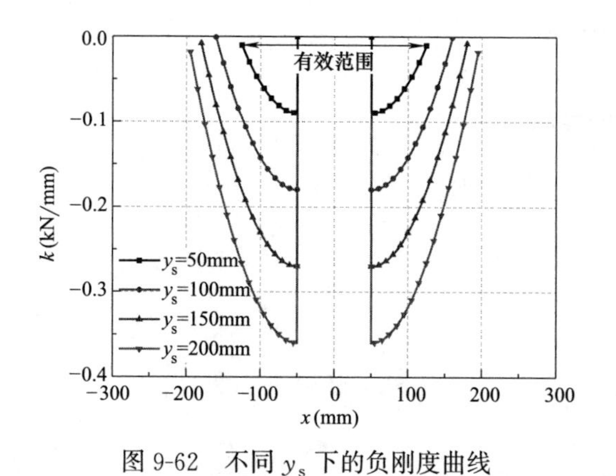

图 9-62　不同 y_s 下的负刚度曲线

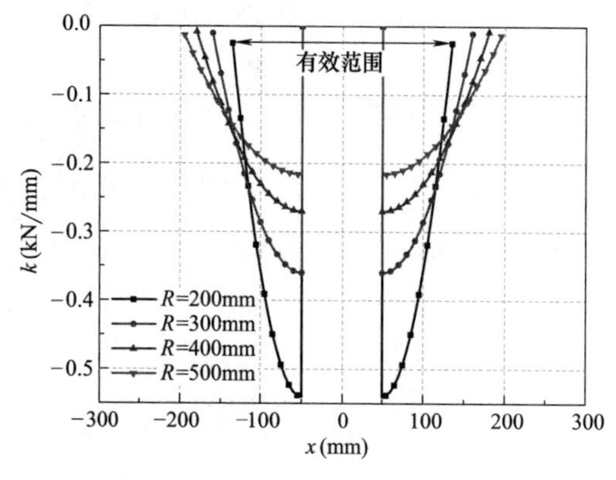

图 9-63　不同 R 下的负刚度曲线

RFD 安装在连接弯曲滑块和底座的连杆的两端，如图 9-59 所示。在滑动之前，RFD 可以为柔性连接提供额外的刚度，并避免结构受到小荷载的干扰，如风荷载。在地震荷载下，RFD 设计用于滑动并提供额外的阻尼和能量耗散。据此，RFD 的工作状态可以分为两个阶段：1）在静止阶段，外力小于等于最大静摩擦力的滑动力，RFD 不会转动；2）当外力超过滑动力时，RFD 旋转，NSD 开始工作。计算滑动力的 RFD 力学模型如图 9-64 所示，考虑对称性，只采用 1/4 的 RFD 进行分析。滑动力 F_f 可表示为：

$$F_f=\frac{8M}{h}=\frac{8M}{\sqrt{L^2-X^2}} \tag{9-57}$$

式中，M 为一个摩擦面摩擦力矩，共 8 个摩擦面；h 为铰点 A 与 B 之间的高度；L、X 分别为两个连接铰链的长度和水平距离。

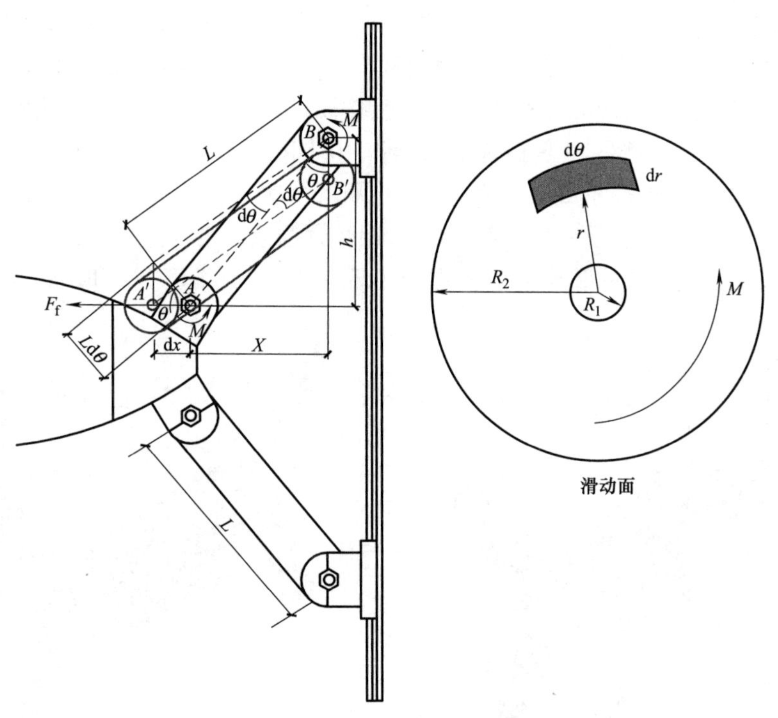

图 9-64　RFD 的简化力学模型

在滑动阶段，摩擦力是由摩擦面的相对转动产生的。滑动力 F_f 可以根据 Monir 等人给出的关系式计算。在图 9-64 中，B 点代表旋转轴的位置，A 点是水平外力的加载位置。滑动后对应的点分别为 A' 和 B'。假设 RFD 的初始旋转角度为 $\mathrm{d}\theta$，则由旋转引起的 A 点与 A' 点之间的水平位移为 $L\mathrm{d}\theta\cos\theta$，也等于滑块的水平位移 d$x$。根据能量守恒法，水平力所做的功等于 RFD 的摩擦弯矩做的功，即：

$$F_{\mathrm{f}}L\mathrm{d}\theta\cos\theta=8M\mathrm{d}\theta,\quad \theta=\arcsin(X/L) \tag{9-58}$$

一个摩擦面的摩擦力矩 M 可以用该面的表面积积分表示为：

$$M=\int\mathrm{d}M=\mu p\int_{0}^{2\pi}\mathrm{d}\theta\int_{R_1}^{R_2}r^2\mathrm{d}r=\frac{2\pi\mu p}{3}(R_2^3-R_1^3) \tag{9-59}$$

式中，R_1、R_2 分别为摩擦面内径、外径；p 为表面分布的压力，计算公式为：

$$p=\frac{N}{A}=\frac{N}{\pi(R_2^2-R_1^2)} \tag{9-60}$$

式中，N 为高强度螺栓施加的预紧力。结合上述方程，可得 RFD 1/4 部分的滑动力为：

$$F_{\mathrm{f}}=\frac{16\mu N}{3\sqrt{L^2-X^2}}\cdot\frac{R_2^3-R_1^3}{R_2^2-R_1^2} \tag{9-61}$$

则 RFNSD 中安装的 RFD 的总滑动力为 $F_{\mathrm{total}}=4F_{\mathrm{f}}$。

需要注意的是，常用的摩擦材料，无论是金属摩擦材料还是非金属摩擦材料，都可以用于 RFD。材料应具有稳定的耗能能力和较低的老化劣化率。金属摩擦材料一般强度高，不易断裂，但反复滑动后，摩擦系数迅速减小。非金属摩擦材料，如石棉、橡胶和碳基材料，通常具有稳定的摩擦系数和良好的抗老化和耐磨性。Sano 提出了一种摩擦阻尼器，它使用不锈钢板和纤维与酚醛树脂混合的复合材料摩擦板，这种阻尼器可以提供近似恒定的摩擦系数和低老化退化性能。因此，摩擦片建议优先使用非金属摩擦材料。此外，建议采用高压螺栓固定摩擦片并提供紧固力，并根据抗震需求合理设计。过低的拉紧力会导致能量耗散能力不足，而过高的拉紧力可能会影响负刚度装置的效率。

为了验证 RFNSD 理论推导的准确性，建立一个有限元模型如图 9-65 所示。为了简化，只对预张紧弹簧、弯曲滑块、销杆、连杆和旋转摩擦阻尼器（RFD）进行建模。需要注意的是，这种简化对 RFNSD 的力学性能没有影响。采用具有初始拉伸应变的弹性弹簧元件模拟弹簧，所有其他组件均由三维应力 8 节点非线性实体单元（C3D8R）和杨氏模量为 210GPa、泊松比为 0.3 的弹性材料建模。销杆和弯曲滑块之间的表面相互作用采用表面对表面的接触建模，其正常属性为“硬接触”和无摩擦切向行为。为了模拟 RFD 的行为，摩擦片之间的表面相互作用利用表面与表面的接触进行建模，其正常属性为“硬接触”，以及具有恒定摩擦系数的“惩罚”切向行为。为了模拟边界条件，除了 X 方向（U1）上的平移自由度之外，弯曲滑块的所有自由度（DOF）都受到约束。销杆只允许在 Y 方向（$U2$）移动，其他自由度则受到约束。靠近滑块的摩擦垫在 Z 方向（$UR3$）上的自由度 $U1$ 和旋转自由度被释放，而其

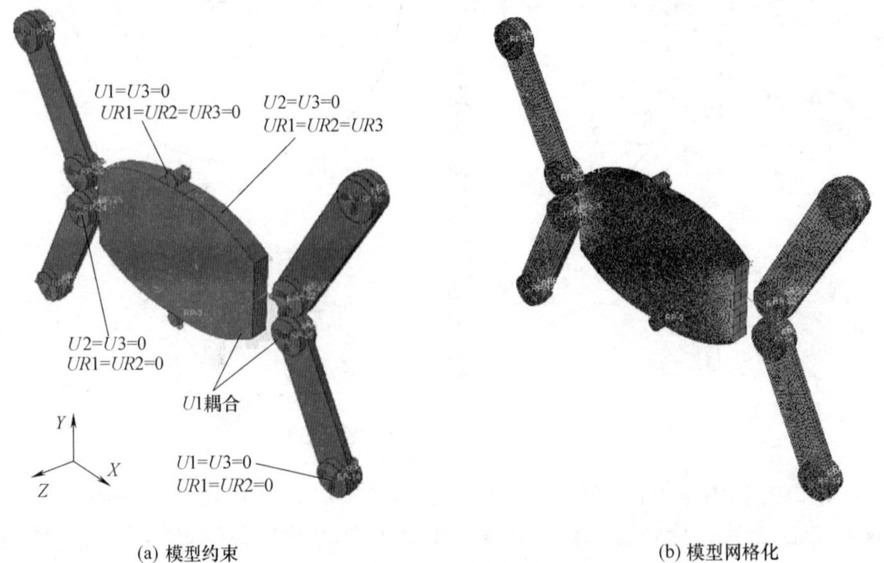

(a) 模型约束　　(b) 模型网格化

图 9-65　RFD 的有限元模型

他自由度受到约束。对于其他摩擦垫，只有自由度 $U2$ 和 $UR3$ 被释放，其他被约束。此外，连杆端部的边界条件采用与摩擦垫相同的定义，并且弯曲滑块的自由度 $U1$ 和靠近滑块的端部耦合到施加位移荷载的参考点。

本节通过具体的模型进行理论验证。模型的主要参数见表 9-9。有限元模型与理论公式的力-位移曲线对比如图 9-66 所示。其中，通过 NSD 和 RFD 的理论叠加得到了 RFNSD 的理论曲线。从该图可以看出，所有的理论曲线与模拟曲线都很好地吻合，说明了理论分析的准确性。该理论模型可用于 RFNSD 的设计。结果表明，NSD 和 RFD 是并行工作的，这种并行的工作机制决定了 RFNSD 的机制。当外力小于 RFD 引起的滑动力时，RFNSD 将保持静止。当外力超过滑移力时，RFNSD 开始运动，同时 NSD 开始工作，RFD 开始耗散能量。RFNSD 诱导的总侧向力为 NSD 和 RFD 诱导的总侧向力之和。

解析模型的主要参数　　**表 9-9**

K	m	r_1	r_2	R	y_s	μ	N	R_1	R_2	L
240kN/m	50mm	20mm	400mm	420mm	140mm	0.3	25kN	10mm	50mm	400mm

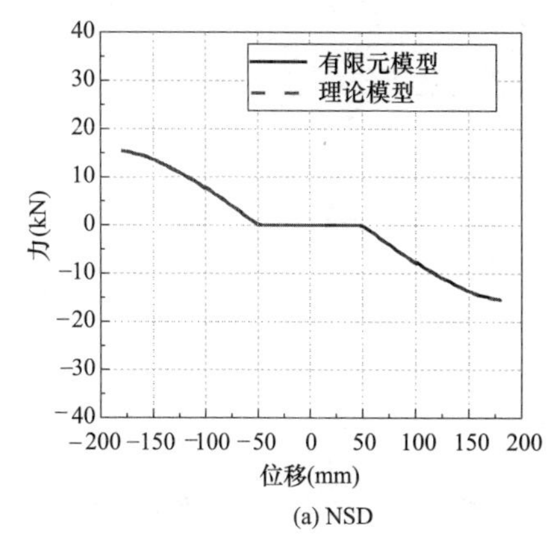

(a) NSD

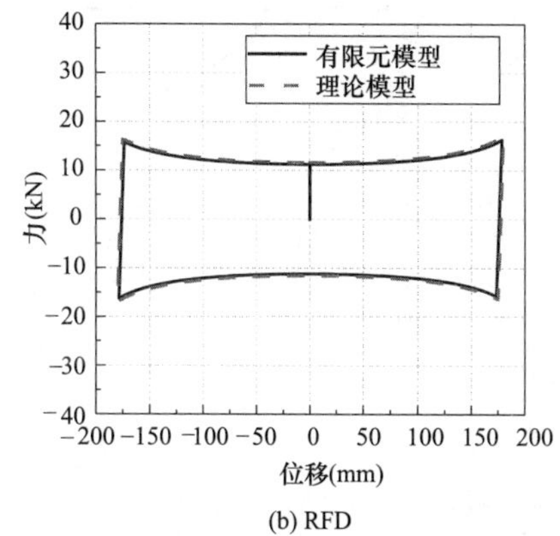

(b) RFD

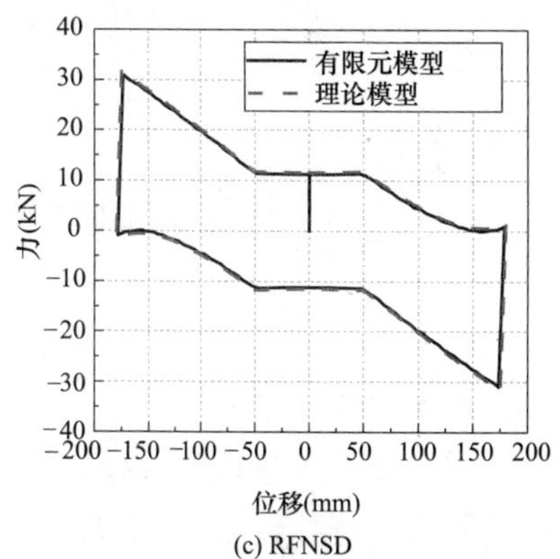

(c) RFNSD

图 9-66　有限元与理论模型的结果对比

（2）柔性连接

可采用橡胶隔震支座、摩擦摆式隔震支座或其他类型隔震支座实现柔性连接。摩擦摆式隔震支座由于其抗拔性能较弱，常用于上部结构较重的隔震系统中。如果上部结构自重较小，在风荷载或竖向地震作用下，摩擦摆式隔震支座可能会被拉脱，造成严重后果。本节原型建筑的连廊采用钢桁架系统，重量较轻。此外，以往的研究发现，连接桁架对垂直激励非常敏感。因此，不宜使用摩擦摆式隔震支座。铅芯橡胶支座（LRB）具有抗拉拔性能，拉力设计值可达竖向承载力的 30%。因此 LRB 用于两塔和钢桁架连廊之间，作为所述柔性连接的一部分。

另一部分是所述的 RFNSD，它与 LRB 一起形成了柔性连接，如图 9-67 所示。柔性连接应该安装在高区桁架连廊和塔楼之间。RFNSD 和 LRB 并行安装，两者通过托换梁用螺栓固定在连廊和塔上，并假定螺栓连接可靠。在连廊和塔楼相对位移的作用下，RFNSD 和 LRB 同时工作，两者叠加形成柔性连接。当塔与连接桁架之间的位移较小时，NSD 保持零刚度状态，不会削弱连接，从而避免了小荷载下不必要的位移。随着相对位移的增加，NSD 表现出负刚度性能，抵消了部分正刚度，导致柔性连接的减弱。同时，RFD 还能有效地耗散地震能量并提供额外的阻尼比，以控制由于

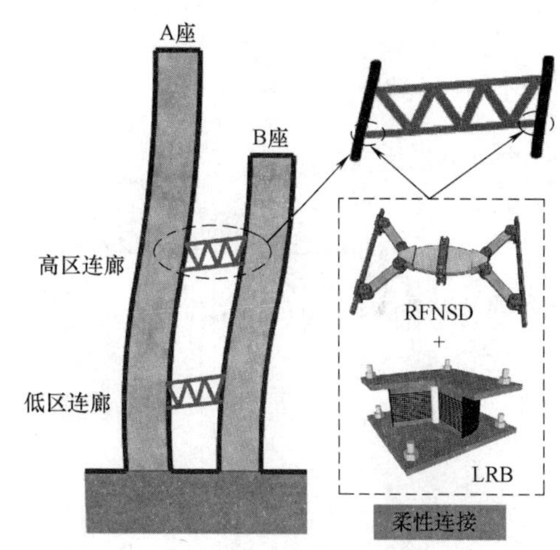

图 9-67　柔性连接的安装位置

NSD 弱化引起的组合柔性连接的变形。

为了直观地展示 RFNSD 与 LRB 配合使用的效果，图 9-68 说明了柔性连接的工作原理。向设置 LRB 的连接体中添加 NSD，在产生位移 x_1 后，组合系统的刚度（图 9-68b）降低。F_2 和 x_2 是 LRB 单独作用的最大恢复力和最大位移，在相同荷载下，组合系统的最大恢复力和最大位移分别为 F_3 和 x_3。与 NSD 组合后剪切力减小，但组合系统的变形显著增加。因此，通过设置额外的 RFD 来减少和控制过度变形，如图 9-68（c）所示。为实现这一目标，RFNSD 和 LRB 应进行合理设计，使两者都能进入理想的工作状态。

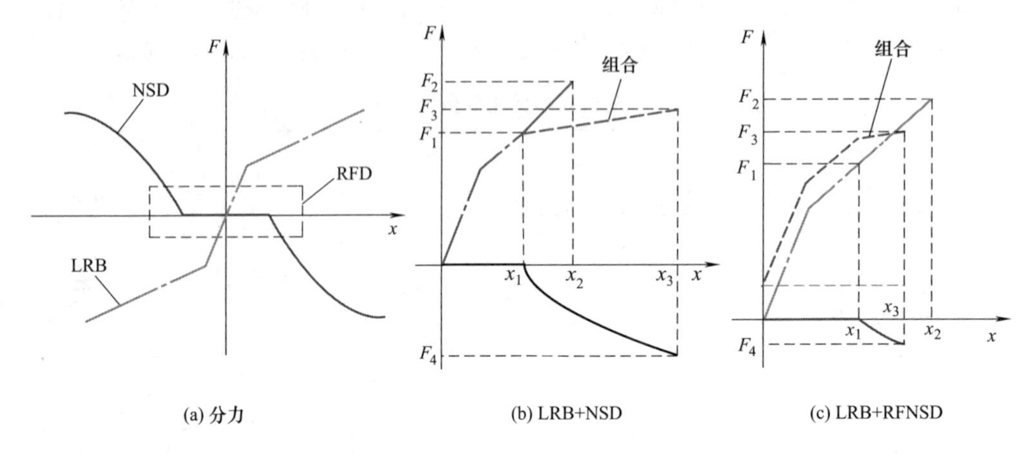

图 9-68　柔性连接工作原理

3. 抗震性能评估

（1）柔性连接设计参数

钢桁架连接体系在 MCE 激励下承受较大的应力，具体表现为部分桁架构件的屈曲。这在严重的情况下可能会导致钢桁架连廊的整体破坏，尤其不利于高位连接。因此，在本节中，高架走廊与主塔楼之间采用前述提出的柔性连接，以取代原有的刚性连接。

连接桁架柱底部设有由 RFNSD 和 LRB 组成的柔性连接支撑（FCS）。高区连廊共采用 13 个 FCS，FCS 的位置如图 9-69 所示。LRB 是柔性连接的重要组成部分，其性能将直接影响隔震性能。LRB 的直径由支座的压缩应力决定。《抗规》规定 b 类建筑的 LRB 压应力限值为 12MPa，因此，在重力荷载作用下，首先计算连接桁架柱传递给支座的力，再按规定确定 LRB 的直径。所选 LRB 的设计参数见表 9-10。FCS 中 LRB 的类型如图 9-69 所示。

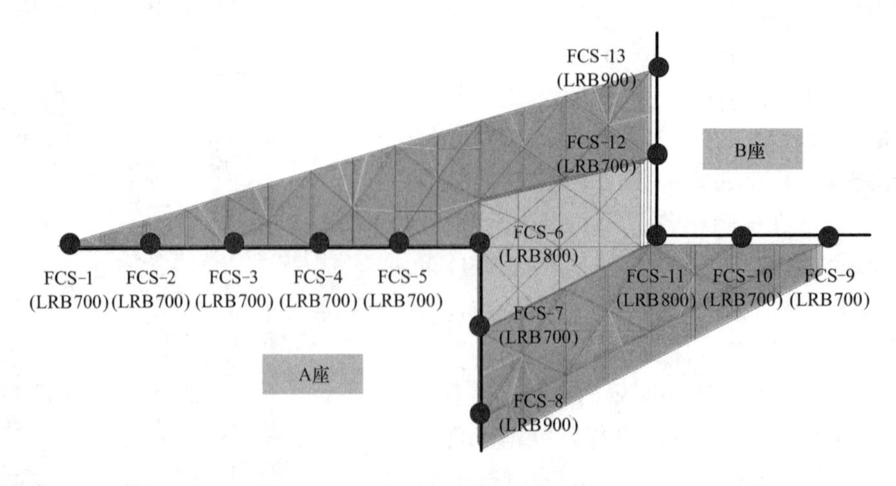

图 9-69　高区连廊柔性连接支座布置

LRB 的设计参数 表 9-10

类型	竖向刚度（kN/mm）	屈服力（kN）	初始刚度（kN/m）	后屈服刚度（kN/m）	设计位移（mm）	极限位移（mm）
LRB700	2877	98.6	1760	1067	350	490
LRB800	3288	126.0	2000	1218	400	560
LRB900	4345	167.8	2300	1372	450	630

NSD 的参数取值如下：R 为 1200mm，m 为 50mm，y_s 设为 500mm。为分析刚度负值对钢桁架连廊响应的影响，采用 K 为 0（表示未安装 NSD）、0.5、1、2 倍 LRB 屈服后刚度的 NSD。表 9-11 显示了不同的柔性连接安装方案，其中 α 定义为 K 与 LRB 屈服后刚度的比值。RFNSD 中使用的 RFD 的设计参数如表 9-12 所示。

柔性连接方案 表 9-11

方案	柔性连接的组成	方案	柔性连接的组成
L-0	LRB(α=0)	L-N-1.5	LRB+NSD(α=1.5)
L-N-0.5	LRB+NSD(α=0.5)	L-RN-1.5	LRB+RFNSD(α=1.5)
L-N-1.0	LRB+NSD(α=1.0)		

注：L 代表 LRB；N 代表 NSD；RN 代表 RFNSD。

RFD 参数 表 9-12

L(mm)	R_1(mm)	R_2(mm)	μ	N(kN)
1500	20	100	0.3	200

（2）数值模型

为进行非线性动力分析，本节采用 ETABS 程序分别建立了刚性连接结构和柔性连接结构的三维数值模型。梁和柱由框架单元以及支撑和桁架构件模拟。为考虑框架单元的非线性行为，对关键构件采用塑性铰。试验结果表明，损伤主要集中在连接层和桁架上。因此，塑性铰只用于 1～8 层和 33～36 层的框架构件。假定楼板为弹性楼板，采用膜单元模拟。由于底层剪力墙较易损伤，采用多层壳单元对 1～5 层剪力墙进行建模，考虑其非线性行为，其他剪力墙均采用壳薄单元。该模型中的铰节点是通过释放相应的端力矩来实现的。仿真过程中采用了 5%的瑞利阻尼。该建模方法的准确性已通过振动台试验的结果得到验证。

根据其工作机理，本节提出的包括 LRB、NSD 和 RFD 的柔性连接可以用 3 个单元并行建模，如图 9-70 所示。采用橡胶隔震元件对 LRB 进行数值模拟，采用多线弹性单元对 NSD 进行模拟，由式（9-55）确定相应的力-位移关系。由式（9-61）可得到 RFD 的理论滞回曲线。根据前人的研究，可以将 RFD 的主干曲线简化为双线性模型，并利用 Wen 塑性元对 RFD 进行模拟。RFD 的初始刚度为 200kN/mm，滑动力为 93.5kN，屈服后刚度为零。图 9-71 对比了理论和仿真的滞回曲线，可以看出，该数值模型可以有效地模拟 RFD 的力学特性。

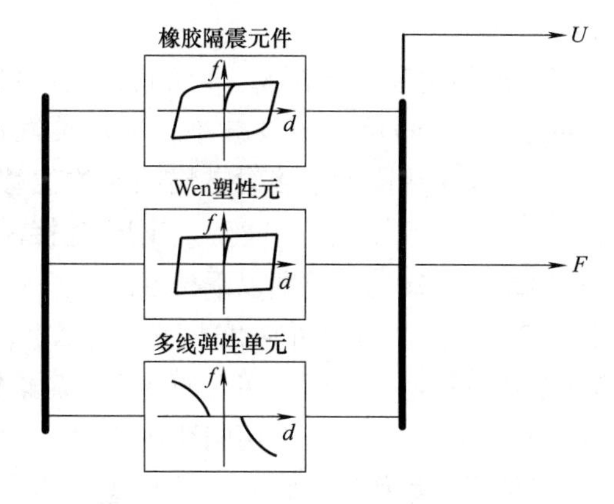

图 9-70 柔性连接的数值模型

图 9-72 给出了刚性连接和柔性连接结构模型的前 40 个自振周期。由于不同柔性连接方案的模型具有相似的振动特性，因此只给出 L-0 周期。与刚性连接模型相比，采用柔性连接的结构周期明显增加，表明柔性连接降低了连廊对主塔的约束作用，结构整体刚度趋于降低。从曲线的变化趋势可以看出，连接形式对振动模态的影响在 15 阶之后

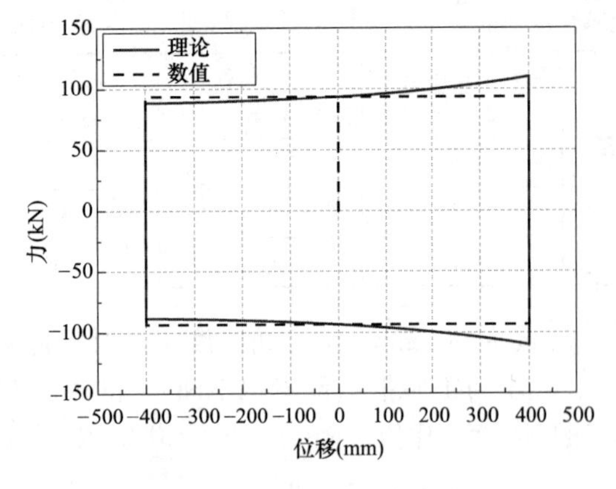

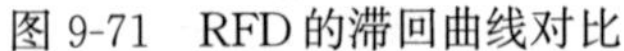
图 9-71 RFD 的滞回曲线对比

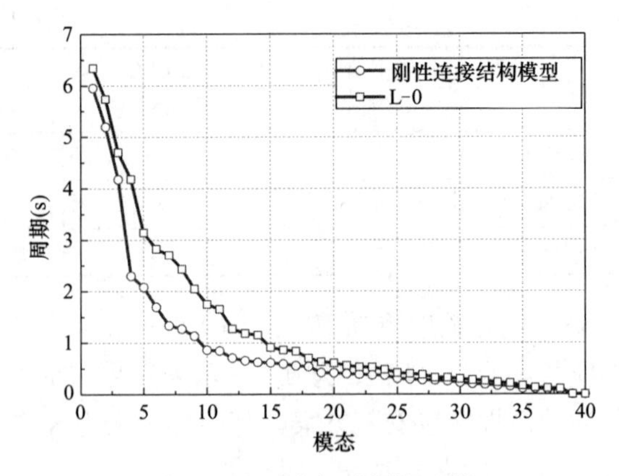

图 9-72 固有振动周期比较

逐渐变小，而在 15 阶之前的影响比较显著。因此，可以认为柔性连接对结构的高阶振型有显著影响。

（3）非线性动态分析

1）地震引起的地面运动。模型选取了 3 种地面运动作为输入地震加速度。在分析过程中考虑了扭转效应和竖向振动，采用地面运动三向输入。这 3 条记录各部分的参数如表 9-13 所示。根据《抗规》，主（*X*）、次（*Y*）、竖向（*Z*）3 个方向的峰值加速度（*PGA*）比为 1∶0.85∶0.65。由于原型的结构损伤主要发生在 MCE 水平，此处仅进行 MCE 激励下的动力分析，并根据《抗规》将主方向的 *PGA* 降至 0.22*g*。

地震记录参数 **表 9-13**

地震	年份	站	震级	组成	方向	*PGA*(*g*)
Imperial valley	1940	EI Centro Array No. 9	6.95	ELC180	*X*	0.281
				ELC270	*Y*	0.211
				ELC-up	*Z*	0.178
Kobe	1995	Abeno	6.9	ABN000	*X*	0.221
				ABN090	*Y*	0.231
				ABN-up	*Z*	0.138
Northridge	1994	Carson-Water St	6.69	WAT180	*X*	0.091
				WAT270	*Y*	0.088
				WAT-up	*Z*	0.047

2）结构地震反应对比。从以下几个方面对采用刚性连接和柔性连接（L-0）的双塔的动力响应进行比较。

① 位移响应。双塔 *X*、*Y* 方向层间位移比如图 9-73 所示。对于 A 座，与刚性连接模型相比，柔性连接模型的层间位移明显减小。采用柔性连接时，层间平均位移峰值 *X* 方向为 0.22%，*Y* 方向为 0.24%，而采用刚性连接时，层间平均位移峰值 *X* 方向为 0.27%，*Y* 方向为 0.27%，下降率分别为 18.5%和 11.1%。对于 B 座，与刚性连接模型相比，采用柔性连接时，高区连廊以上楼层的层间平均位移值减小，而高区连廊以下楼层的层间平均位移值增大。层间平均位移峰值在 *X* 方向由 0.23%下降到 0.22%，在 *Y* 方向由 0.26%下降到 0.23%，下降率分别为 4.5%和 13.6%。刚性连接模型的层间位移曲线在高区连廊周围有明显的突变，而柔性连接模型的层间位移曲线更加平滑，这是由于两座塔楼之间的约束效应不同。当采用刚性连接时，走廊的约束作用更大，使连接层的刚度发生突变，而采用柔性连接降低了约束作用。此外，无论是采用刚性连接还是柔性连接，所有层间位移均远低于规范中规定的 1%的相应设计目标，表明该结构的性能满足 MCE 水平的防倒塌性能目标。总之，柔性连接可靠，能减小双塔结构的位移响应。

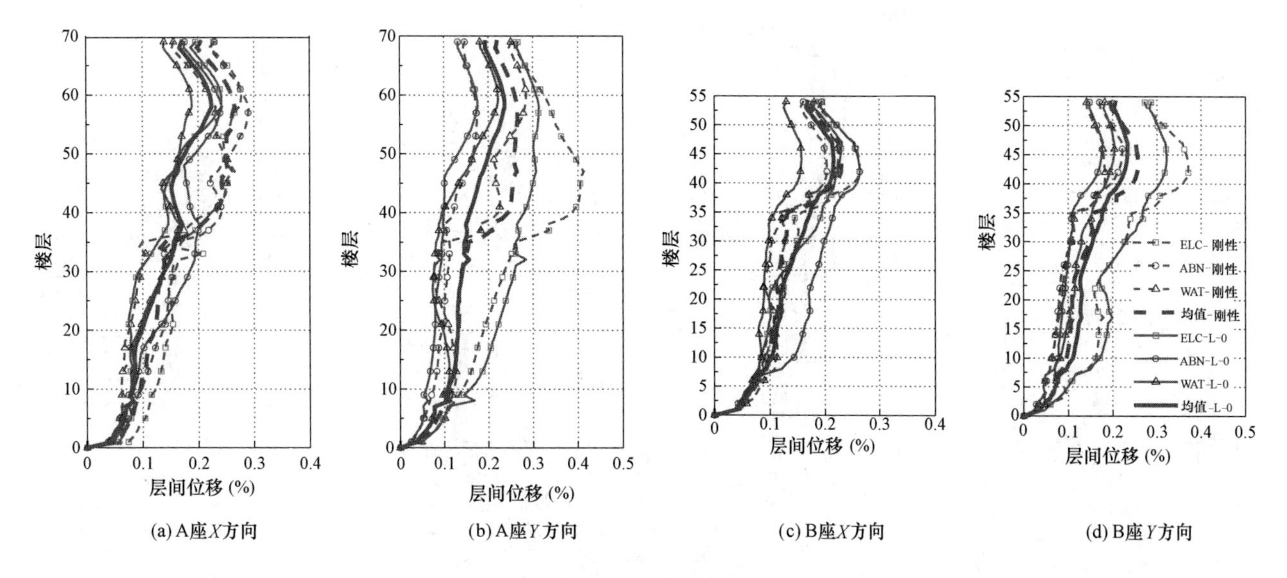

图 9-73　刚柔性连接结构层间位移比

图 9-74 和图 9-75 为第 36 层在 ELC 激励下 X 和 Y 方向的位移时程图。可以看出，在刚性连接时，A 座和 B 座的位移曲线在 X 和 Y 方向上同步振动。但在使用柔性连接时，位移曲线的幅值和相位存在较大差异。这说明柔性连接对变形的协调能力弱于刚性连接，因为柔性连接释放了两塔之间的约束。并且需要注意的是，柔性支座的变形能力需要满足两座之间的相对位移需求。

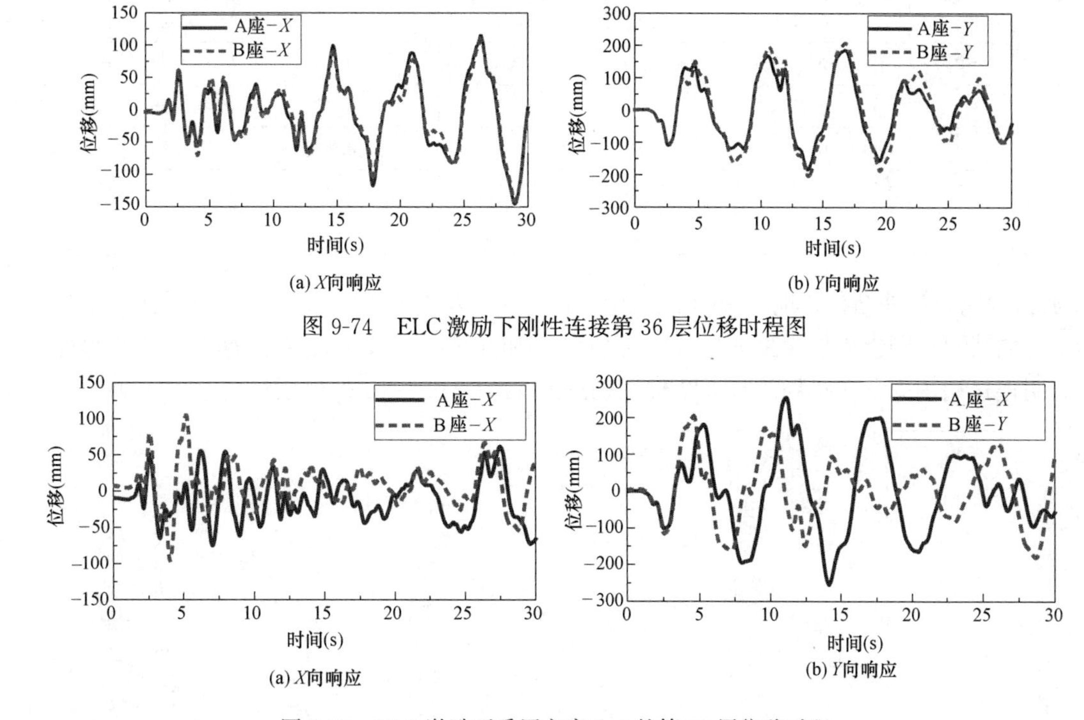

图 9-74　ELC 激励下刚性连接第 36 层位移时程图

图 9-75　ELC 激励下采用方案 L-0 的第 36 层位移时程

② 加速度响应。图 9-76 给出了绝对加速度的包络值。通过将刚性连接改为柔性连接，整体上减小了加速度响应，特别是对上层。表 9-14 比较了塔顶的最大绝对加速度，与刚性连接模型相比，A 座使用柔性连接时的最大平均绝对加速度减小率在 X 方向为 15.59%，在 Y 方向为 14.36%，B 座在 X 方向为 11.48%，在 Y 方向为 3.12%。说明柔性连接可以在一定程度上减小加速度响应和鞭梢效应。

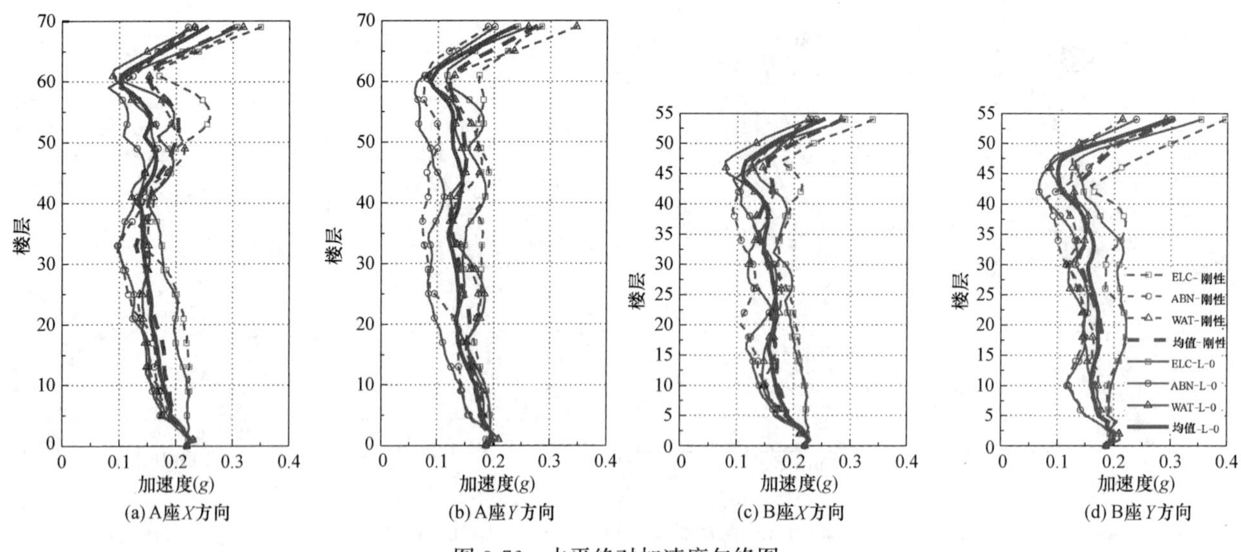

(a) A座X方向　(b) A座Y方向　(c) B座X方向　(d) B座Y方向

图 9-76　水平绝对加速度包络图

塔顶最大绝对加速度　　**表 9-14**

地震记录	塔楼	X 向(g)			Y 向(g)		
		刚性连接模型	L-0	减小率(%)	刚性连接模型	L-0	减小率(%)
ELC	A	0.35	0.31	12.01	0.28	0.24	15.20
	B	0.34	0.29	14.41	0.40	0.35	10.64
ABN	A	0.23	0.22	5.12	0.19	0.20	−6.41
	B	0.23	0.24	−3.77	0.30	0.24	20.89
WAT	A	0.32	0.23	27.19	0.35	0.26	25.02
	B	0.28	0.22	20.39	0.21	0.29	−35.77
均值	A	0.30	0.25	15.59	0.27	0.23	14.36
	B	0.28	0.25	11.48	0.30	0.29	3.12

③ 剪力响应。反映结构在地震激励下内力大小的层间力如图 9-77 所示。可以看出，柔性连接模型的层间受力曲线要比刚性连接模型的层间受力曲线更加光滑，且高区连接层剪力的突变程度也明显降低，这表明连接层内力分布得到改善，结构损伤得到减少。表 9-15 列出了结构基底剪力系数，定义为

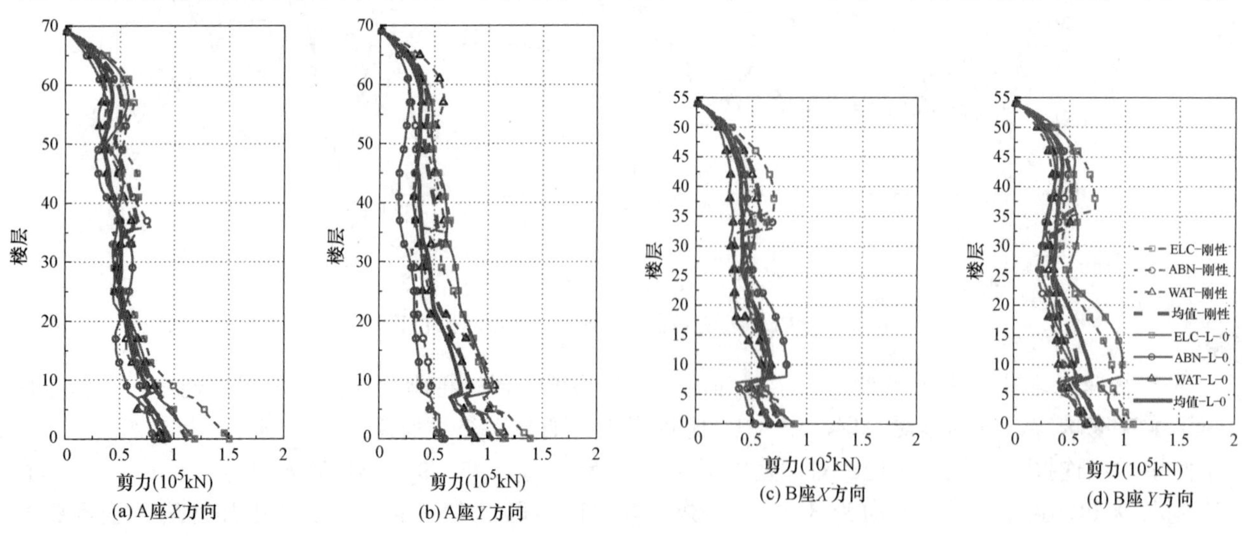

(a) A座X方向　(b) A座Y方向　(c) B座X方向　(d) B座Y方向

图 9-77　层间剪力包络图

基底剪力与结构自重之比。采用刚性连接时，A 座结构基底剪力系数 X 方向平均值为 4.39%，Y 方向平均值为 4.09%，B 座结构基底剪力系数 X 方向平均值为 4.13%，Y 方向平均值为 4.31%。采用柔性连接时，A 座结构基底剪力系数 X 方向平均值为 3.80%，Y 方向平均值为 3.47%，B 座结构基底剪力系数 X 方向平均值为 3.69%，Y 方向平均值为 4.13%。采用柔性连接降低了两塔楼的基础剪力系数，最大降低率为 15%。基底剪力系数均大于 1.2%，满足《抗规》要求。

塔底剪切系数（%）　　表 9-15

塔楼	ELC		ABN		WAT		均值	
	X	Y	X	Y	X	Y	X	Y
A 座(刚性连接)	5.93	5.48	3.57	2.25	3.66	4.55	4.39	4.09
B 座(刚性连接)	4.78	5.81	3.59	3.54	4.02	3.57	4.13	4.31
A 座(L-0)	4.68	4.56	3.23	2.36	3.50	3.50	3.80	3.47
B 座(L-0)	4.73	5.37	2.86	3.46	3.47	3.56	3.69	4.13

④ 塑性铰分布。图 9-78 绘制了 ELC 激励下的塑性铰分布。对于刚性连接模型，桁架构件有相当一部分达到了生命安全状态（LS），有的甚至达到了防倒塌状态（CP）。相比之下，当结构通过柔性连接时，没有桁架构件进入即时占用状态（IO）。由此可见，柔性连接减小了传递到连接钢桁架上的力，从而减少甚至消除了桁架构件的损伤。

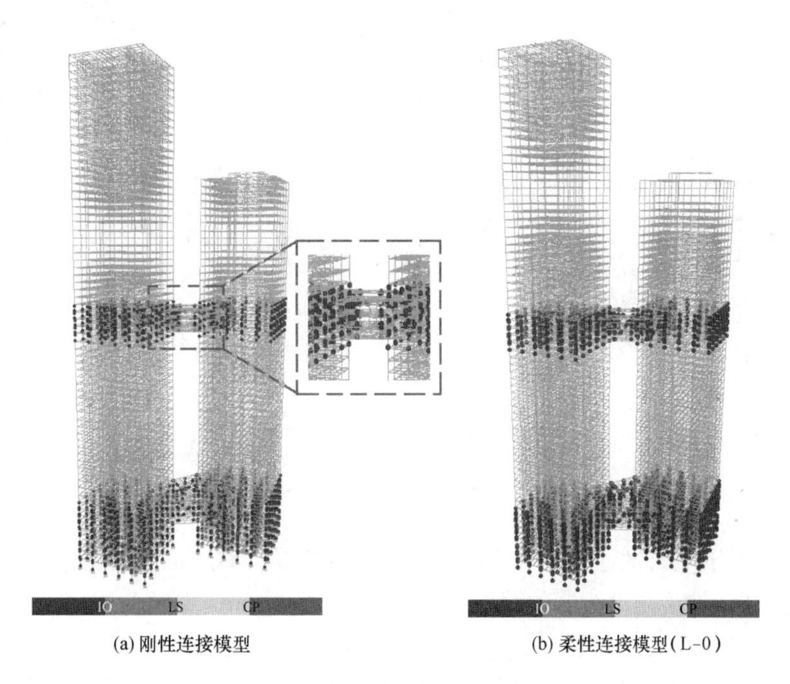

(a) 刚性连接模型　　(b) 柔性连接模型(L-0)

图 9-78　ELC 荷载下塑性铰的状态

3）RFNSD 对钢桁架连廊的影响。不同地震记录下连接桁架（高区）各楼层的减幅率如图 9-79 和图 9-80 所示。其中减幅率 β 定义为：

$$\beta=\frac{R_{\mathrm{L}}-R_{\mathrm{N}}}{R_{\mathrm{L}}}\times100\% \tag{9-62}$$

其中 R_{L} 是 L-0 区间桁架连廊的最大动力响应，如加速度和剪力响应，R_{N} 是 L-N-0.5、L-N-1.0 和 L-N-1.5 区间桁架连廊的相应响应。从图中可以看出，剪切力最大减幅率为 X 方向 10.83%，Y 方向 19.90%，加速度最大减幅率为 X 方向 12.71%，Y 方向 22.23%。在 ELC 激发下，减幅率最高。并且随着 α 从 0.5 增加到 1.5，剪切力 X 方向的平均减幅率从 1.76%增加到 6.14%，Y 方向的平均减幅率从 8.59%增加到 16.69%；而加速度 X 方向的平均减幅率从 3.14%增加到 8.84%，Y 方向的平均减幅率从 6.64%增加到 13.40%。总体而言，通过添加 NSD 降低了钢桁架连廊的动力响应，可以进一步保证其结构安全。

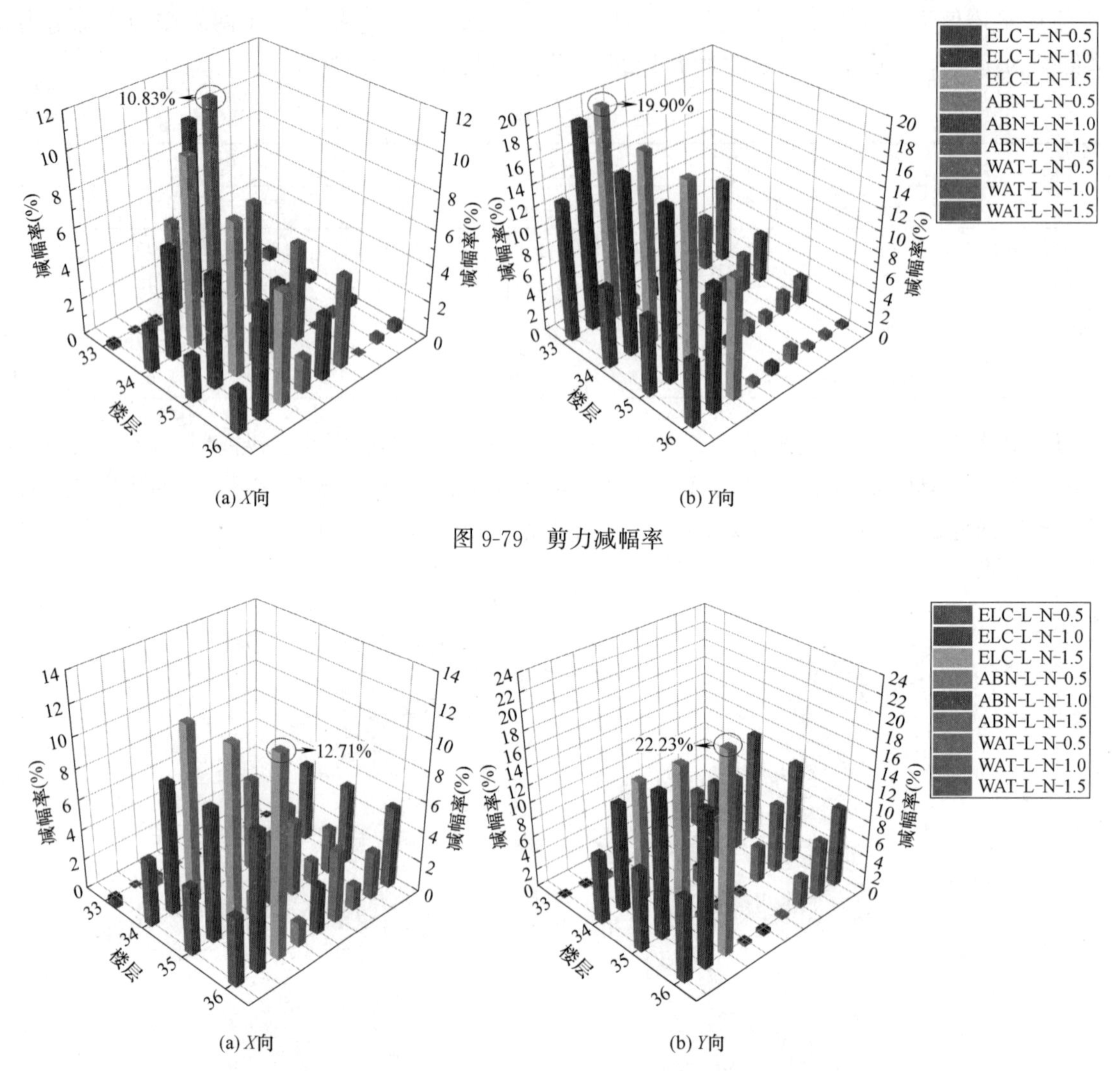

(a) X向 (b) Y向

图 9-79 剪力减幅率

(a) X向 (b) Y向

图 9-80 加速度减幅率

图 9-81 为 ABN 激励下柔性连接支架 FCS-13 的滞回曲线。对于 X 方向，NSD 在位移较小时不影响支架刚度，因为 NSD 处于刚度为零的状态。当位移超过 50mm（零刚度截面长度）时，触发 NSD 的负刚度，如图 9-81（a）所示。随着 α 从 0.5 增加到 1.5，FCS-13 的反作用力减小，位移相应增大。对于 Y 方向，NSD 对支撑刚度影响不大，FCS-13 的最大位移在 50mm 左右，产生的负刚度很小。综上所述，安装 NSD 的效果符合设计预期。不同参数的柔性连接均呈现丰满的滞回曲线，表明其具有良好的耗能能力。添加 NSD 可明显增大钢桁架连廊的变形量，但减小了钢桁架连廊的剪力响应和加速度响应。例如，ABN 激励下 FCS-13 在 X 方向上的最大位移从 123.30mm 增加到 140.84mm，ELC 激励下 FCS-13 在 Y 方向上的最大位移从 163.34mm 增加到 195.01mm。需要注意的是，在设计时需要避免柔性支撑的过度变形。

为了控制 NSD 引起的柔性连接变形增加，在连杆末端设置用于耗能并为桁架连廊提供额外阻尼的 RFD，如图 9-59 所示。图 9-82 为 ABN 激励下的 FCS-13 在 X 方向和 ELC 激励下的 Y 方向滞回曲线。从图中可以看出，FCS-13 在加入 RFD 后，其最大变形明显减小，体现了其强大的位移控制能力。添加 RFD 后，柔性连接支架的耗能能力增强，与图 9-81（a）相比，柔性连接支架的最大受力也小于 L-0，

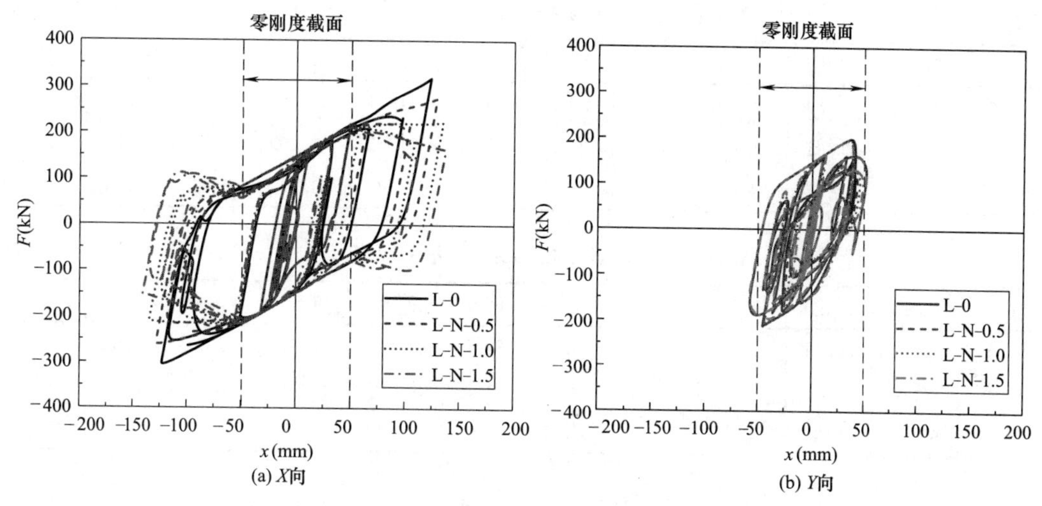

图 9-81 FCS-13 在 ABN 激励下的滞回曲线

说明安装 RFD 的效果符合设计预期。所有 FCS 的最大位移如图 9-83 所示。与其他方案相比，在相同的地震激励下，L-RN-1.5 方案的最大位移显著减小。计算出了与 L-N-1.5 相比最大位移的减小率，列于表 9-16 和表 9-17。X 方向最大减小率为 55.63%，Y 方向最大减小率为 80.72%，这也反映了 RFD 对位移控制的有效性，这意味着 RFD 可以有效地防止 FCS 的位移超出限值。由表 9-10 可知，LRB700 设计位移为 350mm，LRB800 设计位移为 400mm，LRB900 设计位移为 450mm。由此可以看出，LRB 和 RFNSD 设计的柔性连接的最大位移均在设计限值内。

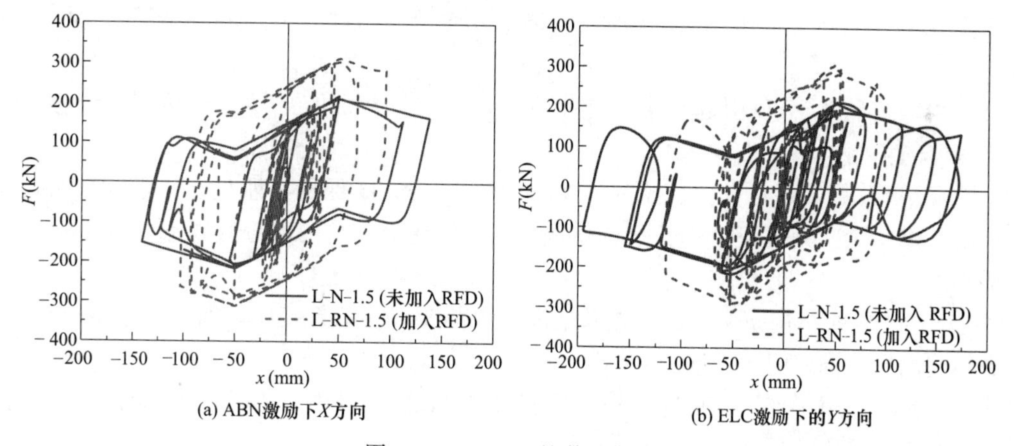

图 9-82 FCS-13 的滞回曲线

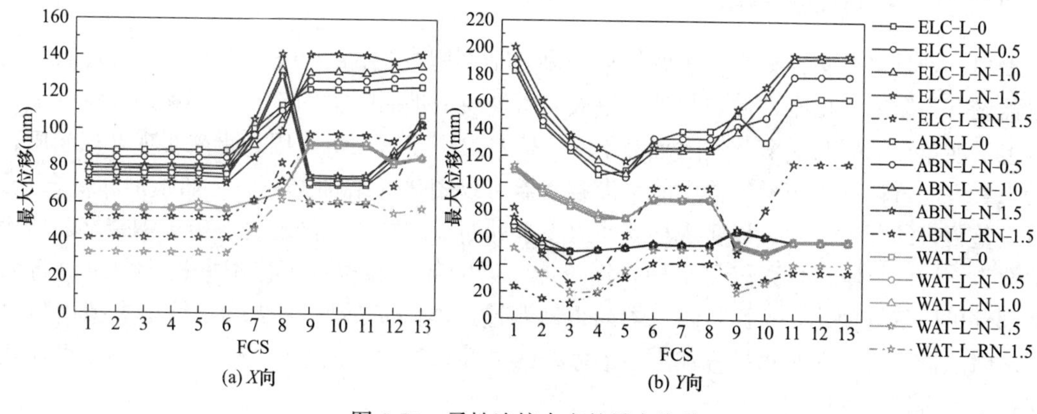

图 9-83 柔性连接支座的最大位移

X 方向上与方案 4 相比最大位移减小率（%） 　　表 9-16

地震波	FCS-1	FCS-2	FCS-3	FCS-4	FCS-5	FCS-6	FCS-7	FCS-8	FCS-9	FCS-10	FCS-11	FCS-12	FCS-13
ELC	48.66	48.61	48.60	48.59	48.62	48.31	55.63	41.74	20.36	20.04	20.53	19.29	−5.91
ABN	26.08	26.02	26.01	26.02	26.00	26.22	27.00	27.42	30.73	30.68	30.81	31.30	26.81
WAT	41.95	41.89	41.87	41.88	44.77	42.16	24.77	5.96	34.47	34.41	34.54	33.88	32.50

Y 方向上与方案 4 相比最大位移减少率（%） 　　表 9-17

地震波	FCS-1	FCS-2	FCS-3	FCS-4	FCS-5	FCS-6	FCS-7	FCS-8	FCS-9	FCS-10	FCS-11	FCS-12	FCS-13
ELC	59.09	70.42	80.72	75.08	47.31	23.49	22.71	23.61	68.49	52.85	40.84	40.78	40.77
ABN	68.12	74.84	77.17	61.91	42.10	25.54	24.33	25.01	61.59	51.89	39.13	38.96	39.23
WAT	53.65	65.51	78.05	74.29	52.13	42.59	42.18	42.42	62.20	43.21	27.98	27.84	27.77

4. 结论

本节旨在通过提出的由新型旋转摩擦负刚度阻尼器（RFNSD）和 LRB 组成的柔性连接来减轻超高层双塔建筑钢桁架连廊的地震响应和损坏。RFNSD 由负刚度装置（NSD）和旋转摩擦阻尼器（RFD）组成。在本节中推导了 NSD 和 RFD 的理论力-位移模型，提出了柔性连接的数值模型，建立了建筑物的三维数值模型，并进行了非线性时程分析，得出以下结论：

（1）所研制的柔性连接可以减小层间位移、加速度、剪力响应以及结构损伤。与刚性连接相比，柔性连接释放了塔间的约束，减小了传递给钢桁架连廊的力。因此，桁架构件可以在最大可信地震作用下保持弹性状态。

（2）随着 NSD 中预张紧弹簧刚度的增加，钢桁架连廊的动力响应会进一步降低，而柔性连接的变形会明显增加。

（3）RFD 可以控制由 NSD 引起的柔性连接变形的增加，从而有效防止连接超过位移极限。同时，它提高了连接体的耗能能力。

（4）安装 RFNSD 的效果符合设计预期。在小位移下，NSD 保持零刚度。在较大位移时，NSD 产生负刚度从而调整柔性连接的刚度，RFD 提供额外的耗能能力，这两部分共同减少传递到连接体的力，避免连接接头失效。

（5）采用柔性连接的结构模型抗震性能满足设计规范要求。结果表明，所提出的 RFNSD 可以有效地用于连廊与超高层结构之间的连接。

值得注意的是，除用于连体结构廊道外，所述的 RFNSD 还可用于桥梁和建筑物以及常规框架结构的减隔震。后续会开展相关研究。

9.3.4 可更换钢带新型金属阻尼器

本节提出一种具有可更换钢带和可调设计的高效金属阻尼器。图 9-84 给出了拟用阻尼器的主要结构。阻尼器设计为箱形，由刚性内芯和外壳组成。可更换钢带用螺栓固定在内部和外部零件上，并通过弯曲机构提供能量耗散。与大多数钢阻尼器不同，这些阻尼器需要低屈服点钢来实现早期屈服，并需要塑性发展来实现能量耗散。该阻尼器中的钢带熔断器可以用普通结构钢制成，如碳钢和低合金结构钢。并且通过调整钢带的配置尺寸可以实现早期屈服要求和期望的能量耗散能力。由于钢带熔断器用螺栓固定在阻尼器上，因此故障后可以轻松更换，钢带熔断器的数量和位置可以根据设计要求进行调整。此外，连接部件可以重复使用，从而将阻尼器的重新制造成本降至最低。图 9-85 给出了拟用阻尼器的适用条件。新阻尼器可安装在对角撑杆和人字形撑杆的中部和端部。因此，与其他金属阻尼器相比，该阻尼器的安装也具有较少的限制。

在该阻尼器中，可更换钢带是耗能能力的来源。本节研究了该阻尼器中钢带熔断器的初步设计和结

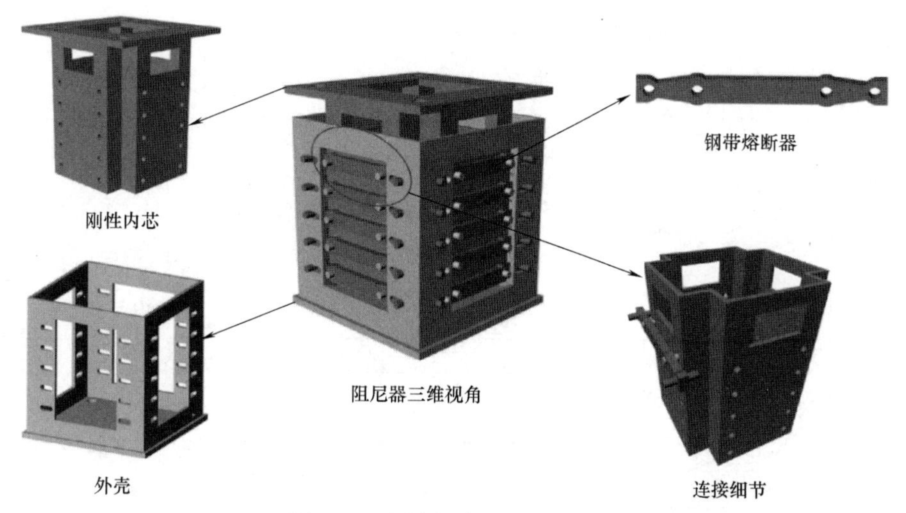

图 9-84　拟建钢带阻尼器示意图

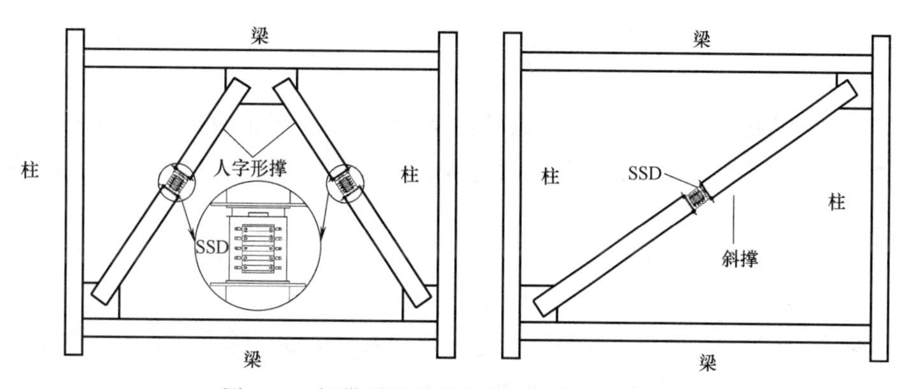

图 9-85　钢带阻尼器安装在框架中的可能配置

构优化。通过一系列准静态循环试验和数值模拟，研究和评估了钢带的抗震性能、钢带配置对循环性能的影响模式以及钢带的耗能能力。根据所得结果，对钢带和新型阻尼器的设计提出了一些初步建议。

1. 钢带熔断器的设计和配置优化

（1）最佳断面宽度计算

图 9-84 显示，设计的钢带熔断器采用两点弯曲加载模式，钢带的两个外端用螺栓固定在外壳上，内部两个点用螺栓固定在内芯上。图 9-86（a）显示了单个钢带的详细结构，图 9-86（b）给出了钢带在横向位移荷载下的力矩分布。在内芯和外壳之间的相对运动下，钢带会产生图 9-86（a）中从支撑 A 到 B（或从支撑 D 到 C）的线性增加的力矩条件，并且沿 BC 区域为恒定力矩，如图 9-86（b）所示。

以往对钢缝阻尼器的研究表明，沿钢带的弯矩水平和塑性发展程度与几何尺寸密切相关。通过良好的配置和优化的熔断器设计，钢缝可以避免不利的应力集中，并且整个截面可以参与能量耗散。为了达到高的工作效率，需要钢带在整个钢带区域同时进入屈服和塑性状态。因此，新型阻尼器中熔断片的截面配置也需要适当设计，以充分发挥承载和塑性发展潜力。

基于力矩图设计截面宽度的条形设计可促进整个区域的均匀应变发展和同时屈服。基于这一思想，可以通过理论推导获得优化设计中不同构型尺寸之间的关系。在图 9-86（b）中，给定 x 为从钢带中的任何点到左侧支架 A 的距离，P 为支架 A 处的反作用力。位置 x 处的力矩 M_x 可通过以下公式获得：

$$M_x = Px \tag{9-63}$$

当整个截面都进入屈服状态时，塑性力矩 M_{px} 为：

$$M_{px} = f_y W_{px} = f_y \frac{t h_x^2}{4} \tag{9-64}$$

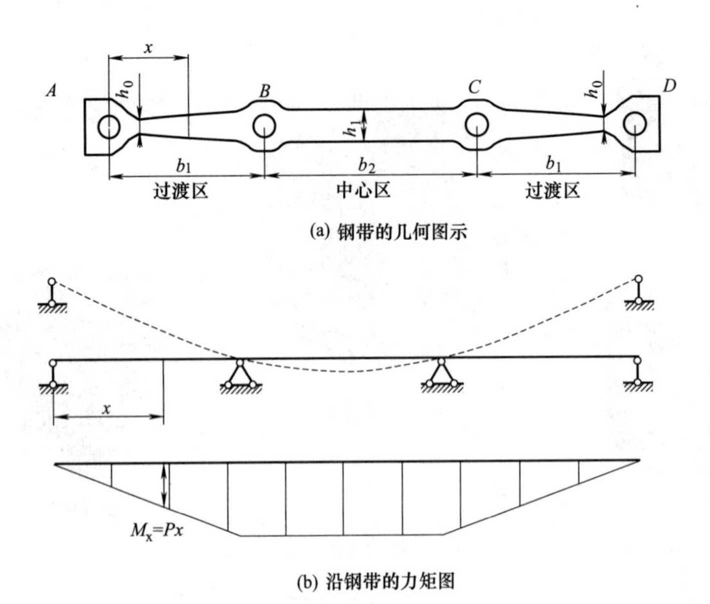

(a) 钢带的几何图示

(b) 沿钢带的力矩图

图 9-86　拟建阻尼器中钢带的配置设计

这里，f_y 是钢的屈服强度，W_{px} 为全截面塑性系数，t 是钢带的厚度，h_x 是点 x 处的截面宽度。在最佳钢带设计中，沿钢带的不同点都可以同时进入屈服状态，这意味着 $M_x=M_{px}$ 的关系，并且可以获得最佳配置宽度 h_x：

$$h_x=2\sqrt{\frac{Px}{f_y t}} \tag{9-65}$$

式（9-65）表明，在恒定带材厚度条件下，过渡区 AB 和 CD 处带材的最佳宽度遵循抛物线模式。然而，以上关于截面宽度计算的推导仅基于理想弯曲情况。并且基于式（9-65），截面宽度 h_0 在两端减小到 0，这在实际设计中无法实现。除弯矩外，过渡区还存在相当大的剪切力合力，为使其不出现剪切破坏，则在过渡区域存在最小截面宽度，以确保在全截面塑性发展之前不发生剪切破坏。这里假设带材端部应能够抵抗至少两倍的端部反作用力的剪切。则可获得端部最小截面宽度 h_{min}。

$$\frac{f_y h_{min} t}{\sqrt{3}}=2P \tag{9-66}$$

$$h_{min}=\frac{\sqrt{3}h_1^2}{2b_1} \tag{9-67}$$

其中 b_1 表示支架 A 和 B 之间的距离，h_1 表示中心区域的截面宽度。

（2）屈服强度和刚度的理论分析

由于阻尼器中的钢带熔断器通过剪切-弯曲机制参与承载，根据不同的尺寸组合，可能存在弯曲主导、剪切主导或剪切-弯曲的工作机制。屈服强度、弹性刚度和破坏模式也与截面形状密切相关。例如，在具有长钢带的阻尼器中，钢带处的工作状态将以弯曲为主，具有相对较大的弹性变形能力和较小的阻尼器刚度。对此，本节计算了钢带的屈服强度，并讨论了横向刚度与结构尺寸之间的关系。

在以弯曲为主的情况下，支架处所需的横向反作用力通过沿钢带的力矩承载性能确定。并且可以通过式（9-65）的变换来计算所有截面塑性状态下的反作用力 P_m：

$$P_m=\frac{M_{px}}{b_1}=\frac{f_y t h_1^2}{4b_1} \tag{9-68}$$

而在剪切主导的情况下，屈服状态的反作用力 P_s 将导致任意截面剪切屈服。假设钢的拉伸屈服强度是剪切屈服强度的$\sqrt{3}$倍，并考虑沿截面的平均剪应力分布，可得：

$$P_{s}=\frac{f_{y}}{\sqrt{3}}\cdot\frac{2}{3}th_{1}=\frac{2f_{y}th_{1}}{3\sqrt{3}} \tag{9-69}$$

如前所述，钢带熔断器的设计是通过横向弯曲参与承载和能量耗散，在弯曲屈服之前不发生剪切破坏。因此，P_{s} 要大于 P_{m}，由此可以获得截面尺寸之间的基本关系：

$$b_{1}>\frac{3\sqrt{3}}{8}h_{1} \tag{9-70}$$

则具有 n 个钢带阻尼器的屈服强度 F_{n} 可以计算为：

$$F_{n}=n\min\{P_{m},P_{s}\}=n\frac{f_{y}th_{1}^{2}}{4b_{1}} \tag{9-71}$$

在给定反作用力下，可以获得沿钢带的诱导力矩，并通过虚功原理获得支架处的最终位移 δ：

$$\delta=\int_{0}^{\frac{L}{2}}\frac{\overline{M}M_{px}}{EI_{x}}\mathrm{d}x+\int_{0}^{\frac{L}{2}}\frac{\overline{V}V_{x}}{GA_{x}}\mathrm{d}x=\frac{12P}{Et}\int_{0}^{\frac{L}{2}}\frac{x^{2}}{h_{x}^{3}}\mathrm{d}x+\frac{P}{Gt}\int_{0}^{\frac{L}{2}}\frac{1}{h_{x}}\mathrm{d}x \tag{9-72}$$

其中 E 和 G 分别为钢的弹性模量和剪切模量，I_{x} 为截面惯性矩，A_{x} 为截面 x 处的截面面积，L 为带材的整个长度。单个钢带的刚度 K_{e} 可通过以下公式获得：

$$K_{e}=\frac{P}{\delta}=\frac{1}{\left(\frac{12}{Et}\int_{0}^{\frac{L}{2}}\frac{x^{2}}{h_{x}^{3}}\mathrm{d}x+\frac{1}{Gt}\int_{0}^{\frac{L}{2}}\frac{1}{h_{x}}\mathrm{d}x\right)} \tag{9-73}$$

图 9-86 中的尺寸关系可以表示为 $b_{1}+\frac{b_{2}}{2}=\frac{L}{2}$，截面宽度在 b_{1} 和 b_{2} 范围内具有不同的表达式，即：

$$\begin{cases}h_{x}=\dfrac{h_{1}-h_{0}}{b_{1}}x & 0<x<b_{1}\\ h_{x}=h_{1} & b_{1}\leqslant x\leqslant b_{2}/2\end{cases} \tag{9-74}$$

给定 k 为 h_{0} 与 h_{1} 的比值。式（9-73）中的刚度表达式可计算为：

$$K_{e}=\frac{1}{\left\{\frac{6}{Eth_{1}^{3}}\left[\frac{k-3}{(k-1)^{2}}+\frac{2\ln k}{(k-1)^{3}}+b_{1}^{2}b_{2}+\frac{b_{1}b_{2}^{2}}{2}+\frac{b_{2}^{3}}{12}\right]+\frac{1}{Gth_{1}}\left(\frac{b_{1}\ln k}{k-1}+\frac{b_{2}}{2}\right)\right\}} \tag{9-75}$$

式（9-75）是一个复杂的等式，但它可以揭示横向轴承刚度与结构尺寸的关系。刚度与 b_{1} 的平方或 b_{2} 的立方呈反比。此外，刚度与 h_{1} 的立方或厚度 t 呈比例。

钢带的设计和刚度有两种极端情况。第一种情况是，过渡区 b_{1} 的长度等于 0，没有中间支撑 B 和 C，钢带退化为具有恒定宽度的钢板。在这种情况下，钢带具有式（9-76）中的最大横向刚度，钢带表现为两端固定梁：

$$K_{e}^{b_{1}=0}=\frac{2}{\frac{b_{2}^{3}}{Eh_{1}^{3}t}+\frac{b_{2}}{Gh_{1}t}} \tag{9-76}$$

另一种极端情况是，中心区 b_{2} 的长度减小到 0，图 9-86 中的钢带退化为三点支撑情况。在此条件下，钢带具有最大的变形能力和最小的刚度（式 9-77）。钢带熔断器的行为就像一根梁，固定在中心，两边都为悬臂加载形式：

$$K_{e}^{b_{2}=0}=\frac{1}{\left\{\frac{6}{Eth_{1}^{3}}\left[\frac{k-3}{(k-1)^{2}}+\frac{2\ln k}{(k-1)^{3}}\right]+\frac{1}{Gth_{1}}\left(\frac{b_{1}\ln k}{k-1}\right)\right\}} \tag{9-77}$$

一般情况下，按照图 9-86，刚度在式（9-76）和式（9-77）计算的值之间变化。

上述推导均基于弹性假设，即失效模式计算为全截面屈服状态或剪切屈服状态。在实际应用中，钢带被设计为加载到非线性状态，并通过塑性发展参与能量耗散。一旦屈服，塑性应力重新分布，上述推导和尺寸关系不再适用。此外，理论推导是基于理想配置情况进行的，不考虑支撑区域的设计。然而，在实际应用中，钢带用螺栓固定在内箱和外箱上（图 9-86），两端支架和中间支架均具有放大截面的环形结构，以实现螺栓连接。因此，带材中的内力分布和屈服发展不会完全遵循理论假设。但是式（9-67）中的配置关系以及式（9-71）中的强度和刚度关系仍然可以用于钢带的初步设计。

2. 试验研究

（1）试样

由于难以通过理论推导获得钢带的非线性工作状态、失效模式和实际耗能能力，因此对单个钢带进行了一系列准静态循环试验，以进一步了解所提出的阻尼器。共设计了 10 个钢带试样，临界截面尺寸满足式（9-67）和式（9-71）中的基本要求。详细结构和尺寸如图 9-87 所示。

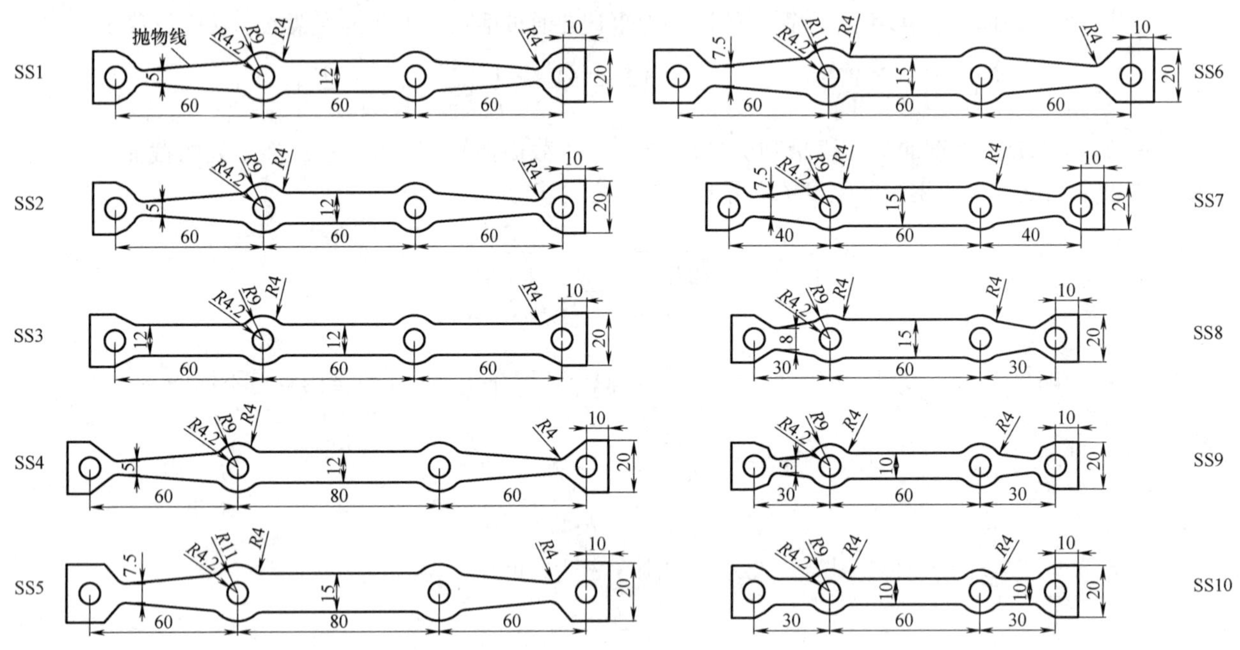

图 9-87 受试钢带配置尺寸（单位：mm）

在试验中，过渡区的形状（即图 9-86 中的 b_1 区）、b_1 和 b_2 的长度以及 h_0 和 h_1 的宽度均视为研究对象。表 9-18 列出了试样的详细配置信息。铰链支架的直径为 8mm，钢带上的备用安装孔的直径均为 8.4mm。试样 SS5 和 SS6 具有扩大的中间连接区域，外弧半径为 11mm（其余试样为 9mm）。理论推导表明，过渡区存在抛物线边缘，以确保塑性发展的均匀性和同时性。而在样品设计过程中的配置优化表明，当宽度 h_0 和 h_1 稳定时，获得的抛物线曲线类似于直线过渡。因此，设计了两个具有相同结构尺寸的 SS1 和 SS2 的试样。两个试样之间的唯一区别是过渡区的形状，即 SS1 在过渡区具有抛物线边缘，SS2 在过渡区具有直线边缘。此外，为了便于进一步的工程应用和试样制造工艺，其余试样（SS2～SS10）均具有直 b_1 过渡。试验钢带均由 Q235 碳钢制成，标称设计屈服强度为 235MPa。在标准金属材料拉伸试验下，在阻尼器试验之前对实际钢强度进行了测试，获得的机械性能列于表 9-19 中。

样本信息（单位：mm） **表 9-18**

样本编号	b_1	b_2	h_0	h_1	过渡区
SS1	60	60	5	12	抛物线
SS2	60	60	5	12	直线
SS3	60	60	12	12	直线
SS4	60	80	5	12	直线
SS5	60	80	7.5	15	直线
SS6	60	60	7.5	15	直线

续表

样本编号	b_1	b_2	h_0	h_1	过渡区
SS7	40	60	7.5	15	直线
SS8	30	60	8	15	直线
SS9	30	60	5	10	直线
SS10	30	60	10	10	直线

材料性能（单位：mm）　　**表 9-19**

强度等级	弹性模量 E (MPa)	屈服强度 f_y (MPa)	极限强度 f_u (MPa)	拉伸率 (%)
Q235	2.04×10^5	402	589	42

（2）试验装置和加载计划

准静态循环试验在中南大学结构实验室进行。钢带安装在两对铰接加载臂之间，可根据试样长度进行调整（图 9-88a）。内加载臂固定在反作用框架上，外加载臂与致动器连接。致动器提供循环位移荷载，可提供最大±72kN 的动荷载。

(a) 试验装置

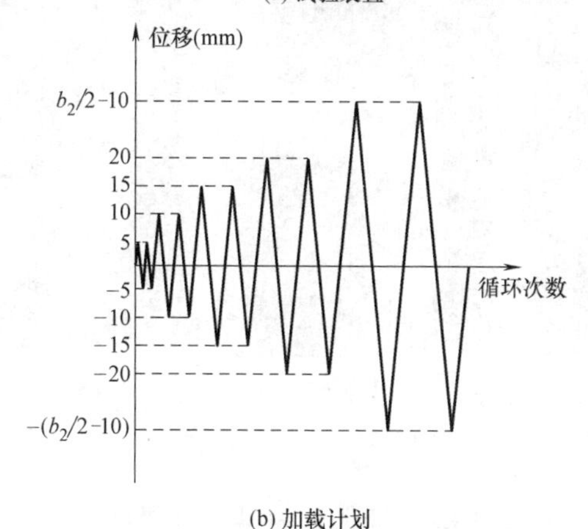

(b) 加载计划

图 9-88　测试设置和加载计划

以位移振幅为 5mm 逐渐增加的模式施加循环位移荷载，并在每个荷载振幅下重复加载循环一次（图 9-88b）。使用图 9-88（a）中的测试方法，施加的位移并不总是垂直于试样的中性轴。当试样具有较大的弯曲变形时，施加的荷载将产生沿长度方向的纵向分力，这些力将在带材中产生额外的拉应力，而不是纯弯曲反应。因此，在加载计划中确定了最大值（$b_2/2-10$）mm。一旦达到最大位移或由于断裂或屈曲失效而出现显著的强度损失（横向强度低于最大强度的 85%），则终止试验。

（3）测试结果

图 9-89 给出了试验完成时的变形条件或失效模式。试验钢带均表现出稳定的泵滞环，从弹性逐渐

过渡到塑性发展状态。对于试样 SS1、SS2 和 SS4，钢带沿整个长度呈现弯曲变形。如图 9-89（a）所示，将测试试样 SS1 与未测试试样 SS2 进行比较，结果表明，弯曲变形不仅出现在中心区 b_2，过渡区 b_1 也发生了相当大的塑性变形，这种变形模式满足了所需的承载模式，即钢带的整个区域都可以参与塑性发展和能量耗散。SS4 具有比 SS1 和 SS2 更长的 b_2 区域，中心区 b_2 显示出更大的塑性发展范围，具有明显的金属光泽，边缘分布有韧性裂纹。试样 SS3 和 SS10 在中心区和过渡区都具有均匀的宽度。在侧向荷载作用下，中心部分是塑性发展的主要来源。试样 SS3 具有相对较短的 b_2 区，在外支架和内支架之间相同的横向位移下，在中心区产生较高的塑性弯曲变形。截面边缘处产生较高拉伸或压缩应变时，在循环荷载下，分布延性裂纹开始出现，最终发生疲劳破坏。试样 SS6 处也出现了类似的延性裂纹低周疲劳失效，但断裂靠近中间连接环。

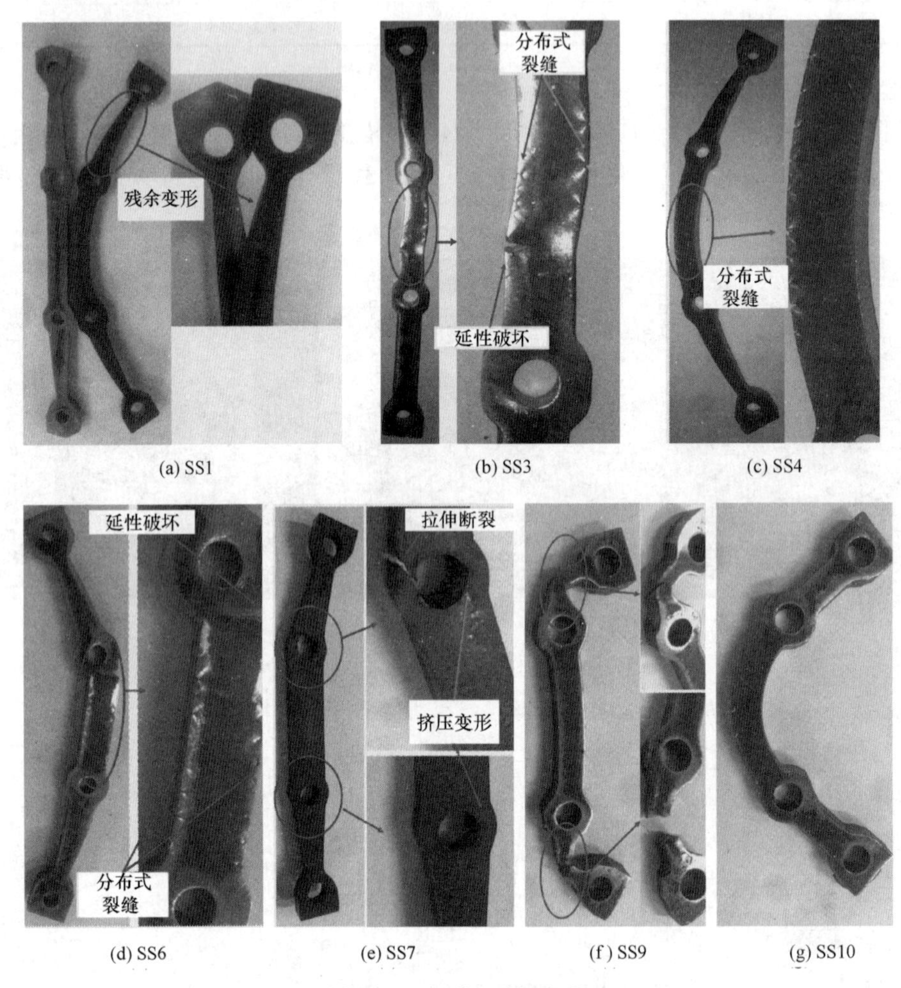

图 9-89　变形和破坏条件

大多数试样在连接环处具有相同的构型设计，内拱和外拱的半径分别为 4.2mm 和 9mm。除了试样 SS7 和 SS8 在环部发生断裂失效外，该环宽设计在大多数试验中均表现出满意的连接性能。这种失效模式的原因可以从图 9-87 中的配置尺寸和图 9-90 中获得的滞回曲线看出。试样 SS7 和 SS8 具有较宽的中心区域（h_1=15mm）和相对较短的过渡区（b_1=40mm 和 30mm），则在相同的横向位移下，反作用力和诱导力矩高于其他试样（图 9-90c）。所产生的较大反作用力导致连接环处的挤压变形（图 9-89e）。图 9-91 给出了连接环处合力的示意图。环结构高的横向反作用力将导致环部件处的高水平拉伸压缩力。连同支架的大挤压应力，将形成复杂的应力协调，最终导致试样 SS7 和 SS8 中连接环处的断裂失效。试样 SS9 具有与 SS1 和 SS2 相同的 h_0 设计，但 b_1 长度较短，这将导致在相同的横向位移下，沿过渡区产生更大的旋转需求、更高的反作用力和更快的力矩增加。因此，产生了过度的塑性弯曲变形，试样

SS9 在过渡区出现延性断裂。

（4）试验数据分析

在试验过程中，通过致动器内部的传感器记录施加的荷载，该荷载等于外部支撑处反作用力的两倍。图 9-90 给出了横向反作用力与施加位移的滞回关系。试样 SS1 和 SS2 呈现出几乎相同的横向强度性能（图 9-90a），表明具有直线过渡的钢带可以产生与抛物线形钢带相似的横向强度发展和能量耗散性能。因此，在进一步的应用中，抛物线过渡区可以简化并用直边设计代替。

试样 SS1～SS4 具有不同的结构组合，但呈现了相似的横向强度发展。结合图 9-89（a）～（c）中的变形条件和失效模式，可以看出，对于 SS2 的钢带设计，h_0 的 5mm 设计已经能够在边缘支撑处提供足够的抗剪强度。进一步放大的 h_0（试样 SS3）对横向强度发展的强化效果有限，且钢带的弯矩强度主要由中心区的宽度控制。通过比较还表明，中心区（b_2）的长度增加对横向阻力的影响有限。SS2 和 SS4 之间（图 9-90b 中，h_1＝12mm 的情况）以及 SS5 和 SS6 之间（图 9-90c 中，h_1＝15mm 的情况）呈现出几乎相同的反作用力发展。

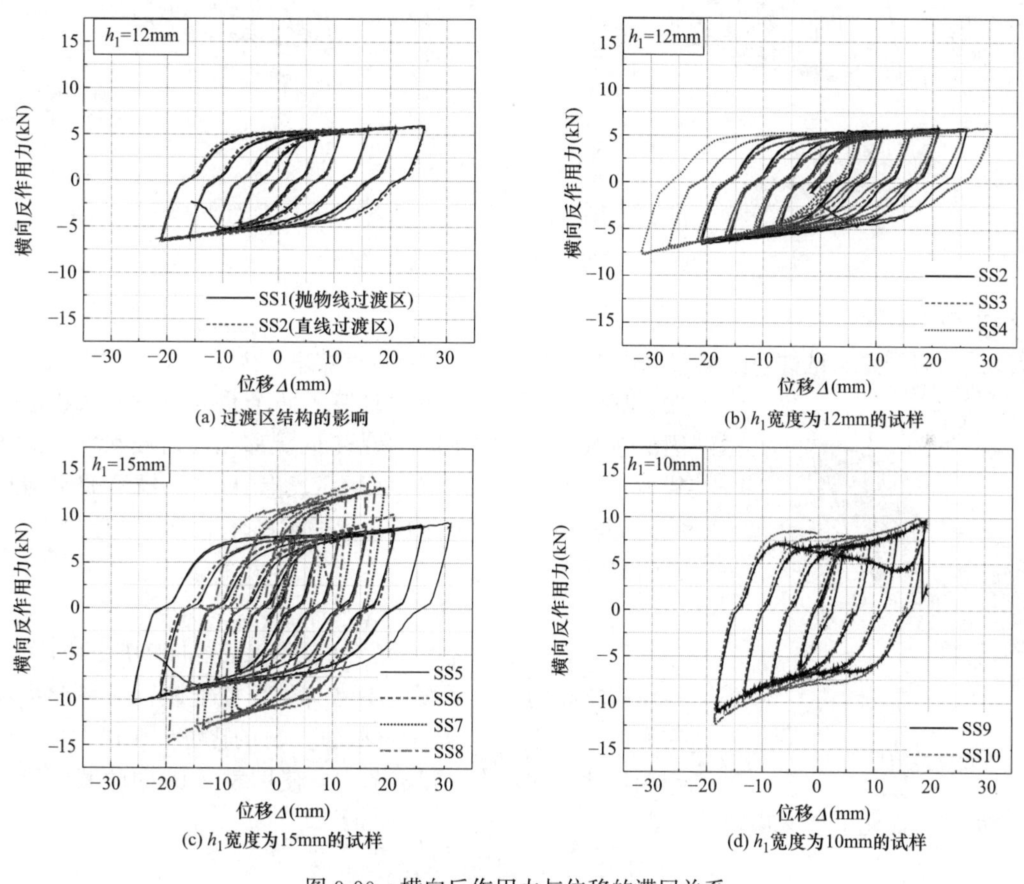

图 9-90　横向反作用力与位移的滞回关系

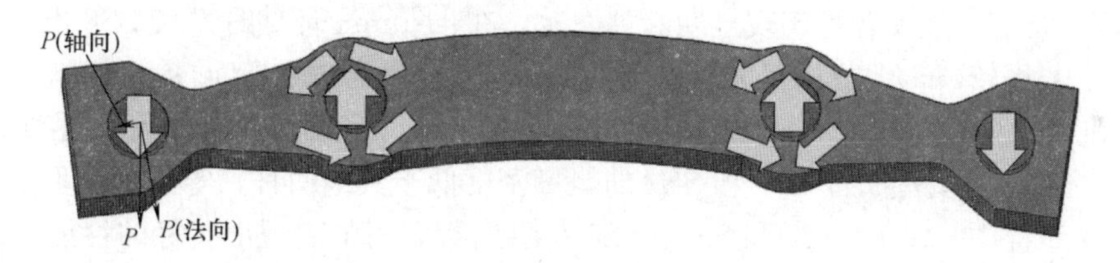

图 9-91　内连接环处的内力流合力

为了更好地呈现试样的力矩条件，计算了中心区的感应力矩（通过将反作用力乘以 b_1），并在图 9-92 中进行了比较。在图 9-90（c）中，短 b_1 试样（SS7）具有更高的反作用力水平，而 SS5～SS7 中心区的合成力矩发展彼此相似（图 9-92a）。图 9-92（b）中的试样均显示以弯曲为主的变形模式，且获得的弯矩强度随着中心区的宽度 h_1 变大而增加。试样 SS5～SS7 中横向反作用力和合成力矩的比较表明，钢带的承载能力受截面宽度和中心部分的力矩强度控制。过渡长度 b_1 可用于将单个钢带的力矩承载能力转换为整个阻尼器的屈服状态和强度发展。在相同的 h_1 结构下，增加 b_1 长度可以减少单个钢带中的合成反作用力，从而实现阻尼器的低屈服强度。试样 SS8 具有比 SS7 更短的过渡区（b_1=30mm），导致连接环处的反作用力和挤压变形更高。在内外环之间相同的横向位移下，环肋处的局部塑性变形分担了部分横向位移要求，从而减少了带材的塑性变形。如图 9-92（a）所示，SS8 试样最终形成了较小的力矩强度。

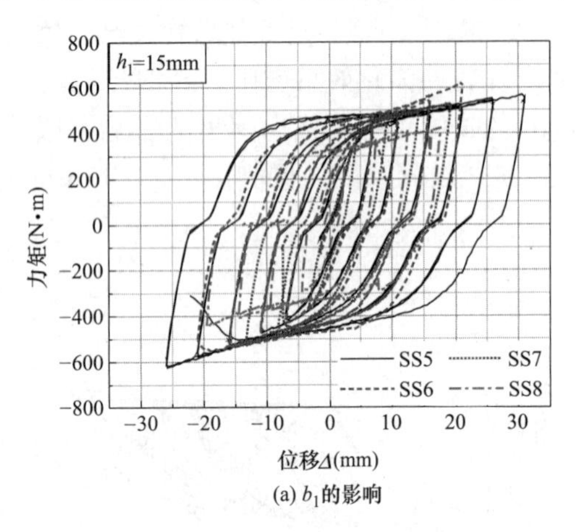

(a) b_1的影响

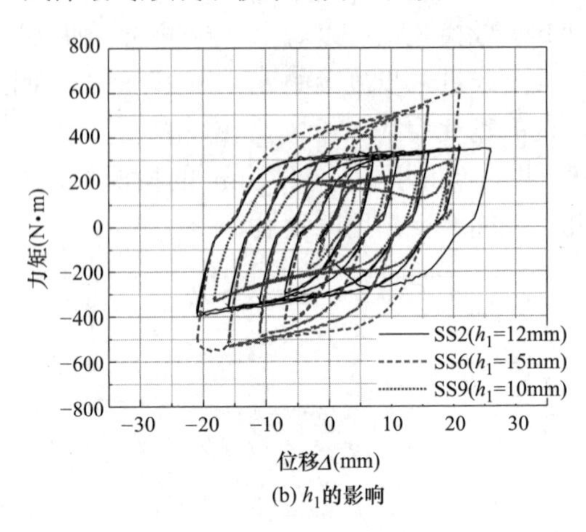

(b) h_1的影响

图 9-92　诱发力矩与位移的滞回关系

（5）消能效率

试验涉及不同配置的试件，阻尼器最重要的指标是耗能能力和效率。为了有效地对耗能进行综合比较，从滞回关系中获得并计算了两个系数。一个系数是等效黏性阻尼系数 h_e，通常用于评估不同漂移比或荷载水平下的能量耗散能力。h_e 的定义如图 9-93 所示。点 $ABCD$ 描绘的回路是滞回曲线的完整循环，封闭区域表示加载循环中的耗散能量 E_d。等效黏性阻尼系数定义为：

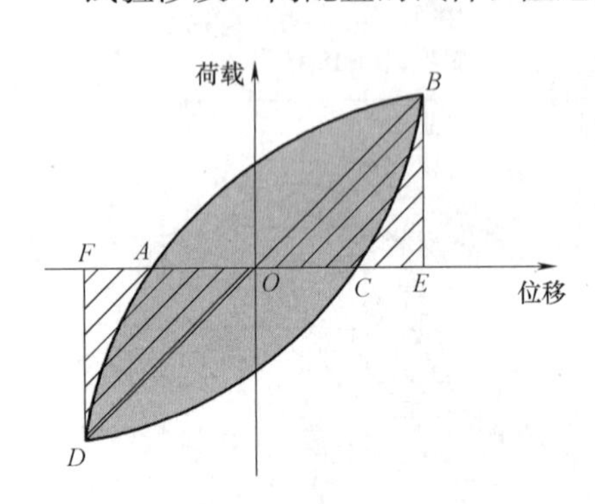

图 9-93　等效黏性阻尼系数 h_e 的定义

$$h_e = E_d / 2\pi S_{(\triangle OBE+\triangle ODF)} \tag{9-78}$$

$S_{(\triangle OBE+\triangle ODF)}$ 是三角形区域 OBE 和 ODF 的面积总和，表示对应于相同峰值强度的参考弹性应变能量。另一个系数为能量密度 η，定义为 E_d 与带材截面积 S 的比值，用以评估钢带截面参与能量耗散的效率。在本节中，使用表 9-18 中的截面尺寸和以下公式计算截面 S，简化了连接环处的贡献：

$$S = (h_0 + h_1) b_1 + h_1 b_2 \tag{9-79}$$

图 9-94 给出了横向位移为±15mm 和±20mm 时第二个循环的两个能量系数。试样 SS7 和 SS8 在±20mm 循环完成之前在连接环处出现早期断裂失效，在±20mm 环处 SS7 和 SS8 没有能量系数。试样 SS9 和 SS10 的中心区较薄，但能量密度 η 高于其他试样。但等效黏性阻尼系数随侧向位移的增加而减小。试样 SS7 和 SS8 具有高的等效黏性阻尼系数和能量密度。但两个试样显示出早期破坏，环肋处断裂，表明承载和能量耗散不稳定。SS3 和 SS4 的能量密度低于其他两种，等效黏性阻尼系数的变化相对不稳定。在 10 个试样中，SS1、SS2 和 SS5、SS6 在阻尼器应用中表现出更好的性能，这是因为随着横向位移的增加，两个能量系数稳定增加。

3. 有限元分析

（1）有限元模型

为了进一步了解钢带的内部应力分布和塑性发展，使用 ABAQUS 建立了相应的有限元模型。有限

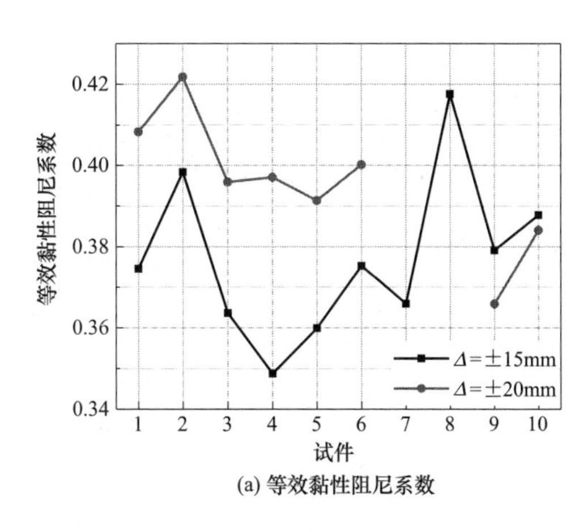

(a) 等效黏性阻尼系数

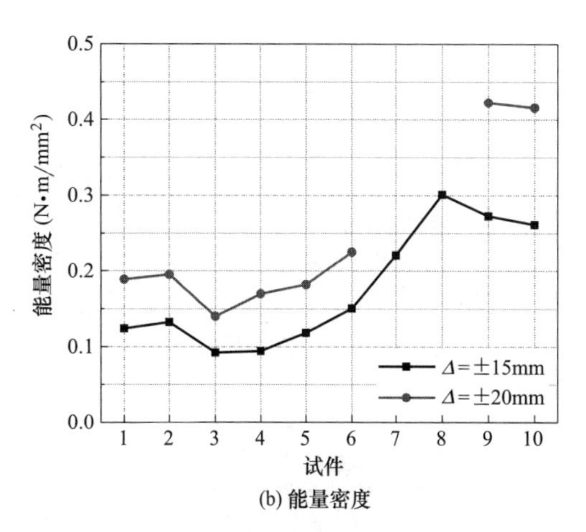

(b) 能量密度

图 9-94 耗能能力指标

元模型包括钢带和中心螺栓支架，以考虑中间连接环上的接触挤压效应。由于对称性，每个钢带只建立了一半，中心表面的对称滑动边界已确定（图 9-95）。有限元模型的几何尺寸和加载模式均与试验中使用的一致。

三维八节点实体单元 C3D8R 用于钢带和支撑杆。该单元使用简化积分模式和沙漏控制，以避免剪切锁定和沙漏导致的假解。在中间连接环内表面和支撑杆之间的相互作用表面上施加了具有“硬接触”和“罚则”切向行为（摩擦系数为 0.1）的正常特性的表面对表面接触。由于在试验中，外部连接环未发生明显变形或损坏，因此将外部支撑简化为理想铰链。在有限元建模中，环的内表面连接到位于圆中心的参考点（图 9-95a）。在这种耦合约束下，连接环的内表面将作为刚性表面围绕中心参考点旋转。参考点仅限于平面外位移自由度和平面外弯曲旋转，允许平面内自由旋转和实现可移动铰接外支撑边界位移。中间杆具有固定边界，在耦合中心点施加循环垂直位移荷载。

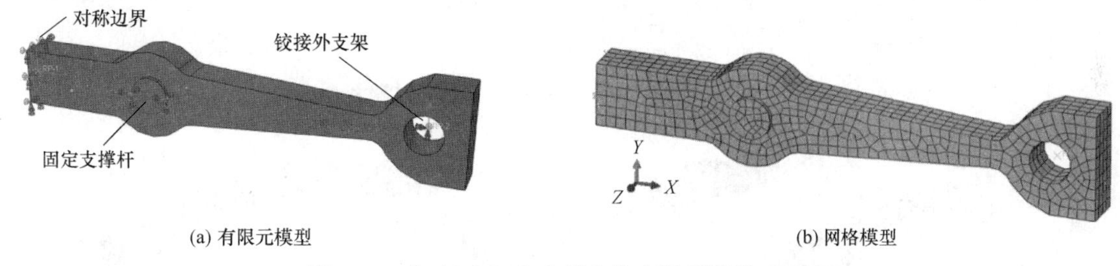

(a) 有限元模型 (b) 网格模型

图 9-95 在 ABAQUS 中建立的有限元模型（SS2）

模型采用了表 9-19 中测得的材料强度。为了更好地预测循环荷载下钢塑性强度的发展，将具有 4 个背应力系数对的组合硬化材料模型应用于钢带。该材料模型基于 Chaboche 理论，可以描述钢材的运动和各向同性循环硬化行为。由于研究中未进行循环试样试验，因此根据拉伸试验数据确定弹性模量和屈服应力，并根据文献［116］中的 Q235 钢数据确定硬化参数。所有材料均采用 Von Mises 应力准则，求解器采用牛顿-拉斐逊法。

（2）结果比较和设计优化讨论

图 9-96 和图 9-97 显示了有限元模拟的滞回横向荷载-位移关系和 Von Mises 应力条件。试件 SS1～SS6 均为弯曲主导试件，有限元模型基本能反映侧向抗力和塑性发展。随着过渡区截面的逐渐减小，整个钢带范围将以更好的变形能力参与能量耗散。例如，SS3 在过渡区具有均匀的宽度，高塑性主要集中在中心区（图 9-97 中的 SS3）。如此高的塑性应变水平下的重复循环最终促进了 SS3 处的早期断裂（图 9-89b）。

在所有模拟中，试样 SS8～SS10 表现出比试验数据更大的硬化效应。这种差异可能归结于过度的塑性变形和边界设置。SS8～SS10 均有一个较短的过渡区（30mm），在相同的横向位移下，过渡区的

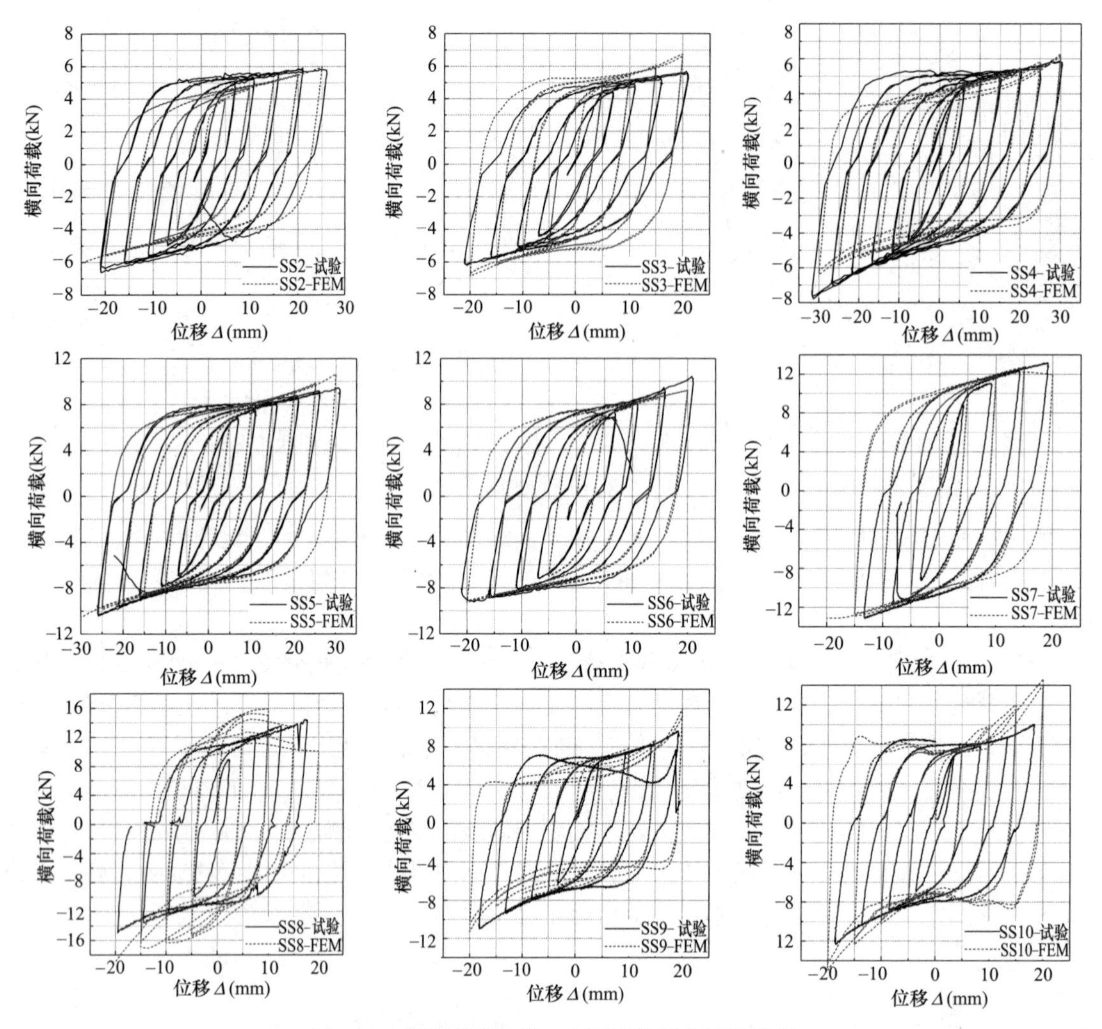

图 9-96　滞回曲线比较：有限元结果与试验数据

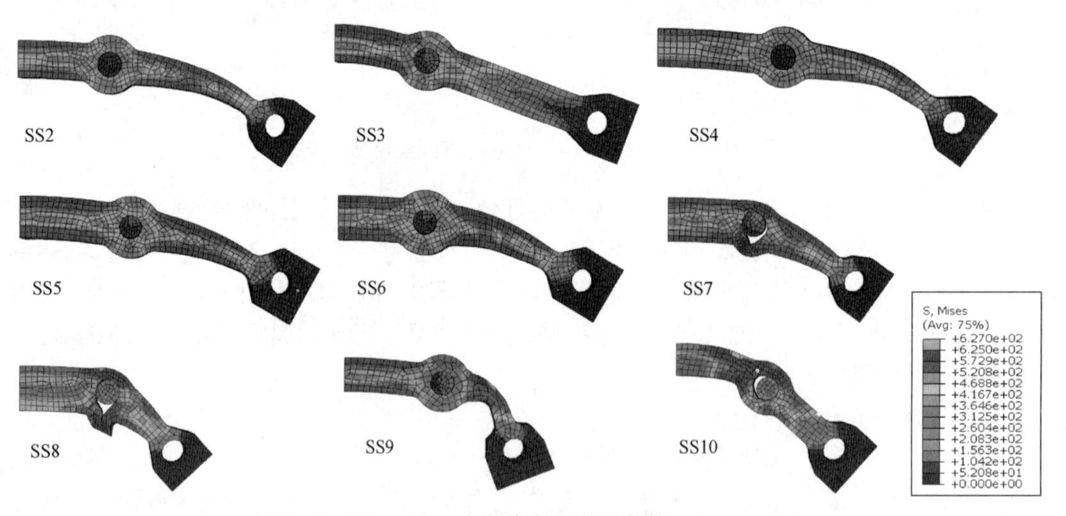

图 9-97　Von Mises 应力分布和变形条件（Δ=20mm）

弯曲旋转大于其他区域。较高的旋转要求导致过度的塑性变形发展。高水平的塑性发展集中在 SS8 的连接环、SS9 的过渡区和 SS10 的中心区的趾部。高水平的可塑性发展导致试样伸长。而在有限元模型中，内支撑杆的 3 个方向位移是固定的，以确保收敛计算。此边界设置将导致中心区具有固定长度，这与测试中的边界不同。在卸载和重新加载过程中，需要首先压缩延伸的带材，然后再次向相反方向延

伸。在卸载和重新加载过程中，这种压缩效应导致更高的服务硬化强度和随后的挤压效应。

如图 9-91 所示，当试样具有较大弯曲变形时，施加的荷载将沿长度方向产生纵向分力 P（轴向）。该分力 P（轴向）将导致试样中的拉伸承载模式。在较大的旋转情况下，拉伸阻力的比例增加。因此，钢带在大振幅循环中最大强度增加，尤其是在 SS9 和 SS10（短过渡长度导致较大弯曲旋转）试样中。有限元模拟预测了这种强度增加，甚至放大了有限元模型中边界设置下的强度硬化效应。然而，通过与试验数据对比，有限元模型仍然获得良好的预测。高应力位置和失效模式也与试验一致，表明有限元模型可用于进一步研究。

（3）连接环设计讨论

试样 SS7 和 SS8 在连接环处具有过度塑性变形，这与图 9-89（e）中的断裂失效模式一致。由于 SS7 和 SS8 具有显著的非线性变形和高水平的塑性集中，有限元模型的横向强度预测与试验数据存在较大偏差。试样 SS8 的强度差异更为显著（图 9-96），其中连接环处的非线性变形更为严重。这种不利失效模式的原因是连接环的设计薄弱，即在环肋处产生并集中了高水平的塑性应变。在过度塑性发展以及环肋处的重复拉伸压缩力和高挤压力（图 9-91）下，韧性裂纹开始出现，并迅速扩展至整个肋。

在以前的设计中，中间连接环的宽度仅为 4.8mm（内弧和外弧的半径分别为 4.2mm 和 9.0mm）。而使用式（9-67）计算以确保 SS7 的剪切安全性的最小宽度为 4.9mm，SS8 为 6.5mm。为验证建议的式（9-67），对改进的 SS7 和 SS8 进行了额外的模拟，根据式（9-67）计算的最小值放大了 SS7 和 SS8 的环宽度。图 9-98 给出了应力状态和滞回曲线的比较，图 9-99 给出了原始 SS7、SS8 和改进 SS7、SS8 之间的 PEEQ（等效塑性应变）指数的比较。在原始 SS7 和 SS8 试样中，环肋处呈现了高 PEEQ 分布（图 9-99），代表了过度塑性应变的发展。而改进 SS7 和 SS8 主要在中心和过渡区呈现塑性发展。中间连接环的大部分仍保持在弹性状态。图 9-98（b）表明，加强连接环结构不会对屈服强度产生太大影响。而在大位移加载循环期间，对失效模式的修改将使强度从连接环失效变为在大弯曲旋转条件下由于拉伸阻力模式而导致的附加强度增加。

比较证明，增大连接环宽度可以确保连接部分有足够的抵抗力。因此，在钢带设计中需要确定连接环的最小宽度。连接环的最小宽度可以用式（9-67）计算，尤其是在短过渡区条件下。

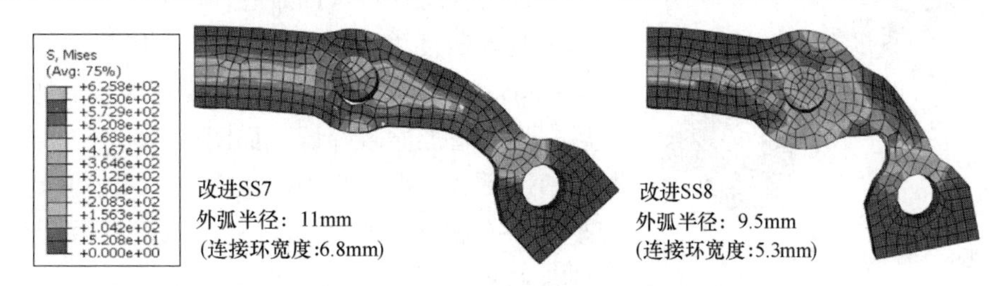

(a) 改进SS7和SS8的Von Mises应力分布(Δ=20mm)

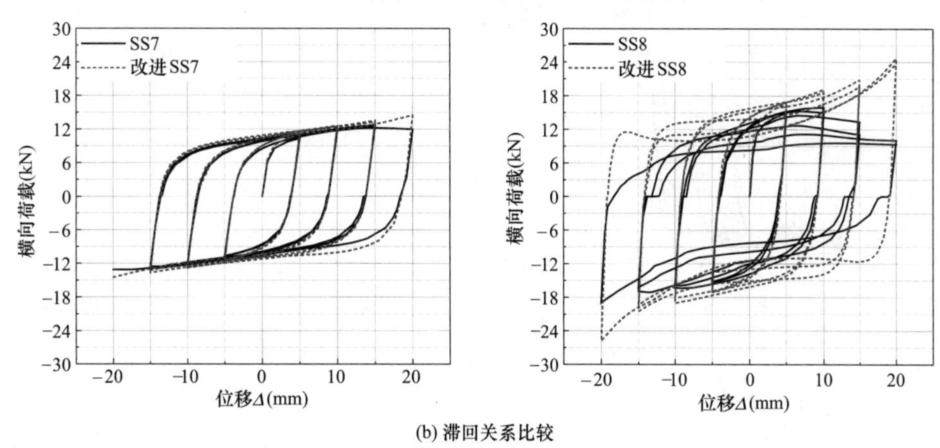

(b) 滞回关系比较

图 9-98　改进 SS7 和 SS8 的性能（Δ=20mm）

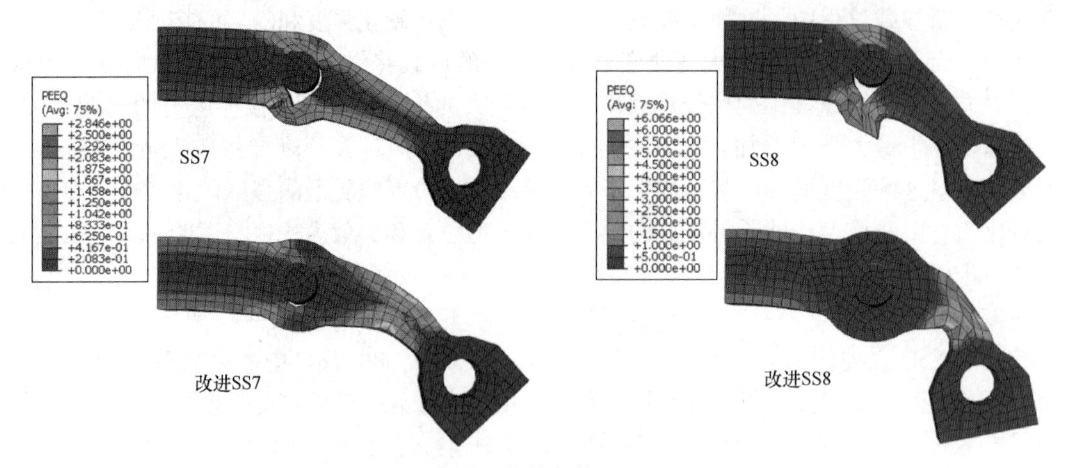

图 9-99 PEEQ 指数条件（$\Delta=20$mm）

（4）过渡区设计讨论

图 9-97 中 SS9 的有限元结果显示了显著的弯曲变形和过渡区相对较高的塑性发展水平。该结果与试验中 SS9 的失效模式一致（图 9-89f），即在过渡区发生了剧烈弯曲和断裂失效。先前对试验数据的讨论表明，这种失效模式的原因可能是设计相对薄弱，并且在过渡区产生较大的剪切弯曲力。而图 9-98 中修改 SS8 的变形条件表明，过渡区的弯曲破坏和拉伸加载模式也发生在宽带情况下（$h_0=8$mm，$h_1=15$mm）。为了进一步研究 b_1 长度对失效模式的影响，建立了一个附加模型，过渡区的长度延伸至 40mm（图 9-100 中改进的 SS9，其他配置尺寸相同）。

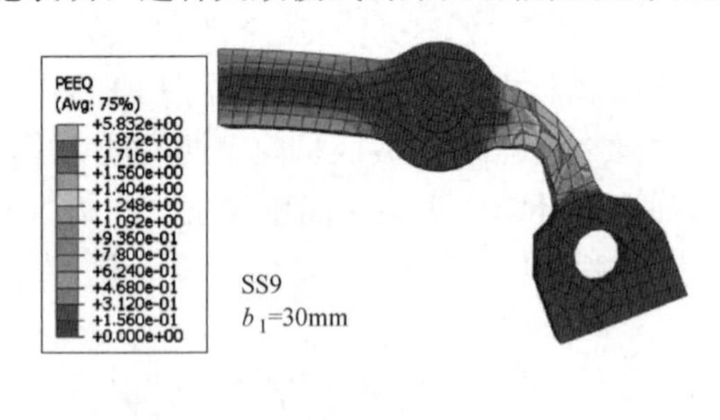

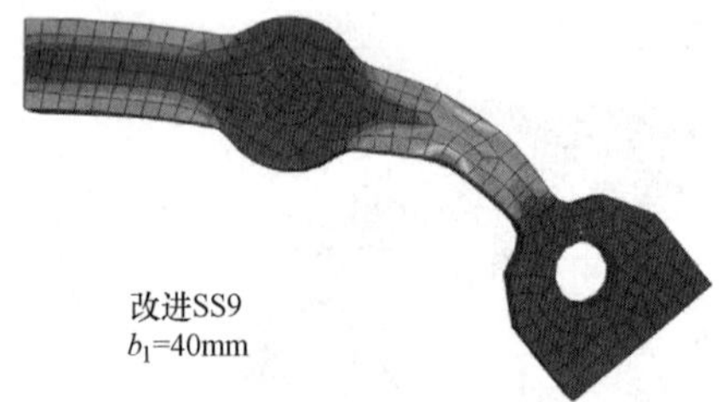

(a) SS9和改进SS9的PEEQ指数分布(Δ=20mm)

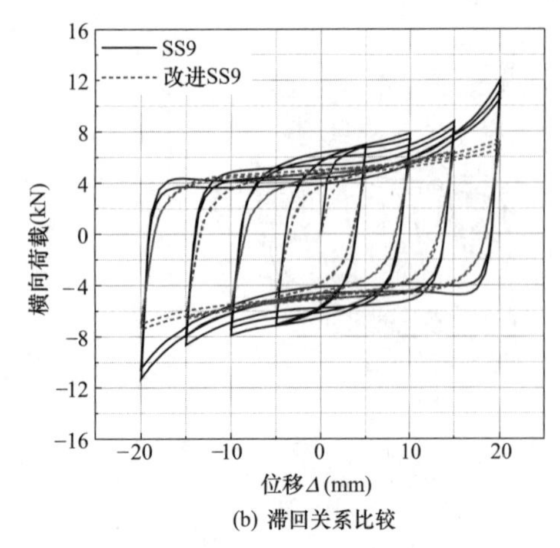

(b) 滞回关系比较

图 9-100 SS9 和改进 SS9 的性能比较

图 9-100 给出了原始和改进 SS9 之间的 PEEQ 指数条件和滞回强度比较。对于较长的 b_1，在相同的横向位移下，过渡区的相对弯曲旋转减小，从而降低了对弯曲变形和过渡区塑性发展的要求。图 9-100（b）表明，在改进 SS9 中，屈服强度降低，在过度弯曲旋转下，拉伸轴承的后一强度增加显著降低。而图 9-100（a）显示了中心区域的塑性发展水平略高于原始 SS9 的塑性发育水平，代表了改进 SS9 试样中心区参与更多能量耗散。从图 9-99 中改进 SS7 和 SS8 之间的比较也可以反映出更长 b_1 长度的类似改善效果。在相同的横向位移下，更长 b_1 长度表示对过渡区的旋转需求较低，塑性应变发展区域较长。这样可以降低塑性应变水平，延缓和消除塑性集中和弯曲破坏。根据试验数据和有限元结果，建议在以后设计中 b_1 长度大于 $3h_1$。

试样 SS1、SS2 和 SS4 的 h_0 为 5mm，中心区的塑性应力发展相对低于过渡区域（图 9-97）。而对于试样 SS5，配置的尺寸关系为 $h_0=h_1/2$，整个钢带的塑性范围更均匀。因此，进行了两次补充模拟，将 SS2 和 SS4 的 h_0 从 5mm 增加到 6mm（h_1 的一半）。图 9-101 比较了 PEEQ 指数条件和滞回曲线。h_0 的增加并没有出现太大的强度变化（图 9-101c），但塑性应变分布得到改善。在以前的

设计中，过渡区的塑性发展水平高于中心区。当 h_0 增加 1mm 时，等效塑性应变分布显著改善：改进情况下的 PEEQ 指数分布在整个带材上更加均匀，峰值 PEEQ 水平降低。塑性发展的主要区域从过渡区变为中心区。根据目前的试验数据和有限元模拟，建议在以后的钢带设计中，h_0 不小于 $h_1/2$。

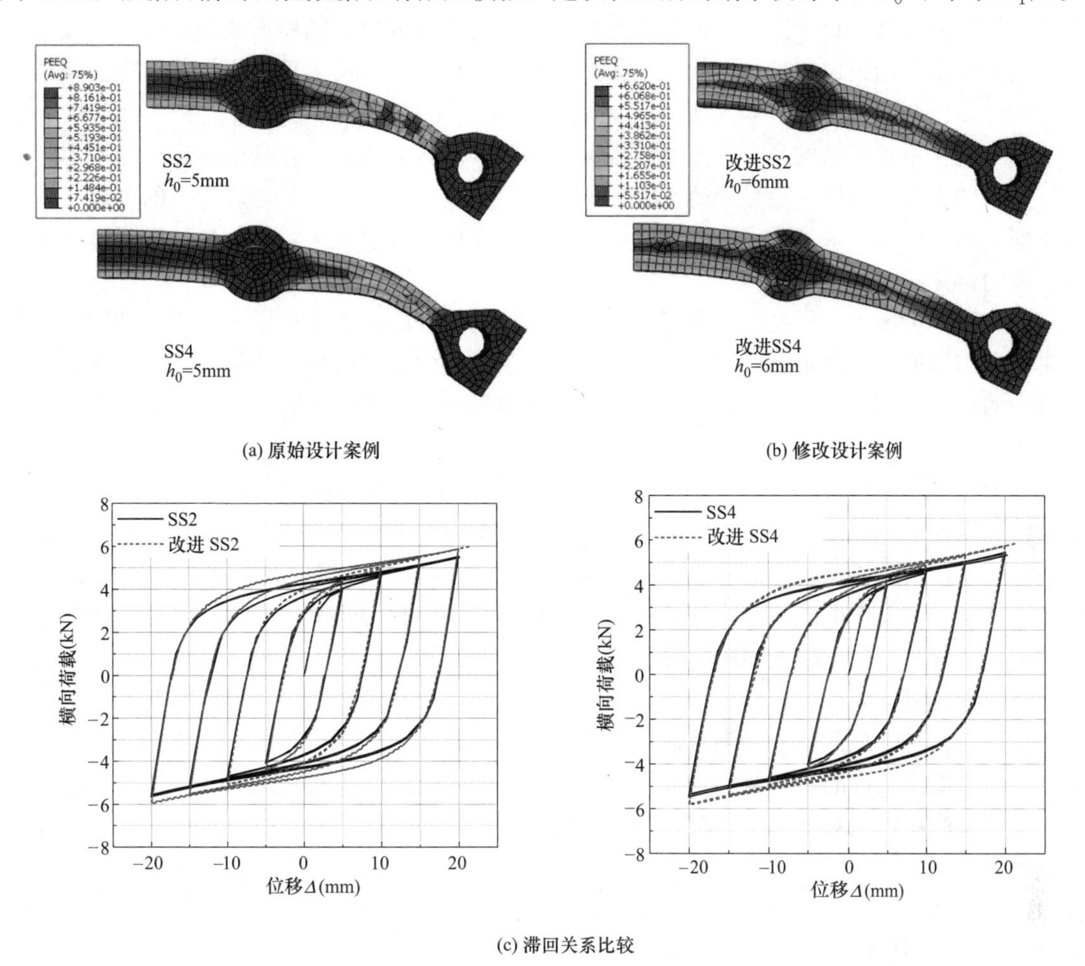

(c) 滞回关系比较

图 9-101　PEEQ 指数分布（Δ＝20mm）

4. 小结

本节提出了一种新的金属阻尼器设计，其特点是可更换的钢带熔断器和可调设计。通过理论推导，给出了钢带熔断器的主要结构设计指南。通过准静态试验和有限元分析，研究了钢带的抗震性能。并根据所得结果提出了进一步的设计建议。

（1）建议的阻尼器使用螺栓钢带作为消能熔断器，发生故障后可以更换，而不会影响连接部件。钢带通过平面内弯曲机制参与承载和能量耗散。均匀的中心区和两个不同的过渡区结构可以实现整个带材范围内的塑性发展和能量耗散。

（2）试验钢带均表现出良好的弯曲能力和塑性发展，具有完整的滞回曲线。由于类似的横向强度发展和能量耗散性能，为了制造方便，理论抛物线过渡可以用直线代替。钢带的弯矩强度主要受中心区宽度的控制。

（3）中心区的截面宽度决定了钢带的弯矩强度。过渡区 b_1 的长度将单个钢带的力矩强度转换为组合阻尼器的强度，并可用于调整横向反作用力。过渡区设计会影响带材的塑性发展模式。

（4）通过理论推导给出了钢带的初步截面设计，以及测试数据和有限元模拟。对钢带提出了一些额外的设计建议。提出了连接环宽度的下限。过渡区的长度建议大于中心区宽度的 3 倍。在后面进行钢带设计时，建议两端支撑处的最小配置宽度不小于 $h_1/2$。然而，后续需要进行更系统的参数研究，以获得更详细的影响关系和拟定阻尼器的详细设计指南。

9.4 基于声子晶体理论的周期隔减振/震结构

周期性结构就是其材料参数、几何形态等按一定的规律重复排列拓展形成的结构，组成结构的最小重复单元叫做原胞。当组成周期性结构的单元按规律无限重复时，形成理想周期性结构。描述一个理想周期性结构应该包含两个方面：单元形式、周期性形式。周期性结构可分为一维、二维和三维3种类型，但这个维度并不是指结构具有几个空间维度的几何实体，而是指其在几个维度上呈现出了周期性。

由于周期结构可以阻挡一定频率范围的波的传播，而地震波的传播是地震产生的主要原因，本节主要沿用将周期结构引入土木工程研究领域中的思路，将周期结构引入工程中，设计了新型周期结构旨在阻隔地震波的传播。

鉴于周期结构来源于声子晶体，声子晶体带隙机理的研究将有助于揭示传统周期结构中带隙产生的原因，为周期结构的设计提供理论基础。鉴于波在声子晶体中传播的特有特征，可将问题化为弹性波在周期介质中的传播问题。借鉴声子晶体理论研究周期结构的振动特性，有利于周期结构在建筑防震领域的推广应用。

目前周期结构的带隙机理有两种，分别是布拉格散射机理和局域共振机理。在布拉格散射型周期结构中，结构周期性起主导作用；而在局域共振型周期结构中，单个散射体的共振特性起主导作用。在土木工程中，应结合两种带隙机理的特性，采用最合适的方案，以达到最有效的隔震减振效果。

因为周期结构的工作机理决定了这种结构只能衰减其带隙频率范围内的波，而地震波的特点是包含多种频率成分，且主要位于较低频段内，所以设计结构的目标是获得中心频率低且带隙宽度大的带隙以覆盖更大范围的地震波频率。局域共振型周期结构的带隙频率与谐振器的自振频率有关，虽然容易获得较低频的带隙，但是带隙频率会局限在谐振器的自振频率附近，带隙宽度比较窄，且谐振器制作复杂。而布拉格散射型周期结构的带隙范围与晶格特征尺寸相关，受土木工程结构尺寸的限制，布拉格散射型周期结构通常较难获得相对低频的带隙。同时结合两种形式周期结构的特点，以找到获得相对低频且宽带的带隙的方法。

近年来，周期性结构相关理论的研究已经取得了一些成果，并且在机械、建筑、船舶等领域有广阔的应用前景。若将周期性结构引入土木结构领域，利用其带隙特征，可以减弱地震波或者其他振动对建筑结构的影响。本研究主要探究新型周期性基础对地震波的衰减，为了便于理解，将周期性结构中的带隙特征称之为衰减域特征。衰减域特征由起始频率（Lower Bound Frequency，简记为LBF），截止频率（Upper Bound Frequency，简记为UBF）和衰减域宽度（Width of Attenuation Zone，简记为WAZ，也叫带隙宽度）这3个参数来表示。

9.4.1 具有短柱构型的周期基础结构带隙计算及参数研究

目前周期性结构的带隙机理主要有布拉格散射机理和局域共振机理。通过布拉格散射型周期结构实现低频带隙需要对周期结构的尺寸进行放大，即结构的周期性起主导作用；而局域共振型周期结构相较于布拉格散射周期结构更容易获得较低频的带隙，是散射体与波的共振特性起主导作用。

周期性结构的工作特性决定了周期性结构只能衰减特定频率范围内的波，对该特定频率范围外的波没有衰减效果，由于地震波主要位于较低频段（0～20Hz）内，且成分复杂，包含了多种频率的波，所以在设计周期基础结构时将目标定位在获得起始频率低且带隙宽度大的带隙，以覆盖更大范围的地震波频率。本节结合两种形式周期性结构的特点，对周期基础结构进行设计，以期获得相对低频且宽带的带隙结构形式。

现有周期基础，无论是层状周期基础或者是周期性排桩基础，在尺寸上都有较大的要求，本节设计的具有短柱构型的周期基础结构在结构尺寸上打破了现有周期基础尺寸的限制，用相对较小的结构形式找到了相对起始频率低、带隙宽度大的基础结构。

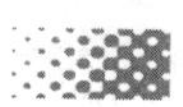

本节主要探究新型周期性基础的带隙范围，为了便于理解，将周期性结构中不能通过的频率段的波称为带隙特征，也可称之为衰减域特征。带隙特征（衰减域特征）由起始频率，截止频率和带隙宽度（也叫衰减域宽度）这 3 个参数来表示。本节首先提出具有短柱构型的周期基础结构具体结构构型；然后在有限元软件 COMSOL Multiphysics 5.6 中，计算具有短柱构型的周期基础结构的能带结构图，提取具有短柱构型的周期基础结构的带隙范围（衰减特征范围），最后对新构型周期基础结构进行参数分析，研究不同几何参数、材料参数对带隙范围（衰减特征范围）的影响。

1. 具有短柱构型的周期基础结构模型

具有短柱构型的周期基础结构的单个单元模型如图 9-102 所示。

本节提出的具有短柱构型的周期基础结构是由多种材料组成，且这些材料都建立在符合弹性假设，在弹性范围内的前提条件下。其中基体部分由单一材料构成，散射体部分是由多种材料叠合而成；基体是边长为 a，高度为 h_0 的长方体，散射体是直径为 d，高度分别为 h_1、h_2、…、h_n 的圆柱体。为了便于研究，本节首先选取散射体材料为 4 层的研究对象。由于混凝土、橡胶、钢材常用于减振隔震领域中，本节也选取这 3 种材料作为具有短柱构型的周期基础结构的基础材料。下面探究各种物理参数、材料参数以及组合形式对带隙范围的影响。

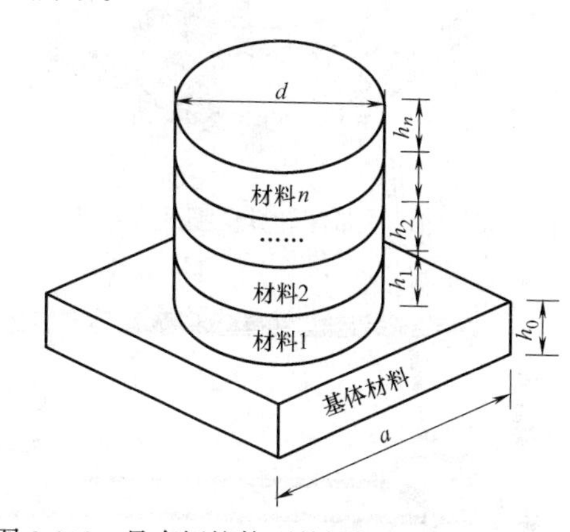

图 9-102　具有短柱构型的周期基础结构典型单元

1）散射体材料叠放顺序对带隙范围的影响

在此研究不同材料组成方式对带隙范围的影响。选取混凝土作为基体材料，橡胶和钢作为散射体材料，即混凝土对应图 9-102 中的基体材料，橡胶对应图 9-102 中的材料 1 和材料 3，钢材对应图 9-102 中的材料 2 和材料 4，构成基体混凝土-橡胶-钢材料叠放次序，如图 9-103 所示。选取混凝土作为基体材料，橡胶和钢材作为散射体材料，即橡胶对应图 9-102 中的材料 2 和材料 4，钢材对应图 9-102 中的材料 1 和材料 3，构成基体混凝土-钢-橡胶材料叠放次序，如图 9-104 所示。

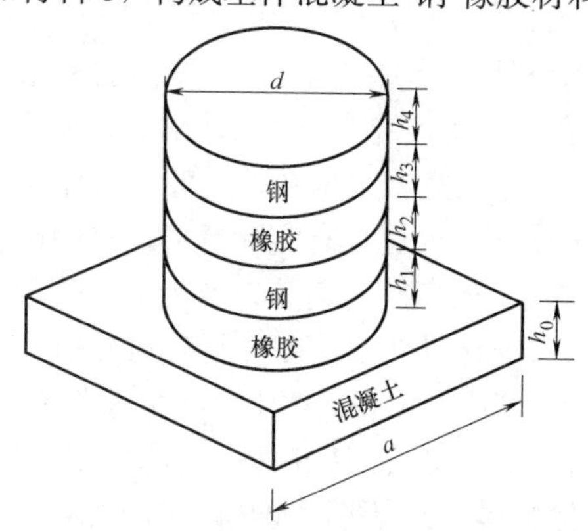

图 9-103　混凝土-橡胶-钢材料叠放次序

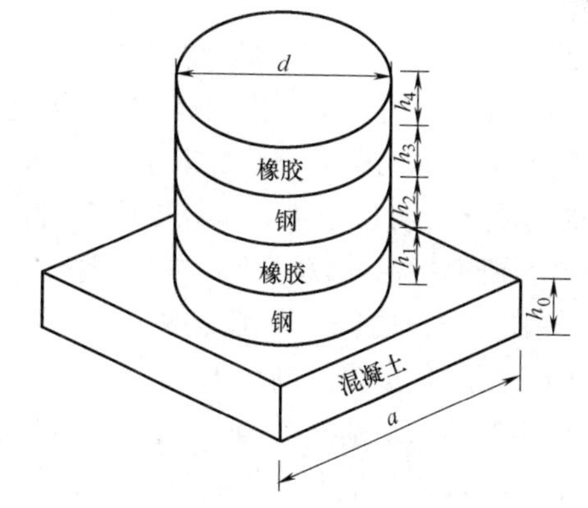

图 9-104　混凝土-钢-橡胶材料叠放次序

要研究这种具有短柱构型的周期基础结构的减振效果，首先要进行衰减域的研究，即计算这种具有短柱构型的周期基础结构的频散曲线。为了对比研究效果，上述研究对象均选取典型单元周期常数，其中基本体边长 a=1m，散射体直径 d=0.8m，高度 h_i=0.1m（i=0，1，2，3，4），材料参数详见表 9-20。

具有短柱构型的周期基础结构的材料参数　　表 9-20

材料	杨氏模量 E(GPa)	泊松比 ν	密度 ρ(kg/m^3)
混凝土	25	0.2	2500
橡胶	1.37×10^{-4}	0.463	1300
钢	209	0.275	7890

结构具有相似性，选取相同的边界条件和网格划分设置方式（图 9-105 和图 9-106）。由于设置了周期性边界条件，仅需对单位单元结构进行分析，就能获得无限周期性结构单元的能带结构图，计算得到的结果如图 9-107 和图 9-108。

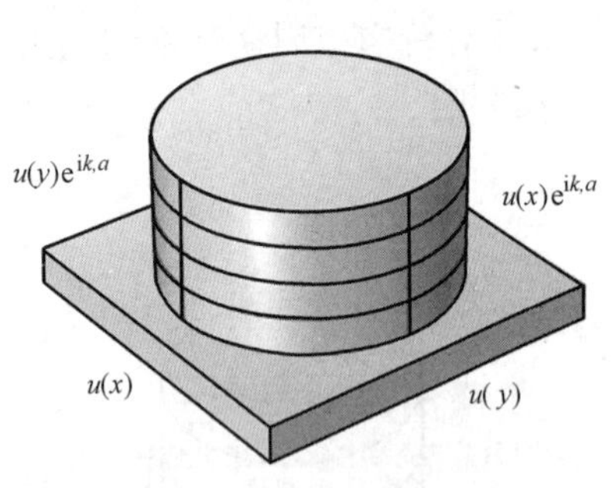

图 9-105　带隙计算模型及边界条件

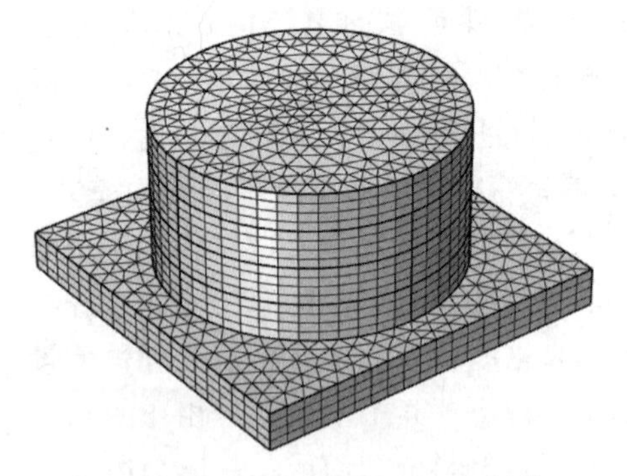

图 9-106　数值分析模型网格划分

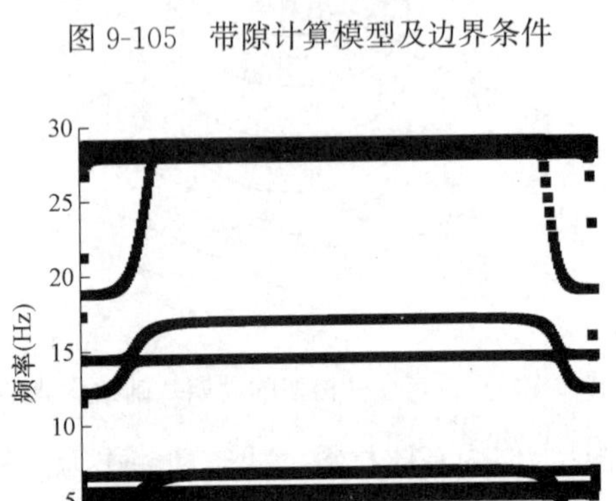

图 9-107　混凝土-橡胶-钢材料叠放次序能带结构图

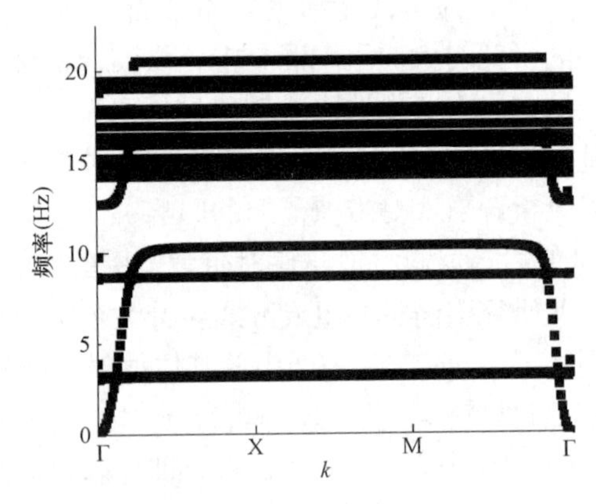

图 9-108　混凝土-钢-橡胶材料叠放次序能带结构图

从图 9-107 和图 9-108 可以看出，具有短柱构型的周期基础结构带隙范围，由于求解之后带隙范围并不唯一，在求解特征值范围内有的求解对象有一条带隙，有的有两条带隙，这与求解的特征值个数和结构本身有关，本次研究求解都取了 30 个特征值。因研究要求是探究该结构在地震波下的作用，而地震波的范围都在 20Hz 以内，探究更低起始频率和更宽带隙的结构组成更具有实际意义，故此探究取第一带隙作为研究指标。以混凝土-橡胶-钢材料叠放次序的具有短柱构型的周期基础结构第一条带隙范围在 6.71～12.76Hz 之间，带隙宽度为 6.05Hz，以混凝土-钢-橡胶材料叠放次序的具有短柱构型的周期基础结构的第一条带隙范围在 10.31～12.86Hz 之间，带隙宽度为 2.55Hz，对比可知由橡胶-钢构成的具有短柱构型的周期基础结构带隙范围不仅比钢材-橡胶材料构成的具有短柱构型的周期基础结构带隙范围宽 2 倍有余，且带隙的起始频率也更低，由此研究发现散射体表面层的材料质量和刚度大于基体和散射体内层的材料时，可以获得更好的带隙范围。因此后文均选取以混凝土-橡胶-钢材料叠放次序的具有短柱构型的周期基础结构作为单位单元的基础研究结构。

2）散射体材料叠放层数对带隙范围的影响

在此，探究了其他条件不变时散射体橡胶层和钢板层组合分别为 1 层和 3 层的带隙范围，如图 9-109 和图 9-110 所示。同样根据上述方法计算得到图 9-111 和图 9-112 所示能带结构图，可以看出散射体橡胶层和钢板层组合 1 层的具有短柱构型的周期基础结构第一带隙范围是 11.12～16.8Hz，带隙宽度为 5.68Hz，散射体橡胶层和钢板层组合 3 层的周期基础结构第一带隙范围是 6.26～9.35Hz，带隙宽度为 3.09Hz。

结合图 9-111 和图 9-112 的能带结构图，对比分析散射体橡胶层和钢板层组合分别为 1 层、2 层和 3 层的周期基础结构第一带隙范围（包括起始频率和截止频率）和带隙宽度如图 9-113 所示，由图 9-113

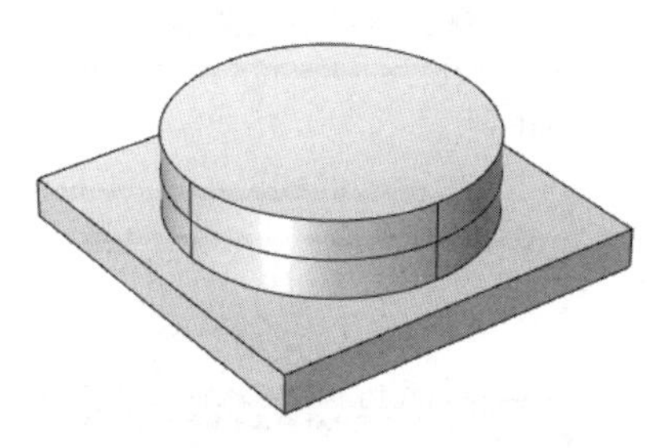

图 9-109　散射体橡胶层和钢板层组合 1 层结构示意图

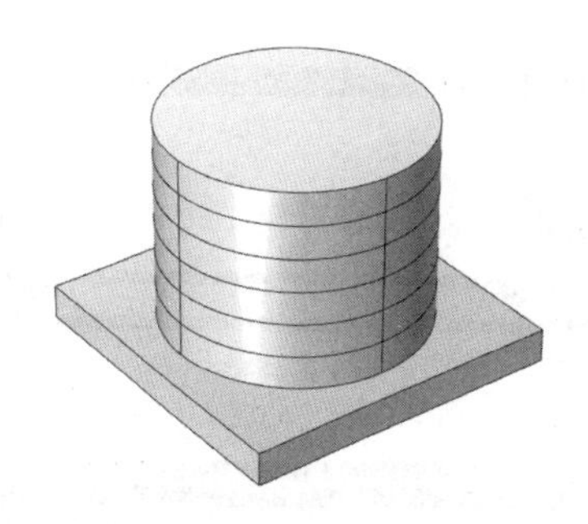

图 9-110　散射体橡胶层和钢板层组合 3 层结构示意图

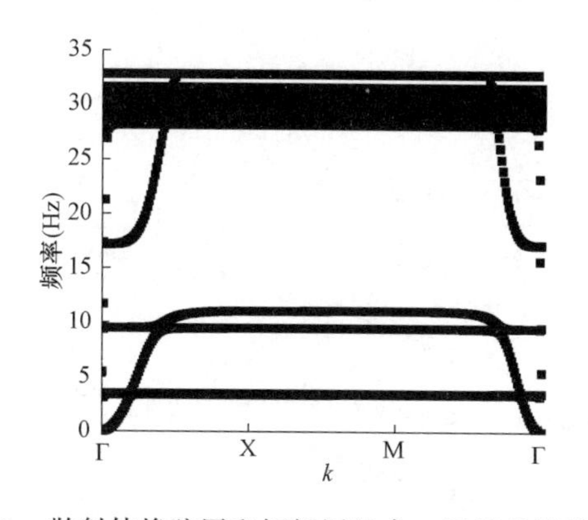

图 9-111　散射体橡胶层和钢板层组合 1 层基础能带结构图

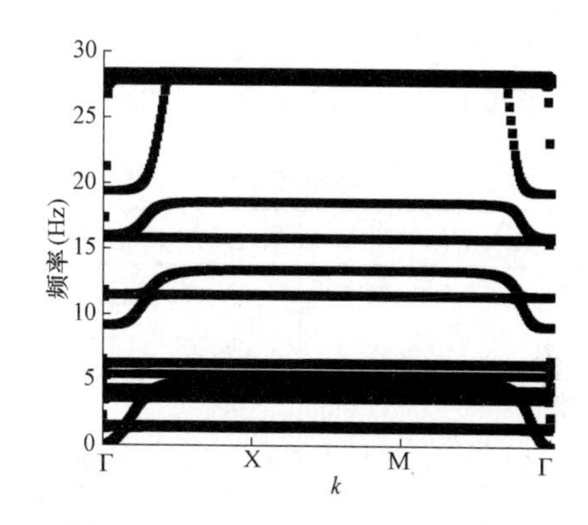

图 9-112　散射体橡胶层和钢板层组合 3 层基础能带结构图

可以看出，随着层数的增加结构第一带隙的起始频率逐渐减小，截止频率也逐渐减小，但频率宽度并不是一直增大或一直减小的，在 2 层时出现了峰值。对比来看 1 层带隙的起始频率过大，但 2 层的起始频率相对较低，与 3 层的起始频率相比差别不大。对比可知散射体结构层数为 2 层的周期基础结构带隙性能最佳。

3）散射体直径对带隙范围的影响

在此，探究了其他条件不变时散射体直径大小对第一带隙范围的影响，如图 9-114～图 9-116 所示，分别表示了散射体半径为 0.35m、0.45m、0.50m 的能带结构图。

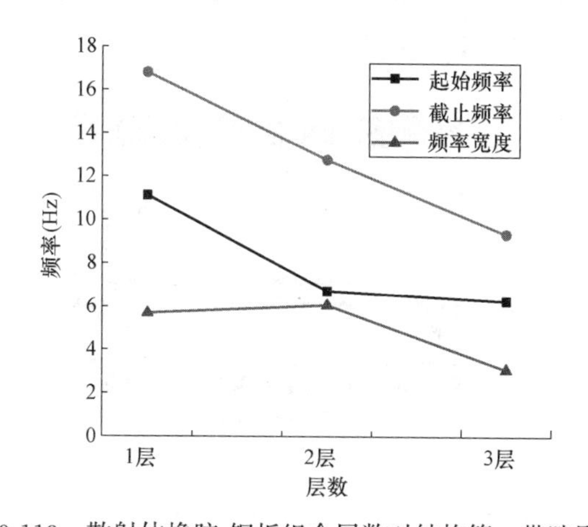

图 9-113　散射体橡胶-钢板组合层数对结构第一带隙影响

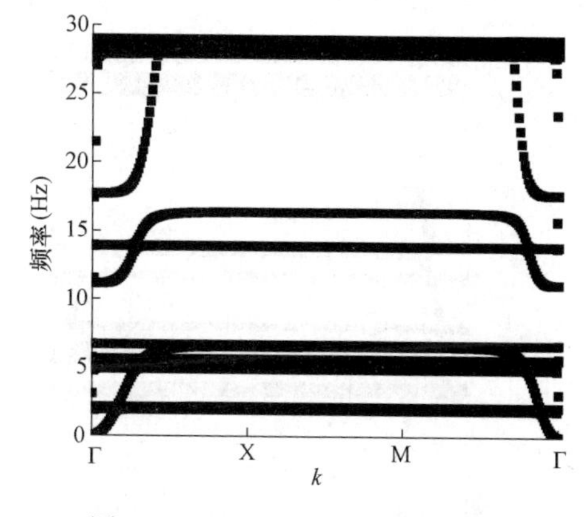

图 9-114　r=0.35m 能带结构图

散射体半径为 0.35m 时第一带隙范围为 6.68～11.72Hz，带隙宽度为 5.04Hz，散射体半径为 0.45m 时第一带隙范围为 7.01～13.13Hz，带隙宽度为 6.12Hz，散射体半径为 0.50m 时第一带隙范围为 7.18～14.46Hz，带隙宽度为 7.28Hz。总体来看第一带隙宽度随散射体半径的增大而增大，第一带隙的起始频率和截止频率随散射体的半径增大而增大。表 9-21 和图 9-117 列举了不同半径结果。

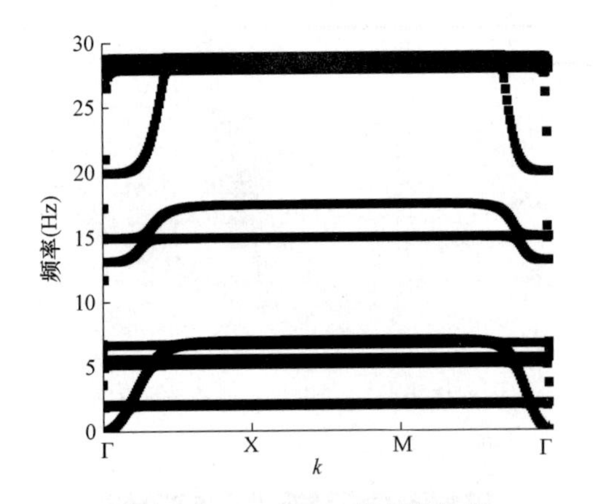

图 9-115　r=0.45m 能带结构图

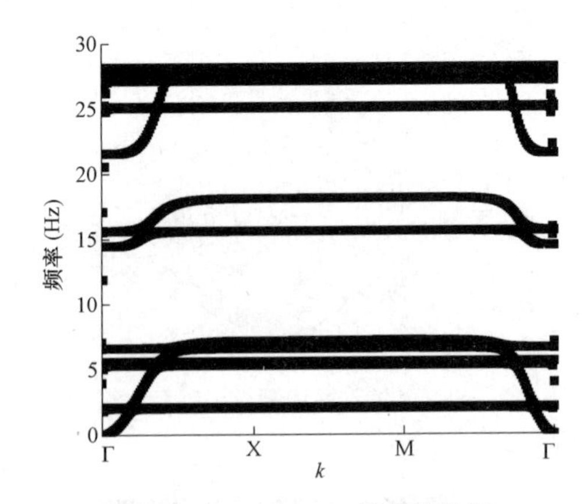

图 9-116　r=0.50m 能带结构图

第一带隙范围　　表 9-21

散射体半径(m)	起始频率(Hz)	截止频率(Hz)	带隙宽度(Hz)
0.2	5.64	7.34	1.73
0.25	5.89	6.97	1.08
0.3	6.21	9.74	3.53
0.35	6.68	11.72	5.04
0.4	6.71	12.76	6.05
0.45	7.01	13.13	6.12
0.5	7.18	14.46	7.28

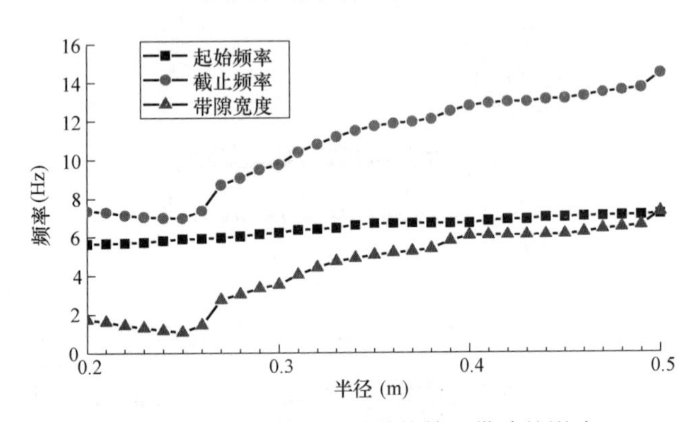

图 9-117　散射体半径对结构第一带隙的影响

由图 9-117 可以看出，在散射体半径为 0.2～0.5m 范围内频率第一带隙的起始频率一直增大，但趋势较缓，截止频率出现先减小后增大的趋势，第一带隙的带隙宽度也出现先减小后增大的趋势。由图可以看出在散射体半径为 0.25m 时第一带隙宽度出现最低值。图 9-118 和图 9-119 对比了散射体半径为 0.2m 和 0.25m 时的能带结构图。带隙的产生是由于对应的特征值无解，由图 9-118 和图 9-119 可以清晰地看出散射体半径在 0.2～0.25m 范围内由于某一个或某几个特征值的求解变化影响了 30Hz 内带隙的个数，导致截止频率出现减小的趋势，进而导致了第一带隙的带隙宽度的减小。

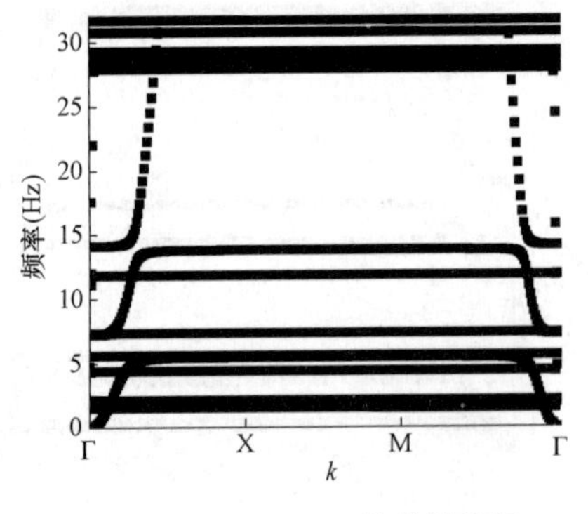

图 9-118　r=0.20m 能带结构图

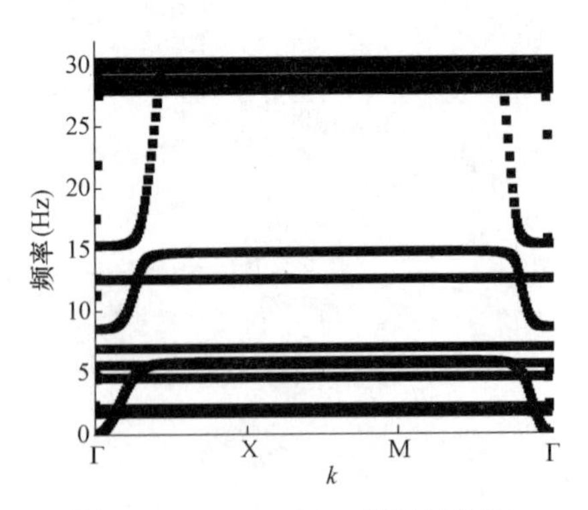

图 9-119　r=0.25m 能带结构图

4）基体高度对带隙范围的影响

在此，探究了其他条件不变时基体厚度即混凝土高度（h_0）对第一带隙范围的影响，如图 9-120、图 9-121 所示，分别表示基体高度为 0.15m、0.2m 的能带结构图。

混凝土高度为 0.15m 时第一带隙范围为 6.68～11.43Hz，带隙宽度为 4.75Hz，混凝土高度为 0.2m 时第一带隙范围为 6.82～10.53Hz，带隙宽度为 3.71Hz，故混凝土的高度会影响带隙的宽度。

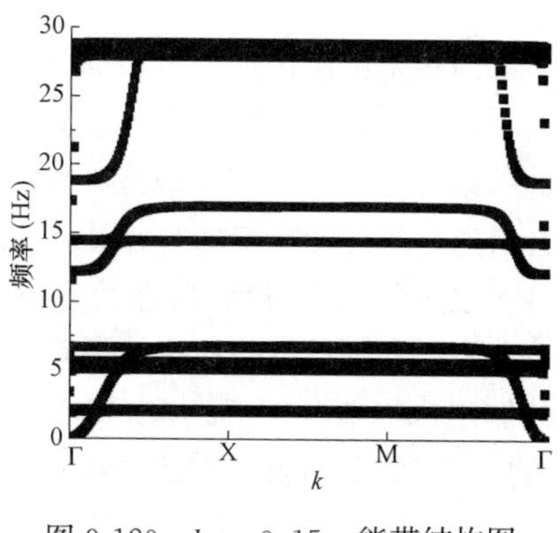

图 9-120 h_0=0.15m 能带结构图

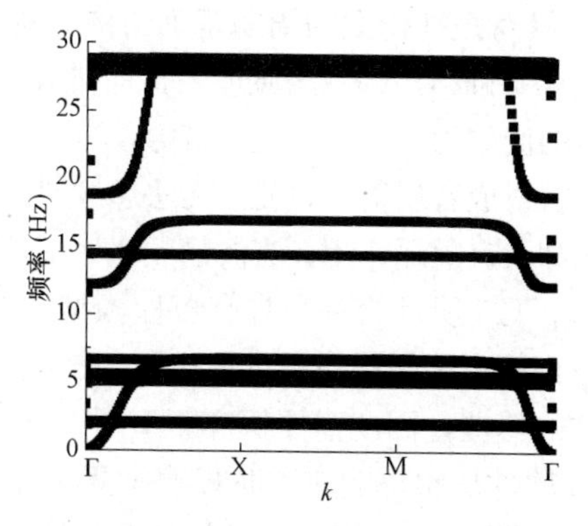

图 9-121 h_0=0.20m 能带结构图

图 9-122 绘制了更细致的计算结果，绘制了基体，也即混凝土的高度变化对具有短柱构型的周期基础结构的第一带隙的影响。

由图 9-122 可知随着基体的高度增加，具有短柱构型的周期基础结构的第一带隙的起始频率逐渐增大，截止频率逐渐减小，进而导致了带隙宽度逐渐减小。在实际应用中，基体高度越大越有利于基础的稳定性，但高度越大越不利于选择低起始频率带隙，在实际应用中需具体情况具体分析。

5）基体尺寸对带隙范围的影响

在此，探究了其他条件不变时基体尺寸即混凝土边长对第一带隙范围的影响，如图 9-123 所示，表示了基体边长为 0.8～2m 的带隙范围变化的趋势图。

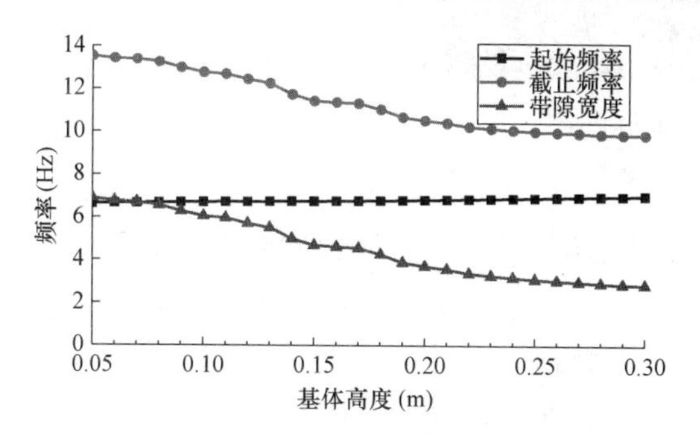

图 9-122 基体高度对结构第一带隙的影响

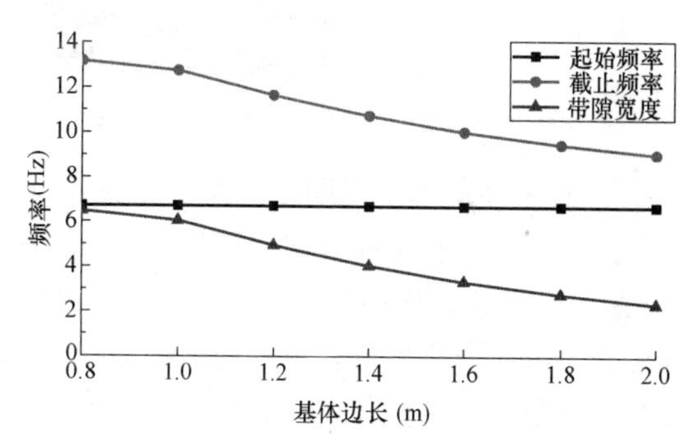

图 9-123 基体边长对结构第一带隙的影响

由图 9-123 可以看出结构起始频率几乎不受基体边长影响，随着基体尺寸的增大，结构第一带隙的截止频率逐渐减小，故带隙宽度也逐渐减小，在实际应用过程中应选择基体尺寸较小的具有短柱构型的周期基础结构。

6）基体材料参数对带隙范围的影响

在此探究了其他条件不变时基体材料参数，即混凝土材料参数对第一带隙范围的影响，由于混凝土强度等级不同，所对应的一些物理参数有较大的差异，下面探究的内容为密度范围为 2200～3000kg/m^3 的混凝土对具有短柱构型的周期基础结构第一带隙范围的影响，如图 9-124 所示。

由图 9-124 可知随着密度的增加，具有短柱构型的周期基础结构的第一带隙的起始频率逐渐增大，截止频率也逐渐增大，由于截止频率增大的程度比起始频率增大的程度要高，导致具有短柱构型的周期基础结构的第一带隙宽度也逐渐增大。因此选用密度大的混凝土材料有利于周期基础结构的建设。

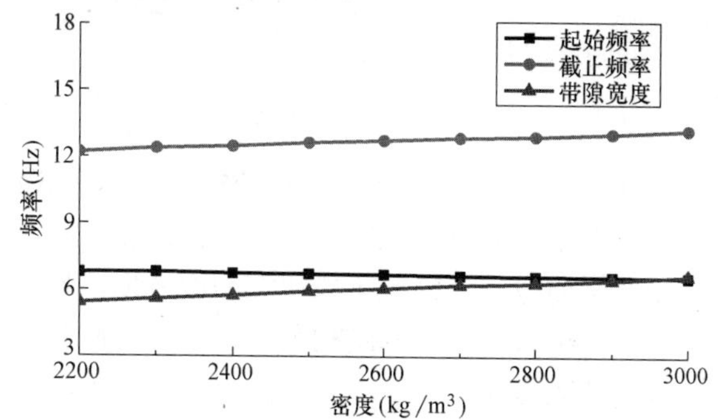

图 9-124 基体密度对结构第一带隙的影响

2. 具有短柱构型的周期基础结构的减振效果模拟

周期基础结构的减振原理主要是利用周期性结构对波的作用，即对一定范围内的波有阻隔作用，这个范围内的波称为衰减域，也叫带隙，当波的频率处于带隙范围内时，在周期结构不同介质的交界面处，波会发生折射或者反射，致使波无法通过周期结构，进而达到衰减的效果。但是对于衰减域范围外的波，周期结构却没有阻隔作用，当波的频率处于带隙范围外时，可以正常通过，对波没有衰减的效果。

图 9-125 所示为一个具有短柱构型的周期基础结构示意，探究其物理参数和材料参数对其起始频率、截止频率和带隙宽度的影响，但在实际应用中，无法达到理论计算值所对应的在一定带隙范围内完全衰减的特性，因此需要探究新型周期基础在实际应用中的衰减作用，本节利用 COMSOL Multiphysics 5.6 软件从频率响应和时程响应两个方面探究具有短柱构型的周期基础结构的衰减效果（也即减振性能），本节还探究了具有短柱构型的周期基础结构在能带结构图和频域分析中频率处于带隙起止范围时，结构的振动模态和能量流动特征，对比了其特征关系。从多方印证了具有短柱构型的周期基础结构的衰减效果。

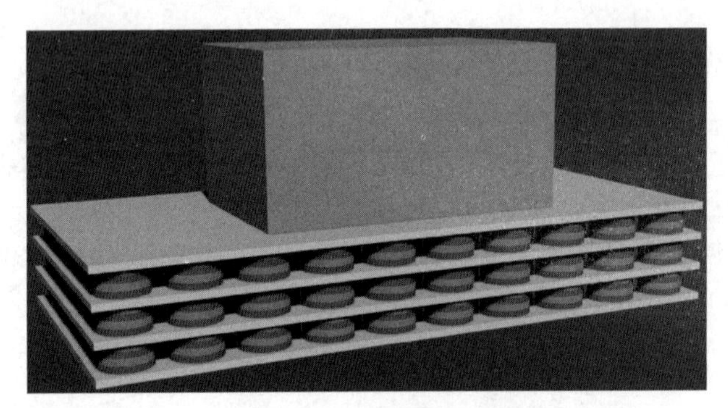

图 9-125　具有短柱构型的周期基础结构示意图

1）具有短柱构型的周期基础结构减振效果计算模型

在此，介绍具有短柱构型的周期基础结构对于低频段波的屏蔽效果。利用 COMSOL Multiphysics 5.6 软件建立了几何模型如图 9-126 所示。该模型以图 9-125 所示具有短柱构型的周期基础结构排列形式为基础，由 5 个典型具有短柱构型的周期基础结构单位单元构成。材料参数与表 9-20 相同，边界条件的设置为左侧 x 方向施加单位为 1 的位移，在 y 方向上设置 Floquet 周期性边界条件（图中每一个单元代表一层具有短柱构型的周期基础结构），将 z 方向上的位移设置为 0。为了验证减振效果，后文还将分别计算由多个典型具有短柱构型的周期基础结构单位单元构成的基础结构的减振效果。

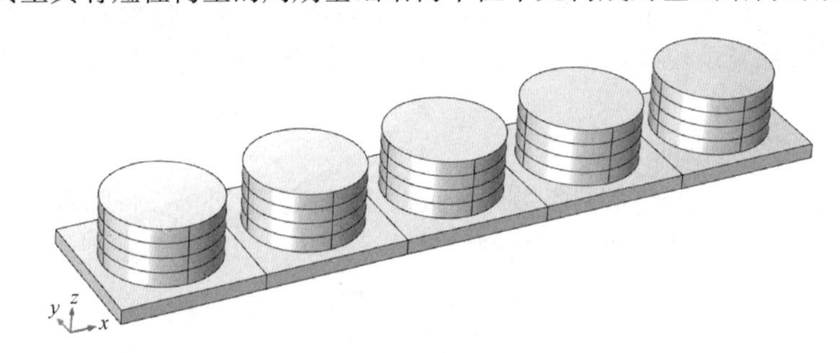

图 9-126　具有短柱构型的周期基础结构计算隔震效果模型

2）具有短柱构型的周期基础结构频率响应分析

相对地表层来说，地震主要对结构产生危害的是表面波，对于基础结构来说，波的振动方向正是基础所在的平面方向，因此主要研究平面方向的频率响应，主要过程为在基础底面最左端施加幅值为 1 的单位位移荷载，然后拾取结构最右端的位移响应，进而通过取基础的入射端和响应端位移比值来验证周期性基础的隔震功能。

在此设置了 0～30Hz 的扫频区间，设置的步长为 0.01Hz。图 9-127 为频率响应图。具有短柱构型

的周期基础结构在一定频率范围内传输谱的值小于 0，表明具有短柱构型的周期基础结构对一定频率范围内的波有明显的衰减作用。

由图 9-127 可以看出具有短柱构型的周期基础结构的第一带隙在 6.6～13.1Hz 范围就有明显的衰减效果，范围涵盖了图 9-107 第一带隙的计算结果范围，即 6.71～12.76Hz，同时图中第二条带隙的范围为 17～19.4Hz 之间，涵盖了图 9-107 第二带隙的计算结果范围，即 17.18～19.14Hz，由此可以印证前述带隙范围结果的正确性。

下面对比计算了具有短柱构型的周期基础结构的层数分别为 1 层、5 层、6 层、7 层、10 层时的频域曲线，计算步长设置为 0.1Hz，如图 9-128 所示。

由图可以看出，随着具有短柱构型的周期基础结构的层数增多，具有短柱构型的周期基础结构在 6.6～13.1Hz 和 17～19.4Hz 范围内的衰减效果逐渐增强，由此可以推测，当结构层数达到无限多时，可形成完全带隙，带隙范围与图 9-107 计算结果一致。

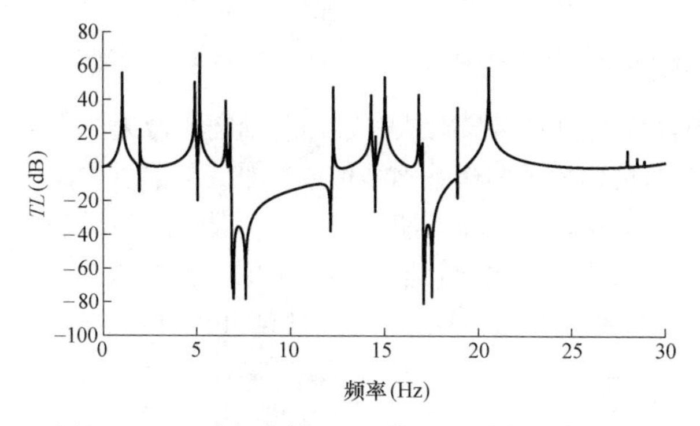

图 9-127　具有短柱构型的周期基础结构频率响应图

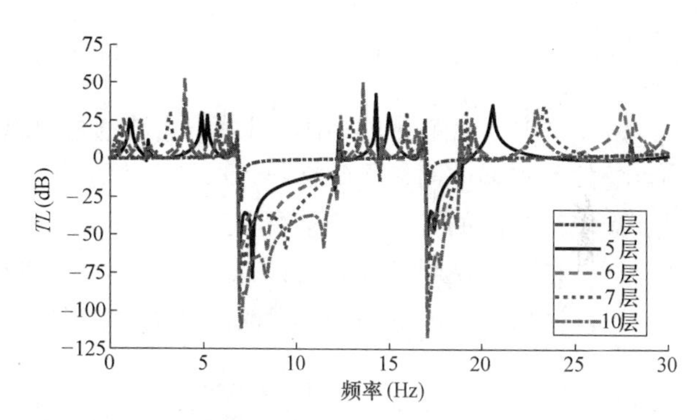

图 9-128　具有短柱构型的周期基础结构不同层数频域曲线图

3）具有短柱构型的周期基础结构时程响应分析

时域中的瞬态响应同样可以验证结构对弹性波的衰减效果。时域分析的主要过程为在基础底面最左端施加简谐位移荷载，对结构进行瞬态分析，在此取基础右上端点处的位移瞬态响应，使用图 9-126 中的模型计算，在最左侧施加单频简谐激励。为了对比具有短柱构型的周期基础结构的减振性能，在此增加素混凝土基础作为对比，如图 9-129 所示。

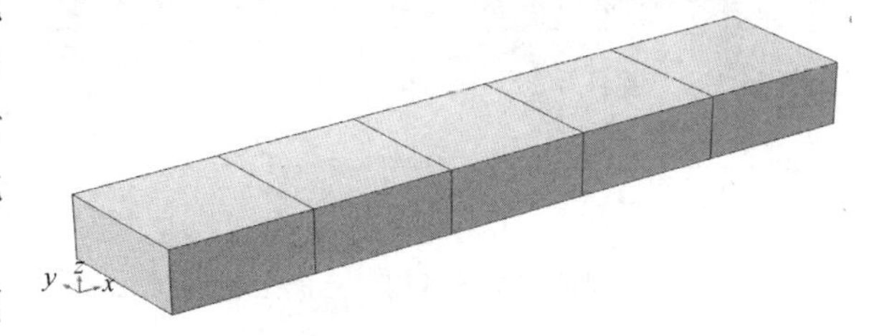

图 9-129　素混凝土基础模型

其中简谐频率 f_n 取 8Hz 和 18Hz，位于带隙频率范围内，计算得到的瞬态位移响应如图 9-130～图 9-133 所示。

其中图 9-130 和图 9-131 分别表示激励频率为 8Hz 时 x 方向和 z 方向上两种基础结构的位移时程反

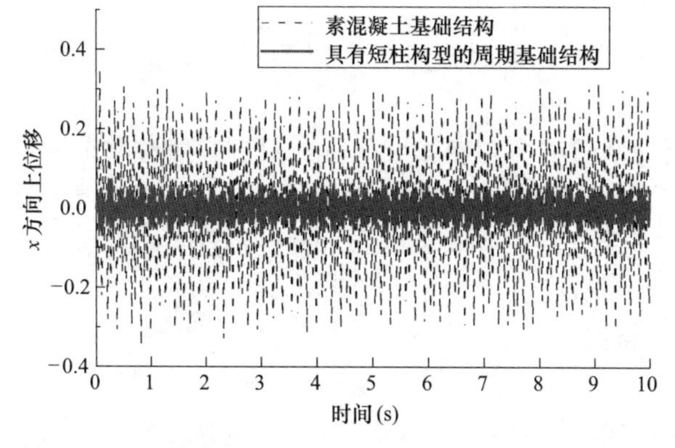

图 9-130　8Hz 时两种基础结构 x 方向上的时程反应曲线

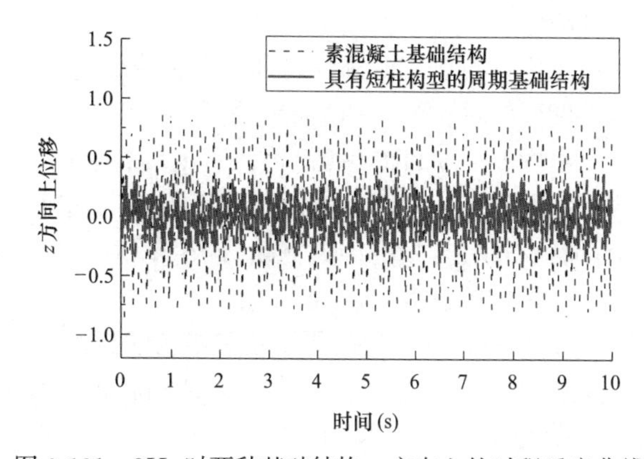

图 9-131　8Hz 时两种基础结构 z 方向上的时程反应曲线

应曲线。图 9-132 和图 9-133 分别表示激励频率为 18Hz 时 x 方向和 z 方向上两种基础结构的位移时程反应曲线。所有数据都经过归一化数值处理。

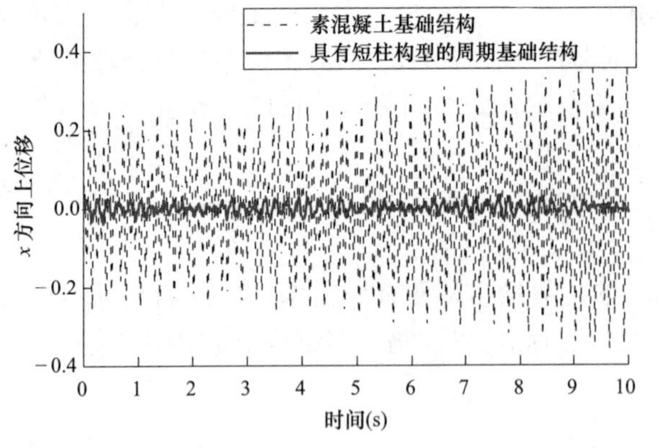

图 9-132　18Hz 时两种基础结构 x 方向上的时程反应曲线

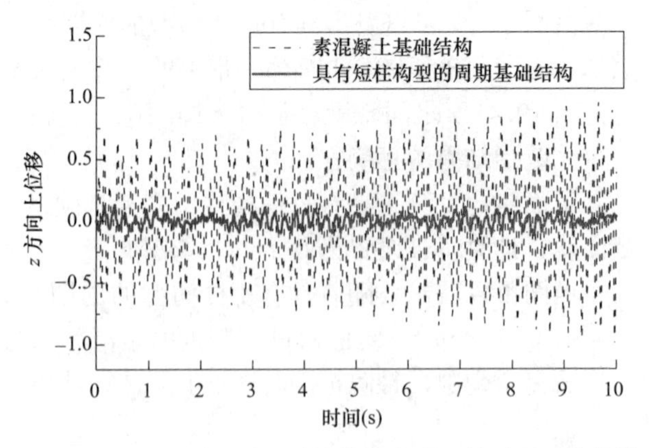

图 9-133　18Hz 时两种基础结构 z 方向上的时程反应曲线

从图 9-132 和图 9-133 中可以看出当波通过具有短柱构型的周期基础结构后，基础结构散射体右端端点处的位移响应明显得到抑制，这是因为在有限具有短柱构型的周期基础结构单位单元的隔震作用下对衰减域范围内的波相对于素混凝土基础来说只有一定的抑制作用，而不能实现完全的带隙。总之，时域分析结果同样说明了设计的具有短柱构型的周期基础结构能够有效抑制带隙频率范围内的波的传播。

下面选取了带隙范围外频率的简谐位移，选取了 14Hz 作为对比计算，如图 9-134 和图 9-135 所示。

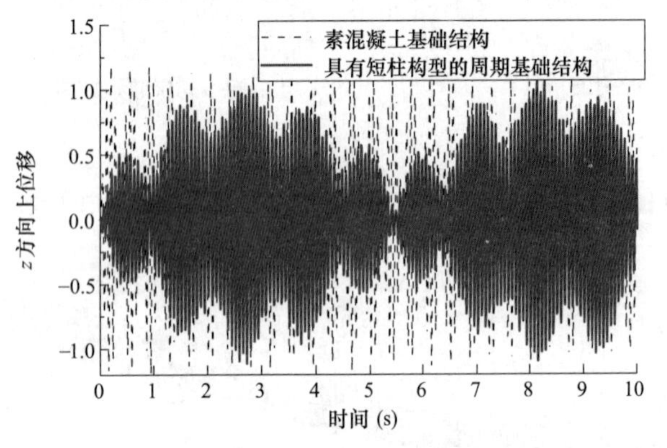

图 9-134　14Hz 时两种基础结构 z 方向上的时程反应曲线

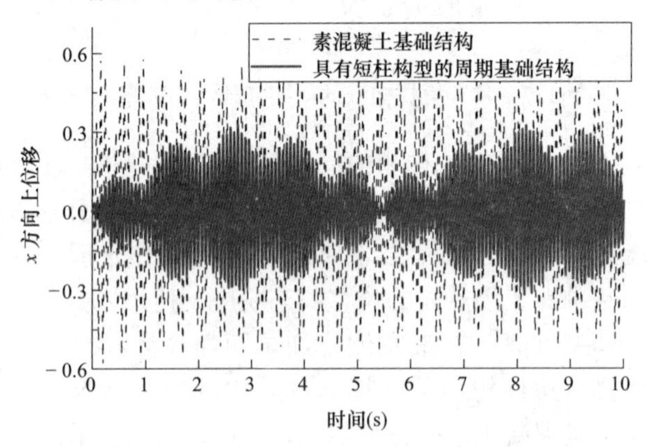

图 9-135　14Hz 时两种基础结构 x 方向上的时程反应曲线

由图 9-134 和图 9-135 可以看出，当简谐位移频率在带隙范围外时，特别是 z 方向上的位移幅值基本没有衰减，进一步说明了具有短柱构型的周期基础结构具有带隙的特征。

为了证明具有短柱构型的周期基础结构的减振效果，对具有短柱构型的周期基础结构施加多频简谐位移荷载。

下面计算了同时施加两种同在衰减域范围频率的位移荷载，频率分别是 8Hz 和 18Hz，计算时程曲线如图 9-136 和图 9-137 所示。

由图 9-136 和图 9-137 可以看出具有短柱构型的周期基础结构在衰减域范围内对多频段位移荷载有明显抑制作用，也即具有短柱构型的周期基础结构对衰减域范围内的波有衰减效果，因此可以得出结论，具有短柱构型的周期基础结构可以对在衰减域范围内的单一简谐位移荷载和多频简谐位移荷载均具有很明显的抑制效果。

3. 具有短柱构型的周期基础结构的振动模态和位移特征

1）具有短柱构型的周期基础结构起止频率振动模态

在此探究了具有短柱构型的周期基础结构在能带结构中的能量流动，以图 9-103 作为研究对象，探究了其 30Hz 以内的两条带隙起始频率和截止频率的振动模态，取点如图 9-138 所示，并利用 COMSOL

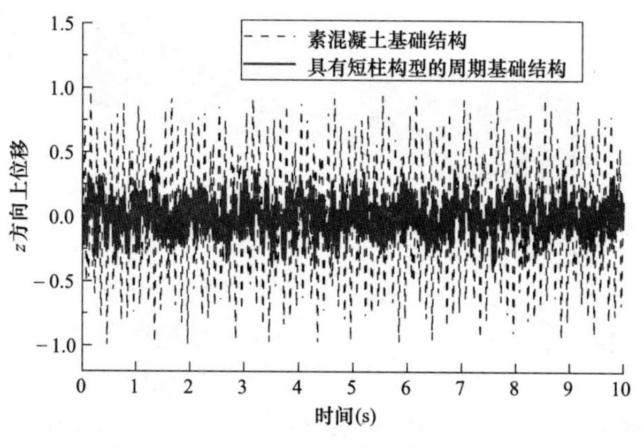

图 9-136　8Hz+18Hz 时两种基础结构 z 方向上的时程反应曲线

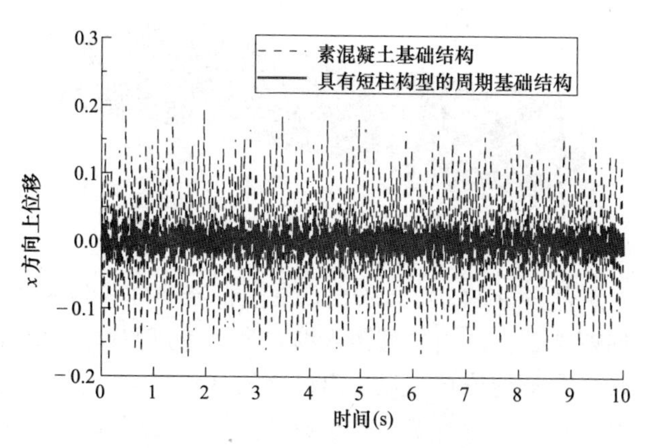

图 9-137　8Hz+18Hz 时两种基础结构 x 方向上的时程反应曲线

Multiphysics 5.6 软件绘制了其能量流动趋势图，如图 9-139～图 9-142 所示。

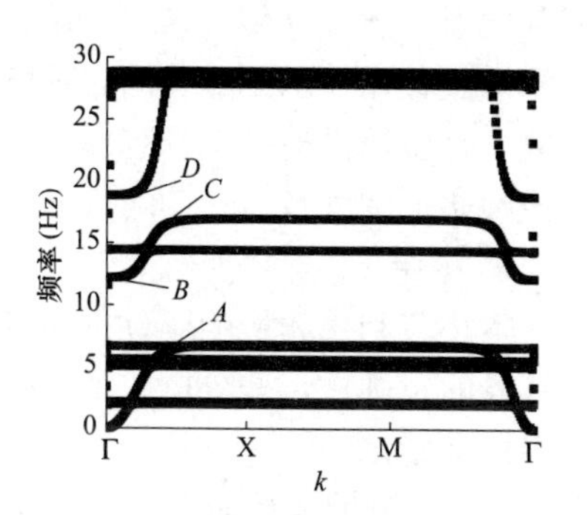

图 9-138　振动模态在结构能带图中取点位置

图 9-139 点 A 振动模态和图 9-140 点 B 振动模态分别对应于第一个带隙的起始频率和截止频率，在点 A 振动模态中，振动能量集中在具有短柱构型的周期基础结构中的两块钢板上（对应图 9-103 基础结构中 h_2 层和 h_4 层部分），这两块钢板沿相同方向振动。在点 B 振动模态下，通过底板和顶层钢板（h_4 层）沿 z 轴的反向振动获得动态平衡，中间钢板（h_2 层）作为固定层。图 9-141 点 C 振动模态和图 9-142 点 D 振动模态分别对应于第二个带隙的起始频率和截止频率。振动模态 C 通过两个钢板的反向振动将振动能量集中在橡胶层（h_1 层和 h_3 层）中，并保持混凝土（h_0 层）静止。在振动模态 D 中，顶层钢板（h_4 层）作为静止层，而混凝土层和中间钢板（h_2 层）的反向振动实现动态平衡。

图 9-139　点 A 振动模态

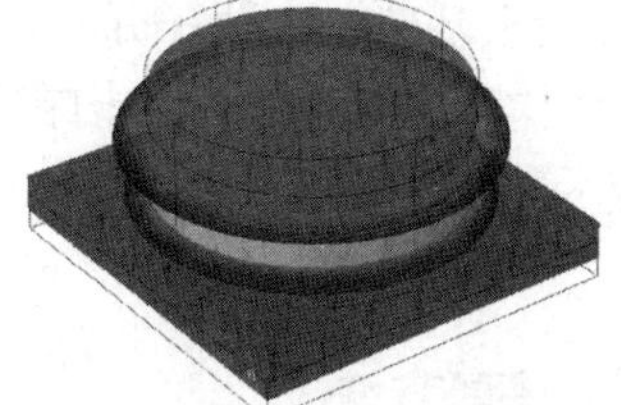

图 9-140　点 B 振动模态

图 9-141　点 C 振动模态

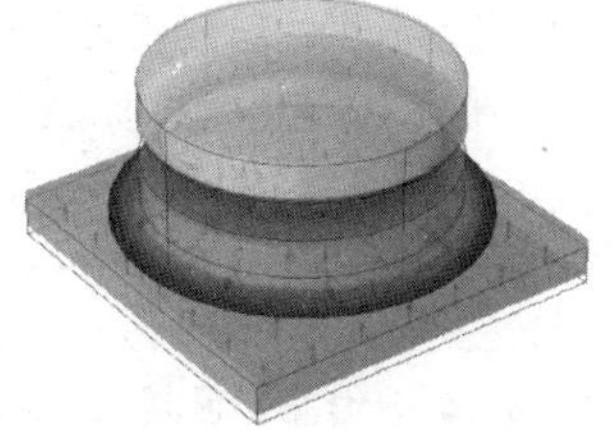

图 9-142　点 D 振动模态

2）具有短柱构型的周期基础结构频率响应位移云图

在此探究了具有短柱构型的周期基础结构频率响应分析，得到第一带隙起始频率 6.8Hz 和截止频率 12.7Hz 下的位移响应图，如图 9-143 和图 9-144 所示，第二带隙起始频率 17.1Hz 和截止频率 19.4Hz 下的位移响应图，如图 9-145 和图 9-146 所示。

图 9-143　6.8Hz 下结构的位移云图

图 9-144　12.7Hz 下结构的位移云图

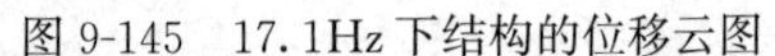

图 9-145　17.1Hz 下结构的位移云图

图 9-146　19.4Hz 下结构的位移云图

从图 9-143 可以看出，其能量流动位置和图 9-139 一致，且位移主要集中在输入端第一个单元新型周期基础上，当位移传入第二个单元新型周期基础时显著减小，当位移传入第三个单元新型周期基础时几乎看不到位移，显示出显著的衰减特征，表示带隙发生。图 9-144 显示其能量流动位置和图 9-140 一致，且位移沿着整个具有短柱构型的周期基础结构上发生，意味着带隙的结束，这表明第一带隙存在于该频率范围（6.82～12.76Hz）中。

从图 9-145 可以看出其能量流动位置与图 9-141 一致，且位移主要集中在输入端第一个单元新型周期基础上，当位移传入第二个单元新型周期基础时显著减小，当位移传入第三个单元新型周期基础时几乎没有位移，显示了显著的衰减特征，表示带隙发生。在位移云图 9-146 中其能量流动位置和图 9-142 一致，且位移沿着整个具有短柱构型的周期基础结构上发生，意味着带隙的结束，这表明第二带隙存在于该频率范围（17.1～19.4Hz）中。

4. 小结

本小节利用频域响应分析和时域响应分析两种方法验证了具有短柱构型的周期基础结构带隙范围理论计算的正确性，并分析了带隙频率上的振动模态，对比了对应频率下频率响应函数的能量流动特性，得出以下结论：

（1）从频域分析来看，具有短柱构型的周期基础结构在带隙范围内有明显的衰减，随着具有短柱构型的周期基础结构单元层数的增多，在带隙范围内衰减效果越明显，根据这一现象合理推测了无限层单元的周期基础结构会有完全带隙。

（2）从时域分析来看，对多层具有短柱构型的周期基础结构单元排列组成的基础结构施加带隙范围内频率的单频简谐位移荷载或多频简谐位移荷载，经过具有短柱构型的周期基础结构的作用可以得到明显的抑制效果，而相同条件下的素混凝土基础未见明显抑制效果。但是当施加衰减域范围外的简谐位移荷载时，经过具有短柱构型的周期基础结构的作用相比素混凝土基础结构没有明显的衰减效果。

（3）对于带隙对应的模态，本小节分析了具有短柱构型的周期基础结构在带隙起止频率上的振动模式，对比了具有短柱构型的周期基础结构在频率响应分析中带隙起止频率上的能量流动特性，两者产生了很好的一致性，此为带隙产生的原因。

9.4.2　弹性地基上双层梁带隙特性及带隙宽度提高方法

图 9-147 给出了弹性地基上双层欧拉梁结构简图，上下梁之间通过双自由度振子相连。每个振子 m 用 4 个弹簧连接，上下弹簧刚度系数分别为 k_1、k_2，弹簧之间的距离为 $2l_1$，晶格常数为 a。振子的两个自由度分别为沿着 y 向的横向位移 Z 和关于质心的转动位移 θ。

对于图 9-147 所示的边界自由的双层欧拉梁模型，设上下两层梁截面和材料特性相同，其位移场函数分别为 $y_1(x,t)$，$y_2(x,t)$，振子的位移场函数为 $Z(x,t)$，$\theta(x,t)$，则双层梁结构的弯曲振动方程和振子运动方程为：

$$\begin{cases} EI\dfrac{\partial^4 y_1(x,t)}{\partial x^4}+\rho A\dfrac{\partial^2 y_1(x,t)}{\partial t^2}=f_{n1}+f_{n2} \\ EI\dfrac{\partial^4 y_2(x,t)}{\partial x^4}+\rho A\dfrac{\partial^2 y_2(x,t)}{\partial t^2}=f_{n3}+f_{n4}-k_f y_2(x,t) \\ f_{n1}+f_{n2}+f_{n3}+f_{n4}=-m\ddot{Z}(x,t)(-f_{n1}+f_{n3})l_2+(f_{n2}-f_{n4})l_3=-J\ddot{\theta}(x,t) \end{cases} \tag{9-80}$$

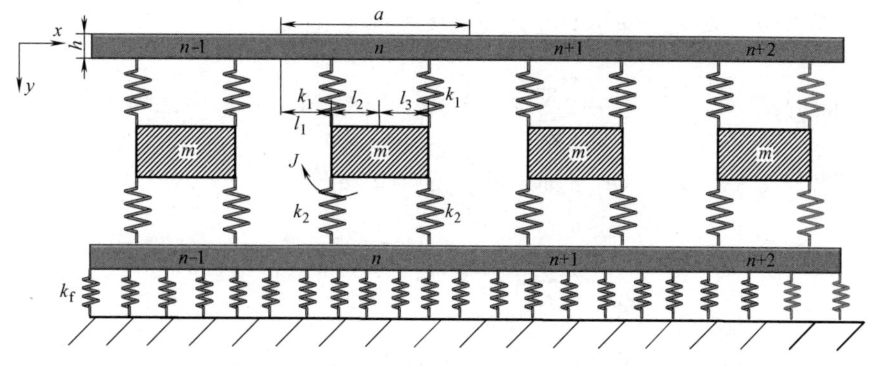

图 9-147　弹性地基上双层欧拉梁模型示意图

其中 EI，ρ 和 A 分别为梁的抗弯刚度、密度和横截面面积；f_{n1} 和 f_{n2} 分别表示振子在上层梁上两连接点处所受的力；f_{n3} 和 f_{n4} 分别表示振子在下层梁上两连接点处所受的力；m 和 J 分别为振子的质量和转动惯量；k_f 为弹性地基刚度。

令 $x_1=na+l_1$，$x_2=na+l_1+l_2$，$x_3=na+l_1+l_2+l_3$，则：

$$\begin{cases} f_{n1}=\sum k_1[Z(x_2,t)\delta(x-x_2)-y_1(x_1,t)\delta(x-x_1)-l_2\theta(x_2,t)\delta(x-x_2)] \\ f_{n2}=\sum k_1[Z(x_2,t)\delta(x-x_2)-y_1(x_3,t)\delta(x-x_3)+l_3\theta(x_2,t)\delta(x-x_2)] \\ f_{n3}=\sum k_2[Z(x_2,t)\delta(x-x_2)-y_2(x_1,t)\delta(x-x_1)+l_2\theta(x_2,t)\delta(x-x_2)] \\ f_{n4}=\sum k_2[Z(x_2,t)\delta(x-x_2)-y_2(x_3,t)\delta(x-x_3)-l_3\theta(x_2,t)\delta(x-x_2)] \end{cases} \tag{9-81}$$

设梁和振子振动方程的解为：

$$y_1(x,t)=Y_1(x)e^{i\omega t},y_2(x,t)=Y_2(x)e^{i\omega t},Z(x,t)=Z(x)e^{i\omega t},\theta(x,t)=\theta(x)e^{i\omega t} \tag{9-82}$$

将式（9-81）、式（9-82）代入式（9-80）得到：

$$\begin{cases} EI\dfrac{\partial^4 Y_1(x)}{\partial x^4}-\omega^2\rho AY_1(x) \\ =\sum k_1[2Z(x_2)\delta(x-x_2)-Y_1(x_1)\delta(x-x_1)-Y_1(x_3)\delta(x-x_3)-(l_2-l_3)\theta(x_2)\delta(x-x_2)] \\ EI\dfrac{\partial^4 Y_2(x)}{\partial x^4}+(k_f-\omega^2\rho A)Y_2(x) \\ =\sum k_2[2Z(x_2)\delta(x-x_2)-Y_2(x_1)\delta(x-x_1)-Y_2(x_3)\delta(x-x_3)+(l_2-l_3)\theta(x_2)\delta(x-x_2)] \\ 2(k_1+k_2)Z(x_2)-k_1[Y_1(x_1)+Y_1(x_3)]-k_2[Y_2(x_1)+Y_2(x_3)]-(k_1-k_2)(l_2-l_3) \\ =m\omega^2 Z(x_2) \\ (k_1-k_2)(-l_2+l_3)Z(x_2)+k_1l_2Y_1(x_1)-k_2l_2Y_2(x_1)-k_1l_3Y_1(x_3)+k_2l_3Y_2(x_3)+ \\ (k_1+k_2)(l_2{}^2+l_3^2)\theta(x_2)=\omega^2 J\theta(x_2) \end{cases}$$

由于双层梁晶胞结构沿 x 方向周期排列，因此系统的位移场也具有周期性，可根据 Bloch 定理将 $Y_1(x)$，$Y_2(x)$ 写成 Fourier 级数形式：

$$Y_1(x)=\sum_{G'}Y_1(G')e^{i(q+G')x},\quad Y_2(x)=\sum_{G'}Y_2(G')e^{i(q+G')x} \tag{9-83}$$

将式（9-83）代入上式中，并进行化简得到：

$$\begin{cases}EI\sum_{G'}Y_1(G')\mathrm{e}^{\mathrm{i}(q+G')x}(q+G')^4-\omega^2\rho A\sum_{G'}Y_1(G')\mathrm{e}^{\mathrm{i}(q+G')x}\\=\dfrac{k_1}{a}\left[2\sum_{G'}Z(l_1+l_2)\mathrm{e}^{\mathrm{i}(q+G')(x-l_1-l_2)}-2\sum_{G'}Y_1(G')\mathrm{e}^{\mathrm{i}(q+G')x}-(l_1-l_2)\theta(l_1+l_2)\sum_{G'}\mathrm{e}^{\mathrm{i}(q+G')(x-l_1-l_2)}\right]\\EI\sum_{G'}Y_2(G')\mathrm{e}^{\mathrm{i}(q+G')x}(q+G')^4+(k_\mathrm{f}-\omega^2\rho A)\sum_{G'}Y_2(G')\mathrm{e}^{\mathrm{i}(q+G')x}\\=\dfrac{k_2}{a}\left[2\sum_{G'}Z(l_1+l_2)\mathrm{e}^{\mathrm{i}(q+G')(x-l_1-l_2)}-2\sum_{G'}Y_2(G')\mathrm{e}^{\mathrm{i}(q+G')x}+(l_1-l_2)\theta(l_1+l_2)\sum_{G'}\mathrm{e}^{\mathrm{i}(q+G')(x-l_1-l_2)}\right]\\2(k_1+k_2)Z(l_1+l_2)-\left(k_1\sum_{G'}Y_1(G')+k_2\sum_{G'}Y_2(G')\right)\left[\mathrm{e}^{\mathrm{i}(q+G')l_1}+\mathrm{e}^{\mathrm{i}(q+G')(l_1+l_2+l_3)}\right]+\\(k_2-k_1)(l_2-l_3)\theta(l_1+l_2)=m\omega^2Z(l_1+l_2)\left(k_1\sum_{G'}Y_1(G')+k_2\sum_{G'}Y_2(G')\right)\\(k_1+k_2)(l_1+l_2)\theta(l_1+l_2)+\left(k_1\sum_{G'}Y_1(G')-k_2\sum_{G'}Y_2(G')\right)\left[\mathrm{e}^{\mathrm{i}(q+G')l_1}-\mathrm{e}^{\mathrm{i}(q+G')(l_1+l_2+l_3)}\right]\\=\omega^2J\theta(l_1+l_2)\end{cases}$$

$$\text{令}\begin{cases}G_1=\mathrm{e}^{-\mathrm{i}(q+G')(l_1+l_2)}\\G_2=\mathrm{e}^{\mathrm{i}(q+G')l_1}\\G_3=\mathrm{e}^{\mathrm{i}(q+G')(l_1+l_2+l_3)}\end{cases}$$

可将上式写为矩阵形式：

$$B\begin{Bmatrix}Y_1(G')\\Y_2(G')\\Z(l_1+l_2)\\\theta(l_1+l_2)\end{Bmatrix}=\omega^2C\begin{Bmatrix}Y_1(G')\\Y_2(G')\\Z(l_1+l_2)\\\theta(l_1+l_2)\end{Bmatrix}\tag{9-84}$$

其中

$$B=\begin{bmatrix}aEI(q+G')^4+2k_1 & 0 & -2k_1G_1 & k_1(l_2-l_3)G_1\\0 & aEI(q+G')^4+2k_2+k_\mathrm{f}a & -2k_2G_1 & -k_2(l_2-l_3)G_1\\-k_1[G_2+G_3] & -k_2[G_2+G_3] & 2(k_1+k_2) & (k_2-k_1)(l_2-l_3)\\k_1l_2G_2-k_1l_3G_3 & -k_2l_2G_2+k_2l_3G_3 & (k_2-k_1)(l_2-l_3) & (k_1+k_2)(l_2^2+l_3^2)\end{bmatrix}$$

$$C=\begin{bmatrix}a\rho A & 0 & 0 & 0\\0 & a\rho A & 0 & 0\\0 & 0 & m & 0\\0 & 0 & 0 & J\end{bmatrix}$$

式（9-84）中 q 为第一 Brillouin 区的 Bloch 波矢，而 G'遍历该周期结构倒格矢空间。选取 N 个倒格矢进行计算，式（9-84）将变为（$2N+2$）×（$2N+2$）阶矩阵特征值求解问题。对于每个波矢 q，均可以求出其相应的特征频率 ω，若求出的 ω 为实数，代表频率为 ω 的波或者振动可以在结构中稳定传播，相反地，非实数的 ω 构成能带带隙。

1. 带隙形成机理研究

选取铝作为双层欧拉梁的材料，具体参数如表 9-22 所示。晶格常数 a、矩形梁宽度 b、梁厚度 h、振子参数如表 9-23 所示，且单个周期中梁质量为 $m_{梁}=2600\times0.02\times0.01\times0.07=0.0364$kg。

双层欧拉梁的材料属性 **表 9-22**

材料	密度 ρ(kg/m^3)	弹性模量 E(10^{10}Pa)	剪切模量 μ(10^{10}Pa)
铝	2600	7	2.7

结构的几何参数　　表 9-23

a(m)	b(m)	h(m)	$k_1=k_2$(N/m)	k_f(N/m^2)	m(kg)	J(kg·m^2)	l_1(m)	$l_2=l_3$(m)
0.07	0.02	0.01	2×105	1×106	0.28	7.29×10^{-5}	0.01	0.025

1）能带结构

基于 MATLAB 按平面波展开法编写程序计算并画出满足表 9-22 和表 9-23 参数的双层声子晶体梁结构的能带结构图，结果如图 9-148 所示。

从图 9-148 可以看出，弹性地基上双层欧拉梁在 0～65.7Hz 之间存在一条完全带隙，在 267.6～416.8Hz 和 416.8～544.1Hz 之间也存在两条完全带隙，被一条频率为 416.8Hz 的直线所分隔，同时，在 544.1～613.5Hz 之间有一条不完全的带隙。

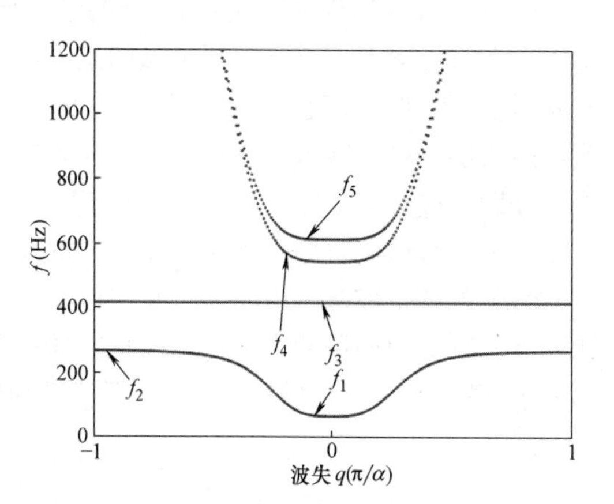

图 9-148　弹性地基上双层欧拉梁能带结构图

2）振动模式和传输特性

为研究带隙形成机理，需要对带隙起始、截止频率附近的能带与梁振动特性进行研究。利用 ANSYS 建立双层梁晶胞单元的有限元模型，其结构为两根梁之间放置一个质量块，质量块分别通过两个弹簧与上下梁连接，求得其特征频率及其对应的固有模态，可以发现各起始、截止频率附近存在的固有频率和模态如图 9-149 所示。

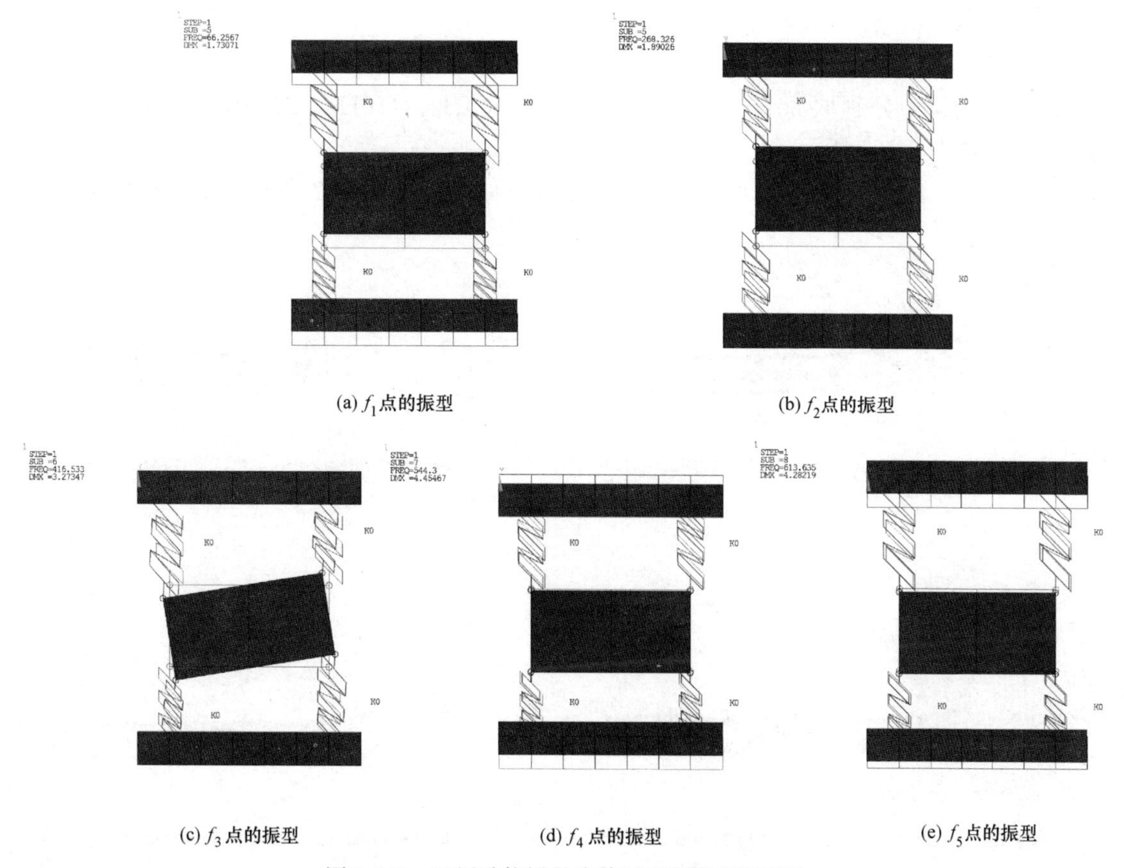

(a) f_1点的振型　(b) f_2点的振型

(c) f_3点的振型　(d) f_4点的振型　(e) f_5点的振型

图 9-149　双层欧拉梁晶胞单元固有模态振型图

从图 9-149（a）可以看出，对于 f_1 点（第一带隙截止频率），双层梁和振子作为一个整体一起发生振动，这是因为弹性地基的存在，使得双层梁有一个从零开始的完全带隙；图 9-149（b）中 f_2 点

(第二带隙起始频率) 梁几乎不发生振动，振动主要集中在振子上，且振子的振动方向与梁轴线垂直，体现了振子横向的自由度，即振子的共振模式产生了结构的局域共振带隙；图 9-149 (c) 中 f_3 点 (第三带隙起始频率) 梁仍然不发生振动，而振子发生转动，表明该点的振型是因为振子的转动惯量引起的，即振子的旋转共振产生了 f_3 点的平直能带；图 9-149 (d) 中 f_4 点 (第三带隙截止频率)，振动主要集中在双层梁上，且上下两梁做的是方向相反的运动，而振子几乎不发生振动。相对振子来看，该点振动属于对称振动模态。图 9-149 (e) 中 f_5 点振动形式与图 9-149 (d) 中相似，振子也几乎不发生振动，但双层梁是做同方向运动，相对质量块来看，是反对称振动模态。因此可以发现不完全带隙的两条能带分别对应于 f_4 点的对称振动模态和 f_5 点的反对称振动模态。综上，周期双层梁的带隙起始和截止频率位置是由所对应的单胞共振模态的固有频率决定，与 Mead 提出的结论一致。

为了验证带隙范围内的振动衰减性能，在模态分析的基础上，建立 14 个有限周期单元梁结构进行计算。该有限周期单元梁结构由两根铝梁均匀连接 48 根弹簧和 14 个质量块。在上层梁的左端中点施加垂直于梁轴向 (即 y 方向) 的单位位移激励，双层梁有限元模型和激励点位置如图 9-150 所示。

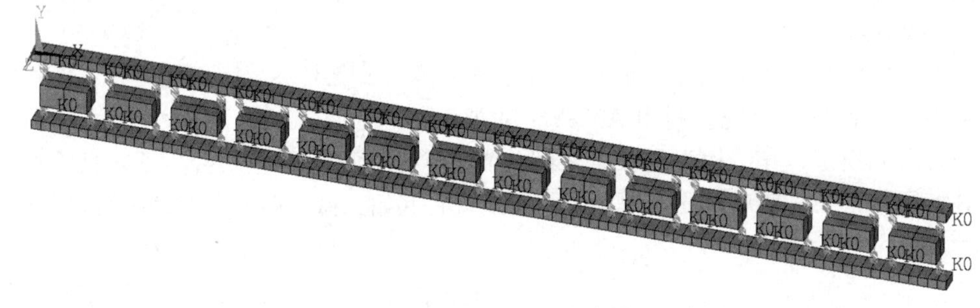

图 9-150　双层欧拉梁有限元仿真模型示意图

从数值模拟结果中分别取 60Hz、100Hz、250Hz、300Hz、416Hz、540Hz、550Hz、620Hz 下的位移响应云图，如图 9-151 所示。

从图 9-151 可以看出，在 60Hz 时，由于弹性地基的影响，两根梁经过几个周期的波动后逐渐保持

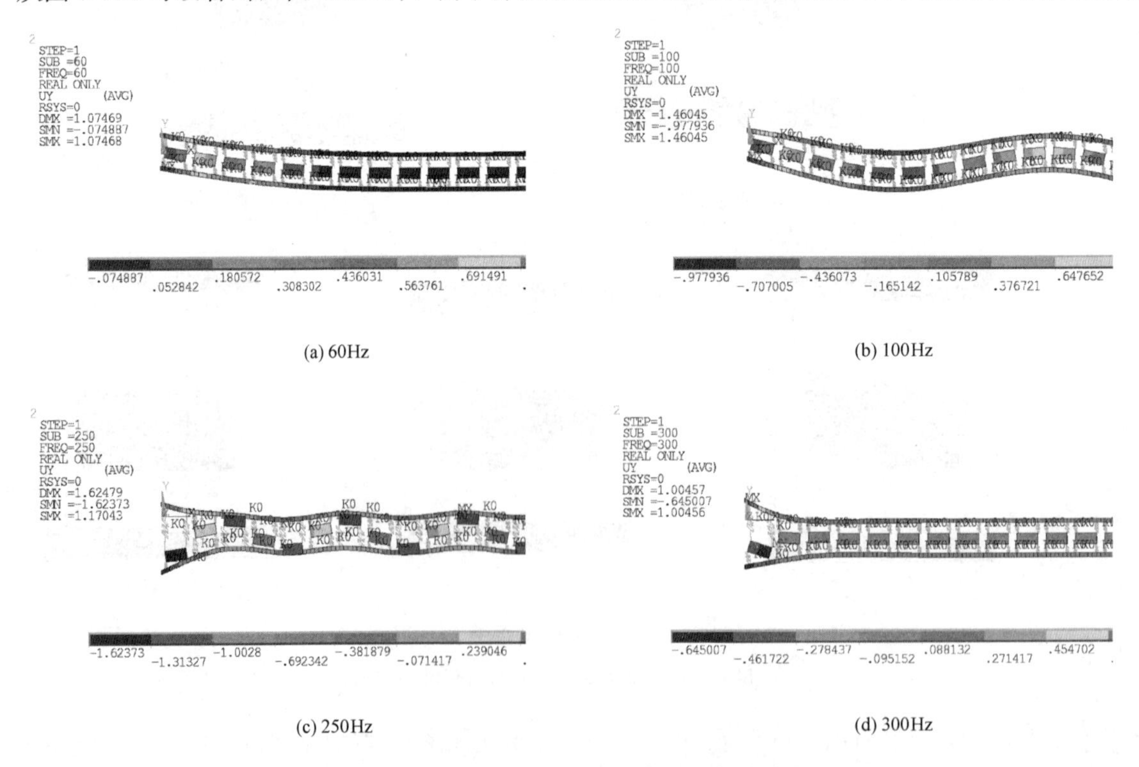

(a) 60Hz　(b) 100Hz

(c) 250Hz　(d) 300Hz

图 9-151　双层欧拉梁结构特定频率下的变形图（一）

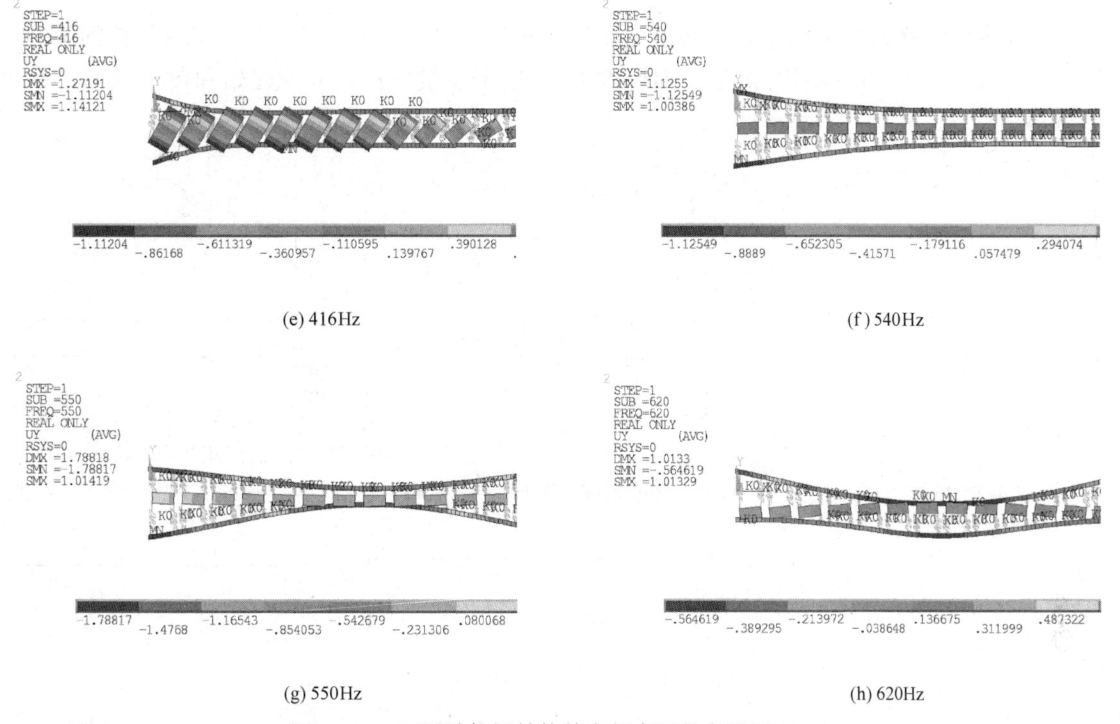

(e) 416Hz　　(f) 540Hz

(g) 550Hz　　(h) 620Hz

图 9-151　双层欧拉梁结构特定频率下的变形图（二）

静止，振动被完全抑制；在 300Hz，由于局域共振，两根梁的波动衰减更加迅速，且振动主要集中在第一个振子上；在带隙截止频率附近，即 540Hz 时，梁振动衰减明显且振子几乎不发生振动；100Hz 和 250Hz 为通带频率，波动在通带频率下可以传遍整个结构而不发生衰减，其中 100Hz 为反对称振动模式，上下两梁的位移均较大，振子的振动与梁保持一致，250Hz 时上下两梁的位移较小，振子上下振动；416Hz 对应 f_3，振子发生剧烈转动，转动经过多个周期后趋于静止；550Hz 接近对称振动模式，上下两梁振动幅度均较大，但下梁较上梁幅度大一些；620Hz 接近反对称振动模式，下梁振动幅度较小，上梁振动幅度较大。

为了验证能带结构以及有限元模拟结构振动模式的正确性，进一步采用有限元法计算了图 9-150 所示有限周期结构的振动传输特性。在上层梁的左端施加位移激励，分别选择上层梁右端（同侧）和下层梁右端（异侧）作为响应拾取点，结果如图 9-152 所示。不管响应拾取点是在激励点的同侧还是异侧，在 0～67Hz 和 267～614Hz 频率范围内弯曲振动在双层欧拉梁中传播时均存在很强的衰减，最大衰减幅值甚至可以达到 110dB，且频率区间与图 9-148 能带结构图中的带隙频率范围吻合良好。在带隙的起止频率处均出现共振峰，与能带结构 f_1、f_2、f_4、f_5 所在的带隙结构较好吻合。在 416Hz 附近出现的共振峰则对应能带结构中 f_3 所在的平直能带。

比较图 9-152（a）和（b）可以发现，当激励点和响应点位于异侧梁上时，在带隙范围外仍然可能存在较大衰减，而激励点和响应点位于同侧时，振动衰减几乎只存在于带隙范围内。这是由于在不完全带隙频率附近两根梁处于对称弯曲振动和反对称弯曲振动的相互耦合中，叠加后相互抵消，可以理解为对称振动和反对称振动相互抵消使得异侧梁振动受到削弱，从而引起图 9-152（b）异侧梁弯曲振动传输曲线图中弯曲振动在非频带范围内仍有较大衰

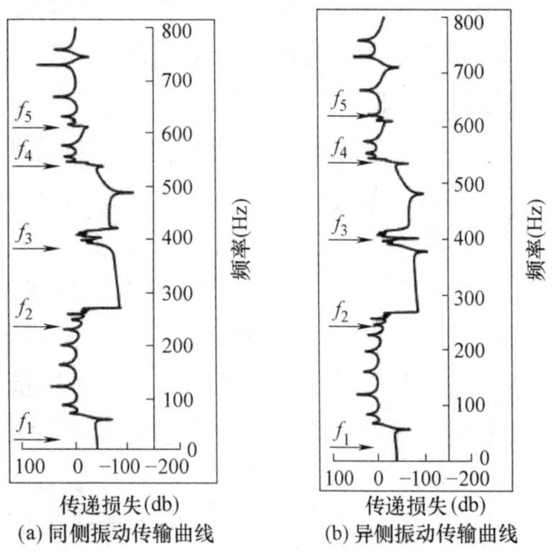

(a) 同侧振动传输曲线　(b) 异侧振动传输曲线

图 9-152　有限元法计算结构的振动传输特性

减的情况。

为了研究带隙特性的影响因素，下面研究在弹性地基上双层欧拉梁各参数对能带结构的影响，主要参数包括一侧梁宽度 b、弹簧刚度 k_2、地基刚度 k_f 和振子质量变化，带隙起始和截止频率随参数变化曲线如图 9-153（a）～（d）所示。

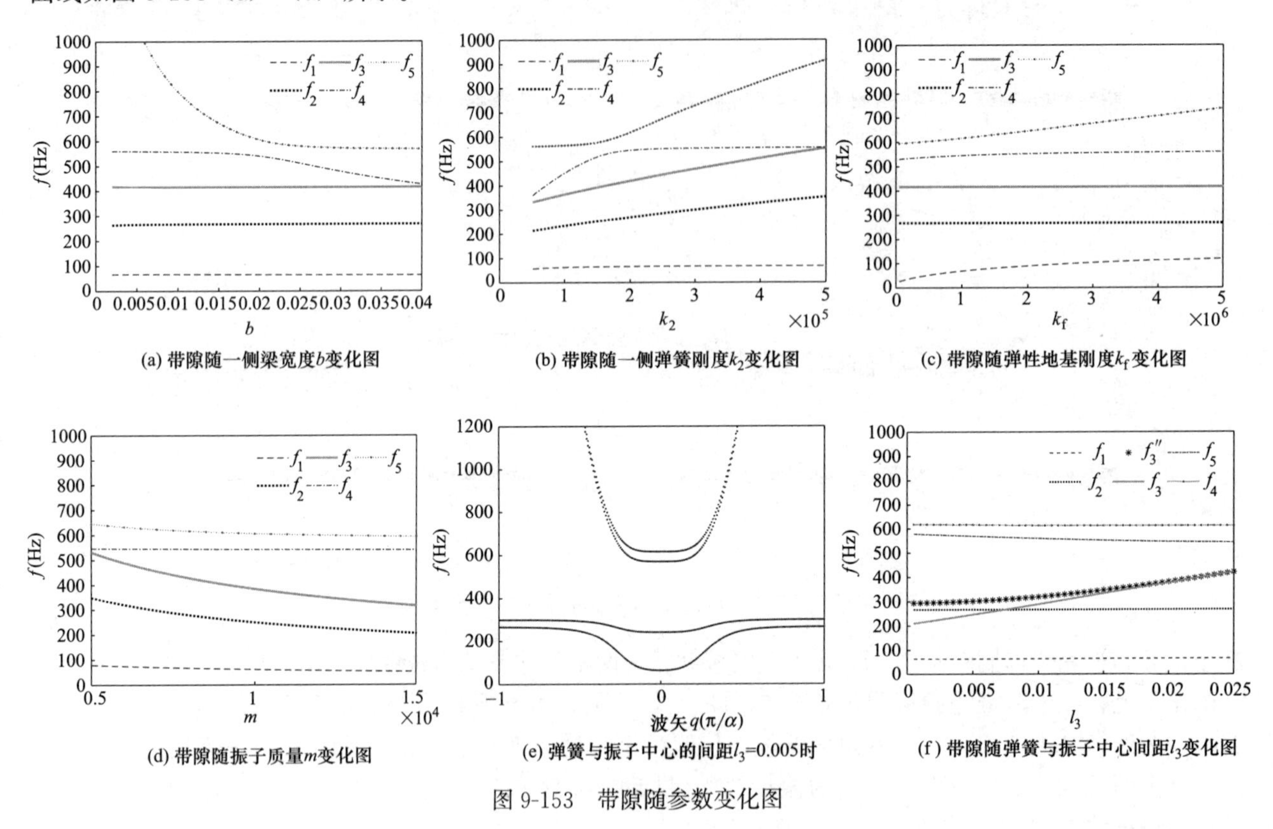

图 9-153　带隙随参数变化图

由图 9-153（a）可见，改变一侧梁的宽度，带隙 f_1、f_2、f_3 不变，截止频率 f_4 逐渐降低，导致带隙逐渐变窄；这是由于梁尺寸的变化引起梁质量 $m_{梁}$ 增加，但并未影响质量块的质量，因此起始频率 $f_2=0.5(k/m)^{0.5}/\pi$ 保持不变，f_4 减小。

由图 9-153（b）发现，随着一侧弹簧刚度 k_2 的增加，带隙频率 f_1 不变和起始频率 f_2 和 f_3 迅速增加，截止频率 f_4 先迅速增加后保持不变，f_5 先保持不变后快速上升，这使得带隙先增大后减小。引起该变化的原因为：双层欧拉梁一共有两条梁和 4 根弹簧，根据计算公式，截止频率应该也有两个，最后两侧中截止频率结果较小的作为带隙截止频率，只改变一侧的弹簧刚度，引起其中一侧截止频率的变化，而另外一条频带并未发生改变，只是在作图过程中较低的频率称为 f_4，高的频率称为 f_5。

由图 9-153（c），可以发现地基刚度增大，频率 f_1 是缓慢增加的，起始频率 f_2、f_3 不变，而截止频率 f_4、f_5 逐渐增加，带隙是随着地基刚度的增加而增加的，但增加幅度较小。而计算公式也可看出 f_2、f_3 与 k_f 无关，f_1、f_4、f_5 随 k_f 增大而增大。

通过图 9-153（d）发现随振子质量 m 的增大，f_1、f_5 逐渐减小，f_2、f_3 迅速下降，f_4 保持不变，从而使带隙随着振子密度的增大而增大。引起该变化的原因为：振子质量增加，但梁质量并未改变，故起始频率 $f_2=0.5(k/m)^{0.5}/\pi$ 迅速下降；$f_3=0.5(2kl^2/J)^{0.5}/\pi$ 中 $J=m(b_{振子}^2+h_{振子}^2)/12$，故 f_3 也迅速下降。f_4 的计算公式与振子质量无关，故 f_4 保持不变。

改变一侧弹簧到振子中心的距离，使得 $l_3=0.005$，可以看出之前由振子的转动产生的平直带此时是一条具有一定宽度的通带，而且此通带下端对应频率小于 f_2，绘制图 9-153（f）后可以看出，随着 l_3 的增加，f_1、f_2、f_3 没有发生变化，而 f_3 和 f_3'' 明显增加，初始 f_3 小于 f_3''，后随着 l_3 的增加 f_3 超过 f_2，当 $l_3=0.005$ 时 $f_3=f_3''$，f_4 有着轻微的下降。

2. 拓宽带隙

基于上述结论，考虑到梁本身具有质量，可作为振子进行减振降噪，在图 9-147 模型的基础上，添加弹簧，使其直接连接上下两根梁，观察其带隙变化规律。结构如图 9-154 所示。

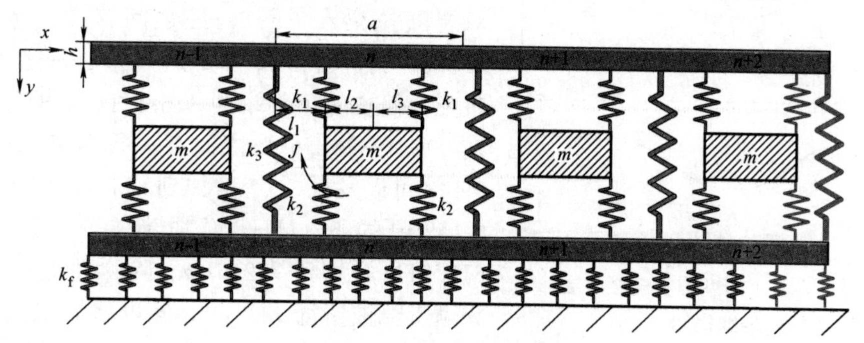

图 9-154 周期弹簧连接模型

取用弹簧刚度 $k_3=2\times10^5\mathrm{N/m}$，其他参数不变，其计算公式变为：

$$\begin{cases}EI\dfrac{\partial^4 y_1(x,t)}{\partial x^4}+\rho A\dfrac{\partial^2 y_1(x,t)}{\partial t^2}=f_{n1}+f_{n2}+f_{n5}\\ EI\dfrac{\partial^4 y_2(x,t)}{\partial x^4}+\rho A\dfrac{\partial^2 y_2(x,t)}{\partial t^2}=f_{n3}+f_{n4}-f_{n5}-k_f y_2(x,t)\\ f_{n1}+f_{n2}+f_{n3}+f_{n4}=-m\ddot{Z}(x,t)\\ (-f_{n1}+f_{n3})l_2+(f_{n2}-f_{n4})l_3=-J\ddot{\theta}(x,t)\end{cases}\tag{9-85}$$

其中：

$$f_{n5}=\sum k_3[y_2(na,t)-y_1(na,t)]\delta(x-na)\tag{9-86}$$

将式（9-86）计算、化简、整理写为矩阵形式可得：

$$B'\begin{Bmatrix}Y_1(G')\\Y_2(G')\\Z\left(\dfrac{a}{2}\right)\\\theta\left(\dfrac{a}{2}\right)\end{Bmatrix}=\omega^2C'\begin{Bmatrix}Y_1(G')\\Y_2(G')\\Z\left(\dfrac{a}{2}\right)\\\theta\left(\dfrac{a}{2}\right)\end{Bmatrix}\tag{9-87}$$

其中：

$$B=\begin{bmatrix}aEI(q+G')^4+2k_1+k_3 & -k_3 & -2k_1G_1 & k_1(l_2-l_3)\theta(l_1+l_2)G_1\\ -k_3 & aEI(q+G')^4+2k_2+k_3+k_fa & -2k_2G_1 & -k_2(l_2-l_3)\theta(l_1+l_2)G_1\\ -k_1[G_2+G_3] & -k_2[G_2+G_3] & 2(k_1+k_2) & (k_2-k_1)(l_2-l_3)\\ k_1l_2G_2-k_1l_3G_3 & -k_2l_2G_2+k_2l_3G_3 & (k_2-k_1)(l_2-l_3) & (k_1+k_2)(l_2^2+l_3^2)\end{bmatrix}$$

$$G_1=\mathrm{e}^{-\mathrm{i}(q+G')(l_1+l_2)}$$

$$G_2=\mathrm{e}^{\mathrm{i}(q+G')l_1}$$

$$G_3=\mathrm{e}^{\mathrm{i}(q+G')(l_1+l_2+l_3)}$$

$$C'=\begin{bmatrix}a\rho A & 0 & 0 & 0\\0 & a\rho A & 0 & 0\\0 & 0 & m & 0\\0 & 0 & 0 & J\end{bmatrix}$$

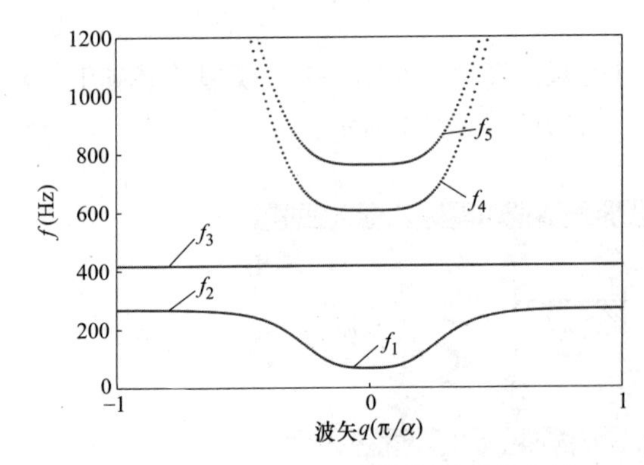

图 9-155　弹性地基上周期弹簧连接双层欧拉梁能带结构图

用 MATLAB 按平面波展开法编写程序计算并画出图 9-155。

从图 9-155 可以看出，添加弹簧 k_3 后，弹性地基上双层欧拉梁在 0～67Hz 之间存在一条完全带隙，在 267.6～416.8Hz 和 416.8～606.4Hz 之间存在两条完全带隙，仍被一条频率为 416.8Hz 的直线所分隔。同时，在 606.4～762.6Hz 之间有一条不完全的带隙。对比图 9-148 可以发现，f_1 增加到 67Hz，变化不大，f_4 从图 9-148 中的 544.1Hz 增加到 606.4Hz，f_5 也随之从 613.5Hz 增加到 762.6Hz。除弹性地基引起的带隙外，完全带隙被拓宽 62.3Hz，宽度增加 22.53%，不完全带隙被拓宽 86.8Hz，宽度增加 125.07%。此时 800Hz 以下的完全带隙总宽度为 405.8Hz，不完全带隙为 156.2Hz。增加带隙宽度的效果明显。

使用 ANSYS 作图 9-154 的振动传输特性来验证 MATLAB 计算的准确性，结果如图 9-156 所示。

可以看到图中的特征值在振动传输特性曲线中都有明显的突变，符合局域共振声子晶体的特性，其中 f_1=77Hz、f_2=257Hz、f_3=408Hz、f_4=611Hz、f_5=756Hz，与用 MATLAB 计算得到的各个特征值都极接近，进一步验证了 MATLAB 软件计算的正确性。

为了研究 k_3 变化对各个带隙的影响，使用 MATLAB 软件进行计算，得到图 9-157。

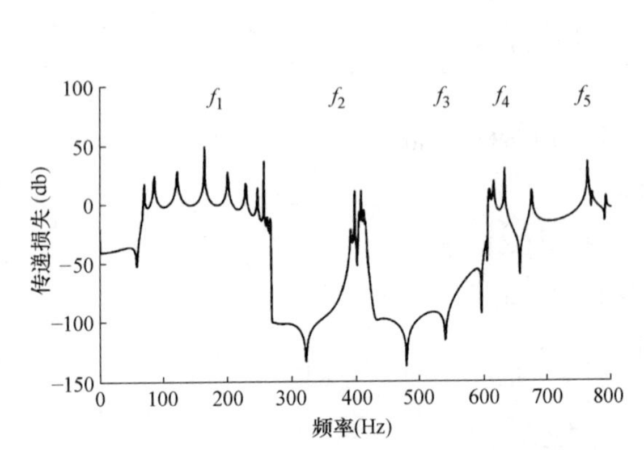

图 9-156　有限元法计算结构的振动传输特性

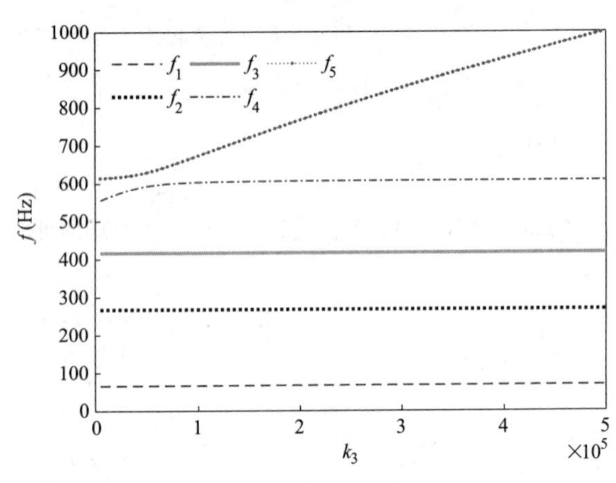

图 9-157　带隙随弹簧刚度变化图

可以看到，随着 k_3 的增加，f_1、f_2、f_3 没有变化，f_4 是先增加后保持不变，f_5 则是先缓慢增加，后迅速增加。这一现象与带隙随一侧弹簧刚度 k_2 变化的图 9-153（b）相似，也是由于作图过程中是按照较低的频率称为 f_4，高的频率称为 f_5 造成的。故完全带隙先增大，后保持不变，不完全带隙先减小后明显增大。

由于双层欧拉梁存在对称和反对称弯曲振动模态，波动在结构非带隙范围内仍可能存在较强的衰减，因此声子晶体双层梁结构在减振方面具有更为独特的优势。

用周期弹簧连接模型后，只需要提供一个很小的弹簧刚度就可使梁彼此作为振子参与到局域共振中，进一步提高带宽。且增加该弹簧的刚度会导致完全带隙先增加后不变，不完全带隙先减小后增加，通过合理选择弹簧刚度可以控制完全带隙和不完全带隙的宽度。

9.5　本章小结

本章研究并提出了适用于塔楼建筑减振控制的系列低成本、多阶段、强韧性等新型地震防控装置

[如X形管道阻尼器（XPD）、新型金属结构熔断器S形钢板阻尼器（SSPD）、可更换钢带金属阻尼器、无源电磁阻尼器等] 和适用于双塔楼建筑间的新型旋转摩擦负刚度阻尼器，并分析了各种塔楼建筑韧性地震防控装置的实用性与应用价值；提出了弹性地基上双自由度局域共振双层欧拉梁模型和并联平行欧拉梁模型，成功对双自由度（一个横向自由度一个转动自由度）双层梁结构的振动带隙展开了研究，成功将梁结构计算模型扩展到三维空间中，研究了振子转动平面与梁振动平面相垂直时转动惯量对带隙的影响；利用平面波展开法研究了无限周期结构的弯曲振动带隙，并利用有限元法对带隙产生机理及有限周期结构的传输特性进行了分析，采用质量-弹簧系统简化模型可以较准确地预测结构的起始、截止频率，有助于加深对结构带隙机理的深入理解，同时可大大简化多自由度局域共振复杂周期结构的设计，通过合理选择弹簧刚度可以控制完全带隙和不完全带隙的宽度，显著提升隔震/振效果。

参考文献

[1] Zayas V，Low S，Bozzo L，Mahin S. Feasibility and performance studies on improving the earthquake resistance of new and existing buildings using the friction pendulum system [R]. Technical Report UBC/EERC-89/09，University of California，Berkeley，1989.

[2] Zayas V，Low S，Mahin S. A simple pendulum technique for achieving seismic isolation [J]. Earthquake Spectra，2012，6 (2)：317-333.

[3] Constantinou M C，Caccese J，Harris H G. Frictional characteristics of teflon-steel interfaces under dynamic conditions [J]. Earthquake Engineering and Structural Dynamics，1987，15 (6).

[4] Mokha A，Constantinou M ，Reinhorn A. Experimental study of friction-pendulum isolation system [J]. Journal of Structural Engineering，1991，117 (4)：1201-1217.

[5] Seible F. Uni-directional cylindrical FP bearings for retrofit of west span of San Francisco-Oakland Bay Bridge [R]. UCSD Test Report，2001.

[6] Barroso L R，Breneman S E，Smith H A. Comparison of story drift demands of various control strategies for the seismic resistance of steel moment frames [J]. Cephalalgia，2000，29 (8)：826-836.

[7] 周锡元. 中国建筑结构抗震研究和实践六十年 [J]. 建筑结构，2009，39 (09)：1-14.

[8] 李大望，周锡元. FPS隔震结构的性态和地震反应分析. 工程抗震与加固改造，1996，(1)：6-9.

[9] 李宏男，殷永炜，林立岩. 采用摩擦和消能装置的加层结构振动台试验研究 [J]. 建筑结构学报，2001，(04)：67-71+76.

[10] 胡灿阳，李大望. FPS隔震底框住宅楼的地震响应分析 [J]. 工程抗震与加固改造，2006，(03)：79-82+72.

[11] 王建强，丁永刚，李大望. 摩擦摆支座恢复力模型研究 [J]. 四川建筑科学研究，2007，33 (3)：25-27.

[12] 赵伟，薛素铎，李雄彦，等. 摩擦摆支座的摩擦系数对结构隔震性能影响分析 [C]. 全国结构工程学术会议，2007.

[13] 杨林，常永平，周锡元，闫维明. FPS隔震体系振动台试验与有限元模型对比分析 [J]. 建筑结构学报，2008，(04)：66-72.

[14] 龚健，邓雪松，周云. 摩擦摆隔震支座理论分析与数值模拟研究 [J]. 防灾减灾工程学报，2011，31 (01)：56-62.

[15] 龚健，周云，邓雪松. 某摩擦摆隔震框架结构地震反应分析 [J]. 土木工程学报，2012，45 (S2)：146-150.

[16] Haringx J A. On highly compressive helical springs and rubber rods and their applications for vibration-free mountings I [R]. Philips Research Report 3，1948，401-449.

[17] Haringx，J A. On highly compressive helical springs and rubber rods and their applications for vibration-free mountings. II [R] . Philips Research Report 3，1949，49-80.

[18] Kelly J M. Experimental results of an earthquake isolation system using natural rubber bearing [R]. No. UCB/EERC-78/03，University of California，Berkeley，1978.

[19] 冯德民，加藤泰正，三山刚史. 有回转变形的橡胶隔震支座相关力学特性 [C]. 日本建筑学会学术讲演梗概集，1999 (B-2)：569-577.

[20] Buckle I G，Liu H. Experimental determination of critical loads of elastomeric isolators at high shear strain [J]. NCEER Bulletin，1994，8 (3)：1-5.
[21] 周福霖，俞公骅，李向真，冼巧玲，梁广. 结构减振控制体系的研究、应用与发展 [J]. 钢结构，1993，(01)：3-10.
[22] 唐家祥，李黎，李英杰，董彦哲. 叠层橡胶基础隔震房屋结构设计与研究 [J]. 建筑结构学报，1996，(02)：37-47+79.
[23] 周锡元，马东辉，曾德民，等. 隔震橡胶支座水平刚度系数的实用计算方法 [J]. 建筑科学，1998，(06)：3-8.
[24] 施卫星，李正升. 一种叠层橡胶支座动态性能试验研究 [J]. 同济大学学报（自然科学版），1999，(04)：417-421.
[25] 杨巧荣，庄学真，刘文光，等. 夹层橡胶隔震支座全刚性性能、回转刚性及高压缩应力性能试验研究 [J]. 地震工程与工程振动，2000，(04)：118-125.
[26] 闫维明，张志谦，陈适才，等. 橡胶隔震支座拉伸刚度理论模型与分析 [J]. 工程力学，2014，31 (02)：184-189.
[27] 赵慧雯. 铅芯橡胶隔震支座对结构抗震性能的影响分析 [D]. 西安：西安建筑科技大学，2008.
[28] 张林海. 采用铅芯橡胶隔震支座的钢筋混凝土框架-剪力墙结构地震反应分析 [D]. 太原：太原理工大学，2015.
[29] 袁涌，朱昆，熊世树，等. 高阻尼橡胶隔震支座的力学性能及隔震效果研究 [J]. 工程抗震与加固改造，2008，(03)：15-20.
[30] 沈朝勇，周福霖，崔杰，等. 高阻尼隔震橡胶支座的相关性试验研究及其参数取值分析 [J]. 地震工程与工程振动，2012，32 (06)：95-103.
[31] Yabana A，Matsuda A. Mechanical properties of laminated rubber bearings for three-dimensional seismic isolation [C]. 12th World Conference on Earthquake Engineering，2000.
[32] Marionil L，陈列，胡京涛. 橡胶减振支座在台湾高速铁路上的应用 [J]. 工程抗震与加固改造，2011，33 (2)：63-66.
[33] Jared W，Warn G P. Stability of elastomeric and lead-rubber seismic isolation bearings [J]. Journal of Structural Engineering，2012，138 (2)：215-222.
[34] 徐永秋，刘文光. 厚层橡胶隔震支座的竖向力学性能与试验分析 [J]. 浙江建筑，2008，(06)：30-32.
[35] 杨彦飞，何文福. 橡胶隔震支座基本力学性能试验研究 [J]. 建筑科学，2010，26 (05)：6-9.
[36] 何文福，刘文光，杨彦飞，等. 厚层橡胶隔震支座基本力学性能试验 [J]. 解放军理工大学学报，2011，12 (03)：258-263.
[37] 陈浩文. 厚肉型橡胶隔振支座在地铁周边建筑物隔振中的应用 [D]. 北京：清华大学，2014.
[38] 盛涛，李亚明，张晖，等. 地铁邻近建筑的厚层橡胶支座基础隔振试验研究 [J]. 建筑结构学报，2015，36 (02)：35-40.
[39] Pan P，Shen S D，Shen Z Y，Gong R H. Experimental investigation on the effectiveness of laminated rubber bearings to iolate metro generated vibration [J]. Measurement，2018，122：554-562.
[40] 杨春田，于淑琴. 竖向地震作用对震害的影响 [J]. 建筑结构，1993，(07)：25-30.
[41] 于翔，钱七虎，赵跃堂，等. 地铁工程结构破坏的竖向地震力影响分析 [J]. 解放军理工大学学报（自然科学版），2001，(03)：75-77.
[42] 刘健新，赵国辉. “5·12”汶川地震典型桥梁震害分析 [J]. 建筑科学与工程学报，2009，26 (02)：92-97.
[43] Huffmann G K. Full base isolation for earthquake protection by helical springs and viscodampers [J]. Orld Earthquake Engineering，1985，84 (3)：331-338.
[44] Fujita T，Inoue N，Asami K，et al. A three-dimensional isolation floor for earthquake and ambient micro-vibration using multi-stage rubber bearings. 1st report tests for the performance of the floor by a large-scale experimental model [J]. Transactions of the Japan Society of Mechanical Engineers，1987，53 (496)：2521-2528.
[45] Tajirlan F，Kelly J M，Aiken I D. Elastomeric bearing of three-dimensional seismic isolation. proceedings [C]. 1990 ASME PVP Conference，ASME PVP-200，Nashville，Tennesse，1990.
[46] Fujita T，Nakajima K，Sugimoto H，et al. A 3-dimensional seismic isolation floor using a conversion mechanism of vibration direction for vertical isolation [J]. Transactions of the Japan Society of Mechanical Engineers，1990，56

(526)：1377-1380.

[47] Shingu K，Fukushima K. Seismic isolation and fuzzy vibration control of shell structure subjected to vertical seismic forces [J]. Transactions of the Japan Society of Mechanical Engineers，1994，60 (577)：2999-3005.

[48] Kashiwazaki A，Mita R，Enomoto T，et al. Three-dimensional base isolation system equipped with hydraulic mechanism (experimental examination of vertical isolation device) [J]. Transactions of the Japan Society of Mechanical Engineers，2000，66 (648)：2616-2621.

[49] Parvin A，Ma Z. The use of helical spring and fluid damper isolation systems for bridge structures subjected to vertical ground acceleration [J]. Electronic Journal of Structural Enginnering，2001，2：98-110.

[50] Kitamura S，Morishita M. Design method of vertical component isolation system [J]. American Society of Mechanical Engineers，Pressure Vessels and Piping Division (Publication) PVP，2002，445 (2)：43-48.

[51] Araki Y，Asai T，Masui T. Vertical vibration isolator having piecewise-constant restoring force [J]. Earthquake Engineering and Structural Dynamics，2009，38 (13)：1505-1523.

[52] Asai T，Araki Y，Kimura K，et al. Adjustable vertical vibration isolator with a variable ellipse curve mechanism [J]. Earthquake Engineering and Structural Dynamics，2017，46 (15)：1345-1366.

[53] 熊世树，陈金凤，梁波，等. 三维基础隔震结构多维地震反应的非线性分析 [J]. 华中科技大学学报（自然科学版)，2004 (12)：81-84.

[54] 魏陆顺，周福霖，任珉，等. 三维隔震（振）支座的工程应用与现场测试 [J]. 地震工程与工程振动，2007，(03)：121-125.

[55] 李雄彦. 摩擦弹簧三维复合隔震支座研究及其在大跨机库中的应用 [D]. 北京：北京工业大学. 2008.

[56] 颜学渊，张永山，王焕定，等. 三维隔震抗倾覆结构振动台试验 [J]. 工程力学，2010，27 (05)：91-96.

[57] 贾俊峰，欧进萍，刘明，等. 新型三维隔震装置力学性能试验研究 [J]. 土木建筑与环境工程，2012，34 (01)：29-34.

[58] 熊玉生. 三维隔震结构的地震响应分析 [J]. 中国新技术新产品，2013，(07)：208-209.

[59] 李爱群，王维. 三维多功能隔振支座设计及其在地铁建筑减振中的应用 [J]. 地震工程与工程振动，2014，34 (02)：202-208.

[60] 王维，李爱群，周德恒，等. 新型三维多功能隔振支座设计及其隔振分析 [J]. 东南大学学报（自然科学版)，2014，44 (04)：787-792.

[61] 刘文光，余宏宝，Imam M I，等. 倾斜旋转型三维隔震装置的力学模型和竖向性能试验研究 [J]. 振动与冲击，2017，36 (09)：68-73.

[62] 杨维国，王亚，安鹏，等. 基于某博物馆的新型三维隔振装置作用性能研究 [J]. 东南大学学报（自然科学版)，2018，48 (06)：1050-1058.

[63] 陈兆涛，丁阳，石运东，等. 大跨空间结构竖向变刚度三维隔震装置及其隔震性能研究 [J]. 建筑结构学报，2019，40 (10)：35-42.

[64] 何文福，罗昊杰，许浩，等. 轨交沿线建筑三维隔震/振支座力学性能试验研究及应用分析 [J]. 振动工程学报，2020，33 (06)：1112-1121.

[65] 吴巧云，李仁赏，马长飞，等. 一种自适应变刚度三维隔震装置 [P]. 中国：ZL202110776473.0，2022.06.07.

[66] Yao J T P. Concept of structure control [J]. Journal of the Structural Division，1972，98 (7)：1567-1574.

[67] 中华人民共和国住房和城乡建设部. 建筑消能减振技术规程：JGJ 297—2013 [S]. 北京：中国建筑工业出版社，2013.

[68] 周云. 黏滞阻尼减振结构设计 [M]. 武汉：武汉理工大学出版社，2006.

[69] 陈永祁，马良喆. 黏滞阻尼器在实际工程应用中相关问题讨论 [J]. 工程抗震与加固改造，2014，36 (3)：7-13.

[70] 欧谨，刘伟庆，章振涛. 一种新型黏滞阻尼材料的试验研究 [J]. 地震工程与工程振动，2005，25 (1)：108-112.

[71] 欧进萍，丁建华. 油缸间隙式黏滞阻尼器理论与性能试验 [J]. 地震工程与工程振动，1999，19 (4)：82-89.

[72] 李英，闫维明，纪金豹. 变间隙黏滞阻尼器的性能分析 [J]. 震灾防御技术，2006，1 (2)：153-162.

[73] 黄镇，李爱群. 新型黏滞阻尼器原理与试验研究 [J]. 土木工程学报，2009，42 (6)：61-65.

[74] 马良喆，陈永祁. 金属密封无摩擦阻尼器介绍及工程应用 [J]. 工程抗震与加固改造，2009，31 (5)：46-51.

[75] 黄政. 第三代黏滞阻尼器试验与仿真研究 [D]. 广州：广州大学，2018.

[76] Mahmoodi P，Robertson L E，Yontar M，et al. Performance of viscoelastic dampers in world trade center towers [A]. Orlando：Structural Congress，1987.

[77] 周云，松本達治，田中和宏，等. 高阻尼黏弹性阻尼器性能与力学模型研究 [J]. 振动与冲击，2015，34 (7)：1-7.

[78] 周云，松本達治，田中和宏，等. 高阻尼黏弹性阻尼器性能试验研究 [J]. 工程力学，2016，33 (7)：92-99.

[79] 周云，石菲，徐鸿飞，等. 高阻尼橡胶阻尼器性能试验研究 [J]. 地震工程与工程振动，2016，36 (4)：19-26.

[80] Seki M，Katsumata J，Uchida H，et al. Study of earthquake response of two-storied steel frame with Y-shaped braces [C]. Proc，The 9th World Conference on Earthquake Engineering Tokyo-Kyoto，Japan，1988.

[81] Tsai K C，Chen H W，Hong C P，et al. Design of steel triangular plate energy absorbers for seismic-resistant construction [J]. Earthquake Spectra，1993，9 (3)：505-528.

[82] 王亚勇. 开孔式软钢阻尼器在西安长乐苑招商局广场 4 号楼抗震加固中的应用探讨 [C]. 防震减灾工程研究与进展——全国首届防震减灾工程学术研讨会论文集，广州，2004.

[83] 周云，刘季. 双环软钢耗能器的试验研究 [J]. 地震工程与工程振动，1998，18 (2)：117-123.

[84] 孙峰，周云，俞公骅，等. 加劲圆环耗能器性能的试验研究 [J]. 地震工程与工程振动，1999，19 (3)：115-120.

[85] 邓雪松，纪宏恩，张文鑫，等. 开孔板式屈曲约束支撑拟静力滞回性能试验研究 [J]. 土木工程学报，2015，48 (1)：49-55.

[86] 周云，龚晨，陈清祥，等. 开孔钢板装配式屈曲约束支撑减振性能试验研究 [J]. 建筑结构学报，2016，37 (8)：101-107.

[87] 李书进，杨微婷，杜政康，等. 滚动碰撞式调制质量阻尼器及其减振性能研究 [J]. 振动工程学报，2018，31 (5)：845-853.

[88] 钱辉，李宏男，郜新军. 偏心结构自复位复合摩擦阻尼器平扭耦联振动控制台试验研究 [J]. 土木工程学报，2016，49 (S1)：125-130.

[89] 钱辉，李宏男，任文杰，等. 形状记忆合金复合摩擦阻尼器设计及试验研究 [J]. 建筑结构学报，2011，32 (9)：58-64.

[90] Ozbulut O E，Hurlebaus S. Re-centering variable friction device for vibration control of structures subjected to near-filed earthquakes [J]. Mechanical Systems and Signal Processing，2011，25 (8)：2849-2862.

[91] Ozbulut O E，Hurlebaus S，Zhu S Y. Application of an SMA-based hybrid control device to 20-story nonlinear benchmark building [J]. Earthquake Engineering Structure Dynamic，2012，41：1831-1843.

[92] 姚远，禹奇才，刘爱荣，等. 一种新型形状记忆合金 (SMA)-黏滞阻尼器 [J]. 广州大学学报（自然科学版），2008，(2)：91-94.

[93] 刘海卿，林震，王锦力. SMA 绞线-液体黏滞阻尼器的设计与耗能研究 [J]. 建筑结构，2012，42 (S1)：503-506.

[94] 张夫，孙娜，刘婺，等. 新型自复位混合阻尼器的设计分析 [J]. 建筑结构，2012，42 (S2)：347-350.

[95] Naeem A，Eldin M N，Kim J，et al. Seismic performance evaluation of a structure retrofitted using steel slit dampers with shape memory alloy bars [J]. International Journal of Steel Structures，2017，17 (4)：1627-1638.

[96] Eldin M N，Naeem A，Kim J. Life-cycle cost evaluation of steel structures retrofitted with steel slit damper and shape memory alloy-based hybrid damper [J]. Advanves in Steel Engineering，2019，22 (1)：3-16.

[97] 刘明明，李宏男，付兴. 一种新型自复位 SMA-剪切型铅阻尼器的试验及其数值分析 [J]. 工程力学，2018，35 (6)：52-57+67.

[98] 周云，邓雪松，刘季. 钢屈服-摩擦复合耗能器的性能研究 [J]. 地震工程与工程振动，1999，19 (1)：127-131.

[99] Lee C H，Ryu J，Kim D H，et al. Improving seismic performance of non-ductile reinforced concrete frames through the combined behavior of friction and metallic dampers [J]. Engineering Structures，2018，172：304-320.

[100] Lee C H，Ryu J，Kim D H，et al. Numerical and experimental analysis of combined behavior of shear-type friction damper and non-uniform strip damper for multi-level seismic protection [J]. Engineering Structures，2016，114：75-92.

[101] 陈云，陈超，蒋欢军，等. O型钢板-高阻尼黏弹性复合型消能器的力学性能试验与分析 [J]. 工程力学，2019，36 (1)：119-128.

[102] 戴军，徐赵东，盖盼盼. 频率依赖性对黏弹性调谐质量阻尼器的影响 [J]. 东南大学学报（自然科学版），2018，48 (2)：282-287.

[103] Zhang P，Song G B，Li H N，et al. Seismic control of power transmission tower using pounding TMD [J]. Journal of Engineering Mechanics，2013，139 (10)：1395-1406.

[104] Zhang P，Patil D，Ho S C M. Effect of seawater exposure on impact damping behavior of viscoelastic material of pounding tuned mass damper (PTMD) [J]. Applied Sciences，2019，9 (4)：1-11.

[105] Li T，G G D，Qiu C X，et al. Effect of hysteresis properties of shape memory alloy-tuned mass damper on seismic control of power transmissions tower [J]. Advances in Structural Engineering，2019，22 (4)：1007-1017.

[106] Lin C C，Lu Y，Lin G L，et al. Vibration control of seismic structures using semi-active friction multiple tuned mass sampers [J]. Journal of Vibration and Control，2019，25 (12)：1812-1822.

[107] Kim S Y，Lee C H. Peak response of frictional tuned mass dampers optimally designed to white noise base acceleration [J]. Mechanical Systems and Signal Processing，2019，117：319-332.

[108] Jiang J W，Ho S C M，Markle N J，et al. Design and control performance of a frictional tuned mass damper with bearing-shaft assemblies [J]. Journal of Vibration and Control，2019，25 (12)：1812-1822.

[109] Demir S，Husem M. Saw type seismic energy dissipaters：development and cyclic loading test [J]. Journal of Constructional Steel Research，2018，150：264-276.

[110] Maleki S，Mahjoubi S. Dual-pipe damper [J]. Journal of Constructional Steel Research，2013，185：81-91.

[111] Jarrah M，Khezrzadeh H，Mofid M，et al. Experimental and numerical evaluation of piston metallic damper (PMD) [J]. Journal of Constructional Steel Research，2019，154：99-109.

[112] FEMA 461. Interim testing protocols for determining the seismic performance characteristics of structural and non-structural components [S]. America：Applied Technology Council，2000.

[113] Aghlara R，Tahir M M. A passive metallic damper with replaceable steel bar components for earthquake protection of structures [J]. Eng Struct，2018，159：185-197.

[114] Yang T Y，Li T，Tobber L，et al. Experimental and numerical study of honeycomb structural fuses [J]. Eng Struct，2020，204：109814.

[115] Guo W，Zhai Z，Wang H，et al. Shaking table test and numerical analysis of an asymmetrical twin-tower super high-rise building connected with long-pan steel truss [J]. The Structural Design of Tall and Special Buildings，2019，28 (13)：e1630.

[116] Shi Y，Wang M，Wang Y. Experimental and constitutive model study of structural steel under cyclic loading [J]. Journal of Constructional Steel Research，2011，67 (8)：1185-1197.